数控编程手册

[美] 彼得·斯密德 （Peter Smid） 著

罗学科 陈勇钢 张从鹏 等译

原著第三版

CNC
Programming Handbook
A Comprehensive Guide To Practical CNC Programming

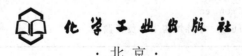

化学工业出版社

·北京·

图书在版编目（CIP）数据

数控编程手册/[美] 斯密德（Smid，P.）著；罗学
科等译. —北京：化学工业出版社，2011.8（2025.5重印）
书名原文：CNC Programming Handbook：A Comprehensive Guide to Practical CNC Programming
ISBN 978-7-122-11629-1

Ⅰ. 数… Ⅱ. ①斯…②罗… Ⅲ. 数控机床-程序设
计-技术手册 Ⅳ. TG659-62

中国版本图书馆 CIP 数据核字（2011）第 123656 号

CNC Programming Handbook：A Comprehensive Guide to Practical CNC Programming，
third Edition/by Peter Smid
ISBN 978-0-8311-3347-4
版权ⓒ 2008 by Industrial Press Inc.

责任编辑：张兴辉		文字编辑：陈　喆
责任校对：边　涛		装帧设计：王晓宇

出版发行：化学工业出版社（北京市东城区青年湖南街 13 号　邮政编码 100011）
印　　装：北京天宇星印刷厂
787mm×1092mm　1/16　印张 43　字数 1126 千字　　2025 年 5 月北京第 1 版第 16 次印刷

购书咨询：010-64518888　　　　　　　　　售后服务：010-64518899
网　　址：http://www.cip.com.cn
凡购买本书，如有缺损质量问题，本社销售中心负责调换。

定　　价：128.00 元　　　　　　　　　　　　　　版权所有　违者必究

译者前言

数控技术是制造业实现自动化、柔性化、集成化生产的基础；数控技术的应用是提高制造业的产品质量和劳动生产率必不可少的重要手段；数控机床是工业现代化的重要战略装备，是体现国家综合国力水平的重要标志。专家们预言：21世纪机械制造业的竞争，其实质是数控技术的竞争。加入世贸组织后，中国正在逐步变成"世界制造中心"。为了增强竞争能力，中国制造业开始广泛使用先进的数控技术。同时，劳动力市场出现数控技术应用型人才的严重短缺，媒体不断呼吁"高薪难聘高素质的数控技工"。数控人才的严重短缺成为全社会普遍关注的热点问题，这已引起中央领导同志的关注，教育部、劳动与社会保障部等政府部门正在积极采取措施，加强数控技术应用型人才的培养。

虽然目前国内图书市场数控技术和数控编程方面的书籍已经不少，但内容都比较单薄，特别是对于专业的数控编程人员和学习数控技术的学生，在数控编程方面没有系统全面的知识介绍。化学工业出版社在引进国外先进教材和先进科技书籍方面下了不少工夫，他们及时将这本书引进到国内，相信对我国的数控教育会有很大的帮助。

本书作者Peter Smid在工业和教学领域中具有多年实际经验。在工作中，他搜集了CNC和CAD/CAM在各个层面上应用的大量经验并向制造业及教学机构提供计算机数控技术、编程、CAD/CAM、先进制造、加工、安装以及许多其他相关领域的实际应用方面的咨询。他在CNC编程、加工以及企业员工培训方面有着广阔的工业背景，他长年与先进制造公司及CNC机械销售人员打交道，并且致力于大量技术院校和机构的工业技术规划以及机械加工厂的技术培训，这更扩展了他在CNC和CAD/CAM培训、计算机应用和需求分析、软件评估、系统配置、编程、硬件选择、用户化软件以及操作管理领域的专业和咨询技能。多年以来，Smid先生在美国、加拿大和欧洲的大中专院校给成千上万的老师和学生讲授过数百个用户化程序，同时也给大量制造公司、个体机构和个人授过课。因此他编写的这本书不论在内容上还是组织体系上都非常有特色，最令译者感动的是他非常注意读者的心理和接受能力，适合于读者自学，他也非常注意手册的特点，对这本书而言，读者从任何地方切入都看得明白，本书另一个特点就是实例非常多、非常细，对读者实际编程有很大的帮助，正如一位英国工程师所言"这是一本写的非常好的书，易于理解，每一个数控编程人员和生产工程师应该人手一册"。

本书不但是作者工程实际经验的总结，也是作者从事该专业哲学思想的反映。作者踏踏实实解决实际工程问题的作风和学风，非常值得我们学习，这也是译者引进本书的目的之一。

本书由北方工业大学罗学科组织翻译，参加翻译的还有北方工业大学的陈勇钢、张从鹏、王莉、秦娟华、刘瑛、李文、潘博、徐明刚、刘东、谢富春、徐宏海、毛潭等。在此，对给予本书出版提供帮助的各位老师和朋友表示衷心的感谢。

由于本书涉及的领域相当宽广，内容比较新，译者的专业涉猎范围比较窄，加之水平有限，在翻译过程中难免产生一些不足之处，热忱欢迎广大读者朋友和同行进行批评指正（译者Email：xk_luo@263.net）。

译者

本书翻译出版获以下项目资助：

➢ 北京市属高等学校人才强教深化计划资助项目（PHR201007119）

➢ 国家级人才培养模式创新（分层分流人才培养模式创新）实验区项目资助

➢ 北京市级人才培养模式创新（分层分流人才培养模式创新）实验区项目资助

声　明

　　谨以此书献给我的父亲 FRANTISEK 和母亲 LUDMILA，是他们教诲我永不放弃。

致　谢

值《CNC 编程手册》（第三版）出版之际，我要对以下几位表达我最深的谢意与感激，他们在各方面给予了很多有价值的建议与帮助。

•Peter Eigler，他源源不断的新思想、渊博的知识和无处不在的灵感让我受益匪浅；

•Steve Gallant 和 Nick Eelhart，加拿大剑桥 Accucam 有限公司；

•Ferenc Szucs，匈牙利应用工程师，DMG 培训师；

•Wayne Pitlivka，加拿大米西索加 Ferro 技术公司；

•Marc Borremans，比利时布鲁塞尔埃莱斯穆高等教育学院；

•需要感谢的人太多，在此恕不一一列出。

在继续完善CNC 编程手册以及开发附录 CD 的 3 年时间内，我要深深感谢我的妻子Joan；此外，也要感谢我的儿子 Michael 和女儿 Michelle，他们对这本手册的贡献是这两个小家伙自己所不能想象的。

本手册中也参考了多家生产厂家和软件开发商的资料，在此只能列出它们的名字以示感谢：

•FANUC 和 CUSTOM MACRO 或 USER MACRO 或 MACRO B，富士通-发那科注册商标，日本；

•GE FANUC，通用电气发那科自动化有限公司注册商标，美国，弗吉尼亚州，夏洛茨维尔；

•Mastercam，CNC 软件公司注册商标，美国，康奈提格州，托兰；

•Edgecam，路径公司（Pathtrace）注册商标，英国；

•NCPlot，NCPlot 有限责任公司注册商标，美国，密歇根州，马斯基根；

•AUTOCAD，欧特克（Autodesk）注册商标，美国，加利福尼亚州，圣拉斐尔；

•Kennametal，肯纳（Kennametal）注册商标，美国，宾夕法尼亚州，拉特罗布；

•WINDOWS，Microsoft 公司注册商标，美国，华盛顿州，雷德蒙德。

作 者 简 介

Peter Smid 是一位专业顾问、教育家和演说家，在工业和教学领域中具有多年实际经验。在工作中，他搜集了 CNC 和 CAD/CAM 在各个层面上应用的大量经验并向制造业及教学机构提供计算机数控技术、编程、CAD/CAM、先进制造、加工、安装以及许多其他相关领域的实际应用方面的咨询。他在 CNC 编程、加工以及企业员工培训方面有着广阔的工业背景，数百家公司从他渊博的知识中获益。

Smid 先生长年与先进制造公司及 CNC 机械销售人员打交道，并且致力于大量技术院校和机构的工业技术规划以及机械加工厂的技术培训，这更扩展了他在 CNC 和 CAD/CAM 培训、计算机应用和需求分析、软件评估、系统配置、编程、硬件选择、用户化软件以及操作管理领域的专业和咨询技能。

多年来，Smid 先生在美国、加拿大和欧洲的大中专院校给成千上万的老师和学生讲授过数百个用户化程序，同时也给大量制造公司、个体机构和个人授过课。

他活跃于各种工业贸易展、学术会议、机械加工厂以及各种研讨会，包括提交论文、会议报告以及为许多专业机构做演讲。他还发表了大量 CNC 和 CAD/CAM 方面的文章和内部参考资料。作为 CNC 行业和教学领域的专家，他制作了数万页高质量的培训材料。

目 录

第1章 数字控制

如今众所周知的数字控制技术（简称数控技术），产生于 20 世纪中期。该技术最早可追溯到 1952 年，该技术的出现与美国空军、美国麻省理工学院和 John Parsons（1913～2007 年）密不可分。直到 20 世纪 60 年代早期，数控技术才应用到产品制造领域。真正的繁荣时代是在 1972 年前后随着 CNC 技术的产生到来的，这恰好比微型计算机以大家可以承受的价格出现晚了十年。该项技术的历史和发展过程在许多出版物中都有完整的记载。

在制造领域，尤其在金属加工领域，数控技术已带来革命性的影响。在计算机成为每个公司和许多家庭的常备设施之前，配备数控系统的机床在机械厂中已占据了一席之地。目前随着微电子技术和计算机技术的不断发展，以及数控技术对制造技术影响的扩大，已经给制造业，尤其是金属加工业带来了巨大变化。

1.1 数控的定义

过去数年来，在各种出版物和论文中，都对数控的定义做过许多种描述。如果只为本手册使用而试图找到另一个定义是毫无意义的。许多种定义都含有同样的思想、同样的基本概念，只是用了不同的关键词而已。

多数已知定义都可总结成如下相对简单的陈述：

数字控制可定义为通过机床控制系统用特定的编程代码对机床进行操作。

"专用代码指令"是字母、阿拉伯数字及特定符号（如小数点、百分号或圆括号）的组合。所有的指令按照一定的逻辑顺序和规定格式写成。加工零件必需的所有指令集称为 NC 程序、CNC 程序或零件程序。这种程序可存储起来留作后用或为得到同样的加工结果反复使用。

NC 和 CNC 技术：

就术语本身来说，NC 和 CNC 缩写的含义有所不同。NC 缩写代表稍早的、最初的数控技术，而 CNC 缩写代表较新的计算机数控技术，它是对 NC 的发展和替代。然而在日常使用中，CNC 是首选的缩写形式。为阐明每个术语的正确用法，可参见以下 NC 和 CNC 系统之间的主要差别。

两个系统都完成同样的任务，即为加工零件提供控制数据。两种情况下，控制系统的内部设计都包含处理数据的逻辑指令，在这一点上是相似的。

NC 系统（与 CNC 系统比较而言）使用固定的逻辑单元操作程序，这些操作程序是内置且永久性嵌入到控制单元内部的。这些操作程序不能由程序员或机床操作人员更改。由于控制逻辑的固定配线，可称 NC 控制系统为"硬连接"。该系统可编译零件程序，但不允许用自身的控制系统对程序作修改。所有的程序修改必须脱离控制系统来做，一般情况下，大多在办公室环境下完成。而且，NC 系统要求必须用穿孔纸带来输入程序信息。

现代 CNC 系统，而不是指老的 NC 系统，主要使用内部微处理器（即计算机）操作程序。计算机含有储存各种程序的存储寄存器，这些程序可用来处理逻辑操作。这意味着零件程序员或机床操作员可通过控制系统自身（在机床上）来修改程序，很快就可得到结果。灵活性是 CNC 系统具有的最大优势，并且可能是 CNC 技术在现代制造领域取得广泛应用的关键因素。CNC 程序和逻辑操作作为软件指令存储在专用的计算机芯片上，而不是用电缆类的硬件连接方式来控制逻辑操作。与 NC 系统相反，CNC 系统可称为"软连接"。

当阐述和数控技术相关的特定对象时，习惯使用 NC 或 CNC。牢记在日常用语中 NC 可能也意味着 CNC，但 CNC 绝对不会是本手册中以 NC 缩写来描述的早期数控技术。字母 C 代表"计算机控制的"，而不是硬件系统。现今制造的所有控制系统都是和 CNC 设计有关的。诸如"C&C"、"C 'n' C"之类的缩写都是错误的，它只能映射使用者的贫乏无知。

1.2 传统加工和 CNC 加工

究竟是什么因素使得 CNC 加工方式优于传统加工方式呢？它在所有方面都是优越的吗？主要优势都在哪些方面呢？如果把 CNC 加工和传统加工过程做比较，零件加工的一般步骤如下：

① 分析研究零件图；
② 选择最适合的加工方法；
③ 确定安装方法（工件夹紧）；
④ 选择切削刀具；
⑤ 确定主轴转速和进给速度；
⑥ 加工工件。

对两种类型的加工方式来讲，基本步骤都是相同的。主要差别在于各种数据输入的方式，倍率为每分钟 10 英寸（10in/min）在手动或 CNC 应用中都是相同的，但使用方法是不同的。关于冷却液的说法也是同样的，可通过打开旋钮、按下开关或编写一个专用代码来激活冷却液功能，所有这些动作都将使得冷却液从喷嘴中喷出。在两种加工方式中，都要求工件的使用者具备一定的加工知识，毕竟金属加工，尤其是金属切削加工主要是技能，然而它也在很大程度上是一门技术和许多人的职业。计算机数控的应用也是如此，和其他技能、技术或职业相似，掌握上述细节对成功都是非常必要的。成为 CNC 技工或 CNC 程序员不仅需要技术知识，也需要经验和直觉，有时也称为内部感知能力，这对任何技能都是必要的补充。

在传统加工中，机床操作员用手操作机床并移动切削刀具，来加工所要的零件。手动机床的设计提供了许多特征，这些特征有助于加工工件的过程，例如操纵杆、手柄、变速箱和刻度盘，这里只给出了其中的几个特征。操作人员也要针对一批零件中的每个零件重复进行同样的机床操作。然而，上面文中"同样"这个词的真正含义是"类似"而不是"完全相同"。人们也不可能总是完全相同地重复每个过程，机床的工作也是一样。人们也不能不休息地始终以同样的业绩水平工作。我们都有状态良好和状态不佳的时候，这些在加工零件过程中产生的结果是很难预测的，这样一来，在每批零件中将存在差别和不一致，零件将不总是完全相同的。在传统加工中，保证尺寸公差和表面质量是最典型的问题，对这些问题，每个技工的处理方法不同，所有这些因素就造成了传统加工方法加工出的零件有比较大的不一致性。

与传统手工加工相比，数控加工的要求是不同的，它不需要任何操纵杆、刻度盘或手柄。一旦零件程序经证实无误，就可以反复使用多次，而且总是获得一致的结果。但这并不意味着数控加工没有局限性，例如切削刀具会磨损，两批零件毛坯不总是完全一样，安装也会有所变动等，只要有必要，就应该考虑这些因素并采取相应的补偿措施。

数控技术的产生并不意味着所有手动机床就会消失，有一段时期传统加工方式比计算机方式是更优越的。例如简单的单件生产，在手动机床上加工要比在 CNC 机床上加工更高效，某些类型的加工操作用手动或半自动加工要比用数控加工有益。并非 CNC 机床能够代替手动机床，它只是对手动机床的补充。

在许多实例中，某种加工是否在 CNC 机床上完成取决于所加工的零件数量，而不是其他因素。尽管同一批加工的零件数量总是一个重要标准，但它绝不应是唯一因素。同样也要考虑零件的复杂程度、公差以及要求的表面质量等。通常，单个复杂零件用 CNC 加工更有益，而加工 50 个相对简单的零件则与此相反。

切记数控机床本身绝不是为加工单个零件。数控只是机床高产、精确、持续生产的一种方式或手段。

1.3　数控技术的优势

数控技术的主要优点是什么？

认识到哪个加工领域用数控方式获益，哪个领域用传统方式加工更好是很重要的。认为两马力 CNC 铣床比手动铣床当前所做的工作强大 20 倍是很荒谬的。指望数控机床比普通机床在切削速度和进给率方面有很大改进也同样是不合理的。如果加工条件和刀具状况是同样的，那么两种情况下所用的切削时间将是很接近的。

CNC 用户可以并应期望在如下一些主要领域得到改进：

■ 准备时间缩短；

■ 前置时间缩短；

■ 精确性和重复性提高；

■ 复杂外形的轮廓加工；

■ 简化加工和工件夹持；

■ 切削时间一致；

■ 总生产率提高。

所有这些方面仅仅是有潜在改进的可能，对每个用户而言，实际取得改进要经历不同的层次，这主要依赖于以下几个方面：如不同场合下制造的产品，使用的 CNC 机床，安装方式，夹具的复杂程度，切削刀具的质量，管理体系以及工程设计，工人的经验水平，个人态度等。

（1）准备时间缩短

在许多场合，CNC 机床的准备时间可以缩短，有时甚至是相当显著的。认识到安装是手动操作，并在很大程度上依赖于 CNC 操作员的能力、夹具类型以及机加工车间的常用设施，这点很重要。准备时间是非生产性时间，但确实是必要的，它是实际加工中间接费用的一部分。任何机床车间的主管、程序员和操作员都应把保持准备时间最短作为主要考虑因素之一。

由于 CNC 机床的设计，使得准备时间不应是主要问题。模块化夹具、标准刀具、固定的定位器、自动换刀装置、托盘以及其他一些先进设施，使得 CNC 机床的准备时间比普通机床更高效，再加上有益的现代制造的有关知识，使得生产力极大提高。

为评价花费的准备时间，考虑一次安装下加工的工件数量也是很重要的。如果很多工件在一次安装下加工，那么每件的安装花费就是很微小的。类似的减少可通过把几个不同的操作组合成一次安装来获得。即使准备时间更长些，它也可以和在几个普通机床上安装所需要的时间作比较。

（2）前置时间缩短

一旦零件程序编写好并证实无误，就可准备在以后再次使用，甚至在短时间内使用。尽管首次运行的前置时间通常比较长，它对任何后来的运行来讲几乎为零。即使零件设计在工程上的改造要求程序也要作相应修改，通常这一修改也可很快完成，缩短了前置时间。

对普通机床要求设计和制造几种专用夹具来缩短较长的前置时间，对 CNC 机床可通过准备零件程序和使用简化夹具来缩短前置时间。

（3）精确性和重复性提高

现代 CNC 机床的精确性和重复性已成为许多用户考虑的主要优势。零件程序是存储在磁盘上，还是存储在计算机内存中，或甚至存储在纸带上（最初方式），都总是保持原样。任何程序都可随意修改，但一旦证实无误，通常就不再要求修改了。给定程序可根据需要反复使用多次，而不会漏掉其中包含的一位数据。事实上，程序必须允许诸如刀具磨损和运转温度这样的可变因素存在，程序也必须安全存储，但通常很少需要 CNC 程序员或操作员介入。CNC 机床的精确性和重复性保证多次生产出一致性好的高质量零件。

（4）复杂外形的轮廓加工

CNC 车床和加工中心能针对各种外形进行轮廓加工。许多用户购买 CNC 机床只是为能加工复杂零件，CNC 在飞机和汽车工业的应用就是很好的实例。计算机编程的使用对任何三维刀具路径生成来讲事实上都是必需的。

复杂外形，例如铸模，不需额外花费制造模型就可制造出。镜像零件按字面含义可通过按钮转换获得。程序存储比样品、模板、木模及其他形式制造工具的存储要简单得多。

（5）简化加工和工件夹持

非标准刀具和"自制"刀具使得普通机床周围的工作台和工具箱凌乱不堪，这种刀具可通过使用专为数控机床设计的标准刀具来解决。像定心钻、阶梯钻、组合刀具、背镗孔刀及多工步刀具等都被几个单个的标准刀具所代替。这些刀具通常是更便宜的并且比专用的和非标准的刀具更易于替换。削减成本的措施已促使许多刀具供应商保持低存货或零存货，对顾客延长交货时间。标准的、非定制的刀具通常比非标准刀具的获得更快。

夹具和工件装夹对 CNC 机床只有一个主要目的，就是对一批零件中的所有零件刚性夹紧并保持在同一位置上。为 CNC 工件设计的装夹装置通常不要求钻模、定位孔及其他孔来辅助定位。

（6）切削时间和提高生产率

CNC 机床的切削时间常称为循环时间，两者都是一致的。和传统加工不同，操作人员的技能、经验及身体疲劳状况等易于变化，而 CNC 加工则受计算机控制的影响。少量的手动工作仅限于工件的装卸，对大批量运行加工来讲，非生产性时间造成的高花费可平摊在许多工件上，因而变得微不足道。相对固定的切削时间的主要益处体现在重复性工作上，这样生产进度和分配到每个机床上的工作就可以计算得很精确。

通常各大公司购买 CNC 机床的主要原因是要严格考核其经济性，这是一种投资，而且每个企业经理都想使自己的企业拥有竞争优势。数控技术为提高制造生产率及改善制造产品的总体质量提供了极好的手段，与其他技术手段一样，数控技术也需要在知识的指导下使用。当越来越多的公司使用 CNC 技术时，仅拥有 CNC 机床不再能提供额外优势。不断取得进步的公司是那些知道如何高效使用这项技术，并付诸实践使之在全球经济中具有竞争性的公司。

为达到生产率极大提高的目标，要求用户理解 CNC 技术的基本原理。这些原理包含许多形式，例如，理解电子线路、梯形图、计算机逻辑、度量衡、机床设计、加工原理以及其他方面的知识，每部分原理都要由主管人研究并掌握。本手册强调的是同 CNC 编程和理解最常见的 CNC 机床直接相关的一些主题，最常见的 CNC 机床是指加工中心和车床（有时也称作车削中心）。零件质量的考虑对每位程序员和机床操作人员来讲都应是很重要的，并且这一目标也体现在手册及众多实例中。

1.4　CNC 机床类型

不同种类的 CNC 机床覆盖面很广，随着技术发展的不断进步，CNC 机床的数量也增长很快。列出所有机床的应用几乎是不可能的。下面是按 CNC 机床组分类给出的简短列表：

■ 铣床和加工中心；

■ 车床和车削中心；

■ 钻床；

■ 镗床和仿形铣床；

■ 电加工机床；

■ 冲床和剪切机；

■ 火焰切割机；

■ 刨床；

■ 高压水切割机及激光加工机床；

■ 外圆磨床；

■ 焊接机床；

■ 弯板机、绕线机和纺纱机。

CNC 加工中心和车床在企业中占据了很大份额，这两大群体几乎平分了市场，某些企业按照自身的需要可能对两大机床群体中的一种机床需求量更大。任何人都知道，目前有许多不同种类的车床，同样也有许多不同种类的加工中心。然而，立式机床的编程过程和卧式机床或简单 CNC 铣床的编程过程是相似的，甚至在不同机床组群之间，也有很多通用之处，并且编程过程大体相同。例如，用端铣刀进行轮廓铣削和用金属丝进行轮廓切削两者就有很多共同之处。

（1）铣床和加工中心

在铣床上有三个标准轴，即 X 轴、Y 轴和 Z 轴。安装在铣床上的零件总是固定的，即安装在移动的机床工作台上。切削刀具旋转并能上下（或里外）移动，但刀具主体并不沿刀具路径移动。

CNC 铣床，有时也称作 CNC 铣削机床，通常是没有换刀装置或其他自动化装置的小而简单的机床。它们的额定功率通常很低。在企业中，常用作工具室加工机床，维修或生产小零件，和 CNC 钻床不同，CNC 铣床常设计为轮廓加工。

从灵活性角度考虑，CNC 加工中心比钻床和铣床更受欢迎，并且效率更高。用户从 CNC 加工中心获得的主要益处是，CNC 加工中心具有把几个不同的操作组合成一次安装的能力。例如，钻削、镗削、背镗、加工螺纹、锪孔以及轮廓铣削等都可编制同一个 CNC 程序。另外，可通过自动换刀，利用托盘交换系统缩短辅助时间，转动到零件的不同侧面，利用附加轴的旋转运动以及许多其他功能来增强加工的灵活性。CNC 加工中心可配备专用软件来完成辅助功能，例如控制转速和进给速度，切削刀具寿命管理，自动在线检测，偏移量调整，和其他提高生产效率及节省时间等方法。

针对典型的 CNC 加工中心有两种基本设计类别，即立式加工中心和卧式加工中心。两种类型之间的主要差别决定于可高效加工的工件种类。对立式 CNC 加工中心，最适合加工的工件类型是平面型零件。零件或安装在工作台夹具上，或夹持在虎钳或卡盘上。要求在一次安装中加工两个或更多面的零件更适合在 CNC 卧式加工中心上完成。典型实例是泵体和其他的立方体类零件。某些需要加工多个面的小型零件也可在配备旋转工作台的 CNC 立式加工中心上完成。

两种基本设计的编程过程都是相同的，但附加轴（常用 B 轴）增加在卧式机床上。该轴是工作台的简单分度轴，或者是同时进行轮廓加工时的联动旋转轴。

本手册着重介绍了 CNC 立式加工中心的应用，并专门用一节研究卧式加工中心的安装及加工过程。编程方法也可应用到小的 CNC 铣床、钻床以及螺纹加工机床上，但程序员必须考虑到其局限性。

（2）车床和车削中心

CNC 车床通常是具有垂直轴 X 和水平轴 Z 的两轴机床。车床区别于铣床的主要特征是零件围绕着机床中心线旋转。另外，切削刀具通常是固定的，并安装在移动的转塔上。刀具沿着编制好的刀具路径轮廓行进。带有铣削附件的 CNC 车床，也称为动力刀头，铣削刀具有自己的驱动电机并当主轴固定时旋转。

现代车床设计成卧式或立式两种形式。卧式车床比立式车床更常见，但两种设计在制造业上有各自的用途，每个组群中存在几种不同的设计。例如，卧式组中的典型 CNC 车床按照棒料类型、卡盘类型或通用类型可设计成平直床身或倾斜床身。加到这些组合装置上的许多附件使得 CNC 车床更灵活，比较典型的，例如尾架、中心架或随动架以及第三轴铣削附件，都是 CNC 车床普遍采用的附件。事实上 CNC 车床是多功能的，因而常称作 CNC 车削中心。本手册中的所有文本和程序实例都使用传统术语 CNC 车床，然而仍可识别出它的所有现代功能。

1.5 CNC 工作人员

计算机和机床本身没有智能，它们不能思考和做决策，只有具备某种技能和知识的人才能这么做。在数控领域，技能通常掌握在两类人手中，一类是从事编程的人员，另一类是从事加工的人员。他们各自的数量和职责主要依赖公司的喜好、规模大小以及制造的产品。然而，每个岗位都是相当独立的，尽管许多公司把两个功能合并成一个功能，常称作 CNC 程序员或操作员。

（1）CNC 程序员

在 CNC 机床车间，CNC 程序员通常要承担最多的责任。这类人通常要为工厂中数控技术的成败负责。同样，这类人也要对和 CNC 操作相关的问题负责任，尽管职责可能变动，但程序员也要对和有效利用 CNC 机床相关的各种任务负责。事实上，这类人常负责所有 CNC 操作的生产和质量问题。

许多 CNC 程序员和机床操作员一样，是拥有丰富实践经验的技师。他们知道如何读懂技术图纸，也能领会设计背后的工程意图。这种实践经验是在办公室环境下"加工"零件的基础。好的 CNC 程序员必须能使所有的刀具运动形象化，并能识别可能卷入的所有局限因素。程序员必须能够收集、分析、处理，并把所有收集到的数据按逻辑组成程序整体，用简单的术语来说，CNC 程序员必须能确定在所有方面都最好的制造方法。

除加工技巧外，CNC 程序员必须理解数学原理，主要是方程的应用，圆弧和角度的求解。同样重要的是三角学的知识，甚至用计算机编程、手工编程方法的有关知识对全面理解计算机输出及对输出量控制都是绝对必要的。

真正专业的 CNC 程序员的最后一个重要品质是与其他专业人员沟通和交流的能力，例如和工程师、CNC 操作员、管理人员的交流、沟通。良好的交流和沟通技巧是具备灵活性的先决条件。优秀的 CNC 程序员为保证高编程质量必须具备灵活性。

（2）CNC 机床操作员

CNC 机床操作员同 CNC 程序员是互补的，在许多小车间中，程序员和操作员可能是同一个人。尽管由传统机床操作员完成的大多数职责已转移到 CNC 程序员，但 CNC 操作员仍承担许多特有的责任。一般情况是，操作员负责刀具和机床安装，负责更换零件，甚至也负责加工过程中的检验。许多公司希望在机床上控制工件质量，并且任何机床（手动的或计算机控制的）操作，都要负责在该机床上加工的工件质量。CNC 机床操作员的很重要职责之一是把每个程序的执行结果汇报给程序员，用最好的知识、技巧、看法和意图对程序修正后所得到的最终程序加以改善。CNC 操作员和实际加工联系最密切，因而可精确知道这种改善能达到何种程度。

1. 6　CNC 安全问题

许多公司墙上贴有简短、强有力的安全标语：安全的首要规则是遵守所有的安全条例。

该段标语并没有指明安全是面向编程还是面向加工的，原因是安全是完全独立的。它立足于自身并支配机床车间内外每个人的行为，乍一看，似乎安全是同加工和机床操作相关的事情，也许和安装也有关系。那确实是事实，但不表示全部。

在一般的机床车间的日常工作中，编程、安装、加工、换刀、装夹、检验、运输以及凡是你想到的任何操作中，安全都是最重要的因素。安全问题怎么强调都不过分。公司从安全管理会议、展示标语、发表演讲、专家谈论等方面强调安全问题。大量的信息和指示展现给我们一些很好的理由。相当多的信息基于过去发生的不幸事件，许多法律、法规已作为审讯调查结果写入到严重事故中。

乍一看，似乎在 CNC 工作中安全是次要问题。有许多是自动操作、反复运行的零件程序、过去用过的刀具、一次简单安装等。所有这些可能导致安全问题被考虑过的自满和错误假设，是会产生严重后果的观点。

安全是一个大的主题，但有几点和 CNC 工作相关的观点是很重要的。每位机械师应该知道机电设备的危险，并朝着安全工作的目标努力，第一步是有清洁的工作区，不允许铁屑、漏油和其他碎片堆积在地板上；考虑个人安全也同样是重要的，宽松的衣服、珠宝、领带、围巾、未保护好的长头发、手套的不恰当使用以及类似的违规行为，在加工环境下都是危险的，要特别保护好眼睛、耳朵、手足。

当机床正加工时，保护设施应该位置适当，不应有运动部件暴露在外。在旋转主轴及自动换刀装置附近要多加注意。其他可能造成危险的设备有托盘自动交换装置、铁屑传动装置、高电压区、起重机等。断开互锁装置或其他安全设施都是危险的，也是不符合规定的。

在编程过程中，遵守安全守则也是重要的。刀具运动可有许多种编程方式，转速和进给速度必须合乎实际，不能只满足数学上"正确的"含义。切削深度、切削宽度、刀具特征，这些对系统安全都有深刻影响。

所有这些建议只是简短的概要，牢记在任何时候都应该严肃对待安全问题。

第2章 CNC 铣削加工

许多不同种类的 CNC 机床在制造业中获得了广泛应用，其中使用较多的机床为 CNC 加工中心和 CNC 车床。另外还有 EDM（电加工）机床、特种机床等。尽管本手册重点介绍在市场上占据较大份额的两类机床，但许多通用观点也可应用于其他 CNC 设备上。

关于 CNC 铣床的描述相当多，它自身就可构成一本厚厚的书籍，涵盖从普通铣床到五轴仿形铣床的所有铣床类型。尽管这些铣床在尺寸、特征以及对某种加工的适宜性等方面有所区别，但它们却有一个共同特征，即主轴都是 X 轴和 Y 轴，因此也称为 XY 机床。

在 XY 机床种类中也包含电加工机床、激光和高压水切割机、火焰切割机、气割机、刨床等。尽管它们和铣床起的作用不同，但在这里提到它们是因为，适用于铣床的大多数编程技巧也可同样应用在这些机床上。最好的实例是轮廓加工操作，这对许多 CNC 机床来讲是一道常见的工序。

本手册中铣床可定义如下：

铣床是使用端铣刀作为主要切削刀具，能沿着至少两轴同时作切削运动的一种机床。

这一定义排除了所有的 CNC 钻削加工，是由于这些设计主要涉及的是定位而不是轮廓加工。该定义也排除了电加工机床和各种气割机，是由于该类机床虽能进行轮廓加工但并不是使用端铣刀切削。这些机床用户仍能从这里阐述的许多专题中获益。通用原理适用于大多数 CNC 机床。例如，电加工机床以金属丝的形式使用很小的刀具直径，激光切割机使用激光束作为刀具，也有明确直径但一般用术语"割缝"代替。本手册重点讨论使用各种类型端铣刀作为轮廓加工主要刀具的金属切削机床，尽管端铣刀在许多方面都有应用，但首选应用在各种形式的铣床上。

（1）铣床类型

铣床可按下面三种方式进行分类：

- 按轴数可分为：两轴、三轴或多轴；
- 按轴的方位可分为：立式或卧式；
- 按换刀装置可分为：有换刀装置和无换刀装置。

主轴作上下运动的铣床可划为立式铣床，主轴作里外运动或水平运动的铣床可称为卧式铣床，如图 2-1 和图 2-2 所示。

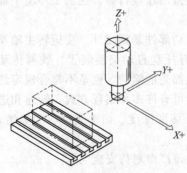

图 2-1　CNC 立式加工中心示意图

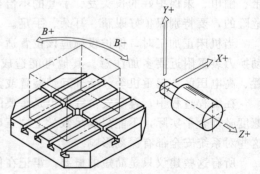

图 2-2　CNC 卧式加工中心示意图

这些简化定义没有真正反映出在机床制造过程中当前技术状态的真实情况，机床工业在不断发展变化着，新型的、功能更强大的机床正由许多全球范围内的制造商设计和生产，并具有更强的功能和灵活性。

为铣削设计的大多数现代机床能完成众多的加工任务，而不仅仅是进行传统铣削，这些机床也能进行许多其他的去除金属操作，主要是钻削、铰削、镗削、加工螺纹孔、仿形加工、螺纹切削等加工操作。这些机床可能配备有多刀具刀库、全自动换刀装置（简写成 ATC）和托盘交换装置（简写成 APC）、功能强大的计算机控制单元（简写成 CNC）等。某些机床可能具有附加特征，例如适应控制、机器人接口、自动装卸、探测系统、高速加工特征及其他的现代技术。问题是，具备这些性能的机床能分类为简单的 CNC 铣床吗？当然不能。至少内嵌某些先进特征的铣削机床，已经构成一种新的机床类型，即 CNC 加工中心。该术语同 CNC 是严格相关的，目前还不存在手动加工中心这样的描述。

（2）机床轴

铣床和加工中心至少有三个轴——X、Y 和 Z。若机床具有第四轴，则通常是分度轴或旋转轴（对立式机床是指 A 轴，对卧式机床是指 B 轴），这种机床适应性会更好些。在五轴或多轴机床上适应性程度可能更高些。简单的五轴机床可能是具有三个主要轴，再加上一个旋转轴（常是 B 轴）和一个与 Z 轴平行的轴（常是 W 轴）的镗铣床。然而，复杂灵活的五轴仿形铣床在飞机工业中比较常用，这是因为，多轴同步切削运动对加工复杂外形及获得型腔和各种角度来讲是必要的。

有时，也用到两轴半机床或三轴半机床这样的表述。这些术语是针对同步做切削运动的所有轴存在某种程度限制的机床类型。例如，具有四个轴的立式机床把 X、Y 和 Z 轴作为主要轴，附加的分度工作台指定为 A 轴。分度工作台用作定位，但它不能随着主要轴运动同步旋转，这类机床就常称为三轴半机床。与之相对照，复杂程度更高却相似的、配备完整旋转工作台的机床就可设计成四轴机床，此时旋转工作台可随着主要轴的切削运动同步旋转。这是真正的四轴机床的实例。

每台加工中心由机床制造商提供的说明书来描述。制造商列举的许多规格说明可作为两个机床之间快速比较的手段。在叙述性的说明手册中发现带点偏见的信息并不是不寻常的，毕竟，说明手册只是一种销售工具。

在铣削加工领域，最常见的有三种类型机床：

- CNC 立式加工中心—VMC；
- CNC 卧式加工中心—HMC；
- CNC 卧式镗铣床。

除了专门的附件和选项之外，对每种类型机床编程方法并没有太多变动。主要差别体现在机床轴的方位不同，附加轴是用作分度还是用作全旋转运动，和某个机床相匹配的工件类型等方面。最常见类型加工中心的描述—立式加工中心（VMC），给机床组别中其他机床提供了相当准确的范例。

（3）立式加工中心

立式加工中心主要用作加工平面类零件，例如板类零件，大多数加工在一次安装中只加工零件的一面。

立式 CNC 加工中心也可选用第四轴，常是指安装在主工作台上的旋转头。旋转头可垂直安装或水平安装，这取决于要得到的结果和模型。第四轴可用作分度或全旋转运动，在带尾架的组合装置（通常配备）中，垂直放置的第四轴可用来加工需要两端支撑的长零件。

多数操作员常用到的很多立式加工中心是那些具有工作台和三轴配置的加工中心。

从编程的角度出发，至少有两方面值得注意：

- 编程总是以主轴为视点加以考虑，而不是从操作员的角度考虑。那意味着视角是垂直向下看，即与机床工作台成 90°来观察刀具运动，编程员总是看到工件的上表面。
- 位于机床某处的各种标记表明机床轴的正向和负向运动。对编程来讲，这些标记应该忽略！它们指明了操作方向，而不是编程方向。事实上，编程方向正好和机床标记标明的方向是相反的。

表 2-1 为立式和卧式加工中心——规格说明。

表 2-1　立式和卧式加工中心——规格说明

描述	立式加工中心	卧式加工中心
轴数目	3 轴（XYZ）	4 轴（$XYZB$）
工作台外形尺寸	780mm×400mm 或 31in×16in	500mm×500mm 或 20in×20in
刀具数量	20	36
X 轴最大行程	575mm 或 22.5in	725mm 或 28.5in
Y 轴最大行程	380mm 或 15in	560mm 或 22in
Z 轴最大行程	470mm 或 18.5in	560mm 或 22in
主轴转速	60～8000r/min	40～4000r/min
主轴输出功率	AC7.5/5.5kW 或 AC10/7hp	AC11/8kW 或 AC15/11hp
主轴前端到工作台的距离—Z 轴	150～625mm 或 6～24.6in	150～710mm 或 6～28in
主轴中心到立柱的距离—Y 轴	430mm 或 17in	30～560mm 或 1.2～22in
主轴锥度	No. 40	No. 50
刀柄尺寸	BT40	CAT50
托盘数	N/A	2
托盘类型	N/A	旋梭
托盘更换时间	N/A	5s
托盘分度角	N/A	0.001°
进给率范围	2～10000mm/min 或 0.100～393in/min	1～10000mm/min 或 0.04～393in/min
快速进给率	40000mm/min（XY）-35000mm/min（Z）或 1575in/min（XY）-1378in/min（Z）	30000mm/min（XY）-24000mm/min（Z）或 1181in/min（XY）-945in/min（Z）
刀具选择	随机内存	随机内存
最大刀具直径	80mm(150W/空套) 或 3.15in(5.9W/空套)	105mm 或 4.1in
最大刀具长度	300mm 或 11.8in	350mm 或 13.75in
换刀时间（总换刀时间）	2.5s	4s

（4）卧式加工中心

卧式 CNC 加工中心也分为多刀具机床和万能机床两大类，用于加工立方体零件，该类机床上大多数加工在一次安装中可加工零件的多个面。

该领域中有许多应用实例，常见实例是大型零件的加工，例如泵体、齿轮箱、管接头、发动机组等。卧式加工中心也包括专用分度工作台，并配备有托盘交换装置和其他功能。

由于它们的灵活性和复杂程度，使得 CNC 卧式加工中心比立式加工中心在价格上高很多。

从编程角度看，存在几点独特差异。主要是和自动换刀装置、分度工作台相关的，在某些情况下甚至和附件相关，例如，托盘交换装置。所有这些差异都是相对小的。卧式加工中心和立式加工中心在编写程序方面并没有什么差别。

（5）卧式镗铣床

卧式镗铣床属于另一种 CNC 机床，它同 CNC 卧式加工中心非常相似，但又有其不同之处。通常，卧式镗床由于缺少诸如自动换刀装置之类的某些常见特征而得名。按照机床名称所表明的含义，该机床的首要用途是镗削操作，即主要加工深孔。由于这种原因，主轴伸出端由专门设计的套筒轴来加长，另外一个特征是它有一个平行于 Z 轴的 W 轴。尽管这实际上表示的是五轴（X、Y、Z、B、W），但卧式镗床也不能称为真正的五轴机床。Z 轴（套筒轴）和 W 轴（工作台）彼此向相反的方向运动，因此可用作加工大型零件和难以到达的区域。这也意味着在钻削过程中，机床工作台的移动方向同套筒轴的移动方向是相反的。套筒轴是主轴上的配套零件，它位于主轴上并带动切削刀具旋转，然而进出运动是由工作台完成的。考虑卧式镗床提供的交互方式，假设套筒轴很长，将会降低其强度和刚度。更好的解决办法是将传统的单个 Z 轴方向的运动划分为两个运动：沿 Z 轴方向延伸的套筒轴将只朝着工作台移动的路径方向运动，而新定义的 W 轴，将朝着主轴移动的方向运动，它们都在可用所有机床资源加工的工件区域范围内。

卧式镗床又可称为 3½ 轴 CNC 机床，但却不是 5 轴 CNC 机床，即便它有 5 个轴。CNC 镗床的编程过程和卧式、立式 CNC 加工中心是十分相似的。

（6）典型规格说明

在前一页中给出了 CNC 立式和卧式加工中心典型规格说明的综合性图表。该规格说明图表以并排两列的形式给出，只是为方便说明，而无任何比较之意。这是两种不同的机床类型，对所有特征进行比较是不可能的。为了比较某一类中的个别机床，由机床制造商提供的机床说明书常作为比较依据。这些说明书中包含一列可证实数据，主要是技术性数据。机床购买者常在购买机床前对不同的机床手册进行比较。经理和工艺设计人员在车间比较不同机床，并把手头的工作量分配到最适合的机床上。

在两台立式加工中心或两台卧式加工中心之间可做公正而准确的比较，但在两个不同类型机床之间不可能进行公正比较。

在典型机床规格说明图表中，可列出附加数据，在早期图表中不包括这一项。本手册中，只把注意力集中在 CNC 编程员和 CNC 操作员感兴趣的那些规格说明上。

第 3 章　CNC 车削

3.1　CNC 车床

常见的车床有传统的普通车床和转塔车床，几乎在每个机加工车间都可以看到它们。车床用来加工圆柱形和圆锥形的工件，比如轴、圆环、轮、孔、螺纹等，最常见的车床操作就是从圆形毛坯上切削材料，使用切削刀具进行外部切削。如果使用适当的切削刀具，车床也可进行内部加工，比如镗削、车槽、螺纹加工等。转塔车床的加工功能没普通车床强，但它们有一个特殊的刀具库，可以夹持几把安装好的切削刀具。普通的车床通常一次只能安装一到两把切削刀具，但它有较强的加工功能。

在工业领域中，由 CNC 系统控制其工作的车床通常称为 CNC 车削中心，更常见的叫法是 CNC 车床。

"车削中心"的叫法不是那么流行，但它是可以在一次安装中完成大量加工操作的计算机控制的车床（CNC 车床）的精确而全面的描述。例如，除了标准车床操作，比如车削和镗削，CNC 车床还可以用作钻削、车槽、加工螺纹、滚花甚至抛光。它还可以在不同的模式下使用，例如卡盘工作、夹头工作、棒料进给器等，另外还有一些组合用法。CNC 车床设计成在一个特殊的转塔刀架上夹持几把刀具，它们可能拥有铣削装置、可分度卡盘、辅助轴、尾座、中心架以及许多传统车床所没有的特征，多于四轴的车床也是常见的。随着机床领域技术的不断发展，市场上出现了许多可以在一次安装中完成大量操作的 CNC 车床，它们中的许多在传统上只用在制造厂或加工中心。

（1）CNC 车床的类型

CNC 车床可以通过设计类型和轴的数目来分类，立式 CNC 车床和卧式 CNC 车床是两种最基本的类型。两种类型中，卧式车床在制造车间要比立式车床普遍得多。立式 CNC 车床（不正确的叫法为立式镗铣床）在一定程度上比较少见，但是在大直径工件加工中，它是不可替代的机床。对于 CNC 程序员而言，这两种车床类型之间的编程方法并没有多大区别。

（2）轴的数目

区分不同 CNC 车床的最常见的方法，就是看可编程的轴的数目。立式 CNC 车床几乎在所有的设计中都有两根数控轴。更常见的 CNC 卧式车床，通常设计有两根可编程轴，此外也可使用三根、四根或六根轴，这样就给更复杂工件的制造提供了更好的柔性。

可以通过工程设计类型对卧式 CNC 车床进行进一步分类：

前置刀架车床——普通车床类型；

后置刀架车床——特别的斜床身类型。

斜床身车床在日常工作中很受欢迎，因为它们的设计使得切屑掉在远离 CNC 操作人员的地方，即使发生了意外，可使工件落到排屑器方向的安全区域。

除按平床身和斜床身、前置刀架和后置刀架以及卧式和立式对车床进行分类外，还有其他车床分类方法，就是通过轴的数目来描述 CNC 车床，这可能是区别数控车床的最简单和最常见的方法。

3.2　轴的命名

最典型的 CNC 车床有两根数控轴：一根是 X 轴，另一根是 Z 轴。两根轴相互垂直，并表示两轴车床的运动：X 轴表示切削刀具的横向运动，Z 轴表示它的纵向运动。所有不同的切削刀具均安装在转塔刀架上（一个特殊的刀具库），它们可能是外加工刀具，也可能是内加工刀具。因为这一设计，转塔刀架载着所有的切削刀具沿 X 和 Z 轴移动，这意味着所有的刀具都在工作区域内运动。

遵照铣床和加工中心建立的运动标准，唯一能够进行钻、镗等孔加工的轴就是 Z 轴。

在 CNC 车床工作时，从操作者的位置看卧式车床的传统轴定向是：X 轴为上下运动，Z 轴为左右运动，如图 3-1～图 3-3 所示。

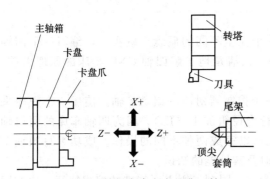

图 3-1　两轴斜床身车床的典型结
构——后置刀架式

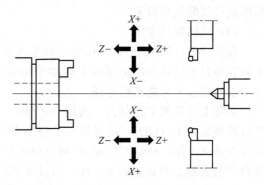

图 3-2　具有两个转塔刀架的 CNC 车
床的典型结构

对于前置刀架和后置刀架车床，或者三轴和多轴车床，都是如此。对于所有卧式车床，卡盘表面的法线方向都是水平的。而对于立式车床，由于设计的不同，则要旋转 90°，即卡盘表面的法线方向都是垂直的。

除了 X 和 Z 主轴，多轴车床还有每一附加轴的单独描述，例如，C 轴或 Y 轴通常是使用动力刀头进行铣削操作的第三根轴。关于坐标系统和机床几何尺寸的细节将在下一章介绍。

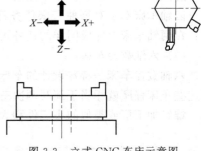

图 3-3　立式 CNC 车床示意图

（1）两轴数控车床

这是最常见的 CNC 车床类型。工件夹持装置通常是卡盘，工件安装在机床的左边（从操作人员的视角看）。日常工作中，斜床身的后置刀架类型是最受欢迎的设计。对一些特殊工作，例如在石油工业中（他们的日常工作就是管子两端的车削），平床身车床更为合适。切削刀具夹持在一个特殊设计的转塔刀架上，它可以夹持四把、六把、八把、十把、十二把甚至更多的刀具。许多此类车床拥有两个转塔刀架，分别位于主轴中心线的两侧。

先进的机床设计跟加工中心的设计相似，将刀具存储在远离工作区域的地方。可以存储并可以在一个 CNC 程序中使用数十把，甚至数百把切削刀具。许多车床还并入了快速换刀系统。

（2）三轴数控车床

三轴车床实际上就是拥有一个附加轴的两轴车床。这根轴有它自己的名称，在绝对模式中通常为 C 轴（增量模式中为 H 轴），它完全是可编程的。通常，第三根轴用来进行铣削加工、切槽、六面体加工以及螺旋槽加工等，这根轴可以替代铣床上的一些简单操作并缩短工件安装时间。当然，这种方式也有一些局限，例如，尽管它提供了偏心调整，但铣削和钻削操作只能在刀具中心线和主轴中心线（在加工平面中）的延长线上进行。

第三根轴有它自己的动力源，但是跟大多数加工中心比较起来，它的功率较低。另一个不足就是第三根轴的最小增量问题，尤其是在早期的三轴车床上，一度的最小增量当然要比两度或五度的有用，当然如果能达到新型车床的 $0.1°$、$0.01°$ 或者 $0.001°$ 的增量就更好了。通常三轴车床具备很好的轴向增量，以实现同步旋转运动。

从 CNC 工件编程的角度看，需要的附加知识并不难学。铣削应用的一般原则以及许多编程特征也是可用的，例如，固定循环和其他简便的方法。一般通过一根目标轴的停车来为车床设计较低的增量值。

(3) 四轴数控车床

在设计上，四轴 CNC 车床跟三轴车床是一个完全不同的概念。事实上，编写一个四轴车床程序只不过是同时编写两个两轴车床程序。在清楚地了解四轴 CNC 车床的原理以前，这种说法听起来可能有点奇怪。

实际上它有两个控制器（两组 XZ 轴），一个控制器对应一组 XZ 轴。使用一个程序来进行外径粗加工（OD），使用另一个程序来进行内径粗加工（ID）。因为四轴车床的两组轴都可以独立工作，所以 OD 和 ID 可以同时加工，以完成两种不同的操作。成功编写四轴车床程序的关键是刀具坐标及操作、刀具运动定时及其性能的知识。

由于某些原因，两组轴不能一直工作。因为这一限制，则需要特殊的编程特征，比如同步等待代码（通常是辅助功能），同时也需要对刀具完成每一操作的时间进行估算等。尽管两组轴的倍率相互独立，但这里有一个折衷的程度，因为两种切削刀具只能使用一个主轴速度。这意味着一些加工操作不能简单地同时进行。

四轴车床不是对每种车床任务都是有益的，有些情况下，在四轴车床上加工工件成本高，在两轴车床上完成同样的任务可能更有效。

(4) 六轴数控车床

六轴数控车床是特殊设计的车床，它有两个转塔刀架，每三根轴对应一个转塔刀架。编写这些车床程序就相当于编写两次三轴车床程序。需要时，控制系统自动实现同步。

螺钉加工厂或类似的小工件和大批量生产中，小到中型的六轴车床是比较受欢迎的。

3.3 功能特征和说明

阅读描述 CNC 机床特征的宣传手册，在很多时候是有帮助的。大多数情况下，艺术品的质量给你很深的印象，它的印刷、图片、纸张的选择以及颜色的运用做得相当好。手册的目的就是促销并吸引潜在的顾客。

除了具有吸引力的图片外，宣传手册还有更多的东西，实际上，在一本设计得很好的手册中，还有描述机床的技术信息。那是 CNC 机床生产厂家认为对顾客很重要的功能特征和说明。

大多数的手册中，有许多可以用在特定 CNC 机床编程中的实用数据。

(1) 典型机床的规格说明

典型的两轴斜床身卧式 CNC 车床，可能有如下的规格说明（来自实际手册）：

描　述	规　格	
轴的数目	两根(X、Z)或三根(X、Z 和 C)	
床身上最大回转直径	560mm	22.05in
最大车削直径	350mm	13.76in
最大车削长度	550mm	21.65in
主轴孔径	85mm	3.34in
棒料最大直径	71mm	2.79in
刀具数	12	
方刀杆尺寸	25mm	1in
圆刀具尺寸	ϕ40mm	ϕ1.57in
换刀分度时间	0.15s	
X 轴行程	222mm	8.75in
Z 轴行程	635mm	25in
X 轴快进速率	16000mm/min	629in/min
Z 轴快进速率	24000mm/min	944in/min
切削进给率	0.01～500mm/r	0.0001～19.68in/min
卡盘尺寸	254mm	10in
主轴电机	AC15/11kW	AC20/14.7hp
主轴速度	35～3500r/min	
最小输入增量	0.001mm	0.0001in
动　力　头		
旋转刀具数量	12	
旋转刀具速度	30～3600r/min	
铣削电机	AC3.7/2.2kW	AC5/2.95hp
夹头尺寸	1～16mm	0.04～0.63in
丝锥尺寸	公制 M3～M16	#5～5/8in

了解工厂中 CNC 机床的规格和功能特征是非常重要的，许多功能特征与控制系统相关，另外有许多跟机床本身有关。在 CNC 编程中，许多重要的决定就取决于这些功能特征中的一种或几种，例如可利用的刀位数目、最大主轴速度等。

（2）控制功能

了解 CNC 机床所有功能的最后一点，就是车床所特有的一些控制特征以及它们与铣削控制的区别。控制特征将在第 5 章里详细讨论。

同时，一些特征和代码可能并不是很重要——它们只是为了参考。下面列出了常见和典型的功能特征：

❑ X 轴表示直径，而不是半径；

❑ 恒定表面速度 CSS（通常也称切削速度 CS）是标准的控制特征（切削速度使用 G96，主轴速度使用 G97）；

❑ 绝对编程模式是 X 或 Z 或 C；

❑ 增量编程模式是 U 或 W 或 H；

❑ 不同形状的螺纹切削（包括锥形和圆形）取决于控制模型；

❑ 暂停可以使用 P、U 或 X 地址（G04）；

❑ 刀具选择使用四位数字标识；

❑ 进给率选择（标准）是 mm/r 或 in/r；

❑ 进给率选择（特殊）是 m/min 或 in/min；

❑ X 和 Z 轴的快速进给率不同；

❑ 可使用车削、镗削、表面加工、轮廓循环、车槽以及车螺纹的重复循环；

❑ 进给率倍率超程范围通常从 0～200%（一些车床上仅为 0～150%），增量为 10%；

❑ X 轴可以镜像；

❑ 尾座可编程；

❑ 自动倒角和圆角使用 G01 模式下的 C 和 R（或 I/K）地址；

❑ 螺纹切削的倍率精度为六位小数（英制单位）；

❑ X 轴的最小直径输入增量为 0.001mm 或 0.0001in——每边的值为它的一半。

第4章 坐标系统

要理解 CNC 原理和几何尺寸的概念，第一步就是要理解数学学科中坐标系的概念。坐标系的概念可追溯到 400 年前，它建立在大量的数学原理之上，其中最重要的就是当今可以应用在 CNC 技术中的那些原理。在各种数学和几何学出版物中，这些原理常见于实数轴和直角坐标系等标题下。

4.1 实数轴系统

理解直角坐标系的关键是对算术、代数学和几何学相关知识的了解，这些领域的关键知识是实数轴系统，实数轴系统可使用十个数字（阿拉伯数字），即 0～9，它们可以用在下面任何一组中：

- 零整数　　　　　　　　　　　　　0；
- 正整数（带或不带符号）　　　　　1，2，+3，10，12943，+45；
- 负整数（需要负号）　　　　　　　-4，-381，-25，-77；
- 分数　　　　　　　　　　　　　　1/8，3/16，9/32，35/64；
- 小数　　　　　　　　　　　　　　0.185，0.2，0.546875，3.5，15.0。

几乎每天都要用到这些数值组，它们是现代生活中使用的所有数字的主流。CNC 编程中，首要目的就是使用数字来"翻译"工程图，将它的尺寸变成刀具路径。

计算机数字控制表示使用计算机来实现数字控制。所有图纸信息通过最基本的数字，转换到 CNC 程序中。此外也使用数字来描述指令、功能以及注释等。实数轴系统的数学概念可以用一根直线来表示，我们称之为数轴，它的每一小段的长度均相等，如图 4-1 所示。

轴上每个刻度的长度表示度量单位，它非常便利，并为大家所接受。在日常生活中使用这一概念，大家可能会觉得很奇怪。例如，不考虑它的度量单位，学校里使用的尺子就是基

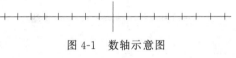

图 4-1　数轴示意图

于数轴的概念。以吨、磅、千克、克以及类似的质量单位表示重量，也是数轴应用的实例。一个简单的家用温度计也使用同样的原理，此外还有其他的相似例子。

4.2 直角坐标系

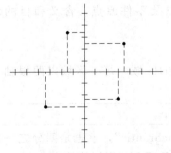

直角坐标系是一个定义点的概念，它用 XY 坐标定义平面二维点，或用 XYZ 坐标定义空间的三维点。它出现在 17 世纪，由法国哲学家、数学家雷内·笛卡儿（1596～1650 年）提出。也可以用他的名字来表示直角坐标系，即为笛卡儿坐标系，如图 4-2 所示。

这一设计、绘制以及数字控制中使用的概念已经有 400 多年的历史了。一个给定的点可以在平面上（两个坐标值）或空间里（三个坐标值）定义。如果两个点的距离跟三根

图 4-2　直角坐标系（笛卡儿坐标系）

轴中的一根平行，则它们是相互正交的。编程中，一个点表示一个确切的位置，如果该位置在平面内，则沿两根轴定义一个二维的点，如果位置在空间里，则沿三根轴定义一个三维点。

两根成直角的交叉数轴构成直角坐标系的数学基础。通过这种表示法，可以得出几个在CNC编程中都具有重要作用的"术语"。

(1) 轴和平面

每个数轴都称为轴，它具有水平和竖直两个方向，在CNC程序中应用这一古老的概念时，至少要使用两根轴（数轴）。以下是轴的数学定义：

> 轴就是穿过平面或立体图形中心的一条直线，工件在其周围对称地排列。

可以进一步定义，即轴是一条参考线，CNC程序中，轴始终作为一个参考来使用。定义中包含了"平面"一词，平面是二维应用中的一个术语，而实体是在三维应用中的术语。平面的数学定义为：

> 平面就是一个表面，表面内的任何一条直线跟表面中任何两点的连线都在表面内。

观察者俯视（直接往下看图 4-3），便可确定一个视图方向，通常称之为平面视图。

平面是一个二维实体——字母 X 表示它的水平轴，字母 Y 表示它的竖直轴，这样的平面称为 XY 平面。从数学的角度来定义，水平轴通常列为这对轴的第一个字母，在绘制草图和 CNC 编程时，这一平面通常也称为俯视图或平面图。CNC 中也使用别的平面，但不如在CAD/CAM 工作中用得那么多。

(2) 原点

从直角坐标系得出的另一术语称为原点，它是两根正交轴的交点。这个点在每根轴上的坐标值都为 0，平面中表示为 X0Y0，空间中表示为 X0Y0Z0，如图 4-4 所示。

图 4-3 轴的名称——平面视图，
CNC 中完全采用数学命名

图 4-4 原点——轴的交点

这一交点在 CNC 编程中有着特殊的含义，原点需要一个新的名字，一般叫做程序参考点。也使用别的术语：程序原点、工件参考点、工件原点以及零件原点，含义和目的均一样。

(3) 象限

两根相交轴及其形成的新平面，可以清楚划分四个不同的区域。每一区域以两根轴为界。这些区域就叫做象限，数学上的定义为：

> 象限就是由直角坐标系形成的平面四个部分中的任何一个。

单词"quadrant"（来自拉丁语中的"quadrants"或"quadrantis"，意思是四分之一部分），表示四个独立定义的区域或象限，它们也用在 CNC/CAD/CAM 应用软件中：

象限Ⅰ	右上角
象限Ⅱ	左上角
象限Ⅲ	左下角
象限Ⅳ	右下角

象限从水平轴 X 开始以逆时针方向定义，它以罗马数字命名，而不是使用阿拉伯数字。计数是从水平轴的正半轴开始，如图 4-5 所示。

任何点的坐标值都可能是正的、负的或 0，所有坐标值由该点在特定象限内的位置以及它沿某根轴相对于原点的距离确定，如图 4-6 所示。

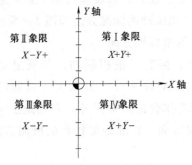

图 4-5　XY 平面内的象限及标识

点的位置	坐标	
	X 轴	Y 轴
象限Ⅰ	＋	＋
象限Ⅱ	－	＋
象限Ⅲ	－	－
象限Ⅳ	＋	－

图 4-6　平面象限内点位置的代数符号

❑ 重点：

如果点正好位于 X 轴上，那么它的 Y 值等于 0（$Y0$）。

如果点正好位于 Y 轴上，那么它的 X 值等于 0（$X0$）。

如果点正好位于 X 和 Y 轴上，那么它的 X 和 Y 值都等于 0（$X0Y0$）。

$X0Y0Z0$ 是原点。工件编程中，正值不写正号，如图 4-7 所示。

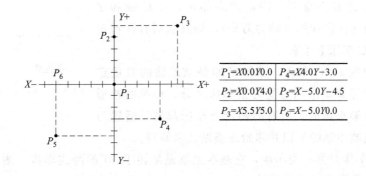

$P_1 = X0.0Y0.0$	$P_4 = X4.0Y-3.0$
$P_2 = X0.0Y4.0$	$P_5 = X-5.0Y-4.5$
$P_3 = X5.5Y5.0$	$P_6 = X-5.0Y0.0$

图 4-7　坐标系内点的坐标定义（点 $P_1 =$ 原点 $= X0Y0$）

（4）右手坐标系

在数轴、象限和轴的示意图中，原点将每根轴分成两段。0 点（原点）将正半轴和负半轴分离开来。在右手坐标系中，正半轴从原点开始，其方向为：X 轴向右，Y 轴向上，Z 轴朝垂直视点的方向，与之相对的方向为负方向。

如果用人的右手放置在这些方向上，它们对应于从大拇指方向手指的末端到顶部的方向。大拇指为 X 方向，食指为 Y 方向，中指为 Z 方向。

CNC 机床编程时，基本都使用所谓的绝对坐标方法，即基于原点 X0Y0Z0。这种绝对编程方法严格遵循直角坐标几何图形的规则，本章将介绍其所有概念。

4.3 机床的几何关系

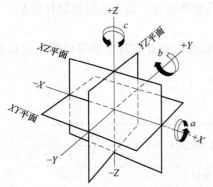

图 4-8 平面和 CNC 机床轴的标准方位

机床几何关系是机床固定点和工件可选点之间距离的关系，CNC 机床的几何关系一般采用右手坐标系确定，正轴和负轴方向由确定的视图转换来决定。Z 轴方向的基本规则就是：沿该方向，通常可以使用单点刀具（比如钻头、铰刀、金属丝或激光束）来加工孔。平面和 CNC 机床轴的标准方位如图 4-8 所示。

（1）铣床中的坐标轴方向

立式加工中心拥有三根控制轴，分别定义为 X 轴、Y 轴和 Z 轴。X 轴平行于机床工作台的最长尺寸，Y 轴平行于工作台的最短尺寸，Z 轴是主轴的运动方向。立式 CNC 加工中心上，X 轴是工作台的纵向方向，Y 轴是工作台的横向方向，Z 轴是主轴方向。

对卧式 CNC 加工中心，这些术语因为设计的不同而改变。X 轴是工作台的纵向方向，Y 轴是立柱方向，而 Z 轴是主轴方向。卧式机床如果在空间上旋转 90°，就可以看成一个立式机床。卧式加工中心的附加特征就是分度轴 B。图 4-9 所示为在 CNC 立式机床上机床轴的定义。

（2）车床中的坐标轴方向

大多数的 CNC 车床有两根轴，X 轴和 Z 轴。机床上还有更多的轴，但在此并不重要。特定的附加轴，如 C 轴和 Y 轴，是为铣削操作而设计的（动力刀头），而且这只有在特定版本的标准 CNC 车床上才有。

工业领域中的 CNC 车床，更常见的是 XZ 轴的双重定位。车床有前置刀架车床和后置刀架车床之分，传统的普通车床就是前置刀架车床的，所有的斜床身车床都属于后置刀架车床。工业领域中轴的标识并非始终遵循数学原则。

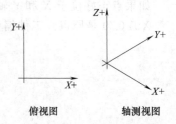

俗视图   轴测视图

图 4-9 立式加工中心的机床轴

立式 CNC 车床是另一类车床，它基本上就是旋转了 90° 的卧式车床。图 4-10 所示为车削中使用的常见卧式和立式机床轴。

（3）附加轴

任何类型的 CNC 机床都可以设计一根或多根附加轴，通常使用字母 U、V 和 W 来指定与第一组轴 X、Y 和 Z 轴平行的第二组轴。在旋转轴中附加轴定义为 A、B 和 C 轴，它们绕对应的 X、Y 和 Z 轴旋转。旋转轴的正方向，用绕 X、Y 或 Z 轴的右手螺旋法来确定，第一组轴和第二组（或辅助）轴的关系如图 4-11 所示。

圆心矢量不是真正的轴，尽管它们跟第一轴 XYZ 相关。这一内容将在第 29 章中的圆弧插补部分介绍。

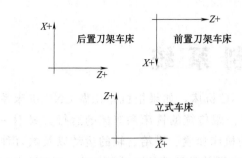

图 4-10 CNC 车床（车削中心）的机床轴

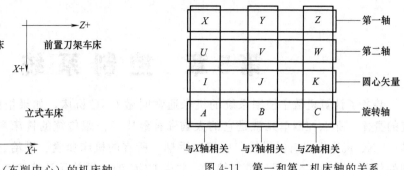

图 4-11 第一和第二机床轴的关系

第5章 控制系统

装备了计算机数字控制系统的机床通常叫做 CNC 机床，如果把机床比做 CNC 机床系统的身体，那么控制单元就是它的大脑和神经中枢。跟传统的铣床和车床的运行方式不一样，CNC 机床上没有操纵杆、旋钮和手柄。所有的机床速度、进给、轴的运动以及数百种别的任务，均由 CNC 程序员来编程，并由 CNC 的主要单元计算机来控制。为 CNC 机床编写程序就是为控制系统编写程序，当然，机床也是一个主要考虑因素，但控制单元直接决定程序的格式、结构及语法。

要完整地了解 CNC 编程过程，对加工工件的复杂性、选择什么样的刀具、使用什么样的速度和进给、以及怎样安装工件和许多其他特征的了解是非常重要的。不仅如此，在没有达到电子学专家和计算机科学家水平的情况下，了解计算机和 CNC 控制单元的实际工作方式也同样重要。图 5-1 所示为真实的 Fanuc 控制面板。

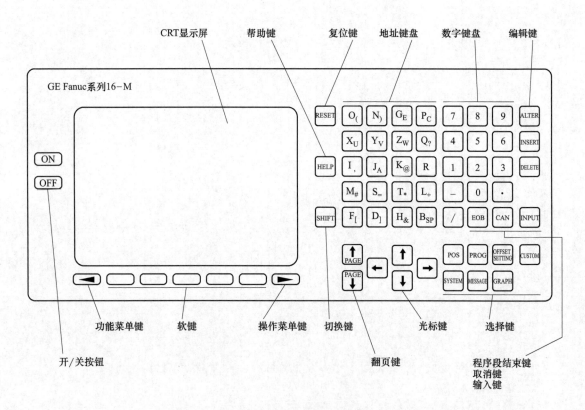

图 5-1　典型 Fanuc 控制面板实例——不同型号的实际布局和功能有所不同（Fanuc 16M）

机床生产厂家添加了他们自己的操作面板，上面有操作 CNC 机床及其所有功能所需的开关和按钮，图 5-2 所示为典型的操作面板，系统所需的另一部件手柄，本书中也会有所介绍。

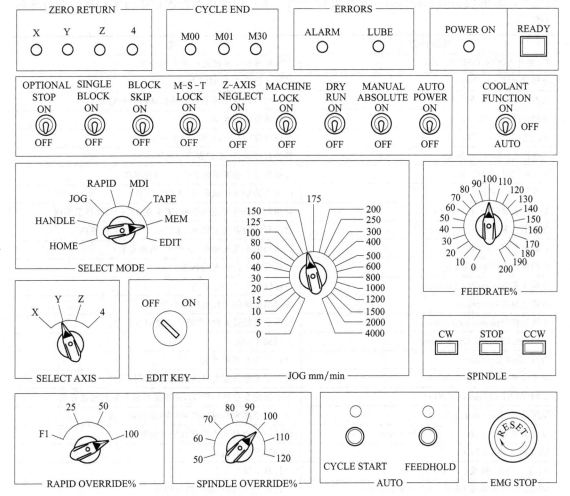

图 5-2　CNC 加工中心的典型操作面板——不同型号的实际布局和功能有所不同

5.1　概述

粗略一看，就知道控制单元有两大组成部分，一部分是操作面板，上面满是旋转开关、拨动开关和按钮；另一部分是带有键盘的显示屏。程序员一般不在 CNC 机床上工作，所以他们很少甚至不使用操作面板和显示屏，CNC 操作人员利用它们来进行调试和控制机床运动。

CNC 程序员是不是应该对机床操作感兴趣？程序员有没有必要了解控制系统所有的功能？对于这两个问题，答案只有一个——肯定是的。

控制单元（CNC 系统）包含的功能只有跟程序一起使用才起作用，它本身并没有任何用处，有些特征只有在程序支持它们时才可以使用，所有的开关、按钮和键均由操作人员控制，以控制程序执行和加工过程。

（1）操作面板

根据 CNC 机床的类型，下面的表格中包含了现代操作面板上最典型和最常见的功能。加工中心和车床的操作略有不同，但两者的操作面板是相似的。对于一般的参考书，重复核对生产厂家的说明书和建议是一个很好的习惯，工厂中使用的许多机床通常都有一些特殊的功能。

功能特征	说　明
开/关开关(ON/OFF switch)	主电源和控制系统的电源控制开关
循环启动(Cycle Start)	开始运行程序或 MDI 指令
急停(Emergency Stop)	停止所有的机床活动并关掉控制单元的电源
进给保持(Feedhold)	暂停所有轴的运动
单段程序(Single Block)	允许程序运行一次运行单个程序段
选择停止(Optional Stop)	暂停程序执行(需在程序中使用 M01)
程序段跳过(Block Skip)	忽略程序中前面有左斜杠(/)的程序段
空运行(Dry Run)	以很快的倍率调试程序(不安装工件)
主轴转速倍率(Spindle Override)	对编程主轴转速施加倍率,通常在 50%～120%范围内
进给率倍率(Feedrate Override)	对编程进给率施加倍率,通常在 0～200%范围内
卡盘夹具(Chuck Clamp)	显示当前卡盘夹持状态(外面/内面夹紧)
工作台夹具(Table Clamp)	显示当前工作台夹持状态
冷却液开关(Coolant Switch)	冷却液控制开/关/自动
齿轮选择(Gear Selection)	显示当前齿轮速比范围选择状态
主轴旋转(Spindle Rotation)	显示主轴旋转方向(顺时针或逆时针)
主轴定位(Spindle Orientation)	主轴的手动定位
换刀(Tool Change)	允许手动换刀的开关
参考位置(Reference Position)	相对于参考位置的机床准备开关和指示灯
手柄(MPG)(Handle(MPG))	手摇脉冲发生器(MPG),用来选择轴和控制增量开关
尾座开关(Tailstock Switch)	手动定位尾座的尾座架和(或)套筒轴开关
分度工作台开关(Indexing Table Switch)	调试中手动对机床工作台分度旋转
MDI 模式(MDI Mode)	手动数据输入模式
AUTO(自动)模式(AUTO Mode)	允许自动操作
MEMORY(存储器)模式(MEMORY mode)	允许从 CNC 的存储器执行程序
TAPE/EXT 或 DNC 模式(TAPE/EXT or DNC mode)	允许从外部装置执行程序,比如桌面电脑(DNC)或穿孔纸带
EDIT(编辑)模式(EDIT mode)	允许修改存储在 CNC 存储器中的程序
MANUAL(手动)模式(MANUAL Mode)	允许在调试中进行手动操作
JOG(点动)模式(JOG Mode)	调试中选择点动模式
RAPID(快速)模式(RAPID Mode)	调试中选择快速模式
储存器存取(Memory Access)	允许编辑程序的键(开关)
错误指示灯(Error Lights)	表征错误的红色指示灯

尽管可能有一些功能特征没有在此列出，但实际上所有这些功能特征都在某种程度上与 CNC 程序相关。许多控制系统有它们自己独特的功能特征，CNC 操作人员必须知道这些特征，机床的程序应该是灵活的，而不是固定不变的——它应该是"用户友好的"。

（2）显示屏和键盘

显示屏是控制操作的"窗口"，通过显示屏可以看到任何使用中的程序，包括控制器的状态、当前刀具位置、各种偏置、参数，甚至刀具路径的图示。在所有控制单元中，可以通过输入键（键盘或软键），在任何时刻选择黑白或彩色显示屏得到想要的显示内容，也可以使用不同的语言进行显示。

使用键盘和软键将指令输入到控制器中，可以修改或删除现有的程序，也可以添加新的程序。使用键盘输入，不但可以控制机床轴的运动，也可以控制主轴速度。改变内部参数来进行评估诊断是更为特别的控制方式，这通常供维修人员使用。键盘和屏幕可用来设置程序原点以及连接外部装置，比如跟另一台电脑连接。此外还有更多其他的选项，尤其是多轴机床。每个键盘都允许使用字母、数字或符号来输入数据，并非所有键盘都允许使用字母表中的字母和全部可用符号进行数据输入。一些控制面板的键是关于操作的描述，而不是一个字母、数字或符号，比如"Read"和"Punch"键或"Offset"键。

（3）手轮

为方便调试，CNC 机床安装有手轮，它可以以控制系统最小的增量移动所选择的轴。Fanuc 公司对手轮的正式命名是手摇脉冲发生器。跟手轮相关的是轴选择开关（跟手轮一样，通常位于操作面板上）以及增量范围（即最小增量 X1、X10 和 X100）。此时字母 X 为系数，表示"乘以 X"，一个手柄刻度将以有效度量单位的最小增量移动选择的轴 X 次。图 5-3 为手柄的详述。

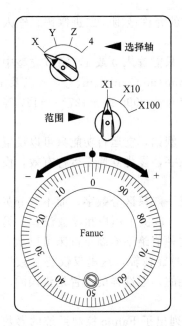

手轮系数	一个手轮刻度运动是	
	公制系统	英制系统
X1	0.001mm	0.0001in
X10	0.010mm	0.0010in
X100	0.100mm	0.0100in

图 5-3 手轮常见布局及功能，称为手摇脉冲发生器（MPG）
（在不同型号机床上的布局和功能有所区别）

5.2 系统功能特征

CNC 单元只不过是一个有着特殊目的的复杂计算机，"特殊目的"是计算机控制机床（如车床和加工中心）运动的能力。这就意味着计算机必须由具有满足特殊目的和专门技术的公司来设计，与商业计算机不同，每个 CNC 单元专为特定客户制造，客户通常是机床生产厂家，而不是终端用户。生产厂家指定控制系统必须满足的特定要求，这种要求反映了他们生产机床的唯一性。对于特定的机床，基本的控制器不变，只是添加（或去掉）了一些个性化的功能特征，一旦控制器卖给了机床生产厂家，系统将添加更多功能特征。它们主要跟机床的设计和性能相关。

例如为 2 台其他功能相同只是换刀装置不同的机床设计的 CNC 单元，其中一台机床具有手动换刀装置，另一台是自动换刀装置，为了支持自动换刀装置，CNC 单元必须加入特殊功能，如果没有自动换刀装置，则并不需要它们。CNC 系统越复杂，价格就越昂贵，对不需要所有复杂功能的用户，当然不希望为他们并不需要的功能支付额外的费用。

(1) 参数设置

确定 CNC 控制器和机床之间固定关联的信息，并储存在内部寄存器中的特殊数据，称为系统参数。本书中的一些信息是专用的且仅作参考，经验有限的程序员不需要对系统参数做深层次的了解，制造商的原始设置足以进行绝大多数加工。

显示屏在显示参数时，显示一行带有某些数据的参数编号。每一行编号表示一个字节，字节里的每位数字叫做比特。"bit" 一词来自 "Binary digIT"，它是参数输入的最小单位。比特的编号方式从 0 开始，从右往左读：

编号	#7	#6	#5	#4	#3	#2	#1	#0
××××	0	1	1	0	1	0	0	1

Fanuc 控制系统参数属于以下三组中的一组，具有指定的允许范围：二进制码；输入单位；设置值。

这些组有不同的输入值，二进制输入在比特输入格式下只能输入 0 或 1，字节类型中为 0～+127。输入单位的范围比较大——可能是 mm、in、mm/min、in/min、(°) 以及 ms 等，也可以在一个给定范围内指定一个值，例如，0～99 或 0～99999 或 +127～-127 等范围内的数字。

二进制输入的典型例子就是在两个选项之间进行选择。例如，空运行功能只可以设置为有效或无效，要做出一个选择，可以任意设置参数的比特数字，设为 0 使空运行有效，设为 1 使之无效。

例如，输入单位用来设置增量系统的尺寸单位。计算机一般只区分数字，而不区分英制和公制，控制器是否将 0.001mm 或 0.0001in 作为最小增量，取决于用户和参数设置。另一个例子是存储每轴最大倍率和最大主轴速度的参数设置，这种值绝不能高于机床可以承受的范围。分度轴的最小增量为 1°，它不能变成增量为 0.001° 的旋转轴，这里仅仅将参数设置成了一个较低的值，尽管这种设置对于参数设置本身是可能的，但这样的设置是错误的，并可能导致严重的后果！

为了更好地了解 CNC 系统参数可以做什么，这里简单列出了 Fanuc 控制系统的参数类别（它们中的许多只对维修技术人员有用）：

设置参数；	I/O 干扰参数；
轴控制数据参数；	行程界限参数；
切削参数；	螺距误差补偿参数；
坐标系统参数；	倾斜补偿参数；
进给率参数；	直线度补偿参数；
加速/减速控制参数；	主轴控制参数；
伺服系统参数；	刀具偏置参数；
DI/DO 参数；	固定循环参数；
MDI、编辑和 CRT 参数；	缩放比例和坐标旋转参数；
程序参数；	自动拐角倍率参数；
主轴连续输出参数；	渐开线插补参数；
图形显示参数；	单向定位参数；

客户宏（用户宏）参数；　　　　　　　转塔轴控制参数；

程序重启参数；　　　　　　　　　　　高精度轮廓控制参数；

快速跳过信号输入参数；　　　　　　　维修参数；

自动刀具补偿参数；　　　　　　　　　另外的参数。

刀具寿命管理参数；

相当多的参数跟日常编程并没什么关系，这里只作为例子列出。所有的系统参数都只能由拥有相关权限的人来设置或改变，比如经验丰富的维修技术员。程序员和操作人员不能修改任何参数设置，这些改变不仅需要技能，还需要授权。将控制器的初始参数设置清单放在远离机床的安全地方，以防万一。

> 改变控制系统参数时一定要慎重！

许多参数在程序执行中将定时地更新，CNC 操作人员通常可能完全没有意识到这一正在进行的活动，实际上没有必要对该活动进行监控。最安全的规则就是一旦有资质的技术人员设定了参数，对给定任务的任何临时改变都需要通过 CNC 程序来完成。若需永久改变参数，应该指派授权人员来完成——而不是任何别的人。某些参数可以通过程序来改变（一定要谨慎）。

（2）系统缺省值

出售控制器时，生产厂家已经在它里面存储了许多参数设置，它们可能是唯一的选择，也可能是最合适的或最常见的选择，但这并不意味着它们是最优的设置——它们的选择基于它们的常见用途，许多值因为安全的缘故而设置得十分保守。

安装中确定的参数值设置称为缺省设置。单词"default"来自法语中的"defaut"，它可以译成"假设"。打开控制器的主电源时，没有设置值从程序传递到参数，因为尚没有使用程序。然而，有些设置在没有外部程序时，可以自动生效。例如，控制系统启动时，将自动取消刀具半径偏置，同样被取消的还有固定循环模式和刀具长度偏置，控制器会"假设"某些状态优先于其他的状态。很多操作人员接受大多数的（尽管不一定是所有的）原始设置。一些设置可通过改变参数设置进行定制，这样的设置是固定不变的，并创造一个新的"缺省值"。

> 对参数的任何改变都需要记录在案！

计算机快速而精确，但没有智能。人速度较慢而且通常出错，但有一个特殊的能力——思考。计算机仅仅是一台机器，它不能假设，不能考虑，不能感觉。如果人们在设计过程中，不在硬件和软件上付诸努力和添加一些独创性的想法，那么计算机是不能做任何事情的。

通过工程师的设计，在给 CNC 机床通电时，内部软件将某些现有的参数设置为它们的缺省状态。只有某些参数，而不是所有的参数，具有一个假设的状态——称之为缺省值的状态。

例如，刀具运动有三种基本模式——快速运动、直线运动和圆弧运动。缺省的运动设置由一个参数控制。启动时只能激活一个设置，是哪一个呢？答案取决于参数设置。许多参数可以预先设置为想得到的状态。该例子中只有快速运动和直线运动才能设置为缺省值。因为快速运动是程序中的第一个运动，看起来将它设置为缺省值比较好——但是等一下！

许多控制器将直线运动设为缺省值（G01 指令），这样启动时它将有效——严格说来是出于安全考虑。当手动移动机床轴时，参数设置不起作用。如果手动输入轴的指令值，无论是通过程序还是控制面板，都将导致刀具运动。如果不指定运动指令，系统将使用参数中预先设置的缺省值指令模式。因为缺省模式是直线运动 G01，结果将导致错误，由于没有进给率而出现故障！它并没有 G01 所需的有效切削进给率。如果缺省设置为快速运动 G00，将执行快速运动，因为它并不需要编程进给率。

了解车间中所有控制器的缺省设置是非常有益的。除非有特别的理由需要更改，否则相似控制器的缺省值是一样的。

（3）内存容量

CNC 程序可以存储在控制器内存中，程序的大小只受控制器的容量限制。这一容量由不同的方法来衡量，最初是相当于多少米或英尺的磁带长度，后来是字节数或屏幕页数。CNC 车床控制器的常见最小内存容量是 20m（66ft）磁带，这是在某种程度上还保留的过时的方法。CNC 铣削系统中，基于相同标准的内存需求一般要大，其典型的最小内存容量是 80m 或大约 263ft。如果可以任选的话，应选用内存容量比较大的控制系统，最小内存容量随着机床的不同而不同——一定要仔细核对控制器说明书。

现代衡量内存容量的方法更趋向于使用字节为单位，而不是过时的磁带长度。字节是存储容量的最小单位，可以粗略地将它等同于程序中的一个字符。

控制系统的内存容量应该足够大，以存储常规情况下最长的 CNC 程序，这就需要在购买 CNC 机床以前进行一些规划，例如，在加工三维模具或高速加工时，附加内存容量的花费是非常高的，尽管任何花费都是相对的，有一些可靠并廉价的选择还是很值得探究。

另外一个方法就是从个人计算机上运行 CNC 程序，这需要一个廉价的通信软件和电缆来连接计算机和 CNC 系统，最简单的方法就是将 CNC 程序从一台计算机转移到另一台。更复杂的可能性就是不将程序装载到 CNC 内存中，而只通过软件和电缆在个人计算机上运行。这种方法通常叫做“在线加工”。在个人计算机上操作时，CNC 程序跟存储装置的容量相同，通常取决于计算机的硬盘。

大多数的 CNC 程序跟控制系统的内存是相符的。许多控制器使用字符数或等价的磁带长度。以下是一些近似计算内存容量的公式：

❍ 公式 1　当知道容量是多少字符时，要想知道程序长度是多少米，可使用下面的公式：

$$S_m = N_c \times 0.00254$$

式中　S_m——存储容量，m；

N_c——内存容量，字符数。

❍ 公式 2　当知道容量是多少字符时，要想知道程序长度是多少英尺，可使用下面的公式：

$$S_t = \frac{N_c}{120}$$

式中　S_t——存储容量，ft；

N_c——内存容量，字符数。

❍ 公式 3　当知道系统的内存容量是多少米时，要想知道给定程序的字符数，可使用下面的公式：

$$C = \frac{m}{0.00254}$$

式中　C——可使用字符数；

m——内存容量，m。

实际上也可以用下面的公式得到相同的结果：

$$C = \frac{m \times 1000}{2.54}$$

⊃ 公式 4　当知道系统的内存容量是多少英尺时，要想知道程序的字符数，可使用下面的公式：

$$C = f \times 120$$

式中　C——可使用字符数；

　　　f——内存容量，ft。

为了防止可用内存容量太小而不能容纳最大程序，有几种方法可以在一定程度上解决该问题，例如，在第 50 章里介绍的缩短程序长度方法。

5.3　手动中断程序

如果需要在执行过程中中断程序，控制系统通过机床操作面板，提供了几种方法来实现这种需要，最常见的方法就是单段程序执行、进给保持和急停。

（1）单段程序执行

程序的一般目的就是在连续的模式下自动并有序地控制机床，每一个程序就是一系列格式化的指令，它们被写成单独的代码行，称为程序段。程序段和它们的概念将在后续章节中介绍，单个程序段中的所有程序指令都将作为单条指令执行。控制系统从顶部开始，按照它们在程序中出现的顺序接收程序段，通常当程序段一个接一个自动执行时，CNC 机床在连续模式下运行。连续性对于生产是非常重要的，但在校验程序时并不实用。

为了使程序的连续执行失效，操作面板上设置了单段程序执行按钮，在单段程序模式下，按下循环启动键时，每次只执行程序中的一个程序段。可在控制面板上单独使用单段程序模式，有时为了使程序校验更快、更精确，也可以与别的设置一起使用。

（2）进给保持

进给保持是位于操作面板上的一个特殊按钮，通常靠近循环启动按钮。在快速、直线或圆弧插补运动过程中，如果按下该按钮，会立即停止轴的运动。这对当前的所有运动轴都有效，该功能对机床的调试或第一个工件的加工很是方便。某些加工运动方式会限制或取消使能进给保持功能，例如车螺纹或攻螺纹加工模式。

激活机床的进给保持并不会改变任何其他的程序值——它只影响运动。进给保持开关在生效时始终是亮的（红灯）。CNC 程序员为了某些特殊目的在程序中可以忽略进给保持。

（3）急停

每台 CNC 机床至少有一个特殊的蘑菇形红色按钮，它位于机床上容易触及的地方，上面标有"急停"字样，按下该按钮时，机床的所有运动将立即停止，主电源中断，且机床必须重启。急停按钮是所有 CNC 机床上强制性的安全功能。

按下急停按钮通常不是停止机床操作的最好或者唯一的方法。实际上，最新版的控制器都提供了其他用于防止切削刀具和工件或夹具之间产生干涉的功能，前面介绍的进给保持功能就是其中一种。如果必须使用急停，它也应该是最后的选择，即在采用别的方法需要的时间过长时才采用。特别注意在出现意外时，不能恐慌。

对于某些机床动作，急停的效果并不很明显，例如主轴从减速到停止就需要一定的时间。

5.4　手动数据输入（MDI）

　　CNC 机床并非一直是用程序进行操控的，工件安装过程中，CNC 机床操作员需要完成大量的手工操作，如导轨移动、主轴旋转以及换刀等。CNC 机床上没有机械装置，手摇脉冲发生器是电气元件而非机械元件。为了在没有传统机械装置的情况下操作 CNC 机床，控制系统提供了手动数据输入（MDI）功能。

　　手动数据输入可将程序数据输入到系统中，每次可输入一个程序指令。如果需要单独输入过多的指令，比如一个很长的程序，手动数据输入的效率就很低。在调试或类似操作中，一次只需输入单个或少量指令时采用 MDI 方式是很方便的。

　　要进入 MDI 模式，必须选择操作面板上的 MDI 键。它将开启系统当前状态的显示屏，MDI 模式中可以使用大多数的编程代码，但并不是所有的。在书写形式上，其格式跟 CNC 程序是一样的。在此，CNC 操作人员扮演了 CNC 程序员的角色。对操作人员进行基本的 CNC 编程培训显得非常重要，至少要使其能够处理手动数据输入的指令设置。

5.5　程序数据倍率

　　所有的 CNC 单元都设计有一系列专用旋钮，它们的功能就是方便 CNC 操作人员对主轴编程速度或轴运动的编程速度施加倍率。例如，程序中编写的 15in/min 的进给率可能引起机床的轻微颤振，此时有经验的操作员便可通过增加或降低主轴的速度来消除颤振。虽然可以通过编辑程序来改变进给率或主轴速度，但这种方法效率不是很高，在实际切削过程中，可能需要进行某些"试验"来找到最合适的值，这时就可以使用手动倍率旋钮，因为它们可以在操作中进行试切。多数控制面板上有四种倍率旋钮：

- ❑ 快速进给倍率（快速运动）（更改机床的快速运动）；
- ❑ 主轴速度倍率（更改编程的主轴转速，单位为 r/min）；
- ❑ 进给率倍率（切削进给率）（更改编程的进给率）；
- ❑ 空运行模式（改变切削运动到不同的速度）。

　　倍率旋钮可以单独或一起使用。操作人员和程序员可在控制面板上使用它们，以使工作变得更加容易。操作人员不需要不停地修改程序来"试验"速度和进给率，程序员有责任设置合理的切削进给率和主轴速度，设置倍率旋钮并不意味着可以编写不切实际的切削值。倍率只是精细车削的工具——程序通常必须反映工件的加工条件。使用倍率旋钮不会对程序有任何改变，只是给了 CNC 操作人员一个机会，以便在稍后对程序进行编辑并思索最适宜的切削条件。如果 CNC 机床上的倍率旋钮使用得当，可以节省大量宝贵的编程时间和安装调试时间。

　　(1) 快速运动倍率

　　CNC 程序中通过没有指定进给率的准备功能来选择快速运动速度。如果机床在快速模式下的设计运动速度为 985in/min（25000mm/min），该值绝不会在程序中出现。相反，可以编写特殊的准备功能 G00 来调用快速运动模式，程序执行过程中，所有 G00 模式下的运动，均按照生产厂家指定的固定速度进行。同样的程序，在额定快速运动速度较高的机床上，要比在额定快速运动速度较低的机床上运行得快。

　　在调试中，可能需要对快速运动速度进行控制以进行程序校验，因为此时高的速度工作起来不是很方便。程序校验完以后，便可将快进速度调到最大。CNC 机床上装备了快进倍率旋钮，使用它可以进行临时设置快速运动速度。该旋钮位于控制面板上，有四种设置可用。其中三种标记为最大速度的百分比，通常为 100%、50% 和 25%。切换到它们时，将改变快速运动速度。例如，如果最大速度为 985in/min 或 25000mm/min，那么在 50% 设置上的实际速度为 493in/min 或 12500mm/min，在 25% 设置上的则为 246in/min 或 6250mm/min。在调试过程中，使用降低后的速度要方便得多。

　　旋钮的第四个位置通常没有百分比标记，而是由 F1 或一个小的符号来标识。在该设置下，快速运动速度低于 25%。为什么不标为 10% 或 15%？理由很简单——控制系统允许用户指定该值。它可能是 0～100% 之间的一个设置。缺省设置也是最合乎逻辑的——通常是最大快速运动速度的 10%。该设置永远不可能高于 25%，可通过一个系统参数来设置该值。确保所有在此类机床上工作的人员都知道这些变化。

　　(2) 主轴速度倍率

　　应用在快速运动速度倍率的逻辑也可以用在主轴速度倍率上。在实际切削过程中，可以使用位于控制面板上的主轴速度倍率旋钮来改变主轴速度。例如，如果编程的主轴速度 1000r/min 过高或过低，可以由该旋钮来临时改变。实际切削过程中，CNC 操作人员可以对主轴速度倍率进行试验，以找出给定切削条件下的最适宜的速度。这一方法要比"试验"程序值快得多。

　　在有些控制器中，主轴速度倍率可能是连续的或具有 10% 的可选增量，通常在编程主轴速度的 50%～120% 之间。加工过程中，1000r/min 的编程速度可以覆写为 500r/min、600r/min、700r/min、800r/min、900r/min、1000r/min、1100r/min 和 1200r/min。这么大的范围使得 CNC 操作人员有很大的弹性空间，来最优化适应切削条件的主轴速度。但是，这里也有一个问题，最优主轴速度只能用在程序中使用的众多刀具中的一把上。没有 CNC 操作人员可以找出那把特定的刀具并在需要的时候将速度调高或调低。简单的人为疏忽可能使工件或刀具报废，或者两者都报废。推荐使用的方法就是找出每一把刀具的最优速度并记录下来，然后改变相应的程序，如此一来，所有的刀具在生产中都可以使用 100% 的主轴倍率设置。

　　将主轴倍率旋钮的增量与快速运动倍率（前面介绍的）和进给率倍率（即将介绍的）旋钮的增量进行比较，其范围会更有限。50%～120% 的主轴速度范围是出于安全考虑。可以用一个相当夸张的例子来阐述，没有操作人员愿意在 0r/min（主轴不转）的速度，或者在一个很大的倍率下铣削、钻削或车削任何材料。

　　为了在程序中选择 100% 的倍率设置速度，需要计算新的主轴速度。编程主轴速度为 1200r/min 的刀具，如果总是要设为 80%，应该在程序中将其编辑为 960r/min，这时便可使用 100% 的设置。公式非常简单：

$$S_n = S_p\, p \times 0.01$$

式中　S_n——优化的或新的主轴转速，r/min；

　　　　S_p——初始的编程值，r/min；

　　　　p——主轴倍率百分比。

　　在 CNC 机床上对编程的主轴速度施加倍率，唯一的目的就是确定最佳切削条件下的主轴旋转速度。

　　(3) 进给率倍率

　　使用最频繁的倍率旋钮是改变编程进给率的倍率旋钮。对于铣削控制器，编程的进给率单位是 in/min 或 mm/min。对于车床控制器，编程的倍率单位是 in/r 或 mm/r。

　　基于进给率倍率设置的新的倍率计算，跟主轴速度的计算相似：

$$F_n = F_p p \times 0.01$$

式中　F_n——优化的或新的进给率；

　　　F_p——初始的编程进给率；

　　　p——倍率百分比。

可以在一个较大的范围内对进给率施加倍率，通常从 0～200%，至少为 0～150%。当进给率倍率旋钮设为 0% 时，CNC 机床将停止切削运动。一些 CNC 机床没有 0 设置，而从 10% 开始。最大的 150% 或 200% 的切削倍率是编程值的 1.5 或 2.0 倍。

有些情况下，使用进给率倍率可能损坏工件或切削刀具——或者两者都损坏。典型的例子是各种攻螺纹循环和单头螺纹。这些操作需要主轴跟进给率保持一定的关系，这样的情形下，进给率倍率是无效的。如果使用标准的运动指令 G00 和 G01，来编写攻螺纹或螺纹切削运动，进给率倍率将有效。单头螺纹指令 G32，攻螺纹固定循环 G74 和 G84，还有车床上的车螺纹循环 G92 和 G76，将取消进给率倍率，这已经内置入软件中。所有这些指令和其他相关指令将在本书的后面章节中详细介绍。

（4）空运行操作

空运行是一种特殊的倍率，它可通过控制面板上的"空运行"旋钮激活。它只直接作用于倍率，它可以使用远远高于实际切削速度的倍率。实际上，它意味着可使用远远高于最大进给率的倍率来执行程序。空运行旋钮生效时，并不进行实际切削。

空运行的目的是什么？它又有什么好处？它的目的就是方便 CNC 操作人员在切削第一个工件前，测试程序的完整性。其好处主要是节省并不进行加工的程序校验时间。空运行中，工件通常并不安装在机床上。如果工件安装在夹持装置中，同时还使用了空运行，那么留出足够的空间是非常重要的。通常，这意味着将刀具移离工件。此时程序"空"执行，即没有实际切削，没有冷却液，仅仅是在空运行。因为空运行中倍率极大，所以不能安全地加工工件。但在空运行过程中，可以检查出程序所有可能存在的错误，除了那些跟切削刀具和材料实际接触相关的错误。

空运行是用来检查 CNC 程序总体完整性的非常有效的方法。一旦在空运行中校验程序，CNC 操作人员就可以关注包含实际加工的程序部分。空运行可以跟控制面板上的另外几种功能联合使用。

在加工前要确保让空运行旋钮处于非空运行状态。

（5）忽略 Z 轴

在 CNC 加工中心（不是车床）上测试未经校验的程序的另一种非常有效的方法，就是使用位于操作面板上称为"忽略 Z 轴"的切换开关。正如名字所示的那样，当激活该开关时，不执行任何为 Z 轴编写的运动。为什么是 Z 轴？因为 X 和 Y 轴用作加工工件的外形轮廓（最常见的造型操作），临时取消任何一根轴的运动都是没有意义的。通过临时省略（失效）Z 轴，CNC 操作人员可以集中校验工件轮廓的精确性，而不需要担心其深度。不用说，这种程序测试方法必须在工件没有安装（通常也没有冷却液）时进行。这里要注意！一定要在适当的时刻激活该开关或使该开关无效。如果在按下循环开始键前禁止 Z 轴运动，那么将忽略所有后续的 Z 轴指令。如果在程序执行中激活或禁止 Z 运动，则 Z 轴的位置可能不会很精确。

忽略 Z 轴既可以用在手动模式操作中，也可以用在自动模式操作中。一定要确保在程序校验完成后，使所有沿 Z 轴的运动返回激活模式。一些 CNC 机床需要对 Z 轴位置进行重新设置。

（6）手动绝对设置

一些老式 CNC 机床上有一个标识为"手动绝对"的拨动开关，它有"开"和"关"两个位置。如果安装有该开关，它的目的非常简单——如果在程序执行中有手动动作，比如使用钻头校验孔时，那么如果拨动开关处于"开"状态，则会更新工件坐标，如果处于"关"状态，则不会更新。实际上，该开关应该一直处于"开"状态，也正是因为这个原因，大部分控制器已经不再使用这种开关了。

（7）顺序返回

顺序返回是由控制面板上的一个开关或键控制的特殊功能。它的目的就是使 CNC 操作人员可以在被中断程序的中部开始执行程序。某些编程功能被存储（通常是最后的速度和进给），其余的必须通过手动数据输入键来输入。这一功能的操作跟机床的设计紧密相关。更多使用信息可参阅机床手册。当刀具在长程序执行过程中损坏时，该功能便非常便利。如果使用得当，它可以节省宝贵的生产时间。

（8）辅助功能锁定

CNC 机床操作中可以使用三种"辅助功能"。这些功能是：

辅助功能锁定	锁定 M 功能
主轴功能锁定	锁定 S 功能
刀具功能锁定	锁定 T 功能

正如在本章后面介绍的，辅助功能一般跟 CNC 编程技术有关，它们控制主轴旋转、主轴定位、冷却液选择、换刀、分度工作台、托盘等机床功能。其次，它们也控制一些程序功能，比如强制或可选暂停，子程序及程序结束等。

锁定辅助功能时，所有跟机床相关的辅助功能 M、所有主轴功能 S 以及所有刀具运动 T 都将暂停。相对于辅助功能锁定，一些机床生产厂家更喜欢使用 MST 这一名称。MST 是取单词 Miscellaneous、Spindle 和 Tool 的首字母的缩写词，表示将锁定的程序功能。

这些锁定功能只应用于工件的安装调试和程序校验中，生产加工中并不使用。

（9）机床锁定

机床锁定功能是用于程序校验的另一控制功能。到目前为止，已经介绍了忽略 Z 轴功能以及辅助功能的锁定。记住，忽略 Z 轴功能只禁止 Z 轴运动，而辅助功能锁定（也可称作 MST 锁定）锁定辅助功能、主轴功能以及刀具功能。控制面板上可用的另一种功能称为机床锁定。该功能有效时，将锁定所有轴的运动。

锁定所有轴的运动来校验程序，看起来可能很奇怪，但有一个很好的理由来使用该功能，它可以让 CNC 操作人员在没有任何碰撞的情况下测试程序。

激活机床锁定时，只锁定轴的运动。所有其他的程序功能将正常执行，包括换刀和主轴功能。为了找出可能存在的程序错误，可以单独使用该功能，也可以跟别的功能联合使用。最典型的错误可能是语法错误和各种刀具偏置功能。

（10）实际应用

本章中介绍的许多控制功能，相互之间可以联合使用。一个很好的例子就是空运行跟忽略 Z 轴或辅助功能锁定联合使用。知道可使用什么样的功能，CNC 操作人员就可以立刻做出满足要求的选择。在开始一项新的工作或运行新程序时，有很多同样重要的地方需要 CNC 操作人员注意。控制单元的许多功能设计，是为了让操作人员的工作更轻松。它们可以使操作人员每次只关注一到两项内容，而不是整个复杂的程序。前面已经详细介绍了这些功能，现在该看看它们的一些实际应用了。

在新程序运行的初始化时，事实上一个好的 CNC 操作人员会采取一定的预防措施。例如，很可能以可用快速运动速度的 25％或 50％设置，来测试工作的第一工件。这一相对较慢的设置，使得操作人员可以监控程序运行的完整性以及特定的细节。这些细节可能包括刀具和材料之间的空隙是否不够，检查刀具路径并看它是否比较合理等。

CNC 操作人员需要同时执行大量的工作。其中包括监控主轴速度、进给率、刀具运动、换刀以及冷却液等。有可能在加工第二个甚至第三个工件时，CNC 操作人员才开始思考优化切削值，比如主轴速度和切削进给率。这种优化，反映在给定条件下的理想速度和进给。

生产主管不应该随便指责低于 100％的倍率设置。许多管理人员将 CNC 程序看作是不可改变的文件。他们的态度就是写好的就是没有错误的——这未必总是正确的。通常，CNC 操作人员没别的选择而只能对程序值施加倍率，但最重要的还是反映最优切削条件的程序修改。

一旦机床操作人员发现必须修改程序中的某些值时，则必须编辑程序以反映这些改变。不仅是当前正在工作的任务，也包括后续的任何重复工作。毕竟，每个程序员和 CNC 操作人员的目标就是以 100％的效率来工作。要达到这种效率，就需要操作人员和程序员的合作。优秀的 CNC 程序员通常努力在办公室里编写高效的程序，然后再作进一步改进。

5.6 系统选项

CNC 系统中的可选功能类似于汽车上的选项。一个系统中的可选功能可能是另一个系统中的标准功能，这跟营销策略和公司的观念有着极大的关系。

以下是在特殊系统中，对一些可能被归类为可选控制功能的探究。但首先要做出一些重要的免责声明：

> 本书包含对大部分控制功能的描述，而不管它们作为系统的标准或可选功能出售。用户最终决定在特定控制系统中到底安装何种功能。

（1）图形显示功能

在显示屏上用图形来表示刀具路径是最重要也是普及的控制选项。不要将这个选项跟任何传统编程类型相混淆，它们同样使用绘图刀具路径界面。在没出现计算机辅助制造（CAM）时，在控制面板上显示图形是很有益的。不管它是黑白的或彩色的，能在实际加工前方便地看见刀具运动，这是 CNC 操作人员和程序员都非常重视的。

典型的图形选项显示两根轴和两个用于进行缩放显示的光标。测试刀具路径时，通过不同的颜色（如果可用）或不同的亮度来区分不同的刀具。快速运动用虚线表示，切削运动用实线表示。如果在加工过程中使用图形功能，可以在显示屏上看见刀具运动——这对于肮脏、油腻情况下的机床加工是非常有益的。

通过放大或缩小其显示，可以对整体或具体区域的刀具运动进行评估。许多控制器也包括实际刀具路径的仿真，首先设置工件和切削刀具的形状，然后便可在平面上进行观察。

（2）在线测量

在许多加工操作，例如制造单元或敏捷制造过程中，需要进行定期检查并调整工件尺寸公差。由于切削刀具的磨损或其他原因，尺寸可能落在"公差带"以外的区域。使用探测装置及合适的程序，"在线测量"功能便可提供很好的解决方案。在线测量选项的 CNC 程序，包含一些格式非常特别的功能——将其写成变量形式，且使用控制系统的另一功能——顾客宏（有些叫做用户宏），便可提供不同类型的编程。

如果公司或 CNC 加工厂是"在线测量"的用户，那么最好也安装另一些控制选项，供

CNC 程序员使用。最典型的选项是探测软件、刀具寿命管理以及宏等。尽管在对它进行严密的阐述并频繁地使用它，但该技术稍微超出了标准 CNC 编程的范围。建议已经使用数字控制技术的公司，对这些选项进行研究，以保持在该领域的竞争力。

（3）存储行程限位

将 CNC 车床上的某个区域或 CNC 加工中心中的某个空间定义为安全工作区域，可以作为控制系统参数存储下来，它称为存储行程限位。设计这些存储行程限位，是为了防止切削刀具和夹具、机床或工件的碰撞。刀具输入时，该区域（2D）或空间（3D）既可以定义为有效，也可以定义为无效。它可以在机床上手动输入，或者通过程序输入（如果可用）。一些控制器只允许定义一个区域或空间，另外一些则允许定义多个。

当该选项有效，并且 CNC 单元监测程序中发生在禁区里的运动时，将导致错误条件并中断程序。典型的应用可能包括尾架、夹具、卡盘、旋转工作台甚至不规则外形的工件所占据的区域。

（4）图纸尺寸输入

一个可能会在一定程度上被忽略的选项，是使用来自工程图的尺寸输入的编程方法。输入直接来自图纸的已知坐标、半径、圆角和给定的角度的能力，将使得它成为极具吸引力的选项。因为程序的可移植性较差，从而使这种功能失色不少。为了有效地使用编程功能，必须将这种选项安装到加工厂里的所有机床上。由于不是通用选项，本手册里不做过多介绍。

（5）加工循环

铣削和车削控制器提供了各种加工循环。铣削操作的典型加工循环称作固定循环，它简化了点到点的加工，比如钻孔、铰孔、型腔铣削以及分布孔加工等。

CNC 车床也有许多切除材料的加工循环可用，比如自动粗加工、成型精加工、表面加工、锥体切削、车槽和车螺纹。Fanuc 控制器称这些循环为多重循环。

所有这些循环，都是为了简化编程和在机床上更快地进行加工。程序员在编程准备阶段，通过使用适当的循环调用指令，来提供切削值，所有的处理由 CNC 系统自动完成。当然，也常常会有一些特殊的编程工作，它们不能使用任何循环（至少不是非常有效），必须手动编程或者使用外部计算机和 CAM 软件。

（6）切削刀具动画

前面定义的许多刀具路径图形显示，由简单的线段和圆弧来表示。屏幕上，当前刀具位置通常是线段或圆弧的端点位置。尽管这一切削刀具运动的图形显示方法非常有用，但它也有两个缺点。在屏幕上不能看见切削刀具和材料，所以刀具路径仿真的作用有限。许多现代控制器加入了称为切削刀具动画的功能，如果在控制器上可用，它可以显示工件毛坯、夹持装置和刀具的形状。程序执行时，就为 CNC 操作人员的程序校验添加了非常精确的形象的功能。为了更加明显，可用不同的颜色来区分每一图元。可以预先以正确的比例设置毛坯尺寸、夹持装置和刀具形状，并且可以存储不同的刀具形状以反复使用。这就像把 CAD/CAM 固定在单独的控制器中。

（7）与外部装置连接

CNC 计算机可以跟一个外部装置连接，通常是另一台计算机。每个 CNC 单元有一个以上的连接器，它们是连接外围设备的特殊设计。最常见的是采用 RS-232（EIA 标准）接口，它用来在两台计算机之间进行通信，与外部装置建立连接是一个特殊的应用。CNC 操作人员使用这样的连接在两台计算机之间进行程序的传输，通常是为了存储和备份。也可使用 RS-232 以外的装置，具体请咨询机床供应商。

第 6 章　程　序　设　计

任何 CNC 程序的开发，都始于仔细的工艺规划，该工艺从跟产品相关的零件工程图（工艺图）开始。零件加工前，必须考虑几个步骤并进行仔细的评估，在程序设计阶段付出越多，就越有可能在最后获得更好的程序并加工出更好的零件。

6.1　程序设计的步骤

程序设计所需的步骤由工作的性质决定，并没有适用于所有工作的程式，但是应该考虑以下基本的步骤：

- 原始信息/机床功能；
- 工件的复杂性/加工特征评估；
- 手动编程/计算机编程；
- 典型的编程步骤/程序结构；
- 零件图/工程数据；
- 工艺单/材料规格；
- 加工次序，操作/工具订单；
- 刀具选择/刀架/嵌件/高速钢（HSS）刀具；
- 零件设置/零件夹持/夹具；
- 技术要求/切削条件；
- 零件图和计算；
- 在 CNC 编程中考虑质量因素。

上面列出的步骤只是一个建议性的框架，每个步骤都是灵活多变的，所以可对其进行调整，以适应任何零件及其特定需求。

6.2　原始信息

大多数工程图的主要目的是定义零件的形状、尺寸以及各特征之间的关系，一些图纸可能还包含原始毛坯材料的数据，如类型、尺寸与形状。CNC 编程时，对材料的深入了解显得相当重要。从编程的角度看，通常从尺寸、类型、形状、状态以及硬度等方面来评估加工零件所用的材料。

对于待加工的特定零件而言，零件图和材料数据是最初的信息源，它们是程序设计的起点。这种规划的目的，就是利用所有原始信息，并考虑所有相关的因素（主要是工件精度、生产力、安全性以及便利性），以确定最有效的加工方法。

零件图和材料数据提供大量原始信息，但它们并不是唯一的信息源。编写程序所需的很多信息并不能从零件图中直接得到，而是在其他文档中。例如，工艺卡（流程表）便能提供许多零件图中未包含的加工需求，比如预加工/成品加工操作、磨削余量、装配特征、淬火要求、下一机床设置等。从所有来源收集相关信息可以为 CNC 程序设计提供坚实的基础。

6.3　CNC 机床功能

如果 CNC 机床并不适合于某个特定的工作，那么再多的原始信息也是没有用的。在程序设计中，程序员始终关注装备特定 CNC 系统的特定机床。CNC 机床的这两个主要部件连接在一起，任何 CNC 机床定义都必须考虑这两个因素。选择特定的夹具和设置还不足够，CNC 机床本身应该适用于处理任何设置。

现代技术提供了大量特定的可选功能，所选 CNC 机床可以购买它们。这些可选功能过于庞大而无法在此一一列出，不过任何生产商和经销商的网站上都有详细的介绍。购买并交付 CNC 机床后，它至少在几年内应能满足车间的需求。很少有公司会为了某个特殊的工件而去购买新的 CNC 机床，这种情况极其少见，除非它们确实有很大的经济效益。

（1）机床类型和尺寸

程序设计最重要的两个步骤与 CNC 机床的类型和尺寸有关，尤其是它的工作空间或工作区域。同样重要的特征还有机床额定功率、主轴速度和进给率范围、刀位数量、换刀系统以及可用的附件等。通常，小型 CNC 机床具有较高的主轴速度和较低的额定功率，大型机床主轴速度较低，但它们的额定功率比较高。

（2）控制系统

控制系统是 CNC 机床的核心，因此必须对所有控制器上的标准和可选功能非常熟悉，只有这样，才能使用各种先进的编程方法，比如现代 CNC 系统中的加工循环、子程序、宏和另外一些能节省时间的功能。

程序员并不需要亲自操作 CNC 机床，但是如果程序员能很好地了解机床和控制系统，那么他们的程序将编得更好，也更具创造性。程序开发能反映程序员对 CNC 机床操作知识的了解。

程序设计中的另一个焦点，是操作人员对程序的领悟。很大程度上，这种领悟是主观的，因为不同的操作人员加入了他们自己的个人经验。另一方面，每个操作人员都很欣赏没有错误、简洁明了、整理良好以及非常专业的程序，从来都是如此。不管个人经验如何，没有操作人员会喜欢一个设计极差的程序。

6.4　工件复杂性

在评估完所有初始信息，如工程图、材料毛坯、可用刀具和 CNC 设备时，编程任务的复杂性便变得更加明了。在开始编程前，必须考虑很多问题，比如给定工件的手动编程有多困难？机床的性能怎样？成本几何？

简单的编程任务可以分配给经验有限的程序员或 CNC 操作人员，从管理的角度看，这是有益的，同时它也是获得经验的一个很好途径。

困难或复杂的工作将受益于计算机编程系统。多年来，计算机辅助设计（CAD）和计算机辅助制造（CAM）已经成为制造工艺的一个重要组成部分，CAD/CAM 系统的成本仅为几年前的几分之一，就连小的工厂也发现，现代技术带来的效益是巨大的。可以选用几种编程系统，事实上它们可以处理任何工作。对于典型的加工车间，基于 Windows 的软件是非常有益的。此类应用软件的典型是应用广泛、功能强大的 MasterCAM™ 或 EdgeCam™，此外还有几种别的软件。所有软件厂商都提供三轴铣削、标准车床、多轴铣削、带铣削轴（动力刀座）车削、五轴加工、电火花线切割加工等。

6.5　手动编程

多年以来，手动编程（不使用计算机）是准备程序最常见的方法。通过使用固定或重复加工循环、各类编程方法、刀具路径的图形仿真、标准的数学输入及其他省时的功能，最新的 CNC 控制器使得手动编程更为容易。手动编程中，所有的计算通过使用普通计算器由手工完成——不使用计算机编程。可以使用廉价的桌上电脑或笔记本电脑，通过存储卡或电缆，将编程数据传输到 CNC 机床上，这一过程比别的方法更快，也更可靠，短的程序也可以在机床上通过键盘直接输入。穿孔纸带过去曾是最流行的媒介，但现在，它实际上已经从机械加工厂消失了。

（1）缺点

手动编程有一些缺点。最常见的可能就是实际开发一个功能齐全的 CNC 程序所需的时间过长，手工计算、验证以及其他跟手动编程相关的活动是非常耗时的。另外较为普遍的缺点有：错误率较高、不能确认刀具路径、很难对程序进行修改、缺乏刀具路径校验（可用仿真器，如 NCPlot® ）等。

（2）优点

另一方面，手动编程却有其许多无可比拟的优点。手动编程需要 CNC 程序员全身心地投入，它使得程序员可以随心所欲地构建程序结构。手动编程确实有一些缺点，但它可以对程序开发进行严格的训练和组织，它迫使程序员对编程技术进行最详细的了解，实际上，通过手动编程得到的有用技能可以直接应用于 CAD/CAM 编程中。程序员必须始终清楚发生了什么以及它们为什么会发生。在程序开发中，对每一个细节的深入了解是非常重要的。

与许多原则相反，彻底地了解手动编程方法，绝对是有效管理 CAD/CAM 编程的本质所在。

6.6　CAD/CAM 和 CNC

出于提高 CNC 编程效率和精度的需要，出现了各种使用计算机来编写程序的方法。计算机辅助 CNC 编程已经出现了很多年，首先是基于语言的编程，比如 APT™ 或 Compact Ⅱ™。从 20 世纪 70 年代后期开始，CAD/CAM 在编程工艺的可视化方面起着非常重要的作用，CAD/CAM 表示计算机辅助设计和计算机辅助制造，前面的三个字母（CAD）涵盖了工程设计和制图，后面三个字母（CAM）涵盖了计算机辅助制造，CNC 编程只是其中的一部分。CAD/CAM 不仅仅是设计、制图和编程，它是现代 CIM（计算机集成制造）技术的一部分。

在数字控制领域中，计算机在很长一段时间里都起着非常重要的作用。由于加入了最新的数据处理、存储、刀具路径图示以及加工循环等技术，机床控制也变得更为复杂。现在，可以使用廉价的具有图形界面的计算机来编写程序，成本已经不是问题，甚至连小型的加工厂也能负担得起这种编程系统，这些系统也由于它们较强的适应性而流行。普通的计算机编程系统并不只用来编程——通常由程序员完成的所有相关工作，都可以在同一台计算机上完成，例如切削刀具的库存管理、程序数据库、材料信息清单、调试单以及加工卡片等，同一台计算机还可以用来装载或卸载 CNC 程序。

（1）集成

CIM 里的关键词是集成（integration），它表示集合所有的制造要素，并将它们作为一个单元以更有效地工作。成功集成的主要理念，就是避免重复。使用 CAD/CAM 计算机软件的最重要的规则是：

> 绝不重复做任何事！

在 CAD 软件（如 AutoCAD）中绘图后，又在 CAM 软件（比如 MasterCAM）中再画一次，这就是重复。重复引起错误，为了避免重复，许多 CAD 系统在用来进行 CNC 编程的 CAM 系统设计中，加入了图形转换方法。典型的转换通过特殊的 DXF 或 IGES 文件实现，DXF 表示数据转换文件（data exchange files）或绘图转换文件（drawing exchange files），IGES 是原始图形转换说明文件（initial graphics exchange specification）的缩写形式。一旦几何尺寸从 CAD 系统转换到 CAM 系统，便只需要跟刀具路径相关的工艺。使用后置处理程序（特殊格式的程序种类），计算机软件将编写一个可直接装载到 CNC 机床上去的程序。

多数情形下，CAD/CAM 厂商提供了在其软件中导入本地文件的便利功能，这样就不需要对文件进行转换，从而直译器便替代了 DXF 与 IGWS 方法。

（2）手动编程的前景

看起来，手动编程好像正在衰落，就它的实际运用来说，这可能是正确的，然而必须看到，任何计算机化的技术，都是基于已经比较成熟的手动编程基础之上的。CNC 机床的手动编程仍然是新技术的源头——它正是计算机编程的基本概念，这一理论基础打开了开发功能更为强大的硬件和软件的大门。

当今，手动编程的使用在某种程度上已经不像过去那样频繁，而且最终可能会用得更少，但是很好地而且是真正地了解它，将是控制 CAM 软件功能的关键。计算机并不能做所有的事情，有些 CAM 软件的编程工作，不管其成本如何，也不能达到绝对满意的程度。如果控制系统可以处理它，那么当任何其他的方法都不适用时，最终还是要用手工方法来控制。

一个完全按照用户要求生产且组织良好的计算机编程系统，如何让它编写的程序完全按照我们的要求输出呢？如何让 CNC 操作人员在不知道它的规则和结构的情况下，对机床上程序的任何部分进行修改呢？

> 只有了解手工编程方法，才能成功使用计算机编程系统。

6.7 典型的编程步骤

CNC 程序设计跟任何其他的设计（在家里、工作中或者其他的地方）一样，必须通过合理且系统的方法来实现。第一个就是决定完成什么样的工作和达到什么样的目标，然后就是决定如何通过有效、安全的方法来实现预定目标，这样一种步进的方法，不仅分解了出现的问题，也迫使在下一步进行之前将其解决。

以下各条是完成 CNC 编程任务时相当常见和合理的顺序。这些条款只是建议，实际工作中也可以改变它们以反映特殊的状况和工作习惯。这中间可能漏掉了某些事项，也可能有些是多余的：

① 研究原始信息（零件图和工艺方法）；
② 材料毛坯估算；
③ 机床规格描述；
④ 控制系统功能；
⑤ 加工操作顺序；

⑥ 加工选择和切削刀具的安排；

⑦ 在机床上安装工件；

⑧ 技术数据（速度、进给率等）；

⑨ 确定刀具路径；

⑩ 工作草图和材料计算；

⑪ 编写程序并准备传输到 CNC；

⑫ 程序测试和调试；

⑬ 程序文档。

CNC 程序设计只有一个目的，那就是在程序指令编写完毕后，在 CNC 加工中不会出现错误并且安全有效。可能需要对上面推荐的步骤做一些改动，例如，应该在工件安装前还是在工件安装后确定加工刀具？能否有效使用手动编程？研究工作草图有必要吗？不要害怕修改任何的所谓理想步骤——不管是特定工作中的临时更改，还是为反映特定 CNC 编程风格而做的永久更改。

记住：从来就没有理想的步骤。

6.8 零件图

零件图是 CNC 编程中使用的唯一重要的文档，它直观地反映了工件的形状、尺寸、公差、表面质量和其他许多要求，复杂工件的零件图通常有很多张，有不同的视图、局部视图和剖视图。程序员首先计算所有的绘图数据，然后孤立那些跟特定的程序开发相关的数据。不幸的是，许多草图绘制方法并不能反映实际的 CNC 制造工艺，它们只反映设计者的思想。这样的图纸，从技术上说通常是正确的，但是程序员很难对它们进行研究，并且需要将它们"编译"为 CNC 编程中的值，尺寸应用方法就是典型的例子，它们可以用做程序参考点的基准点以及绘制工件图的视图方向。在 CAD/CAM 环境中，必须消除设计、草图绘制和 CNC 编程之间的传统差别，因为它有助于程序员理解设计者的意图，同时帮助设计者理解 CNC 编程基础，设计者和程序员必须理解彼此的方法并找到共同点，以使整个设计和制造过程连贯和有效。

（1）工程图明细表

所有专业图纸工程图明细表的典型格式如图 6-1 所示，它的目的就是收集所有与特定零件图相关的描述信息。

编号	日期	修订	修订者

零件名称：

比例：		材料：
绘图：		日期：
校对：		图号：
应用：		

图 6-1　工程图明细表

　　不同公司的工程图明细表的大小和内容各不相同，这取决于生产类型和内部标准，它通常是一个矩形框，位于工程图的一角，并分成若干个小格子。工程图明细表的内容通常包括零件名称和零件数量、图号、材料数据、修订以及特殊的说明等。工程图明细表中的数据是CNC编程的关键信息，也可以在程序文件中使用它们以便于横向参考。编程时并不需要所有工程图明细表中的信息，但可以在程序文档中使用它们。

　　工程图明细表中还有修订日期，这对程序员非常重要，因为通过它们可以了解该图纸是什么时候的版本，对于制造业，只有最新的零件设计版本才是重要的。

　　（2）尺寸标注

　　零件图中的尺寸可以是英制单位，也可以是公制单位。单独的尺寸可以参考特定基准点，也可以是从前面尺寸开始测量的连续尺寸，通常两种尺寸类型在同一工程图中混合使用，编写程序时，将所有的连续（或增量）尺寸转换到参考（或绝对）尺寸要方便一些，基准或绝对尺寸标注方法使大多数CNC程序员受益。类似地，当为刀具路径偏置编写子程序时，增量编程方法是一个正确的选择，即这种选择取决于应用，CNC机床最常见的编程方法就是使用绝对尺寸方法（图6-2），主要是因为它方便在CNC系统中（机床上）进行编辑。

　　对于绝对尺寸标注方法，许多的程序变动只需要通过一处修改来完成，而增量方法至少需要修改两次。可以在图6-2和图6-3中比较这两种标注方法的区别，图6-2中使用绝对尺寸标注方法，图6-3中使用增量尺寸标注方法，单词"增量"在CNC中比较常见，而在草图绘制中比较常见的是"相对"。

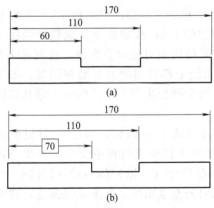

图 6-2　使用绝对尺寸的程序
（只需要在程序中改动一处）

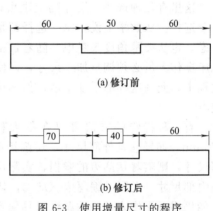

图 6-3　使用增量尺寸的程序
（需要在程序中改动两处或两处以上）

　　① 小数　使用英制单位的图纸（尤其是老图纸）中通常包含分数或小数。有时使用分数尺寸来区分不太重要的尺寸公差（比如名义尺寸±0.03in），小数点后的数字通常表示公差（指定的数字越多，公差范围越小）。这些方法并不是ISO标准，因此在编程中不能使用，分数尺寸必须换算成相应的小数。程序中小数位的多少，由控制器的最小增量决定，尺寸 $3\frac{3}{4}$ 编写为3.75，尺寸 $5\frac{11}{64}$ in编写为5.1719，也就是它最接近的舍入值。许多公司已经将他们的设计标准升级为ISO系统，并坚持CNC的尺寸标注原则，从这方面说来，使用公制的图纸更为实用。

　　CAD软件（例如AutoCAD）的错误使用会产生一些尺寸标注问题。一些设计人员并不改变小数位数的缺省设置，所以每一尺寸都有四个小数位（英制）或三个小数位（公制），这是一个不好的习惯，应该避免。最好的方法就是指定所有需要的尺寸公差，甚至使用几何尺寸和公差标准（GDT 或 GD&T）。GD&T 可确定图纸中两个及以上特征之间的关系，比如，GD&T 可定义孔和表面的同轴度。在设计制图未使用 GD&T 前，图纸上通常充斥着各种信息和指令。这样的图纸并不符合国际 ISO 标准。

② 度 根据现代标准，角度尺寸也应以十进制度（DD）来表示。老图纸中通常包含由度-分-秒（DMS 或 D-M-S）表示的角度尺寸。两者之间的转换如下：

$$DD = D + \frac{M}{60} + \frac{S}{3600}$$

式中 DD——十进制度；

　　D——度；

　　M——分；

　　S——秒。

（3）公差

为了提高加工精度，许多零件尺寸指定了可接受的偏离正常尺寸的范围。例如，英制系统中+0.001/0.000ft 的公差跟公制系统中+0.1/0.0mm 的公差不一样，这一类型的尺寸通常是关键尺寸，CNC 加工中一定要特别注意。在许多公司里，最后由 CNC 操作人员负责将零件尺寸保持在公差范围内（假如程序是正确的），这是对的，但同时 CNC 程序员也可以使机床操作人员的工作更为容易，考虑以下 CNC 车床上的一个实例：

图纸上显示为 ϕ75+0.00/−0.05mm 的孔，在程序中的实际尺寸应该是多少？

这里有几种选择，尺寸的上限可以编写为 X75.0，下限为 74.95；中间值 74.975 也是一个选择。从数学上说，每一选择都是正确的，有创造性的 CNC 程序员不仅从数学角度上考虑，也从技术角度来考虑。随着加工工件的增加，刀具的切削刃也会有磨损，这就意味着机床操作人员必须调整加工尺寸，即使用大多数 CNC 系统上都可用的刀具磨损偏置，加工过程中，允许这样的手动干涉，但如果使用过于频繁，则会降低生产力，同时也会增加总的成本。

有一种特殊的方法可以在很大程度上减少这种频繁的手动调整。对于前面提到的 ϕ75mm，如果它是外部尺寸，切削刃的磨损将使得实际尺寸在加工过程中变大，如果是内部尺寸，则随着切削刃的磨损，实际尺寸将变小。将外部尺寸（下限）编写成 X74.95，或将内部尺寸（上限）编写成 X75.0，切削刃的磨损将偏向公差范围内，而不是远离它，这样可能仍需要操作人员手动调整刀具偏置，但不会那么频繁。另一种方法是选择公差范围的中部尺寸，这种方法也具有积极的作用，但加工过程中可能需要较多的手动调整。

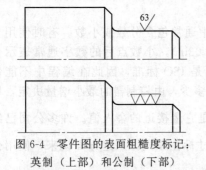

图 6-4　零件图的表面粗糙度标记：
英制（上部）和公制（下部）

（4）表面粗糙度

高精度工件的表面加工质量需要达到某种等级，图纸上显示工件不同特征所需的表面质量。英制零件图用 μin 表示表面质量，1μin = 0.000001in；公制零件图中的说明用 μm 表示，1μm = 0.001mm。一些图纸中使用图 6-4 所示的符号。

影响表面加工质量的主要因素有主轴速度、进给率、切削刀具半径以及材料切削余量。一般说来，使用较大的刀具半径和较小的进给率时，表面质量较好，其循环时间可能比较长，但可以通过后续操作来抵消，比如研磨、珩磨或精研。

（5）零件图修订

零件图的另一重要部位通常容易被 CNC 程序员忽视，它显示对图纸所做的工程修改（称为修订）的特定日期。设计人员通过参考数字或字母（图 6-5）指定这种修改，通常使用两个值：当前值和新值，例如：

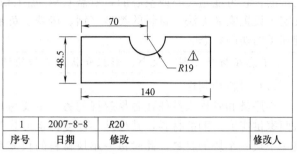

1	2007-8-8	R20	
序号	日期	修改	修改人

图 6-5　零件图修订实例

对于程序开发，只有最后一次修订才是重要的。要确保程序不仅反映当前的工程设计，同时也以特定的方法将它与前面的程序版本区分开来，许多程序员为对应于文档中程序的零件图做了备份，这样可防止后面可能出现的误解。

（6）特殊指令

许多图纸包括特殊的指令和注释，它们不能用固有的绘图符号表示，所以只能以口头语的形式单独列出。这种指令在 CNC 程序设计中非常重要，因为它们可能对编程步骤产生极大的影响，例如，将特定的零件元素设置为基准面或直径。图纸中的尺寸通常是加工完成时的尺寸，所以在程序中必须调整尺寸以包含必需的磨削余量。程序员选用的实际余量必须在程序中以特殊指令来描述。零件装配时，与执行加工相关的地方也需要特殊指令，例如，图纸上的某个孔需要钻削或攻螺纹加工，它的标注方法也跟别的孔一样，但是可使用特殊指令表示钻孔和攻螺纹必须在装配过程中完成。与这种孔相关的操作不用进行编程，但如果忽视这类指示，则可能会导致工件的报废。

许多绘图指令使用称为指示符的特殊指针，它通常是带有箭头的线段，指向与它相关的区域。例如，指向孔的指示符可能带有以下说明文字：

ϕ12-铰 2 孔-深 20

这就需要使用 12mm 直径的铰刀加工 2 个深度为 20mm 的孔。

6.9　工艺单

一些公司由具有相关资质的制造技师或工艺设计师，专门负责制造工艺的确立。他们的职责就是开发一系列加工指令，来详细设计加工过程中每个工件的加工路径，他们为每台机床分配工作、提出加工次序和设置方法以及选择加工刀具等。他们将指令写在贯穿零件整个制造过程的工艺单（流程单）上，尤其是在塑料加工中（或作为计算机文件使用时）。如果有工艺单，那么其副本应该成为文档的一部分。编制工艺单的目的就是为 CNC 程序员提供尽可能多的信息，以缩短各个工序间的周转时间。工艺单在编程中最大的优点，就是它覆盖了所有所需操作（CNC 的和传统的），从而可以纵览整个制造工艺。由专攻详细工艺设计工作的资深制造工艺师设计的高质量工艺单，将节省大量的决策时间，理想的工艺单所推荐的 CNC 制造工艺跟已确立的编程方法十分相近。

出于某些原因，很多 CNC 加工车间并不使用工艺单、流程单或类似的文档，因此 CNC 程序员同时还扮演着工艺设计师的角色，这虽然提供了某种程度的灵活性，但同时也在一定程度上对知识、技能以及所承担的责任提出了更高的要求。

6.10　材料说明

程序设计中同样重要的一个考虑事项是材料毛坯的估算。材料一般是未经加工的（棒料、钢坯、金属板、锻件、铸件等），一些材料可能是从另一台机床或操作转过来的已经加工过的，它可能是实心或空心的，所需 CNC 加工切除的余量或大或小。材料的大小和形状决定了设置安装方法，材料的类型（钢、铸铁、黄铜等）不仅影响切削刀具的选择，还会影响加工的切削状态。

> 不能在材料类型、大小、形状和状态未知的情况下编写程序。

（1）材料均匀性

程序员和管理人员往往容易忽视的另一重要考虑因素就是某一批材料的均匀性。例如，从两家供应商订购的材料，其尺寸、硬度甚至形状都可能有细微的差别，另一个例子就是锯成一小块一小块的材料，此时每一小块材料的长度都在一个可以接受的范围内变化。工件毛坯之间的不一致性将使得编程更为困难和耗时，如果遇到这样的问题，最好的编程方法就是强调加工安全性，而不是加工时间，最糟的情况就是有一些空切或比所需的切削进给稍微慢一点，但不会出现切削量过大而导致刀具无法处理的情形。

另一种方法就是通过适当的区分，将不规则材料分成不同的组，并为每一组单独编写程序。最好的办法就是由程序控制所有已知的和可以预知的不一致性，例如，使用跳过程序段功能。

（2）切削性能指数

材料说明的另一重要方面是切削性能。大的加工企业都有一些图表，上面有推荐适用于最常见材料的切削速度和进给率，这些图表对于编程是很有用的，尤其是在使用一些未知材料时。这些推荐值只是一个好的起点，当对材料特性有所了解时，可以对这些值进行优化。一些基本建议可参见附录 B。

英制系统中，切削性能指数的单位是英尺/分钟（ft/min），通常可用表面英尺/分钟、表面恒定速度（CSS）、切削速度（CS）、圆周速度或表面速度替代它；切削性能指数的公制说明单位使用米/分钟（m/min）。两种情况下，如果给定刀具直径（例如铣床）或给定工件直径（例如车床），便可使用下述公式来计算主轴速度（r/min）。英制系统中，主轴速度可以计算为转/分钟（r/min）：

$$r/min = \frac{12 ft/min}{\pi D}$$

对于公制计算，公式与之相似：

$$r/min = \frac{1000 m/min}{\pi D}$$

式中　r/min——转/分钟（主轴速度 S）；

12——将英尺换算成英寸；

1000——将米换算成毫米；

ft/min——切削速度，英尺/分钟；

m/min——切削速度，米/分钟；

π（pi）——常数，3.141593；

D——刀具直径（铣削）或工件直径（车削），in 或 mm。

6.11 加工次序

加工次序定义加工操作的顺序。工艺技能和加工经验当然有助于程序设计，但是一些方法常识也同样重要。加工次序必须有一个合理的顺序——例如编程时，钻孔必须位于攻螺纹前，粗加工必须在精加工前，第一次操作必须在第二次操作前等。在该逻辑顺序下，需要进一步说明特定刀具的每一刀具运动的顺序，例如在车削中，首先编写工件的端面切削，然后才粗加工所有材料直径；另一种方法就是先编写第一直径的粗加工程序，然后加工端面并继续粗加工直径余量。某些应用中，在钻孔前采用中心钻可能比较有用，但在另外的程序中，采用点钻可能会更好。没有固定的规则和绝对的标准来衡量何种方法更胜一筹，必须基于安全、质量和效率三个方面来区别对待每个 CNC 编程任务。

加工次序必须遵循逻辑顺序。

确定加工次序的基本方法，就是评估所有相关的操作。通常说来，应该这样规划程序：一旦选择了一把刀具，那么要让它在换刀前完成尽可能多的工作，在大多数 CNC 机床上，刀具定位所需的时间比换刀时间要短。另一考虑事项就是首先编写粗加工操作，然后是半精加工或精加工，它可能意味着一次或两次额外的换刀，但是这种工艺减少了加工中固定在夹具中的工件的更换次数。另一重要的因素，就是完成某一操作时，刀具所在的位置。例如，以 1—2—3—4 顺序钻孔时，下一刀具（比如镗刀、铰刀或丝锥）的编程顺序应该为

T01：点钻	T02：钻头	T03：丝锥
孔 1	孔 4	孔 1
孔 2	孔 3	孔 2
孔 3	孔 2	孔 3
孔 4	孔 1	孔 4

图 6-6　三种常见孔操作的典型加工次序

4—3—2—1，这样可减少不必要的刀具运动，如图 6-6 所示。

在最终选择刀具和安装方法后，可能不得不更改上述加工次序，尽管在很多情形下，将变换后的加工次序存储为子程序（该重要主题将在第 39 章进行介绍）可能并不实用。

程序设计并不是独立步骤的孤立执行——它是为了实现特定目标，而相互依赖、符合逻辑且条理清楚的一种方法。

6.12　刀具选择

CNC 程序设计的另一个重要步骤是选择刀架和切削刀具。刀具种类及其选用，并不仅仅局限于刀具和刀架，它还包含一大串的附件，如各种虎钳、夹具、卡盘、辅助工作台、中心架、尾架、分度工作台、夹钳、夹头以及许多其他夹持装置和辅助装置等。由于种类繁多，且它们直接影响加工，因此需要特别关注切削刀具。

切削刀具通常是工作中最重要的选择，刀具的选择有两个主要标准：

❏ 使用效率；

❏ 操作安全性。

许多负责 CNC 编程的主管人员设法使当前刀具不停地工作，他们通常忽略了一个事实：一把合适的新刀具可能会更快并更经济地完成该工作。刀具及其应用的知识，属于一个单独的技术范围——程序员应该很好地了解切削刀具应用的所有基本原则。多数情况下，刀具公司代表将提供宝贵的援助。

CNC 程序设计中，也需要仔细考虑根据刀具的用途对它们进行安排。CNC 车床上为每把刀具分配了特定的刀座，以确保较短刀具和较长刀具之间分布的均衡（比如较短的车刀和较长的镗刀），这对于防止切削或换刀中可能出现的干涉很重要。另一个重要的地方就是以什么样的顺序来调用每把切削刀具，尤其在没有双向刀具检索的机床上。大多数的加工中心使用随机类型的刀具选择，此时刀具的顺序并不重要，只需要考虑刀具直径及其重量。

应该在加工卡片中对所有刀具偏置编号和其他的程序输入进行备份，在工件安装中，这样的文档就是操作人员的向导。它至少应该包括跟所选刀具相关的基本文件，例如，文件可能包括这些刀具说明：长度和直径、螺旋槽的数量、刀具和偏置、为其选择的速度和进给率

以及其他相关信息。

6.13　工件设置

程序设计中的另一个决定是工件设置——怎样安装未加工的或预加工过的材料，应该使用怎样的支撑方法和装置，为完成尽可能多的加工而需要多少操作，程序原点的选择等。设置是必需的，且必须高效完成。

许多机床类型的设计使得工件设置更加省时。多轴加工中心或车床可以同时处理两个或多个工件，特殊的功能比如刀具偏置设置、车床的棒料进给器、工作台上的自动托盘变换器或多工位安装，同样也是很有帮助的。此外还可以添加其他解决方案。

安装调试单

在程序设计的这一阶段，一旦确定了设置方法，制作安装调试单是一个很好的主意。安装调试单可以是一个简单的草图，它主要在机床上使用，表明工件在夹持装置中的定位，程序使用的刀具偏置号、基准点，当然还有所有必需的标识和说明。安装调试单中的其他信息包括程序设计阶段中确立的一些特殊需求（比如夹钳位置、夹钳尺寸、钳位深度、刀具范围限定等）。安装调试单与加工卡片可以合而为一，每个程序员使用的版本不尽相同。

6.14　技术决定

CNC 程序设计的下一阶段是主轴速度选择、切削进给率、切削深度和切削液的使用等。所有前面考虑的因素都有其影响力，例如，任何 CNC 机床的可用主轴速度范围都是固定的，刀具尺寸和材料类型将影响速度和进给，机床的额定功率将有助于确定多大的切削余量才是安全的等。影响程序设计的其他因素包括刀具活动范围、设置刚度、切削刀具材料及其状况。千万别忘了选择适当的切削液和润滑油，它们对于工件整体质量也是很重要的。

（1）刀具路径

任何 CNC 编程的核心是刀具路径的精确测定，该过程包括每一刀具运动与工件之间的关系。

> CNC 编程中，始终关注绕工件运动的切削刀具！该原则适用于所有 CNC 机床。

理解这一原则的关键是构想刀具的运动而不是机床的运动。加工中心和车床编程最显著的区别，就是刀具旋转和工件旋转的区别。

两种情况下，程序员必须考虑"刀具绕工件的旋转"，如图 6-7 所示。

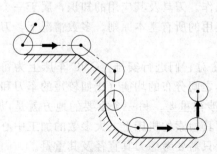

图 6-7　成型刀具路径运动
（适用于铣削或车削）

所有成型刀具的刀具路径必须考虑刀具半径（车削或镗削的刀尖圆弧半径），即编写半径中心的等距刀具路径或使用刀尖半径偏置（也称为刀尖圆弧半径补偿）。铣削和车削 CNC 机床上，快速运动、直线插补和圆弧插补都是标准功能。为了形成更复杂的路径，比如螺旋铣削运动，控制单元需要有特殊功能。有两组典型的刀具路径：

❑ 点到点的运动，也称为定位运动；
❑ 连续运动，也称为造型运动。

定位运动用于点定位操作，比如钻孔、铰孔、攻螺纹以及类似操作；连续运动路径形成轮廓形状。两种情况下，编程数据表示完成特定运动时的刀具位置。

该位置称为刀具目标位置，如图 6-8 所示。

它确定了轮廓的起点和终点位置，同时也确定了轮廓转折点的位置。每个目标位置称为轮廓转折点，需要仔细计算。程序中目标位置的顺序非常重要，它意味着刀具位置 1 是从起点开始的目标位置，位置 2 是从点 1 开始的目标位置，位置 3 是从点 2 开始的目标位置，以此类推，直至到达终点位置。如果该轮廓是通过铣削加工得到，那么目标位置会用 X 和 Y 轴坐标表示，如果是车削，则在 X 和 Z 轴坐标上。

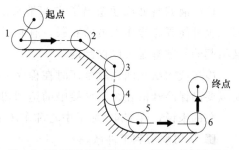

图 6-8 造型刀具路径运动（指定目标位置）

大多数的造型操作需要一把以上的刀具，例如粗加工和精加工。有没有一把切削刀具能完成两种操作？能不能保证所有的公差？刀具磨损有没有影响？能不能完成表面精加工？编程时，除了刀具运动，还要关注这些问题。另一个需要特别关注的地方，就是减少快速刀具运动并确保安全的间隙。

（2）机床额定功率

机床由它们的功率来衡量，这也是 CNC 编程中的一个重要规格说明。切削量越大，需要的功率越大。太大的切削深度或宽度会损坏刀具，并停止机床运动，这样的情况是不能接受的，也必须防止。CNC 机床规格说明中，列出了机床主轴电机的额定功率，它的单位是kW（千瓦）或 hp（马力）。可以通过几个公式，来确定不同额定功率下的金属切削速度以及刀具磨损因子等。

kW 和 hp 的换算就是最有用的公式之一（1hp＝550ft·lb/s）：

1kW＝1.341022hp（或≈1.3hp）
1hp＝0.7456999kW（或≈1.75kW）

加工中涉及的功率和力的知识比较复杂，日常编程中并不需要这些知识。仅仅在讨论该主题时用到它们，工作经验通常比公式更重要。

（3）冷却液和滑润剂

刀具跟材料接触时间较长时，将产生大量的热，切削刃过热将变钝或损坏，为防止这种可能性，必须使用合适的冷却液。

水溶性、可生物分解油液是最常见的冷却液，按适当比例配置的冷却液，可以散掉切削刃的热，同时还可起润滑剂的作用。润滑剂的主要目的是减小摩擦，使材料切除变得更容易。冷却液应通过软管或冷却液孔，对准切削刃喷出。

> 千万不要使用清水作为切削液——它会严重损坏机床。

CNC 机床操作人员负责为机床选择合适的冷却液，冷却液必须清洁并按照推荐的比例来配制，为了保护环境，乳化液应该是可以分解的，并需经过适当的处理。CNC 程序员决定什么时候使用冷却液，什么时候不使用。编程中，陶瓷刀具通常是干的，它不需要冷却液；一些铸铁不需要冷却液，但是可以使用气喷净法和油雾冷却。冷却液的使用随着机床的不同而不同，所以使用前一定要仔细查阅机床参考手册。

水基冷却液用来降低工件的温度以及获得更好的公差，它也可以冲掉一些狭窄地方的切屑，比如深孔和型腔。

切削液的益处远远超出了它们带来的不便。切削液通常会带来一些麻烦：看不见切削刃，也可能弄湿操作人员的衣服，有时还有很浓的气味。但是通过适当的管理，所有由切削液引起的问题都是可以控制的。

冷却液的编程问题就是何时在程序中打开冷却液，因为冷却液功能 M08 只打开泵马达，所以要确保冷却液在跟工件接触前达到切削刃，早使用冷却液要比晚使用好。

总的来说，在 CNC 加工中心和车床上使用冷却液共有下述三个目的：

■ 从切削刃和工件散热；

■ 润滑刀刃与工件之间的区域；

■ 冲掉切屑。

6.15 工件草图和计算

手动编程需要一些数学计算。程序准备的过程使许多程序员胆怯，但它却是一个必不可少的步骤，许多复杂的轮廓需要更多的计算，但并不是更复杂的计算，几乎 CNC 编程中的任何数学问题，都可以通过使用算术、代数和三角学来解决。复杂的铸模、冲模以及类似形状的编程，需要使用先进数学领域的知识——解析几何学、球面三角学、微积分学以及边界计算等，这种情况下，CAD/CAM 编程系统是必需的。

能够解决直角三角形，便几乎可对任何 CNC 程序进行计算，本书的末尾有一些常见数学问题的概述。计算更复杂的轮廓时，计算本身并不复杂，复杂的是得到解决方法的能力，程序员必须拥有这种能力，即发现需要解决什么样的三角形的能力。在确定所需的坐标点以前，理所当然地要做一些中间计算。

简图对于任何类型的计算都是有益的。这种计算通常需要一个工作简图，简图必须手工完成，并且具有近似的比例，使用大的绘图比例要更容易。简图的比例缩放有一个主要优点——可以立刻看出各种关系：怎样的尺寸要比别的小或者大，各个独立元素之间的关系，及其细小的局部图的形状等。然而，不管草图如何精确，都不能将其这样使用：

> 千万不要使用缩放的简图来猜测未知的尺寸！

缩放简图是拙劣和非专业的习惯，它造成的问题多于能解决的问题，它是懒惰和不称职的表现。

标识方法

用于计算的简图可以直接在图纸、纸上甚至使用 CAD 软件来完成。每一份草图都与若干数学计算相关——它们让草图变得必需。使用颜色编码和点编号的标识方法非常有益，并提供了更好的组织性。使用点参考编号，并通过参考数据创建一张单独的坐标卡片（图 6-9），要胜于在图纸的每个轮廓转折点处写出坐标值。

这样的坐标卡片可以用在铣削和车削中，只要填写需要使用的栏，它的目的就是实现从一个程序到另一个程序的连续编程风格。填写所有值，包括那些不变的值。

完整的坐标卡片更有助于编程参考使用，如图 6-10 所示。

位置	X 轴	Y 轴	Z 轴

位置	X 轴	Y 轴	Z 轴
起点	X57.0	Y126.0	
P_1	X45.0	Y105.0	
P_2	X108.258	Y105.0	
P_3	X146.156	Y79.6	
P_4	X146.156	Y50.0	
P_5	X173.156	Y23.0	
P_6	X238.0	Y23.0	
终点	X238.0	Y62.0	

图 6-9　坐标卡片实例——空白表（无数据）　　　　图 6-10　坐标卡片实例——铣削刀具路径表格

6.16　CNC 编程的质量

在 CNC 设备上加工的所有零件，通常在加工完毕后要进行质量评估。质量检查员检查许多特征——尺寸是否在公差范围内，表面加工是否达到标准，零件之间是否具有一致性等。现代 CNC 设备还提供与加工过程特征相关的可选检查项，如在线测量。许多加工厂还要求机械师在零件加工过程中担负质量检查员的职责。同等重要的还有不被经常提及的 CNC 编程质量。

CNC 编程从规划开始。尽管 CNC 程序员的首要品质是知识和技能，但程序设计中至少还有两点同样重要的因素：程序员的个人的方法和态度。CNC 程序员处理特定工作、任务和项目的方式，将对 CNC 操作人员加工出来的最终零件产生极大的影响。程序员的态度对程序开发和结果具有重大的影响。同时它们对 CNC 操作人员也具有重大影响——这仅仅是人的天性。

问自己一些问题：作为一名 CNC 程序员，你是否注意细节，你是否具有精密的头脑，你是否条理分明，此外你是否在意做错一些事情？你是否愿意寻找捷径来完成工作？你是否会对刚刚编写的程序或者已有的程序进行改进，以使其更安全和更有效？

CNC 程序的质量远远不是编写一个没有错误的程序——这是最基本的要求，也是理所当然的。编程质量还包括对程序如何影响 CNC 操作人员、机床设置以及实际零件加工的关注。编程质量意味着持之以恒的努力，以期编写越来越好的程序。

编程连贯性是得到高质量程序的最好方法之一。一旦找到一个优于其他的方法或工艺，要坚持用下去，反复使用同一方法。CNC 操作人员最不喜欢结构不断变化的程序。

零件复杂性不应该成为拦路虎——它只跟程序员的知识水平以及解决问题的意愿有关。而编写一个（每一个）尽可能最好的程序，则应该是个人的目标。

> 将自己的质量目标设得高一点！

第7章 程序结构

CNC 程序由一系列关于零件加工的有序指令构成，每一指令都是 CNC 系统可以接受、编译和执行的格式，同时它们必须符合机床规范。该程序输入方法可以定义为以 CNC 系统格式编写的、针对特定机床的加工指令和相关任务安排。

不同的控制器有不同的格式，但是大多数是相似的，不同生产厂家生产的 CNC 机床之间存在细微的差别，甚至装备了相同控制系统的 CNC 机床也有差别，考虑到机床生产厂家使用的特殊指令和控制器生产厂家提供的许多初始和特殊机床设计功能，这便不难理解了。这样的差别很小，但它们对于编程却非常重要。

7.1 基本的编程术语

CNC 领域有自己的术语以及特有的术语和行话，只有该领域内的人才可以理解它的缩写和表述形式。CNC 编程只是数字化加工中的一小部分，它有大量自己的表述，其中大部分跟程序结构有关。

CNC 编程中使用四个基本术语，它们一般出现在专业文章、书籍、论文和讲座中间，以下各词是理解基本 CNC 术语的关键：

> 字符→字→程序段→程序

各术语在 CNC 编程中十分常见，也同等重要，下面对它们进行详细的介绍。

（1）字符

字符是 CNC 程序中最小的单元，它有三种形式：数字；字母；符号。

字符组成有意义的词组，数字、字母和符号的组合称为字母-数字程序输入。

① 数字　程序中可以使用十个数字（0～9）来组成一个数。数字有两种使用模式：一种是整数值（没有小数部分的数），另一种是实数（具有小数部分的数）。数字有正负之分，一些控制器中，实数可以有小数点，也可以没有小数点。两种模式下，都只能输入控制系统许可范围内的数字。

② 字母　英文字母表中的 26 个字母都可用来编程，至少理论上是这样的。大多数的控制系统只接受特定的字母，而抵制其余的字母，例如，CNC 车床可能会抵制字母 Y，因为 Y 是铣削操作所独有的（铣床和加工中心）。大写字母是 CNC 编程中的正规名称，但是一些控制器也接受小写形式的字母，并与其对应的大写字母具有相同的意义。如有疑问，可以只使用大写字母！

> 所有控制器都能识别大写字母，但不是所有控制器都能识别小写字母。

③ 符号　除了 10 个数字和 26 个字母外，编程中也使用一些符号。最常见的符号是小数点、负号、百分号、圆括号等，这视控制器功能而定。它们在程序中的使用有严格定义。小数点在以毫米、英寸或度为单位的数值中使用；负号在负尺寸值使用；百分号在文件传输中使用；而圆括号则在程序注释和信息中使用。

（2）字

程序字由字母和数字字符组成，并形成控制系统中的单个指令。程序字一般以大写字母开头，后面紧跟表示程序代码或实际值的数值。典型的字表示轴的位置、进给率、速度、准备功能、辅助功能以及许多其他的定义。

> 字是输入控制系统的指令的计量单位。

（3）程序段

字在 CNC 系统中作为单条指令使用，而程序段则作为多条指令使用。输入控制系统的程序，由单独的以逻辑顺序排列的指令行组成，每行（称为顺序程序段或单程序段）由一个或几个字组成，每一个字由两个及以上字符组成。

控制系统中，每个程序段必须与所有其他的程序段分离开来。为了在控制器中的 MDI（手动数据输入）模式下分离程序段，程序段必须以程序段结束代码（符号）结束，该代码在控制面板上的标记为 EOB。在计算机上编写程序时，键盘上的回车键可以结束程序段，结果跟使用程序段结束代码一样（跟打字机上的老式回车键相似）。如果将程序写在纸上，则各程序段必须占据单独的一行，每个程序段包含一系列同时执行的单个指令。

（4）程序

不同控制器的程序结构可能有较大差别，但是逻辑方法并不随控制器的不同而变化。CNC 程序通常以程序号或类似的符号开始，后面紧跟以逻辑顺序排列的指令程序段。程序段以停止代码或终止符号结束，比如百分号（％），一些控制器还要求在程序开头使用终止符号。供操作人员使用的内部文档和信息，可能位于程序中的关键地方。编程格式在过去几年中得到了迅速发展，并出现了几种格式。

7.2 编程格式

从数字控制的早期开始，就出现了三种当时非常重要的格式，按它们出现的先后顺序列出如下：

- 分隔符顺序格式　　没有小数点，只用于老式 NC 系统；
- 固定格式　　　　　没有小数点，只用于老式 NC 系统；
- 字地址格式　　　　可用小数点，常用于 CNC 系统。

分隔符顺序格式或固定格式只在早期的控制系统中使用，20 世纪 70 年代早期，它们就已经被淘汰了，现在根本不使用它们。替代它们的是更为便利的字地址格式，它可在需要的时候为字和小数点使用地址。

7.3 字地址格式

字地址格式是基于一个字母和一个或多个数字的组合，如图 7-1 所示。

某些应用中，该组合也可以使用符号，比如负号或小数点。在程序或控制器内存中，每一字母、数字或符号表示一个字符，这种特殊的字母-数字排列则形成字，其中字母表示地址，后面跟有带有或没有符号的数值。字地址指向控制器内存中的特殊寄存器，常见的字有：

G01　M30　D25　X15.75　N105　H01　Y0　S2500

Z-5.14　F12.0　T0505　T05　/M01　B180.0

程序段中的地址（字母）定义字的意义，通常应该编写在最前面，例如，X15.75 是正

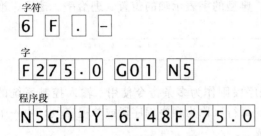

字符

| 6 | F | . | – |

字

| F | 2 | 7 | 5 | . | 0 | G | 0 | 1 | N | 5 |

程序段

| N | 5 | G | 0 | 1 | Y | – | 6 | . | 4 | 8 | F | 2 | 7 | 5 | . | 0 |

图 7-1 典型字地址编程格式

任何字都是一系列的字符（至少是两个），它定义了机床控制单元中的单个指令。上面例子中的常见字在 CNC 程序中的含义如下：

G01	准备功能
M30	辅助功能
D25	偏置号选择（铣削应用）
X15.75	坐标字（值为正）
N105	顺序号（程序段号）
H01	刀具长度偏置号
Y0	坐标字（值为0）
S2500	主轴速度功能
Z – 5.14	坐标字（值为负）
F12.0	进给率功能
T0505	刀具功能（车削应用）
T05	刀具功能（铣削应用）
/M01	辅助功能/跳过程序段功能
B180.0	分度工作台功能

单个程序字是指令的集合，它们形成编程代码逻辑序列。每个序列将同步执行一系列指令，并形成一个称为顺序程序段或简称为程序段的单元。机床上加工零件或完成操作所需的按逻辑次序排列的系列程序段，称为程序，也就是 CNC 程序。

以下程序段是以当前设置到绝对位置 X13.0Y4.6 的快速刀具运动，其冷却液为开：

N25 G90 G00 X13.0 Y4.6 M08

➤ 其中：

N25	顺序号或程序段号
G90	绝对模式
G00	快速运动模式
X13.0Y4.6	坐标位置
M08	冷却液功能"开"

控制器将程序段作为一个整体来处理，而不会将其作为几个部分来处理。只要程序段号位于程序段最前面，大多数的控制器都允许程序段中的字按随机顺序排列。许多程序员在程序段中遵循一种推荐的非官方字排列次序，比如，首先列出 G 代码，其后是轴数据，然后才是余下的指令。

> 必须首先指定程序段号。

确的，而 15.75X 则不正确。字中不允许有空格（空格字符），如 X15.75 就不正确，空格只能在字前使用，也就是说在字母前和两个字之间使用。

数据退出表示字的数值分配。该值随前面的地址不同而变化很大，它可能表示顺序号 N，准备功能 G，辅助功能 M，偏置寄存号 D 或 H，坐标字 X、Y 或 Z，进给率功能 F，主轴功能 S，刀具功能 T 等。

7.4　格式标记

每个程序字只能以特定的方式书写。字中允许使用的数字位数，取决于地址和小数的最大位数，这由控制器厂家设置。并不是所有的字母都可以使用，只有赋予了指定意义的字母才可以用来编程（除了在注释中）。符号只能用在一些字中，并且它们的格式也是固定的，一些符号只用在客户宏中，了解控制器的局限性很重要。符号为数字和字母赋予了额外的含义。典型的编程符号是负号、小数点和百分号等，后面的表格中列出了所有的符号。

（1）缩写格式

控制器生产厂家通常以缩写形式指定输入格式，如图 7-2 所示。

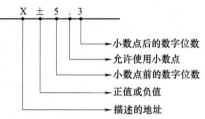

图 7-2　字地址格式标记（图中为公制模式下的 X 轴格式）

各个含义的完整格式说明过于冗长，也没有必要。考虑下面对地址 X（公制系统中的坐标字）的完整且未缩写说明：

地址 X 的值可正可负，其小数点前面最多有 5 位数字，如果允许使用小数点，则小数点后面最多有 3 位数字。

标记中没有小数点表示没有使用小数点；标记中没有正号（＋）表示地址值不可能是负的，即没有符号就表示是正值。

通过以下格式标记实例对缩写形式进行解释：

G2　　最多为两位数字，没有小数点或符号；

N4　　最多为四位数字，没有小数点或符号；

S5　　最多为五位数字，没有小数点或符号；

F3.2　最多为五位数字，允许使用小数点，但不使用符号，小数点前面最多为三位数字，小数点后面最多为两位数字。

从使用手册上评测缩写标记时一定要当心，现在并没有工业标准且不是所有的制造商都使用相同的方法，所以缩写形式的含义也各不相同。下表列出了地址清单、格式标记以及说明。它们包含基于典型 Fanuc 控制系统的地址标记。

➲注意：上面介绍的格式标记概念通常被 CAD/CAM 开发人员应用，以通过后置处理程序输出 CNC 程序。

（2）铣削系统格式

许多地址的说明由于输入单位的不同而不同。下面的表格列出了英制格式说明（如果可用，公制格式在圆括号里列出），列出的为铣削单位的格式标记。

在特殊应用软件中使用时，一些地址还有另外的含义。		
地址	标 记	说 明
A	A±5.3	旋转或分度轴（单位是度），用在 X 轴上
B	B±5.3	旋转或分度轴（单位是度），用在 Y 轴上
D	D2	刀具半径偏置号（有时使用地址 H）
F	F5.3	进给率功能——可以变化
G	G2	准备功能
H	H3	偏置号（刀具位置和/或刀具长度偏置）
I	I±5.3(I±4.4)	X 轴的圆心修正 固定循环的偏置量（X） X 轴角矢量选择（老式控制器）
J	J±5.3(J±4.4)	Y 轴的圆心修正 固定循环的偏置量（Y） Y 轴角矢量选择（老式控制器）

续表

地址	标　记	说　明
K	K±5.3（K±4.4）	Z 轴的圆心修正
K(L)	K4(L4)	固定循环重复次数 子程序重复次数
M	M2	辅助功能（M3 用于扩展 M 功能集）
N	N5	程序段号或顺序号（老式控制器使用 N4）
O	O4(O5)	程序号（EIA）或（ISO 中的:4 或:5,不常用）
P	P4	子程序号调用 用户宏号调用
	P3	工件偏置号——与 G10 一起使用
	P53	暂停时间（ms）
	P5	与 M99 一起使用时,主程序中的程序段号
Q	Q5.3（Q4.4）	固定循环 G73 和 G83 中的钻孔深度
	Q±5.3（Q±4.4）	固定循环 G76 和 G87 中的偏移量
R	R±5.3（R±4.4）	固定循环中的回退点 圆弧半径名称
S	S5	主轴转速（r/min）
T	T4	刀具功能
X	X±5.3（X±4.4）	X 轴坐标值名称
	X5.3	与 G04 一起使用的暂停功能
Y	Y±5.3（Y±4.4）	Y 轴坐标值名称
Z	Z±5.3（Z±4.4）	Z 轴坐标值名称

（3）车削系统格式

车削系统的格式与之相似,如下表。其中大部分的定义都与前面相同,这里只是为了方便才将它们列出来,表中使用的符号是英制格式,公制符号如果可用,则在圆括号中列出。

在 G70 系列复合型固定循环或特殊应用软件中使用时,一些地址还有另外的含义。

地址	符　号	说　明
A	A3	G76 的螺纹角度 工程图直接输入角度
C	C±5.3（C±4.4）	工程图直接输入倒角
	C±5.3	绝对轴选择角度（°）
D	D4	G73 中的分度数
	D53(D44)	G71 和 G72 中的切深 G74 和 G75 中的退刀量 G76 中第一螺纹深度
E	E3.5(E2.6)	螺纹加工的精确进给率
F	F3.3(F2.4)	进给率功能——可以变化
G	G2	准备功能（G3 用于扩展 G 功能集）
H	H±5.3	增量轴旋转（°）
I	I±5.3（I±4.4）	X 轴的圆心修正 循环中 X 方向的锥体高度 G73 中的 X 轴退刀量 倒角方向 G74 中 X 轴运动量

续表

地址	符 号	说 明
K	K±5.3(K±4.4)	Z 轴的圆心修正 循环中 Z 方向的锥体高度 G73 中的 Z 轴退刀量 倒角方向 G75 中的 Z 轴运动量 G76 中的螺纹深度
K(L)	K4(L4)	子程序重复次数
M	M2	辅助功能(M3 用于扩展 M 功能集)
N	N5	程序段号或顺序号(老式控制器使用 N4)
O	O4(O5)	程序号(EIA)或(ISO 中的:4 或:5,不常用)
P	P4(P5)	子程序号调用 用户宏号调用 G10 中的偏置号 与 M99 一起使用时,返回的程序段号 G71 和 G72 的开始程序段号
	P53	暂停时间(ms)
Q	Q4(Q5)	G71 和 G72 中的结束程序段号
R	R±5.3(R±4.4)	圆弧半径名称 拐角圆弧半径
S	S5	主轴转速(r/min 或 ft/min)
T	T4	刀具功能
U	U±5.3(U±4.4)	X 轴的增量值 X 轴的毛坯余量
	U5.3	与 G04 一起使用的暂停功能
W	W±5.3(W±4.4)	Z 轴的增量值 Z 轴的毛坯余量
X	X±5.3(X±4.4)	X 轴上的绝对值
	X5.3	与 G04 一起使用的暂停功能
Z	Z±5.3(Z±4.4)	Z 轴上的绝对值

（4）多重字地址

注意以上两个表格中的一个特点，那就是相同地址具有不同的含义，这是字地址格式的一个不可或缺的特点。毕竟，英文字母表中只有 26 个字母，但指令和功能的数量却不止于此，所以添加新的控制功能时，就可能需要更多的变更。一些地址具有确定的含义（例如，X、Y 和 Z 是坐标字地址），如果赋予它们其他含义可能会引起混淆；另一方面，有许多字母使用并不频繁，而多重含义也是可以接受的（例如，地址 I、J、K 和 P）。此外，铣削系统和车削系统中，甚至不同生产厂商之间所用的地址含义也各不相同。

控制系统必须通过一定的方式来接受程序中有精确定义的特定字。大多数情况下，用准备功能 G 来定义这些含义，有时也通过 M 功能或系统参数设置来定义。

7.5 CNC 编程的符号

除了基本符号，Fanuc 还可以接受各种应用中的其他符号。下表所示为所有在 Fanuc 控制器上可用的符号：

符号	说　明	注　释
.	小数点	数字的小数部分
+	加号	Fanuc 宏中的正值或加法符号
−	减号	Fanuc 宏中的负值或减法符号
*	乘号	Fanuc 宏中的乘法符号
/	斜杠(左斜杠)	Fanuc 宏中的跳过程序段功能或除法符号
( )	圆括号	程序注释和信息
%	百分号	停止代码(程序文件的结束)
:	冒号	程序号名称(不常见)
,	逗号	只用在注释中
[ ]	中括号	Fanuc 宏中的计算
;	分号	不可编程的程序段结束符号(只用于屏幕显示)
♯	井号	Fanuc 宏中的各种定义或调用
=	等号	Fanuc 宏中的等式

上表列出了大多数控制系统中的标准符号和特殊符号。

特殊符号只用在可选功能里，比如用户宏功能。这些符号不能在标准编程中使用，因为它们会导致错误。计算机键盘上有典型的标准符号。CNC 编程不能使用 Ctrl、Shift 和 Alt 的组合键。

加号和减号

代数符号——加号和减号是 CNC 编程中最常见的一种符号。CNC 中运动指令的数据可能为正，也可以为负。实际上所有控制系统都允许省略正值前的加号，该功能有时也称为正偏向，如果字中没有编写符号，则正偏向假设其为正值。CNC 字中蕴含的加号通常位于地址（字母）之后：

X+125. 0　　　　　等同于　　　　　X125. 0

对于负数，必须编写负号，如果丢掉负号，则数值将变成正的，从而导致错误的结果值，如下例所示的刀具位置：

X− 125. 0　　　　　　　负值（"−"号是必需的）

X125. 0　　　　　　　　正值（没符号意味着是正值）

X+125. 0　　　　　　　正值（"+"号被省略）

符号可以赋予字母和数字新的含义，它们也是 CNC 程序结构重要的一部分。

7.6　典型程序结构

展示一个完整的程序尚为时过早，但了解一下典型的程序结构是有益无害的。下面两个实例中，展示了典型的铣削型结构，一个用于固定循环，一个用于其他加工。

　　　　　　　　　　　　　　　　　　（空行是必需的，或者使用%符号）

O0701（ID，最多使用 15 个字符）　　　（程序号和 ID）

（固定循环程序结构实例）　　　　　　（简要的程序说明）

（PETER SMID，2008 − 12 − 07）　　　（程序员和上次修订日期）

　　　　　　　　　　　　　　　　　　（空行）

N1 G21　　　　　　　　　　　　　　（在单独行中设置单位）

N2 G17 G40 G80 G49　　　　　　　　（初始设置和取消）

N3 T01　　　　　　　　　　　　　　（刀具 T01 到等待位置）

N4 M06	（T01 安装到主轴）
N5 G90 G54 G00 X . . Y . . S . . M03 T02	（T01 重新开始程序段，T02 到等待位置）
N6 G43 Z25. 0 H01 M08	（刀具长度偏置，工件上方间隙，冷却液开）
N7 G99 G82 X . . Y . . R . . Z . . P . . F . .	（固定循环，本例使用 G82）
（---- 刀具 T01 的切削运动 ----）	
. . .	
N33 G80 Z25. 0 M09	（循环取消，工件上方间隙，冷却液关）
N34 G28 Z25. 0 M05	（Z 轴回原点，主轴停）
N35 M01	（可选择暂停）
	（--- 空行 ---）
N36 T02	（刀具 T02 到等待位置，只进行检查）
N37 M06	（刀具 T02 安装到主轴）
N38 G90 G54 G00 X . . Y . . S . . M03 T03	（T02 重新开始程序段，T03 到等待位置）
N39 G43 Z25. 0 H02 M08	（刀具长度偏置，工件上方间隙，冷却液开）
N40 G99 G81 X . . Y . . R . . Z . . F . .	（固定循环，本例使用 G81）
（---- 刀具 T02 的切削运动 ----）	
. . .	
N62 G80 Z25. 0 M09	（循环取消，工件上方间隙，冷却液关）
N63 G28 Z25. 0 M05	（Z 轴回原点，主轴停）
N64 M01	（可选择暂停）
	（--- 空行 ---）
N65 T03	（刀具 T03 到等待位置，只进行检查）
N66 M06	（刀具 T03 安装到主轴）
N67 G90 G54 G00 X . . Y . . S . . M03 T01	（T03 重新开始程序段，T01 到等待位置）
N68 G43 Z25. 0 H03 M08	（刀具长度偏置，工件上方间隙，冷却液开）
N69 G99 G84 X . . Y . . R . . Z . . F . .	（固定循环，本例使用 G84）
（---- 刀具 T03 的切削运动 ----）	
. . .	
N86 G80 Z25. 0 M09	（循环取消，工件上方间隙，冷却液关）
N87 G28 Z25. 0 M05	（Z 轴回原点，主轴停）
N88 G28 X . . Y . .	（XY 轴回原点，也可省略）
N89 M30	（程序结束）
%	（停止代码，文件传送结束）
	（空行是必需的，或者使用 % 符号）
O0702（ID，最多使用 15 个字符）	（程序号和 ID）
（铣削程序结构实例）	（简要的程序说明）
（PETER SMID，2008 - 12 - 07）	（程序员和上次修订日期）
	（空行）
N1 G21	（在单独行中设置单位）
N2 G17 G40 G80 G49	（初始设置和取消）
N3 T01	（刀具 T01 到等待位置）
N4 M06	（T01 安装到主轴）
N5 G90 G54 G00 X . . Y . . S . . M03 T02	（T01 重新开始程序段，T02 到等待位置）
N6 G43 Z25. 0 H01 M08	（刀具长度偏置，工件上方间隙，冷却液开）
N7 G01 Z . . F . .	（进给至 Z 向间隙或深度）

```
(---- 刀具 T01 的切削运动 ----)
...
N33 G00 Z25.0 M09                    (工件上方间隙，冷却液关)
N34 G28 Z25.0 M05                    (Z 轴回原点，主轴停)
N35 M01                              (可选择暂停)
                                     (--- 空行 ---)
N36 T02                              (刀具 T02 到等待位置，只进行检查)
N37 M06                              (刀具 T02 安装到主轴)
N38 G90 G54 G00 X..Y..S..M03 T03     (T02 重新开始程序段，T03 到等待位置)
N39 G43 Z25.0 H02 M08                (刀具长度偏置，工件上方间隙，冷却液开)
N40 G01 Z..F..                       (进给至 Z 向间隙或深度)
(---- 刀具 T02 的切削运动 ----)
...
N62 G00 Z25.0 M09                    (工件上方间隙，冷却液关)
N63 G28 Z25.0 M05                    (Z 轴回原点，主轴停)
N64 M01                              (可选择暂停)
                                     (--- 空行 ---)
N65 T03                              (刀具 T03 到等待位置，只进行检查)
N66 M06                              (刀具 T03 安装到主轴)
N67 G90 G54 G00 X..Y..S..M03 T01     (T03 重新开始程序段，T01 到等待位置)
N68 G43 Z25.0 H03 M08                (刀具长度偏置，工件上方间隙，冷却液开)
N69 G01 Z..F..                       (进给至 Z 向间隙或深度)
(---- 刀具 T03 的切削运动 ----)
...
N86 G00 Z25.0 M09                    (工件上方间隙，冷却液关)
N87 G28 Z25.0 M05                    (Z 轴回原点，主轴停)
N88 G28 X..Y..                       (XY 轴回原点，也可省略)
N89 M30                              (程序结束)
%                                    (停止代码，文件传送结束)
```

程序段 N88 中的 XY 值应该是 X 和 Y 轴的当前位置，如果不知道绝对坐标位置，可以将程序段改为增量形式：

```
N88 G91 G28 X0 Y0
```

如果需要重复使用刀具，千万不要更换当前刀具。如果换刀指令在刀具库中找不到刀具，许多 CNC 系统将发出警告。上面的程序实例中，刀具重复程序段是 N5、N38 和 N67。

上述程序结构实例用于具有随机刀具选择模式和典型 Fanuc 控制系统的立式 CNC 加工中心，当然也可能有一些细微的出入。所以，应该研究上述程序的流程，而不是其确切内容。注意每把刀具程序段的重复，同时注意为了更容易在程序中定位，而在不同刀具之间添加的空行（空程序段）。

每个程序段后都有注释，包含对程序段的简洁解释。实际上，上面给出的两个版本可以合成一个程序。内容的具体含义将在本手册的后续章节中进行介绍。

程序结构的好处

构造一个可靠的程序结构绝对很重要——它可以在任何时候使用。实际的好处有很多——易于阅读程序（无论是在屏幕还是纸上），从任何刀具开始都更加容易，换刀后均定义了重要的缺省设置（比如 G90、G54、G00）。该程序中的各程序段都有注释。所有这些（以及其他的）好处能确保少出错误，并且提升 CNC 机床的生产率。

> 设计良好的程序结构值得花费时间去开发。

7.7 程序头

上面的实例展示了铣床和加工中心使用的一种典型程序结构。在典型程序的开头，通常有一个程序段或两条注释，来提供一般的信息。倘若注释或信息位于圆括号中，则可将它们放置到程序中。这种内部文档对程序员和操作人员都大有帮助。

程序顶部的一系列注释定义为程序头，程序头中定义了各种程序功能。下面的例子比较夸张，它包括所有可能用在程序头中的术语：

```
(——————————————————————)
(文件名 . . . . . . . . . . . . . . . . . . . . . . . . . . . . . . O1234. NC)
(最后修订日期 . . . . . . . . . . . . . . . . . . . 2008 - 12 - 07)
(最后修订时间 . . . . . . . . . . . . . . . . . . . . . . . . 19: 43)
(程序员 . . . . . . . . . . . . . . . . . . . . . . . . . . PETER SMID)
(机床 . . . . . . . . . . . . . . . . . . . . . . . . . . . . OKK - VMC)
(控制器 . . . . . . . . . . . . . . . . . . . . . . . . FANUC 30i)
(单位 . . . . . . . . . . . . . . . . . . . . . . . . . . . . . . . . 公制)
(工作编号 . . . . . . . . . . . . . . . . . . . . . . . . . . . . . 4321)
(操作 . . . . . . . . . . . . . . . . . . . . . . . . 钻—镗—攻螺纹)
(毛坯材料 . . . . . . . . . . . . . . . . . . . H. R. S. 金属板)
(材料尺寸 . . . . . . . . . . . . . . . . . . . . 200×150×50)
(程序原点 . . . . . . . . . . . . . . . . . . . . . . X0 — 左边)
(                                      Y0 — 底边)
(                                      Z0 —上表面)
(状态 . . . . . . . . . . . . . . . . . . . . . . . . . . . . . . 未校验)
```

刀具注释

一些程序员也喜欢以注释的形式，在程序顶部列出所有的刀具。比如：

```
(T01 — 直径 100mm 平面铣刀)
(T02 — 直径 25mm 端铣刀，4 槽)
(T03 — 10mm 点钻)
(T15 — 7mm 钻头，长钻系列)
```

在程序中也会使用同样的注释在每把刀具的前面进行标识：

```
(T08 — 10mm 点钻)
N15 T08
N16 M06
N17 G90 G54 G00 X. . Y. . S. . M03 T15
N18 ...
```

如果需要，也可添加其他一些供操作人员使用的注释和信息，比如操作说明或特殊行为。

第8章 准备功能

程序地址 G 表示准备功能，通常称为 G 代码，该地址有且仅有一个目的：将控制系统预先设置为某种预期的状态，或者某种加工模式和状态。例如，地址 G00 将机床预先设置为快速运动模式但不移动任何轴，地址 G81 预先设置钻孔循环但不钻削任何孔等。准备功能这个术语表明了它本身的含义：G 代码将使得控制器以一种特殊方法接受 G 代码后的编程指令。

8.1　说明和目的

下面的程序段实例显示了准备功能在随后程序输入时的目的：

N7 X13. 0 Y10. 0

很显然，当运行（即由控制器处理）程序段 N7 时，坐标 X13.0Y10.0 表示切削刀具的终点位置。程序段 N7 并未说明坐标值是绝对模式还是增量模式、是英制单位还是公制单位，也未说明到目标位置的运动是快速运动或直线运动。如果控制系统没有足够的信息，也不能确定这种程序段内容的具体含义。这种程序段中的附加信息并不完整，因此它本身毫无用处，这就需要一些跟坐标相关的附加指令，来定义它们的完整目的。

例如，若要程序段 N7 中的刀具以绝对模式快速运动到目标位置，必须在程序段前或它内部指定所有这些指令：

➲ 例 A：

N7 G90 G00 X13. 0 Y10. 0

➲ 例 B：

N3 G90

N4 . . .

N5 . . .

N6 . . .

N7 G00 X13. 0 Y10. 0

➲ 例 C：

N3 G90 G00

N4 . . .

N5 . . .

N6 . . .

N7 X13. 0 Y10. 0

➲ 例 D：

N2 G90

N3 G00

N4 . . .

N5 . . .

N6 . . .

N7 X13. 0 Y10. 0

如果不改变例 B、C 和 D 中程序段 N4 和 N6 之间的任何 G 代码模式，那么四个例子的加工结果完全一样。只需编写一次便一直有效，直至被取消或改变的 G 代码称为模态 G 代码，它们可分成若干逻辑组。

> 模态组中的 G 代码可以被同组中的另一个 G 代码替代。

稍后将对模态和非模态 G 代码进行介绍。每个控制系统都有它自己的可用 G 代码列表。许多 G 代码十分常见，实际上在所有控制器中都可以见到它们，另外一些则是特定控制系统甚至特定机床所独有的。由于加工应用的性质不同，铣削系统和车削系统的典型 G 代码列表也不相同，不同类型车床的 G 代码也不一样。必须将每组 G 代码区分开来。

> 检查机床文档中的可用 G 代码！

8.2　在铣削中的应用

下面的 G 代码表格，是 CNC 铣床和 CNC 加工中心编程中最常见的准备功能详表，列出的 G 代码可能并不适用于一些特定的机床和控制器，所以一定要参考机床和控制器参考手册予以确认。某些列出的 G 代码是机床或控制系统中必备的特殊选项。

G 代码	说　明	G 代码	说　明
G00	快速定位	G52	局部坐标系设置
G01	直线插补	G53	机床坐标系
G02	顺时针圆弧插补(CW)	G54	工件坐标偏置 1
G03	逆时针圆弧插补(CWW)	G55	工件坐标偏置 2
G04	暂停(作为单独程序段使用)	G56	工件坐标偏置 3
G09	准确停检查,只用一个程序段	G57	工件坐标偏置 4
G10	可编程数据输入(数据设置)	G58	工件坐标偏置 5
G11	数据设置模式取消	G59	工件坐标偏置 6
G15	极坐标指令取消	G60	单向定位
G16	极坐标指令	G61	准确停检查模式
G17	选择 XY 平面	G62	自动拐角超程模式
G18	选择 ZX 平面	G63	攻螺纹模式
G19	选择 YZ 平面	G64	切削模式
G20	英制单位输入	G65	用户宏指令调用
G21	公制单位输入	G66	用户宏指令模态调用
G22	存储行程检查"开"	G67	用户宏指令模态调用取消
G23	存储行程检查"关"	G68	坐标系旋转
G25	主轴速度波动检测"开"	G69	坐标系旋转取消
G26	主轴速度波动检测"关"	G73	高速钻孔深孔钻循环(深孔)
G27	机床原点位置检查	G74	左旋攻螺纹循环
G28	返回机床原点(参考点 1)	G76	精镗循环
G29	从机床原点返回	G80	固定循环取消
G30	返回机床原点(参考点 2)	G81	钻孔循环
G31	跳过功能	G82	点钻循环
G40	刀具半径偏置取消	G83	啄钻循环(深孔钻循环)
G41	刀具半径左补偿	G84	右旋攻螺纹循环
G42	刀具半径右补偿	G85	镗削循环
G43	刀具长度正补偿	G86	镗削循环
G44	刀具长度负补偿	G87	背镗循环
G45	位置补偿(单增加)	G88	镗削循环
G46	位置补偿(单减小)	G89	镗削循环
G47	位置补偿(双增加)	G90	绝对尺寸模式
G48	位置补偿(双减小)	G91	增量尺寸模式
G49	刀具长度偏置取消	G92	刀具位置寄存
G50	比例缩放功能取消	G98	固定循环返回到初始点
G51	比例缩放功能	G99	固定循环返回到 R 点

如果本书和控制系统手册中所列代码之间出现矛盾，必须选用控制器厂商列出的 G 代码。

8.3　在车削中的应用

Fanuc 车床控制器使用三种 G 代码组类型——A、B 和 C。A 类是最常用的，本书中所有的实例和注释，包括下面的表格，都属于 A 组类型。一次只能设置一种类型，A 类和 B 类可以通过控制器系统参数设置，但类型 C 是可选择的。通常 A 和 B 类中的大多数 G 代码是相同的，只有少部分不相同。稍后将对 G 代码组的有关内容做更详细的介绍。

G 代码	说　明	G 代码	说　明
G00	快速定位	G57	工件坐标偏置 4
G01	直线插补	G58	工件坐标偏置 5
G02	顺时针圆弧插补	G59	工件坐标偏置 6
G03	逆时针圆弧插补	G61	准确停检查模式
G04	暂停(作为单独程序段使用)	G62	自动拐角倍率模式
G09	准确停检查,只用一个程序段	G64	切削模式
G10	可编程数据输入(数据设置)	G65	用户宏指令调用
G11	数据设置模式取消	G66	用户宏指令模态调用
G20	英制单位输入	G67	用户宏指令模态调用取消
G21	公制单位输入	G68	双转塔刀座镜像
G22	存储行程检查"开"	G69	双转塔刀座镜像取消
G23	存储行程检查"关"	G70	轮廓精车循环
G25	主轴速度波动检测"开"	G71	轮廓 Z 轴方向粗车循环
G26	主轴速度波动检测"关"	G72	轮廓 X 轴方向粗车循环
G27	机床原点位置检查	G73	模式重复循环
G28	返回机床原点(参考点 1)	G74	钻孔循环
G29	从机床原点返回	G75	切槽循环
G30	返回机床原点(参考点 2)	G76	车螺纹循环
G31	跳过功能	G90	切削循环 A　　　(A组)
G32	车螺纹(固定导程)	G90	绝对指令　　　　(B组)
G35	顺时针螺纹切削循环	G91	增量指令　　　　(B组)
G36	逆时针螺纹切削循环	G92	螺纹切削循环　　(A组)
G40	刀尖圆弧半径补偿取消	G92	刀具位置寄存　　(B组)
G41	刀尖圆弧半径左补偿	G94	切削循环 B　　　(A组)
G42	刀尖圆弧半径右补偿	G94	每分钟进给　　　(B组)
G50	刀具位置寄存/预设最大 r/min	G95	每转进给　　　　(B组)
G52	局部坐标系设置	G96	恒定表面速度模式　(CSS)
G53	机床坐标系设置	G97	r/min 直接输入(CSS模式取消)
G54	工件坐标偏置 1	G98	每分钟进给　　　(A组)
G55	工件坐标偏置 2	G99	每转进给　　　　(B组)
G56	工件坐标偏置 3		

大多数的准备功能将在其各自的应用中进行介绍，例如 G01 在直线插补中介绍，G02 和 G03 在圆弧插补中介绍等。本节中，只对 G 代码进行总体介绍，而不考虑机床或控制单

元的类型。

8.4 程序段中的 G 代码

跟下一章中介绍的辅助功能（M 功能）不同，只要彼此没有逻辑冲突，可以在同一程序段中使用多个准备功能：

N25 G90 G00 G54 X6. 75 Y10. 5

这一程序书写方法要比单个程序段方法少几个程序段：

N25 G90

N26 G00

N27 G54

N28 X6. 75 Y10. 5

在连续程序处理中，两种方法看起来是一样的。然而在单段模式下运行时，第二个例子中的每一程序段都需要按下循环启动键激活。较短的方法更实用，不仅因为它的长度，也因为程序段中单个地址间的逻辑关联。

G 代码在程序段中与其他数据一起使用时，还有一些应用规则和常规考虑，其中最重要的就是模态问题。

（1）G 代码的模态

前面曾用下面的例 C 来说明若干 G 代码在程序段中的总体布局：

➲ 例 C——初始时：

N3 G90 G00

N4 ...

N5 ...

N6 ...

N7 X13. 0 Y10. 0

如果将其结构稍微改变一下，并填上具体数据，五个程序段将变成这样：

➲ 例 C——修改后（编程时）：

N3 G90 G00 X5. 0 Y3. 0

N4 X0

N5 Y20. 0

N6 X15. 0 Y22. 0

N7 X13. 0 Y10. 0

注意快速运动指令 G00 在程序中出现的次数，它只在程序段 N3 中出现一次。事实上，绝对模式 G90 也是一样的。G00 和 G90 都不需要重复，原因就是从它们第一次在程序中出现时就一直有效，这一特征可用术语"模态"来描述。

> 对于模态指令，它意味着必须一直保留某种模式，直到另一种模式将其取消。

因为大多数（不是所有）G 代码都是模态的，所以并不需要在每一程序段中重复使用。再次以前面的例 C 为例，在程序运行过程中，控制器对它进行如下编译：

➲ 例 C——修改后（运行时）：

N3 G90 G00 X50. 0 Y30. 0

N4 G90 G00 X0

N5 G90 G00 Y200. 0

N6 G90 G00 X150. 0 Y220. 0

N7 G90 G00 X130. 0 Y100. 0

该程序只从一点快速移动到另一点，所以它并没有任何实用性，但它阐明了准备功能的模态。模态值的目的就是为了避免编程模式不必要的重复。G 代码的使用如此频繁，以致在程序中编写它们变得枯燥无味，幸好大多数的 G 代码只需使用一次——假如它们是模态的。在控制系统说明书中，准备功能有模态和非模态之分。

（2）程序段中的指令冲突

程序中使用准备功能，目的是从两种或多种操作模式中选择一种，如果选择快速运动指令 G00，它就是关于刀具运动的专用指令。因为不可能同时进行快速运动和切削运动，所以要同时激活 G00 和 G01 是不可能的，这样的组合会在程序段中引起冲突。如果在同一程序段中使用相互冲突的 G 代码，那么后一个 G 代码有效（也可能会出现系统错误）。

N74 G01 G00 X3. 5 Y6. 125 F20. 0

上例中 G01 和 G00 指令相互冲突，因为 G00 在程序段中位于 G01 后，所以它有效。该程序段中的进给率将被忽略。

N74 G00 G01 X3. 5 Y6. 125 F20. 0

这个例子跟前面的例子截然相反，G00 位于前面，因此 G01 拥有优先权，并将以指定的进给率 20.0in/min 进行切削运动。

（3）程序段中的字顺序

G 代码通常位于程序段的起始位置，即在程序段号后，在其他重要数据之前：

N40 G91 G01 Z - 0. 625 F8. 5

这是一个传统的顺序，它基于这样的理念：如果 G 代码的目的是将控制系统预先准备或设置为某一状态，则应该将准备功能放在第一位。如果这一论断的前提是只允许在同一程序段中使用没有冲突的代码，那么严格说来，重新排列其顺序也并无错误：

N40 G91 Z - 0. 625 F8. 5 G01

这可能有点不同寻常，但却非常正确，它不同于下面在程序段中定位 G 代码的方法：

N40 Z - 0. 625 F8. 5 G01 G91

注意这种情形！这种情况下，切削运动 G01、进给率 F 和切削深度 Z 混在一起，并以当前尺寸模式执行。如果当前是绝对模式，Z 轴运动将以绝对值执行，而不是增量值。这是个例外，其原因就是 Fanuc 允许在同一程序段中混合使用尺寸值。如果使用得当，这是非常有用的功能，下面例子所示为该功能的正确应用：

（G20）

N45 G90 G00 G54 X1. 0 Y1. 0 S1500 M03   （G90）

N46 G43 Z0. 1 H02

N47 G01 Z - 0. 25 F5. 0

N48 X2. 5 G91 Y1. 5   （G90 与 G91 混合）

N49 . . .

. . .

程序段 N45～N47 为绝对模式。在程序段 N48 执行以前，轴 X 和 Y 的绝对位置是 1.0，1.0，从这一位置开始，其目标位置是绝对位置 X2.5 和沿 Y 轴的增量位置 1.5in 的组合，最后的绝对位置是 X2.5Y2.5，并产生 45°的运动。这种情况下，G91 在后面的所有程序段中一直有效，直到编写 G90 为止。程序段 N48 最可能以绝对模式编写（仍然有效）：

. . .

N48 X2. 5 Y2. 5

. . .

通常并没有必要在同一程序段中切换这两种模式，它可能导致一些令人不愉快的意外，但在有些场合下，并且一些控制器也不支持这种方法。然而，这种特殊的方法也会在某些情形下带来一些好处，比如在子程序中。

8.5　指令分组

前面 G 代码在同一程序段中相互冲突的例子，引出了一个迫在眉睫的问题，这很有意义，比如像 G00、G01、G02 和 G03 之类的运动指令，不能同时存在于同一程序段中，但另一些准备功能的辨别就不是这么清晰了，比如刀具长度偏置指令 G43 是否可以与刀具圆弧半径偏置指令 G41 或 G42 编写在同一程序段中，答案是肯定的，让我们看看其原因。

Fanuc 控制系统通过对准备功能分组来辨别它们，称为 G 代码组，Fanuc 为它们指定了两位数字的编号。在同一程序段中控制其共存的规则非常简单：如果同组中有两个或多个 G 代码存在于同一程序段中，那么它们相互冲突。

组的编号

G 代码组的编号通常从 00～25，这一范围随着控制器型号的不同而变化。对于最新的或需要更多 G 代码的机床，该范围可能更大。其中最独特，可能也是最重要的一个组是 G00 组。

00 组中的所有准备功能都不是模态的，有时也用"非模态"来描述。它们只在当前程序段有效，如果需要在连续几个程序段中使用，则必须在每个程序段中编写它们，对于大多数非模态指令，重复使用并不频繁。

例如，需要以毫秒为单位编写暂停时，没有必要在两个或多个连续的程序段中编写暂停，那么，下面的三个程序段到底又有什么好处呢？

N56 G04 P2000
N57 G04 P3000
N58 G04 P1000

所有三个程序段中包含同一功能，就是一个接一个的暂停，在单个程序段中输入总的暂停时间要有效得多：

N56 G04 P6000

下面是 Fanuc 控制系统的典型分组，在表格的"类型"栏中，用字母 M 和 T 分别表示铣削和车削控制器的应用：

组	说　明	G 代　码	类型
00	非模态 G 代码	G04 G09 G10	M/T
		G11 G27 G28 G29	M/T
		G30 G31 G37	M/T
		G45 G46 G47 G48	M/T
		G52 G53 G65	M/T
		G51 G60 G92	M
		G50	T
		G70 G71 G72 G73	T
		G74 G75 G76	T
01	运动指令，切削循环	G00 G01 G02 G03	M/T
		G32 G35 G36	T
		G90 G92 G94	T
02	平面选择	G17 G18 G19	M
03	尺寸模式	G90 G91 （车床为 U 和 W）	M T

续表

组	说　明	G　代　码	类型
04	存储行程	G22 G23	M/T
05	进给率	G93 G94 G95	T
06	输入单位	G20 G21	M/T
07	刀具半径偏置	G40 G41 G42	M/T
08	刀具长度偏置	G43 G44 G49	M
09	循环	G73 G74 G76 G80 G81 G82 G83 G84 G85 G86 G87 G88 G89	M M M M
10	返回模式	G98 G99	M
11	比例缩放取消， 镜像	G50 G68 G69	M T
12	坐标系	G54 G55 G56 G57 G58 G59	M/T M/T
13	切削模式	G61 G62 G64 G63	M/T M
14	宏指令模式	G66 G67	M/T
16	坐标旋转	G68 G69	M
17	CSS	G96 G97	T
18	极坐标输入	G15 G16	M
24	主轴速度波动	G25 G26	M/T

所有情况下，组的关系都有着极其重要的意义。一个可能的例外是 01 组中的运动指令和 09 组的循环，这两组的关系如下：如果指定组 01 中的 G 代码到 09 组中的任何固定循环中，循环将立即取消，但反之不然，换句话说，固定循环不会取消激活的运动指令。

组 01 不受组 09 中的 G 代码影响，概括如下：

> 任何 G 代码都将自动取代同组中的另一 G 代码。

8.6　G 代码类型

Fanuc 控制系统对准备功能的选择比较灵活，这也是区分 Fanuc 和许多其他控制器的地方。Fanuc 控制器使用非常广泛，它使得标准控制器的结构紧随每个国家的固定样式，典型的例子就是输入单位的选择。在欧洲、日本和其他许多国家，使用公制系统标准；在北美，常见的尺寸标注系统仍然使用英制单位。因为两个市场在世界贸易中都占有重要的份额，所以聪明的控制器生产厂商努力同时实现两种输入系统。几乎所有的控制器生产厂家都提供可选的尺寸系统，但是 Fanuc 和类似控制器在进入世界市场前，就已经提供了有效的编程代码选择。

Fanuc 控制器使用的简单的参数设置方法，通过指定系统参数，可以选择一种、两种或三种 G 代码类型，这一点通常是为了不同地域的用户设置的。尽管每一类型中，大多数的 G 代码都是一样的，最典型的例子就是用来选择英制和公制单位的 G 代码。美国许多早期的控制器中，英制使用 G70，公制使用 G71，Fanuc 系统传统上使用 G20 和 G21 代码分别表示英制和公制输入。

G 代码类型是设置参数最实用的选择。要完全完成这样的尝试，只能在控制器安装完毕时，即在没有编写任何程序以前完成。随意改变 G 代码类型将导致非常可怕的后果，记住：改变一个代码的含义将影响另一个代码的含义。以车床上输入制为例，如果 G70 表示尺寸的英制输入，那么就不能用它来编写粗加工循环程序。Fanuc 在哪一组提供了一个不同的代码，要始终与标准 G 代码类型保持一致。本书中使用的所有 G 代码都是缺省的 A 类代码，也是最常见的组。

G 代码和小数点：许多最新的 Fanuc 控制器包括带有小数点的 G 代码，例如，G72.1（旋转复制）或 G72.2（平行复制）。该组中的一些准备功能跟特殊机床相关，或者不够典型，所以没在本书中介绍。

第9章 辅助功能

CNC 程序中的地址 M 表示辅助功能，有时也称为机床功能。并不是所有的辅助功能都跟 CNC 机床的操作相关，相当多的功能跟程序处理有关，因此本书中使用更为恰当的术语——辅助功能。

9.1 说明和目的

在 CNC 程序结构中，程序员通常需要一些方法来激活某些机床操作或控制程序流程，如果没有这些方法，程序是不完整的，也是不可运行的。首先，看看跟机床操作相关的辅助功能，也就是真正的机床功能。

（1）与机床相关的功能

为确保全自动加工，必须由程序控制 CNC 机床的各种实际操作，这些功能通常使用 M 地址并包括以下操作：

❑ 主轴旋转　　　　　　　顺时针（CW）或逆时针（CCW）；
❑ 改变齿轮传动速度范围　低/中/高；
❑ 自动换刀　　　　　　　ATC；
❑ 自动托盘交换　　　　　APC；
❑ 冷却液操作　　　　　　开或关；
❑ 尾架或轴套运动　　　　进或退。

由于各机床厂家的不同设计，这些操作也随着机床的不同而有所变化。从工程的角度出发，机床的设计通常基于某种主要加工应用，CNC 铣床需要的机床相关功能跟 CNC 加工中心或 CNC 车床不同，而数控 EDM 电火花加工机床拥有许多其他机床所没有的独特功能。

甚至为同一类工作所设计的两台机床（例如，两种类型立式加工中心），如果它们拥有不同的控制系统或重大区别的选项，彼此的功能也将互不相同。同一生产厂家生产的不同型号机床，甚至在拥有相同的 CNC 系统的情况下，也会有某些独有的功能。

所有通过切削来去除多余材料的机床设计，都有某些共同的特征和性能，例如程序中主轴旋转有三种（也只能有三种）可能的选择：主轴正转；主轴反转；主轴停。

除了这三种选择，还有一个称为主轴定位的机床相关功能。另一个例子是冷却液，冷却液只能控制为"开"或"关"。

这些是大多数 CNC 机床上的典型操作，全部由 M 功能编程，后面通常跟有两位数字，尽管一些控制器允许使用三位数字的 M 功能，例如 Fanuc16/18。

在一些特殊的应用中，Fanuc 也使用三位数字的 M 功能，例如，为了实现多轴车床上两个互不相关的转塔刀架的同步。所有这些以及其他与机床操作相关的功能，都属于名为辅助功能或简称为 M 功能或 M 代码的组。

（2）与程序相关的功能

除了机床功能，也使用一些 M 功能来控制 CNC 程序的执行。程序执行的中断需要 M 功能，例如，在改变工作设置过程中，比如工件的反转。另一个例子就是程序对一个或多个子程序的调用，该情况下，程序必须具备程序调用功能、重复的次数等，M 功能可以满足这些需求。

基于前面的例子，可根据其特殊应用将辅助功能归为两个大组：控制机床功能；控制程序执行。

本手册只包括大部分控制器使用的最常见辅助功能。不幸的是，有许多功能随着机床和控制系统的变化而不同，这些功能称为机床特殊功能。因此，一定要参考特定机床型号及其控制系统的说明文档。

9.2 典型应用

在学习 M 功能前，先注意这些功能可以完成的动作类型，而不管它们是机床相关的还是程序相关的。同时也要注意只有两种状态的拨动模式，比如"开"和"关"，"进"和"出"，"向前"和"向后"等。使用前一定要查看手册，为了保持一致，本手册中使用的所有 M 功能都基于下面的表格：

（1）在铣削中的应用

M 代码	说　　明
M00	强制停止程序
M01	可选择程序停止
M02	程序结束（通常需要重启，不需要倒带）
M03	主轴正转（R/H 刀具顺时针旋转）
M04	主轴反转（R/H 刀具逆时针旋转）
M05	主轴停
M06	自动换刀（ATC）
M07	冷却液喷雾开　　　　　　　（通常是一个选项）
M08	冷却液"开"（冷却液泵马达"开"）
M09	冷却液"关"（冷却液泵马达"关"）
M19	主轴定位
M30	程序结束（通常需要重启和倒带）
M48	进给率倍率取消"关"　　（使无效）
M49	进给率倍率取消"开"　　（激活）
M60	自动托盘交换（APC）
M78	B 轴夹紧　　　　　　　　（非标准的）
M79	B 轴松开　　　　　　　　（非标准的）
M98	子程序调用
M99	子程序结束

（2）在车削中的应用

M 代码	说　　明
M00	强制停止程序
M01	可选择程序停止
M02	程序结束（通常需要重启，不需要倒带）
M03	主轴正转（R/H 刀具顺时针旋转）
M04	主轴反转（R/H 刀具逆时针旋转）
M05	主轴停

续表

M 代码	说　　明
M07	冷却液喷雾开　　（通常是一个选项）
M08	冷却液"开"（冷却液泵马达开）
M09	冷却液"关"（冷却液泵马达关）
M10	卡盘松开
M11	卡盘夹紧
M12	尾架顶尖套筒进
M13	尾架顶尖套筒退
M17	转塔向前检索
M18	转塔向后检索
M19	主轴定位（可选择）
M21	尾架向前
M22	尾架向后
M23	螺纹逐渐退出"开"
M24	螺纹逐渐退出"关"
M30	程序结束（通常需要重启和倒带）
M41	低速齿轮选择
M42	中速齿轮选择 1
M43	中速齿轮选择 2
M44	高速齿轮选择
M48	进给率倍率取消"关"　　（使无效）
M49	进给率倍率取消"开"　　（激活）
M98	子程序调用
M99	子程序结束

（3）MDI 专用功能

有几个 M 功能根本不能在 CNC 程序中使用，该组专门用在手动数据输入模式（MDI）中。这种功能的一个实例，就是加工中心中仅用于维修的逐个换刀功能，它绝不可用在程序中。这些功能不是本书所讨论的范围。

（4）应用组

基于每组中辅助功能的特殊应用，可以将前面讨论的两个组进一步细分为几个组，下表是一个典型的分类列表：

组别	典型 M 功能	组别	典型 M 功能
程序	M00 M01 M02 M30	附件	M17 M18 M21 M22 M78 M79
主轴	M03 M04 M05 M19	螺纹加工	M23 M24
换刀	M06	齿轮速比范围	M41 M42 M43 M44
冷却液	M07 M08 M09	进给率倍率	M48 M49
附件	M10 M11 M12 M13	子程序	M98 M99
		托盘	M60

该表并不包括所有 M 功能，甚至所有可能的组别，它也未区分不同机床之间的差别。另一方面，它确实反映了辅助功能在日常 CNC 编程中的应用类型。

本手册从头至尾都使用表中列出的辅助功能，其中一些相对来说出现得更为频繁，这也反映了它们在编程中的总体应用情况。通常并不使用或需要那些不与特定机床控制系统相对应的功能，然而它们在大多数控制系统和 CNC 机床中的应用原则通常相似。

本章中，只详细介绍更常见的功能，余下的辅助功能在包含特殊应用的章节中介绍。在现阶段，只强调最常见辅助功能的用途。

9.3 程序段中的 M 功能

如果在程序段中只编写了辅助功能，而没有其他的数据支持，那么只执行该功能本身，例如，

N45 M01

是可选择程序暂停，这一程序段是正确的，即 M 功能可以是唯一的程序段输入。与准备功能（G 代码）不同，程序段中只能有一个 M 功能，除非控制器允许在同一程序段中使用多个 M 功能（只针对一些最新控制器），否则将导致程序错误。

编写特定辅助功能的更实用的方法，就是在包含刀具运动的程序段中编写它。例如，可能需要在打开冷却液的同时，将刀具移动到一个特定的位置，因为各指令间并没有冲突，所以实际程序段可能是下面这个样子：

N56 G00 X252. 95 Y116. 47 M08

上例程序段 N56 中，M08 激活的确切时间不是很重要，但在其他的情况下，时间选择可能很重要。一些 M 功能必须在特定的活动发生以前或以后才生效，比如这个复合运动——应用在同一程序段中的 Z 轴运动跟程序停止功能 M00：

N319 G01 Z－62. 5 F200. 0 M00

这种情况比较严重，且需要考虑两个问题：一个是在 M00 有效时，将发生什么事情；另一个是将在什么时候发生。以下是三种可能性和需要回答的三个问题：

① 激活运动时，立即停止程序——在程序段的开始？

② 刀具在行进中停止程序——在运动过程中？

③ 当运动指令完成后，停止程序——在程序段的末尾？

三个选项中的一个将发生，但究竟是哪一个？尽管在这一阶段，还不清楚这些例子的实际目的，但是了解控制器如何编译一个包含刀具运动和辅助功能的程序段是非常有用的。

每个 M 功能的设计都是合理的，它的设计同样具有普遍意义。

M 功能的实际启动可分为两组（而不是三组）：

❏ 在程序段开头激活 M 功能（与刀具运动同步）；

❏ 在程序段末尾激活 M 功能（当刀具运动完成时）。

没有 M 功能会在程序段执行过程中激活，这是不合乎逻辑的。在上面的程序段 N56 中，冷却液"开"功能 M08 的合理启动时间是什么？正确的答案是：冷却液将在刀具运动开始时激活。程序段 N319 的正确答案是：M00 程序停止功能将在刀具运动完全完成以后激活。这有意义吗？当然有，但是别的功能会怎样呢，它们在程序段中怎样运转？

让我们继续。

（1）M 功能的启动

看看下面典型的 M 功能列表。基于前面的注释，可以给每个功能添加一个刀具运动，并尝试确定这些功能的运转方式，通过一些合理的思考，将更有可能得到正确的结论。比较下面两组来加以确认：

在程序段开头激活 M 功能	
M03	主轴正转(R/H 刀具顺时针旋转)
M04	主轴反转(R/H 刀具逆时针旋转)
M06	自动换刀(ATC)
M07	冷却液喷雾"开"　　　　　(通常是一个选项)
M08	冷却液"开"(冷却液泵马达开)

在程序段末尾激活 M 功能	
M00	强制停止程序
M01	可选择程序停止
M02	程序结束(通常需要重启,不需要倒带)
M05	主轴停
M09	冷却液"关"(冷却液泵马达关)
M30	程序结束(通常需要重启和倒带)
M60	自动托盘交换(ATC)

如果并不确定功能与刀具运动之间的相互作用,最安全的方法就是在单独的程序段中编写 M 功能。使用这种方法时,通常在相关的程序段前面或后面处理辅助功能,在大多数的应用中,这是比较安全的解决方案。

(2) M 功能的持续时间

了解 M 功能什么时候起作用,逻辑上说,也就是 M 功能将在多长的时间内有效。一些辅助功能只在所在程序段中有效,而其他的会一直有效,直到另一个辅助功能将它取消。这与准备功能 G 的模态相似,但是 M 功能通常不使用"模态"一词。以辅助功能 M00 或 M01 为例,它们只在所在程序段中有效,但冷却液"开"功能 M08 将一直有效,直到被取消或替代。记住,下面任何一个功能都会取消冷却液"开"模式——M00、M01、M02、M09 和 M30。比较下面两个表格:

在单个程序段中有效的 M 功能	
M00	强制程序停止
M01	可选择程序停止
M02	程序结束(通常需要重启,不需要倒带)
M06	自动换刀(ATC)
M30	程序结束(通常需要重启和倒带)
M60	自动托盘交换(ATC)

M 功能一直有效,直到被取消或替代	
M03	主轴正转(R/H 刀具顺时针旋转)
M04	主轴反转(R/H 刀具逆时针旋转)
M05	主轴停
M07	冷却液喷雾"开"　　　　　(通常是一个选项)
M08	冷却液"开"(冷却液泵马达开)
M09	冷却液"关"(冷却液泵马达关)

以上分类是符合逻辑的且具有良好的设计和普遍意义。没有必要记住每一 M 功能和它们确切的行为,找寻它们确切含义的最好地方,就是研究 CNC 机床使用手册并查看能在机床上正确运行的程序。

9.4　程序功能

控制程序处理的辅助功能，既可以暂时中断处理（在程序中部），也可以永久地中断处理（在程序末尾），有几个功能可实现这一目的。

（1）程序停止

M00 功能定义为无条件或强制程序停止。程序执行中的任何时刻，只要控制系统遇到这一功能，将停止机床所有的自动操作：

❑ 所有轴的运动；

❑ 主轴的旋转；

❑ 冷却液功能；

❑ 程序的进一步执行。

执行 M00 时，不会重置控制器设置，所有当前有效的重要数据（进给率、坐标设置、主轴速度等）都将保留下来，只有激活"循环开始键"才可以恢复程序处理。M00 功能将取消主轴旋转和冷却液功能，因此必须在后续程序段中对其中一个或两个重复编写。

M00 功能可以编写在单独的程序段中，也可以在包含其他指令的程序段中编写，通常是轴的运动。如果 M00 功能与运动指令编写在一起，程序停止将在运动完成后才有效：

➲ 将 M00 编写在运动指令后：

N38 G00 X189. 5

N39 M00

➲ 将 M00 与运动指令编写在一起：

N39 G00 X189. 5 M00

两种情况下，运动指令将在程序停止执行前完成，其区别只在于程序段处理的模式（例如，在试切过程中），在自动处理模式下，它们并没有实际性的区别（单程序段开关设为"关"）。

实际使用：对程序停止功能的使用使得 CNC 操作人员的工作更加轻松。它在许多工作中都是有用的，一个常见的用途是对机床上尚未卸下来的工件进行检查，也可以在停止过程中检查工件尺寸或刀具状况，此外，还可以在另一操作开始前排除堆积在镗削或钻削出的孔中的切屑，比如盲孔攻螺纹。要在程序的中部改变当前设置，也需要用到程序停止功能，例如工件的反转，程序中的手动换刀也需要 M00 功能。

> 程序处理过程中，只在手动干涉时使用程序停止功能 M00。

所有控制器具有可选择暂停 M01 功能，稍后将对它进行介绍。使用 M00 的主要原因，是需要对加工的每个工件进行手动干涉，程序中的手动换刀也促进了 M00 的使用，因为每个工件都需要它。M01 是相对较好的选择，尽管两个功能之间的区别很细小，但在加工大批工件时，它们之间循环时间的实际差别将是很大的。

使用 M00 功能时，操作人员通常要明白为什么使用该功能以及它的目的是什么，要有意识地避免产生混淆，操作人员可以通过两种方法来了解：

❑ 在安装卡片中，参考包含辅助功能 M00 以及必须执行手动操作的程序段号：

程序段 N39 …… 排屑

❑ 在程序中，给出一个包含必要信息的注释部分。注释部分必须用圆括号括起来（下面所示为其三种形式）：

［A］　　　N39 M00　　（排屑）

[B] 　　　　N39 X189.5 M00 　　（排屑）

[C] 　　　　N39 X189.5 M00 　　（排屑）

以上任何一种方法都可以为 CNC 操作人员提供所有必要的信息。所有选项中，［A］或［B］的注释方式在程序中更为可取。可以从控制面板上的显示屏中直接读取内置指令。

（2）可选择程序暂停

辅助功能 M01 是可选择或有条件的程序暂停。它和 M00 功能相似，但有一个地方不同，即控制器读取 M01 功能时，不会停止程序处理，除非操作人员通过控制面板进行干涉。可选择暂停扳动开关或按钮位于面板上，它可设为"开"或"关"状态。执行程序中的M01 功能时，当前开关设置将决定程序是暂时停止还是在无外部干扰的情况下继续执行：

可选择暂停开关设置	M01 的结果
开	停止处理
关	不停止处理

如果没有编写 M01 功能，可选择暂停开关的设置是无关紧要的。通常，在生产过程中应该将其置于"关"位置。

激活 M01 功能时，它的运转方式跟 M00 功能一样，所有轴的运动、主轴旋转、冷却液功能和任何进一步的程序执行都将暂时中断，而进给率、坐标设置、主轴速度等设置保持不变，程序的继续执行只有通过循环开始键来重新激活。M00 功能的所有编程规则同样适用于 M01 功能。

一个好的做法就是将 M01 功能作为唯一的输入编写在每把刀具的最后一个程序段中，后面紧跟没有任何数据的空行。如果不需要暂停程序，则将可选择暂停开关设为"关"，它并不损失生产时间。如果在每把刀具运动结束时需要暂停程序，将开关设为"开"，程序将在执行 M01 后停止。在某些情形下，任何时间损失通常都是合理的，例如更换可转位刀片、检查尺寸或工件表面质量。

（3）程序结束

每一程序必须包括一个定义当前程序结束的特殊功能，有两个 M 功能可实现该目的——M02 和 M30。这两个功能相似，但其目的截然不同，M02 功能将终止程序，但不会回到程序开头的第一个程序段，功能 M30 同样终止程序，但它将回到程序开头。通常用单词"倒带"（rewind）替代单词"返回"（return），当磁带阅读机在 CNC 机床上比较常见时，它表示时间剩余部分。当工件程序完成时，磁带必须倒带，M30 功能具有这一倒带功能。

当控制器读到程序结束功能 M02 或 M30 时，便取消所有轴的运动、主轴旋转、冷却液功能，并且通常将系统重置到缺省状态。一些控制器中，重置不是自动的，所有程序员都要意识到这一点。

如果以 M02 功能结束程序（通常只在老式程序中），控制器停留在程序末尾，并准备开始下一循环，现代 CNC 设备上完全不需要 M02，向后兼容的情况除外。除了 M30 外，M02功能也可用在那些使用不带盘的磁带阅读机和短循环磁带的机床上（主要是 NC 车床）。磁带的尾部跟磁带头连接，从而形成一个闭合的环，当程序完成时，磁带的开头部分与末尾部分相邻，所以不需要倒带，长的磁带不能使用环，而是需要磁带卷和 M30。M02 的历史就是这么多——可以忽略它的存在。

M02 跟 M30 一样吗？

最先进的控制器中，可以通过设置系统参数，使 M02 具有与 M30 一样的功能。该设置可以赋予它倒带功能，在一台装有新控制器的机床上使用老程序时，这种设置是有用的，老的程序可以不做改变。

总的说来，如果由 M30 来终止程序，则执行倒带；如果使用 M02 功能，则不执行倒带。

编写程序时，为了得到比较满意的结果，一定要确保程序最后的程序段只包含 M30（可以使用顺序程序段来开始程序段）：

N65 ...
N66 G91 G28 X0 Y0
N67 M30   （程序结束）
%

有些控制器中，M30 可以和轴的运动一起使用——绝对不推荐这种方法！

N65 ...
N66 G91 G28 X0 Y0 M30   （程序结束）
%

百分号：M30 后的百分号（%）是特殊的停止代码，这一符号终止从外部设备上装载程序，它也叫做文件结束标记。

（4）子程序结束

程序结束的最后一个 M 功能是 M99，它主要用于子程序，通常 M99 功能将终止一个子程序，并返回处理当前程序。如果 M99 用在标准程序中，它将使程序没有结尾——这样的情形称为无穷循环。M99 应该只用在子程序中，而不能用在标准程序中。

9.5　机床功能

跟机床操作相关的辅助功能是另一组 M 功能的一部分，本节将详细介绍其中最重要的几个。

（1）冷却液功能

大多数的金属切除操作均需要用合适的冷却液来喷洒切削刀具，为了在程序中控制冷却液的流量，通常可使用以下三种辅助功能：

M07	喷雾"开"
M08	喷液"开"
M09	喷雾或喷液"关"

喷雾是少量切削液和压缩空气的混合物，该功能是否为特定机床的标准功能，将取决于机床生产厂家。一些生产厂家仅用空气或者切削液等代替切削液和空气的混合物，这样的情形下，通常需要在机床上固定一个附加设备。如果是机床上的选项，那么用来激活油雾或空气的最常见辅助功能是 M07。

M08 功能（冷却液喷注）与 M07 相似，它在 CNC 编程中的应用更为常见，实际上，它是所有 CNC 机床的标准功能。冷却液（通常是可溶性油和水的适当混合物）要预先调配好，并将之存储到机床的冷却液罐中。冷却液一定要喷在刀具的切削刃上，主要有以下三个原因：散热；排屑；润滑。

使用冷却液喷注的主要原因，就是散掉切削过程中产生的热；第二个原因是使用冷却液的冲力，从切削区域排屑；最后，冷却液有润滑作用，可以减小切削刀具和材料之间的摩擦，从而延长刀具寿命，并改善表面加工质量。

在刀具开始趋近工件和最终返回换刀位置的过程中，通常不需要冷却液。可使用 M09

功能（冷却液关）来关掉冷却液功能，它只能关掉油雾或喷注，实际上，M09 将关掉冷却液泵马达。

每个跟冷却液相关的功能，都可以编写在单独程序段中，或与轴的运动一起编写。程序处理中的顺序和时间选择区别很小，但是却很重要，下面的例子说明了其区别：

⊃ 例 A——打开油雾（如果可用）：

N110 M07

⊃ 例 B——打开冷却液：

N340 M08

⊃ 例 C——关掉冷却液：

N500 M09

⊃ 例 D——轴运动并打开冷却液：

N230 G00 X11. 5 Y10. 0 M08

⊃ 例 E——轴运动并关掉冷却液：

N400 G00 Z1. 0 M09

所有例子说明了程序处理过程中的区别，冷却液编程的总体规则是：

❏ 单独程序段中的冷却液"开"或"关"，在它所在程序段中有效（例 A、B 和 C）；

❏ 冷却液"开"和轴的运动编写在一起时，将和轴的运动同时变得有效（例 D）；

❏ 冷却液"关"和轴的运动编写在一起时，只有在轴运动完成以后才变得有效（例 E）。

M08 功能的主要目的是打开冷却液泵马达。它不能保证冷却液立即到达切削刃，在冷却液管较长的大型机床或冷却液泵压力较低的机床上，在冷却液完全覆盖泵和切削刀具之间的区域前，可能会有一些延时。

冷却液编程中，应该考虑两个重要因素：

❏ 不要让冷却液喷溅到工作区域外（机床外）；

❏ 千万不要让冷却液喷注到高温切削刃上。

相对说来，第一个考虑是次要的，如果将冷却液功能编写在一个"错误"的地方，结果仅仅是导致一些不便。机床附近弄湿的区域，可能会造成工作环境不安全，应该立即妥善处理。当冷却液突然喷注到已进入材料中的切削刃时，情况会更糟，切削刃上温度的改变，可能会导致刀具的破损和工件的报废，碳化钢刀具比高速钢刀具更容易受温度变化的影响。可以通过编程来避免这种可能性，即在实际切削程序段的前几个程序段中使用 M08 功能。机床上的长管或冷却液压力不足可能会导致实际喷注的延时。

（2）主轴功能

第 12 章中详细介绍了 CNC 程序中机床主轴控制的各方面知识。用于控制主轴的辅助功能有主轴旋转和主轴定位。

大多数主轴可以朝两个方向旋转，即顺时针方向（CW）和逆时针方向（CCW）。旋转的方向通常是相对于标准的视点而言，视点从主轴侧面确定，即沿主轴中心线面向端面的方向。这种视图中，假如主轴可以沿两个方向旋转，则顺时针方向（CW）旋转使用 M03 编程，逆时针方向（CCW）使用 M04。

这一约定的习俗在钻床和铣床上使用非常普遍，在 CNC 车床上使用它也很便利。CNC 铣床或加工中心中，从主轴侧面观看工件要比从工作台侧面观看工件更方便。车床（斜床身卧式车床）上更合适的视点是从尾架向主轴观看，因为这一位置最接近于 CNC 机床操作人员站在车床前的位置，然而，M03 和 M04 确定的主轴方向跟加工中心一样。更复杂的一个事实，就是左旋刀具在车床上比在铣削应用中使用更为频繁，仔细研究特定机床的指令手册，也别忘了参考第 12 章中的详细介绍。

M05 是主轴停功能，不管主轴的旋转方向如何，该功能将停止其旋转。在许多机床上，改变主轴旋转方向前也必须编写辅助功能 M05。

M03   （主轴顺时针旋转 CW）

...

< ... 在当前位置加工 ...>

...

M05   （主轴停）

< ... 通常是换刀 ...>

M04   （主轴逆时针旋转 CCW）

...

< ... 在当前位置加工 ...>

...

改变 CNC 车床的齿轮速比范围（如果可用）时，也需要 M05 功能。编写在包含轴运动的程序段中的主轴停功能，将在轴运动完成后才生效。

最后一个轴控制功能是 M19，称为主轴定位，一些控制器生产厂家称之为主轴定向功能。不管它的名称如何，M19 将使主轴停在某一确定的位置，该功能在机床设置调试中使用最多，在程序中则极少使用，以下两种情况必须使用主轴定向：

❑ 自动换刀（ATC）；

❑ 镗削操作中的换刀（只在 G76 和 G87 镗削循环中）。

在程序中使用自动换刀（ATC）时，大部分 CNC 加工中心都没有必要使用主轴定向，该定向功能已经包括在自动换刀顺序中，且可保证所有切削刀具刀架的正确定向。一些程序员喜欢在换刀位置编写 M19 和机床原点复位，以节省 1～2s 的循环时间。

对于铣削系统的特定镗削操作，主轴定向是必需的。要从孔的圆柱面上退刀，首先必须停止主轴，并使刀具切削刃定向，然后镗刀才可以从孔中退出，背镗操作的使用方法与此相似。然而在程序中，这些特殊的切削操作使用固定循环，即由内置的主轴定向。

总之，程序中极少使用 M19 功能。在操作人员的调试工作中，当使用 MDI 操作时，它可作为一种辅助编程手段。

（3）齿轮传动速度范围选择

实际上所有的可编程齿轮传动速度范围选择都适用于 CNC 车床，加工中心的主轴齿轮传动速度范围可以自动改变。大多数 CNC 车床有两个或更多可用的齿轮传动速度范围，一些功能强大的车床则装备了多达四种的选择范围。齿轮传动速度范围的基本编程规则，就是根据加工应用来对之进行选择。

例如，大多数粗加工操作对主轴功率的要求要高于对主轴速度的要求，这种情况下，低速通常是相对较好的选择。对于精加工，中速或高速较好，因为在金属切削过程中，高速更为有益。

辅助功能的分类完全取决于 CNC 车床上可用齿轮传动速度范围的多少，传动速度范围的数目是 1、2、3 或 4。下面的表格是 M 功能的典型分类，但是一定要查看机床手册中的实际指令。

范围	M 功能	齿轮传动速度范围	范围	M 功能	齿轮传动速度范围
1 个可用	N/A	不编程	3 个可用	M43	高速范围
2 个可用	M41 M42	低速范围 高速范围	4 个可用	M41 M42 M43 M44	低速范围 中速范围 1 中速范围 2 高速
3 个可用	M41 M42	低速范围 中速范围			

单凭经验, 齿轮速度范围越大, 主轴速度就可能越大, 且需要的主轴功率越小, 反之亦然。通常, 改变传动速度时, 并不需要停止主轴旋转, 但无论如何, 一定要参考车床使用手册。如果有疑问, 可以首先停止主轴以改变传动速度范围, 然后重新启动主轴。

(4) 机床附件

大部分的辅助功能用在机床附件的一些操作中。前面已经介绍了该组中比较常见的应用, 也就是冷却液控制和齿轮传动范围, 该组中其余的 M 功能将在本书中别的地方介绍, 所以这里只做简单描述。

最值得注意的与机床相关的 M 功能有:

M 功能	说　明	类型	M 功能	说　明	类型
M06	自动换刀 (ATC)	M	M23 M24	螺纹逐渐退出　开/关	T
M60	自动托盘交换 (APC)	M	M98 M99	子程序调用/子程序结束	M/T

第 10 章 顺序程序段

CNC 程序的每一行称为一个程序段。在前面介绍的术语中，程序段的定义就是由 CNC 系统处理的单个指令。

顺序程序段或程序段，通常是程序底稿中的一个手写行，或是在文本编辑中由回车键终止的一行。该行可能包含一个或多个程序字——为 CNC 机床上单个指令定义的字，这种程序字可能包括准备功能、坐标字、刀具功能和指令、冷却液功能、速度和进给指令、位置寄存以及各种偏置等。简单说来，控制器在处理任何程序段前，将当前程序段的所有内容作为一个单元来处理，处理整个 CNC 程序时，系统将单个指令（程序段）作为一个完整的程序操作步来计算。程序包含完成某一特定加工工艺所需的一系列程序段，程序总长度通常取决于程序段的数量以及它们的大小。

10.1 程序段结构

单个程序段中可以有尽可能多的必需程序字。一些控制器对程序段中字符数的多少进行了限制，这对 Fanuc 及类似控制器来说，只是理论上的最大值，实际应用中无关紧要。其唯一的限制就是不能在同一程序段中使用两种或两种以上的相同字（功能或指令），G 代码除外，例如，一个程序段中，X 轴上只能使用一个 M 辅助功能或坐标字。程序段中字的格式很随意——这意味着如果将顺序程序段（N 地址）编写为首地址时，所需程序字的次序可以是任意的，尽管如此，习惯上还是以合理的顺序将字排列在程序段中，这样就使得 CNC 程序易读易懂。

典型的程序结构在很大程度上取决于控制系统和 CNC 机床的类型。典型程序段可能包含以下指令，建议按此顺序排列指令，并不需要每次都在程序段中指定所有程序数据，只有在需要时才使用（比如从一种模式切换到另一种模式）。一个程序段通常包括：

- ❑ 程序段号　　　　　　　N;
- ❑ 准备功能　　　　　　　G;
- ❑ 辅助功能　　　　　　　M;
- ❑ 轴运动指令　　　　　　X Y Z A B C U V W...
- ❑ 与轴相关的字　　　　　I J K R Q...
- ❑ 机床或刀具功能　　　　S F T。

程序段的内容将随机床类型的不同而不同，但从逻辑上说来，不管是何种 CNC 系统或机床，通常须遵循大多数的基本规则。

（1）构建程序段结构

跟任何其他重要结构（例如建筑物、汽车或飞机）一样，必须遵循与之相同的思维和考虑因素，对 CNC 程序的程序段进行构建。一开始就必须进行很好的规划，类似于建筑物、汽车、飞机及其他结构，必须决定什么是以及什么不是程序中的一部分，同时也必须决定怎样确定各指令在程序段中的顺序以及许多其他要考虑的问题。

下面的几个例子中，对铣削操作程序段和车削操作程序段的典型结构进行了比较，每个程序段都是一个单独的例子。

（2）铣削程序段结构

铣削操作中，典型程序段的结构将反映 CNC 加工中心或类似机床的实质。

➲ 铣削程序段实例：

N11 G43 Z10. 0 S780 M03 H01　　　　　　　（例 1）

N98 G01 X237. 15 Y45. 75 F150. 0　　　　　　（例 2）

程序段 N11 是第一个铣削实例，它是典型的刀具长度偏置输入，跟主轴转速和主轴旋转方向一起使用。

第二个实例（程序段 N98）所示为简单直线切削运动的典型编程指令，使用了直线插补方法和适当的进给率。但是两个例子所用的都是公制单位。

➲ 车削程序段实例：

N67 G00 G42 X50. 0 Z2. 5 T0202 M08　　　　（例 1）

N23 G02 X75. 0 Z－28. 0 R5. 0 F0. 125　　　　（例 2）

在车床实例中（同样是公制单位），程序段 N67 所示为到 XZ 位置的快速运动以及其他一些指令——刀尖半径补偿启动 G42，激活刀具偏置（T0202）以及冷却液"开"功能 M08。程序段 N23 是一个典型的圆弧插补程序段，它使用的进给率为 0.125mm/r。

10. 2　程序标识

一些控制器中，可以通过 CNC 程序号或名字对其进行识别。为了在 CNC 内存中存储多个程序，通过程序号来进行识别是必要的。如果系统支持，可以在控制器显示屏上显示程序名和简要描述。

（1）程序号

如果控制系统有需求，那么任何程序使用的第一个程序段通常是程序号。程序号可使用两种地址：EIA 格式为字母 O，老一点的 ASCII（ISO）格式为冒号［:］。内存操作中，控制系统通常显示带字母 O 的程序号。CNC 程序中并不一定非得包含含有程序号的程序段，最好由 CNC 操作人员决定是否使用。

如果程序使用程序号，必须将其指定在一个特定的范围内。老式 Fanuc 控制器程序中，它必须在 O1～O9999 内，不允许使用 0（O0 或 O0000）程序号，较新的控制器允许使用 5 位数字的程序号，即在 O1～O99999 之间。程序号中不允许使用小数点和负号，可在程序段号中使用前置 0，例如 O1、O01、O001、O0001 以及 O00001 都是合法输入，它们都表示程序号 1。

（2）程序名

最新的 Fanuc 控制系统中，除了程序号，还可以使用程序名，但它并不是替代程序号。程序名（或程序的简要描述）可以长达 16 个字符（空格和符号都计算在内）。程序名必须和程序号在同一行（同一程序段）中：

O1001（图纸 . A-124D　IT. 2）

该功能有一明显的优点，即在屏幕上同时显示程序号和程序名，从而使目录清单更为直观和有用。

仔细观察程序描述，如果程序名长于允许使用的 16 个字符，并不会产生错误，但只显示前面的 16 个字符。一定要避免在显示中模棱两可的程序名，考虑以下两个程序名，看起来它们没什么问题：

O1005　　（LOWER SUPPORT ARM－OP 1）

O1006　　（LOWER SUPPORT ARM – OP 2）

因为控制器显示屏只能显示程序名的前 16 个字符，所以显示时，程序名就变得模棱两可了：

O1005　　（LOWER SUPPORT AR）

O1006　　（LOWER SUPPORT AR）

为了消除这一问题，可使用一个不超过 16 个字符，但包括所有重要数据的缩写描述，例如：

O1005　　（LWR SUPP ARM OP1）

O1006　　（LWR SUPP ARM OP2）

如果需要更详细的描述，可以将该描述分为一个或多个注释行：

O1005　　（LWR SUPP ARM OP1）

（操作 1—粗加工）

屏幕的目录清单列表中，并不显示紧跟程序段号的程序段中的注释，但它对 CNC 操作人员仍是有用的。程序执行中将显示它们，当然打印输出稿中也可以看到它们。

程序名要简短且直观：它们的目的就是帮助 CNC 操作人员查找存储在控制器内存中的程序。程序名中可包括一些适当的数据，如图号或零件号、缩写的零件名以及操作等。它不能包含以下数据：机床型号、控制系统、程序员姓名、日期和时间、公司或客户名以及类似的数据——这些可以作为程序头的一部分，参见前面的介绍（第 7 章中"程序头"部分）。

大多数控制器中，装载程序到内存中时，CNC 操作人员必须在控制面板上指定程序号，而不管它在程序中的实际编号是什么，它可能只是系统中一个可用的编号，也可能是表明特定组的具有特殊含义的编号（例如，所有以 O10×× 开始的程序，都属于与某一客户有关的组）。子程序必须存储在由 CNC 程序员指定的编号下，程序名的创新用法，也有助于了解机床或零件加工程序的开发过程。

10.3　顺序号

CNC 程序中的顺序程序段均对应于一个编号，以方便在程序中的定位。程序段号的程序地址为字母 N，后面可跟多达 5 位的数字——从 1～9999 或 99999，这取决于控制系统，老式控制器的程序段号范围为 N1～N9999，新式的为 N1～N99999，一些更老的控制器只允许使用三位数字的程序段号，即 N1～N999。

N 地址必须为程序段中的第一个字母。为了方便在使用子程序的程序中定位，在两种程序类型中不应编写相同的程序段号，例如，如果主程序和子程序都以 N1 开始，则可能引起混淆，虽然从技术上来看，这种用法并无错误。子程序的程序段编号可参考第 39 章中"子程序编号"部分内容。

> 不允许使用 N0 与带负号或小数点的 N 顺序号。

（1）顺序号指令

下表中第一栏所示为顺序号的一般用法，第二栏所示为应用在 CNC 程序中时，机床控制系统可识别的程序段号格式：

增量	第一程序段号	增量	第一程序段号
1	N1	10	N10
2	N2	50	N50
5	N5	100	N100

在 CNC 程序中使用顺序号（程序段号）有两大优点和至少一个缺点：

❑ 积极的方面，使用程序段号可以在程序编辑或机床刀具重复中，使程序搜索更为简单。同时在处理过程中，它也使得 CNC 程序在显示屏上易读，在打印稿上阅读也更容易。这也使程序员和操作人员受益匪浅。

❑ 消极的方面，程序号将降低控制系统中的可用计算机内存，这意味着内存中可存储的程序数量将减少，并且整体看来，不适合长程序的使用。

（2）顺序程序段格式

使用地址 N 的程序段号，对于最先进的控制器，其程序输入格式标记为 N5，对老式控制器，其标记为 N4 甚至 N3。不允许使用程序段号 N0，也不允许使用带有负号、分数或小数点的程序段号。最小程序段增量通常必须为整数——允许使用的最小整数是 1（N1，N2，N3，N4，N5 等），也可使用较大的增量，其选择取决于个人编程风格或公司内部确定的标准。

除 1 以外的典型顺序段增量为：

增量	程序实例
2	N2,N4,N6,N8,…
5	N5,N10,N15,N20,…
10	N10,N20,N30,N40,…
100	N100,N200,N300,N400,…

一些程序员喜欢使用 5、10 或更大的增量进行编程，这种方法并无不妥，但这样一来，CNC 程序将变得太长、太快且可能难以控制。程序段号肯定是要占用内存空间的。

对于除 1 以外的所有程序段增量，目的是一样的：如果需要，可以在现有的程序段间插入另外的程序段。在程序试运行并进行校验或优化时，可能会需要在现有程序段之间添加程序段。尽管新程序段（插入的）间的次序不需要具有相同的增量，但至少它们应该是依次递增的，例如，机床操作人员将车床上的一次端面切削（例 A）修改为两次切削（例 B）：

➲ 例 A——一次端面切削：

N40 G00 G41 X85.0 Z0 T0303 M08
N50 G01 X-1.8 F0.2
N60 G00 W3.0 M09
N70 G40 X85.0
……

➲ 例 B——将例 A 修改成两次端面切削：

N40 G00 G41 X85.0 Z1.5 T0303 M08
N50 G01 X-1.8 F0.2
N60 G00 W3.0
N61 X85.0
N62 Z0
N63 G01 X-1.8
N64 G00 W3.0 M09
N70 G40 X85.0
……

注意程序段 N40 中的变化以及新增的 N61～N64 程序段。本手册中的程序偏向使用增量 1，这样，如果需要添加程序段，添加的程序段根本没有程序段号（弄清楚控制系统是否允许省略程序段号，一定要确定这一点）。

　　➲ 例 C——一次端面切削：

N40 G00 G41 X85. 0 Z0 T0303 M08

N41 G01 X - 1. 8 F0. 2

N42 G00 W3. 0

N43 G40 X85. 0

　　➲ 例 D——将例 C 修改成两次端面切削：

N40 G00 G41 X85. 0 Z1. 5 T0303 M08

N41 G01 X - 1. 8 F0. 2

N42 G00 W3. 0

X85. 0

Z0

G01 X - 1. 8

G00 W3. 0

N43 G40 X85. 0

　　该程序段相对较小，并且在打印或在屏幕上显示时，所添加的程序段也很显眼。

　　程序段号中前面的 0 可以（也应该）省略，例如，N00008 可以写成 N8，省略前面的 0，可以显著缩短程序总长度；末尾的 0 必须写上，以区分像 N08 和 N80 这种相似编号。

　　正如前面例子所示的，可选择是否使用程序段号。包含程序段号的程序比较易读，对于 CNC 操作人员，则可以在程序编辑过程中，很方便地使用搜索和编辑功能。注意：一些编程应用依赖于程序段号，例如，车床重复循环 G70、G71、G72 和 G73，这种情况下，至少要对比较重要的程序段进行编号（参见第 35 章）。

　　（3）程序段编号增量

　　Fanuc 程序段号在程序中的顺序是任意的（递增、递减或混合），它们也可以完全一样或根本不使用。一些编程习惯作为比较可取的习惯保留了下来，因为它们比较合理并具有一定的意义。程序中，顺序号的混合次序并没有什么作用，完全相同的顺序号也是一样。如果程序包含相同的程序段号，那么在机床上开始搜索程序号时，控制系统只搜索第一个出现的程序段号，这可能是，也可能不是所要查找的程序段，如果需要进一步搜索，必须从上一次找到的行开始，进行重复搜索。顺序程序段编号中，留出一定间隔的原因，就是在程序编写完毕并装载到控制器中以后，为操作人员留出一定的弹性空间。

　　程序段中的顺序号，不管其增量如何，并不影响程序处理的次序。就算程序段以递减或混合顺序进行编号，程序的处理也是连续的，即基于程序的内容，而不是它的编号进行处理。最实用的增量是 5 或 10，因为它允许在任何两个初始程序段之间，分别添加多达 4～9 个程序段。这对大多数的程序修改都是足够的。通常，本手册使用程序段增量 1（N1，N2，N3，…）。

　　对于使用计算机编程系统的程序员，只有几个字跟程序号的编程相关。尽管计算机编程系统允许程序段的起始号和增量为任意数，但强烈建议其起始号和增量为 1（N1，N2，N3，…）。基于计算机编程的目的，就是保持工件几何尺寸和切削刀具路径的精确数据库，任何 CNC 程序的改变，都应在源程序和它的结果中反映出来，而不仅仅是在结果中。

　　（4）长程序及其程序段号

　　将长程序装载到空间有限的内存中，通常是比较困难的。这种情况下，可通过省略全部的程序段号来缩短程序长度，或者更好的办法，就是只在真正需要的所有重要程序段中编写程序段号。重要程序段就是那些必须编号的程序段，其目的是为了程序搜索、刀具重复或其他依赖于程序段编号的步骤，比如加工循环或换刀。这种情况下，为了方便操作人员，可选择 2 或 5 的增量，就算限量使用的顺序程序段也会增加程序长度，但该考虑是合理的。

在忽略所有程序段号的程序中，机床控制器中的搜索将变得特别困难。CNC 操作人员别无选择，只能搜索程序段中再次出现的特定地址，比如 X、Y、Z 等，而不是顺序段号，这一搜索方法将延长搜索时间。

10.4   程序段结束字符

由于控制系统的设计规格，必须通过一个特殊字符分离每个顺序程序段，即所谓的程序段结束字符或其缩写 EOB 或 E-O-B。大多数控制器中，EOB 字符通过键盘上的回车键产生，当通过 MDI（手动数据输入）将程序输入到控制器中时，通过控制面板上的 EOB 键来终止程序段，Fanuc 控制器中的程序段结束符号是分号 [；]。

屏幕上的分号只是程序段结束字符的图形表示，绝不可作为文本输入到 CNC 程序中，无论何种情况下，程序中都不能包含它。一些老式控制器的程序段结束显示符为星号 [＊]，而不是分号 [；]，也有许多控制器使用其他的符号，它们同样表示程序段结束，例如美元标志 [＄]。不管如何，要切记符号只是程序段结束字符的表示，而不是它真正的字符。

10.5   起始程序段或安全程序段

起始程序段（有时也称安全程序段或状态程序段）是特殊的顺序程序段。它含有一个或多个模态字（通常为几组 G 代码中的准备功能），它们可以将控制系统预置为所需的初始或缺省状态。该程序段位于程序的开头，或者位于刀具的前面，这样在程序（或程序中的刀具）重复时，它是第一个执行的程序段。CNC 程序中，起始程序段通常超前于换刀或刀具检索程序段，同时也超前于任何运动程序段或轴设置程序段。机床操作中，如果需要重复程序段或所需的切削刀具，就可以搜索该程序段。由于每一控制系统的需求不同，所以铣削系统和车削系统的起始程序段略有差别。

本手册的第 5 章里，曾讨论过主电源打开时控制系统的状态，它将激活系统缺省设置。CNC 程序员不应依赖这些缺省状态，因为它们很容易被不具备编程知识的操作人员所改变，如果发生这样的改变，则编程设置跟机床生产厂家或设计控制器系统的工程师所建议的设置是有出入的。

仔细谨慎的程序员通常应该确保编程方法绝对安全，而不应该对任何事都听其自然。程序员应该尽量通过程序控制来设置所有需要的状态，而不应该依赖于 CNC 系统的缺省值，这样一种方法，不但更安全，也使得程序在设置、刀具路径检查和由于刀具破损所引起的换刀以及尺寸调整等操作中，使用起来更方便。这对 CNC 操作人员也是非常有利的，尤其是经验有限的操作人员。

在列出的所有应用中，起始程序段不会以任何方式延长加工循环时间。起始程序段的另一优点就是增强了从一台机床到另一台机床的可移植性，因为它并不依赖于特定机床及控制器的缺省设置。

安全程序段（起始程序段的另一名称）本身并不安全，必须通过一定的方法使它变得安全。不管它的名字如何，该程序段应该包含程序或切削刀具的所有控制器设置，以使程序在"空白"状态下启动。设置初始状态最常见的输入有：尺寸系统（英制/公制或绝对/增量），取消任何当前有效的循环，取消当前有效刀具半径偏置模式，选择铣削平面，选择车床进给率缺省值等。以下例子所示为铣削和车削控制器中的一些起始程序段。

程序的开头部分（用于铣削），起始程序段可能包含以下内容：

N1 G00 G17 G21 G40 G54 G64 G80 G90 G98

N1 程序段是第一顺序号，G00 选择快进模式，G17 选择 XY 平面，G21 选择公制单位，G40 取消所有当前有效的刀具半径偏置，G64 设置连续的切削模式，G80 取消所有当前有效的固定循环，G90 选择绝对模式，G98 将在固定循环中退刀到初始点。只有当起始程序段在 CNC 程序段中作为第一主程序段处理时，这些才是适用的——只有当变化应用到某一程序段时，后续的程序改变才会变得有效。例如，如果 G01 指令在缺省状态下有效，那么在任何后续程序段中使用 G00、G02 或 G03 将取消 G01 指令。

在 CNC 车床程序的开头，起始程序段可能含有以下 G 代码：

N1 G21 G00 G40 G99

N1 是第一程序段，G21 选择公制单位，G00 选择快进模式，G40 取消任何当前有效的刀尖半径偏置，G99 选择每转进给率模式。通常不需要绝对或增量参考系统，因为车床控制器使用地址 X 和 Z 表示绝对尺寸，地址 U 和 W 表示增量尺寸，对于不支持 U 和 W 地址的车床控制器，使用标准 G91 代码表示 X 和 Z 轴上的增量值。与铣削一样，任何在安全程序段中编写的字，都可以通过后续 G 指令的改变而改变。

一些控制器不允许某些 G 代码同时出现在同一行中，例如，G20 或 G21 可能不允许跟别的 G 代码一起使用。如果不能确定，最好将 G 代码编写在不同的程序段中，对于

N1 G21 G17 G40 G49 G80

使用两个或多个程序段可能更安全：

N1 G21
N2 G17 G40 G49 G80

10.6　程序注释

程序中可包含各种注释和信息，它们可以是单独的程序段，也可以是程序段中的一部分（通常在注释较短时）。不管是哪种情况，信息必须用圆括号括起来（ASCII/ISO 格式）：

　⊃ 例 A：

N330 M00　　（工件翻转）

　⊃ 例 B：

N330 M00　　（工件翻转/刀具检查）

　⊃ 例 C：

N330 M00　　（工件翻转/刀具检查）

程序中的信息或注释，就是让机床操作人员明白在注释出现的地方，程序处理的每一阶段所需执行的特定任务。注释有助于日后对程序的理解，也可用作程序的存档。

典型的信息和注释有：改变设置、孔中排屑、尺寸检查以及切削刀具状况检查等许多其他信息。只有当从程序本身不能明确所需的任务时，才需要使用信息或注释——并不需要描述每一程序段将发生什么。信息和注释应简单明了，因为它们会占据 CNC 内存空间。

从实用的角度看，可在程序的开头提供一系列短信息和注释程序段，以列出所有重要的零件图信息和所需的切削刀具。这一内容已在第 7 章末尾介绍过，这里只做简单的回顾：

O1001（轴—图纸 B451）

（轴加工—选择 1—3 爪卡盘）

（T01 -粗加工 - 1/32R - 80°）

(T02-精加工- 1/32R - 50°)

(T03-外部切槽刀具-宽度 0. 125)

(T04-外部螺纹加工刀具 60°)

N1 G20 G99

N2 ...

如果 CNC 单元的可用内存空间有限，这种程序段注释使用方式是不实用的，较好的方法就是将所需信息和注释的所有细节列在合适的设置或加工卡片上。

10. 7   程序段中的冲突字

程序段的结构必须具备逻辑性和合理性，这并非不可能。例如，程序的首程序段包含以下字：

N1 G20 G21 G17

该程序段包含的内容不具逻辑性，它命令控制器：

"设置英制系统的尺寸，同时也设置公制系统的尺寸并选择 XY 平面"。

这肯定不可能，也是不现实的。实际将发生什么呢？显然，两种选择都不可能实现，该程序段包含冲突字，即对立的尺寸单位，一些控制器可能会给出错误信息，但 Fanuc 系统不会。怎么办？控制单元将评估顺序程序段，并检查同组里的字。在第 8 章里关于准备功能（G 代码）处理的章节中，曾对指令组的分类进行了讨论。

如果计算机系统找到属于同组的两个或多个字，将返回错误信息，并自动激活同组里的后一个字。在前面尺寸选择冲突的例子中，准备功能 G21（公制尺寸选择）有效。这可能是所需要的选择，也可能不是，所以与其靠运气，还不如确保任何程序段中都没有冲突字。

前面所示的英制和公制单位选择中，使用了准备功能 G，如果使用别的会怎样，例如地址 X？考虑下面的例子：

N120 G01 X11. 774 X10. 994 Y7. 056 F15. 0

同一程序段中有两个 X 地址，控制系统不会以第二个 X 值为准，而是发出警告（错误），为什么会这样？因为 G 代码的编程规则，跟坐标字这类指令的编程规则有着巨大的差别。如果需要，Fanuc 控制器允许在同一程序段中使用尽可能多的 G 代码，只要它们没有冲突，但是同样的控制系统，不允许在同一顺序程序段中为同一地址编写一个以上的坐标字。其他一些规则同样适用，例如，只要 N 地址排在程序段的最前面，则可以以任何次序编写字，所以下面的程序段是合法的（但是它们的次序跟传统的很不一样）：

N340 Z- 0. 75 Y11. 56 F10. 0 X6. 845 G01

要养成良好的编程习惯，即以合理的次序输入每个顺序程序段：第一个字必须是程序号，后面通常跟有一个或多个 G 代码，接下来就是主轴（以 X.., Y.., Z.. 为序排列）、辅助轴或向量（I., J., K..）以及辅助功能和字，最后是进给率字。具体的程序段可能只需要以下这些字：

N340 G01 X6. 845 Y11. 56 Z- 0. 75 F10. 0

编程方法中还存在其他两个需特别注意的可能性，例如，控制器怎样编译下面的程序段？

N150 G01 G90 X5. 5 G91 Y7. 7 F12. 0

N151（增量模式有效）

很明显，绝对和增量模式有冲突。大多数 Fanuc 控制器将按照它所书写的那样处理该程序段（检查第一个），即以绝对值到达 X 轴目标位置，但 Y 轴是从当前刀具位置开始测量的增量距离，这不是很常见的方法，但有时却非常有用。记住：程序段 N150 后的顺序程序段中是增量模式，因为 G91 位于 G90 指令后！

另一个需要注意的编程应用，是以圆弧插补模式编写的程序段。论述该问题的章节（第 29 章）中，指出了圆弧或圆可以用圆心相对于起点的增量 I、J 和 K 编程（取决于使用铣削系统还是车削系统），同时它也指出可使用地址 R 直接输入半径。下面两个例子均正确，最后结果都是一个半径为 1.5in 的 90°圆弧：

➲ 使用 I 和 J 增量：

N21 G01 X15. 35 Y11. 348
N22 G02 X16. 85 Y12. 848 I1.5 J0
N23 G01 ...

➲ 直接使用半径 R 地址：

N21 G01 X15. 35 Y11. 348
N22 G02 X16. 85 Y12. 848 R1. 5
N23 G01 ...

现在可考虑一下，如果程序段 N22 中既包括 I 和 J，又包括半径输入，控制系统怎样来进行处理：

N22 G02 X16. 85 Y12. 848 I1.5 J0 R1. 5
或
N22 G02 X16. 85 Y12. 848 R1. 5 I1.5 J0

答案可能让人很惊讶：两种情况下，控制器将忽略 I 和 J 值，只处理半径 R 的值。这种特殊情况下，地址定义的次序是无关紧要的，同一程序段中，地址 R 的控制优先级高于 I 和 J，这里假定控制系统支持 R 半径输入。

10. 8　模态编程值

许多程序字是模态的。模态（modal）一词来自模式（mode），其含义就是只要特定的指令在程序中使用过一次，其模式将保留下来，它只能被同组中的另一模态指令取消。如果没有此功能，一个以绝对模式编写、使用直线插补，且进给率为 18.0in/min 的程序，每个程序段中都必须包含绝对指令 G90、直线运动指令 G01 和进给率 F18.0。有了模态值，编程工作量将大大减小。实际上所有的控制器都可使用模态指令，下面两个例子所示为其区别：

➲ 例 A——不使用模态值：

N12 G90 G01 X1. 5 Y3. 4 F18. 0
N13 G90 G01 X5. 0 Y3. 4 F18. 0
N14 G90 G01 X5. 0 Y6. 5 F18. 0
N15 G90 G01 X1. 5 Y6. 5 F18. 0
N16 G90 G01 X1. 5 Y3. 4 F18. 0
N17 G90 G00 X1. 5 Y3. 4 Z1. 0

➲ 例 B——使用模态值：

N12 G90 G01 X1. 5 Y3. 4 F18. 0
N13 X5. 0
N14 Y6. 5
N15 X1. 5
N16 Y3. 4
N17 G00 Z1. 0

两个例子的结果是一样的。比较例 A 和例 B 中对应的程序段可发现，模态指令并不需要在 CNC 程序中重复。事实上，日常编程中使用的许多指令都是模态的。那些只在单个程序段中起作用的程序指令例外（例如暂停，机床原点复位，特定的加工指令，比如换刀、分度工作台等），M 功能也是一样，例如，如果程序的两个连续程序段中都包含机床原点复位（通常出于安全考虑），可能要这样编写：

N83 G28 Z1. 0 M09

N84 G28 X5. 375 Y4. 0 M05

程序段 N84 中的 G28 不能去掉，因为 G28 指令不是模态的，所以必须重复。

10. 9　执行优先级

前面提到的一些特殊情形中，程序段中指令的顺序决定了指令执行的优先权，为进一步探究该问题，可以看看另一种情形。

这里使用两个不相关的程序段作为例子：

N410 G00 X22. 0 Y34. 6 S850 M03　和　N560 G00 Z5. 0 M05

程序段 N410 中，编写了快速运动和两条主轴指令。程序执行中将发生什么？了解主轴激活时间跟切削刀具运动激活时间之间的关系是非常重要的，在 Fanuc 和许多其他控制器中，主轴功能跟刀具运动同时起作用。

程序段 N560 中，编写了 Z 轴的运动（Z5.0），但这次是跟主轴停功能编写在一起。此时结果会不一样，只有当运动彻底完成后，主轴才会停转，与刀具运动一起使用的 M 功能的详细介绍，可参考第 9 章中相关表格。

很多辅助功能（M 功能）都存在类似情形，每个程序员都应弄清楚，如果在同一程序段中混合使用运动功能与 M 功能地址，特定的机床和控制系统将怎样进行处理。下面列出了最常见的结果，以供编程参考。

与刀具运动同时执行的功能：

M03 M04 M07 M08

在刀具运动完成后执行的功能：

M00 M01 M05 M09 M98

这里要注意：如果有疑问，则以安全的方式进行编写。一些辅助功能需要附加条件，比如需要另一条指令和功能来使之生效，例如，只有在主轴功能 S 有效时（主轴旋转时），M03 和 M04 功能才有效。其他一些辅助功能出于逻辑或安全原因，需要在单独程序段中编写：

M02 M06 M10 M11 M19 M30 M60 M99

表示程序或子程序结束的功能（M02，M30，M99）应该单独占一行，而不应和别的指令在同一程序段中混合使用（特殊情况除外）。出于安全考虑，在编写与机床机械运动相关的功能（M06，M10，M11，M19，M60）时，应该使所有运动都无效，以 M19（主轴定位）为例，首先必须停止主轴旋转，否则可能会损坏机床。上面例子中并未列出所有的 M 功能，但通过它们可以很好地理解当与运动编写在一起时，它们是怎样工作的。介绍辅助功能的章节中，也介绍了程序段中典型功能的有效时间。

通常可以将这些麻烦制造者编写在一个包含刀具运动的程序段中，这对于安全是有百利而无一害的。对于机械 M 功能，程序的构建一定要能确保安全的工作条件：这些功能主要指向机床设置。

第 11 章　尺 寸 输 入

CNC 程序中，在给定时刻跟刀具位置相关的地址称为坐标字。坐标字通常有一个尺寸值，它使用当前选择的单位（英制和公制）。典型的坐标字有 X、Y、Z、I、J、K、R 等，它们是 CNC 程序中所有尺寸的基础。为了让程序体现其意图，即精确加工一个完整零件，可能需要计算几十个、几百个、甚至几千个值。

程序中的尺寸具有两大属性：

❑ 尺寸单位　　　　　英制或公制；
❑ 尺寸参考　　　　　绝对或增量。

程序中的尺寸单位有公制或英制，尺寸参考可以是绝对或增量形式。

CNC 程序中的尺寸不允许使用分数值，例如 1/8，它需要换算成小数。公制格式中，其单位是毫米和米，英制格式的单位是英寸和英尺。在特定 CNC 系统中应用时，不管选择的格式如何，都可以控制小数部分的位数，也可以设置消除前面和末尾的零，此外还可以编写或省略小数点。

11.1　英制和公制单位

程序中使用的图纸尺寸，可以使用英制单位，也可以使用公制单位。本手册中混合使用英制和公制系统，英制系统在美国比较常见，某种程度上说，在加拿大和其他一两个国家也较常见；公制系统在世界其他国家比较常见。在全球市场经济形势下，了解两种系统是非常重要的。公制系统的用户越来越多，甚至在仍然使用英制尺寸的国家也是如此（主要是美国）。

装备 Fanuc 控制器的机床，可以使用任意一种模式。初始的 CNC 系统选择（也称为缺省状态）由控制系统的一个参数设置控制，但可以被编写在程序里的准备功能替代。缺省状态通常由机床生产厂家和销售商设定，它取决于制造商的决定和客户的要求。

开发程序时，一定要考虑控制系统缺省状态对程序执行的影响。只要打开 CNC 机床电源，缺省状态便生效，一旦在 MDI 模式或程序中发出一条指令，缺省值被覆盖，并且改变后的状态将保留下来。CNC 程序中尺寸单位的选择，将改变缺省值（即内部控制器设置），也就是说，如果选择公制，那么控制系统会一直保留该模式，直到输入英制选择，这可以通过 MDI 模式、程序或系统参数来完成。它甚至适用于关掉电源后再重新打开的情形！

不管缺省状态如何，要选择某一特定的尺寸输入，需要在 CNC 程序的最前面使用准备功能：

G20	选择英制单位（英寸和英尺）
G21	选择公制单位（毫米和米）

如果没有在程序中指定准备功能，控制系统将当前参数设置作为缺省状态。两种准备功能的选择都是模态的，也就是说选择的 G 代码会一直有效，直到编写与它相反的 G 代码，所以，公制系统一直有效，直到英制系统取代它，反之亦然。

这里可能会给人一种错觉：即可以在程序的任何地方，任意并不加区别地在两种单位之间切换。这是不对的。所有的控制器，包括 Fanuc 在内，都是基于公制系统的，这是因为日本的影响，但主要是因为公制系统更精确。使用 G20 或 G21 指令的任何"切换"，并不会导致从一种单位到另一种单位的真正改变，它只会移动小数点，而不改变数字，最多只发生部分改变，而不是所有的，例如，G20 或 G21 选择只会在某些（而不是所有的）偏置显示屏上实现两种不同度量单位之间的切换。许多控制器将切换所有的设置，但即便如此，也不推荐在同一程序中混合使用这两种单位系统。下面两个例子所示为同一程序中，将 G21 切换到 G20 和从 G20 切换到 G21 时所导致的错误结果。阅读每一程序段的注释，可能会让你觉得有些意外：

➲ 例 1——从公制到英制：

G21	初始单位选择（公制）
G00　X60.0	系统接受的 X 值为 60mm
G20	前面的值变为 6.0in（实际变换是 60mm= 2.3622047in）

❏ 例 2——从英制到公制：

G20	初始单位选择（英制）
G00　X6.0	系统接受的 X 值为 6.0in
G21	前面的值变为 60.0mm（实际变换是 6.0in= 152.4mm）

两个例子展示了在同一程序中切换两种尺寸单位可能引起的问题。由于这一原因，一个程序段中通常只使用一种尺寸单位，如果有子程序，则子程序也遵循该规则：

> **千万不要在同一程序中混合使用公制和英制单位！**

事实上，即使可以预料控制系统的结果，混合使用它们也是不明智的，尺寸系统的选择，跟其他一些控制功能的工作方式很不一样。从一种单位系统改变到另一种系统，将影响以下功能：

- 尺寸字（X、Y、Z 轴，I、J、K 增量等）；
- 恒定表面速度（CSS）（通常称为切削速度，在 CNC 车床上使用）；
- 进给率功能（F 地址）；
- 偏置值（铣床是 H 和 D 偏置，车床为刀具预置值）；
- 屏幕位置显示（小数部分的位数）；
- 手动脉冲发生器—手柄（刻度值）；
- 一些控制系统参数。

尺寸单位的初始选择，也可以由系统参数设置来完成。控制器在电源打开时的状态，跟上一次切断电源时的一样。如果既未编写 G20，也没编写 G21，则控制器接受参数设置所选择的尺寸单位；如果程序包含 G20 或 G21，程序指令的优先级高于任何控制系统参数设置。程序员做决定——控制系统仅仅对它们进行编译，但这并不意味它总是"对"的。

应该在独立程序段中编程选择尺寸单位，它应该位于所有轴运动、偏置选择或坐标系统设置（G92、G50 和 G54～G59）之前，换句话说，它应该位于第一个程序段中。不遵循这一规则可能会导致错误的结果，尤其在不同任务间频繁改变单位时更容易出现错误。

可比单位值

公制和英制系统有很多单位，在 CNC 编程中，只使用其中的很小一部分。基于应用的不同，公制单位有毫米和米，同样英制单位有英寸和英尺，各种单位的常见缩写如下：

毫米	mm
米	m
英寸	in
英尺	ft

许多编程术语都使用这些缩写。下面表格中所示为两种尺寸系统的可比术语（圆括号中的为老式术语）：

公　制	英　制
m/min(也写做 MPM)	ft/min(也写做 FPM 或 SFPM)
mm/min	in/min(也写做 IPM 或 ipm)
mm/r	in/r(也写做 IPR 或 ipr)
mm/t	in/t(也写做 IPT 或 ipt)
kW	hp

11.2　绝对模式和增量模式

以任意单位输入的尺寸，必须有一指定的参考点，例如，如果程序中出现 X35.0，且选择的单位是毫米，但这里并未指出 35mm 的起点，控制系统需要更多的信息来正确编译尺寸值。

CNC 编程中有两类参考：
- ❑ 以零件上一个公共点作为参考　　　称为绝对输入的原点；
- ❑ 以零件上的当前点作为参考　　　　称为增量输入的上一刀具位置。

上面例子中，尺寸 X35.0（任何其他值也一样）可以从选择的固定点开始测量，该点称为原点、程序原点或程序参考点——所有这些术语具有相同的含义。X35.0 的值也可以从前一位置开始测量，它通常是上一刀具位置，这时，该位置成为下一刀具运动的当前位置。控制系统并不能仅仅通过 X35.0 来区分两种情形，所以必须在程序中添加一些其他说明。

如图 11-1 所示，CNC 程序中从公共点（原点）开始测量的所有尺寸都是绝对尺寸；程序中所有从当前位置（上一点）开始测量的尺寸都是增量尺寸，如图 11-2 所示。

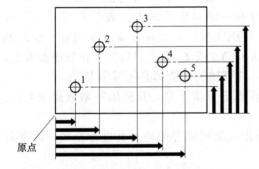 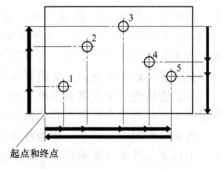

图 11-1　绝对尺寸——从工件原点开始　　　　图 11-2　增量尺寸——从当前位置开始
　　　测量（程序中使用 G90 指令）　　　　　　　测量（程序中使用 G91 指令）

> 程序中的绝对尺寸表示切削刀具相对于原点的目标位置。

> 程序中的增量尺寸表示切削刀具相对于当前位置的实际大小和方向。

因为例子中的尺寸地址 X 写做 X35.0，它在两种参考点中的编程方式一样，所以程序员必须使用一些其他方法进行区分。如果没有它们，控制系统将使用系统参数的缺省设置，这通常并不能反映程序员的意图。尺寸模式的选择由两种模态 G 指令控制。

（1）准备功能 G90 和 G91
可用两种准备功能来输入尺寸值（G90 和 G91），对两种可用模式进行区分：

G90	绝对尺寸模式
G91	增量尺寸模式

两种指令都是模态的，因而彼此可相互取消。打开电源时，控制系统使用的初始缺省设置通常是增量模式，在开启电源和重启时，该设置可通过对计算机进行预置的系统参数来改变。对于具体的 CNC 程序，可以在程序中使用适当的准备功能来控制系统设置，它可以是 G90 或 G91 指令。

一个好的编程习惯，就是通常在 CNC 程序中确定所需的设置，而不是依赖控制系统的任何缺省设置。大家可能觉得有些奇怪，控制系统中最常见的缺省设置为什么是增量模式而不是绝对模式。毕竟，相对于增量模式，绝对模式具有更多的优点且更为流行；此外，即使程序频繁地使用增量编程，仍然要以绝对模式开始。所以，问题就是为什么缺省设置是增量模式？其原因就是为了保证加工安全性（许多缺省设置均出于这种考虑），看看以下的推理：

考虑一个装载到机床控制单元中的新程序的典型开头。控制器刚打开，工件的安装是安全的，切削刀具在原点位置，偏置亦设置妥当，程序准备运行。这样一个程序很可能是用更实用的绝对模式编写的，每一个地方看起来都很好，只是没在程序中使用绝对指令 G90。机床上将发生什么？在得到答案之前先进行合理的思考。

当执行第一刀具运动指令时，刀具目标值可能是正值或小的负值。因为程序中丢掉了尺寸输入模式，控制系统"假定"其为增量模式，这也是存储在系统参数中的正常缺省值。如果目标值为正，刀具可能会运动到工作区域外（通常只在 X 和 Y 轴上），如果目标值为负，则会运动一个很小的量。两种情况下，都不会损坏机床和工件，当然也并不一定，所以要时刻注意编程的安全性。

> G91 是尺寸输入的标准缺省模式。

（2）绝对数据输入——G90

绝对编程模式下，所有的尺寸都从原点开始测量，原点即程序参考点，也称为程序原点。机床的实际运动，就是刀具当前绝对位置与前一绝对位置的差。数学符号［＋］或［－］表示直角坐标的象限，而不是运动的方向，详细情况可参见第 4 章相关内容。任何地址中的正号都可以不写出来，所有的零值，比如 X0、Y0 或 Z0 表示刀具位置在程序参考点，而不是指刀具运动本身。如果需要这种刀具位置，任何轴的零值都必须写出来。

一旦选择绝对模式准备功能 G90，它将作为模态值保留下来，直到编写增量指令 G91。绝对模式下，程序中任何省略的轴都没有运动。

绝对编程的主要优点，就是程序员或 CNC 操作人员可以方便地对其进行修改，改变其中一个尺寸，并不会影响程序中的其他尺寸。

对于使用 Fanuc 控制器的 CNC 车床，用轴名称 X 和 Z 来表示绝对模式，而不是使用 G90 指令。如果可用，旋转轴在绝对模式下使用地址 C。一些车床可能会使用 G90 指令，但不会是使用 Fanuc 控制器的车床。

（3）增量数据输入——G91

增量模式（也称为相对模式）编程中，所有程序尺寸都是指定方向上的间隔距离（等于控制系统中的"要移动距离"）。机床的实际运动是沿每根轴移动指定的数值，其方向由正负号表示。

符号"＋"和"－"指定刀具运动的方向，而不是直角坐标的象限。表示正值的正号并不一定要写出来，但是负号一定要写出来。所有的零值，比如 X0、Y0 或 Z0 表示没有沿这些轴的刀具运动，它们完全可以不用编程，如果以增量模式编写零轴值，它会被忽略。增量模式的准备功能是 G91，其模式将一直有效，直到编写绝对指令为止。程序段中被忽略的任何轴上，都没有运动。

增量程序的主要优点，就是使程序各个部分之间具有可移植性，可以在工件的不同位置，甚至在不同的程序中，调用一个增量程序，它在子程序开发和重复相等的距离时用得最多。

由 Fanuc 控制的 CNC 车床上，通常用轴名称 U 和 W（分别用于 X 和 Z）表示增量模式，它并不使用 G91 指令。如果可用，旋转轴在增量模式下使用地址 H。一些车床可能会使用 G91，但不会是使用 Fanuc 控制器的车床。

（4）同一程序段中的混合使用问题

在大多数 Fanuc 控制器中，出于特殊的编程目的，可在同一程序段中混合使用绝对和增量模式。这听起来有点不可思议，但这一先进的应用方式确实有着特别大的益处。通常，程序只使用一种模式：绝对模式或者增量模式。许多控制器中，如果要切换到相反模式，必须在单独程序段中编写运动指令，这样的控制器不允许在同一程序段中沿一根轴编写增量运动，而沿另一根轴则编写绝对运动。

大多数的 Fanuc 控制器允许在同一程序段中使用两种模式，所需做的，就是在每个重要的 R 地址前指定 G90 和 G91 准备功能。

车床并不使用 G90 和 G91，所以只在 X 和 U 以及 Z 和 W 轴之间切换，X 和 Z 包含绝对值，U 和 W 则是增量值。可以在同一程序段中使用两种模式，并且不会产生任何问题，以下是两个典型例子：

➲ 铣削实例（G21 有效）：

N68 G01 G90 X125.3 G91 Y45.15 F185.0

铣削实例所示的刀具运动，必须到达 X125.3mm 的绝对位置，与此同时，必须沿 Y 轴正方向移动 45.15mm。注意 G90 和 G91 指令在程序段中的位置：这一点非常重要，但并不是在所有的控制器中都起作用。

➲ 车削实例（G20 有效）：

N60 G01 X13.56 W－2.5 F0.013

该 CNC 车床例子所示为一个刀具轨迹运动，切削刀具必须到达直径为 13.56in 的地方，与此同时，必须沿 Z 轴负方向移动 2.5in，它由增量名称地址 W 表示。这里使用了 A 组 G 代码（这是最常见的 G 代码组），所以不像通常所见的那样使用 G90 或 G91。G 代码组的介绍可参见第 8 章相关内容。

CNC 程序中，不管在任何时候切换绝对模式和增量模式时，程序员必须要当心，以不让"错误"的模式保留时间过长。由于特殊原因，可能需要临时切换两种模式，但它可能会影响一个或几个程序段。一定要恢复程序的初始设置。记住：绝对和增量模式都是模态的——它们会一直有效，直到由相反的模式将其取消。

11.3　直径编程

CNC 车床上，所有沿 X 轴的尺寸都可以用直径编程，这一方法可简化车床编程，并使程序易读。通常，大多数 Fanuc 控制器的缺省值为直径编程，也可以改变控制系统参数，将输入的 X 值作为半径值编译。

G00 X45.0　　　　直径尺寸　　　　由一个参数设置；

G00 X22.5　　　　半径尺寸　　　　由一个参数设置。

只要参数设置（不同控制器的实际参数号会有所区别）得当，两个值都是正确的。对于程序员和操作人员，直径编程更易于理解，因为图纸中的回转体工件一般使用直径尺寸，而且车床上直径测量也较常见。要特别注意：如果使用直径编程，所有 X 轴的刀具偏置必须作为工件直径处理，而不是它的单侧（半径）值。

另一个同样重要的编程考虑是选择绝对和增量编程模式的尺寸输入，直径编程中，X 轴值表示工件直径，比较常用的是绝对模式。这种情形下，当需要使用增量值时，一定要记住程序中所有的增量尺寸必须指定为直径的增量，而不是半径的增量。增量模式下，X 轴运动使用 U 地址编程，以直径指定运动距离以及运动方向。

例如，下面两个公制程序结果是一样的——注意它们都以绝对模式开始，只有直径输入不一样。

➲ 例1——绝对直径：

```
G00  G42  X85.0  Z2.0  T0404  M08      （以绝对模式开始）
G01  Z-24.0  F0.3
X95.0
Z-40.0
X112.0
Z-120.0
X116.0
G00..
```

➲ 例2——增量直径：

```
G00  G42  X85.0  Z2.0  T0404  M08      （以绝对模式开始）
G01  Z-24.0  F0.3
U10.0                    （X95.0）
Z-40.0
U17.0                    （X112.0）
Z-120.0
U4.0                     （X116.0）
G00..
```

由于距离未知，因此有必要从绝对模式开始。

11.4 最小运动增量

最小增量（也称为最少增量），是控制系统能够支持的轴运动的最小值。最小增量是所选尺寸输入中可编程的最小值。基于不同的尺寸输入选择，对于轴的最小运动增量，公制系统中用毫米表示，英制系统中用英寸表示。

单位系统	最小增量
公制	0.001mm
英制	0.0001in

在最小增量的定义中，公制和英制最常见的增量分别为 0.001mm 和 0.0001in，对于典型的 CNC 车床，X 轴的最小增量也是 0.001mm 或 0.0001in，但它是直径值——也就是说每侧的最小增量为 0.0005mm 或 0.00005in。为提高加工精度，公制系统中的精车比英制系统更为灵活和精确：

最小增量	等价换算
0.001mm	0.0003947in
0.0001in	0.00254mm

对于高精度工作的编程，公制系统是较优的尺寸系统，事实上，公制系统比英制系统精确 154%，也就是说，英制系统的精度几乎比公制系统低了 60.63%。

11.5　尺寸输入格式

通常认为 1959 年是数控技术应用于实际生产的第一年，从那时起，发生了影响尺寸输入编程格式的几次大的变化。即使到了今天，还可以用以下四种方式来编写尺寸数据：

- 满地址格式；
- 前置零消除；
- 后置零消除；
- 小数点。

为了解各格式之间的差异，对这些年的发展历程做一个回顾，可能会有一些收益。老式控制系统（注意是与更现代的 CNC 相对的老式 NC 系统）不能接受最高层次的尺寸输入（小数点格式）。但即使在小数点格式最常用的今天，最新的控制器都可以接受所有早期的编程格式，原因就是控制器可以兼容现有程序（老式程序）。因为小数点编程是四种可用方法中最新的，所以可以接受小数点编程的控制器，同样可以接受许多年以前编写的程序（假定控制器和机床也是兼容的），反之则不然。

这里有一个非常重要的问题，因为对于所有刀具运动和进给率，了解控制器怎样编译一个没有小数点的数字是非常关键的。

（1）满地址格式

尺寸地址的满格式，公制系统中用 ±53 表示，英制系统中用 ±44 表示。这意味着在 X、Y、Z、I、J、K 等轴字中，所有可用的八位数字都必须写出来，例如，公制尺寸 0.42mm，应用到 X 轴上时应写成：

X00000420　　　　　　八位格式

同样，英制尺寸 0.625in 应用到 X 轴上时应写成：

X00006250　　　　　　八位格式

只有在很早以前的控制单元中，才使用满地址格式编程，但在今天它仍是正确的，其编程轴没有轴名称，而是由尺寸在程序段中的位置确定。现代 CNC 编程中，满地址格式已经被淘汰，在这里使用它只是为了参考和比较，当然，这一格式在现代编程中仍能很好地工作，但并不将它们作为标准格式来使用。

（2）消零格式

消零概念是满地址编程的一大改进，它采用一种新的形式，以减少尺寸输入时零的数量。许多现代控制器仍然支持消零方法，但只是为了与老式程序的兼容以及程序调试的方便。

消零即意味着不一定非得在 CNC 程序中写出八位尺寸输入中的前置零和尾置零，其结果就是大大缩短了程序长度。尽管缺省模式可以通过系统参数来进行选择性的设置，但是控制器生产厂家已经完成了缺省设置，如果没有足够的理由，千万不要对它做任何改动！

因为前置零消除和尾置零消除相互排斥，那么哪一个在编写没有小数点的地址时更实用呢？因为它取决于控制系统的参数设置或控制器生产厂家指定的状态，所以必须知道实际的控制器状态。其状态决定了可以消除哪些零，它可能是没有小数点的尺寸的前置零，也可能是尾部的零，这些零位于第一位有效数字之前或最后一位有效数字之后。极其罕见的情况下，即消零特征是 CNC 系统中的唯一模式时，不可以使用小数点编程。为了展示消零的结果，这里仍使用前面的例子。

如果用前置零消除格式编写应用在 X 轴上的公制尺寸 0.42mm，那么它在程序中为：

X420

同一尺寸 0.42mm，在尾置零消除程序中为：

X0000042

如果英制输入 0.625in 应用在 X 轴上，当前置零消除格式有效时，应编写成：

X6250

同一尺寸 0.625in，在尾置零消除程序中为：

X0000625

尽管上面的例子只是一些很小的应用，但是很明显，前置零消除比尾置零消除更实用，由于它的实用性，许多老式控制系统将前置零消除设置为缺省值。原因如下，尽管在今天看来它并没有太大的实用性，但还是要好好地研究。另一方面，如果在程序中遗漏了一个小数点（可能忘记了输入），该知识就显得非常有用了。

优先选择前置零消除

控制系统可以接受的最小和最大尺寸输入由八位数字组成，从 00000001～99999999，没有小数点：

❏ 最小值：0000.0001in 或 00000.001mm；

❏ 最大值：9999.9999in 或 99999.999mm。

小数点没有写出来。如果程序使用任意一种消零类型，对输入值的比较是很有用的：

输入值比较——公制(mm)		
小数点	前置零消除	尾置零消除
X0.001	X1	X00000001
X0.01	X10	X0000001
X0.1	X100	X000001
X1.0	X1000	X00001
X10.0	X10000	X0001
X100.0	X100000	X001
X1000.0	X1000000	X01
X10000.0	X10000000	X1

前置零消除更有利，因为它更支持更实用的拥有较小小数部分的数（小尺寸），而不是拥有很大整数部分的数。

英制输入的结果与公制输入相似：

输入值比较——英制(in)		
小数点	前置零消除	尾置零消除
X0.0001	X1	X00000001
X0.001	X10	X0000001
X0.01	X100	X000001
X0.1	X1000	X00001
X1.0	X10000	X0001
X10.0	X100000	X001
X100.0	X1000000	X01
X1000.0	X10000000	X1

　　即使程序每次都使用小数点，了解消零的作用也很重要。例如，如果程序员忘记编写运动地址中的小数点或 CNC 操作人员忘记在偏置输入中键入时将出现什么情况？这些是严重并且常见的错误，如果细心一点，且拥有丰富的知识，这些错误是可以避免的。

　　最后，让我们看看使用轴字母的程序输入，该字母并不用作坐标字。可以用暂停指令来解释。第 24 章中包括了所有暂停编程的详细介绍。这里只使用基本格式，并且以"秒"作为暂停时间单位。暂停格式由暂停轴 X 指定，即 X5.3，这一格式表示暂停可以跟 X 轴编写在一起，后面最多可跟八位数字，通常是正值。如果控制系统允许使用小数点，则不会引起混淆，如果必须消去前置零或尾置零，编程输入就非常重要。

　　例如，程序需要暂停 0.5s（半秒），在不同的格式中，包含 1/2s 暂停的程序段为：

- 满地址格式　　　　　　　X0000050
- 无前置零　　　　　　　　X500
- 无尾置零　　　　　　　　X000005
- 小数点　　　　　　　　　X0.5 或 X.5

　　注意该暂停格式背后隐藏的逻辑跟坐标字的一样，编程格式通常跟地址符号是一样的。其次，一些固定循环中用 P 地址表示暂停，此时根本不使用小数点，且编程时前置零消除格式必须有效，半秒等于 P500。在固定循环中使用暂停的更多细节，可参见第 25 章。

　　（3）小数点编程

　　所有现代编程都在尺寸或一些其他输入中使用小数点。小数点编程，某种程度上是因为程序数据需要精确地度量，从而使得 CNC 程序更容易开发，且在日后比较易读。

　　对于所有可以使用的程序地址，并不是都可以使用小数点编程的。那些以英寸、毫米或秒（也有一些例外）为单位的地址都可以。

　　以下两例，包含在铣削和车削程序中都允许使用小数点的地址：

　　➲ 铣削控制器程序：

X、Y、Z、I、J、K、A、B、C、Q、R

　　➲ 车削控制器程序：

X、Z、U、W、I、K、R、C、E、F（同时还有 B 和 Y）

　　为了与老式程序兼容，支持小数点编程方法的控制器，也可以接受没有小数点的尺寸值。这种情况下，了解前置零和尾置零编程格式的原则显得非常重要，如果使用正确（见前面的解释），那么将不同的尺寸格式应用到任何其他控制系统（无论新的还是旧的）都没有问题。如果可能，最好将小数点编程作为标准方法。

　　这一兼容性，使得许多长期用户只需做细小的修改，甚至不需要任何修改就可以将老程序装载到新的 CNC 控制器中，而不用去寻求别的方法。

　　一些现代 CNC 单元不能使用磁带，因为它们没有磁带阅读器。有两种方法可以转换存储有好程序的磁带：第一，如果可能而且合理（也可能不会）的话，在控制器上安装一个磁带阅读器；另一种方法是将磁带内容存储到个人计算机中，该方法非常廉价，而且提供了比磁带更好的存储选择，只要有合适的软件和简便的磁带阅读器，这一工作并不是不可能的，记住：有一些公司专门从事这种工作。

　　公制系统中设定的最小尺寸数据增量为 0.001mm，英制系统中为 0.0001in（缺省状态是前置零消除有效），因此：

Y12.56＝Y125600　　　英制系统

Y12.56＝Y12560　　　公制系统

　　可以在同一程序段中混合使用有小数点和没有小数点的编程值：

N230 X4. 0 Y－10

这对系统内存的扩展是有益的，例如，X4.0 比 X40000 需要的字符数要少——另一方面，Y－10 又比与其等价的小数点形式 Y－0.001 短（两个例子都使用英制单位）。如果小数点前面或后面所有数字都是零，则不必写出：

X0.5 ＝X.5
Y40.0 ＝X40.
Z－0.1 ＝Z－.1
F12.0 ＝F12.
R0.125＝R.125 ...

有些情况下，所有零都必须写出来，例如，X0 不能只写成 X。本手册中所有的程序实例，都使用小数点格式。许多程序员喜欢像例子中左侧所示的那样编程，这样可能会增加控制系统中的字符数，但它们比较易读，而且它们学起来也更容易。

（4）输入比较

英制和公制尺寸标注输入格式的差别很明显。跟前面一样，这里再次使用相同的例子：

➲ 公制实例——输入 0.42mm
 ❑ 满地址格式　　　　　　X00000420
 ❑ 无前置零　　　　　　　X420
 ❑ 无尾置零　　　　　　　X0000042
 ❑ 小数点　　　　　　　　X0.42 或 X.42
➲ 英制实例——输入 0.625in
 ❑ 满地址格式　　　　　　X00006250
 ❑ 无前置零　　　　　　　X6250
 ❑ 无尾置零　　　　　　　X0000625
 ❑ 小数点　　　　　　　　X0.625 或 X.625

11.6　运算器类型输入

在一些特殊行业中，比如木工业和纺织业，大部分的尺寸（尤其在公制系统中）都是整数，并不需要小数部分，这样小数点后面通常都是零。Fanuc 提供了一个解决此类问题的功能，即所谓的运算器输入，它可缩短整个程序，而且通常效果显著。

运算器类型输入需要通过系统参数设置。一旦设定了参数，则不需要编写小数部分和末尾的零——系统将假定它们存在，例如，X25 将被编译成 X25.0，而不是通常所预期的 X0.025（mm）或 X0.0025（in）。

万一输入值需要小数点，可以按往常一样进行书写。这意味着控制器会正确编译带小数点的值，且没有小数点的值只被当作主单位（英寸或毫米）处理，下面是一些实例：

标准输入	运算器输入
X345.0	X345
X1.0	X1
Y0.67	Y0.67
Z7.48	Z7.48

通常，控制系统设置为前置零消除模式，并且没有小数点的值被当作最小单位来编译，例如，G21 模式下的 Z1000 等同于 Z1.0（mm），在 G20 模式下则等同于 Z0.1（in）。

第 12 章　主　轴　控　制

两种类型的 CNC 机床、加工中心和车床，都是利用主轴旋转来切除工件上多余的材料，它可能是切削刀具（铣床）或工件自身（车床）的旋转。两种情形下，应该由程序来严格控制机床主轴和切削刀具切削的进给率，这些 CNC 机床需要一些指令，来选择适当的机床主轴转速和给定工作的切削进给率。

12.1　主轴功能

CNC 系统中，由地址 S 控制与主轴转速相关的程序指令，标准机床 S 地址的编程范围是 1～9999，且不能使用小数点：

S1～S9999

对许多高速 CNC 机床，高达五位数的主轴转速也是常见的，其 S 地址的范围为 1～99999：

S1～S99999

控制器的最大可用主轴转速范围，通常必须大于机床自身的最大主轴转速范围，实际上，所有控制系统支持的主轴转速范围要远远大于 CNC 机床允许的主轴转速范围，主轴转速编程时，通常是机床限制主轴转速，而不是控制系统。

主轴转速输入

地址 S 跟主轴功能相关，在 CNC 程序中必须为它指定一个数值，至于主轴功能的数值（输入）究竟如何，有以下几种选择：

- ❏ 代码号　　　　　　　　老式控制器——现在已经淘汰；
- ❏ 主轴转速　　　　　　　r/min；
- ❏ 切削速度　　　　　　　m/min 或 in/min。

CNC 车床上，两种较为现代的选择都可能存在，这取决于控制系统。对于 CNC 铣削系统，不能使用切削速度（用于计算时除外），只能使用直接主轴转速。通过特殊的代码号来选择主轴转速的理念已经被淘汰了，在现代控制器也不再需要，因此这里不做讨论。

主轴转速符号 S 自身并不足以用来编程，除了选择主轴转速地址，还需要某些控制主轴功能环境的附属特性。例如，如果程序中指定主轴转速为 S400，该编程指令并不完整，因为程序中只有主轴功能，它并不包含控制系统所需主轴数据的所有信息。例如，主轴转速值已经设定为 400r/min、400m/min、400in/min 或 400ft/min（这取决于实际加工应用），但它仍未包括所有必要的信息，即主轴旋转方向。

大多数的机床主轴可以沿两个方向旋转：顺时针和逆时针方向，这取决于使用的切削刀具类型和设置。除了主轴转速功能，还必须在程序中指定主轴旋转方向，控制系统提供了两种控制主轴方向的辅助功能：M03 和 M04。

12.2　主轴旋转方向

考虑右边和左边、上面和下面、顺时针和逆时针等类似的方位术语，就是在考虑与已知参考系相关的术语。描述主轴旋转为顺时针（CW）还是逆时针（CCW），需要一些确定的标准和参考系，在这里也就是视图参考点（参考视点）。

主轴的旋转方向通常跟在机床主轴一侧确定的视点有关，机床的该部分包含主轴，通常称为主轴箱。从主轴箱区域沿主轴中心线方向观看它的端面，则可确定定义主轴 CW 和 CCW 旋转的正确视点。CNC 钻床、铣床以及 CNC 加工中心的视图参考点很容易理解，对于 CNC 车床，规则完全一样，稍后将进行介绍。

（1）铣削方向

沿主轴中心线，垂直于工件表面往下看，这种方法可能很不实用。常见的标准视图是从操作人员的位置，面向立式机床的前部观看，基于这种视图，可以准确地使用跟主轴选择相关的术语——顺时针和逆时针，如图 12-1 所示。

（2）车削方向

类似的方法对 CNC 车床而言也是合理的，毕竟它跟立式加工中心一样，操作人员也是面向机床的前部，图 12-2 所示为典型 CNC 车床的前视图。

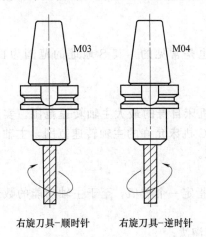

图 12-1　主轴旋转方向（图中所示
为立式加工中心的前视图）

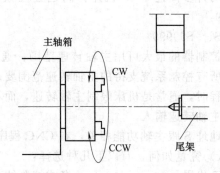

图 12-2　斜床身两轴 CNC 车床的典型视图
（CW 和 CCW 方向相反）

尽管图中所示的 CW 和 CCW 看起来只是箭头方向的不同，但它们是正确的。理由是只有两种可能的视点，并且它们都使用主轴中心线作为视图轴，但只有一种视点符合标准定义，因而它是正确的。车床主轴旋转的定义跟加工中心的完全一样。

> 从主轴箱向主轴端面看，便可确定主轴旋转方向是 CW 还是 CCW。

第一种，也是正确的方法，确定了从车床主轴箱区域开始的视点。从这一位置看向尾架区域或相邻区域，便可正确地确定顺时针和逆时针方向。

第二种视图方法从尾架开始面向卡盘确定视点，这是不正确的视图！

比较下面两个示意图：图 12-3 所示为从主轴箱观看时的视图，图 12-4 所示为从尾架观看时的视图，此时箭头必是相反的。

（3）方向说明

如果主轴顺时针旋转，则程序中使用 M03；如果主轴逆时针旋转，则程序中使用 M04。

因为程序中的主轴转速 S 依赖于主轴旋转功能 M03 或 M04，所以它们在 CNC 程序中的关系非常重要。

主轴转速地址 S 和主轴旋转功能 M03 或 M04 必须同时使用，只使用其中一个对控制器

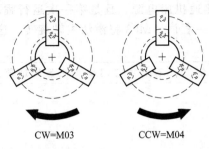

CW=M03　　　　　CCW=M04

图 12-3　从主轴箱观看时的主轴旋转方向

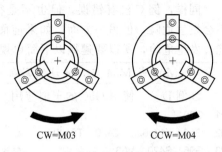

CW=M03　　　　　CCW=M04

图 12-4　从尾架观看时的主轴旋转方向

没有任何意义。

主轴转速和主轴旋转方向编程至少有两种正确方法：

❑ 如果将主轴转速和主轴旋转方向编写在同一程序段中，主轴转速和旋转方向将同步启动。

❑ 如果将主轴转速和主轴旋转方向编写在不同程序段中，直到转速和旋转方向指令都处理完毕，主轴才会启动旋转。

（4）主轴启动

下面的例子展示了程序中多种主轴转速和主轴旋转方向的正确启动方法。所有例子都假定没有激活主轴转速 S 的设置，无论是通过前面的程序设置还是手动数据输入（MDI）设定。打开机床电源时，CNC 机床上并无寄存的或缺省的主轴转速。

⮑ 例 A——在铣削中的应用

```
N1   G20
N2   G17  G40  G80
N3   G90  G00  G54  X14.0  Y9.5
N4   G43  Z1.0  H01  S600  M03    （转速和旋转方向）
N5   ...
```

该例子是在铣削中应用的较好格式，它将主轴转速和主轴旋转方向与趋近工件的 Z 轴运动设置在一起。同样流行的方法是用 XY 运动来启动主轴——下面例子中的 N3 程序段。

```
N3   G90  G00  G54  X14.0  Y9.5  S600  M03
```

怎样选择便凭个人的喜好了，单位选择并不会影响主轴转速。

⮑ 例 B——在铣削中的应用

```
N1   G20
N2   G17  G40  G80
N3   G90  G00  G54  X14.0  Y9.5  S600    （只有转速）
N4   G43  Z1.0  H01  M03              （开始旋转）
N5   ...
```

例 B 从技术角度上说是正确的，但逻辑上有缺陷，在两个程序段中分开编写主轴转速和主轴旋转方向是没有任何好处的，这种方法使得程序难以编译。

⮑ 例 C——在铣削中的应用

```
N1   G20
N2   G17  G40  G80
N3   G00  G90  G54  X14.0  Y9.5  M03  （旋转方向设置）
N4   G43  Z1.0  H01              （不旋转）
N5   G01  Z0.1  F50.0  S600       （开始旋转）
N6   ...
```

同样，例 C 没有错误，但也不是很实用。如果接通机床电源，且是第一次运行程序，不会发生危险；但另一方面，如果前面已经执行了另一程序，M03 将激活主轴旋转，这可能会发生危险，所以要遵循以下简单规则：

> 将 M03 或 M04 与 S 地址编写在一起或在它后面编写，不要将它们编写在 S 地址前。

➲ 例 D——使用 G50 的车削应用

```
N1   G20
N2   G50   X13.625   Z4.0   T0100
N3   G96   S420   M03            (转速设置—开始旋转)
N4   ...
```

如果使用老式的 G50 设置方法，这将是 CNC 车床上的首选方法。因为主轴转速设为 CSS（恒表面速度），控制系统将根据 CSS 值 420ft/min 以及当前工件直径（X13.625）来计算实际每分钟转速（r/min）。下一例子 E 是正确的，但不推荐使用（见上面的警示框）。

➲ 例 E——使用 G50 的车削应用

```
N1   G20
N2   G50   X13.625   Z4.0   T0100   M03      (旋转方向设置)
N3   G00   X6.0   Z0.1                (不旋转)
N4   G96   G01   Z0   F0.04   T0101   S420   (开始旋转)
N5   ...
```

➲ 例 F——不使用 G50 的车削应用

```
N1   G20   T0100
N2   G96   S420   M03            (转速设置—开始旋转)
N3   G00   ...
```

在这个更现代的例子中（G50 不再作为位寄存指令使用），计算机床主轴转速作为刀具偏置值，并存储到控制系统中的工件几何尺寸偏置寄存器里。运行程序段 N2 时，系统将计算实际转速（r/min）。

这些例子都只是技术上正确的主轴启动方法，所有例子都在程序开头选择旋转方向，且涵盖了铣削和车削应用。程序开头例子的选择是有目的的，因为对于程序中任何第一把刀具，并没有有效的转速和旋转方向（通常是前一刀具的继续）。然而控制单元仍可能存储前一工作中最后刀具的主轴转速和旋转方向！

跟在第一把刀具后的任何刀具，都使用前一把刀具的编程转速和旋转方向。如果为下一刀具编程的主轴转速指令 S 没有指定旋转方向，刀具将使用上一编程旋转方向，同样，如果只编写了旋转方向代码 M03 或 M04，主轴转速将跟前面的一样。

如果程序中包含程序停止功能 M00 或 M01，或者主轴停止功能 M05，则一定要当心，它们中的任何一个都会自动停止主轴。也就是说，对于什么时候进行主轴旋转以及怎样进行，一定要绝对地清楚。通常为每一把刀具编写主轴转速以及旋转方向，并将它们编写在同一程序段中，两种功能逻辑上相互关联，将它们放在同一程序段中，会使程序结构紧凑并合理。

12.3 主轴停

通常，大多数工作都要求主轴以某一速度旋转。而在某些情形下，并不期望主轴旋转，例如，在程序中部进行换刀或工件反转前，首先必须停止主轴；攻螺纹操作和程序结束时，也需要停止主轴。一些辅助功能会自动停止主轴旋转（例如 M00、M01、M02 和 M30 功能），在某些固定循环中，主轴旋转也会自动停止。为了对程序进行全面控制，程序中通常要对主轴停止进行说明，依赖别的功能来停止主轴并不是一个好的编程习惯，编程中可用特定功能来停止主轴。

M05 功能可停止主轴旋转，它可以停止顺时针或逆时针主轴旋转。因为 M05 只停止主轴（不像别的停止主轴的功能，比如 M00、M01、M02、M30 等），所以它用在这样的场合，即必须停止主轴，但不能影响任何别的编程活动，典型的例子有：攻螺纹中的反转，到标定位置的刀具运动，转塔刀架转位，或机床原点复位后，这取决于应用的类型。使用其他任何一种自动停止主轴的辅助功能，则不需要 M05 功能。另一方面，以特殊的次序来编写所需的操作并不会造成什么损害。

这一方法会稍微增加程序长度，但它使程序易读并易于维护，尤其对经验有限的 CNC 操作人员而言。

主轴停止功能可作为单独程序段编写，例如：

N120　M05

或者也可以编写在包含刀具运动的程序段中，比如下面的例子：

N120　Z1.0　M05

通常只有在刀具运动完成后，主轴才停止旋转，这是控制系统内置的一个安全功能。任何时候都不要忘了编写 M03 或 M04 来恢复主轴旋转。

12.4 主轴定向

与主轴活动相关的最后一个 M 功能是 M19。该功能最常见的应用就是将机床主轴设置到一个确定位置。其他的 M 代码也可能具有同样的作用，这取决于控制系统，例如一些控制器中的 M20。主轴定向功能的用途非常特殊，极少出现在程序中。M19 功能主要用于设置过程的手动数据输入模式（MDI）中。铣削系统中极少使用该功能，因为只有特殊装备的 CNC 车床才可能需要它，只有当主轴静止时，也就是在主轴停止后才使用该功能。控制系统执行 M19 功能时，将产生以下运动：

主轴会在两个方向（顺时针和逆时针）上轻微地转动，并在短时间内激活内部锁定机构，有时也可听到锁定的声音，这样就将主轴锁定在一个精确位置，如果用手转动，则做不到这一点。准确的锁定位置是固定的并由机床生产厂家确定，它用角度表示，如图 12-5 所示。

在正常的 CNC 机床操作中，M19 功能使得机床操作人员可以手动将刀具安装到主轴上，并能确保刀架的正确定位。稍后的章节中，将详细介绍主轴定向及其应用，例如在单点镗削循环中的应用。

> **警告**：错误的加架定位可能会导致损坏工件或机床。

许多 CNC 加工中心（并不是所有的）使用只能以一种方式放置到刀具库中的刀架，为实现这一目的，刀架上添加了一个特殊槽口，用于与主轴的内部设计匹配，如图 12-6 所示，为了能找到有槽口的一侧，该侧上有一凹槽，此设计是有意而为的。

对于有多槽（切削刃）的刀具，比如钻头、立铣刀、铰刀和面铣刀等，跟主轴停止位置相关的切削刃的定位并不是那么重要。然而对于单点刀具，比如镗刀杆，设置过程中的切削刃定位极其重要，尤其是使用某些固定循环时。有两种固定循环中使用内置主轴定向，即 G76 和 G87，从已加工孔中退刀时主轴并不旋转，为了防止破坏加工完毕的孔，必须对退刀进行控制，主轴定向可确保刀具从加工完毕的孔中退到非工作方向。精确的初始设置是必

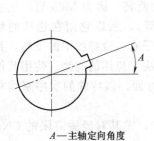

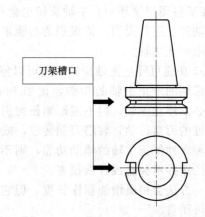

图 12-5 主轴定向角度由机
床生产厂家确定且不可更改

图 12-6 刀架上用于在主轴上正确定位刀具而
设置的槽口——并不是所有机床都需要该功能

需的！

当编写了 G76 或 G87 固定循环时，那些允许以任意方式将刀具安装到主轴上的机床也需要进行适当的刀具设置。

12.5 主轴转速（r/min）

CNC 加工中心编程时，直接以转/分钟（r/min）指定主轴转速。一个包含主轴转速（例如 200r/min）的基本程序段，需要下面的数据输入：

N230 S200 M03

这是铣削控制器的典型格式，这里并不使用切削速度（圆周或表面速度）。它是控制器的缺省值，因此并不需要使用特定的准备功能来表示 r/min 设置。不允许使用分数或小数值，且 r/min 值应该在机床使用说明书指定的范围内。

少数加工中心可能装备了双主轴转速选项——直接 r/min 和切削速度。这种情形下，跟所有车床的编程一样，要使用适当的准备功能来辨别哪种选择有效，切削速度使用 G96，直接指定 r/min 使用 G97，稍后将讨论它们的区别。

12.6 主轴转速（表面速度）

编程主轴转速取决于加工材料以及切削刀具直径（加工中心）或工件直径（车床），一般规则就是直径越大，主轴的 r/min 越小。绝不能猜测主轴转速——它应该通过计算得到，这种计算可确保主轴转速与编程直径成适当的比例，错误的主轴转速对刀具和工件都会产生负面影响。

（1）材料的切削性能

计算主轴转速时，对于给定的刀具材料，每一工件材料都有一个推荐使用的切削性能指数，该指数可以是一些常见材料的百分数（比如低碳钢），也可以使用切削（圆周）速度或表面速度直接表示。英制系统中，表面速度指定为英尺/分钟（ft/min），公制系统中则是米/分钟（m/min），ft/min 的老式缩写形式为 FPM，意思是英尺每分钟（feet per minute）。表面速度值反映了给定刀具材料的加工难易程度，表面速度越小，加工的难度越大。

注意"给定刀具材料"这几个词。为了使所有的比较富有意义并具有可比性，切削刀具的类型必须相同，例如，高速钢刀具的表面速度比钴合金刀具的表面速度低得多，当然也比硬质合金刀具的低。

基于表面速度和刀具直径（或者车床上的工件直径），可以计算出机床主轴转速（r/min），英制系统和公制系统中使用的数学公式并不一样。

> 软材料的表面速度较大，硬材料的表面速度较小。

> 同样的材料上，高速钢刀具的运行速度低于硬质合金刀具。

（2）主轴转速——英制单位

要计算主轴转速（r/min），必须指定刀具或工件的直径，以及切削刀具材料的表面速度：

$$r/min = \frac{12ft/min}{\pi D}$$

式中　r/min——主轴转速；

　　　　12——换算系数（将英尺换算成英寸）；

　　ft/min——表面速度；

　　　　π——常数 3.1415927；

　　　　D——直径（铣削中的切削刀具直径，车削中为工件直径），in。

➲实例：

所选材料的表面速度是 150ft/min，切削刀具直径是 1.75in，则：

$$r/min = (12 \times 150)/(3.1415 \times 1.75)$$
$$= 327.4$$
$$= 327r/min$$

许多编程应用中，可以在精度不变的情况下对公式进行简化：

$$r/min = \frac{3.82ft/min}{D}$$

对于要求不高的计算，常数 3.82 可舍入为 4，这样的计算都可以不使用计算器。度量单位的使用必须正确，否则会导致错误的结果。

> 千万不要在同一程序中混合使用英制和公制单位！

（3）主轴转速——公制单位

程序中使用公制系统时，其逻辑与前面的公式一样，只是单位不同：

$$r/min = \frac{1000m/min}{\pi D}$$

式中　r/min——主轴转速；

　　　1000——换算系数（将米换算成毫米）；

　　m/min——表面速度；

　　　　π——常数 3.1415927；

　　　　D——直径（铣削中的切削刀具直径，车削中为工件直径），mm。

➲实例：

给定表面速度为 30m/min，切削刀具直径为 15mm，则：

$$r/min = (1000 \times 30)/(3.1415 \times 15)$$
$$= 636.6$$
$$= 637r/min$$

可以使用简化后的公式，精度几乎跟前面的公式一样：

$$r/min = \frac{318.3m/min}{D}$$

同样，如果用常数 320（甚至 300）代替常数 318.2，r/min 可能没那么精确，但很可能在一个可以接受的范围内。

12.7　恒表面速度

　　CNC 车床上的加工工艺跟铣削工艺不一样。车刀没有直径，且镗刀杆的直径与主轴转速无关，因此在主轴转速计算中使用工件直径，加工工件时，其直径不断改变，例如，表面切削或粗加工操作中，直径会变化——如图 12-7 所示。这样一来，以 r/min 为主轴编程就不那么实用了，毕竟，在众多直径中，应该选择哪一个来计算 r/min？解决方案就是在车床程序中直接使用表面速度，在车床程序中作为一个程序段输入。

　　选择表面速度只是完成了一半，另一半是将选择传送到控制系统中，控制器必须设为表面速度模式，而不是主轴转速（r/min）模式。钻削、铰削、攻螺纹等操作在车床上比较常见，它们在程序中需要直接的 r/min 值。为了在车床编程中区分两种选择，必须指定其为表面速度或转/分钟（r/min），这由准备功能 G96 和 G97 完成，它们比主轴功能的优先级高：

G96　S..M03　　　选择表面速度（m/min 或 ft/min）
G97　S..M03　　　选择主轴转速（r/min）

　　铣削则不存在这种区别，主轴转速通常设为 r/min。

　　为车削和镗削编写表面速度指令 G96 时，控制器处于特殊的模式，即恒表面速度或 CSS。该模式中，实际主轴转速将根据正在车削的直径（当前直径），自动增加或降低。所有 CNC 车床控制系统中，都内置了自动恒表面速度功能，它不仅节省编程时间，也能让刀具始终以恒切削量切除材料，从而避免刀具的额外磨损，并可获得良好的加工表面质量。

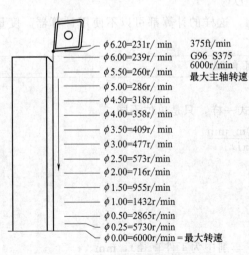

ϕ6.20=231r/min
ϕ6.00=239r/min
ϕ5.50=260r/min
ϕ5.00=286r/min
ϕ4.50=318r/min
ϕ4.00=358r/min
ϕ3.50=409r/min
ϕ3.00=477r/min
ϕ2.50=573r/min
ϕ2.00=716r/min
ϕ1.50=955r/min
ϕ1.00=1432r/min
ϕ0.50=2865r/min
ϕ0.25=5730r/min
ϕ0.00=6000r/min＝最大转速

375ft/min
G96　S375
6000r/min
最大主轴转速

图 12-7　使用恒表面速度模式
G96 的端面切削实例

　　图 12-7 所示为一个典型的例子，其端面切削从 X6.2（ϕ6.2）开始，一直到工件中心线（或者再稍微低一点）。程序中使用 G96 S375，车床的最大主轴转速为 6000r/min。

　　尽管图中所示只是所选的直径以及相应的每分钟转速，但更新的过程是连续的。注意，当刀具移动到机床中心线附近时，r/min 急剧增加，当刀具到达 X0（ϕ0.0）时，转速达到当前齿轮传动速度范围内的最大值。某些情况下，该速度可能会过高，所以控制系统允许设置一个特定的最大值，这将在后面介绍。

　　可使用几种方法来为 CNC 车床编写表面速度。下面的三个例子中，将研究其最重要的一些方面，所有例子都省略了齿轮速度传动范围功能（如果可用）。

⊃ 例 1：
读取几何尺寸偏置并设置坐标后，马上设置表面速度：

N1　G20

N2 （几何尺寸偏置设为 X16.0 Z5.0）T0100
N3 G96 S400 M03
…

在这个十分常见的应用中，实际主轴转速将由当前直径 16in 决定，从而得到程序段 N3 中的 95r/min。某些情形下，这一转速可能太低，考虑另一例子：

➲ 例 2：

在大型 CNC 车床上，X 轴直径的几何尺寸偏置设置太大，比如 ϕ24.0in。前面的例子中，下一刀具的目标直径并不重要，但这里却不一样，例如：

N1 G20
N2 （几何尺寸偏置设为 X24.0 Z5.0）T0100
N3 G96 S400 M03
N4 G00 X20.0 T0101 M08
…

例 2 中，初始刀具位置为 X24.0，并且在 X20.0 处终止，两个值都是直径值，换算到实际运动只有 2.0in。在 X24.0 处的主轴转速为 64r/min，在 X20.0 处的转速为 76r/min，这一差别很细小，而不需要额外编程。然而，如果刀具起始位置的直径很大，并移动到一个比它小得多的目标直径时，就不一样了。

➲ 例 3a：

刀具从初始位置 ϕ24.0in，移动到一个相当小的直径 2.0in 处：

N1 G20
N2 （几何尺寸偏置设为 X24.0 Z5.0）T0100
N3 G96 S400 M03
N4 G00 X2.0 T0101 M08
…

程序开头（N3 程序段）的主轴转速跟上例相同，为 64r/min，下一程序段中（N4），控制器为 ϕ2.0in 自动计算转速，它为 764r/min，主轴转速的大幅变化，可能会给一些 CNC 车床带来负面作用。实际情况是在主轴转速完全加速到所需的 764r/min 前，切削刀具已经到达 ϕ2.0in 处，所以刀具开始切除材料的速度，要比所要求的速度低得多，为了纠正该问题，需要修改 CNC 程序中的数据。

➲ 例 3b：

修改程序段 N3，即根据表面速度 400ft/min，直接为目标位置 ϕ2.0in 编程，而不是用恒表面速度模式。首先必须对 r/min 进行计算，然后在随后的程序段中编写 CSS 设置：

N1 G20
N2 （几何尺寸偏置设为 X24.0 Z5.0）T0100
N3 G97 S764 M03
N4 G00 X2.0 T0101 M08
N5 G96 S400
…

该例子中，在 ϕ24.0（X24.0 偏置）处，实际转速只有 64r/min，ϕ2.0（N4 中的 X2.0）处的转速为 764r/min。如果不对它进行计算并提前对之编程（见程序段 N3），切削刀具将在主轴转速完全加速到 764r/min 前到达 X2.0 位置。

该技术只在 CNC 车床不支持自动延时时才有用，许多现代车床拥有内置定时器，它迫使切削刀具在切削前等待，直到主轴完成加速。

老式 CNC 车床使用 G50 位置寄存器指令，其初始位置为程序的一部分。例如，程序可能使用"G50 X24.0 Z5.0"替代"几何尺寸偏置设为 X24.0 Z5.0"。几何尺寸偏置要更为灵活,因为它是在机床上进行设置的。

(1)最大主轴转速设置

CNC 车床在恒表面速度模式下运行时,主轴转速跟当前工件直径直接相关,工件直径越小,主轴转速越大。这时自然出现了一个问题:刀具直径为零怎么办?编写一个零直径简直是不可能的,但至少有两种情形下真的会出现这个问题。

第一种情况,就是将所有中心线操作的直径编写为零。所有钻削、中心钻、攻螺纹和类似操作的直径都编写为零(X0),这些操作通常都使用 G97 指令编写为直接 r/min 模式。G97 模式下,直接控制主轴转速,不改变 r/min。

零直径的第二种情况,是加工实心工件端面时,中心线上的加工。这是个特殊情况。因为编写了直接 r/min,所以对于所有 X0 处的操作,切削直径并不变化。端面切削操作中,直径随着材料的连续切除而改变,直到刀具到达主轴中心线。千万不要使用前面介绍的公式,公式中使用零直径进行的任何计算,都将得到错误的结果!毫无疑问,G96 模式下主轴中心线上的转速不是 0r/min(或者出现错误),可参见图 12-7。

无论何时,当 CSS 模式有效且刀具到达主轴中心线 X0 时,其速度通常是有效齿轮传动速度范围内的最大主轴转速,这虽然荒谬,但却必将发生。这种情况在如下场合是可以接受的:工件安装很好,没有从卡盘或夹具伸出太长,刀具强度较大等。当工件安装在一个特殊夹具上或使用偏心安装,或工件伸出较长,或出现其他一些不利情形时,中心线上的最大主轴转速太大就不能确保操作的安全。

对此,有一个简单的解决办法,即使用 Fanuc 和其他控制器上可用的一个编程功能,它可以将 CSS 模式与一个预先以转/分钟指定的最大范围一起使用。一些车床上的最大主轴转速(r/min)设置程序功能通常是 G50 或 G92,最大设置有时称作最大主轴转速限制。不要将这里的 G50/G92 与其位寄存预置的含义相混淆,以下是 G50 作为转速限制指令的应用实例:

```
O1201        (主轴转速限制)
N1   G20   T0100
N2   G50   S1500                    (最大转速为 1500r/min)
N3   M42                            (高速范围)
N4   G96   S400   M03               (CSS 和 400ft/min)
N5   G00   G41   X5.5   Z0   T0101   M08
N6   G01   X-0.07   F0.012          (低于中心线)
N7   G00   Z0.1
N8   G40   X9.0   Z5.0   T0100
N9   M01
```

程序 O1201 中究竟会发生什么?程序段 N1 选择英制单位以及 T01,关键程序段 N2 有一个简单含义:

> N2 G50 S1500 意为转速在 G96 表面速度模式下不能超过 1500/min。

程序段 N3 选择主轴齿轮传动范围,程序段 N4 使用 400ft/min 表面速度来设置 CSS 模式,同一程序段中还调用主轴旋转 M03。程序段 N5 中,刀具朝 $\phi5.5$ 和工件前端面快速运动,且在快速运动中激活刀尖半径偏置和冷却液功能。使用本章前面介绍的公式,计算得到 $\phi5.5$ 处的主轴转速为 278r/min。下一程序段 N6 是实际端面切削,刀尖切削毛坯直到中心线,切削进给率为 0.012in/r。实际上,终点编写到了主轴中心线的另一侧(X-0.07)。

使用刀尖半径偏置（G41/G42）编程并且加工到机床中心线位置时，必须考虑该刀尖点的半径尺寸。在稍后的一个特殊章节中，将介绍此切削到底如何进行，详情可参见第 30 章。

程序段 N7 快速将刀尖移离端面 0.100in。余下的两个程序段中，程序段 N8 取消半径偏置并快进到指定位置，程序段 N9 中使用可选择程序暂停。

现在考虑一下关键程序段 N5 和 N6 中将发生什么。在 ϕ5.5 处，主轴以 278r/min 旋转，因为 CSS 模式有效，当刀尖加工端面时，随着直径的不断减小，r/min 变得越来越大。

如果程序段 N2 中没有最大主轴转速限制，中心线上的主轴转速等于 M42 齿轮传动范围内的最大 r/min，其速度可能达到 4000r/min 或者更高。

如果预先设置主轴转速为 1500r/min（G50 S1500），主轴转速将不断增大，但是一旦达到 1500r/min，后续的切削将一直保持该转速。

CNC 操作人员可以在控制器中轻易地改变最大限制值，以反映真实的设置状态或优化切削值。

将 S 功能与 G50 准备功能编写在一起，可以将主轴转速预置（或确定）为最大 r/min 设置。如果 S 功能程序段中没有 G50，控制器将它当作一个新的主轴转速（CSS 或 r/min）进行编译，并从它所在程序段激活，这种错误的代价是非常高昂的。

> 预置主轴最大转速（r/min）时一定要当心！

可以在单独的程序段中确定最大主轴转速，也可以在包含当前刀具坐标设置的程序段中设置。通常，混合的设置在刀具开头比较实用，如果需要在程序中部改变最大主轴转速，则单独的程序段比较实用，例如，使用同一刀具进行外表面车削和端面车削。

只要将准备功能跟主轴转速预置值混合使用，便可将 G50 指令作为单独程序段编写在程序中的任何地方。这样一个程序段对任何有效的坐标设置都不起作用，它只表示 G50 指令的另一种含义。下面的例子是 G50 指令的两种含义（坐标设置和/或最大主轴转速预置）的正确应用：

```
N12   G50   X20.0  Z3.0  S1500          双重含义
N38   G50   S1250                       单种含义
N15   G50   X8.5   Z2.5                  单种含义
N40   G50   Z4.75  S700                  双重含义
```

如果 CNC 车床支持原来的 G92 而不是 G50，一定要记住它们拥有完全一样的含义和目的。在老式控制器中，G50 比 G92 指令更常见，但编程方法是一样的。

（2）CSS 中的工件直径计算

通常，了解主轴的限制直径是很有用处的，这会影响主轴转速限制的预置值。为了确定恒表面速度最后将保持在一个什么样的固定直径，必须将通过给定直径计算 r/min 的公式反过来：

$$D = \frac{12\text{ft/min}}{\pi \text{r/min}}$$

式中　D——CSS 停止时的直径，in；

　　12——换算系数（将英尺换算成英寸）；

　ft/min——有效表面速度；

　　π——常数 3.1415927；

　r/min——预置的最大主轴转速。

➲ 实例——英制单位

如果程序中预置值为 G50 S1000，选择的表面速度为 G96 S350，那么到达 ϕ1.3369in

时，CSS 将保持不变：

$$D = (12 \times 350)/(\pi \times 1000)$$
$$= 1.3369015$$
$$= \phi 1.3369$$

跟前面一样，该公式可以简化如下：

$$D = \frac{3.82 \text{ft/min}}{\text{r/min}}$$

可将基于英制系统的公式转换到公制环境下：

$$D = \frac{1000 \text{m/min}}{\pi \text{r/min}}$$

式中　D——CSS 停止时的直径，in；

　1000——换算系数（将米换算成毫米）；

　m/min——有效表面速度；

　π——常数 3.1415927；

　r/min——预置的最大主轴转速。

跟英制公式一样，公制公式也可以简化：

$$D = \frac{318.3 \text{m/min}}{\text{r/min}}$$

➲ 实例——公制单位

如果程序中预置值为 G50 S1200，选择的表面速度为 G96 S165，那么到达 $\phi 43.768$mm 时，CSS 将保持不变：

$$D = (1000 \times 165)/(\pi \times 1200)$$
$$= 43.767609$$
$$= \phi 43.768 \text{mm}$$

（3）切削速度计算

实际上，CNC 车床的所有车削和镗削操作，都需要恒表面速度（CSS），也就是切削速度。它也是基本的切削数据源，所有加工中心操作的主轴转速都是据此计算的。现在来考虑以下常见的情形：

CNC 操作人员已经对包含主轴转速在内的切削条件进行了优化，以使它们更有利于加工。那么这些条件是否可以应用到后续的工作中呢？

它们当然可以，也应该是这样！前提是满足以下特定的关键需求：

❏ 机床和工件设置一样；

❏ 切削刀具一样；

❏ 材料状态一样；

❏ 其他一些一般条件得到满足。

如果上述需求得以满足，最重要的数据源就是加工过程中实际使用的主轴转速。只要主轴转速已知，则可以计算出切削速度（CSS），并且在满足上述需求的前提下，切削速度可用于任何其他刀具直径。

简单地说，上述内容可概括为切削速度计算——刀具或工件直径以及主轴转速已知，计算恒表面速度（CSS）。

这个简单的问题可由一个公式来表述：

计算英制单位的切削速度：

$$\text{ft/min} = \frac{\pi D \text{r/min}}{12}$$

❑ 实例：

φ5/8in 钻头，在 756r/min 的转速下工作良好，那么它的切削速度（ft/min）是多少？

$$\text{ft/min} = (3.14 \times 0.625 \times 756)/12 = 123.64$$

计算公制单位的切削速度：

$$\text{m/min} = \frac{\pi D \text{r/min}}{1000}$$

❑ 实例：

φ7mm 立铣刀，在 1850r/min 的转速下工作良好，那么它的切削速度（m/min）是多少？

$$\text{m/min} = (3.14 \times 7 \times 1850)/1000 = 40.66$$

该方法的最大好处，就是可以显著缩短在 CNC 机床上设置或工件优化过程中，寻找并微调最优主轴转速时所需的时间。明白在什么时候可以应用某种切削速度，是 CNC 程序员可用的几种优化方法之一。

第 13 章　进给率控制

进给率是与主轴功能关系最为密切的编程因素，通常在切除多余材料（毛坯）时，主轴功能控制着主轴转速以及旋转方向，而进给率则控制着刀具的进给速度。本手册中认为快速定位（有时也称作快速运动或快速进给运动）并不是真正的进给率，对此我们将在第 20 章里单独进行介绍。

13.1　进给率控制

> 切削进给率就是刀具在切削运动中切除材料的进给速度。

切削运动可能是刀具的旋转运动（例如钻削和铣削），也可能是工件的旋转运动（车床操作中），或者是其他的运动（火焰切削、激光切削、高压水加工、电火花加工等）。CNC 程序中使用进给率功能以选择符合期望运动的进给率值。

CNC 程序中使用两种进给率类型：

❑ 每分钟进给（mm/min 或 in/min）；
❑ 每转进给（mm/r 或 in/r）。

最常见的 CNC 机床，即加工中心和车床，可以使用任何一种进给模式进行编程，实际上，每分钟进给模式在加工中心中更为常见，而每转进给模式则通常用在车床上。

加工中心和车床上使用的 G 代码有着明显的区别。

进给率	铣削	A 组车削	B 组车削	C 组车削
每分钟	G94	G98	G94	G94
每转	G95	G99	G95	G95

> A 组 G 代码是 Fanuc 控制器和本手册中最常用的。

另一种特殊进给率称作时间倒数进给率，本手册中很少使用，也不对它进行讨论。

13.2　进给率功能

程序中通过 F 地址来访问进给率字，它后面跟着多位数字。F 地址后数字的多少取决于进给率模式和机床应用。进给率编程通常允许使用小数。

（1）每分钟进给率

在铣削应用中，所有直线和圆弧插补模式的切削进给率都使用毫米每分钟（mm/min）或英寸每分钟（in/min）来编程。进给率的值表示切削刀具每分钟（60s）走过的距离，该值是模态的，只能由另一个 F 地址字取消。每分钟进给的主要优点就是它不依赖于当前主轴转速，这样它可以使用很多不同直径的刀具，从而在铣削操作中很有用，每分钟进给的标准缩写为：

❑ 毫米每分钟　　　　　　mm/min；
❑ 英寸每分钟　　　　　　in/min（或者老式缩写 ipm/IPM）。

每分钟进给率的最典型格式，在英制系统中是 F5.1，在公制系统中是 F5.1。

例如，15.5in/min 的进给率应该编写成 F15.5，在公制系统中，250mm/min 的进给率在程序中就是 F250.0。对于特殊设计的机床，其编程格式可能会有细微的差别。

进给率使用中很重要的一点就是记住可使用的进给率值的范围。控制系统的进给率范围往往会超出机床伺服系统的范围，例如，机床的最大值是 30000mm/min，但其快速运动进给率最高可达 60000mm/min。最小切削进给率取决于机床生产商，它可能是 0.1mm/min 或 0.1in/min 或完全不同的值。

每分钟进给在铣削中的编程指令（G 代码）是 G94，对于大部分机床，它是通过系统的默认值自动设定的，不需要在程序中写出。车床操作中极少使用每分钟进给，每分钟进给的 A 组 G 代码是 G98，B 组和 C 组则是 G94，CNC 车床主要使用每转进给模式。

（2）每转进给率

对于 CNC 车床，进给率不是以时间来衡量的，而是由刀具在主轴旋转一周的时间内所走过的实际距离来确定。每转进给在车床上很常见（A 组用 G99 表示），它的值是模态的，并且只能由另一个进给率功能取消（通常是 G98），车床也可以用每分钟进给编程（G98），以控制主轴静止时的进给率。每转进给率使用两种标准缩写：

❑ 毫米/转　　　　　　　mm/r；

❑ 英寸/转　　　　　　　in/r（或者老式缩写 ipr）。

每转进给最典型的格式，在公制系统中有三位小数，在英制系统中有四位小数。该格式意味着在大部分控制器中，公制进给率 0.42937mm/r 将被编写成 F0.429，而在英制系统中，进给率 0.083333in/r 在 CNC 程序中编写为 F0.0833。很多现代控制系统在公制系统中允许使用 5 位小数，而在英制系统中则允许使用 6 位小数。

舍入进给率的值时一定要注意，在车削和镗削操作中，对进给率的合理舍入是可以满足加工要求的，只有在攻螺纹和单头螺纹加工中，进给率的精度对于螺纹导程非常关键，特别是长螺纹和高精度螺纹。一些 Fanuc 控制器可以使用多达六位小数的进给率编程，不过仅仅是针对螺纹加工。

每转进给的编程指令是 G99，对大部分车床来说，这是系统默认的，因此并不需要在程序中写出，除非使用了与其对应的 G98 指令。

为 CNC 车床程序编写每分钟进给（G98）程序，比在铣削程序中编写每转进给（G95）程序更为常见，原因是该指令控制 CNC 车床主轴没有旋转运动时的进给率。例如，在车削棒时，使用自动进料装置把棒料"推"到卡盘或夹头中的精确位置，或者使用机械手"拉"出棒料，此时高速可能会过快，也不可使用每转进给，因此便用每分钟进给来代替。在这种情况下，车床程序根据需要使用 G98 和 G99 指令，两种指令都是模态指令且可相互取消。

13.3　进给率选择

要想选择适合给定工作的最佳进给率，了解加工的一些常识是有用的，这是编程中的一个重要部分，因此要谨慎地完成。进给率的选择取决于很多因素，主要有：

❑ 主轴转速—转每分钟（r/min）；　　　❑ 刀具伸出的悬臂量；

❑ 刀具直径（M）或刀尖圆弧半径（T）；　　❑ 切削运动的长度；

❑ 工件的表面要求；　　　　　　　　❑ 材料切除量（切削深度或宽度）；

❑ 切削刀具几何尺寸；　　　　　　　❑ 铣削方式（顺铣或逆铣）；

❑ 切削力；　　　　　　　　　　　❑ 材料上槽的数量（只针对铣刀）；

❑ 工件安装方式；　　　　　　　　❑ 安全考虑因素。

最后一条是安全，也是编程的首条职责，就是确保人员和设备的安全。安全的速度和进给率仅仅是 CNC 编程中更广泛的安全常识中的两个方面。

13.4 加速和减速

在典型的轮廓加工中，切削运动的方向频繁改变，因为有交点、切点和间隙，这种现象是很正常的。在轮廓加工时，要编程加工工件上的直角拐角，也就意味着一个程序段中沿 X 轴的刀具运动，在下一程序段中得转换到沿 Y 轴的运动，要实现这种转换，控制器首先得停止 X 轴的运动，然后再启动 Y 轴运动。如果没有加速，就不可能以最大进给率瞬时启动，同样如果没有减速，也不可能停止进给，这样就可能发生切削错误，该错误可能使得表面上的切削超过预期的直角拐点，尤其是在进给率非常大和角度极小的情况下。它仅仅发生在 G01、G02、G03 模式的切削运动中，而不会在 G00 快速运动模式中，快速运动中，减速是自动并远离工件的。

常规 CNC 加工中，很少发生这种错误，即使出现这种错误，也会在公差允许范围内。

如果确实需要纠正这种错误，Fanuc 控制器提供了两条指令：

G09	准确停（只在一个程序段里有效）
G61	准确停模式（模态指令）

准确停指令增加了循环时间，如果程序在老式机床上使用，那么某些情况下准确停指令是必需的。

（1）准确停指令

加工拐角时控制进给率的两条指令的第一条是 G09 指令——准确停，它是非模态指令，即在每个需要它的程序段中都要重复编写。

程序实例 O1301 中没有加速和减速，特别快的进给率 F90.0（in/min）可能会导致不均匀拐角：

```
O1301    （正常切削）
...
N13   G00   X15. 0   Y12. 0
N14   G01   X19. 0   F90. 0
N15   Y16. 0
N16   X15. 0
N17   Y12. 0
...
```

通过在程序中添加 G09 准确停指令，则它所在程序段里的运动完全完成后，另一根轴的运动才会启动（程序 O1302）。

```
O1302    （G09 切削）
...
N13   G00   X15. 0   Y12. 0
N14   G09   G01   X19. 0   F90. 0
N15   G09   Y16. 0
N16   G09   X15. 0
N17   Y12. 0
...
```

实例 O1302 确保了工件所有三个位置的直角拐点，如果只有一个拐角的角度有要求，那么在相应程序段中编写 G09 指令并使其在那个角停止（程序 O1303）：

O1303　（G09 切削）
...
N13　G00　X15. 0　Y12. 0
N14　G01　X19. 0　F90. 0
N15　G09　Y16. 0
N16　X15. 0
N17　Y12. 0
...

只有在某些程序段为了加工出拐角而需要减速时，G09 指令才是有用的，如果一个程序中所有的拐角都需要很高精度时，重复使用 G09 的效率很低。

（2）准确停模式指令

第二个纠正拐角处错误的指令是 G61——准确停模式。它与 G09 功能相同但比它有效得多，其最大的区别就是 G61 属于模态指令，它会一直有效，直到切削模式指令 G64 将之取消。G61 缩短了编程时间，但不能缩短循环时间。在同一程序中重复使用 G09 指令而使程序变得冗长时，G61 是最有用的（程序 O1304）。

O1304　（G61 切削）
...
N13　G00　X15. 0　Y12. 0
N14　G61　G01　X19. 0　F90. 0
N15　Y16. 0
N16　X15. 0
N17　Y12. 0
N18　G64
...

注意程序 O1304 跟程序 O1301 的结果是一样的，两个例子中，准确停应用在所有的切削运动中——在 O1301 中是非模态的，在 O1304 中是模态的。同时注意添加的程序段 N18，它使用了 G64 指令（正常切削模式），正常切削模式是机床启动时的缺省设置，通常不需编程。图 13-1 所示为使用和不使用 G09/G61 指令时的刀具运动情况，图中夸大了过切的量，实际上它是非常小的。

（3）自动拐角倍率

当铣刀的刀具半径偏置有效时，轮廓交点处的进给率一般不会改变。这时，可以使用准

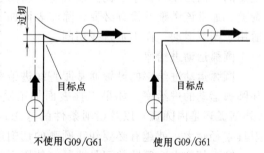

图 13-1　拐角附近的进给率控制——准确停
指令（为了明显起见，夸大了过切的量）

备功能 G62 在工件的拐角处自动设置切削进给率倍率，该指令会一直有效，直到遇到 G61 指令（准确停模式）、G63 指令（攻螺纹模式）或 G64 指令（切削模式）。

（4）攻螺纹模式

攻螺纹模式 G63 中的编程会使得控制系统忽略除 100% 设置以外的任何进给率倍率开关，它同时也会取消位于控制面板上的进给保持键功能。攻螺纹模式可以被 G61 指令（准确停模式）、G62 指令（自动拐角倍率模式选择）或 G64 指令（切削模式选择）取消。

（5）切削模式

在程序中编写切削模式 G64 或者系统缺省激活时，它表示正常切削模式。该指令有效时，准确停检查 G61 将不起作用，自动拐角倍率 G62 或攻螺纹模式 G63 也是一样，这就意味着进给率倍率有效且加速和减速正常执行（根据控制系统）。这是典型控制系统最常见的缺省模式。

切削模式可以被 G61 指令（准确停模式）、G62 指令（自动拐角倍率模式）或 G63 指令（攻螺纹模式）取消。

一般不在程序中编写 G64 指令，除非在同一程序中还使用了一种或多种其他的进给率模式，图 13-2 所示为 G62 和 G64 模式的比较。

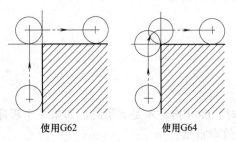

使用G62　　　　　使用G64

图 13-2　拐角倍率模式 G62 和缺省的 G64 切削模式

13.5　恒定进给率

第 29 章主要讨论圆弧插补，本章将从实用的角度出发，详细阐述在切削内圆弧和外圆弧时如何保持恒定的切削进给率。从这一点来说，只关心对恒定进给率的理解，而不是它的应用。

编程时，正常的步骤是根据零件图计算轮廓每个变化点的坐标值。形成刀具轨迹中心线的刀具半径通常被忽略，对圆弧编程时，使用绘图尺寸，而不是到刀具中心线的距离。圆弧程序中的进给率通常跟编程半径相关，跟刀具中心的实际半径无关。

当刀具半径偏置有效，且圆弧的刀具路径被刀具半径偏置时，切削的实际圆弧半径可能偏小或偏大，这决定于切削刀具运动的偏置值。

有效切削半径将减小所有内圆弧的尺寸，而增大所有外圆弧的尺寸，了解这一点是非常重要的。因为在刀具半径偏置模式中，切削进给率并不自动改变，所以要在程序中对它进行调整。通常该调整并没有必要，除非表面加工质量要求很高或刀具半径非常大。这种考虑只适用于圆弧运动，而不是直线切削。

圆弧运动进给率

圆弧运动进给率的设置通常跟直线进给率的设置一样。事实上，许多程序并不改变直线和圆弧运动的进给率。如果工件表面加工质量非常重要，出于对刀具半径、半径切削类型（外圆弧还是内圆弧）以及切削条件的考虑，那么就要将"正常"的进给率调高或者调低。刀具半径越大，就越有必要纠正圆弧的切削进给率。

圆弧切削中，等距的刀具路径（使用刀具半径偏置以后）可能比圆弧编程中的绘图尺寸大得多或小得多。

补偿后的圆弧运动进给率通常取决于当前编程的直线运动进给率，详情请参见第 29 章中的图和例子，下面先给出一个计算直线进给率的标准公式：

$$F_1 = \text{r/min} \times F_t n$$

式中　F_1——直线进给率，in/min 或 mm/min；

　　r/min——主轴转速；

　　　F_t——每齿（切削刃）进给率；

　　　n——切削刃的数量（螺旋槽数或可转位刀片的切削刃数量）。

根据直线进给率公式，圆弧的加工面（外圆弧或内圆弧）将影响圆弧进给率的调整，外圆弧的直线进给率应该增加，内圆弧则应该减小。

对外圆弧，通常将进给率向上调整到一个较大的值：

$$F_\text{o} = \frac{F_1(R+r)}{R}$$

式中　F_o——外圆弧进给率；

　　　F_1——直线进给率（刀具的正常进给率）；

　　　R——工件外径；

　　　r——刀具半径。

对内圆弧，通常将进给率向下调整到一个较小的值：

$$F_\text{i} = \frac{F_1(R-r)}{R}$$

式中　F_i——内圆弧进给率；

　　　F_1——直线进给率（刀具的正常进给率）；

　　　R——工件内径；

　　　r——刀具半径。

13.6　最大进给率

CNC 机床的最大可编程进给率不是由控制器的生产厂家决定，而是由机床生产厂家决定，例如，特定机床的最大进给率可能只有 10000mm/min，但是 CNC 系统可以提供比它高数倍的进给率。这对所有的控制器都是适用的，但在主要以每转进给为编程方法的 CNC 车床上，还有其他一些考虑因素。

最大进给率考虑

CNC 车床的编程主轴转速（r/min）和最大快进速率，常常会限制每转最大切削进给率。如果没有认识到这一点，就很容易把每转进给编写得过高，该问题在单头螺纹加工中最为常见，因为单头螺纹加工的切削进给率可以非常高。

CNC 机床不能使用超出最大设计范围的进给率进行加工——螺纹加工的结果将无法接受。当同一程序中使用了异常大的进给率和很快的主轴转速时，最好检查一下有效进给率是否超出了给定机床的最大许可进给率。最大每转进给率可以根据下面公式进行计算：

$$F_\text{max} = \frac{R_\text{max}}{\text{r/min}}$$

式中　F_max——最大每转进给率，单位/转；

　　　R_max——X 和 Z 轴中较小的最大进给率；

　　　r/min——主轴转速。

根据已选择的输入单位制，R_max 既可以设为 in/min，也可以设为 mm/min。第 38 章里详细介绍了攻螺纹的进给率范围。

13.7　进给保持和倍率

运行程序时，如果使用控制系统中两个可用功能，程序中的进给率可以临时停止或改变，其中一个称作进给保持按钮，另一个则称作进给率倍率旋钮。两个都是位于操作面板上的标准按钮或旋钮，且允许 CNC 操作人员在程序执行过程中手动控制编程进给率。

（1）进给保持按钮

进给保持按钮有进给保持"开"和进给保持"关"两种模式，它可以使用两种进给率模式：每分钟进给或每转进给。很多控制器中，进给保持不但可以有效停止 G01、G02、G03 的切削进给，还可以停止 G00 快速运动，进给保持状态下，其他的程序功能仍然有效。

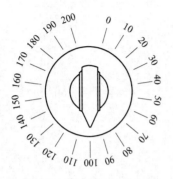

图 13-3　典型的进给率倍率旋钮

某些加工操作中，进给保持指令自动失效，最典型的情形是在加工中心中使用 G84 和 G74 攻螺纹循环以及在 CNC 车床上使用 G32、G92 和 G76 进行螺纹加工操作。

（2）进给率倍率旋钮

通常通过 CNC 单元控制面板上一个专用的旋转开关来控制进给率倍率，如图 13-3 所示。

该旋转已经标出了分度或刻度，它们表示编程进给率的百分率。进给率倍率的典型范围是 0～200%（或 0～150%），不同的机床上，0 可能表示没有任何运动或是最慢的运动，200% 的设置使所有编程进给率都加倍。程序中编写的 12.0in/min（F12.0）是 100% 进给率，如果把进给率倍率开关扳到 80%，那么实际的切削进给率是 9.6in/min，如果把开关扳到 110%，那么实际的切削进给率为 13.2in/min。

这一简单的逻辑也可以应用到公制系统中。如果编程进给率是 300mm/min，也就是 100%，那么 80% 处的进给率为 240mm/min，而 110% 处的切削进给率等于 330mm/min。

在车床和每转进给下，进给率倍率旋钮也能很好地工作。例如，如果编程进给率是 0.014in/r，那么 90% 和 130% 处的实际结果分别是 0.0126in/r 和 0.0182in/r。如果要求每转进给的进给率非常精确，一定要注意倍率的设置。例如，编程进给率为 F0.012，单位是英寸/转，那么倍率转盘变化一个刻度，进给率值就增加或减少 10%，因此 90% 处的进给率是 0.0108，100% 处的是 0.0120，而 110% 处则是 0.0132，以此类推。大部分情况下，进给率并不要求特别精确，但一定要记住有些进给率是不可能达到的，比如 0.0115in/r 的进给率，因为倍率旋钮的固定增量为 10%。

在单头螺纹加工模式 G32 下，进给率倍率旋钮不起作用，在加工中心中的 G84 和 G74 攻螺纹循环以及车床上的 G92 和 G76 单头螺纹加工循环下，它也是无效的。如果在铣削系统中使用 G63 攻螺纹模式，那么整个程序中的进给率倍率和进给率保持指令都不起作用！

控制系统为攻螺纹和螺纹加工循环以外的切削运动提供了两种进给率倍率功能，即 M48 和 M49，它们都是可编程指令，但不是在所有控制器中都能使用。

（3）进给率倍率功能

尽管进给率功能使用 F 地址，程序中也可以使用两种特殊的辅助功能 M 来设置进给率倍率的"开"或"关"。操作面板上设有进给率倍率旋钮，如果 CNC 操作人员决定临时增大或减小程序中的进给率，该旋钮是非常便利的。另一方面，在加工操作中，由于切削进给率必须为编程进给率，所以进给率倍率旋钮只能设为 100%，而不能是其他的任何设置。

一个很好的例子就是不使用循环的攻螺纹操作，它使用 G01 和 G00 准备功能。M48 和 M49 正好可以用于实现这一目标：

M48	进给率倍率取消功能"关"，即激活进给率倍率
M49	进给率倍率取消功能"开"，即不激活进给率倍率

M48 功能使得 CNC 操作人员可以随心所欲地使用进给率倍率开关，M49 指令则使得进

给率按照程序所编写的执行，而不管控制面板上进给率倍率旋钮的设置如何。这两种功能在不使用循环的攻螺纹和螺纹加工应用中最为常见，这些场合下要求进给率与编程值完全一致。下例所示为这一编程方法的应用：

```
N10   S500   M03                              (使用 TAP 12 TPI)
...
N14   G00   X5.0   Y4.0   M08
N15   Z0.25
N16   M49                                     (使进给率倍率无效)
N17   G01   Z-0.625   F41.0   M05
N18   Z0.25   M04
N19   M48                                     (使进给率倍率有效)
N20   G00   X..Y..M05
N21   M03
...
```

攻螺纹运动发生在程序段 N16～N19 之间，这些程序段中的进给率倍率无效。

13.8　螺纹加工中的 E 地址

一些使用老式控制器（如 Fanuc 6T）的 CNC 车床，在螺纹加工中使用进给率地址 E，而不是更常见的地址 F。

进给率功能 E 与 F 功能相似，它也以每转进给（mm/r 或 in/r）指定螺纹导程，但它具有更高的小数位精度，例如，在老式 Fanuc 控制系统型号 6T 中，螺纹导程范围为：

➲ 英制-Fanuc 6T 控制器：

$$F=0.0001 \sim 50.0000 \text{in/r}$$
$$E=0.000001 \sim 50.000000 \text{in/r}$$

➲ 公制-Fanuc 6T 控制器：

$$F=0.001 \sim 500.000 \text{mm/r}$$
$$E=0.0001 \sim 500.0000 \text{mm/r}$$

在最新控制器（FS-0T～Fanuc 30T）中，螺纹导程范围是相似的（它们没有 E 地址），但是找寻可用范围最安全的方法就是查阅控制系统说明书。

对所有新型控制器来说，E 地址是多余的，但考虑到与一些在装备新型控制器的老式机床上使用的程序兼容，才将它保留下来。不同控制系统的可用螺纹加工进给率各不相同，这取决于丝杠类型和程序中使用的输入单位制。事实上，在螺纹加工中应用时，现在所有控制器都允许使用具有扩展精度的 F 地址。

第14章 刀具功能

使用自动换刀装置的数控机床必须有一个可以在程序中使用的专用刀具功能（T 功能）。某些类型的机床上，它可以控制切削刀具的行为。CNC 加工中心和 CNC 车床上使用的 T 功能有着显著的区别，同类机床的类似控制器之间也有区别。一般说来，刀具功能的编程地址是 T。

对于 CNC 加工中心，T 功能通常仅仅控制刀具号，对于 CNC 车床，该功能不但控制着刀具偏置号，也控制着刀座号的索引。

14.1 加工中心上的 T 功能

所有立式和卧式 CNC 加工中心均拥有自动换刀装置特征，其缩写为 ATC。在机床的程序或 MDI 模式中，刀具功能用 T 功能，地址 T 表示程序员选择的刀具号，后面的数字就是刀具号本身。可以进行手动换刀的 CNC 机床，完全不需要刀具功能。

在为特定的 CNC 加工中心编程前，一定要知道机床的刀具选择类型，自动换刀过程中主要使用两种刀具选择：固定型；随机型。

要了解它们的不同之处，第一步就是要了解许多现代 CNC 加工中心所采用的刀具储存和刀具选择原则。

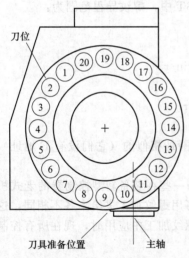

图 14-1 可存放 20 把刀
具的刀具库侧视图

（1）刀库

一般的 CNC 加工中心（立式的或卧式的）均设计有专门的刀库，其中包含程序需要用到的所有刀具。刀具并不是永久地存放在刀具库里，但是如果可能，许多机床操作人员将一些常用的刀具一直放在里面。图 14-1 所示是一个典型的可存放 20 把刀具的刀具库。

刀具库的容量可以小到只有 10 把或 12 把刀，在一些特殊机床里也可以大到能装几百把刀，典型中型加工中心的刀库可以安装大概 20～40 把刀，较大一点的可能比这更多。刀具库通常是圆形或椭圆形（更大容量的形状可能会是蜿蜒曲折的形式），它由一定数量的刀位组成，设置过程中装有刀具的刀架就固定在里面，刀位的编号是连续的，一定要记住每一个刀位的编号都是固定的。设置中可以手动完成刀具库的操作，也可通过 CNC 程序或 MDI 自动完成，刀具库刀位的数量就是加工中心可以自动更换的刀具的最大数目。

在刀具库的行程范围内有一个用来自动换刀的专用位置，该位置跟换刀有关，通常叫做等待位置、刀具准备位置或者直接叫换刀位置。

（2）固定刀具选择

使用固定刀具选择的加工中心，要求 CNC 操作人员将所有刀具放置在刀具库中与之编号相对应的刀位上，例如，1 号刀具（程序中叫做 T01）必须放置在刀具库中的 1 号刀位上，7 号刀具（程序中叫做 T07）必须放置在刀具库中的 7 号刀位上，以此类推。

刀库通常设置在 CNC 机床上远离工作区域（工作空间）的一侧。固定刀具选择模式下，控制系统在任何时刻都无法确定几号刀具在刀库的几号刀位中，CNC 车床操作人员必须在设置中使刀具号与刀库刀位号匹配。这种刀具选择类型在许多老式加工中心或一些廉价加工中心上比较常见，仅用于少量生产。

刀具编程非常容易：无论程序何时用到 T 功能，都是换刀中所选择的刀具号。例如：

N67　T04　M06

　　或

N67　M06　T04

　　或

N67　T04

N68　M06

其含义很简单，就是将 4 号刀具安装到主轴上（首选最后一种方法）。那么主轴中的刀具怎么办？M06 换刀功能将使得当前刀具在新的刀具定位前，回到它原来所在的刀位上去。通常，换刀装置通过最短的路径去选择新的刀具。

如今，从长远利益来说，这种类型的刀具选择不符合实际，而且成本很高。因为在刀具库中找到所选择的刀具并将其安装到主轴前，机床必须等待，所以换刀过程将浪费大量时间。程序员可以仔细选择刀具并对其进行编号（并不需要按使用的顺序编号），这将在一定程度上提高效率。本书中的例子都是基于一种更现代的刀具选择类型，即随机型。

(3) 随机刀具选择

这是现代加工中心最常见的功能。它也将加工工件所需的所有刀具存储在远离加工区域的刀库中，CNC 程序员通过 T 编号来区分它们，通常是按照其使用的顺序。通过程序访问所需的刀具号，常常会在刀具库里将刀具移动到等待位置，这跟机床使用当前刀具切削工件是同时完成的，实际换刀可以在稍后的任何时间发生。这就是所谓下一刀具的等待，即 T 功能表示下一刀具，而不是当前刀具。在下面程序中，可以通过编写少量简单的程序段使下一刀具准备妥当：

T04　　　　　　　　　　（让 4 号刀准备）

...

　　< ... 使用当前刀具加工 ... >

...

M06　　　　　　　　　　（实际换刀—T04 到主轴）

T15　　　　　　　　　　（使下一刀具准备妥当）

...

　　< ... 使用 4 号刀（T04）加工 ... >

...

第一个程序段调用 T04 刀到刀具库中的等待位置，此时当前刀具仍在切削，当加工完成后进行实际换刀，这时 T04 变成当前刀具，当 T04 号刀进行切削时，CNC 系统迅速搜索下一刀具（例子中为 T15），并将之移动到等待位置。

从上面的例子可以看出，T 功能本身根本不能实现换刀，为此，程序员需要而且必须编写自动换刀功能（M06），本节后面将讨论这个问题。

不要混淆固定刀具选择中地址 T 和随机刀具选择中地址 T 的含义，前者表示刀具库中刀位的实际编号，后者表示下一刀具的编号。刀具调用在需要使用之前就已编写，所以控制系统可以在另一刀具工作的同时对它进行搜寻。

（4）刀具号登记

一般的计算机和一些特别的 CNC 系统，可以很快并精确地处理给定的数据。对于 CNC 操作，必须首先输入所需的数据，这样才能使计算机按照程序员的意图工作。在随机刀具选择方法下，只要将实际设置以控制系统参数的形式寄存到 CNC 系统中，CNC 操作人员便可以将刀具放置在任意刀位上。不必太担心系统参数，完全可以将它们当作不同系统设置的集合。刀具号登记有它自己的输入屏幕。

机床设置中，CNC 操作人员将所需的刀具放入刀位中，记下它们的编号（哪号刀具放在哪个刀位里）并将这些信息登记到系统中，该操作是机床设置的一个基本步骤，并可以使用不同的方式进行。

（5）编程格式

铣削系统中使用的 T 功能的编程格式取决于 CNC 机床可拥有刀具的最大数量，尽管一些大型的机床可能会拥有更多的刀具（甚至数百把），但是大多数加工中心拥有刀具的数量在 100 把以下。在以下的例子中，将使用两位数字的刀具功能，包括 T01～T99 范围的所有刀具。

在大多数程序中，T01 刀具指令将调用设置清单或加工卡片中的 1 号刀，T02 将调用 2 号刀，T20 将调用 20 号刀，以此类推。刀具号名称最前面的 0 可以省略，如 T01 可写成 T1，T02 可写成 T2 等，但末尾的 0 必须要写上，例如，T20 一定要写成 T20，否则系统认定它省略的是前面的 0 并调用 2 号刀（T2 相当于 T02，而不是 T20）。

（6）空刀

加工中常常需要没有任何刀具的空主轴。为此，就要指定一个空的刀位，尽管该刀位实际上并不使用刀具，也要用唯一的编号指定它。如果刀位或主轴上没有刀具，那么就必须使用一个空刀具号，以保持从一个工件到另一工件换刀的连续性。这一实际上并不存在的刀具称为空刀。

空刀的编号必须选择一个比所有最大刀具号还大的数，例如，如果一个加工中心有 24 个刀具刀位，那么空刀应该定为 T25 或者更大的数。将空刀的刀具号定为 T 功能格式内最大的值是一个很好的习惯，例如，在两位数格式下，空刀应定为 T99，三位数格式则定为 T999，这样的编号便于记忆并且在程序中也很显眼。

通常不要将空刀编为 T00，因为所有尚未编号的刀具都可能被登记为 T00，然而，机床上确实允许使用 T00，但是一定要确保不会造成任何歧义。

14.2　换刀功能 M06

CNC 加工中心中使用刀具功能 T 时，并不发生实际换刀——程序中必须使用辅助功能 M06 时才可以实现换刀。换刀功能的目的就是调换主轴和等待位置上的刀具。而铣削系统的 T 功能则是旋转刀具库并将所选择的刀具放置到等待位置上，也就是发生实际换刀的位置，当控制器执行紧跟调用 T 功能的程序段时，开始搜索下一刀具。

⮑例如：

N81　T01　　　T01 准备 = 装载到等待位置

N82　M06　　　将 T01 安装到主轴

N83　T02　　　T02 准备 = 装载到等待位置

这三个程序段看起来很简单，但还是分析一下。程序段 N81 中，编号为 1 的刀具被放置到等待位置，下一程序段 N82 激活实际换刀——将 T01 刀安装到主轴上，并准备加工，紧跟实际换刀的是程序段 N83 中的 T02，该程序段使系统搜寻下一刀具（上例中为 T02），并将之移动到等待位置，它与紧跟 N83 程序段的程序数据（通常是到达工件切削位置的刀具运动）同步发生，这一过程不会浪费时间，相反的，它确保了换刀时间始终一致。

一些程序员喜欢在同一程序段中编写换刀指令和搜寻下一刀具，这可以在一定程度上缩短程序，这种方法使程序中的每把刀具都可以减少一个程序段：

N81　T01
N82　M06　T02

结果是明显的，怎么选择则凭个人的喜好。

> 有些机床并不支持缩简后的两程序段格式，所以必须编写三个程序段。如果存在疑问，最好使用三个程序段。

换刀条件

在程序调用换刀指令 M06 前，通常要创造安全的使用条件。大部分机床的控制面板上有一个指示灯，可以据此判断刀具是否在换刀位置。

只有在具备下列条件时才可以安全地进行自动换刀：

□ 所有机床轴已经回零。
□ 主轴完全退回：
a. 立式机床的 Z 轴位于机床原点；
b. 卧式机床的 Y 轴位于机床原点。
□ 刀具的 X 轴和 Y 轴位置必须在非工作区域。
□ 必须使用 T 功能提前选择下一刀具。

具有代表性的一个程序实例是在程序中部实现刀具间的换刀（从 T02～T03），图 14-2～图 14-4 形象地显示了该过程：

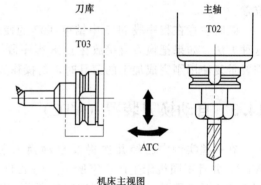

图 14-2　ATC 实例——程序段 N51～N78（当前状态）

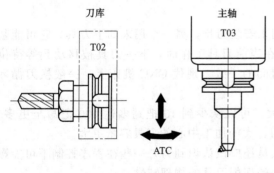

图 14-3　ATC 实例——程序段 N79（实际换刀）

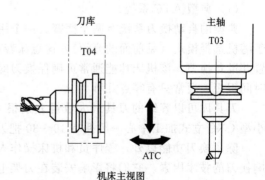

图 14-4　ATC 实例——程序段 N80（新刀具等待＝下一刀具）

⊃ 图示实例：

N51...　　　　　　　　　　　　（...T02 在主轴上）

N52...	T03								（...T03 做换刀准备）
...									（使用 T02 加工）
N75	G00	Z1.0							（Z 轴退刀）
N76	G28	Z1.0	M05						（T02 使用完毕）
N77	M01								（可选择暂停）
									（刀具间空行）
N78	T03								（重复调用 T03）
N79	M06								（T02 退出，T03 进入主轴）
N80	G90	G54	G00	X-18.56	Y14.43	S700	M03	T04	
N81...									（使用 T03 加工）

在上面例子中，程序段 N76 表示使用刀具 T02 的加工结束，但 T02 仍在主轴中。它使 T02 刀具移动到 Z 轴的机床原点位置，同时停止主轴运动。程序段 N77 中的可选择程序暂停功能 M01 紧跟在后。

接下来的程序段 N78 再次调用 T03，这不是必需的，但在以后重复调用刀具时可能有用。程序段 N79 是实际换刀，当前在等待位置上的 T03 将替代主轴上的 T02。

最后，在程序段 N80 中，主轴为开，X 轴和 Y 轴的快速运动成为 T03 的第一个运动。注意程序段末尾的 T04，为了节省时间，在换刀后的最短时间里将下一刀具放置到等待位置。

同时注意在程序段 N77 中结束 T02 的使用时，它仍然在主轴中！有些程序员并不遵循这种方法。如果把换刀直接放在 G28 程序段（机床回原点）和程序段 M01 之间，那么如果需要重复使用刚完成加工的刀具时，对操作人员来说就要困难得多。

14.3 自动换刀装置（ATC）

在一些实例中已经几次提及自动换刀装置（ATC）。各种机床上有许多设计不同的 ATC，并且不同机床生产厂家所生产的 ATC 也迥然不同。毋庸置疑，不同类型 ATC 的编程方法也是不同的，有时候区别还特别大。机床换刀装置一旦设置妥当，将自动以合适的顺序索引编写好的切削刀具，这一切都将在程序的控制之下。程序员和操作人员必须非常熟悉车间所用加工中心中的 ATC 类型。

（1）典型 ATC 系统

典型的自动换刀系统有两个摆臂，一个用来安装刀具，另一个用来卸下刀具。它可能基于随机选择模式（见前面的介绍），这意味着在当前刀具工作时，下一刀具被移动到等待位置并准备换刀，该机床功能通常可确保换刀时间的一致。现代 CNC 机床上，一般换刀循环时间很短，通常只有零点几秒。

刀具库可以容纳的刀具最大数量差别很大，可以从少到 10 把到多达 400 把甚至更多。小型 CNC 立式加工中心一般拥有 10～30 把刀，大的加工中心的刀具容量更大。

除了换刀功能以外，程序员和机床操作人员还应该认识到另外一些在程序控制下可能影响换刀的技术因素。它们将影响安装在刀架上的切削刀具的物理特性：

❏ 最大刀具直径；
❏ 最大刀具长度；
❏ 最大刀具重量。

（2）最大刀具直径

在机床生产厂家指定的最大刀具直径范围内，可以不加考虑地使用任何刀具，其前提是某一尺寸的最大直径可以用在刀库中的每个刀位上。如果相邻两个刀位均为空，一些生产厂家还允许使用比最大直径稍微大一点的直径（图 14-5）。

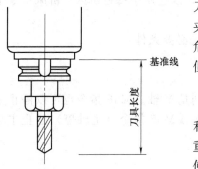

空刀位

特大刀具

空刀位

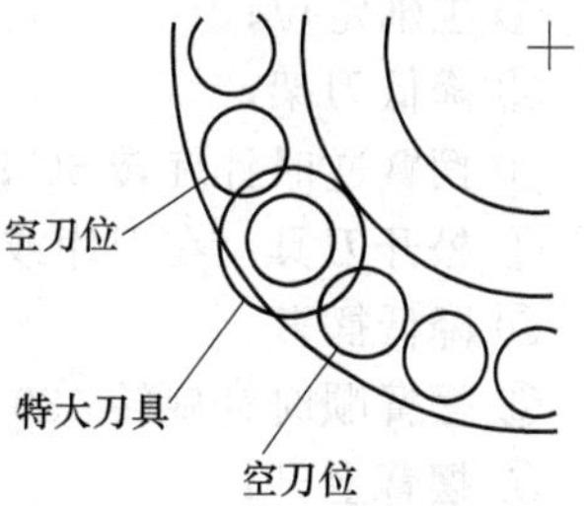

图 14-5　使用超大刀具直径时，与其相邻的刀位必须为空

　　例如，机床使用说明书规定相邻刀位不为空时刀具的最大刀具直径为 4in（100mm），假如相邻刀位均为空，那么最大刀具直径可以增大到 5.9in（150mm），这一增加幅度是巨大的。使用大于推荐使用的直径，将减少刀具库的实际容量。

> 使用超大刀具时，其相邻的刀位必须为空！

（3）最大刀具长度

　　与 ATC 相关的刀具长度，就是切削刀具从主轴的基准线向工件伸出的距离。换刀时，刀具长度越长，对 Z 轴的间隙就要越当心，刀具与机床、夹具或工件的任何接触都是所不期望的，这样的情形十分危险——它会中断 ATC 的循环，除非按下紧急停车开关，但通常都来不及停车。图 14-6 所示为刀具长度的概念。

基准线

刀具长度

图 14-6　刀具长度的概念

（4）最大刀具重量

　　大多数程序员在编写新程序时，通常会考虑刀具直径和刀具长度，但很可能会忽视刀具的总重量。切削刀具的重量在编程时通常是无关紧要的，因为大部分刀具比推荐使用的最大刀具重量要轻，但是要注意 ATC 只不过是一个机械装置，因此它有一定的载荷限制。刀具重量通常是切削刀具和刀架的重量和，包括夹头、螺杆、紧固螺栓以及与换刀相关的类似零件。

> 设置时，别让刀具重量超出其推荐使用值！

　　比如给定的 CNC 加工中心，其推荐使用的最大刀具重量可能是 22lb 或约 10kg，如果使用稍微重一点的刀具，比如 24lb（10.8kg），那么 ATC 将完全不能使用——只能手动更换该刀具。机床的主轴尚可以经受住重量的轻微增加，但换刀装置却不能，因为"轻微"是相对而言，所以对这种情况的最好建议就是：一点也不超过！如果有疑问，请参照厂家的建议。本章的例子就是在安全的刀具重量下进行编程的。

（5）ATC 循环

　　程序员并不要求熟悉跟自动换刀装置实际操作相关的每一个具体细节，尽管这在很多应用场合可能非常有用，但它并不重要。另一方面，CNC 机床操作人员必须非常清楚 ATC 循环的每一个步骤。

　　作为一个例子，下面是关于典型的 CNC 立式加工中心的描述，它可能跟一些机床有些细微的差别。经常研究 ATC 操作的单个步骤，将有助于解决换刀过程中的刀具堵塞问题，这一可能造成的时间浪费是可以避免的。一些机床使用位于刀具库旁的专用旋转开关来实现步进循环。

　　在下面的例子中，使用了双摆臂系统的自动换刀装置，它可以将等待位置上的切削刀具跟机床主轴上的当前刀具调换。

　　编写换刀功能 M06 时，ATC 将执行如下的步骤，所有的步骤都很典型，但不是在每个加工中心中都是标准的，可以将它们当作近似的例子：

① 主轴定位；

② 降低刀架；

③ 摆臂逆时针旋转 60°；

④ 松开刀具（在刀库或主轴上）；

⑤ 降低摆臂；

⑥ 摆臂顺时针旋转 180°；

⑦ 摆臂上升；

⑧ 夹紧刀具；

⑨ 摆臂顺时针旋转 60°；

⑩ 摆臂架复位；

⑪ 刀架上升。

以上例子所示仅仅是一般的信息，它的逻辑尚需调整，以适用于每台机床。机床指令手册中通常列出了 ATC 的相关细节。

如果不考虑所使用的机床，还有两个正确执行 ATC 的必要条件：

❑ 主轴必须停止（使用 M05 指令）；

❑ 换刀轴必须在原点位置（机床参考位置）。

CNC 立式加工中心的换刀轴是 Z 轴，卧式加工中心则是 Y 轴。M06 指令也可以停止主轴的运动，但不要依赖它，强烈推荐在执行换刀循环前使用 M05 指令（主轴停）停止主轴运动。

（6）MDI 操作

顺便说一下，换刀循环的每一步通常都可以通过 MDI（手动数据输入），使用专门的 M 指令来完成。这些功能只通过 MDI 操作用于维修，并不能用在 CNC 程序中。该功能的好处就是可以追溯换刀中出现的问题的起因，并且在那里予以纠正。仔细阅读机床的使用说明书以弄清这些功能的细节。

14.4 ATC 编程

有关自动换刀装置存在许多要说明的问题，比较重要的有：使用刀具的数量，工作开始时给主轴（如果有的话）登记了什么编号的刀具，是否需要手动换刀以及是否使用了特大号刀具等。

下面几个例子中列出了一些基本的选择，如果 CNC 机床使用完全相同的格式或者可以适应特定的工作环境，那么可以直接使用这些例子。

为了成功编写 ATC 程序，所需的只是三种刀具的编程格式——目前使用的刀具、程序中部使用的刀具以及程序最后使用的刀具。为了使整个概念更加易懂，下面的例子仅使用四个刀具编号——每个刀具编号将代表四种编程格式中的一种：

❑ T01　　　表示 CNC 程序中第一次使用的刀具名称；

❑ T02　　　表示 CNC 程序中在开始和结束之间使用的刀具名称；

❑ T03　　　表示 CNC 程序中最后使用的刀具名称；

❑ T99　　　表示 CNC 程序中用来识别空刀位的空刀号名称。

在所有例子中，前面的三把刀经常用到，空刀只在需要时使用，希望这些例子会阐明许多 ATC 可能用到的概念。另一个可能的情况就是在 CNC 程序中只使用一把刀。

（1）单刀工作

特定工作或特殊操作中可能只需要一把刀，这种情况下，在设置时直接将刀具安装在主轴上，而且程序中不需要调用刀具或换刀：

```
O01401                              (开始时第一把刀装在主轴上)
N1  G20                             (英寸模式)
N2  G17  G40  G80                   (安全程序段)
N3  G90  G54  G00  X..Y..S..M03     (刀具运动)
N4  G43  Z.H01  M08                 (趋近工件)
...
    < ...T01 刀工作...>
...
N26  G00  Z.M09                     (T01 刀完成加工)
N27  G28  Z.M05                     (T01 刀回到 Z 轴原点)
N28  G00  X..Y..                    (安全的 XY 位置)
N29  M30                            (程序结束)
%
```

除非刀具阻碍工件的装卸，否则工作过程中它会一直在主轴上。

（2）多刀编程

CNC 工作中最典型的方法是使用几把刀加工工件。需要时，可使用不同的 ATC 操作将每把刀具安装到主轴上，从编程角度来说，不同的换刀方法不会影响程序的切削部分，它只影响刀具的开始（加工前）和结束（加工后）。

正像在前面所讨论的，只要 Z 轴在机床原点（卧式加工中心）或 Y 轴在机床原点（立式加工中心），便可以自动更换所需刀具。其余轴上的刀具位置只跟换刀的安全性有关，即刀具不会跟机床、夹具或工件接触。下面所有例子都使用立式机床型号，一些程序在最后刀具结束时，对所有的轴使用机床回原点指令，例如：

```
...
N393  G00  Z.M09                    (当前刀具完成工作)
N394  G28  Z.M05                    (当前刀具回到 Z 轴原点)
N395  G28  X..Y..                   (当前刀具回到 XY 轴原点)
N396  M30                           (程序结束)
%
```

从技术上说，这并没有什么错误，但在大批量生产时，可能会造成大量时间的浪费。较好的办法就是在刀具最终位置上方进行换刀，或者将刀具移动到远离工件的安全位置。程序头的编程牵涉到不同的换刀方法，前面给出的各种程序头编程方法实例中使用的是第二种换刀方法。

（3）保持刀具轨迹

如果换刀操作很简单，那么在任何给定时刻，保持每把刀所在位置的轨迹应该是很容易的。在稍后的例子里，将发生较多复杂的换刀，这时可以用三列表格——程序段号、等待的刀具和主轴上的刀具——确定一个可视轨迹，从而可以知道哪把刀在等待，哪把刀在主轴上。

程序段号	等待的刀具	主轴上的刀具

要填写上表，可从程序顶端开始，寻找出现的每一个 T 地址和 M06 功能，所有其他的

数据都是无关的，例 O1402 中的表格就是其用法的一个实际尝试。

（4）主轴上的任意刀具——不是第一把

这是编写 ATC 程序最常见的方法。CNC 操作人员将所有刀具放置在刀具库中，并登记其设置，但刀具将在主轴上测量。大部分机床上，这把刀不是第一把，程序员将编写与此换刀方法相匹配的程序。下面的程序可能在日常工作中最为有用，注释中列出了所有的程序动作。

```
O1402                                      (开始时在主轴上可以是任意刀具)
                                           (**** 不是第一把刀 **** )
N1   G20                                    (英寸模式)
N2   G17  G40  G80  T01                     (T01 刀准备)
N3   M06                                    (T01 刀安装到主轴上)
N4   G90  G54  G00  X..Y..S..M03  T02       (T02 刀准备)
N5   G43  Z.H01  M08                        (趋近工件)
...
     <...T01 刀工作...>
...
N26  G00  Z.M09                             (T01 刀完成加工)
N27  G28  Z.M05                             (T01 刀回到 Z 轴原点)
N28  G00  X..Y..                            (安全的 XY 位置)
N29  M01                                    (可选择暂停)

N30  T02                                    (重复调用 T02 刀)
N31  M06                                    (T02 刀安装到主轴上)
N32  G90  G00  G54  X..Y..S..M03  T03       (T03 刀准备)
N33  G43  Z.H02  M08                        (趋近工件)
...
     <...T02 刀工作...>
...
N46  G00  Z.M09                             (T02 刀完成加工)
N47  G28  Z.M05                             (T02 刀回到 Z 轴原点)
N48  G00  X..Y..                            (安全的 XY 位置)
N49  M01                                    (可选择暂停)

N50  T03                                    (重复调用 T03 刀)
N51  M06                                    (T03 刀安装到主轴上)
N52  G90  G00  G54  X..Y..S..M03  T01       (T01 刀准备)
N53  G43  Z.H03  M08                        (趋近工件)
...
     <...T03 刀工作...>
...
N66  G00  Z.M09                             (T03 刀完成加工)
N67  G28  Z.M05                             (T03 刀回到 Z 轴原点)
N68  G00  X..Y..                            (安全的 XY 位置)
N69  M30                                    (程序结束)
%
```

下面填好的表格仅说明了第一个工件的刀具状态，"?"表示任意刀具编号。

程序段号	等待的刀具	主轴上的刀具
N1	?	?
N2	T01	?
N3	?	T01
N4	T02	T01
T01 工作		
N30	T02	T01
N31	T01	T02
N32	T03	T02
T02 工作		
N50	T03	T02
N51	T02	T03
N52	T01	T03
T03 工作		

　　当加工第二个工件以及其后的任何工件时，刀具的轨迹便变得简单并与前面一致了。比较下表和前一表格，它没有任何问号。表中所示为每一刀具的确切位置。

程序段号	等待的刀具	主轴上的刀具
N1	T01	T03
N2	T01	T03
N3	T03	T01
N4	T02	T01
T01 工作		
N30	T02	T01
N31	T01	T02
N32	T03	T02
T02 工作		
N50	T03	T02
N51	T02	T03
N52	T01	T03
T03 工作		

　　这些例子中直接使用该方法，或做了小的修改。对于大部分工作，如果工作区域没有障碍物，则没有必要在 XY 安全位置换刀。在了解其他方法前研究这一方法，将有助于了解更先进的方法的逻辑。

　　以下是例 O1402 的一些注释。通常在换刀前编写 M01 可选择暂停，这样在需要的时候，刀具重复使用将变得容易。同时注意，每把刀具的开始都包含对下一刀具的搜索。程序段中的刀具包含已经调用的第一运动——比较程序段 N4 和 N30 以及 N32 和 N50。在每一刀具开始工作前重复搜索刀具有两个原因：它使得程序易读（知道哪把刀具将被安装到主轴上），此外不管当前是哪把刀具在主轴上，都可以重复调用该刀具。

　　(5) 主轴上的第一把刀

　　程序也可以先使用主轴上的第一把刀。这是 ATC 编程的一个惯例：设置时，必须将程序中的第一把刀安装到主轴上。在程序中，第一把刀是在最后的刀具（而不是第一把刀）工作时被调用到等待位置（准备位置），然后，需要在程序最后的某个程序段里换刀。程序中的第一把刀一定要是待加工的所有同批工件的第一把。

```
O1403                               （开始时第一把刀在主轴上）
N1  G20                             （英寸模式）
N2  G17  G40  G80  T02              （T02刀准备）
N3  G90  G54  G00  X..Y..S..M03     
N4  G43  Z.H01  M08                 （趋近工件）
...
    <...T01刀工作...>
...
N26  G00  Z.M09                     （T01刀完成加工）
N27  G28  Z.M05                     （T01刀回到Z轴原点）
N28  G00  X..Y..                    （安全的XY位置）
N29  M01                            （可选择暂停）

N30  T02                            （重复调用T02刀）
N31  M06                            （T02刀安装到主轴上）
N32  G90  G54  G00  X..Y..S..M03  T03   （T03刀准备）
N33  G43  Z.H02  M08                （趋近工件）
...
    <...T02刀工作...>
...
N46  G00  Z.M09                     （T02刀完成加工）
N47  G28  Z.M05                     （T02刀回到Z轴原点）
N48  G00  X..Y..                    （安全的XY位置）
N49  M01                            （可选择暂停）

N50  T03                            （重复调用T03刀）
N51  M06                            （T03刀固定到主轴上）
N52  G90  G54  G00  X..Y..S..M03  T01   （T01刀准备）
N53  G43  Z.H03  M03                （趋近工件）
...
    <...T03刀工作...>
...
N66  G00  Z.M09                     （T03刀完成加工）
N67  G28  Z.M05                     （T03刀回到Z轴原点）
N68  G00  X..Y..                    （安全的XY位置）
N69  M06                            （T01刀安装到主轴上）
N70  M30                            （程序结束）
%
```

这一方法不是没有缺点，因为主轴上始终有刀，便可能成为设置或工件装卸时的障碍。解决的办法就是编写换刀程序，使得在工件安装时主轴上没有刀具（空主轴状态）。

（6）主轴上没有安装刀具

开始和加工结束时主轴均为空，其效率比开始时主轴上安装了第一把刀时的低，因为额外的换刀增加了循环时间。只有当程序员另有考虑时，才可以在开始时使用空主轴，例如，为了释放工件上方可能被刀具占用的空间，释放的空间对移动工件是有用的，比如在使用起重机起吊工件的情况下。这种情形的编程格式与前面的例子没有太大区别——除了在程序结束时有一额外的换刀，该换刀操作将第一把刀移回主轴，以保证每一程序开始运行时的连续性。

```
O1404                                  （开始时没有刀在主轴上）
N1   G20                               （英寸模式）
N2   G17  G40  G80  T01                （T01 刀准备）
N3   M06                               （将 T01 刀安装到主轴上）
N4   G90  G54  G00  X..Y..S..M03  T02  （T02 刀准备）
N5   G43  Z.H01  M08                   （趋近工件）
...
     <...T01 刀工作...>
...
N26  G00  Z.M09                        （T01 刀完成加工）
N27  G28  Z.M05                        （T01 刀回到 Z 轴原点）
   N28  G00  X..Y..                    （安全的 XY 位置）
   N29  M01                            （可选择暂停）

N30  T02                               （重复调用 T02 刀）
N31  M06                               （T02 刀安装到主轴上）
N32  G90  G54  G00  X..Y..S..M03  T03  （T03 刀准备）
N33  G43  Z.H02  M08                   （趋近工件）
...
     <...T02 刀工作...>
...
N46  G00  Z.M09                        （T02 刀完成加工）
N47  G28  Z.M05                        （T02 刀回到 Z 轴原点）
N48  G00  X..Y..                       （安全的 XY 位置）
N49  M01                               （可选择暂停）

N50  T03                               （重复调用 T03 刀）
N51  M06                               （T03 刀安装到主轴上）
N52  G90  G54  G00  X..Y..S..M03  T99  （T99 刀准备）
N53  G43  Z.H03  M08                   （趋近工件）
...
     <...T03 刀工作...>
...
N66  G00  Z.M09                        （T03 刀完成加工）
N67  G28  Z.M05                        （T03 刀回到 Z 轴原点）
N68  G00  X..Y..                       （安全 XY 位置）
N69  M06                               （T99 刀安装到主轴上）
N70  M30                               （程序结束）
%
```

（7）手动换刀时主轴上的第一把刀具

在以下的例子中，第二把刀表示使用三把或更多刀具的程序中的任何一把中间刀具。这样的刀可能太重或太长，而不能在 ATC 循环中索引，只能手动安装，只有在程序支持手动换刀时，才可以由操作人员完成换刀。要实现这一目的，可使用 M00 使程序停止适当的一段时间，并注明停止原因，M01 不是一个很好的选择（M00 更安全），它通常在没有操作人员介入的情况下停车。

仔细阅读下面的例子，以了解当第一把刀在主轴上时，如何完成手动换刀，在该例子中，CNC 操作人员将手动更换 T02 刀具。

```
O1405                                  （开始时第一把刀在主轴上）
N1   G20                               （英寸模式）
N2   G17   G40   G80   T99             （T99 刀准备）
N3   G90   G54   G00   X..Y..S..M03
N4   G43   Z.H01   M08                 （趋近工件）
...
     <...T01 刀工作...>
...
N26  G00   Z.M09                       （T01 刀完成加工）
N27  G28   Z.M05                       （T01 刀回到 Z 轴原点）
N28  G00   X..Y..                      （安全的 XY 位置）
N29  M01                               （可选择暂停）

N30  T99                               （重复调用 T99 刀）
N31  M06                               （T99 刀安装到主轴上）
N32  T03                               （T03 刀准备）
N33  M00                               （停止并手动安装 T02 刀）

N34  G90   G54   G00   X..Y..S..M03    （无下一刀具）
N35  G43   Z.H02   M08                 （趋近工件）
...
     <...T02 刀工作...>
...
N46  G00   Z.M09                       （T02 刀完成加工）
N47  G28   Z.M05                       （T02 刀回到 Z 轴原点）
N48  G00   X..Y..                      （安全的 XY 位置）
N49  M19                               （主轴定向）
N50  M00                               （停止并换下 T02 刀）

N51  T03                               （重复调用 T03 刀）
N52  M06                               （T03 刀安装到主轴上）
N53  G90   G54   G00   X..Y..S..M03   T01  （T01 刀准备）
N54  G43   Z.H03   M08                 （趋近工件）
...
     <...T03 刀工作...>
...
N66  G00   Z.M09                       （T01 刀完成加工）
N67  G28   Z.M05                       （T03 刀回到 Z 轴原点）
N68  G00   X..Y..                      （安全的 XY 位置）
N69  M01                               （可选择暂停）
N70  M06                               （将 T01 刀安装到主轴上）
N71  M30                               （程序结束）
%
```

　　注意程序段 N49 中的 M19 功能，该辅助功能将主轴定向到与使用自动换刀循环完全一样的位置上。这时 CNC 操作人员可以用下一刀具替换当前刀具，并保持刀具的方位。镗削循环中，刀具的切削刃必须定位在远离加工表面的地方，这时该考虑显得尤为重要。如果使用镗刀杆，则必须将它的切削刃对齐。

　　（8）手动换刀时主轴上无刀

　　除了程序开始时主轴上没有刀具外，下面的例子基本上是前面例子的翻版。

```
O1406                              （开始时主轴上无刀）
N1   G20                           （英寸模式）
N2   G17  G40  G80  T01            （T01 刀准备）
N3   M06                           （将 T01 刀安装到主轴上）
N4   G90  G54  G00  X..Y..S..M03  T99   （T99 刀准备）
N5   G43  Z.H01  M08               （趋近工件）
...
     <...T01 刀工作...>
...
N26  G00  Z.M09                    （T01 刀完成加工）
N27  G28  Z.M05                    （T01 刀回到 Z 轴原点）
N28  G00  X..Y..                   （安全的 XY 位置）
N29  M01                           （可选择暂停）

N30  T99                           （重复调用 T99 刀）
N31  M06                           （T99 刀安装到主轴上）
N32  T03                           （T03 刀准备）
N33  M00                           （停止并手动安装 T02 刀）
N34  G90  G54  G00  X..Y..S..M03   （无下一刀具）
N35  G43  Z.H02  M08               （趋近工件）
...
     <...T02 刀工作...>
...
N46  G00  Z.M09                    （T02 刀完成加工）
N47  G28  Z.M05                    （T02 刀回到 Z 轴原点）
N48  G00  X..Y..                   （安全的 XY 位置）
N49  M19                           （主轴定位）
N50  M00                           （停止并换下 T02 刀）

N51  T03                           （重复调用 T03 刀）
N52  M06                           （T03 刀安装到主轴上）
N53  G90  G54  G00  X..Y..S..M03  T99   （T99 刀准备）
N54  G43  Z.H03  M08               （趋近工件）
...
     <...T03 刀工作...>
...
N66  G00  Z.M09                    （T03 刀完成加工）
N67  G28  Z.M05                    （T03 刀回到 Z 轴原点）
N68  G00  X..Y..                   （安全的 XY 位置）
N69  M01                           （可选择暂停）
```

N70	M06	(将 T99 刀安装到主轴上)
N71	M30	(程序结束)
%		

（9）主轴上的第一把刀和特大刀具

有时需要使用比机床说明书中允许使用的直径稍大一点的刀具直径。这种情况下，特大刀具必须回到刀库中原来所在的刀位，并且与之相邻的两个刀位必须为空。不要使用过重的刀具！例 O1407 中，T02 是特大刀。这里还是使用详细的注释。

O1407						(开始时第一把刀在主轴上)
N1	G20					(英寸模式)
N2	G17	G40	G80	T99		(T99 刀准备)
N3	G90	G54	G00	X..Y..S..M03		
N4	G43	Z.H01	M08			(趋近工件)

...

　　< ...T01 刀工作... >

...

N26	G00	Z.M09	(T01 刀完成加工)
N27	G28	Z.M05	(T01 刀回到 Z 轴原点)
N28	G00	X..Y..	(安全的 XY 位置)
N29	M01		(可选择暂停)

N30	T99			(重复调用 T99 刀)
N31	M06			(T99 刀安装到主轴上)
N32	T02			(T02 刀准备)
N33	M06			(将 T02 刀安装到主轴上)
N34	G90	G54	G00 X..Y..S..M03	(无下一刀具)
N35	G43	Z.H02	M08	(趋近工件)

...

　　< ...T02 刀工作... >

...

N46	G00	Z.M09	(T02 刀完成加工)
N47	G28	Z.M05	(T02 刀回到 Z 轴原点)
N48	G00	X..Y..	(安全的 XY 位置)
N49	M01		(可选择暂停)

N50	M06			(T02 刀换下并回到原来的刀位)
N51	T03			(T03 刀准备)
N52	M06			(将 T03 刀安装到主轴上)
N53	G90	G54	G00 X..Y..S..M03 T01	(T01 刀准备)
N54	G43	Z.H03	M08	(趋近工件)

...

　　< ...T03 刀工作... >

...

N66	G00	Z.M09	(T03 刀完成加工)
N67	G28	Z.M05	(T03 刀回到 Z 轴原点)
N68	G00	X..Y..	(安全 XY 位置)
N69	M01		(可选择暂停)

N70	M06	（将 **T01** 刀安装到主轴上）
N71	M30	（程序结束）

%

（10）主轴上没有刀具和使用特大刀具的情况

这是另一种换刀情况。它假定程序开始时主轴上无刀，同时下一刀具因为合理原因而比推荐使用的最大刀具直径大，这种情况下，特大刀具必须回到它原来所在的刀位。有一点非常重要，就是与之相邻的两个刀位都必须为空。

> 与特大直径刀具相邻的刀位必须为空！

例 O1408 中，T02 表示特大刀。

```
O1408                                      （开始时主轴上无刀）
N1   G20                                    （英寸模式）
N2   G17   G40   G80   T01                  （T01 刀准备）
N3   M06                                    （将 T01 刀安装到主轴上）
N4   G90   G54   G00   X..Y..S..M03 T99     （T99 刀准备）
N5   G43   Z.H01   M08                      （趋近工件）
...
     <...T01 刀工作...>
...
N26  G00   Z.M09                            （T01 刀完成加工）
N27  G28   Z.M05                            （T01 刀回到 Z 轴原点）
N28  G00   X..Y..                           （安全的 XY 位置）
N29  M01                                    （可选择暂停）

N30  T99                                    （重复调用 T99 刀）
N31  M06                                    （T99 刀安装到主轴上）
N32  T02                                    （T02 刀准备）
N33  M06                                    （将 T02 刀安装到主轴上）
N34  G90   G54   G00   X..Y..S..M03         （无下一刀具）
N35  G43   Z.H02   M08                      （趋近工件）
...
     <...T02 刀工作...>
...
N46  G00   Z.M09                            （T02 刀完成加工）
N47  G28   Z.M05                            （T02 刀回到 Z 轴原点）
N48  G00   X..Y..                           （安全的 XY 位置）
N49  M01                                    （可选择暂停）

N50  M06                                    （T02 刀换下并回到原来的刀位）
N51  T03                                    （T03 刀准备）
N52  M06                                    （将 T03 刀安装到主轴上）
N53  G90   G54   G00   X..Y..S..M03 T99     （T99 刀准备）
N54  G43   Z.H03   M08                      （趋近工件）
...
     <...T03 刀工作...>
...
```

N66	G00	Z . M09	（T03 刀完成加工）
N67	G28	Z . M05	（T03 刀回到 Z 轴原点）
N68	G00	X . . Y . .	（安全的 XY 位置）
N69	M01		（可选择暂停）
N70	M06		（将 T99 刀安装到主轴上）
N71	M30		（程序结束）

%

以上例子介绍了一些 ATC 编程方法，一旦知道了加工中心的所有换刀技巧，换刀编程将不再困难。

14.5　车床的 T 功能

前面介绍了 T 功能在 CNC 加工中心的应用情况。CNC 车床也使用 T 功能，不过其结构截然不同。

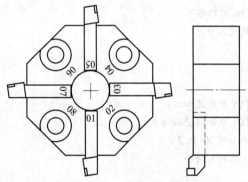

（1）车床刀架

典型斜床身车床使用多边形转塔上的刀架来夹持外部和内部切削刀具。这些刀架与加工中心的刀具库相似，通常，它们可以装夹 8 把、10 把、12 把或者更多的切削刀具（图 14-7）。

一些型号的 CNC 车床开始采用与加工中心类似的换刀方式，这样可以拥有更多可用刀具，并且刀具库远离工作区域。

图 14-7　车床的八角转塔刀架示意图

因为所有刀具均装夹在一个转塔上，所以被选择的刀具将带动所有的刀具到工作区域，这是一个过时的设计，但在工业领域中的使用还是很普遍。因为刀具可能和机床或工件发生干涉，因此为了避免所有可能出现的碰撞，不但要当心工作的刀具，而且也不能忽视转塔上安装的其他刀具。

（2）刀具检索

要编写换刀程序，或将切削刀具索引到当前加工位置，必须编写使用正确格式的 T 功能。对 CNC 车床，其格式是后接四位数字的地址 T，如图 14-8 所示。

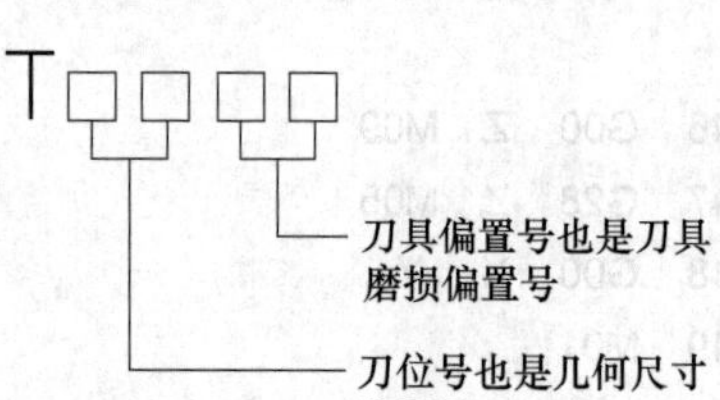

彻底理解这一功能非常重要。将四位数字看成两组，而不是四个单个的数字，每组数字前面的 0 可以省略，它们也有其自己的含义：

第一组（第一和第二个数字）控制着刀架位置和几何尺寸偏置。

刀具偏置号也是刀具磨损偏置号

刀位号也是几何尺寸偏置号

图 14-8　CNC 车床上四位数字刀具编号的结构

☞例如：

T01××—选择安装在一号位置上的刀具并激活一号几何尺寸偏置

第二组（第三和第四个数字）控制与所选择刀具一起使用的刀具磨损偏置号。

☞例如：

T××01—选择一号磨损偏置寄存器

　　如果可以，习惯上（但不强制）将两组搭配使用。例如，刀具功能 T0101 将选择一号刀架、一号几何尺寸偏置以及相应的一号刀具磨损偏置。这种格式很容易记忆，并且如果只有一个偏置号与刀具号相对应，每一次都必须这么使用。

　　如果同一刀具使用两种或多种不同磨损偏置，那么不能将两个组搭配使用。这种情况下，必须为同一刀架号编写两种或者多种磨损偏置：

　　➲ 例如：

　　T0101—01 转塔刀位，01 几何尺寸偏置以及 01 磨损偏置

　　➲ 例如：

　　T0111—01 转塔刀位，01 几何尺寸偏置以及 11 磨损偏置

　　第一组通常是刀架号和几何尺寸偏置号，例子中假定 11 号磨损偏置没有被其他刀具使用。如果刀具 11 使用了 11 号偏置，则必须选择另一合适的偏置号，比如 21，这时程序就要写成 T0121。大多数控制器有 32 个甚至更多的几何尺寸偏置寄存器和 32 个以上的磨损偏置寄存器。

　　将偏置值登记到偏置寄存器中，便可以在 CNC 车床程序中使用。

14.6　刀具偏置寄存器

　　前面好几次提到了"偏置"与另外两个形容词——几何尺寸偏置和磨损偏置，那么什么才是偏置？各个偏置之间有什么区别呢？

　　典型的 Fanuc 控制器偏置显示，有两个外表十分相似的显示屏可供选择，一个叫做几何尺寸偏置显示屏，另一个叫做磨损偏置显示屏。图 14-9 和图 14-10 所示就是两个带典型（即合理的）样本输入（英制单位）的显示屏实例：

偏置 —— 几何尺寸				
编号	X-偏置	Z-偏置	半径	刀尖
01	−8.4290	−16.4820	0.0313	3
02	−8.4570	−14.7690	0.0000	0
03	−8.4063	−16.3960	0.0156	3
04	−8.4570	−12.6280	0.0000	0
05	−8.4350	−16.4127	0.0000	0
06	−9.8260	−13.2135	0.0313	2
07	0.0000	0.0000	0.0000	0

图 14-9　几何尺寸偏置显示屏实例

（1）几何尺寸偏置

　　几何尺寸偏置号通常跟已选的转塔刀位号匹配，由操作人员测量并填写程序中所有刀具的几何尺寸偏置。

　　几何尺寸偏置量通常从机床原点位置开始测量。

　　到机床原点位置的距离反映刀具参考点到工件参考点（程序原点）的距离。图 14-11 所示为应用在常见外加工刀具上的典型几何尺寸偏置测量方法。

偏置 ── 磨损				
编号	X - 偏置	Z - 偏置	半径	刀尖
01	0.0000	0.0000	0.0313	3
02	0.0000	0.0150	0.0000	0
03	0.0036	0.0000	0.0156	3
04	0.0000	− 0.0250	0.0000	0
05	0.0010	− 0.0022	0.0000	0
06	− 0.0013	0.0000	0.0313	2
07	0.0000	0.0000	0.0000	0

图 14-10   磨损偏置显示屏实例

对于常规的斜床身后刀架车床，所有的 X 设置通常是直径值并作为负值存储，Z 轴的值通常也为负（也可以是正值，但并不实用）。如何精确地测量几何尺寸偏置不是 CNC 编程的内容，而是 CNC 机床操作培训的内容。该测量可使用手动和自动方法。

图 14-12 所示为应用在常规内加工刀具上的典型几何尺寸偏置测量方法。

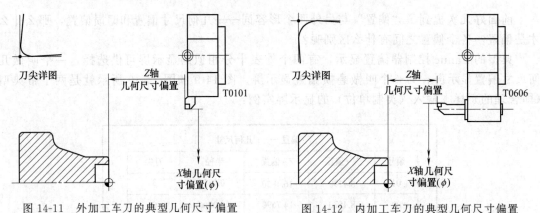

图 14-11   外加工车刀的典型几何尺寸偏置

图 14-12   内加工车刀的典型几何尺寸偏置

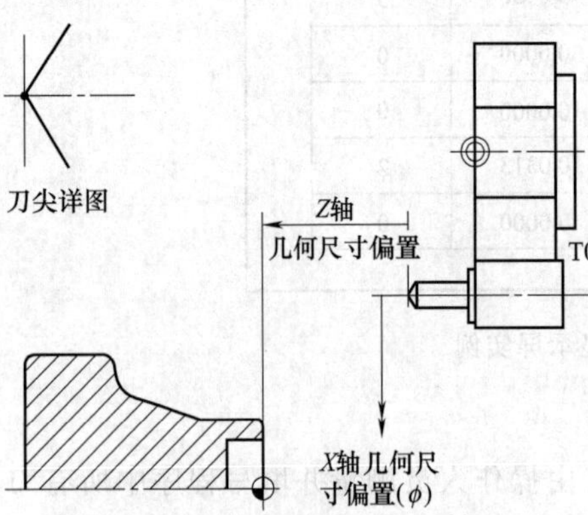

图 14-13   中心线刀具（钻削）
的典型几何尺寸偏置

图 14-13 中所示为最后一条与几何尺寸偏置相关的可能性。它表示在主轴中心线（X0 位置）上使用的刀具的几何尺寸偏置。这些刀具包括中心钻、钻头、丝锥以及铰刀等，它们的 X 偏置值通常相同。

（2）磨损偏置

开发 CNC 程序时，使用的许多尺寸来自零件图。例如，3.0000in 的尺寸将编写为 X3.0，该值并不反映任何尺寸公差，程序输入 X3.0、X3.00、X3.000 和 X3.0000，其结果完全一样。为了保持尺寸公差（尤其当它们紧密接触时），并妥善处置已经磨损但尚可以继续使用的刀具，必须调整已编程刀具轨迹，进行微调以适应加工条件。程序本身并不改变，只在被选择刀具上应用磨损偏置。

磨损偏置值就是编程值和工件实际测量尺寸之间的差。

图 14-14 所示为刀具磨损偏置的原理，这里为了突出，放大了其比例。

实际磨损偏置设置只有一个目的——在各编程值之间进行补偿，例如 $\phi3.0$in 的直径和检测中测量得到的实际尺寸（比如 $\phi3.004$）。将差值 -0.004 输入磨损偏置寄存器。这就是程序中使用的第二组刀具功能偏置号。因为程序中 X 轴使用直径值，所以这一偏置也应用于直径。此类调整的详情对 CNC 操作人员更为有用，但程序员也将从中获益。

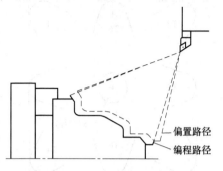

图 14-14　编程刀具轨迹和应用
磨损偏置的刀具轨迹

（3）磨损偏置调整

这里以程序中的 T0404 为例，介绍刀架后置式车床上偏置调整的概念。其目的是得到 3.0in 的外直径和 ±0.0005 的公差，T××04 寄存器中设置的磨损偏置初始值为 0。程序的相关部分如下：

```
N31   M01
...
N32   T0400   M42
N33   G96   S450   M03
N34   G00   G42   X3.0   Z0.1   T0404   M08
N35   G01   Z-1.5   F0.012
N36...
```

对加工的工件进行检测（测量）时，只能得到以下三种可能结果中的一种：尺寸合适；尺寸过大；尺寸过小。

如果测量工件的尺寸合适，则没必要对其进行干涉，刀具设置和程序均正常工作。如果工件尺寸过大，那么对于外径，通常可以采用再切削加工；对于内径，则正好相反，再切削可能会破坏表面精度，这一点一定要注意。如果工件尺寸过小，那么它就成为一个废品，唯一的补救办法就是让后面的工件不再出现尺寸过小的情况。以下表格所示为所有可能存在的检测结果：

测量	外径	内径
尺寸合适	尺寸合适	尺寸合适
尺寸过大	再切削	废品
尺寸过小	废品	再切削

不论工件尺寸过大还是过小，必须采取措施防止此类问题再次发生，常用的方法就是调整磨损偏置值。这里再次强调，以下仍以外径为例。

例子中外径 X3.0 的测量尺寸可能是 3.004，也就意味着比所要求的尺寸大 0.004（直径值），这时由控制偏置调整的 CNC 操作人员，将 04 磨损偏置中 X 寄存器的当前值 0.0000 改为 -0.0040，那么接下来加工工件的测量尺寸就会在公差允许范围内。

如果例子中的工件尺寸过小，比如 2.9990in，那么磨损偏置就要在 X 正方向调整 $+0.0010$。已经测量的工件则报废。

磨损偏置调整的原理是合乎逻辑的，如果加工的直径大于图纸尺寸允许范围，将磨损偏置沿主轴中心线调到负方向，反之亦然。这一原理对外部和内部尺寸均适用，唯一不同之处就是外径过大和内径过小可采用再切削（见上面表格）。第 34 章里介绍了创造性使用磨损偏

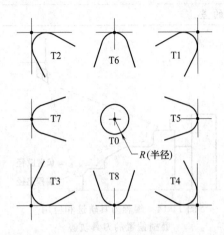

图 14-15　刀尖圆弧半径补偿使用的任
意刀尖定位编号（G41 或 G42 模式）

置的几个实例。

（4）R 和 T 设置

最后两项是 R 和 T 栏（几何尺寸和磨损），两个偏置屏幕栏只在设置过程中有用，R 是半径栏，T 是刀尖定位栏，如图 14-15 所示。

使用 R 和 T 栏的主要规则是它们只在刀尖圆弧半径偏置模式中有效。如果程序中没有编写 G41 或 G42，那么这些栏中的值是无关紧要的，如果使用了 G41/G42 指令，那么两栏中必须设置非零值。R 栏是切削刀具的刀尖圆弧半径，T 栏则是切削刀具的刀尖定位编号，第 30 章中对此进行了详细介绍。车削和镗削中最常见的刀尖圆弧半径是：

1/64in＝0.0156in 或 0.4mm

1/32in＝0.0313in 或 0.8mm

3/64in＝0.0469in 或 1.2mm

刀尖号是任意的，不管转塔上刀具设置如何，它只表示计算刀尖圆弧半径偏置的刀具定位编号。

第 15 章　参　考　点

在前面的章节中，讨论了机床几何尺寸和工件安装调试之间的基本关系。CNC 程序员的工作环境要求非常精确，因此几种数学关系具有极其重要的意义。

编程中的三种主要环境需要有确定的数学关系：

环　　境	关 系 构 成
机床	机床＋控制系统(CNC 单元)
工件	工件＋图纸＋材料
刀具	夹具＋切削刀具

各环境本身均独立于其他两个。如果关系并不十分明了，需考虑每种环境的源头：

❑ 机床是由专门生产机床的公司制造，这些公司通常不生产控制器或切削刀具。

该环境与以下环境相结合：

❑ 控制系统是由专攻机床电子应用技术的公司生产，它们通常不生产机床或切削刀具。

❑ 工件（加工件）是由不生产机床、控制系统或切削刀具和夹具的公司推出的独特的工程设计。

❑ 切削刀具是刀具公司的专长，这些公司可能生产刀架，也可能不生产，它们并不生产机床或 CNC 系统。

用户购买 CNC 机床时，不可避免会碰到这些问题：一个特定的工程设计（工件），必须由一个厂家生产的机床来加工，机床又使用了不同厂家的控制系统、切削刀具和刀架，这种组合就像是从来没有一起演出过的一流音乐家的四重奏，这种情形需要完美的协调。

各环境本身并没有什么作用，没有刀具的机床是不能生产出任何利润的，同样，不能用在任何机床上的刀具也是不能使制造业受益的，工件的加工离不开刀具。

这里的共同点就是所有三种环境均离不开"团队工作"，它们必须一起工作，相互作用。

出于编程考虑，这些关系和影响都基于各个环境的公共因素——参考点。

参考点是一个固定或任意选择的位置，它可能在机床上，也可能在刀具或工件上，固定参考点是生产或安装过程中设定的沿两根或更多轴的精确位置，另一些参考点是程序员在编程中确定的。三种环境需要三个参考点——每组一个参考点：

❑ 机床参考点　机床零点或原点；

❑ 工件参考点　程序原点或工件原点；

❑ 刀具参考点　刀尖或指令点。

在典型的机械工厂语言中，这些参考点有更丰富的实际含义。原点位置或机床原点与机床参考点含义相同，程序原点、工件零点或工件原点常常代替更正式的工件参考点使用，刀尖和指令点也比刀具参考点更常用。

15.1　参考点组

第一组包含 CNC 机床，它由机床和控制系统组成。与 CNC 机床相关的数值包括各种尺寸、说明、参数、范围和等级等。将工件放置到机床工作台上的夹具中，或安装到车床卡盘、夹头、划线平台或其他一些工件夹持装置中时，还要考虑第二组。每次工作的工件考虑因素，如尺寸、高度、直径和形状等都是唯一的。最后，是与切削刀具相关的第三组，每一切削刀具除了与其他切削刀具相同的特征外，还有其自身的特征。

所有可用的数值都有一种含义——它们不仅仅是数字——它们是程序员和操作人员必须单独或一起使用的实际数值或设置。

参考点组之间的关系

任何 CNC 程序成功的关键，在于让所有三个组协调工作，要达到这一目的，必须了解参考点的原理以及它们是如何工作的。每个参考点有两个特性：固定参考点；弹性或浮动参考点。

固定参考点是机床生产厂家作为硬件的一部分而设定的，用户不能改变它，一台 CNC 机床至少有一个固定参考点。CNC 程序员有一定的自由空间为工件或切削刀具确定参考点，工件参考点（程序原点）通常是弹性点，也就是说它的实际位置由程序员掌握。安装好的切削刀具的参考点可以是固定的，也可以是弹性的，它取决于机床的设计。

15.2　机床参考点

机床零点，通常称为机床原点、原点或机床参考位置，是机床坐标系统的原点。该点的位置随着机床生产厂家的不同而不同，但是最明显的区别见于不同的机床类型之间，也就是立式和卧式两种类型。

笼统地说，CNC 机床有两根、三根或者更多的轴，这由机床的类型来决定。厂家为每根轴设定了一个最大行程范围，每根轴的行程范围都不一样，如果 CNC 操作人员超过任一端的范围，就会发生超程错误，这虽然不是一个很严重的错误，但是很麻烦。在机床设置过程中，尤其是在电源打开以后，所有轴的预设位置应该始终一样，不随日期和工件的改变而改变。在老式机床上，这一步骤可以通过设置栅格来完成，对于现代机床，则可以通过返回机床原点指令来实现。在机床电源打开以后，Fanuc 和许多其他的控制系统不允许机床的自动操作，除非至少执行一次返回机床原点的指令。这是一个很好的安全特征。

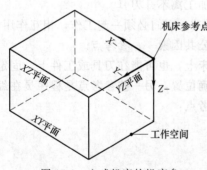

图 15-1　立式机床的机床参考点与轴定位

CNC 机床的原点一般位于每根轴行程范围的正半轴的末端。典型的三轴立式加工中心，从刀具位置（刀尖）往下看 XY 平面里的工件，用同样的方法观察 XZ 平面（操作人员观看机床的主视图）或 YZ 平面（操作人员看机床的右视图），这三个平面两两垂直并共同构成三维空间或工作空间，如图 15-1 所示。

图中所示的立方体对全面了解机床工作区域是很有用的。编程和调试中，大部分工作可以在一根或两根轴上完成，要在平面里了解工作区域和机床原点，可从机床顶部（机床 XY 平面）和前面（机床 YZ 平面）观察，图 15-2 和图 15-3 所示为这两个视图。

比较两个视图，俯视图中的右上角是主视图中所示的主轴中心线。

同时注意在主视图中，有一根称为测量基准线的虚线，这是机床生产厂家为了刀架锥体的适当配合而设置的虚构位置。主轴里面是经过精密加工的锥孔，该锥孔用于安装切削刀具的刀夹，安装在主轴上的任何刀夹都在完全一样的位置。图中所示的 Z 运动因为切削刀具

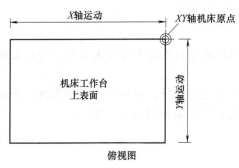

图 15-2　面对工作台的立式机床俯视图　　　图 15-3　从前方看的立式机床的主视图

的伸出而变短。本章稍后将讨论这些问题。

返回机床原点

手动模式下，CNC 操作人员手动将选定轴移动到机床原点位置。如果需要（只针对老式系统），操作人员还要将该位置登记到控制系统中。当机床滑轨移动到机床原点位置或者非常靠近它时，千万不要关闭机床电源，在再次打开电源后，距离太近会使得稍后的机床手动回原点更困难，通常每根轴到机床原点的空间有 0.1in（25.0mm）就足够了。手动机床回原点位置包括以下几个步骤：

① 打开电源（机床和控制器）；
② 选择机床返回原点模式；
③ 选择要移动的第一根轴（通常是 Z 轴）；
④ 对其他轴重复以上操作；
⑤ 检查达位指示灯是否亮；
⑥ 检查位置显示屏；
⑦ 如果需要，将显示数值设置为 0。

出于安全考虑，加工中心选择的第一根轴应该是 Z 轴，而车床是 X 轴，在两种情况下，所选轴将退出工作区进入安全区域。当轴到达机床原点位置时，控制面板上的一个小指示器将变亮，表示轴已经到达机床原点，此时机床在它的参考点，即机床原点、机床参考点或原点——可以用工厂中使用的任何一个术语来表示，由指示器确认每根轴是否到达原点位置。尽管机床已经准备妥当，并可以使用，但一个好的操作人员应该再进一步，按照惯例，如果控制器没有自动置 0，可通过控制面板上的位置（POS）按钮选择位置显示器，将位置显示器上的实际相对位置值设为 0。

15.3　工件参考点

待加工工件位于机床运动范围内。工件都应该装夹在这样一个装置上：它对于要求的操作是安全和合适的，并且在工作运行中不会因为任何其他工作而改变位置。夹具的这一固定位置对于加工的连续性和精度是非常重要的。同时也要保证工作中每一个工件的设置必须跟第一个工件一样，这一点非常重要，一旦完成设置，就可以选择工件参考点了。

程序中使用这个重要的参考点，以确定其与机床参考点、切削刀具参考点以及图纸尺寸的关系。

工件参考点一般也称为程序原点或工件原点。因为程序员可以在任何地方选择表示程序原点的坐标点，所以它不是一个固定点，而是一个浮动点。因为这个点是可选择的，因而也可以覆盖更多细节问题——毕竟，是程序员在选择工件原点。

（1）选择程序原点

通常由程序员来选择程序原点，他们的决定将影响工件安装和加工的效率，要经常留心选择程序原点的影响因素。

从理论上讲，程序原点可以按照字面意思在任何地方选择，但由于实际机床操作中的限制，只能考虑最有利加工的可能方案，以下三个因素决定如何选择程序原点：

❑ 加工精度；
❑ 安装和操作的便利性；
❑ 工作状况的安全性。

加工精度

加工精度极为重要——所有工件的加工必须完全符合图纸规范。重复精度也是加工中的一个重要考虑因素，批量生产的所有工件必须一样，所有后续的工作也必须一样。

安装和操作的便利性

在确保加工精度以后才考虑安装和操作的便利性，每个人都想工作得更舒适。一个有经验的程序员通常会思考程序在机械工厂中的影响，定义一个难以在机床上设置和检测的程序原点是很不方便的，它将降低设置过程的速度。

工作的安全性

安全对任何事都很重要——机床和工件设置也不例外，程序原点的选择对加工操作的安全性影响极大。

以下看看在个别加工中心和车床上，其程序原点选择的常规考虑事项，工件设计中的差异同样影响程序原点的选择。

（2）加工中心的程序原点

CNC加工中心有各种各样的安装方法，这取决于工作的类型，一些最常见的安装方法使用虎钳、卡盘、划线平台以及数以百计的专用夹具。此外，CNC铣削系统还允许多工件安装，这进一步增加了可用选项。选择程序原点，必须考虑全部三根机床轴，有附加轴的加工中心，其附加轴也要有零点，例如，分度轴和旋转轴。

最常见的安装方法就是通过机床工作台上的虎钳或夹具，将工件固定并完成工件的大部分加工，在更为复杂的应用中可以采用这一基本方法。

对于任意给定工作，由CNC程序员决定它的安装方法，当然也可能是跟机床操作人员一起决定。CNC程序员也为程序选择程序原点位置，选择程序原点是从对图纸的分析开始，但此前必须完成两个步骤：

第1步：研究图纸尺寸是如何标注的，哪些是关键尺寸，哪些不是。

第2步：决定工件安装和夹持方法。

在图纸中，程序原点就表示它本身。任何设置中，都要保证从一个工件到另一个工件的关键尺寸和公差，图纸中没有特别说明的尺寸一般不是关键尺寸。

机床工作台上最简单的设置包括工件支撑、夹具和基准面，基准面必须在工作运行中确立并且要方便测量。这一类中最典型的设置基于三点定位的概念，两点构成一条直线，另一点偏移一个适当的角度，从而在两个基准面之间形成一个90°角，如图15-4所示。

因为工件只跟每个定位销上的一点接触，所以这种设置是很精确的。一般用夹具端面平行面进行定位，工件的左边和下边均平行于机床轴并相互垂直，程序原点（工件原点）就是两定位边的交点。

三点定位概念实际上对所有的设置都是一样的，它并不使用真正的三点，如果一个工件固定在虎钳中，那么就是与之相似的。钳夹必须和机床轴平行或垂直，并且这一固定的位置必须由定位装置或其他的固定方法来确定。

因为虎钳是小工件最常用的工件夹持装置，这里就以它为例，说明怎样选择程序原点。图 15-5 所示为一个典型的简单工程图，它包含了所有预期的尺寸、说明和材料规格。

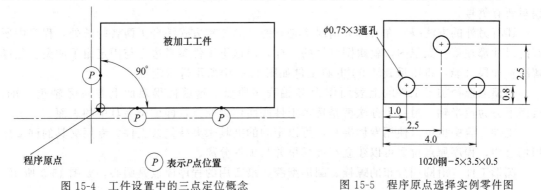

图 15-4　工件设置中的三点定位概念　　　　　　图 15-5　程序原点选择实例零件图
（所有定位销的直径相同）

选择程序原点时，首先研究图纸尺寸。设计人员的尺寸标注样式可能存在缺点，但它毕竟还是使用的零件图。本例从工件左下角开始对所有孔进行尺寸标注，它也暗含了工件的程序原点。

毫无疑问，这个例子的程序参考点就是工件的左下角，除此以外的任何地方都是不行的，这是图纸原点，并将设置为工件原点，它也符合程序原点选择过程中的第 1 步。接下来的第 2 步就是选择工件夹持装置，图 15-6 所示就是一个 CNC 机床专用虎钳的典型安装。

在第 1 种方式的安装里，工件定位在钳爪和工件左定位挡块之间。工件的定位与图纸一样，所以程序中出现的所有尺寸均使用这些绘图尺寸，这看起来是一个成功的安装——实际上它是十分糟糕的。

以上决定中漏掉了一点，即没有任何关于材料所有实际尺寸的考虑，图纸中指明了一个 5.00×3.50 的矩形区域，这是一个开环尺寸——它们允许有 ±0.010 或者更大的变动。

将允差与虎钳的设计相结合，即一个钳爪固定，另一个可以移动，如此一来，就将问题简化了。关键的 Y 轴基准紧贴移动的钳爪。

程序原点所在边应该是固定的钳爪（不能移动的爪）。许多程序员错误地将移动钳爪作为参考边，在第一象限（所有的绝对值均为正）里，其优点是很诱人的，但它可能导致不正确的加工结果，除非所有工件的毛坯材料 100％地相同（通常这种情形并不常见）。第 1 种方式的安装可以得到明显改进，那就是将工件旋转 180°并将定位挡块放到对边，如图 15-7 所示。

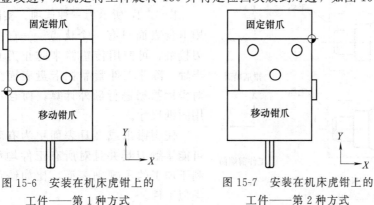

图 15-6　安装在机床虎钳上的　　　　图 15-7　安装在机床虎钳上的
　　　工件——第 1 种方式　　　　　　　　工件——第 2 种方式

第 2 种方式的加工结果与图纸一样。但 180°的工件定位产生了另一问题——工件定位到了第三象限！即所有 X 和 Y 的值都是负的，此时绘图尺寸仍可在程序中使用，但都是负的，不要忘了负号。

如果要在第 1 种方式和第 2 种方式之间进行选择，通常选择第 2 种方式并在程序中正确编写所有负号。

还有另外的方法吗？在大部分情况下是有的。第 3 种方式综合了两者的长处，程序中所有的尺寸都在第一象限内，就跟图纸里的一样，但这里工件参考边也与固定钳爪冲突！怎样解决？如果可能，将钳爪旋转 90°并将工件如图 15-8 中所示进行定位。

习惯上选择加工工件的上表面作为 Z 轴程序原点，这就使得表面上方为 Z 轴正半轴，表面下方为负半轴。另一个办法就是选择工件底面作为原点，即位于夹具中的表面。

工件安装中也可以使用专用夹具，可以定制的夹具来夹持复杂工件。专用夹具的许多应用场合中，程序原点位置可以建立在夹具里并与工件分离。

圆形工件（沿圆周分布的螺栓、圆形型腔）最有用的程序原点是圆心，如图 15-9 所示。

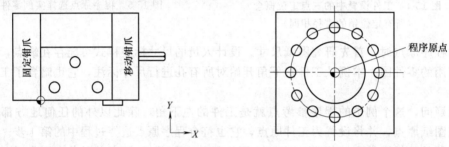

图 15-8　安装在机床虎钳上的工件——第 3 种方式　　图 15-9　圆形物体的程序原点通常是圆心

第 40 章中介绍的 G52 指令可以解决许多由位于中心的程序原点所引起的问题。

(3) 车床的程序原点

CNC 车床上程序原点的选择很简单，它只要考虑两根轴——垂直的 X 轴和水平的 Z 轴。因为车床设计的缘故，X 轴程序原点通常选择在主轴中心线上。

CNC 车床上，X 轴的程序原点必须在主轴的中心线上。

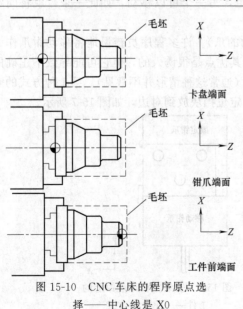

图 15-10　CNC 车床的程序原点选
择——中心线是 X0

对于 Z 轴程序原点的选择，有三种比较常用的方法：

❑ 卡盘表面　　卡盘的主平面；
❑ 钳爪表面　　钳爪的定位表面；
❑ 工件表面　　加工工件的前表面。

图 15-10 所示为三种选项。实际设置中，使用卡盘表面只有一个优点——它很容易跟切削刃接触，可使用传感器来防止刀具碰撞。在负半轴，除非工件紧靠在卡盘表面上，否则需要对坐标数据进行额外计算，而且不能便利地使用图纸尺寸。

使用钳爪或夹具表面更为有利。该表面也可能接触刀具并且对所有工件均如此，但它有利于加工的不规则表面，比如铸件、锻件以及类似工件。

　　车床上许多工件需要加工两个端面。第一次操作中，必须将第二次的加工余量添加到每一个 Z 值中，这就是 CNC 程序员为什么不采用位于虎钳或夹具上的程序原点的主要原因，当然特殊情况除外。

　　最受欢迎的方法就是将程序原点设置在已加工零件的前表面，这虽然不是一个尽善尽美的方法，但有许多其他的优点。唯一的缺点就是通常在设置过程中，并没有已加工的表面，许多操作人员在设置过程加上粗糙表面的宽度，或者加工出一个小的面以跟刀具接触。

　　表面上的程序原点有什么好处呢？第一个好处就是沿着 Z 轴的许多绘图尺寸可以直接转换到程序里，只要加上一个负号就可以，这虽然在很大程度上依赖于标注方法，但是在多数情况下，CNC 程序员还是受益匪浅。另一好处，可能也是最重要的，就是刀具运动的负 Z 值表明是在工作区域，正 Z 值则是在非工作区。在程序开发过程中，很容易忘记 Z 轴切削运动的负号，这样一个错误，如果不及时发觉，可能会将刀具定位在远离工件的位置，此时尾座可能成为一个障碍。该位置是错误的，但总比碰撞工件的位置要好。本书中除了另有说明，使用的程序原点都是在已加工过的前表面上。

15.4　刀具参考点

　　最后一个是刀具参考点。在铣削和相关操作中，刀具参考点通常都是刀具中心线和切削刃（边）最低位置的交点。

　　车削和镗削中，因为大部分刀具有一个固定半径的切削刃，所以最常见的刀具参考点是切削镶刀片上的一个虚构切削点。

　　在铣削和车削中使用的钻头和另外一些点对点之类的刀具，参考点通常是刀具沿 Z 轴方向上最远的尖端，图 15-11 所示为一些常见的刀尖点。

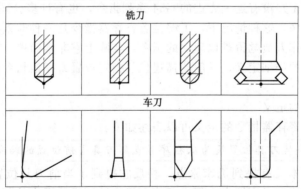

图 15-11　不同切削刀具的典型刀具参考点

　　所有三种参考点组相互关联，一种设置中的错误将对另一种设置产生影响。参考点的知识对理解寄存器指令、偏置和机床几何尺寸是非常重要的。

第 16 章 寄存器指令

CNC 编程中必须协调三个可用参考点，以使它们能够正确地协同工作。如果工件（即程序原点）和切削刀具（即切削刃）的参考点可用，则可以通过几种方法将它们联系起来，从而形成一个整体。在使用刀具前，必须利用某些方法"告诉"控制系统每把刀具在机床工作区域内的确切位置，最原始的方法是在整个程序中，将刀具当前位置登记到控制系统的存储器中，这一方法需要位置寄存器指令。

16.1 位置寄存器指令

加工中心的刀具位置寄存器功能是 G92，（大部分）车床是 G50：

G92	位置寄存器指令（铣削中使用）
G50	位置寄存器指令（车削中使用）

一些 CNC 车床也使用 G92 指令，但是使用 Fanuc 和类似控制器的车床一般使用 G50，实际应用中 G92 和 G50 有着同样的意义，下面的论述对两条指令均适用。本章的前半部分主要讨论 G92 指令在铣削中的应用，稍后将阐述 G50 指令在车床中的应用。

现代 CNC 编程中，一个更为复杂和灵活的功能替代了以上两条指令，即第 18 章中介绍的工件偏置（G54～G59）和第 19 章中介绍的刀具长度偏置（G43）。然而，机械加工厂中仍有相当多的老式机床并没有这一先进的 G54 系列指令，也有许多公司在现代 CNC 设备上使用多年前开发的程序，这种情况下，了解位置寄存器指令是一种非常重要的技能，这通常也是一些程序员和操作人员觉得难以理解的指令，实际上它非常简单。

首先看看该指令的详细定义，一般的描述仅仅指定位置寄存器指令，这就它本身来说是不确切的。

（1）位置寄存器的定义

比较详细的位置寄存器指令的定义可以表述如下：

> 位置寄存器指令将刀具位置设为从程序原点到刀具当前位置的轴向距离和方向。

注意这一定义根本没有提到机床原点，相反它提到了当前刀具位置，这一区别非常重要。当前刀具位置可能在机床原点，但也可能在机床轴行程范围内的其他地方。

同时注意对从一点到另一点的方向的强调，定义中，程序原点和当前刀具位置之间的距离是没有方向的。方向通常是从程序原点到刀具位置，千万不要颠倒，程序中要求每根轴上的数值符号（正、负还是 0）都正确。

位置寄存器只用在绝对模式编程中，即 G90 有效时，它在增量模式 G91 下并不起作用。实际编程中，几乎所有以增量模式编写的程序，为了到达第一刀具位置，都是以绝对模式开始的。

（2）编程格式

就如指令名称所显示的，与 G92 指令相关的刀具位置数据将被登记（即存储）到控制系统的存储器中。

G92 指令的格式如下：

> G92 X..Y..Z..

所有情况下，每根轴的地址表示从程序原点到刀具参考点（刀尖）的距离。CNC 程序员基于程序参考点（程序原点）提供所有坐标，这一点已在前面讨论过。所有附加轴也要用 G92 来登记，例如卧式加工中心分度台的 B 轴。

（3）刀具位置的设置

G92 指令的唯一目的就是将当前刀具位置登记到控制器存储器中——仅此而已！

> 包含 G92 指令的程序段中不可能有机床运动发生。

G92 的影响可以在绝对位置显示屏上看到。在任何时刻，绝对位置显示屏上都有每根轴上的某些值，包括 0。执行 G92 指令时，显示器上的所有当前值均被 G92 所指定的值替代，如果 G92 没有指定某根轴的值，那么显示器上该轴的值不会改变。车床加工中，操作人员担有很大责任——使实际刀具设置与 G92 指令指定的值匹配。

16.2　在加工中心的应用

在没有工作坐标系功能（也称为工件偏置）的情况下为 CNC 加工中心编程，必须确定每根轴和所有刀具的位置寄存器，有两种方法可以实现：

❏ 将刀具位置设置在机床原点；

❏ 将刀具位置设置远离机床原点。

哪一种方法更好呢？分别来看看它们。

（1）将刀具位置设置在机床原点

第一种方法要求机床所有轴的原点位置同时是换刀位置，这是不必要的，也是很不实际的，想一想为什么。

通常是在远离机床的地方编写程序，但是必须指定工件在工作台上的位置：

G92 X12.0 Y7.5 Z8.375

例子中的数字看起来很清楚，但仍可以想象一下，CNC 操作人员试图将工件安装（没有使用专用夹具）在离机床原点正好 12.0in 的 X 轴上，同时操作人员必须将工件安装在离机床原点正好 7.5in 的 Y 轴上，Z 轴也进行同样操作。

这几乎是不可能的，至少在没有专用夹具的情况下是不可能的，该方法效率极低。程序中的数字都是没必要的，它们可以是任意的——X12.0 很容易就变成了 X12.5，没有任何其他的作用。导致所有问题的唯一原因，就是程序员选择了机床参考点作为换刀位置（主要在 X 轴和 Y 轴上）。

图 16-1 所示为 G92 设置，它将刀具设置在机床原点位置。这一从程序原点开始程序的方法是很有用的，它有一个优点，例如在机床工作台上永久固定一个专用夹具时，具有定位栅格的划线平台就是一个常见的例子，永久设置一个或多个虎钳也是有益的，这一类型的设置有着各种各样的变化形式。

（2）将刀具位置设置在远离机床原点的地方

第二种方法降低了前一种方法的设置难

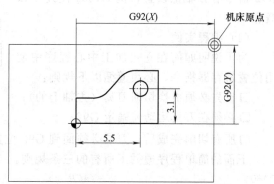

图 16-1　当前刀具位置寄存器设置在机床原点（只展示 XY 轴）

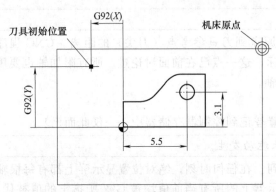

图 16-2　将当前刀具位置设置在远离机床
原点的地方（只展示 XY 轴）

度，它使得程序员可以将 XY 刀具位置设置在机床运动范围内（首先得考虑安全性）的任何地方，并且将该位置作为 XY 轴的换刀位置。因为机床原点本身没有特别要求，所以 CNC 操作人员可以将工件安装在工作台上的任何合理位置，只要在机床轴的范围内。图 16-2 所示将刀具设置在负 X 轴和正 Y 轴。

为了将刀具定位在开始换刀的位置，操作人员可根据 G92 中指定的数据，手动将刀具从程序原点移到换刀位置，这比前一方法容易得多，而且可以更有效地将设置约束在机床原点。

一旦确定了换刀位置，程序中的所有刀具将回到该位置换刀。立式加工中心的 Z 轴自动换刀位置必须编写在机床原点，作为唯一的自动换刀位置。所以这些讨论实际上只适用于 XY 轴。如果不考虑刀具位置，G92 的设置对所有刀具都将一样，除非有充分的理由来改变它。

这种方法的主要缺陷就是只有在打开电源时控制系统才能存储新的换刀位置，断开机床电源时将丢失换刀位置。许多有经验的 CNC 操作人员这样来解决该问题，即找出从机床原点到换刀位置的实际距离，并在每次特定设置时（例如，在新的一天的开始）记录它，这样就可以在重新通电时将刀具移动相应的距离。

（3）Z 轴的位置寄存器

对于典型的立式机床，要进行自动换刀，就一定要将 Z 轴完全退回到机床原点，其位置寄存器值就是当 Z 轴在机床原点位置时，从 Z 轴的程序原点（通常是加工表面的顶部）到刀具参考点的距离。除此以外没有别的选择。

一般说来，如果每把刀具的长度不一样，G92 指令里的每一刀具也将有不同的 Z 值，通常不改变 XY 的设置。图 16-3 所示为 G92 指令沿 Z 轴的设置，例 O1601 阐述了该概念。

（4）编程实例

为了说明如何在立式加工中心程序中使用位置寄存器指令，必须遵循以下规则：

❑ 首先必须更换切削刀具（主轴上的）；

❑ 必须在刀具运动前确定 G92；

❑ 所有切削完成后，刀具必须回到 G92 位置。

下面的简单程序遵循了所有的三条规则：

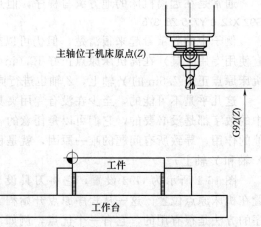

图 16-3　Z 轴当前刀具位置寄存器设置在机床
原点（通常各刀具有不同的设置）

```
O1601                        （程序号）

N1 G20                       （设为英制单位）

N2 G17 G40 G80 G90 T01       （刀具 1 准备）
```

N3 M06　　　　　　　　　　　　　（刀具 1 安装到主轴上）
N4 G92 X9.75 Y6.5 Z11.0　　　　（设置当前 XY 值）
N5 G00 X1.0 Y0.5 S800 M03　　　（移动到相应位置）
N6 Z0.1 M08　　　　　　　　　　（移动到工件上方）
N7 G01 Z-0.55 F5.0　　　　　　　（进给深度）
N8 X3.0 Y4.0 F7.0　　　　　　　　（切槽）
N9 G00 Z11.0 M09　　　　　　　　（快速返回 **Z** 轴的机床原点）
N10 X9.75 Y6.5 M05　　　　　　　（快速返回 *XY* 设置位置）
N11 M01　　　　　　　　　　　　（刀具 1 可选择暂停）
...

　　这一简单的例子编写起来很容易，但在机床上设置起来要麻烦得多。不要担心此刻未知的程序输入，后面的解释会很清楚。

　　注意，*Z* 轴的设置位置通常应该在机床原点！换刀究竟发生在 *XY* 轴、机床原点还是远离它都无关紧要，程序格式都是一样，只是值的含义不同。这里只使用了一把刀具，但是位置寄存器里的每把刀具通常都有不同的 *Z* 值，因为各刀具的长度均不相同。

16.3　在车床上的应用

　　使用 Fanuc 和类似控制器的 CNC 车床，使用 G50 指令，而不是 G92 指令：

G50 X..Z..

　　如果车床使用 G92，指令相似：

G92 X..Z..

　　对于铣削，两条指令有着几乎一样的定义和使用规则——它表示从程序原点到当前刀具位置的轴向距离。

包含 G50 或 G92 指令的程序段将不会发生任何机床运动！

　　指令 G50 和 G92 是一样的，除了它们属于两个不同的 G 代码组，Fanuc 为机床控制器提供了三种代码组。由于历史原因，一般日产控制器使用 G50，而美产控制器使用 G92，在美国北部的工业领域里，美国和日本合资的 GE Fanuc（通用电气公司-Fanuc）生产的控制器最为常见，它们使用 G50 指令。

　　在车床应用中编写位置寄存器和为铣刀编写 G92 相似，然而，由于 CNC 车床的设计中将所有刀具均安装在转塔刀架上，所以必须考虑每一刀具从转塔刀架上的伸出部分。不光这些，因为转塔上所有刀具与正在使用的刀具同时移动，所以还要避免任何可能的干涉，铣削中，所有目前没有使用的刀具均放置在刀库中，因此它们是安全的。可以采用一些新的 CNC 车床设计，即使用跟铣削系统相似的换刀装置。

　　（1）刀具设置

　　车床工作中最重要的编程考虑是设置，尽管有几种选项可供选择，但是其中一些相对更好。

　　车床设置中最实用的方法就是所有换刀位置均与机床原点位置一致，要将转塔刀架移到该位置是很容易的，只要使用控制面板上的旋钮就可以。从机床原点测量的位置寄存器有一个主要缺陷——对大部分工作来说，它可能太远，尤其在大型车床上的 *Z* 轴方向。可以想象一下，刀具沿着 *Z* 轴移动 30in 或更远的距离，只为了测出转塔刀架的位置，然后又移动 30in 返回，继续切削循环，它的效率极低，但也有办法解决。

一个更有效的办法就是将刀具检索位置尽可能选择在靠近工件的地方，该位置通常取决于安装在转塔刀架上的最长刀具（通常是内部加工刀具），而不管程序是否使用它。如果最长刀具都有足够的空隙，那么所有余下的较短刀具的空间也是足够的。

折衷以上所描述的两种方法，可以将检索位置固定在 X 轴的机床原点（通常这一位置不是很远），这时只需确定 Z 轴位置即可。

在 CNC 车床上，千万别忘了对转塔刀架上的所有刀具进行全面规划，以避免它们与工件、卡盘或机床发生碰撞。

还有其他一些不常见的方法，即通过使用 G50 指令将刀具安装到车床。

（2）三种刀具设置组

一般在安装多边形转塔刀架的斜床身 CNC 车床上，所有刀具均位于转塔刀架上的相应位置，在刀具索引过程中，只有所选择的刀具在当前位置。通过对 CNC 操作中使用的刀具类型的估计，可以很清楚地知道：基于它们经常处理的工作类型，只有三组切削刀具：

❑ 在工件中心线工作的刀具；
❑ 在工件外部工作的刀具；
❑ 在工件内部工作的刀具。

如果能很好地理解每组的位置寄存器，则可以很容易将它应用到同组中的任何刀具上，而不用考虑刀具的编号。

（3）中心线刀具的设置

车床上有些刀具被归类为中心线刀具，主要有中心钻、点钻、标准麻花钻、可转位硬质合金钻、铰刀等，即使立铣刀也可以用在主轴中心线上（X0）。该组的所有刀具拥有一个共同点：切削时，它们的刀尖始终位于主轴中心线上。这些刀具通常必须安装在与工件表面正好成 90°的地方（平行于 Z 轴）。

X 轴上的位置寄存器值是从主轴中心线（X0）到刀具中心线的距离，Z 轴的位置寄存器值是从程序原点到刀尖的距离。通常，中心线刀具有相当大的跨度——也就是说沿 Z 轴的 G50 值，要比并不凸出很多的外部刀具的小。图 16-4 以一个可转位钻为例，说明中心线刀具的典型设置。

（4）外表面加工刀具的设置

对于外部加工操作，比如粗加工和精加工外径、锥形切削、车槽、滚花、单线螺纹加工以及切断工件等，这些切削刀具均非常小，在开阔位置靠近工件且与工件有较大空隙。

位置寄存器值是从程序原点到镶刀片的假想刀尖之间的距离（详情参见该章末尾部分）。对于螺纹车刀或切槽刀之类刀具，出于安全考虑，G50 的值一般从镶刀片的左边测量。图 16-5 所示为外部刀具（这里以车刀为例）的位置寄存器设置。

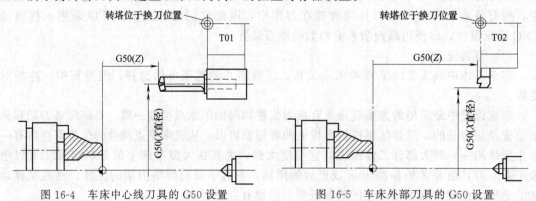

图 16-4　车床中心线刀具的 G50 设置　　　　图 16-5　车床外部刀具的 G50 设置

（5）内表面加工刀具的设置

内部刀具就是在工件的内部完成大部分工作的所有刀具，比如在预加工过的孔或型腔中的加工。通常，我们最先想到的就是镗刀杆，但是其他的刀具也可以用来进行不同的内部操作，例如，在 CNC 车床上，内部槽加工和内部螺纹加工是很常见的操作。外部刀具沿 Z 轴的设置规则同样适用于相同类型的内部刀具。

沿 X 轴方向，必须对假想的可转位刀片的刀尖完成刀具位置寄存器设置。图 16-6 所示为内部刀具的位置寄存器设置（这里以镗刀杆为例）。

三个例子（图 16-4～图 16-6）所示为典型 CNC 车床加工的三种操作基本顺序（钻—车—镗）。注意转塔刀架位置是换刀位置，但并不一定是机床原点，也就是说 G50 可以设置在机床运动范围内的任何地方，甚至在机床原点。

为了安全起见，不允许任何刀具从转塔刀架上伸展到 Z 轴负半轴——那样就到了工件前表面的左边。许多 CNC 车床在超出 Z 轴机床原点运动（1～2in 或 25～50mm），因此有时也可以进入该区以确保较长刀具的安全换刀，

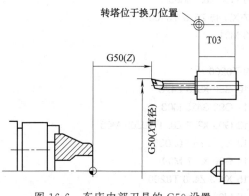

图 16-6　车床内部刀具的 G50 设置

然而，这是更先进的编程方法，并且需要严格的安全考虑。实际上，X 轴在机床原点位置上方并没有可扩展区域（仅约 0.02in 或 0.5mm）。

另一与长刀具相关的安全因素就是工件夹持区域的空间，包括卡盘和钳爪。一定要确保只延伸那些工作所需的刀具。

（6）拐角刀尖详述

典型的车削刀具包含一个具有拐角半径的可转位刀片，它主要出于强度和表面加工质量控制考虑。在具有固定半径的刀具上使用位置寄存器指令时，程序员必须知道（同样也要告诉 CNC 操作人员）G50 对应于哪条边，很多情况下，这种选择是简单的。G50 的值是程序原点到假想的 X 和 Z 轴交点间的距离，G50 设置将随着刀具形状和它的方向的变化而变化。图 16-7 所示为几种最常见的具有拐角半径的刀具定位的典型设置，包括两种切槽刀。

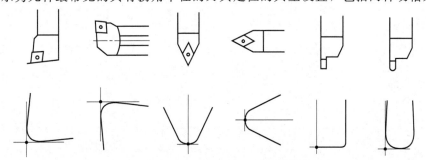

图 16-7　常见刀尖定位的位置寄存器 G50 设置——黑圆点表示由 G50 X..Z.. 为上面
刀具所设置的 XZ 坐标

（7）编程实例

下面例子说明位置寄存器指令 G50 在车床上的使用跟在加工中心里的使用十分相似。首先，随着 G50 对所选择刀具的设置执行换刀，刀具完成加工时，必须回到 G50 程序段中指定的相同绝对位置。以下简化的例子中只有两种刀具——第一把刀完成表面切削，第二把

刀加工一个 2.5in 的直径：

```
O1602
N1 T0100
N2 G50 X7. 45 Z5. 5
N3 G96 S400 M03
N4 G00 X2. 7 Z0 T0101 M08
N5 G01 X - 0. 07 F0. 007
N6 G00 Z0. 1 M09
N7 X7. 45 Z5. 5 T0100
N8 M01

N9 T0200
N10 G50 X8. 3 Z4. 8
N11 G96 S425 M03
N12 G00 X2. 5 Z0. 1 T0202 M08
N13 Z - 1. 75 F0. 008
N14 G00 X2. 7 M09
N15 X8. 3 Z4. 8 T0200
N16 M03
%
```

　　注意程序段 N2 和 N7 里的第一刀具以及 N10 和 N15 里的第二刀具，每把刀具的 *XZ* 完全一样。这里程序"告诉"控制器的，就是 N2 程序段只登记当前刀具位置，但是 N7 程序段真正使刀具返回它原来所在的位置；对第二把刀，N10 程序段登记当前刀具位置，N15 程序段迫使刀具返回那里。

　　另外，需要一起考虑的重要程序段是 N7 和 N10。N7 程序段是第一把刀的换刀位置，N10 程序段是第二把刀的位置寄存器——两把刀具均在转塔刀架的相同位置上！不同的 *XZ* 值反映了每一刀具从转塔上伸出长度的区别，G50 所做的就是告诉控制器当前刀尖在离程序原点多远的地方，一定要牢记这一点！

第 17 章　位 置 补 偿

> 过时的主题：保留本章只是为了跟以前的相关知识接轨。

CNC 编程中用预先设置的数值表示不同参考点之间的关系，通常，在进行实际机床设置以前，就需要准备好这些特殊的数据。编程时，必须十分确切地了解一些尺寸，有些只是知道大概，同时也有很多完全不知道，一些已经知道的尺寸会随着不同工作的变化而变化。如果程序员没有任何矫正手段，那么要精确而有效地设置机床几乎是不可能的，幸运的是，现代化的控制器提供了许多功能，并使得编程和机床设置变得更容易、更迅速，也更精确。编程中使用的许多坐标系、偏置和补偿，就是用于矫正的方法。

编程中使用的一个最原始的编程技巧称为位置补偿，就如名字一样，使用位置补偿功能，将对与理论或假定位置对应的实际刀具位置进行补偿。

它仅仅是程序员可以使用的几种方法中的一种，在现代化 CNC 系统里，这一方法仍然可以与旧程序兼容。目前该技术已经废弃不用，它已被更为灵活的工件偏置（工件坐标系）所替代，这将在本书的下一章里介绍。本章将介绍一些典型的编程应用，它们通过使用老式的位置补偿方法而受益。

位置补偿的主要目的就是纠正机床原点和程序原点刀具位置之间的差异。实际上，它用在两个参考点之间的距离变化或完全未知的时候，例如，在铸件上加工时，从铸件表面选取的程序原点就会频繁地变化。使用位置补偿，可以不必频繁地改变程序或重新固定夹具，通常，如果工件固定在工作台上的夹具中，则整个安装过程都可以得到补偿。由于这一原因，位置补偿有时也称为夹具偏置或工作台偏置，偏置和补偿之间的区别通常比较小，它们在实际应用中是一样的。

正如大部分用户所想的那样，它们在本手册中有着相同的含义。在极少数情况下，位置补偿也可以替代刀具半径偏置使用（因为用得少，所以在该手册中没有涉及），相反，这里强调的是刀具从机床原点到工件的定位。

与其他一些功能一样，位置补偿也需要 CNC 机床操作人员手动输入，在工件调试过程中，程序员指定补偿的类型和存储器的登记号，CNC 操作人员在机床上使用适当的显示屏输入实际值。

（1）编程指令

在 Fanuc 和类似控制器中，可以使用四种准备功能（G 代码）编写位置补偿：

G45	在编程方向增加一倍补偿量
G46	在编程方向减少一倍补偿量
G47	加倍补偿量并在编程方向增加两倍补偿量
G48	加倍补偿量并在编程方向减少两倍补偿量

这些定义均基于存储在控制寄存器里的正补偿值，如果所存储的值为负，所有的定义只在符号反过来以后才有效。四种准备功能中没有一种是模态的，只有在程序段中出现了该功能时才有效，如果很多程序段中需要这些功能，则必须在后续任何需要使用的程序段中重复编写。

（2）编程格式

每一 G 代码均和编程地址为 H 的特定位置补偿号一起使用，H 地址指向控制系统内存里的存储号，在 Fanuc 和类似控制系统里，这一编程字母也可以为 D，其含义完全一样。程序中是否使用 H 或 D 地址，取决于控制系统参数的实际设置。

位置补偿功能的典型编程格式为：

G91 G00 G45 X．．H．

或

G91 G00 G45 X．．D．．

这里目标位置和内存存储区编号（使用 H 或 D 地址）紧跟在合适的 G 代码（G45～G48）后。

注意该例中使用了增量和快速运动模式，而且只有一根轴。一般来说，位置补偿要应用在 X 和 Y 两轴上，然而 H 或 D 编号只能存储一个测量值，同时每根轴的补偿值很可能不一样，所以必须使用两个不同的偏置编号 H，必须在不同的程序段中指定它们，例如：

G91 G00 G45 X．．H31　　　　（H31 存储 X 值）

G45 Y．．H32　　　　　　　　（H32 存储 Y 值）

或

G91 G00 G45 X．．D31　　　　（D31 存储 X 值）

G45 Y．．D32　　　　　　　　（D32 存储 Y 值）

其次，H 地址还跟另一类补偿一起使用，也就是将在第 19 章中介绍的刀具长度偏置（或刀具长度补偿）。D 地址也可以跟另一补偿一起使用，也就是将在第 30 章中介绍的刀具半径偏置（或刀具半径补偿）。

可用的准备功能 G 代码将决定 H 或 D 地址的编译方式，本例中使用比较常见的 H 地址，如图 17-1 所示。

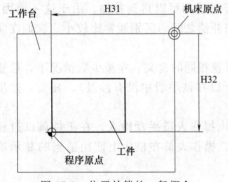

图 17-1　位置补偿的一般概念

（3）增量模式

可能会有这样的疑问：为什么补偿运动属于增量模式。记住位置补偿的一个主要目的就是矫正机床原点和程序原点之间的差异，通常在刀具从机床原点位置开始运动时使用。缺省状态下，且没有任何偏置、坐标设置或有效的补偿时，机床原点绝对为 0，这也是那个时候机床控制系统唯一能"懂"的 0。

看看下面例子中的几个程序段，这是具有位置补偿的程序开头部分的典型编写方式：

N1 G20

N2 G17 G80 T01

N3 M06

N4 G90 G00 G45 X0 H31　　　（无 X 运动）

N5 G45 Y0 H32　　　　　　　（无 Y 运动）

N6 ...

本例所示为从机床原点（当前刀具位置）沿 XY 轴到目标位置程序原点的运动。注意程序段 N4 中的 G90 绝对模式设置，假定控制系统设置为 H31＝－12.0000in，控制器将计算程序段的值，并按照程序员的意图运动到由 G90 指定的绝对原点，同时它检查当前位置，如果已经在绝对原点便停止运动。如果编写的绝对运动目标位置是 X0 或 Y0，那么不管补偿值的设置如何，都没有运动。如果将 G90 改为 G91，即由绝对模式到增量模式，那么在程序段 N5 中便会有一个沿 X 负方向的运动，运动距离为 12in，Y 轴也有类似的运动。从以上论述可得到什么结论？那就是只有在增量模式 G91 里，才使用位置补偿功能。

（4）运动长度计算

进一步看看控制系统怎样来编译位置补偿程序段。了解控制单元处理数字的方法，对理解特定偏置或补偿的工作方式有着重要的意义。前面的定义规定了用 G45 指令来表示单倍增加，用 G46 指令来表示单倍减少，此时 G47 和 G48 并不重要，因为两条指令均对应于特定的轴和唯一的 H 地址，所以必须估算到所有可能出现的综合情形：

❏ 编写的是增量还是减量（G45 或 G46）；
❏ 目标轴可以是 0、正值或负值；
❏ 补偿量可以是 0、正值或负值。

编程时，设置某一标准并遵循该标准是非常重要的。例如，在立式加工中心中，补偿从机床原点开始测量，到程序原点结束，这也意味着从操作人员的视点看来，它是一个负方向，这样一来，便可做出合理的决定，即将标准补偿值设为负值。

了解控制器如何编译程序段中的信息是至关重要的。在位置补偿中，它计算由地址 H（或 D）访问的存储在存储器里的值，如果该值为 0，那么不进行补偿，如果存储的 H 值为负，它便将该值加到轴目标位置值中，所得结果就是运动长度及其方向。例如，假定存储寄存器 H31 存储的值为 -15.0in，机床当前位置是它的原点位置且控制器中轴的设置也为 0，这时程序段

G91 G00 G45 X0 H31

将被编译为

$$-15.0+0=-15.0000$$

其结果就是沿 X 轴负方向运动 15.0in。

如果 X 轴目标位置的值是非零的正值，也可使用一样的公式：

G91 G00 G45 X1.5 H31

将被编译为

$$-15.0+1.5=-13.5000$$

然而，下面这个例子就不正确了：

G91 G00 G45 X-1.5 H31

这里，运动将试图进入正的 X 轴负方向，这将导致 X 轴超程。因为 X 值为负，所以不能使用 G45 指令，必须用 G46 指令替代：

G91 G00 G46 X-1.5 H31

将被编译成

$$-15.0+(-1.5)=-15.0000-1.5=-16.5000$$

程序中撇开了 G45，如此一来负的偏置便变成了正值，这容易产生混淆，但却非常有效。为了了解不同的可能性，程序 O1701 并没有多大作用，除了从机床原点移动到不同的位置并返回到机床原点（G28 表示机床返回原点，这将在第 21 章中单独讨论）。

图 17-2 对应下面的程序 O1701。应用在 X 和 Y 轴上的逻辑完全一样，它以公制单位编写且在 Fanuc 11M 上调试，其中使用了 H 地址（D 也一

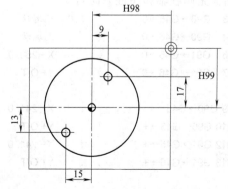

图 17-2　应用在不同目标位置的位置补偿：
0、正值和负值——见程序 O1701

样），位置补偿值 H98 和 H99 设置如下：

H98＝－250.000

H99＝－150.000

上述设置分别应用在 X 和 Y 轴上。模态指令不用重复使用：

```
O1701                              (G45 和 G46 测试)
N1 G21 G17
N2 G92 X0 Y0 Z0
N3 G90 G00 G45 X0 H98              (绝对模式的 X 0 目标补偿)
N4 G46 Y0 H99                      (绝对模式的 Y 0 目标补偿)
N5 G28 X0 Y0

N6 G91 G00 G45 X0 H98             (增量模式的 X 0 目标补偿)
N7 G46 Y0 H99                      (增量模式的 X 0 目标补偿)
N8 G28 X0 Y0

N9 G90 G00 G45 X9.0 H98           (绝对模式的 X+ 目标补偿)
N10 G46 Y17.0 H99                  (绝对模式的 Y+ 目标补偿)
N11 G28 X0 Y0

N12 G91 G00 G45 X9.0 H98          (增量模式的 X+ 目标补偿)
N13 G46 Y17.0 H99                  (增量模式的 Y+ 目标补偿)
N14 G28 X0 Y0

N15 G90 G00 G45 X- 15.0 H98       (绝对模式的 X- 目标补偿)
N16 G46 Y- 13.0 H99               (绝对模式的 Y- 目标补偿)
N17 G28 X0 Y0

N18 G91 G00 G45 X- 15.0 H98       (增量模式的 X- 目标补偿)
N19 G46 Y- 13.0 H99               (增量模式的 Y- 目标补偿)
N20 G28 X0 Y0
N21 M30
%
```

控制器将分别处理各运动程序段——不管正确或错误的路径（符号 O/T 表示超程状态：前面是超程轴和超程方向）：

N3	G90→G45→0	. . .	无运动
N4	G90→G46→0	. . .	无运动
N6	G91→G45→0	. . .	X - 250.0
N7	G91→G46→0	. . .	Y+ O/T
N9	G90→G45→+	. . .	X - 241.0
N10	G90→G46→+	. . .	Y+ O/T
N12	G91→G45→+	. . .	X - 241.0
N13	G91→G46→+	. . .	Y+ O/T
N15	G90→G45→-	. . .	X+ O/T
N16	G90→G46→-	. . .	Y - 163.0

N18 G91→G45→-   . . .   X+ O/T

N19 G91→G46→-   . . .   Y－163.0

（5）沿 Z 轴的位置补偿

位置补偿功能通常只用在 X 和 Y 轴上，通常不用在 Z 轴上。大多数情形下，Z 轴由另一种补偿（刀具长度偏置）控制。

这一非常流行和现代的方法将在本书的第 19 章中介绍。如果 Z 轴编写了 G45 或 G46 指令，它同样会受到影响。

（6）G47 和 G48 的使用

在以上例子中，作为确定工件在工作台上确切定位的方法，位置补偿只用在机床原点和程序原点之间，这里使用单倍增加 G45 和单倍减少 G46 指令，因为它们是所需的唯一指令。

仅仅在非常简单的刀具半径偏置中，指令 G47（双倍增加）和 G48（双倍减少）才是必需的，因为它们极少使用，所以在本手册中不作介绍。然而，它们仍然可以使用。

（7）表面铣削（一种可能应用）

在稍后的章节（第 28 章）里，将详细介绍表面铣削原理，在那里有一个非常好的例子，阐述了怎样应用位置补偿来补偿铣刀的直径，而不管它的尺寸如何。这也可能是现代编程中对 G45 和 G46 指令的唯一使用。

第 18 章 工 件 偏 置

比起上一章中介绍的位置补偿功能 G45 和 G46 这一老式方法，基于机床原点的刀具定位，使用工件偏置方法要更快、更有效。工件偏置也称为工件坐标系，或者夹具偏置，工件偏置要比使用位置寄存器指令 G92（铣削系统）或 G50（车削系统）有效得多。不知位置补偿功能或位置寄存器指令为何物的 CNC 程序员，也许只能使用最先进的 CNC 机床，然而，工业领域中的许多机床上仍然需要使用这些不常见的功能，了解它们可以增加几种可供选择的编程方法。

本章介绍用来调整机床原点参考位置和程序原点参考点之间关系的最先进方法。本章将集中研究现代化控制系统中的工件坐标系功能，不管它是叫做工件坐标系还是工件偏置，后一种叫法好像更流行，因为它比较简短。可以将工件偏置当成两种或更多坐标系的组合。

18.1 可用工作区域

在进行更详细的介绍前，先了解一下什么是工件坐标系（或工件偏置）？

工件偏置是一种编程方法，它可以让 CNC 程序员在不知道工件在机床工作台上的确切位置的情况下，远离 CNC 机床编程，这跟位置补偿方法很相似，但比它更先进，也更复杂。工件偏置系统中，可以在机床上安装多达六个工件，每一个都具有不同的工件偏置号，程序员可以轻而易举地将刀具从一个工件移动到另一个，为实现这一目标，需要一个特殊的准备功能来激活工件偏置，余下的工作由控制器完成，该系统可以自动调整两个工件之间的定位差。

与位置补偿功能不同，尽管使用 G43 或 G44 刀具长度偏置指令可以单独控制 CNC 加工中心的 Z 轴，但是工件偏置还是可以实现两轴、三轴或更多轴的同步移动。与 Z 轴偏置相关的指令将在下一章（第 19 章）中详细介绍。

位置补偿中，要实现同批安装中从一个工件到另一工件的加工转换，程序中需要使用从程序原点到当前工件的不同补偿号。使用工件偏置方法时，所有的程序原点均从机床原点位置开始测量，一般说来可以有六个偏置，但也可以使用更多。

Fanuc 控制系统中的六个工件坐标系（或工件偏置）对应于以下准备功能：

G54	G55	G56	G57	G58	G59

打开控制单元电源时，缺省的坐标系是 G54，至少在大多数情形下如此。

基本上，工件偏置将多达六个独立的工作区域确定为标准功能区。存储在 CNC 单元中的设置通常是机床原点到程序原点之间的距离，因为工作区域多达六个，所以可以定义多达六个独立的程序原点，图 18-1 所示为使用缺省 G54 设置时的基本关系。

上图所示的缺省工件偏置关系，完全可以应用到其余五个工件偏置 G55～G59 中。储存在控制系统中的值，通常是机床原点位置到工件程序原点之间的实际测量值，这跟 CNC 程序员所确定的一样。操作人员通常使用寻边器、角点探测器和其他装置来探测这些距离。

沿 X 和 Y 轴分别测量每一工作区域中机床原点到程序原点之间的距离，并将其输入到控制单元中适当的工件偏置寄存器中。注意测量的方向是从机床原点到程序原点，绝不是任何其他的方向，如果方向为负，一定要将负号输入到偏置显示屏中。

为了与位置寄存器指令 G92 对比，图 18-2 所示为使用老式方法 G92 设置的相同工件，这里机床原点为起点。注意相反的箭头方向所表示的测量方向：从程序原点到机床原点。

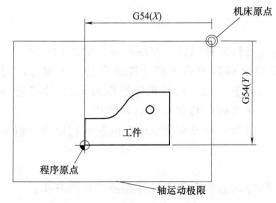

图 18-1　工件偏置方法的基本关系

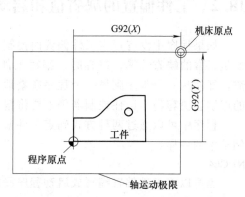

图 18-2　位置寄存器指令 G92 的基本关系

对于大部分立式加工中心而言，工件偏置 G54～G59 的典型坐标偏置位置寄存器输入是：X 轴为负值，Y 轴为负值，Z 轴为 0，这由 CNC 操作人员在机床上完成。图 18-3 所示为典型的控制系统输入。

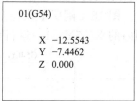

图 18-3　G54 工件坐标系的典型数据输入

通过在程序中使用 G54～G59 设置，控制系统选择所存储的测量距离，而且一旦需要，切削刀具可以同时沿 X 和 Y 轴在所选择的工件偏置范围内移动。

编程时，通常并不知道工件在机床工作台上的位置，工件偏移的主要目的就是使工件实际位置跟它相对于机床原点的位置一致。

附加工件偏置

标准的六工件坐标偏置数，对大部分的工作通常已经足够，然而，也可能有些工作需要使用更多的程序参考点来加工，例如，卧式加工中心工作台上的多表面工件，这时有哪些可用选项呢，例如，如果工作需要 10 个工件坐标系？

作为一种选项，Fanuc 提供了多达 48 个附加工件偏置，使总数达到 54 个（6＋48）。如果该选项在 CNC 系统可用，那么通过编写特殊的 G 代码便可实现 48 种工件偏置的任何一种：

G54.1 P..	选择附加工件偏移量，这里 P＝1～48

◐ G54.1 P.. 实例：

G54.1 P1　　　选择附加工件偏置 1
G54.1 P2　　　选择附加工件偏置 2
G54.1 P3　　　选择附加工件偏置 3
G54.1 P×..　　选择附加工件偏置 ×..
G54.1 P48　　 选择附加工件偏置 48

程序中附加工件偏置的使用跟标准指令完全一样：

N2 G90 G00 G54.1 P1 X5.5 Y3.1 S1000 M03

大部分 Fanuc 控制器允许 G54.1 指令省略小数位。编写以下程序是没有问题的：

N2 G90 G00 G54 P1 X5.5 Y3.1 S1000 M03

程序段中出现的 P1～P48 功能将选择一个附加工件偏置，如果丢掉了 P1～P48 参数，控制系统将选择缺省工件偏置指令 G54。

18.2　工件偏置的缺省值和启动

如果程序中没有指定工件偏置而控制系统又支持工件偏置，控制器将自动选择 G54——那是正常的缺省选择。编程时，编写工件偏置指令和其他的缺省功能通常是一个很好的习惯，即使从一个程序到另一个程序频繁地使用缺省值 G54，这样机床操作人员对 CNC 程序的理解会更容易。记住控制器仍然要将精确的工件坐标存储在 G54 寄存器中。

程序中可以通过两种方式确定工件偏置——作为一个没有附加信息的独立程序段，就如例子中的一样：

N1 G54

也可以将工件偏置编写成启动程序段的一部分，通常在程序的开头或刀具的开头：

N1 G17 G40 G80 G54

最常见的应用就是将适当的工件偏置 G 代码编写到包含第一刀具运动的程序段中：

N40 G90 G54 G00 X5.5 Y3.1 S1500 M03

图 18-4 阐明了该概念。上面的程序段 N40 中，刀具的绝对位置确定在 G54 工件偏置范围内的 X5.5Y3.1，运行该程序段会发生什么呢？

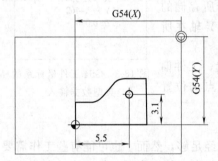

图 18-4　使用 G54 工件偏置使刀具
运动到给定位置

注意图中并没有与 G54 指令相关的 X 和 Y 值，这里并不需要它们。CNC 操作人员将工件摆放到机床工作台上的任何适当位置上并固定好，然后找出程序原点跟机床原点之间的距离，并将这些值输入到 G54 下的控制寄存器中，该输入可以手动或自动完成。

假设工件设置完成后，机床原点到程序原点的测量值为 $X-12.5543$ 和 $Y-7.4462$，计算机将通过一个简单的计算来确定实际运动——它通常将编写的目标值 X 和目标值 Y 分别加到测量的 X 值和 Y 值中。

程序段 N40 里的实际运动为：

$$X=-12.5543+5.5=-7.0543$$

$$Y=-7.4462+3.1=-4.3462$$

以上计算在日常编程中是完全没有必要的——它们只是帮助理解控制单元如何编译给定的数据。

所有的计算都是一致的，它可以归纳为一个简单的公式，为简便起见，该公式并不包括外部偏置，而是在该章的稍后部分对其进行单独介绍：

$$L=D+T$$

式中　L——实际运动长度（显示要移动距离）；

D——从机床原点开始的测量距离；

T——程序中编写的绝对目标位置（轴上的值）。

加负值时一定要注意——数学上，根据以下标准规则来处理双符号：

正正得正	$a+(+b)=a+b$
正负得负	$a+(-b)=a-b$
负正得负	$a-(+b)=a-b$
负负得正	$a-(-b)=a+b$

在该例中，正号和负号组合得到一个负值：

$$-10+(-12)=-10-12=-22$$

如果编写了任何其他的工件偏置，那么在发生实际刀具运动以前，它将自动被新的值所替代。

（1）工件偏置变换

CNC 程序可能使用一个、两个或所有可以使用的工件偏置。在所有多偏置情形下，工件偏置设置存储了每一工件安装时从机床原点到程序原点之间的距离。

例如，如果工作台上安装了三个工件，则每个工件都有它自己与工件偏置 G 代码对应的程序原点。

比较图 18-5 中所有可能的运动：

G90 G54 G00 X0 Y0

…从当前刀具位置快速运动到第一个工件的程序原点位置。

G90 G55 G00 X0 Y0

…从当前刀具位置快速运动到第二个工件的程序原点位置。

G90 G56 G00 X0 Y0

…从当前刀具位置快速运动到第三个工件的程序原点位置。

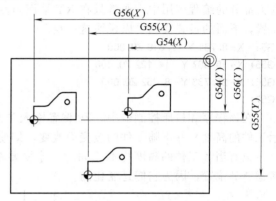

图 18-5　在一次安装和程序中使用
多个工件偏置（图中为三个）

当然，目标位置并不一定是例子中所示的工件原点（程序原点）——通常，刀具将立刻运动到第一切削位置，以节省循环时间。下面的程序实例能很好地说明该概念。

下面例子中，将在每个工件上钻一个孔，计算深度为 Z-0.14（程序 O1801）。研究从一个工件偏置转换到另一偏置的简易性，这里没有取消操作，只有一个新的 G 代码和新的工件偏置，控制器将完成余下的工作：

```
O1801
N1 G20
N2 G17 G40 G80
N3 G90 G54 G00 X5. 5 Y3. 1 S1000 M03          （使用 G54）
N4 G43 Z0. 1 H01 M08
N5 G99 G82 R0. 1 Z - 0. 14 P100 F8. 0
N6 G55 X5. 5 Y3. 1                            （切换到 G55）
N7 G56 X5. 5 Y3. 1                            （切换到 G56）
N8 G80 Z1. 0 M09
N9 G91 G54 G28 Z0 M05                         （重新切换到 G54）
N10 M01
...
```

程序段 N3～N5 与第一工件有关，G54 工件偏置一直有效。程序段 N6 将使用 G55 工件偏置钻出同批设置中的第二个工件的孔，程序段 N7 将使用 G56 工件偏置钻出同批设置中的第三个孔。注意在程序段 N9 中返回 G54 工件偏置，返回缺省坐标系不是必需的——它只是在刀具运动完成后的一个好习惯。工件偏置选择是模态指令——注意从一个工件偏置到另一个工件偏置的刀具变换。出于安全考虑，在每一刀具的结尾恢复缺省偏置 G54 是有益的。

如果以上所有程序段都在同一程序中，控制单元将自动确定当前刀具位置和下一工件偏置中相同刀具位置的差,这就是使用工件偏置的最大优点——比位置补偿和位置寄存器都强的优点。如果它们在整个设置中处于相同位置,所有安装的工件都可能彼此相同或者不同。

(2) 在 Z 轴上的应用

到目前为止,在所有有关工件偏置的讨论中,完全没有提及 Z 轴,这不是偶然的。尽管任何被选择的工件偏置同样可以应用到 Z 轴上,并且跟应用在 X 和 Y 轴上的逻辑完全一样,但还有一个更好的方法来控制 Z 轴。该方法以 G43 和 G44 的形式应用到 Z 轴上,通常称之为刀具长度补偿,更常见的名称是刀具长度偏置,下一章中将单独讨论这一重要内容。在大部分的编程应用中,通常只在 XY 平面内使用工件偏置,这是一种非常典型的控制系统设置,下面的设置实例可以说明这一点。

(G54) X- 8. 761 Y- 7. 819 Z0. 000
(G55) X- 15. 387 Y- 14. 122 Z0. 000
(G56) X- 22. 733 Y- 8. 352 Z0. 000
(G57) ...

在该程序和机床控制器中,Z0 偏置输入非常重要,指定的 Z0 说明坐标设置的 Z 值(表示工件的高度)并不随工件的改变而改变,即使 XY 设置会改变。

只有当各工件的高度均不相同时,才需要在工件偏置设置中考虑 Z 轴。目前为止,只考虑 XY 位置,因为它们是变化的。

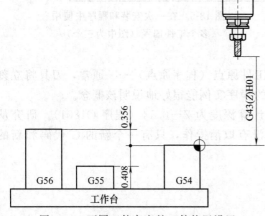

图 18-6　不同工件高度的工件偏置设置

如果 Z 值也改变,则必须修改控制器中坐标寄存器的设置。这是 CNC 操作人员的责任,但程序员也可以从中学到一些重要的东西。

图 18-6 所示为同一刀具设置下,用在具有不同高度的特殊工件上的典型和常见情况,通常必须知道工件高度之间的差,这可通过零件图或者机床上的实际测量得到。

如果前面 XY 设置的多偏置同样适用于 Z 轴,则同批安装的工件可以设置工件偏置,但其高度不同。这些不同的高度由 Z 轴控制,设置的结果将反映某一工件和其他工件不同的 Z 轴表面测量值之间的差。基于前面例子中的数据,结合图 18-6 中所示的 Z 值,控制系统的设置可能如下:

(G54) X- 8. 761 Y- 7. 819 Z0. 000
(G55) X- 15. 387 Y- 14. 122 Z- 0. 408
(G56) X- 22. 733 Y- 8. 352 Z0. 356

重要的是我们要知道,在所选工件偏置范围内控制 Z 轴跟在下一章中讨论的刀具长度偏置非常相似。工件偏置中 Z 轴设置的存储值,将应用到实际刀具运动中,并根据刀具长度偏置设置调整该运动,下面的例子将帮助我们理解。

例如,如果测定某一特定切削刀具的刀具长度偏置为 Z-10.0,G54 工件偏置中该刀具沿 Z 轴到程序原点的实际运动将是-10.0in,G55 工件偏置中将是-10.408,G56 工件偏置中则是-9.644——均使用图 18-6 中所示的例子。

18.3　在卧式机床上的应用

CNC 立式加工中心上,在一次装夹中完成几个工件的加工是很常见的。多工件偏置在

CNC 卧式加工中心或镗床上特别有用，因为很多工件的表面加工需要在一次装夹中完成。

许多公司里，在 CNC 卧式加工中心加工工件的两个、三个、四个甚至更多的面是非常常见的工作。出于这一原因，工件偏置选择是比较受欢迎的方法，例如，可以将 X 和 Y 轴的程序原点设在分度工作台的中心点上；Z 轴的程序原点设置可以在同一位置（分度轴工作台的中心点）上或分度位置的表面上——两种选择都是可行的。工件偏置可以很好地实现这一应用，其 G 代码标准范围多达六个面。

编程方法并没有很大区别，从一个工件偏置到另一工件偏置的变换跟在立式加工中心上的应用完全一样，唯一的区别就是 Z 轴将退回到非工作位置，而且常常在工件偏置变换之间编写工作台分度轴的运动程序。

图 18-7 所示为工件四个面的设置，其 Z0 均在工件表面的顶部，有多少工作台分度位置，就可以有多少个面。任意情形下，只要 Z0 在分度工作台的中心，编程方法就会相似，这也是十分常见的设置。关于卧式加工中心的详细编程可参考第 46 章。

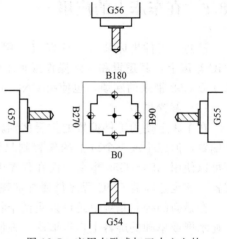

图 18-7　应用在卧式加工中心上的
工件偏置实例

18.4　外部工件偏置

仔细观察典型的工件偏置显示屏，可以发现由以下某一指令指定的特殊偏置：

- ☐ 00　　（EXT）
- ☐ 00　　（COM）

两个零（00）表明这一工件偏置并不是标准的六个偏置 G54～G59 中的某一个，这些偏置由 01～06 六个编号指定。00 指令同时也表明它不是可编程偏置，至少不可通过标准的 CNC 编程方法实现，Fanuc 宏命令 B 可实现这一偏置的编程。

缩写 EXT 表示外部偏置，缩写 COM 表示普通偏置，机床控制器可以使用其中一个指令，但不能同时使用。奇怪的是，老式控制器中使用 COM 指令，而 EXT 指令却多用在近代控制器上，原因是什么呢？随着个人计算机的发展，缩写 COM 事实上已经成为单词 communications 的标准缩写，因为在一段时间以前，Fanuc 控制器也支持几种通信方法，包括与个人计算机的连接，所以为了避免两个缩写的混淆，COM 偏置指令已被 EXT 所替代。

00（外部偏置）	01（G54）
X　0.0000	X－12.5543
Y　0.0000	Y－7.4462
Z　0.0000	Z　0.0000

图 18-8　外部工件偏置显示实例
（外部偏置＝普通偏置）

两个缩写均指同一偏置，效果也一样。在显示屏上，这一特殊偏置通常用在 G54 偏置前面或上面，如图 18-8 所示：

外部或普通工件偏置之间的主要区别就是它不能使用任何 G 代码来实现编程，它在所有轴上的设置通常都为 0。任何非零设置将以重要的方式激活这一工件偏置：

****** 重要提示 ******

任何外部工件偏置的设置通常会影响用在 CNC 程序中的所有工件偏置。

　　基于每根轴的设置，与任何附加工件偏置一样，外部工件偏置里存储的设置将影响所有六个标准工件偏置。因为它可影响所有可编程坐标系，所以这一特殊偏置叫做普通工件偏置，更为常见的则称作外部工件偏置。

18.5　在车床上的应用

　　最初，工件坐标系的设计仅仅应用在 CNC 加工中心上，但不久以后亦将它应用到了 CNC 车床上，其逻辑和实际操作跟加工中心相同。在 CNC 车床上使用工件偏置避免了使用 G50 或 G92 带来的麻烦，也使得 CNC 车床的设置和操作更为快速和简单。

　　(1) 偏置类型

　　在车床上使用工件偏置的主要区别就是很少需要多个工件偏置，当然也可能使用两个工件偏置，但三个或三个以上的偏置则只用在特殊或复杂设置中。在所有现代 CNC 车床上，都可以使用 G54～G59 指令，而在程序中忽略工件偏置选择也是司空见惯的，除非使用多个偏置，这也意味着 CNC 程序员通常依赖于缺省的 G54 设置。

　　在最新的控制系统上还可发现两个特殊偏置功能，即几何尺寸和磨损偏置，它们位于同一显示屏或单独的屏幕上，这取决于控制模式。

　　(2) 几何尺寸偏置

　　在铣削控制器中，几何尺寸偏置等同于工件偏置，它表示从机床原点起，沿所选轴方向测得的刀具参考点到程序原点的距离。在斜床身 CNC 车床上，其刀塔通常位于主轴中心线以上，所以 X 和 Z 轴的几何尺寸偏置均为负值。图 18-9 所示为钻头、车刀和镗刀杆 (T1、T2、T3) 的合理几何尺寸偏置。

　　(3) 磨损偏置

　　磨损偏置同样也可应用在铣削控制器中，但仅仅适用于刀具长度偏置和刀具半径偏置，而不能用于工件坐标系 (工件偏置)。

　　磨损偏置在 CNC 车床上的作用跟在加工中心上一样，对刀具磨损的偏置补偿同样也很好地用来调整几何尺寸偏置，通常，一旦设定给定刀具的几何尺寸偏置，该值将不再改变。对工件实际尺寸的任何调整只能由磨损偏置来完成。

　　图 18-10 所示为磨损偏置寄存器的合理输入，输入偏置值后，两个屏幕上将自动显示刀具半径和刀尖编号设置。CNC 车床控制器中，刀尖圆弧半径和刀尖位置编号是唯一的。

几何尺寸偏置					磨损偏置				
编号	X 偏置	Z 偏置	半径	刀尖	编号	X 偏置	Z 偏置	半径	刀尖
01	-8.6330	-2.3630	0.0000	0	01	0.0000	0.0000	0.0000	0
02	-8.6470	-6.6780	0.0469	3	02	-0.0060	0.0000	0.0469	3
03	-9.0720	-2.4950	0.0313	2	03	0.0000	0.0040	0.0313	2
04	-0.0000	0.0000	0.0000	0	04	0.0000	0.0000	0.0000	0
05	0.0000	0.0000	0.0000	0	05	0.0000	0.0000	0.0000	0

图 18-9　车床刀具几何尺寸偏置的典型输入值　　　　图 18-10　车床刀具磨损偏置的典型数据输入

　　(4) 刀具和偏置号

　　就如刀具在 CNC 加工中心有编号一样，它们在 CNC 车床上也有编号。通常只使用一个坐标偏置，但可使用不同的刀号，一定要牢记车床上使用的刀号有四位数字，例如 T0404：

　　❏ 前面两位数字选择刀具的检索位置 (刀塔位置) 和几何尺寸偏置编号，这是没有选择余地的，例如，4 号刀座上的刀具将使用 4 号几何尺寸偏置。

　　❏ 后两位数字只用来表示磨损寄存器的编号，它们不需要跟刀具编号一样，但如果可能的话，尽可能让它们一致。

　　刀具偏置寄存器可能具有单独的几何尺寸和磨损偏置显示屏（栏），也可能在同一显示屏上显示两种偏置，这取决于控制器型号和显示屏的尺寸。工件偏置值（工件坐标）通常位于几何尺寸偏置栏中。

18.6　刀具设置

　　下面所述的三点与第 16 章中介绍 G50 寄存法（程序中使用的位置寄存指令）时所列出的几点非常相似。比较两个例子！

　　除了位置测量的方法和目的，两种情形下的 CNC 车床设置均一样。所有例子在应用中，也跟控制器中刀具几何尺寸和刀具磨损偏置的合理输入匹配。

　　X 轴方向的值始终为负（如例子中所示），Z 轴方向的值通常为负。Z 轴方向的值也可能为正，但那意味着刀具在工件上方，换刀将非常危险，对此一定要当心！

　　实际安装步骤是 CNC 机床操作培训的内容，在编程的书中介绍它是不实际的。还有一些别的方法可以加快刀具设置（也属于机床操作培训的范围），它们主要是设置一把主刀，而将余下的其他刀具设置成跟主刀相关。

　　（1）中心线刀具

　　工作在主轴中心线的刀具，其刀尖在加工过程中均位于中心线位置。中心线刀具包括所有的中心钻、点钻、各种钻头，铰刀、丝锥甚至用来加工平面沉底孔的立铣刀，它不包括所有的镗刀杆，因为它们的刀尖在加工过程中通常并不位于主轴中心线位置。中心线刀具通常沿 X 轴测量刀具中心线到主轴中心线的距离，沿 Z 轴测量从刀尖到程序原点的距离。图 18-11 所示为中心线刀具的典型设置。

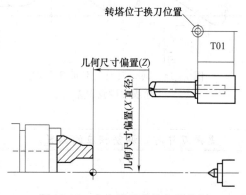

图 18-11　中心线刀具的典型几何
尺寸偏置设置

　　（2）车刀

　　车刀（或外部加工刀具）的偏置尺寸为假想刀尖到程序原点的距离，沿 X 轴方向为负直径，沿 Z 方向通常也为负值。记住，如果切削刀具可转位刀片（车削或镗削）在同一刀架上从一个半径变化到另一个半径，则输入的数据也必须改变，这种改变可能是微小的，但微小的改变已足够产生一个废品，所以一定要注意这一点。在车削中，还需要特别注意刀尖半径从较大尺寸到较小尺寸的改变，例如，从 3/64（$R0.0469$）～1/32（$R0.0313$）。

　　图 18-12 所示为车（外加工）刀的典型的几何尺寸偏置设置，图 18-13 所示为镗（内加工）刀的典型几何尺寸偏置设置。

　　（3）镗刀

　　镗刀（或内加工刀具）的偏置尺寸为假想刀尖到程序原点的距离，沿 X 轴方向为负直径，沿 Z 方向的值通常亦为负。大多数情形下，镗刀的 X 值比车刀或其他外加工刀具明显要大。

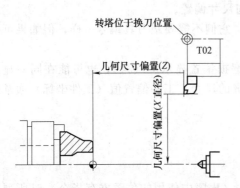

图 18-12　外加工刀具的典型几何尺寸偏置设置

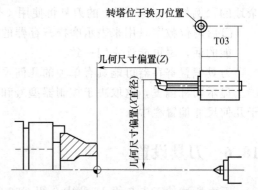

图 18-13　内加工刀具的典型几何尺寸偏置设置

与车削加工一样，在一些镗削加工中，需要特别注意刀尖圆弧半径从较大尺寸到较小尺寸的改变，它跟车刀一样，很容易产生废品。

（4）指令点与刀具工件偏置

由于各种原因，在工作半途更换刀片是很正常的，最初是为了保持良好的切削条件并使尺寸公差符合图纸规范。刀片的标准很高，但不同来源的刀片间允许有一定的公差浮动。如果更换刀片，为了确保工作的精确，建议调整磨损偏置，这样可避免产生废品。

刀杆上可安装相同形状和尺寸但不同刀尖半径的刀片，通常在用较大或较小刀尖半径的刀片替代原刀片时，一定要当心，这时要将两根轴的偏置调整到合适的数值。

图 18-14 所示为圆弧半径为 1/32（0.0313）[0.8mm] 的最常见标准设置以及半径设置误差，左边的偏小，右边的偏大，其尺寸表示例子中特定镶刀片的误差值。中括号内为公制值。

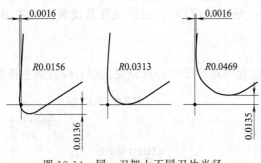

图 18-14　同一刀架上不同刀片半径导致的设置误差

更换刀片时，调整相应的偏置。

第19章 刀具长度偏置

目前为止，已经介绍了与机床参考点有关的切削刀具的两种实际位置补偿方法，一种是老式方法，即位置补偿，另一种是现代的工件坐标系方法（工件偏置）。两种方法中只强调 X 和 Y 轴，而不包括 Z 轴，尽管每种方法里也可以包括 Z 轴，但那并不实用，主要是因为 CNC 工作的性质。

通常，程序员决定夹具中工件的安装，以及选择合适的 X、Y、Z 程序原点（工件参考点或工件原点）位置，在使用工件偏置时，通常沿 X 和 Y 轴方向测量机床参考点到程序原点位置间的距离，通过严格定义，同样的规则也可应用到 Z 轴。最大的区别就是对所有刀具，测得的 XY 值均不变化，不管使用一把刀还是一百把刀，但 Z 轴却并不如此。

原因何在？因为每把刀具的长度均不相同。

19.1 概论

CNC 加工中心的程序中，必须说明每把切削刀具的长度。从最早的数控应用开始，就出现了不同的刀具长度编程技术，它们分属于以下两个基本组：

❏ 刀具实际长度已知；

❏ 刀具实际长度未知。

不用说，每一组都需要其独特的编程技术。要理解 CNC 编程中刀具长度的概念，了解实际刀具长度的含义是非常重要的，这个长度有时也叫典型刀具长度或刀具长度，它在 CNC 编程和设置中有着特殊的含义。

（1）刀具实际长度

首先来计算一把简单的刀具。夹持一个具有代表性的钻头，可以通过测量装置来确定它的实际长度。在人们看来，6in 长的钻头，从一端测到另一端，长度也是 6in，在 CNC 编程中，它仍然是正确的，但相对来说就不那么确切了。钻头（或者任何其他的切削刀具）通常安装在刀架里，伸出的仅仅是实际刀具的一部分，其余的则隐藏在刀架里，刀架则通过标准化的加工系统安装在主轴上。刀具名称，如常见的尺码 HSK63、HSK100、BT40 以及 CAT50，都是已确定的欧洲和美国标准。任何一类刀架都适合于任何一把为此类刀架所设计的刀具，这仅仅是 CNC 机床上的一个内置精确特征。

CNC 编程所需的刀具长度，通常要跟刀架和机床设计联系起来。为此，生产厂家在主轴上确立了一个精确的参考位置，称为测量基准线（或标线）。

（2）测量基准线

将装有切削刀具的刀架安装到主轴上时，它的锥度正好与主轴的锥度相反，并通过拉杆紧固。制造的精度使得刀架（任何刀架）在主轴上可以保持固定位置，这一位置用做参考，通常称为测量基准线，跟它的名字一样，测量基准线是用来沿 Z 轴计量（或测量）的一根虚构的参考线，如图 19-1 所示。

测量基准线用来精确测量刀具长度和 Z 轴方向的任何刀具运动，它由机床生产厂家确定且跟另一精确表面相关，即机床工作台，事实上是工作台上表面。测量基准线是跟另一平面（工作台上表面）平行的平面的一条边。

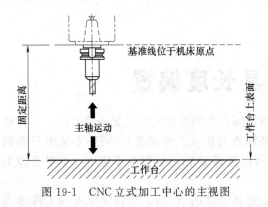

图 19-1　CNC立式加工中心的主视图

（3）工作台上表面

每个 CNC 加工中心都有一个用以安装夹具和工件的机床工作台，机床上表面是一个精确平面，它可确保安装工件的平面度和垂直度。

此外，机床工作台位于跟测量基准线相距固定距离的地方，正如刀架在主轴上的位置不可更改一样，工作台（甚至使用托盘交换系统的可移动工作台）的位置也不可更改。工作台表面确定了跟测量基准线相关并与其平行的另一参考平面，这使得我们可以编写沿 Z 轴方向的精确刀具运动。

刀具长度偏置（补偿）定义如下：

> 刀具长度偏置是矫正刀具编程长度和实际长度差的过程。

在 CNC 编程中使用刀具长度偏置的最大好处就是确保程序员可以设计一个完整的程序，他可以尽可能多地使用刀具，而不必知道任何刀具的实际长度。

19.2　刀具长度偏置指令

Fanuc 和其他几种机床控制器提供了三种跟刀具长度偏置相关的指令——均为 G 准备功能：
G43　G44　G49

所有指令只能用在 Z 轴上。跟工件偏置指令 G54～G59 不同，G43 或 G44 不能在没有附加说明的情况下使用，它们只能与由 H 地址指定的偏置号一起使用，地址 H 必须后接三位以下的数字，这取决于控制系统中可用的偏置号的多少：

G43	正刀具长度偏置
G44	负刀具长度偏置
G49	取消刀具长度偏置
H00	取消刀具长度偏置
H..	刀具长度偏置号选择

刀具长度偏置通常以绝对模式 G90 编写，典型的程序输入为 G43 或 G44 指令，后面紧跟 Z 轴目标位置（Z 轴方向是基于工件原点）和 H 偏置号：

N66 G43 Z1.0 H04

如果需要，可使用为当前刀具添加冷却液功能 M08 的简单程序段：

N66 G43 Z1.0 H04 M08

例子中，刀具将运动到离工件 1.0in 的上方，控制系统将根据 CNC 操作人员在设置中所存储的 H 偏置值，来计算运动的距离。

图 19-2 所示为典型刀具长度偏置输入的显示屏。注意，屏幕的实际显示随着控制器的不同而变化，而且些控制器中不可使用磨损偏置。磨损偏置（如果可用）仅用来调整刀具长度，它与几何尺寸偏置分开显示。

程序中几乎不使用 G44 指令——实际上它的不确定

刀具偏置(长度)

编号	几何尺寸	磨损
001	−6.7430	0.0000
002	−8.8970	0.0000
003	−7.4700	0.0000
004	0.0000	0.0000
005	0.0000	0.0000
006	0.0000	0.0000
...	...	...

图 19-2　典型的刀具长度偏置输入屏

性使得它成为所有 Fanuc G 代码中使用最少的代码，本章稍后将对它与 G43 进行比较。

许多 CNC 程序员和操作人员可能并没有认识到工件偏置（G54～G59）中的 Z 轴设置对刀具长度偏置也同样重要，在下面对不同刀具长度偏置设置方法的描述中，可以很清楚地了解其原因。

一些编程手册中介绍可以使用老式的 G45 或 G46 指令来表示刀具长度偏置，尽管这在今天来说仍然正确，且有一定的优点，但最好还是避免使用它们，首先，位置指令不再大量使用，其次，它们也可以用在 X 和 Y 轴上，实际上并不只用于 Z 轴。

Z 轴上的移动量

为了弄清 CNC 系统怎样使用刀具长度偏置指令，程序员或操作人员必须会计算切削刀具的移动量。刀具长度偏置的逻辑非常简单：

❑ 如果使用 G43 指令，则将 H 偏置存储的值加到目标 Z 位置，因为 G43 定义为正刀具长度偏置。

❑ 如果使用 G44 指令，则从目标 Z 位置减去 H 偏置存储的值，因为 G44 定义为负刀具长度偏置。

两种情形下的目标位置均为程序中的绝对 Z 轴坐标。如果工件偏置（G54～G59）的 Z 轴设置、长度偏置存储的值以及 Z 轴目标位置已知，则可以精确计算出移动量。控制系统将使用以下公式：

$$Z_d = W_z + Z_t + H$$

式中　Z_d——Z 轴移动量（实际行程）；

　　　W_z——Z 轴的工件坐标值；

　　　Z_t——Z 轴目标位置（Z 坐标）；

　　　H——使用的 H 偏置号的存储值。

❍ 例如：$W_z = 0$：

G43 Z0. 1 H01 ...... 这里：

Z 轴的 G54 设为 Z0，Z 轴目标位置为 0.10，H01 设为 -6.743，这时移动量 Z_d 为：

$$\begin{aligned}Z_d &= 0 + (+0.1) + (-6.743)\\&= 0 + 0.1 - 6.743\\&= -6.643\end{aligned}$$

显示的移动量是 Z-6.643。

为了确保这一公式始终正确，可以换几个值。

❍ 例如：$W_z = 0.0200$：

在这一例子中，程序中包含程序段：

G43 Z1. 0 H03 ...... 这里：

Z 轴的 G54 设为 0.0200，Z 轴目标位置为 Z1.0，H03 的值为 -7.47：

$$\begin{aligned}Z_d &= (+0.02) + (+1.0) + (-7.47)\\&= 0.02 + 1.0 - 7.47\\&= -6.45\end{aligned}$$

这一结果是正确的，刀具将沿 Z 轴向工件运动，且移动量为 Z-6.45。

最后一个例子中的目标位置为负：

❍ 例如：$W_z = 0.0500$：

程序段中包含一个负的 Z 坐标：

G43 Z-0. 625 H07 ...... 这里：

沿 Z 轴的 G54 设为 0.0500，Z 轴目标位置为 -0.625，偏置 H07 存储的设置为 -8.28，移动量的计算仍使用同一公式，但结果不同：

$$Z_d = (+0.05) + (-0.625) + (-8.28)$$
$$= 0.05 - 0.625 - 8.28$$
$$= -8.855$$

再一次证明了该公式是正确的，它能用来计算沿 Z 轴的任何移动量。用另外的设置来试验可能同样有用。

19.3　刀具长度设置

用于加工的刀具长度（包括切削刀具和刀架），可以直接在 CNC 机床上设置，也可以远离机床设置。这些设置选项通常叫机上或机外刀具长度设置，每种选择都有其优缺点，应用在刀具长度或伸出部分时，它们跟测量基准线的关系相同。这两种选择截然相反，且常常引起 CNC 程序员之间观念上的分歧，评估每一设置选项并比较它的优缺点，哪一种更好将取决于很多其他的因素。

每一选项需要两个人的参与，至少是两种专业技能——CNC 程序员和 CNC 操作人员，问题归结到谁做什么以及什么时候去做。为了公平起见，每人都必须做些什么，程序员必须通过编号（T 地址）识别所有选择的刀具，并分配刀具长度偏置号，例如，为每把刀具指定具有 H 地址的 G43。操作人员必须手动将刀具安装到刀架上，并将 H 地址的测量值登记到 CNC 系统存储器（偏置寄存器）中。

（1）机上刀具长度设置

从技术的角度来看，大多数的机上设置需要 CNC 操作人员来完成。通常，操作人员将刀具安装到主轴上，并测量其从机床原点到工件原点（程序原点）的移动距离，这一工作只能在工作间隙进行，它跟生产没有直接关系，在特定环境下可以证明这一点，特别是在小批量生产、短期工作或只有很少工人的加工厂。尽管大量刀具的安装将比少量刀具的安装需要更多的时间，但 CNC 操作人员可以使用一些安装方法以从一定程度上加快机上刀具长度设置，也就是使用在本节稍后介绍的主刀方法，该方法的最大的好处就是不再需要附加设备的花费，也不需要熟练工进行操作。

（2）机外刀具长度设置

从技术的角度来看，机外设置需要熟练的刀具安装人员或 CNC 操作人员来完成。因为这一操作是在离机的地方完成，所以需要专门的设备，这也增加了制造成本，这一设备可能是具有较高标线（甚至是公司内部开发的）的简单夹具，也可能是更昂贵的商品化数字显示装置。

（3）刀具长度偏置值寄存器

无论刀具长度设置使用何种方法，都将产生一个代表所选刀具长度的测量值，该值本身并没有什么用处，它必须在工件加工以前应用到程序中，操作人员必须将测量值登记到系统控制面板上的适当条目中。

控制系统包含一个特殊的刀具长度偏置寄存器，通常有刀具长度设置、刀具长度偏置、刀具长度补偿或偏置等项目。不考虑它的确切数目，设置中只是确保将测量长度输入到控制器中，所以它可以在程序中使用。测量长度通常在机床 Z 轴机床行程范围内，当然必须留有足够的空间来安装工件和进行换刀。

为了理解刀具长度偏置，首先尝试去充分理解 Z 轴运动和 CNC 机床的几何尺寸。在立式和卧式加工中心中观察 XZ 平面，都是工件的上表面，两类机床的原理相同，但这里主要研究立式加工中心的布局。

19.4 Z 轴关系

为理解刀具长度偏置的一般原理，先看看立式加工中心典型设置的示意图，如图 19-3 所示。

从操作人员的角度看（机床主视图），图中所示为 CNC 立式加工中心的常见设置。主轴立柱位于机床原点位置，这是 Z 轴正向行程的限位开关位置，也是所有加工中心实现自动换刀所必需的。图中所示的四个尺寸均为已知尺寸，它们可以通过各种用户手册或测量获得，通常认为它们是已知或给定尺寸，并且在机床的精密设置中相当关键。

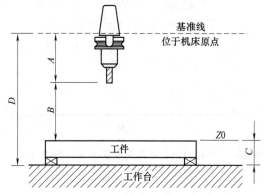

图 19-3 机床、切削刀具、工件上表面以及工件高度在 Z 轴方向的关系

❏ 刀具测量基准线和刀具切削点之间的距离 图中所示的 A 尺寸；

❏ 刀具切削点到 $Z0$（工件程序原点）之间的距离 图中所示的 B 尺寸；

❏ 工件高度（工作台上表面和工件 $Z0$ 之间的距离） 图中所示的 C 尺寸；

❏ 前三个尺寸的总和（刀具测量基准线和工作台上表面之间的距离） 图中所示的 D 尺寸。

程序员或操作人员知道所有四个尺寸的情形是少之又少的，尽管有可能，但可能需要一些计算，实际情况是只有一些尺寸是已知或比较容易找出来的。

图中的尺寸 D 一定是已知的，因为它是由机床生产厂家确定的距离。要知道 C 尺寸（包括间隙在内的工件高度）是不大可能的，但是通过安装工件后的测量，这一尺寸也可以是已知的。

只剩下 A 尺寸了，即刀具测量基准线和刀具切削点之间的距离，除了精确的测量外，没有别的方法可以得到这一尺寸。在数控技术发展早期，必须知道这一尺寸并将其写入程序，因为要得到这一尺寸很不方便，所以后来便出现了一些更实用的方法。

现在，包括最原始的方法在内，刀具长度偏置的编程有三种方法：

❏ 预设刀具法是最原始的方法 它基于外部加工刀具的测量装置；

❏ 接触式测量法是最常见的方法 它是基于机上测量的一种方法；

❏ 主刀方法是最有效的方法 它基于最长刀具的长度。

每种方法都有它的优点，CNC 程序员要仔细考虑这些优点斟酌选择其中一种方法，这些方法的应用和操作并不直接与编程相关——它们只是机床上的物理设置，这些介绍只是为了让 CNC 程序员更好地理解这一点。不管选择哪一种设置方法，都包括程序中所选设置的参考，其形式为注释或信息。

（1）预先设置刀具长度

一些用户喜欢在离机的地方而不是在机床设置中预先设置切削刀具长度，这是设置刀具长度的最原始方法，这一方法有一些好处——最明显的就是减少了设置中的非生产时间，应用在卧式加工中心的另一好处就是程序原点通常预先设置在旋转或分度工作台的中心。同样它也有缺点，离开机床预先设置刀具长度需要一个叫做刀具预调装置的外部装置，这是CNC机床一项昂贵的额外开销。

使用刀具预调装置，当CNC机床执行生产任务时，所有切削刀具均放置在外部装置中，当工件发生变化时，机床上不进行检测。所有的操作人员不得不做的就是将测量值输入它们各自的寄存器中，尽管这部分设置可以在程序中使用G10指令（如果可用）来完成。

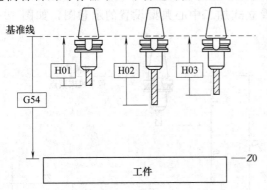

图 19-4　离机刀具长度预先设置（刀具预调仪法），必须使用工件偏置（G54～G59）

这一方法也需要一位跟预先设置切削刀具相关的专业人士。很多拥有立式加工中心的小型和中型用户，不能负担这一额外的花销，而只能在工件安装过程中完成切削刀具设置，所以他们通常使用接触测量法，这种方法也是小批量加工的一个合适选择，接触测量法将在下一节中介绍。

在刀具长度测量中，刀具切削刃到测量基准线的距离可以精确确定，如图19-4所示。预先设置刀具可能会碰到已经安装了刀架的机床，这时可通过刀具编号以及所测刀具长度列表来识别。所有CNC操作人员需要做的就是使用适当的偏置号，将所需刀具放置到刀具库里，并将各刀具长度登记到偏置寄存器中。

预先设置的尺寸（即刀具参考点到测量基准线之间的距离）是一个正值，在预先设置装置里模拟机床测量基准线以使之匹配。每一尺寸都以H偏置值的形式输入到刀具长度偏置显示屏上，例如，设置刀具长度的偏置值为8.5in，该刀具的偏置号为H05，操作人员在偏置显示屏上的05号下输入测量长度8.5000：

04 ...

05 8.5000

06 ...

（2）用接触法测量刀具长度

使用接触测量法测量刀具长度是一种常见方法，尽管在设置过程中会有一些时间损失，如图19-5所示，每把刀具都指定一个称为刀具长度偏置号的唯一H编号（与前一例子相似）。

这一编号在程序中用地址H表示，后面紧跟其本身编号，为方便起见，H编号通常对应于刀具编号。设置过程就是测量刀具从机床原点位置（原点）运动到程序原点位置（Z0）的距离，这一距离通常为负，并被输入到控制系统的刀具长度偏置菜单下相应的H偏置号里。这里要特别注明的就是任何工件偏置（G54～G59）和普通偏置的Z轴设置通常为Z0.0。

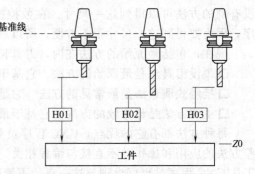

图 19-5　刀具长度偏置设置的接触测量法

（3）使用主刀具长度

使用特殊的主刀方法（通常是最长的刀），可以显著加快使用接触测量法时的刀具测量速度，这一刀具可以是长期安装在闲置刀架上的实际刀具，也可能是带有圆弧刀尖的长杆。

在 Z 轴行程范围内，这一新"刀具"的伸出量通常比任何可能使用的刀具要大。

使用接触测量法时，偏置 G54～G59 以及外部工件偏置包括设为 0 的 Z 值，在主刀长度法中，将改变这一设置。主刀长度测量非常有效，并需要以下设置过程，下面提供了可能需要一些修改的步骤：

① 取出主刀并将其安装到主轴上。

② Z 轴归零并确保相关屏幕上的显示为 Z0.000 或 Z0.0000。

③ 使用前面的接触测量法，测量主刀刀具长度。接触被测表面后，让刀具停留在那一位置！

④ 将测量值登记到普通工件偏置或 Z 设置下的 G54～G59 中的某一个中，而不是登记到刀具长度偏置号里！它是一个负值。

⑤ 当主刀接触被测表面时，将 Z 轴的相应显示值设为 0！

⑥ 用接触测量法测量其余刀具，读数从主刀刀尖开始，而不是机床原点。

⑦ 将测量值输入到刀具长度偏置显示屏下的 H 偏置号中，对任何比主刀短的刀具，它通常为负值。

➲ 注意：

> 主刀并不一定是最长的刀。
> 严格说来，最长刀具的概念只是出于安全考虑。
> 它意味着其它所有刀具都比它短。

选择任何其他刀具作为主刀，逻辑上其程序仍然一样，除了一点：任何比主刀长的刀具的 H 偏置输入将为正值，任何比它短的刀具的输入则为负值，与主刀完全一样长短的刀具的偏置输入为 0，但这一情形非常罕见。主刀设置的概念如图 19-6 所示。

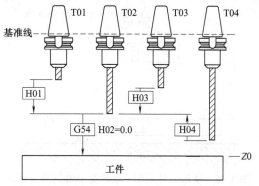

图 19-6 使用主刀长度方法的刀具长度偏置，T02 刀为主刀，其设置为 H02＝0.0

一旦设定主刀长度并将其登记到 Z 轴的工件偏置中，则可输入新刀刀尖到主刀刀尖的距离，并将它登记到适当的 H 偏置号中。如果最长的刀是实际刀具，而不是用于设置的普通杆，那么它的偏置值通常必须设为 0。

这一方法最大的好处就是缩短了设置时间。如果使用某些刀具来加工大量工件，那么对于新的工件高度，只需要重定义主刀长度，别的刀具长度可以保持不变，它们只与主刀相关。

（4）G43 与 G44 的区别

在本章开头部分，介绍了 Fanuc 和相似 CNC 系统提供的两种激活刀具长度偏置的准备功能，即 G43 和 G44。许多程序员在程序中只使用 G43 指令，因为他们从不使用 G44 指令，所以对它的含义可能并不清楚，这就是为什么 G44 是一个休眠指令的很好解释——并未彻底"死"掉，但很少"呼吸"。程序员非常想知道怎样和什么时候该使用 G43 或 G44 指令，下面将尝试对它进行阐述。

首先，看看从不同的 CNC 参考书和生产厂家的使用说明书里找到的定义，在这些出版物的不同版本中，使用了以下典型的定义——所有的都是逐字引用，而且所有的均正确：

G43 正偏置

G44 负偏置

G43 正的刀具长度偏置
G44 负的刀具长度偏置

G43 正方向
G44 负方向

只有结合这些定义的上下文，它们才是正确的。就这些定义本身来说，其含义没有一个是清楚的，加到哪里？正的什么？要了解其含义，先考虑刀具长度偏置在 CNC 机床上的使用以及使用刀具长度偏置的目的是什么？

任何刀具长度偏置的主要和最重要的目的，就是可以使程序员在远离机床、刀具和夹具以及不知道刀具实际长度的情况下编写程序。

这一过程有两个部分——一个是在程序里，一个是在机床上，程序中并不需要 G43 指令或 G44 指令，它们均有适当的 H 偏置号——这部分由程序员完成；在机床上，刀具长度偏置设置可以在机床上，也可以离机完成。不管哪一种方法，都要测量刀具长度并将测量值输入到控制器中——这些工作由操作人员完成，在机床上测量有很多不同的方法，但程序员只有两个 G 代码可供选择。

图 19-7 所示为两种设置刀具长度指令方法中的一种——必须使用 G54 或其他的工件偏置。

图 19-8 所示为另一种更常见的方法，这种情况下，所有工件偏置指令（从 G54～G59）的 Z 值通常设为 0.0。

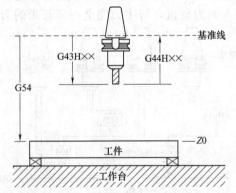 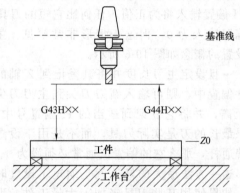

图 19-7 使用刀具长度偏置的并不常见的方法，
同样必须设置工件偏置（典型的是 G54）

图 19-8 使用刀具长度偏置的更常见的方法，
并不需要其他的工件偏置设置并且首选 G43

所有情形下，编写的程序完全一样（它只改变设置方法，而不是编程方法）。程序将包含刀具长度偏置指令（G43 或 G44），后面紧跟 Z 轴目标位置和 H 偏置号：

G43 Z1.0 H06 或 G44 Z1.0 H06

将 H06 的测量值存储到偏置寄存器之前，控制系统是不能提供更多帮助的。例如，若 H06 的测量值为 7.6385，如果使用 G43，输入值为负，如果使用 G44，则输入值为正（刀具运动也一样）：

G43 Z1.0 H06 ...... H06 = −7.6385
G44 Z1.0 H06 ...... H06 = +7.6385

显然，G43 跟 G44 区别的"奥秘"只不过是符号的改变。两个指令都命令控制器怎样计算 Z 轴的实际运动，使用 G43，将 H 偏置值加（＋）到计算结果中，使用 G44，将减去（－）H 偏置值，Z 的实际行进运动为：

$G43：Z+H06=(1.0)+(-7.6385)=-6.6385$

$G43：Z-H06=(1.0)-(+7.6385)=-6.6385$

机床上的刀具长度测量方法将产生负的偏置值，设置过程将所有的测量值以负值形式自动输入到偏置寄存器，这就是为什么 G43 是编写刀具长度偏置的标准指令的原因，G44 在日常工作中并不实用。

19.5　编程格式

刀具长度偏置的编程格式非常简单，也在前面展示了多次。以下例子是不同方法的一些大致应用，第一个例子为没有刀具长度偏置时的编程方法，对过去几年中刀具长度偏置发展情况的了解，有助于在程序中轻松地使用该方法。另一个例子则是对老式 G92 编程风格和现代 G54～G59 方法的比较。最后一个例子则是 G54～G59 方法在一个使用三把刀具的简单程序中的应用，这也是当今典型的编程方法。

（1）无刀具长度偏置功能

早期的编程中，刀具长度偏置和工件偏置是不可用的。G92 寄存器指令是用来设置当前刀具位置的唯一 G 代码，程序员必须知道每一个由机床生产厂家指定的尺寸以及所有安装工件的尺寸，尤其是 Z0 到刀尖的距离。

这一早期的 NC 程序在 XY 轴上需要位置补偿指令 G45 或 G46，在 XYZ 轴上需要位置寄存器指令 G92。每一工件必须从机床原点开始，如图 19-9 所示：

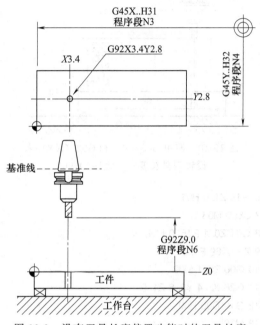

图 19-9　没有刀具长度偏置功能时的刀具长度设置——程序 O1901

O1901

N1 G20	（选择英寸模式）
N2 G92 X0 Y0 Z0	（机床原点位置）
N3 G90 G00 G45 X3. 4 H31	（X 位置补偿）
N4 G45 Y2. 8 H32	（Y 位置补偿）
N5 G92 X3. 4 Y2. 8	（刀具 XY 方向位置寄存）
N6 G92 Z9. 0	（刀具 Z 轴位置寄存）
N7 S850 M03	（主轴指令）
N8 G01 Z0. 1 F15. 0 M08	（Z 轴趋近运动）
N9 Z-0. 89 F7. 0	（Z 轴切削运动）
N10 G00 Z0. 1 M09	（Z 轴快速退回）
N11 Z9. 0	（Z 轴机床回原点）
N12 X-2. 0 Y10. 0	（XY 非切削区位置）
N13 M30	（程序结束）

%

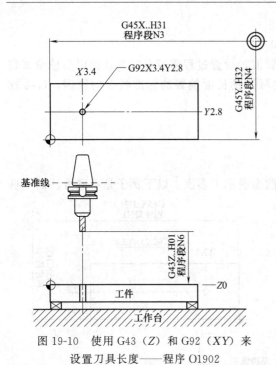

图 19-10　使用 G43（*Z*）和 G92（*XY*）来设置刀具长度——程序 O1902

N6 G43 Z1. 0 H01
N7 S850 M03
N8 G01 Z0. 1 F15. 0 M08
N9 Z－0. 89 F7. 0
N10 G00 Z0. 1 M09
N11 G28 X3. 4 Y2. 8 Z1. 0
N12 G49 D00 H00
N13 M30
%

（2）刀具长度偏置和 G92

可以使用刀具长度偏置后，编程便变得简单起来。当时位置补偿功能 G45/G46 仍在使用，且 *X* 和 *Y* 轴都需要设置 G92，然而，*Z* 轴的 G92 设置被拥有指定 H 偏置号的 G43 或 G44 指令所替代，如图 19-10 所示。

位置补偿 G45/G46 和刀具长度偏置 G43/G44 一起使用的方法现在已经被淘汰了，至少是很过时了，现代编程中只有带目标位置的 G43H.. 还在使用。

在改良的程序里，刀具长度偏置 G43 用在 *Z* 轴的第一运动指令中（注意这里并不需要程序段 N12，G28 已经取消长度偏置）：

```
O1902
N1 G20                    （选择英寸模式）
N2 G92 X0 Y0 Z0           （机床原点位置）
N3 G90 G00 G45 X3. 4 H31  （X 位置补偿）
N4 G45 Y2. 8 H32          （Y 位置补偿）
N5 G92 X3. 4 Y2. 8        （刀具 XY 方向位置寄存）
                          （刀具 Z 轴长度补偿）
                          （主轴指令）
                          （Z 轴趋近运动）
                          （Z 轴切削运动）
                          （Z 轴快速退回）
                          （机床回原点）
                          （偏置取消）
                          （程序结束）
```

使用 G92 编程时，如果愿意，可以将程序段 N6 和 N7 合并成一个：

N6 G43 Z1. 0 S850 M03 H01
N7 ...

这一方法并不影响刀具长度偏置，只是改变了主轴开始旋转的时刻。使用时，位置补偿和刀具长度偏置不能编写在同一程序段中。

注意在上面例子中，由于没有 G54～G59 系列工件坐标偏置，所以位置补偿仍然是有效的。

（3）刀具长度偏置和 G54～G59

现代编程中可以使用很多指令和功能，G54～G59 系列就是其中一种。G92 指令被工件偏置系统 G54～G59 所替代，这样选择的余地也更多。在包含任意工件偏置选择 G54～G59 或其扩展系列指令的程序中，通常不使用 G92。

以下是在 G54～G59 工件偏置环境中使用刀具长度偏置的实例：

```
O1903
N1 G20                    （选择英寸模式）
N2 G90 G00 G54 X3. 4 Y2. 8  （XY 目标位置）
N3 G43 Z1. 0 H01          （刀具 Z 轴长度补偿）
```

```
N4 S850 M03              （主轴指令）
N5 G01 Z0. 1 F15. 0 M08  （Z 轴趋近运动）
N6 Z - 0. 89 F7. 0       （Z 轴切削运动）
N7 G00 Z0. 1 M09         （Z 轴快速退回）
N8 G28 X3. 4 Y2. 8 Z1. 0 （机床回原点）
N9 G49 D00 H00           （偏置取消）
N13 M30                  （程序结束）
%
```

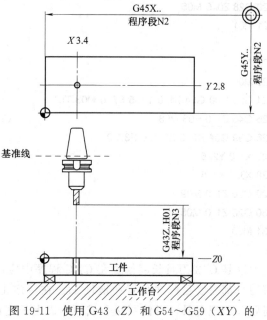

图 19-11　使用 G43（Z）和 G54～G59（XY）的刀具长度设置——程序 O1903

在图 19-11 所示的例子中，使用了 G54～G59 的工件偏置，程序段 N2、N3 和 N4 可以合并成一段，这可能会加快处理速度：

```
N2 G90 G00 G54 X3.4 Y2.8 Z1.0 S850 M03 H01
N3 ...
```

指令 G54 将影响所有的轴，带有 H01 的 G43 只影响 Z 轴。刀具必须移动到非工作区。

（4）刀具长度偏置和多把刀具

大多数的 CNC 程序包含一把以上的刀具，实际上绝大部分工作需要许多不同的刀具。以下例子（与前面的图无关），就是程序员怎样为三把刀输入刀具长度偏置的简单方法。

有三个孔分别需要进行点钻、钻孔和铰孔加工。此时，图纸和加工说明并不重要——这里只关注 G43 刀具长度应用，这时程序结构比较重要——任何刀具的程序结构都没有变化，只有编程值变化。

```
O1904
N1 G20
N2 G17 G40 G80 T01
N3 M06
N4 G90 G00 G54 X1. 0 Y1. 5 S1800 M03 T02
N5 G43 Z0. 5 H01 M08              （T01 刀具长度偏置）
N6 G99 G82 R0. 1 Z - 0. 145 P200 F5. 0
N7 X2. 0 Y2. 5
N8 X3. 0 Y1. 5
N9 G80 Z0. 5 M09
N10 G28 Z0. 5 M05
N11 M01

N12 T02
N13 M06
N14 G90 G00 G54 X3. 0 Y1. 5 S1600 M03 T03
N15 G43 Z0. 5 H02 M08             （T02 刀具长度偏置）
N16 G99 G81 R0. 1 Z - 0. 89 F7. 0
N17 X2. 0 Y2. 5
N18 X1. 0 Y1. 5
N19 G80 Z0. 5 M05
```

N20 G28 Z0. 5 M05
N21 M01

N22 T03
N23 M06
N24 G90 G00 G54 X1. 0 Y1. 5 S740 M03 T01
N25 G43 Z1. 0 H03 M08   (T03 刀具长度偏置)
N26 G99 G84 R0. 5 Z－1. 0 F37. 0
N27 X2. 0 Y2. 5
N28 X3. 0 Y1. 5
N29 G80 Z1. 0 M09
N30 G28 Z1. 0 M05
N31 M30
%

这是 G43 刀具长度偏置在 CNC 程序中应用的一个实例，总之，G43 刀具长度偏置的所有刀具都需要目标 Z 位置和地址 H。在特定工作设置中，控制器中设定实际偏置值。如果需要，一把刀具可以使用两个或两个以上长度偏置，但这稍微有点超前，下一节中将单独对它进行介绍。

同时注意，这里并没有刀具长度偏置取消，本章稍后将对其取消方法进行介绍。

19.6　更改刀具长度偏置

绝大部分编程工作中，每把刀具需要一个刀具长度偏置指令，基于此，可以指定 1 号刀具（T01）的刀具长度偏置为 H01，2 号刀具（T02）的刀具长度偏置为 H02，以此类推。然而，在一些特殊场合，不得不改变同一刀具的刀具长度偏置，在这些应用中，一把刀具可能有两个或两个以上的刀具长度偏置。

任何沿 Z 轴使用两个或两个以上尺寸标注参考的工件，都需要更改刀具长度偏置。图 19-12 就是这一概念的很好说明，其中的凹槽通过其上表面和下表面的位置深度来标注尺寸（意味着凹槽宽度为 0.220）。

基于上图，首先必须确定合适的切削方法（假定 ϕ3.000 的孔已经加工完毕），可选择宽 0.125 的槽铣刀来加工，整个槽可使用常见铣削方法来完成（参见第 29 章）。该程序也可以简略为一个子程序（参见第 39 章）。因为 0.220 的凹槽宽度比刀具宽，所以需要多次切削——本例中为两次，第一次切削时，将刀具定位在 Z－0.65 的深度（如图 19-12 所示）并且在凹槽底部进行第一次切削，底部的刀刃将到达 Z－0.65 深度。

第二次切削，使用槽铣刀的顶部刀刃加工第二个凹槽（实际上，它只是拓宽第一个凹槽），其深度为 Z－0.43（如图 19-12 所示）。

注意用词——槽铣刀的底部刀刃和顶部刀刃。到底编写哪一个为刀具长度的参考呢？底部还顶部的那个？

如图 19-13 所示，同一刀具使用了两个参考位置，所以程序需要两个刀具长度偏置，即图中所示的 H07 和 H27，D07 为刀具半径偏置，0.125 为槽铣刀的宽度。

也可以使用另外的方法，例如手工计算差值，但是使用多个刀具长度偏置的方法在加工中非常有用，它可以非常好地实现凹槽宽度调整，下面的程序 O1905 便是很好的例子。

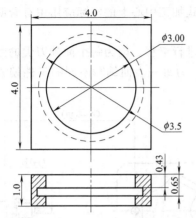

图 19-12　对一把刀具编写一个以上刀具长度
偏置的实例——程序 O1905

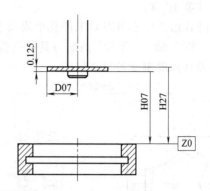

图 19-13　一把刀设置两个长度偏置，H07 和 H27
偏置的区别在于槽铣刀的宽度（图中所示为 0.125）

O1905
（同一刀具使用两个刀具长度偏置）
N1 G20
N2 G17 G40 G80
N3 G90 G00 G54 X0 Y0 S600 M03
N4 G43 Z1. 0 H07 M08　　　　　　（位于工件上方的空隙）
N5 G01 Z - 0. 65 F20. 0　　　　　（切削刃——底部）
N6 M98 P7000　　　　　　　　　　（在 Z - 0. 65 处切削凹槽）
N7 G43 Z - 0. 43 H27　　　　　　　（切削刃——顶部）
N8 M98 P7000　　　　　　　　　　（在 Z - 0. 43 处切削凹槽）
N9 G00 Z1. 0 M09
N10 G28 Z1. 0 M05
N11 M30
%

O7000
（O1905 中凹槽的子程序）
N1 G01 G41 X0. 875 Y - 0. 875 D07 F15. 0
N2 G03 X1. 75 Y0 R0. 875 F10. 0
N3 I - 1. 75
N4 X0. 875 Y0. 875 R0. 875 F15. 0
N5 G01 G40 X0 Y0
N6 M99
%

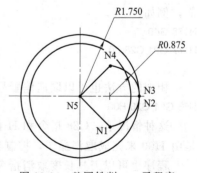

图 19-14　整圆铣削——子程序
O7000，从凹槽中心开始和结束切削

　　以上例子中，槽铣刀的底部参考边使用刀具长度偏置
H07，顶部参考边使用 H27，D07 只表示刀具半径。图
19-14 所示为子程序 O7000 中使用的全部 XY 刀具运动。

19. 7　在卧式机床中的应用

　　到目前为止所有例子都是关于 CNC 立式加工中心的。如果忽略 Z 轴的方向，刀具长度偏置的逻辑同样可以应用到任何加工中心中,但在卧式加工中心上的实际应用中有着明显的区别(第46章)。

卧式加工中心可以对工件几个表面上的刀具轨迹进行编程。因为每个面到刀尖的距离不一样(沿 Z 轴),所以它们的刀具长度偏置也不相同,为每一表面编写不同的工件偏置和不同的刀具长度偏置是很常见的。

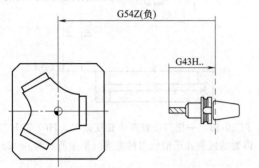

图 19-15   预先设置刀具的长度偏置,
程序原点位于工作台中心

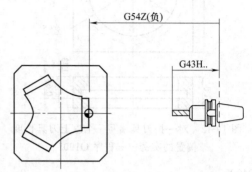

图 19-16   预先设置刀具的长度偏置设置,
程序原点位于工件表面上

以上两个相关图形所示为卧式加工中心上,预先设置刀具的刀具长度偏置的典型设置,图 19-15 中程序原点在工作台中心,图 19-16 中程序原点在工件表面上。

19.8   刀具长度偏置取消

编程中,组织良好的方法非常重要,也就是说,需要使用时调用的程序指令,在不需要的时候要关掉它们,刀具长度偏置指令也不例外。

程序中可能包含刀具长度偏置取消,可以使用一个专门的准备功能来取消任何所选的刀具长度偏置方法,程序中刀具长度偏置取消指令(或通过手工数据输入)为 G49:

G49	取消刀具长度偏置

使用 G49 指令的方法在于它本身:位于单独程序段中,刚好在机床回 Z 轴原点程序段前,例如:

N176 G49
N177 G91 G28 Z0
...

相似的方法也可以取消偏置号:

N53 G91 G28 H00

这种情况下,G28 指令和 H 偏置号 0(H00)一起使用,注意程序段中并没有 G49,而是由 H00 来完成取消操作,控制器中并没有 H00 的设置,它只用来取消刀具长度偏置。

程序也可以刀具长度取消指令(在程序控制下)开始,通常在安全行内(安全程序段或初始程序段)。

N1 G20 G17 G40 G80 G49

...或者是对同一程序段的改变:

N1 G20
N2 G17 G40 G80 G49

还有一种取消刀具长度偏置的方法——那就是根本不编写它。

　　这可能是一个让人觉得惊奇的建议，但它是有根据的。本手册中的大多数例子中根本不使用 G49 指令，不使用的原因以及每一刀具最终的状况如下所述。

　　Fanuc 规则非常清楚——任何 G28 或 G30 指令（两者都使刀具回到机床原点）将自动取消刀具长度偏置。

　　其含义非常简单——程序员可以利用这一规则，如果机床回到换刀位置，就不需要明确取消刀具长度偏置。这在拥有自动换刀装置的所有机床上是很普遍的，许多例子都阐述了这一方法，也包括本手册。

　　这些方法中的任何一种都将确保取消有效的刀具长度偏置，不同的机床生产厂家之间可能存在一些差异，但可以参考相应的机床使用手册。

> 有些机床需要对每把刀具使用 G49。一定要查看生产厂家的使用说明书！

第 20 章 快 速 定 位

CNC 机床并不一直切削材料并"制造"切屑。程序中，切削刀具在开始切削前经历了一系列的运动——一些是生产性的（切削），另一些则是非生产性的（定位）。

定位运动是必需的但不是生产性的，但并不能完全取消这些运动，而且还得尽可能有效地控制它。为此，CNC 机床提供了快速运动功能，它的主要目的就是缩短非切削操作时间，即切削刀具跟工件没有接触的时间，快速运动操作通常包括四种类型的运动：

❑ 从换刀位置到工件的运动；

❑ 从工件到换刀位置的运动；

❑ 绕过障碍物的运动；

❑ 工件上不同位置间的运动。

20.1 快速运动

快速运动，有时也叫定位运动，它是一种以很快的机床速度将切削刀具从一个位置移动到另一个位置的方法。最大快进速度由 CNC 机床生产厂家确定，它在机床行程范围内。

很多大型 CNC 机床常见的快进速度大约是 25000mm/min（985in/min），中型和小型机床的快进速度更高，可达 75000mm/min（2950in/min）甚至更高，尤其是小型机床。机床生产厂家确定了机床每根轴的快速运动速度，每根轴的运动速度可以一样，也可以不同，通常，X 和 Y 轴具有相同的快进速度时，而 Z 轴则具有不一样的快进速度。

快速运动可能是一根轴的运动，也可能是两根或两根以上轴的联动。它可以用绝对或增量尺寸模式编程，不管主轴是旋转还是静止的，它都可以使用。在程序执行中，操作人员可以通过控制面板上的进给保持键，暂时控制快速运动，甚至还可以将进给率倍率开关设为 0或低速。另一个控制快进速度的方法是通过设置中的空运行功能实现。

G00 指令

CNC 程序中需要准备功能 G00 来启动快速运动模式。G00 并不需要进给率功能 F，如果编写 F 功能，在快速运动（G00 模式）中也会忽略它。该进给率将被存储到存储器中，并且在任何切削运动（G01、G02、G03 等）第一次出现时有效，除非为切削运动编写一个新的进给率：

➲ 例 A（进给率单位：in/min）：

N21 G00 X24. 5 F30. 0

N22 Y12. 0

N23 G01 X30. 0

程序段 N21 只执行快速运动，该程序段中的 30.0in/min 的进给率将被忽略，但被存储以备后用。程序段 N22 也是快速定位模式，因为 G00 是模态指令。最后一个程序段 N23 是直线运动，它需要使用进给率，因为没有指定程序段中运动的进给率，所以将使用上一个编程进给率，也就是说在程序段 N21 中指定的进给率 F30.0 将成为当前程序段 N23 中的进给率。

➲ 例 B（进给率单位：in/min）：

N21 G00 X24.5 F30.0
N22 Y12.0
N23 G01 X30.0 F20.0

程序段 N21 中的 G00 为模态指令且一直有效，直到同一组别里的另一条指令将其取消。例 B 中，程序段 N23 中的 G01 指令取消快速运动模式，并将快速模式更改为直线运动模式，同时还重新设置了进给率，从程序段 N23 开始，进给率为 20.0in/min。程序段 N21 中的进给率 F30.0 从未使用，虽然它不会造成危害，但它是多余的并且应该删掉。

快速运动以 1min 内在当前单位运动的距离来衡量（in/min 或 mm/min），最大速度通常由机床生产厂家确定，而不是由控制系统或程序来确定。机床生产厂家设置的速度限制介于 7500～75000mm/min（300～3000in/min）之间甚至更高，因为单位时间的运动与主轴旋转无关，所以它可以应用到任何时刻，而不管最后的主轴旋转功能模式（M03、M04、M05）。

基于不同的机床设计，所有轴的快进速度可以一样，也可能每根轴都有它自己的最大速度。典型加工中心的最大快进速度，通常 X 和 Y 轴大概是 30000mm/min（1180in/min），Z 轴大约为 24000mm/min（945in/min）。CNC 车床的速度与此类似，例如，X 轴为 25000mm/min（985in/min），Z 轴为 30000mm/min（1180in/min）。新兴技术使得更快的快进速度成为可能。

20.2　快速运动刀具路径

G00 模式下的运动都是快速非循环运动（循环或螺旋运动的速度通常不能设得很快）。刀具在两点之间的实际直线运动，并不一定是直线形式的最短刀具路径，尽管最新的机床确实具有该功能。在许多 CNC 机床上，刀具的编程路径和刀具实际路径可能会不一样，这取决于几个因素：

❑ 同时编写的轴的数目；
❑ 每根轴的实际运动长度；
❑ 每根轴的快进速度。

因为快速运动的唯一目的就是节省非生产时间（从当前刀具位置到目标位置的运动），刀具路径本身与加工工件的形状无关。一定要考虑快速运动刀具路径的安全性，尤其是程序中同时使用两根或两根以上的轴时，刀具运动路径上一定不能有障碍物。

如果刀具路径上任何两点之间有障碍物，控制器并不能自动地绕过它，原因很简单——控制器无法检测到该障碍物。所以程序员要确保任何刀具运动中（包括快速运动）没有障碍物。

以下是一些可能阻碍刀具运动的常见障碍物：

❑ 加工中心上：卡盘、虎钳、夹具、旋转或分度工作台、机床工作台、工件本身等。
❑ 车床上：尾架顶尖套筒和尾架、卡盘、中心架、活顶尖、划线平台、夹具、其他刀具、工件本身等。

特殊的设置、机床设计以及刀具安装方法等也可能成为刀具运动中的障碍。

> 要始终注意快速运动中的障碍。

尽管在 G01、G02、G03 模式下，切削运动路径上可能存在障碍物，但最多的问题却发生在快速运动 G00、G28、G29、G30 以及固定循环 G81～G89、G73、G74 和 G76 中。快速运动中，许多机床的实际刀具路径要比切削运动中的难以预测，记住一点，快速运动的唯一目的是从一个工件位置快速到达另一个工件位置——但它并不一定是直线。

（1）单轴运动

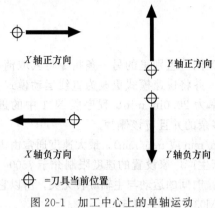

图 20-1 加工中心上的单轴运动
（以 XY 轴为例）

一次只指定一根轴的刀具运动，通常都是沿所选轴的一条直线，也就是说，平行于一根轴的快速运动必须在单独的程序段中编写，由此产生的运动相当于运动起点和终点之间的最短距离，如图 20-1 所示。

程序中可以包含一些连续的单轴运动程序段来绕开障碍物进行加工。如果在程序准备阶段就知道了特定障碍物（例如卡盘或夹具）的确切或大约位置，那么这一方法是可取的。

（2）多轴运动

切削刀具使用 G00 指令来快速移动，如果这一运动是两轴或多轴联动，那么刀具的编程快进路径和实际快进路径并不总是一样，这一合成运动可能（而且常常）跟理论的编程运动（最初期望的运动）出入很大。

理论上，沿任何两轴的运动相当于直线运动，然而实际的运动可能是或可能完全不是一个直线刀具路径，看看图 20-2 所示的例子。

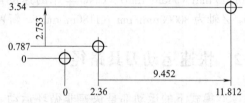

图 20-2 快速运动实例简图

当前刀具位置（起点）坐标是 X2.36 Y0.787，刀具终点位置为 X11.812 Y3.54。在增量形式的运动中，切削刀具将沿 X 轴运动 9.452in，沿 Y 轴运动 2.753in。

如果两根轴的快进速度一样（XY 轴快速运动速度通常都是如此），比如 985in/min，那么它将花

$$(9.452\times60)/985=0.576s$$

来完成 X 轴的运动——但只用

$$(2.753\times60)/985=0.168s$$

来完成 Y 轴的运动。因为直到两根轴都到达终点时运动才完成，所以从逻辑上来说，实际刀具路径将不同于编程刀具路径。

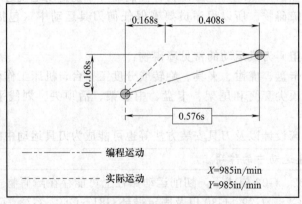

图 20-3 快速运动偏离直线——每根轴的快进速度相同

如图 20-3 所示，刀具的实际路径为一条斜线和水平线的合成运动。刀具同时在两根轴上以 985in/min（25000mm/min）的速度启动，这形成一个 45°的直线运动。到达终点位置

的总时间为 0.576s，即两根轴分别到达目标位置所需的最长时间，0.168s 以后，到达 Y 轴目标位置，但仍需要 0.408s 来完成 X 方向的运动，两根轴都要到达目标位置，所以为到达最后位置，刀具仅仅沿 X 轴继续运动（0.408s）。

另一个例子，同样使用图 20-2 中的位置坐标，但是每根轴的快进速度不一样，如图 20-4 所示。

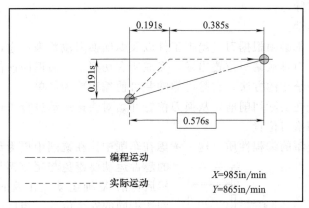

图 20-4 快速运动偏离直线——每根轴的快进速度不同

在这个并不常见的例子中，X 轴的速度设为 985in/min（25000mm/min），Y 轴的速度设为 865in/min（22000mm/min）。它将花

$$(9.452 \times 60)/985 = 0.576s$$

来完成 X 轴的运动——但只花

$$(2.753 \times 60)/865 = 0.191s$$

来完成 Y 轴的运动。这种情况下，最后的运动也包括一条斜线运动，但不是 45°，这是因为每根轴的快进速度不一样。在 0.191s 内（即两根轴的共同运动时间），X 轴将运动

$$0.191/60 \times 985 = 3.316in$$

但 Y 轴方向的运动只有

$$0.191/60 \times 865 = 2.753in$$

四舍五入，最后形成 41.279°的运动。实际的启动角不一定非得知道，但它可以在工件一些要求比较严格的地方帮助计算其快速运动，假如每根轴的快速运动速度已知，那么只要使用少数几个三角函数就可以确定实际的刀具快进路径。

以上两例所示均为沿两轴的斜线运动，以及沿其中一根轴的直线运动。用图来表示这些运动，将是一条像曲棍或折线形状的线段，这也是在快速运动中比较广泛的形式。

没必要像上面介绍的那样来估算实际的运动形状，只要做一些基本的预防，完全可以使编写的快速运动没有任何障碍物。如果在工作区域内（以起点位置和终点位置为对角点而虚构的一个矩形）没有障碍物，那么偏转的快速刀具路径就没有碰撞的危险。CNC 铣削系统中，也可能会使用第三根轴，那么上面所说的矩形就要在第三个尺寸上扩展，并且必须考虑一个三维的空间，这种情况下，该空间里不能有障碍物，否则，适用于沿两轴同步快速运动的规则将同样适用于沿三轴的快速运动。注意：CNC 加工中心的 Z 轴快进速度通常比 X 和 Y 轴的快进速度低。

（3）斜线运动

在一些不寻常的环境下，理论的快进路径将与实际刀具路径相符（没有折线段）。如果同步刀具运动在每根轴上有相同的长度，并且所有轴的快进速度相同，这样就可能出现上述

情形，这样的事情是极其罕见的，尽管不是不可能。一些机床生产厂家将此作为一个标准功能，程序员必须清楚加工中心是否拥有这一功能。还有一种情形，就是当每根轴的快进速度各不相同，而运动的长度恰好"符合"这一范围，此时将产生斜线运动。

上面两种情形都比较少见（或多或少是靠运气），而且在实际编程中很少碰到这样的情况，所以为了安全起见，千万不要去碰运气——将安全考虑（而不是刀具路径的实际计算）放在第一位要更切实际。

（4）反向快速运动

任何快速运动，都必须根据刀具趋近工件以及返回换刀位置来考虑，这也是为切削刀具编程的一般方法——刀具从某一位置出发，完成所有切削运动后返回该位置。它不是强制性的方法，却是一个系统化的方法，它是可靠的并可使编程更为简单。

目前为止，已经在实际切削前，从换刀位置开始对快速运动进行了检查，当刀具完成切削后，需要快速返回换刀位置。

由于两种机床类型的编程性质，这一考虑在车削中比在铣削中更为重要。车削中，刀具的趋近运动要避免与尾座碰撞，首先得沿 Z 轴，然后再沿 X 轴运动，在返回换刀位置时，为了到达相同的安全位置，相反的运动得先沿 X 轴，然后再沿 Z 轴运动。

在使用加工循环（如车削、镗削、车端面、车螺纹等）后，即循环起点也是终点时，这一编程技巧是很有用的。

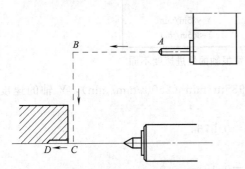

图 20-5　CNC 车床上反向快速运动的实例，它可以绕过障碍物，比如尾座

如图 20-5 所示，编写刀具的分解运动，要胜于从转塔位置到切削位置（即从点 A 到点 C）的直线运动。趋近工件的运动为 $A{\rightarrow}B{\rightarrow}C$ 的快速运动，从点 C 到点 D，进行实际切削，完成切削时，刀具将快速沿原路径返回起点，快速运动是 $D{\rightarrow}C{\rightarrow}B{\rightarrow}A$。这就需要采取预防措施来绕开潜在的障碍物，比如尾座。

20.3　运动类型和时间比较

为绕过刀具路径上的障碍物，建议在程序中为每根轴分别编写程序段——严格来说是为了安全。该编程方法比多轴联动快速运动所需的循环时间要稍微长一点，要比较它们的区别，可以考虑一个三轴快速运动，如铣削中常见的刀具趋近运动。

本例中，老式机床每根轴的快进速度仅为 394in/min（10000mm/min）。运动发生在坐标位置 $X2.36$ $Y0.787$ $Z0.2$（起点）和 $X11.812$ $Y3.54$ $Z1.0$（终点）之间。

刀具沿每根轴运行的时间可以通过简单的计算得到（基于图 20-2）：

❑ X 轴时间：$(11.812-2.36){\times}60/394=1.439\mathrm{s}$
❑ Y 轴时间：$(3.54-0.787){\times}60/394=0.419\mathrm{s}$
❑ Z 轴时间：$(1.0-0.2){\times}60/394=0.122\mathrm{s}$

如果三轴联动，总的定位时间为 1.439s，即每根轴分别到达终点的最长时间，程序段如下：

```
G00 X11.812 Y3.54 Z1.0
```

如果运动分解为三个独立的程序段，总的运动时间将是各独立的时间总和：

$$1.439+0.419+0.122=1.980\mathrm{s}$$

　　这一时间将比原来长大约 37.5%，该百分比是变化的，它取决于沿每一机床轴测量的快进速率和快进长度。程序段将分开写成：

```
G00 X11. 812
Y3. 54
Z1. 0
```

　　注意后面的程序段中并不需要重复编写 G00 快速运动模态指令。

20.4　降低快速运动速率

　　在工件设置或机床上校验新程序时，CNC 操作人员可以选择较低的快进速率，即小于由机床生产厂家确定的最大速率。这一调整由位于控制系统面板上的快进倍率旋钮来完成，该旋钮有四个常见选择位置，它取决于机床的品牌和控制系统的类型，如图 20-6 所示。

　　快进倍率旋钮的第二、第三和第四位置为实际快进速率的百分率：分别为 25%、50% 和 100%，它们由机床生产厂家设定。第一个设置，有时由 F0（或 F1）指定，是通过控制系统参数设置的快速运动速率，F0（或 F1）设置应该比任何其他的设置都小，通常比最慢的 25% 还要小，比如 10%。

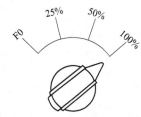

图 20-6　快进速率的快进倍率旋钮设为 100%

　　不同生产厂家生产的机床，其快进倍率旋钮的结构各不相同。一些机床上的快速运动可以完全停止，在另一些机床上，刀具将以最低的百分率移动，且不能仅仅由倍率旋钮来停止其运动。

　　实际生产中，当程序经过校验，并且刀具的性能和生产力达到最佳状态时，可以将倍率旋钮设为 100%，这将缩短循环时间。

20.5　快速运动公式

　　快速刀具运动的计算可以用公式来表示，这样在任何时刻都可以很快地使用，只要代入已知参数就行。快进速率、运动长度和所需时间之间的关系可以用下面公式表示：

$$T = \frac{L \times 60}{R}$$

$$R = \frac{L \times 60}{T}$$

$$L = \frac{TR}{60}$$

式中　T——所需时间，s；

　　　R——所选轴的每分钟快速运动速率，in/min 或 mm/min；

　　　L——运动长度，mm 或 in。

　　公式中使用的单位必须始终与程序中所选度量单位保持一致，毫米和毫米/分钟（mm/min）必须在公制系统中使用，英寸和英寸/分钟（in/min）必须在英制系统里使用。对于任何与快进时间相关的计算，度量单位不能混淆。

20.6　趋近工件

　　图 20-5 所示为应用在 CNC 车床上的安全刀具趋近方法，对 CNC 加工中心，同样也要

考虑趋近工件的安全性，记住，对任何机床都要考虑其快速运动的一般原则。以很快的速度趋近工件时，如果将工件间隙保持在最低安全限度，那么可以从一定程度上缩短循环时间，下面看看一些潜在的问题。

下面的例子中（图 20-7），沿 Z 轴趋近工件，其间隙为程序段 N315 里的 0.05in（1.27mm）：

```
N314 G90 G54 G00 X10.0 Y8.0 S1200 M03
N315 G43 Z0.05 H01
N316 G01 Z - 1.5 F12.0
```

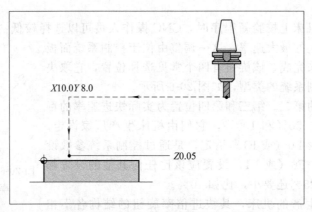

图 20-7　XY 与 Z 轴直接趋近最小间隙

假如切削刀具的设置正确，并且从一个工件到另一个工件的高度始终如一，这样的编程方法是没有错误的。0.05in（1.27mm）的间隙只是一个很小的非生产性切削范围。另一方面，对于这么小的间隙，没有经验的 CNC 操作人员会觉得很不适应，尤其在早期培训阶段。如果将 CNC 操作人员的方便与否作为总生产力的一个重要因素，那么将 Z 轴运动分解为两个独立运动的折中办法是合理的（图 20-8）：

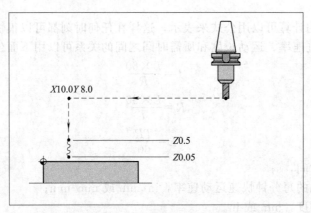

图 20-8　XY 与 Z 轴以分离的运动趋近最小间隙

```
N314 G90 G54 G00 X10.0 Y8.0 S1200 M03
N315 G43 Z0.05 H01
N316 G01 Z0.05 F100.0
N317 Z - 1.5 F12.0
```

该方法中，首先将快速运动编写在一个工件上方（N315）0.500in 的更宽裕的地方，然后使用程序段 N316 中的直线插补 G01 继续运动到切削起始位置。因为此时运动仍然在空中，即非生产性的，因此可以使用较大的进给率。由于可能出现这种情况，所以可以用另一种方法替换。

　　尽管这稍微增加了切削时间，但同时 CNC 操作人员也有机会使用进给率倍率旋钮来测试第一个工件（可能在单程序段模式中使用）。一旦程序校验调试完毕，非切削运动的较大进给率将加速操作，与此同时，它还提供了一个额外的安全间隙。尽管这可能不是重复工作最好的方法，但可以在稍后对它进行优化，因为对任何后面的重复工作来说，该设置通常是"新"的。然而，在运行大量工件时（比如几千件），它可能是非常有用的。

第21章 机床回零

将切削刀具从任何位置返回到机床参考点的能力是所有现代 CNC 系统的一个重要功能。程序员和操作人员将机床参考位置等同于原点位置或机床原点位置，这是所有机床在每根轴极限行程范围的位置，该位置由机床生产厂家确定并且在机床的生命周期内一般不会改变。当控制面板、手动数据输入操作或程序中需要时，这一返回原点的工作自动完成。

21.1 机床参考位置

设置机床参考位置的目的是为了提供参考。为确保 CNC 机床的精度，除需要高质量的机床部件外，还需要一些可当作机床原点（零点位置或原点位置）的特定位置，机床参考位置就是这样一个点。

> 机床原点的 CNC 机床上可以通过控制面板、手动数据输入或运行程序代码来重复到达的一个固定点。

（1）加工中心

尽管不同 CNC 加工中心型号的设计各不相同，但 XY 视图中，它只有四个可能的机床原点位置：

❑ 机床的左下角；
❑ 机床的左上角；
❑ 机床的右下角；
❑ 机床的右上角。

从机床原点开始新程序的第一部分是非常普遍，实际上也是正常的。通常需要在机床原点位置换刀，并且在程序执行完毕后返回到该位置，所以，四个选择中的个别选项，对机床工作台上的工件装卸不是太方便。

从垂直于 XY 平面的方向看，立式加工中心中最常见和标准的机床参考位置在右上角，如图 21-1 所示。

到目前为止，对 Z 轴任何参考位置的介绍都是有目的的。立式加工中心的 Z 轴机床原点位置通常位于自动换刀（ATC）位置，这是一个固定位置，一般位于离机床工作台和工作区域一个安全距离的地方。对大部分机床，CNC 加工中心的标准机床原点在每根轴正方向行程范围的尽头，如果需要，也可以有例外。

如图 21-2 所示，一些 CNC 立式加工中心的机床原点位置可能位于 XY 平面的左上角。

上面两图中，箭头表示刀具朝工作区域的运动方向，从机床原点移动刀具到相反的方向将导致超程——比较以下两种可能性：

❑ 如果机床原点位于右上角，从机床原点开始的运动：

$X+Y+Z+$ ... 刀具运动将超程；

❑ 如果机床原点位于左上角，从机床原点开始的运动：

$X-Y+Z+$ ... 刀具运动将超程。

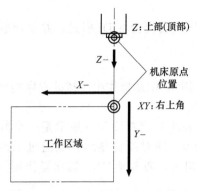

图 21-1 CNC 立式加工中心中位于
XY 右上角的机床原点位置

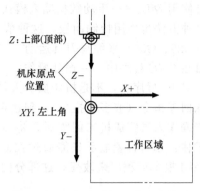

图 21-2 CNC 立式加工中心中位于
XY 左上角的机床原点位置

另外两个角（左下角和右下角）不作为机床原点使用。

（2）车床

理论上，两轴 CNC 车床的机床参考位置与加工中心的参考位置没有两样。CNC 操作人员能否轻易地接近所安装工件，是一个主要决定因素，X 和 Z 轴的机床参考位置都在离旋转工件最远的地方，也就是说远离由卡盘、夹头、主轴端面等构成的床头箱。

X 轴的机床原点参考位置通常位于远离主轴中心线的行程范围的尽头，Z 轴的机床原点参考位置通常位于远离机床床头箱的行程范围的尽头。两种情况下，通常都意味着面向机床原点的方向为正方向，这跟加工中心是一样的，图 21-3 所示为典型 CNC 车床（后置式）的机床原点。

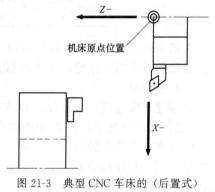

图 21-3 典型 CNC 车床的（后置式）
原点位置

图中的两个箭头表示刀具朝工作区域的运动方向。在特定轴上，从机床原点移动刀具到相反的方向将导致超程：

❑ 典型后置刀架式车床上从机床原点开始的刀具运动：

$X+Z+$　　...刀具运动将超程。

（3）机床轴的设置

在前一节里，曾介绍过 CNC 机床、切削刀具和工件本身有着直接的关系。工件参考点（程序原点或工件原点）通常由 CNC 程序员确定，刀具参考点取决于到切削刃的刀具长度，它也由程序员确定。

只有机床参考点（原点位置）由机床生产厂家确定，它位于一个固定位置，这是一个需要考虑的重要因素。

> 固定的机床原点意味着所有其他参考点将取决于这一位置。

为了到达机床参考点位置（原点）并设置机床轴，例如在工件或夹具安装过程中，CNC 操作人员可以使用三种方法：

❑ 手动——使用系统的控制面板

为了实现这一目的，机床操作人员可以使用 XYZ（加工中心）或 XZ（车床）开关或按钮。可以同时激活一根或多根轴，这取决于控制单元。

❏ 使用 MDI——手动数据输入模式

这种方法也使用控制面板，这种情形下，机床操作人员设置 MDI 模式，并使用适当的指令（G28、G30）来编写刀具运动。

❏ 在 CNC 程序中——循环操作中

由 CNC 程序员，不是机床操作人员，在程序中使用跟 MDI 操作中一样的程序指令，包括机床回零指令（或多个指令），到达希望到达的地方。

当操作人员完成机床回零后，将显示屏上的相对和绝对位置设为 0 通常是一个好的做法。记住：相对位置显示只能通过控制面板将其设为 0，绝对位置显示只能通过工作区偏置、MDI 模式或程序来改变。这部分内容跟机床直接相关，通常是 CNC 机床操作培训的一部分。

CNC 系统为后两种机床回零方法提供了专门的准备功能。

（4）程序指令

跟机床原点参考位置相关的准备功能有四种：

G27	机床原点参考位置返回检查
G28	返回第一机床原点参考位置
G29	从机床原点参考位置返回
G30	返回第二机床原点参考位置（可能多于一个）

在四个列出的指令中，G28 专用于两轴或三轴 CNC 编程中，它的唯一目的就是将当前刀具返回到机床原点位置，并且沿 G28 程序段中指定的一根或多根轴返回。

（5）指令组

在描述非模态或一次有效的 G 代码的标准 Fanuc 分类中，G27～G30 四个准备功能都属于 00 组。在该分类中，00 组中的每个 G 代码必须在使用它的所有程序段中重复编写，例如，G28 在一个程序段中用在 Z 轴上，如果它要用在下一程序段中的 X 和 Y 轴上，则必须按要求在每一程序段中对它进行重复编写：

N230 G28 Z .   （Z 轴机床回零）

N231 G28 X . . Y . .   （XY 轴机床回零）

程序段 N231 中必须再次使用 G28 指令，如果省略了这一指令，那么最后编写的运动指令将有效，例如 G00 或 G01！

21.2   返回第一机床原点

CNC 机床可能拥有一个以上的机床原点（原点位置），这由它的设计决定，例如，许多拥有托盘交换装置的加工中心都有第二机床参考位置，这通常在交换托盘时对左右两托盘定位。最常见的机床设计只使用一个原点位置，为了到达第一原点位置，可以在程序或 MDI 控制操作中使用准备功能 G28。

G28 指令通常以较快的速度，将指定的一根或多根轴移动到原点位置，这就意味着 G00 指令不起作用，且可以不编写它，必须编写一根轴或多根轴的期望运动（编写一个值），G28 只影响编程轴。

例如：

N67 G28

表明 G28 编写在它自己的程序段里，这是一个不完整的指令，至少要为 G28 指定一根轴，例如，

N67 G28 Y..

这里只将 Y 轴移动到机床原点位置，或 ...

N67 G28 Z.

这里只将 Z 轴移动到机床原点位置，或者 ...

N67 G28 X..Y..Z.

这里将移动所有三根指定的轴到机床原点位置，任何多轴运动都需要当心，一定要注意不期望发生的"曲棍形"运动。

（1）中间点

编程的一个必需要素就是由字母和数字组成的命令字，程序中，每一字母后必须跟有一位或多位数字。问题是 G28 里的轴带有什么样的值？它们是机床回零运动的中间点。G28或 G30 中的中间点运动是编程特征中最不好理解的概念。

指令 G28 和 G30 通常必须包含中间点（刀具位置），Fanuc 的设计和定义中，在返回机床原点的路径上，G28/G30 指令有一个固定的到中间点的运动。可以举个类似的例子，从美国洛杉矶到法国巴黎的航班，临时在纽约停靠，它可能不是一个最直的路线，但它有着特殊的目的，例如为飞机加油。

> 与 G28 和 G30 指令关联的轴坐标值通常表示中间点。

中间点（或位置）的目的就是缩短程序，通常可缩减一个程序段，这一缩减是如此之少，以致可能会引起对该设计背后所隐藏的哲学观的讨论。以下是关于中间点（位置）这一概念怎样工作的描述。

程序中使用 G28 或 G30 指令时，至少要在程序段中指定一根轴，该轴的位置值便是中间点，就如控制系统所编译的一样，绝对和增量模式 G90 和 G91 对 G28 或 G30 行为的编译存在很大差异，马上将对此进行讨论。

图 21-4 所示为从工件中间孔开始的刀具运动。这样一个运动，如果直接编写到原点位置的运动，刀具在到达机床原点的过程中，可能会跟右上角的夹具碰撞。图中只考虑了

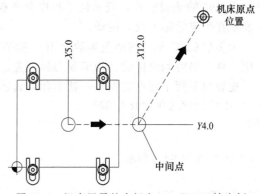

图 21-4　机床回零的中间点——以 XY 轴为例

X 和 Y 轴，在不加长程序的情况下，可以在一个安全的位置编写中间点。没有中间点的程序可以构建如下：

```
G90
...
G00 X5.0 Y4.0          (已加工孔)
G28 X5.0 Y4.0          (机床原点运动)
...
```

在安全位置具有中间点的同一程序将有细微的变化：

```
G90
...
G00 X5.0 Y4.0          (已加工孔)
G28 X12.0 Y4.0         (机床原点运动)
...
```

前面的例子说明了两次运动背后的原因，它非常简单，只为了省略一个程序段，仅此而

已，它的目的是用一个程序段来实现两个运动，否则需要两个程序段。安全的程序也可能为：

```
G90
...
G00 X5. 0 Y4. 0              (已加工孔)
X12. 0                      (安全位置)
G28 X12. 0 Y4. 0            (机床原点运动)
...
```

结果一样，但多了一个程序段。

如果编程时慎重一点，中间位置会十分有用，例如，使用中间点位置，可以编写刀具程序，以绕过在其到达机床原点位置过程中的障碍物。通常，使中间点等于 0 并直接移动切削刀具到机床原点更实用。这可以通过使用绝对模式，将中间点与当前刀具位置指定为同一位置来实现，或者在增量模式中指定一个 0 刀具运动。

(2) 绝对和增量模式

以绝对和增量模式来编写机床回零指令 G28 或 G30 有着极大的区别，记住两者之间最基本的两点区别：

```
G90 G00 X0 Y0 Z0          和          G91 G00 X0 Y0 Z0
```

控制系统对相同坐标 X0 Y0 Z0 的编译会不一样。回顾一下，带 0 的地址，例如 X0，如果使用 G90 的绝对模式，表示位于程序参考点的位置；如果使用 G91 增量模式，那么 X0 指令表示在指定的轴上没有运动。

大多数 CNC 车床的增量运动使用 U 和 W 地址（分别以绝对 X 和 Z 轴为依据），其逻辑应用一样。绝对轴坐标编译为编程刀具位置，增量坐标表示编程刀具运动。

比较以下两个程序实例——就实际刀具运动而言，它们是相同的：

```
(---> 在绝对模式 G90 中使用 G28)
G90
...
N12 G01 Z - 0. 75 F4. 0 M08
...
N25 G01 X9. 5 Y4. 874
N26 G28 Z - 0. 75 M09          (绝对模式中的 G28)
...

(---> 在增量模式 G91 中使用 G28)
G90
...
N12 G01 Z - 0. 75 F4. 0 M08
...
N25 G01 X9. 5 Y4. 874
N26 G91 G28 Z0 M09            (增量模式中的 G28)
...
```

哪一种方法更好？因为两种方法得到的结果一样，所以对它们的选择取决于给定的条件和个人的喜好。转换到增量模式有它的优点，因为通常可能并不知道当前刀具位置，这一方法的缺点就是 G91 很可能只是临时设置，在大部分程序中，它必须重新设置到 G90 模式。

> 如果不回到绝对模式，可能会导致很严重的错误并付出惨重代价。

绝对编程模式始终从程序原点开始指定当前刀具位置，这里所示的很多例子都使用绝对编程模式，毕竟，这是（或应该是）绝大部分程序的标准编程模式。

曾有段时间，机床回零的增量模式具有一些非常实用的优点，即程序员不知道当前刀具位置时。这一情形在使用子程序时非常普遍，它重复使用增量模式将刀具移动到不同的 XY 位置，例如，下面程序的 N35 程序段中，完成钻削循环时，切削刀具的确切位置在哪里？

```
G90
...
N32 G99 G81 X1. 5 Y2. 25 R0. 1 Z - 0. 163 F12. 0
N33 G91 X0. 3874 Y0. 6482 L7                  (重复 7 次)
N34 G90 G80 Z1. 0 M09                         (取消循环)
N35 G28 (X???? Y????) Z1. 0                   (未知位置)
...
```

不惜任何代价来找寻绝对位置值得吗？可能不值得。接着看看另外一些例子。绝对模式 G90 中，轴的坐标设置表示中间点位置，当编写成增量模式 G91 时，坐标设置表示中间点运动的实际距离和方向。两种情形下，均首先完成中间点运动，然后（只有这时）才最终返回到机床原点参考位置。

假如当前刀具位置为 $X5.0$ 和 $Y1.0$（绝对位置）。程序中，紧跟位置程序段的 G28 指令的 XY 值非常重要：

```
G90
...
N12 G00 X5. 0 Y1. 0
N13 G28 X0 Y0
...
```

该例中，G28 指定切削刀具返回机床原点位置——在程序段 N13 中指定为 X0Y0。因为 G28 指令只跟机床原点相关，假定 X0Y0 表示机床原点，而不是工件原点，会比较合理，但那并不正确。

X0Y0 表示刀具到达机床原点位置所经过的点，这是已经知道的定义点，即机床回零指令中的中间位置，这一中间点被赋予了与工件相关的坐标（绝对模式）。本例中，切削刀具在继续运动到机床原点之前，将移动到程序原点，这便在一个程序段中定义了两个刀具运动，当然，这可能并不是所预期的运动。

可以改变上面的例子，以消除中间点运动或者将中间点定义为当前刀具位置，中间点永远不可能消除，但可以将它的距离编写为零。

```
G90
...
N12 G00 X5. 0 Y1. 0
N13 G28 X5. 0 Y1. 0
...
```

通过修改，中间点位置成为当前刀具位置，这将导致径直到达机床原点的运动，原因是中间点位置与当前刀具位置相同。这一编程格式与轴的模态值无关，如果程序中的绝对模式 G90 仍然有效，则程序段 N13 中的 X5.0Y1.0 必须重复编写。

在并不知道当前刀具位置的情况下，机床回零必须使用增量模式。这种情况下，临时将它改为增量模式，并为每一指定轴编写 0 长度的运动：

```
G90
...
```

... (X??? Y???)　　　　　　(任何未知的 XY 点)

N13 G91 G28 X0 Y0

N14 G90 ...

...

这里有一点同样很重要：始终记住，为了避免曲解后续的程序数据，尽快复原到绝对模式。

总的说来，并不能从 G28/G30 程序段中消除中间点。如果遇到要求不经过一个单独中间点的机床回零，可以使用面向中间点的 0 刀具运动，这一方法取决于当时是 G90 或 G91 模式：

❑ 在绝对模式下到达机床原点的运动中，跟 G28 指令一起指定的每根轴的当前刀具坐标位置必须重复编写。

❑ 在增量模式下到达机床原点的运动中，跟 G28 指令一起指定的每根轴的当前刀具坐标位置必须等于 0。

（3）Z 轴深度位置的返回

一个在程序段中使用中间刀具位置的常见例子，就是从深孔或型腔中退刀，并返回到机床原点。为了更好地阐述它，下面的例子中使用常规的刀具运动而不是钻削循环，以从深孔中退回刀具。例子中，当前 XY 位置为 X9.5Y4.874，并在单独的程序段中模拟了深孔钻操作：

...

N21 G90 G00 G54 X9. 5 Y4. 874 S900 M03

N22 G43 Z0. 1 H01 M08

N23 G01 Z−0. 45 F10. 0

N24 G00 Z−0. 43

N25 G01 Z−0. 75

...

程序段 N25 中，刀具在孔的底部，其当前刀具位置为绝对坐标 X9.5 Y4.874 Z−0.75，此时所有的切削均已完成，刀具必须在所有三根轴上都返回原点，出于安全考虑，首先必须退回 Z 轴。这里有几种方法可供选择，但比较常见的有三种：

❑ 在一个程序段中，将 Z 轴退回到工件上方，然后 XYZ 轴返回机床原点。

❑ 首先将 Z 轴一直退回到机床原点，然后在下一程序段中返回 XY 轴。

❑ 将 XYZ 轴直接从当前刀具位置（在当前深度）返回到机床原点。

图 21-5 所示为可供选择的选项。

⇨ 选择 1

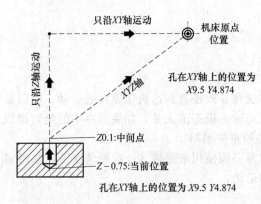

图 21-5　深孔加工中的机床回零——铣削应用

首先在一个程序段中退回 Z 轴，然后 XYZ 轴返回机床原点位置，这是一个"正常"的方法，通常这样使用：

N26 G00 Z0. 1 M09

该程序段必须紧跟一个沿 Z 轴的机床回零：

N27 G28 Z0. 1 M05

选择 1 的完整程序为：

...

N21 G90 G00 G54 X9. 5 Y4. 874 S900 M03

N22 G43 Z0. 1 H01 M08

N23 G01 Z - 0. 45 F10. 0

N24 G00 Z - 0. 43

N25 G01 Z - 0. 75

N26 G00 Z0. 1 M09

N27 G28 Z0. 1 M05

N28 G28 X9. 5 Y4. 874

N29 M01

　　➲ 选择 2

　　首先一直将 Z 轴退回到机床原点，然后在下一程序段中返回 XY 轴，这是选择 1 的一个翻版，首先，Z 轴返回机床原点：

N26 G28 Z - 0. 75 M09

　　然后，XY 轴同样返回机床原点：

N27 G28 X9. 5 Y4. 874

　　选择 2 的完整程序为：

...

N21 G90 G00 G54 X9. 5 Y4. 874 S900 M03

N22 G43 Z0. 1 H01 M08

N23 G01 Z - 0. 45 F10. 0

N24 G00 Z - 0. 43

N25 G01 Z - 0. 75

N26 G28 Z - 0. 75 M09

N27 G28 X9. 5 Y4. 874 M05

N28 M01

　　➲ 选择 3

　　从当前刀具位置（刀具仍然位于深孔中）直接将 XYZ 所有三根轴返回到机床原点，它只需要一个返回原点程序段。

N26 G28 X9. 5 Y4. 874 Z0. 1 M09

　　这就是所需的编程方法，跟 Fanuc 控制器设计的一样。一些程序员在此问题上的观点可能跟 Fanuc 不一致，但这就是它工作方式。

　　以下是选择 3 的完整程序：

...

N21 G90 G00 G54 X9. 5 Y4. 874 S900 M03

N22 G43 Z0. 1 H01 M08

N23 G01 Z - 0. 45 F10. 0

N24 G00 Z - 0. 43

N25 G01 Z - 0. 75 M09

N26 G28 X9. 5 Y4. 874 Z0. 1 M05

N27 M01

　　到达机床原点的运动将分两步：

　　第 1 步：Z 轴快进到 $Z0.1$ 位置；

　　第 2 步：所有轴返回到机床原点。

　　同时注意辅助功能 M09 和 M05 的调整，先关掉冷却液比停止主轴更切实际。

　　这只是如何选择的问题，但许多程序员的选择是首先将刀具从型腔或孔中退出，然后再调用机床回零指令，如果说这一选择有什么理由的话，那就是 CNC 程序员在程序设计中考虑了可感知的安全性。公正地说，如果谨慎使用，这些可供选择的方法绝对没有任何错误，比较每一个选项，确实可以得出一些有价值的结论：

❑ 选择 1：只是比较安全，但在循环时间上确实非常有效。可能在到机床原点的三轴联动中，存在障碍物。

❑ 选择 2：可能比前一选择的效率要低，但它肯定是所有三种方法中最安全的。

❑ 选择 3：在程序循环时间上是最有效的，但任何位置错误将导致碰撞。

（4）自动换刀（ATC）所需的轴返回

如果机床回零的唯一目的是进行自动换刀，那么只要移动特定的轴就可以，立式加工中心的自动换刀只需要移动 Z 轴：

G91 G28 Z0 M06

卧式加工中心的自动换刀，只需要移动 Y 轴以到达它的参考位置。出于安全及其他便利性考虑，通常也将 Z 轴跟 Y 轴一起编写，以避免与刀具库里相邻刀具的碰撞：

G91 G28 Y0 Z0 M06

以上两个例子中，只有到达机床原点参考位置后，换刀功能 M06 才有效，如果需要，也可以在单独的程序段中编写 M06 功能。

分度或旋转轴同样有它们的参考点，它们与 G28 指令的使用方式与线性轴一样，例如，在下面的程序段中，B 轴将返回机床原点参考位置：

G91 G28 B0

如果足够安全，B 轴也可以跟另外一根轴同时编写：

G91 G28 X0 B0

旋转或分度轴的绝对模式名称，遵循跟线性轴一样的原则。

（5）CNC 车床回零

CNC 车床设置中也使用 G28 指令。至少有一根轴在机床原点位置开始并结束时，可以使用一般的机床回零，X 轴通常如此，但 Z 轴却不一定，因为在一些大型车床中，它可能离得太远。

通常 CNC 车床程序以这样一种方式来设计：第一个工件的加工从机床原点开始，但任何接下来的工件将从一个安全的换刀位置开始加工，该方法只在使用几何尺寸偏置（而不是老式的 G50 设置）时才实用。最常见的机床回零方法就是没有中间点的直接方法，因为不需要 G91，所以不会轻易出现错误：

N78 G28 U0

N79 G28 W0

这两个程序段以增量模式将切削刀具返回机床原点，它们并不使用中间运动。首先使用增量模式 U 移动 X 轴，然后再使用增量模式 W 移动 Z 轴，这会比较安全，如果工作区域没有障碍物（注意尾座），X 和 Z 轴都可以同时返回机床原点：

N78 G28 U0 W0

图 21-6 所示为完成加工时，从孔中退回镗刀杆的典型操作。

使用位置寄存指令 G50 时，通常要知道该指令的 XZ 设置，这种情况下，机床回零的编程规则十分相似。假设机床原点位置的坐标为 X10.0 Z3.0，镗刀的程序可以

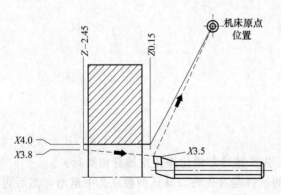

图 21-6　深孔加工中的机床回零——车削应用

有两种编写方法——一种不使用 G28 指令，另一种使用 G28 指令。

➲ 例 1：

第一个例子完全不使用 G28 机床回零指令：

N1 G20　　（例 1）

...

N58 G50 X10. 0 Z3. 0 S1000　　　　（只使用老式方法）

N59 G00 T0300 M42

N60 G96 S400 M03

N61 G00 G41 X4. 0 Z0. 15 T0303 M08

N62 G01 Z - 2. 45 F0. 012

N63 X3. 8 M09

N64 G00 G40 X3. 5 Z0. 15 M05

N65 X10. 0 Z3. 0 T0300

N66 M01

➲ 例 2：

第二种方法将使用 G28 机床原点参考指令来到达相同的目标位置：

N1 G20　　（例 2）

...

N58 G50 X10. 0 Z3. 0 S1000　　　　（只使用老式方法）

N59 G00 T0300 M42

N60 G96 S400 M03

N61 G00 G41 X4. 0 Z0. 15 T0303 M08

N62 G01 Z - 2. 45 F0. 012

N63 G40 X3. 8 M09

N64 G28 X3. 5 Z0. 15 M05 T0300

N65 M01

大部分 CNC 程序员可能会觉得第一个例子更舒服，省略一个程序段并不足以改变他们的编程风格。第二个例子也可以使用 U 和 W 地址以增量模式编写，但它不是太实用。

21. 3　复位检查指令

不太常见的准备功能 G27 执行检查功能——别无他用。它的唯一目的就是检查（也就是确认），看包含 G27 的程序段中的编程位置是否在机床原点参考位置，如果是，控制面板上的指示灯变亮，表示每根轴均到达该位置；如果到达的点不是机床原点，屏幕上将显示错误条件警告，并中断程序执行。

如果将刀具开始位置编写在机床原点，那么当切削刀具完成加工时，返回到该位置是一个好的习惯。在 CNC 车床上的同一位置进行换刀（检索）是非常普遍的，尽管该位置并不一定是机床原点，通常它是靠近加工工件的一个安全位置。

G27 指令的格式是：

G27 X . . Y . . Z .

这里至少必须指定一根轴。

程序中使用 G27 时，切削刀具将自动快进（不需要 G00）到由 G27 程序段中的轴指定的位置，这一运动可以是绝对模式或增量模式。注意这里并未使用 G28 指令。

N1 G20

N2 G50 X7. 85 Z2. 0   （只使用老式方法）

N3 G00 T0400 M42

N4 G96 S350 M03

N5 G00 G42 X4. 125 Z0. 1 T0404 M08

N6 G01 Z - 1. 75 F0. 012

N7 U0. 2 F0. 04

N8 G27 G40 X7. 85 Z2. 0 T0400 M09

N9 M01

以上例子中，程序段 N8 中包含 G27，但没有 G00 或 G28。这一程序段指示机床返回到位置 X7.85 Z2.0，并检查所有到达的目标位置，以确定这些位置是否在所有指定轴（例子中为两轴）的机床原点上。如果确定是机床原点位置，则指示灯变亮，如果确定不是该位置，则程序在未消除这一原因（错误的位置）前不会继续执行。

比较程序段 N2 中的开始位置和程序段 N8 中的复位位置。假设这一位置在 X 和 Z 轴的机床原点参考点上，上面的例子将在程序段 N8 中确认为正确位置，现在假设在书写程序段 N8 时出了一个小的差错，输入的 X 值是 X7.58 而不是 X7.85：

N8 G27 G40 X7. 58 Z2. 0 T0400 M09

这时控制系统将返回错误条件，控制屏幕将自动显示这个错误（作为警告），系统也不再执行余下的程序，直到纠正这个错误。显示循环开始的灯将关掉，且必须找到这一问题的根源，找寻问题根源时，通常要检查两个位置，开始位置程序段和结束位置程序段，每个程序段中都很容易产生这个错误，同样注意不要检查没有指定的任何轴的实际（当前）位置。

另一个重要的地方就是取消刀具半径偏置和刀具偏置，G27 准备功能通常要跟 G40 和有效的 T××00（G49 或 H00）编写在一起。如果刀具偏置或刀具半径偏置仍然有效，检查将不能正确进行，因为刀具参考点将被偏置值替代。

以下是关于如何修改在前面列出的第一个程序（例 1），以使系统接受 G27 指令。注意 G27 只移动到指定的坐标，而不是任何中间点或其他点。程序段 N65 将成为实际检查程序段，控制系统移动机床轴到 X10.0 Y3.0，并检查（确认）该位置实际上是否为机床原点。这是例 1（但不是第二个例子）可以修改的原因。

N1 G20

...

N58 G50 X10. 0 Z3. 0 S1000   （只使用老式方法）

N59 G00 T0300 M42

N60 G96 S400 M03

N61 G00 G41 X4. 0 Z0. 15 T0303 M08

N62 G01 Z - 2. 45 F0. 012

N63 X3. 0 M09

N64 G00 G40 X3. 5 Z0. 15 M05

N65 G27 X10. 0 Z3. 0 T0300

N66 M01

可以用绝对或增量模式来进行机床回参考点检查，程序段 N65 中的绝对模式（上例中）可以用增量模式来替代：

N65 G27 U6. 5 W2. 85 T0300

该指令有一个缺陷，使用它将付出一个小的代价，就是微小的循环时间损失。因为控制系统将刀具的减速运动当作指令的组成部分，所以执行 G27 指令时，将损失 1~3s，如果程序中大量的刀具都使用 G27 检查，这将是一个很大的损失。

G27 指令很少跟刀具的几何尺寸偏置一起使用，这也是当前的现代编程方法。G50 指令已经过时了，最新的车床上不再使用它，但工业领域中使用的许多车床确实需要 G50 设置。

21.4 从机床原点返回

准备功能 G29 与 G28 或 G30 指令恰好相反，G28 自动将切削刀具复位到机床原点位置，而 G29 指令将刀具复位到它的初始位置——同样也通过一个中间点。

在一般编程应用中，指令 G29 通常跟在 G28 或 G30 指令后。G28 和 G30 关于绝对和增量轴名称的相关规则对 G29 同样有效，所有编程轴首先以快速运动速度移动到中间位置，这由前面的 G28 或 G30 指令程序段定义。关于车床应用的一个例子很好地阐明了该概念：

（车床实例）

...

T0303

...

G28 U5. 0 W3. 0

G29 U - 4. 0 W2. 375

G29 指令通常应该跟刀具半径偏置（G40）和固定循环（G80）取消模式一起使用，程序中使用任何一个都可以。在程序使用 G29 指令前，用标准取消 G 代码 G40 和 G80 分别取消刀具半径偏置和固定循环。

图 21-7 所示为刀具运动的示意图。

图中所示的刀具运动首先从 A 点到 B 点，然后到 C 点，接着返回 B 点，最后到达 D 点。A 点是运动的起点，B 点是中间点，C 点是机床原点，D 点是最后到达的点，也是实际目标位置。

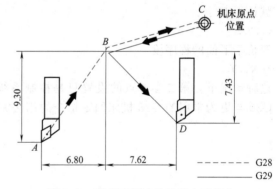

图 21-7 从机床原点位置的自动复位

相应的程序指令，即从当前刀具位置（点 A）开始运动，并产生 A 到 B 到 C 到 B 再到 D 的刀具路径，将非常简单：

G28 U18. 6 W6. 8

...

G29 U - 14. 86 W7. 62

当然，还应该在两个程序段之间编写一些适当的运动，例如，换刀或其他的机床运动。

跟 G27 指令一样，CNC 程序员也很少支持使用 G29 指令。G29 在极少的场合下非常有用，但在实际的日常工作中并不需要它。然而，知道在 CNC 编程中可以使用什么样的"替代工具"通常是有益的，它们非常便利。

21.5 返回第二机床原点

特殊的 CNC 机床，除了 G28 返回机床原点指令外，还有 G30 指令。本章中，总的来说是在本手册中，许多例子等效地运用 G28 和 G30 指令，有些时候也写成 G28/G30。那么，

G30 与 G28 究竟有何不同，为什么需要使用该指令，通过下面的介绍将得到答案。

根据定义，G30 准备功能是返回第二机床原点位置的机床回零指令，购买机床时，一定要有这个点，注意它的修饰词是第二的（即次要的、副的），而不是第二。实际上，无论从哪方面来说，G30 跟 G28 是相同的，除了它是指向第二机床原点。

第二程序原点实际上可能是第二、第三甚至第四参考点，它们由机床生产厂家指定。不是每台 CNC 机床都有第二机床原点，有些 CNC 机床根本不需要它。第二机床参考点用于一些特殊目的，主要是用在卧式加工中心、托盘以及类似设备上。

G30 指令的编程格式跟 G28 相似，只是多了一个 P 地址：

G30 P.. X.. Y.. Z.

其中　G30——表示选择第二参考位置；

　　　　P——用以识别第二位置（2~4），可以是 P2、P3 和 P4；

　　　XYZ——终点定义（至少指定一根轴）。

CNC 编程中，第二机床原点参考点最常见的应用是在托盘交换或多主轴机床上。在控制单元参数设置中，第二参考点的距离设置从第一参考点开始，在机床整个生命周期和托盘交换装置（或其他机床特征）中，它都不改变。

为了识别多个第二机床原点位置，在 G30 程序段中添加了地址 P（G28 并没有 P 地址）。如果 CNC 车床只有一个第二机床参考位置，程序中通常不需要地址 P，这种情况下，将其默认为 P1：

G30 X.. Y..

等价于下面的程序段

G30 P1 X.. Y..

这种情况下，第二参考点的设置只是控制系统参数的问题。如果只是出于别的编程考虑，G30 与更为常用的 G28 机床回零指令的用法完全一样。

第22章 直 线 插 补

直线插补与快速定位运动十分相似。快速刀具运动是从工作区域中一个位置到另一个位置，但它并不切削，而直线插补模式是为实际材料切削设计的，比如轮廓加工、型腔加工、平面铣削以及许多其他的切削运动。

编程中使用直线插补使刀具从起点到终点做直线切削运动，它通常使切削刀具路径的距离最短，直线插补运动通常都是连接轮廓起点和终点的直线。在该模式下，刀具以两个端点间最短的距离从一个位置移动到另一个位置，这是非常重要的编程功能，主要应用在轮廓加工和成型加工中。任何斜线运动（比如倒角、斜切、角、锥体等）必须以这种模式编程，以进行精确加工，直线插补模式可能产生三种类型的运动：

- ❑ 水平运动　　　　　只有一根轴；
- ❑ 竖直运动　　　　　只有一根轴；
- ❑ 斜线运动　　　　　多根轴。

"直线插补"表示控制系统可以计算切削起点和终点间的数以千计的中间坐标点，这一计算结果就是两点间的最短路径。所有计算都是自动的——控制系统不断为所有轴赋予并调整进给率，通常是两根或三根轴。

22.1　直线指令

G01	直线插补（直线运动）

G01 模式中，进给率功能 F 必须有效。开始直线插补的第一个程序段，必须包含有效的进给率，否则在电源启动后的首次运行中将出现警告。G01 和进给率 F 是模态指令，这意味着它们一旦指定并假设进给率保持不变，则在后面所有的直线插补程序段中，都可以省略，只需要更改程序段中指定轴的坐标位置。除了一根轴的运动，也可以编写沿两根或三根轴的联动。

（1）直线运动的起点和终点

与 CNC 程序中的其他运动一样，直线运动是轮廓两个端点之间的运动。它有一个开始位置和终止位置，开始位置通常叫做出发位置，终止位置通常叫做目标位置，直线运动的起点由当前刀具位置决定，终点由当前程序段中的目标坐标决定。当刀具通过所有轮廓转折点沿工件移动时，很容易发现一个运动的终点位置就是下一运动的起点位置。

（2）单轴直线插补

不考虑它的运动模式，沿任何一根轴的编程运动通常平行于该轴。用 G00 或 G01 模式编程将产生相同的终点，但进给率和结果不一样，图 22-1 所示为两种运动模式的比较。

对于 CNC 加工中心和类似的机床，平行于工作台边缘的刀具运动都是单轴运动。在 CNC 车床上，许多外部和内部操作，比如端面加工、轴阶车削、外圆车削、钻削、攻螺纹等，都编写成单轴运动。在所有情形下，单轴运动可以是沿当前（工作）平面内的竖直或水平轴的运动，单轴运动不可能是斜线运动，斜线运动需要两根、三根或更多的轴。平行于机床轴的运动有另外一个名字，那就是水平的或竖直的直角运动。

图 22-2 所示为单轴直线插补运动，一个沿 X 轴，另一个沿 Y 轴。

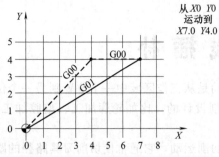

图 22-1   快进模式和直线插补模式的比较

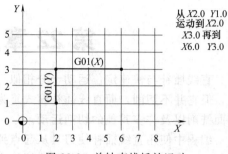

图 22-2   单轴直线插补运动

（3）两轴直线插补

直线运动也可以是两轴联动，这一情形十分常见，即在直线插补模式 G01 中，起点和终点至少有两个坐标彼此都不相同。两轴联动的结果是成一定角度的直线运动，该运动通常是起点和终点间的最短距离，它的角度由控制器计算得出，如图 22-3 所示。

（4）三轴直线插补

同时沿三根轴进行的直线运动，叫做三轴直线插补，事实上，所有的 CNC 加工中心上都可能发生沿三轴的直线运动。编写这样的直线运动通常不是很容易，特别是在加工复杂工件时，因为这类运动含有许多麻烦的计算，手动编程的效率太低。这样的编程工作，只能搬到基于专业计算机的编程系统中，比如功能强大并使用广泛的 MasterCAM，它融合了现代计算机技术和加工技术。可使用台式电脑进行编程，这也是所有机械加工厂所能支付得起的，基于计算机的编程并不是本手册所研究的范围，但将在最后一章中对它的基本概念进行简要的介绍。图 22-4 所示为三轴（XYZ）联动的直线运动。

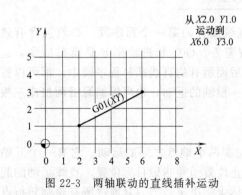

图 22-3   两轴联动的直线插补运动

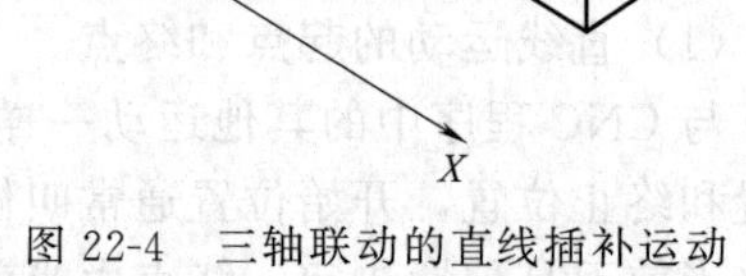

图 22-4   三轴联动的直线插补运动

22.2   编程格式

要使用直线插补模式编写刀具运动，可以沿刀具运动的一根、两根或三根轴使用准备功能 G01，同时还要包括适合当前工作的切削进给率（F 地址）：

G01 X..Y..Z..F..

所有直线运动程序段中的输入都是模态的，只有在它们是新的或变化时才需要重新编写，程序段中只需包括受变化影响的程序段指令（字）。

根据所选择的编程方法，直线插补运动可以使用绝对模式或增量模式编程，具体来说就是在铣削中分别使用 G90 和 G91 准备功能，在车削中则分别使用增量地址 U 和 W。

22.3　直线进给率

已定义刀具运动的实际切削进给率可以用两种模式编写：

❑ 每单位时间　　　　　　　　mm/min 或 in/min；
❑ 每主轴转数　　　　　　　　mm/r 或 in/r。

其选择取决于机床类型和所使用的单位制。典型的 CNC 加工中心、钻头、铣刀、刨刀、火焰刀、电火花加工等，使用每单位时间进给率，车床和车削中心都使用每转进给率。

（1）进给率范围

CNC 系统只提供某一范围的切削进给率。例如铣削应用中的直线插补，典型的最低进给率是 0.0001，单位为 in/min、mm/min 或（°）/min（度/分钟），车削中直线插补的最低进给率取决于 XZ 轴上坐标的最小增量。下面两个表格所示为普通 CNC 系统的典型进给率范围，第一个表格是铣削的，第二个表格是车削的，程序中使用的单位均已示出。

最小运动增量	铣削
0.001mm	0.0001～240000.00mm/min
0.001°	0.0001°～240000.00°/min
0.0001in	0.0001～240000.00in/min

最小运动增量	车削
0.001mm	0.00001～500.00000mm/min
0.001°	0.00001～500.00000°/min
0.0001in	0.00001～50.000000in/min

也许可以使用的最大进给率通常不是很高。这在实际切削中是正确的，然而，这些范围只是针对控制系统而言，而并非机床，机床生产厂家通常根据机床的设计和它的性能来限定最大进给率。控制系统仅仅规定了进给率的理论范围，它有利于机床生产厂家而不是用户，其目的是允许机床生产厂家在当前技术发展中有一个弹性空间，随着技术的发展，控制系统生产厂家也将随着变化，就是增大范围。

（2）每根轴的进给率

编程中，每根轴的实际切削进给率一点也不重要。这里只是从数学角度和个人兴趣来对它进行阐述，否则完全没有必要了解以下的计算——CNC 系统将在每次、并且始终精确而自动地计算它。

为了保证直线运动是两点之间的最短运动，CNC 单元通常必须单独计算每根轴的进给率。计算机将根据直线运动的方向（它的角度值）来"加速"一根轴，同时"减缓"另一根轴，并且在整个切削中不断地进行这种操作，这样就得到轮廓起点和终点之间的一条直线。严格说来，它并不是一条直线，而是一条锯齿形的直线，但它的边是如此得小，以致经过放大都看不出来，所以在所有的实际应用中，其结果就是一条直线。

如图 22-5 所示，CNC 系统将根据如下的输入来完成计算。

尝试用后面列出的公式求下面例子中直线运动的值：

G00 X10.0 Y6.0　　　　　　　　　（起点）
G01 X14.5 Y7.25 F12.0　　　　　　（终点）

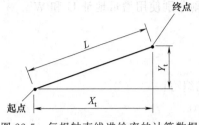

图 22-5　每根轴直线进给率的计算数据

直线运动发生在两个端点之间，从起点 $X10.0$ $Y6.0$ 到终点 $X14.5$ $Y7.25$——编程进给率为 F12，即 12in/min，这就意味着沿每根轴的实际运动要么是已知的，要么是可以计算出来的：

$$X_t = 14.5 - 10.0 = 4.5$$
$$Y_t = 7.25 - 6.0 = 1.25$$
$$Z_t = 0$$

刀具总的运动（如图中所示）长度 L 是实际的合成运动，它可以通过著名的勾股定理计算（参见第 53 章）：

$$L = \sqrt{X_t^2 + Y_t^2 + Z_t^2}$$

上面的公式很常用，基于直角边平方和的平方根，将得出本例中的运动长度为 4.6703854：

$$L = \sqrt{4.2^2 + 1.25^2 + 0^2} = 4.6703854$$

控制系统将应用公式计算出沿 X 轴的实际运动（4.25）以及沿 Y 轴的实际运动（1.25），最后得到运动本身的长度，即 4.6703854。基于这些值，计算机系统将计算 X 和 Y 轴的进给率——Z 轴方向没有运动。

$$F_x = \frac{X_t}{L}F$$
$$F_x = 4.5/4.6703854 \times 12 = 11.562215$$
$$F_y = \frac{Y_t}{L}F$$
$$F_y = 1.25/4.6703854 \times 12 = 3.2117263$$
$$F_z = \frac{Z_t}{L}F$$
$$F_z = 0/4.6703854 \times 12 = 0$$

在这个例子中，Z 轴方向没有运动。如果 Z 轴也是刀具运动的一部分，例如，在一个三轴联动直线运动中，其步骤逻辑上仍然一样，只要在计算中加上 Z 轴。

22.4　编程实例

以下的简单例子可说明直线插补模式在 CNC 程序中的实际应用，如图 22-6 所示。

为了更充分地理解，将对这个例子介绍两次。第一个刀具运动将从 P_1 点开始和结束，编程顺序为 $P_1 \to P_2 \to P_3 \to P_4 \to P_5 \to P_6 \to P_7 \to P_8 \to P_1$，另一个程序实例同样从 P_1 点开始，但编程方向相反，即 $P_1 \to P_8 \to P_7 \to P_6 \to P_5 \to P_4 \to P_3 \to P_2 \to P_1$。

⭕例1：

（顺时针方向，从 P_1 点开始）

G90 ...	（绝对模式）
G01 X1.0 Y3.0 F...	（P_1 点到 P_2 点）
X3.0 Y4.0	（P_2 点到 P_3 点）
X4.5	（P_3 点到 P_4 点）
X6.5 Y3.0	（P_4 点到 P_5 点）
X7.5	（P_5 点到 P_6 点）
Y1.5	（P_6 点到 P_7 点）
X4.5 Y0.5	（P_7 点到 P_8 点）

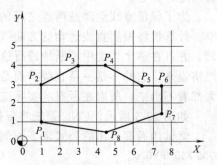

图 22-6　简单的直线插补实例

X1. 0 Y1. 0	（P_8 点到 P_1 点）

...

➲ 例 2：

（逆时针方向，从 P_1 点开始）

G90 ...	（绝对模式）
G01 X4. 5 Y0. 5 F...	（P_1 点到 P_8 点）
X7. 5 Y1. 5	（P_8 点到 P_7 点）
Y3. 0	（P_7 点到 P_6 点）
X6. 5	（P_6 点到 P_5 点）
X4. 5 Y4. 0	（P_5 点到 P_4 点）
X3. 0	（P_4 点到 P_3 点）
X1. 0 Y3. 0	（P_3 点到 P_2 点）
Y1. 0	（P_2 点到 P_1 点）

...

　　直线插补可编写所有直角（即竖直和水平）运动，也可以在两个端点间编写最短距离的斜线运动，该模式中必须编写切削进给率，以进行适当的金属切除。注意：两点之间（两个程序段之间）没有改变的坐标位置，不需要在后续程序段中重复编写。

第 23 章　程序段跳过功能

很多控制器和机床使用手册中，程序段跳过功能也叫做删除程序段功能。"程序段删除"这一表述容易让人产生误解，因为在程序执行过程中，并不实际删除程序段，仅仅是跳过它，因此该功能的更精确的表述应该是程序段跳过功能，这也是本手册中使用的术语。它实际上是所有 CNC 控制器的标准功能，主要目的就是在不多于两个冲突可能性的情况下，为程序员的程序设计提供一些额外的手段。没有程序段跳过功能时，唯一的办法就是编写两个分别适用于唯一可能的不同程序。

23.1　典型应用

为了理解两个可能冲突的概念，思考这一编程应用：其任务是要编写一个端面切削程序。问题是交付到 CNC 机床上的坯料尺寸并不完全一样，一些毛坯的尺寸比较小，可以经过一道切削工序完成，一些可能比较大，需要两次端面切削。这种情况在 CNC 加工厂并不少见，且常常不能得到有效的处理。编写两个不同的程序是一个选择，但一个可以包括两种选择的程序将是更好的选择——其区别就是程序中是否使用程序段跳过功能。

这就说明了这样一个问题：程序中同时需要两个有冲突的选择。最明显的解决办法就是准备两个独立的程序，每一个都正确的对应其目的，这样的工作可以很容易完成，但它是冗长而耗时的，该过程的效率显然很低。另外一个唯一的解决办法就是只编写一个程序，其刀具运动包括两种可能的端面切削，为了避免那些只需一次切削的工件的空切，程序中将使用程序段跳过功能，并应用到所有与一次切削有关的程序段中。通常也需要"第二次"切削！

程序段跳过功能的其他常见应用包括可供选择的开/关状态触发器，比如冷却液功能、可选择程序暂停、程序重新设置等，同样有用的还有绕过一个特定的程序操作、工件轮廓使用或者不用选定的刀具以及其他一些应用。任何需要从两个预定选项中做出选择的编程决定，都可以应用程序段跳过功能。

23.2　程序段跳过符号

为了在程序中识别程序段跳过功能，需要特殊的编程符号。程序段跳过功能符号用左斜杠 [/] 表示，控制系统将该斜杠当作程序段跳过代码，在大多数的 CNC 编程应用中，斜杠是程序段中的第一个字符：

❑ 例 1：

N1 …	（始终执行）
N2 …	（始终执行）
N3 …	（始终执行）
/N4 …	（如果程序段跳过功能关闭则执行）
/N5 …	（如果程序段跳过功能关闭则执行）
/N6 …	（如果程序段跳过功能关闭则执行）
N7 …	（始终执行）
N8 …	（始终执行）

　　一些控制系统中，可以在程序段中间使用程序段跳过代码以选择性使用某些地址，而不是在它的开头。查阅相关手册以确定是否可以使用这一技术——它的功能非常强大：

　　❍ 例 2：

N6 ...

N7 G00 X50. 0 / M08

N8 G01 ...

...

　　在这些情况下，即控制系统确实允许在程序段中间使用程序段跳过时，那么控制器将执行所有斜杠前的指令，而不管程序段跳过触发器的设置如何。如果启动程序段跳过功能（程序段跳过功能激活），只跳过斜杠后面的指令，在例 2 中，将跳过冷却液功能 M08（程序段 N7），如果关掉程序段跳过功能（程序段跳过功能无效），例 2 中将执行整个程序段，包括冷却液功能。

23. 3　控制单元设置

　　不管斜杠代码在程序段中的位置如何，程序有两种执行方法：跳过（忽略）它的全部或者斜杠后面的指令。在实际加工中，由操作人员根据加工类型来最终决定是否使用程序段跳过功能，为此，CNC 单元控制面板上设置了按键、拨动开关或菜单条选项，程序段跳过的选择模式可以是激活（开）或无效（关）。

　　大多数的程序可能不需要任何程序段跳过代码，这种情况下，控制面板上的程序段跳过功能设置模式是无关紧要的，不过强烈推荐使用"关"模式。如果程序中包含哪怕一个含有斜杠符号的程序段，开关设置将变得非常重要，激活设置"开"将使得程序在执行时忽略紧跟斜杠代码的所有指令，无效设置将使得控制器忽略斜杠代码，并且执行程序中编写的所有指令。

> 程序段跳过功能设为"开"位置表示"忽略跟在斜杠后的所有程序指令"。

> 程序段跳过功能设为"关"位置表示"执行所有程序段指令"。

　　前面的例 1 中，如果程序段跳过功能为"开"，则忽略程序段 N4、N5 和 N6，如果该开关设置为"关"，则全部执行。同样在前面的例 2 中，程序段 N7 中的辅助功能 M08（冷却液"开"）前包含一个斜杠，如果跳过功能开关为"开"，将忽略冷却液功能，如果为"关"，冷却液功能将有效。在程序校验中的空运行模式下，要绕过喷出的冷却液，但不能使用手动倍率时，这一应用是非常有用的。

> 并不是所有的控制器都允许在任何其他位置使用斜杠代码，除了作为程序段中的第一个字符：/N.. 。

23. 4　程序段跳过和模态指令

　　为了理解模态值怎样对所忽略的程序段起作用，这里做一个回顾：程序中只需指定一次模态指令，即在它们第一次出现的程序段中，只要它们在后面的程序段中不改变，则不需要重复编写。

在完全不使用程序段跳过功能的程序中，它并不影响什么。当使用程序段跳过指令时，一定要注意所有的模态指令，使用斜杠代码的程序段中的指令并不是始终有效的，它取决于程序段跳过开关的设置。如果使用程序段跳过功能，从具有斜杠代码的部分转到没有斜杠代码的部分时，其中所有的模态指令都将丢失。编写程序段跳过功能时，如果忽略模态指令，可能会导致严重的错误。

有一个办法可以避免这一潜在问题，即在被程序段跳过功能影响的程序部分中重复编写所有的模态指令。

比较下面两个例子：

➲ 例 A——模态指令不重复编写：

```
N5 G00 X10. 0 Y5. 0 Z2. 0
/N6 G01 Z0. 1 F30. 0 M08
N7 Z - 1. 0 F12. 0                    （G01 和 M08 缺失）
N8 . . .
```

➲ 例 B——模态指令重复编写：

```
N5 G00 X10. 0 Y5. 0 Z2. 0
/N6 G01 Z0. 1 F30. 0 M08
N7 G01 Z - 1. 0 F12. 0 M08
N8 . . .
```

例 A 和例 B 中，包含斜杠代码的程序段将中间 Z 轴位置表示为 Z0.1，加工时可能只在某些情况下才需要这一位置，操作人员将决定是否使用并在何时使用它。

例子中的 N6 是关键程序段，它包含几个模态功能，指令 G01、Z0.1、F30.0 和 M08 将一直有效，除非在后面的程序段中取消或改变它们。很明显，从程序段 N7 开始，Z 坐标位置和切削进给率改变，但是如果跳过程序开关设为"开"，例 A 中没有重复编写的 G01 和 M08 指令将不再有效。

只有在程序段跳过功能为无效模式（关）时，例 A 和例 B 才会得到同样的结果，此时，控制系统将按照编程顺序，执行所有程序段中的指令。

激活程序段跳过功能（开）时，控制系统不执行跟在斜杠代码后的程序段指令，那么两个例子将有不同的执行结果。下面的例 A 将产生令人难以接受的结果，它很可能发生碰撞，例 B 使用了谨慎和深思熟虑的方法，其附加工作量有所增加。以下是忽略程序段 N6 时得到的不同结果：

➲ 例 A——模态指令不重复编写：

```
N5 G00 X10. 0 Y5. 0 Z2. 0              （快进运动）
N7 Z - 1. 0 F12. 0                     （快进运动）
N8. . .
```

➲ 例 B——模态指令重复编写：

```
N5 G00 X10. 0 Y5. 0 Z2. 0              （快进运动）
N7 G01 Z - 1. 0 F12. 0 M08             （进给率运动）
N8. . .
```

注意例 A 中忽略了直线运动 G01、进给率 F30.0 和冷却液功能 M08，两个例子中的 X 和 Y 轴都没有更新，所以保持不变。结论就是，例 A 的中的两个连续程序段将导致 Z 轴的快进运动，并促成潜在的危险情形，例 B 所示的正确情形中，重复编写所有指令（G01、F12.0 和 M08），这就确保了程序按照预期的结果运行。本章的下一节将讨论不同实际应用中的程序设计原则。

总的来说，设计使用了程序段跳过功能的 CNC 程序的一个基本原则就是：

> 通常要编写所有的指令，尽管它意味着对一些已保存程序值和指令的重复。

当程序设计完两个选择后，可以将斜杠符号放置到程序中，斜杠位于那些定义了可选择跳过的所有程序段中。一定要检查程序！

> 任何包含程序段跳过功能的 CNC 程序至少应该检查两次（分别在开和关模式下）。

双重检查的结果通常是令人满意的，不管程序段跳过有效或无效。如果检查出一个错误，即使是很微小的错误，也要马上纠正它！纠正错误后，至少再对程序进行两次检查，而且包括两种处理类型。双重检查的主要原因是：纠正一种处理方法（某些情形下）可能会导致另一种处理方法产生错误。

23.5　编程实例

程序段跳过功能非常简单，以致经常被忽视，然而它却是功能强大的编程方法，对这一功能的创造性使用将使很多程序受益。工作的类型和独创性的思考是它成功应用的关键，下面例子所示为程序段跳过功能的一些实际应用，这些例子可用做一般程序设计的开头，或用在拥有相似加工应用的场合。

（1）各种毛坯切除

在粗切中切除多余的毛坯材料是十分常见的操作。在车床上加工不规则表面（铸件、锻件等）或粗糙表面时，很难确定切削的次数，例如，对于某一给定的工作，其中一些铸件可能只有最小的余量，所以一次粗车或端面切削就已经足够，同一工作中的其他的铸件可能稍微大一点，因而需要两次粗车或端面加工。

如果设计的程序只含有一次粗车或端面切削，那么在加工厚的毛坯时将发生错误。对所有的工件都编写两次切削将比较安全，但对于只有最小余量的工件而言，效率较低，当毛坯很小时，将有很多称为"空切"的刀具运动。

⊃ 实例——不同的毛坯表面：

CNC 工作中，一个常见的问题就是对不同尺寸的毛坯进行端面切削。车削和铣削的解决方法一样——程序应该包括两次切削运动，并且在跟第一次切削相关的所有程序段中使用程序段跳过功能。

下面是车床上的一个典型端面切削实例，切削毛坯的尺寸介于 0.08（2mm）～0.275（7mm）之间。经过对几种加工选择的考虑，程序员确定可以一次切削的合理的最大毛坯为 0.135（3.5mm），如图 23-1 所示。

```
O2301              （车削）
（不同毛坯的端面加工）
N1 G20 G40 G99
N2 G50 S2000
N3 G00 T0200 M42
N4 G96 S400 M03
N5 G41 X3.35 Z0.135 T0202 M08
/N6 G01 X-0.05 F0.01
/N7 G00 Z0.25
/N8 X3.35
```

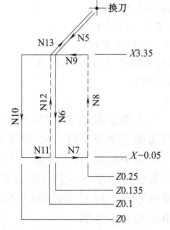

图 23-1　车削应用中不同毛坯的
　　　　　表面加工——程序 O2301

```
N9 G01 Z0 F0. 05
N10 X - 0. 05 F0. 01
N11 G00 Z0. 1
N12 X3. 5
N13 G40 X12. 0 Z2. 0 T0200
N14 M30
%
```

　　程序段 N5 中包含初始的刀具趋近工件运动。后面三个程序段前面都有斜杠，N6 中刀具切削前端面到 Z0.135，N7 中刀具移离端面，程序段 N8 是到初始直径的快进运动，程序段 N8 后面就没有别的程序段跳过了。N9 程序段包含到前端面 Z0 的倍率，N10 为前端面切削运动，N11 为刀具在空隙中的运动，其后为标准的结束程序段。

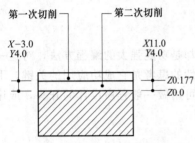

图 23-2　铣削应用中不同毛坯的
表面加工——程序段 O2302

　　对这个例子进行两次评估，可以表明真正发生了什么。第一次评估中，读所有的程序段并忽略程序段跳过功能，第二次中，忽略所有包含斜杠代码的程序段，第二次与第一次的结果是一样的，唯一的区别就是实际切削的次数不一样——它只有一次切削，而不是两次。铣削中的步骤也是相似的。

　　铣削应用实例中使用 ϕ5in 的平面铣刀，需要铣削平面的毛坯材料余量为 0.120～0.315，这里选择的最大合理切削深度为 0.177（4.5mm），如图 23-2 所示。

```
O2302                        （铣削）
（不同毛坯的表面加工）
N1 G20
N2 G17 G40 G49 G80
N3 G90 G00 G54 X11. 0 Y4. 0
N4 G43 Z1. 0 S550 M03 H01
N5 G01 Z0. 177 F15. 0 M08
/N6 X - 3. 0 F18. 0
/N7 Z0. 375
/N8 G00 X11. 0
N9 G01 Z0
N10 X - 3. 0 F18. 0
N11 G00 Z1. 0 M09
N12 G28 X - 3. 0 Y4. 0 Z1. 0
N13 M30
%
```

　　上例中的程序段 N5 中，Z 轴趋近到 Z0.177 以进行第一次切削，如果需要，可以跳过后面的三个程序段。N6 程序段中，平面铣刀实际在 Z0.177 位置切削，N7 是切削后的刀具在间隙中的运动，N8 退刀到初始 X 位置，N8 程序段后没有别的程序段跳过了。程序段 N9 不需要进给率——它可能是 F15.0，也可能是 F18.0，这取决于是否跳过 N6～N8 程序段，而程序段 N10 中的进给率非常重要，进行实际切削时，这样一个重复可以确保关键程序段中所需的进给率。

　　通过上面的车床和铣床实例，至少对程序开发中使用程序段跳过功能的逻辑有了一些基本了解，完全一样的逻辑方法可以用在两把以上的切刀上，也可以应用在端面切削以外的操作中。

（2）改变加工模式

程序段跳过功能在另一种应用中非常有效，即简单的族工件编程，"族编程"表示在两个或多个工件的编程条件设计中可能有一些细微的差别。相似工件间的这种微小的变化，通常很适合使用程序段跳过功能，在使用程序段跳过功能的程序中，可以对不同工程图之间的加工模式做一些细微的改变。下面两个例子所示为编写改变刀具路径的典型可能性，一个例子强调的是跳过加工位置，另一个例子中强调的是改变模式本身。两个例子均使用公制单位且都以凹槽加工操作为例，图 23-3 中的车床实例对应于程序 O2303。

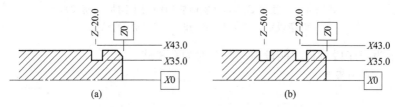

图 23-3　不同的加工模式——车削应用

图 23-3（a）所示为程序段跳过功能设为"开"时的加工结果，图 23-3（b）所示为程序段跳过功能设为"关"时的加工结果，它们使用的程序相同。

```
O2303      （车床实例）
N1 G21
...
N12 G50 S1800
N13 G00 T0600 M42
N14 G96 S100 M03
N15 X43. 0 Z - 20. 0 T0606 M08
N16 G01 X35. 0 F0. 13
N17 G00 X43. 0
/N18 Z - 50. 0
/N19 G01 X35. 0
/N20 G00 X43. 0
N21 X400. 0 Z45. 0 T0600 M01
```

程序 O2303 所示是为两个具有相似特征的工件而编写的程序，一个工件需要加工一个凹槽，另一个需要加工两个同样直径的凹槽。例子中的两个凹槽一样——它们有同样的宽度和厚度，并且用同样的刀具加工，唯一的区别就是凹槽的数目和第二个凹槽的位置。根据所加工的凹槽，工件的加工需要将程序段跳过功能设为"开"或"关"。

看看程序实例中比较重要的程序段。N15 程序段是初始运动，它到达第一个凹槽的开始位置 $Z-20.0$，接下来的两个程序段 N16 和 N17 中，对槽进行切削加工并将切削刀具退回有间隙的直径处。如果需要，接下来的三个程序段将切削第二个凹槽，这就是使用程序段跳过代码的原因。程序段 N18 中，刀具移动到凹槽 2 的初始位置 $Z-50.0$，程序段 N19 切削凹槽，程序段 N20 中，刀具从凹槽退到安全间隙位置。

图 23-4 中所示的铣削实例也使用公制单位，相应的程序为 O2304。程序亦处理两个相似模式，两个工件有四个孔一样，只是第二个工件少了两个孔，这是使用程序段跳过的相似程序的很好例子。

程序 O2304 的区别就是六个孔和四个孔的孔加工模式。使用程序段跳过功能，可以使一个程序包括两种模式，图 23-4（a）所示为程序段跳过功能设为"关"时的孔模式，图

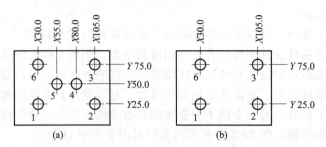

图 23-4 程序 O2304（铣削应用中的不同加工模式），
程序段跳过"关"（a）和"开"（b）的结果

23-4（b）所示为程序段跳过功能设为"开"时的孔模式。

```
O2304          （铣削实例）
N1 G21
...
N16 G90 G00 G54 X30. 0 Y25. 0 M08
N17 G43 Z25. 0 S1200 M03 H04
N18 G99 G81 R2. 5 Z – 4. 0 F100. 0        （孔 1）
N19 X105. 0                               （孔 2）
N20 Y75. 0                                （孔 3）
/N21 X80. 0 Y50. 0                        （孔 4）
/N22 X55. 0                               （孔 5）
N23 G98 X30. 0 Y75. 0                     （孔 6）
N24 G80 G28 X30. 0 Y75. 0 Z25. 0
N25 M01
```

程序段 N18～N20 加工孔 1、2 和 3。只有在程序段跳过功能设为无效模式（关）时才加工 N21 中的孔 4 和 N22 中的孔 5，程序段跳过设置有效（开）时，不会加工任何一个孔。程序段 N23 总是加工编号为 6 的孔。

程序 O2305 是这一应用的翻版，这里有五个孔位置，只在一个程序段中使用程序段跳过功能，它仅仅控制孔的 Y 位置。图 23-5（a）所示为程序段跳过功能设为"关"时的模式，图 23-5（b）所示为程序段跳过功能设为"开"时的模式，中间的孔有不同的 Y 轴位置，这取决于加工中的程序段跳过功能设置。

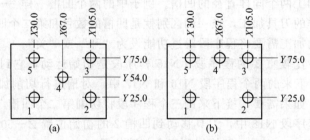

图 23-5 程序 O2305（铣削应用中的不同加工模式），
程序段跳过"关"（a）和"开"（b）的结果

```
O2305          （铣削实例）
N1 G21
...
N16 G90 G00 G54 X30. 0 Y25. 0 M08
```

```
N17 G43 Z25. 0 S1200 M03 H04
N18 G99 G81 R2. 5 Z - 4. 0 F100. 0              （孔 1）
N19 X105. 0                                     （孔 2）
N20 Y75. 0                                      （孔 3）
N21 X67. 0 / Y54. 0                             （==>孔 4）
N22 G98 X30. 0 Y75. 0                           （孔 5）
N23 G80 G28 X30. 0 Y75. 0 Z25. 0
N24 M01
```

如果程序段跳过模式为"开"，程序段 N21 不执行其中的地址 Y54.0，在位置 X67.0 Y75.0 钻削孔 4。如果程序段跳过模式为"关"，则在 X67.0 Y54.0 处钻削孔 4，这时 Y54.0 将覆盖来自程序段 N20 中的 Y75.0 位置。为了确保位置 5 处的正确钻削，必须在程序段 N22 中编写 Y75.0 坐标，如果省略它，来自程序段 N21 程序段跳过"关"模式中的 Y54.0 将拥有优先权。

设计相似工件族程序的最简单的方法就是使用程序段跳过功能，这一应用只受程序段跳过功能限制，但它们却提供了功能强大的编程技术基础和逻辑思考实例。关于编写工件的复杂族程序的更详细的描述和实例，可以在特殊的用户宏选项中找到，Fanuc 在许多控制器中都提供了这一选项。

（3）用于测量的试切

程序段跳过还有一个应用，它为机床操作人员在终加工前提供测量方法。由于切削刀具不大理想的尺寸以及其他一些因素，加工完的工件可能稍微超出了所需公差范围。

下面的编程方法对编写具有很小公差范围的工件很有用，它对那些在所有加工完成前很难测量其形状的工件也很有用，比如锥体。对有些工件，单把刀具的循环时间很长，并且在产品加工前需要很好地协调所有的刀具偏置，这时上述方法也是非常有用的。

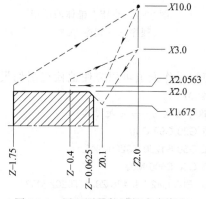

图 23-6　用以测量的试切在车床上的应用——程序 O2306

工件的编程使用这一方法要有效得多，因为它可以消除重切，加快表面加工速度，甚至可以避免产生废品。两种情况下，试切编程方法需要使用程序段跳过功能，设置跳过程序模式为"关"，机床操作人员检查试切尺寸，如果需要，则调整个别偏置，然后设置程序段跳过为"开"以继续加工。

例 O2306 中描述的一般概念对车削和铣削同样适用，如图 23-6 所示。

```
O2306
（试切—车床）
N1 G20
...
N10 G50 S1400
N11 G00 T0600 M43
N12 G96 S600 M03
/N13 G42 X2. 0563 Z0. 1 T0606 M08
/N14 G01 Z - 0. 4 F0. 008
/N15 X2. 3 F0. 03
/N16 G00 G40 X3. 0 Z2. 0 T0600 M00
```

/（试切直径为 2.0563in）

/N17 G96 S600 M03
N18 G00 G42 X1.675 Z0.1 T0606 M08
N19 G01 X2.0 Z-0.0625 F0.007
N20 Z-1.75
N21 X3.5 F0.01
N22 G00 G40 X10.0 Z2.0 T0600
N23 M01

程序段跳过设为"关"时，程序 O2306 将执行所有的程序段，包括试切和轮廓精加工。程序段跳过设为"开"时，仅仅执行加工到所要求尺寸的操作，不包括试切，这种情况下，所有重要的指令都通过对关键指令的重复而保留下来（程序段 N18），这样的重复对在两种程序段跳过模式下的成功执行是非常关键的。N16 中的 M00 功能可以停止机床以检查尺寸。

为什么在例子中选择 2.0563 的试切直径？它的逻辑是什么？试切直径可以是别的合理尺寸，比如 2.05，那将在每边留下 0.025 的平均余量以进行精车。如果选择别的直径也完全正确，选择四位小数只有一个原因——从形式上鞭策操作人员保证精确的偏置设置。当然可以与它不同，程序员可能更喜欢三位小数甚至两位小数，完全可以自由选择。

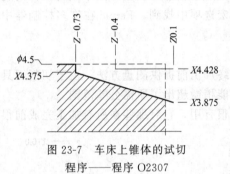

图 23-7　车床上锥体的试切
程序——程序 O2307

下面的例子中，在实际加工前编写了另一个试切程序，但其原因不一样，如图 23-7 所示。

程序 O2307 中，工件加工后的形状是一个锥体，该特征在加工完成前难以测量。在试切和错误方式下调整刀具偏置，并不是一个正确的解决办法，可以在实体材料区域内沿直径方向编写试切程序，这使得操作人员可以方便地检查试切尺寸，并在完成最后切削前调整偏置。

O2307
（锥体的试切——一把刀具）
N1 G20 G99 G40
N2 G50 S1750 T0200 M42
N3 G96 S500 M03
/N4 G00 G42 X4.428 Z0.1 T0202 M08
/N5 G01 Z-0.4 F0.008
/N6 U0.2 F0.03
/N7 G00 G40 X10.0 Z5.0 T0200 M00
/（试切直径为 4.428in）

/N8 G96 S500 M03
N9 G00 G42 X4.6 Z0.1 T0202 M08
N10 G71 U0.15 R0.03
N11 G71 P12 Q14 U0.06 W0.005 F0.01
N12 G00 X3.875
N13 G01 X4.375 Z-0.73 F0.008
N14 X4.6 F0.012
N15 S550 M43

N16 G70 P12 Q14

N17 G00 G40 X10. 0 Z5. 0 T0200 M01

　　程序 O2307 所示为一种常见情形，即用一把切削刀具来进行粗加工和精加工，它以简单的形式显示了使用程序段跳过功能的合理方法。在大多数应用中，需要不同的粗加工和精加工刀具，这取决于所需的精度等级，使用两把切削刀具时，精加工刀具的试切尺寸通常比粗加工的更重要。程序 O2308 所示为使用两把切削刀具的程序段跳过功能——T02 用做粗加工，T04 用做精加工，这里仍使用图 23-7 中的例子。

O2308

（锥体的试切——两把刀具）

N1 G20 G99 G40

N2 G50 S1750 T0200 M42

N3 G96 S500 M03

/N4 G00 G42 X4. 46 Z0. 1 T0202 M08

/N5 G01 Z - 0. 4 F0. 008

/N6 U0. 2 F0. 03

/N7 G00 G40 X10. 0 Z5. 0 T0200 M00

/（T02 试切直径为 4. 46in）

/N8 G50 S1750 T0400 M43

/N9 G96 S550 M03

/N10 G00 G42 X4. 428 Z0. 1 T0404 M08

/N11 G01 Z - 0. 4 F0. 008

/N12 U0. 2 F0. 03

/N13 G00 G40 X10. 0 Z5. 0 T0400 M00

/（T04 试切直径为 4. 428in）

/N14 G50 S1750 T0200 M42

/N15 G96 S500 M03

N16 G00 G42 X4. 6 Z0. 1 T0202 M08

N17 G71 U0. 15 R0. 03

N18 G71 P19 Q21 U0. 06 W0. 005 F0. 01

N19 G00 X3. 875

N20 G01 X4. 375 Z - 0. 73 F0. 008

N21 X4. 6 F0. 012

N22 G00 G40 X10. 0 Z5. 0 T0200 M01

N23 G50 S1750 T0400 M43

N24 G96 S550 M03

N25 G00 G42 X122. 0 Z3. 0 T0404 M08

N26 G70 P19 Q21

N27 G00 G40 X10. 0 Z5. 0 T0400 M09

N28 M30

%

　　可以进一步改进例子 O2308，例如包括锥体宽度的控制。编写试切很有用，尽管介绍了许多可能的应用，但该技术却经常被忽略。

　　（4）程序校验

程序段跳过功能对在机床上校验新程序以及检查明显的错误也很有用。经验有限的操作人员在第一次运行程序时可能有些忧虑，操作人员最关心的就是朝向工件的初始快速运动，尤其当间隙很小时。许多现代 CNC 机床的快速运动速度可能非常高，可超过 2000in/min，在如此快的速度下，快速趋近工件上的切削位置，可能使操作人员没有信心，尤其当这一位置跟材料非常接近时。在许多控制器上，CNC 操作人员可以设置快速倍率为 100%、50%、25%甚至更低，老式控制器上不能设置快速倍率。

下面两个例子（O2309 和 O2310）所示为排除设置和程序校验过程中的问题的一般编程方法，但为了保证生产力，在重复操作中，仍然保持最大的快速运动速率。

程序段跳过功能在这些例子中的作用跟平时一样——如果控制器支持这种方法，它只用在程序段中的一个部分，而不是整个程序段。

```
O2309      （车削实例）
N1 G20 G40 G99
N2 G50 S2000
N3 G00 T0200 M42
N4 G96 S400 M03
N5 G41 X2.75 Z0 T0202 M08 / G01 F0.1
N6 G01 X .. F0.004
N7 ...
```

```
O2310      （铣削实例）
N1 G20 G17 G40 G80
N2 G90 G00 G54 X219.0 Y75.0 M08
N3 G43 Z-1.0 S600 M03 H01 / G01 F30.0
N4 G01 X .. F12.0
N5 ...
```

两个例子中，只在一个程序段中使用程序段跳过。两个程序的设计都利用了同一程序段中的两条互相冲突的指令，如果在一个程序段中使用两条互相冲突的指令，那么程序段中的后一条指令将无效（不排除有例外）。

两个例子中的第一条指令为 G00，第二条为 G01。通常，G01 的优先级要高，但因为斜杠代码的存在，所以如果程序段跳过设为"开"，控制器接受 G00，如果程序段跳过设为"关"，则接受 G01。当程序段跳过模式为"关"时，控制器将阅读两条运动指令，且程序段中的第二条指令有效（G01 取代 G00）。下面再看看已经强调过的一个可能性：

> 并不是所有的控制器都可以在程序段中间使用程序段跳过。

机床第一次运行时，操作人员应该设置程序段跳过为"关"，使 G01 指令有效，此时刀具运动将比快速模式慢，但要安全得多。同样，控制系统的进给率超程开关也是有效的，它将提供更大的弹性空间。

完成程序校验并确认安全的刀具趋近后，可以将程序段跳过设为"开"，以防止执行 G01 运动，例 O2309 和 O2310 都是为了达到某一特殊结果而打破传统做法的典型实例。

（5）在棒料进料器上的应用

对 CNC 车床上的连续加工，也可以在棒料进给时使用程序段跳过功能，如果棒料进料器支持这一功能，其技术是非常简单的。常见的程序实际上有两个末尾——一个使用 M99 功能，另一个使用 M30 功能。M99 程序段位于跳过程序段功能 [/] 后，并且在程序中位于 M30 代码前。这一特殊技术将在第 44 章中详细介绍。

（6）程序段跳过编号

加工中将程序段跳过功能设为"开"或"关"位置，且在整个程序中都保持这一模式。如果在程序的一个部分需要"开"设置，而其余的并不需要时，通常应该在程序注释中告知操作人员，在程序运行中改变程序段跳过模式是不安全的，也很容易产生问题。

一些控制器上有可选功能，即选择性或编号跳过程序号功能。这一选项使得操作人员可以选择程序的哪一部分需要"开"设置，哪一部分需要"关"设置，该设置可以在按下循环开始键初始化程序之前完成，这里同样使用斜杠符号，但后面跟有 1～9 之间的一个数字。这一模式的实际选择在控制屏幕（设置）的匹配转换号码下完成。

例如，一个程序可能包含三组，且希望对每一组使用不同的跳过功能设置。通过使用斜杠符号后的转换号码，可以清楚地定义这些组，并且所有的操作人员必须使控制器设置与所需的运动相匹配。

```
N1 ...
N2 ...
/1 N3 ...                   （第 1 组程序段跳过）
/1 N4 ...                   （第 1 组程序段跳过）
...
...
N16 ...
/2 N17 ...                  （第 2 组程序段跳过）
/2 N18 ...                  （第 2 组程序段跳过）
/2 N19 ...                  （第 2 组程序段跳过）
...
...
N29 ...
/3 N30 ...                  （第 3 组程序段跳过）
/3 N31 ...                  （第 3 组程序段跳过）
...
...
N45
...
```

正常情况下，相同的规则也可以应用在选择性的程序段跳过功能中。顺便说一下，/1 选择就相当于一个斜杠符号，所以上面的程序段 N3 和 N4，同样可以写成这样：

```
/ N3 ...
/ N4 ...
```

> 并不是所有的控制器都可以使用跳过程序号功能。

使用了选择性程序段跳过功能的程序易于管理，也很有效，但这可能给机床操作人员添加了不少负担。对于大部分的工作，使用标准的程序段跳过功能可以获得许多强大的编程功能。

第24章 暂停指令

暂停指令是应用在程序处理过程中有目的的时间延迟。在程序指定的这段时间内，所有轴的运动都将停止，但不改变所有其他的程序指令和功能（功能正常），超过指定的时间后，控制系统将立即从包含暂停指令程序段的下一程序段重新开始处理程序。

24.1　程序应用

暂停指令的编程十分简单，它主要有以下两个方面的重要应用：

❑ 在实际切削过程中，即刀具接触材料时；

❑ 当没有切削运动时，对机床附件的操作。

对于程序员来说，这两个方面的应用同等重要，尽管并不会同时用到。

（1）切削中的应用

刀具切削材料毛坯时，它跟所加工的工件是接触的。加工过程中使用暂停指令有很多原因，如果主轴正在运转，那么主轴的转速（r/min）很重要。

实际上，暂停指令主要用于在钻孔、扩孔、凹槽加工或切断工件时排屑，也用于车削和钻孔时消除切削刀具最后切入时留在工件上的所有加工痕迹。暂停指令还用于其他方面，例如以高速进给率加工斜面的时候，它可以控制切削进给的减速，这对于受后坐力问题困扰的老式控制系统非常有用。两种情形下，暂停指令"迫使"系统在完全完成当前程序段的加工操作后，再执行下一程序段。CNC程序员必须提供暂停所需的确切时间，它必须恰到好处，不能太短、也不能太长。

> 暂停指令总是在下一个操作开始前完成。

（2）在机床附件中的应用

暂停指令的第二个常见应用是在某些辅助功能（M功能）后，其中一些功能用于控制各种CNC机床附件，如棒料进料器、尾座、套筒、工件爪、客户功能等。程序中的暂停时间能保证彻底完成某一特定步骤，如尾座操作，这种情况下机床主轴可以静止、也可以旋转，因为此时切削刀具并没有接触工件材料，所以机床主轴是否旋转并不重要。

在一些CNC机床中，改变主轴转速时也需要用到暂停指令，这通常发生在齿轮传动速度范围调整后（主要用于CNC车床中）。这种情况下最好依据CNC机床生产商的建议，以确定怎样以及何时编写暂停指令。第44章中介绍了暂停指令在车床附件中应用的一些典型例子。

24.2　暂停指令

G04	暂停指令

暂停的常见准备功能是G04。跟其他G指令一样，单独使用G04并没有什么作用，它必须与其他指令一起使用，并指定暂停时间。暂停可使用X、P或U（U仅用于CNC车床）三个地址。由所选地址指定的实际暂停时间往往只是几毫秒或几秒，这由所选的地址决定。

一些控制系统使用不同的地址来编写暂停，但其主要目的与编程方法是一致的。

加工中心的一些固定循环也会用到暂停指令。暂停指令与循环数据编写在一起，而不是用在单独的程序段中（未使用 G04）。只有需要用到暂停的固定循环才可以在同一个程序段中使用暂停指令，其他应用中则必须将暂停编写在独立的程序段中。暂停是模态指令，它只在所在程序段中有效。执行暂停时并不影响程序处理状态，但会影响总的循环时间。

暂停指令结构

暂停时间的结构（或格式）如下：

X5.3　　　除固定循环外，所有机床都适用。

U5.3　　　只用于车床。

P53　　　　包括固定循环在内的所有机床都适用。

尽管不同控制系统中有所区别，但典型的格式是小数点前有 5 位数字、小数点后有 3 位数字。

暂停时间的单位是毫秒或秒，它们之间的换算关系为：

$$1s=1000ms; 1ms=0.001s$$

其中　　s——秒；

　　　　ms——毫秒。

下面是暂停指令格式的实际应用：

G04 X2.0　　　…长暂停时间格式（s）

G04 P2000　　…短或中等暂停时间格式（ms）

G04 U2.0　　　…只用于车床（s）

上面三个例子中，暂停时间是 2s 或 2000ms，显示的三种格式结果一样，下面的例子与此类似：

G04 X0.5

G04 P500

G04 U0.5

这个例子同样给出了三种格式，其暂停时间是 500ms 或 0.5s。

暂停指令可能会以下面的方式在 CNC 程序中出现，注意暂停指令编写在两个程序段中间的独立程序段中。

N21 G01 Z-1.5 F12.0

N22 G04 X0.3　　　　　（暂停 0.3s）

N23 Z-2.7 F8.0

程序中使用 X 或 U 地址可能会引起混淆，尤其对于新程序员，X 和 U 地址可能会被错误地编译为轴的运动，事实上并不如此。定义 X 轴和它在车床上的应用，U 轴是暂停轴。

> X 轴是所有 CNC 机床上唯一的公共轴。

> X、P 或 U 地址跟暂停指令 G04 一起使用时不会发生轴运动。

控制单元将 X 或 U 指令编译为暂停而不是轴运动，因为程序中出现的准备功能 G04 确定了它后面地址的含义。如果感觉使用 X 或 U 地址不方便，可以使用第三种选择——P 地址，不过 P 地址字不允许使用小数点，因此它后面的数字直接以毫秒为单位来控制暂停时间，1ms=1/1000s，因此 1s=1000ms。

地址 X 和 U 也可以与 G04 编程，时间单位为毫秒，且不使用小数点，例如：

G04 X2.0　　　等同于　　　G04 X2000

这里默认使用前零消除格式，它不使用小数点（但后面的 0 不能省略）：

P1　　＝　P0001　　　...1 ms　　＝　0.001s
P10　　＝　P0010　　　...10 ms　　＝　0.01s
P100　＝　P0100　　　...100 ms　　＝　0.1s
P1000＝　P1000　　　...1000 ms　　＝　1.0s

由于最短暂停时间比最长暂停时间更重要，每个控制器都有最长暂停时间界限。对于小数点前面和后面分别使用 5 位和 3 位数字的格式，其暂停时间范围为 0.001～99999.999s，也就是从 1/1000s～27h46min39.999s。

使用 X 和 P 地址的暂停编程应用在加工中心和车床中都一样，但是 U 地址只能用于车床程序中。使用英制或者公制单位对于暂停指令没有影响，因为时间不是尺寸。

24.3　暂停时间选择

暂停时间很少会超过几秒钟，通常都远远小于 1s。暂停时间通常是非生产性的，因此应该选择能完成所需运动的最短时间，通常机床生产厂家会推荐比较合适的暂停时间，来完成特定的加工操作或者在特殊机床附件的应用。选择暂停时间是程序员的职责，但很多程序员总是选择过大的暂停时间，毕竟 1s 看起来很短，但是请看下面的例子：

在程序段中将暂停时间设定为 1s，主轴转速为 480r/min，工件加工中有 50 处用到暂停，这意味着每个零件的循环时间因为暂停而多了 50s。50s 看起来似乎并非很不合理，但是这有必要么？思考或者计算一下。如果真的需要暂停，那么计算要完成该工作所需的最短的时间，不经过思考和计算就不应该草率地选择暂停时间，这个例子中的最短时间是 0.125s：

$$60/480＝0.125$$

这一最短时间是最初编写的 1s 的 1/8，如果使用最短时间而不是估计的时间，那么整个循环只需要 6.25s，远小于原来的 50s。这极大地提高了编程效率和生产力。

马上将介绍最短暂停时间的计算及相关问题。

24.4　设置模式和暂停

加工中心的绝大部分程序使用单位时间的进给率（mm/min 或 in/min），车床则通常使用主轴每转的进给率，如 mm/r 或 in/r，多数 Fanuc 控制器中，参数设置允许编程的暂停时间为秒、毫秒或者主轴转数。每种方式都有它的实际应用和优点，依据不同的系统参数设置，暂停指令有不同的意义：

（1）时间设置

这是几乎所有 CNC 机床最常见和实用的缺省设置，暂停时间的单位为秒或毫秒，范围从 0.001～99999.999s，这也是 Fanuc 和其他许多类似控制系统典型的范围：

G04 P1000

表示暂停 1s 或 1000ms。

（2）转数设置

主轴转数设置就是用主轴旋转的转数来表示暂停时间，范围为 0.001～99999.999r，例如：

G04 P1000

表示暂停主轴旋转一周所花的时间（P1000＝1.000）。

24.5 最短暂停时间

在切削过程中，也就是切削刀具与加工零件接触的操作，最短暂停时间的定义很重要，但是设置模式并不重要（时间设置和转数设置都可以）。

> 最短暂停时间是主轴旋转一周所需的时间。

最短暂停时间（s）可以用下面的公式计算：

$$最短暂停时间(s) = \frac{60}{r/min}$$

⮞ 实例：

计算最短暂停时间（s），主轴转速为 420r/min，用 60（1min＝60s）除以它：

$$60/420 = 0.143s$$

程序中暂停程序段格式的选择取决于所使用的机床类型和编程风格，下面几个例子都表示暂停 0.143s：

G04 X0.143

G04 P143

G04 U0.143

不管采用哪种格式，例子中所有的暂停时间都为 143ms（即 0.143s），暂停时间也可使用下面的公式直接计算：

$$最短暂停时间(ms) = \frac{60 \times 1000}{r/min} = \frac{60000}{r/min}$$

程序中也可以混合使用两种不同的格式，但它会导致编程风格不一致。

实用性考虑

从暂停的实用性考虑，计算出来的最短暂停时间仅仅在理论上是正确的，但并不是最实用的。通常将计算出来的值向上圆整，例如：

G04 X0.143 可能成为 G04 X0.2

或者放大为原来的两倍，即 G04 X0.286，有时甚至使用 G04 X0.3。

考虑到加工实际才对此进行调整。操作人员可能需要让主轴在倍率模式下来完成特定的工作，甚至可能是最慢的设置（50%），因为大多数 CNC 系统中最小的主轴转速倍率通常是 50%，所以 2 倍的最小暂停时间能确保主轴至少停转一周且不会浪费生产时间。

有没有一种可用于大多数工作的神奇暂停时间呢？没有，但是可以发现大多数暂停时间都非常短暂，通常在 0.2~0.5s。将前面的公式颠倒过来，便可计算暂停时的转速(r/min)：

$$r/min = \frac{60}{暂停时间(s)}$$

例如，加入编程暂停时间为 0.25s，则合适的转速是相对较低的 240r/min，事实上，主轴转速越高，所需的暂停时间越短。

另一个实例基于特定的加工操作，例如点钻。根据毛坯材料的不同，点钻的编程主轴转速范围通常是 600~1500r/min，600r/min 时的双倍最短暂停时间为 200ms，而 1500r/min 时则是 80ms，这样的实际好处就是，为任何低于 1500r/min 的主轴转速编写 250ms 的暂停时间，通常可确保双倍最短时间。这是一种折中的方法，但是对于孔操作而言，这是点钻或类似操作的最快编程方法。

24.6　转数

其他暂停模式（由系统参数选择）的编程格式同样如此，但是含义有很大不同。在一些程序中，编写某一主轴转数的延时可能要比指定时间更加合适。

例如车床上切槽时，切槽刀可能需要在槽底停留一段时间以清理槽底面，这里的时间当然可以以秒来计算（见下面），但是另一种方法可能更有吸引力。如果设置某个参数，许多控制器允许程序直接使用所需的主轴转数，例如可以直接编写主轴暂停旋转 3 次所需的时间，而不需要考虑转速（r/min）大小。

CNC 车床上切槽时，通常使用切削速度而不是主轴转速，这种情形下便会出现一个小问题：实际主轴转速未知，当然，这可以计算出来，但是这种努力不值得。使用转速便可以解决该问题，即使切削速度改变（优化）也同样可以。

（1）系统设置

如果控制系统采用主轴转数而不是秒或毫秒来表示暂停时间，那么程序将非常直接，它只需使用暂停指令 G04，后面跟有所需的主轴转数：

G04 X3.0　 …主轴旋转 3 周，直接输入

G04 P3000　…主轴旋转 3 周，直接输入

G04 U3.0　 …主轴旋转 3 周，直接输入

每种格式都表示暂停主轴旋转 3 周所需的时间，那么如何知道程序中的值是表示时间还是表示转数呢？我们不得而知。

> 必须清楚暂停的控制器设置。

这时需要了解控制器的设置，一条判断准则就是暂停时间输入相对较大——旋转 3 周所需时间通常要远远小于 3s。用转数设置时允许使用小数点，即可以表示非整数转，如二分之一转或四分之一转。

（2）等效时间

两种暂停模式不能在同一程序甚至不同程序之间混合使用，这种混用不实用，因为CNC 系统参数一次只能设置为一种暂停模式。由于控制器参数通常将暂停设置为秒或毫秒，所以如果用主轴转数表示暂停就必须计算其等效时间，这种情况下必须知道主轴转速（in/min）。

使用下式可将主轴转数换算成相应的暂停时间（s）：

$$\text{暂停时间(s)} = \frac{60n}{\text{r/min}}$$

式中　60——分钟数（换算因数）；

　　　n——所需主轴转数；

　r/min——当前主轴转速。

❍ 实例：

计算暂停主轴旋转 3 周的等效时间，主轴转速为 420r/min，可使用上述公式：

$$\text{暂停时间(s)} = 60 \times 3 / 420 = 0.429$$

如果以暂停时间来表示所需的 3 周主轴旋转，可使用下面任意一种格式：

G04 X0.429　 …主轴旋转 3 周，等效时间

G04 P429　　 …主轴旋转 3 周，等效时间

G04 U0. 429　　 ... 主轴旋转 3 周，等效时间

也可以反过来计算，以主轴转数来表示等效的暂停时间，该结果通常不是整数而需要向上圆整，可以很容易将上述公式调整为：

$$暂停时间(r)=\frac{r/min×暂停时间(s)}{60}$$

◯ 实例：

验算公式是否正确，将上例中的 0.429s 以及 420r/min 代入公式计算：

$$暂停时间(r)=420×0.429/60=3.003r$$

结果表明公式是正确的，计算开始时通常都是经过圆整的，例如将时间舍入为 0.5s：

$$暂停时间(r)=420×0.5/60=3.5r$$

基于主轴转数的暂停时间主要用在 CNC 车床程序中，尤其在以很低的主轴转速切削时。主轴低速旋转与转速较高时的暂停时间范围不同，它不允许暂停时间的计算有较大的误差，为达到预期的加工结果，至少需要暂停工件旋转一周所需的时间，不然就没必要使用程序暂停。考虑如下例子：

设定暂停时间为 0.5s，主轴转速为 80r/min，0.5s 对应的主轴转数为：

$$80×0.5/60=0.6666667$$

它少于一个完整的主轴旋转，这时暂停并不起作用，需要增加暂停时间，因此 0.5s 的暂停时间是不够的，最小的暂停时间可利用先前给出的公式计算得到：

$$60×1/80=0.75s$$

通常并不需要这种计算，大多数编程任务通过标准的每单位时间暂停计算都能够满足要求。

24.7　长暂停时间

如果仅仅出于 CNC 加工目的，并不需要、也没必要使用长暂停时间，但是不是说就完全不需要长暂停时间呢？

长暂停时间是远远超出大多数应用所需时间范围的编程时间。加工中极少需要编写超过 1s、2s、3s 或者 4s 的暂停，控制系统中可用的较大时间范围（超过 27h）只是针对维修人员，而不是 CNC 程序员。当维修技术员编写程序调试主轴功能时，长暂停时间是非常有用的。

仔细考虑以下在机床维修中常见的实际情形——CNC 机床的主轴在返回加工前必须进行维修和调试，调试包括以不同的转速运行主轴，每个速度选择都需要运行一定的时间。

在这种情况下，维修部门需要一个小 CNC 程序，程序中主轴以 100r/min 的转速运行 10min，然后再以 500r/min 的转速运行 20min，最后以 1500r/min 的最高转速运行 30min。该程序并不是不可或缺的，因为维修技术员可以手动进行调试，手动调试效率不高，但它仍可达到维修调试的目的。

在这种情况下更好的选择是将调试步骤作为一个小程序直接存储在 CNC 内存中，加工中心和车床的维修程序可能会有细微的差别，但它们的目的一样。

◯ 实例：加工中心的主轴调试：

S100 M03　　　　　　　　 (初始转速 100r/min)

G04 X600. 0　　　　　　　 (600s＝10min)

S500　　　　　　　　　　 (转速增至 500r/min)

G04 X1200. 0	（1200s＝20min）
S1500	（转速增至 1500r/min）
G04 X1800. 0	（1800s＝30min）
M05	（主轴停）

以上例子中初始主轴速度为 100r/min，后面紧跟 600s 的暂停，即 10min 的连续运转；然后主轴速度增加至 500r/min，暂停时间为 1200s，即 20min；最后以 1500r/min 的主轴速度运转 1800s，即 30min。

注意对于特殊的长暂停，使用秒要比毫秒更实用。

➲ 实例：车床的主轴调试：

M43	（齿轮传动速度范围选择）
G97 S100 M03	（初始转速 100r/min）
G04 X600. 0	（600s＝10min）
S500	（转速增至 500r/min）
G04 X1200. 0	（1200s＝20min）
S1500	（转速增至 1500r/min）
G04 X1800. 0	（1800s＝30min）
M05	（主轴停）

这个例子与前面加工中心的例子类似。最初的主轴速度设置包括齿轮传动速度范围选择，例如 M43。主轴转速被设定为 100r/min，暂停 600s，即主轴旋转 10min；然后转速增加至 500r/min 并运行 20min（1200s）；在主轴停止之前，主轴转速增至 1500r/min 并以该速度运行 30min（1800s）。

长暂停只用于特殊场合，一定不能用于其他目的。

> 使用长暂停时间时要遵循所有的安全准则！

（1）机床预热

使用长暂停时间的另一个程序（通常是子程序）深受众多 CNC 程序员和 CNC 操作人员的喜爱，即在进行重要工作前对机床进行预热。在冬季或较冷的车间里，早上通常都要对机床进行预热，这样可以使机床在加工精密元件前的温度与环境温度一致，高速加工中也可使用它让主轴转速逐渐达到最大（8000r/min 以上），通常必须优先考虑安全因素。

（2）X 轴为暂停轴

控制器可以在屏幕上显示剩余的暂停时间。典型的 Fanuc 控制器中，可以在位置（POS）显示屏上观察移动距离指示器的 X 轴，无论使用何种控制系统，甚至程序中使用 P 或 U 地址，它也只显示 X 轴，因为 X 轴是唯一的暂停轴。为什么选择 X 轴而不是其他轴作为暂停轴呢？原因很简单，因为 X 轴是所有 CNC 机床的公有轴，如钻床、磨床、加工中心、电火花切割机、高压水加工、激光加工等，这些机床都使用 XY 轴或 XYZ 轴，两轴车床使用 XZ 轴（没有 Y 轴），电火花加工使用 XY 轴（没有 Z 轴），其他机床与此相似。

（3）安全与暂停

前面已经给出了很多安全提示，程序中使用长暂停时间时必须加倍小心，尤其是维修机床时。CNC 机床不能处于完全无人看管的状态——毕竟，调试有可能失败。如果调试中需要使用长暂停时间，应该贴出明显的警告标志，假如这样的标志没用，应该由某个人监控机床的调试。

还有另外一个注意事项——暂停功能不仅仅是让操作人员有时间在程序处理过程中完成特定的手动操作。如果在程序执行中，必须进行打磨、锉、清理毛刺、零件翻转、更换刀具或刀片、排屑、检查、润滑等手动操作，千万不要在程序控制下进行，而是采用手动操作。

千万不要在机床上使用暂停来执行手动操作！

24.8　固定循环与暂停

本书第 25 章中特别详细地介绍了 CNC 加工中心上使用的固定循环，所有循环的介绍都可以在那找到。本章先大概介绍一下如何为固定循环编写暂停。以下几个循环可以与暂停一起使用：

- 通常是 G76、G82、G88、G89 循环；
- 通过参数设置，G74、G84 也可以使用。

固定循环中的暂停都使用地址 P，以避免与同一程序段中的 X 地址重复，固定循环中绝不使用 G04 指令和 U 地址，暂停功能内置于所有允许使用它的固定循环中（技术上说所有的循环都如此）。对于任何其他加工应用，暂停时间的计算规则与前面介绍的相同。

➲ 实例（点钻）：

N9 G82 X30. 0 Y16. 0 R2. 0 Z - 3. 75 P300 F150. 0

该例中由地址 P 指定暂停 300ms（0.3s），暂停将在 Z 轴运动（实际的切削运动）完成后有效，但在快速返回运动之前。

如果在固定循环模式中将 G04 P.. 作为一个独立的程序段，例如在 G82 和 G80 程序段之间，那么该程序段中就不会执行其他循环，固定循环中定义的 P 值也不更新。最新的 Fanuc 控制器中，可以通过设置系统参数使该用法有效或无效。如果使用这种方法，G04 P.. 指令将从某一位置开始的刀具快速运动完成之前有效，通常当切削刀具在孔外或空隙中时执行这一暂停功能，平时极少需要这项功能。

第25章　固定循环

孔加工可能是最常见的加工操作，主要在 CNC 铣床和加工中心以及带铣削轴的 CNC 车床上完成。在很多以复杂零件著称的传统行业中，如飞机和航天器用的零件制造、电子仪器、仪表、光学或模具制造等产业中，孔加工都是其制造工艺中的重要组成部分。

提到孔加工方法时，首先会想到使用常规刀具进行的中心钻、点钻和标准钻，但是这一分类太广泛了，许多其他相关操作也属于孔加工，例如铰孔、攻螺纹、单点镗孔、成组刀具钻孔、打锥沉孔、镗平底沉头孔、孔口面加工和背镗等相关操作都需要同时使用标准中心钻、点钻和钻削等操作。

加工一个简单的孔通常只需要一把刀具，精确而复杂的孔则需要几把刀具才能完成，选择适当的编程方法对于给定工作中多个孔的加工非常重要。

即使用同一把刀加工出来的孔也会有所不同，如相同直径的孔可能会有不同的深度，它们也可能在工件不同的深度上。如果综合考虑各种情况，可以看出加工一个孔很简单，但是加工一系列不同的孔就需要计划周密、组织良好的方法。

大多数编程应用中，不同的孔加工之间有许多相似之处。孔加工是可以事先预测的，且任何可以预测的操作都是计算机可以有效处理的理想任务，基于此，几乎所有 CNC 控制器生产商都在他们生产的控制系统中加入了几种灵活的编程方法，也就是所谓的固定循环。

25.1　点到点的加工

孔加工的步骤通常不是很复杂，它没有轮廓要求和多轴联动，实际切削时往往只沿一根轴运动——对于加工中心而言，实际上始终是 Z 轴，这种加工一般称为点到点的加工。

孔的点到点加工方法控制加工刀具在 X、Y 轴方向以高速运动，在 Z 轴方向则以切削进给率运动，Z 轴方向的运动也可以包括快速运动。所有这些说明孔加工在 XY 方向没有切削运动，切削刀具完成所有 Z 轴方向的运动并返回孔外间隙位置，然后沿 X 和 Y 轴方向运动到工件的另一位置并重复 Z 轴运动，通常许多位置上的运动顺序都是这样。孔的形状和直径由刀具选择来控制，孔的加工深度则由程序来控制，这是钻孔、铰孔、攻螺纹以及镗削等类似固定循环的一般加工方法。

点到点加工的基本编程结构可以概括为以下四个步骤（这里以常见的钻孔为例）：

❑ 第 1 步：快速运动到孔的位置

... 沿 X 和（或）Y 轴方向；

❑ 第 2 步：快速运动到切削的起点

... 沿 Z 轴方向；

❑ 第 3 步：进给运动到指定深度

... 沿 Z 轴方向；

❑ 第 4 步：退刀（返回）至安全位置

... 沿 Z 轴方向。

以上四个步骤也表示使用手动编程方法（不使用固定循环）加工一个孔所需的最少程序段数。如果零件图纸上只有一两个孔并且加工操作只是简单的中心钻或钻孔，那么程序的长度并不重要，但这种情况并不常见——通常在一个零件上有很多个孔而且需要多把刀具来完成各种不同规格孔的加工，这时程序就会很长，而且难以编译，甚至进行很小的改动都很困难，事实上有些甚至太长而无法存储在 CNC 的内存中。

点到点操作编程中最费时的工作，可能就是必须在 CNC 程序中编写大量重复的信息，这个问题可以通过使用固定循环来解决，之所以称为固定循环是因为大量重复的信息被封装在计算机芯片中相当小的空间里。

（1）单刀运动与固定循环

下面两个例子对孔的两种编程模式进行了比较，程序 O2501 中使用单独程序段模式，即每步刀具路径都作为独立的运动程序段来编写，程序 O2502 则使用固定循环来加工相同的孔，程序中并没给出注释，但两种截然不同的编程方法的区别是显而易见的。程序中使用 ϕ5mm 标准钻加工 3 个深 16mm 的盲孔，如图 25-1 所示。

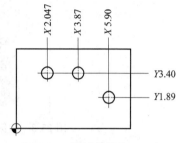

图 25-1　简单孔模式—程序
O2501 和 O2502

O2501（例 1——使用单独程序段）

N1 G21

N2 G17 G40 G80

N3 G90 G54 G00 X52.0 Y86.0 S900 M03

N4 G43 Z10.0 H01 M08

N5 Z2.5

N6 G01 Z-17.5 F100.0

N7 G00 Z2.5

N8 X98.0

N9 G01 Z-17.5

N10 G00 Z2.5

N11 X150.0 Y48.0

N12 G01 Z-17.5

N13 G00 Z2.5 M09

N14 G28 X150.0 Y48.0 Z2.5

N15 M30

%

程序 O2502 中的例 2 使用同样的孔模式，但是使用的固定循环提供了很大便利。

O2502（例 2——使用固定循环）

N1 G21

N2 G17 G40 G80

N3 G90 G54 G00 X52.0 Y86.0 S900 M03

N4 G43 Z10.0 H01 M08

N5 G99 G81 X52.0 Y86.0 R2.5 Z-17.5 F100.0

N6 X98.0

N7 X150.0 Y48.0

N8 G80 G28 X150.0 Y48.0 Z2.5 M09

N9 M30

%

仅仅加工 3 个孔，程序 O2501 需要 15 个程序段，而使用固定循环的程序 O2502 只需要 9 个程序段。较短的程序 O2502 同时易读且没有重复程序段，无论何时需要，该程序的修改、更新和其他一些更改也更容易。

（2）基本思想

比较以上两个实例，可以得出固定循环的基本思想——重复数据只存储一次，并最大限度也重复使用。图 25-2 所示为应用到第一个孔的基本思想。

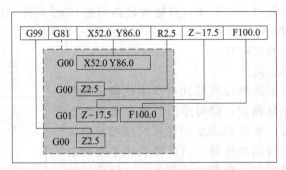

图 25-2　实例 O2501 和 O2502 中应用的固定循环基本思想

25.2　固定循环的选择

固定循环由控制器生产商设计，它可消除手工编程中的重复劳动，而且使得机床上的数据更容易更改。

例如大量的孔可能拥有一样的起点、一样的深度、一样的进给率和一样的暂停时间等特征，只有每个孔的 X 和 Y 轴位置不一样。固定循环的主要目的就是对必要的值只编写一次——即第一个孔的值，第一次编写的值成为循环中的模态值且无需重复，除非（或直到）需要改变某些值。通常加工新孔时需要改变 XY 轴坐标，但可能随时需要改变任意孔的其他值，尤其是加工复杂孔的时候。程序中通过特殊的 G 准备指令来调用固定循环。

Fanuc 和类似控制器都支持以下固定循环，其他生产厂家通常也将它们作为标准使用：

G73	高速啄钻循环
G74	左旋攻螺纹循环
G76	精镗循环
G80	固定循环取消（取消任何循环）
G81	钻孔循环
G82	孔底暂停钻孔循环
G83	深孔排屑钻循环
G84	右旋攻螺纹循环
G85	镗孔循环
G86	镗孔循环
G87	背镗循环
G88	镗孔循环
G89	镗孔循环

该表列出的只是固定循环最常见的用法，而不是唯一的用法。例如有时镗孔循环可能非常适用于铰孔，尽管这里并没有直接指定铰孔循环。下一节将介绍固定循环的编程格式和用法，以及如何正确使用它们的一些建议，这里关心的是它们的内在特性，而不是总体介绍。

25.3 编程格式

固定循环的一般格式是由特定的地址字指定的一系列参数值（并不是每一个循环都能使用以下所有的参数）：

N..G..G..X..Y..R..Z..P..Q..I..J..F..L.. （或 K..）

下面对固定循环中使用的各个地址进行解释（按照它们在程序中的出现顺序）：

N：程序段号。

依据不同的控制系统，范围为 N1～N9999 或从 N1～N99999。

G（第一个 G 指令）：G98 或 G99。

❑ G98 使刀具返回初始 Z 位置。
❑ G99 使刀具返回由地址 R 指定的点。

G（第二个 G 指令）：循环次数。

❑ 只能从下面 G 指令中选择一个：
G73　G74　G76　G81　G82　G83
G84　G85　G86　G87　G88　G89

X：孔的 X 轴坐标。

X 值可以是绝对值，也可以是增量值。

Y：孔的 Y 轴坐标。

Y 值可以是绝对值，也可以是增量值。

R：Z 轴起点（R 点）。

❑ 激活切削进给率的位置。
R 点位置可以是绝对值，也可以是增量距离和方向。

Z：Z 轴终点位置（Z 向深度）。

❑ 进给率终止位置。
Z 轴深度位置可以是绝对值，也可以是增量距离和方向。

P：暂停时间。

❑ 单位是毫秒（1s＝1000ms）。
暂停时间（刀具暂停）只可用于 G76、G82、G88、G89 固定循环中，根据控制系统参数设置情况，它也可以用在 G74、G84 和其他固定循环中。
❑ 暂停时间范围为 0.001～99999.999s，编程格式为 P1～P99999999。

Q：地址 Q 有两种含义。

❑ 跟 G73 或 G83 循环一起使用时，它表示每次钻削的深度。
❑ 跟 G76 或 G87 循环一起使用时，它表示镗削的偏移量。
地址 I 和 J 可以替代地址 Q，这取决于控制器参数设置。

I：偏移量。

❑ 必须包含 G76 或 G87 镗孔循环的 X 轴偏移方向。
I 偏移可替代 Q 设置使用——参见上面的介绍。

> J：偏移量。

❏ 必须包含 G76 或 G87 镗孔循环的 Y 轴偏移方向。

J 偏移可替代 Q 设置使用——参见上面的介绍。

> F：指定进给率。

❏ 只用于实际切削运动。

这个值的单位可以是 in/min 或 mm/min，这取决于所选择的单位输入。

> L（或 K）：循环的重复次数。

❏ 必须在 L0～L9999（K0～K9999）内，缺省状态为 L1（K1）。

25.4　通用规则

编程中有许多规则以及严格的条件、限制和约束。CNC 编程不是一种语言编程，但它们之间有很多共同之处，例如我们通常称 Fanuc 或 Siemens 编程，Cincinnati、Mitsubishi 或 Mazatrol 编程等。固定循环是微型程序。

固定循环是一个浓缩的模块，它包含一系列预先编好的加工指令（如图 25-2 所示），程序的内在格式不能由 CNC 程序员更改，因此称为"固定"循环，这些程序指令跟各工作间重复的可预知的特定刀具运动相关。

与固定循环相关的各种基本规则和使用限制归纳如下：

❏ 在编写固定循环前或在固定循有效的任何时刻都可以确立绝对或增量坐标。

❏ G90 选择绝对模式，G91 选择增量模式。

❏ G90 和 G91 都是模态模式！

❏ 如果固定循环模式中省略 X 和 Y 轴坐标中的一个，那么只有一个方向上的运动，另一方向坐标不变。

❏ 如果固定循环模式中 X、Y 轴都省略，那么将在当前刀具位置执行循环。

❏ 如果固定循环中没有编写 G98 或 G99 执行，那么控制系统就会选择由系统参数设置的默认指令（通常是 G98）。

❏ 暂停时间的地址 P 不能使用小数点（不使用 G40），单位通常为毫秒。

❏ 如果在固定循环程序段中编写 L0，那么控制系统就会存储程序段的数据以备后用，但在当前位置并不执行。

❏ G80 取消所有有效的固定循环并使下一刀具快速运动，G80 所在程序段中的所有固定循环都无效。

⤷ 实例：

G80 Z1. 125　　等同于

G80 G00 Z1. 125　　或

G00 Z1. 125　　这种方式完全正确，但不推荐使用！

01 组准备功能 G 代码包括 G00、G01、G02、G03 和 G32，它们是主要的运动指令且可以取消任何有效的固定循环。关于 G 代码组的更多信息，可参见第 8 章。

注意：如果在同一程序段中出现固定循环和 01 组的运动指令，那么它们的编程顺序非常重要：

G00 G81 X.. Y.. R.. Z.. P.. Q.. L.. F..

将执行固定循环，但是

G81 G00 X.. Y.. R.. Z.. P.. Q.. L.. F..

不执行固定循环，而是执行 X 和 Y 轴的运动，将忽略存储的 F 值之外的其他数据，一定要避免出现这种情况。

本章中将详细介绍每个固定循环并举例说明其结构，例图中将使用简略的图形符号，每个都有特定的含义，图 25-3 所示为例图中使用的所有符号。

- - - - - →	快速运动及其方向
──────→	切削运动及其方向
～～～→	手动运动及其方向
➡	镗刀杆偏移及其方向
━●━	编程坐标
Q	偏移量/钻削深度
d	安全间隙值
CW/CCW	主轴旋转
OSS	主轴停定位
DWELL	执行暂停功能

图 25-3 固定循环图例中使用的符号和缩写

25.5 绝对和增量输入

与所有加工过程一样，使用固定循环的孔加工也可使用绝对模式 G90 或增量模式 G91 编程，这一选择主要会影响孔的 XY 位置、R 点和 Z 方向深度，如图 25-4 所示。

绝对模式下所有值都与原点相关（通常称为程序原点），增量模式下孔 XY 位置是相对于前一孔 XY 位置的距离。R 值是与上一 Z 值的距离，这个点在调用循环前确定且进给率在该点开始有效。Z 向深度是从 R 点到进给运动结束点之间的距离，刀具在固定循环开始时快速运动到 R 点。

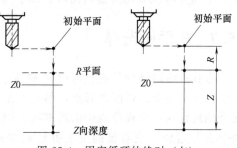

图 25-4 固定循环的绝对（左）和增量（右）输入值

25.6 初始平面选择

有两个准备功能可在固定循环结束时控制 Z 轴退刀。

G98	刀具返回初始平面(由 Z 地址指定)
G99	刀具返回 R 平面位置(由 R 地址指定)

G98 和 G99 指令只用于固定循环，不会影响其他运动模式。它们的主要作用就是在孔之间运动时绕开障碍物，障碍物包括夹具、零件的突出部分、未加工区域以及附件等。如果没有这两条指令，就必须停止循环来移动刀具，然后再继续该循环，而使用 G98 和 G99 指令就可以不用取消固定循环直接绕过这些障碍物，这样便提高了效率。

根据定义，初始平面是调用固定循环前程序中最后一个 Z 轴坐标的绝对值，如图 25-5 所示。

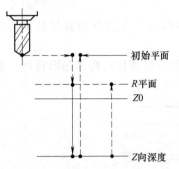

图 25-5　固定循环的初始平面选择

从实用的角度看，通常选择该位置作为安全平面，它不能不经考虑随意选择，当 G98 指令有效时，它能确保退刀平面高于所有的障碍物。使用初始平面时再采取其他一些防范措施，便可防止快速运动中切削刀具与工件、夹具和机床的碰撞。

⊃ 初始平面编程实例：

下面的程序片断是初始平面位置编程的典型实例：

```
...
N11 G90 G54 G00 X100. 0 Y45. 0 S1200 M03
N12 G43 Z20. 0 H01 M08        (初始平面为 Z20. 0)
N13 G98 G81 X100. 0 Y45. 0 R2. 5 Z - 19. 5 F150. 0
```

```
N14 ...
...
...
N20 G80
...
```

程序段 N13 中调用固定循环（例子中为 G81），在它之前的程序段 N12 中的 Z 轴坐标是 Z20.0，这就是初始平面设置——工件 Z0 平面上方 20mm 处。如果程序保持连贯性（比如 25mm 或 1in），可以将 Z 平面位置选择在标准高度上，也可以在不同的程序中选择不同的 Z 平面位置，这里的决定因素是安全。

一旦开始执行固定循环，就不能再改变 Z 平面，除非先使用 G80 取消循环，然后再改变 Z 平面并再次调用所需的循环。Z 平面在 G90 模式下以绝对值来表示。

25.7　R 平面选择

刀具进给运动的起点也可由 Z 轴坐标指定，这样一来任何固定循环程序段便需要两个 Z 轴坐标——一个是切削的起点，另一个是表示孔深的终点。但是基本的编程规则中并不允许某个轴地址在一个程序段中出现多次，因此必须调整控制器的设计，以提供固定循环所需的两个 Z 轴地址，最明显的解决办法就是用别的地址来替代其中一个 Z 地址（字母）。

因为 Z 轴跟深度紧密相关，所以所有循环中都保留了这一含义。从开始进给运动的 Z 位置开始使用替代地址，该地址用字母 R 表示，这一参考位置也称 R 平面，可以将 R 平面理解成"快速运动到起点"，这里强调的是"快速运动到"和字母"R"，如图 25-6 所示。

如果程序中编写准备功能 G99，R 平面不仅是切削进给的起点，也是切削刀具在循环完成前的退刀平面；如果编写 G98，刀具将返回初始平面。由于它的用途，

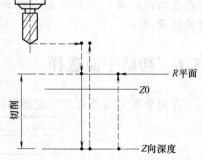

图 25-6　固定循环的 R 平面选择

稍后介绍的 G87 背镗循环将是一个例外，G87 不能使用 G99 退刀模式，而只能和 G98 使用！然而对于所有的循环都应该谨慎地选择 R 平面，通常选择在 Z0 点上方 1～5mm（0.04～0.20in）处，同时也要考虑工件的安装，如果有必要，可对设置进行调整。

R 平面通常用在钻孔和类似操作中，对于使用 G74 和 G84 的攻螺纹循环而言，R 平面位置通常要增加 3～4 倍，增加的安全间隙，主要是为了让进给率在实际接触工件前加速达

到最大值。攻螺纹的更多细节可参见第 26 章。

　　➲ R 平面编程实例（G21）：

...

N29 G90 G00 G54 X67.0 Y80.0 S850 M03

N30 G43 Z25.0 H04 M08　　　　　（初始平面是 25.0）

N31 G99 G85 R2.5 Z - 23.0 F200.0　（平面是 2.5）

N32 ...

...

...

N45 G80

　　上述实例中的初始平面位于程序段 N30 中，设为 $Z25.0$（位于工件上方 25mm 或 1in 处），程序段 N31（调用循环程序段）中设置 R 平面为 2.5mm（0.1in），同一程序段中编写了 G99 指令且在整个循环中不再改变，也就是说在循环开始和结束时，刀具位置都在工件原点上方 2.5mm 的地方，当刀具从一个孔移动到下一孔时，Z 高度保持在工件上方 2.5mm 位置上不变，只沿 XY 轴方向移动。

　　R 平面位置通常比初始平面位置要低，如果两个平面重合（初始平面＝R 平面），则循环起点和终点与初始平面相同。R 平面一般都在 G90 模式下使用绝对值编程，当然如果为了方便，也可以使用增量模式 G91。

25.8　Z 向深度的计算

　　固定循环中必须包括切削深度，到达这一深度时刀具将停止进给。调用循环时，以 Z 地址来表示深度，Z 值表示切削深度的终点，通常该点低于 R 平面和初始平面，G87 循环再次例外。

　　要编写高质量的程序，一定要使用通过精确计算得出的 Z 向深度，而不应该猜测该值或对它进行取整，例如，很可能有人会将 0.6979in 舍入为 0.6980 或 0.70，一定要避免出现这种情况！这并不是小事，也不能存有侥幸心理，这是原则性和编程连贯性问题。有了这种方法和态度，遇到问题时就可以很容易追溯它的根源了。

　　Z 向深度计算必须遵循如以下几个标准：

　　❑ 图纸上孔的尺寸（直径和深度）；

　　❑ 绝对或增量编程方法；

　　❑ 使用的切削刀具类型；

　　❑ 刀尖长度（钻头和其他刀具）；

　　❑ 材料厚度和全直径孔深；

　　❑ 材料上方和下方所选安全间隙——加工通孔时在材料下方。

　　立式加工中心中，$Z0$ 点通常选在已加工零件的上表面，因此 Z 地址的绝对值总为负。前面介绍过，如果轴地址中没有符号则表明该地址的值为正，这种方法有个很大的好处，就是万一程序员忘记编写负号时，该值自动变成正值，这样刀具就会移离工件且通常会进入安全区域。这样的程序是错误的，但可以很容易更正，只是会浪费一点时间。

　　➲ Z 向深度计算实例：

　　为展示 Z 向深度计算方法，可先观察图 25-7 所示孔的细节。使用 ϕ12mm 的钻头加工一个深 25mm 的孔，如果使用标准麻花钻，则必须考虑其刀尖长度，标准钻头设计有一个

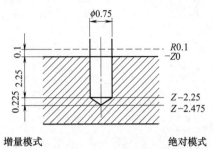

增量模式　　　　　　　　　　　　绝对模式

图 25-7　钻孔固定循环中 Z 向深度的计算

$118° \sim 120°$ 的前角，因此需要在指定深度上加上 3.6mm。

$$12.0 \times 0.3 = 3.6 \qquad 0.3 \text{ 是个常量}$$
$$25.0 + 3.6 = 28.6$$

根据这个结果，CNC 程序中总的 Z 向深度为 28.6mm：

G99 G83 X90.0 Y－40.0 R2.5 Z－28.6 Q8.0 F175.0

例子中为了得到最好的加工效果，使用 G83 深孔钻循环，尽管 G81、G82 和 G73 循环中的 R 和 Z 值都与它一样。第 26 章中将详细介绍如何利用各种钻头前角常量进行刀尖长度计算。

25.9　固定循环介绍

要了解每个固定循环的工作方式，那么了解每个循环的内部结构以及编程格式的细节非常重要。下面将详细介绍每个循环，循环头表明了循环的基本编程格式，后面是对操作顺序的解释。此外还介绍了每个循环的常见应用。

这些细节对于帮助理解每个循环的本质以及如何选择能得到最佳加工效果的循环都很重要。此外，内部循环结构的相关知识将有助于设计独特的循环，尤其是在使用客户宏进行高水平编程的领域中。

（1）G81—钻孔循环

G98（G99）G81 X.. Y.. R.. Z.. F..

步骤	G81 循环介绍
1	快速运动至 XY 位置
2	快速运动至 R 平面
3	进给运动至 Z 向深度
4	快速退刀至初始平面（G98）或快速退刀至 R 平面（G99）

何时使用 G81 循环如图 25-8 所示：

主要用于钻孔和中心孔，即不需要在孔底（Z 轴深度）暂停。
G81 如果用于镗孔，将在退刀时刮伤内圆柱面。

（2）G82—带暂停的点钻循环

G98（G99）G82 X.. Y.. R.. Z.. P.. F..

步骤	G82 循环介绍
1	快速运动至 XY 位置
2	快速运动至 R 平面
3	进给运动至 Z 向深度
4	在孔底暂停，单位为毫秒（P×××）
5	快速退刀至初始平面（G98）或快速退刀至 R 平面（G99）

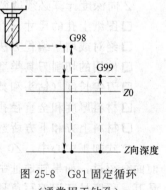

图 25-8　G81 固定循环
（通常用于钻孔）

何时使用 G82 循环如图 25-9 所示：

带暂停的钻孔——刀具在孔底暂停。主要用于中心钻、点钻、锪孔、打锥沉孔等需要保证孔底面光滑的加工操作，该循环通常需要较低的主轴转速。

G82 如果用于镗孔，将在退刀时刮伤内圆柱面。

（3）G83—标准深孔钻循环

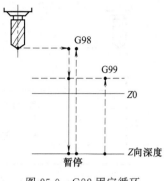

图 25-9　G82 固定循环
（通常用于点钻）

G98（G99）G83 X.. Y.. R.. Z.. Q.. F..

步骤	G83 循环介绍
1	快速运动至 XY 位置
2	快速运动至 R 平面
3	根据 Q 值进给运动至 Z 向深度
4	快速退刀至 R 平面
5	快速运动至前一深度减去间隙（间隙由系统参数设定）
6	重复 3、4、5 步直至到达编程 Z 向深度
7	快速退刀至初始平面（G98）或快速退刀至 R 平面（G99）

何时使用 G83 循环如图 25-10 所示：

深孔钻在钻入一定深度后需要将钻头退回工件上方间隙位置，将该循环与高速啄钻循环 G73 做一比较。

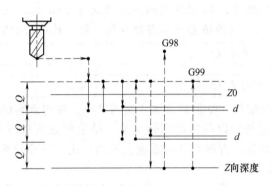

图 25-10　G83 固定循环（通常用于深孔钻，每次钻入后均退回 R 平面）

（4）G73—高速深孔钻循环

G98（G99）G73 X.. Y.. R.. Z.. Q.. F..

步骤	G73 循环介绍
1	快速运动至 XY 位置
2	快速运动至 R 平面
3	根据 Q 值进给运动至 Z 向深度
4	根据间隙值快速返回（间隙由系统参数设定）
5	在 Z 方向做进给运动，进给量为 Q 值与间隙值 d 之和
6	重复 4、5 步直至到达编程 Z 向深度
7	快速退刀至初始平面（G98）或快速退刀至 R 平面（G99）

何时使用 G73 循环如图 25-11 所示：

对于深孔钻，排屑比完全退刀更加重要，由于 G73 循环通常用于长系列钻头，所以完全退刀并不重要。

从名字"高速"可看出，G73 固定循环比 G83 循环要稍微快一点，因为它不需要在每次进刀后退刀至 R 平面，从而节省了时间。将该循环与标准深孔钻循环 G83 做一比较。

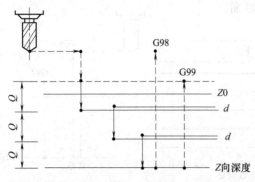

图 25-11 G73 固定循环（通常用于深孔钻或断屑），每次进刀后不返回 R 平面

啄钻次数计算

编写固定循环 G83 和 G73 时，通常要大概地知道每个孔所需的啄钻次数，对于成百上千个孔，一些不必要的啄钻会造成大量时间的浪费。尽量避免孔加工中出现过多的啄钻次数，啄钻次数是可以计算出来的。

G73 和 G83 循环的实际啄钻次数计算方法一样，啄钻次数根据编程 Q 深度和 R 平面到 Z 向深度的总长来计算，并不是从工件的上表面（通常是 Z0）算起！用总长除以 Q 值便可得到每个孔位置所需的啄钻次数，每个循环中的啄钻次数必须是整数，小数部分需要向上舍入。

☞ 例 1（公制数据，不取整）：

G90 G99 G73 X.. Y.. R2.5 Z-42.5 Q15.0 F..

本公制实例中，R 平面到 Z 向深度之间的距离是 45mm（2.5＋42.5），Q 值是 15mm，所以啄钻次数为 45/15＝3。这种情形下不需要取整，每个孔执行的啄钻次数为 3。

> 要增加啄钻次数，可减小 Q 值。

> 要降低啄钻次数，可增大 Q 值。

通过实际计算而不是猜测，Q 值的设置要更为精确。要得到精确的啄钻次数，可以用 R 平面和 Z 向深度之间的总长除以所需的啄钻次数，结果便是所选啄钻次数对应的 Q 值，如果需要，通常应该向上取整，否则啄钻次数就会增加一次，而浪费循环时间，如下例所示。

☞ 例 2（公制数据，取整）：

在第二个实例中（独立于第一个），R 平面到 Z 向深度之间的距离是 56mm，正好需要 3 次啄钻，那么每次进刀深度为：

$$56/3＝18.666667$$

计算结果必须近似取整为 18.667 或 18.666，尽管这只有 $1\mu m$（0.001）的区别，但两种取整方法的结果截然不同，如果只需 3 次进给，应该向上取整到 Q18.667：

第 1 次切削   18.667
第 2 次切削   18.667
第 3 次切削   18.666
总长为   56mm

如果将结果向下取整为 Q18.666，那么就需要四次啄钻，实际上最后一次并没有切削：

第 1 次切削   18.666
第 2 次切削   18.666
第 3 次切削   18.666
第 4 次切削   0.002   最后一次啄钻只有 $2\mu m$！
总长为   56mm

☞ 例 3（英制数据，不取整）：

本例中使用英制单位，R 平面到 Z 向深度之间的距离是 2.5in，需要四次啄钻。

$$Q＝2.5/4＝0.625$$

这种情形下不需要取整，每次进给深度都是 0.625 且正好需要 4 次啄钻。

⊃ 例 4（英制数据，取整）：

G90 G98 G83 X.. Y.. R0.1 Z-1.4567 Q0.45 F..

在第二个实例中，R 平面到 Z 向深度之间的距离是 1.5567，Q 值为 0.45，所以可以按照前面的方法计算啄钻次数：

$$1.5567/0.45 = 3.4593333$$

该结果因小数位太多而不能使用，因为大多数控制系统中，英制单位可以有 4 位小数，而公制单位只有 3 位小数，因此须对该值向上取整！

上面最近的整数是 4，所以每个孔需要 4 次啄钻。因为孔深不能改变，所以可使用两种方法改变啄钻次数：

□ 改变 R 平面；

□ 改变啄钻深度。

R 值须尽量接近工件上表面，所以它的变化不会太大。剩下的便只有 Q 值（啄钻深度）了，增加 Q 值则减少啄钻次数，而减小 Q 值则增加啄钻次数。

从以上四个实例中，充分说明了计算的重要性。此外其他一些考虑也非常重要。

每个孔的啄钻深度 Q 可以变化，但极少有此必要。同一个孔中的所有啄钻深度始终都一样，只有最后一次可能会例外。如果最后一次啄钻量大于剩余长度，则只钻削剩下的这段长度。

> 任何啄钻深度都不能超过 Z 向深度坐标位置。

某些特殊情形下，可以通过创造性的方法来调整 Q 值，巧妙地改变 Q 值可以得到一些特殊结果，例如刀尖穿透材料时的确切位置，第 26 章将详细介绍这一方法。

要得到"最佳"啄钻深度，需要综合考虑工作的加工条件，如安装刚度、工件夹具、切削刀具的设计、材料的加工性能以及其他影响切削刀具的各种因素。以往的经验也具有很好的指导意义。

啄钻的主要目的，是在安全状态下编写高效的深孔钻程序，也就是说对于特定工作和设置，应该选取合理和实用的尽可能大的 Q 值。

一定要注意有两个与啄钻相关的固定循环：标准的 G84 循环和容易被忽视的 G73 循环。

（5）G84—标准攻螺纹循环

> G98（G99）G84 X.. Y.. R.. Z.. F..

G84 循环的攻螺纹顺序基于由 M03 指定的顺时针初始主轴旋转。

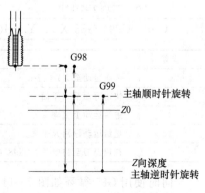

图 25-12　G84 固定循环
（只用于右旋攻螺纹）

步骤	G84 循环介绍
1	快速运动至 XY 位置
2	快速运动至 R 平面
3	进给运动至 Z 向深度
4	主轴停止旋转
5	主轴逆时针旋转（M04）且进给运动返回 R 平面
6	主轴停止旋转
7	主轴顺时针旋转（M03） 退刀至初始平面（G98）或停留在 R 平面（G99）

何时使用 G84 循环如图 25-12 所示：

该循环只用于加工右旋螺纹，主轴顺时针旋转（M03）在循环开始前必须有效。

（6）G74—左旋攻螺纹循环

> G98（G99）G74 X．．Y．．R．．Z．．F．．

G74 固定循环的攻螺纹顺序与 G84 类似，但是它是基于由 M04 指定的逆时针初始主轴旋转。

M04 主轴旋转有效时，G74 循环所用的丝锥设计应为左旋方向。

步骤	G74 循环介绍
1	快速运动至 XY 位置
2	快速运动至 R 平面
3	进给运动至 Z 向深度
4	主轴停止旋转
5	主轴顺时针旋转（M03）且进给运动返回 R 平面
6	主轴停止旋转
7	主轴逆时针旋转（M04） 返回初始平面（G98）或停留在 R 平面（G99）

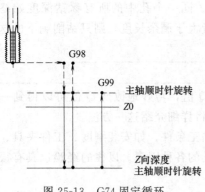

图 25-13　G74 固定循环
（只用于左旋攻螺纹）

何时使用 G74 循环如图 25-13 所示：

该循环只加工左旋螺纹，主轴逆时针旋转（M04）在循环开始前必须有效。

第 26 章将详细介绍包括攻螺纹在内的各种孔加工方法。

以下注释只包括一些与编程相关的重要攻螺纹问题，且它们同时适用于 G84 和 G74 固定攻螺纹循环：

❑ 由于需要加速，因此攻螺纹循环的 R 平面应该比其他循环的高，以保证进给率的稳定。

❑ 丝锥的进给率选择很重要，主轴转速和丝锥导程之间具有直接的关系，始终要维持这种关系。

❑ G84 和 G74 循环处理中，控制面板上用来控制主轴转速和进给率的倍率旋钮无效。

❑ 出于安全考虑，即使在攻螺纹循环处理中按下进给保持键，也将完成攻螺纹运动（不论在工件内部或在外部）。

（7）G85—镗孔循环

> G98（G99）G85 X．．Y．．R．．Z．．F．．

步骤	G85 循环介绍
1	快速运动至 XY 位置
2	快速运动至 R 平面
3	进给运动至 Z 向深度
4	进给运动返回 R 平面
5	快速退刀至初始平面（G98）或快速退刀至 R 平面（G99）

何时使用 G85 循环如图 25-14 所示：

G85 镗孔循环通常用于镗孔和铰孔，它主要用在以下场合，即刀具运动进入和退出孔时可以改善孔的表面质量、尺寸公差和（或）同心度、圆度等。使用 G85 循环进行镗削时，镗刀返回过程中可能会切除少量材料，这是因为退刀过程中刀具压力会减小。如果退刀过程中，表面质量不是得到改善而是恶化，应该换用其他循环。

（8）G86—镗孔循环

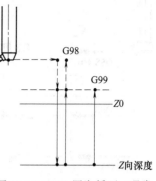

图 25-14　G85 固定循环（通常用于镗孔和铰孔，无暂停）

$$\text{G98（G99）G86 X.. Y.. R.. Z.. F..}$$

步骤	G86 循环介绍
1	快速运动至 XY 位置（主轴旋转）
2	快速运动至 R 平面
3	进给运动至 Z 向深度
4	主轴停止旋转
5	快速退刀至初始平面（G98）或快速退刀至 R 平面（G99）

何时使用 G86 循环如图 25-15 所示：

该循环用于粗加工孔或需要额外加工操作的孔，它与 G81 循环相似，其区别就是该循环在孔底停止主轴旋转。

注意：尽管此循环与 G81 循环相似，但它有自己的特点，标准钻孔循环 G81 中，退刀时机床主轴是旋转的，而在 G86 循环中退刀时主轴是静止的。千万不能用 G86 固定循环来钻孔（例如为了节约时间），因为钻头螺旋槽中堆积切屑将损坏已加工表面或钻头本身。

（9）G87—背镗循环

背镗固定循环 G87 有两种编程格式——第一种（使用 Q 地址）比另外一种（使用 I 和 J 地址）要常见得多。

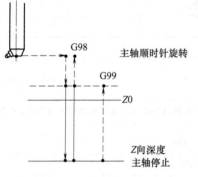

图 25-15　G86 固定循环（通常用于粗加工和半精加工）

$$\text{G98 G87 X.. Y.. R.. Z.. Q.. F..}$$

$$\text{G98 G87 X.. Y.. R.. Z.. I.. J.. F..}$$

步骤	G87 循环介绍
1	快速运动至 XY 位置
2	主轴停止旋转
3	主轴定位
4	根据 Q 值退出或移动由 I 和 J 指定的大小和方向
5	快速运动到 R 平面
6	根据 Q 值进入或朝 I 和 J 指定的相反方向移动
7	主轴顺时针旋转（M03）
8	进给运动至 Z 向深度
9	主轴停止旋转
10	主轴定位
11	根据 Q 值退出或移动由 I 和 J 指定的大小和方向
12	快速退刀至初始平面
13	根据 Q 值进入或朝 I 和 J 指定的相反方向移动
14	主轴旋转

何时使用 G87 循环如图 25-16 所示：

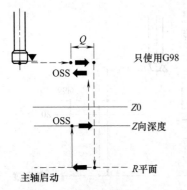

图 25-16　G87 固定循环（只用于
背镗，通常与 G98 一起使用）

该循环比较特殊，其使用相当有限。它只能用于某些（不是所有）背镗操作，特殊的刀具和设置要求限制了它的实际应用。只有当总成本预算合理时才采用 G87 循环，大多数情况下，选择工件反转进行二次加工要更实用。

注意：设置该循环使用的镗刀杆时必须非常小心。必须对其进行预调，以与背镗所需的直径匹配，它的切削刃必须在主轴定位模式下设置，且面向相反的方向而不是移动方向。

这也是步骤最多的循环（14 步），这也意味着在使用手动编程方法时，每个背镗孔需要多达 14 个程序段。

> G99 绝不能与 G87 循环同时使用。

（10）G88—镗孔循环

G98（G99）G88 X.. Y.. R.. Z.. P.. F..

步骤	G88 循环介绍
1	快速运动至 XY 位置
2	快速运动至 R 平面
3	进给运动至 Z 向深度
4	在孔底暂停，单位为毫秒(P×××)
5	主轴停止旋转（变为进给保持状态,CNC 操作人员切换到手动操作模式并执行手动操作,然后再回到存储器模式） 按下循环开始(CYCLE START)键将使之返回正常循环
6	快速退刀至初始平面(G98)或快速退刀至 R 平面(G99)
7	主轴旋转

何时使用 G88 循环如图 25-17 所示：

G88 循环比较少见，它的应用仅限于使用特殊刀具且在孔底需要手动干涉的镗削操作。为了安全起见，刀具在完成该操作时必须从孔中退出。机床生产厂家在某些特定操作中可能会用到该循环。

（11）G89—镗孔循环

G98（G99）G89 X.. Y.. R.. Z.. P.. F..

步骤	G89 循环介绍
1	快速运动至 XY 位置
2	快速运动至 R 平面
3	进给运动至 Z 向深度
4	在孔底暂停，单位为毫秒(P×××)
5	进给运动至 R 平面
6	快速退刀至初始平面(G98)或快速退刀至 R 平面(G99)

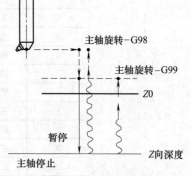

图 25-17　G88 固定循环（很少
使用）—应用时需手动操作

何时使用 G89 循环如图 25-18 所示：

镗削操作中，进入和退出孔时都需要使用进给率，且在孔底指定暂停时间，暂停值是唯一能区分 G89 循环和 G85 循环的地方。

（12）G76—精镗循环

这是加工高质量孔时最有用的循环，它在退刀时不会在表面留下划痕。精镗固定循环 G76 有两种编程格式——第一种（使用 Q 地址）比另外一种（使用 I 和 J 地址）要常见得多。

| G98（G99）G76 X.. Y.. R.. Z.. P.. Q.. F.. |

| G98（G99）G76 X.. Y.. R.. Z.. P.. I.. J.. F.. |

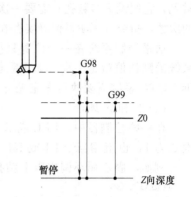

图 25-18 G89 固定循环（通常用于镗孔或铰孔，带暂停时间）

步骤	G76 循环介绍
1	快速运动至 XY 位置
2	快速运动至 R 平面
3	进给运动至 Z 向深度
4	在孔底暂停，单位为毫秒(P×××)（如果使用）
5	主轴停止旋转
6	主轴定位
7	根据 Q 值退出或移动由 I 和 J 指定的大小和方向
8	快速退刀至初始平面(G98)或停留在 R 平面(G99)
9	根据 Q 值进入或朝 I 和 J 指定的相反方向移动
10	主轴恢复旋转

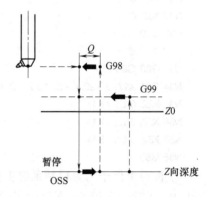

图 25-19 G76 固定循环（用于高质量镗孔操作）

何时使用 G76 固定循环如图 25-19 所示：

该循环主要用于孔的精加工以及对孔加工后的质量要求很严格的操作，质量由孔的尺寸精度和较高的表面质量决定。G76 循环也可用于加工中心线平行于机床轴的圆柱孔。

25.10 固定循环的取消

G80 指令可以取消任何有效的固定循环。编写 G80 时，控制器模式可自动切换到 G00 快速运动模式：

```
N34 G80
N35 X15.0 Y－5.75
```

程序段 N35 中并没有直接指定快速运动，它只是间接地表明这一点。这是常见的方法，同时编写 G00 则是个人的选择问题了，尽管并无必要。

```
N34 G80
N35 G00 X15.0 Y－5.75
```

上述两个实例的结果完全一样，第二种方法可能更好，合并两个例子也是一个好方法：

```
N34 G80 G00 X15.0 Y－5.75
```

上面几个例子的差别很小，但对于理解循环是很重要的。尽管不用 G80，G00 也可以取消循环，但该做法很不可取，应该尽量避免。

25.11 固定循环的重复

当许多孔选择同一固定循环加工，且该循环在每个孔位置只需执行一次时，这种情形比较常见，它假设大多数孔只需要一次循环。CNC 程序中并没有指令可以自己给出执行固定循环的次数，指令并不明显但确实存在。实际上都是假设固定循环只执行一次，即根本不重复。

通常控制系统在一个位置只执行一次固定循环——这样就没有必要编写执行次数，因为系统的默认值就是一次。如果需要重复循环（多于一次），则必须编写一个特殊的指令，"告诉" CNC 系统需要执行固定循环的次数。

（1）L 和 K 地址

在一些控制器中，用 L 或 K 地址来表示循环的重复次数。L 或 K 地址默认的固定循环次数为 1，也就相当于 L1 或 K1，因此 L1 或 K1 不需在程序中指定。

例如，固定循环调用以下钻孔顺序：

N33 G90 G99 …
N34 G81 X17. 0 Y20. 0 R0. 15 Z－2. 4 F12. 0
N35 X22. 0
N36 X27. 0
N37 X32. 0
N38 G80 …

等同于

N33 G90 G99 …
N34 G81 X17. 0 Y20. 0 R0. 15 Z－2. 4 F12. 0 L1（K1）
N35 X22. 0 L1（K1）
N36 X27. 0 L1（K1）
N37 X32. 0 L1（K1）
N38 G80 …

上面两个例子均为控制系统提供指令：在一条直线上加工四个孔，其坐标分别为 $X17.0$ $Y20.0$，$X22.0$ $Y20.0$，$X27.0$ $Y20.0$，$X32.0$ $Y20.0$，孔深都为 2.4in。

如果在第二个例子中增大 L 或 K 值（或直接在第一个例子中增加），例如从 L1～L5（或 K1～K5），那么循环将在每个孔位置重复 5 次！这种形式的循环是没必要的。稍微改变一下格式，固定循环重复便有其优点了——程序功能更强大且更有效。

N33 G90 G99 …
N34 G81 X17. 0 Y20. 0 R0. 1 Z－2. 4 F12. 0
N35 G91 X5. 0 L3（K3）
N36 G90 G80 G00 …

通过对程序的改变，便凸显了该功能在第一个例子中"隐藏"的优点——相邻孔之间的增量为 5.0in，在程序段 N35 中采用增量模式，并利用重复次数 L 或 K 的强大功能，便可显著缩短 CNC 程序。在拥有大量孔模式的程序中采用这种方法是非常有效的，也可以进一步将 L 或 K 次数与子程序或宏结合使用。

（2）循环中的 L0 或 K0

由前面的讨论可知，固定循环重复次数的默认值是 L1 或 K1，它们在程序中不需要指定。任何其他的 L 或 K 值都需要给出，范围是从 L0～L9999 或 K0～K9999，最小值是 L0 或 K0，而不是 L1 或 K1！为什么要编写固定循环而又说"不要执行它"呢？地址 L0 或 K0 就表示"不执行该循环"。第 39 章中子程序一节中给出的例子将很好地说明 L0/K0 的优点。

在固定循环中编写 L0 或 K0，并不是表示"不执行该循环"，而是"暂时不执行该循环，存储循环参数以备后用"。

对于大多数加工，固定循环都很简单，但是它们确实有一些复杂的功能等待我们去发掘并以有效的方法去使用——甚至只为了加工一个孔。

25.12　刚性攻螺纹

固定循环的讨论尚未结束，还有另一种攻螺纹方法。前面已经介绍了使用固定循环的两种攻螺纹模式，即 G84（右旋攻螺纹，与 M03 一起使用）和 G74（左旋攻螺纹，与 M04 一起使用）。大多数现代 CNC 加工中心拥有一个称为刚性攻螺纹的功能，该方法也需要使用固定循环，但是在此之前，先来看看一些技术细节。

自 20 世纪 90 年代初期，CNC 加工中心便开始使用刚性攻螺纹。首先是作为可选功能出现，但是随着使用的越来越多，现在已经成为标准的机床功能。它也可能以别的名称出现，比如同步攻螺纹。不管名称如何，该现代攻螺纹方法的主要目的，便是对更传统的方法进行重大改进。

顺便说一下，刚性（rigid）一词并不是指 CNC 机床的刚性（rigidity），而是指丝锥可以安装在与端铣刀类似的刀架上，也即刚性刀架，刀具牢牢地安装在上面。也可以理解为夹头，或者端铣刀刀架。刚性攻螺纹只使用主轴旋转，并不依赖任何辅助机构，只使用浮动丝锥柄。

（1）标准攻螺纹与刚性攻螺纹比较

要比较这两种方法，可先看看下面这张简单表格：

操作/功能/特征	标准攻螺纹	刚性攻螺纹
是否需要浮动丝锥柄	是	否
有无编程循环	有	无
主轴/进给率同步	是	否
啄钻攻螺纹可能性	不可	可以
螺纹重切	困难	容易
盲孔攻螺纹	中等	容易
材料考虑	高	中等
硬质材料攻螺纹	高	中等
主轴功率需求	高	低
Z 轴深度调整可能性	不可	可以
总成本	高	低

如表所示，如果 CNC 机床支持刚性攻螺纹功能，那么它是所有攻螺纹之王。该功能只能在工厂里安装到机床，而不能在以后再添加。幸运的是，它几乎是所有 CNC 加工中心的标准功能，但最好先跟卖方确认。

（2）刚性攻螺纹（固定循环）

该节的标题表明，刚性攻螺纹可用的循环不止一个。实际上，这种说法并不正确，它只是表示一种选择，尽管 CNC 程序员确实拥有特定的最初的选择，一旦选定，另一个选择便不可用。Fanuc 控制器拥有各种设置，所以查阅特定机床的使用手册非常重要。

一些现代控制器可以设为 Fanuc 15 模式，以允许在新式机床上运行老程序。其格式与 G84 循环类似，但是有些重大变化：

G84.2 X.. Y.. R.. Z.. F.. L..　　　　　　（M03 模式）

其中所有其他数据的含义与 G84 循环一样。G98/G99 的工作方式一样，如果需要，可添加暂停 P 地址，也可添加重复地址 L（循环），表示重复次数。与所期望的一样，该循环只能加工右旋螺纹。奇怪的是，并没有 G74 的相关版本，而是使用 G84.3 进行编程：

G84.3 X.. Y.. R.. Z.. F.. L..　　　　　　（M04 模式）

除了循环号，右旋与左旋刚性攻螺纹的所有其他程序段数据都相同。

对于新控制器，比如 16、18、21 等型号，还有另外一种方法。对于右旋丝锥，可以使用相似的循环进行刚性攻螺纹：

G84 X.. Y.. R.. Z.. F.. K..　　　　　　（M03 模式）

左旋丝锥的格式基本一样：

G74 X.. Y.. R.. Z.. F.. K..　　　　　　（M04 模式）

标准攻螺纹模式也有相同的循环。通常重复地址 K（而不是 L）与新式控制器相关，并不是刚性攻螺纹专用的。尽管这种格式也保留了同样的循环功能，但是自然也出现了一个问题：控制器是如何"知道"攻螺纹使用的是标准模式还是刚性模式呢？

该问题的答案，取决于程序员的意图，他是想专门使用刚性攻螺纹还是在标准和刚性攻螺纹之间切换。在专门模式中（只使用刚性攻螺纹），可以设置一个系统参数，例如，参数（G84）号 5200 bit♯0 设为 1（对于 16-18-21 控制器型号）。

在需要进行模式切换的情形下，比如使用新老程序进行工作时，可能需要使用辅助功能 M29 对程序进行一些修改：

M29 S....

通常，M29 功能与主轴速度指令（r/min）编写在一起。M29 和 G84/G74 程序段之间不能有轴运动，否则系统会发出警告。看看以下两个例子的区别（G21 模式，螺距 0.75mm）：

G00 X150. 0 Y85. 0 M03

S800

G84 R5. 0 Z－16. 5 F600. 0

..

G80 ..

以下例子使用 M29 功能，螺距跟上面一样：

G00 X150. 0 Y85. 0 M03

M29 S800

G84 R5. 0 Z－16. 5 F600. 0

..

G80 ..

Fanuc 允许机床生产厂家将 M29 功能更改为其他功能。对于编程而言，并不要求 M29 是标准功能。

（3）刚性啄循环

这是刚性攻螺纹模式独有的循环。它可以啄螺纹，就跟 G83（标准）或 G73（高速）进行啄钻的方式一样。只需在循环中包含 Q 地址即可，Q 地址是每啄深度：

G84 X.. Y.. R.. Z.. Q.. F.. K..　　　　　　（M03 模式）

或

G74 X.. Y.. R.. Z.. Q.. F.. K..　　　　　　（M04 模式）

注意以上例子的区别在于右旋和左旋攻螺纹，而不是像 G83/G73 那样是标准和高速模式的区别。

尽管可以在刚性啄螺纹中使用标准和高速模式，但是它需要一个系统参数进行设置和选择。同样的，对于 16-18-21 控制器型号，使用参数号 5200，这里使用 bit♯5（PCP），如果设为 0，执行高速啄钻，如果设为 1，则执行标准啄钻。这是一个稍显冗长的位（bit），但是必须使用它来进行选择。

（4）取消

与其他所有固定循环一样，刚性攻螺纹模式也可以通过 G80 指令取消。

第26章 孔 加 工

编写CNC加工中心程序时，通常有1～2个孔需要钻、镗、铰或攻螺纹等操作。从简单的点钻到铰孔、攻螺纹和复杂的背镗，孔加工范围很广。本章中将介绍一些孔加工编程方法以及当前使用的技巧，包括各种钻削和镗削操作以及铰孔、攻螺纹和单点镗孔。

与想象中一样，CNC加工中心最常见的孔加工类型包括钻孔、攻螺纹、铰孔和单点镗孔，典型的加工步骤是先进行中心钻或点钻，然后钻孔，最后是攻螺纹或镗削。加工一个或多个孔，使用固定循环（G81～G89、G73、G74和G76）非常有益，这在第25章中已经介绍过了。

26.1 单孔评估

CNC机床上加工孔（甚至只加工一个孔）前，必须先编写所需的所有钻孔路径，在此之前还得选择切削刀具、钻削速度和进给，确定最佳安装方式以及解决其他许多相关问题。不管选用什么加工方式，首先必须对给定孔进行全面评估。

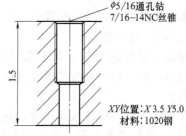

评估的第一步与图纸有关，它定义了加工的材料、孔的位置和尺寸。图纸中通常对孔进行描述而不是标注尺寸，程序员必须补充漏掉的细节问题。图26-1所示为可以在CNC机床上加工的比较复杂的孔。

图 26-1　单孔评估——编程实例 O2601

图中给出了所有相关信息，但是还需要了解更多的细节和其他要求。图中给出了孔的位置（X3.5Y5.0）和待加工工件材料（低碳钢），Z轴程序原点为工件上表面，显然这里需要钻孔和攻螺纹操作，但是这就是需要知道的所有东西吗？

加工中需要多少把钻头？中心钻怎样保证孔的确切位置？点钻是不是更合适？攻螺纹是不是需要倒角？孔的公差和表面质量如何？还必须提出许多问题，也必须一一回答。

（1）刀具选择和应用

单从图纸中提供的信息看，加工该孔需要两把钻头。实际上应该包括所有暗含的信息，孔如何加工并不是图纸的目的，它只包括与孔的功能和目的相关信息。为得到最好的加工结果，一个经验丰富的CNC机械师可能会使用四把钻头来加工这个孔，第一把是90°点钻，第二把是螺纹钻，第三把是通孔钻，最后一把是丝锥，也可使用标准中心钻替代点钻，不过它需要使用别的钻头在Z0（工件上表面）对孔直径倒角。所有选择必须存储下来。

本例中使用以下四把刀具：

❑ 刀具 1—T01—90°点钻（也用于倒角）；

❑ 刀具 2—T02—U形螺纹钻（ϕ0.368）；

❑ 刀具 3—T03—ϕ5/16 钻头＝ϕ0.3125（加工通孔）；

❑ 刀具 4—T04—7/16-14 UNC 丝锥（ϕ0.4375）。

刀具 1—T01—90°点钻

　　第一把刀具是 90°点钻，它有两个目的。首先它起中心钻的作用，从而可以在精确的 XY 位置开始加工孔。中心钻和点钻的刚度都比麻花钻的刚度好，任何一把都可以开始孔加工，而且随后使用的钻头不会偏离路径（可确保基本的孔定位和同心度）。点钻的第二个好处是倒角功能，如果钻头的直径大于倒角所需直径，钻头的设计允许在孔顶部加工倒角。在这个例子中使用适合加工 $\phi7/16$ 孔的 $\phi5/8$ 点钻。

　　图纸中并没有给出倒角或它的尺寸，但一个好的机械师通常会选择小的倒角，这里比较适合的倒角为 $0.015\times45°$。

　　一旦选择了点钻，则必须计算切削深度，而不应该猜测它的大小。要在 $\phi7/16$（$\phi0.4375$）螺纹上加工 $0.015\times45°$ 的倒角，螺纹直径每边应该增大 0.015（直径增大 0.03），从而达到 0.4675 的倒角直径。图 26-2 所示为孔与所用钻头之间的关系（用于计算深度）。

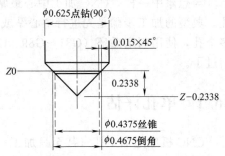

　　注意，90°钻头的切削深度正好是倒角直径的一半（$\phi\times0.5$）。

$$0.4675/2=0.23375$$

或　$0.4675\times0.5=0.23375$

或　$Z-0.2338$

本章稍后将讨论钻尖长度。

图 26-2　点钻操作的细节——程序
O2601 中的钻头 T01

刀具 2—螺纹钻

　　理论上第二把刀具应该是钻头。本例中需要两个钻头，一把用来钻通孔（$\phi5/16=\phi0.3125$），另一把用来加工螺纹（U 形钻头 $=\phi0.368$）。问题是先使用哪一把？它的先后有关系吗？

　　首先使用哪一把钻头很重要，这里的关键是两个钻头直径之差，实际上直径差（仅相差 0.0555）。从加工角度看，先用较大钻头具有一定的意义，螺纹钻大于通孔钻，所以 T02 为螺纹钻。如果先用较小的钻头，那么后面较大的钻头将切除少量材料从而使孔的尺寸变得不精确。

　　接下来便出现了一个问题，即第一个钻头，也就是螺纹钻的尺寸，螺纹钻将加工一个适当尺寸（直径和深度）的孔以进行后续的螺纹加工操作。由于后面的加工操作称为攻螺纹，所以它根据螺纹使用目的的不同而有很大区别，并不是所有的螺纹孔都可以用同一种方法加工，有些需要间隙配合，有些则需要过盈配合，这由螺纹钻的尺寸决定。大多数攻螺纹操作属于 72%～77%全螺纹深度范围，这种情形下，T02（U 形钻）可以加工到全螺纹的 75%左右，螺纹深度可以从螺纹制造厂家的目录中查到，例如以下是 7/16-14 螺纹的选择：

钻头直径(ϕ)	小数值	全螺纹百分数
T	0.3580	86%
23/64	0.3594	84%
U	0.3680	75%
3/8	0.3750	67%
V	0.3770	65%

　　也可使用介于 $\phi9.25\sim9.4$ 之间的公制钻头。笼统地说，毛坯材料较薄时推荐使用 75%～80%的全螺纹深度，毛坯过薄时甚至可以取 100%。大多数情形下，53%的螺纹深度会使螺钉在拧入前损坏，100%全螺纹的强度只比 75%螺纹的大 5%，但是攻螺纹所需的机床功率比它大三倍。

螺纹钻的编程 Z 向深度必须足够深以保证达到所需全螺纹深度的 0.875。也就是说钻头的全直径应该更深一点，例如 0.975，这使得螺纹的端点倒角长度低于全螺纹深度 0.875，图 26-3 所示为螺纹钻的值。

程序中螺纹钻的实际编程深度还应该考虑另外一个问题——钻尖长度，钻尖（刀尖）长度有时缩写为 TPL 或 P。

本章给出了一个表格，其中包括计算钻尖长度的各种数学常量——对于钻尖角为 118° 的钻尖，最常见的常数等于钻头直径乘以 0.300：

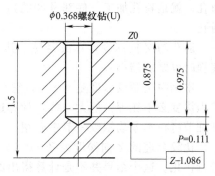

图 26-3　螺纹钻孔操作的细节——程序 O2601 中的钻头 T02

$$P=0.368\times0.300=0.1104=0.1110$$

将两个相加（0.975+0.11）就得到编程 Z 向深度 $Z-1.085$。

刀具 3—通孔钻

下一钻头是通孔钻，本例中为 T03（钻头 3），即 $\phi5/16$ 标准钻头。

可以通过简单的计算得出通孔钻的钻削深度，计算前首先需要知道孔的深度，本例中为 1.5in，然后再加上计算得到的钻尖长度和额外的安全间隙。

与通孔钻操作相关的计算如图 26-4 所示。

首先估算钻尖长度 P，它可根据两个给定数值（钻头直径和钻尖长度）之间的关系来计算。

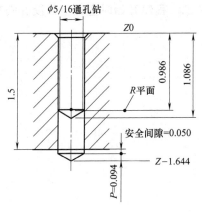

图 26-4　通孔钻操作——程序 O2601 中的钻头 T03

对于 $\phi5/16$（$\phi0.3125$）标准钻头，其钻尖角为 118°，因此也可使用常数 0.300，这样便可计算出钻尖长度 P：

$$P=0.3125\times0.300=0.09375=0.0938=0.094$$

本例中图纸中的深度 1.5in 加上计算深度 0.094，看起来对于使用所选螺纹钻加工通孔已经足够了。

该值在大多数通孔应用中还不够，需要再加上一定的安全间隙，以使钻头穿透工件，例如可取 0.050in。所以钻头总的编程深度（程序中 Z 的绝对值）为名义孔深加上钻尖长度再加所选的间隙值，本例中的通孔深度为：

$$深度=1.5+0.094+0.05$$
$$=1.644\quad 或在程序中写成 Z-1.644$$

还需要做最后的计算，前一钻头已经对该孔进行了预加工，也就意味着较小的钻头 $\phi0.3125$ 位于 $\phi0.368$ 的孔中，因此钻孔可以从孔内部而不是从工件上方开始。程序中使用 R 值并取为 R-0.986，也就是跟已加工孔孔底有 0.100 的间隙。盲孔与通孔计算都将在本章稍后介绍。

刀具 4—丝锥

要完成本例中的加工还需要一把刀具，用来加工 7/16-14 螺纹。图中给出螺纹的名义直径为 7/16、螺距为 1/14（0.0714）。如果程序中使用铰刀，一定要注意 Z 方向的编程深度，尤其是加工盲孔或半盲孔时。该例中为半盲孔加工，因为通孔比螺纹孔小，如果没有下面的通孔，就是盲孔加工（底部是实的）；如果通孔直径与螺纹孔直径相等，那么就是 100% 的通孔。

通孔的 Z 向深度计算最容易，其次是半通孔，盲孔的 Z 向深度变动范围很小，即使有编程时也要加倍小心。

本例中全螺纹深度是 0.875，它是螺杆完全拧入时的实际深度。实际上要做到这一点，编程深度必须比理论值大一些，计算这个深度需估计螺纹端倒角设计（类型和长度），其详细细节将在本章攻螺纹一节中介绍。

比较合理的 Z 向深度为 $Z-0.95$（超过原深度大约一个螺距），实际加工后还可以对其进行优化。这个结果并不是计算得出的，而是通过"明智的猜测"得出的，这里没有他法，只能借助于丰富的经验。这部分介绍了常见的孔加工刀具，并给出了编写实际程序所需的足够数据，下面将详细介绍本例中使用的程序。

（2）程序数据

本例中只需加工一个孔，如果需要加工多个孔，可以对下面的程序进行修改。因为只需加工一个孔，程序中包括了对所有前面所选四把刀具的考虑，程序开始时主轴上并没有安装刀具：

```
O2601（单孔实例）
（T01：φ5/8 90°点钻）
N1 G20
N2 G17 G40 G80 T01
N3 M06
N4 G90 G54 G00 X3.5 Y5.0 S900 M03 T02
N5 G43 Z0.1 H01 M08
N6 G99 G82 R0.1 Z-0.2338 P300 F4.0
N7 G80 Z1.0 M09
N8 G28 Z1.0 M05
N9 M01


（T02：φ0.368 U形钻）
N10 T02
N11 M06
N12 G90 G54 G00 X3.5 Y5.0 S1100 M03 T03
N13 G43 Z0.1 H02 M08
N14 G99 G83 R0.1 Z-1.085 Q0.5 F8.0
N15 G80 Z1.0 M09
N16 G28 Z1.0 M05
N17 M01


［T03：5/16（φ0.315）通孔钻］
N18 T03
N19 M06
N20 G90 G54 G00 X3.5 Y5.0 S1150 M03
N21 G43 Z0.1 H03 M08
N22 G98 G81 R-0.985 Z-1.644 F8.0
N23 G80 Z1.0 M09
N24 G28 Z1.0 M05
```

N25 M01

（T04：7/16 - 14 丝锥）
N26 T04
N27 M06
N28 G90 G54 G00 X3. 5 Y5. 0 S750 M03 T01
N29 G43 Z0. 4 H04 M08
N30 G99 G84 R0. 4 Z - 0. 95 F53. 57　　　（F＝S×导程）
N31 G80 G00 Z1. 0 M09
N32 G28 Z1. 0 M05
N33 G00 X - 1. 0 Y10. 0　　　　　　　（更换工件位置）
N34 M30
%

这个详细的例子说明即使只加工一个孔，也需要大量的思考以及编程和加工技巧。

26. 2　钻孔操作

例 O2601 很好地说明了常见孔加工所需的编程和加工条件。下面总体介绍一下钻孔操作的细节，因为它涉及各种钻头。

钻孔是机械工厂中最古老的一种操作，根据定义可知，钻孔就是切除实体材料并形成与切削刀具（钻头）直径相同的圆形孔。通过钻头的旋转（铣削系统）或工件的旋转（车削系统）完成材料的切除，立式和卧式加工应用中都可以实现这种操作。广义地讲钻孔也包括铰孔、攻螺纹和单点镗孔，钻孔操作的许多编程规则同样也适用于所有相关的操作。

（1）钻孔操作的类型

钻孔操作由两个因素来决定：孔的类型或钻头的类型。

根据钻头类型分为：	根据孔的类型分为：
中心钻	通孔
点钻	倒角孔
麻花钻（高速钢、钴合金钢等）	半盲孔
扁钻	盲孔
硬质合金可转位钻	预加工孔
特殊钻头	…

（2）钻头的类型

钻头根据设计和尺寸来分类，最古老也是最普遍的设计是麻花钻，材料通常为高速钢，也可以用钴合金、硬质合金钢和其他材料制造。其他钻头设计包括扁钻、中心钻、点钻和可转位镶刃钻。尺寸上的分类不仅仅局限于英制和公制钻头之间，使用英制单位的钻头还有更细的分类。所有公制钻头都使用毫米为单位，由于英制尺寸以英寸为单位（这个尺寸单位相对较大），因此需要更细的分类。以英寸为单位的英制标准钻头分为三组：

❑ 分数尺寸：

最小尺寸为 1/64，增量为 1/64；

❑ 数字尺寸：

钻头尺寸 ♯80～♯1（ϕ0. 0135～0. 228）；

❑字母尺寸：

钻头尺寸字母 A～Z。

公制钻头不需要任何专门的分类，对于英制钻头，可以在许多资料中找到标准钻头和它们对应的小数的列表。

（3）编程考虑

除了尺寸，标准钻头还有两个重要特征——直径和钻尖角，直径可根据图纸要求选择，钻尖角则跟材料硬度有关。直径和钻尖角紧密相关，因为直径决定所钻孔的大小，钻尖角则决定它的深度。另外还应该考虑螺旋槽的数量，一般的钻头是两个螺旋槽。

（4）钻头名义直径

钻头的第一考虑因素是直径，钻头直径通常根据图纸信息来选择。如果图纸中只需要钻孔而不需要任何其他操作，那么可选择直径与图纸指定尺寸相等的标准钻头，这样的钻头尺寸叫做钻头名义尺寸。

大多数情形下除了直径外还需要其他说明，包括公差、表面质量、倒角、同心度等，这时一把钻头不可能满足所有这些需要，由于加工条件的限制，即使尺寸可用，钻头也不能确保加工高质量的孔。这时应该采用多刀编程方法，大多数情形下首先选用一把比孔直径尺寸小的钻头，然后用另一把刀具精加工孔至图纸指定的尺寸，这些刀具包括镗刀、铰刀、倒角刀、立铣刀等。这样一来工作量就比原来的大，虽然给工作人员带来了一定的麻烦，但却提高了工件的加工质量。

（5）钻头有效直径

某些情形下，钻头的全部直径穿透工件，而有些情形下则只使用钻尖的一部分，如图26-5 所示。

加工过程中，钻尖逐渐切入工件，孔径逐渐增大但仍小于钻头直径，最后最大加工直径与钻头的有效直径相等，钻头有效直径决定了钻尖所加工孔的实际直径，这种加工的常见情形就是使用点钻进行倒角。应该根据钻头有效直径来计算主轴转速和进给率，而不是钻头全直径，根据有效直径算出的转速，要比根据名义直径算出的高，而进给率则比根据名义直径算出的低。对于这种工作，建议使用较短的钻头以则增加刚度。

（6）钻尖长度

第二个重要考虑事项是钻尖长度，它对确定全直径的切削深度很重要。除了平底钻，所有麻花钻的刀尖都有一个角度，编程中必须指定它的角度和长度，角度是标准值，长度必须通过计算而不是估计得到，因为它对精确孔深非常重要，如图 26-6 所示。

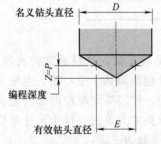

图 26-5　钻头名义直径和有效
直径（以麻花钻为例）

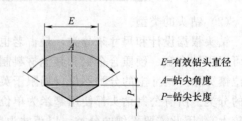

图 26-6　标准麻花钻的钻尖长度数据

由于钻头结构的不同，可转位镶刃钻的这一长度也不一样，它的钻尖不是平的，所以编程中要考虑它的钻尖长度，它的尺寸可在钻头目录中找到。

如果钻头直径（名义直径或有效直径）和钻尖角已知，那么可以很容易算出钻尖长度，根据以下公式和表格中的常数，可以计算所需的刀尖长度，基本公式如下：

$$P = \frac{\tan\left(90 - \dfrac{A}{2}\right)}{2} D$$

式中　P——钻尖长度或有效钻尖长度；

　　　A——钻尖角；

　　　D——实际钻头直径或有效钻头直径。

这个公式也可以通过使用一个常数（对每一钻尖角都是固定的）简化为：

$$P = EK$$

　　P——钻尖长度；

　　E——钻头直径；

　　K——常数（见下表）。

下表列出了最常用的一些常数 K：

刀尖角	精确常数	实际应用的常数（K）
60°	0.866025404	0.866
82°	0.575184204	0.575
90°	0.500000000	0.500
118°	0.300430310	0.300
120°	0.288675135	0.289
125°	0.260283525	0.260
130°	0.233153829	0.230
135°	0.207106781	0.207
140°	0.181985117	0.180
145°	0.157649394	0.158
150°	0.133974596	0.134

公式中的常数是近似值，但对于所有的编程都已经够用，118°钻尖角对应的 K 值是 0.300，实际值是 0.300430310，常数的优点是容易记忆且不需要公式。对于大多数情形只需要用到 3 个常数，即 90°（点钻和软材料）、118°（一般材料）和 135°（硬材料）：

❑ 0.5... 用于 90°钻尖角；

❑ 0.3... 用于 118°～120°钻尖角；

❑ 0.2... 用于 135°钻尖角。

（7）中心钻

中心钻是为尾架提供小同心孔或为大钻头提供定位孔的加工操作。因为中心钻的钻尖角是 60o，所以不建议用于倒角。

　　千万不要使用可转位镶刃钻头钻中心孔。

中心钻通常使用 60°角的标准中心钻（通常称为组合钻和沉头钻）。北美工业标准中使用编号系统♯00～♯8（普通类型）或者♯11～♯18 表示中心钻。公制系统中，中心钻由定位孔直径定义，如 4mm 中心钻的定位孔直径为 4mm，两种情形下，数字越大，中心钻直径就越大。在一些预加工孔操作中（如倒角），应选择 90°角的点钻。

许多程序员总是估计中心钻的深度而不进行计算，可能对于临时操作而言，计算并无必要，图 26-7 和图 26-8 所示的数据表格为估计和计算之间的合理折中值。

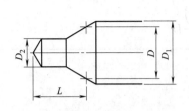

编号	D_1	D_2	D	L
#1	0.125	0.047	0.100	0.106
#2	0.188	0.078	0.150	0.163
#3	0.250	0.110	0.200	0.219
#4	0.312	0.125	0.250	0.269
#5	0.438	0.188	0.350	0.382
#6	0.500	0.218	0.400	0.438
#7	0.625	0.250	0.500	0.538
#8	0.750	0.312	0.600	0.651

图 26-7　标准中心钻切削深度表（#1～#8 普通类型），L 是任意有效直径 E 的切削深度（英制）

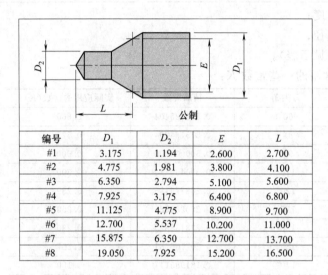

编号	D_1	D_2	E	L
#1	3.175	1.194	2.600	2.700
#2	4.775	1.981	3.800	4.100
#3	6.350	2.794	5.100	5.600
#4	7.925	3.175	6.400	6.800
#5	11.125	4.775	8.900	9.700
#6	12.700	5.537	10.200	11.000
#7	15.875	6.350	12.700	13.700
#8	19.050	7.925	15.200	16.500

图 26-8　标准 #1～#8 中心钻的相同设置（公制）

两个表中给出了标准英制中心钻 #1～#8（包括公制应用）的所有必要尺寸，其中最重要的是切削深度 L，它的计算基于实际（任意选择）的倒角直径 E。

例如表中列出 #5 中心钻的深度值 L 为 0.382，它是根据任意选择的 0.350in 的倒角直径 E 计算得出的。可以对表中的值进行修改，也可以制作一张不同的表格，公制中心钻（ISO）的表格与此相似。

（8）点钻

实例 O2601 中使用的第一把刀是点钻，这里选择使用 90°点钻，而不是中心钻，主要有 3 个原因：

❑ 它具有同样的孔定位精度；

❑ 它可以在孔上进行倒角；

❑ 它可用于加工较大范围的孔直径。

点钻与其他钻头不同，它的切削区域是有尖角的刀尖面，而不是钻头本体直径。它的蹼牙轮要比标准钻的薄很多，而且刀刃没有周刃隙角。由于钻尖角成 90°，所以所需深度的编程很简单。它可用于任何比其本体直径小的孔加工，不管是否需要倒角。以下两个公式为点钻的相关计算，第一个不带倒角，如图 26-9 所示。

第二个计算与第一个类似，它在 CNC 编程中更常见。这里点钻不仅仅用于精确孔定位，还用来加工一个倒角，如图 26-10 所示。

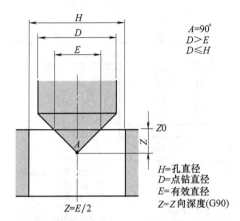

图 26-9　大孔点钻计算（不需要对孔进行倒角）

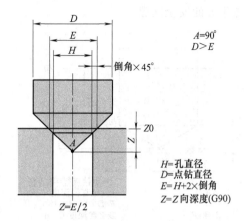

图 26-10　小孔点钻计算（需要对孔进行倒角）

　　计算带倒角孔的点钻深度非常简单，只需要将有效直径（这里可能称为倒角直径）E 除以 2 即可。

　　（9）盲孔钻

　　加工通孔和盲孔之间的主要区别，就是盲孔加工并不穿透材料。盲孔加工与通孔加工类似，这种情形下可以考虑在加工深孔时采用啄钻方法，此外，不同的钻头几何尺寸甚至设计也会改善整体加工质量。

　　机械工厂中典型的图纸中，盲孔深度是指全直径深度，钻尖长度并不包括在内——图纸中的任何尺寸都不包括它。

　　例如，如果使用标准 $\phi 3/4$（$\phi 0.750$）钻头加工 1.25in 深的全直径孔，那么编程深度为：
$$1.25+(0.750\times 0.300)=1.4750$$

　　程序（G20）中的相应程序段为：

N93 G01 Z-1. 475 F6. 0

　　或者使用固定循环：

N93 G99 G85 X5. 75 Y8. 125 R0. 1 Z-1. 475 F6. 0

　　公制孔（G21 模式）的计算完全一样，例如使用 $\phi 16mm$ 钻头加工 40mm 深的全直径孔，计算使用跟英制单位尺寸一样的常数：
$$40+(16\times 0.300)=44.8$$

　　图纸中指定的深度必须加上计算得到的钻尖长度，新程序段中的 Z 轴值等于图纸中指定的深度 40mm 与计算得到的钻尖长度 4.8mm 的和：

N56 G01 Z-44. 8 F150. 0

　　如果使用固定循环，尽管格式不一样，但深度值还是不变：

N56 G99 G81 X215. 0 Y175. 0 R2. 5 Z-44. 8 F150. 0

　　图 26-11 中，盲孔的绝对 Z 轴深度是全直径深度 W 与钻尖长度 P 之和，上例就是基于此进行计算的。

　　加工盲孔时，切屑会堆积并造成孔的堵塞，尤其在孔底。这可能会导致严重的问题，尤其当孔需要后续操作时，例如校孔或攻螺纹。这时一定要在后续操作开始前编写 M00 或 M01 程序停代码，如果孔在程序每次执行时都需要排屑，那么最好选择 M00，否则选择更有效的程序停 M01 就足够了。主要的区别就是最初钻孔和后续操作之间所留的实际时间。

　　（10）通孔钻

在材料中通孔钻是很常见的操作，它的 Z 向深度包括材料厚度、钻尖长度以及材料穿透点下方的安全间隙。

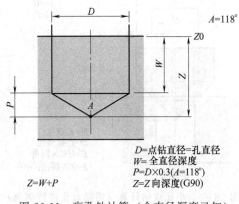

$Z=W+P$

$D=$点钻直径=孔直径
$W=$ 全直径深度
$P=D\times0.3(A=118°)$
$Z=Z$ 向深度(G90)

图 26-11　盲孔钻计算（全直径深度已知）

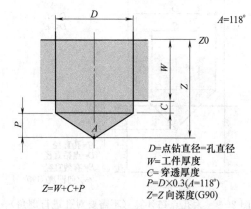

$Z=W+C+P$

$D=$点钻直径=孔直径
$W=$工件厚度
$C=$ 穿透厚度
$P=D\times0.3(A=118°)$
$Z=Z$ 向深度(G90)

图 26-12　通孔钻计算——含穿透间隙 C

由图 26-12 可知，通孔的编程深度是材料厚度（等于全直径深度 W）、穿透间隙 C 和钻尖长度 P 的总和。

例如：材料厚度为 1in，标准钻头直径 D 为 $\phi5/8$（$\phi0.625$）in，间隙为 0.050in，那么编程深度为：

$$1+0.050+(5/8\times0.300)=1.2375$$

编写钻头穿透间隙时一定要注意障碍物（工作台、虎钳、导轨、夹具等），工件底面下方的空间通常很小。

（11）平底钻

平底孔是盲孔，它的底部与钻头的中心线（$A=180°$）成 90°角。最好的方法是先用标准钻头加工，然后用直径与孔直径相等的平底钻加工孔到所需深度；也可以用槽钻（也称为中心切削端铣刀），它不需要预加工，这是最好的选择，但这类钻头的尺寸种类不全。通常并不推荐使用平底钻。

用槽钻加工平底孔的程序很简单，例如 $\phi10mm$ 的平底孔深为 25mm，使用 $\phi10mm$ 槽加工钻的程序如下（假定刀具在主轴上）：

```
O2602（平底-第 1 版）
N1 G21
N2 G17 G40 G80
N3 G90 G54 G00 X . . Y . . S850 M03
N4 G43 Z2. 5 H01 M08
N5 G01 Z - 25. 0 F200. 0
N6 G04 X0. 5
N7 G00 Z2. 5 M09
N8 G28 Z3. 0 M05
N9 M30
%
```

加工多孔时，也可以使用固定循环并作其他改进，但是程序本身是正确的。

下面的实例中，使用稍微不同的方法来加工同一个孔。该程序使用两把刀具——$\phi10mm$ 的标准钻（T01）和 $\phi10mm$ 的中心切削端铣刀（T02），它们需要加工的深度为 $Z25.0$，孔为平底，如图 26-13 所示：

O2603（平底-第 2 版）

（T01 - 10mm 标准钻）

N1 G21

N2 G17 G40 G80 T01

N3 M06

N4 G90 G54 G00 X .. Y .. S850 M03 T02

N5 G43 Z2.5 H01 M08

N6 G01 Z - 24.9 F200.0　　　　　（刀尖位于 Z - 24.9）

N7 G00 Z2.5 M09

N8 G28 Z2.5

N9 M01

（T02 - 10mm 中心切削端铣刀）

N10 T02

N11 M06

N12 G90 G54 G00 X .. Y .. S700 M03 T01

N13 G43 Z2.5 H02 M08

N14 G01 Z - 21.0 F300.0　　　　　（1mm 间隙）

N15 Z - 25.0 F175.0　　　　　（完成全深度加工）

N16 G04 X0.5

N17 G00 Z2.5 M09

N18 G28 Z2.5 M05

N19 M30

%

程序 O2603 中有三个程序段很特别。第一个是 N6 程序段，它给出了标准钻的深度，钻头停止在全深上方 0.1mm 处，即程序中编写的是 Z - 24.9 而不是所预期的 Z - 25.0，至于到底差多少则需要一定的经验了，标准钻不加工至全部深度可以避免在孔中心形成凹痕。

两个同等重要的程序段 N14 和 N15 出现在程序的第二把刀具中。在程序段 N14 中，平底钻头只以较大进给率进给至 21mm 处，以提供 1mm 的间隙，这是有原因的，因为几乎有 22mm 的距离并不需要切削。根据以下步骤可计算得出 21mm 这个中间深度——图中给出了所有的重要细节：

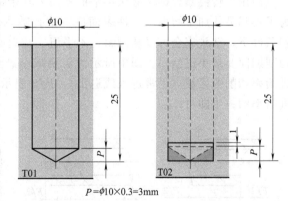

$P = \phi10 \times 0.3 = 3mm$

图 26-13　程序 O2603 示意图（使用两把刀具）

用标准钻 T01 的总切削深度 25mm，减去钻尖长度 P（对于直径为 $\phi10mm$、钻尖角为 118° 的钻头，该值为 3mm），结果是 22mm，再减去 1mm 间隙，最终结果为 Z - 21.0。程序段 N15 中的端铣刀以适当的切削进给率（通常较低）切削 T01 余下的材料。

从加工角度看，首先编写中心钻或点钻，预先打一个小孔，将提高重要的定位精度，此外它还能确保标准钻或端铣刀的同心度。此外也可以选用平底钻，但这并不是合适的 CNC 刀具，端铣刀的刚性更好，因而可得到更好的加工效果。

（12）可转位镶刃钻

可转位镶刃钻是可以极大提高现代加工生产力的刀具之一。跟其他用作铣削或车削的刀具一样，该钻头也使用硬质合金镶刀片，它主要用来在实心材料上钻孔，且不需要中心钻或点钻，加工时采用较大的主轴转速和相对较低的进给率，包括各种尺寸规格（公制和英制）的刀具。尽管它可以加工盲孔，但大多数情形下还是用来加工通孔，这种钻头甚至还可以执行小或中等强度的镗削或端面加工。

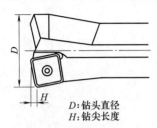

D：钻头直径
H：钻尖长度

图 26-14　常见可转位
镶刃钻的切削端

这种钻头设计很精确，能确保刀具长度始终为恒量，同时还可在刀具变钝后进行再次研磨。图 26-14 所示为常见钻头的切削部分。

图中，钻头直径 D 控制孔的直径，钻尖长度 H 由钻头生产厂家定义且在刀具目录中列出。例如，可转位镶刃钻头的 D 为 1.25，H 为 0.055，钻头可以旋转或静止，可以是立式的或卧式的，也可以用在加工中心或者车床上。为达到最佳效果，在钻孔过程中必须使用冷却液，尤其在材料硬度较大、长孔和卧式加工时，冷却液不仅可以降温，也可以冲掉切屑。使用可转位镶刃钻头时需要考虑主轴的功率，所需功率跟钻头直径称正比。

在加工中心中，可转位镶刃钻安装在机床主轴上，因此它属于旋转刀具。这种安装方法中，钻头应该装在无跳动运转刚性主轴上，即 TIR（指针总读数）不得大于 0.010in（0.25mm），如果主轴上有套筒，要尽量使套筒在主轴里面，或者使它伸出主轴的长度尽量得小。当钻头在加工中心上使用时，还需要内部冷却液，通过特殊的调整可以对整个通孔进行冷却。

而在车床上，可转位镶刃钻通常是静止，正确的安装方法需要套筒定位在中心上且与主轴中心线同心，同心度误差不超过 TIR 0.005in（0.127mm）。

使用可转位镶刃钻在起伏不平的平面上开始钻削操作时一定要注意（如图 26-15 所示），为了得到最佳加工结果，工件表面应与钻孔轴线成 90°角（也就是平的平面）。在一定的限制条件下，钻头完全可以从倾斜、不平坦、凸起或凹入等表面上开始加工或退出孔，在断续切削期间要减小进给率。图中所示为需要减小进给率的一些区域，图中字母 F 表示以正常进给率切削的区域（正常进入或退出），$F/2$ 表示需要降低进给率的加工区域，通常取正常进给率的一半即可。

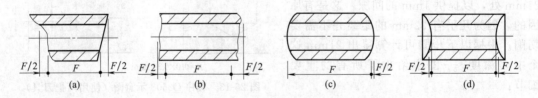

(a)　　　　　(b)　　　　　(c)　　　　　(d)

图 26-15　可转位钻在不平表面加工时的进给率：F＝正常进给率，$F/2$＝减小的进给率

图 26-15 中，（a）表示斜面加工，（b）表示不均匀表面加工，（c）和（d）分别表示凸出和凹入表面的加工。

应该在受到充分保护的加工区域使用可转位镶刃钻。

加工通孔时一定要始终注意齿盘。

26.3　啄钻

啄钻也称间歇进给式钻孔，它使用固定循环 G83（标准啄钻循环）或 G73（高速啄钻循环）。这两个循环的区别在于退刀方式的不同，G83 中钻头每次进给后退刀至 R 平面（通常在孔上方），而 G73 中钻头退刀距离很小（介于 0.5～1mm 或 0.02～0.04in 之间）。

对于太深而不能使用一次进给运动加工的孔，通常使用啄钻，啄钻方法也可以改善标准钻的技术。以下是啄钻方法在孔加工中的一些可能应用：

❑ 深孔钻削；

❑ 断屑以及用于较硬材料的短孔加工；

❑ 清除堆积在钻头螺旋槽内的切屑；

❑ 钻头切削刃的冷却和润滑；

❑ 控制钻头穿透材料。

在这些情形下，通过指定循环中的 Q 值，可以很容易编写 G83 或 G73 循环产生间歇进给运动。Q 值指定每次进给的实际切削深度，Q 值越小，则所需的进给次数就越多，反之亦然。对于大多数深孔钻工作，啄钻的确切次数并不重要，但有时需要对啄钻循环进行控制。

（1）典型深孔钻应用

大多数的啄钻应用中，选择的 Q 值只要合理就行。例如，加工深度为 $Z-2.125$ 的孔，选用直径为 0.250 的钻头，啄钻深度为 0.600，G83 循环的程序可能是下面这个样子：

    N137 G99 G83 X.. Y.. R0. 1 Z-2. 125 Q0. 6 F8. 0

以上编程值对于该工作是合理的——这就行了，大多数情形下，啄钻次数通常并不重要。

（2）啄钻次数的计算

如果 G83/G73 循环所产生的啄钻次数比较重要，则需要对它进行计算，对于给定的总深度，特定的 Q 值将产生多少次啄钻通常并不重要，如果程序能有效运行，则不需要对它进行修改。要计算出 G83/G73 循环的啄钻次数，必须知道钻头在 R 平面和 Z 向深度之间移动的距离（增量值），同样必须知道每次的啄钻深度 Q，距离除以 Q 便得到啄钻次数：

$$P_n = \frac{T_d}{Q}$$

式中　P_n——啄钻次数；

　　　T_d——钻头移动总距离；

　　　Q——编程啄钻深度。

例如下面 G83 循环中（G20 模式）：

    N73 G99 G83 X.. Y.. R0. 125 Z-1. 225 Q0. 5 F12. 0

钻头总的移动距离是 1.350，除以 0.500 得 2.7，但是进给次数应为整数，大于 2.7 的最小整数是 3，因此实际啄钻次数为 3。

（3）选择啄钻次数

更常见的情形是选择所需的啄钻次数，通常由经验丰富的程序员确定，如果某一数量的啄钻次数能最有效地完成该工作，则可以计算相应的 Q 值。由于 Q 值指定每次啄钻的深度，而不是啄钻次数，所以需要做简单的计算以得出对应于所需啄钻次数的 Q 值。

例如，图 26-16 所示为一个 $\phi4.75mm$ 钻头的公制图纸，如果在下述循环中需要三次进给，那么 Q 深度是多少呢？

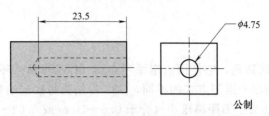

图 26-16 啄钻实例（选择啄钻次数）

钻尖长度为 $\phi4.75 \times 0.3 = 1.425\text{mm}$，因此最终 Z 深度为 $Z-24.925$，R 平面为 3mm：

N14 G99 G83 X.. Y.. R3.0 Z-24.925 Q?? F120.0

钻头总行程为 R 平面到 Z 向深度的距离，即 $3.0+24.925=27.925$，利用跟上式类似的公式计算啄钻深度 Q 值：

$$Q = \frac{T_d}{P_n}$$

式中　Q——编程啄钻深度；

T_d——钻头移动距离；

P_n——所需啄钻次数。

使用上面的公式，其结果为 $27.925/3 = 9.308333$，四舍五入保留 3 位小数点，Q 深为 9.308，现在顺着每次啄钻深度看看最终结果：

第 1 次啄钻	9.308	累计深度 ... 9.308
第 2 次啄钻	9.308	累计深度 ... 18.616
第 3 次啄钻	9.308	累计深度 ... 27.924
第 4 次啄钻	9.308	累计深度 ... 27.925

这里有四次进给且最后一次只切削 $1\mu\text{m}$（0.001mm）！实际上几乎没有。这种情形下，最后一次切削太小而导致效率不高，因此 Q 值要向上取整，这里可取最小值 9.309 甚至更高：

N14 G99 G83 X.. Y.. R3.0 Z-24.925 Q9.309 F120.0

一定要牢记：切削刀具不能超过编程 Z 向深度，但可以以极低的效率到达这一位置。

（4）控制穿透深度

啄钻循环也可以用于控制钻头穿透材料，而不用考虑钻头尺寸或材料厚度，这一用法并不常见，但却很有用。这是有原因的，对于许多硬材料，钻头开始穿透工件底面（加工通孔）时加工条件很差，钻头很可能是"推出"材料而不是切削材料，这在钻头较钝、材料硬度较大或进给率很高时尤其突出，钻头切削刃部产生的热、润滑剂没有到达切削刃、螺旋槽磨损以及其他因素也会导致出现这种不利条件。

解决的办法就是在钻头即将穿透而没有穿透孔时减小钻头的压力，如图 26-17 所示。

啄钻循环 G83 非常适合这种工作，但是 Q 深度的计算极其重要。总的进给次数并不重要，只有最后两次才是关键的，因为解决钻头穿透所引起的问题时，只需两次进给运

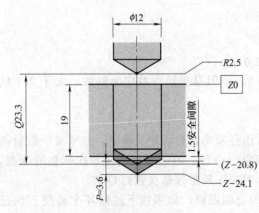

图 26-17　使用啄钻循环控制孔的穿透

动，图中所示为使用 $\phi 12mm$ 的钻头加工 19mm 厚板的通孔。

对于大多数加工来说，这样的孔并不需要特殊对待，只需要一次加工完成（使用 G81 循环）而不需要啄钻。下面来评估一下这种特定情形的解决方案：

$\phi 12mm$ 钻头的钻尖长度为 $12.0 \times 0.3 = 3.6mm$，取它的一半（1.8mm）作为第一次穿透量（并不一定要取一半），这使得钻头到达 19mm 厚板下方的 1.8mm 处，即绝对 Z 深为 $Z-20.8$。

该深度由 Q 值控制！

而 Q 深度是从 R 平面（本例子中为 $R2.5$）开始计算的增量值，所以 Q 深度为 $Q23.3$（$Z0$ 上方为 2.5mm，下方为 20.8mm）。编程深度为最终钻头深度，如果加上厚板下方的间隙（1.5mm），那么最后的 Z 深度是板厚（19mm）、穿透间隙（1.5mm）和钻尖长度（3.6mm）的总和，也就是 $Z-24.1$：

G99 G83 X.. Y.. R2. 5 Z-24. 1 Q23. 3 F..

这一罕见的技巧不但解决了特定工作的问题，也表明了创造性与编程是如何互补的。

26. 4　铰孔

铰孔操作与钻孔比较类似，至少它们的编程方法类似。钻孔是在实体材料中钻出一个孔，而铰孔是扩大一个已经存在的孔。

铰刀分为圆柱形和锥形两种，有两个以上不同结构的螺旋槽，铰刀材料通常是高速钢、钴合金或带焊接硬质合金刀尖的硬质合金刀具。每种铰刀的设计都各有利弊，例如硬质合金铰刀耐磨性较好，但不是对每个孔加工都很经济；高速钢铰刀经济实用。大多数工作对刀具的选择要求比较高，因此对于给定工作一定要选择正确的刀具，定尺寸和精加工刀具（比如铰刀）的选择要更加仔细。

铰刀是确定最终尺寸的成型刀具且不用作切除较大的毛坯余量。在铰孔操作中，铰刀使原孔达到较高的尺寸精度和表面质量。由于铰孔操作并不能保证孔的同心度，所以对于同心度和公差有较高要求的孔，首先使用中心钻或点钻加工，然后钻孔，接着是粗镗，最后才由铰刀完成加工。

铰孔操作需要使用冷却液，以得到较好的表面质量并在加工中帮助排屑，切削中并不会产生大量的热，所以选用标准的冷却液即可。

（1）铰刀设计

就设计而言，铰刀的两个特征与 CNC 加工和编程直接相关。

第一个是螺旋槽的设计。大多数铰刀有左旋的螺旋槽，这种设计适合于加工通孔，在切削过程中左旋螺旋槽"迫使"切屑往孔底移动并进入空区。不过它不适合盲孔加工。

铰刀设计的另一个因素是刀头倒角。为了进入一个没有倒角的孔，需要一个导入宽度，铰刀的刀头倒角便可满足这一需求，为此一些铰刀甚至设计了一段锥形切削刃，这个倒角有时也叫"导锥"或"迎角"。编程中需要考虑这两个因素。

（2）铰孔操作的主轴转速

与标准钻孔和其他操作一样，铰孔主轴转速的选择与所加工的材料类型密切相关，其他因素如工件准备、刚度、尺寸和孔的最终表面质量等都影响主轴转速的选择。

通常铰孔的主轴转速可选为同材料上钻孔主轴转速的 2/3。例如，如果钻孔主轴转速为 500r/min，那么铰孔主轴转速定为它的三分之二比较合理：

$$500 \times 0.660 = 330r/min$$

注意不要在主轴反转时编写铰孔运动，那样会使钻头磨损或损坏。

（3）铰孔的进给率

铰孔的进给率比钻孔要大，通常为它的 2～3 倍。高进给率的目的是使铰刀切削材料而不是摩擦材料，如果进给率太低铰刀会迅速磨损，小的进给率会产生切削压力，因为铰刀是用来扩孔而不是切除材料的。

（4）毛坯余量

毛坯余量是留作精加工的材料的多少。通常要进行铰孔操作的孔比预钻孔或预镗孔要小，至于小多少则由程序员决定，如果毛坯余量太小会使铰刀过早磨损，毛坯余量太大会增大切削压力而损坏铰刀。

一般的规则是留出铰刀直径 3% 大小的厚度作为毛坯余量，这是针对直径而言（不是平均每边的量），例如 3/8（ϕ0.375）的铰刀加工 0.364in 左右的孔直径比较合适：

$$0.375-(0.375\times3/100)=0.36375\approx0.364$$

但实际上多数情形下并没有刚好适合所加工孔直径的钻头，也就是说需要在铰孔前使用镗刀粗加工孔到指定的直径，这样一来就需要额外的刀具和准备时间，也使得程序更长并带来其他一些不利因素，但这样可以保证孔的质量。这些情形下，对硬材料和一些航空材料，铰孔的毛坯余量通常更小。

（5）铰孔需考虑的其他问题

通常铰孔的步骤和其他操作一样。加工盲孔时先采用钻削然后铰孔，但是在钻孔过程中必然会在孔内留下一些碎屑影响铰孔的正常操作。因此在铰孔之前应用 M00 停止程序，允许操作人员除去所有的碎屑。

铰刀的尺寸很重要，通常生产铰刀用于过盈配合或间隙配合，这仅仅是加工车间中对铰孔的特定公差范围的一种表述。

铰孔编程也需要用到固定循环，哪一个循环最适合呢？实际上并没有直接定义铰孔的循环。想想传统的加工需要进给运动在孔中切除材料，同时为了保证质量（尺寸和表面质量），也需要进给运动返回到起点位置。虽然以快速运动返回可以节省循环时间，但这样会影响加工质量，因此以进给运动返回是必要的。Fanuc 与类似控制器中比较合适的循环为 G85，该循环可实现进给运动切入和进给运动退刀，且不在孔底暂停，如果需要在孔底暂停，可使用 G89 循环。循环中两种运动的进给率相同，进给率的任何改变会影响两种运动（切入和退刀）。

26.5　单点镗孔

另一种最终确定尺寸的操作是镗孔，镗孔是只沿 Z 轴的点到点操作，在铣床和加工中心上比较常见。同时它也称作"单点镗"，因为最常见的刀具也就是镗刀杆只有一个切削刃。CNC 车床上的镗孔属于最终确定尺寸的操作，本章中并不对它进行介绍（见第 34、35 章）。

许多以前用坐标镗床加工的精度较高的工件现在可以在 CNC 加工中心上使用单点镗刀杆来加工。现代 CNC 机床具有较高精度，尤其是定位和重复精度——正确选择和使用镗刀可以加工出高质量的孔。

（1）单点镗刀

实际应用中，单点镗是精加工操作，至少是半精加工操作。主要用于扩大钻、冲、铸造出来的孔，它主要对直径进行操作，其目的是加工出符合要求的孔直径。

尽管市场上镗刀的设计各种各样，但单点镗刀通常设计为弹头状的镶刀片，它们安装在镗刀杆的末端并可对有效镗刀直径进行微调，如图 26-18 所示。

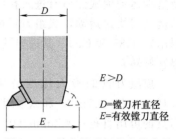

图 26-18 单点镗刀杆的有效直径

相同的编程技巧也适用于其他类型的镗刀杆设计，例如成组刀具，成组刀具是拥有两个相隔 180°的切削刃的镗刀杆。如果支撑物上没有直径微调机构，就必须用特殊的装置或者选用比较慢但很实用的尝试法对有效直径进行预调，考虑到单点镗刀杆的安装方法，这种尝试法也是很流行。

跟任何其他切削刀具一样，如果镗刀杆较短、刚性较好且与主轴中心线同心，则会得到最好的加工结果。影响镗孔质量的主要原因是镗刀杆的挠动，铣削和车削加工也是一样。刀尖应该安装正确，且拥有合适的切削几何尺寸和一定的间隙。镗刀杆在主轴上的位置（或定位）对加工中心上的镗孔操作非常重要。

（2）主轴定位

任何圆柱形刀具（如钻头和立铣刀）都可以沿 Z 轴方向进入或离开孔，且不会对孔加工质量有太大的影响，但是对表面质量和公差要求较高的孔不使用这两种刀具。镗孔操作中孔表面的完整性很重要，许多镗孔操作要求刀具在退刀过程中不会破坏孔的表面，因为退刀中或多或少会在孔中留下一些斑点，所以需要使用特殊的退刀方法——使用 G76（或不常见 G87）循环和机床主轴定位功能使镗刀杆从已加工孔中退刀。定位功能已经在第 12 章中介绍过，这里只作简单的回顾。

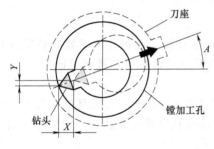

A	主轴定位角度
➤	理想刀具移动方向
XY	移动向量

图 26-19 单点镗刀杆、位移向量和主轴定位角

主轴定位的唯一目的就是在每次换刀后使刀座回到完全一样的位置，如果不使用主轴定位，那么刀尖将停在附近的任意位置。镗孔操作中对主轴定位还只是解决了问题的一半，另外一半是镗刀刀尖位置的设置，这通常是操作人员的任务，因为它必须在机床准备过程中完成。镗刀杆刀尖的设置应该达到这样一种效果，就是 G76 或 G87 循环中发生交替运动时，它必须在远离已加工孔壁的方向，用相对于主轴定位角度的 XY 矢量来表示较为理想，如图 26-19 所示。

主轴定位是在工厂中设计和固定的，CNC 程序员一定要考虑移位量及方向。

主轴定位时，必须处于停止状态，任何需要主轴偏移的加工操作中主轴都不能旋转。回顾一下第 25 章中介绍的精镗固定循环 G76 和背镗循环 G87，机床操作人员始终要清楚主轴的定位方式和刀具偏移的实际移动方向。同时要记住，编程位移可使用 Q 值或 XY 向量，但不能同时使用。编程选择取决于系统参数设置。

为了保证所加工孔的同心度和垂直度，对镗出的孔进行铰孔操作只需要镗刀杆，镗孔的表面质量并不重要。如果镗孔作为孔的最后一道加工工序，那么表面质量就很重要了，但是镗孔操作的退刀很难保证不会划伤孔圆柱面，这种情形下最好选用 G76 精镗循环。

（3）成组刀具

当使用单点镗刀杆进行粗加工或半精加工时，有一种方法可以使它提高效率，即用两个刃（相隔 180°）的镗刀杆（成组刀具）替代一个刃的镗刀杆，但是成组刀具不能用于精加工，因为它们不能在孔内移动。成组刀具的唯一编程方式是进出孔运动，有几个固定循环支持这种运动模式。所有进入孔的运动都为进给运动，而退出运动则根据循环的不同可以是进给运动或快速运动，成组刀具可以使用的固定循环有：G81 和 G82（进给运动进入快速运动退出）、G85 和 G89（其进出孔都为进给运动且机床主轴一直旋转）以及 G86（退刀时主轴停止旋转）。

成组刀具的最大优点是可以使用增大的进给率，例如，如果单刃镗刀的进给率为 0.18mm（0.007in），那么成组刀具至少可以为它的两倍 0.36mm（0.014in）或更大，成组刀具的可用直径从 ϕ20mm（0.75~0.80in）开始。

26.6 刀具偏移镗孔

有两个固定循环需要刀具偏移当前孔的中心线，即镗削循环 G76 和 G87，两个都将在程序实例 O2604 中介绍，其中 G76 要有用得多。

（1）精镗循环 G76

G76 循环用于加工对尺寸和表面质量要求较高的孔。镗削本身很平常，不过它的退刀很特别，镗刀杆停止在孔底的定位位置，根据循环中的 Q 值偏离并退刀至起点位置，最后撤回到它的正常位置。

G76 循环已经在前面一章中详细介绍过，本章包含一个编程实例，给出了单孔 XY 位置，如图 26-20 所示，孔直径为 ϕ25mm。

图中只需考虑 ϕ25mm 的孔，程序输入很简单：

N . G99 G76 X0 Y0 R2. 0 Z - 31. 0 Q0. 25 F125. 0

使用 G76 循环加工可以得到较高质量的孔，但是实际刀具设置和孔支撑数据必须好好选择。注意 Q 值很小，只有 0.25mm（0.01in），将它与下一刀具的 Q 值进行对比。

（2）背镗循环 G87

尽管背镗循环有一定的应用，但它并不常见。就如它的名字一样，该循环的工作方向与其他循环相反，即从工件的背面开始加工，通常背镗操作从孔底部开始加工，镗削操作沿 Z 轴向上（Z 正方向）进行。

G87 循环已经在前一章中详细介绍过，图 26-20 中还有一个 ϕ27mm 的孔，它与 ϕ25mm 的孔在同一安装中加工，因为它在"工件背面"，所以它使用 G87 循环进行背镗加工。

图 26-21 所示为加工 27mm 孔的镗刀杆的安装，它从孔底向上加工。注意图中的说明。

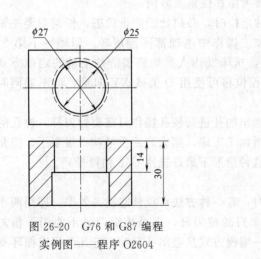

图 26-20　G76 和 G87 编程
实例图——程序 O2604

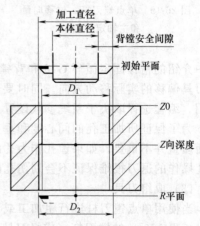

图 26-21　背镗刀设置考虑事项
（程序 O2604）

图中 D_1 表示小孔的直径（25mm），D_2 表示背镗加工的孔直径（27mm）。D_2 通常比 D_1 大，否则不能进行背镗。必须有足够的间隙，以保证镗刀杆可以进入孔内并到达孔底。背镗刀必须能刚好放入现有的孔中。

（3）编程实例

为了展示一个完整的程序，程序 O2604 将使用四把刀具——点钻（T01）、钻头（T02），标准镗刀杆（T03）和背镗刀（T04）。

O2604（G76 和 G87 镗孔）

（T01—ϕ15mm 点钻—90°）

N1 G21

N2 G17 G40 G80 T01

N3 M06

N4 G90 G54 G00 X0 Y0 S1200 M03 T02

N5 G43 Z10. 0 H01 M08

N6 G99 G82 R2. 0 Z－5. 0 P100 F100. 0

N7 G80 Z10. 0 M09

N8 G28 Z10. 0 M05

N9 M01

（T02—ϕ24mm 钻头）

N10 T02

N11 M06

N12 G90 G54 G00 X0 Y0 S650 M03 T03

N13 G43 Z10. 0 H02 M08

N14 G99 G81 R2. 0 Z－39. 2 F200. 0　　　（2mm 下方）

N15 G80 Z10. 0 M09

N16 G28 Z10. 0 M05

N17 M01

（T03—ϕ25mm 标准镗刀杆）

N18 T03

N19 M06

N20 G90 G54 G00 X0 Y0 S900 M030 T04

N21 G43 Z10. 0 H03 M08

N22 G99 G76 R20 Z－31. 0 Q0. 3 F125. 0　　　（ϕ25）

N23 G80 Z10. 0 M09

N24 G28 Z10. 0 M05

N25 M01

（T04—ϕ27mm 背镗刀）

N26 T04

N27 M06

N28 G90 G54 G00 X0 Y0 S900 M03 T01

N29 G43 Z10. 0 H04 M08

N30 <u>G98</u> G87 R－32. 0 Z－14. 0 Q1. 3 F125. 0　　　（ϕ27）

N31 G80 Z10. 0 M09

N32 G80 Z10. 0 M05

```
N33 G28 X0 Y0
N34 M30
%
```

> 程序中使用 G76 和 G87 固定循环时，在编程和准备时一定要遵循所有的规则与预防措施——其中许多都跟安全相关。

（4）编程和准备的注意事项

为了成功应用 G76 和 G87 循环，使用刀具偏移进行镗孔时，一些特殊考虑必不可少，下面列出了最重要的几条注意事项：

❏ 背镗之前必须加工通孔。

❏ 必须在整个（而不是一部分）孔中编写第一个镗削循环 G76。

❏ G76 循环只需要最小的 Q 值（如 0.25mm 或 0.01in）。

❏ G87 循环的 Q 值必须大于两个直径之差的一半：

$(D_2 - D_1)/2 = (27-25)/2 = 1$，再加上标准的最小 Q 值（如 0.3mm）。

❏ 注意镗刀杆的主体部分，确保它在移动中不会碰到孔表面，当镗刀杆较大而孔较小或移动距离较大时可能会发生碰撞。

❏ 注意镗刀杆的主体部分，确保它不会碰到工件下方的障碍物，记住刀具长度偏置是从切削刃而不是镗刀的实际刀尖测量的。

❏ 通常在 G98 模式下编写 G87，千万不能在 G99 模式下！！！

❏ 一定要清楚定位方向并正确设置刀具。

26.7　扩孔

扩孔也可以从孔的顶部开始，主要有三种方法，它们在每个机械工厂都十分常见：

❏ 打埋头孔　　　　　　在图纸中表示为 C' SINK 或 CSINK；

❏ 镗平底沉头孔　　　　在图纸中表示为 C' BORE 或 CBORE；

❏ 锪孔　　　　　　　　在图纸中表示为 SF、S.F.、S/F。

这三种方法都可以用来扩孔，它们的目的一样，即通过加工光滑表面使配合零件可以更精确地固定在孔内，例如，螺栓头必须位于平坦的表面上，这就需要打埋头孔或镗平底沉头孔操作。这三种操作都需要非常好的同心度，它们的编程方法一样，除了使用的刀具不同，这些刀具选用的主轴转速和进给比相同尺寸的钻头低。扩孔前必须进行其他操作。

（1）打埋头孔

打埋头孔是将已有孔加工到所需深度的圆锥孔的操作，它主要用于加工与锥形螺栓头配合的孔。在所有三种操作中，它需要最多的计算，以得到精确的深度，打埋头孔有三种常见的角度：

❏ 60°；

❏ 82°——最常见的 CSINK 角度；

❏ 90°。

也可能会使用其他的角度，但出现没有这么频繁。

要展示编程方法和所需计算，首先要知道所使用的刀具，图 26-22 所示为典型的埋头钻。

图中，d 是埋头钻的主体直径，A 是埋头孔的角度，F 是钻尖平面直径（如果为尖角该值为0），L 是钻头主体长度。

编写打埋头孔操作程序时需要图纸给出的某些特定数据，该信息通常由说明（开头或文本中）给出，例如：

φ0.78 埋头孔-82°

13/32 钻头 通孔

编程时还有一个问题，即给定的埋头孔直径必须十分
精确，该例中为 φ0.78，埋头孔角度为 82°。精确的直径值
可以通过对 Z 向深度的仔细计算得到，可以使用前面介绍
的常数 K 来计算钻尖长度，然后再计算切削深度（与钻头
的计算相似）。问题是常数 K 是钻尖为尖角时的值，但打埋
头孔刀具通常不使用这种钻尖（除了加工小尺寸时），相
反，它有一个平面直径 F（通常在钻头目录中指定）。

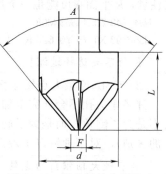

图 26-22 埋头钻的典型尺寸

图 26-23 所示为打埋头孔所需的数据。

图 26-24 所示为已知的尺寸 E、A 和 F，以及埋头钻深度编程时需要用到的未知尺寸 P
和 Z 向深度。

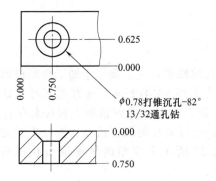

图 26-23　标准打埋头孔操作的编程实例

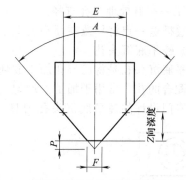

图 26-24　典型 82°埋头孔向深度计算＋高度 P
有效 CSINK 直径 E、角度 A 以及 φF 已知

实际计算过程很简单，首先根据给定的钻尖平面直径 F 确定高度 P，然后使用适用于
钻尖长度的标准常数 K：

60°—0.866

82°—0.575

90°—0.500

图中，E 为埋头孔所需的直径，A 为埋头孔的角度，F 为刀尖平面直径，P 为刀尖高
度，Z 向深度为编程刀具深度。本例子中 A 为 82°，查表可知 F 为 3/16（0.1875），这时便
可计算 P：

$$P = φ0.1875 \times 0.575 \qquad （82° 对应的 K 值为 0.575）$$
$$P = 0.1078$$

埋头孔 $F = 0$（刀尖为尖角）时，实际编程 Z 向深度将忽略高度 P：

$$Z = φ0.78 \times 0.575 = 0.4485$$

因为深度包括刀尖高度 P，所以实际编程 Z 向深度为理论 Z 向深度减去 P：

$$Z = 0.4485 - 0.1078 = 0.3407 = Z - 0.3407$$

这样便得到了最终 Z 向深度，埋头孔实例的程序段编写如下：

N35 G99 G82 X0.75 Y0.625 R0.1 Z-0.3407 P200 F8.0

顺便说一下，由于前面操作中已经加工了通孔，所以 R 平面可以稍微低一点。这里一定

要注意，R 平面很可能是一个负值，所以最好编写 G98 指令和较小的初始平面，例如 $Z0.1$：

N34 G43 Z0.1 H03 M08　　　　　　　（初始平面为 0.1）

N35 G98 X0.75 Y0.625 R-0.2 Z-0.3407 P200 F8.0

> R 值不要选择过深！

（2）CSINK 最大点钻深度

许多埋头孔不会从完全加工好的孔开始，它们开始都是使用 90°点钻，这种情形下，通常不是为了倒角，而是为了确立精确 XY 位置。考虑这两把刀具的尺寸区别（尤其是顶锥角 A 的区别），对于理解以下观点非常重要：

> 具有较大顶锥角的点钻，要比具有较小顶锥角的锥口钻的切削量深。

对于需要打埋头孔的点钻孔，以上的考虑很重要。由于点钻拥有相对较大的顶锥角（90°对 82°），因此切削深度不能超过以下计算的结果：

$$D_\text{s}=E/2$$

式中　D_s——点钻深度；

　　　E——有效埋头孔直径。

不遵循这一点将导致在埋头孔上出现不期望的倒角！

（3）镗平底沉头孔

镗平底沉头孔是将已有孔加工成到所需深度的圆柱孔的操作，它主要用于加工与圆柱形螺栓头配合的孔，常用于加工不均匀、粗糙或与螺栓配合不成 90°的表面。通常选择针对这类工作专门设计的镗平底沉头孔刀具，有时也可以用立铣刀代替，两种情形下程序都使用

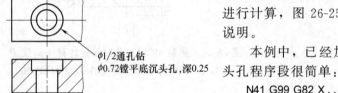

ϕ1/2通孔钻
ϕ0.72镗平底沉头孔,深0.25

图 26-25　镗平底沉头孔操作编程实例

G82 固定循环。由于沉头孔的深度已知，所以不需要进行计算，图 26-25 所示为典型的平底沉头孔规格说明。

本例中，已经加工了一个 ϕ1/2in 的孔，平底沉头孔程序段很简单：

N41 G99 G82 X.. Y.. R0.1 Z-0.25 P300 F5.0

在镗平底沉头孔时，如果选择相对较低的主轴转速和较大的进给率，那么要确保 G82 循环中的暂停时间 P 足够长，通常选择最短暂停时间的两倍，最短暂停时间 D_m 为：

$$D_\text{m}=\frac{60}{\text{r/min}}$$

例如，如果主轴转速为 600r/min，那么最小暂停时间为 60/600＝0.1，程序中编写的值应该为它的两倍，即 0.2（$P200$）。选择最小值的两倍，即使主轴转速使用 50%的倍率，也至少可以保证主轴旋转一周以整理孔的底面。一些程序员选择比这更长的暂停时间，使主轴可在孔底旋转 1～2 转。

（4）锪孔

除了切削深度较小外，锪孔与镗平底沉头孔一样，通常也称锪孔为镗浅平底沉头孔，它的目的只是切除少量材料以形成适合螺栓头、垫圈或螺母配合的平面。其编程方法与镗平底沉头孔完全一样。

26.8　多层钻

很多情形下，同一把切削刀具需要在不同的高度（零件的台阶）之间上下运动，这就需

要频繁改变 Z 向深度甚至 R 平面，例如钻头在不同的高度加工相同深度的孔。

这类加工的编程需要两个主要条件——钻头加工的效率（没有时间损失）和安全性（没有碰撞）。

解决这个问题并不难，可以将准备功能 G98 和 G99 分别与固定循环一起使用，在前面介绍过，G98 使切削刀具返回初始平面，G99 使切削刀具返回 R 平面。实际编程中，G98 指令只用来绕过孔之间的障碍物。

图 26-26 用象征性的符号展示了两种编程可能性，台阶零件的前视图显示了刀具在各孔之间的运动方向。左图中，从一个孔到另一孔的运动可能会产生碰撞，所以为了安全起见选用 G98，而在右图中，因为各孔之间没有障碍物，所以可使用 G99。通常在 G43 程序段中设置初始平面，Z 值必须比所有障碍物都高。图 26-27 和程序 O2605（G21 模式）给出了一个不同但更实用的实例。

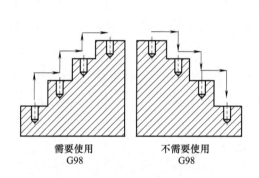

图 26-26　不同高度孔之间的刀具运动方向

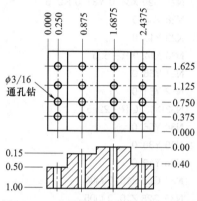

图 26-27　多层钻——程序 O2605 图样

该实例中只使用两把刀具。T01 为 90°点钻，同时负责完成 $0.75\text{mm} \times 45°$ 倒角，它将切削到每一台阶表面下方 5.75mm 处（$\phi 10\text{mm}/2 + 0.75\text{mm} = 5.75$）。T02 为 $\phi 10\text{mm}$ 的通孔钻，编程绝对深度为 $Z-49.5$（厚度 45mm + 1.5mm 穿透间隙 + $\phi 10\text{mm} \times 0.3$ 钻尖长度 = 49.5）。R 平面位于任何实际表面的 2.5mm 上方处。

```
O2605 (多层钻实例)
(T01—0.375 点钻—90°)
N1 G21
N2 G17 G40 G80 T01
N3 M06                    (T01，20mm 点钻)
N4 G90 G54 G00 X13.0 Y19.0 S1200 M03 T02
N5 G43 Z10.0 H01 M08
N6 G99 G82 R-22.5 Z-30.75 P200 F200.0
N7 Y38.0
N8 Y56.0
N9 G98 Y81.0
N10 G99 X44.0 R-5.5 Z-13.75
N11 Y56.0
N12 G98 Y19.0
N13 G99 X84.0 R2.5 Z-5.75
N14 Y38.0
N15 Y81.0
```

```
N16 X122. 0 Y56. 0 R - 17. 5 Z - 25. 75
N17 Y19. 0
N18 G80 Z10. 0 M09
N19 G28 Z10. 0 M05
N20 M01

N21 T02
N22 M06                    (T02，10mm 通孔钻)
N23 G90 G54 G00 X122. 0 Y19. 0 S900 M03 T01
N24 G43 Z10. 0 H02 M08
N25 G99 G83 R - 17. 5 Z - 49. 5 Q15. 0 F250. 0
N26 G98 Y56. 0
N27 G99 X84. 0 Y81. 0 R2. 5
N28 Y38. 0
N29 Y19. 0
N30 X44. 0 R - 5. 5
N31 Y56. 0
N32 Y81. 0
N33 X13. 0 R - 22. 5
N34 Y56. 0
N35 Y38. 0
N36 Y19. 0
N37 G80 Z10. 0 M09
N38 G28 Z10. 0 M05
N39 G00 X - 2. 0 Y10. 0
N40 M30
%
```

　　仔细研究上面的程序，注意刀具 T01 的方向，它从左边较低的孔开始、在右边较低的孔结束，运动轨迹是曲折的，T02 从右边较低孔运动到左边较低孔，运动轨迹同样也是曲折的。注意由于"向上"的两个台阶，第一把刀比第二把刀多一条 G98 指令。在多层 Z 向深度孔加工中，需要理解在 O2605 中使用的三种程序控制：

　　❑ G98 和 G99 控制；

　　❑ R 平面控制；

　　❑ Z 向深度控制。

26.9　钻心钻孔

　　钻心钻孔是指在两个或多个相互之间具有空隙的工件之间进行的钻孔操作。这种情形下的编程挑战就是如何高效地对孔进行加工，编写穿过所有工件和它们之间的间隙的运动很容易，但在孔很多的情形下，这种方法效率很低。图 26-28 所示为钻心钻孔实例的主视图。

　　程序中孔的位置是 X1.0Y1.5 (G20)，R 平面或 Z 向深度需要计算得出。本例中每块板上下的空隙为 0.05，第一个 R 平面为 R0.1，φ1/4 钻头的钻尖长度为 0.3×0.25＝0.075。

O2606（钻心钻孔）

(T01 - 90°点钻-直径 0.5)

```
N1 G20
N2 G17 G40 G80 T01
N3 M06          （T01—90°,点钻—φ0.5)
N4 G90 G54 G00 X1.0 Y1.5 S900 M03 T02
N5 G43 Z1.0 H01 M08
N6 G99 G82 R0.1 Z－0.14 P250 F7.0
N7 G80 Z1.0 M09
N8 G28 Z1.0 M05
N9 M01

N10 T02
N11 M06          （T02－φ1/4 钻头）
N12 G90 G54 G00 X1.0 Y1.5 S1100 M03 T01
N13 G43 Z1.0 H02 M08
N14 G99 G81 R0.1 Z－0.375 F6.0          （上板）
N15 R－0.7 Z－1.25                    （中板）
N16 G98 R－1.575 Z－2.0              （下板）
N17 G80 Z1.0 M09
N18 G28 Z1.0 M05
N19 M30
%
```

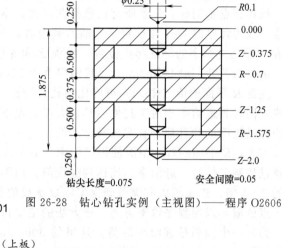

图 26-28　钻心钻孔实例（主视图）——程序 O2606

　　注意在这个例子中加工一个孔需要三个程序段，而通常只需要一个，这里每个程序段表示零件的一块板。同时注意程序段 N16 中的 G98，由于只加工一个孔，因此实际上并不需要使用 G98。程序段 N17 中的循环取消指令 G80 以及返回运动能确保从孔中退刀。但是如果加工多个孔时，在编写循环取消指令 G80 前需要将刀具移动到新的 XY 位置，这种情形下，在钻头穿透工件最后一块板时需要用到 G98。本例中的解决办法并不是最好的，因为其中仍然有一些运动是不必要的，唯一有效的编程方法是使用可选客户宏技术，并开发一个独特和有效的钻心钻孔循环。

26.10　攻螺纹

　　攻螺纹是 CNC 加工中心上仅次于钻孔的最常见的孔加工操作。因为攻螺纹在许多铣削操作中应用很广，所以大多数控制系统中可以使用两种攻螺纹固定循环来编程，最常见的是 G84 右旋攻螺纹循环（R/H），另一个是 G74 左旋攻螺纹循环（L/H）。

G84	标准攻螺纹,用于右旋螺纹,主轴旋转使用 M03,右旋丝锥
G74	反向攻螺纹,用于左旋螺纹,主轴旋转使用 M04,左旋丝锥

　　从下面的例子可以看出孔的攻螺纹编程跟其他固定循环类似，固定循环中包括（内置）所有刀具运动以及主轴在孔底的停止和反转：

```
...
N64 G90 G54 G00 X3.5 Y7.125 S600 M03 T06
N65 G43 Z1.0 H05 M08
N66 G99 G84 R0.4 Z－0.84 F30.0
N67 G80 ...
```

可以说出程序中使用的丝锥尺寸吗？上面只给出了 4 个程序段，但对于需要理解工件程序的 CNC 操作人员来说，它是一个信息宝库，先好好地思考一下。

虽然有点不明显，但是所有信息都在里面。本例中使用标准 20TPI（线/英寸）螺纹中丝锥。因为程序段 N64 中确定了当前刀具位置，因此不需在 G84 循环中给出 XY 坐标。通常 R 平面是进给率的标准起点位置，编程 Z 向深度是螺纹绝对深度。最后一个地址为进给率，单位为英寸/分钟（in/min），其编程值为 F30.0，这是一个关键输入！

注意 R 平面的值（R0.4）可能比钻孔、铰孔、单点镗以及类似操作中使用的 R 值要高一些，同时其进给率相对于其他刀具也大得有点不寻常。但这些值的选择都是有原因的——它们都是正确的并且都是有意选择出来的。

首先，R 平面的较大空隙使得进给率从 0～30in/min 的加速可以在工件上方完成。因为当丝锥接触工件时，进给率应该达到编程值，而不应该比它小，因此需要的间隙值取为正常值的 2～4 倍，这一较大间隙可确保实际攻螺纹的编程进给率完全有效，也可以尝试取稍微小一点的值，以使程序效率更高。该方法的主要目的是消除与运动加速相关的进给率问题。

另外一个问题是进给率的值，这里的 30in/min 相当大，但它是经过仔细计算得到的，任何攻螺纹的切削进给率必须与主轴转速（S）同步。丝锥是成型刀具，螺纹尺寸和形状由丝锥来决定。本章稍后将详细介绍主轴转速和进给率之间的关系，本例中的进给率 F 等于螺纹导程与主轴转速的乘积：

$$F=1/20\text{TPI}\times 600\text{r/min}=30.0\text{in/min}$$

计算进给率的另外一种方法，是用主轴转速（r/min）除以每英寸的螺纹线数（TPI）：

$$F=600\text{r/min}/20\text{TPI}=30.0\text{in/min}$$

攻螺纹孔的整体质量也很重要，除了主轴转速和进给率，还有其他一些影响孔最终加工质量的因素，如丝锥的材料、涂层、几何尺寸、螺旋槽的间隙、螺旋形状、倒角类型、切削的材料和刀架等。除非 CNC 机床支持刚性攻螺纹，否则应选用浮动刀架，浮动刀架的设计给丝锥和手动攻螺纹所需的类似的"感觉"，与在铣削和车削操作中的应用一样。这种类型的刀架允许丝锥在一定的范围缩进或伸出，唯一需要注意的区别是刀具在机床上的安装方法（刀具定位）。浮动刀架的转矩可调，它可以改变丝锥的"感觉"甚至拉力和张力的范围。

攻螺纹在 CNC 车床上的应用与在加工中心上的应用类似。由于一个工件只能使用一个尺寸的丝锥，因此车床控制器不需要特殊的攻螺纹循环，它使用 G32 指令逐段对攻螺纹运动编程。

在 CNC 车床上攻螺纹不同于在 CNC 加工中心上攻螺纹，但并不比它复杂。因为这里不使用固定循环（车铣模式除外），所以程序员容易犯一些共同的错误，本章将举例说明在 CNC 车床上到足够深度的攻螺纹操作。

（1）丝锥几何尺寸

确切地说，各种 CNC 编程应用中使用的（许多公司开发的）丝锥设计有几十种，关于攻螺纹刀具及其应用的知识就足以编一本书了。CNC 编程中，只有丝锥几何尺寸是最重要的。

丝锥的设计中有两个方面会直接影响编程和数据的输入值：

❏ 丝锥螺旋槽的几何尺寸；

❏ 丝锥倒角的几何尺寸。

丝锥螺旋槽的几何尺寸

在刀具目录中用"低螺旋"、"高螺旋"、"螺旋槽"以及其他术语来描述丝锥螺旋槽的几何尺寸，这些术语说明了丝锥切削刃在丝锥本体上的固定方式。编写攻螺纹操作程序时，丝锥螺旋槽的效率依赖于主轴的转速，丝锥导程（通常也称丝锥螺距）会限制攻螺纹进给率，但是主轴转速选择范围较大。工件材料和丝锥螺旋槽的几何尺寸同时影响主轴转速。由于几乎所有的刀具设计（不仅仅是丝锥）都是公司政策、工程决定和观念、各种商标和营销策略的反映，所以在 CNC 程序中并不能说一定要使用这把而不使用那把刀具。刀具供应商的刀具目录是最好的技术数据，但是另一供应商提供的刀具目录可能会更好地解决特定的问题，从目录中得到的信息是 CNC 程序中很好的原始数据。

丝锥倒角的几何尺寸

丝锥倒角几何尺寸与丝锥的末端形状有关，CNC 编程中丝锥末端几何尺寸最重要的部分就是倒角。

为了正确加工孔，必须根据所加工孔的规格来选择合适的丝锥。加工盲孔与加工通孔所需的丝锥不一样，根据不同的几何形状，可以将丝锥分为以下三类：

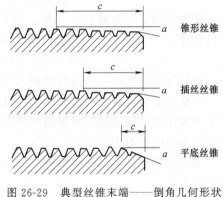

- □ 平底丝锥；
- □ 中丝锥；
- □ 锥形丝锥。

这几种丝锥的最大区别是倒角长度，图 26-29 所示为预加工孔的特征对所选丝锥编程深度的影响。

丝锥的倒角长度 c 以螺纹线数表示，锥形丝锥的常见线数为 8～10，中丝锥为 3～5，平底丝锥为 1～1.5。各种丝锥的倒角角度 a 也不一样，通常锥形丝锥为 4°～5°，中丝锥为 8°～13°，平底丝锥为 25°～35°。

图 26-29　典型丝锥末端——倒角几何形状

盲孔加工通常需要使用平底丝锥，通孔加工大多数情形下选用中丝锥，极少数情形下也使用锥形丝锥。总的说来（也是黄金规则），倒角越大，钻孔留下的深度间隙就越大。

（2）攻螺纹转速和进给率

当以每单位时间进给模式编程时，机床主轴转速（r/min）和编程切削进给率之间的关系非常重要，程序中每单位时间模式的单位是 mm/min（公制）或 in/min（英制）。

每分钟进给模式在 CNC 铣床和加工中心上十分常见，实际上所有工作都是在 in/min 或 mm/min 模式下完成的。不管使用何种机床，攻螺纹操作的切削进给率总是主轴旋转一周丝锥所走过的直线距离，这个距离等于丝锥的导程，也等于螺纹螺距（只针对攻螺纹），因为丝锥通常只用来切削单线螺纹。

使用每转进给模式（CNC 车床上的典型模式）时，丝锥的导程总是等于进给率。例如，如果导程为 1.25mm（0.050in），那么程序中的进给率为 1.25mm/r（0.050in/r）或者 F1.25（F0.05）。

在 CNC 加工中心上，进给率通常使用每分钟进给模式，且可以使用以下公式计算：

$$F_t = \frac{r/min}{TPI}$$

式中　F_t——每分钟进给率，mm/min 或 in/min；

　r/min——主轴转速；

　TPI——每英寸螺纹线数。

也可以使用下面的公式，得到的结果一样：

$$F_t = r/min \times F_r$$

式中　F_t——每分钟进给率，mm/min 或 in/min；

　　r/min——主轴转速；

　　　F_r——每转进给率。

由于公制螺纹的进给率计算比较简单，先来看看英制螺纹的计算。例如，20TPI 铣刀的螺纹导程为：

$$1/20 = 0.0500 \text{in}$$

编程进给率必须考虑主轴转速，比如 450r/min：

$$F = 450 \times 0.05 = 22.5 = F22.5 \ (\text{in/min})$$

或

$$F = 450/20 = 22.5 = F22.5 \ (\text{in/min})$$

车床上的公制丝锥逻辑一样，但只使用一个公式，例如丝锥导程（螺距）为 1.5mm，主轴转速为 500r/min，则编程进给率为 750mm/min：

$$F = 500 \times 1.5 = 750.0 = F750.0 \ (\text{mm/min})$$

使用标准攻螺纹导程进行攻螺纹的关键，就是必须保持丝锥导程和主轴转速之间的关系，如果主轴转速改变，那么每单位时间进给率（in/min 或 mm/min）也要做相应的改变。对于许多浮动丝锥刀架，将进给率下调 3%～5% 会得到较为满意的结果，因为刀架的拉伸要比刀架的压缩更为灵活。

如果上例中的主轴转速由 S450 变为 S500（丝锥尺寸 20TPI 不变），进给率会反映主轴转速的变化：

$$F = 550 \times 0.05 = 27.50 = F27.5 \ (\text{in/min})$$

程序中，新的攻螺纹进给率需要降低 5%，进给率 F 为：

$$F = 27.5 \times (1 - 5\%) = 26.125$$

实际的进给率可以是 F26.1 或 F26.0。很可能在程序中或直接在 CNC 机床上改变刀具的主轴转速而忘记在程序中修改攻螺纹进给率，这种错误会在程序的准备阶段或在机床上优化程序时出现。如果转速变化不大可能不会有什么损害，但是如果变化较大，就有可能在加工中打坏丝锥。

（3）管螺纹丝锥

管螺纹丝锥的设计与标准螺纹很相似，它们分属两个组。

❑ 锥螺纹　　　　　　　　　NPT 或 API；

❑ 直螺纹（平行）　　　　　NPS。

它们的尺寸（名义尺寸）并不是螺纹的尺寸，而是管螺纹丝锥的装配尺寸。美国国家标准管螺纹丝锥锥体（NPT）的锥度为 1：16 或 3/4 英寸每英尺（每侧 1.78991061°），其倒角为 $2 \sim 3\frac{1}{2}$ 线。

管螺纹丝锥编程考虑事项与标准螺纹相似，常见的唯一区别就是怎样计算 Z 向深度，至少要得到合理的值（即使不是确切的值）。最终深度需要结合特定的丝锥刀架和常见的材料通过实验得出。

选用适当的丝锥尺寸很重要。对于只经过钻孔或者经过钻孔和铰孔（使用 3/4 每英寸的锥形铰刀）加工的孔来说，攻螺纹是很困难的。

下表是 NPT 系列的锥形管螺纹丝锥的尺寸以及推荐使用的螺纹钻，这些数据有助于 CNC 编程：

NPT 组		钻孔		丝锥铰孔	
管螺纹丝锥尺寸	TPI	丝锥	小数尺寸	丝锥	小数尺寸
1/16	27	D	0.2460	15/64	0.2344
1/8	27	Q	0.3320	21/64	0.3281
1/4	18	7/16	0.4375	27/64	0.4219
3/8	18	37/64	0.5781	9/16	0.5625
1/2	14	45/64	0.7031	11/16	0.6875
3/4	14	29/32	0.9062	57/64	0.8906
1.0	11-1/2	1-9/64	1.1406	1-1/8	1.1250
1-1/4	11-1/2	1-31/64	1.4844	1-15/32	1.4688
1-1/2	11-1/2	1-47/64	1.7344	1-23/32	1.7188
2.0	11-1/2	2-13/64	2.2031	2-3/16	2.1875

对于直线管螺纹丝锥（NPS），推荐使用下表中的丝锥：

管螺纹丝锥尺寸	TPI	螺孔钻	小数尺寸
1/16	27	1/4	0.2500
1/8	27	11/32	0.3438
1/4	18	7/16	0.4375
3/8	18	37/64	0.5781
1/2	14	23/32	0.7188
3/4	14	59/64	0.9219
1.0	11-1/2	1-5/32	1.1563
1-1/4	11-1/2	1-1/2	1.5000
1-1/2	11-1/2	1-3/4	1.7500
2.0	11-1/2	2-7/32	2.2188

管螺纹丝锥的攻螺纹进给率需要保持的关系和标准螺纹一样。

（4）攻螺纹检查清单

编写攻螺纹操作程序时，要确保程序中的数据能真实地反映加工条件。这些值在不同的设置与机床中可能不同，但是它们中的大部分在所有 CNC 机床和攻螺纹操作中基本上都是相同的。

下面列出了一些在 CNC 程序中跟攻螺纹操作直接相关的条目：

❑ 丝锥切削刃（必须锋利且安装正确）；
❑ 丝锥的设计（须与所加工的孔匹配）；
❑ 丝锥的安装的对准（与安装孔对准）；
❑ 丝锥主轴转速（要适合切削条件）；
❑ 丝锥进给率（与丝锥导程和机床主轴转速相关）；
❑ 工件的安装（机床安装和刀具的刚度很重要）；
❑ 要攻螺纹的孔的预加工必须正确（钻头尺寸很重要）；
❑ 丝锥起点位置的间隙（间隙要能完成加速）；
❑ 切削液的选择；
❑ 孔底部的间隙（必须保证螺纹深度）；
❑ 丝锥刀架的转矩调整（更易切削）；
❑ 程序的完整性（无错）。

许多丝锥刀架的设计都有它们自己的特殊需求，这可能会影响编程方法，也可能不影响。如果有疑问，可以参考丝锥刀架生产厂家所推荐的操作。

在现代 CNC 机床上，刚性攻螺纹十分常见，它不需要专门的攻螺纹刀架，而只需采用常规的端铣刀架或卡盘，这样就可以降低刀架的成本，但是 CNC 机床及其控制器必须支持刚性攻螺纹功能。刚性攻螺纹可使用专用的 M 代码（查看机床文件）。

> 在编程之前要确认 CNC 机床是否支持刚性攻螺纹模式。

26.11　车床上的孔加工操作

CNC 车床上的单点孔操作要比在加工中心上的操作受更多的限制。首先，车床上的一次操作只能在工件上加工一个孔（极少能加工两个），而在铣床上则可以加工数十、数百甚至上千个，其次车床上的镗孔（内部车削）是轮廓加工操作，而在铣床上是点到点的操作。

CNC 车床上，只有安装在主轴中心线上的切削刀具才能执行点到点加工操作，这些操作通常包括中心钻、标准钻、铰孔和攻螺纹，也可以使用其他各种切削刀具，如使用中心切削端铣刀（槽钻）打孔或加工平底孔，使用内部抛光刀具精加工孔等。其次，其他操作如镗平底沉头孔和打埋头孔等也可以使用特殊的点到点刀具（不是轮廓加工刀具），在车床主轴中心线上加工。所有这些操作都有一个共同点——都在主轴中心线上使用且程序段中 X 的位置为 X0。

CNC 车床上所有中心线操作的主轴转速都以每分钟的实际转数（r/min）来编写，而不使用恒定表面速度模式（CSS），通常也称为 CS（切削速度），因此程序中使用 G97 指令，例如：

```
G97 S575 M03
```

能确保主轴顺时针旋转，转速为 575r/min（100% 的主轴转速倍率）。

如果采用 CSS 模式 G96 会怎么样呢？CNC 系统会使用程序中给定的主轴转速地址 S（每单位时间切向或表面速度，如 m/min 或 ft/min），系统将该值换算为机床所需的主轴转速（r/min）。

根据与工件直径相关的标准数学公式来计算主轴转速。如果直径为零（即在主轴中心线上），那么主轴将以当前齿轮传动速度范围内的最大速度旋转，这是标准转速计算公式的一个例外，根据公式，在主轴中心线上（零直径）的转速应该为零！

例如，如果给定材料的切向（表面）速度为 450ft/min，材料直径为 ϕ3in（X3.0），那么主轴转速（r/min）大约为：

$$S=(450\times3.82)/3=573r/min$$

同样的速度 450ft/min 应用到零直径上（X0），如果公式不变，则结果变为：

$$S=(450\times3.82)/0=结果出错$$

尽管希望控制器停止主轴并发出错误信息，但实际上主轴转速将达到当前齿轮传动速度范围内最大值（取决于系统的设计）。所以这里必须非常小心，一定要确保 CNC 车床上的中心线操作在 G97（r/min）模式下完成，而不是在 G96（CSS）模式下。

（1）刀具趋近运动

CNC 车床上常见的几何尺寸偏置设置（或老的 G50 值）通常拥有相对较大的 X 值和较小的 Z 值。例如刀具的几何尺寸偏置可能是 X−300.0 Z−25.0（或编写为 G50 X−300.0 Z−25.0），这个位置给出了适用于钻头的恰当的换刀位置。那么它对于钻孔操作意味着怎样的运动呢？

它意味着机床 Z 轴方向快速运动的完成要远远超前于 X 轴方向上的快速运动（也就是快速指令十分常见的曲棍运动），其结果是使刀具运动非常接近工件表面（G21 模式）：

N36 T0200 M42

N37 G97 S700 M03

N38 G00 X0 Z2. 5 T0202 M08

N39 ...

为了避免在刀具趋近工件时发生碰撞，可以采用以下方法中的一种：

❏ 首先将 X 轴移动到主轴中心线，然后将 Z 轴直接移动到钻孔的起始位置。

❏ 首先将 Z 轴移动到安全位置，然后移动 X 轴到主轴中心线，最后将 Z 轴移动到钻孔的起始位置。

只有当刀具运动区域完全没有障碍时（不要指望发生这种情形），第一种方法才适用。第二种方法在程序中最为常见，它首先将 Z 轴移近工件（但不能太接近），比如到工件前方 15mm（Z15.0）处；接下来就只剩下 X 轴的运动了，它直接运动到主轴中心线（X0）。这时切削刀具（如钻头）距离工件 Z 轴方向的表面较远；最后的趋近运动达到 Z 轴起点位置，也就是更靠近工件并开始实际切削的位置。这种方式便排除（至少可以减小）在钻头趋近工件时发生碰撞的可能性，障碍物包括尾座、工件夹具、中心架等。下面的刀具路径编程方法实例是对前一例子的修改（G21 模式）：

N36 T0200 M42

N37 G97 S700 M03

N38 G00 X0 Z15. 0 T0202 M08

N39 Z2. 5

N40 ...

上述编程方法将刀具沿 Z 轴方向的趋近运动分成两个刀具位置，一个是趋近工件的安全间隙，另一个是钻头开始加工的安全间隙。也可以使用另一种方法，即最后的 Z 轴趋近运动使用切削进给率 G01，而不是快速运动速度 G00：

N36 T0200 M42

N37 G97 S700 M03

N38 G00 X0 Z15. 0 T0202 M08

N39 G01 Z2. 5 F2. 0

N40 ...F..   （切削进给率）

这里将最后趋近工件的运动改为具有较大进给率（2mm/r）的 Z 轴方向的直线运动。准备过程中可使用进给率倍率旋钮控制进给速度，实际生产中并不会浪费太多的循环时间。

（2）刀具的返回运动

适用于刀具趋近的运动规则同样适用于刀具的返回运动，记住从孔中返回的第一个运动总是沿 Z 轴方向的运动（G20 模式）：

...

N40 G01 Z − 0. 8563 F0. 007

N41 G00 Z0. 1

...

程序段 N40 为钻头的实际切削运动，切削完成后执行程序段 N41，钻头将快速返回开始钻削时的相同位置（Z0.1）。虽然返回相同的位置并没有必要，但这样做可以保持程序风格的一致。一旦切削刀具安全退到孔外，则必须返回换刀位置，主要有两种方法：

❏ 两轴联动；

❏ 每次只移动一根轴。

X 和 *Z* 轴的联动并不会出现刀具趋近工件时出现的同样问题，这时 *Z* 轴先完成运动并移离工件表面，同时由于趋近运动没有出现问题且编程风格一致，所以不必担心返回运动中的碰撞问题。

...

N70 G01 Z - 0. 8563 F0. 007

N71 G00 Z0. 1

N72 X11. 0 Z2. 0 T0200 M09

...

如果不能确定，或者刀具运动途中可能有障碍物（如尾座等），那么可采用第二种方法，即每次只移动一根轴，大多数情形下首先移动正 *X* 轴，因为大多数障碍物都在工件的右侧。

...

N70 G01 Z - 0. 8563 F0. 007

N71 G00 Z0. 1

N72 X11. 0

N73 Z2. 0 T0200 M09

...

上面例子中，返回运动先移动 *X* 轴，实际上刀具离工件前表面的距离（0.100）是无关紧要的，因为刀具从该位置开始切削时并没有出现问题。

（3）车床上钻孔和铰孔

在 CNC 车床上钻孔也是很常见的操作，主要是为了进行后续操作，如镗孔等。CNC 车床上有三种基本的钻孔方法：

❑ 中心钻和锪孔；

❑ 用麻花钻钻孔；

❑ 可转位镶刃钻钻孔。

这几种加工方法的编程方法与前面铣削部分中介绍过的一样，只是在车床上没有类似的固定循环。记住在 CNC 车床上是工件旋转、刀具静止，同时大多数车床操作为卧式加工，从而需要考虑冷却液方向以及排屑的问题。

（4）啄钻循环—G74

在 Fanuc 和兼容的控制系统中，可以使用多重循环 G74，主要用在两种不同的加工操作中：

❑ 带断屑的简单粗加工；

❑ 啄钻（深孔钻）。

本节将介绍 G74 循环的啄钻用法，它的粗加工是最终精确加工尺寸很少使用的。

与普通的钻孔一样，深孔钻首先选择主轴转速和进给率，然后确定孔的开始位置，最终才确定孔深位置。此外，还要估计（甚至计算）每次啄钻的深度。虽然 G74 循环在车床上的作用有限，但还是有一定的用处。啄钻的格式为：

G74 X0 Z . K . .

其中　G74——选择啄钻循环；

　　　X0——中心线切削；

　　　Z——钻孔的终点位置；

　　　K——每次啄钻的深度（通常为正）。

下面的例子（如图 26-30 所示）钻削一个 3/16（ϕ0. 1875）的孔，进给深度为 0. 300in：

...

N85 T0400 M42

N86 G97 S1200 M03

N87 G00 X0 Z0. 2 T0404 M08

N88 G74 X0 Z - 0. 8563 K0. 3 F0. 007

N89 G00 X12. 0 Z2. 0 T0400 M09

N90 M01

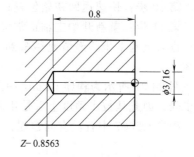

图 26-30　车床上啄钻实例（示例孔）

程序段 N87 中，啄钻运动从 Z0.2 开始，到 N88 中 Z-0.8563 结束，切削长度为 1.0563，其啄钻次数的计算与铣削操作类似。

每次啄钻深度为 0.300，因此需要三次完整进给和一次部分啄钻运动：

Z - 0.1

Z - 0.4

Z - 0.7

Z - 0.8563

尽管前三次每次啄钻深度为 0.300，但第一次从 Z0.2 开始、到 Z-0.1 结束，实际上有三分之二切削在空中进行，程序员必须知道这种方法什么时候优势较多以及什么时候另一种方法更适合。在每次啄钻运动结束时使用 G74 循环，刀具将后退一段固定的距离，这段距离由控制系统参数设定，通常为 0.02in（0.5mm）。G74 循环并不会在每次啄钻后都退刀至孔外（与铣削控制器中的 G83 循环类似）。

注意程序中在啄钻循环结束后并没有编写返回运动，实际上 G74 循环中包括了这一运动。如果在程序段 N88 后再编写 G00Z0.2M05 运动，并不会造成什么损害，它只会让操作人员更放心地去完成该工作。

（5）车床上攻螺纹

在车床上攻螺纹也是较为常见的操作，它的加工原理与加工中心上的攻螺纹操作相同。主要区别是车床上没有攻螺纹循环，由于车床上的大多数攻螺纹操作只加工相同类型的一个孔，因此并没有必要使用攻螺纹循环。没有攻螺纹循环可能会带来一些意想不到的困难，而且在经验有限的程序员中更为常见。因此在说明这些困难之前，首先大概了解一下 CNC 车床上夹持丝锥的刀架以及攻螺纹的步骤。

选定的丝锥通常应安装在专用攻螺纹刀架上，最好是具有拉伸和压缩特征的刀架（浮动刀架）。不能用卡盘或类似的固定装置，它们可能会迅速损坏丝锥，也可能使工件报废。

由于普通 CNC 车床上没有攻螺纹循环，所以每步刀具运动都要作为一个独立的程序段来编写。要做到这一点并了解怎样正确攻螺纹，首先来大概了解一下常见右旋攻螺纹操作的步骤：

第 01 步：设定 XZ 坐标；

第 02 步：选择刀具和速度范围；

第 03 步：选择主轴转速和旋转方向；

第 04 步：快速移动至中心线以及使用偏置留出的间隙；

第 05 步：进给运动至指定深度；

第 06 步：主轴停止；

第 07 步：主轴反向旋转；

第 08 步：进给运动返回并清理工件；

第 09 步：主轴停止；

第 10 步：快速返回初始位置；

第 11 步：重新开始主轴正常旋转或结束程序。

将以上基本步骤谨慎地移植到 CNC 程序中，它可以作为 CNC 车床攻螺纹日常编程的指南。

图 26-31 所示为程序 O2607 中工件和刀具准备的布局。程序实例 O2607 遵循了上述 11 个步骤，因此从技术角度上看是正确的——但仅仅是在理论上，实际它并不实用。

程序 O2607 中有没有问题呢，思考哪里可能导致错误？

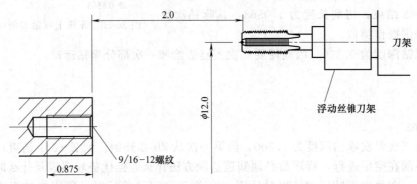

图 26-31　CNC 车床上攻螺纹刀具的典型安装——程序实例 O2607 和 O2608

O2607（车床上攻螺纹）

（理论上正确的编程方法）

...

（T02—31/64 螺孔钻）

...

...

N42 M01

（T03—9/16—12 中丝锥）

N43 T0300 M42

N44 G97 S450 M03

N45 G00 X0 Z0. 5 M08 T0303

N46 G01 Z－0. 875 F0. 0833

N47 M05

N48 M04

N49 Z0. 5

N50 M05

N51 G00 Z12. 0 Z2. 0 T0300 M09

N52 M30

%

乍一看，程序 O2607 并没有任何错误，它包含了所有需要的运动，因此是正确的。

但是该程序包含重大的破绽！

上面程序遵循了前面所有的攻螺纹步骤，对它进行深入研究后，可以发现有两处潜在的困难甚至是危险。首先如果进给率倍率开关没有设为 100% 会出现问题，记住攻螺纹的进给率一定要与螺纹导程相等（12TPI 的进给率为 F0.0833），如果倍率开关设定为除 100% 外的其他值，那么至少会使螺纹剥落，严重一点会损坏丝锥，同时也使工件报废。

在准备或加工中的单程序段运行模式下，会出现另外一个问题。看看程序段 N46 和 N47，程序段 N46 中，丝锥到达 Z 轴的终点位置时主轴仍然在旋转！虽然在程序段 N47 中主轴确实会停止，但是在单程序段模式中已经太迟了。类似地，主轴在程序段 N48 中开始转动，但在程序段 N49 中才开始移动。因此，程序 O2607 是 CNC 车床攻螺纹中一个非常糟糕的例子。

固定循环（比如 G84 攻螺纹循环）应用在铣削程序中时，并不需要考虑上述细节问题，因为铣削中所有的刀具运动都包含在固定循环中。为了排除第一个潜在问题（进给率倍率的问题），可在程序中使用 M48/M49 功能，从而使进给率倍率旋钮暂时无效。更好的方法是替换进给运动切入和进给运动退出丝锥运动指令，即将当前的 G01 模式改为 G32 模式（某些控制器中也可以是 G33），G32 指令通常用在单线螺纹加工中，使用 G32 指令将得到两大结果：主轴同步和进给率倍率无效（自动缺省状态）。这就解决了第一个问题。将主轴功能和刀具运动编写在同一程序段中，便可解决第二个问题，也就是说将程序段 N46 和 N47 以及 N48 和 N49 合并。

通过改进便得到程序 O2608：

O2608（车床上攻螺纹）
（实际上正确的编程方法）
...
（T02—31/64 丝锥钻）
...
...
N42 M01

（T03—9/16—12 中丝锥）
N43 T0300 M42
N44 G97 S450 M03
N45 G00 X0 Z0. 5 M08 T0303
N46 G32 Z - 0. 875 F0. 0833 M05
N47 Z0. 5 M04
N48 M05
N49 G00 X12. 0 Z2. 0 T0300 M09
N50 M30
%

程序段 N48 中包含了主轴停止功能 M05，尽管它对其他任何程序都没有危害，但如果丝锥是程序中最后一把刀就不需要这条指令。比较程序 O2608 与程序 O2607，程序 O2608 更加稳定并排除了可能存在的一些重大问题。

（6）其他操作

CNC 加工中心和车床上还有许多其他与孔加工相关的编程方法，本章只包括最重要和最常见的一些加工操作。

一些并不常见的应用，如使用背镗刀、成组镗刀、多刃刀具以及其他特殊的刀具进行孔加工，它们在编程中很少出现。但是这种罕见操作的编程并不比日常刀具运动的编程困难。

CNC 程序员的实际能力，在于应用所掌握的知识和经验来解决新的问题，这是一个思考的过程，同时也需要一定程度的独创性和辛勤的付出。

第 27 章　孔分布模式

点到点加工操作（包括钻孔、铰孔、攻螺纹、镗孔等）中经常需要用同一把刀加工单孔或多孔，后面通常跟有其他刀具，实际上多孔加工比单孔加工更常见，用同一把刀加工多孔也就是加工几种或一种孔分布模式。英语字典中将"模式"定义为"特征、一致的排列或设计"，转换到孔加工术语中，就是用同一把刀具加工两个或多个孔，便确定了一种孔的分布模式。工程图中展示的孔分布模式可以是随机的（排列或设计特征），也可以有特定的顺序（一致的排列或设计）。孔分布模式的尺寸标注遵循标准的尺寸标注惯例。

本章将介绍平面类工件上的一些常见的孔分布模式和各种编程方法。为了使问题简化，所有的程序实例都假定使用♯2 中心钻进行中心钻操作，倒角直径和深度分别为 0.150 和 0.163（程序中为 Z-0.163，参见第 26 章），且编程零点（Z0）是工件上表面，并假定刀具安装在主轴上，为了清晰起见，例子中也不指定孔直径、材料尺寸和厚度。

根据上面的定义，必须确定怎样才满足孔分布模式的特征或一致性。简单说来，任何由同一刀具加工的系列孔都遵循加工方便性原则，进而确定加工顺序，也就是说所有的孔都具有相同的名义直径，所有的加工必须从相同的 R 平面开始并在相同的 Z 深度结束。总的说来，所有同一分布模式中的孔，使用任何刀具加工时其加工方法都一样。

27.1　典型孔分布模式

孔分布模式可分为几个常见的组，每一组都有相同的特点，CNC 编程中遇到的每个孔都属于下面各分布模式中的一组：

- ❑ 随机分布模式；
- ❑ 直排分布模式；
- ❑ 斜行分布模式；
- ❑ 拐角分布模式；
- ❑ 栅格分布模式；
- ❑ 圆弧分布模式；
- ❑ 螺栓孔圆周分布模式。

一些组还可以细分为更小的组。对每一分布模式组的深入了解有助于相似孔分布模式的编程。

一些控制系统内置了孔分布模式编程，例如螺栓孔圆周孔分布模式，这些常规编程方法极大地简化了孔分布模式的编程，但是这些程序结构通常只是某些品牌的控制器所特有的，因而不能在其他控制器中应用。

27.2　随机孔分布模式

孔编程中最常见的模式就是随机分布模式。这种模式中所有孔的加工特征都相同，但是孔之间的 X 和 Y 的距离不一致，换句话说，随机分布模式中所有的孔有相同的名义直径和深度，也可以用同一把刀加工，但是每个孔之间的距离不同，如图 27-1 所示。

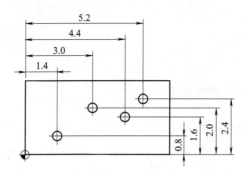

图 27-1　随机孔分布模式——程序 O2701

随机分布模式孔编程时，并没有特殊的可以省时的编程技巧——在加工每个孔时都使用固定循环，其中所有 XY 坐标都需手动编程，这里控制系统功能并不能提供帮助：

```
O2701（随机孔分布模式）
N1 G20
N2 G17 G40 G80
N3 G90 G54 G00 X1. 4 Y0. 8 S900 M03
N4 G43 Z1. 0 H01 M08
N5 G99 G81 R0. 1 Z－0. 163 F3. 0
N6 X3. 0 Y2. 0
N7 X4. 4 Y1. 6
N8 X5. 2 Y2. 4
N9 G80 M09
N10 G28 Z0. 1 M05
N11 G28 X5. 2 Y2. 4
N12 M30
%
```

27.3　直排孔分布模式

孔的直排分布模式是指孔中心的连线平行于 X 或 Y 轴，相邻孔之间的距离相等。图 27-2 所示为平行于 X 轴的 10 孔直排分布模式，相邻孔之间的距离为 0.950in。

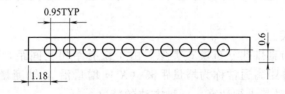

图 27-2　直排孔分布模式——程序 O2702

编程可利用固定循环的重复功能（使用 L 或 K 地址），单独为每个孔编程的效率会很低。通常首先在 G90 模式下将刀具定位在第一个孔的位置，然后在程序段 N5 中开始加工第一个孔。

加工其余的孔时，需将 G90 模式改为 G91 模式，它指示控制器沿 X 轴方向依次加工其余 9 个孔。沿 Y 轴方向分布模式的加工逻辑完全一样，只是其相邻孔之间的增量是沿 Y 轴方向变化。注意重复次数通常等于间距数目，而不是孔的个数，原因就是第一个孔已经在循环调用程序段中加工完毕。

O2702（直排孔分布模式）
N1 G20
N2 G17 G40 G80
N3 G90 G54 G00 X1. 18 Y0. 6 S900 M03
N4 G43 Z1. 0 H01 M08
N5 G99 G81 R0. 1 Z－0. 163 F3. 0
N6 G91 X0. 95 L9
N7 G80 M09
N8 G28 Z0 M05
N9 G28 X0 Y0
N10 M30
%

在程序 O2702 中必须强调两个特点。为了利用孔间距相等这一特点，在程序段 N6 中将尺寸绝对模式 G90 改为增量模式 G91。当加工完所有孔后，程序必须包含返回机床原点位置的运动，本例中必须在所有三根轴方向返回，然而如果不进行计算，就不知道第十个孔的 X 坐标（Y 坐标在程序中并没有改变，为 Y0.6）。为了解决这一问题，可使用 G80 取消循环以使 G91 模式有效，并首先沿 Z 轴返回机床原点（出于安全考虑）。然后仍然在 G91 增量模式下同时返回 XY 轴的机床原点。

通常，第一把刀具后还跟有其他刀具来完成孔加工，所以为了避免程序和加工中可能出现的问题，一定要确保其后的每把刀具都恢复到 G90 绝对模式。

27.4 斜行孔分布模式

斜行孔分布模式只是直排孔分布模式的一个翻版，不同之处在于 X 和 Y 轴两个方向都有孔间距增量。这种分布模式的孔在工程图中有两种尺寸标注方法：

❑ 给出第一个和最后一个孔的 X 和 Y 坐标；
使用这种方法时，不需给出孔分布模式的角度和孔间距。

❑ 只给出第一个孔的 X 和 Y 坐标；
使用这种方法时，需要给出孔分布模式的角度和孔间距。

以上两种情形中，程序中需要的 X 和 Y 坐标均已知，但两种标注方法的编程方法不一样。

（1）坐标定义模式

这种方法的编程与直排孔分布模式类似。由于没有给出孔间距，所以必须计算 X 和 Y 轴方向的增量，这种轴距离通常称为增量距离（X 向增量沿 X 轴测量，Y 向增量沿 Y 轴测量），可使用两种方法对其进行计算，两种方法的精度一样。

第一种方法为三角法，但是使用各边之比来计算要简单得多。如图 27-3 所示，该分布模式 X 轴方向的长度为 10.82，Y 轴方向的长度为 2.0（2.625－0.625＝2.0）。

这种分布模式中所有相邻孔之间沿 X 和 Y 方向的距离都相等。因为所有孔等距排列，所以孔之间各边之比等于整个模式的各边之比，从数

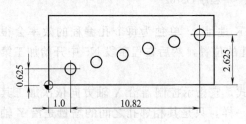

图 27-3 斜行孔分布模式——程序 O2703

学上来说，也就是 X 轴方向的增量等于总距离 10.82 除以 X 轴方向的间距数目，Y 轴方向的增量等于总距离 2.0 除以 Y 轴方向的间距数目。6 孔模式的间距数为 5，所以 X 轴增量为：

$10.82/5=2.1640$

Y 轴增量为：

$2.0/5=0.4$

另一种计算方法使用三角函数，它也可以用来对第一种方法进行验证，两个结果必须一致，否则就是计算出了问题。首先确定一些中间值：

$$A=\arctan(2.0/10.82)=10.47251349°$$
$$C=2.0/\sin A=11.00329063$$
$$C_1=C/5=2.20065813$$

这时，便可利用各孔之间的尺寸 C_1 计算 X 和 Y 轴方向的增量：

$$X=C_1\times\cos A=2.1640$$
$$Y=C_1\times\sin A=0.4000$$

两种方法得出的结果相同，所以计算是正确的，此时可以使用两个增量进行编程，程序如下（程序段 N6 中包含两个增量值）：

```
O2703（斜行孔分布模式 1）
N1 G20
N2 G17 G40 G80
N3 G90 G54 G00 X1.0 Y0.625 S900 M03
N4 G43 Z1.0 H01 M08
N5 G99 G81 R0.1 Z-0.163 F3.0
N6 G91 X2.164 Y0.4 K5 (L5)
N7 G80 M09
N8 G28 Z0 M05
N9 G28 X0 Y0
N10 M30
%
```

注意程序结构与直排孔分布模式相同，只是与 K5（L5）地址一起移动的增量是沿两个方向而不是一个方向。

（2）角度定义分布模式

斜行孔分布模式在图纸中也可由第一个孔的 XY 坐标、间距相等的孔的数量、孔间距以及分布模式的倾斜角度定义，如图 27-4 所示。

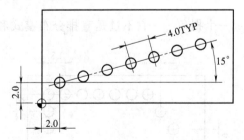

图 27-4　带坐标、孔间距及角度的斜行孔分布模式——O2704

这里使用三角函数计算 XY 坐标值：

$$X=4.0\times\cos15°=3.863703305$$

$$Y = 4.0 \times \sin 15° = 1.03527618$$

对计算结果取整后，便可开始编程（程序 O2704）：

O2704 （斜行孔分布模式 2）
N1 G20
N2 G17 G40 G80
N3 G90 G54 G00 X2.0 Y2.0 S900 M03
N4 G43 Z1.0 H01 M08
N5 G99 G81 R0.1 Z－0.163 F3.0
N6 G91 X3.8637 Y1.0353 K6 (L6)
N7 G80 M09
N8 G28 Z0 M05
N9 G28 X0 Y0
N10 M30
%

> 由于对计算得出的增量进行了取整，所以必然会产生累积误差，大多数情形下误差均在图纸公差允许范围内，但是如果加工精度要求非常高，则该误差很重要且需要认真考虑。

为了确保所有的计算都正确，可以通过一个简单的检验方法对计算结果进行比较：
● 第 1 步：
计算最后一个孔的 XY 绝对坐标：

$$X = 2.0 + 4.0 \times 6 \times \cos 15°$$
$$= 25.18221983 = \underline{X25.1822}$$
$$Y = 2.0 + 4.0 \times 6 \times \sin 15°$$
$$= 657082 = \underline{Y8.2117}$$

● 第 2 步：
将第 1 步得到的 XY 坐标与前面计算得到的最后一个孔的坐标进行比较（使用取整值）：

$$X = 2.0 + 3.8637 \times 6 = 25.1822$$
$$Y = 2.0 + 1.0353 \times 6 = 8.2117$$

比较可知 XY 值都很精确。当分布模式中孔的数量较多时，取整所导致的累积误差可能会超出公差允许范围。这种情形下，唯一正确的方法就是计算每个孔的绝对坐标（即从一个共同点而不是前一个点开始计算），这样编程过程可能会变长，但可以保证精度。

27.5 拐角分布模式

孔分布模式也可以形成一个拐角——它不过是直排分布模式和斜行的分布模式的组合，如图 27-5 所示。

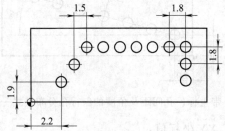

图 27-5　拐角分布模式——程序 O2705

　　适用于直排和斜行的孔分布模式的所有规则同样适用于拐角分布模式，最重要的区别就是拐角孔，它是两排孔的公共点。拐角孔分布模式的编程可在每排孔上调用一次固定循环，稍后可以发现拐角孔将加工两次，纵览整个过程，也可以发现直排模式的最后一个孔就是下一模式的第一个孔。对于许多拐角分布模式，开发一个用户宏所花的时间是值得的，通常是将刀具移动到第一个孔位置并调用固定循环：

O2705（拐角分布模式）
N1 20
N2 G17 G40 G80
N3 G90 G54 G00 X2.2 Y1.9 S900 M03
N4 G43 Z1.0 H01 M08
N5 G99 G81 R0.1 Z-0.163 F3.0
N6 G91 X1.5 Y1.8 K2 (L2)
N7 X1.8 K6 (L6)
N8 Y-1.8 K2 (L2)
N9 G80 M09
N10 G28 Z0 M05
N11 G28 X0 Y0
N12 M30
%

　　该程序并没有什么特别的地方，在程序段 N6 中，从左下角的孔开始加工斜行分布的孔，N7 中为水平直排孔，N8 中则加工垂直直排孔，加工顺序是连续的。跟前面的例子一样，一定要记住循环次数 K 或 L 是间距的数目，而不是孔的数目。

27.6　栅格分布模式

　　基本的直排栅格分布模式也可定义为一组等间距的垂直和水平直排孔。如果所有垂直孔的长度等于所有水平孔的长度，则最后结果是一个正方形，如果不等则为长方形，因此栅格孔分布模式有时也称为矩形孔分布模式，如图 27-6 所示。

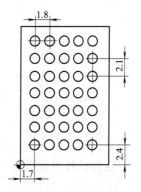

图 27-6　矩形栅格孔分布
模式——程序 O2706

　　栅格分布模式与拐角分布模式很相似，因此可使用相似的编程方法。栅格分布模式编程所要考虑的主要是效率问题。每排孔可作为单独的直排分布模式来编程，例如可以从每一排的左侧开始加工，这从技术角度上说是正确的，尽管由于刀具从一排的最后一个孔到下一排的第一个孔会浪费一些时间，从而导致效率下降。

　　可以采用 Z 字形运动来提高效率。首先从任何拐角孔开始为第一行（或列）编程，完成该行（列）的加工后跳到下一行（列）的最近的孔，并重复加工过程，直到完成所有的孔加工。这样便可将快速运动浪费的时间减到最低限度。

O2706（直排栅格分布模式）
N1 G20
N2 G17 G40 G80
N3 G90 G54 G00 X1.7 Y2.4 S900 M03
N4 G43 Z1.0 H01 M08

```
N5 G99 G81 R0. 1 Z－0. 163 F3. 0
N6 G91 Y2. 1 K6 (L6)
N7 X1. 8
N9 Y－2. 1 K6 (L6)
N10 X1. 8
N11 Y2. 1 K6 (L6)
N12 X1. 8
N13 Y－2. 1 K6 (L6)
N14 X1. 8
N15 Y2. 1 K6 (L6)
N16 G80 M09
N17 G28 Z0 M05
N18 G28 X0 Y0
N19 M30
%
```

注意程序中的两个特征：一个是从一行跳到另一行时，它没有循环次数地址 K 或 L（相当于 K1 或 L1），因为该位置只加工一个孔；第二个并不明显，为了缩短程序，通常从包含孔数量最多的方向开始编程（程序 O2706 中为 Y 轴）。这个例子是由前面的例子变化而来，并继承了前面所确立的所有规则。栅格分布孔模式编程中也可以使用专用子程序。

斜栅格分布模式

正方形或长方形的直排栅格分布模式最为常见，但栅格分布模式也可以为平行四边形（比如六边形），称为斜栅格分布模式，如图 27-7 所示。

同样，它的编程方法和矩形栅格分布模式相同，但需要计算角增量，方法与前面相似：

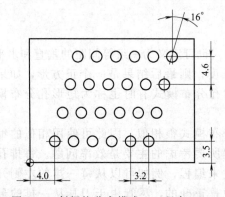

图 27-7　斜栅格分布模式——程序 O2707

这里横排中的孔与下一横排中相邻孔之间的 X 轴方向的增量是未知的：

$$X = 4.6 \times \tan 16° = 1.319028774 (X1.319)$$

编程方法与直栅格分布模式相似，只是不同行之间"跳动"时需要沿两根轴运动：

```
O2707 （斜栅格分布模式）
N1 G20
N2 G17 G40 G80
N3 G90 G54 G00 X4. 0 Y3. 5 S900 M03
N4 G43 Z1. 0 H01 M08
N5 G99 G81 R0. 1 Z－0. 163 F3. 0
N6 G91 X3. 2 K5 (L5)
```

```
N7 X1. 319 Y4. 6
N8 X - 3. 2 K5 (L5)
N9 X1. 319 Y4. 6
N10 X3. 2 K5 (L5)
N11 X1. 319 Y4. 6
N12 X - 3. 2 K5 (L5)
N13 G80 M09
N14 G28 Z0 M05
N15 G28 X0 Y0
N16 M30
%
```

　　许多经验丰富的程序员会使用更有效的子程序或用户宏来进行编程，当栅格分布模式包含很多行或很多列以及多把刀时，子程序特别有用。子程序的内容将在第 39 章中介绍，其中还包括一个相当大的栅格分布模式的编程实例。本手册不介绍用户宏的应用，相关知识可参考化学工业出版社翻译出版的《FANUC 数控系统用户宏程序与编程技巧》一书。

27. 7　圆弧分布模式

　　另外一种比较常见的孔分布模式为沿圆弧（不是圆）均匀排列的孔，它称为圆弧孔分布模式。

　　圆弧孔分布模式的编程方法与其他孔分布模式相同，首先选择最方便的孔为第一个孔，通常圆弧上的第一个或最后一个孔的坐标比较容易确定，位于 0°（3 点钟方向或东方）位置的孔的坐标也比较容易确定，图 27-8 所示为圆弧孔分布模式的常见布局。

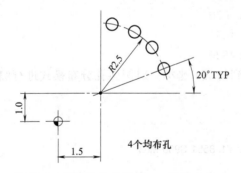

图 27-8　圆弧孔分布模式——程序 O2708

　　该模式中，圆弧的中心位置、圆弧半径、相邻孔之间的角度以及等距孔的数量已知。

　　这时便需要大量的计算，以确定每个孔中心位置的 X 和 Y 坐标，其步骤与斜栅格分布模式相似，只是计算量大一点，对每个孔分别使用三角函数，图中已给出了所需的数据和信息。

　　对任何数目孔的计算，尤其是数目为偶数的孔，需要得到两根轴的坐标，本例中有四个孔，因此需要八次计算。看起来工作量很大，但任何数量的孔都只需要两个三角公式，所以这种计算很容易处理，而且这一点可用于任何其他的相似编程应用中。

　　使用上面的图纸实例，可展示圆弧孔分布模式最好的编程方法，首先将编程任务划分为四个独立的步骤：

　　⟲ 第 1 步：

从距离 0°（3 点钟方向或东方）位置最近的孔开始计算，然后沿逆时针方向计算其他孔。

🞂 第 2 步：

利用三角函数计算第一个孔的 X、Y 坐标：

♯1 孔（20°位置）

$$X=1.5+2.5\times\cos20°=3.849231552(X3.8492)$$
$$Y=1.0+2.5\times\sin20°=1.855050358(Y1.8551)$$

🞂 第 3 步：

利用第 2 步中的三角函数计算其余三个孔的 XY 坐标。该模式中相邻两个孔相隔 20°，因此第二个孔角度为 40°，第三个为 60°，依此类推：

♯2 孔（40°位置）

$$X=1.5+2.5\times\cos40°=3.415111108(X3.4151)$$
$$Y=1.0+2.5\times\sin40°=2.606969024(Y2.607)$$

♯3 孔（60°位置）

$$X=1.5+2.5\times\cos60°=2.750000000(X2.75)$$
$$Y=1.0+2.5\times\sin60°=3.165063509(Y3.1651)$$

♯4 孔（80°位置）

$$X=1.5+2.5\times\cos80°=1.934120444(X1.9341)$$
$$Y=1.0+2.5\times\sin80°=3.462019383(Y3.462)$$

🞂 第 4 步：

如果 XY 坐标的计算顺序跟它们在 CNC 程序中出现的顺序一样，那么孔位置的列表也可使用一样的顺序（逆时针顺序）：

♯1 孔：X3.8492 Y1.8551

♯2 孔：X3.4151 Y2.6070

♯3 孔：X2.7500 Y3.1651

♯4 孔：X1.9341 Y3.4620

这时便可根据计算得到的 XY 坐标，对圆弧孔分布模式进行编程（程序 O2708）：

```
O2708（圆弧分布模式）
N1 G20
N2 G17 G40 G80
N3 G90 G54 G00 X3. 8492 Y1. 8551 S900 M03
N4 G43 Z1. 0 H01 M08
N5 G99 G81 R0. 1 Z－0. 163 F3. 0
N6 X3. 4151 Y2. 607
N7 X2. 75 Y3. 1651
N8 X1. 9341 Y3. 462
N9 G80 M09
N10 G28 Z0. 1 M05
N11 G28 X1. 9341 Y3. 462
N12 M30
%
```

圆弧孔分布模式编程也可使用另外两种方法（效率可能会更高）：第一种方法利用将在第 40 章中介绍的局部坐标系 G52；第二种方法采用本章稍后介绍的极坐标系（大多数控制器都有此可选功能），见程序 O2710。

27.8　螺栓孔圆周分布模式

在一个圆周上均匀分布的孔称为螺栓孔圆周分布模式或螺栓孔分布模式，由于圆周直径实际上就是分布模式的节距直径，所以该模式也称为节距圆周分布模式。它的编程方法跟其他模式尤其是圆弧分布模式相似，主要根据螺栓圆周分布模式的定位和图中尺寸来编程。

螺栓孔圆周分布模式在图纸中通常由圆心 XY 坐标、半径或直径、等距孔的数量以及每个孔与 X 轴的夹角定义。

螺栓圆周分布模式中孔的数目可以是任意的，常见的主要有：4、5、6、8、10、12、16、18、20、24。

稍后的例子中，6 孔和 8 孔模式（以及它们的整数倍模式）在 0°位置与 X 轴有两个标准的角度关系。图 27-9 为典型的螺栓孔圆周分布模式，其编程方法与圆弧孔分布模式相似。

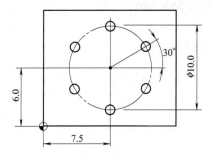

图 27-9　螺栓孔圆周分布模式——程序 O2709

首先选择开始加工位置，通常为编程原点。然后找出给定圆周圆心的 XY 坐标，图 27-9 中圆心坐标为 X7.5Y6.0，并不在这一点上加工，但是它将作为每个孔坐标计算的起始点。知道圆心坐标后，将它们记下来，所有孔的坐标都要通过它们中的一个值来调整。完成第一个孔的计算后，便可开始以某一顺序依次计算所有其他孔的 XY 坐标。

程序 O2709 中，6 个孔均匀分布在直径为 10.0in 的螺栓圆周上，相邻孔之间的间距为 60°（360°/6＝60°）。最常见的加工开始位置为象限的分界线，也就是说最可能的加工开始位置类似于钟表的 3、12、9 以及 6 点钟方向，本例中的加工开始位置在 3 点钟方向，但是该位置上没有孔，最近的孔在逆时针方向 30°处。最好的办法是将该孔定为 1 号孔，其他的孔也可按照这种方便编号，通常是按照相对于第一个孔的加工顺序来编号。

注意以下计算都使用完全一样的公式，也可使用其他的数学方法，但一定要注意所有计算的一致性：

＃1 孔（30°位置）

$$X = 7.5 + 5.0 \times \cos 30° = 11.830127 (X11.8301)$$
$$Y = 6.0 + 5.0 \times \sin 30° = 8.500000 (Y8.5)$$

＃2 孔（90°位置）

$$X = 7.5 + 5.0 \times \cos 90° = 7.5000000 (X7.5)$$
$$Y = 6.0 + 5.0 \times \sin 90° = 11.0000000 (Y11.0)$$

＃3 孔（150°位置）

$$X = 7.5 + 5.0 \times \cos 150° = 3.16987298 (X3.1699)$$
$$Y = 6.0 + 5.0 \times \sin 150° = 8.500000 (Y8.5)$$

＃4 孔（210°位置）

$$X=7.5+5.0\times\cos210°=3.16987298(X3.1699)$$
$$Y=6.0+5.0\times\sin210°=3.500000(Y3.5)$$

孔♯5（270°位置）

$$X=7.5+5.0\times\cos270°=7.50000000(X7.5)$$
$$Y=6.0+5.0\times\sin270°=1.000000(Y1.0)$$

孔♯6（330°位置）

$$X=7.5+5.0\times\cos330°=11.830127(X11.8301)$$
$$Y=6.0+5.0\times\sin330°=3.500000(Y3.5)$$

一旦计算出所有坐标，便可遵照前面模式一样的方法进行编程：

O2709（螺栓圆周分布模式）
N1 G20
N2 G17 G40 G80
N3 G90 G54 G00 X11.8301 Y8.5 S900 M03
N4 G43 Z1.0 H01 M08
N5 G99 G81 R0.1 Z−0.163 F3.0
N6 X7.5 Y11.0
N7 X3.1699 Y8.5
N8 Y3.5
N9 X7.5 Y1.0
N10 X11.8301 Y3.5
N11 G80 M09
N12 G28 Z0.1 M05
N13 G91 G28 X0 Y0
N14 M30
%

选择圆周的圆心作为编程原点比选择零件左下角作为编程原点更加合理，这样可以避免在计算坐标值时对圆周圆心位置的修改并减少产生错误的可能性，但同时增加了在机床上设置工件偏置 G54 的难度。最好的办法就是使用 G52 局部坐标偏置，这一方法在需要将螺栓圆周分布模式转移到工件同一安装中的其他位置上时尤其有用，第 40 章中将对局部坐标偏置与 G52 指令进行详细介绍。

（1）螺栓圆周分布孔的计算公式

前面计算中有很多重复数据，其方法相同只是角度不同，这样的计算可使用一个通用的公式，例如作为计算机程序、计算器数据输入等的基础，图 27-10 所示为该公式的基础数据。

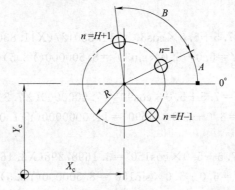

图 27-10　螺栓圆周孔分布模式坐标计算公式所用的基础数据

　　使用以下的解释和公式，可以很容易计算出任何螺栓圆周分布模式中任何孔坐标，两根轴的公式相似，认真研究一下：

$$X = \cos[(n-1) \times B + A] \times R + X_c$$

$$Y = \sin[(n-1) \times B + A] \times R + Y_c$$

式中　X——孔的 X 坐标；

　　　Y——孔的 Y 坐标；

　　　n——孔的编号（从 0° 开始，沿逆时针方向）；

　　　H——等距孔个数；

　　　B——相邻孔之间的角度（$=360°/H$）；

　　　A——第一个孔的角度（从 0° 开始）；

　　　R——圆周半径或圆周直径/2；

　　　X_c——圆周圆心的 X 坐标；

　　　Y_c——圆周圆心的 Y 坐标。

　　（2）分布模式定位

　　螺栓圆周分布模式的定位是由从螺栓圆周 0° 位置开始的第一个孔的角度来指定的。

　　在日常应用中，螺栓圆周分布模式不仅孔的数量不同，而且分布模式的定位也不同。其均匀分布的孔的数量是 6 的倍数（6、12、18、24、…）或 8 的倍数（4、8、16、24、32、…）的螺栓圆周最容易受影响，由于第一个孔的定位将影响螺栓圆周分布模式中所有其他孔的位置，因此这一关系非常重要。图 27-11 所示为第一个孔位置与螺栓圆周 0° 位置的关系，0° 位置即 3 点钟位置或东方。

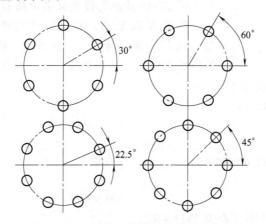

图 27-11　6 孔和 8 孔螺栓圆周的常见定位

27.9　极坐标系统

　　到目前为止，跟圆弧或螺栓圆周孔分布模式相关的所有数学计算，都使用冗长的三角公式来计算每个坐标，对于具有先进计算机的现代 CNC 系统来说，这是一个效率很低的方法。实际上可以使用另外一种编程方法（通常作为控制器可选功能）来避免这种冗长的计算过程，它称为极坐标系统。可以使用两种极坐标功能，建议将它们作为单独程序段编写：

G15	极坐标系统取消（关）
G16	极坐标系统（开）

螺栓圆周或圆弧分布模式孔的程序输入值可以使用极坐标系统指令编程，在使用这种方法之前需检查控制器的选项。其编程格式与固定循环的格式相似，实际上是一样的，例如：

N..G9..G8..X..Y..R..Z..F..

有两个因素可以区分标准固定循环和极坐标模式下的同一循环。

第一个因素是循环前的初始指令 G。标准循环前面不需要特殊的 G 代码，而极坐标模式下的任何循环都需要使用准备功能 G16 使极坐标模式有效（开），当程序中不再需要它时，必须使用 G15 指令来终止（关）它。两条指令都必须在单独程序段中编写：

N..G16　　　　　　　　　　　（极坐标开）

N..G9..G8..X..Y..R..Z..F..

N.. …

N.. …　　　　　　　　　　　（加工孔）

N.. …

N..G15　　　　　　　　　　　（极坐标关）

第二个因素是 X 和 Y 地址字的含义。在标准固定循环中，XY 地址字在直角坐标系中定义孔的位置，通常是绝对位置，而在极坐标模式下并且 G17 有效时（XY 平面），两个字的含义截然不同，它们表示半径和角度：

❑ X 地址字表示螺栓圆周的半径；

❑ Y 地址字表示孔与 0°位置的夹角。

图 27-12 所示为极坐标系统所需的三种基本输入。

除了 X 和 Y 值，极坐标还需要旋转中心（极点），它是 G16 指令前的最后一个编程点。程序 O2708 和图 27-8 中的数据都使用三角函数来计算，使用极坐标控制器选项后，

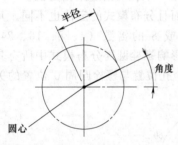

图 27-12　极坐标的三个基本特征

程序便变得非常简单了（O2710）：

```
O2710（圆弧模式——极坐标）
N1 G20
N2 G17 G40 G80
N3 G90 G54 G00 X1.5 Y1.0 S900 M03          （极点）
N4 G43 Z1.0 H01 M08
N5 G16                                      （极坐标开）
N6 G99 G81 X2.5 Y20.0 R0.1 Z-0.163 F3.0
N7 X2.5 Y40.0
N8 X2.5 Y60.0
N9 X2.5 Y80.0
N10 G15                                     （极坐标关）
N11 G80 M09
N12 G91 G28 Z0 M5
N13 G28 X0 Y0
N14 M30
%
```

下一个程序 O2711 中，孔均匀分布在圆周上，极坐标编程中使用图 27-13 给出的尺寸。

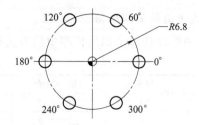

图 27-13 极坐标系统在螺栓圆周孔上的应用——程序 O2711

```
O2711（G15-G16 极坐标实例）
N1 G20
N2 G17 G40 G80
N3 G90 G54 G00 X0 Y0 S900 M03            （极点）
N4 G43 Z1.0 H01 M08
N5 G16                                   （极坐标开）
N6 G99 G81 X6.8 Y0 R0.1 Z-0.163 F3.0
N7 X6.8 Y60.0
N8 X6.8 Y120.0
N9 X6.8 Y180.0
N10 X6.8 Y240
N11 X6.8 Y300.0
N12 G15                                  （极坐标关）
N13 G80 M09
N14 G91 G28 Z0 M05
N15 G28 X0 Y0
N16 M30
%
```

注意程序段 N3 定义了极坐标的中心（也称为极点），它是调用极坐标指令 G16 前的最后 X 和 Y 编程位置。在程序 O2711 中，中心在 $X0Y0$ 位置（程序段 N3），将它与程序 O2710 进行比较。

半径和角度值都可以在绝对模式（G90）和增量模式（G91）下编写。

如果特定工作中需要许多圆弧或螺栓圆周分布模式，那么购买极坐标系统选项，甚至为机床重新添加该选项是绝对值得的。如果 Fanuc 系统安装了用户宏选项，那么可以直接创建宏程序而不需要在控制器中添加极坐标系统，这种方法更加灵活。

（1）平面选择

第 29 章中将简单介绍平面选择问题，第 31 章将单独进行详细介绍。

各种应用中，比如极坐标，共有三种不同平面：

G17	XY 平面选择
G18	ZX 平面选择
G19	YZ 平面选择

选择合适的平面对准确使用极坐标非常关键，要形成一种习惯来编写所需的平面，甚至缺省的 G17 平面也要编写出来。G17 为 XY 平面，如果在其他平面下工作，一定要遵循以下规则：

将圆弧半径值编写在所选平面的第一根轴坐标位置。

将孔的角度值编写在所选平面的第二根轴坐标位置。

下面的表格列出了所有三种平面选择。如果程序中没有选择平面，控制系统默认为 G17 也就是 XY 平面。

G 代码	选择平面	第一根轴	第二根轴
G17	XY	X＝半径	Y＝角度
G18	ZX	Z＝半径	X＝角度
G19	YZ	Y＝半径	Z＝角度

大多数的极坐标应用在缺省 XY 平面上，所以通常使用 G17 指令。

（2）加工顺序

当极坐标指令有效时，可通过改变角度值的符号来控制孔加工顺序。如果角度值为正，则加工顺序为逆时针方向，如果为负，那么加工顺序为顺时针方向。

该特征能提高编程的效率，尤其是对于大量不同的螺栓圆周分布模式。例如采用正的角度值（逆时针顺序）编程时，中心钻或点钻操作非常有效。从第一个孔开始加工，换刀后可以以相反的顺序从最后一个孔开始继续加工，这时所有角度值为负值，以使后一把刀按顺时针顺序加工。如果不使用极坐标，那么这种方法所需的工作量就要大得多，极坐标应用中使用 G16 指令，它可以避免所有不必要的快速运动，从而缩短循环时间。

第 28 章 平 面 铣 削

平面铣削是控制加工工件高度的加工操作。在大多数应用中，平面铣削是相对比较简单的操作，至少它通常没有复杂的轮廓运动。平面铣削通常使用多齿刀具，称为平面铣刀，尽管平面铣削操作也使用立铣刀，但通常只是在小面积范围内，平面铣刀加工的工件上表面垂直于它的轴线。平面铣削操作在 CNC 编程中非常简单，不过它需要考虑以下两个问题：

❑ 平面铣刀直径的选择；
➲ 刀具相对于工件的初始启动位置。

具有一定的经验和对平面铣削操作原则的了解对编程很有帮助，比如正确的刀具和镶刀片的选择、切削余量的分配、机床功率消耗以及其他一些技术考虑。本章中将介绍一些最基本的内容，在生产厂家的刀具目录和各种参考资料中会有更深入的介绍。

28.1 平面铣刀选择

与所有的铣削操作一样，平面铣削时刀具旋转而工件静止。平面铣削需要指定工件表面所切除材料的确切余量，以及需要一次切削还是多次切削。平面铣削的编程很简单，因此许多程序员并不注意选择合适的平面铣刀以及正确的镶刀片，有时甚至不考虑机床的要求和性能。

CNC 工作使用的典型平面铣刀为具有可互换的硬质合金镶刀片的多齿刀具。在 CNC 加工中不推荐使用高速钢平面铣刀，尽管 HSS（高速钢）立铣刀很适合铣削小平面或用其他方法很难切入的平面。平面铣削操作中并不是所有镶刀片都同时参与加工，每一镶刀片只在主轴旋转一周内的部分时间中参与工作，这一点在确定刀具最适宜的寿命时非常重要。平面铣削需要较大机床功率，此外由于镶刀片安装在刀具本体上，因此一定要正确安装所有镶刀片。

（1）基本的选择标准

基于所加工的工件，选择平面铣刀时需要考虑以下几点：

❑ CNC 机床的规格和状况；
❑ 待加工工件材料；
❑ 准备方法以及工件支承的完整性；
❑ 安装方法；
❑ 刀具结构；
❑ 平面铣刀的直径；
❑ 镶刀片数量及其几何尺寸。

最后两项，刀具直径和镶刀片数据，对实际程序开发影响最大，当然其他各项同样也很重要。

（2）平面铣刀直径

平面铣削操作中最重要的一点就是刀具尺寸选择。对于单次平面铣削，平面铣刀最理想的宽度应为材料宽度的 1.3~1.6 倍，如果需要切削的宽度为 2.5in，那么选用 $\phi 4.0$ 的平面铣刀比较合适，1.3~1.6 倍的建议比例可以保证切屑较好地形成和排出。对于多次平面铣削，通常选择最大直径的刀具，同时需要考虑机床功率等级、刀具和镶刀片几何尺寸、安装刚度、每次切削的深度和宽度以及其他加工因素。

平面铣削的基本目的是加工工件上表面到指定高度（厚度）。这种加工需要选择合理直径的平面铣刀，这也意味着使用较大直径的平面铣刀，根据 CNC 机床和工作类型的不同，直径通常在 50～300mm（2～12in）之间。

平面铣削中，刀具直径与实际切削宽度之间的关系比较重要。例如 $\phi 5.0$in 的平面铣刀，尽管也可以找到刀具本体的尺寸，但所有刀具目录中列出的都是它的名义直径（即 5in），名义直径通常表示切削总宽度。一般不能只通过名义直径来确定刀具，只有查询刀具目录才能做到这一点，通常并不需要刀具本体的直径，除非加工发生在靠近工件侧面或其他障碍物时，此时刀具本体的尺寸可能会阻止工具进入工件的某些区域，也可能会干涉其他地方。图 28-1 所示为平面铣刀的常见结构。

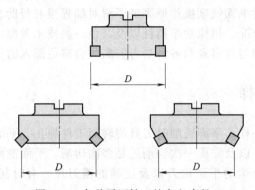

图 28-1　各种平面铣刀的名义直径 D

（3）镶刀片几何尺寸

学习和熟悉铣刀的基本术语是为了了解编程中使用的术语。大多数刀具公司都有关于刀具和镶刀片用途以及相关术语的目录和技术手册，这些资料可从公司网站下载，如果需要，也可向公司索取纸质资料，但要记住切削刀具技术是不断发展和完善的。本章中从编程目的出发，只讨论平面铣刀最基本的知识，即镶刀片几何尺寸。

镶刀片几何尺寸以及安装方法取决于刀具原始设计，该设计在切削过程中控制镶刀片在加工材料中的位置。这些因素对切削质量有着重大影响，根据平面铣刀的切削前角（也称为前角），通常可将它们分成三类：

❑ 正前角　　　　… 一个/两个；
❑ 负前角　　　　… 一个/两个；
❑ 组合前角　　　… 正/负。

这里不对它们进行详细介绍，只大概地了解一下以为后面的继续学习提供基础。

正前角

正前角铣刀所需的机床动力比负前角刀具的小，所以它们更适合在功率等级较小的 CNC 机床（通常是小机床）上使用。它们的断屑性能较好，而且在切削载荷不大的情况下适合加工钢材料。正前角镶刀片通常是单侧的，因此不怎么经济。

负前角

负前角平面铣刀的切削刃强度很大且需要较大的机床功率以及牢固的安装，其副作用是切削钢铁时切屑的形成较差，但是在铸铁加工中则没有什么影响。它的主要优点是比较经济，因为负前角镶刀片通常都是对称的，这使得镶嵌在平面铣刀中方形镶刀片的切削刃可以多达八个。

双负前角

只有在 CNC 机床功率等级较高而且切削刀具和加工工件都牢固地固定在较大强度和刚度的安装中时，才可以使用双负前角，它在加工铸铁或比较硬的材料时很有用。它产生的切屑可能会集中在工件表面上而不容易排去，这就很可能造成镶刀片的切屑堵塞或形成一个楔形，正/负前角可以解决该问题。

正/负前角

平面铣削中的切屑是个大问题，而正/负前角可解决该问题。该双重几何尺寸设计可以使镶刀片切削出螺旋状的切屑，它最适合于全宽度加工。

建议对于任何刀具，在确定最适合特定工作的选择前，一定要参考切削刀具生产厂家提供的技术数目并比较几种产品，平面铣刀以及镶刀片有数百种产品，而且每一厂家都声称自己的是最好的。

28.2 切削考虑

编写平面铣刀的切削运动时，要清楚在不同条件下刀具如何才能达到最佳工作状态。例如，除非是特殊设计的刀具且使用了正确的镶刀片几何尺寸、形状和等级，否则应该避免对宽度等于或稍微大于刀具直径的工件进行平面铣削，全宽度平面铣削会迅速磨损镶刀片切削刃并使切屑黏结在镶刀片上，此外工件表面质量也会受到影响，严重时会造成镶刀片过早报废，从而增加加工成本。图 28-2 所示为平面铣削中正确和不正确的刀具直径与工件宽度之间的关系。

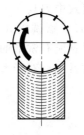 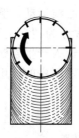 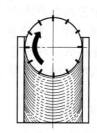

(a) 期望得到的结果　　　(b) 不期望发生的情形　　　(c) 不期望发生的情形

图 28-2　刀具直径与工件宽度的关系

图 28-2 中只表示刀具直径与工件宽度之间的关系，它与刀具进入材料的实际方法无关，平面铣刀 CNC 编程中最重要的考虑是铣刀的切入角。

（1）切入角

平面铣刀的切入角由刀具中心线相对于工件边缘的位置决定。如果工件只需一次切削，应该避免刀具中心线与工件中心线重合，这一中性位置会引起颤振且加工质量较差，这时无论使用负的或正的刀具切入角，都需要将刀具偏离工件中心线。图 28-3 所示为两种类型的切入角以及它们的作用。

中性切入角（图中没有示出）的刀具中心线与工件边缘重合。当切削镶刀片进入工件材料时需要一定的力，如果切入角为正，那么强度较小的切削刃部分将承受大部分的力，因为镶刀片刃是镶刀片上强度最小的地方，所以正切入角可能会使刀具破损，至少也会使它产生缺口。基于此，通常不推荐使用正切入角。

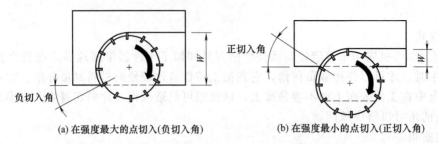

(a) 在强度最大的点切入(负切入角)　　　　　(b) 在强度最小的点切入(正切入角)

图 28-3　切削切入角，W 为切削宽度

使用负切入角时，镶刀片中部强度最大的点承受切削力，从而可延长镶刀片寿命，因此是首选的方法。通常应该让平面铣刀在工件区域内，这样就可确保切入角为负。

所有这些例子都假定为实体材料加工，如果平面铣刀需要在空中运动一段距离，那么切削运动会被中断，在切削中断过程中进入或退出材料时的切入角是一个变量。因为平面铣削中还需要考虑许多其他因素，所以以上推荐和建议的方法只能作为一种指导，对于特定的平面铣削任务，一定要找出最好的加工方法，尤其是对难以加工的材料。

(2) 铣削模式

在铣削加工中，相对于工作台的切削运动方向很重要，因此本书中的好几节中都对它进行了介绍。

铣削操作中传统上有三种铣削模式：

❑ 对称铣削模式；

❑ 逆铣模式；

❑ 顺铣模式。

对称铣削模式中刀具沿槽或表面的中心线运动，顺铣模式中刀具在中心线的一侧而逆铣模式中在中心线的另一侧。逆铣模式通常称为"向上"模式，顺铣模式则称为"向下"模式，这些术语都是正确的，尽管它们容易让人产生误解。尽管所有铣削的原则完全一样，但顺铣和逆铣在圆周铣削中的应用要比平面铣削中的应用更为常见。对于大多数平面铣削，顺铣是最好的选择。

图 28-4 为平面铣削模式。

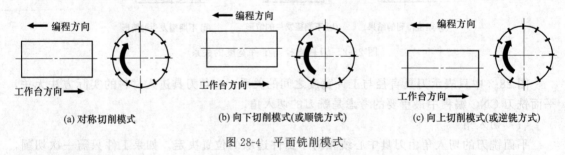

(a) 对称切削模式　　　　(b) 向下切削模式(或顺铣方式)　　　　(c) 向上切削模式(或逆铣方式)

图 28-4　平面铣削模式

(3) 切削镶刀片数量

根据平面铣刀的尺寸，常见的刀具为多齿切刀。传统的飞刀只有一个切削镶刀片，它不是 CNC 中的常见刀具选择。刀具镶刀片数量与刀具有效直径之间的关系通常称为刀具密度或刀具节距。

根据刀具密度，可将常见的平面铣刀分为下面三类：

❑ 小密度　　　　...　镶刀片之间距离较大；

❑ 中密度　　　　...　镶刀片之间距离一般；

❏ 大密度　　　　　...镶刀片之间距离较小。

作为常见的类型，小密度刀具通常是比较合适的选择。同时进入工件的镶刀片越多，所需的机床功率就越大。但不管密度怎样，一定要保证足够的切削间隙，从而使切屑能够及时排出以不堵塞切刀。

在任何时刻都应该保证至少有一个镶刀片与材料接触，这样可避免由于突然中断切削对刀具或机床造成的损坏，使用大直径平面铣刀加工小宽度工件时可能会发生这种情况。

28.3　编程技巧

尽管前面说过平面铣削是很简单的操作，但对一些常识的了解有助于更好地编程。因为平面铣削覆盖的区域比较大，因此应该仔细考虑起点到终点之间的实际刀具路径。以下是平面铣削操作中应考虑的几点：

❏ 通常要在工件外（空中）移动刀具至所需的深度；

❏ 如果表面质量比较重要，在工件外（空中）改变刀具方向；

❏ 为得到较好的切削条件，要保证刀具中点在工件区域内；

❏ 选择的刀具直径通常为切削宽度的 1.5 倍。

图 28-5 以一块钢板为例。

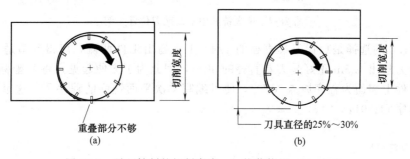

图 28-5　平面铣削的切削宽度——推荐使用（b）方法

图 28-5（a）中的方法不正确，而图 28-5（b）中是平面铣刀切削的正确宽度。图 28-5（a）中的刀具直径全部进入工件，这样会摩擦切削刃从而缩短刀具寿命，图 28-5（b）中只有大约 2/3 的直径进入工件，因而切屑厚度和切入角都比较理想。

（1）单次平面铣削

在第一个平面铣削程序实例中（G20 模式），使用的材料为 5in×3in×1in 的钢板，这里需要对它的整个上表面进行加工，最终厚度为 0.800in，如图 28-6 所示。

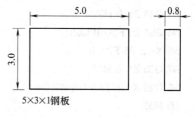

图 28-6　单次平面铣削
实例——程序 O2801

从上图明显可知平面铣削沿工件进行，所以这里选择水平轴 X，开始编程前需要作出两个重大决定：

❏ 平面铣刀的直径；

❏ 切削的起点和终点。

此外还要作出其他的决定，不过以上两个决定最为关键。

工件只有 3in 宽，所以要选择一个比它宽的面铣刀。这里很自然会选择 φ4.0in 的平面铣刀，但它是否符合前面所确定的条件呢？如前所述刀具直径应为切削宽度的 1.3～1.6 倍，

这里 $3 \times 1.3 = 3.90$，$3 \times 1.6 = 4.80$，如果选用 $\phi 4.0$in 的刀具，那么刀具直径为切削宽度的 1.33 倍，但考虑到刀具与工件的两边都要重叠，所以选择 $\phi 5.0$in 的面铣刀直径更为合适。

选定直径后，便可考虑起点和终点位置了。出于安全考虑，刀具需要在工件外移至所需深度，这里已经确定刀具沿 X 轴（水平）方向切削，所以余下的问题就是从左到右还是从右到左了，实际上该问题是无关紧要的，只要考虑到排屑方向就行，这里选择从右到左加工。

工件的 $X0Y0$ 在左下角。本例中工件长度为 5.0in，刀具半径为 2.5（5.0/2），间隙为 0.25，所以起点的 X 位置为这些值的总和，即 $X7.75$。起点 Y 坐标的计算应考虑刀具超出工件两侧的尺寸并选用顺铣模式，实际上顺铣中通常混有一部分逆铣，这是平面铣削中的正常现象。如图 28-7 中所示的起点（$X7.75\ Y1.0$）和终点（$X-2.75\ Y1.0$）位置以及详细计算。

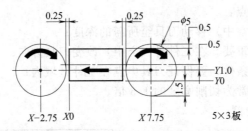

图 28-7　单次铣削中平面铣刀位置实例

位置 $Y1.0$ 的选择是想让刀具直径的 $1/4 \sim 1/3$ 超出工件两侧，以得到最适合的镶刀片切入角。因为超出 1.5in 正好是刀具直径的 30%，因此为了方便起见，将 Y 坐标定为 $Y1.0$。

选择工件上表面为程序原点（$Z0$），便可编写单次平面铣削的程序了，这里只使用一次切削——程序 O2801：

```
O2801
（单次平面铣削）
N1 G20
N2 G17 G40 G80
N3 G90 G54 G00 X7.75 Y1.0 S344 M03
N4 G43 Z1.0 H01
N5 G01 Z0 F50.0 M08
N6 X-2.75 F21.0
N7 G00 Z1.0 M09
N8 G28 X-2.75 Y1.0 Z1.0
N9 M30
%
```

主轴转速和进给率根据为 450ft/min 的表面速度来选择，为每齿 0.006in，8 个切削镶刀片。注意程序段 N4 中的趋近运动，尽管刀具已经在空的区域上方，但为了安全起见，还是将快速运动分为 N4 和 N5 两个程序段，如果需要，也可以直接快进到 $Z0$ 处。本例中 $Z0$ 点选为工件未加工表面上，而不是毛坯表面上。

（2）多次平面铣削

单次平面铣削的一般规则同样也适用于多次铣削。由于平面铣刀的直径通常太小而不能一次切除较大材料区域内的所有材料，因此在同一深度需要多次走刀。

有几种方法可以铣削大面积工件，且每一种方法在特定环境下具有较好的加工条件。最为常见的方法为同一深度上的单向多次切削和双向多次切削（也称为 Z 形切削）。

单向多次切削的起点在一根轴的同一位置上，但在工件上方改变另一根轴的位置。这是平面铣削中常见的方法，但频繁的快速返回运动导致效率很低。

双向多次切削也称为 Z 形切削，它的应用也很频繁，它的效率比单向多次切削要高，但它将面铣刀的顺铣改为逆铣，而逆铣则改为顺铣。这种方法比较适合某些工作，但并不适用所有材料。

图 28-8 所示为单向多次切削方法，图 28-9 所示为双向多次切削方法。

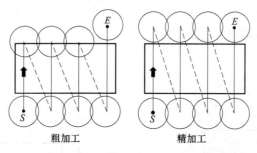

图 28-8　粗加工和精加工的单向多次平面切削

比较这两种方法的 XY 运动，以及粗加工与精加工刀具路径的差异。切削方向可以沿 X 轴或 Y 轴方向，它们的原理完全一样。

注意两图中的起点位置（S）和终点位置（E），这里用刀具中心的粗圆点来表示它们。为了安全起见，不管使用哪种切削方法，起点和终点都在间隙位置。

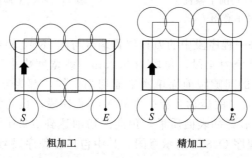

图 28-9　粗加工和精加工的双向多次平面切削

另外有一种效率较高的方法，可以只在一种模式（通常为顺铣模式）下切削，使用这种方法时，刀具做圆周或螺旋运动（沿 XY 轴），这里极力推荐使用该方法，它融合了前面两种方法，如图 28-10 所示。

图中展示了所有刀具运动的顺序和方向，这种方法的理念是让每次切削的宽度大概相同，任何时刻都只有大约 2/3 的直径参与切削，并且始终为顺铣模式。

程序实例 O2802 根据图 28-11 编写，它应用了前面介绍的基础知识，该程序理解起来难度不大：

```
O2802
（多次平面铣削）
N1 G20
N2 G17 G40 G80
N3 G90 G54 G00 X0. 75 Y - 2. 75 S344 M03      （位置 1）
N4 G43 Z1. 0 H01
```

```
N5 G01 Z0 F50. 0 M08
N6 Y8. 75 F21. 0                    (位置 2)
N7 G00 X12. 25                     (位置 3)
N8 G01 Y - 2. 75                   (位置 4)
N9 G00 X4. 0                       (位置 5)
N10 G01 Y8. 75                     (位置 6)
N11 G00 X8. 9                      (位置 7, 工件两侧超出 0. 1)
N12 G01 Y - 2. 75                  (位置 8, 结束)
N13 G00 Z1. 0 M09
N14 G28 X8. 75 Y - 2. 75 Z1. 0
N15 M30
%
```

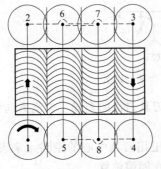

图 28-10 应用在单向切削中顺铣
模式的刀具路径示意图

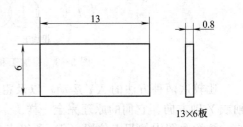

图 28-11 多次平面铣削实例——程序 O2802

在程序 O2802 中，每一程序段中的刀具位置编号与图 28-10 相对应。

宽度为 13in 的工件等分为 4 段，每段为 3.25in，该宽度略小于 $\phi5.0$ 刀具直径的 2/3，因此比较合适，工件两侧的间隙跟前面单次平面切削一样，都为 0.25。与规范有较大出入的地方是图 28-10 中到位置 7 的运动和程序中的 N11 程序段，最后的切削运动是从位置 7 到位置 8 的运动。为了得到较好的表面质量，预期的切削达到 $X9.0$ 处，比编程值 $X8.9$ 超出 0.100。图 28-12 所示为程序 O2802 的示意图，其中包括各程序段号。

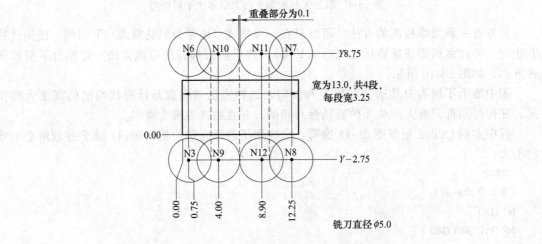

图 28-12 程序实例 O2802 中多次平面铣削详图

上面的一些例子可以选择沿 X 轴方向加工，这样可以缩短程序，但是为了举例说明，选择 Y 轴比较方便。

28.4 使用位置补偿

前面两个例子均根据平面铣刀的直径和适当的间隙计算它们的 XY 起点位置。以程序 O2801 为例，其起点位置为 $X7.75Y1.0$，零件长 5.0in，加上 0.25 的间隙和 2.5in 的刀具半径，它们的和（$X7.75$）为刀具中心的绝对坐标值。但是使用与程序中不同直径的平面铣刀时，便会体现出这种方法的最大缺点，紧急关头在机床上对平面铣刀的更换会产生问题，无论是间隙太大（新刀直径比它小）还是间隙过小（新刀直径比它大），另外一种方法可以解决这个问题。

从该节的标题可知，解决的方法就是使用第 17 章介绍过的控制系统"过时"的位置补偿功能，这可能是位置补偿在现代 CNC 加工中心中的唯一实际应用。

回顾程序 O2801 以及图 28-6 和图 28-7，图中需使用 ϕ5in 的平面铣刀铣削 5×3 的钢板。为遵循加工中的安全原则，平面铣刀应该定位在工件外并保证适当间隙的位置，为了保证平面铣刀的切削刃在离工件 1/4in 的地方，需要将间隙 0.25 与刀具半径 2.5 相加，这样才得到平面铣刀的实际起点位置。

平面铣削程序中会采用以下两种形式中的一种：

❑ 编程中使用平面铣刀的实际半径值；

❑ 使用位置补偿方法。

第一种情况得到的结果可能会是程序 O2801，其具体内容如下：

```
O2801
（单次平面铣削——无位置补偿）
N1 G20
N2 G17 G40 G80
N3 G90 G54 G00 X7. 75 Y1. 0 S344 M03
N4 G43 Z1. 0 H01
N5 G01 Z0 F50. 0 M08
N6 X- 2. 75 F21. 0
N7 G00 Z1. 0 M09
N8 G28 X- 2. 75 Y1. 0 Z1. 0
N9 M30
%
```

程序段 N3 中刀具移动至计算得到的切削起点，同样，程序段 N6 在先前计算得到的实际位置完成切削。使用了位置补偿的程序 O2803 与此相似，但也有一些明显的区别。

比较原来的程序 O2801 和使用位置补偿功能的程序 O2803，如图 28-13 所示：

```
O2803
（单次平面铣削）
（使用位置补偿）
N1 G20
N2 G17 G40 G80
N3 G90 G54 G00 X8. 0 Y1. 0 S344 M03
N4 G43 Z1. 0 H01
N5 G46 X5. 25 D01
```

N6 G01 Z0 F50.0 M08
N7 G47 X－0.25 F21.0
N8 G00 Z1.0 M09
N9 G91 G28 X0 Y0 Z0
N10 M30
%

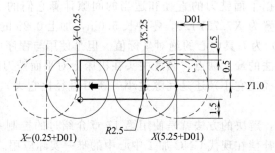

图 28-13　位置补偿在平面铣削中的应用实例——程序 O2803

比较两个程序，注意程序段 N3（新的 X 值）、N5（G46 补偿）以及 N7（G47 补偿）中的主要区别，此时一些详细的计算可能很有好处。

程序段 N3 中的 X 位置为 $X8.0$，这一点为初始位置。由于打算使用 G46 位置补偿（单倍减小），所以刀具所在位置的值必须大于补偿完成时的值，也就是说 $X8.0$ 的选择是随意的。但是如果使用 G45 补偿指令，所选择的值则要小于补偿完成时的值，这是因为位置补偿通常是相对于编程方向而言的。

程序 O2803 中添加了新程序段 N5，它包含位置补偿指令 G46，G46 在编程方向单倍减小 D01 偏置寄存器中的补偿量。注意编程坐标为 $X5.25$，它是工件长度（5.0）和所选间隙（0.250）之和，程序中完全忽略了平面铣刀的半径。这种方法的最大好处就是即使平面铣刀的直径改变，也不需要改变编程坐标值，例如，使用 $\phi3.5in$ 的刀具可以很好地完成工作，但必须改变起点坐标，这时 D01 偏置中存储的值为 1.75，但程序段 N5 中的坐标仍为 $X5.25$，CNC 系统会自动完成这些工作。

最后一个值得注意的程序段是 N7，它包含位置补偿指令 G47，X 值等于所选的间隙 $X-0.25$。G47 指令表示在编程方向增加两倍偏置值，这是必要的，因为在切削开始和结束时都需要补偿。注意初始位置和补偿后的起点位置不一样，否则就不进行补偿。灵活地使用这一过时的编程功能，可以编写出具有创造性的程序。

第 29 章 圆 弧 插 补

在大部分的 CNC 编程应用中，只有两类跟轮廓加工相关的刀具运动，一种是前面介绍过的直线插补，另一种就是本章将要介绍的圆弧插补。控制刀具沿圆弧运动与控制刀具沿直线运动的编程方法相似，这种圆弧成型方法称为圆弧插补。这一方法通常用在 CNC 立式或卧式加工中心上的轮廓加工操作中，此外也用在车床和许多其他 CNC 机床上，比如简单的铣床、刨床、切割机床、高压水射流加工、激光加工以及电火花加工等。

圆弧插补用来编写圆弧或完整的圆，主要应用于外部和内部半径（过渡和局部半径）、圆柱型腔、圆球或圆锥、放射状凹槽、凹槽、圆弧拐角、螺旋切削甚至大的平底沉头孔等操作中。如果程序给出了必要的信息，数控单元可以以较高精度插补所定义的圆弧。

29.1 圆的几何要素

了解一些几何实体将有助于理解不同圆弧运动的编程原理，作为日常生活中非常常见的实体，圆拥有各种严格的数学属性，这些属性只有在专门学科中才加以考虑，比如计算机数字控制、运动控制和自动化。

以下是圆的定义，其他几种关于圆的定义都基于常用字典中的定义，如图 29-1 所示。

> 圆定义为平面上的一段封闭曲线，它上面的所有点到它里面称为圆心的点的距离都相等。

在字典和数学书中也有其他类似的定义。本手册中包括对圆的基本介绍和各种属性，这些知识在普通 CNC 编程中已经足够，而对于专业的和复杂的编程应用还需要了解更多的知识。在现阶段，至少要熟悉圆弧和圆的几何关系和三角关系。

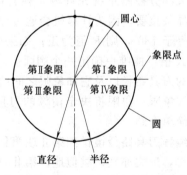

图 29-1　圆的基本要素

（1）半径和直径

最简单的数学方法通过圆心和半径来定义圆，编程中使用的两个最重要的元素就是圆的半径和直径。

> 圆的半径为圆心到圆上任一点之间的线段长度。

> 圆的直径为通过圆心，端点均在圆上的线段长度。

CNC 编程中圆心点的位置也很重要。所有机床的 CNC 编程，时时刻刻都有用到半径和直径，机械工厂中的零件图也在各种应用中大量地使用半径和直径。

切削刀具镶刀片名称中也使用半径和直径，它们用于测量和监测，同时三角计算和附图中也使用半径和直径。编程中圆弧或圆的实际应用并不重要，重要的是它的数学特性。

（2）圆的面积和周长

圆面积的计算公式为：

$$A = \pi R^2$$

式中　A——圆面积；

　　　R——圆半径；

　　　π——常数（3.1415927）。

圆周长就是圆展开时的直线长度：

$$C = \pi D$$

式中　C——圆周长；

　　　D——圆直径；

　　　π——常数（3.1415927）。

尽管理解圆周长和面积的概念很有用，但 CNC 编程中很少使用它们。

29.2　象限

象限是圆的一个主要特性，它可定义如下：

> 一个象限就是由直角坐标系形成的平面四个部分中的任何一个。

理解象限的概念以及它们在车削和铣削程序圆弧运动中的应用是很有好处的。

根据圆的性质，它应该在四个象限内编程，但大多数圆弧只需在一到两个象限内编程。用圆弧矢量 I、J 和 K 编程时，圆弧起点和终点之间的角度差异无关紧要，圆弧矢量的唯一目的就是定义两点间唯一的圆弧半径。

对于许多圆弧编程任务，大部分控制系统允许将半径直接跟 R 地址一起使用，这种情形下圆弧起点与终点的角度差异很重要，因为计算机会通过计算找出圆弧的中心。如果圆弧起点和终点之间的角度小于或等于 $180°$，则 R 值为正；如果大于 $180°$，则 R 值为负。这样便有两种可能，所以单独使用 R 值不能唯一确定一个圆弧。

同样值得探讨的还有镜像的刀具路径以及它和象限之间的关系，尽管它不是本章所讨论的内容，但必须同时考虑镜像和象限，象限将决定镜像的刀具路径如何定位。第 41 章中将详细讨论镜像问题，这里只做简单介绍。

例如，如果第 I 象限中的编程刀具路径镜像到第 II 或第 IV 象限中，那么切削方法将完全相反，也就是说顺铣将变为逆铣，反之亦然。类似地，第 II 象限内的刀具运动镜像到第 III 和第 I 象限中时也遵循跟上面相同的原则。对于 CNC 加工中使用的许多材料来说，这是个非常重要的考虑，因为在第 I 象限中的顺铣在第 II 象限和第 IV 象限中将变为逆铣，这是我们所不希望发生的。其他象限中也会有类似的变化。

象限点

通过前面的定义可知，象限由两条通过圆心且互相垂直的直线构成，一个象限中的圆弧为圆周的四分之一。为了深入理解这一概念，可以从圆弧的圆心做一条平行于其中一根轴且长于半径的线段，它与圆弧相交于一点，该点在编程中具有重要意义，通常称之为象限点或基点，后一个术语不常用。圆周上共有四个象限点，或者说它与轴有四个交点，坐标点可结合罗盘或钟表的刻度来记忆：

度　　数	罗盘方向	钟表方向	相邻的象限
0°	东	3 点钟	Ⅳ 和 Ⅰ
90°	北	12 点钟	Ⅰ 和 Ⅱ
180°	西	9 点钟	Ⅱ 和 Ⅲ
270°	南	6 点钟	Ⅲ 和 Ⅳ

在这一阶段，有必要回顾一下角度方向的定义。确立的行业标准（数学、CAD、CAM和 CNC）中定义从 0°开始沿逆时针方向的绝对角度为正，在上面的表格中，0°对应类似于钟表的东方或三点钟方向，如图 29-2 所示。

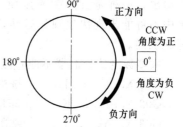

图 29-2　圆弧方向的数学定义

还有一个原因能解释为什么在 CNC 编程中象限点很重要。某些情形下，尽管圆弧覆盖不止一个象限，但通常还是将一个或多个象限点作为圆弧的终点，尤其在许多老式控制系统中更是如此，因为它们不能在一个程序段中穿越象限，但现代控制系统可以在一个程序段中加工任意长度的圆弧，它几乎没有任何限制。

29.3　编程格式

圆弧插补刀具路径的编程格式包括几个参数，没有这几个参数几乎不可能完成圆弧的切削，这几个重要参数是：

❏ 圆弧加工方向（CW 或 CCW）；
❏ 圆弧起点和终点；
❏ 圆弧的圆心和半径。

切削进给率也必须有效，这将在本章稍后详细介绍。圆弧运动编程使用专门的模态 G代码，同时还需要其他与圆弧半径相关的参数和说明。

（1）圆弧加工方向

刀具可沿圆弧的两个方向运动——顺时针（CW）和逆时针（CCW），这是两个约定俗成的术语。大多数机床上，通过垂直观看平面内的编程运动来定义运动方向，从垂直轴到水平轴的运动为顺时针方向，相反的运动为逆时针方向。这一惯例有它自己的数学原点，且并不总是与机床轴的定位一致。第 31 章将详细介绍平面上的加工，这里只做简单介绍。

典型的程序格式中，第一个圆弧加工程序段定义加工方向，它可以是顺时针或逆时针，圆弧加工方向的编程使用准备功能。

（2）圆弧插补程序段

所有控制器均提供两条与圆弧加工方向相关的准备指令：

G02	顺时针方向圆弧插补	CW
G03	逆时针方向圆弧插补	CCW

G02 和 G03 都是模态指令，因此它们一直有效，直到程序结束或由同组里的另一指令（通常是运动指令）所替代。

准备功能 G02 和 G03 是编程确定圆弧插补模式的关键字，它们后面的坐标字通常在所选平面内指定。在铣削和类似操作中，该平面可以由轴的组合 XY、ZX 或 YZ 来表示，而车床上通常没有平面选择，尽管有些控制器通过 G18 来指定 ZX 平面。

平面选择以及圆弧运动参数和加工方向的组合决定了圆弧的终点，R 值指定圆弧半径。

如果需要，程序员也可使用特殊的圆心向量。

当 CNC 程序激活 G02 或 G03 指令时，将自动取消当前有效的任何刀具运动指令，通常为 G00、G01 或循环指令。所有圆弧刀具路径必须与有效的切削进给率编写在一起，其规则与直线插补相同，也就是说进给率 F 必须在切削运动程序段中或它前面的程序段中编写。如果在圆弧运动程序段中没有指定进给率，控制系统会自动搜索前面最近的编程进给率，如果根本没有有效的进给率，那么多数控制器会返回错误信息（报警）。进给率以两种方式给出，一种是直接在圆弧加工程序段中给出，另外一种为间接使用前一个进给率。加工中不可能出现快速圆弧运动，也不可能有三轴联动的圆弧运动，详见第 45 章中介绍的螺旋铣削。

大多数老式控制器不能直接指定半径地址 R，而必须使用圆心向量 I、J 和 K：

G02 X..Y..I..J..　　　铣削程序　　顺时针方向

G02 X..Z..I..K..　　　车削程序　　顺时针方向

G03 X..Y..I..J..　　　铣削程序　　逆时针方向

G03 X..Z..I..K..　　　车削程序　　逆时针方向

支持 R 地址的控制系统一定支持 I、J、K 向量，反之则不成立。如果同一程序段中既有 R 地址也有 I、J、K 向量，那么不管顺序如何，R 值的优先级较高。

G02（G03）X..Y..R..I..J..

G02（G03）X..Y..I..J..R..

如果控制系统只支持 I、J、K 向量，那么包含 R 地址的圆弧插补程序段会返回错误信息（未知地址）。

（3）圆弧起点和终点

圆弧起点也就是由加工方向定义的开始圆弧插补的点，它必须位于圆弧上，该点可以是过渡半径或局部半径分别对应的切点或交点。起点程序段中包含的指令有时也称为"出发"指令，如图 29-3 所示。

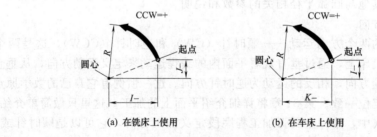

(a) 在铣床上使用　　　　**(b) 在车床上使用**

图 29-3　圆弧中心点和起点

圆弧的起点与切削运动方向有关，在程序中由圆弧运动前一个程序段中的坐标给出，它的定义如下：

> 圆弧起点是切削刀具在圆弧插补程序段前的最后位置。

下面有一个例子：

N66 G01 X5.75 Y7.5　　　　　　　（圆弧起点）

N67 G03 X4.625 Y8.625 R1.125　　（圆弧）

N68 G01 X..Y..

在这个例子中，程序段 N66 表示某一轮廓的终点，比如直线插补，同时它也表示后一圆弧的起点。程序段 N67 中加工圆弧，所以其坐标表示圆弧的终点，也是下一元素的起点。

最后一个程序段 N68 表示从圆弧开始的元素的终点。圆弧终点是任何两根轴的坐标点，圆弧运动在此结束，该点也称为目标位置。

（4）圆心和半径

圆弧的半径可以用地址 R 或圆心向量 I、J 和 K 来指定，R 地址允许直接以半径值编程，圆心向量 I、J 和 K 用来定义圆心的实际位置，大多数现代控制系统都支持 R 地址输入，而老式系统只能使用圆心向量。铣削和车削系统的基本编程格式区别很小，尤其在使用 R 地址时：

G02 X.. Y.. R..　　铣削程序　　顺时针方向
G02 X.. Z.. R..　　车削程序　　顺时针方向
G03 X.. Y.. R..　　铣削程序　　逆时针方向
G03 X.. Z.. R..　　车削程序　　逆时针方向

可能有人会认为知道圆弧终点以及插补模式就足够了，没必要再去关心圆心位置或半径。一定要记住数字控制意味着用数字来控制刀具路径，那么在这种情形下，从数学上说无穷多个数字符合这个不完全的定义，即有无数具有相同起点和终点并保持加工方向的不同半径的圆弧。

另一个重要的概念就是顺时针或逆时针加工方向与圆心或半径无关。为了加工所需的圆弧，控制系统还需要加工方向和目标点以外的更多信息，这种附加信息可能包括使用唯一的半径来定义圆弧。

这个唯一的半径可以通过 R 地址直接输入，也可使用 I、J 和 K 向量来确定。R 值为刀具路径的实际半径，通常从零件图中得到。

（5）圆心向量

图 29-4 所示为圆心向量 I 和 J 在所有可能方位上的符号，在不同的平面中使用不同的向量组，但是它们所使用的逻辑完全一样。

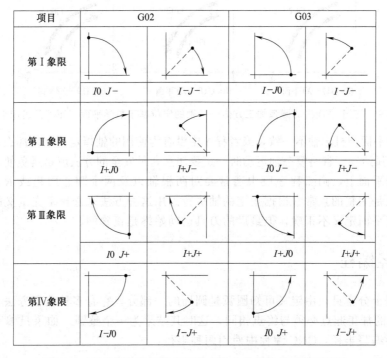

图 29-4　不同象限中的圆心向量 I 和 J 及其符号（XY 平面）

> 圆心向量 I 为圆弧起点到圆心之间的距离在 X 轴上的分量。

> 圆心向量 J 为圆弧起点到圆心之间的距离在 Y 轴上的分量。

> 圆心向量 K 为圆弧起点到圆心之间的距离在 Z 轴上的分量。

圆弧起点到圆心的距离（由 I、J、K 向量指定）通常以增量形式表示。一些控制系统（如老式 Cincinnati 设计）中使用绝对坐标来定义圆心，这时圆心以从程序原点开始的绝对值编程，而不是从圆心开始的增量值。一定要确定机械工厂中的控制系统怎样处理这些情形。通常也可以这么说：

> 圆心是从圆弧起点到圆心的测量值。

合适标准的缺失，使得编程格式有很大出入，所以一定要注意避免可能出现的错误。当加工厂中同时安装了两种类型的控制器时便很可能会出错，因为圆心使用绝对值和圆心使用增量值的程序并不兼容。

指定的方向只适用于以增量定义的圆心，它是圆心相对于起点的位置且带有符号，没有符号表示正方向，负号表示负方向且一定要写出来。使用绝对圆心定义的圆弧遵循绝对尺寸标注的标准规则。

（6）平面中的圆弧

加工中心允许对三个几何平面中任何一个上的圆弧进行编程，如图 29-5 所示，每个平面都要使用正确的圆心向量：

G17 G02（G03）X..Y..R.. （或 I..J..）
G18 G02（G03）X..Z..R.. （或 I..K..）
G19 G02（G03）Y..Z..R.. （或 J..K..）

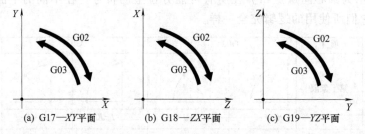

(a) G17—XY平面　　(b) G18—ZX平面　　(c) G19—YZ平面

图 29-5　三个平面内的圆弧加工方向——轴的定位基于数学平面（而不是机床平面）

如果编程平面与机床轴不一致，或者程序中没有为使用的轴指定平面，那么将根据程序中选定的轴作圆弧运动。省略模态轴运动时一定要注意，最安全的方法就是避免使用模态值。

在非标准平面上，圆弧程序段中通常要对两根轴以及两个圆心向量或 R 值进行说明，这样的程序段是完整的且常常根据指定的轴执行。用这种方法来选择事先定义的平面更为可取，因为即使平面定义不正确，但最后的刀具运动始终是正确的。

29.4　半径编程

圆弧编程十分常见，由定义可知圆弧是圆周的一部分，它有多种编程方法。如果圆弧为 $360°$，那么它的加工起点必须与终点相同，这时其结果为一个整圆。如果只编写圆周的一部分，则只需要编写半径，CNC 编程中使用两种半径：

❑ 过渡半径；

❑ 局部半径。

两种半径的编程方向可以是顺时针或逆时针，它们也可以是外圆弧或内圆弧，其方位是任意的，只要切削刀具能够处理。

（1）过渡半径

圆弧与其相邻元素的切点便形成了一个过渡半径，它的定义为直线与直线、圆弧与直线或两个圆弧相切时的半径。过渡半径使两轮廓元素光滑过渡，切点为两元素唯一的交点。

过渡半径最简单的形式为两条平行于机床轴并相互垂直的直线之间的过渡半径。起点和终点的计算只需要少量的加减运算，如果两直线中任一条与坐标轴成一定角度，计算稍微复杂一点，这时可利用三角函数计算起点和终点，其他实体间过渡半径的计算也与此类似。过渡半径也称为圆角圆弧或圆角半径。

（2）局部半径

与过渡圆弧相对的是局部圆弧——两个轮廓元素之间没有光滑的过渡，而只有一个交点。从数学角度上说，有两种可能的选择，但是零件图上任何局部半径的形状都非常清楚。局部半径也可能存在于两直线、直线与圆弧或两圆弧之间，局部半径可以定义为其起点或终点与相邻元素并不相切，而是将它分成两个部分的半径。圆弧起点和终点坐标的实际计算与过渡半径一样，只取决于零件图中所使用的尺寸标注方法。

29.5 整圆编程

所有 Fanuc 系统和许多其他控制器都支持整圆编程，整圆就是 360°的圆弧。车床上的整圆加工只在理论上可行，因为车床的工作类型并不允许进行整圆加工。而整圆编程在许多常见的铣削操作中十分常见，如：

❑ 圆柱型腔铣削；

❑ 孔口面和平底沉头孔铣削；

❑ 螺旋铣削（使用直线轴）；

❑ 铣削圆柱、球体或锥体。

整圆加工定义为起点和终点相隔 360°的圆弧刀具运动，其起点和终点坐标相同。以下是整圆单程序段编程的典型应用，如图 29-6 所示。

```
...
G90 G54 G00 X3. 25 Y2. 0 S800 M03
G01 Z - 0. 25 F10. 0
G02 X3. 25 Y2. 0 I - 1. 25 J0 F12. 0          （整圆）
G00 Z0. 1
...
```

老式控制器不允许在一个程序段中进行多象限圆弧插补运动，这种情形下，根据加工起点位置，圆弧运动必须分成四个甚至五个程序段。这里仍使用前面的图形，程序会稍微长一点，但得到的结果一样，如图 29-7 所示：

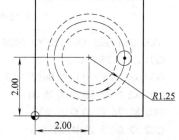

图 29-6 使用单程序段输入
进行整圆编程

```
...
G90 G54 G00 X3. 25 Y2. 0 S800 M03
G01 Z - 0. 25 F10. 0
G02 X2. 0 Y0. 75 I - 1. 25 J0 F12. 0       （第 1 个程序段，共 4 个）
G02 X0. 75 Y2. 0 I0 J1. 25                 （第 2 个程序段，共 4 个）
```

G02 X2. 0 Y3. 25 I1. 25 J0　　　　　（第 3 个程序段，共 4 个）
G02 X3. 25 Y2. 0 I0 J - 1. 25　　　　（第 4 个程序段，共 4 个）

G00 Z0. 1
...

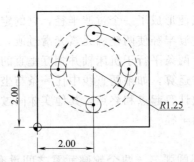

图 29-7　使用四程序段输入进行整圆编程

　　这是一个使用四程序段进行整圆加工编程的实例，圆弧起点和终点都位于象限点上，这是一个重要的编程考虑，本例中的象限点在 3 点钟位置（0°）。注意每个程序段重复 G02 只是为了强调，实际编程中不必如此，I0 和 J0 也是一样，只有当它们变化时才需要编写。

　　实际加工中应尽量使起点位置在四个象限点上，即 0°、90°、180° 和 270° 位置。例如，如果在 33° 处开始加工，那么就需要五个圆弧程序段，而不是四个，而且起点的 XY 坐标（图中的 x_s 和 y_s）也需要通过三角函数计算得出，如图 29-8 所示：

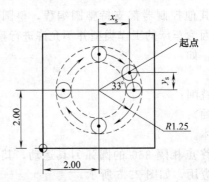

图 29-8　使用五程序段程序代码进行整圆编程

　G90 G54 G00 X3. 0483 Y2. 6808 S800 M03
　G01 Z - 0. 25 F10. 0
　G02 X3. 25 Y2. 0 I - 1. 0483 J - 0. 6808　　（第 1 个程序段，共 5 个）
　G02 X2. 0 Y0. 75 I - 1. 25 J0　　　　　　（第 2 个程序段，共 5 个）
　G02 X0. 75 Y2. 0 I0 J1. 25　　　　　　　（第 3 个程序段，共 5 个）
　G02 X2. 0 Y3. 25 I1. 25 J0　　　　　　　（第 4 个程序段，共 5 个）
　G02 X3. 0483 Y2. 6808 I0 J - 1. 25　　　（第 5 个程序段，共 5 个）

　G00 Z0. 1
　...

　　x_s 和 y_s 的值需要通过下面的三角函数计算得出：

$$x_s = 1. 25 \times \cos 33° = 1. 0483382$$

$$y_s = 1. 25 \times \sin 33° = 0. 6807988$$

　　从以上结果，可以得到加工起点：

$$X = 2 + x_s = 3. 0483382 = X3. 0483$$

$Y=2+y_s=2.6807988=Y2.6808$

如果控制系统支持在一个程序段中编写整圆运动，那么程序就会简短一些，但这种情形下只能使用 I 和 J 圆心向量，不能使用 R 半径值，原因是 I 和 J 向量的含义通常是唯一的，而半径 R 可能会引起混淆。下面使用 I 和 J 圆心向量的程序是正确的：

```
...
G90 G54 G00 X3. 0483 Y2. 6808 S800 M03
G01 Z - 0. 25 F9. 0
G02 X3. 0483 Y2. 6808 I - 1. 0483 J - 0. 6808
G00 Z0. 1
...
```

地址 R 不能随意替代 I 和 J 向量，下面的程序是错误的：

```
...
G90 G54 G00 X3. 0483 Y2. 6808 S800 M03
G01 Z - 0. 25 F9. 0
G02 X3. 0483 Y2. 6808 R1. 25 F12. 0          (* 错误* )
G00 Z0. 1
...
```

为什么呢？从数学角度上说，整圆编程有很多选择。如果使用 R 值编写 360°的圆弧，根本不会发生圆弧运动，控制器会忽略这样的程序段。控制器软件中添加了一个预防措施，以防止由于存在的一些可能性导致错误加工。图 29-9 中只展示了几个圆弧，它们具有相同的加工方向、起点和终点以及直径，但是圆心不同。

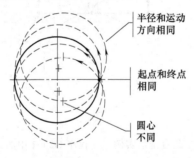

图 29-9　使用 R 进行整圆加工时存在的许多数学可能性

（1）凸台铣削

下面以简单的凸台外圆铣削为例，来介绍整圆加工，如图 29-10 所示。

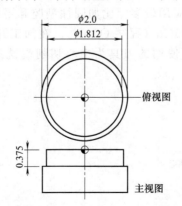

图 29-10　凸台铣削实例——程序 O2901

 凸台是整圆外部铣削中所使用的术语，与其相对的是整圆内部铣削，比如圆柱型腔。这里使用的刀具为 ϕ0.75in 立铣刀，编程深度为 Z-0.375。

O2901

（ϕ0.75 立铣刀）

N1 G20

N2 G17 G40 G80

N3 G90 G54 G00 X-1.0 Y1.5 S750 M03

N4 G43 Z0.1 H01

N5 G01 Z-0.375 F40.0 M08

N6 G41 Y0.906 D51 F20.0

N7 X0 F14.0

N8 G02 J-0.906

N9 G01 X1.0 F20.0 M09

N10 G40 Y1.5 F40.0 M05

N11 G91 G28 X0 Y0 Z2.0

N12 M30

%

 程序 O2901 中，刀具首先移动到 XY 位置和指定深度，然后进行刀具半径偏置。到达切削深度后，刀具做直线顺铣运动，一直到外圆顶部，然后在同一点清理圆周并直线运动离开，最后通过反转返回 Y 轴起点，图 29-11 中所示为程序段号。

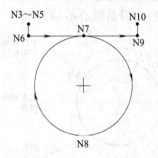

图 29-11　凸台铣削实例——程序 O2901 中的刀具运动

 如果使用其他的加工方法，可能需要多次粗加工、一次半精加工、两把切削刀具以及与加工相关的其他选择。

 （2）内圆加工——直线运动启动

 内部整圆加工比较常见且应用较多，比如圆柱型腔和平底沉头孔。下面的例子中加工 ϕ1.25 的圆柱型腔，深度为 0.250in（程序 O2902）。在加工开始阶段使用简单的直线运动，此时导入点的过渡并不重要，使用的刀具为中心切削端铣刀（也称槽铣刀），如图 29-12 所示。

O2902

（ϕ0.5 中心端铣刀）

N1 G20

N2 G17 G40 G80

N3 G90 G54 G00 X0 Y0 S900 M03

N4 G43 Z0.1 H01

N5 G01 Z-0.25 F10.0 M08

N6 G41 Y0.625 D51 F12.0

N7 G03 J − 0. 625
N8 G01 G40 X0 F20. 0 M09
N9 G91 G28 X0 Y0 Z2. 0 M05
N10 M30
%

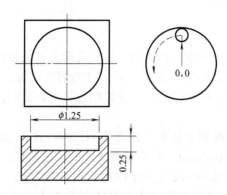

图 29-12 内圆加工——只使用直线运动趋近

程序 O2902 中，圆弧起点和终点都位于 90°位置，也就是编程中的 12 点钟位置，从圆心开始运动时进行刀具半径偏置。

> 不能在圆弧插补模式下开始或结束刀具半径偏置。

这适用于几乎任何圆弧应用，除了极少使用特殊循环的圆弧。

（3）内圆加工——圆弧运动启动

当刀具趋近和圆弧切削之间需要光滑过渡时，上例中简单的直线趋近编程方法就不实用了。为提高表面质量，以圆弧运动达到圆弧运动的起点位置，通常以 45°的直线运动从圆心开始并应用刀具半径偏置，然后在圆弧上与整圆过渡。图 29-13 所示为其基本原理，使用导入/导出圆弧的完整程序见 O2903。

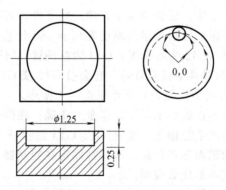

图 29-13 内圆加工——直线与圆弧导入/导出

O2903
（φ0. 5 中心端铣刀）
N1 G20
N2 G17 G40 G80
N3 G90 G54 G00 X0 Y0 S900 M03
N4 G43 Z0. 1 H01
N5 G01 Z − 0. 25 F10. 0 M08
N6 G41 X0. 3125 Y0. 3125 D51 F12. 0   （导入直线）

```
N7 G03 X0 Y0. 625 R0. 3125          (导入圆弧)
N8 J-0. 625                         (整圆)
N9 X-0. 3125 Y0. 3125 R0. 3125      (导出圆弧)
N10 G01 G40 X0 Y0 F20. 0 M09        (导出直线)
N11 G91 G28 X0 Y0 Z2. 0 M05
N12 M30
%
```

这种编程方法增加了程序长度，但是加工后的表面质量比使用直线运动趋近要好得多。

如果控制系统具有用户宏选项且需要加工大量的圆柱型腔，可以将程序 O2903 进行调整以适应宏选项（详情可参见第 33 章）。一些控制器具有固定的圆柱型腔铣削循环。

（4）整圆切削循环

一些控制器拥有使用特殊准备功能（通常为 G12 和 G13）来切削内部整圆的固定程序（循环），例如 Yasnac 或 Mitsubishi，但不包括 Fanuc。这些循环是非常方便的编程辅助手段，但令许多程序员惊讶的是 Fanuc 在多年前就舍弃了该功能。

G02 与 G12 以及 G03 与 G13 之间具有一样的逻辑关系：

G12	整圆加工循环	CW
G13	整圆加工循环	CCW

以上两条指令的常见编程格式非常简单：

G12 I..D..F..   整圆顺时针（CW）加工

G13 I..D..F..   整圆逆时针（CCW）加工

其中 I 地址表示圆半径，为带符号的增量值。如果符号为正（加号），则加工起点为 $0°$ 位置，也就是 3 点钟方向或正东方向；如果符号为负，加工起点为 $180°$ 位置，也就是 9 点钟方向或西方。该指令不能在 Y 轴方向开始加工。

地址 D 是刀具半径偏置的控制器寄存器号，F 是进给率地址。一些控制器中可能会使用不同的形式，但是本质完全一样。

为成功使用这种快捷的方法，还必须接受其他一些条件：刀具必须从圆柱型腔的中心开始，切削平面必须为 XY 平面并且圆弧起点固定为 $0°$ 或 $180°$ 位置（不可能从 Y 轴开始）；同时还有固定的刀具半径偏置（G12 为右偏置，G13 为左偏置）；使用 G12 或 G13 时千万不要使用 G41 和 G42 指令，因为刀具半径有效时，它会被 G12 或 G13 选择忽略，最安全的方法是始终在 G40 模式（取消刀具半径偏置）下使用这两个循环。

在任何其他圆弧应用中不正确的东西在这里全都正确。在圆弧或圆周的标准编程中，不能在圆弧刀具运动中开始刀具半径偏置，而在 G12/G13 编程模式下，从未经补偿的圆心位置开始的运动与经过补偿的圆周起点共圆，这些都固定在控制器中且没有选择的余地。可以将它作为特殊情形对待，它不是什么规则。

在一些 Yasnac CNC 控制器中，G12/G13 格式还有一个附加参数，即半径参数或 R 参数，它表示特殊的快速运动，并可减少空切时间。

这里仍使用前面的圆柱型腔作为 G12/G13 的编程实例，如图 29-14 所示：

```
O2904
(φ0. 5 中心切削端铣刀)
N1 G20
N2 G17 G40 G80
N3 G90 G54 G00 X0 Y0 S900 M03
N4 G43 Z0. 1 H01
```

N5 G01 Z - 0. 25 F10. 0 M08
N6 G13 I0. 625 D51 F12. 0 M09   （如果可用）
N7 G91 G28 X0 Y0 Z2. 0 M05
N8 M30
%

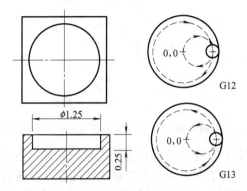

图 29-14　使用 G12/G13 进行整圆加工——程序 O2904

　　这个程序虽然只比程序 O2902 少了两个程序段，但它的编写要容易得多。刀具半径偏置自动进行（固定）且在机床上更容易编辑。此外还有一个好处，即圆周的起点不是直线运动而是导入圆弧的结果，所以其加工表面质量比使用其他类型的刀具趋近要更好，而且循环中的导出圆弧也是固定的，这在切削完成时非常有效。

29.6　圆弧编程

　　整圆加工意味着 360° 的运动，此时即使在最新的控制器中也完全不能使用 R 地址，而只能使用圆心向量 I 和 J。

　　有没有 359.999° 的圆呢？尽管它与 360° 只差 0.001°，那也不能称之为圆，圆必须为 360°，因此这里 359.999° 的"圆"是错误的表述，它只能称为圆弧。尽管这一区别在数学中要比实际编程中更重要，但它的区分非常重要，在圆弧插补术语中，不完整的圆周就是圆弧。如果加工 90° 的圆弧，则可以使用 R 地址（直接半径），例如：

G01 X2. 0 Y5. 25 F12. 0
G02 X3. 75 Y7. 0 R1. 75

　　如果圆弧正好是 180°，那么程序没有很大区别：

G01 X2. 0 Y5. 25 F12. 0
G02 X5. 5 Y5. 25 R1. 75

　　注意以上圆弧起点和终点的 Y 坐标相同，圆弧运动程序段中的 Y 值不必重复，这里只是为了进行说明才编写它。

　　另一个例子中仍然使用 R 地址为 270° 的圆弧编程，以下的程序段正确吗？

G01 X10. 5 Y8. 625 F17. 0
G02 X13. 125 Y6. 0 R2. 625

　　程序段看起来是正确的，它的计算、格式以及程序字看起来都正确，但实际上该程序是错误的！它将得到 90° 而不是 270° 的圆弧。

　　如图 29-15 所示，当圆弧使用 R 地址时，会有两种数学可能性。图中实线为刀具路径，虚线表示两种可能的直径。

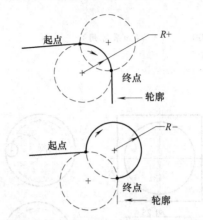

图 29-15　圆弧加工中 R 地址的符号——只有圆心不同

　　只有在圆弧大于180°时，程序员才考虑这个问题（否则会使工件报废）。这一情形跟前面介绍的整圆类似，尽管使用 I 和 J 向量可以矫正该问题，但还有一个更好的选择。程序中还可以使用 R 地址，但当圆弧大于180°时加上一个负号，如果圆弧小于180°，仍使用正的 R 半径，回顾一下前面的内容，如果 R 地址（任何其他的地址也一样）没有符号则表示正值。比较以下两个程序：

```
G01 X10. 5 Y8. 625 F17. 0
G02 X13. 125 Y6. 0 R2. 625              (90°)
```

　　下面的程序与上面的一样，只有 R 值符号不同：

```
G01 X10. 5 Y8. 625 F17. 0
G02 X13. 125 Y6. 0 R - 2. 625          (270°)
```

　　如果经常加工大于180°的圆弧，可以建立一个特殊的编程风格，如果该风格是经过深思熟虑总结出的，那么它将会避免与 R 地址符号相关的错误所带来的损失。

29. 7　圆弧插补的进给率

　　大多数程序中，圆弧插补进给率的确定与直线插补的一样，圆弧的切削进给率根据加工的方便与否决定，主要包括工件安装、材料的切削性能、刀具直径与刚度、程序员的经验以及其他因素。

　　许多程序员在选择刀具的切削进给率时并不考虑加工半径。当表面加工质量比较重要时，必须考虑零件图中每个半径的尺寸，这样一来，就要改变此前直线运动和圆弧运动使用同一编程进给率的做法了——既可以上调，也可以下调。

　　在车床编程中，不管半径尺寸如何，都不需要根据直线或圆弧运动来确定进给率。刀尖半径通常很小，平均为 0.0313in（或 0.8mm），图纸上等距的刀具路径与编程路径非常接近。但是它在铣削加工中不成立，因为铣刀半径通常都较大。

　　并非每个程序中都需要调整圆弧加工的进给率，如果刀具中心点的轨迹与零件图中的轮廓很接近，则不需要调整。另一方面，如果使用大直径刀具加工小半径的外圆，可能会出现影响表面质量的问题，此时刀具中心轨迹形成的圆弧将比图纸中的圆弧长很多，同样的，如果使用大的刀具直径加工内圆弧，那么刀心轨迹形成的圆弧比图纸中的圆弧小很多。

　　在标准的编程中，直线插补的进给率也用于圆弧插补中，它由给定材料的切削性能等级决定。直线插补进给率的公式为：

$$F_\mathrm{L} = \mathrm{r/min} \times F_\mathrm{T} n$$

式中　F_L——直线插补进给率，in/min 或 mm/min；

　　　r/min——主轴转速；

　　　F_T——每齿进给率；

　　　n——切削刃的数量。

　　如果主轴转速为 1000r/min、载荷为 0.0045in/齿、切削刃为两个，那么进给率为 9in/min。如果选用相对较大的直径，如 ϕ0.625（15.875mm）或更大的刀具，这时为了得到较好质量的表面，就需要上下调整直线插补的进给率使其适合圆弧插补。

　　圆弧进给率调整的基本规则是：外圆弧增大，内圆弧减小。如图 29-16 所示。

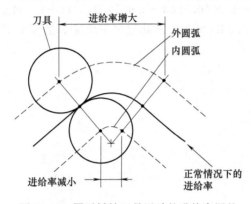

图 29-16　圆弧插补刀具运动的进给率调整

刀具路径的外圆弧比图纸上的圆弧大。

刀具路径的内圆弧比图纸上的圆弧小。

　　可以使用下面两个公式计算调整后的进给率，从数学上说等同于直线进给率。两个公式分别适用于外圆弧和内圆弧加工，但不适用于实体材料的粗加工。

　　（1）外圆加工的进给率

　　加工外圆时需要提高进给率：

$$F_o = \frac{F_L(R+r)}{R}$$

式中　F_o——外圆弧的进给率；

　　　F_L——直线插补进给率；

　　　R——工件外半径；

　　　r——刀具半径。

　　如果直线插补进给率为 14in/min，外半径为 0.375，那么 ϕ0.50 刀具上调后的进给率为：

$$F_o = 14 \times (0.375 + 0.25)/0.375 = 23.333333$$

　　结果的增幅很大，程序中的进给率变为 F23.3。同样的例子，如果刀具半径变为 0.75（ϕ1.5），那么进给率为：

$$F_o = 14 \times (0.375 + 0.75)/0.375 = 42.0$$

　　进给率从 14in/min 提高到 42in/min，整整是原来的三倍。这里可根据先前的经验来决定进给率调整是否合理。

　　（2）内圆加工的进给率

　　对于内圆弧，调整后的进给率要比直线运动的进给率低，它根据以下公式计算：

$$F_i = \frac{F_L(R-r)}{R}$$

式中　F_i——内圆弧的进给率；

　　　F_L——直线插补进给率；

　　　R——工件内半径；

　　　r——刀具半径。

如果直线插补进给率为 14in/min，内半径为 0.8243in，那么 ϕ1.25 刀具下调后的进给率为：

$$F_i = 14 \times (0.8243 - 0.625)/0.8243 = 3.384932$$

得到的进给率结果是 3.38in/min，因此程序中地址 F 的值为 F3.38。

第30章 刀具半径偏置

工件轮廓铣削编程首先应该确定 Z 轴方向的深度，然后沿 X 轴、Y 轴或沿两根轴同时移动切削刀具。如果采用车削操作，则可使用 X 轴、Z 轴或同时使用两根轴进行端面加工、车削或镗削。两种类型的加工中，需要为每一轮廓元素编写一个切削运动程序段，程序段中可使用英寸或毫秒为单位，也可以使用绝对坐标或增量坐标。两种情形下，编程中都使用主轴中心线作为 X、Y 或 Z 轴方向的刀具运动。尽管在程序开发中使用中心线编程很方便，不过加工中不能接受这种方法，因为与材料接触的是刀具的切削刃，而不是中心线。

所有轮廓加工中的刀具路径通常与刀具运动等距。不论是在 CNC 加工中心还是在 CNC 车床上，刀具切削刃总是与工件轮廓相切，这就意味着刀具运动形成的轨迹中，刀具中心点与实际轮廓的距离始终一样。通常称它为等距刀具路径。

图 30-1 中为两种刀具路径，一种未经补偿，另一种是经过补偿的刀具路径。两者都应用在特殊的轮廓上，图中也给出了刀具的直径和位置。

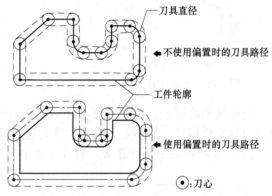

图 30-1 未经刀具半径补偿（上）和经过刀具半径补偿（下）的刀具路径

30.1 手动计算

从图 30-1 中可以看出，轮廓加工时必须使用经过半径补偿后的刀具路径，也就是说它的刀心必须位于下半图所示的位置。这一加工轨迹跟工程图要求并不相符，图纸中所有的尺寸都与工件轮廓相关，而不是刀心的轮廓，实际上工程图与刀具位置和加工无关，如果刀具仅使用工程图中的尺寸，那么刀具路径就如上例中的上半部分一样，由于下半部分刀具路径才是所期望的，那么就自然产生一个问题：如何将刀心位置从工件边缘变更到刀具边缘呢？

答案就是需要计算。实际上如果 CNC 系统中装备了刀具半径补偿（或刀具半径偏置）的先进功能，就不需要这些计算。在 CNC 车削系统中，这项功能称为刀尖圆弧半径补偿或刀尖圆弧半径偏置。这一标准控制器功能允许 CNC 程序员直接使用偏置指令按照图纸中的轮廓尺寸来编程，而控制系统会自动完成必要的计算和调整。

从现在开始，本章将介绍使用该强大功能的自动编程方法。毕竟现代 CNC 机床确实内置了刀具半径偏置功能，只要遵循几条规则，使用该功能是很容易的。

要完全理解半径偏置原理，有必要了解一些背景知识。如果已经实现了自动，那么对它工作原理的了解会使得该工作更加容易，尤其是碰到急需解决的难题时。为了真正理解刀具半径偏置（很多程序员和机床操作人员并没做到），对系统基本原理的了解很重要，其原理主要基于基本的数学运算，有时也包括并不常见的三角函数计算。图 30-2 所示为一个简单的例子。

程序原点选在工件的左下角。由于本例中为外圆顺铣方式，所以刀具首先沿 Y 轴方向开始运动。此时刀具的起点和终点位置并不重要，只需对交点和切点进行计算。

上图中共有 5 个点，每个轮廓拐点有 1 个。在封闭轮廓中，这些点是交点或切点，它们都是端点。因为每个点有 2 个坐标，所以一共需要 10 个坐标值。此外，在开放轮廓中，每个轮廓都以端点结束。

大多数图中通常会给出一些不需计算的点。首先应该进行规划并在图中标出各点，然后按实际刀具路径的顺序制表。仔细研究图 30-3，它给出了所有的 5 个点且所有的值都不需要计算，除了一些简单的加减运算。切削刀具路径的顺序为 $P_1—P_2—P_3—P_4—P_5—P_1$，这也是程序中输入这些坐标值的顺序。

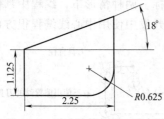

图 30-2 手动计算简图（实例）

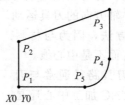

P_t	X轴	Y轴
P_1	X0.0000	Y0.0000
P_2	X0.0000	Y1.1250
P_3	X2.2500	?
P_4	X2.2500	Y0.6250
P_5	X1.6250	Y0.0000

图 30-3 刀具路径所需的轮廓拐点

上述简单轮廓中，10 个坐标值中有 9 个已知，$P3$ 的 Y 值除外，它需要计算。不管是否使用刀具半径偏置，都需要一定的计算，这只是其中一个。毕竟，手动编程需要手工完成。

图 30-4 所示为三角计算法，通过一个小表便可计算出所有五个点。

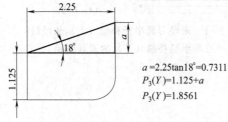

$a = 2.25\tan 18° = 0.7311$
$P_3(Y) = 1.125 + a$
$P_3(Y) = 1.8561$

图 30-4 使用三角计算法求解未知 Y 坐标

点编号	X 坐标	Y 坐标
P_1	X0	Y0
P_2	X0	Y1.125
P_3	X2.25	Y1.8561
P_4	X2.25	Y0.625
P_5	X1.625	Y0

如果使用刀具半径偏置，那么在确定这些点之后就可以直接得出刀具路径。但现在的目的不在于此，首先需要找出一组新点——刀心坐标。

（1）刀具路径中心点

铣削应用中使用的切削刀具通常都是圆形的，例如立铣刀便有某一尺寸的直径。甚至用作车削和镗削的刀具末端也为圆形（称为刀尖圆弧半径），尽管它相对较小。圆形的物体都有圆心，铣刀或车床上的刀尖都是圆形物体，所以它们都有圆心，这都是最基本的东西，但它也是刀具半径偏置整体思想的基础和关键要素。每个控制系统都会提供跟刀具半径偏置相关的功能。

例如要使用电动刨槽机在木头上刻制某种形状的螺纹，通常先用铅笔绘出加工形状，然后再从所绘形状的外侧开始加工，否则加工出的工件会过大或过小！使用锯切削木板时的步骤也是一样，必须对锯的宽度进行补偿。

该过程很简单，它完全可以自动完成且不需要进行认真思考。必须在切削前或切削中对刨槽机刀头（或锯的宽度）进行补偿，在木头上绘出的形状必须遵循这一点，经过加工的工件外形以及通过刀具半径偏置的外形同样也要遵循这一点。

刀心形成的刀具路径与工件轮廓始终保持同样的距离，这类刀具路径还有一个特殊的名字，即等距刀具路径，它表示"相同的距离"，图 30-5 为等距刀具路径的实例。

程序中使用前面那组点来计算一组新的点，同样，首先看看哪些点容易计算和确定。

例如，P_1 点的 XY 坐标是多少？它们是 $X0Y0$，这很容易知道，新 P_1 点的 XY 坐标等于原来的 XY 坐标减去刀具半径，在刀具半径未知的情形下，不可能计算任何点的实际值。

（2）刀具半径

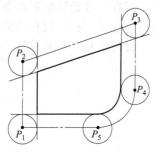

图 30-5　等距刀具路径
（需要刀心坐标）

新刀具或经过测量的刀具，其名义半径是已知的，对于精度要求很高的工作，刀具的半径要 100% 正确，也就是误差应保证在 $2.5\mu m$（$0.0025mm=0.0001in$）内，但是对于重新刃磨过的刀具、使用过的刀具、轻微磨损的刀具或由于某些原因导致尺寸过大或过小的刀具来说，这是不可能的。所有这些意味着在任何情形下，刀具中心线编程需要在编程时就知道确切的刀具半径。

顺便说一下，曾经一度，这是唯一的轮廓编程方法——没有计算机辅助、没有 CAD/CAM，只使用手工计算器、铅笔、纸以及橡皮。

（3）中心点的计算

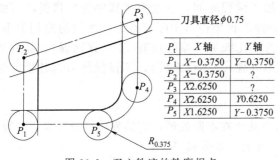

P_t	X 轴	Y 轴
P_1	$X-0.3750$	$Y-0.3750$
P_2	$X-0.3750$	?
P_3	$X2.6250$	?
P_4	$X2.6250$	$Y0.6250$
P_5	$X1.6250$	$Y-0.3750$

刀具直径 $\phi0.75$

$R_{0.375}$

图 30-6　刀心轨迹的轮廓拐点

图 30-5 中所示的坐标表示每个拐点处刀具半径的中心，现在另一个需求也已知，即刀具半径尺寸，例如 $\phi0.75$ 铣刀的半径为 0.375，这时便可计算一组新的坐标了。

哪些点可以不经计算直接从图中"读"出来呢？如图 30-6 所示，经过简单的加减运算，10 个坐标值中有 8 个已知，但编程中总的计算还应该包括前面的 10 个计算。

为了完成对中心点编程的介绍，必须计算出 P_2 和 P_3 点的 Y 坐标，下面从 P_2 开始。

图 30-7 所示为 P_2 点的详细计算，程序员应该知道怎样使用三角计算法，它是从数学领域拓展到 CNC 编程中的。

P_3 点的计算与 P_2 点相似，如图 30-8 所示。

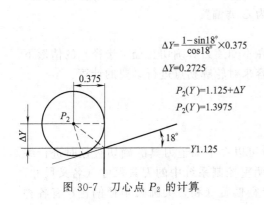

$$\Delta Y=\frac{1-\sin18°}{\cos18°}\times0.375$$

$$\Delta Y=0.2725$$

$$P_2(Y)=1.125+\Delta Y$$

$$P_2(Y)=1.3975$$

图 30-7　刀心点 P_2 的计算

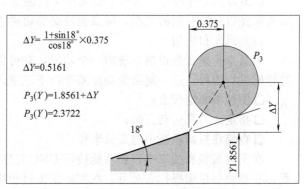

$$\Delta Y=\frac{1+\sin18°}{\cos18°}\times0.375$$

$$\Delta Y=0.5161$$

$$P_3(Y)=1.8561+\Delta Y$$

$$P_3(Y)=2.3722$$

图 30-8　刀心点 P_3 的计算

现在工件轮廓附近点所有的 XY 坐标都是已知的，这些点以加工的先后为序且在程序中的顺序也是一样，现在只需要点的位置以及各种 G 代码、M 代码、进给率和其他数据了。

此时编程尚为时过早，本节就以下面的表格结束，其值只表示 $\phi 0.75$ 刀具的中心！

点编号	X 坐标	Y 坐标
P_1	$X-0.375$	$Y-0.375$
P_2	$X-0.375$	$Y1.3975$
P_3	$X2.625$	$Y2.3722$
P_4	$X2.625$	$Y0.625$
P_5	$X1.625$	$Y-0.375$

计算中出现了数字 1，它表示 $\sin 90°$ 的值。Y 前面的 Δ 在数学中通常表示增量、向量或距离。

30.2　补偿后的刀具路径

前面的例子为早期数字控制器中使用的常见编程方法，当时的控制器（通常属于 NC 类型，而不是 CNC）中根本没有刀具半径偏置功能。编写刀具路径时，轮廓拐点的计算必须在刀具半径已知时进行。这种方法极大地增加了编程时间，也增大了程序发生错误的可能性，此外也使加工中的回旋余地变小。即使编程刀具半径与实际刀具半径之间的差别很小，也需要重新计算并修正程序，同时也需要新的穿孔纸带（当时没有 CNC 存储器）。随着数控技术的发展以及计算机在控制系统中的使用（现代 CNC 系统），不仅使得刀具补偿方法成为可能，而且极大地简化了程序员的工作。

(1) 刀具半径偏置的类型

在 CNC 技术发展的同时，刀具半径偏置方法也在不断发展，它的发展可分为 3 个阶段，也就是现在所说的 3 种刀具半径偏置类型——A 类、B 类和 C 类：

❏A 类偏置：最老的方法，程序中使用特殊向量来确定切削方向（G39 I..J..K..、G40、G41、G42）；

❏B 类偏置：较老的方法，程序中只使用 G40、G41 和 G42，但它不能预览刀具走向，因此可能会导致过切；

❏C 类偏置：当前使用的方法，程序中只使用 G40、G41 和 G42，它具有预览功能，从而避免了过切。

C 类刀具半径偏置（也称为交叉类半径偏置）是当前所有现代 CNC 系统中使用的类型。因为除此以外没有别的类型，所以也没必要再称它为 C 类偏置。

(2) 定义和应用

刀具半径偏置是控制系统的一个功能，它可以在不知道刀具确切直径（半径）的情形下对轮廓进行编程。这一复杂的功能基于以下三项内容来对轮廓拐点进行必要的计算：

❏图纸中的轮廓点；

❏指定的刀具运动方向；

❏存储在控制系统中的刀具半径。

在实际编程和加工中，该功能使得 CNC 程序员可以在不知道刀具的确切直径时进行编程，它也使得机床操作人员可以在实际加工过程中调整控制系统中的刀具尺寸（名义尺寸、过大的或过小的尺寸）。从实际情形看，使用刀具半径偏置（和刀尖圆弧半径偏置）有各种各样的原因：

❑ 刀具半径的确切尺寸未知；
❑ 调整刀具磨损；
❑ 调整刀具偏角；
❑ 粗加工和精加工；
❑ 保持加工公差等。

> 每次轮廓加工都需要考虑刀具半径。

此时有些应用可能还不是很明了，但是随着学习的深入，将有助于对该内容的理解，以上建议只是自动刀具半径偏置提供的一部分可能性。下面看看它的实际编程应用。

30.3 编程技巧

为了在补偿模式下对刀具半径进行编程，必须清楚前面涉及的三项内容：
❑ 图纸中的轮廓点；
❑ 指定的刀具运动方向；
❑ 存储在控制系统中的刀具半径。

这几项是实际数据的来源。计算机以数据形式进行工作，因此只能处理数据，而数据则由用户提供。本章中假定所有轮廓拐点的数据都来自于图纸中的 XY 坐标。

（1）切削运动方向

无论是外圆或内圆刀具路径的编程，都可能有两种方向，即沿工件轮廓的顺时针和逆时针方向。运动方向通常都是合成的方向，因为实际上还有工作台（铣削操作）和刀具（车削操作）的特定运动，这就需要对它们进行辨别，以确定需要考虑工作台还是刀具的运动。但是不管使用何种 CNC 机床，一定要遵循以下 CNC 编程基本原则：

> CNC 编程中的运动方向都是刀具相对于工件的运动方向。

对于 CNC 车床，这一论述显然是对的，它在 CNC 加工中心中也是对的，尽管不如在 CNC 车床上那么明显。对于其他类型的 CNC 机床也都正确，比如电火花加工、激光切割机床、高压水切割加工以及火焰切割等。至于到底是顺时针还是逆时针方向，则需要更进一步的研究。

（2）左或右（而非顺时针或逆时针）

首先应避免使用容易让人误解的术语：顺时针和逆时针。它们只适用于圆弧插补，在刀具半径偏置中并不使用，相反这里使用更为精确的术语：左和右。

这两个术语有时候也会产生混淆，此时你可以面对某人来讨论物体的位置，你的左边也就是对方的右边。

跟日常生活中的任何事情一样，使用方位名词左和右时，便可根据先前确立的视图方向确定物体的正确位置。移动物体相对于静止物体是向左还是向右运动取决于它的移动方向。

在 CNC 编程中也没有两样，观察刀具路径时，便可确定补偿后的刀具路径相对于静止的工件轮廓是向左还是向右，如图 30-9 所示。

图中给出了三种选择——没有方向的刀具、刀具的方向指定为工件左侧以及刀具方向指定为工件右侧。

那么两种补偿选择中哪一种最好呢？CNC 加工中心中使用左补偿较好，因为如果假定使用标准右旋刀具和 M03 指令，它的切削模式为顺铣。另一种可能就是右补偿，它的切削模式为逆铣，它只在特殊情形下由加工专家指导使用，而且它只用于铣削系统中。

（3）偏置指令

对加工模式（切削方向）进行编程时，可使用两条准备功能来选择刀具半径偏置的方向：

G41	刀具半径左偏置（补偿）
G42	刀具半径右偏置（补偿）

不需要使用 G41 或 G42 模式时，可使用 G40 指令取消：

G40	刀具半径偏置模式取消

图 30-10 所示为三种半径偏置指令：

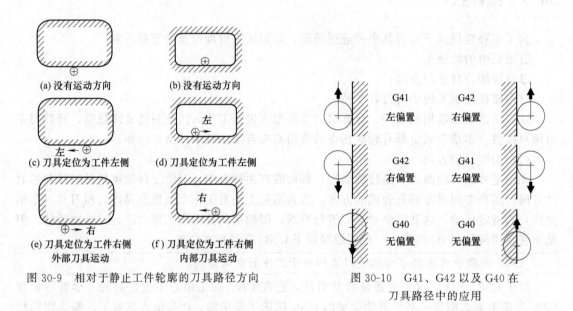

图 30-9　相对于静止工件轮廓的刀具路径方向

图 30-10　G41、G42 以及 G40 在刀具路径中的应用

记住顺铣和逆铣两个术语仅用于铣削操作中，它们与主轴旋转以及铣刀的旋向相关。根据定义，G41 指令用于顺铣模式中，G42 指令用于逆铣模式中：

刀具类型	刀具旋转	切削方向	G 代码 G41 或 G42	铣削类型
右旋	M03	左	G41	顺铣
		右	G42	逆铣
左旋	M04	左	G41	逆铣
		右	G42	顺铣

该表展示了刀具类型、刀具旋转以及切削方向的所有关系。

当 G40 指令有效时，不能使用刀具半径偏置。

图 30-11 中，G41 指令用在顺铣模式中，G42 指令用在逆铣模式中。顺铣模式是 CNC 铣削尤其是轮廓铣削中最常见的模式。

（4）刀具半径

跟刀具半径相关的一个常见问题就是，如果程序中忽略了它，控制器如何"知道"它的尺寸？首先，程序中不会忽略刀具，程序员会基于直径选择一把刀具，并提供足够的间隙，程序唯一没有包括的是实际刀具半径尺寸。此种情形下，到底在哪里指定半径尺寸呢？首先，看图 30-12，它展示了不同刀具半径应用在同一个工件轮廓上的效果。

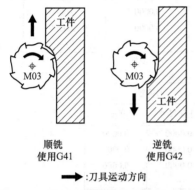

图 30-11　使用右旋刀具且主轴顺时针旋转时的顺铣和逆铣模式

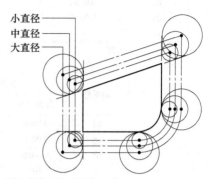

图 30-12　刀具半径对实际刀具路径的影响

实际半径尺寸存储在机床上——在控制系统中称为偏置设置的区域中。这些偏置区域（控制单元上的偏置屏幕）曾用于位置补偿、工件偏置和刀具长度补偿中（分别在第 17～19 章中介绍过）。

刀具半径偏置是操作人员和程序员都必须完全彻底理解的另一种偏置。

（5）偏置类型的历史

Fanuc 控制器这些年已经得到了长足的发展，但是由于它们的普及和可靠性，许多老式控制器仍然在机械工厂中使用。为了解各种偏置及其应用，首先应该了解 Fanuc 控制器所使用的偏置类型。通常控制器越老或档次越低，其灵活性越差，反之亦然，注意灵活性不是指质量的好坏。以偏置存储器类型的不同来进行分类，Fanuc 系统中有三种类型：

❏ A 类——灵活性最差；

❏ B 类——灵活性中等；

❏ C 类——灵活性最好。

不要将这些刀具偏置存储器类型与刀具半径偏置类型相混淆！这些偏置存储器类型只决定刀具长度偏置和刀具半径偏置以何种方式输入到控制系统中，但不影响工件偏置 G54～G59。

① A 类刀具偏置存储器　A 类刀具偏置的层次最低，由于该类型中将刀具长度值和刀具半径值存储在同一栏中，所以它的灵活性受到很大限制。又因为两种不同的偏置对数据进行共享，所以 A 类也称为共享偏置。程序中使用 H 和（或）D 地址，这在后面会有详细介绍。当时装备该类刀具偏置存储器的控制器是最经济的。

② B 类刀具偏置存储器　A 类偏置只有一个屏幕栏，B 类却有两个。但它仍没有将两栏分别用来存储刀具长度值和刀具半径值，而是将其中一栏用来存储几何尺寸偏置，另一栏则存储磨损偏置。因此 B 类仍是刀具长度和刀具半径值共享的偏置，程序中同样使用 H 和（或）D 地址。

③ C 类刀具偏置存储器　C 类偏置组的灵活性最好。它是唯一将刀具长度值和刀具半径值分开存储的类型，同时它也沿袭了 B 类的做法，将几何尺寸偏置和磨损偏置也分开存储，这样它就需要 4 栏（2＋2）。通常，程序使用 H 和（或）D 地址。

从控制器显示屏就可很容易地看出所使用的偏置类型，图 30-13 所示为每种偏置存储器类型的常见外观（显示的值都为 0），不同控制器型号的实际外观可能会有一定的出入。

偏置号	偏置
01	0.0000
02	0.0000
03	0.0000
...	...

A类

偏置号	几何尺寸	磨损
01	0.0000	0.0000
02	0.0000	0.0000
03	0.0000	0.0000
...	...	...

B类

偏置号	H偏置		D偏置	
	几何尺寸	磨损	几何尺寸	磨损
01	0.0000	0.0000	0.0000	0.0000
02	0.0000	0.0000	0.0000	0.0000
03	0.0000	0.0000	0.0000	0.0000
...	...	...	...	...

C类

图 30-13　从上往下依次是 Fanuc 的 A、B 和 C 类刀具偏置存储器类型

（6）编程格式

CNC 程序需提供给控制系统的最少的信息，是偏置指令 G41 或 G42 以及有效的 H 或 D 地址。该指令通常在单根轴运动中使用（如果编程时足够细致，也允许用于多轴运动中）：

G41 X..D.. 或

G42 X..D.. 或

G41 Y..D.. 或

G42 Y..D..

是否包含刀具运动以及一次能使用几根轴也将在本章中介绍。首先来解决使用哪个地址以及何时使用的问题，H 地址或 D 地址？

（7）H 或 D 地址

三类刀具存储偏置的编程方法很可能会有一些出入，从某种程度上说，确实如此。

A 类和 B 类都是共享型的偏置，其中刀具长度偏置值与刀具半径偏置值共用仅有的一个寄存器。

通常 A 类和 B 类只使用 H 地址，也就是说 H 地址跟 G43、G42 以及 G41 指令一起使用。程序中许多刀具并不需要刀具半径偏置，但是所有的刀具都需要刀具长度偏置。

如果某特定刀具同时需要刀具长度偏置号和刀具半径偏置号，那么程序中必须使用相同偏置范围内的两种不同偏置号并将它们存储在控制寄存器中，这也是将它们称为共享偏置的原因。

例如，编程刀具 T05 需要两种偏置，显然不能使用相同的偏置号。解决的方法是将刀具号作为刀具长度偏置号，而把这个号再加上 20、30 或 40 等作为刀具半径偏置号。A 类输入的偏置屏幕与图 30-14 中所示的类似：

B 类偏置有两栏，但仍是共享偏置，其偏置显示屏与 A 类相似，如图 30-15 所示：

偏置号	偏置
...	...
05	−8.6640
...	...
35	0.3750

图 30-14　A 类刀具偏置存储器的
共享偏置寄存器显示屏

偏置号	几何尺寸	磨损
...	...	...
05	−8.6640	0.0000
...	...	...
35	0.3750	0.0000

图 30-15　B 类刀具偏置存储器的
共享偏置寄存器显示屏

C 类偏置有两组栏。由于刀具长度和刀具半径的栏相互分开，所以它们可使用相同的偏置号，这时不再需要 20、30、40 以及此类的增量。这时，刀具长度偏置使用 H 地址，而刀具半径偏置使用 D 地址。图 30-16 所示为对应于 A 类和 B 类的输入：

偏置号	H偏置		D偏置	
	几何尺寸	磨损	几何尺寸	磨损
...	...	...	...	...
...	...	...	...	...
05	−8.6640	0.0000	0.3750	0.0000
...	...	...	...	...

图 30-16 C 类刀具偏置存储器所特有的偏置寄存器显示屏

（8）几何尺寸和磨损偏置

第 19 章中介绍的刀具长度几何偏置和磨损偏置的一般规则也适用于刀具半径偏置。

输入几何尺寸偏置栏中的偏置值应该只包含刀具的名义半径。例如前面例子中使用 $\phi0.75$ 的刀具，它的半径是 0.375，这就是它的名义值，也是输入到几何尺寸偏置栏中的值。磨损偏置栏只在设置或加工中需要时，对名义尺寸进行调整或微调。A 类偏置中没有专门用来微调的栏，它也可进行调整，但只显示最近的变更值，而不能保留刀具名义尺寸。

30.4 刀具半径偏置的应用

到目前为止，实际 CNC 编程中应用刀具半径偏置所需的所有项目都已确定，下面将介绍它的实际应用、CNC 程序中使用偏置的方法以及其正确使用。

能否成功使用刀具半径偏置功能，取决于以下四个关键因素（对所有机床都是如此）：

① 知道如何开始偏置；

② 知道如何改变偏置；

③ 知道如何结束偏置；

④ 知道在开始和结束之间应注意什么。

每一项都很重要，下面依次对它们进行介绍。

（1）启动方法

程序中刀具半径偏置的启动方法要比仅 G41 X..D.. 程序段（或其他相似输入）复杂得多。偏置的启动要遵循两条主要原则以及几个重要的考虑和决定。第一条主要原则很简单，它跟刀具的启动位置有关：

> 通常在远离工件轮廓的安全位置选择刀具起始位置。

第二条主要原则也很简单，它基于对第一条原则的严格遵循：

> 一定要将刀具半径偏置与刀具运动同时使用。

尽管这两条规则很重要，但并不是不可更改的，建议在没有找到更好的方法前遵循这些原则。选择刀具启动位置时还需要考虑以下几个问题：

❑ 预期的刀具直径是多大？

❑ 需要多大的间隙？

❑ 刀具的加工方向如何？

❑ 有没有发生碰撞的危险？

❑ 需要时是否可以使用其他直径的刀具？

❑ 毛坯的切除量是多少？

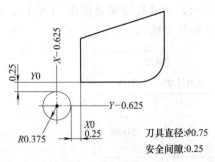

图 30-17 在应用半径偏置前的刀具启动位置

本例中仍使用前面使用的图纸且在轮廓上应用刀具半径偏置，为了使偏置生效，刀具应该远离实际切削区域。这里预期的刀具尺寸为 $\phi 0.75$（$R0.375$），采用顺铣模式且轮廓外的间隙为 0.25，通过这些数字，可以计算出启动位置为 $X-0.625Y-0.625$，图 30-17 所示的启动位置满足上面所有的原则和要求。

当然这并不是唯一适合的位置，但是它跟别的可能性一样理想。注意刀具所在的位置 $X-0.625Y-0.625$ 并没有经过补偿，它是刀心坐标。一旦确定启动位置，便可编写程序开头的几个程序段：

O3001 （图 30-2）
N1 G20
N2 G17 G40 G80
N3 G90 G54 G00 X-0.625 Y-0.625 S920 M03
N4 G43 Z1.0 H01
N5 G01 Z-0.55 F25.0 M08 　　　　（板厚 0.5）
N6...

尽管刀具在间隙中是安全的，但出于安全考虑，还是将程序段 N4 和 N5 中至 Z-0.55 深度（基于 0.5in 的板厚）的刀具趋近运动分为两步。刀具到达指定深度后便可开始对第一个运动编程，加工向工件左侧（顺铣）进行并使用 G41 指令，沿工件左侧移动刀具意味着第一个目标位置是 $X0Y1.125$，因为工件左侧也需要加工，所以不能直接到达该位置，此时刀具首先到达 $X0$ 位置，然后再选择 Y 位置以达到目标点，通常，这可以通过编写一个所谓的导入运动或切入运动来实现。

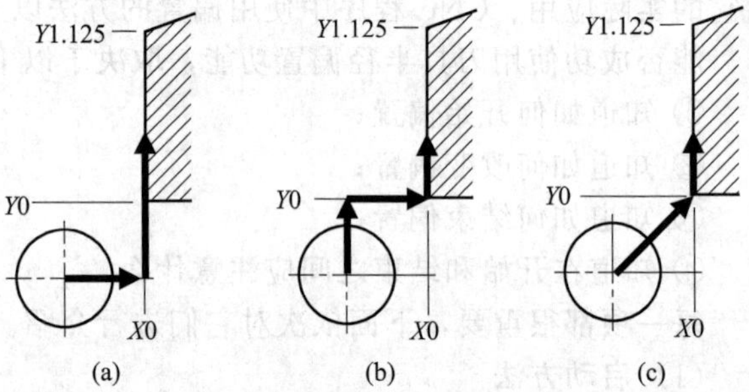

图 30-18 所示为几种可能性，它们都正确而且最终都到达 $X0Y1.125$ 位置，那么哪一种最好呢？

图 30-18 用于激活刀具半径偏置模式的几种导入运动

图 30-18（a）方法比较简单，刀具首先朝 $X0$ 运动，在这个过程中刀具半径偏置开始有效，然后在补偿模式下继续向第一个目标点运动。

以上两个运动在程序中可以这样编写：

N.. G01 G41 X0 D01 F15.0
N.. Y1.125 　　　　（P_2）
N.....

图 30-18（b）方法从技术上说是正确的，但它需要三个运动，其实两个运动已经足够了。最终编程中并不使用这种方法，尽管程序本身是正确的：

N.. G01 G41 Y0 D01 F15.0
N.. X0
N.. Y1.125 　　　　（P_2）

N. . . .

最后一种方法图 30-18（c）也很简单，且只需两个运动：

N. . G01 G41 X0 Y0 D01 F15. 0

N. . Y1. 125　　　　　　　　　　　（P₂）

N. . . . .

所有三种方法中，刀具半径偏置都在尚未接触实际工件轮廓，即在第一个运动中开始有效。由于图 30-18（c）运动的终点在工件上，因此图 30-18（a）是较好的导入编程方法，也可将图 30-18（a）和图 30-18（c）结合，即将 Y 轴目标点定为负值。

一旦偏置生效，便可以沿工件编写轮廓拐点，控制器计算机将始终保持刀具的正确偏置，这时便可将程序 O3001 扩充到点 $P5$ 处：

O3001　　（图 30 -2）

N1 G20

N2 G17 G40 G80

N3 G90 G54 G00 X- 0. 625 Y - 0. 625 S920 M03

N4 G43 Z1. 0 H01

N5 G01 Z - 0. 55 F25. 0 M08　　　　　（板厚 0. 5）

N6 G41 X0 D01 F15. 0　　　　　　　（偏置开始）

N7 Y1. 125　　　　　　　　　　　（P₂）

N8 X2. 25 Y1. 8561　　　　　　　（P₃）

N9 Y0. 625　　　　　　　　　　　（P₄）

N10 G02 X1. 625 Y0 I - 0. 625 J0　　（P₅）

N11 G01 X. .

在程序段 N10 中，刀具已经到达半径 0. 625 的终点，但轮廓操作尚未完成，还需要沿 X 轴方向对底部进行切削，问题是切削长度为多少以及在什么时候取消刀具半径偏置？

这是工件的最后一次切削，所以它应该在偏置仍然有效时进行！刀具可以在 X0 处结束运动，但它并不是一个实用的位置，刀具应该再沿 X 轴移动一小段距离，它可以回到初始位置 $X-0. 625$。尽管它不是唯一的间隙位置，但却是最安全、最可靠和最连贯的位置。程序段 N11 将编写成：

N11 G01 X - 0. 625

此时刀具已经离开了工件轮廓，所以不再需要刀具半径偏置，由后面的程序段将它取消，但先回顾一下它的启动。

本例中刀具半径是已知的，但事实上并不总是如此。程序员需要一把合适的刀具来确定加工中的一些值，实际上除了间隙不同以外，$\phi 0. 750$ 和 $\phi 0. 875$ 的刀具并没有很大区别。半径为 0. 375 的刀具选择 0. 250 的间隙，也就是说程序对于直径 $\leqslant \phi 1. 25$ 的刀具仍适用。这便给 CNC 操作人员带来了便利，唯一的变化就是控制系统偏置寄存器中 D1 的偏置量，当然如果有必要还需要调整速度和进给。稍后便知道应用刀具半径偏置时到底发生了什么。

确定起始位置的一般原则就是选择的间隙要比可能使用的最大刀具的半径还大，如果材料的切削余量较大或刀具大于一般直径时，间隙还应该增加。为了完成以上程序，下面再介绍刀具半径偏置的取消方法。

（2）取消偏置

刀具半径偏置启动时使用导入运动，而取消偏置时则使用导出运动。导出运动的长度（跟导入运动的长度一样）应该比刀具的半径大，至少应该与它相等。导入和导出运动也称为切入和切出运动。

对于任何机床，取消刀具半径偏置最安全的地方是远离刚加工完的轮廓，它通常是安全间隙外的位置，开始位置也可以作为结束位置。图 30-19 所示为上例中的偏置取消，这时便可结束程序 O3001 的编写了：

```
O3001    （图 30-2）
N1 G20
N2 G17 G40 G80
N3 G90 G54 G00 X-0.625 Y-0.625 S920 M03
N4 G43 Z1.0 H01
N5 G01 Z-0.55 F25.0 M08        （板厚 0.5）
N6 G41 X0 D01 F15.0            （偏置开始）
N7 Y1.125                     （P₂）
N8 X2.25 Y1.8561              （P₃）
N9 Y0.625                     （P₄）
N10 G02 X1.625 I-0.625 J0      （P₅）
N11 G01 X-0.625
N12 G00 G40 Y-0.625           （取消偏置）
N13 Z1.0 M09
N14 G28 X-0.625 Y-0.625 Z1.0
N15 M30
%
```

图 30-19　取消刀具半径偏置（程序 O3001）

至此便完成了程序 O3001，它并不需要改变刀具方向——这种改变极其罕见，至少对于使用铣削控制器的轮廓加工是这样。由于将来可能需要改变刀具方向，对它做一些注释可能也比较有用。

（3）改变刀具方向

在常规铣削加工中，很少需要改变刀具偏置方向，即从左到右或从右到左。如果确实有必要，一般的做法是从一种模式转换到另一种模式，不需要使用 G40 指令，铣削中很少采用这种做法，因为从 G41 变为 G42 的同时也会将顺铣改为逆铣，逆铣通常是大家不愿使用的模式。但是这种做法在车床加工中很普遍，稍后会有一些例子。

30.5　刀具半径偏置的工作原理

根据给定的实例来编程确实是一个好的学习方法，研究一些诀窍或实例在很多情形下是很有帮助的，但没有样本、诀窍或实例就不行了。这时，关键的一点就是理解它的原理，比如刀具半径偏置的原理。这里可从启动方法开始，首先看看程序段 N6 中将发生什么？

```
N6 G41 X0 D01 F15.0
```

它并不像看起来那样简单。单从一个程序段（比如 N6）中并不能确切了解所发生的事情，程序员必须了解控制器的运作。计算机不能思考，它只能执行程序指令并严格的遵循这些指令工作。N6 的指令为：移动到 X0，将存储在 D1 中的半径应用到左侧并以 15in/min 的进给率做直线插补运动。这是输入控制系统的程序指令，那么刀具停止在什么位置呢？如图 30-20 所示：

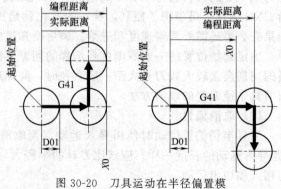

图 30-20　刀具运动在半径偏置模式下模棱两可的启动方式

　　图中有两种可能性而且都正确！两种方法都补偿刀具到 X0 目标位置的左侧。程序段 N6 中所指定的要求都满足了，刀具按照预期的一样，移动到 X0 位置，而且在该运动过程中，使用偏置寄存器 D01 中存储的半径值使偏置在工件轮廓左侧开始生效。好好看看。

　　这种情形并不明确，它有两个可能的结果，但只需要其中一个。到底是哪一个呢？本例中只有左边的正确，在应用刀具半径偏置后，它的下一个动作是沿 Y 轴正方向运动。这就是关键所在！控制器必须知道 G41 或 G42 程序段后的运动方向。以下是两种不同的编程方法：

　　⮂ 例 1：图 30-21（左）

N6 后的目标位置为 Y 轴正方向：

N3 G90 G54 G00 X－0.625 Y－0.625 S920 M03

...

N6 G41 X0 D01 F15.0　　　　　（偏置开始）

N7 Y1.125　　　　　　　　　　（Y 轴正方向运动）

　　⮂ 例 2：图 30-21（右）

N6 后的目标位置为 Y 轴负方向：

N3 G90 G54 G00 X－0.625 Y－0.625 S920 M03

...

N6 G41 X0 D01 F15.0　　　　　（偏置开始）

N7 Y－1.125　　　　　　　　　（Y 轴负方向运动）

　　两种情形下程序段 N6 的实际内容相同，但是 N6 之后的运动不一样，如图 30-21 所示。

　　（1）预览偏置类型

　　程序段 N6 中并不包含正确使用刀具半径偏置所需的足够数据。控制系统始终要知道下一运动的方向。

　　那么控制器怎样实现这种需求呢？它使用具有"预览"功能的 C 类刀具半径偏置，即预览刀具半径偏置。

　　预览功能基于缓存原理。通常，控制处

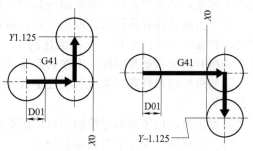

图 30-21　刀具半径偏置中下一刀具运动的重要性左、右图的下一方向分别为 Y 轴的正、负方向

理器一次只执行一个程序段，它绝不会执行缓冲器中的程序段（下一程序段）运动。

　　概括起来，主要有以下几个步骤：

❏ 控制器首先读取包括刀具半径偏置启动的程序段（即 N6）；

❏ 控制器检测到两种可能性，所以暂且不处理这个程序段；

❏ 控制器继续进行处理（即 N7），并决定刀具将向哪一方向运动；

❏ 在读取下一程序段时没有任何运动，控制器只记录朝目标点的方向，并在启动程序段（本例中为 N6）中将半径偏置应用到工件轮廓正确的一侧。

　　预览型刀具半径偏置在软件领域内是比较先进的，它使得日常的轮廓加工编程异常简单。正如所期望的一样，对于某些情形必须要有清楚的认识。

　　（2）预览刀具半径偏置的规则

　　看看下面节选的程序，它与前面的任何程序都无关：

　　⮂ 例 1：一个没有运动的程序段

N17 G90 G54 G00 X－0.75 Y－0.75 S800 M03

```
...
N20 G41 X0 D01 F17.0              （偏置开始）
N21 M08                          （没有运动的程序段）
N22 Y2.5                         （运动程序段）
...
```

程序结构有什么不同呢？忽略程序段 N21 中冷却液开功能的原因。如果有充足的理由，它便是正确的，控制系统预览程序段 N21 以找出下一刀具的运动方向，但事实上它没有任何轴的运动。再看看下一个例子，同样它也是一个新的例子。

⮞ 例 2：两个没有运动的程序段

```
N17 G90 G54 G00 X-0.75 Y-0.75 S800 M03
...
N20 G41 X0 D01 F17.0              （偏置开始）
N21 M08                          （没有运动的程序段）
N22 G04 P1000                    （没有运动的程序段）
N23 Y2.5                         （运动程序段）
...
```

这个例子看起来可能有点不舒服，但是它并没有错，本例中在刀具半径偏置后跟有两个不包括任何运动的程序段。

如果不使用刀具偏置，那么这两个程序都没有问题，使用偏置时，这样的程序结构就可能产生问题，具有"预览"功能的控制器只能预览有限的几个程序段。

对于大都属具有预览功能的控制器，通常能确保预览（缓存）一个程序段，也有些控制器可以预览两个或两个以上（甚至达到 1000 个）的程序段，这都取决于实际控制器功能，并不是所有的控制器都一样。下面有几条基本的建议：

❑ 如果控制器具有预览刀具半径偏置功能，但并不清楚可以提前处理的程序段数目，最好假定为一个；

❑ 使用测试程序来确定控制器可以预览的程序段数；

❑ 一旦程序中编写了刀具半径偏置，应尽量避免没有运动的程序段，如果有必要，可以重新构造程序结构。

控制器迫使程序输入遵循软件中嵌入的规则，因此首先应该以正确的形式进行输入。

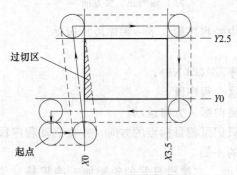

图 30-22　由错误的程序结构导致的
刀具路径错误（程序 O3002）

如果刀具半径偏置编程出现错误，会产生什么样的结果呢？可能会使工件报废。如果控制器不能计算偏置的刀具位置，也就相当于根本没有使用偏置，这样一来，初始运动中刀心到达 X0 点，当必要的信息传递到控制器中时开始应用偏置，但这时已经太晚了，刀具已经进入工件。这种情形下最可能的结果就是报废工件，如图 30-22 所示：

程序 O3002 中两个没有运动的程序段导致了该错误。没有运动的程序段 N7 和 N8 在刀具半径偏置应用之后，如果控制系统只能预览一个程序段，程序就会出错，错误的刀具路径如上图所示（严重过切）。

```
O3002（程序中半径偏置错误）
N1 G20
```

```
N2 G17 G40 G80
N3 G90 G54 G00 X-0.5 Y-0.5 S1100 M03
N4 G43 Z1.0 H01
N5 G01 Z-0.55 F20.0          （板厚为 0.5）
N6 G41 X0 D01 F12.0          （偏置开始）
N7 M08                       （没有运动的程序段）
N8 G04 P1000                 （没有运动的程序段）
N9 Y2.5                      （运动程序段）
N10 X3.5                     （运动程序段）
N11 Y0                       （运动程序段）
N12 G01 X-0.5                （运动程序段）
N13 G00 G40 Y-0.5            （取消偏置）
N14 Z1.0 M09
N15 G28 X-0.5 Y-0.5 Z1.0
N16 M30
%
```

只能预览一个或两个程序段的控制器不能正确处理程序 O3002，偏置有效时下一运动出现在第三个程序段中。因此在刀具半径偏置模式下，为了避免错误的刀具运动，应该避免使用超过一个没有运动的程序段的程序结构。

（3）刀具半径

每把铣刀都有直径，直径的一半是半径。新刀具的半径通常已知并足够精确，半径的精度取决于刀具质量和在机床主轴上的安装方法。0.025～0.05mm（0.001～0.002in）的误差对于粗加工来说并不是问题，但精加工需要更高的精度，此外还需要一种方法来修正刀具的磨损以及小偏角，这些都通过 D 偏置号来解决，它指向控制寄存器中存储的实际半径值。

一条简单的基本规则应该可保证刀具半径偏置不出错：

> 刀具半径应该小于编程的刀具行程长度。

例如程序 O3001 中，刀具的起始位置是 $X-0.625$，目标位置是 $X0$，也就是说编程刀具行程长度为 0.625，而刀具半径选为 0.375，即小于 0.625，所以它遵循了以上规则。这里还有其他两种可能：

❑ 第一种可能是刀具半径与编程刀具行程长度正好相等，它使得起点位置等于刀具半径；

❑ 第二种可能是刀具半径大于编程刀具行程长度，它使得起点位置小于刀具半径。

图 30-23 中所示为半径与编程刀具行程长度相等时刀具的起点位置，这种情形是允许的，但不推荐使用，原因是它限制了加工过程中实际刀具半径的调整范围。

下面例子所示为沿 X 轴方向 0.375 的行程长度。如果 D01 值小于 0.375，即使它与最小运动量（0.001mm 或 0.0001in）相等，刀具也将向 $X0$ 位置运动；如果 D01 中的数值等于 0.375，那么编程长度和实际长度的差为 0，即刀具在 X 轴方向没有运动。这种情形下，半径偏置不是在运动过程中生效，程序继续执行后一程序段中到目标位置 $Y1.125$ 的运动。

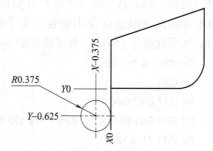

图 30-23　起始位置等于刀具半径

⋯⋯

N3 G90 G00 G54 X - 0. 375 Y - 0. 625 S920 M03

...

N6 G41 X0 D01 F15. 0　　　　　　　　（偏置开始）

N7 Y1. 125　　　　　　　　　　　　　（P₂）

应尽量避免偏置有效时出现零刀具长度，尽管它在逻辑上是正确的，但是灵活性很差，并且有可能在以后产生比较严重的问题。例如，如果将 D01 设置从 0.375 改为 0.376，刀具半径偏置将无效——不能在小区域内容纳大的刀具半径。

图 30-24 所示的起始位置上，刀具有一部分在目标位置的另一侧，这种情形是不允许的，控制系统将发出警告——"刀具半径干涉"警告或"CRC 干涉"信息，即♯041 警告。

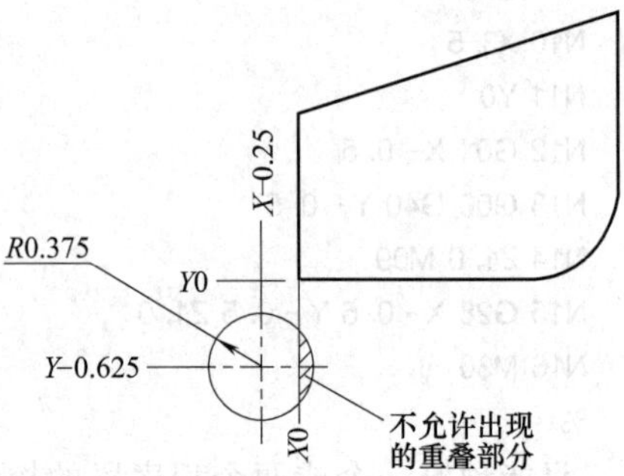

下面的程序与前一个例子相似，只是如果 D1 寄存器中存储的刀具半径值为 0.3750，X 轴起始位置就会太靠近目标位置：

N3 G90 G54 G00 X - 0. 25 Y - 0. 625 S920 M03

...

N6 G41 X0 D01 F15. 0　　　　　　　　（偏置开始）

N7 Y1. 125　　　　　　　　　　　　　（P₂）

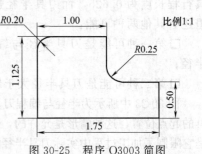

图 30-24　刀具起始位置小于刀具半径

这将出现什么情形呢？通常控制器会计算编程行程长度 0.25 与刀具半径 0.375 之间的差值，然后它检测到下一运动沿 Y 轴正方向进行，又因为刀具位于预期运动的左侧，所以刀具需要向 X 轴相对的方向（负方向）移动 0.125！该运动看起来没什么问题，因为有足够的间隙，但实际上却存在问题，因为控制器并不能辨别是否会有足够的空间！程序员知道，但控制器不知道。软件设计工程师采取了大量的措施，目前为止，已经可以确保安全。工程师让控制系统拒绝此种可能性并发出警告，不同的控制系统中，将出现"刀具半径补偿 C 中将发生过切"或"CRC 干涉"或类似的警告，这种警告在 Fanuc 控制系统中的编号为♯041。许多程序员，尤其是有很长工作经历的程序员，肯定多次遇到过这种警告，如果没遇到，只能说明他们非常幸运，或者他们根本没在程序中使用过刀具半径偏置。

无论何时出现刀具半径干涉警告，必须检查附近的程序段，而不应该只检查控制器停止执行的程序段。

下一节中将会看到在刀具运动过程中发生刀具半径干涉，而不仅仅是在刀具半径偏置开始或结束时。

（4）半径偏置干涉

上面的例子中只介绍了出现刀具半径偏置报警时的一种可能性，当刀具半径（存储为 D 偏置值）尝试进入一个比它小的区域时也会发出警告。为了增进对该问题的理解，可研究程序 O3003，其工件如图 30-25 所示。

图 30-25　程序 O3003 简图

O3003（图 30-25）

N1 G20

N2 G17 G40 G80

N3 G90 G54 G00 X - 0. 625 Y - 0. 625 S920 M03

N4 G43 Z1. 0 H01

N5 G01 Z - 0. 55 F25. 0 M08　　　　　（板厚 0.5）

N6 G41 X0 D01 F15. 0　　　　　　　　（偏置开始）

```
N7 Y0. 925
N8 G02 X0. 2 Y1. 125 I0. 2 J0                  （R0. 2）
N9 G01 X1. 0
N10 Y0. 75
N11 G03 X1. 25 Y0. 5 I0. 25 J0                 （R0. 25）
N12 G01 X1. 75
N13 Y0
N14 X- 0. 625
N15 G00 G40 Y- 0. 625                          （取消偏置）
N16 Z1. 0 M09
N17 G28 X- 0. 625 Y- 0. 625 Z1. 0
N18 M30
%
```

该程序很简单，它是正确的，而且遵循了目前为止介绍的所有规则。一个重要因素是刀具直径选择，但更重要的是控制器偏置寄存器中 D 地址的实际偏置值设置。本例中仍然使用 ϕ0. 750 立铣刀，控制器中存储的 D01 值为 0. 3750，下面看看将发生什么。

控制单元处理程序中的信息以及偏置值，以确定刀具的运动，然后随着刀具在工件上的移动继续执行程序段，执行到程序段 N7 时会突然发出 041 号警告：刀具半径干涉问题。

到底发生了什么？程序本身并没有错误，大多数 CNC 操作人员都会检查程序，经过仔细的检查，如果程序没有问题，那么原因肯定存在于程序以外。当发现程序一切正常时，千万不要再浪费时间去抱怨计算机，首先检查 D01 中的偏置输入，0. 375 就存储在那里。然后检查刀具，如果安装在主轴上的刀具也正常的话，就可继续检查零件图，如果它仍然正确，那么一切看起来好像都对了，但是屏幕上还是有半径偏置警告。这时便可进行以下几个步骤。

通常要考虑以下几组关系：

❑ 图纸尺寸与程序输入；

❑ 程序输入与偏置量；

❑ 偏置量与图纸尺寸。

这样一种循环可能需要一段时间来习惯，同时它也需要一定的经验。在程序 O3003 中，便是存储的偏置量与图纸尺寸之间的关系出了问题。

仔细研究图纸，它里面有一个半径为 0. 25 的内圆拐角，而偏置设为刀具半径 0. 375，这一存储的较大半径显然不适合 0. 250 的工件半径，所以发出警报。

由于图纸尺寸无法改变，所以只能使用直径小于 0. 500in 的刀具。总的来说，就是因为选择了过大的刀具（ϕ0. 75）。图中半径 0. 200 的圆弧没有问题，因为外圆可使用任意直径的刀具。

Fanuc 控制器（以及类似控制器型号）不允许在 C 类刀具半径偏置中发生刮削。该功能是内置式的，如果没有该保护措施，也没有机会见证实际发生的事情。没有人愿意发生工件过切，图 30-26 所示就是其效果，实际上，在早期的 A 类和 B 类刀具半径偏置中，实际刮削（没有预兆）确实是个问题。

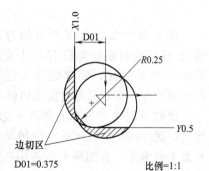

图 30-26　刀具半径偏置模式下的过切（刮削）效果 C 类刀具半径偏置（预览型）不允许过切

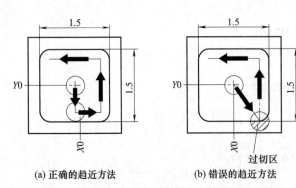

(a) 正确的趋近方法　　　(b) 错误的趋近方法

图 30-27　在刀具半径偏置模式下，同时使用两根轴
导入时可能出现的问题（内部切削）

（5）单轴与多轴启动

刀具半径偏置启动过程中，尤其是沿两根轴而不是建议使用的一根轴编写启动运动时，还可能会出现另外一个问题，前面介绍过在外圆切削时并没有问题，那么在内圆切削呢？

考虑图 30-27 中所示的两种导入运动，它们使用 G41 指令趋近内部轮廓，其中一种是推荐使用的沿单根轴导入，另一种方法是沿两根轴的导入运动。

◯ 正确的方法：单轴运动

左半图所示为正确的编程方法，它包括下面的程序段：

N1 G20　　（使用单轴的正确方法）

N2 G17 G40 G80

N3 G90 G54 G00 X0 Y0 S1200 M03

N4 G43 Z0. 1 H01 M08

N5 G01 Z - 0. 25 F6. 0　　　　　　　　（型腔深度为 0.25）

N6 G41 Y - 0. 75 D01 F10. 0　　　　　　（偏置开始）

N7 X0. 75

N8 Y0. 75

...

由于工件拐角半径就是刀具半径，因此不需要担心内圆半径。不需要考虑存储在偏置寄存器 D01 中的偏置值。

◯ 错误的方法：多轴运动

右半图所示为错误的编程方法，它包括以下程序段：

N1 G20　　（使用两轴的错误方法）

N2 G17 G40 G80

N3 G90 G54 G00 X0 Y0 S1200 M03

N4 G43 Z0. 1 H01 M08

N5 G01 Z - 0. 25 F6. 0　　　　　　　　（型腔深度为 0.25）

N6 G41 X0. 75 Y - 0. 75 D01 F10. 0　　　（偏置开始）

N7 Y0. 75

...

这里为什么会出现严重的过切（刮削）？任何控制系统都没有办法检测型腔 Y-0.75 处的底面，偏置的导入运动与外圆切削完全一样，只是它使用内侧尺寸。

比较图 30-2 中所示的两种可能的导入运动，图 30-28 左侧所示为使用单轴运动开始半径偏置，右侧所示为使用两轴运动开始半径偏置。

以下是两种方法前面的几个正确程序段：

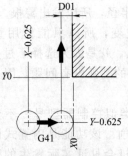
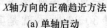
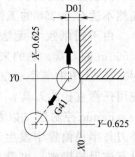

X轴方向的正确趋近方法　　　XY轴方向的正确趋近方法

(a) 单轴启动　　　　　　　　(b) 双轴启动

图 30-28　外圆切削的刀具半径偏置启动：
左侧为单轴导入，右侧为双轴导入

⊃ 正确的方法：单轴运动

N1 G20　　（使用单轴的正确方法）

N2 G17 G40 G80

N3 G90 G54 G00 X－0.625 Y－0.625 S920 M03

...

N6 G41 X0 D01 F15.0　　　　　　（偏置开始）

N7 Y1.125　　　　　　　　　　（P_2）

...

⊃ 正确的方法：多轴运动

N1 G20　　（使用双轴的正确方法）

N2 G17 G40 G80

N3 G90 G54 G00 X－0.625 Y－0.625 S920 M03

...

N6 G41 X0 Y0 D01 F15.0　　　　　（偏置开始）

N7 Y1.125　　　　　　　　　　（P_2）

...

　　如果刀具半径偏置用在外部轮廓中，列出的两个程序都是正确的，因为它们看起来与工件的任何部分都没有干涉。实际上在内圆铣削实例中会有一些干涉，唯一不同的是这种"干涉"没有什么后果，它发生在空中——XY 运动中位于 $Y0$ 下方。

　　任何参考书中都有一个解决不了的问题，不管它有多么全面，本手册中包含的主题和实例只是为了帮助读者更好地理解其中的内容。随着经验的累积，理解也会更加深入和容易。

　　在继续其他内容之前，先对刀具半径偏置功能的常用规则做一简要回顾。

30.6　基本规则回顾

　　只有在完全理解相关内容后，提示和规则才比较重要，也只有到那时，简要的回顾和补充才有作用。刀具半径编程并不难，下面的大多数条目应用于铣削和车削，一些专用于铣削。

　　⊃ 只用于铣削：

　　❑ 在 G40 模式（刀具半径偏置取消）下进给到 Z 轴方向的铣削深度；

　　❑ 不要忘记在程序中使用偏置号 D..，这样的小错误可能会付出惨重的代价；

　　❑ 在取消刀具半径偏置后再从 Z 深度退刀（只沿 Z 轴方向运动）；

　　❑ 确保刀具半径偏置对应于所选加工平面（参见第 31 章）。

　　⊃ 铣削和车削：

　　❑ 千万不要在圆弧切削模式（G02 或 G03 有效时）下开始或取消半径偏置。如果需要，可以在半径偏置启动和取消程序段之间正常使用圆弧切削指令；

　　❑ 确保刀具半径小于工件轮廓中最小的内半径；

　　❑ 在取消模式 G40 下将刀具移至安全位置，通常要考虑刀具半径以及合理的安全间隙；

　　❑ 将刀具半径偏置与 G41 或 G42 指令一起使用，且使用快速运动或直线插补到达第一个轮廓元素（G00 或 G01 有效）；

　　❑ 从启动位置使用单轴趋近运动；

　　❑ 沿两根轴应用半径偏置时，一定要清楚刀具指令点的确切位置；

　　❑ 在补偿（G41 或 G42 有效）模式下，应该注意不包含轴运动的程序段，如果可能，则应该尽量避免使用没有 X、Y 和 Z 的程序段；

□ 在快速或直线运动（G00/G01）过程中，使用 G40 指令取消刀具半径偏置，最好使用单轴运动；

□ G28/G30 机床原点返回指令不能取消半径偏置（但可以取消长度偏置）；

□ 可以通过 MDI 手动输入 G40 指令取消刀具半径偏置（通常作为暂时或紧急的手段）。没有专门的车削需求。在本章末尾，将单独介绍车床的刀具半径偏置。

30.7　铣削实例

以下比较全面的实例，意在相对完整地介绍刀具半径偏置的编程和加工实际应用，它涵盖了加工过程中所有可能出现的情形，并给出了怎样保证所需工件尺寸的解决方法。关于尺寸，首先必须彻底理解工件编程尺寸和测量尺寸之间的差异。

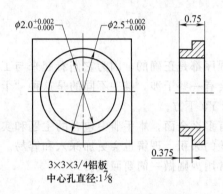

图 30-29　刀具半径偏置应用实例简图（外圆和内圆）

（1）工件尺寸公差

工件在 CNC 机床上完成加工后（有时甚至在此之前）需要通过一些检测，也就是说工件尺寸应该满足所有的图纸说明。其中一项就是保持图纸中直接给出或间接表示的尺寸公差，间接表示的公差通常是根据尺寸所使用的小数位数确定的公司内部标准（这种方法用得越来越少了）。

下面的例子中密切关注刀具半径偏置对 XY 平面内工件尺寸的影响（顶视图），基于此，下面以一个简单的应用为例，它具有最简单的刀具路径，但不一定是最好的加工方法，如图 30-29 所示。

这里只关注图纸中所指定的两个直径（外圆直径 $\phi2.5$ 和内圆直径 $\phi2.0$）的尺寸公差＋0.002/−0.000，注意图中两个直径的公差范围相同，这一点在后面非常重要。

（2）工件的测量尺寸

经验丰富的机械师都知道工件的测量尺寸与很多因素有关，除人为因素外，还有安装刚度、切削宽度和深度、使用的材料、切削方向、刀具的选择以及它的确切尺寸和质量等。

检查工件时，得到的尺寸只有以下三种可能结果：

□ 尺寸正好合适　　　　　　　…在指定的公差范围内；

□ 尺寸过大　　　　　　　　　…内圆加工则为废品；

□ 尺寸过小　　　　　　　　　…外圆加工则为废品。

不管是内圆加工还是外圆加工，第一种结果是最理想的，如果测量的尺寸正好合适，也就是在指定公差范围内，则工件是合格的。而第二种（尺寸过大）和第三种（尺寸过小）结果则需要一起考虑了——工件有缺陷。

两种情形下的测量尺寸都不在指定范围内，这时必须考虑以下两个方面：

□ 外圆切削方法　　　　　　　…称为外圆或 OD；

□ 内圆切削方法　　　　　　　…称为内圆或 ID。

由于切削刀具从不同的方向趋近加工轮廓，所以尺寸过大和尺寸过小通常与加工类型有关，下表所示为最可能得到的结果：

状态	外圆加工	内圆加工
尺寸过大	可以重切	可能报废
尺寸恰好	不需要采取措施	不需要采取措施
尺寸过小	可能报废	可以重切

从上述表格明显可以看出，如果测量尺寸在公差范围内，则不需要采取任何措施，不管它是外圆加工或内圆加工。对于尺寸过大或尺寸过小，则可能采取重切，也可能使工件报废。

外圆加工：

外圆加工工件（本例中为 $\phi2.500$in 外圆）的测量尺寸如果大于公差允许范围，则可以进行重切，如果小于它，则工件可能报废。

内圆加工：

内圆加工工件（本例中为 $\phi2.000$in 内圆）的测量尺寸如果小于公差允许范围，则可以进行重切，如果大于它，则工件可能报废。

（3）偏置编程

刀具半径偏置最引人注目的功能是可以通过偏置寄存器功能 D 在机床上改变刀具实际尺寸。以下程序实例中只使用一把刀具（$\phi0.750$in 立铣刀），并且每一轮廓（外圆和内圆）只需一次切削，程序中的 $X0Y0Z0$ 点为工件上表面的圆心：

O3004（T01-$\phi0.75$ 精加工立铣刀）
（****第 1 部分-$\phi2.5$ 外圆加工****）

N1 G20
N2 G17 G40 G80
N3 G90 G54 G00 X0 Y2.5 S600 M03　　　（起始位置）
N4 G43 Z0.1 H01 M08　　　（间隙+刀具长度）
N5 G01 Z-0.375 F20.0　　　（$\phi2.5$ 对应的深度）
N6 G41 Y1.25 D01 F10.0　　　（导入运动）
N7 G02 J-1.25　　　（外圆加工）
N8 G01 G40 Y2.5　　　（退刀运动）
N9 G00 Z0.1　　　（工件上方的安全间隙）

（****第 2 部分-$\phi2.0$ 内圆加工****）
N10 Y0　　　（起始位置为 X0Y0）
N11 G01 Z-0.8 F20.0　　　（$\phi2.0$ 对应的深度）
N12 G41 Y1.0 D11 F8.0　　　（导入运动）
N13 G03 J-1.0　　　（内圆加工）
N14 G01 G40 Y0　　　（退刀运动）
N15 G00 Z0.1 M09　　　（工件上方的安全间隙）
N16 G28 Z0.1 M05　　　（Z 轴机床原点）
N17 M01　　　（可选择暂停）
...

图 30-30 所示为程序第一部分（$\phi2.500$in 的外圆直径）的刀具路径，图 30-31 所示则为程序第二部分（$\phi2.000$in 的内圆直径）的刀具路径。

作为 CNC 编程的惯例（也是程序 O3004 中使用的），刀具路径使用图纸尺寸，其他位置则由程序员定义，这是 CNC 程序开发中标准也是最方便的方法。这样的程序容易被机床操作人员理解，图纸尺寸的查找很方便并且在需要的时候可以进行修改，也就是说，CNC

程序员可以忽略刀具半径并将它看成是一个点（零直径）来进行编程。

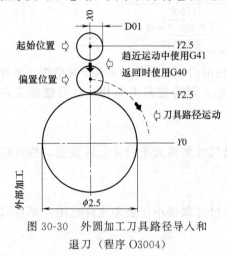

图 30-30　外圆加工刀具路径导入和
退刀（程序 O3004）

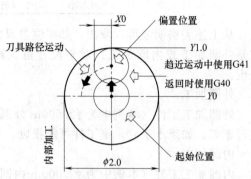

图 30-31　内圆加工刀具路径导入和
退刀（程序 O3004）

（4）D 偏置值的常见设置

实际上除了某些雕刻工作外，加工中通常并不使用零直径的刀具，大多数刀具都有一定大小的直径而且通常要考虑它们的实际直径，如果程序中未加考虑，则在机床上一定要考虑。

CNC 系统中关键的一点是根据刀具的半径而不是直径来计算偏置值，也就是说程序员使用 D 地址来表示刀具半径偏置。在机床上，编程偏置 D01 应用于寄存在 1 号偏置中的半径，D02 应用于寄存在 2 号偏置中的半径，依此类推。那么这些寄存器中的实际值是什么呢？

由于程序中任何部分都没有包含刀具半径，所有偏置寄存器 D 必须包含刀具半径的实际值。这里要注意，有些机床的参数也可以设置为使用刀具直径，尽管内圆计算仍使用半径值。

那么程序 O3004 中 D01 存储的值是多少呢？这里使用 $\phi 0.750$ 的立铣刀，所以 D01 应该设为 0.375，这在理论上是正确的，但是刀具压力、材料阻力、刀具偏斜、刀具的实际尺寸、刀具公差及其他因素都会影响最终的工件尺寸。结论是只有在理想情形下，D01 中的寄存值才可能为 0.375。

事实上理想的情形极其罕见，影响加工的因素同样也会对工件尺寸产生重大影响。很容易可以知道，不在公差范围内的测量尺寸要么过大，要么过小，而且外圆和内圆加工的偏置调整方法也有区别。

不管使用何种加工方法，任何控制系统中的刀具半径偏置调整有一个主要的原则，该原则有两个同等重要的部分：

刀具半径偏置的正增量使刀具移离加工轮廓。

刀具半径偏置的负增量使刀具移近加工轮廓。

增量表示改变或更新（但并不替代）当前的半径偏置值，"移离"和"移近"工件的概念指 CNC 操作人员可以看见的刀具运动，根据这两条规则，工件的测量尺寸可以通过在控制器中调整刀具半径偏置值（D 地址）来控制。适用于外圆和内圆调整的最有用的原则也包括两个同等重要的部分：

使用较大的 D 偏置值会增大测量尺寸。

> 使用较小的 D 偏置值会减小测量尺寸。

　　如果程序包括刀具半径偏置指令 G41 或 G42 和 D 地址偏置号，有经验的 CNC 操作人员可以通过使用专用的 G40 偏置取消指令在机床上改变偏置设置。

　　研究每种切削方法（外圆或内圆）刀具运动过程中实际进行的操作，可能在实际工作中会有更多的选择。两种情形下，刀具从安全间隙中的起始位置开始，移动到所加工轮廓上的目标位置，这是应用刀具半径偏置的过程，所以这一运动很关键，事实上它影响工件的最终测量尺寸。可以分别考虑两种方法。

　　(5) 偏置调整

　　在考虑特殊的细节前，首先思考一下偏置值是如何改变的。工件尺寸需要调整时，通过增量改变偏置值是一个较好的方法，该方法使用 Fanuc 系统的面板上"加输入"（＋IN-PUT）键从当前偏置值中加上或减去一个数，或者在磨损偏置屏幕栏中存储调整量。千万不能改变程序中的数据！

　　(6) 外圆加工偏置

　　考虑外圆 $\phi2.5$ 的公差范围，该直径的公差是＋00.002/－0.0，所以 2.500～2.502 之间的任何尺寸都是正确的。小于 2.5 的尺寸则是过小尺寸，大于 2.502 的尺寸则为过大尺寸。

　　外圆加工的测量尺寸有三种可能的结果。下面所有例子都基于期望得到的中间尺寸 2.501，且 D01 中存储的值为 0.375，即 $\phi0.750$ 铣刀的半径。

　　◔ 外圆测量尺寸—例 1：

　　测量尺寸为 2.5010，D01＝0.3750

　　这是理想的结果且不需要偏置调整，刀具切削刃正好跟预期的加工表面接触，一切工作正常且偏置设置非常精确，这里只需要标准的监测。但是这种情形非常罕见，实际上它在使用新刀、刚性安装和一般公差时比较常见。

　　◔ 外圆测量尺寸—例 2：

　　测量尺寸为 2.5060，D01＝0.3750

　　这一测量直径过大，超出公差范围 0.005，刀具切削刃并没有接触轮廓，所以应该将它移近工件。刀具半径偏置值要减小 0.005 的一半，偏置 D01 的调整增量为 0.0025，所以 D01 中的值应为 0.3725。

　　◔ 外圆测量尺寸—例 3：

　　测量尺寸为 2.4930，D01＝0.3750

　　这个测量直径过小，低于公差范围 0.008，刀具切削刃达到编程加工表面的下方，所以必须移离工件。刀具半径偏置值要增加 0.008 的一半，因为测量尺寸是直径（宽度），而偏置值则为半径，所以 D01 偏置的增量为 0.004，最后得到的 D01 为 0.3790。

　　(7) 内圆加工的偏置

　　现在来看看内圆直径 2.0in 的公差范围。该直径的公差范围是＋0.002/－0.000，所以 2.000～2.002 之间的任何尺寸都是正确的。小于 2.000 的尺寸则是过小尺寸，大于 2.002 的尺寸则为过大尺寸。

　　内圆加工的测量尺寸有三种可能的结果。下面所有例子都基于期望得到的中间尺寸 2.001，且 D11 中存储的值为 0.375，即 $\phi0.750$ 铣刀的半径。

　　◔ 内圆测量尺寸—例 4：

　　测量尺寸为 2.0010，D11＝0.3750

　　这是理想的结果且不需要偏置调整，刀具切削刃正好跟期望的加工表面接触，一切工作正常且偏置设置非常精确，这里只需要标准的监测。

➲ 内圆测量尺寸—例 5：

测量尺寸为 2.0060，D11＝0.3750

这一测量直径过大，超出公差范围 0.005，刀具切削刃达到编程加工表面的下方，所以必须移离。刀具半径偏置值要增加 0.005 的一半，过大尺寸为直径（或宽度），但是偏置量作为半径输入，所以 D11 偏置的增量为 0.0025，最后得到的 D11 为 0.3775。

➲ 内圆测量尺寸—例 6：

测量尺寸为 1.9930，D11＝0.3750

这个测量直径过小，低于公差范围 0.008，刀具切削刃并没有接触轮廓，所以应该将它移近工件。刀具半径偏置值要减小 0.005 的一半，因为测量尺寸是直径值，而偏置值为半径（宽度），所以 D01 偏置的增量为 0.004，最后得到的 D11 为 0.3710。

(8) 一个偏置还是多个偏置？

程序 O3004 中外圆直径使用 D01，内圆直径使用 D11。这里只使用一把刀具且目标是得到中间的公差，即外圆直径为 2.501，内圆直径为 2.001，此时程序需要使用两个偏置。

注意最后几个例子彼此独立，并没有共同的关联。程序 O3004 中的两个直径之间有一个共同点，就是它们都使用 ϕ0.750 立铣刀。

假如只使用一个偏置，例如 D01＝0.375。刚开始测量时，外圆直径为 2.501，随着加工的继续进行，再次测量时 2.000in 的直径已经不是所预期的 2.001 了，而只有 1.999，即比预期的直径小了 0.002。这是因为两个直径的公差相同都是＋0.002/－0.000，但结果却并不相同，对于外圆直径，＋0.002 意味着尺寸过大但可以进行重切，而对于内圆直径，＋0.002 则意味着工件的报废。由于只使用一个偏置无法调整两个直径使之达到中间的公差，因此需要使用两个偏置，如果外圆直径的 D01＝0.375 正好合适，那么内圆直径的 D11 应该设为 0.373。

> CNC 操作人员应该清楚程序中使用的偏置以及存储的偏置值，尤其是刀具使用一个以上偏置时。

程序员应该在设置清单或加工卡片上列出程序中使用的偏置以及建议使用的初始值。

(9) 防止工件报废

确定初始偏置值时可使用一些创造性的技巧，其目的是避免工件报废，一个好的操作人员可以避免由错误的偏置导致的工件报废，至少在一定程度上是这样的。这里的关键是建立一些临时的偏置设置，目的是让外圆直径过大而内圆直径过小，然后再进行测量和调整，最后重新切削得到正确尺寸。

不论外圆加工还是内圆加工，即使最好的设置也不能确保工件尺寸在公差范围内。因此在加工外部轮廓时，可以在可控方式下使切削的直径比预期的稍大，这样就可避免尺寸过小。

而在加工内圆轮廓时，可以在可控方式下使切削的直径比预期的稍小，这样就可避免尺寸过大。两种方法都有一定的优点，但也有一些缺点。

在前面的几个例子中，通过正的增量使刀具移离外圆加工表面，该增量应该大于刀具半径的预期误差，同时也要适合重切。

两种情形下，试切以后测量直径并调整偏置，调整的量为测量直径与期望直径（宽度）差的一半，如果只切削一边，则不需将该差值分成两半。

(10) 程序数据—名义值或中间值

程序中反映实际尺寸的许多坐标位置直接从图纸中得到，问题是如果图纸尺寸指定公差范围怎么办？通常 CNC 程序员有两种选择，一种是使用公差范围的中间值，另一种便是使用名义尺寸而不忽略公差。两种方法都有各自的好处，本手册中优先选择名义尺寸编程而通过在机床上正确使用偏置来控制公差。主要有两方面原因：首先使用名义尺寸的程序易读；其次图纸改变时对名义尺寸的影响比对公差的影响要小。

30.8　刀尖圆弧半径偏置

迄今为止，前面介绍的所有原理和规则同样适用于车床成型刀具的半径偏置，其中也有一些由刀具形状所致的区别。

铣削中的切刀都是圆的，刀具的圆周就是切削刃且半径为名义偏置值。而车刀的设计与之不同，最常见的是多面硬质合金镶刀片，镶刀片有一个或多个切削刃，出于强度和使用寿命考虑，切削刃的圆弧半径相对较小，车刀或镗刀的常见半径为：

0.40mm（公制）　或　1/64＝0.0156（英制）

0.80mm（公制）　或　1/32＝0.0313（英制）

1.20mm（公制）　或　3/64＝0.0469（英制）

由于刀具切削刃也称为刀尖，所以刀尖圆弧半径偏置这个术语便变得流行起来。

（1）刀尖

刀尖通常是刀具的拐角，两个切削刃便形成一个刀尖，图 30-32 所示为车刀和镗刀的常见刀尖。

车削中的刀尖参考点通常称为指令点或虚构点，后来甚至称为虚点。它是沿工件轮廓移动的点，因为它直接与工件的 $X0Z0$ 点相关。

（2）半径偏置指令

CNC 车床上轮廓加工中使用的刀具半径相关准备功能，与铣削操作完全一样，如图 30-33 所示：

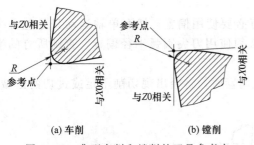

(a) 车削　　　　　(b) 镗削

图 30-32　典型车削和镗削的刀具参考点

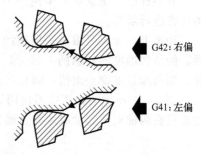

图 30-33　外圆（G42）和内圆（G41）
中应用的刀尖圆弧半径偏置

G41	刀尖半径左偏置
G42	刀尖半径右偏置
G40	刀尖圆弧半径偏置取消

有一个主要区别——车床上 G 代码并不使用 D 地址，所以实际偏置值存储在几何尺寸/磨损偏置中。车刀具有不同的切削刃，否则它们与铣刀相似。

（3）刀尖定位

表示立铣刀的圆心必须与工件的轮廓等距，距离为其半径。铣刀的切削刃是半径的一部分，但是车刀并不如此，它们的切削刃独立于半径。刀尖半径的中心与工件轮廓也等距，而且切削刃的定位不断改变，甚至同一个镶刀片中的切削刃也是这样。这里引入一个指向半径中心的向量，称为刀具定位向量，其编号可以随意确定，控制系统使用这一编号确定刀尖半径的中心及其定位，图 30-34 所示为两把刀具以及它们的刀尖定位：

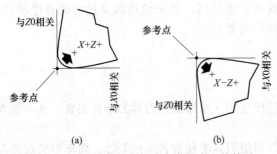

图 30-34　刀具参考点与刀尖半径中心的关系

刀尖定位根据随意原则在准备过程中输入。Fanuc 控制器中每一个刀尖都需要一个固定的编号，这一编号必须在控制器偏置屏幕上输入到 T 目录下，同时还要输入刀尖半径值 R。如果刀尖为 0 或 9，控制器将对中心进行补偿。图 30-35 和图 30-36 所示为 CNC 车床的标准刀尖编号，原点上方为 X 轴正方向，右方为 Z 轴正方向。

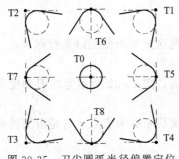

图 30-35　刀尖圆弧半径偏置定位所用的任意刀尖编号

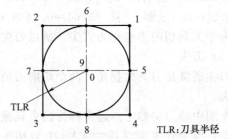

图 30-36　Fanuc 控制器刀尖编号示意图

（4）刀尖圆弧半径偏置的作用

有些程序员嫌麻烦而不使用刀尖圆弧半径偏置，这是错误的！首先仔细研究图 30-37，稍后将进行解释。

理论上，如果只编写一根轴的运动，则没有必要使用偏置，然而单轴运动只是包含半径、倒角和锥度的轮廓的一部分，这种情形下必须使用刀尖圆弧半径偏置，否则所有的半径、倒角和锥度都会出错，而且工件将报废。

图 30-37 所示为加工中不使用刀尖圆弧半径偏置时，将会出现切削不足或过切的区域。注意只在两轴同步运动时才有负面作用。

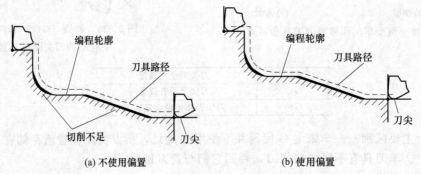

图 30-37　刀尖圆弧半径偏置的作用

（5）编程实例

程序 O3005 为刀尖圆弧半径偏置应用于外圆和内圆轮廓的情况，如图 30-38 所示。图中只显示精加工，粗加工也是必要的，但它最可能使用第 35 章中介绍的多次循环 G71 来完成。

```
O3005
(G20) ...
N31 T0300                        （外圆精加工）
N32 G96 S450 M03
N33 G00 G42 X2.21 Z0.1 T0303 M08
N34 G01 X2.65 Z-0.12 F0.007
N35 Z-0.825 F0.01
N36 X3.25 Z-1.125
N37 Z-1.85
N38 G02 X4.05 Z-2.25 R0.4
N39 G01 X4.51
N40 X4.8 Z-2.395
N41 U0.2
N42 G00 G40 X8.0 Z5.0 T0300
N43 M01

N44 T0400                        （内圆精加工）
N45 G96 S400 M03
N46 G00 G41 X2.19 Z0.1 T0404 M08
N47 G01 X1.75 Z-0.12 F0.006
N48 Z-1.6 F0.009
N49 G03 X0.95 Z-2.0 R0.4
N50 G01 X0.75 Z-2.1
N51 Z-2.925
N52 U-0.2
N53 G00 G40 X8.0 Z2.0 T0400
N54 M01
...
```

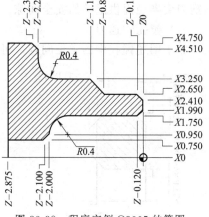

图 30-38　程序实例 O3005 的简图

注意轮廓起点和终点位置都在远离工件的安全位置，原因跟在铣削中一样。要确保有足够的导入和退刀运动间隙，如果安全间隙不够，通常会发出刀具半径补偿干涉警告：刀具半径不能进入指定空间。

（6）所需最小安全间隙

一般来说，程序中的安全间隙通常应该为刀尖半径的两倍。

规则很清楚。图 30-39 所示为设置开始和结束切削时的最小安全间隙。一定要保证安全间隙为刀尖半径的两倍或两倍以上，图中的符号＞TLR×2 和×4 表示安全间隙要大于半径的 2 倍或 4 倍。每侧 2 倍半径导致径向宽度达到 4 倍半径。

项目	刀尖半径	每侧	直径
毫米	0.4	0.8	1.6
	0.8	1.6	3.2
	1.2	2.4	4.8
英寸	1/64＝0.0156	0.0313	0.0626
	1/32＝0.0313	0.0626	0.1252
	3/64＝0.0469	0.0938	0.1876

上表给出了不同刀尖半径尺寸所需的最小安全间隙。注意 4 个突出显示的值。

4 个突出显示的值表示车削和镗削中使用的最大刀尖半径所需的最小安全间隙，如果对它们取整，间隙值很容易记忆——2.5mm 或 5mm 以及 0.1in 或 0.2in。刀尖圆弧半径偏置编程时，每边的最小安全间隙至少为每侧 2.5mm（0.100in），这样才可以为表中所有三种标准刀尖半径提供足够的安全间隙。

（7）镗孔中退刀

为了阐述镗孔中的常见问题，可先看看图 30-40 中给出的简单图纸。

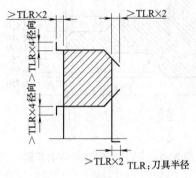

图 30-39　刀尖圆弧半径偏置的
最小安全间隙

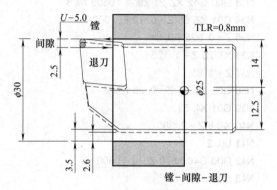

图 30-40　利用径向的足够间隙从镗孔中退刀

图中只显示一次镗孔操作，正确的程序如下：

```
(G21) ...
N21 T0700
N22 G96 S200 M03
N23 G41 X25. 0 Z3. 0 T0707 M08    （开始位置）
N24 G01 Z - 30. 0 F0. 25          （图中未显示）
N25 U - 5. 0                      （关键退刀量）
N26 G00 Z3. 0                     （先从孔中退出）
N27 G40 X200. 0 Z50. 0 T0700      （然后到安全位置，并取消刀具半径偏置）
N28 M01
```

N25 是关键程序段，这也是大多数错误容易发生的地方。许多程序员认为 5mm 的间隙过大，认为镗刀杆会碰撞孔对面的工件。首先，5mm 是直径，因此每侧为 25mm；其次，该间隙要容纳 0.8mm 半径的镗刀杆进入（2 倍半径）！这又占用了 2.5mm 里的 1.6mm，这样一来，实际刀具运动空间只有 0.9mm（0.035in）。其理由是刀具半径必须位于所有运动的左侧，而不仅仅是实际的镗孔。

（8）改变运动方向

在刀尖圆弧半径偏置模式下加工端面时，会遇到第二个常见问题。CNC 车床上加工方向的改变要比加工中心上频繁得多。

下面的例子为从 G41 有效时的端面加工变为 G42 有效时的外圆车削，如图 30-41 所示。同时还将讨论可能出现的问题。

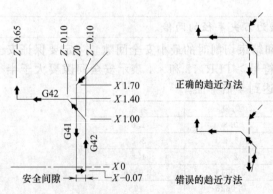

图 30-41　同一把刀具在端面加工中的刀
尖圆弧半径偏置变更

```
...
N21 T0100                          （正确的方法）
N22 G96 S400 M03
N23 G00 G41 X1. 7 Z0 T0101 M08      （开始）
N24 G01 X - 0. 07 F0. 007           （端面加工）
N25 G00 Z0. 1                       （只有一根轴运动）
N26 G42 X1. 0                       （补偿）
N27 G01 X1. 4 Z - 0. 1 F0. 012      （轮廓加工）
N28 Z - 0. 65
N29 X. . .
```

端面加工为单轴运动，为了保持连续性或出于别的考虑而使用偏置。对于实心工件，端面切削必须在中心线以下结束，即程序段 N24 中的 $X-0.07$，如果折算成直径它大于两倍刀具半径。如果在 $X0$ 处结束切削，中心线上将会留下一个尖点，从而导致端面不平。比较图中右侧正确和错误的刀具运动。如果将上面的程序改为下面的形式，端面切削将永远无法完成！想想为什么。

```
...
N21 T0100                          （错误的方法）
N22 G96 S400 M03
N23 G00 G41 X1. 7 Z0 T0101 M08      （开始）
N24 G01 X - 0. 07 F0. 007           （端面加工）
N25 G00 G42 X1. 0 Z0. 1            （***错误***）
N26 G01 X1. 4 Z - 0. 1 F0. 012      （轮廓加工）
N27 Z - 0. 65
N28 X. .
```

第31章 平面选择

所有的加工操作中，轮廓加工可能是与孔加工相提并论的最常见的 CNC 应用。轮廓加工中，至少可以以三种不同方式编写刀具运动：

❑ 刀具只沿一根轴运动；
❑ 刀具同时沿两根轴运动；
❑ 刀具同时沿三根轴运动。

此外还可能有附加轴运动（例如第四轴和第五轴）。在 CNC 加工中心中至少使用三根轴，但并不总是同时运动，这也是对真实三维世界的反映。

本章内容主要针对铣削系统，因为车削系统通常只使用两根轴，因此不需要选择平面，CNC 车床上的动力刀头不在此列。

程序中的任何绝对点由沿 X、Y 和 Z 轴的三个坐标定义。只要能保证刀具在工作区域内安全，快速运动 G00 和直线插补 G01 都可以同时使用任意数目的轴，且不需要特殊的考虑和编程方法。

但是以下三种编程过程就并不如此了，这里各种考虑的变化很值得注意：

❑ 使用 G02 或 G03 指令的圆弧运动；
❑ 使用 G41 或 G42 指令的刀具半径补偿；
❑ 使用 G81～G89 或 G73、G74 和 G76 指令的固定循环。

以上三种情形也只有在这三种情形下，程序员才需要考虑控制系统的特殊设置，即加工平面的选择。

31.1 平面的概念

可以在数学课本或字典中查找平面的定义，根据各种定义，可以用一句话来描述平面：

> 穿过平面上任意两点的直线还在该平面内。

数学意义上的平面有很多特性，这里只需了解那些在 CNC 编程和 CAD/CAM 工作中有用的重要特性：

❑ 任意不在同一条直线上的三点确定一个平面（这些点称为不同线的点）；
❑ 两条相交直线确定一个平面；
❑ 两条平行直线确定一个平面；
❑ 直线与直线外的一点确定一个平面；
❑ 圆或圆弧确定一个平面；
❑ 两个平面的交线为一条直线；
❑ 直线与不包含该直线的平面相交于一点。

31.2 在平面中加工

刀具路径由直线和圆弧构成，沿一根或两根轴方向的运动通常在由两根轴指定的平面内进行，这类运动称为二维运动，同时沿三根轴方向的运动称为三维运动。

（1）数学平面

CNC 加工中，唯一可以定义和使用的平面由 XYZ 初始轴中的两根构成。因此圆弧插补、刀具半径补偿和固定循环只能发生在以下三个平面内：

XY 平面　　　ZX 平面　　　YZ 平面

平面定义中各轴的实际顺序很重要，例如 XY 平面和 YX 平面实际上是同一平面，但是定义刀具的相对运动方向（顺时针与逆时针或左与右）时，一定要确立清楚的标准。

国际标准遵循数学基本规则，面向平面时，第一个字母表示水平轴，第二个字母表示垂直轴，且两根轴相互垂直（成 90°角）。在 CAD/CAM 中，该标准定义了上和下、前和后等之间的区别。

有一个记忆所有三个平面数学名称的简单方法，就是将三个轴的名称书写两次，然后在每两个字母之间用空格隔开：

$XYZXYZ$　　　　　变成　　　　　XY　ZX　YZ

数学平面的定义为：

平面	水平轴	竖直轴
XY	X	Y
ZX	Z	X
YZ	Y	Z

注意这里对"数学"的强调，该强调是有目的和原因的，稍后马上可以看到，从机床上定义的观察方向来看，数学平面和机床平面有着很大的区别。

（2）机床平面

常见的 CNC 加工中心有三根轴，任何两根轴形成一个平面。可以通过从标准操作位置的观察来定义机床平面：

❑ 俯视图　　　　　　　　...XY 平面；
❑ 主视图　　　　　　　　...XZ 平面；
❑ 右视图　　　　　　　　...YZ 平面。

图 31-1 所示为由不同的视点导致的两种定义之间的区别。

从图中明显可以看出两种定义中的 XY 平面和俯视图、YZ 平面和右视图都一样，但是 ZX 数学平面与机床的主视平面（图中所示的 XZ 平面）不一样。

数学平面定义为 ZX，其中 Z 轴为水平轴，而在 CNC 加工中心的机床平面正好反过来了，在机床中它变为 XZ 平面，其中 X 轴为水平轴，这是非常重要的区别。

编程中平面选择极其重要，但是有些程序员和操作人员经常忽略并误解这一点，主要是因为大多数刀具运动（尤其是轮廓加工）的编程和加工都在标准 XY 平面上进行。所有 CNC 加工中心中，主轴通常垂直于 XY 平面，在这一点上立式和卧式应用是一样的。

（3）平面选择指令

Fanuc 和相关控制器中的平面选择都遵循平面的数学名称，而不是实际 CNC 机床平面。程序中可通过以下三个准备功能（G 代码）来选择这三个平面：

G17	XY 平面选择
G18	ZX 平面选择
G19	YZ 平面选择

对于所有快速运动（使用 G00 编程）和直线插补运动（使用 G01 编程），平面选择指令完全是无关紧要甚至是多余的。但在其他运动模式中平面选择极其重要，且必须认真考虑。

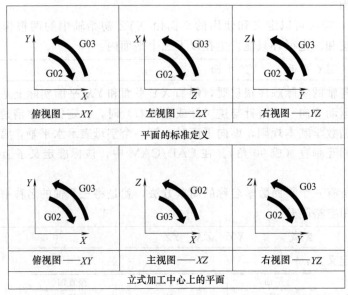

图 31-1　标准数学平面（上）与 CNC 加工中心（下）中平面的比较

在使用圆弧插补指令 G02 或 G03、刀具半径补偿指令 G41 或 G42、固定循环指令 G81～G89 以及 G73、G74 和 G76 指令的加工应用中，平面选择非常关键。

（4）控制器缺省状态

如果程序中没有选择平面，那么铣削加工中控制器会自动默认为 G17 XY 平面，而在车削加工中默认为 G18 ZX 平面。如果使用平面选择 G 代码，那么它应该位于程序的开始部分（顶部）。因为平面选择指令只影响圆弧插补、刀具半径补偿和固定循环，所以可以将平面选择指令 G17、G18 和 G19 编写在这些加工运动的前面。

> 尽量编写适当的平面选择指令，千万不要依赖控制器的设置！

实际刀具路径变化前需要改变平面选择，程序中可以随时改变平面，但是任何时刻都只能有一个活动平面，选择一个平面会取消另一个平面的选择，所以 G17、G18 和 G19 指令可以相互取消，但是通常不会在同一个程序中使用所有三条平面选择指令。在三种运动模式中，平面选择只影响圆弧插补运动，这里为了比较，首先看看快速运动和直线插补运动的编程。

31.3　平面中的直线运动

与圆弧插补运动相比，快速运动 G00 和直线插补运动 G01 都可以看作直线运动，它可以是单轴运动或是两轴或三轴联动，以下例子所示为彼此不相干的常见程序段：

➲ 实例—快速定位 G00：

G00 X5.0 Y3.0	XY 平面，二维快速运动
G00 X7.5 Z-1.5	XZ 平面，二维快速运动
G00 Y10.0 Z-0.25	YZ 平面，二维快速运动
G00 X2.0 Y4.0 Z-0.75	XYZ，三维快速运动

➲ 实例—直线插补 G01：

G01 X-1.5 Y4.46 F15.0	XY 平面，二维直线运动
G01 X8.875 Z-0.84 F10.0	ZX 平面，二维直线运动

G01 Y12. 34 Z0. 1 F12. 5　　　　　　　　YZ 平面，二维直线运动

G01 X6. 0 Y13. 0 Z－1. 24 F12. 0　　　　　XYZ，三维直线运动

这些例子中刀具沿编程轴运动，直线运动（沿一根轴）不需要使用平面选择指令，除非使用了刀具半径补偿或固定循环。不管哪个平面有效，控制器都可以正确地编译所有的刀具运动。圆弧插补运动的规则与直线插补运动不一样。

31.4　平面中的圆弧插补

为了正确加工圆弧，控制系统需要从程序中得到足够的信息。与快速定位和直线插补运动不同，圆弧插补运动需要编写运动方向，G02 表示顺时针方向，G03 表示逆时针方向。根据常用的数学规则，任何平面中顺时针方向是从垂直轴指向水平轴的方向，而从水平轴指向垂直轴的方向则为逆时针方向。

在比较数学轴名称和机床轴（基于立式加工中心）的实际定位时，两者之间的 XY 平面（G17）和 YZ 平面（G19）都是相互对应的，所以这两个平面不会给 CNC 程序员带来什么困扰。但是如果不能正确理解 ZX 平面，则可能会导致严重的问题，数学平面中，G18 平面的水平轴为 Z 轴，垂直轴为 X 轴，但是立式加工中心中的机床轴的顺序刚好相反，看起来顺时针和逆时针方向颠倒了，但实际上它们是相同的。

如果将数学轴定位与机床轴放在一起比较，它们确实是相互匹配的，如图 31-2 所示：

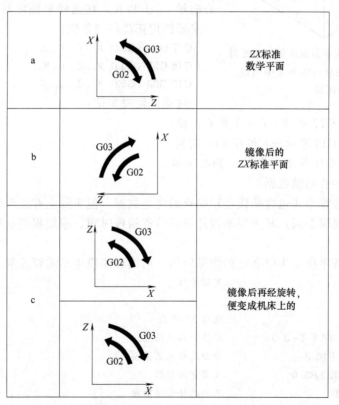

图 31-2　使用 G18 平面选择时，将数学 ZX 平面转换为机床 XZ 平面的渐进步骤

尽管平面本身已经改变，图中数学平面（a）和镜像平面（b）、甚至镜像平面旋转 90°后的平面（c）中圆弧 G 代码方向并未改变，这里并不是建立了一个新的平面（数学的或其

他的），只是换了一个角度观察。

卧式加工中心的情况也类似，XY 平面（G17）和 ZX 平面（G18）的数学平面和实际轴定位是一致的，而 G19 平面（YZ）看起来是颠倒的，因此在真正理解该平面的逻辑结构以前可能会导致一些问题。

选择正确的加工平面使得各种轮廓加工中可以使用圆弧和螺旋插补、刀具半径补偿以及固定循环来编程，这类加工最常见的应用包括内圆（过渡）半径、交叉半径、圆柱型腔、平底沉头孔、圆柱、球体和锥体以及其他的类似轮廓。

图 31-3 可以帮助理解 G02 和 G03 指令在平面里的应用。

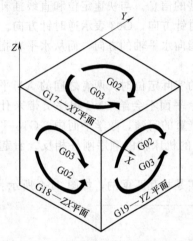

图 31-3　三个机床平面里的实际圆弧刀具路径方向（注意 G18 平面中明显的区别）

（1）模态指令 G17、G18 和 G19

平面选择准备功能 G17、G18 和 G19 都是模态指令，编写其中任何一个只能激活所选平面，程序中的平面选择一直有效直到被另一个平面选择取消。它们同属于第 02 组 G 代码。

下面的格式实例展示了圆弧插补的一些常见应用：

G17 G02 X14. 4 Y6. 8 R1. 4
G18 G03 X11. 575 Z − 1. 22 R1. 0
G19 G02 Y4. 5 Z0 R0. 85

一些老式控制系统不认 R 地址，这时便要使用圆心向量 I、J 和 K，在选择平面内对圆弧运动编程时，一定要使用正确的向量组：

G17 G02（G03）X.. Y.. I.. J..
G18 G02（G03）X.. Z.. I.. K..
G19 G02（G03）Y.. Z.. J.. K..

这里一定要牢记：

❑ XY 平面−G17 平面−I 和 J 圆心向量；

❑ YZ 平面−G18 平面−I 和 K 圆心向量；

❑ ZX 平面−G19 平面−J 和 K 圆心向量。

（2）程序段中省略轴数据

以上介绍的编程格式包含圆弧运动终点的完整数据，但实际上有经验的程序员并不会在每个程序段中重复模态值，其主要原因是可以节省编程时间、缩短程序长度并增加控制系统的存储空间。

下面的一段程序所示为模态值的常见应用，后续程序段中不需要重复编写模态轴数据：

N.. G20	英制单位
...	
N40 G17	选择 XY 平面
N41 G00 X20. 0 Y7. 5 Z − 3. 0	刀具的起点位置
N42 G01 X13. 0 F10. 0	平面选择无关紧要
N43 G18 G02 X7. 0 R3. 0	没有 Z 轴数据
N44 G17 G01 X0	平面选择无关紧要

程序段 N43 中表示在 ZX 平面内加工一个 $180°$ 的圆弧，由于它使用了 G18 指令，所以控制器会将"丢掉"的轴正确编译为 Z 轴，而且它的值等于上面最近编写的 Z 轴值（$Z−3.0$）。同时注意程序段 N44 中的 G17 指令，通常要在平面选择改变后尽快将控制器状态转换为初始平面选择，尽管本例中没有必要这样做，但这是一个很好的习惯。

如果程序段 N43 中省略 G18 指令，那么最初的选择指令 G17 仍然有效，所以圆弧插补将在 XY 平面而不是 ZX 平面内进行。

这种情况下，控制器将假定"丢掉"的轴是 Y 轴，且它的值为 Y7.5，这时完整的程序段如下：

N43 G17 G02 X7.0 Y7.5 R3.0

如果程序段 N43 中省略 G18 指令，但是圆弧插补程序段中圆弧运动的终点包含两个坐标，那么便将会导致一个十分有趣的情形：

N43 G02 X7.0 Z-3.0 R3.0   G17 仍然有效

尽管 G17 是有效的平面，但即使没有编写 G18 指令，也会在 G18 平面内正确加工出圆弧。这是因为控制器有一个特殊功能，即完整的指令或完整的数据优先，所以在上例中的程序段 N43 中，圆弧运动终点坐标的优先级高于平面选择指令。一个完整的程序段应该包含所有必需的地址，而不使用模态值。

> 单个程序段中编写的两轴运动将忽略有效的平面选择指令。

（3）平面中的刀具半径偏置

如果不使用刀具半径偏置 G41 或 G42，那么快速定位和直线插补运动中的平面选择无关紧要，也就意味着不管平面选择如何，G00 和 G01 运动在理论上都是正确的，事实确实如此，但大多数 CNC 程序在使用成型运动的同时也使用刀具半径偏置功能，看下面的各程序段：

N1 G21

...

N120 G90 G00 X50.0 Y100.0 Z20.0
N121 G01 X90.0 Y140.0 Z0 F180.0

完成程序段 N120 中的快速运动后，刀具的绝对位置在 X50.0Y100.0Z20.0，而完成程序段 N121 中的切削运动后，其位置为 X90.0Y140.0Z0。

如果在快速运动程序段中使用刀具半径偏置指令 G41 或 G42，那么平面选择就变得极其重要，刀具半径偏置只对所选平面内的两根轴有效，绝不会有三根轴的刀具半径偏置！在下一个例子中使用了刀具半径偏置，比较一下快速运动完成后每个平面内的刀具绝对位置。切削运动完成后的刀具绝对位置取决于程序段 N121 后的运动。

下一个例子中使用存储在控制器偏置寄存器中的半径偏置值（D25＝100.000mm）。

➲ 实例：

N120 G90 G00 G41 X50.0 Y100.0 Z20.0 D25
N121 G01 X90.0 Y140.0 Z0 F180.0

程序段 N120 结束后，经过补偿的刀具位置取决于当前有效的平面（G17、G18 或 G19）：

❏ 如果 G17 指令使用三根轴：

G17 X..Y..Z..   将补偿 XY 运动

❏ 如果 G18 指令使用三根轴：

G18 X..Y..Z..   将补偿 ZX 运动

❏ 如果 G19 指令使用三根轴：

G19 X..Y..Z..   将补偿 YZ 运动

下面给出的实例展示了圆弧插补和刀具半径偏置在不同平面内的应用。

31.5 实例

如图 31-4 所示，需要在 XZ 平面内加工一个 $R0.75$ 的圆弧，这类工作通常使用球头铣刀。

在这个简单的例子中，只需要编写两条主要的刀具路径。一条是从左到右依次经过左半平面、圆柱面和右半平面的运动，另外一条是从右到左依次经过右半平面、圆柱面和左半平面的运动。整个工件编程通常使用增量模式，如果使用子程序则更好。

图 31-5 所示为程序实例中编好的两条刀具路径，为了正确编译程序数据，程序原点选在工件的左下角。工件周围的安全间隙取为 0.100，步进进给量为 0.050：

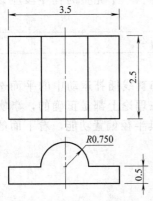

图 31-4 程序 O3101 简图

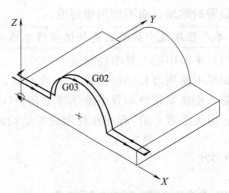

图 31-5 程序实例 O3101 的刀具路径

```
O3101
N1 G20
N2 G18                        (选择 ZX 平面)
N3 G90 G54 G00 X-0.1 Y0 S600 M03
N4 G43 Z2.0 H01 M08
N5 G01 G42 Z0.5 D01 F8.0
N6 X1.0
N7 G03 X2.5 I0.75             (=G03 X2.5 Z0.5 I0.75 K0)
N8 G01 X3.6
N9 G91 G41 Y0.05
N10 G90 X2.5
N11 G02 X1.0 I-0.75          (=G02 X1.0 Z0.5 I-0.75 K0)
N12 G01 X-0.1
N13 G91 G42 Y0.05
N14 G90 ...
```

如果是第一次使用该 CNC 程序，最好先在工件上方测试一下刀具路径，因为这里很容易出现错误。

对于三轴联动的切削运动，如果计算不是很耗时，可以采用手动编程，如果需要复杂的运动计算，那么最好使用编程软件。

31.6 平面内的固定循环

最后一项内容是平面在固定循环中的应用。对于 G17 平面内的循环，只有当同一程序中包括从一个平面到另一个平面的转换时，G17 才比较重要。如果使用特殊机床附件，比如直角铣头，那么 G18 或 G19 平面里的钻头或其他刀具将垂直于主轴法线方向。

尽管直角铣头应用并不常见，但在许多行业中常使用它来开槽。对这些附件进行编程时，通常要考虑工件内部的刀具方向（深度方向）。在固定循环的常见应用中，G17 平面使用 XY 轴进行孔中心的定位，而 Z 轴则为深度方向；如果直角铣头设置 Y 轴为深度方向，那么使用 G18 平面以 XZ 表示孔中心位置；如果直角铣头设置 X 轴为深度方向，那么使用 G19 平面以 YZ 表示孔中心位置。所有这些情况下，R 平面都用在深度轴上。

刀尖与主轴中心线之差为实际的伸出量，必须知道这一额外的伸出量并将它加到它所影响的轴的所有运动中，这样不仅可以得到正确的加工深度，而且可以保证安全。

第32章 成型铣削

尽管硬质合金刀具在金属切削中应用越来越多,但是传统的 HSS(高速钢)立铣刀在各种铣削操作甚至在车床上仍然占有很大的份额。这种古老的刀具具有很多优点,如相对比较便宜,在市场上很容易找到且能够较好地完成多种加工,但是相对于硬质合金刀具,它在现代加工中无法提高生产力。长久以来大家都在强调硬质合金钢的优点,现在新的材料都使用钨和钼来提高强度,并且可以使用的主轴转速为普通碳钢的 2~3 倍。这里仍沿袭高速钢的叫法,且现在其缩写 HSS 也更为常用。

由于成本相对较低且可以使加工工件得到较好的公差,因此高速钢刀具成为许多铣削应用中的首选刀具。立铣刀可能是 CNC 机床上使用的唯一多用途旋转刀具。

许多不同的工作中频繁地使用硬质合金立铣刀以及具有可替换硬质合金螺旋槽或镶刀片的立铣刀,这一趋势还在上升,尤其是在需要较高金属切削速度或加工较硬材料的工作中。HSS 立铣刀仍然是日常加工中的常用刀具。

许多加工应用中需要硬度介于高速钢和硬质合金之间的刀具材料。考虑到加工成本,常用的方法是使用添加了硬化剂的立铣刀,例如添加钴,这种刀具的成本比高速钢刀具要稍微高一点,但是比硬质合金要低得多,而且它具有较长的刀具寿命,使用方式也跟标准的立铣刀一样,此外还可以提高生产率。

硬质合金刀具也可用在机械加工厂中,且作为常规的小刀具使用,因为大尺寸的硬质合金刀具成本很高,所以可以使用可转位刀片立铣刀来进行粗加工和精加工。

立铣刀或类似刀具可以作为圆周铣削和成型加工刀具使用,本章将介绍 CNC 程序中使用它们时的技术考虑,圆周铣削中由刀具侧面完成大部分工作。

32.1 立铣刀

圆周铣削中最常用的刀具为立铣刀。立铣刀的可选范围很广,它几乎可以用在任何加工操作中,传统的立铣刀同时使用英制和公制尺寸,它们具有不同的直径、样式、切削刃及其设计、特殊的拐角设计、刀柄以及刀具材料成分等。

以下是可以由立铣刀(HSS、钴、硬质合金或可转位刀片立铣刀)完成的一些最常见的加工操作:

❑ 成型铣削和圆周端面铣削;　　　　❑ 薄壁的表面加工;

❑ 槽和键槽铣削;　　　　　　　　　❑ 镗平底沉头孔;

❑ 槽、端面槽和退刀槽;　　　　　　❑ 孔口面加工;

❑ 开放式和封闭式型腔;　　　　　　❑ 倒角;

❑ 小面积的表面加工;　　　　　　　❑ 修边。

立铣刀可通过刃磨达到所需的形状。最常见的形状是平底铣刀(机械加工厂中最常用的形状)、球头铣刀(端部为球面)以及圆形铣刀(端部有圆角)。

每种类型的立铣刀用于特定类型的加工。标准平底铣刀适用于需要平底或工件壁与底面成 90°角的所有加工,球头铣刀用于各种表面上的三维加工,圆形铣刀与球头铣刀类似,它可用于三维加工,也可以用于工件壁与底面需要圆角的加工。对于一些特殊的加工还需要用到其他形状的刀具，例如中心切削立铣刀（也称开槽钻头）或锥形球头铣刀。

图 32-1 所示为三种最常见的立铣刀以及刀具半径与刀具直径之间的关系。

（1）高速钢立铣刀

真正的高速钢立铣刀是机械加工厂中的"老前辈"了，它们有单端和双端两种设计，也有各种不同的直径、长度和刀柄形状。根据刀尖几何形状，它们可以用于圆周运动（只有 XY 轴）、深度方向运动（Z 轴方向）或者三轴联动（XYZ 轴）。CNC 加工中既可以使用立铣刀的一端，也可以使用两端加工，使用双端立铣刀时，要确保不损坏安装在刀套中未使用的一端。CNC 机床上通常使用夹头装夹立铣刀，它可保证最大的夹紧力和同心度，不推荐使用夹盘。

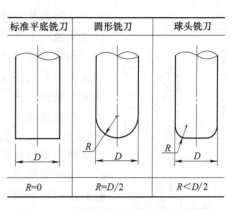

图 32-1　三类最常见立铣刀的基本结构

（2）硬质合金立铣刀

实质上硬质合金刀具与高速钢刀具的特性相同，只是刀具的材料以及一些几何尺寸调整不同。使用硬质合金刀具需要特殊的加工环境，因为刀具本身很贵，而且从冶金学的观点来看，它是脆性材料且容易碎裂，尤其是端部为锐角、跌落或存储不当时。但是如果处理得当，它可以高效地切削材料并可得到很好的表面加工质量。

（3）可转位刀片立铣刀

可转位刀片立铣刀具有硬质合金刀具的全部优点，除此以外，它还可以方便地更换硬质合金刀片，它也有各种不同的设计。这种刀具的直径与其刀架的内直径相等。刀具有一个小平面，刀架的安装螺钉通过它阻止刀具旋转。

（4）后角

对于不同材料的加工，选择适当的刀具后角非常重要。对于 HSS 铣刀，建议在加工较软的材料时使用较大的刀具后角，例如钢材加工的后角为 $3°\sim5°$，而铝材加工时采用 $10°\sim12°$ 的后角。刀具销售商会提供针对特殊加工操作的附加信息。

（5）立铣刀的尺寸

CNC 加工中必须考虑三个与立铣刀尺寸相关的重要标准：立铣刀直径；立铣刀长度；螺旋槽长度。

CNC 工作中立铣刀的直径必须非常精确，名义直径为刀具目录中列出的值。CNC 工作中必须区别对待非标准尺寸，比如重新刃磨过的刀具，即使使用刀具半径偏置，也不能将经过重新刃磨的立铣刀用在精度要求较高的加工中，尽管它们在紧急情况或一些粗加工中也能很好地完成加工。当然在非 CNC 工作或要求较低的 CNC 工作中也可以使用重新刃磨过的刀具。

立铣刀从夹具中伸出部分的长度也很重要，如果伸出过长就会产生振动并加速切削刃的磨损，此外长的刀具也容易产生偏角，从而影响工件的加工尺寸和表面质量。螺旋槽长度决定切削深度。

不管刀具总长如何（刀具从主轴伸出的长度），螺旋槽长度将决定切削深度，图 32-2 所示为铣削加工中宽度与加工深度的比值：

（6）螺旋槽的数量

选择立铣刀时，尤其是加工中等硬度材料时，首先应该考虑螺旋槽的数量。对于轮廓加

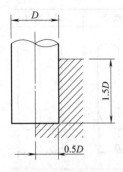

图 32-2 铣削加工中
立铣刀直径与加
工深度之间的关系

工，所需刀具尺寸大于 $\phi0.625$ 或 $\phi0.750$ 时，许多程序员通常（几乎不自觉地）选择四槽立铣刀。立铣刀必须沿 Z 轴方向切入实心材料中，不管直径多大，它通常只有两个螺旋槽。这种"切入"型的立铣刀也称中心切削立铣刀，更老的叫法为开槽钻头，这是因为它的运动与钻头相似，平行于 Z 轴切入实心材料。

小直径或中等直径的立铣刀最值得注意，在该尺寸范围内，立铣刀有两个、三个和四个螺旋槽结构，这几种结构的优点是什么呢？这里材料类型是决定因素。

这种情形下，需要进行权衡。一方面，立铣刀螺旋槽越少，则可避免在切削量较大时产生积屑瘤，原因很简单，因为螺旋槽之间的空间较大。另一方面，螺旋槽越少，编程的进给率就越小。在加工软的非铁材料如铝、镁甚至铜时，避免产生积屑瘤很重要，所以两螺旋槽的立铣刀可能是唯一的选择，尽管这样会降低进给率。

对较硬的材料刚好相反，因为它需要考虑另外两个因素——刀具颤振和刀具偏斜。毫无疑问，在加工含铁材料时，选择多螺旋槽立铣刀会减小刀具的颤振和偏斜。

三螺旋槽立铣刀如何？它们看起来（实际上也是）是两螺旋槽刀具与四螺旋槽刀具的合理折中，尽管它的加工性能近乎完美，但三螺旋槽立铣刀不是标准的选择，这是因为机械师很难精确测量其尺寸，尤其是使用普通工具如游标卡尺或千分尺时。但是它可以在很多材料上很好地工作。

不管螺旋槽数量的多少，通常大直径刀具比小直径刀具的偏斜要小。此外，立铣刀的有效长度（夹具表面以外的长度）也很重要，刀具越长偏斜越大，对所有刀具都是如此，偏斜使刀具偏离它的轴线（中心线）。

32.2 转速和进给率

本手册中的很多章节都提到了转速和进给率，刀具目录中给出了每种刀具加工不同材料时推荐使用的转速和进给率，但是这里还是给出一个计算主轴转速（r/min）的标准公式（英制）：

$$r/min = \frac{12ft/min}{\pi D}$$

式中　r/min——主轴转速（每分钟转数）；

　　 12——常数（1ft=12in）；

　 ft/min——表面速度；

　　　 π——周长与直径换算所用的常数；

　　　 D——刀具直径，in。

公制系统的公式相似：

$$r/min = \frac{1000m/min}{\pi D}$$

式中　r/min——主轴转速（每分钟转数）；

　 1000——常数（1m=1000mm）；

　 m/min——表面速度；

　　　 π——周长与直径换算所用的常数；

D——刀具直径，mm。

有时使用以上公式的转换形式可能更好，例如对于特定的材料，需要以特定的主轴转速（r/min）切削，如果同一材料使用不同直径的刀具，便可以找出适用于任何刀具尺寸的确切表面速度（ft/min），这时便可使用下面的公式（刀具直径单位为英寸）：

$$ft/min = \frac{\pi D \times r/min}{12}$$

公制公式与此相似，但是刀具直径的单位是毫米（mm）：

$$m/min = \frac{\pi D \times r/min}{1000}$$

公式中的所有输入都基于前面的介绍，应该比较容易理解和应用。

要计算铣削操作中的切削进给率，首先必须知道主轴的转速，同时还必须知道螺旋槽数量以及每一螺旋槽上的切削载荷（在刀具目录中给出）。在英制系统中，切削载荷的单位是英寸/齿，齿相当于螺旋槽或刀片，切削进给率的单位为英寸/分钟。

对于使用标准车刀和镗刀的车床进给率，不再以齿为单位，而是直接指定为英寸/转（in/r）或毫米/转（mm/r）。

$$in/min = r/min \times f_t N$$

式中　in/min——进给率；

　　　r/min——主轴转速；

　　　f_t——每个螺旋槽的切削载荷，in/齿；

　　　N——齿（螺旋槽）数。

公制系统中，切削载荷的单位是毫米/齿（每螺旋槽），公制公式与英制类似：

$$mm/min = r/min \times f_t N$$

式中　mm/min——进给率；

　　　r/min——主轴转速；

　　　f_t——切削载荷，mm/齿；

　　　N——齿（螺旋槽）数。

下面举例说明上面公式的应用，例如 $\phi 0.75$ 的四螺旋立铣刀加工铸铁材料时使用 100ft/min的表面速度，推荐使用 0.004 的切削载荷，因此两种计算分别为：

主轴转速：

$$r/min = (12 \times 100)/(3.14 \times 0.75) = 509$$

切削进给率：

$$in/min = 509 \times 0.004 \times 4 = 8.1$$

出于安全需要，通常要仔细考虑工件和机床的设置、它们的刚度、切削深度和（或）宽度以及其他相关状况。

每齿进给 f_t 可以通过转换上面公式来计算：

公式的英制形式为：

$$f_t = \frac{in/min}{r/min \times N}$$

公制公式与此类似，其单位为毫米/齿：

$$f_t = \frac{mm/min}{r/min \times N}$$

当使用硬质合金刀片立铣刀加工钢材时，主轴转速越快越好。转速较低时，硬质合金刀具与温度较低的钢材接触，随着主轴转速的提高，与刀具切削刃接触的钢材的温度也升高，从而降低材料的硬度，这时加工条件较好。硬质合金刀具使用的主轴转速通常为标准 HSS 刀具的 3～5 倍。可以将刀具材料与主轴转速之间关系概括如下：

> 使用较高主轴转速会加速高速钢刀具的磨损。

> 使用较低主轴转速会使硬质合金刀具崩裂甚至损坏。

(1) 冷却液和润滑剂

用高速钢（HSS）刀具加工任何金属都需要使用冷却液，正确地使用冷却液可以延长刀具寿命且可以提高表面加工质量。另一方面，使用硬质合金刀片刀具时，并不总是需要冷却液的，尤其在粗加工钢材毛坯时。

> 千万不要将切削液用在已经进入材料的切削刃上！

(2) 刀具颤振

圆周铣削中发生颤振有很多原因，主要原因包括刀具安装不牢固、刀具过长（从刀架中伸出的部分）、加工薄壁材料时切削过深或使用过大的进给率等，刀具偏斜也会产生振动。刀具专家建议同时改变主轴转速和切削进给率进行试验，如果仍然存在颤振，则需要检查加工方法和安装刚度。

32.3　切削量

圆周铣削主要是半精加工和精加工操作，但是立铣刀也可以用于粗加工。粗加工和精加工所使用刀具的螺旋槽结构（螺旋槽几何尺寸）以及切削刃不一样，常见的粗加工立铣刀具有波刃，例如 Strasmann 立铣刀，据说 Strasmann 是粗加工刀具的设计者和开发者，现在该名字成了这类粗加工刀具的总称。

切除毛坯余量时，比较实用的方法是选用直径较大而长度较小的立铣刀，这样在强力切削时可以避免刀具颤振或刀具偏斜，至少可以将颤振和偏斜限制在最低程度。

对于较深的内部型腔，实用的方法是预先钻削一个到所需深度（或者接近全孔深度）的孔，然后再使用比孔尺寸小的立铣刀进行加工，由于立铣刀可以从空处进入预定深度，所以随后的加工是侧面铣削操作，从而将型腔扩大到所需的尺寸、形状和深度。

(1) 横切

立铣刀只沿 Z 轴方向进入工件材料称为中心切削，或横切。这是一种常见的加工操作和编程步骤，用于那些使用其他方法难以到达的区域，如较深型腔、封闭槽或其他实心材料的切入。并不是所有立铣刀都可以进行这种操作，因此 CNC 操作人员应该选择正确的刀具（HSS 或硬质合金或可转位刀片立铣刀），程序员可以在程序中编写适当的注释，从而使操作人员更容易选择刀具。

(2) 斜向切入/切出

斜向切入是沿 Z 轴切入实心工件材料的另一种加工，但该操作同时还使用 X 轴或 Y 轴。斜角角度随着立铣刀直径的不同而不同，1.000in 刀具的常见斜角为 25°，2.000in 的刀具为 8°，4.000in 的刀具为 3°，这种切入方法适用于平底、球头和圆形立铣刀。更小的刀具要使用较小的角度（3°～10°），图 32-3 所示为典型的斜向切入运动。

注意刀具在工件上表面开始加工时的 *XYZ* 位置，不能只考虑起点和终点，选择一个好的起点和终点很容易，但很可能会在切削过程中切掉不想切除的工件部分，这里可通过简单的计算或 CAD 系统解决该问题。

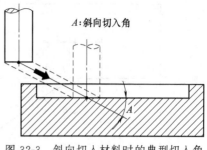

图 32-3　斜向切入材料时的典型切入角

（3）切削方向

轮廓加工的切削方向由程序员控制。圆周铣削中立铣刀的切削方向会对许多材料产生影响，主要是材料切削量和表面加工质量，根据加工的基本概念，切削方向有两种模式：

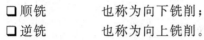

无论何时使用 G41 指令，刀具半径将偏置到工件左侧且刀具为顺铣模式，当然这里有个前提，即主轴使用 G03 功能，为顺时针旋转，而且刀具为右旋。相反如果使用 G42 指令，偏置到工件右侧，且刀具为逆铣模式。大多数情况下，顺铣模式是圆周铣削中较好的模式，尤其是在精加工操作中。

图 32-4 所示为两种切削方向。

① 顺铣　顺铣（有时也称为向下铣削）模式下刀具旋转方向与进给方向一致，且有将工件压向工作台（或夹具）的趋势。切削开始处切屑最厚，切出时切屑最薄，因此切削所产生的热量大部分都被切屑所吸收，从而可防止工件大面积硬化。

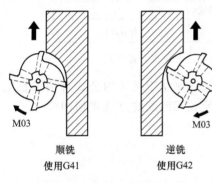

图 32-4　相对于材料的切削方向（M03 有效）

> 不要曲解顺铣和向下这两个词，它们表示相同的加工方向。

在正确的上下文中，框中两个术语都是正确的。

② 逆铣　逆铣（有时也称为向上铣削）模式下刀具旋转方向与进给方向相反，且有将工件拉离工作台（或夹具）的趋势。切削结束处切屑最厚，切入时切屑最薄。这样不利于散热，因此可能会使工件硬化，而且刀具与材料之间的摩擦使得表面质量较差。

（4）切削宽度和深度

为得到好的加工结果，切削宽度和深度应该与加工条件（即设置、所加工材料的类型以及所使用的刀具）相符，切削宽度还与刀具实际参与切削的螺旋槽数量有关。

对于小的立铣刀，默认的一个规则是选择刀具直径的三分之一作为切削深度，较大的刀具可以稍微大一些。

圆周铣削需要扎实的加工知识和一定的常识，如果对某一工作中成功的加工操作进行存档，则可以很容易对它进行调整，以适用于另一工作。

32.4　拐角半径计算

成型加工中的一个最常见数学计算，便是斜线与水平线或垂直线相交形成的过渡（圆角）半径的切点。由于大多数数据通常已知，因此两种情形可使用简单的公式进行计算，如图 32-5 所示。

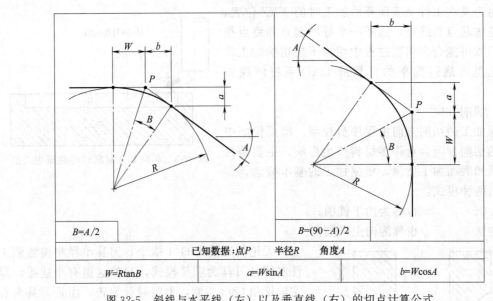

图 32-5　斜线与水平线（左）以及垂直线（右）的切点计算公式

　　根据图纸尺寸，有时需要单独计算点 P 的位置。这一独立于机床的公式可用于铣削、车削以及其他成型应用中，只需要填入与图中所示角度定位相匹配的 A 角度值即可。

第33章 窄槽和型腔

CNC 加工中心的许多应用中，需要从特定区域由轮廓和平底形成的内部去除材料，这一过程通常称为型腔加工，真正的型腔通常是封闭的。但其他一些应用中需要从开放的区域去除材料，因而只有部分轮廓，例如开放的窄槽。本章将介绍封闭型腔、局部型腔和窄槽的应用以及内部材料去除的各种编程技巧。

33.1 开放和封闭边界

起点和终点不在同一位置的连续轮廓称为开放轮廓，反之则称为封闭轮廓。从加工角度来看，它们之间的主要区别是刀具进入轮廓深度的方式。

（1）开放边界

开放边界并不是真正意义上的型腔，这类轮廓的加工非常灵活，因为刀具可以从开放的区域进入所需深度，可以使用各种高质量的立铣刀来加工开放边界。

（2）封闭边界

根据不同的加工操作，封闭边界中多余材料的去除有两种方法，一种是使用外部刀具从边界外侧去除材料，另一种是使用内部刀具从边界内侧去除材料。沿工件外侧切削不属于型腔加工，而是属于第 32 章介绍的圆周铣削，加工型腔或各种规则和不规则形状时，比较常见的操作是从封闭边界的内侧切削，常见的规则型腔包括封闭窄槽、矩形型腔和圆柱型腔等，不规则型腔的形状可以是任意的，但是它们的加工和编程技巧与规则型腔一样。

33.2 窄槽编程

窄槽是一种特殊类型的槽，它的一端或两端为圆弧，如果两端为圆弧，则两端通过直槽连接。窄槽可以是开放的和封闭的，两端的圆弧半径可能相同，也可能不同，此外也可能只有一个圆弧。如果只有一端为圆弧则称为键槽。

窄槽包括开口的或封闭的、直的、有一定角度的或者圆柱形的，侧壁可以为直的也可以是某种形状（使用锥形立铣刀）。编写高精度的窄槽程序通常包括粗加工和精加工，两种加工可以由一把刀具或多把刀具完成，这取决于工件材料、所需尺寸公差、表面质量和其他条件。

特定的窄槽，如键槽可以使用特殊的开槽铣刀而不是立铣刀加工，开槽铣刀的编程通常都是一些简单的直线运动。更复杂和更精确的窄槽加工需要使用立铣刀，并且窄槽的侧壁也在程序控制下加工完成。

图 33-1 所示为一个典型的开放窄槽，下面将通过它介绍开放窄槽的编程技巧。

（1）开放窄槽实例

在编程之前首先研究图纸，通过这种方法来确定加工条件、装夹以及其他的需求。通过图纸可以很快确定程序原点——尺寸都是从工件左下

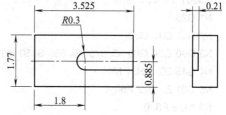

图 33-1 开放窄槽编程实例 O3301

角（XY）和上表面（Z）开始的，所以选择该位置为程序原点。

接下来考虑几项跟加工有关的因素：刀具数量；刀具尺寸；主轴转速和进给率；最大切削深度；切削方法。

① 刀具数量　窄槽加工可以使用一把或两把刀具。如果工件尺寸公差要求很严格或者材料硬度较高，需要使用两把刀具，一把用于粗加工，另一把用于精加工，刀具直径可以相同也可以不同。本例中粗加工和精加工使用同一把刀具。

② 刀具尺寸　刀具尺寸主要由窄槽宽度决定。图纸中窄槽半径为 0.300，因此宽度为 0.600，但并没有标准的 $\phi0.600$ 刀具，即使有也不一定实用，比如可以使用 $\phi0.500$in 的刀具加工 0.500 宽的窄槽，但是切削质量不高，而且难以控制公差和表面质量。所以选择的刀具直径应该略小于窄槽宽度，本例中选用 $\phi0.500$in 的立铣刀比较合适。选择刀具尺寸时，一定要计算留待精加工的窄槽侧壁余量，如果余量过大还需要进行半精加工。本例中使用 $\phi0.500$ 的刀具加工 0.600 宽的窄槽，其余量为：

$$S=\frac{W-D}{2}$$

式中　S——加工余量；

　　　W——窄槽宽度（等于窄槽半径的两倍）；

　　　D——刀具直径。

本例中窄槽侧壁的加工余量为：

$$S=(0.600-0.500)/2=0.050$$

该余量正好适合使用一次切削完成精加工。

③ 主轴转速和进给率　主轴转速和切削进给率取决于 CNC 机床的实际工作情况，因此这里初步选择主轴转速为 950r/min，进给率为 8in/min。

④ 最大切削深度　图 33-1 中所示的窄槽深度为 0.210，但是注意，对于小尺寸刀具或较硬材料而言，该厚度不能通过一次切削完成，如果使用一次切削，也应在窄槽底部留出一定余量进行精加工。

⑤ 切削方法　确定其他所有条件后，便自然确定了切削方法。刀具位于窄槽中线上方的安全间隙位置，然后进给运动至所需深度并在窄槽底部留出一定的余量以进行精加工，接着刀具在直线插补运动下以该方式一直加工到圆弧圆心，再退刀至工件上方并返回初始位置，最后刀具在顺铣模式下对窄槽进行精加工。图 33-2 所示为 XY 平面上的刀具运动以及它们的编程位置。

编程并不困难，这里刀具位于主轴上且使用贯穿本手册的各种常见方法。

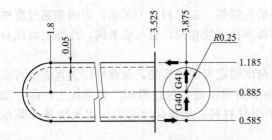

图 33-2　开放窄槽实例 O3301 的加工细节

```
O3301 （开放式窄槽）
N1 G20                                    （英制模式）
N2 G17 G40 G80                            （启动设置）
N3 G90 G54 G00 X3. 875 Y0. 885 S950 M03   （开始）
N4 G43 Z0. 1 H01 M08                      （工件上方的起始位置）
N5 G01 Z - 0. 2 F50. 0                     （底部留出 0.01 的余量）
N6 X1. 8 F8. 0                            （切削至圆弧圆心）
N7 G00 Z0. 1                              （退刀至工件上方）
```

N8 X3. 875　　　　　　　　　　　　　　（返回初始位置）

N9 G01 Z - 0. 21 F50. 0　　　　　　　　（进给至整个深度）

N10 G41 Y1. 185 D01 F8. 0　　　　　　　（渐近轮廓）

N11 X1. 8　　　　　　　　　　　　　　（切削上面的侧壁）

N12 G03 Y0. 585 R0. 3　　　　　　　　（切削圆弧）

N13 G01 X3. 875　　　　　　　　　　　（切削下面的侧壁）

N14 G00 G40 Y0. 885　　　　　　　　　（返回初始位置）

N15 Z1. 0 M09　　　　　　　　　　　　（退刀至工件上方）

N16 G28 X3. 875 Y0. 885 Z1. 0 M05　　（返回机床原点）

N17 M30　　　　　　　　　　　　　　　（程序结束）

%

这个例子本身就十分清楚，而且其中的注释也可以帮助理解编程的顺序和过程。本例中只使用一把刀具，高精度的加工最好使用两把刀具，尽管那样程序会长一点。

（2）封闭窄槽实例

封闭窄槽与开放窄槽差别并不是很大，最大的区别是封闭窄槽加工时刀具必须切入材料，它没有外部位置，如果没有预钻孔，刀具必须沿 Z 轴方向直进切入材料。预钻孔的一种方法是使用中心切削立铣刀（也称为槽钻），如果没有中心切削立铣刀或加工条件不适合，那么刀具只能斜向切入材料，一般沿 XZ、YZ 或 XYZ 轴运动，这就是第二种方法。

第二个例子使用图 33-3 中所示的零件图，该图是对前面开放窄槽的轻微修改。许多前面确定的条件在这里同样适用，本例仍然采用 φ0.500in 的立铣刀，这里具有中心切削几何形状，使得刀具可以切入材料。

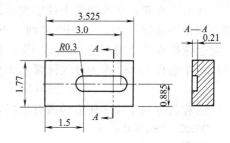

图 33-3　封闭窄槽编程实例 O3302

除了 Z 轴直进切削所需刀刃几何形状不同之外，只有实际加工方法不一样了。对于封闭窄槽（或型腔），刀具需要在工件上方移动到特定的 XY 起始位置，本例中该位置为两个窄槽半径中任意一个圆心，这里选择右侧圆弧的圆心。然后以较小的进给率切入所需的深度（在底部留出 0.010 的余量），再以直线插补运动在两个圆弧圆心之间进行粗加工，如图 33-4 所示。

粗加工后并不需要退刀，可以在同一个位置进给到最终深度，窄槽轮廓四周的余量均为 0.050，刀具将在最终深度从窄槽左侧圆弧圆心开始进行精加工，该轮廓加工比较复杂。

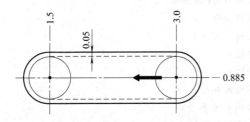

图 33-4　封闭窄槽实例 O3302 的粗加工过程

（使用刀具半径偏置）。

程序中，刀具现在位于窄槽的左侧圆心，并准备开始精加工切削，这里选择顺铣模式，刀具持续向左运动渐近轮廓。一种方法是刀具从当前圆心位置直线运动到达左侧圆弧的"南方"位置

可以使用这种方法，但是内部轮廓的渐近最好使用切线渐近，内轮廓切线渐近需要一个辅助圆弧（也就是所谓的导入圆弧），因为直线渐近并不合适。

尽管使用圆弧的切线渐近可以提高工件的表面质量，但同时也导致了另外一个严重的问题——刀具半径补偿不能在圆弧插补模式中启动。因此还需要加入一段非圆弧运动，这样从圆弧圆点到精加工开始点共有两种运动：

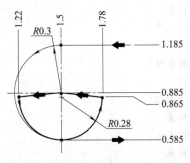

图 33-5　内轮廓切线渐近详图

第 1 种运动：带刀具半径补偿的直线运动；

第 2 种运动：切线渐近弧运动。

内轮廓切线渐近详图如图 33-5 所示。

下面仔细研究一下导入圆弧是怎样形成的。其目的是选择导入圆弧的位置和半径，位置选择很简单——圆弧必须与轮廓相切，半径尺寸的选择则必须经过认真考虑。面对一个未知的尺寸，首先应该考虑它的目的，导入圆弧的目的是引导刀具平滑地过渡到轮廓上，因此该圆弧的半径必须大于刀具半径，而窄槽的半径则由图纸给出，三种半径的关系为：

$$R_T < R_L < R_C$$

其中　R_T——刀具半径　　　（T）　…选择；

R_L——导入圆弧半径　（L）　…计算；

R_C——轮廓半径　　　（C）　…给定。

通过一些数据可以计算出导入圆弧的半径，以上公式给出了三种半径的关系。窄槽圆弧半径（R_C）由图纸给出，而且选好刀具后，刀具半径（R_T）也就确定了，最好只剩下导入圆弧半径（R_L），它必须通过精确的计算得出。

由公式可知，导入圆弧半径应大于刀具半径 0.250，但它们都小于轮廓半径 0.300，也就是说该半径在 0.251～0.299 之间（小数点后面取三位）。如果只考虑 0.010 的增量，那么肯定会选择 0.290 而不是 0.260，因为半径值取得越大过渡越平滑，表面质量也越好。程序 O3302 中选择 0.280 作为导入圆弧的半径，它满足以下关系：

$$0.250(R_T) < 0.280(R_L) < 0.300(R_C)$$

这样就得到了程序所需的所有数据，注意程序 O3302 与程序 O3301 的编程相似之处：

```
O3302（封闭窄槽）
N1 G20                              （英制模式）
N2 G17 G40 G80                      （启动设置）
N3 G90 G54 G00 X3.0 Y0.885 S950 M03  （开始）
N4 G43 Z0.1 H01 M08                 （工件上方的起始位置）
N5 G01 Z-0.2 F4.0                   （底部留出 0.01 的余量）
N6 X1.5 F8.0                        （切削至狭槽圆心）
N7 Z-0.21 F2.0                      （进给至整个深度）
N8 G41 X1.22 Y0.865 D01 F8.0        （直线渐近）
N9 G03 X1.5 Y0.585 R0.28            （圆弧渐近）
N10 G01 X3.0                        （切削下面的侧壁）
N11 G03 Y1.185 R0.3                 （切削右侧窄槽半径）
N12 G01 X1.5                        （切削上面的侧壁）
N13 G03 Y0.585 R0.3                 （切削左侧半径）
N14 X1.78 Y0.865 R0.28              （圆弧运动离开）
N15 G01 G40 X1.5 Y0.885             （直线运动离开）
N16 G00 Z1.0 M09                    （退刀至工件上方）
N17 G28 X1.5 Y0.885 Z1.0 M05        （机床原点）
N18 M30                             （程序结束）
%
```

以上程序实例所示为怎样渐近内部轮廓进行精加工。其他类型（有角度的、圆柱形的等）的窄槽使用的原理跟以上两个例子一样。

33.3 型腔铣削

型腔铣削也是 CNC 加工中心中常见的一种操作。型腔铣削需要从由它边界线确定的一个封闭区域内去除材料，该区域由侧壁和底面围成，其侧壁和底面可以是锥形、凸台、球形以及其他形状。型腔的侧壁形成一个有界的轮廓，型腔可以是正方形、长方形、圆柱形或者其他形状，型腔内部可以全空或有孤岛（未加工区域）。

简单的或具有规则形状的型腔（如矩形或圆柱形型腔）可以手动编程，但是对于形状比较复杂或内部有孤岛的型腔则需要使用计算机辅助编程。

（1）一般规则

型腔铣削编程时有两个重要考虑：

❑ 刀具切入方法；

❑ 粗加工方法。

开始型腔铣削之前，首先必须使用中心切削立铣刀沿 Z 轴切入工件，如果不适合或不能使用切入方法时，可以选择斜向切入方法。该方法通常在没有中心切削刀具可供选择时使用，它需要将 Z 轴与 X 轴、Y 轴或 XY 轴一起使用，因此该运动为两轴或三轴直线插补运动，所有现代 CNC 加工中心都支持该方法。

从型腔内切除大部分材料的方法称为粗加工。粗加工方法的选择稍微复杂一点，开始切入或斜向切入的位置以及切削宽度等的选择非常重要，而且粗加工不可能都在顺铣模式下完成，也不可能保证所有地方留作精加工的余量完全一样。许多切削都不规则且毛坯余量也不平均，所以在精加工之前通常要进行半精加工，这种情况下可能使用一把或多把刀具，主要取决于特定的需求。

一些常见的型腔粗加工方法有：

❑ Z 字形运动；

❑ 一个方向——从型腔内部到外部；

❑ 一个方向——从型腔外部到内部。

计算机应用中，还可以有其他的型腔加工选择，如螺旋形、其他形式以及单向切削等。许多情况下，可以指定切削角度，用户甚至可以选择切入点和精加工余量，这时虽然也可以使用手动编程，但是工作量非常巨大。

（2）型腔类型

最简单的型腔也是最容易编程的，它们都具有规则形状且中间没有孤岛：

❑ 正方形型腔；

❑ 矩形型腔；

❑ 圆柱型腔。

正方形型腔与矩形型腔本质上是一样的，只是边长不同，它们的编程方法没有大的区别。

33.4 矩形型腔

矩形或正方形型腔的编程很简单，尤其当它们与 X 轴或 Y 轴平行时，图 33-6 所示为一个矩形型腔。

为展示完整的型腔编程过程，首先从刀具选择开始，材料和其他加工条件也很重要。尽

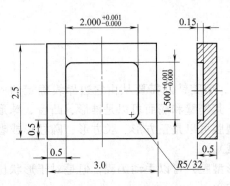

图 33-6 矩形型腔零件图 (程序 O3303)

管零件图中矩形型腔的四个角为直角，但是实际上都有圆角，它们大于或等于所用刀具的半径。本例中圆角为 5/32 (0.1563)，使用 ϕ5/16 中心切削立铣刀 (ϕ0.3125)，对于粗加工，该刀具确实不错，但精加工中刀具半径应略小于圆角半径，以使刀具真正的切削而不是摩擦圆角，选用 ϕ0.250 的立铣刀比较合理，本例中也将使用该刀具。

由于必须切除封闭区域内的所有材料（包括清理底部），所以一定要考虑刀具可以通过切入或斜向切入到所需深度的所有可能位置，斜向插入必须在空隙位置进行，但垂直切入几乎可以在任何地方进行。有两个位置比较实用：

□ 型腔中心；

□ 型腔拐角。

两种选择有各自的优点和缺点。如果从型腔中心开始，那么刀具可以只沿单一方向进给，且在最初的切削后只能使用顺铣或逆铣模式，这样就需要更多的计算。从型腔拐角开始的方法也比较常用，这种方法中刀具可以采用 Z 字形运动，所以可以在一次切削中使用顺铣模式，而另一次切削中则使用逆铣模式，该方法的计算比较简单。本例中使用拐角作为开始点。

型腔的任何拐点都可作为起始点，程序 O3303 中将使用型腔左下角作为起始点。

在封闭区域选择刀具起始点位置时，程序员必须考虑三个重要因素：

□ 刀具直径（或半径）；

□ 精加工余量；

□ 半精加工余量。

图纸中也给出了工件的重要尺寸，包括长度、宽度、型腔的拐角半径，它们通常都是已知的，此外还需要知道型腔的位置和定位以及工件的其他元素。

图 33-7 中给出了起始点坐标 X_1 和 Y_1 相对于给定拐角（左下角）的距离以及其他数据。

图中的字母表示各种设置，程序员根据工作类型来选择它们的值。

（1）毛坯余量

通常有两种毛坯余量（值），一种为精加工余量，另一种为半精加工余量。刀具沿 Z 字形路线来回运动，在加工表面上留下扇形轨迹，在二维工作中，"扇形"用来形容由刀具形状导致的不均匀侧壁表面，三维切削中与此类似。这种 Z 字形刀具路径加工的表面不适合用于精加工，因为切削不均匀余量时很难保证公差和表面质量。

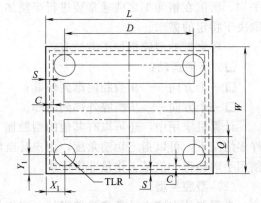

图 33-7 拐角处的型腔粗加工起点 (Z 字形法)

X_1——刀具起点的 X 坐标；

Y_1——刀具起点的 Y 坐标；

TLR——刀具半径（刀具直径/2）；

L——图纸中的型腔长度；

W——图纸中的型腔宽度；

Q——两次切削之间的步距；

D——实际切削长度；

S——精加工余量；

C——半精加工余量（间隙）

为了避免稍后可能出现的加工问题，通常需要半精加工操作，其目的是为了消除扇形。

对于高硬度材料或使用较小直径的刀具时必须慎重选择半精加工，半精加工毛坯余量（图中的 C 值）可以等于零。通常毛坯余量是一个较小的值。

图 33-8 所示为矩形型腔粗加工后的结果（无半精加工），注意留作精加工操作的不均匀毛坯（扇形），所有凸点是随后加工的最大障碍，因此强烈推荐使用半精加工。

（2）步距值

型腔在半精加工之前的实际形状与 2 次切削之间的步距有关，型腔加工中的步距也就是切削宽度。该值的选择不需计算，但最好根据所需切削次数来计算这个值，使每次切削的步距相等。通常都将切削宽度与刀具直径的百分数挂钩，在这里该方法只能作为参考，最好对切削宽度进行计算，最后选择跟期望的刀具直径百分数相近的值。

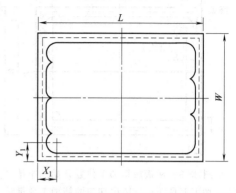

图 33-8　Z 字型腔加工的结果（无半精加工）

本例中需要的切削次数为 5（Z 字形），据此计算出来的步距会较大，奇数次切削与偶数次切削的结果截然不同：

❑ 如果切削次数为偶数，那么粗加工结束位置在开始位置的异侧；

❑ 如果切削次数为奇数，那么粗加工结束位置在开始位置的同侧。

实际上，选择从哪一点开始或第一次切削从哪个方向开始并不重要，重要的是步距选择要合理，最好能保证每次切削的步距相等。根据给定的切削次数可以简单地计算出步距，如果计算值过大或过小，可以选择不同的切削次数 N 重新计算。

计算公式如下：

$$Q = \frac{W - 2\text{TLR} - 2S - 2C}{N}$$

式中，N 为选择步距数，其他各字母与前面介绍的含义一样。

➲实例：

本例中需要 5 个等距的步距，又因为型腔宽度 $W = 1.500\text{in}$，刀具直径为 0.250（$\text{TLR} = 0.125$），精加工余量 $S = 0.025$，半精加工余量 $C = 0.010$，因此步距尺寸为：

$$Q = (1.5 - 2 \times 0.125 - 2 \times 0.025 - 2 \times 0.010)/5 = 0.2360$$

该结果对于 $\phi 0.250$ 的立铣刀来说太大，但它可以缩短程序。如果选择 7 步，结果为 0.1686（圆整至 3～4 位小数），该结果比较合理。

上面的公式中可以用型腔长度代替型腔宽度，当型腔沿 X 方向的长度小于沿 Y 方向的长度时，这是一个较好的选择。

（3）切削长度

在进行半精加工前，必须计算每次切削的长度，即增量 D。

切削长度计算公式在很多方面与步距公式相似：

$$D = L - 2\text{TLR} - 2S - 2C$$

本例子中 D 值为：

➲实例：

$$D = 2.0 - 2 \times 0.125 - 2 \times 0.025 - 2 \times 0.010 = 1.6800$$

这就是各步距之间的切削增量长度（不使用刀具半径偏置）。

（4）半精加工运动

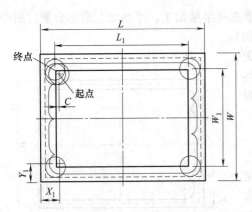

图 33-9　从最后粗加工位置开始的半精
加工刀具路径，留出均匀的精加工余量

半精加工运动的唯一目的就是消除不平均的加工余量。由于半精加工与粗加工往往使用同一把刀具，因此通常从粗加工的最后刀具位置开始进行半精加工，本例中即型腔的左上角。图 33-9 所示为半精加工起点和终点之间的运动。

L_1 和 W_1 值需要计算得出，沿两根轴方向起点和终点位置的差为常数 C。

半精加工切削的长度和宽度，即它的实际切削距离可通过下面公式计算：

$$L_1 = L - 2TLR - 2S$$
$$W_1 = W - 2TLR - 2S$$

➲实例：

$$L_1 = 2.0 - 2 \times 0.125 - 2 \times 0.025 = 1.7000$$
$$W_1 = 1.5 - 2 \times 0.125 - 2 \times 0.025 = 1.2000$$

（5）精加工刀具路径

粗加工和半精加工完成后，可以使用另一把刀具（某些情况下也可以使用同一把刀具）进行精加工并得到最终尺寸。编程时必须使用刀具补偿来保证尺寸公差，并使用适当的主轴转速和进给率保证所需的表面质量。较小和中等尺寸的轮廓通常选择中心点作为加工起点位置，而较大轮廓的起点位置应当在它的中部，与其中一个侧壁相隔一段距离，但不是太远。

精加工切削中刀具半径偏置应该有效，主要是为了在加工过程中保证尺寸公差。由于刀具半径补偿不能在圆弧插补运动中启动，因此必须添加直线导入和导出运动。图 33-10 所示为矩形型腔的典型精加工刀具路径（起点在型腔中心）。

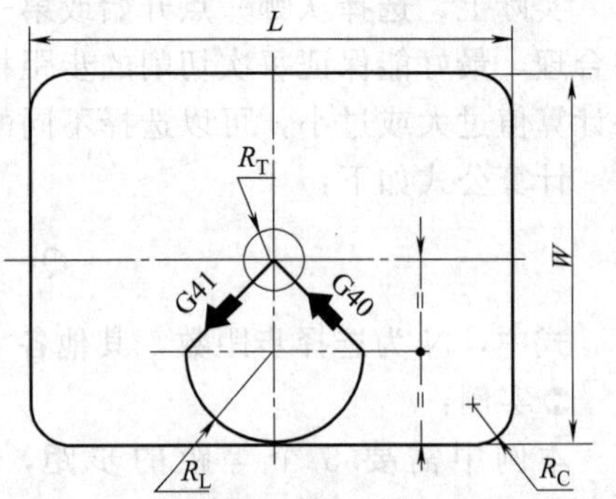

这种情形下还要考虑其他一些因素，其中一个就是引导圆弧半径的计算，它使用跟窄槽完全一样的方法（同样的公式，不同的次序）：

$$R_L > R_T < R_C$$

其中　R_L——导入半径；

R_T——刀具半径；

R_C——拐角半径。

图 33-10　矩形型腔的典型精加工刀具路径

铣削模式通常为顺铣，使用的刀具半径补偿为 G41 左补偿。

➲实例：

为了计算例图中的导入（渐近）半径，可从拐角半径开始，图中给出 R_C 为 5/32（0.1563），选择的刀具半径为 0.125，所以满足 $R_T < R_C$。为了满足条件 $R_L > R_T$，可以选择任意大于刀具半径的导入圆弧半径，只要它合理就行，此外也要考虑型腔的长度和宽度，如果可能，一般选择型腔宽度 W 的四分之一作为导入半径，这样便于刀具运动计算。本例中

$$R_L = W/4 = 1.5/4$$
$$R_L = 0.375$$

（6）矩形型腔编程实例

　　完成以上选择和计算后，便可对型腔进行编程了（程序 O3303），程序选用两把 φ0.250 立铣刀，粗加工刀具必须能进行中心切削，程序原点为工件左下角。程序注释中包含了所有的粗加工和半精加工步骤。

O3303（矩形型腔）

N1 G20

N2 G17 G40 G80 T01　　　　　　　　（0.250 粗加工槽钻）

N3 M06

N4 G90 G54 G00 X0.66 Y0.66 S1250 M03 T02

N5 G43 Z0.1 H01 M08

N6 G01 Z-0.15 F7.0

（----粗加工----）

N7 G91 X1.68 F10.0　　　　　　　　（第 1 次切削）

N8 Y0.236　　　　　　　　　　　　（步距 1）

N9 X-1.68 F12.0　　　　　　　　　（第 2 次切削）

N10 Y0.236　　　　　　　　　　　（步距 2）

N11 X1.68　　　　　　　　　　　　（第 3 次切削）

N12 Y0.236　　　　　　　　　　　（步距 3）

N13 X-1.68　　　　　　　　　　　（第 4 次切削）

N14 Y0.236　　　　　　　　　　　（步距 4）

N15 X1.68　　　　　　　　　　　　（第 5 次切削）

N16 Y0.236　　　　　　　　　　　（步距 5）

N17 X-0.168　　　　　　　　　　　（第 6 次切削）

（----半精加工----）

N18 X-0.01　　　　　　　　　　　（半精加工起点 X 坐标）

N19 Y-0.01　　　　　　　　　　　（半精加工起点 Y 坐标）

N20 Y-1.19　　　　　　　　　　　（左侧 Y-方向运动）

N21 X1.7　　　　　　　　　　　　（右侧 X+ 方向运动）

N22 Y1.2　　　　　　　　　　　　（上方 Y+ 方向运动）

N23 X-1.7　　　　　　　　　　　（左侧 X-方向运动）

N24 G90 G00 Z0.1 M09

N25 G28 Z0.1 M05

N26 M01

N27 T02　　　　　　　　　　　　　（0.25 精加工立铣刀）

N28 M06

N29 G90 G54 G00 X1.5 Y1.25 S1500 M03 T01

N30 G43 Z0.1 H02 M08

N31 G01 Z-0.15 F12.0

（----精加工----）

N32 G91 G41 X-0.375 Y-0.375 D02 F15.0

N33 G03 X0.375 Y-0.375 R0.375 F12.0

N34 G01 X0.8437

N35 G03 X0.1563 Y0.1563 R0.1563

N36 G01 Y1.1874

N37 G03 X-0.1563 Y0.1563 R0.1563

N38 G01 X-1.6874

N39 G03 X - 0. 1563 Y - 0. 1563
N40 G01 Y - 1. 1874
N41 G03 X0. 1563 Y - 0. 1563 R0. 1563
N42 X0. 8437
N43 G03 X0. 375 Y0. 375 R0. 375
N44 G01 G40 X - 0. 375 Y0. 375 F15. 0
N45 G90 G00 Z0. 1 M09
N46 G28 Z0. 1 M05
N47 X - 2. 0 Y10. 0
N48 M30
%

仔细研究以上程序，它遵循了前面所做的所有决定并提供了许多细节。

程序中，程序段 N17 与 N18 以及 N19 与 N20 可以合并为一个程序段，程序中将它们分开编写只是为了方便追踪刀具路径并与图纸相匹配，该程序中使用增量编程方法有一定的好处，但是使用绝对模式更方便。

33.5 圆柱型腔

另外一种常见的型腔为圆柱型腔。型腔表示一个具有实心底面的封闭区域，但与圆柱型腔相关的编程方法也可用在孔在中部的开放式圆柱上，例如平底沉头孔。

图 33-11 所示为圆柱型腔实际编程应用中常用的型腔尺寸。

对程序进行规划时，首先选择刀具直径。为了保证型腔底部整洁，即没有多残余材料（未切削材料），必须保证两次切削之间的步距在计算得出的某一范围内。对于圆柱型腔，该需求还影响最小刀具直径的选择，该直径可保障在 360°扫描运动中切削圆柱型腔。

（1）最小刀具直径

图 33-12 中所示为刀具直径与型腔直径之间的关系，也有一个公式将最小刀具直径确定为型腔直径的三分之一，铣削以 360°刀具运动从型腔中心开始。实际上选择略大于最小直径的刀具更好，该计算的最大好处就是如果型腔只需要刀具运动一周进行加工，公式也仍然有效，尽管随着刀具直径的增大，切削可能会在型腔四周重复几次。这种情况下，公式也决定了最大切削宽度。

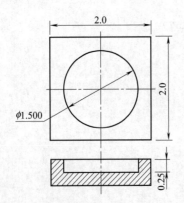

图 33-11　圆柱型腔零件图（程序 O3304～O3306）

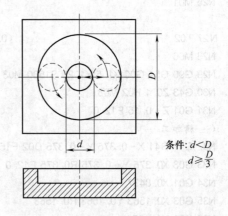

条件：$d < D$
　　　$d \geqslant \dfrac{D}{3}$

图 33-12　刀具直径与型腔直径之间的关系

例如图中型腔直径为 1.5in，如果使用以上公式，则应选用直径大于 0.500（1.5/3）的刀具（中心切削立铣刀），查看刀具目录可知适合切削的最接近的名义尺寸为 $\phi 0.625$（5/8槽钻）。

（2）切入方法

下一步决定刀具的切入方法。圆柱型腔中沿 Z 轴切入的最佳位置是型腔中心，如果选择型腔中心为程序原点 X0Y0，且型腔深度为 0.250，那么程序的开始部分与下面例子相似（假定刀具位于主轴上）：

```
O3304 (圆柱型腔—第 1 种形式)
N1 G20
N2 G17 G40 G80
N3 G90 G54 G00 X0 Y0 S1200 M03
N4 G43 Z0.1 H01 M08
N5 G01 Z-0.25 F8.0
N6 ...
```

在下一程序段 N6 中，刀具将从型腔中心往直径方向移动，且在运动中启动刀具半径补偿。这个运动可以通过两种方式完成：

❑ 简单的直线插补运动；

❑ 直线插补与圆弧插补的合成运动。

（3）直线渐近

从型腔中心开始的直线插补可以沿任何方向运动，但朝向象限点的运动方向要实用得多。本例中选择沿 Y 轴正方向运动，也就是 90°位置。

运动过程中，启动在顺铣模式下使用的 G41 刀具半径补偿，随后刀具完成 360°的圆周运动，并以直线运动返回中心点，返回运动中取消半径补偿。图 33-13 所示为刀具路径。

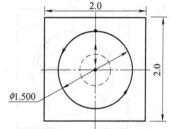

图 33-13　圆柱型腔铣削的
直线渐近（程序 O3304）

针对上图，可编写一段程序——趋近象限点、加工整圆并返回到中心点：

```
N6 G41 Y0.75 D01 F10.0
N7 G03 J-0.75
N8 G01 G40 Y0 F15.0
```

现在刀具位于型腔中心点，而且型腔加工已完成，这时首先应该退刀，然后再返回到机床原点（G28 运动通常都是快速运动模式）：

```
N9 G28 Z-0.25 M09
N10 G91 G28 X0 Y0 M05
N11 M30
%
```

这种方法很简单，但并不总是最好的，尤其是公差和表面质量要求较高时。使用一把或多把刀具分别进行粗加工和精加工可以保证图纸中的尺寸公差。

使用直线渐近时，很可能在刀具和型腔表面接触的地方留下斑痕。当型腔或平底沉头孔加工要求并不严格时，使用直线渐近效率较高，以下是程序 O3304 的完整形式：

```
O3304 (圆柱型腔—版本 1)
N1 G20
N2 G17 G40 G80
N3 G90 G54 G00 X0 Y0 S1200 M03
N4 G43 Z0.1 H01 M08
```

```
N5 G01 Z - 0. 25 F8. 0
N6 G41 Y0. 75 D01 F10. 0
N7 G03 J - 0. 75
N8 G01 G40 Y0 F15. 0
N9 G28 Z - 0. 25 M09
N10 G91 G28 X0 Y0 M05
N11 M30
%
```

圆柱型腔的另一种编程方法更为实用，它可以保证更好的表面质量和公差范围，该方法不再使用简单的直线运动，而是采用直线-圆弧合成运动。

（4）直线和圆弧插补渐近

这种方法将改变切削运动，理论上型腔中心点与型腔加工起始点之间为一段半圆运动，这只有在不使用刀具半径偏置时才有可能。实际上，有些控制器使用圆柱型腔铣削循环 G12 或 G13（见本节稍后的例子）来完成该运动，在 Fanuc 控制器中具有用户宏选项，因此可以开发 G12 或 G13 圆柱型腔铣削循环，否则只能逐步编写该运动。

因为需要使用半径偏置来保证公差，而它又不能在圆弧运动中启动，因此首先还需要使用直线运动来启动刀具半径偏置，然后才编写圆弧导入运动。完成型腔加工后，采取相反的运动步骤，并且在直线返回运动中取消半径补偿。渐近圆弧半径的计算方法与前面介绍过的相同，图 33-14 所示为刀具路径。

本例中使用的渐近圆弧半径为 0.625，大于刀具半径（0.3125）并小于型腔半径（0.750）的半径都是正确的。程序 O3305 是图 33-14 的补充：

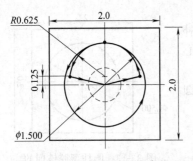

图 33-14 圆柱型腔铣削的直线和
圆弧合成运动（程序 O3305）

```
O3305（圆柱型腔—版本 2）
N1 G20
N2 G17 G40 G80
N3 G90 G54 G00 X0 Y0 S1200 M03
N4 G43 Z0. 1 H01 M08
N5 G01 Z - 0. 25 F8. 0
N6 G41 X0. 625 Y0. 125 D01 G10. 0
N7 G03 X0 Y0. 75 R0. 625
N8 J - 0. 75
```

```
N9 X - 0. 625 Y0. 125 R0. 625
N10 G01 G40 X0 Y0 F15. 0
N11 G28 Z - 0. 25 M09
N12 G91 G28 X0 Y0 M05
N13 M30
%
```

这种编程方法比直线渐近更好，该方法的编程并不困难，部分上是因为刀具运动的对称性，实际上它可以也应该作为所有内部（甚至是外部）轮廓精加工的渐近方法。

（5）圆柱型腔粗加工

通常圆柱型腔较大，给定的刀具不可能通过单次切削保证底部的整洁，这时就需要先使用粗加工去除所有过多的材料，然后再进行精加工。一些控制器有特殊的循环，例如螺旋型腔加工，在 Fanuc 控制器中，用户还可以通过用户宏创建循环。

下面仍使用图 33-11 中的型腔，但使用 ϕ0.375 刀具加工，如图 33-15 所示。

如果仍然采用前面的方法，ϕ0.375 立铣刀不能清理型腔底部。粗加工方法如图 33-15 所示，Q 值为步距值，它根据步数 N、刀具半径 TLR 和精加工余量 S 计算得到。

计算方法与矩形型腔相同，而且所需步距值也可通过选择适当的切削次数得到。

程序 O3306 使用三个步距，通过以下公式计算：

$$Q = \frac{R - \text{TLR} - S}{N}$$

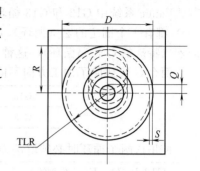

图 33-15　圆柱型腔粗加工
（程序 O3306）

式中　Q——两次切削之间的步距；

　　　R——型腔半径（型腔直径/2）；

　　TLR——刀具半径（刀具直径/2）；

　　　S——精加工余量；

　　　N——切削次数。

本例中各值为：

⊃实例：

$R=1.5/2=0.75$　　　　　　　　　直径 $D=1.5$

$\text{TLR}=0.375/2=0.1875$

$S=0.025$

$N=3$

使用上面的公式可以得出：

$$Q=(0.75-0.1875-0.025)/3=0.1792$$

最终的粗加工程序很简单，这里不需要刀具半径偏置。注意使用增量模式 G91 的好处，它使得 G01 直线插补模式下的步距 Q 清楚易见；后面每一个程序段都包含向量 J 来加工完整的圆周，每一个圆周半径（J）的增量都是步距 Q：

```
O3306（圆柱型腔粗加工）
N1 G20
N2 G17 G40 G80
N3 G90 G54 G00 X0 Y0 S1500 M03
N4 G43 Z0. 1 H01 M08
N5 G01 Z-0. 25 F7. 0
N6 G91 Y0. 1792 F10. 0          （步距 1）
N7 G03 J-0. 1792               （粗加工圆周 1）
N8 G01 Y0. 1792                （步距 2）
N9 G03 J-0. 3584               （粗加工圆周 2）
N10 G01 Y0. 1792               （步距 3）
N11 G03 J-0. 5376              （粗加工圆周 3）
N12 G90 G01 X0 F15. 0
N13 G28 Z-0. 25 M09
N14 G91 X0 Y0 M05
N15 M30
%
```

33.6　圆柱型腔加工循环

第 29 章中粗略地介绍了圆柱型腔加工循环，本章中通过两个例子来介绍循环的使用细节。Fanuc 系统中 G12 和 G13 循环并不是标准功能，拥有这两个循环的控制器（例如 Yasnac）都有一个固定的宏（循环）可供使用，Fanuc 用户可以通过客户宏选项创建他们自己的宏（特殊的 G 代码循环），这种宏的灵活性更好。注意本章最后的特别提示。

两个 G 代码除了加工方向不同外完全一样：

G12	顺时针加工圆柱型腔
G13	逆时针加工圆柱型腔

使用这两个循环时必须取消刀具半径偏置（G40），编程格式如下：

G12 I..D..F..（逆铣）

或

G13 I..D..F..（顺铣）

其中　I——型腔半径；

D——刀具半径偏置号；

F——切削进给率。

通常在型腔底面中心点开始调用循环，所有的切削运动都为圆弧运动，本例中为三次。型腔直径的起点和终点在 0°位置（3 点钟方向），如图 33-16 所示。

这里可使用图 33-11 中的例子来说明 G12 或 G13 循环，为了比较，下面给出程序 O3305，它使用 φ0.625 立铣刀：

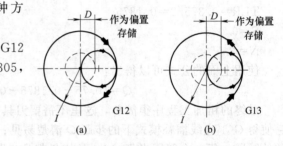

图 33-16　圆柱型腔循环 G12 和 G13

O3305（圆柱型腔—版本 2）
N1 G20
N2 G17 G40 G80
N3 G90 G54 G00 X0 Y0 S1200 M03
N4 G43 Z0.1 H01 M08
N5 G01 Z-0.25 F8.0
N6 G41 X0.625 Y0.125 D01 F10.0
N7 G03 X0 Y0.75 R0.625
N8 J-0.75
N9 X-0.625 Y0.125 R0.625
N10 G01 G40 X0 Y0 F15.0
N11 G28 Z-0.25 M09
N12 G91 G28 X0 Y0 M05
N13 M30
%

如果可以使用 G12 或 G13 循环或类似的宏功能，可以编写如下的程序 O3306，它使用相同的刀具，并采用顺铣模式：

O3306（圆柱型腔—G13 实例）
N1 G20
N2 G17 G40 G80
N3 G90 G54 G00 X0 Y0 S1200 M03
N4 G43 Z0.1 H01 M08
N5 G01 Z-0.25 F8.0

N6 G13 I0. 75 D1 F10. 0　　　　（圆柱型腔）
N7 G28 Z－0. 25 M09
N8 G91 G28 X0 Y0 M05
N9 M30
%

宏是功能非常强大的编程手段，但是本书不对它们进行讨论。特别提示：

> 对逐步开发 G12/G13 循环感兴趣的读者，可参考化学工业出版社组织翻译出版的《FANUC 数控系统用户宏程序与编程技巧》一书。

第 34 章　车削和镗削

车削和镗削涉及的内容很广，光它们就可以出一本手册了。本章只拣几个方面的内容进行介绍，其他的则在车削循环、凹槽加工、切断和单头螺纹加工中介绍。

34.1　刀具功能——车削

车削和镗削操作其实是一样的，只是实际加工中去除材料的区域不同，有时候也使用外圆车削和内圆车削分别表示车削和镗削。从编程角度来看，它们的规则本质上是相同的，当然也包括所有重大的区别。

CNC 车床上使用 T 地址对所选刀具号进行编程。与 CNC 加工中心相比，车床的刀具功能范围更广并需要其他一些细节。车削与铣削控制器之间的一个主要区别就是 CNC 车床上的 T 地址将进行实际换刀，铣削中却并不如此。标准 CNC 车床上不使用 M06 功能。

T 地址

加工中心的一个不同之处是程序中定义的 T01 刀具必须安装在 1 号刀位上，T12 刀具必须安装在 12 号刀位上，依此类推。铣刀和车刀的另一个不同之处是 T 地址的格式，车削系统的格式为 T4，更精确的表示法为 T2+2，前两个数字表示刀位号和几何尺寸偏置，后两个数字表示刀具磨损偏置，如图 34-1 所示。

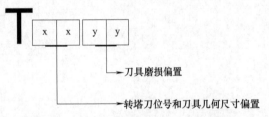

图 34-1　CNC 车床的典型刀具功能地址

Txxyy 格式中 xx 表示刀位，yy 表示磨损偏置号。例如 T0202 索引刀塔到♯2 刀位（前两位数字），它成为工作刀位（有效刀具），同时相关磨损偏置号（第二组数字）有效，除非是 00。

大多数现代 CNC 车床上，在选择刀具号（第一组数字）的同时也选择了几何尺寸偏置，这种情形下第二组数字将选择刀具磨损偏置号。刀塔上任何一个刀位号都与可用偏置范围内的偏置号相对应，大多数应用中，对于任何选择的刀具只有一个刀具偏置号有效。这种情形下，偏置和刀具使用相同的编号是明智的，这样可以使操作人员的工作更加容易。

考虑下面几种选择：

G00 T0214　　　　02 号刀位，14 号磨损偏置
G00 T1105　　　　11 号刀位，05 号磨损偏置
G00 T0404　　　　04 号刀位，04 号磨损偏置

从技术上说，以上几种选择都是正确的，但推荐使用最后一种格式。当同一程序中使用多把刀具时，如果偏置号不与刀位号相对应，则很容易引起混淆。只有一种情形下偏置号不可能与刀具号保持一致，那就是同一把刀具使用两个或两个以上偏置时，例如使用 T0202 表示第一个磨损偏置，T0222 表示第二个磨损偏置。

刀具功能中刀具号的第一个零可以省略，但磨损偏置号不能省略，T0202 与 T202 的含

义一样，但如果省略磨损偏置的第一个零就会出现错误：

　　T22 表示 T0022，它是一个非法格式。

　　总之，刀座上有效的刀位由刀具功能指令的前一组数字编程，磨损偏置号则由后一组数字编程：

　　G00 T0404

　　最好不要使用前零省略格式，而是使用刀具功能的完整格式，就如上面所示的那样，本手册所有例子中都使用完整的刀具功能。

34. 2　车床偏置

　　前面介绍刀具功能的章节中对刀具偏置进行了一些介绍，它是车削系统中的重要功能，因此下面对它的回顾是有益的。

　　几何尺寸偏置为每一把刀具从刀具参考点到程序原点之间的距离（Z 轴方向的距离以及 X 轴方向的直径存储值都为负）如图 34-2 所示。

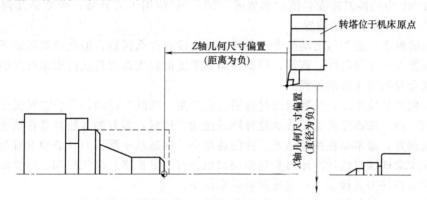

图 34-2　几何尺寸偏置是刀具参考点到程序原点的距离（沿轴测量）

几何尺寸偏置定义刀具相对于程序原点的位置。

磨损偏置用于微调尺寸。

　　展示刀具磨损偏置重要性的最好方法就是考虑一个不使用磨损偏置的程序。程序中所有尺寸都是基于图纸的理想值，且不考虑刀片公差和刀具磨损，工件加工中刀具实际尺寸的任何偏离都会引起错误的尺寸，这一点在公差要求较高的场合非常重要，因此需要采用刀具磨损偏置对实际加工尺寸进行微调。

　　刀具磨损偏置的目的是调整编程尺寸与工件上实际刀具位置之间的差。如果控制器不能使用磨损偏置，那么只能通过几何尺寸偏置来进行调整。

　　(1) 偏置输入

　　可以使用两种不同方法将刀具偏置号输入到程序中：

　　❑ 独立于刀具运动的指令；

　　❑ 与刀具运动同时使用的指令。

　　(2) 独立的刀具偏置

　　作为程序中独立的偏置输入，刀具偏置与刀具检索同时使用：

　　N34 G00 T0202

　　该指令通常编写在每把刀具的第一个程序段中（在安全间隙位置）。如果使用老式 G50

位置寄存器，偏置编写在坐标寄存程序段中或紧随其后。此时刀具仍在检索位置，当刀具偏置被激活时，存储在偏置寄存器中的偏置值会促使它运动。注意刀具功能前的准备功能 G00，该指令非常重要，因为它使刀具进行偏置运动，G00 对第一把刀尤其重要。第 5 章中介绍了打开电源时控制器的状态，控制系统启动时的默认指令为 G01（直线插补），因此必须指定进给率，然而如果编写 T0202 F0.025 则有点荒谬，尽管它是正确的，这里快速运动更为实用，所以不应该依赖控制器状态，而应该编写 G00 指令激活偏置。

（3）运动中的刀具偏置

第二种方法是在刀具运动时使用磨损偏置，通常在刀具趋近工件的运动中。这是相对较好的方法，下面两个例子所示为车削系统中 T 功能的推荐编程方法。T 功能中第二组数字大于等于 01 时偏置有效：

```
N1 G20 T0100
N2 G96 S300 M03
N3 G00 X..Z.T0101 M08
...
```

程序段 N1 中的换刀并没有使用偏置号（00），只使用了刀具号，也就是几何尺寸偏置号，程序段 N3 中开始应用偏置。

大多数情形下，是否与运动指令一起激活偏置没有什么区别，但在没有运动指令的情形下，编写偏置有一些局限性，例如，假如存储的偏置值较大而刀具从机床原点开始运动，这类编程可能会导致机床运动超程。

甚至在偏置值较小时，偏置激活时转塔也会产生"跳跃"运动，尽管它对机床并不会产生什么负面，但一些程序员也不喜欢这种跳跃运动。这时，最好的方法就是在快速运动中激活刀具磨损偏置，通常是在快速趋近工件的运动中。在运动中激活刀具磨损偏置时有一个重要考虑，在本章前面曾说过车床刀具功能同时也进行刀具检索，毫无疑问，这里要避免与刀具运动同步进行的刀具检索——它可能会带来危险。

最好的方法是只使用刀具检索开始刀具运动，而不编写磨损偏置。

```
N34 T0202 M42
```

上面的例子将寄存 2 号刀具的坐标设置，同时检索 2 号刀具到工作位置，但并不激活任何偏置（T0200 表示检索 2 号刀具，但不使用刀具磨损偏置），如果需要，还可以添加齿轮速比范围功能。该程序段后通常紧跟选择主轴转速以及快速趋近靠近工件第一位置的程序段，趋近第一位置的过程中激活刀具磨损偏置：

```
N34 T0200 M42
N35 G96 S190 M03
N36 G00 G41 X12.0 Z0 T0202 M08
N37 G01 X1.6 F0.008
...
```

在包含刀具检索且零磨损偏置输入的程序段中，不需要使用 G00 指令。在运动中使用刀具偏置的好处是消除了刀具的跳跃运动，此外即使在磨损偏置较大的情形下也不会发生超程。磨损偏置会延长或缩短编程的快速趋近运动，这取决于存储的实际偏置值。

通常，在快速趋近运动中或在它之前输入刀具磨损偏置寄存号。

（4）偏置改变

大多数车床程序中每把刀具都需要一个偏置，但是在某些情形下，如果同一把刀具使用两个或两个以上的偏置比较有益。毋庸置疑，某一时刻只有一个偏置有效，但为当前偏置变换到同一把刀具的另一偏置提供了较大的灵活性，当要保证单个直径或轴肩长度的确切加工公差时，这一方法尤其有用，这就要求在不取消原偏置的情形下编写一个新的偏置。实际上在各偏置之间相互转换的方法更可取，原因很简单——任何偏置变换只在实际加工过程中有用，且在加工过程中取消偏置很不安全。这一点很重要，它在很大程度上属于有待探究的编程技术，一些详细实例将证明这一点。

34.3　多重偏置

CNC 车床上大多数加工都需要较高的精度，即满足图纸中指定的公差范围，并且这些范围经常变化。由于每把刀具使用一个偏置并不足以保证这些公差，因此每把刀具需要两个或两个以上的偏置。

下面三个例子有助于对多重偏置这一先进内容的全面了解，三个例子使用相同的图纸，只有公差不一样。

任务很简单——编程并加工三个直径，同时保证所需尺寸公差。首先有一条规则——程序不使用 X 或 Z 值的中间公差。这样一来，如果工程师或设计人员改变公差时，对程序的更改便困难得多了。

图中共有三类公差：直径公差；轴肩（端面）公差；直径和轴肩公差。

（1）常规趋近

以下三个实例所给出的公差值只适用于培训，实际使用时要小得多。实例中所有倒角公差为 ± 0.010，未指定公差为 ± 0.005，这可保证工件同心度，所用材料为 $\phi 1.5$in 铝棒且使用下面三把刀具：

T01	用于端面加工和外圆粗加工
T03	用于精加工外圆
T05	0.125 宽的切断刀

程序员的个人编程技巧决定了最终结果——在程序中编写几种偏置以及在哪输入。CNC 操作人员必须存储各偏置的正确值。任何工作的主要目的是在加工中而不是在编程中得到公差中值。

（2）直径公差

图 34-3 所示的零件图只给出了各直径公差。

编程方法是在精加工中使用两个偏置，例如 T0313 和 T0314，必须在加工前在控制器中设置正确的偏置值，以下为理想的公差中值：

13 $X-0.003$ $Z0.000$

14 $X+0.003$ $Z0.000$

注意两个磨损偏置中 Z 偏置（控制轴肩长度）必须相等。

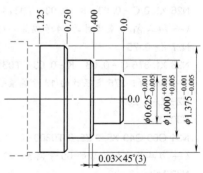

图 34-3　多重偏置（直径实例，程序 O3401）

下面是完整的程序（O3401）：

O3401

（$\phi 1.5$ 铝棒料——从夹头表面伸出部分长 1.5）

（T01—端面加工和外圆粗车）

N1 G20

N2 G50 S3000 T0100

N3 G96 S500 M03

N4 G00 G41 X1.7 Z0 T0101 M08

N5 G01 X－0.07 F0.005

N6 Z0.1

N7 G00 G42 X1.55

N8 G71 U0.1 R0.02

N9 G71 P10 Q17 U0.04 W0.004 F0.01

N10 G00 X0.365

N11 G01 X0.625 Z－0.03 F0.003

N12 Z－0.4

N13 X1.0 C－0.03 （K－0.03）

N14 Z－0.75

N15 X1.375 C－0.03 （K－0.03）

N16 Z－1.255

N17 U0.2

N18 G00 G40 X5.0 Z5.0 T0100

N19 M01

（T03—外圆精车）

N20 G50 S3500 T0300

（----刀具开始加工时的 00 号偏置----）

N21 G96 S750 M03

N22 G00 G42 X1.7 Z0.1 T0313 M08

（----加工 φ0.625 直径时的 13 号偏置----）

N23 X0.365

N24 G01 X0.625 Z－0.03 F0.002

N25 Z－0.4

N26 X1.0 C－0.03 （K－0.03） T0314

（----加工 φ1.0 直径时的 14 号偏置----）

N27 Z－0.75

N28 X1.375 C－0.03 （K－0.03） T0313

（----加工 φ1.375 直径时的 13 号偏置----）

N29 Z－1.255

N30 U0.2

N31 G00 G40 X5.0 Z5.0 T0300

（----刀具结束加工后的 00 号偏置----）

N32 M01

（T05—0.125 宽的切断刀）

N33 T0500

N34 G97 S2000 M03

N35 G00 X1.7 Z－1.255 T0505 M08

N36 G01 X1.2 F0.002

N37 G00 X1.45

N38 Z－1.1825

N39 G01 X1.315 Z－1.25 F0.001

N40 X-0.02 F0.0015

N41 G00 X5.0

N42 Z5.0 T0500 M09

N43 M30

%

　　以上就是使用所有三种所需刀具的完整程序。因为后面例子中的 T01 和 T05 都不改变，因此从现在起只介绍与 T03 相关的内容。

　　（3）轴肩公差

　　图 34-4 所示零件图基本跟前面一样，图中只给出了各轴肩的公差。

　　编程方法是在精加工中使用两个偏置，例如 T0313 和 T0314，必须在加工前在控制器中设置正确的偏置值，以下为理想的公差中值：

　　13 $X0.0000$ $Z+0.0030$

　　14 $X0.0000$ $Z-0.0030$

　　注意这种情形下，两个偏置中的 X 偏置（控制直径尺寸）必须相等。以下是程序 O3402 中与 T03 相关的部分：

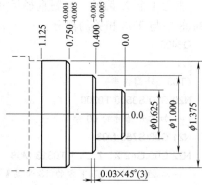

图 34-4　多重偏置（轴肩
实例，程序 O3402）

O3402

...

（T03—外圆精车）

N20 G50 S3500 T0300

（----刀具开始加工时的 00 号偏置----）

N21 G96 S750 M03

N22 G00 G42 X1.7 Z0.1 T0313 M08

（----加工 0.4 轴肩时的 13 号偏置----）

N23 X0.365

N24 G01 X0.625 Z-0.03 F0.002

N25 Z-0.4

N26 X1.0 C-0.03（K-0.03）

N27 Z-0.75 T0314

（----加工 0.75 轴肩时的 14 号偏置----）

N28 X1.375 C-0.03（K-0.03）

N29 Z-1.255

N30 U0.2

N31 G00 G40 X5.0 Z5.0 T0300

（----刀具结束加工后的 00 号偏置----）

N32 M01

...

　　（4）直径和轴肩公差

　　图 34-5 所示零件图基本跟前面一样，图中给出了工件各直径和轴肩的公差。

　　编程方法是在精加工中使用四个偏置，例如 T0313、T0314、T0315 和 T0316，必须在加工前在控

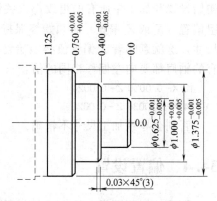

图 34-5　多重偏置（直径和
轴肩，程序 O3403）

制器中设置正确的偏置值，以下为理想的公差中值：

    13 X－0. 0030 Z＋ 0. 0030

    14 X＋ 0. 0030 Z＋ 0. 0030

    15 X＋ 0. 0030 Z－0. 0030

    16 X－0. 0030 Z－0. 0030

    这个例子最全面，不仅偏置号在程序中的位置极其重要，而且输入值也非常关键。

    注意 4 个 X 偏置（控制直径尺寸）与 Z 偏置（控制轴肩尺寸）相互关联，以下是程序 O3403 中与 T03 相关的部分：

    O3403

    ...

    （T03—外圆精车）

    N20 G50 S3500 T0300

    （----加工开始时的 00 号偏置----）

    N21 G96 S750 M03

    N22 G00 G42 X1. 7 Z0. 1 T0313 M08

    （----从 Z0 上方到 Z0 下方的 13 号偏置----）

    N23 X0. 365

    N24 G01 X0. 625 Z－0. 03 F0. 002

    N25 Z－0. 4

    N26 X1. 0 C－0. 03（K－0. 03）T0314

    （----从 X 0 下方到 X 0 上方的 14 号偏置----）

    N27 Z－0. 75 T0315

    （----从 Z0 下方到 Z0 上方的 15 号偏置----）

    N28 X1. 375 C－0. 03（K－0. 03）T0316

    （----从 X 0 上方到 X 0 下方的 16 号偏置----）

    N29 Z－1. 255

    N30 U0. 2

    N31 G00 G40 X5. 0 Z5. 0 T0300

    （----刀具结束加工后的 00 号偏置----）

    N32 M01

    ...

    CNC 操作人员必须清楚地了解程序中的多重偏置以及程序员使用它们的原因。偏置的初始设置和加工中所有的更改都很关键，从前两个程序 O3401 和 O3402 中可以看出，有一组偏置（X 或 Z 偏置）必须始终保持一致。例如程序 O3401 中 13 号和 14 号偏置控制直径尺寸，这就意味着 Z 偏置值必须始终相等！也就是说如果轴肩需要向左偏移 0.002，那么所有的轴肩都要向左偏移相同的值：

    13 X－0. 0030 Z－0. 0020

    14 X＋ 0. 0030 Z－0. 0020

    否则会导致加工尺寸不精确。

34. 4　偏置设置

    可通过控制面板上的一个按键选择偏置屏幕，它显示刀具几何尺寸和磨损偏置的初始值，它们是一样的，除了屏幕上方的标题。常见的屏幕输出如下（未设置偏置）：

偏置(几何尺寸)				
偏置号	X 轴	Z 轴	半径	刀尖
01	0.000	0.000	0.000	0
02	0.000	0.000	0.000	0
03	0.000	0.000	0.000	0
…	…	…	…	…

上表中 X 轴和 Z 轴通常显示为 X 和 Z，半径显示为 R，刀尖显示为 T。

第一栏是偏置号，也就是 T 地址的第一组数字（几何尺寸偏置）或第二组数字（磨损偏置），X 轴和 Z 轴两栏为输入的偏置值，R 和 T 只在使用刀尖半径偏置的情形下使用，其中 R 表示刀尖半径，T 在 Fanuc 系统中的编号是任意的，它表示刀尖定位。这部分内容已经在第 30 章中介绍过。

34.5　齿轮传动速度范围功能

许多 CNC 车床可以在不同的齿轮传动速度范围内工作，这一功能使得程序员可以等同地对待所需的主轴转速和机床功率需求，一般主轴转速越高，最大额定功率就越小，反之亦然。主轴转速的范围和相应的额定功率由机床生产厂家确定，不能更改。

根据 CNC 车床的尺寸，可以分别使用 1 种、2 种、3 种或 4 种齿轮传动速度范围。小车床或主轴转速极高的车床一般没有可编程的齿轮传动速度范围，也就是只能使用 1 种缺省的传动比。而大型车床可以使用所有 4 种齿轮传动速度范围，但相对来说最大主轴转速较低。最常见的是使用 2 种齿轮传动速度范围的车床。

齿轮传动速度范围的辅助功能包括 M41、M42、M43 和 M44：

范　　围	可用传动范围数			
	1	2	3	4
低	—	M41	M41	M41
较低	—	—	—	M42
中	—	—	M42	—
较高	—	—	—	M43
高	—	M42	M43	M44

选定齿轮传动速度范围后，就限制了主轴转速的范围，因此如果需要确切的主轴转速范围，必须找出每一范围内对应的主轴转速。大多数现代 CNC 机床上很少使用 1r/min 的速度，通常最低的主轴转速在 20～30r/min 之间，同时两种传动范围对应的转速之间通常都有较大的重叠，例如齿轮传动范围 1 的主轴转速为 20～1400r/min，范围 2 的转速为 750～2500r/min，因此需要使用两个范围内公有的主轴转速如 1000r/min 时，主轴传动速度范围选择便无所谓了，但是一般会选择较低的传动范围，这样可得到较大的功率。

下面为一个实例：

低的齿轮传动速度范围：20～1075r/min（M41）；

高的齿轮传动速度范围：70～3600r/min（M42）。

34.6　自动拐角过渡

在 CNC 车削和镗削操作中，从轴肩到外圆（或从外圆到轴肩）的切削通常需要拐角过渡。许多工程图中会指定所有需要过渡的直角拐角，但并不给出尺寸，这时便由程序员来决定，一般在 0.005～0.020in（0.125～0.500mm）之间。拐角过渡可以是 45°倒角或 90°圆角，它们的尺寸通常都很小，如果图中给出了拐角过渡尺寸，程序员可直接使用。拐角过渡加工主要出于以下三个实际原因：

❑ 功能性：考虑强度、易于装配并有一定间隙；

❑ 安全性：尖角很危险；

❑ 外观：加工后的工件外观更好。

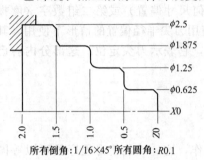

所有倒角：1/16×45° 所有圆角：R0.1

图 34-6　自动拐角过渡
实例（倒角和圆角）

在车床加工中，拐角过渡大多用在轴肩和相邻外圆之间的切削中（一根轴上的 90°切削）。起点和终点的计算并不困难，但是很费时，例如具有很多不同直径的轴加工。

图 34-6 中所示工件包含多个拐角，这时使用自动拐角过渡编程功能比较有益（但并不是图中所有拐角都可以使用）。

比较两种方法以更好地理解它们在程序中的区别，如果程序员不使用自动拐角过渡功能，那么就需要对每个轮廓转折点进行手动计算，并得到一个相当长的程序 O3404：

O3404（手动计算拐角过渡）

```
...
N51 T0100
N52 G93 S450 M03
N53 G00 G42 X0. 3 Z0. 1 T0101 M08
N54 G01 X0. 625 Z - 0. 0625 F0. 003
N55 Z - 0. 4
N56 G02 X0. 825 Z - 0. 5 R0. 1
N57 G01 X1. 125
N58 X1. 25 Z - 0. 5625
N59 Z - 0. 9
N60 G02 X1. 45 Z - 1. 0 R0. 1
N61 G01 X1. 675
N62 G03 X1. 875 Z - 1. 1 R0. 1
N63 G01 Z - 1. .4375
N64 X2. 0 Z - 1. 5
N65 X2. 375
N66 X2. 55 Z - 1. 5875
N67 U0. 2
N68 G00 G40 X10. 0 Z5. 0 T0100
N69 M01
```

这只是精加工程序（不含端面加工），从所选安全间隙 Z0.1 处开始加工，计算得出的 X 轴直径为 X0.3，每一个轮廓转折点都需要认真计算。轮廓加工结束后刀具与最大直径之间的安全间隙为 0.025，即位于 X2.55 处，计算得出 Z 轴方向位置为 Z−1.5875。

但是手动计算很容易出错，例如这类编程中的一个常见错误就是 X 轴的目标值，车削中很容易忘记将倒角和半径值乘以 2（或在钻孔中除以 2）。这样程序段 N56 会变成：

N56 G02 X0. 725 Z - 0. 5 R0. 1　　　（X 轴数据错误）

正确的程序段为：

N56 G02 X0. 825 Z - 0. 5 R0. 1　　　(X轴数据正确)

记住，X 数据为直径值，因此要实现自动拐角过渡，必须注意程序中的有关数据。

在 Fanuc 控制系统中，有两种与自动拐角过渡相关的编程方法：

❑ 倒角方法　　45°倒角；

❑ 圆角方法　　90°圆角。

这两种方法的工作方式类似，同时也需要遵循一定的规则。

（1）45°倒角

自动倒角通常在 G01 模式下进行，它需要使用两个特殊的向量 I 和 K，有些控制器中则使用 C 向量。

自动倒角操作中，I 和 K 向量分别表示倒角的方向和切削量：

> I 向量表示倒角从 X 轴开始，指向 $X+Z-$、$X-Z-$、$X+Z+$、$X-Z+$ 方向。

> K 向量表示倒角从 Z 轴开始，指向 $Z-X+$、$Z-X-$、$Z+X+$、$Z+X-$ 方向。

I、K 向量的定义如图 34-7 所示。

控制系统读到包含倒角向量 I 或 K 的程序段时，会根据程序中指定的 I 或 K 的值自动缩短有效的编程刀具路径长度。如果不确定自动倒角是否该编写 I 或 K 向量，可以参考上面的例图或应用以下规则：

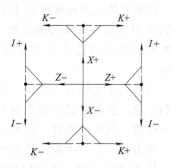

刀具运动顺序为外圆—倒角—轴肩时，向量 I 表示倒角值和运动方向，也就是说在倒角前沿 Z 轴运动，倒角方向只能由 Z 轴指向 X 轴：

G01 Z - 1. 75 I0. 125　　(沿 Z 轴方向加工)

X4. 0　　　　　　　(倒角后沿 X 轴方向加工)

图 34-7　自动倒角中的 I 和 K 向量

刀具运动顺序为轴肩—倒角—外圆时，向量 K 表示倒角值和运动方向，也就是说在倒角前沿 X 轴运动，倒角方向只能由 X 轴指向 Z 轴：

G01 X2. 0 K - 0. 125　　(沿 X 轴方向加工)

Z - 3. 0　　　　　　　(倒角后沿 Z 轴方向加工)

两种情形下 I 或 K 向量的符号决定了倒角的加工方向：

❑ I 或 K 向量的正值表示倒角方向为倒角程序段中未指定轴的正方向；

❑ I 或 K 向量的负值表示倒角方向为倒角程序段中未指定轴的负方向。

I 和 K 指令的值为单边值（即半径值，而不是直径值）。

许多最新的控制系统使用向量 $C+$ 和 $C-$ 来替代 $I+$ 和 $I-$ 以及 $K+$ 和 $K-$ 向量，如图 34-8 所示。这是非常简单的编程方法，它的应用跟前面介绍过的过渡半径 R 相同，这与轴向量的选择没什么区别，就跟前面指定的一样：

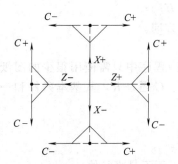

图 34-8　自动倒角中的 C 向量

❑ 使用 C 向量

... 倒角从 X 轴开始，指向 $X+Z-$、$X-Z-$、$X+Z+$ 或 $X-Z+$ 方向

或

... 倒角从 Z 轴开始，指向 $Z-X+$、$Z-X-$、$Z+X+$ 或 $Z+X-$ 方向

如果控制单元可以使用 $C+$ 或 $C-$ 向量，编程要容易得多，如果前面两个例子使用 C 向量：

G01 Z-1.75 C0.125　　（沿 **Z** 轴方向加工）

X4.0　　　　　　　　　（倒角后沿 **X** 轴方向加工）

G01 X2.0 C-0.125　　（沿 **X** 轴方向加工）

Z-3.0　　　　　　　　（倒角后沿 **Z** 轴方向加工）

与 I、K 向量一样，C 向量也为单边值，而不是直径值。

（2）90°圆角

外圆和轴肩之间的圆角与45°自动倒角加工的编程方法类似，它也只能在 G01 模式下进行！它只使用特殊向量 R，来指定半径的方向和大小：

❑ 使用 R 向量

... 圆角从 X 轴开始，指向 $X+Z-$、$X-Z-$、$X+Z+$ 或 $X-Z+$ 方向

或

... 圆角从 Z 轴开始，指向 $Z-X+$、$Z-X-$、$Z+X+$ 或 $Z+X-$ 方向

R 向量的定义如图 34-9 所示。

控制系统读到包含向量 R 的程序段时，会根据程序中指定的 R 值自动缩短有效的编程刀具路径长度。如果不确定自动圆角是否该使用 R 向量，可参照上面的例图或应用以下规则：

切削顺序为轴肩—圆角—外圆时，向量 R 表示半径的大小和方向，也就是说在圆角前刀具沿 X 轴运动。如果运动顺序为外圆—圆角—轴肩，也可以使用相同的向量表示半径的大小和方向，它意味着在圆角前刀具沿 Z 轴运动。

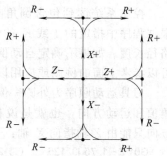

图 34-9　自动圆角中的
向量 R（过渡半径）

使用 R 向量时，半径偏差可以从 X 轴指向 Z 轴：

G01 X2.0 R-0.125　　（沿 **X** 轴方向加工）

Z-3.0　　　　　　　　（圆角后沿 **Z** 轴方向加工）

使用 R 向量时，半径偏差也可以从 Z 轴指向 X 轴：

G01 Z-1.75 R0.125　　（沿 **Z** 轴方向切削）

X4.0　　　　　　　　　（圆角后沿 **X** 轴方向加工）

两种情形下，R 值的符号决定了坐标系中的半径加工方向：

❑ R 向量为正则表示圆角方向为该程序段中未指定轴的正方向；

❑ R 向量为负则表示圆角方向为该程序段中未指定轴的负方向。

（3）编程条件

自动拐角过渡使得现代 CNC 车床上的编程更为容易，因为程序中只需使用很少的图纸尺寸且不需要手动计算外圆。不论程序中使用的向量为 I、K、C 还是 R，其基本条件和一般规则是相似的：

❑ 倒角或圆角必须在同一个象限内（只有90°）；

❑ 轴肩和外圆之间的倒角必须为45°，圆角必须为90°；

❑ 向量 I、K、C 和 R 通常都是单边值，也就是每侧的值，而不是直径值；

❑ 圆角或倒角前、后的切削方向必须相互垂直；

❑ 倒角或圆角后的切削方向必须只沿一根轴，长度大于等于倒角的长度或圆角半径；

❑ 倒角和圆角都在 G01 模式（直线插补模式）下进行；

❑ 编写 CNC 程序时，只需要图纸中已知的交点（也就是轴肩和外圆之间的点）。

这些规则对 CNC 车床上的车削与钻孔操作都适用，仔细研究它们，以避免可能在机床上出现的问题。

（4）编程实例

以下程序 O3405 中同时使用了倒角和圆角向量，这里仍使用图 34-6 中所示的零件图。

为了认识这两种编程方法（从技术角度上看都正确）的区别，可将该程序与程序 O3404 进行比较，程序中仍使用 I 和 K 向量，因为它们比 C 向量复杂：

```
O3405（使用自动拐角过渡）
...
N51 T0100
N52 G96 S450 M03
N53 G00 G42 X0.3 Z0.1 T0101 M08
N54 G01 X0.625 Z-0.0625 F0.003
N55 Z-0.5 R0.1
N56 X1.25 K-0.0625
N57 Z-1.0 R0.1
N58 X1.875 R-0.1
N59 Z-1.5 I0.0625
N60 X2.375
N61 X2.55 Z-1.5875
N62 U0.2
N63 G00 G40 X10.0 Z5.0 T0100
N64 M01
```

相对而言，它比前面的程序少了 5 个程序段，这至少很小的一个优点，真正的好处就是程序中略去了所有的 G02、G03 以及轮廓转折点和中心点的计算。

除了轮廓的起点和终点，这种编程方法极大地改善了程序开发，并使得程序可以在加工过程中更快且更容易修改，如果图纸中需要改变某个倒角和圆角的尺寸，只要改变程序中的一个值就行，而不需要重新计算，当然它也必须遵循前面介绍过的规则和条件。自动拐角过渡的主要优点就是易于修改和不需要手动计算。

34.7　粗加工和精加工

CNC 车床上使用各种加工循环切除材料，这将在下一章中详细介绍。这些循环需要根据加工常识输入数据，比如切削深度、毛坯余量、主轴转速和进给速度等。

粗加工和精加工通常需要使用代数公式和三角函数进行手动计算，这些计算应该在单独的纸张上而不是图纸上进行，这样才能更好地组织工作，同时如果稍后需要对它进行修改（例如，修改一个工程设计），也更容易查询。

（1）粗加工

车床上的粗加工（也可称为粗车后粗镗）去除几乎所有的多余材料，它并不能得到较高的精度，那也不是它的目的。粗加工的主要目的是有效去除所有不需要的毛坯余量，也就是说以很快的速度切削且在所有地方留下均匀的精加工余量。粗加工刀具的强度较大，通常使用大的刀尖半径，它们通常在很高的切削进给速度下进行强力切削。适合粗加工的常见菱形刀具为 80°刀片（有 2＋2 个切削角）和三角形刀片（有 3＋3 个切削角）。2＋2 或 3＋3 表示

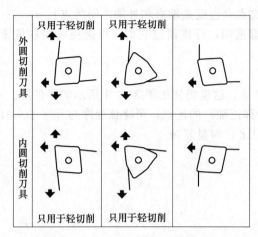

图 34-10　粗加工的刀具定位与切削方向

刀片的每侧有 2 个或 3 个切削刃，但并不是所有刀片的两侧都可以使用。图 34-10 所示为一些常见的刀具以及粗车和粗镗的定位。

尽管许多刀具可以在多个方向上进行编程，但是有些方向并不推荐使用，或只用于轻切削或中轻切削中。

实际上，要始终遵循一条基本规则，它适用于所有机床：

> 重切削一定要在轻切削之前进行。

该基本规则意味着所有粗加工必须在第一次精加工前完成，原因是在完成一定的精加工后再进行粗加工时，可能会移动材料，所以必须防止。

例如外圆和内圆均需要进行粗加工和精加工，如果将以上规则应用到这些操作中，则首先粗加工外圆，然后再粗加工内圆，最后才进行精加工。但是先进行外圆粗加工还是内圆粗加工无关紧要，只要它们在精加工前完成就行。

通常在第一次切削中，如果切削深度足够大且切削半径在材料表层下，则可以尽量减小刀具磨损。对于大部分材料，冷却液是必需的，且一定要在刀具接触工件之前使用。

（2）精加工

精加工是最后的切削运动，它通常在大部分毛坯切除完以后，即只剩下很小的余量时进行。切削刀具的刀尖半径较小，而且为了得到较好的表面质量，通常使用较高的主轴转速和较低的切削进给速度。

精加工也可以使用多种刀具，但是最常见的是两种菱形刀片，即 55°和 35°的菱形刀片，图 34-11 所示为它们的形状、常见定位以及切削方向。

注意刀具的一些切削方向只用在轻切削或中轻切削中，原因与刀具在指定方向去除材料（毛坯）的量有关。

（3）毛坯和毛坯余量

所加工的材料称为毛坯。刀具在毛坯上去除材料以得到所需形状时，每次只能切除一定的量，刀片的

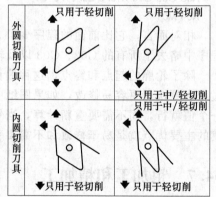

图 34-11　常见车刀的精加工定位与切削方向

形状、朝工件的定位和切削方向以及它的尺寸和厚度都在很大程度上影响毛坯的切削量，这在半精加工和精加工中非常重要。毛坯余量是指定留作精加工的切削量，过大或过小都会影响工件的精度和表面质量。同时不仅要考虑整个工件的毛坯余量，还要单独考虑 X 和 Z 轴方向的毛坯余量。

以前有一个默认的规则，通常 X 轴方向（即直径加工）的余量等于或稍大于精加工刀具的半径，例如精加工刀具刀尖半径为 0.031in（0.80mm），那么所留的余量为 0.030～0.040（大约 1mm）之间。实际上余量指的是单边尺寸，而不是直径！

Z 轴方向（通常为轴肩加工）的余量更加关键。如果刀具只沿 X 轴正方向（车削）或

负方向（钻孔）切削，刀具的前角为 $3°\sim5°$，那么所留的余量不要超过 $0.003\sim0.006$in（$0.080\sim0.150$mm）。如图 34-12 所示为特定切削方向上毛坯余量过大时的后果以及解决方法。

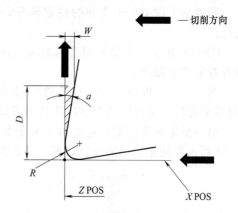

图 34-12　毛坯余量 W 对切削深度 D 的影响

图中，Z 位置（POS）表面实际切削深度 D 由毛坯余量 W 决定，可使用以下公式计算深度 D：

$$D=\tan\frac{A}{2}\times R+\frac{W}{\tan A}+R$$

式中　D——实际切削深度；

　　　A——刀片前角；

　　　R——刀片半径；

　　　W——精加工余量；

X 位置——X 轴目标坐标；

Z 位置——Z 轴目标坐标。

以上讨论同样适用于镗削操作，只是 X 轴方向相反。为了更好地理解表面上所留毛坯过大时所带来的后果，可以考虑下面的例子：

⮑ 实例：

表面上留下的毛坯余量为 0.030，刀具半径为 0.031，刀具前角为 3°，即：

$W=0.030$，$R=0.031$，$A=3°$

所以使用上面的公式，可以算出切削深度 D：

$$D=\tan3°/2\times0.031+0.030/\tan3°+0.031=0.60425$$

如果使用的刀片具有 $\phi0.500$ 的内切圆（比如 DNMG-432），那么实际切削深度 0.60425 远远大于合理的值！

由于前面说过，该值不应大于 0.006，所以需要重新计算 $W=0.006$ 时的最大切削深度：

$$D=\tan3°/2\times0.031+0.006/\tan3°+0.031=0.14630$$

这个值比较合理，而且也可以使用 Z 轴方向的毛坯余量 0.006。如果在 X 相反方向或未指定方向上加工端面，毛坯余量要比这里大得多，通常接近刀具半径。

34.8　凹槽编程

CNC 车床编程的另一个重要方面是改变切削方向，通常刀具运动方向的起点为：

❏ 外部加工为正 X 方向

… 和/或 …

外部加工为负 Z 方向；

❏ 内部加工为负 X 方向

… 和/或 …

内部加工为正 Z 方向。

CNC 编程中也使用背车或背镗操作，但这些都是最常见加工的相关或非常少见的变更。在 CNC 车床上最常见的加工中，加工方向在单根轴上的任何改变都将产生切削不足、空腔或更为常见的凹槽。

凹槽是工件上用于底切的特定部分，例如使配合件与轴肩、端面或已加工工件的表面配合。

CNC 车床上，只要使用适当的切削深度和后角，凹槽可以使用任何刀具来加工。以下便看看第二个需求。

图 34-13 为辊轴简图。在工件中部 $\phi1.029$ 和 $\phi0.939$ 之间有一个凹槽，需要通过计算（而不是猜测）来确定加工该槽所使用刀具的最大后角。

第一步是研究图纸，它给出了原始数据。这里需要计算各直径和各凹槽半径的差，图 34-14 所示为图纸提供的所有数据（角 b 除外）。

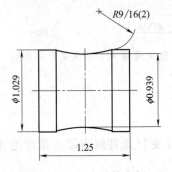

图 34-13　后角计算实例

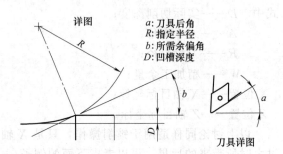

图 34-14　计算角 b 所需的数据

b 的计算使用三角公式，首先计算槽深 D，它就是两个直径之差的一半。

$$D=\frac{较大直径-较小直径}{2}$$

得到凹槽深度 D 以后，便可使用以下公式计算 b：

$$b=\arccos\frac{R-D}{R}$$

例如：

$$b=\arccos\frac{0.5625-0.045}{0.5625}=23.07392$$

实际加工中选择的刀具后角 a 应大于计算出的 b 值。如该例中所需后角为 23.07°，可以选择 55°（后角为 30°～32°）或 35°（后角为 50°～52°）菱形刀具，两者都大于计算出来的最小后角。刀具的实际后角由生产厂家决定，所以可参阅刀具目录。

不论使用固定循环还是逐步编程，这类计算对于任何凹槽和特殊的间隙都很重要。本例只展示了一种可能性，但是在所有需要后角的计算中都可以使用。

34.9　CSS 模式下的主轴转速

CSS 表示恒定表面速度。该功能根据程序中输入的表面速度持续计算主轴转速（r/min），表面速度的单位为 in/min（英制）或 m/min（公制）。

程序中恒定表面速度使用 G96 准备功能，每分钟转数使用 G97 准备功能。

CSS 功能是控制系统中很重要的一项功能，没有它 CNC 技术将倒退数年。与这项功能相关有一个容易被忽略或至少不会认真考虑的小问题，下面通过一个例子来介绍它。

该程序实例在趋近工件的开头部分只有几个程序段，但它为后面要考虑的问题提供了足够的数据。

O3406
N1 G20 T0100
N2 G96 S450 M03
N3 G00 G41 X0. 7 Z0 T0101 M08
N4 ...

问题是：执行程序段 N2 时的实际主轴转速（r/min）是多少？当然这时还不能确定主轴转速，除非当前直径（刀具所在位置的直径）也已知。控制系统始终跟踪当前刀具位置，所以在执行程序段 N2 时，可以根据存储在控制系统中的几何尺寸偏置（当前直径）来计算主轴转速，例如取当前直径为 23.5 或 X23.5。

已知表面速度为 450ft/min，当前直径为 ϕ23.5，根据标准的转速公式，可以得出主轴转速为 73r/min。下一个程序段 N3 中，刀具所在位置直径为 X0.700（X0.7），它更接近工件，根据标准公式，该位置的主轴转速为 2455r/min，该速度相当快但同时也是正确的。有什么问题？并不是每台机床都会出现问题，但一旦出现问题，可通过下面的方法解决。

这一可能出现的问题与 ϕ23.5 到 ϕ0.700 的快速运动有关，每侧的实际运动距离为 （23.5－0.700）/2＝11.400。在这个过程中刀具移动 11.400in，同时主轴转速从 73r/min 增加到 2455r/min，根据控制系统以及它处理这类情形的方式，主轴可能会以较低的速度开始加工，而不是所预期的那样。

如果确实发生这种情形并出现了问题，唯一的办法是在刀具趋近运动前直接编写所预期的主轴转速，然后再切换到恒定表面速度（CSS）模式下并继续加工。

O3407
N1 G20 T0100
N2 G97 S2455 M03　　　　　　　（预先设置主轴转速）
N3 G00 G41 X0. 7 Z0 T0101 M08
N4 G96 S450 M03
N5 ...

程序段 N2 中，在刀具接触工件之前主轴达到预期的转数，程序段 N3 中刀具移动到切削起点，此时主轴转速仍为最大值。一旦达到 X 轴方向的目标位置（程序段 N3），相应的 CSS 模式在所有后续加工中有效。

本例并不能反映 CNC 车床的日常编程。这种情形下往往需要一些附加的计算，但是如果确实能解决问题，这些计算是值得的！一些 CAD/CAM 系统中可以自动完成这些工作。如果刀具的当前 X 位置未知，可以对它进行推算。

34.10　车床编程格式

回顾前面的例子，可以发现程序输出的连续性，它可称为风格、格式、形式或模式等。每个程序员在一定时期内都有他（或她）自己的编程风格，连续的风格对于程序开发、程序修改以及程序编译都很重要。

（1）程序格式（模板）

大多数例子都有特定的程序格式，如 CNC 车床程序都以 G20、G21 指令或其他取消指令开始，接下来的程序段中是刀具选择，主轴转速数据等。通常并不改变这一格式，它遵循特定的连续模式并形成了编程的基本模板。

（2）常见的程序格式

经常研究程序格式会洞察程序员的思维，对各种编程方法中的关系和细节有了一个大概了解后，尚未理解的细节便会逐渐清晰，以下是建议在 CNC 车床程序中使用的模板

（结构）：

　　❏ 车床常见程序样式

O..	（程序名）
N1 G20 G40 G99	（程序开始）
N2 T..00 M4..	（刀具和齿轮传动速度范围）
N3 G97 S..M03	（稳定转速，r/min）
N4 G00〔G41/G42〕X.Z.T..M08	（趋近工件）
N5 G96 S..	（切削速度）
N6 G01〔X./Z.〕F..	（第一次切削运动）
N7...	
...	
...	（加工）
...	
N..G00〔G40〕X.Z.T..00	（换刀位置）
N..M01	（可选择暂停）
...	
N..M30	（程序结束）
%	

　　该通用结构适用于大多数的车床加工程序，如果有必要也可以进行调整。例如并不是所有程序都需要稳定的主轴转速，所以程序段 N3 就没必要了，这也意味着 M03 旋转必须移到程序段 N5 中。以上程序模式只是一个例子，并不是固定的格式。

　　（3）趋近工件

　　任何车床程序结构中的一个重要部分是趋近旋转工件的方法。如果工件为同心的，可以采用图 34-15 所示的 A 种趋近方法，图中所示为端面加工，但是该方法也适用于车削和镗削操作。一定要确保起点位置（SP）在直径上方，如果不知道工件的确切直径，那么起点与直径之间的单侧安全间隙应大于等于 0.100（2.5mm）。B 种趋近方法一次只移动一根轴，它是 A 种方法的变更，如果需要，X 轴的运动可以进一步分为快速运动与切削运动。最后一种方法 C 使用 Z 轴方向的安全间隙远离前端面，同样最后的趋近运动也可分为快速运动与直线插补运动。

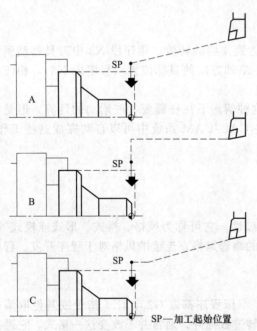

SP—加工起始位置

图 34-15　安全趋近工件（图中所示为端面加工）

　　从这些方法种可以衍生出数不胜数的其他方法，考虑趋近工件的主要目的是保证安全，刀具与旋转工件的碰撞将产生严重后果。

　　车削和镗削的范围很广，本章所述实在有限。本手册的其他章节中也会对车削和镗削进行专门介绍，例如车削和镗削循环。本章中给出的例子对于任何 CNC 车床编程都有用。

第 35 章 车 削 循 环

上一章介绍了几种车削和镗削操作中刀具路径的编程步骤，同时也介绍了各种不同的编程技巧，主要是精加工刀具路径的编程技巧，而对于粗车或粗镗等操作中切除多余材料的方法介绍很少。本章中将介绍粗加工和精加工中毛坯切除的各种方法。

35.1 车床上的毛坯余量切除

CNC 车床手动编程中耗时最多的工作就是用于切除多余的毛坯余量，通常是在圆柱形毛坯上进行粗车和粗镗，简而言之就是粗加工。

手动编程粗加工刀具路径需要一系列刀具路径上的坐标点，且每次刀具运动需要一个程序段，如果粗加工复杂轮廓，这样的方法尤其费时且容易出错。有些程序员为了追求切削速度而牺牲了编程质量，致使精加工余量不均匀，从而加速刀具磨损，并严重影响表面质量。

在粗加工毛坯切削领域内，现代 CNC 车床控制器非常有用和便利，几乎所有 CNC 车床系统都可以使用特殊循环来自动处理粗加工刀具路径。这些循环不只用于粗加工，它们也可用于加工螺纹和简单凹槽，接下来的三章将对凹槽加工和螺纹加工循环进行详细介绍。

（1）简单循环

Fanuc 和类似控制器都支持大量特殊的车削循环。Fanuc 控制器长期以来使用三个相当简单的循环，它们首先与早期的 CNC 单元一起出现且受到当时技术发展的限制。各种手册和书籍中称之为固定循环、简单循环，它们在本质上与 CNC 铣床和加工中心的钻孔操作类似。其中有两个循环用于车削和镗削，另外一个用于螺纹车削，本章主要介绍前两个循环。

（2）复杂循环

随着计算机技术的发展，控制器生产厂家开发出一些能够进行复杂车削操作的循环，并使它们成为车床控制系统的一部分。这些特殊循环在 Fanuc 系统中称为复合型固定循环，相对于简单循环，它们的主要进步是具有极好的灵活性。这些循环覆盖了车削和镗削以及车螺纹和切槽等操作。

不要被"复杂"一词所误导，从数学意义上说，这些循环很复杂，但也仅此而已，它们只在控制器内比较复杂。事实上，复杂循环的编程比早先的简单循环更容易，此外还可以轻易地在机床控制器中对它们进行更改和优化。

35.2 车削循环原理

与 CNC 加工中心的钻孔操作相似，车床上的所有循环也基于相同的技术原理。程序员只需输入所有数据（通常为各种切削参数），CNC 系统会根据常量和变量自动计算每次切削的具体细节。所有循环的刀具返回运动都是自动完成的，唯一需要改变的值在循环调用中指定。

简单循环只能用于垂直、水平或有一定角度的直线切削，不能加工倒角、锥体、圆角和切槽。这些最初的循环不能完成与更现代和更先进的复合型固定循环一样的加工操作，例如它们不能粗加工圆弧或改变加工方向，也就是说它们不能加工轮廓。

在简单的车削循环中，有两个循环可以从圆柱和圆锥形工件上去除粗加工余量，这些循环中的每一个程序段相当于正常程序中的 4 个程序段。复合型固定循环中有几个用于复杂的粗加工，一个用于精加工，此外还有用于切槽和车螺纹的循环，复合型固定循环可以进行非常复杂的轮廓加工操作。

35.3 直线切削循环 G90

首先要提醒一下，不要将车床上的 G90 与加工中心的 G90 相混淆——车削中 G90 为车削循环，而铣削中 G90 为绝对模式：

> 铣削中 G90 为绝对模式，而车削中 X 和 Z 轴为绝对模式。

> 铣削中 G91 为增量模式，而车削中 U 和 W 轴为增量模式。

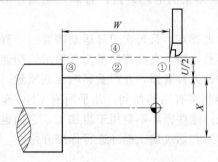

图 35-1 G90 循环的结构（直线切削应用）

由 G90 准备功能指定的循环称为直线切削循环（盒状循环），其目的是去除刀具起始位置与指定的 X、Z 坐标位置之间的多余材料，通常为平行于主轴中心线的直线车削或镗削，Z 轴为主要的切削轴。就如循环名称一样，G90 循环最初用来加工矩形毛坯余量，同时它也可以进行锥体切削，图 35-1 所示为循环结构及其运动。

（1）循环格式

G90 循环有两种编程格式，第 1 种只用于沿 Z 轴方向的直线切削，如图 35-1 所示。

❏ 第 1 种格式：

> G90 X (U).. Z (W).. F..

其中   X——待加工直径；

　　　 Z——加工结束时的 Z 位置；

　　　 F——切削进给率（通常为 in/r 或 mm/r）。

第 2 种格式增加了参数 I 或 R，用于锥体加工运动，以 Z 轴运动为主，如图 35-2 所示。

❏ 第 2 种格式（两种版本）：

> G90 X (U)..Z(W)..I..F..
> G90 X (U)..Z(W)..R..F..

其中   X——待加工直径；

　　　 Z——加工结束时的 Z 位置；

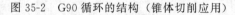

图 35-2 G90 循环的结构（锥体切削应用）

　I（R）——锥体的距离和方向（I＝0 或 R＝0 表示直线切削）；

　　　 F——切削进给率（通常为 in/r 或 mm/r）。

这两个例子中，绝对编程使用 X 和 Z 轴，表示刀具位置到程序原点的距离；增量编程使用 U 和 W 轴，表示从当前位置开始的实际行程距离。F 地址为切削进给率，单位为 in/r 或 mm/r。I 地址表示沿水平方向的锥体切削，它的值为锥体起点和终点处直径差的一半。在较新的控制器中，使用 R 地址替代 I 地址，但其目的一样。

使用任何运动指令（G00、G01、G02 和 G03）都可以取消 G90 循环，最常用的是 G00 快速运动指令：

G90 X（U）..Z（W）..I..F..

...

...

G00...

（2）直线车削实例

图 35-3 为 G90 循环实际应用简图，这是一个相当简单的外圆车削，从 $\phi4.125$in 加工到 $\phi2.22$in，加工总长为 2.56in，它没有倒角、锥度和圆弧。这种情形下，实际上只用到 G90 循环相当简单的粗加工功能，尽管如此，它比手工编程还是要方便得多。

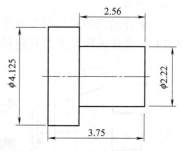

图 35-3　G90 循环直线切削实例（程序 O3501 和 O3502）

因为 G90 为粗加工循环，所以首先需要选择每次的切削深度，要确定深度，先要求出外圆上实际去除的毛坯量是多少，实际毛坯量是沿 X 轴方向的单侧（半径）值：

$(4.125-2.22)/2=0.9525$

如果精加工余量每侧为 0.030，那么上值还要减去 0.030，因此总的切削量为 $0.9525-0.030=0.9225$。下面是如何分配这些切削量，如果选择 5 次均匀切削，那么每次切削量为 0.1845，如果选择 6 次均匀切削，那么每次切削量为 0.1538。这里选择 6 次切削且每侧余量为 0.030，因此第一个直径值为 X3.8175，同时 Z 方向毛坯余量选为 0.005，因此 Z 轴的切削结束点为 $Z-2.555$。工件直径以及前端面的间隙通常为 0.100。

```
O3501
（G90 直线切削循环，绝对模式）
N1 G20
N2 T0100 M41
N3 G96 S450 M03
N4 G00 X4.325 Z0.1 T0101 M08          （起点）
N5 G90 X3.8175 Z-2.555 F0.01          （走刀 1）
N6 X3.51                               （走刀 2）
N7 X3.2025                             （走刀 3）
N8 X2.895                              （走刀 4）
N9 X2.5875                             （走刀 5）
N10 X2.28                              （走刀 6）
N11 G00 X10.0 Z2.0 T0100 M09
N12 M01                                （粗加工结束）
```

也可以使用增量编程方法，但是绝对坐标比增量坐标更容易跟踪程序进程。以下程序使用增量编程方法：

```
O3502
（G90 直线切削循环，增量模式）
N1 G20
N2 T0100 M41
N3 G96 S450 M03
N4 G00 X4.325 Z0.1 T0101 M08          （起点）
N5 G90 U-0.5075 W-2.655 F0.01         （走刀 1）
N6 U-0.3075                            （走刀 2）
```

N7 U – 0. 3075 　　　　　　　　　　（走刀 3）

N8 U – 0. 3075 　　　　　　　　　　（走刀 4）

N9 U – 0. 3075 　　　　　　　　　　（走刀 5）

N10 U – 0. 3075 　　　　　　　　　　（走刀 6）

N11 G00 X10. 0 Z2. 0 T0100 M09

N12 M01 　　　　　　　　　　　　　（粗加工结束）

　　该循环的两种形式都很简单，所需的只是计算每次粗加工的直径。如果逐步编写（不使用 G90）同样的粗加工刀具路径，程序长度至少是它的 3 倍。

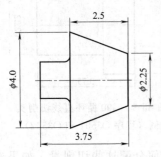

图 35-4　G90 循环锥体切削
实例（程序 O3503）

　　（3）锥体切削实例

　　图 35-4 中的零件图与前面例子中使用的图纸相似，本例中同样使用 G90 简单循环来加工一个锥体。

　　为了区分直线切削和锥体切削方法，这里使用相同的 G90 循环，肯定有某种方法能够区分这两种切削方法，可通过一个循环参数体现。

　　锥体切削的主要区别就是在循环调用中使用参数 I（R）来指定锥体每侧的锥度值和方向。该值称为带符号的半径值，使用 I 值是因为它与 X 轴相关，在直线切削中 I 值为零，因此不需要在程序中编写，而在锥体切削中不为零，如图 35-5 所示。

　　从图中可以看出，I 值是基于总的行程距离和在起点位置的第一次运动方向计算出来的单边值（半径值），它有确定的方向。

　　G90 锥体切削有两条简单规则：

❑ 如果第一刀运动方向为负 X 轴，那么 I 值为负；

❑ 如果第一刀运动方向为正 X 轴，那么 I 值为正。

　　如果 CNC 车床主轴中心线以上为 X 轴正方向，通常外部锥体切削（车削）的 I 值为负，内部切削（镗削）的 I 值为正。

　　为了编写图 35-4 中工件的加工程序，一定要注意图中所示均为精加工后的尺寸且没有任何安全间隙，所以首先要添加所有必要的安全间隙，然后再计算 I 值。

　　本例中，在锥体两端均加上 0.100 的安全间隙，X 轴方向的长度由原来的 2.5 延长到 2.7。I 值的计算需要在锥度保持不变的情形下刀具的实际行程长度，这种计算可以使用相似三角形或三角法（详情可参见第 53 章），图 35-6 和图 35-7 所示为 I 值计算中的已知和未知值：

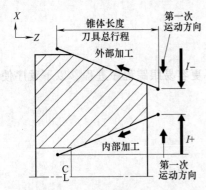

图 35-5　G90 车削循环中 I 值的应用
（外部和内部）

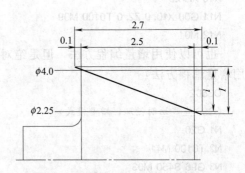

图 35-6　锥体切削中的已知和未知值
（程序 O3503）图中"i"值已知，
"I"值则需计算

上面例子中介绍的是最简单的计算方法，即利用相似三角形规则计算，该规则有多种定义，这里所应用的定义是：

> 两个相似三角形的对应边之比相等。

编程中往往可以使用几种方法进行计算，对于特定的编程风格，可以选择比较合适的方法，然后再使用别的方法进行验证。这里使用两种计算方法，以验证计算的准确性。

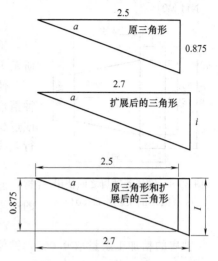

图 35-7 使用相似三角形法计算 I 值

➲ 相似三角形法：

首先计算两个已知直径之间的差 i（每侧）：

$i=(4-2.25)/2=0.875$

相似三角形对应边之比为：

$I/2.7=i/2.5$

式中，i 已知，为 0.875，所以可将该值代入进行计算：

$I/2.7=0.875/2.5$

$I=(0.875\times2.7)/2.5=0.945$

结果就是编程值。

➲ 三角法：

I 值的第 2 种计算方法是三角法，可使用下面公式：

$I=2.7\times\tan a$

首先要计算正切值：

$\tan a=i/2.5$

$\tan a=0.875/2.5$

$\tan a=0.350$

利用以上结果计算 I 值：

$I=2.7\times0.35=0.945$

以上结果为编程值。从以上结果可知，两种方法得到的结果相同，从而确保了编程过程的精确性。图 35-6 和图 35-7 展示了 I 值计算的细节，程序 O3503 是最终结果，一共进行 5 次走刀，并在 X 轴方向留下 0.03 的余量：

```
O3503
（G90 锥体切削实例 1，宽 0.03 的 X 方向余量）
N1 G20
N2 T0100 M41
N3 G96 S450 M03
N4 G00 X4. 2 Z0. 1 T0101 M08              （开始）
N5 G90 X3. 752 Z - 2. 6 I - 0. 945 F0. 01   （1）
N6 X3. 374                               （2）
N7 X2. 996                               （3）
N8 X2. 618                               （4）
N9 X2. 24                                （5）
N10 G00 X10. 0 Z2. 0 T0100 M09           （安全间隙位置）
```

N11 M01

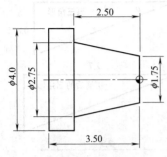

图 35-8　锥体到轴肩之间使用
G90 循环的实例（O3504）

（粗加工结束）

（4）直线和锥体切削实例

锥体的另一种形式在 CNC 编程中也很常见，图 35-8 中所示为另一简图，它具有锥体和轴肩。

使用简单循环 G90 时，需要朝轴肩方向的锥形切削，这种情形下，该循环会导致过切或切削不足（切除的毛坯过多或过少）。最好的方法是使用循环的两种模式，其中一个进行直线粗加工，另一个进行锥体粗加工。

与前面例子相似，锥度值 I 要使用相似三角形规则计算，原三角形斜边 2.5 对应的高 i 为 $\phi 2.750$ 和 $\phi 1.750$ 差值的一半：

$$i = 2.75 - 1.75/2 = 0.500$$

轴肩的精加工余量取 0.005，锥体的前端面余量取 0.100，因此锥体总长度为 2.595：

2.5－0.005＋0.100＝2.595

根据以上各值可计算出 I 值：

$I/2.595 = 0.500/2.5$

$I = (0.500 \times 2.595)/2.5 = 0.519$

I 方向为负。对于粗加工，将在 X 轴每侧留下 0.030 的毛坯余量，按直径算为 0.060。

粗加工中通常要考虑安全和其他加工条件，以选择合适的切削深度。本例中可使用简单的编程技巧来选择切削深度，如果任意选择切削深度，那么最后一次切削深度为前面各次切削留下的余量，它的大小无从知道。最好的方法是选择计算得出的等距切削次数，如图 35-9 所示。

计算中所要做的就是根据所需切削

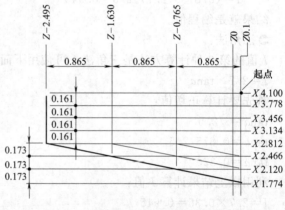

图 35-9　程序 O3504 中切削深度的计算

次数来等分每侧的距离，其结果就是得到整个粗加工的等距切削深度，如果切削深度过大或过小，可以选择其他的切削次数重新进行计算。CNC 程序员应该清楚多大的切削深度才合适，这属于加工常识。

图 35-9 中，需要 4 次直线切削，每次深度为 0.161，锥体则需要 3 次切削，每次深度为 0.173。

程序 O3504 使用以上计算结果：

```
O3504
（G90 锥体切削实例 2）
N1 G20
N2 T0100 M41
N3 G96 S450 M03
N4 G00 X4.1 Z0.1 T0101 M08        （开始）
N5 G90 X3.778 Z－2.495 F0.01      （第 1 次直线切削）
N6 X3.456                          （第 2 次直线切削）
```

N7 X3. 134	（第 3 次直线切削）
N8 X2. 812	（第 4 次直线切削）
N9 G00 X3. 0	（从直线切削变为锥体切削）
N10 G90 X2. 812 Z-0. 765 I-0. 173	（第 1 次锥体切削）
N11 Z-1. 63 I-0. 346	（第 2 次锥体切削）
N12 Z-2. 495 I-0. 519	（第 3 次锥体切削）
N13 G00 X10. 0 Z2. 0 T0100 M09	（安全间隙位置）
N14 M01	（粗加工结束）

G90 锥体切削（外部或内部）中使用的参数 I 或 R 的计算使用以下公式：

$$I(R) = \frac{小直径 - 大直径}{2}$$

结果包含 I 值的符号。

35.4 G94 端面切削循环

G94 端面切削循环与 G90 循环非常相似。G94 循环的目的是去除切削刀具的起点位置与 XZ 坐标指定点之间的多余材料，通常为垂直于主轴中心线的直线切削，X 轴方向为主切削方向。与 G90 循环一样，G94 循环主要用于端面切削，也可用作切削简单的垂直锥体。

> G94 循环理论上与 G90 循环一样，只是它主要强调 X 轴方向的切削，而 G90 循环则主要强调 Z 轴方向的切削。

正如它的名称一样，G94 循环主要用于朝向主轴中心线的端面或轴肩的粗加工。

循环格式

与所有循环相似，G94 循环也有预定的编程格式，直线端面加工的循环格式为：

> G94 X（U）..Z（W）..F..

锥体切削循环格式为：

> G94 X（U）..Z（W）..K..F..

地址 X 和 Z 轴表示绝对编程，U 和 W 轴表示增量编程，F 地址为切削进给率，参数 K 的值如果大于零，则表示沿竖直方向的锥体切削。图 35-10 所示为所有的编程参数和切削步骤，其过程与 G90 循环一样。

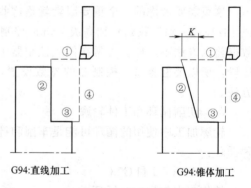

G94:直线加工　　　　　　　G94:锥体加工

图 35-10　G94 车削循环结构（直线和锥体应用）

35.5 复合型固定循环

与加工中心上各种钻孔操作固定循环以及车削中的 G90 和 G94 简单循环不同，CNC 车床上的先进循环比它们要复杂得多。这些循环区别于其他循环的最主要的特征是可以脱离重复的操作顺序，车床上的工作可能非常复杂而控制系统能够反映这些需求。这些循环不仅可以进行直线和锥体切削，也可以加工圆弧、倒角、凹槽等，简单地说，这些循环可以进行轮廓加工操作，这里也可能要应用刀尖半径补偿。

调用复合型固定循环时需要用到计算机存储器，所以由穿孔纸带控制的老式 NC 机床不能应用这些循环。纸带操作中,控制单元只能向前连续地读取纸带代码,而 CNC 控制器则复杂得多,它在任何时候都可以朝两个方向(向前或向后)读取、计算和处理存储在内存中的信息。它可以在不到 1s 的时间内处理完数学指令,从而简化编程。

(1)概述

总共有 7 个复合型固定循环:

轮廓粗加工切削循环:

G71	粗车循环(主要是水平方向切削)
G72	粗车循环(主要是垂直方向切削)
G73	重复粗加工循环模式

轮廓精加工切削循环:

G70	G71、G72 和 G73 循环的精加工

断屑循环:

G74	啄钻循环	Z 轴方向—水平
G75	啄式切槽循环	X 轴方向—垂直

攻螺纹循环:

G76	攻螺纹循环—直线或锥螺纹

G76 循环将在第 38 章中单独详细介绍。

(2)循环格式类型

每个循环都有其特殊的规则以及"有所为"和"不可为"的功能,接下来的部分将详细介绍每个循环,G76 除外(第 38 章中将单独对它进行介绍)。

这里需要考虑的一个重要因素就是这些循环在低级 Fanuc 控制器(比如非常流行的 0T 或 16/18/20/21T 系列)和高级 Fanuc 控制器(比如 10/11T 和 15T 系列)中的编程格式和数据输入方法不一样。通常在低级控制器中的编程格式为 2 个程序段,而不是常见的 1 个程序段,所以要检查每一控制器的参数设置,以确定是否兼容。本章中包含两种格式的编程方法。

(3)切削循环和工件轮廓

轮廓加工中使用的循环可能是车削和镗削中最常见的复合型固定循环,在粗加工中有三种循环:

❏ G71、G72 和 G73

精加工中使用一个循环:

❏ G70

精加工循环用来精加工以上三个粗加工循环形成的轮廓。

有时复合型固定循环的编程会出现一些有趣的现象。目前为止,一直强调粗加工编程要放在精加工前,这一方法有着非常重大的意义,而且从技术上说,它也是唯一合理的方法。但是自从使用计算机进行计算以后,这一规则打破了,在编写以上三个粗加工循环前,首先必须定义精加工后的轮廓,只有这样才能应用粗加工循环。乍听起来有点奇怪,但是使用这些循环一段时间以后,很容易发现这确实是一个极其聪明和灵活的方法。

(4)断屑循环

剩下的两个断屑循环可以沿 Z 轴(G75)或 X 轴(G74)进行间歇式加工。在实际应用中 G74 比 G75 更为常见,G74 循环可以在 CNC 车床上进行啄钻,尽管车床上的啄钻需求要远远少于加工中心中的需求，但它并不少见，然而真正的"啄式切槽"循环 G75 却很少使用，因为它不能加工出高精度的槽。

35.6　轮廓加工循环

到目前为止，轮廓加工循环是 CNC 车床编程中最常见的循环，它们几乎可以进行任何可加工轮廓的外部（车削）和内部（钻孔）加工。

（1）边界定义

粗加工循环基于两个边界定义，第一个是材料边界，也就是毛坯的外形，另一个是工件边界。这并不是一个新的概念，好几种早期的编程语言就一直在使用它，如 20 世纪 70 年代基于编程系统的流行语言 Compact Ⅱ。

两个定义的边界之间形成了一个完全封闭的区域，它定义了多余的材料，该封闭区域内的材料根据循环调用程序段中的加工参数进行有序切削。从数学角度上说，定义一个封闭区域至少需要三个不共线的点，图 35-11 所示为一个由三点定义的简单边界和一个由多点定义的复杂边界。

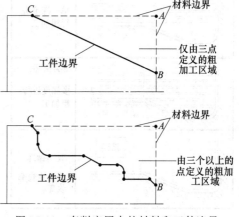

轮廓切削循环中，每一个点代表一个刀具位置，点 A、B 和 C 则表示所选（定义）加工区域的极限点。

实际上并不定义材料边界，它介于 A 和 B 以及 A 和 C 之间，材料边界不可能再包含别的点。它必须为一条直线，但并不一定与轴平行。

图 35-11　车削应用中的材料和工件边界

工件轮廓由点 B 和 C 定义，它们之间还可以有很多点。CNC 编程中可以用不同的表达方式来替代图 35-11 中的 A、B、C 点。

（2）起点和 P、Q 点

图中 A 点为任何轮廓切削循环的起点，它的定义如下：

> 起点是调用轮廓切削循环前刀具的最后 XZ 坐标位置。

通常起点在最接近粗加工开始的工件拐角。认真选择起点很重要，因为它不仅仅是起点，实际上这一特殊点控制所有趋近安全间隙以及首次粗加工的实际切削深度。

上图中的 B 和 C 点在程序中分别由 P 和 Q 来代替：

> P 点代表精加工后轮廓的第一个 XZ 坐标的程序段号。

> Q 点代表精加工后轮廓的最后一个 XZ 坐标的程序段号。

与 P 和 Q 边界点相关的其他一些考虑同样重要，以下只是其中一小部分：

❑ 点 P 和 Q 之间还可以定义其他一些点，表示加工后轮廓上的 XZ 坐标。轮廓编程中使用带有进给率的 G01、G02 和 G03 刀具运动。

❑ 由起点和 P-Q 轮廓定义的材料去除区域必须包括所有必要的安全间隙。

❑ 在 P 和 Q 点之间不应包括刀尖半径补偿，而应在调用循环前编写刀尖半径补偿，通常在趋近起点的运动中。

❑ 粗加工应分为几次进行，每一粗加工循环都接受用户提供的各种加工参数。

□为安全起见，外部加工中起点的直径应大于工件直径，内部加工中则小于工件直径。

□ P 和 Q 点之间的刀具运动，外部加工中应逐步增加，而内部加工中则应逐步减小。

□只有在程序中使用 II 类循环时，才允许在 P 和 Q 点之间改变方向，此外只允许单方向运动（详情可参见下一部分）。

□分别表示轮廓第一个和最后一个 XZ 坐标的轮廓 P 和 Q 必须拥有顺序号 N，程序中任何其他地方都不能使用它们。

35.7　I 类和 II 类循环

在轮廓切削循环的最初形式中不允许改变加工方向，这在一定程度上限制了这些循环的

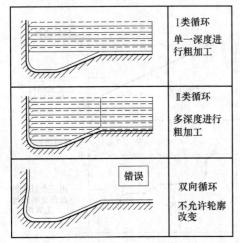

图 35-12　I 类和 II 类循的比较（不允许沿两根轴进行双向改变）

应用，因为常见的底切或凹槽都不能使用该循环。

现在称这类老式方法为 I 类循环，现代控制器使用许多更先进的软件功能并允许改变方向，这类新方法则称为 II 类循环，它在加工底切和凹槽时提供了更为灵活的编程方法。图 35-12 对两种类型进行了比较，并给出了一种错误情形，即不能在同一循环中同时改变两个方向。该例子适用于外部切削循环 G71，但也可进行修改以适用于内部切削。

I 类循环允许从点 P 到点 Q（常见的切削方向）稳定增加轮廓（外部切削）或稳定减小轮廓（内部切削）。老式控制器中不允许相反的 X 或 Z 方向，现代控制器中可以使用 I 类循环加工底切，但只能在一次走刀中完成凹槽加工，因此在某些区域内可能会出现强力切削。必须弄清楚控制系统支持何种循环，如果需要也可通过一定的试验来确定。

II 类循环允许从点 P 和点 Q 之间逐渐地增加或减少轮廓，根据有效的循环，它只允许在一根轴上改变方向。底切的加工需要多个刀具路径，该循环使用 I 类或 II 类循环都可以，只要在 P 点所在程序段中编写两根轴，通常该程序段紧跟循环调用（G71 和 G72 等）程序段。

（1）I 类和 II 类循环编程

如果控制系统在车削或钻孔循环中支持 II 类金属切除方法，那么在某些特殊应用中一定支持 I 类循环。也就是说 Fanuc 并没有以一种类型取代另一种类型，而是添加了 II 类循环。那么如何在程序中区分这两种类型呢？关键是看紧跟循环调用的程序段的内容：

θ I 类　　　　　　　　　　　　... 只指定一根轴；

θ II 类　　　　　　　　　　　　... 指定两根轴。

➲ I 类实例：

G71 U.. R..

G71 P10 Q.. U.. W.. F.. S..

N10 G00 X...　　　　　（I 类中指定一根轴）

...

➲ II 类实例：

```
G71 U.. R..
G71 P10 Q.. U.. W.. F.. S..
N10 G00 X.. Z..        (Ⅱ类中指定两根轴)
...
```

如果循环调用后的第一个程序段中没有 Z 轴方向的运动，同时它又需要Ⅱ类循环，那么可以将第二根轴写成 W0。

（2）循环格式

下面将详细介绍六个车削循环，首先应理解每个循环在特殊控制器中的应用格式。几种 Fanuc 控制器中可以使用这些循环编程，它们可以分为两组：

❑ Fanuc 系统 0T、16T、18T、20T、21T；

❑ Fanuc 系统 3T、6T、10T、11T、15T。

实际上只是循环的编程方式不同，但是该分类对于解决不兼容问题仍然很重要。注意所有例子中都没有指定刀具功能 T，尽管它可能是所有复合型固定循环中的一个参数。只有在改变刀具偏置时才可能用到它。

35.8　G71 车削中的毛坯余量切除

最常见的车削循环是 G71，其目的是通过沿 Z 轴方向（通常从右至左）的水平切削去除材料，它只用于粗加工圆柱。与所有其他循环一样，它也有两种格式，一种为单程序段，另一种为双程序段，这取决于控制系统。

（1）G71 循环格式（6T/10T/11T/15T）

G71 循环的单程序段格式为：

```
G71 P.. Q.. I.. K.. U.. W.. D.. F.. S..
```

其中　P——精加工轮廓的第一个程序号；

　　　Q——精加工轮廓的最后一个程序号；

　　　I——X 轴半精加工的距离和方向（单侧）；

　　　K——Z 轴半精加工的距离和方向；

　　　U——X 轴的精加工毛坯余量（直径值）；

　　　W——Z 轴的精加工毛坯余量；

　　　D——粗车深度；

　　　F——切削进给率（in/r 或 mm/r），覆写 P、Q 程序段之间的进给率；

　　　S——主轴转速（ft/min 或 m/min），覆写 P、Q 程序段之间的主轴转速。

不是所有机床都可以使用 I 和 K 参数，它们控制半精加工的切削量以及粗加工运动结束前的最后几次切削。

（2）G71 循环格式（0T/16T/18T/20T/21T）

G71 循环的双程序段编程格式为：

```
G71 U.. R..
G71 P.. Q.. U.. W.. F.. S..
```

其中　第一个程序段中：

U——粗车深度；

R——每次切削的退刀量；

第二个程序段中：

P——精加工轮廓的第一个程序号；

Q——精加工轮廓的最后一个程序号；

U——X轴的精加工余量（直径值）；

W——Z轴的精加工余量；

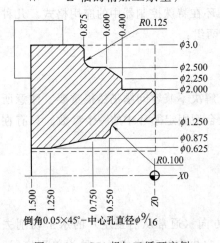

图 35-13　G71 粗加工循环实例
（程序 O3503）

F——切削进给率（in/r 或 mm/r），覆写 P、Q 程序段之间的进给率；

S——主轴转速（ft/min 或 m/min），覆写 P、Q 程序段之间的主轴转速。

注意区分两个程序段中的 U，第一个程序段中 U 表示每侧切削深度，第二个程序段中表示直径方向的毛坯余量。I 和 K 参数只能用于某些控制器中，退刀量 R 由系统参数设定。

G71 循环的外部和内部应用将使用图 35-13 中的零件图数据。实例中使用双程序段 G71 方法，它更常用。

（3）G71 外部粗加工

图中所示毛坯材料有一个 0.5625（φ9/16）的孔，使用 80°车刀对工件端面进行一次切削并粗加工外轮廓。程序 O3505 包含以上操作。

```
O3505    （G71 粗加工循环，只进行粗加工）
N1 G20
N2 T0100 M41                （外部粗加工刀具+ 速度范围）
N3 G96 S450 M03             （粗车转速）
N4 G00 G41 X3.2 Z0 T0101 M08   （开始端面切削）
N5 G01 X0.36               （端面加工结束时的直径）
N6 G00 Z0.1                （清理端面）
N7 G42 X3.1                （循环开始位置）
N8 G71 U0.125 R0.04
N9 G71 P10 Q18 U0.06 W0.004 F0.014
N10 G00 X1.7               （P点=轮廓起点）
N11 G01 X2.0 Z-0.05 F0.005
N12 Z-0.4 F0.01
N13 X2.25
N14 X2.5 Z-0.6
N15 Z-0.875 R0.125
N16 X2.9
N17 G01 X3.05 Z-0.95
N18 U0.2 F0.02             （Q点=轮廓终点）
N19 G00 G40 X5.0 Z6.0 T0100
N20 M01
```

这段程序完成外部粗加工，接着便可编写下一刀具的内部粗加工。在所有包括短刀（如车刀）和长刀（如镗杆）之间换刀的例子中，必须使短刀远离端面，这一运动应该足够远，以使长刀能够进入。上面例子中的安全间隙为 6.0（程序段 N18 中的 Z6.0）。

（4）G71 内部粗加工

前一刀具已经完成了端面加工，下面便可使用粗加工镗杆继续加工：

```
N21 T0300                              （内部粗加工刀具）
N22 G96 S400 M03                       （粗镗转速）
N23 G00 G41 X0.5 Z0.1 T0303 M08        （起始位置）
N24 G71 U0.1 R0.04
N25 G71 P26 Q33 U-0.06 W0.004 F0.012
N26 G00 X1.55                          （P 点＝轮廓起点）
N27 G01 X1.25 Z-0.05 F0.004
N28 Z-0.55 R-0.1 F0.008
N29 X0.875 K-0.05
N30 Z-0.75
N31 X0.625 Z-1.25
N32 Z-1.55
N33 U-0.2 F0.02                        （Q 点＝轮廓终点）
N34 G00 G40 X5.0 Z2.0 T0300
N35 M01
```

到此工件粗加工完成，只在外圆、端面或轴肩上留下所需的精加工余量。如果公差和表面质量要求不很严格，稍后使用 G70 循环（稍后将介绍）进行的精加工可以使用同一把刀具，否则应选用另一把或多把刀具进行加工。

这时可以考虑一下已经做了什么和为什么要这么做，本例中使用的许多原理在其他使用复合型固定循环的操作中也很常见，应该很好地掌握它们。

（5）G71 循环的切削方向

从程序 O3505 中可知，G71 可以用作外部加工和内部加工，它们有两个重要区别：

- 起点相对于点 P 的位置（SP→P 与 P→SP）；
- 径向毛坯余量的 U 地址符号。

如果从起点 SP 到点 P 的 X 方向为负，那么控制系统将该循环作为外部切削处理。本例中起点为 X3.1，P 点为 X1.7，因此从 SP 到 P 点的方向为负，该操作为外部加工。

如果从起点 SP 到点 P 的 X 方向为正，那么控制系统将该循环作为内部切削处理。本例中起点为 X0.5，P 点为 X1.55，因此从 SP 到 P 点的方向为正，该操作为内部加工。

图 35-14 所示为 G71 循环在外部和内部加工中的应用。

虽然 U 值的符号对于工件的最终尺寸非常

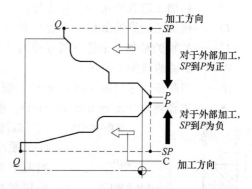

图 35-14　G71 循环中的外部和内部切削

重要，但它并不决定切削模式。G71 复合型固定循环就到此结束，端面粗加工循环 G72 与它相似，下面对它进行介绍。

35.9　G72 端面切削中的毛坯余量切除

G72 循环的各方面都与 G71 循环相似，唯一的区别就是它从较大直径向主轴中心线

(X0) 垂直切削，以去除端面上的多余材料，它使用一系列立式切削（端面切削）粗加工圆柱。与该组内的其他循环一样，它也有两种格式，即单程序段和双程序段格式，这取决于控制系统。本章将通过实例对 G72 和 G71 的结构进行比较。

（1）G72 循环格式（6T/10T/11T/15T）

G72 循环的单程序段格式为：

```
G72 P..Q..I..K..U..W..D..F..S..
```

其中　P——精加工轮廓的第一个程序号；

　　　Q——精加工轮廓的最后一个程序号；

　　　I——X 轴半精加工的距离和方向（单侧）；

　　　K——Z 轴半精加工的距离和方向；

　　　U——X 轴的精加工毛坯余量（直径值）；

　　　W——Z 轴的精加工毛坯余量；

　　　D——粗车深度；

　　　F——切削进给率（in/r 或 mm/r），覆写 P、Q 程序段之间的进给率；

　　　S——主轴转速（ft/min 或 m/min），覆写 P、Q 程序段之间的主轴转速。

这里各个地址的含义与 G71 循环中的相同。不是所有机床都可以使用 I 和 K 参数，它们控制半精加工的切削量以及粗加工运动结束前的最后几次切削。

（2）G72 循环格式 - 0T/16T/18T/20T/21T

G72 循环的双程序段编程格式为：

```
G72 W..R..
G72 P..Q..U..W..F..S..
```

其中　第一个程序段中：

　　　W——粗车深度；

　　　R——每次切削的退刀量；

　　　第二个程序段中：

　　　P——精加工轮廓的第一个程序号；

　　　Q——精加工轮廓的最后一个程序号；

　　　U——X 轴的精加工余量（直径值）；

　　　W——Z 轴的精加工余量；

　　　F——切削进给率（in/r 或 mm/r），覆写 P、Q 程序段之间的进给率；

　　　S——主轴转速（ft/min 或 m/min），覆写 P、Q 程序段之间的主轴转速。

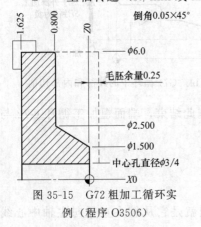

图 35-15　G72 粗加工循环实例（程序 O3506）

G71 循环的双程序段定义中有两个 U 地址，而在 G72 循环的双程序段定义中有两个 W 地址，千万不要混淆两个 W 的含义，第一个 W 表示切削深度（实际上就是切削宽度），第二个则表示端面的精加工余量。I 和 K 参数只用于某些控制器中。

G72 循环的程序实例 O3506 使用图 35-15 中的零件图数据。

在端面切削应用中，所有主要数据都要旋转 90°。使用 G72 循环的粗加工程序逻辑上与 G71 循环相似：

O3506（G72 粗加工循环，只进行粗加工）

N1 G20

N2 T0100 M41 　　　　　　　　（外部端面刀具＋速度范围）

N3 G96 S450 M03 　　　　　　　（端面粗加工转速）

N4 G00 G41 X6. 25 Z0. 3 T0101 M08 　（起始位置）

N5 G72 W0. 125 R0. 04

　N6 G72 P7 Q13 U0. 06 W0. 03 F0. 014

N7 G00 Z−0. 875 　　　　　　　（P 点＝轮廓起点）

N8 G01 X6. 05 F0. 02

N9 X5. 9 Z−0. 8 F0. 008

N0 X2. 5

N11 X1. 5 Z0

N12 X0. 55

N13 W0. 1 F0. 02 　　　　　　　（Q 点＝轮廓终点）

N14 G00 G40 X8. 0 Z3. 0 T0100

N15 M01

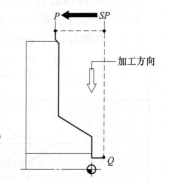

图 35-16 中给出了 G72 循环的概念，注意点 *P* 相对于起点 *SP* 的位置并与 G71 循环比较。

图 35-16　G72 复合型固定循环的基本概念

35.10　G73 模式重复循环

模式重复循环也称为闭环或轮廓复制循环，其目的是将材料或不规则形状（比如锻件和铸件）的切削时间限制在最低限度。

（1）G73 循环格式（6T/10T/11T/15T）

G73 循环的单程序段格式与 G71 和 G72 相似：

> G73 P.. Q.. I.. K.. U.. W.. D.. F.. S..

其中　P——精加工轮廓的第一个程序号；

　　　Q——精加工轮廓的最后一个程序号；

　　　I——*X* 轴切削余量的距离和方向（单侧）；

　　　K——*Z* 轴切削余量的距离和方向；

　　　U——*X* 轴的精加工毛坯余量（直径值）；

　　　W——*Z* 轴的精加工毛坯余量；

　　　D——粗车深度；

　　　F——切削进给率（in/r 或 mm/r），覆写 P、Q 程序段之间的进给率；

　　　S——主轴转速（ft/min 或 m/min），覆写 P、Q 程序段之间的主轴转速。

（2）G73 循环格式（0T/16T/18T/20T/21T）

G73 循环的双程序段编程格式为：

> G73 U.. W.. R..
>
> G73 P.. Q.. U.. W.. F.. S..

其中　第一个程序段中：

　　　U——*X* 轴切削余量的距离和方向（单侧）；

　　　W——*Z* 轴切削余量的距离和方向；

　　　R——切削等分次数；

　　　第二个程序段中：

P——精加工轮廓的第一个程序号；

Q——精加工轮廓的最后一个程序号；

U——X 轴的精加工毛坯余量（直径值）；

W——Z 轴的精加工毛坯余量；

F——切削进给率 in/r 或 mm/r，覆写 P、Q 程序段之间的进给率；

S——主轴转速 ft/min 或 m/min，覆写 P、Q 程序段之间的主轴转速。

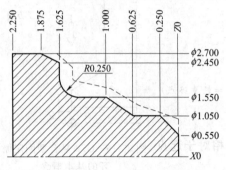

图 35-17　G73 模式重复循环（程序 O3507）

在双程序段循环输入中，千万不要混淆两个程序段中相同的地址（G73 中为 U 和 W），它们拥有不同的含义！

（3）G73 模式重复循环实例

模式重复循环 G73 的程序实例使用图 35-17 所示的零件图。

G73 循环中有三个重要的输入参数，即 U/W/R（I/K/D）。这里好像丢掉了切削深度参数，实际上 G73 循环中并不需它，根据前面三个参数可以自动计算实际切削深度：

❑ U（I）　　　... X 轴方向粗加工切削量；

❑ W（K）　　　... Z 轴方向粗加工切削量；

❑ R（D）　　　... 重复切削的次数。

使用这个循环时一定要注意，它在 X 和 Z 轴方向上的每次粗加工切削量都相等，但对于铸件和锻件实际情形并不如此，因为它们各处的毛坯并不一致（见图 35-17）。这种情形下也可以使用该循环，但是对于不对称工件可能会带来一些负面影响，也就是空切。

本例中每侧最大材料余量选为 0.200（U0.2），表面最大材料余量选为 0.300（W0.3），重复切削次数可以为 2 或 3，因此程序中使用 R3。根据实际条件和铸件或锻件的尺寸，在装夹或加工中可能还需要进行一些修改。

在精加工后的轮廓与铸件或锻件轮廓非常接近的情形下，G73 循环非常适合进行轮廓粗加工，即使加工中会有一些空切，它也比 G71 或 G72 循环的效率要高得多。程序 O3507 中使用同一把刀具进行粗加工和精加工：

```
O3507（G73 模式重复循环）
N1 G20 M42
N2 T0100
N3 G96 S350 M03
N4 G00 G42 X3. 0 Z0. 1 T0101 M08
N5 G73 U0. 2 W0. 3 R3
N6 G73 P7 Q14 U0. 06 W0. 004 D3 F0. 01
N7 G00 X0. 35
N8 G01 X1. 05 Z - 0. 25
N9 Z - 0. 625
N10 X1. 55 Z - 1. 0
N11 Z - 1. 625 0. 25
N12 X2. 45
N13 X2. 75 Z - 1. 95
N14 U0. 2 F0. 02
```

```
N15 G70 P6 Q13 F0. 006
N16 G00 G40 X5. 0 Z2. 0 T0100
N17 M03
%
```

为减小铸件或锻件旋转时产生偏心，一般
使用重复次数 R3；另一方面如果要进行强力
切削以延长刀具寿命时，一般使用重复次数
D2。图 35-18 所示的切削次数为 3 次。

该循环重复加工 P 和 Q 点之间的轮廓
（模式），每次的刀具路径都沿 X 和 Z 轴方向
偏置一个经过计算的值，在机床上一定要注意
该过程，尤其是第一刀具路径。这里进给率倍
率可能比较有用。

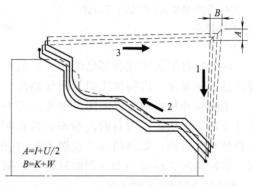

$$A=I+U/2$$
$$B=K+W$$

图 35-18　G73 循环示意图

35.11　G70 轮廓精加工循环

最后一个轮廓加工循环是 G70，尽管它的 G 编号小于三个粗加工循环中的任何一个，
但它通常用在粗加工循环后。由循环名可以看出，它只能用于精加工经过粗加工的轮廓。

所有控制器中的 G70 循环格式

该循环在各种控制器中的编程格式没有什么区别，循环的调用是单程序段指令：

$$G70\ P..\ Q..\ F..\ S..$$

其中　P——精加工轮廓的第一个程序号；

　　　Q——精加工轮廓的最后一个程序号；

　　　F——切削进给率 in/r 或 mm/r；

　　　S——主轴转速 ft/min 或 m/min。

G70 循环接受前面介绍的三个粗加工循环中任何一个定义的轮廓，精加工轮廓分别由各
循环的 P 点和 Q 点来定义，通常在 G70 循环中需要重复，当然也可能使用其他的程序段号，
这里一定要小心！

出于安全考虑，G70 循环通常使用粗加工循环中的起点。

前面的程序 O3505 中，使用 G71 循环粗车外圆和镗孔，下面继续使用另外两把刀具进
行外圆和内圆的精加工：

（O3505 续）

...

```
N36 T0500 M42              （外部精加工刀具+速度范围）
N37 G96 S530 M03           （精车转速）
N38 G42 X3. 1 Z0. 1 T0505 M08    （起始位置）
N39 G70 P10 Q18            （外部精加工循环）
N40 G00 G40 X5. 0 Z6. 0 T0500
N41 M01

N42 T0700                  （内部精加工刀具）
N43 G96 S475 M03           （粗镗转速）
```

```
N44 G00 G41 X0.5 Z0.1 T0707 M08          （起始位置）
N45 G70 P26 Q33                          （内部精加工循环）
N46 G00 G40 X5.0 Z2.0 T0700
N47 M30                                  （程序结束）
%
```

尽管所有粗加工运动都已经完成，但精加工中切削刀具仍然需要在最初直径上方开始编程并且远离端面。内部加工刀具同样如此。

虽然循环格式中可以使用进给率，但 G70 循环中并没有编写进给率。P 到 Q 之间的程序部分定义了粗加工刀具的进给率，但在粗加工模式中将忽略这些进给率，直到 G70 精加工循环中才有效。如果精加工轮廓不包含任何进给率，也可以在 G70 循环处理过程中为所有轮廓的精加工编写一个常用的进给率，例如程序段

```
N39 G70 P10 Q18 F0.007
```

只会浪费时间，因为 0.007r/min 的进给率被程序 O3505 中程序段 N9 和 N17 之间定义的进给率所忽略，从而不会用到。另一方面，如果精加工循环没有编写任何进给率，那么

```
N.. G70 P.. Q.. F0.007
```

将只在精加工刀具路径上使用 0.007r/min 的进给率。

以上介绍的 G71 循环的逻辑同样适用于 G72 循环。

粗加工程序 O3506 中使用 G72 循环粗车外圆和端面，也可以使用另一把刀具以及 G70 循环来完成加工：

```
（O3506 续）
...
N16 T0500 M42                    （外部端面加工刀具+ 速度范围）
N17 G96 S500 M03                 （端面精加工转速）
N18 G00 G41 X6.25 Z0.3 T0505 M08  （起始位置）
N19 G70 P7 Q13                   （精加工循环）
N20 G00 G40 X8.0 Z3.0 T0500
N21 M30
%
```

前面提到的规则同样适用于由 G72 循环定义的轮廓精加工。同样地，使用 G73 循环的程序 O3507 也可以使用另一把外部加工刀具进行精加工。

35.12   G70～G73 循环的基本规则

为了使复合型固定毛坯切除（轮廓加工循环）循环正确和有效地工作，了解它们的规则非常重要，通常一个小小的疏忽可能会导致长时间的延误。

以下是与 G71、G72 和 G73 车削/镗削循环相关的最重要的规则和注意事项：

❑ 调用毛坯切除循环之前要应用刀尖半径偏置。

❑ 毛坯去除循环结束后应取消刀尖半径偏置。

❑ 返回起点的运动是自动的，不需要编程。

❑ 对于Ⅰ类循环，G71 循环中的 P 程序段中不能包含 Z 轴数值（Z 或 W）。

❑ 对于Ⅱ类循环，G71 循环中允许改变方向，但只能改变一根轴（$W0$）。

❑ 毛坯余量 U 为直径值，它的符号表示方向——符号为相对于主轴中心线的 X 轴方向：$U+$ 用于车削，朝向主轴中心线；$U-$ 用于镗削，背离中心线。

□粗加工中将忽略精加工进给率（在 P 和 Q 点之间指定）。

□D 地址使用单程序段格式，不使用小数点，但必须以前零消除格式编写。

> D0750 或 D750 都表示深度 0.0750。

> 只有少数 CNC 控制系统允许 G71 和 G72 循环中的 D 地址（切削深度）使用小数点。

35.13　G74 啄钻循环

G74 与 G75 循环一样，只能用于非轮廓加工中。它用来进行间歇式加工，比如深孔加工运动中的断屑，它通常沿 Z 轴方向进行加工。

啄钻循环 G74 与加工中心中的 G73 啄钻循环相似，但 G74 在车床上的应用要比 G73 在加工中心中的应用稍微广一点，尽管它的主要应用为啄钻加工，但它在车削或镗削中的间歇式切削（比如一些硬度非常高的材料）、较深端面的凹槽加工、复杂的切断工件加工以及许多其他应用中同样有效。

（1）G74 循环格式（6T/10T/11T/15T）

G74 循环的单程序段编程格式为：

> G74 X..　(U..) Z..　(W..) I.. K.. D.. F.. S..

其中　X（U）——需要切削的最终凹槽直径；

　　　　Z（W）——最后一次啄钻的 Z 位置（孔深）；

　　　　　　 I——每次切削的深度（没有符号）；

　　　　　　K——每次啄钻的距离（没有符号）；

　　　　　　D——切削完成后的退刀量（端面切槽时等于零）；

　　　　　　F——切削进给率，in/r 或 mm/r；

　　　　　　S——主轴转速，ft/min 或 m/min。

（2）G74 循环格式（0T/16T/18T/20T/21T）

G74 循环的双程序段编程格式为：

> G74 R..
>
> G74 X..　(U..) Z..　(W..) P.. Q.. R.. F.. S..

其中　第一个程序段中：

　　　　　　R——返回值（每次切削的退刀间隙）；

　　　第二个程序段中：

　X（U）——需要切削的最终凹槽直径

　Z（W）——最后一次啄钻的 Z 位置（孔深）；

　　　　　　P——每次切削的深度（没有符号）；

　　　　　　Q——每次啄钻的距离（没有符号）；

　　　　　　R——切削完成后的退刀量（端面切槽时等于零）；

　　　　　　F——切削进给率，in/r 或 mm/r；

　　　　　　S——主轴转速，ft/min 或 m/min。

如果循环中省略了 X/U 和 P（或 I），那么只沿 Z 轴方向进行加工（啄钻）。典型啄钻操作中，只需编写 Z、K 和 F 值，如图 35-19 所示。

以下程序实例使用 G74 循环：

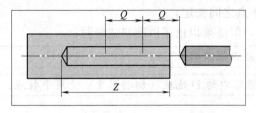

图 35-19　G74 循环格式示意图（双程序段格式）

O3507（G74 啄钻）

N1 G20

N2 T0200

N3 G97 S1200 M03　　　　　　　（主轴转速，r/min）

N4 G00 X0 Z0.2 T0202 M08　　　（起始位置）

N5 G74 R0.02

N6 G74 Z−3.0 Q6250 F0.012　（啄钻）

N7 G00 X6.0 Z2.0 T0200　　　（安全间隙位置）

N8 M30　　　　　　　　　　　（程序结束）

%

孔深为 3.0in，每次切削深度为 0.625in，注意第一次切削的深度从起始位置开始计算。凹槽的编程格式与此类似。

35.14　G75 凹槽切削循环

G75 循环也用于非精加工中，与 G74 循环一样，它也用在需要间歇式切削的操作中，例如长（或深）孔切削运动中的断屑，它通常沿 X 轴方向进行加工。

这也是一个简单的循环，它沿 X 轴方向进行粗切，主要用在凹槽加工中。G75 循环与 G74 一样，只是它的加工方向为 X 轴。

（1）G75 循环格式（10T/11T/15T）

G75 循环的单程序段格式为：

> G75 X..（U..）Z..（W..）I..K..D..F..S..

其中　X（U）——需要切削的最终凹槽直径；

　　　Z（W）——最后一个凹槽的 Z 位置（只在多槽加工中使用）；

　　　　　I——每次切削的深度（没有符号）；

　　　　　K——各槽之间的距离（没有符号，只在多槽加工中使用）；

　　　　　D——切削完成后的退刀量（端面切槽时等于零）；

　　　　　F——切削进给率 in/r 或 mm/r；

　　　　　S——主轴转速，ft/min 或 m/min。

（2）G75 循环格式（0T/16T/18T/20T/21T）

G75 循环的双程序段编程格式为：

> G75 R..
>
> G75 X..（U..）Z..（W..）P..Q..R..F..S..

其中　第一个程序段中：

　　　　　R——返回值（每次切削的退刀间隙）；

　　　第二个程序段中：

X（U）——需要切削的最终凹槽直径；

Z（W）——最后一个凹槽的 Z 位置；

　　　　　P——每次切削的深度（没有符号）；

　　　　　Q——各槽之间的距离（没有符号）；

　　　　　R——切削完成后的退刀量（端面切槽时等于零）；

　　　　　F——切削进给率，in/r 或 mm/r；

S——主轴转速，ft/min 或 m/min。

如果循环中省略了 Z/W 和 K（或 Q），那么只沿 X 轴方向进行加工（深槽啄钻）。

下一章中将给出 G75 循环的一个应用实例。

35.15 G74 和 G75 循环的基本规则

以下是两个循环的一些基本规则：

- 两个循环中的 X 和 Z 值可以使用绝对坐标，也可以使用增量坐标。
- 两个循环都可以自动退刀。
- 可以省略退刀量，这种情形下假定为零。
- 退刀量（每次切削的间隙）只用于双程序段格式中，否则由控制系统内部参数设定。
- 如果程序中既有返回值也有退刀量，那么由 X 决定它们的含义。如果程序中包括 X，那么 R 值表示退刀量。

第 36 章　车床凹槽加工

CNC 车床上的凹槽加工为多步加工操作。凹槽加工通常是在圆柱、圆锥或零件的端面上加工特定深度的窄槽，槽的形状（至少是槽的重要部分形状）取决于刀具的形状，切槽刀也适用于许多特殊的加工操作。

切槽刀与其他刀具相似，通常是安装在特殊刀柄上的硬质合金刀片。凹槽加工刀片的类型各种各样，它可能只有一个刀刃，也可能有多个刀刃，刀片按名义尺寸生产。使用多刃刀片切槽刀可以降低生产成本，提高生产率。

36.1　凹槽加工

切槽刀既可用于外轮廓加工又可用于内轮廓加工，并且在不同结构的工件中使用各种不同的刀片。凹槽加工和车削最重要的区别在于切削的方向，车刀能用于多个方向的切削加工，而切槽刀通常仅用于单个方向的切削加工。注意这里有一个例外，即通常所说的退刀槽，它通常成 45°角加工，这时切削刀片的角度和进给角度必须相同（通常为 45°）。凹槽加工中的倒角是两轴联动的另一个应用，严格说来它属于车削操作，虽然切槽刀不是为车削加工设计的，但是它能用于一些小的车削加工，例如切削小倒角。在凹槽上加工倒角时，切削深度总是很小且进给率也很低。

（1）凹槽加工的主要应用

凹槽加工是 CNC 车床加工的重要组成部分。工业领域中使用各种各样的槽，因此编程时很可能包括许多底切、间隙、凹槽以及油槽等。凹槽加工的一个主要目的是使两个部件面对面（或肩对肩）配合，而对于润滑油槽，其目的是让润滑油或其他润滑剂在两个或多个相连零件之间顺畅地流通。也有作为皮带传动电动机的滑轮或 V 形槽，特别设计的 O 形环槽用在金属或橡皮环之间，它通常起制动或密封作用，此外还有许多其他类型的凹槽。许多行业中使用能满足其需求的独特的凹槽，但绝大多数使用常见的凹槽。

（2）凹槽加工标准

对于 CNC 程序员来说，凹槽加工的难度通常不是很大，一些凹槽的编程还可能比其他操作的编程简单，然而在各行各业中也有一些相当复杂的凹槽，它们的编程和加工是一种挑战。不管怎样，在凹槽编程之前，需要仔细研究图纸上凹槽的规格并做出一些总体规划，许多槽可能出现在同一个工件的不同部位，这时便可使用子程序来简化编程。规划凹槽加工程序时，要认真地对凹槽进行估计。好的程序规划，至少要从以下三个标准来评估凹槽：

❑ 凹槽形状；
❑ 凹槽在工件上的位置；
❑ 凹槽尺寸和公差。

然而许多凹槽都不能达到最好质量，这是因为许多槽不需要很高的精度，而且在需要加工高精度凹槽时，程序员不知道正确的处理方法。一定要注意凹槽的表面质量和公差。

36.2　凹槽形状

凹槽编程前首先要估计凹槽的形状，凹槽形状由零件图纸和其目的决定，选择切槽刀时，凹槽形状是最重要的决定因素。平行于机床主轴且带尖角的槽需要方形刀片，带圆角的槽需要刀片具有同样或稍小的半径，特殊的凹槽，例如带角度的槽，刀片的角度要恰好符合图纸中给出槽的角度，而成型槽则需要相同形状的刀片等。图 36-1 所示为凹槽加工刀片的常见形状。

图 36-1　凹槽加工刀片的常见形状

（1）刀片名义尺寸

许多凹槽加工中，凹槽宽度大于最大刀片的名义宽度。名义尺寸可以在各种刀具目录中找到，常见的宽度有 1mm、2mm、3mm 或 1/32in、3/64in、1/16in、1/8in 等。

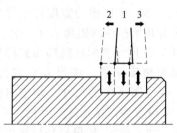

图 36-2　槽宽大于刀片宽度时的切削分布图

例如，宽为 0.276in 的凹槽能使用名义宽度比它稍小且最接近它的 0.250in 的刀片来加工，此时加工程序包括至少两次切削，一次或多次粗加工和至少一次精加工。如果公差要求较高或刀具磨损较快，则可使用另一把刀具进行精加工（如图 36-2 所示）。

（2）刀片修正

程序员偶尔也需要依据槽的尺寸或形状来选择刀片。这里有两种方法，一种方法是如果可能并且实用，那么可以定制刀片，对于大多数槽来说，这是一个合理的解决方法；另外一种方法是内部调整已有刀具的尺寸。

CNC 编程中通常应尽量使用非定制刀具和刀片，然而在特殊情形下，也可修改标准刀具或刀片以适应特殊的工作。对于凹槽加工，可以是刀片切削深度的延伸或者刀具半径的改变，如非万不得已，千万不要改变凹槽形状。标准刀具的修正会延缓生产，其代价也比较昂贵。

36.3　凹槽位置

凹槽在工件上的位置由零件图决定，它可能是以下三组中的一种：
- ❑ 在圆柱上切槽　　　...　直径切削；
- ❑ 在圆锥上切槽　　　...　锥体切削；
- ❑ 在端面上切槽　　　...　轴肩切削。

尽管凹槽不只局限于以上几种，但是从实用的角度出发，只考虑这三种类型。这三种位置均可能是外部槽或内部槽。

最常见的两种槽是在圆柱上，也就是在外圆面（外径）上或在内圆面（内径）上，很多其他类型的凹槽可能在平面、圆锥、甚至在拐角处，图 36-3 给出了各种槽的常见位置。

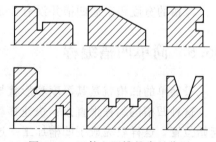

图 36-3　工件上凹槽的常见位置

36.4　凹槽尺寸

要选择合适的刀片，凹槽尺寸非常重要，凹槽加工尺寸包括宽度和深度以及各拐角的情况。不可能用大于槽宽的刀片加工槽，同样也不可能加工比刀片或刀柄深度更深的槽；然而可以使用较窄的刀片经过多次切削加工一个较宽槽，同样也可以使用较长的刀具加工较浅的槽。槽的尺寸决定槽的加工方法，如果槽宽等于刀片宽度，则只需一次切削，其刀具运动为进给运动进入和快速运动退出。为了正确编写程序，必须知道槽的宽度和深度以及它相对于工件上已知参考点的位置，这个位置是凹槽相对于一边或一个面的距离。

特别大的凹槽需要特殊的加工方法，例如宽 10mm 和深 8mm 的凹槽不可能一次加工完成，在这种情况下，槽的粗加工控制槽的宽度和深度，此时通常使用多把刀具加工。程序需要分段编程，这样万一刀片破损，也只需重复执行受影响的程序部分。

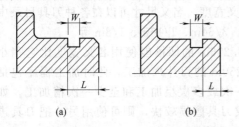

图 36-4   凹槽位置尺寸（两种常用标注方法）

（1）凹槽位置

图 36-4 所示为常见凹槽的两种最常用的标注方法，图 36-4（a）、（b）中凹槽的宽度都用尺寸 W 表示，而从前端面开始标注的距离 L 不一样。

图 36-4（a）中，L 尺寸表示从前端面到凹槽左侧的距离，从编程角度来说，该尺寸更方便，因为程序中的尺寸就是图纸中的尺寸。切槽刀的标准刀具参考点通常设置在凹槽加工刀片的左侧。

图 36-4（b）中，L 尺寸表示从前端面到凹槽右侧的距离，加上槽宽 W 很容易计算出到凹槽左侧的距离。这种情况下编程考虑稍微复杂一点，尤其是给定尺寸公差时，这时要采用这样的方法，即指定的尺寸能表示更为重要的尺寸。如果所有尺寸都指定了公差范围，那么加工后的凹槽必须保证所有的公差，这将影响整个编程方法。根据凹槽的目的，其尺寸标注也可以从其他参考位置开始。

（2）凹槽深度

图 36-5 所示为两种最常见的凹槽深度标注方法。

图 36-5（a）中给出了凹槽的顶部和底部直径尺寸，该方法的最大好处就是槽底直径在程序中为一个 X 轴值，不利之处是仍然需要计算凹槽

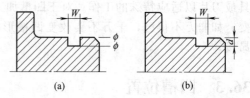

图 36-5   凹槽深度标注的两种常用方法

的实际深度且要选择合适的刀具。图 36-5（b）中直接给出凹槽深度，但是槽底直径尺寸需要计算。两种标注方法在 CNC 编程中都很常见。

深槽的宽度跟普通凹槽并没有什么不同，只是其顶部直径和底部直径之间的比率更大。

36.5   简单凹槽编程

最简单的凹槽就是其深度和形状与刀具切削刃完全一样的槽，如图 36-6 所示。

这种凹槽的编程很直接：快速移动刀具至起始位置并进给运动至槽深，然后快速退刀至起始位置，这样就完成了凹槽加工。这种情形不需要倒角、表面质量控制和特殊技巧，也许有人会说这样一来也就没有质量可言，唯一的改进方法就是在凹槽底部做短暂的停留，确实这种凹槽的加工质量不是最好的，但作为凹槽而言已经足够。这样的槽非常实用且不需要精密加工，同时这种槽的编程是学习更多先进技术的好起点。

下面的程序 O3601 中，使用与凹槽宽度相等的标准 0.125in 方形凹槽加工刀片，凹槽深度为图中两个直径差的一半：

(2.952 − 2.637)/2 = 0.1575

程序中使用 T08 作为最后刀具：

O3601（简单凹槽）

（G20）

...

N33 T0800 M42 　　　　　　　　　　（调用 8 号刀具）

N34 G97 S650 M03 　　　　　　　　　（主轴转速 650r/min）

N35 G00 X3.1 Z-0.625 T0808 M08 　　（起点）

N36 G01 X2.637 F0.003 　　　　　　　（进刀至凹槽底部）

N37 G04 X0.4 　　　　　　　　　　　（在槽底暂停）

N38 X3.1 F0.05 　　　　　　　　　　（从凹槽退刀）

N39 G00 X6.0 Z3.0 T0800 M09 　　　　（安全位置）

N40 M30 　　　　　　　　　　　　　（程序结束）

%

O3601 程序操作如下：首先使用 G20 设置为英制模式；N33 和 N34 程序段选择直接转速启动刀具 T08，这里也可以选择 G96 模式下的恒定表面速度；N35 程序段是凹槽加工的起点，该位置的安全间隙是工件直径上方的间隙，本例中为 0.074in：

$$(3.1-2.952)/2=0.074$$

该程序段中在刀具运动过程中开始应用冷却液；N36 程序段以 0.003in/r 低速加工凹槽；N37 程序段在槽底暂停 0.4s，随后刀具返回至起始直径并结束程序。

虽然这个特定的凹槽加工实例很简单，但是仍然可以从中得到很多东西，它包含适用于任何凹槽

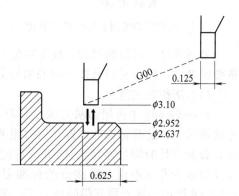

图 36-6　简单凹槽实例（程序 O3601），
刀片宽度等于槽宽

（精度和表面质量非常关键）编程方法的几个重要原则。

注意凹槽加工前的安全间隙，刀具位于工件直径上方 0.074in 处，直径为 $\phi3.100$in，一定要确保该距离为能保证安全的最小距离。凹槽加工的进给率通常较低，很多时候都处于空切状态。同时也要注意实际进给率从程序段 N36 的 0.003in/r 上升到程序段 N38 的 0.050in/r，这里本来可以使用快速运动指令 G00，使用较高的进给率（但不使用快速进给）可以通过消除刀具在凹槽侧面上的划伤，从而提高凹槽表面加工质量。

刀具宽度 0.125 绝不直接或间接在程序中出现，也就是说刀片的形状和宽度就是凹槽的形状和宽度。这也意味着虽然程序结构不受影响，但使用不同尺寸的刀片就会得到不同的凹槽宽度，即使改变切槽刀的形状，程序结构仍然不受影响。不同的形状和尺寸组合可以加工多种尺寸的凹槽，且不需要对程序做任何改变。

36.6　精确凹槽加工技术

简单进退刀加工出来的凹槽不会很好，凹槽的侧面比较粗糙，其外部拐角非常尖锐且宽度取决于刀具的宽度和磨损情况。大多数的加工任务并不能接受这样的凹槽加工结果。

编程和加工任何精确凹槽需要额外努力，但其结果是得到高质量的槽，这种努力并不总是值得的，因为高质量需要一定的代价。下面两个图给出了凹槽尺寸和编程的相关细节，图 36-7 所示为一个精确凹槽，这里为了说明问题，故意夸大了槽宽。

最好的加工方法是什么？凹槽需要一次粗加工两次精加工——每侧一次，同时槽底直径留出 0.006 的余量，此外在直径 $\phi4.0$ 处的尖角处加工出 0.012 的倒角。图 36-8 所示为切削量的分配。

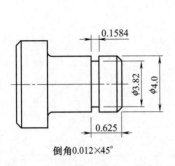

图 36-7　精确凹槽实例 O3602 的零件图

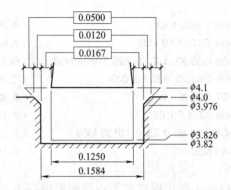

图 36-8　精确凹槽（实例 O3602 中切削量的分配）

要对程序进行好的规划，便需在编写第一个程序段之前选择刀具和加工方法，这些都是重要的考虑，因为它们直接影响凹槽的最终尺寸和状况。

(1) 选择凹槽宽度

程序 O3602 中所用切槽刀是外车刀，刀库中的编号为 T03，刀具参考点选择在刀片的左切削刃上，这是标准的选择。同时也要选择刀片宽度，凹槽加工刀片有各种各样的标准宽度，公制刀具的增量通常为 1mm，英制刀具的增量则是 1/32in 或 1/16in。本例中的槽宽 0.1584in 为非标准值，最接近的标准刀片宽度为 5/32（0.15625）in，问题是是否应选用 5/32in 宽度的刀片？回答很简单：不。理论上该刀片能够加工该槽，但因为刀宽和槽宽之间的差值太小（两侧总的差值为 0.00215），所以切削余量很小。

该尺寸差使得凹槽每侧的余量稍大于 0.001，这样可能导致刀片与凹槽侧壁摩擦而不是切削，较好的办法是选择小一号的标准刀宽 1/8（0.125）in，它的差值比 5/32in 的大。一旦选定切槽刀，便可以设定初始值：偏置号（03）、主轴转速（400ft/min）以及速度范围（M42），此外还需在设置清单上记上：

❑ T0303＝0.1250 方形切槽刀

这时便可写出前几个程序段：

```
O3602（精确凹槽）
（G20）
…
N41 T0300 M42
N42 G96 S400 M03
…
```

(2) 加工方法

一旦选择好切槽刀并确定好刀座号（刀塔位置），便确定了凹槽的实际加工方法。前面对加工方法进行了总体介绍，现在有必要对它进行详细介绍。

加工中不能选择前面介绍的基本进刀-退刀加工方法，也就是说要选择更好的能保证加工出高质量凹槽的加工方法。首先要注意切槽刀略窄于槽宽，且凹槽需要多次切削加工，究竟多少次呢？这个不难计算，槽宽为 0.1584in 并使用 0.1250in 宽的凹槽加工刀片加工时，至少需要两次切削。但是槽宽远大于本例中的槽宽时应该如何处理呢？

可以使用以下公式计算凹槽的最少切削次数：

$$C_{\min} = \frac{G_w}{T_w}$$

式中　$C_{\min}$——最小切削次数；

　　　G_w——凹槽宽度；

　　　T_w——凹槽加工刀片宽度。

　　将上式运用到本例中，起始数据槽宽为 0.1584in，凹槽加工刀片宽度为 0.1250in。计算最小切削次数并向上圆整到最近的整数：0.1584/0.1250＝1.2672＝2 次。

　　采用的加工方法是在凹槽左侧和右侧各使用一次精加工，这里确保了两次切削的重叠，余下的操作是加工倒角。这种加工方法是可行的，但是不能加工出高质量的槽。

　　即使加工中凹槽的质量可以接受，但是这样的结果不会给程序员带来更多的好处，那么怎样才能确保加工出高质量的槽呢？

为了编写最佳的程序，可以在编程阶段尽最大的努力，以防止在加工阶段出现问题。

　　怎样将这个建议运用到加工实例中呢？关键是要熟悉加工工艺，经验表明，如果在槽两侧留有相同的加工余量，会得到更好的加工环境、更高的表面质量和更长的刀具寿命。

　　如果将上述方法应用到本例中，可以得到一个重要结论：如果宽度相等的两次切削至少能加工出可以接受的槽，那么三次等量的切削可以加工出更好的槽。

　　如果使用至少三次切削而不是两次切削来加工凹槽，那么 CNC 程序员能控制以下两个重要因素：

❏ 控制凹槽位置；

❏ 控制凹槽宽度。

　　在精确凹槽加工中，上述两个因素同等重要且必须同时考虑。

　　仔细观察这些因素在本例中的实现。程序控制下应用的第一个因素是凹槽位置，图纸中从工件前端面到槽左侧的距离为 0.625in，尺寸没有指定正负公差，因此图纸上的尺寸可以直接用于编程。程序控制下应用的第二因素是凹槽宽度，图纸中槽宽为 0.1584in，所选刀片宽度为 0.1250in。其目的是应用前面确定的方法，分三步编写切削运动：

⤴ 第 1 步：粗加工凹槽中部并在凹槽两侧留下相同的精加工余量，同时在槽底留下一定的余量。

⤴ 第 2 步：编写凹槽左侧包括倒角的加工程序。

⤴ 第 3 步：编写凹槽右侧包括倒角的加工程序，并清理凹槽底部。

　　后两步需要倒角操作，倒角宽度加上随后的切削宽度应不大于刀片宽度的 3/8，第三步清除凹槽底部，这些都表明有必要考虑精加工毛坯余量。

　　（3）精加工余量

　　第一步中的第一次切削正好在凹槽中部，要计算 Z 轴的起始位置，首先要找出凹槽每侧留出的精加工余量，毛坯余量为凹槽宽度与刀片宽度之差的一半，如图 36-8 所示：

$$(0.1584 - 0.1250)/2 = 0.0167$$

　　刀具 Z 坐标在左侧面正方向的 0.0167 处，如果侧壁坐标为 $Z-0.625$，则切槽刀的起始位置为 $Z-0.6083$。当刀具完成第一步切削时，凹槽两侧留有相同的精加工余量。

　　尽量不要对 0.0167 进行圆整，例如 0.0170，这在加工中并没有区别，但是使用计算得到的值编程是一个好习惯，这种方法的优点是便于程序最后检查以及保持程序的连贯性。相等的加工余量有这种连贯性：虽然实际加工结果是一样的，但是选择 0.0167 要优于 0.0170 和 0.0164。

　　接下来看 X 轴坐标值，第一个位置是切削起点，第二个位置是加工后的直径值。起点的最佳位置在距加工后直径每侧约 0.050in 处，本例中起点的安全间隙直径由 φ4.0 计算得出：

$$4.0 + 0.05 \times 2 = 4.1 \tag{X4.1}$$

不要使用常见的低进给率以及大于 0.050in（1.27mm）的间隙开始切削，那样会有太

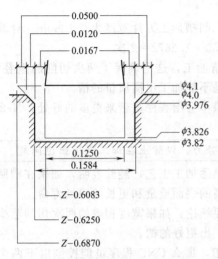

图 36-9　精确凹槽加工（程序
O3602 中使用的凹槽数据）

多的空切，从而使效率下降。最终加工直径是凹槽的底部，图纸中为 φ3.82in，X3.82 可以直接作为编程目标尺寸，但是如果在每侧留下很小的余量，比如 0.003（直径为 0.006），将有助于凹槽底部精加工，这样一来槽底直径 3.82 便要加上两个 0.003，所以编程 X 目标尺寸为 X3.826。一旦完成加工，刀具将返回初始直径处：

N43 G00 X4. 1 Z - 0. 6083 T0303 M08

N44 G01 X3. 826 F0. 004

N45 G00 X4. 1

这种情况下快速返回凹槽上方是一个很好的选择，因为随后要精加工凹槽的两侧，所以此时两侧的表面质量并不重要。粗加工完成后，便可以开始精加工操作。

将计算得到的所有数据加到图 36-8 的尺寸上，便得到图 36-9 所示的尺寸。

（4）凹槽公差

任何加工中，凹槽编程必须严格满足所标公差，本例中没有指定公差，但是图中四位小数的尺寸已经暗含了公差，形如 0.0～+0.001 的公差范围是指定公差的常见方法。程序中只能使用在指定公差范围内的尺寸，本例中的目标就是图纸尺寸 0.1584（有意选择）。

加工中经常遇到并对凹槽宽度影响最大的问题是刀具磨损，随着刀片的不断使用，它的切削刃也不断磨损并且实际宽度变窄，其切削能力没有削弱，但是加工出的槽宽可能不在公差范围内。另一个造成凹槽宽度不合格的原因是刀片宽度，刀片的生产不仅具有较高精度而且也在一定的公差范围内，如果更换刀片，凹槽宽度也会有较小变化，因为新刀片不可能与前面所用刀片具有完全相同的宽度。消除（或限制在最低限度）尺寸落在公差带之外的方法是在精加工操作时使用附加偏置。

在前面规划精确凹槽加工方法时，曾将 03 号偏置分配给切槽刀，这里还需要附加偏置。假定在程序中，所有加工设置使用同一个偏移量，如果加工中由于刀具磨损而使槽宽变窄，这时便只能换刀、修改程序或者改变偏移量，如果正向或负向调整 Z 轴偏置，将改变凹槽相对于程序原点的位置，但是不能改变槽宽！这时就需要控制凹槽宽度的第二个偏置。程序 O3602 中，左侧倒角和左侧面使用一个偏置（03）进行精加工，右侧倒角和右侧面则使用另一个偏置，为了便于记忆，将第二个偏置的编号定为 13。

首先必须完成另一个步骤，即计算左侧倒角的起始位置。刀具当前位置为 Z-0.6083，但是必须移动毛坯余量 0.0167 以及倒角宽度 0.012 和 0.050 的间隙——总和为 0.787，最后运动到 Z-0.687 位置。首先以较低进给率加工倒角，然后继续加工凹槽左侧至粗加工的相同直径 X3.826 处：

N46 Z - 0. 687

N47 G01 X3. 976 Z - 0. 625 F0. 002

N48 X3. 826 F0. 003

下一步中刀具返回工件直径上方，该运动非常重要。在程序中一定要确保从槽底退刀时不破坏左侧面，同时也要确保刀具不接触右侧面。这表示退刀不能超过 $Z-0.6083$ 位置，同时由于可能在 Z 字形或曲棍形运动（在第 20 章的快速定位中介绍过）中与侧壁接触，也不能快速退出。最好的方法是以相对较高但非切削进给率返回到初始位置：

N49 X4. 1 Z - 0. 6083 F0. 04

这样就完成了左侧面加工。要编写右侧刀具加工路线，必须使用切槽刀的右切削刃进行切削。一种方法是改变程序中 G50 坐标（如果仍然使用这种老式方法），或者使用不同的工件坐标偏置，这种方法用在此处是最简单且最安全的。与右侧倒角和右侧面相关的所有操作均以增量方式编程，但只在 Z 轴上应用，它使用 W 地址：

N50 W0. 0787 T0313

N51 X3. 976 W - 0. 062 F0. 002

程序段 N50 中，刀具运动总距离等于右侧面余量 0.0167、倒角 0.012 和间隙 0.050 之和。在同一程序段中，调用第二个刀具偏置，这也是唯一应用偏置 13 的程序段——在该程序段之前使用太早，在此后使用则太迟。

程序段 N51 中包含倒角目标位置，用 X 轴绝对坐标和 Z 轴相对坐标表示。

为完成凹槽右侧面加工，程序段 N52 中精加工切削至槽底直径处，然后在程序段 N53 中继续去除槽底直径处的余量 0.003，这就是所谓的清理凹槽底部：

N52 X3. 82 F0. 003

N53 Z - 0. 6247 T0303

同时注意 Z 轴终点坐标，它比图纸尺寸 0.625 小 0.0003！这里的目的是对刀具压力进行补偿。凹槽倒角处的加工不止一步！因为槽底清理在凹槽左侧面终止，所以必须恢复初始偏置 03，同时程序段 N53 是唯一能正确改变偏置的程序段。千万不要改变刀号，转塔刀架会进行刀具检索！

至此便可以完成程序 O3602 的编程。余下的操作是返回凹槽起始位置，接下来就是程序结束段：

N54 X4. 1 Z - 0. 6803 F0. 04

N55 G00 X10. 0 Z2. 0 T0300 M09

N56 M30

%

这样便得到了完整的程序 O3602，注意偏置更改程序段，注释部分对此进行了标注：

O3602（精确凹槽）

（G20）

...

N41 T0300 M42　　　　　　　　　　　　　　　（没有偏置）

N42 G96 S400 M03

N43 G00 X4. 1 Z - 0. 6083 T0303 M08　　　　　（偏置 03）

N44 G01 X3. 826 F0. 004

N45 G00 X4. 1

N46 Z - 0. 687

N47 G01 X3. 976 Z - 0. 625 F0. 002

N48 X3. 826 F0. 003

N49 X4. 1 Z - 0. 6083 F0. 04

N50 W0. 0787 T0313　　　　　　　　　　　　（偏置 13）

N51 X3. 976 W - 0. 062 F0. 002
N52 X3. 82 F0. 003
N53 Z - 0. 6247 T0303   (偏置 03)
N54 X4. 1 Z - 0. 6083 F0. 04
N55 G00 X6. 0 Z3. 0 T0300 M09   (没有偏置)
N56 M30
%

> 警告！加工中一把刀具使用两个偏置时一定要注意，这点很重要（该警告并不仅仅适用于凹槽加工，它适用于所有加工）。

记住本例中偏置的目的是控制凹槽宽度而不是它的直径。

基于程序实例 O3602，通常要注意以下几点：

❑ 开始加工时两个偏置的初始值应相等（偏置 03 和 13 有相同的 XZ 值）。

❑ 偏置 03 和 13 中的 X 偏置总是相同的，如果改变一个偏置的 X 设置，那么另一个偏置的 X 设置必须改为相同的值，调整两个 X 偏置可以控制凹槽的深度公差。

❑ 如果槽宽太窄而必须调整，仅改变 Z 偏置量。

❑ 要调整凹槽左侧面位置，则改变偏置 03 的 Z 值。

❑ 要调整凹槽右侧面位置，则改变偏置 13 的 Z 值。

❑ 不要取消当前的偏置——直接从一个偏置切换到另一个偏置。

❑ 确保不改变刀具号（T 地址的前两个数字），否则将执行换刀操作！

也可以根据实际情况添加其他一些注意事项，通常在程序用于生产以前要仔细检查。如果程序中改变刀号，则需要更改所有 T 工作。

(5) 凹槽表面精加工

从现在开始，任何精确凹槽的编程应用非常容易了。凹槽加工中需注意的最后几点与表面质量有关，只要采用所建议的等切削量分布方法，使用适当的主轴转速和进给率，保证切削刀具和刀片的良好状态，并使用适当的冷却液和上例中使用的其他技术，就自然可以得到较好的表面质量。

切记"精确凹槽"并不只是要求精确的凹槽位置和精确的尺寸，它同时也要求凹槽具有高质量的外观，而不是装饰功能。

36.7 多凹槽加工

多凹槽加工是指在同一工件的不同位置上加工相同的槽，这种情况下程序中使用多凹槽加工子程序（子加工路线）很有好处，可以在不同的凹槽位置调用子程序，子程序可以节省宝贵的编程时间，它的设计很简单而且容易编辑。第 39 章中将介绍子程序，本章末尾的多凹槽编程中使用了子程序，权当参考或粗略的介绍。

多凹槽加工中将切除更多的材料。在加工外部凹槽时，并不需要特殊的考虑，重力会解决额外的切屑。但是在加工内部凹槽时情况就不同了，同时在工件内部加工多凹槽时，切屑堆积在孔中，这些切屑会阻碍光滑切削操作从而破坏已加工直径，甚至会损坏刀具。为了解决这个问题，可以在加工几个槽后，移出刀具并清除孔中的切屑，这种情况下使用 M01 可选择暂停指令比较有益，清除完所有的切屑后，继续使用同一把刀具加工其他的凹槽。

36.8 端面凹槽

端面凹槽加工（有时也被人错误地称为开孔）是刀具沿 Z 轴方向运动的卧式凹槽加工

过程，刀具编程与沿 X 轴方向的立式凹槽加工遵循一样的原则。由于端面凹槽加工的性质，其刀具定位是最重要的考虑事项，问题在于加工过程中切削刀片的径向间隙，立式凹槽加工中没有必要考虑径向间隙，因为在加工立式凹槽时刀片切削刃与车床中心线位于同一平面上，然而在水平凹槽加工中，沿刀具半径的刀片间隙至关重要。

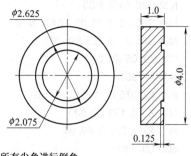

图 36-10　端面凹槽加工（程序 O3603）

　　下例介绍怎样编写典型的端面凹槽程序，如图 36-10 所示。

　　虽然在图纸中给出的凹槽内外直径是工程选择，但编程中也需要凹槽的实际宽度。可使用一个简单方法来计算槽宽，即求出两个直径之差的一半，也就是：

$$(2.625-2.075)/2=0.275$$

　　0.275 就是本例中的实际凹槽宽度，切记编程时要使用宽度小于 0.250 的端面切槽刀片。编程可参照前面列出的精确凹槽加工编程实例，分为三次切削——一次粗加工凹槽中部以及两次包含倒角的精加工。但是首先应该考虑切槽刀的径向间隙，这是一个非常重要的编程考虑事项；它在大多数端面凹槽加工中是各不相同的，同时也容易被忽视。

　　（1）径向间隙

　　为了得到足够的强度，许多切槽刀片都很厚。端面切槽刀片与工件端面成 90°角（平行于主轴中心线）。事实上标准切槽刀片没有径向间隙，从而刀片下端很可能与工件发生干涉，如图 36-11 所示。

　　从图中明显可知，不能使用这种切槽刀片，必须对它进行修正，通常是磨出适当的径向间隙，如图 36-12 所示。

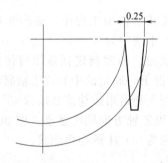

图 36-11　端面凹槽加工时标准切槽刀片的干涉

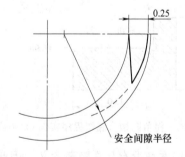

图 36-12　端面凹槽加工标准切槽刀片的改进

　　如果有适当的磨削工具，该操作很简单，但是在磨削中要确保不影响刀片宽度，并且使去除的材料达到最低限度，否则刀具的强度会下降。

　　（2）端面凹槽加工程序实例

　　程序 O3603 使用修正的刀片，并以 0.012 的倒角除去尖角。程序中仅使用一个偏置，根据直径 $\phi 2.075$ 将刀具参考点设置在刀片的下切削刃上。所有计算都很容易，它们与前述立式凹槽的步骤完全一样：

```
O3603 （端面凹槽）
(G20)
...
N21 T0400 M42
```

```
N22 G96 S450 M03
N23 G00 X2.1 Z0.05 T0404 M08
N24 G01 Z - 0.123 F0.003
N25 Z0.05 F0.04
N26 X1.951
N27 X2.075 Z - 0.012 F0.001
N28 Z - 0.123 F0.003
N29 X2.1 Z0.05 F0.04
N30 U0.149
N31 U - 0.124 Z - 0.012 F0.001
N32 Z - 0.125 F0.003
N33 X2.0755
N34 X2.1 Z0.05 F0.04 M09
N35 G00 X8.0 Z3.0 T0400
N36 M30
%
```

36.9 拐角槽/线槽

拐角凹槽也属于凹槽加工操作，它使用特殊设计的凹槽加工刀片沿 45°角方向切削。根据刀具、所使用的刀片以及设计需求，凹槽可以是方形或带圆角的，凹槽加工刀片也可以是安装在 45°角刀架上的标准刀片。这类凹槽的目的是在工件拐角处加工凹槽和底切，它可确保两个装配零件的轴肩配合。

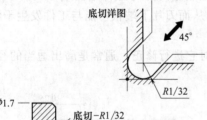

图 36-13　拐角凹槽（底切程序实例 O3604）

为了编写拐角凹槽加工程序，必须知道凹槽加工刀片的半径，本例中为 0.031（1/32）in，切削深度由图纸尺寸决定。通常指定拐角凹槽作为"最小底切"，这种情况下，底切的中心位于轴肩和直径的交点。凹槽的切入和退出运动都必须为 45°，这也意味着刀具在 X 和 Z 轴方向同时运动。图 36-13 所示为最小底切半径为 0.031 的拐角凹槽。

程序本身没有什么隐藏含义，因此不难编写或理解：

```
O3604（拐角凹槽）
（G20）
...
N217 G50 S1000 T0500 M42
N218 G96 S375 M03
N219 X1.08 Z - 0.95 T0505 M08
N220 G01 X0.918 Z - 1.031 F0.004          （切入）
N221 G04 X0.1                             （暂停）
N222 X1.08 Z - 0.95 F0.04                 （退出）
N223 G00 X6.0 Z3.0 T0500 M09
N224 M30
%
```

程序段 N219 中将刀片中心（以及安装点）定位在线槽（X 和 Z 轴上的间隙都是 0.050）的中心线上。程序段 N220 和 N222 是两次切削运动——程序段 N220 中加工槽，N222 则从槽中退出，两个方向的运动量完全相等，槽底暂停时间为 0.1s。程序段 N220 也可以使用增量模式编程：

N220 G01 U－0.162 W－0.081 F0.004
N221 G04 X0.1
N222 U0.162 W0.081 F0.04

36.10　凹槽加工循环

车床上的 Fanuc 控制器有两种用于间歇式切削的复合型固定循环 G74 和 G75，两种循环的编程格式已经在前面介绍过，G74 用于沿 Z 轴切削并且多用于啄式钻孔，G75 用于沿 X 轴切削并多用于简单凹槽加工。

（1）G75 循环的应用

虽然 G75 主要用于凹槽加工，但它也可以用于端面间歇式切削。这种循环过于简单而不用于高精度加工，但是它有其优点，沿 X 轴切削时，其主要目的是断屑，这在端面加工以及一些凹槽加工和切断操作中很有用。另一个应用是粗加工深槽，以便稍后可以使用更精确的方法进行精加工。

在 G75 中，通过沿一个方向的切削运动和相反方向的快速退刀运动的更替来进行断屑操作，这意味着基于"进给运动进入—快速运动返回"原则以及内置的间隙，一个切削运动后总是跟着另一个相反方向的快速返回运动，图 36-14 所示为其示意图。

退刀量内置在循环中并由控制系统的内部参数设置，图 36-14 中用 d 值表示（控制器中通常设置在 $0.010 \sim 0.020$in 之间）。下面两个例子为 G75 凹槽加工循环的实际应用。

（2）使用 G75 加工单个凹槽

单个凹槽需要知道起点的 X 和 Z 坐标以及凹槽的最终直径 X 和每次切削深度 I。对于单个凹槽，不能编写 Z 轴位置和 K 距离，Z 轴位置由起点给定且不再改变。

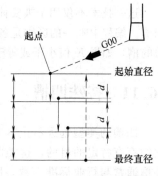

图 36-14　G75 循环示意图

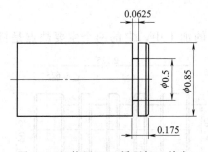

图 36-15　使用 G75 循环加工单个
凹槽（程序 O3605）

根据图 36-15，编写单个凹槽加工程序 O3605 如下：

O3605（G75 加工单个凹槽）
（G20）
…
N43 G50 S1250 T0300 M42
N44 G96 S375 M03
N45 G00 X1.05 Z－0.175 T0303 M08
N46 G75 X0.5 I0.055 F0.004
N47 G00 X6.0 Z2.0 T0300 M09
N48 M30
%

注意 I 值为 0.055，该值是有其含义的，事实上它是经过仔细计算得出的每次进给深度。刀具从 $\phi1.050$ 运动到 $\phi0.500$ 或每侧为 0.275：$(1.05-0.50)/2＝0.275$。该凹槽加工有

5 次进给，每次进给量为 0.055（0.275/5＝0.055）。

（3）使用 G75 加工多个凹槽

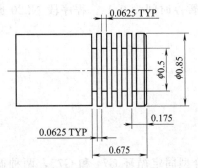

图 36-16　使用 G75 循环加工多个
凹槽（程序 O3606）

使用 G75 循环可以很容易编写多个凹槽加工程序，在这种情况下，凹槽的大小以及各槽之间的间距必须相等，否则不能用 G75 循环。图 36-14 中的间隙 d 通常不需要编程。

根据图 36-16，使用 G75 循环编写多个凹槽加工程序 O3606 如下：

O3606（G75 加工多个凹槽）
（G20）
…
N82 G50 S1250 T0300 M42
N83 G96 S375 M03
N84 G00 X1. 05 Z－0. 175 T0303 M08
N85 G75 X0. 5 Z－0. 675 I0. 055 K0. 125 F0. 004
N86 G00 X60 Z2. 0 T0300 M09
N87 M30
%

多个凹槽加工的设置和条件与单个凹槽相同，唯一的区别是需要多次输入 G75 循环调用。

这一技术不仅用于被实体材料分离的多凹槽加工，也可用来加工远远宽于刀片宽度的单个凹槽。编程中唯一的区别是各槽之间的间距 K 值，如果 K 值大于刀片宽度，将加工出几个单独的槽，如果 K 值小于或等于刀片宽度，将加工出一个宽槽，可以通过试验找到最佳值。

36.11　特殊凹槽

凹槽的类型远远不止本书中所介绍的这些。主要是特殊行业中使用的特殊形状的凹槽，它们都有特定的目的，这类凹槽中最常见的是圆槽、滑轮槽、O 形槽以及其他几种凹槽。这些槽通常与行业标准一致，因此能用常规刀片加工。这类凹槽加工的典型实例是滑轮槽加工，"非标准"凹槽的编程原则与本章前面所介绍的没有两样。

36.12　凹槽和子程序

用 G75 循环编写多槽程序通常不用于精度要求较高的加工中，它的两个主要缺点是槽的质量和各槽之间间距必须相等。编写多凹槽加工程序的另一种更有效方法是使用子程序。

第 39 章中将介绍使用子程序来编写更有效和更高精度的凹槽程序，其主要原则是在子程序中编写所有常见的凹槽加工运动，而各个凹槽之间不同的运动则在主程序中编写。用这种方法可以加工出间距相等和间距不等的凹槽。

图 36-17 是使用子程序编写多凹槽加工程序的一个简单实例。这里只使用两把车刀，一把用于端面加工和车削，另一把 0.125 宽的切断刀用于加工四

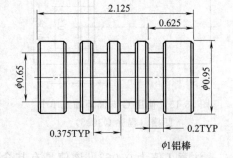

图 36-17　使用子程序编写多凹槽加工程序（O3607 是主程序，O3657 是子程序）

个槽、倒角和切断已加工工件，下一章中将介绍切断操作，子程序则在第 39 章中介绍。注意所有与凹槽位置相关的刀具运动都编写在主程序 O3607 中，所有与实际凹槽加工相关的刀具运动都编写在子程序 O3657 中。本例中各槽之间的间距相等。

```
O3607 （凹槽/子程序）
（T01－55°菱形刀片）
N1 G20 T0100
N2 G96 S500 M03
N3 G00 X1. 2 Z0 T0101 M08
N4 G01 X－0. 07 F0. 006                    （加工端面）
N5 G00 Z0. 1
N6 G42 X0. 7                              （倒角起点）
N7 G01 X0. 95 Z－0. 025 F0. 003           （倒角）
N8 Z－2. 285                              （车削外圆）
N9 U2. 0 F0. 03
N10 G00 G40 X4. 0 Z4. 0 T0100 M09
N11 M01


（T05－0. 125 切断刀）
N12 G50 S2500 T0500
N13 G96 S500 M03
N14 G00 Z－0. 5875 T0505 M08              （第 1 个凹槽位置）
N15 X1. 0
N16 M98 P3657                            （加工第 1 个凹槽）
N17 G00 W－0. 375 M98 P3657              （加工第 2 个凹槽）
N18 G00 W－0. 375 M98 P3657              （加工第 3 个凹槽）
N19 G00 W－0. 375 M98 P3657              （加工第 4 个凹槽）
N20 G00 Z－2. 285                         （准备切断）
N21 G01 X0. 8 F0. 006
N22 X1. 1
N23 G00 X1. 0 Z－2. 2                     （倒角起点）
N24 G01 X0. 9 Z－2. 25 F0. 003           （倒角）
N25 X－0. 02 F0. 005                      （切断）
N26 G00 X1. 2                            （清理）
N27 G40 X4. 0 Z4. 0 T0500 M09
N28 M30
%
O3657 （O3607 的子程序）
N1 G01 X0. 66 F0. 004                    （外圆粗加工进给速度）
N2 G00 X1. 0                             （清理）
N3 W－0. 0875                            （移动到左侧倒角）
N4 G01 X0. 9 W0. 05 F0. 002             （左侧倒角）
N5 X0. 66 F0. 004                        （外圆粗加工进给速度）
N6 X1. 0 W0. 0375 F0. 03                 （返回起点）
N7 W0. 0875                              （移动到右侧倒角）
N8 X0. 9 W－0. 05 F0. 002               （右侧倒角）
N9 X0. 65 F0. 004                        （外圆精加工进给速度）
```

```
N10 W - 0. 075                         （清理底部）
N11 X1. 0 W0. 0375 F0. 03              （返回起点）
N12 M99                                （返回主程序）
%
```

　　凹槽加工的相关内容至此结束，虽然凹槽加工是相对比较简单的加工操作，但在某些情形下编写凹槽加工程序还是具有一定的挑战性。

第37章 工件切断

切断是车床的常见加工操作，它通常使用棒料进给器附件。切断过程中切削刀具（或切断刀）从棒料上分离出完整的工件，工件从棒料上脱落并落入特殊的容器中以防损坏工件。此外也可能使用工件捕捉器。

切断步骤

切断刀具路径的编程步骤与凹槽加工步骤非常相似，事实上切断是凹槽加工的扩展。切断与凹槽加工的目的略有区别，因为切断是从棒料上分离出完整的工件，而凹槽加工是在工件上加工出有一定宽度、深度和精度的槽，棒料通常是8ft、10ft、12ft或更长的圆棒料。

切断加工中两个最重要的考虑与标准凹槽加工一样，一个是切屑控制，另一个是冷却液的应用。

(1) 切断车刀介绍

切断使用特殊的刀具，这种用于切断的刀具叫切断车刀和车断刀。切断刀的设计与切槽刀相似，它们之间有一个主要区别，切断刃的伸出长度比切槽刀要长得多，这也使它适用于深槽加工。典型的切断刀如图37-1所示。

在切断刀的刀刃部分通常是两侧带后角的硬质合金刀片，刀具的切削刃有几种不同形状，最常见的刀刃结构如图37-2所示。

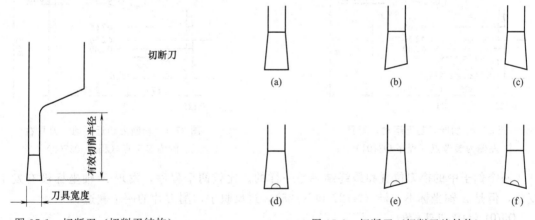

图 37-1　切断刀（切削刃结构）　　　　　图 37-2　切断刀（切削刀片结构）

注意图中所示的两类刀片设计：不带凹槽系列［图37-2 (a)、(b) 和 (c)］和带凹槽系列［图37-2 (d)、(e) 和 (f)］。凹槽是刀片中间的内部凹痕，它有助于切屑的形成并使之卷绕，其结果是切屑比刀片的宽度窄，虽然这种刀片的成本稍高，但是其切屑不会堵塞凹槽并且可延长刀具寿命。

也要注意图37-2 (b)、(c)、(e) 和 (f) 类刀具的斜角，当工件从实心棒料上切断时，该斜角有助于控制工件余下部分的尺寸和形状，它也可控制切断管状棒料时余下部分的边缘尺寸。虽然所有的设计都有其特殊的用途，但是通常选择图37-2 (f) 所示的刀具，尤其是切断大直径棒料时。不同于其他的加工，切断产生的切屑应该是卷状，而不是断续的，带凹槽或类似设计的刀片是实现这种目的的最好选择。

程序员习惯于使用一把切断刀完成所有加工，他们选择能切断最大工件直径的足够长的切断刀，并且将其永久安装在刀架上，甚至用于切削小直径棒料，这么做的原因是可以节省准备时间，从某种程度上说它是正确的，但也有其不利的一面。为了增加强度和刚度，长切断刀的刀片通常比短切断刀的刀片要宽，当棒料很长时，需要长切断刀以及相对较宽的刀片，但如果这种刀具用于切断短棒料，如环状物或其他管状薄壁棒料时，那么刀具选择是错误的，并且会浪费材料，带较窄刀片的短切断刀能较好地适应这种工作。

如同切槽一样，冷却液需要应用在刀刃上。由于冷却液有冷却和润滑的作用，所以最好的选择是水溶性冷却液，常见的混合液是 1 份油兑 15～20 份的水或者使用冷却液生产厂家推荐的方法调配。一定要保证冷却液的压力足够大，尤其是加工大直径棒料时，压力足以让冷却液到达刀刃并冲走堆积的切屑。

（2）刀具的趋近运动

编写切断刀具路径的第一步是选择一把能从实心棒料上完全分离工件的切断刀，下一步是决定刀片的宽度和刀具的参考点位置。切断刀太短不能安全到达主轴旋转中心，刀具过长则没有足够的刚度且在切断过程中会产生振动甚至折断，刀片宽度对良好的切削条件也很重要，刀具宽度与切削深度成正比。

选择切断刀参考点所遵循的原则与切槽刀相同，在切槽和切断中，为了保持装夹的一致性，最好定义在刀具的同一侧。下列程序展示了分别使用刀尖左侧和右侧作为参考点时的区别，图 37-3 对应于程序 O3701，图 37-4 对应于程序 O3702，两个例子中的程序原点均为已加工工件的前端面。

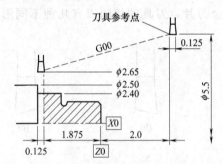

图 37-3　切断刀趋近运动，刀具
左侧为参考点（程序 O3701）

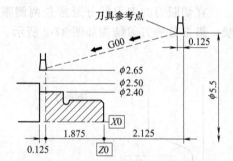

图 37-4　切断刀趋近运动，刀具右
侧为参考点（程序 O3702）

两个例子中的换刀位置和最终结果是一样的。比较两个程序，发现 X 轴坐标没有发生变化，但是 Z 轴坐标不一样（N122 和 N125），这反映了切削刀片的两个侧边。

```
O3701（切断/刀刃左侧）
...
N120 G50 S1250 T0800 M42
N121 G96 S350 M03
N122 G00 X2.65 Z-2.0 T0808 M08
N123 G01 X-0.03 F0.004
N124 G00 X2.65 M09
N125 X5.5 Z2.0 T0800
N126 M30
%
```

这个例子与前面的精确凹槽加工的建议一致。对于 CNC 操作人员来说，在刀具左侧设置刀具参考点比较容易。如果有更好的理由，可以将刀具参考点设置在刀尖右侧，对应于图

37-4 的程序如下：

```
O3702（切断/刀尖右侧）
…
N120 G50 S1250 T0800 M42
N121 G96 S350 M03
N122 G00 X2.65 Z-1.875 T0808 M08
N123 G01 X-0.03 F0.004
N124 G00 X2.65 M09
N125 X5.5 Z2.125 T0800
N126 M30
%
```

　　将参考点设置在刀具左侧的缺点是程序中的 Z 坐标必须加上刀片宽度，第二个例子中直接使用最终工件长度，但是可能与卡盘或夹头发生碰撞。即使前面的车削操作切除了大多数的毛坯，也要仔细选择 X 轴的刀具趋近位置，而且刀具应该位于毛坯直径上方，图 37-5 所示为正确和错误的切断刀趋近方法。

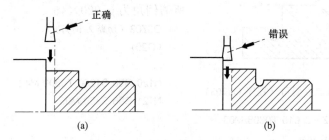

图 37-5　正确和错误的趋近毛坯直径方法

　　（3）毛坯余量

　　切断操作并不意味着完成了所有的加工，切断通常只是第一步操作，加工得到的工件上还需要额外的加工。这种情形下就需要在工件后端面留出一些额外的材料（毛坯）以进行后续加工，留出的加工余量为 $0.010\sim0.020\text{in}$（$0.3\sim0.5\text{mm}$）。本例中的两个程序都需要修改程序段 N122，例如程序 O3701 中将 $Z-2.0$ 修改为 $Z-2.015\text{in}$，程序 O3702 中将 $Z-1.875$ 修改为 $Z-1.89\text{in}$。

　　需要仔细探究的另一个重要程序输入是程序段 N122 中的 X 值，本例中为 $X2.65\text{in}$，它在 $\phi2.4$ 上方留出 0.125in 的间隙，如果该间隙过大，可以重新考虑。出于安全考虑，一定要考虑实际毛坯直径，本例中棒料毛坯直径为 2.500in，因此每侧的实际间隙为 0.075in 就更为合理。

　　（4）退刀运动

　　切断刀编程的另一个安全考虑，是完成切断操作后返回换刀位置的方法，可以尝试用一个程序段代替 N124 和 N125 两个程序段，然后在切断工件后立即返回换刀位置：

```
N124 G00 X5.5 Z2.0（或 Z2.125）T0800 M09
```

　　毕竟，以上程序段分离了工件并落入箱体中，此外还节省了一个程序段，又何乐而不为呢？千万不要这样做！这样做非常危险，工件本应该切断并落入箱体中，但事实是否总是如此呢？很多原因会导致切断不完全，这样一来的结果便是刀具损坏、工件报废甚至损坏机床。

　　务必先在 X 轴方向退刀，务必在棒料直径上方。

（5）带倒角的切断

工件加工并不总是在二次加工中完成，当加工必须使用切断刀时，其加工质量要尽可能得好，高质量的表面需要对拐角进行倒角。本例中的倒角为 $X2.4$ 和 $Z-1.875$ 的交点，如果车削加工中不能加工出倒角，那么切断刀是更好的选择，大多数切断刀并不是设计用来进行横向切削（沿 Z 轴的），但是倒角只切除少量材料，因此完全可以使用切断刀。尽量避免倒角宽度大于刀片宽度的 75％，否则需要进行多次切削，倒角应该在切断加工前进行且应该由外向内加工，而不是由内向外。切断过程中倒角加工的正确编程技巧总结如下：

❏ 刀具在 Z 轴方向的位置要比常规切断加工时的远；

❏ 开始切断操作并且在低于倒角结束处直径的位置终止；

❏ 刀具返回起始直径并移动至倒角起始位置；

❏ 在一个程序段中加工倒角，在随后的程序段中切断工件。

为了说明编程技巧，研究下列程序 O3703 和图 37-6，图中所示的刀具参考点位于刀刃左侧，所需倒角为 $0.020 \times 45°$。

O3703（切断刀倒角）

（G20）

...

N120 G50 S1250 T0800 M42

N121 G96 S350 M03

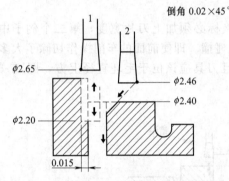

图 37-6　用切断刀加工倒角（程序 O3703）

N122 G00 X2. 65 Z－2. 015 T0808 M08

N123 G01 X2. 2 F0. 004

N124 X2. 46 F0. 03

N125 Z－1. 95

（刀具左侧）

N126 U－0. 1 W－0. 05 F0. 002

N127 X－0. 03 F0. 004

N128 G00 X2. 65

N129 X5. 5 Z2. 0 T0800 M09

N130 M30

％

程序段 N122 中刀具位置比 $Z-2.0$ 超出 0.015，程序段 N123 中只是加工一个临时槽（至 $\phi2.2$），下一个程序段 N124 中刀具退出凹槽并运动至倒角起始直径处（$\phi2.460$），程序段 N125 中刀具运动至 Z 轴倒角起始位置，其中 1.950 通过加减运算得到：

$$1.875-0.020-0.030+0.125=1.950$$

1.875 为工件后端面尺寸（通过图纸得到），0.020 是倒角尺寸，0.030 是间隙尺寸，0.125 是刀片宽度，注意调整刀具宽度尺寸 0.125，以保证使用右侧进行实际切削时刀具参考点仍位于刀刃的左侧。程序段 N126 使用增量模式加工倒角，使用增量模式可以节省一些计算，如果使用绝对模式，程序段 N126 将变成以下形式：

N126 X2. 36 Z－2. 0 F0. 002

同时注意为了确保得到较好的加工质量，只在加工倒角时降低进给率，较低的进给率对于小的倒角非常重要，程序的其他部分并不改变。

某些情形下，需要使用两把刀进行切断操作，两把刀具的安装必须很精确，可以使用尺寸较小而刚度较大的切槽刀加工起始凹槽和倒角，然后再用切断刀完成其余的操作。完成切断操作后，棒料毛坯再从主轴中伸出一小段，后续工件的端面切削编程中一定要考虑这一点。

（6）防止损坏工件

工件从棒料上分离时会掉下去，碰撞可能会严重损坏工件并致使工件报废，为了防止出现这种情形，CNC 车床操作人员可以在工件下落的地方放置一个装满冷却液的桶。另一种方法是将切断刀偏离中心线使它恰好不能完全切断工件，然后在机床静止（也就是不旋转）时，由 CNC 操作人员手动分离工件。

无论如何，一定要遵循公司的安全制度，它们可以提供安全保障。

> 在程序执行过程中或主轴旋转时，千万不要接触工件。

防止损坏工件的最好方法是在 CNC 车床上装备工件捕捉器，这是特殊的机床选项，通常需要在购买机床时预订。

切断加工与凹槽加工一样，一定要确保充足的刀片供应。切削刃锋利或圆角很小的刀片很容易损坏，当然某些要求较高的工作中仍然使用这些刀具，相信没有人愿意看到非常重要和紧急的工作进行到一半时就用完了所有的刀片。

第38章 单头螺纹加工

螺纹加工是在圆柱（直螺纹）或圆锥（锥螺纹）上加工特定形状和尺寸的螺旋槽的过程，螺纹的主要目的是在装配和拆卸时毫无损伤地连接两个工件，螺纹有以下4种最常见的用途：

- ❑ 紧固装置　　…螺丝钉、螺栓和螺母；
- ❑ 测量工具　　…千分尺；
- ❑ 传递运动　　…螺杆和相机镜头；
- ❑ 增加转矩　　…千斤顶。

螺纹加工过程各种各样。螺纹产品主要有两大类：金属切削和塑料成型，塑料成型方法在制造业中占主导地位是不足为奇的，只要看看生活中大量使用的清洁剂瓶、汽水瓶和其他塑料产品，使用该方法生产的螺纹产品不计其数。

螺纹产品的金属加工领域中，分组是一项让人感兴趣的内容，以下是几个小的子组：

- ❑ 滚丝；
- ❑ 攻螺纹和模压工作；
- ❑ 螺纹成型；
- ❑ 螺纹铣削；
- ❑ 螺纹磨削；
- ❑ 单头螺纹车削。

CNC程序员感兴趣的仅限于最后三组——攻螺纹（不包括模压工作）、铣削和单头螺纹车削。攻螺纹已经在第25、26章中介绍过，螺纹铣削将在第45章中介绍，本章主要介绍单头螺纹加工的编程方法。

38.1　CNC车床上的螺纹加工

在单次装夹中，除了车削、镗削、切槽和其他操作外，CNC车床还能加工出高质量的螺纹。该功能对于生产厂家极具吸引力，很多机械工厂也仅仅因为这个原因而购买CNC车床，因为任何二次操作都需要额外装夹，从而增加产品成本。

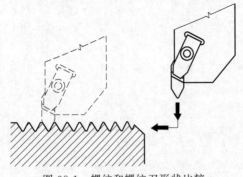

单头螺纹加工使用的刀架和其他刀架相似，但是它包含一个特殊的螺纹加工可转位刀片，该刀片可能有1个、2个或3个刀尖。通常螺纹加工刀片的形状和尺寸必须与所加工螺纹的形状和尺寸一致，如图38-1所示。

图38-1　螺纹和螺纹刀形状比较

根据定义，标准单头螺纹加工是与主轴旋转同步进行的加工特定形状螺旋槽的过程，螺纹形状主要由切削刀具的形状和安装位置决定，加工进度由编程进给率控制。

（1）螺纹牙型

CNC编程中使用最多的螺纹形状是60°角的V形螺纹，生产中有各种各样的V形螺纹，包括公制和英制螺纹。其他形状包括梯形螺纹，比如公制梯形、英制梯形和蜗杆螺纹、方螺纹和圆螺纹、锯齿螺纹等，除了这些相对常见的形状外，还有许多用于特定行业（比如自动化、航空、军事和石油工业）的螺纹。更为有趣的是，螺纹可以位于圆柱表面、圆锥表面上，这可以是内螺纹或外螺纹，也可以在平面甚至圆形表面上加工螺纹，螺纹可以是单头或多头、左旋或右旋、恒定螺距或变螺距的。

（2）螺纹加工操作

本节包含可用在常见 CNC 车床上的螺纹加工操作编程详细列表，某些操作需要特殊类型的螺纹刀片，而有些操作则只能在控制系统装备了特殊（可选）功能以后才能编程：

- 恒螺距螺纹；
- 变螺距螺纹；
- 外螺纹和内螺纹；
- 圆柱螺纹（直螺纹）；
- 锥螺纹（圆锥螺纹）；
- 右旋螺纹（R/H）和左旋螺纹（L/H）；

- 平面螺纹（涡形螺纹）；
- 单头螺纹；
- 多头螺纹；
- 圆形螺纹；
- 多线程螺纹。

尽管螺纹加工似乎有无穷多种可能性和组合，但在某类中得到的编程知识和经验对其他类中也是不可或缺的，良好的螺纹加工程序需要牢固掌握螺纹加工原则。

38.2　螺纹加工术语

螺纹加工涉及的内容非常广泛，事实上完全可以用一本书对它进行介绍，这类知识通常有自己的术语，螺纹加工也不例外，这些术语在书中、文章、论文、手册和其他资料中都可以看到，所有程序员和操作人员都必须了解它们。

下面是螺纹和螺纹加工中最常用的术语：

- 牙型角　轴向截面内螺纹牙型相邻两侧边的夹角。
- 牙顶（也称为牙底）　连接两侧边的螺纹顶平面。
- 螺纹深度　通常是牙顶和牙底之间的轴向距离（编程深度为螺纹单侧测量值）。
- 外螺纹　在已加工工件的外部加工螺纹，例如螺钉或螺栓。
- 内螺纹　在已加工工件的内部加工螺纹，例如螺母。
- 螺旋升角　中径上螺纹螺旋线的切线与垂直于轴线的平面之间的夹角。
- 导程　螺纹刀在主轴旋转一周时沿一根轴方向前进的距离，螺距决定螺纹加工的进给率，它可以是常量或变量。
- 大径　螺纹的最大直径。
- 小径　螺纹的最小直径。
- 多头螺纹　起点多于一个且各起点之间的距离等于螺距的螺纹。
- 螺距　从螺纹指定点到相邻螺纹对应点之间平行于机床轴的距离。
- 中径　直螺纹上的中径是一个虚构直径，外径和内径在此相遇。
- 牙底（也称为牙顶）　为螺纹底平面，连接螺纹相邻两条侧边。
- 涡形螺纹　也称为平面螺纹，它是沿 X 轴加工的螺纹，而不是沿 Z 轴加工的常见螺纹。
- 偏移　在多头螺纹加工中，刀具在两条螺纹起点之间的距离，该距离通常等于螺纹的螺距，偏移次数等于螺纹线数减 1。
- 锥螺纹　是中径按一定比例增加或减小的螺纹（比如管螺纹）。
- TPI　在英制单位中为每英寸长度上的螺纹数，公制螺纹用螺距定义，不能使用等效的 TPI。

38.3 螺纹加工过程

螺纹加工是现代加工厂中自动化程度最高的编程任务之一，同时也是 CNC 车床上最麻烦的操作之一。初看起来，只要刀具路径程序清楚定义加工参数，那么螺纹加工的过程非常简单，然而实际应用与理论有很大的差距，这点可能是有争议的，至少在开始寻找特殊螺纹甚至规则螺纹加工的解决方法以前是不正确的。当用尽所有其他解决方案时，有经验的程序员应该有能力考虑另一个解决方案，这是解决所有问题的正确过程，同样也适用于螺纹加工。

螺纹加工难在切削刀具的应用，单头螺纹刀与任何其他刀具都不一样，尽管刀架与其他刀具一样安装在刀塔上，但是切削刀片非常独特。螺纹刀不仅用于切削，而且可以使螺纹成型，螺纹刀片的形状通常跟螺纹加工后的形状一样。无论加工何种螺纹，刀塔中安装的螺纹刀可以垂直或平行于机床主轴中心线，采用何种方式安装取决于螺纹相对于主轴中心线的角度，刀具在刀塔中成直角安装非常重要，甚至很小的偏角都会对螺纹加工产生不利影响。

(1) 螺纹加工步骤

比较 60°V 形常见螺纹加工刀片和用于粗加工的 80°常见菱形刀片，会得出一些非常有趣的结果：

名　　称	螺纹刀(刀刃角 60°)	车刀(刀刃角 80°)
刀尖半径	通常为尖角	0.8mm(0.0313in)
刀具角度	60°,弱支撑	80°,强支撑
典型切削进给率	高达 6.5mm/r(0.25in/r),甚至更高	0.4~0.8mm/r (0.015~0.03in/r)
典型切削深度	很小	中等或较大

这种比较并不公平，或者说上表定义不够严谨，但至少可以得出一个重要结论：最脆弱的刀完成最重的加工。下面正式介绍单头螺纹加工的相关知识。

通过上表可以看出，甚至小螺距螺纹都不能一次加工完成，一次走刀至多能加工出低质量的螺纹，而且很可能会加工出不能使用的螺纹，此外刀具寿命也会受到严重影响。较好的方法是通过几次切削加工螺纹，每次切削逐渐增加螺纹深度。

(2) 主轴同步

不同于任何其他 CNC 车床加工操作，单头螺纹加工要求螺纹刀每次都在同一个圆周点上开始切削，该需求称为主轴同步。无论是在编程还是装夹抑或正常加工过程中，这都没有任何问题。该知识非常重要，可以总结为下面两点：

❑ 螺纹加工过程：一般了解；

❑ 螺纹重切：再加工。

对于第一点，深入理解任何知识都是值得的，螺纹加工也不例外。所有新知识会促使思想产生变化，以希望做得更好。编程和加工中确实如此，在螺纹加工中，可以运用牢固的知识来解决所有可能出现的问题。

对于第二点，每个 CNC 程序员，尤其是 CNC 操作人员应该全面了解，即螺纹重切。本章末尾将介绍螺纹重切的相关知识。这里只要记住，一旦将螺纹从夹持装置中取出，那么要想将其重新放回与原来一模一样的位置进行重切，会相当困难。

避免重切的最好方法就是防患于未然——在未离开夹持装置时测量，这通常有好几种方法。

（3）单个螺纹加工运动

为完成单头螺纹加工的多次走刀，每次切削开始时的机床主轴旋转必须同步，以使每个起点都在螺纹圆柱的同一位置上，最后一次走刀加工出适当的螺纹尺寸、形状、表面质量和公差，并得到高质量的螺纹。由于单头螺纹需要对同一螺纹进行几次切削加工，所以程序员必须很好地理解这些走刀过程——它们构成单个螺纹加工运动。

每次走刀的基本编程结构相同，只是每次走刀的螺纹数据有所变化，每次螺纹加工走刀至少有四个基本运动，下表所示为应用在标准直螺纹上的一次走刀运动：

螺纹加工运动	运动描述
1	刀具从起始位置快速运动至螺纹直径处
2	加工螺纹，单轴螺纹加工（进给率等于螺距）
3	从螺纹快速退刀
4	快速返回起始位置

基于以上总体描述，四步刀具运动通常包括以下对 CNC 程序非常关键的考虑事项。

① 螺纹加工起点　在进行第一步运动之前，必须将螺纹刀从当前位置（比如索引位置）快速移动（G00）至靠近工件的位置，一定要确保正确计算该位置的 XZ 坐标，该坐标称为螺纹起始位置，因为它们定义了螺纹加工的起点和最终返回点。起始点作为螺纹 X 和 Z 轴安全间隙的交点，必须定义在工件外，但又必须靠近它。

对于 X 轴，推荐选用大于螺纹导程的安全间隙，这是一个实际间隙，由于是单侧值，所以定义实际坐标时需要乘以 2。对于 Z 轴（假定为横丝），刀具接触材料前必须有一定的空间，该间隙主要用于加速，选择的值一般为螺纹导程的 3 倍。更多细节可参见下节。

② 螺纹加工运动 1（快速运动模式）　第一次刀具运动是从起始位置到螺纹加工直径的运动，它直接与螺纹相关。由于螺纹不能一次切削加工出所需深度，所以总深度必须分成一系列可操控的深度，每次的深度取决于刀具类型、材料以及安装的总体刚度。该趋近运动在快速模式中编程。

③ 螺纹加工运动 2（螺纹加工模式）　当刀具到达给定深度的加工直径时，第二运动开始生效，此时将以特定的进给率并且仅当主轴转速与螺纹加工进给率同步时，才能实际加工螺纹。螺纹加工模式下可以自动实现同步，因此没有必要采取特殊措施，螺纹会一直加工至编程终点位置（通常沿 Z 轴）。

④ 螺纹加工运动 3（快速运动模式）　在第三运动紧跟实际螺纹加工，完成螺纹直径加工后，刀具必须快速从螺纹退刀并返回 X 轴安全位置，通常是 X 轴起始位置，它是最具逻辑的位置，且能够得到预期的加工结果。X 轴安全位置通常是螺纹区域外的编程直径。

⑤ 螺纹加工运动 4（快速运动模式）　第四步运动将完成螺纹加工单次走刀过程。这里有一个与 X 轴安全间隙不一样的重要差别，螺纹刀预期在第四步运动中沿 Z 轴退刀，但是退到哪？通常退回 Z 轴起始位置，除此以外别无选择，退回任何其他点将导致报废工件或者损坏刀具。原因何在？选择初始 Z 轴位置时，本意只是为了加速，它自动成为控制主轴同步的位置，因此，必须强制返回同一位置。一旦确定该位置，相同的 Z 轴起点/终点位置可确保螺纹加工所需的主轴同步。事实上，小心控制该位置在多头螺纹加工（本章稍后介绍）中非常有用。第四步运动通常为快速运动模式。

⑥ 剩余的走刀　所有剩余的走刀可以根据相同的方法计算，可使用新螺纹直径控制螺纹深度。注意只有第 2 步螺纹加工运动是在螺纹加工模式下使用适当的 G 指令进行编程，第 1、3 和 4 螺纹加工运动均在 G00（快速）模式下进行。

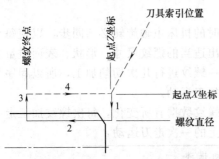

图 38-2 单头螺纹加工的基本步骤

图 38-2 所示为一般步骤，在本质上通常都是如此，但对于高质量螺纹加工并不能满足要求。

（4）螺纹起始位置

实际上，刀具起始位置是专门选择的安全位置，与车削和镗削操作不同，该位置对于螺纹加工具有特殊意义。对于直圆柱螺纹来说，X 轴方向每侧比较合适的最小间隙大约为 2.5mm（0.1in），粗牙螺纹的间隙更大一些，通常不小于螺纹导程。锥螺纹的间隙计算也一样，但是只应用于较大的直径（外螺纹）。

Z 轴方向的间隙需要一些特殊考虑。在螺纹刀接触材料之前，其速度必须达到 100% 编程进给率，由于螺纹加工的进给率等于螺纹螺距，该值较大，所以需要一定的时间达到编程进给率。如同汽车在达到正常行驶速度以前需要时间来加速一样，螺纹刀在接触材料前也必须达到指定的进给率，确定前端安全间隙量时必须考虑加速的影响。

粗牙螺纹所需的前端间隙量通常大于细牙和中牙螺纹，例如常见的螺距为 3mm（8TPI）的螺纹所需的进给率为 3mm/r（0.1250in/r）。如果 Z 向间隙太小，那么刀具接触到材料时，机床加速过程还没有完成，其结果是得到有缺陷和不能使用的螺纹，下面的规则有助于避免这一严重问题：

> Z 轴起始位置安全间隙应为螺距长度的 3～4 倍。

这只是默认的规则，它在日常工作中确实有效，控制手册会提供科学的方法来计算最小间隙，但是通常用不上。

安全间隙中的障碍物：在某些情况下，由于没有足够空间而必须减小 Z 轴间隙，比如螺纹加工起点非常接近尾座或车床行程极限时。由于加速时间直接取决于主轴转速，这种情况下要避免产生有缺陷的螺纹，唯一的补救办法就是降低主轴转速（r/min），不要降低进给率，因为它代表螺纹导程！对于复杂的进刀方法，每次切削的起始位置都会随着计算值的不同而改变。

增大 Z 轴安全间隙的另一种方法，是通过研磨螺纹刀架和（或）刀片不太重要的部分来进行实际修正。这种方法稍显鲁莽，只在紧急情形下使用。

（5）螺纹加工直径和深度

对于使用程序段方法（不使用循环）编写的圆柱和圆锥螺纹加工程序，必须选择每次螺纹加工的直径。对于外螺纹，加工刀具从螺纹起始位置向主轴中心线运动；对于内螺纹，加工刀具从起始位置背离主轴中心线运动。每次实际加工直径的选择不仅要考虑螺纹直径，而且还要考虑加工条件。

螺纹加工时，随着切削深度的增加，刀片上的切削载荷越来越大。可以通过保持刀片上的恒定切削载荷，来避免对螺纹、刀具或两者的损坏，要保持恒定切削载荷，一种方法是逐渐减少螺纹加工深度，另一种方法是采用适当的进刀方法，这两种螺纹加工技巧经常同时使用，以得到更好的加工结果。

每次螺纹加工走刀深度的计算并不需要复杂的公式，它只需要一些常识和经验。所有的螺纹加工循环都在控制系统中建立了自动计算切削深度的算法（特殊过程），手动计算的逻辑是一样的。螺纹两侧的总深度必须已知——程序员决定适合于特定螺纹的切削次数。

另一个需要确定的值是最后切削深度，也就是实际完成螺纹加工的切削深度，这些值通常较小且根据经验确定。一些螺纹需要在同一深度重复最后一次切削，其主要目的是清除由压力导致的刀具偏斜而留下的材料。余下的便受制于数学计算或可用图表以及控制系统了。

最终确定三个参数（编程值）后，必须分配包括最后一次加工深度在内的各次螺纹加工深度。这时便出现了一个问题：需要多少次螺纹走刀？

（6）螺纹加工走刀次数

如果单独编写每次螺纹加工走刀运动，而不使用螺纹加工循环，那么程序员必须确定加工特定螺纹所需的走刀次数。这一点很重要，走刀次数过少或过多都会在机床上导致严重问题。没有便捷的方法来更改这样的程序，几乎所有情形下，必须从产生刮痕的地方重新编写程序（至少是螺纹加工部分）。刀具目录中通常会列出所需的走刀次数，这样便可得到一个良好的开端。如果未列出此类数据，便需要考虑刀具材质、加工材料、使用的润滑油、装夹方法、工件长度以及刚度等因素。

（7）螺纹深度计算

要完全理解 CNC 螺纹加工中的深度计算原理，必须确定两类深度值：

❑ 螺纹总深度；

❑ 每次螺纹加工走刀深度。

螺纹总深度通常为单侧测量值（半径值），可通过大径和小径计算：

$$螺纹深度 = \frac{大径 - 小径}{2}$$

通过图纸定义，很可能只有大径值已知，这种情形下，可使用两个常见公式来计算螺纹深度，分别用于外螺纹和内螺纹。

对于常见的 60°V 形 ISO（公制）和 UN（英制）外螺纹，公式为：

$$D_{\text{EXT}} = \frac{0.61343}{\text{TPI}} = 0.61343P$$

对于同组内螺纹，公式与此类似：

$$D_{\text{INT}} = \frac{0.54127}{\text{TPI}} = 0.54127P$$

式中　D_{EXT}——外螺纹深度；

　　　D_{INT}——内螺纹深度；

　　　TPI——每英寸螺纹数；

　　　P——螺距，mm，英制螺纹为 1/TPI。

本章将介绍一个实际使用的例子。

每次螺纹加工走刀深度应该进行计算，以得到最好加工结果。紧急情况下，如果使用得当，大致的切削深度也能得到差强人意的结果。这里的主要目的是选择第一次切削深度，随后的走刀深度逐渐减小，可思考该做法的原因——螺纹刀形状为三角形。第一次将切削一个特定的三角形区域，随着刀片的不断深入，该区域不断增大，可能会导致切除的材料过多。逐渐减少每次切削深度，是螺纹加工成功的关键。切削只在大径和小径之间进行。

（8）螺纹深度常数

计算螺纹深度的两个常见常数为 0.61343（外螺纹）和 0.54127（内螺纹），两者均用于 60°V 形 ISO（公制）和 UN（英制）外螺纹。尽管这些常数的计算过程并不重要，但是了解该过程将有助于更好地理解该螺纹牙型。这些常数是根据确定的国际标准，根据实际螺纹数据计算出来的，如图 38-3 和图 38-4 所示。

与许多数学中的常数一样，这两个常数的主单位也是 1。这种情况下，由于螺纹深度随螺距的变化而变化，因此假定螺距的值为 1，也就是说 $P=1\text{mm}$ 或 $P=1\text{in}$。为什么要使用 1

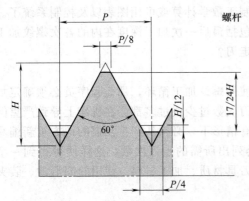

图 38-3 标准 ISO（M）与英制（UN）60°V 形
外螺纹牙型

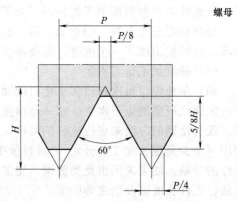

图 38-4 标准 ISO（M）与英制（UN）60°V 形
内螺纹牙型

为主单位呢？任何实际单位值乘以 1 可以得到所需的结果。对于任意尺寸的螺距，使用该常数的公式都非常有用。此外另一个尺寸也同样重要，即螺纹总深度 H。

如果螺距＝1，那么 $H=0.5/\tan 30°=0.866025$

这样便可根据标准的小数尺寸，来计算螺纹深度：

$$17/24H = 17/24 \times 0.866025$$
$$= 0.708333 \times 0.866025$$
$$= 0.613435 \quad \cdots \text{ 外螺纹}$$
$$5/8H = 5/8 \times 0.866025$$
$$= 0.625 \times 0.866025$$
$$= 0.541266 \quad \cdots \text{ 内螺纹}$$

美国标准螺纹：各种出版物和图纸仍然使用该老式标准，因此了解该螺纹牙型并计算其螺纹深度便显得很重要。美国国家标准中外螺纹的计算不使用常数 0.613，而是 0.649，如图 38-5 所示。

两种牙型的主要区别在于指定的高度，一个是 $3/4H$，而另一个是 $17/24H$，但是螺纹总深度 H 一样，都是 0.866025。

$$3/4H = 3/4 \times 0.866025$$
$$= 0.75 \times 0.866025$$
$$= \underline{0.949519} \quad \cdots \text{ 外螺纹}$$

内螺纹所用的常数跟前面一样，即 0.541。

（9）螺纹加工走刀深度计算

如果仅仅估算每次螺纹加工走刀深度，加工结果可好可坏，如果对走刀进行计算，并不意味就可以得到较好的螺纹加工结果，但是机会至少会大一些。要处理该问题，除了使用数学公式，还有许多其他的技术问题。

下面将利用图 38-6 所示的简单外螺纹，介绍如何计算走刀深度。

所谓的"长柄"螺纹加工每次运动都位于单独程序段中，必须对每次走刀深度进行计算，这里并不需要使用固定循环 G76。

跟解决其他问题一样，第一步是列出相关的已知数据，本例中为：

❏ 大径：3.0in；

❏ 每英寸螺纹数：12TPI；

❏ 螺纹长度：1.5（合理值）；

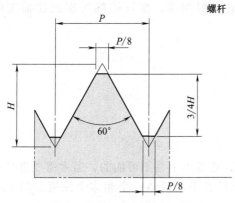

图 38-5　美国国家标准螺纹牙型

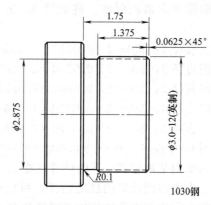

图 38-6　螺纹深度计算样图（图中只给出重要尺寸）

❑ 材料：低碳钢。

根据以上数据，可以计算和选择一些附加数据：

❑ 螺纹深度：$0.61343/12=0.0511$；

❑ 小径：$3-2\times0.0511=2.8978$；

❑ 第一次切削深度：0.021（选择值）；

❑ 切削进给率：螺距$=0.0833$。

上述值为程序开发提供了足够的数据。

还有另外一个编程决定，即最后一次走刀深度（也称为精加工余量），它是可选设置，但强烈建议选择。本例中选择该值为 0.004，现在便可根据所有已知数据计算走刀次数：

$$n=\left(\frac{P-R}{Q}\right)^2$$

式中　n——螺纹加工走刀次数；

　　　P——每侧螺纹深度；

　　　R——精加工余量（最后一次走刀深度）；

　　　Q——第一次螺纹加工走刀深度。

看似选择的字母没有特殊的含义，确实如此，这里可将它们当作代表与螺纹相关的已知和未知值即可。它们的选择还是费了心思的，考虑了本章稍后将介绍的螺纹加工循环。例如，计算得到的走刀次数为：

$$n=\left(\frac{0.0511-0.004}{0.021}\right)^2=5.03=5次$$

假定 5 次走刀适合本工作（不含精加工余量），它们将分布在指定直径 3in 与计算得出的最终直径 2.8978in 之间，第一次走刀深度为 0.021。用于计算的切削深度必须减去精加工余量，它属于第六次走刀。因此，使用的深度不是 0.0511，而是 $0.0511-0.004=0.0471$，0.004 为附加走刀深度，它属于可选项，本例中选择使用。

第 1 次走刀$=0.021\times\sqrt{1}=0.0210$　　　切削深度$=0.0210$

第 2 次走刀$=0.021\times\sqrt{2}=0.0290$　　　切削深度$=0.0290$

第 3 次走刀$=0.021\times\sqrt{3}=0.0364$　　　切削深度$=0.0364$

第 4 次走刀$=0.021\times\sqrt{4}=0.0420$　　　切削深度$=0.0420$

第 5 次走刀$=0.021\times\sqrt{5}=0.0470$　　　切削深度$=0.0470$

第 6 次走刀$=$第 5 次走刀深度$+0.004$　　　切削深度$=0.0510$

切削深度为累积深度。将大径 3.0in 将去 2 倍切削深度，便可得到每次螺纹加工的直径：

切削直径 1：$3.0-2×0.0210=2.9580$

切削直径 2：$3.0-2×0.0290=2.9406$

切削直径 3：$3.0-2×0.0364=2.9272$

切削直径 4：$3.0-2×0.0420=2.9160$

切削直径 5：$3.0-2×0.0470=2.9060$

切削直径 6：$2.906-2×0.004=\underline{2.8980}$

上述实例是理想状态下的计算（在 0.0002 内），这基本上是不可能的，通常需要进行一些调整。为了得到最好的加工结果，可以任意选择或者手动调整一个和多个深度。图 38-7 按比例给出了本例中的螺纹加工直径分布。

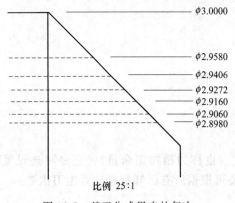

比例 25:1

图 38-7　基于公式得出的每次
螺纹加工走刀分布图

上述理论具有一定的现实意义，现在开始将理论原则应用到实际程序中。

（10）螺纹加工运动

当螺纹刀到达螺纹加工走刀深度时开始加工，所有螺纹加工运动从起始位置（起点）开始，实际上，起点也应为每次螺纹加工走刀运动的终点，因此它便成为下一走刀运动的起点。螺纹加工过程中，进给率必须有效。虽然螺纹加工实际上是直线运动，而且几乎不使用准备功能 G01，如果使用 G01，每次螺纹加工的起点将不能与前一次螺纹加工的起点保持一致。通常使用专用的螺纹加工 G 代码替代 G01，G32 是 Fanuc 控制系统中不使用循环时最常用的螺纹加工代码。使用 G32 加工螺纹期间，控制系统自动使进给率倍率无效。CNC 操作人员必须认真设置螺纹刀，尤其当螺纹末端与工件轴肩或卡盘十分接近时。为了说明该编程过程，可以参考以下常见程序片断：

```
...
N61 G00 X3. 3 Z0. 25        （起点 XY 坐标）
N62 X2. 958                 （第 1 个螺纹直径起点）
N63 G32 Z - 1. 6 F0. 0833   （螺纹末端）
...
```

程序段 N63 执行完毕时，螺纹刀位于螺纹末端（X2. 958 Z - 1. 6）。

（11）从螺纹退刀

为了避免损伤螺纹，刀具沿 Z 轴运动到终点位置时，必须立即离开工件，该程序段代表螺纹基本加工过程的第三步。退刀运动有两种形式——沿一根轴直接离开（通常沿 X 轴），或沿两根轴方向逐步离开（沿 XZ 轴同时运动），如图 38-8 所示。

通常，如果刀具在比较开阔的地方结束加工，例如退刀槽或凹槽，那么可以使用直线退刀；如果刀具结束加工的地方并不开阔（比如一些轴应用），

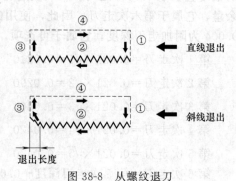

图 38-8　从螺纹退刀

那么最好选择斜线退刀，斜线退刀运动可以加工出更高质量的螺纹，也能延长螺纹刀片的使用寿命。为了编写直线退刀程序，必须使用快速运动 G00 指令来取消 G32：

N64 G00 X3.3　　　　　（快速退刀）

斜线退刀时螺纹加工 G 代码和进给率必须有效。加工完螺纹名义长度后且在刀具退刀完成前，螺纹刀在两根轴方向上同时运动，并在螺纹外结束运动。退刀长度通常为导程（不是螺距）的 1～1.5 倍，推荐使用的角度为 45°，此外安全直径也很重要。

N64 U0.2 W-0.1　　（斜线逐步退刀）

N65 G00 X3.3　　　　（快速退刀）

对于外螺纹，直接退刀的安全直径大于斜线逐步退刀的直径；对于内螺纹，直接退刀的安全直径小于斜线逐步退刀的直径。

在 G32 模式下，程序员可以根据工作需要，既可以将逐步退刀长度控制在编程长度内，也可以超过它。

（12）返回起始位置

无论退刀运动是直线还是斜线，螺纹加工的最后一步都是返回起始位置，该运动完全在开阔的区域进行，因此可在快速运动模式 G00 下编程。返回起始位置的运动只沿一根轴方向进行，通常为 Z 轴，这是因为在大多数程序中，从螺纹退刀时已经到达 X 轴直径，因而只有 Z 轴运动。

下面是斜线逐步退刀的程序片断：

...

N61 G00 X3.3 Z0.25　　（起始位置 XZ 坐标）

N62 X2.958　　　　　　第 1 个螺纹直径起点

N63 G32 Z-1.6 F0.0833　（螺纹终点）

N64 U0.2 W-0.1　　　　（斜线逐步退刀）

N65 G00 X3.3　　　　　（快速返回）

N66 Z0.25　　　　　　（返回 Z 轴起点）

...

返回起点是有原因的——该点能保证螺纹编程的一致性。

38.4　螺纹加工的进给率和主轴转速

不管是何种加工运动，都涉及进给率，它控制刀具在各种操作中（钻孔、造型、端面车削、型腔加工等操作）的材料切削效率。本章主题为螺纹加工操作，因此了解与单头螺纹加工相关的进给率非常重要。

螺纹加工中，切削刀片、主轴转速以及进给率的选择受到很大限制，这种限制比任何其他加工操作都大。螺纹刀和进给率由图中指定的工程需求决定，就材料切削而言，螺纹加工刀片是 CNC 车床上最脆弱的刀具之一，但是它需要使用 CNC 车床上最大的进给率。

此外还要处理其他影响最终螺纹质量的因素，如主轴转速（最小和最大值）、每次螺纹切削深度、刀刃准备、螺纹进刀方法选择、刀具和刀片的安装以及许多类似考虑。通常改变其中一个因素就可能纠正螺纹加工问题，但在其他情形下，为了加工出最好的螺纹，可能需要考虑或改变多种因素。

图 38-9 所示为车削和螺纹加工的进给率比较，单位都是每转进给率。

下面介绍一些在选择螺纹加工进给率时的实际考虑事项。

（1）选择螺纹加工进给率

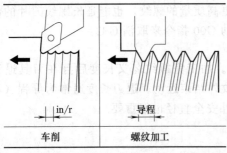

图 38-9 车削和螺纹加工进给率的比较

普通车削、镗削或凹槽加工进给率的选择基于材料类型、刀尖半径、所需表面质量等因素，从这种意义上说，此类操作的"正确"进给率覆盖范围很广。这种灵活性在螺纹加工中受到了限制，螺纹加工进给率由螺纹导程决定，而不是螺距。在英制图纸中，螺纹规格由每英寸长度上的螺纹线数或 TPI（TPI＝每英寸螺纹线数）以及名义直径给出，例如图纸上的螺纹描述为 3.75-8，它表示每英寸长度上有 8 个螺纹，名义直径（例如主直径）为 $\phi3.750$。所有单头公制螺纹的螺距均已标准化，它只取决于螺纹直径，例如螺纹 M24×3 表示名义直径为 24mm，螺距为 3mm 的单头公制螺纹，M7×0.75 表示名义直径为 7mm，螺距为 0.75mm 的单头螺纹。

无论尺寸单位如何，选择正确进给率时最重要的术语是螺纹导程和螺纹头数。

回顾螺纹导程和螺纹螺距之间的关系（参见本章前面的"螺纹加工术语"部分）有助于理解本节内容。通常机械工厂的日常交谈中并不能正确使用导程和螺距两个术语，原因是单头螺纹的导程值等于螺距，由于大多机械工厂的日常工作中基本上只使用单头螺纹，所以很少会注意错误使用的术语，此外几乎所有丝锥都是单头的，不过这些在机械工厂可以接受的用语绝不能在 CNC 编程中使用，正确解释车间语言中的能接受的内容。螺纹加工中每个术语都有特定的含义，所以一定要正确使用：

$$导程＝\frac{螺纹头数}{TPI}＝进给率$$

螺纹加工编程进给率通常为螺纹导程，而不是螺纹螺距！

$$螺距＝\frac{1}{TPI}$$

如果是单头螺纹，导程和螺距的值相等，所以很容易推出上面两个公式。

可使用下面的公式计算螺纹加工进给率：

$$F=L=Pn$$

式中　F——所需进给率，in/r 或 mm/r；

　　　L——螺纹导程，in 或 mm；

　　　P——螺纹螺距，in 或 mm；

　　　n——螺纹头数（正整数）。

例如，螺距为 3mm 的单头螺纹所需的进给率为：

$$3×1=F3.0$$

对于使用英制单位的螺纹加工程序，上述公式依然有效：

$$P=\frac{1}{TPI}$$

式中　P——螺距；

　　　TPI——每英寸螺纹数。

例如 8TPI 的单头螺纹所需进给速率为：

$$1/8×1=0.125×1=F0.125$$

多头螺纹在很多方面都比较特殊，但它的进给率同样也是导程，而不是螺距。例如，双头 12TPI 螺纹的进给率为：

$$1/12 \times 2 = 0.083333 \times 2 = F0.166667$$

对于大多数 Fanuc 控制器，英制螺纹加工进给率编程可以在小数点后使用六位数字。

（2）选择主轴转速

螺纹加工的主轴转速直接使用 r/min 编程，而绝不是恒定表面速度（CSS）（切削速度），这就意味着准备功能 G97 必须与地址字 S 一起使用，来指定每分钟旋转次数，例如 G97 S500 M03 表示主轴转速为 500r/min。单头螺纹在大径和小径之间需要跨越多个直径，因此选择 G96 看起来是合乎逻辑的，但事实并不如此，首先即使对于相当深的粗牙螺纹，第一直径和最后直径之间的差别也很小，更重要的原因是每次加工路径起点处的主轴转速和进给率必须完全一致，这只能在直接转速 r/min 下准确实现，而不是恒定表面速度。

与其他车床操作相似，大多数螺纹加工选择 r/min 时只需考虑一般加工条件，与此同时，选择主轴转速时要适当考虑进给率。由于螺纹加工使用的进给率较大，显然有些螺纹不能在任何可用主轴转速下加工，如果觉得不易理解，记住进给率不仅由导程而且也由机床的总体性能来决定。每台 CNC 车床都有确定的可编程进给率，其单位是 mm/min 或 in/min，而且每根轴都有一个最大值。

以一台 CNC 车床为例，X 轴最大可编程进给率为 7000mm/min（275in/min），Z 轴最大可编程进给率为 12000mm/min（472in/min）。主轴转速和每转进给率之间直接相关，这一关系的结果就是用时间而不是每转来表示进给率，单位时间内的进给率通常等于主轴转速（r/min）乘以每转进给率（mm/r 或 in/r）。

↪ 公制实例：

$$700r/min \times 3mm/r = 2100mm/min$$

↪ 英制实例：

$$700r/min \times 0.125in/r = 87.5in/min$$

在 CNC 编程（不仅是螺纹加工中）中，一定要确保每转进给率和主轴转速小于或等于较低功率轴单位时间内的最大可用进给率，该轴通常为 X 轴。

基于以上简单规则，可以使用下列公式选择给定导程的最大主轴转速（r/min）。

$$R_{max} = \frac{Ft_{max}}{L}$$

式中　R_{max}——允许使用的最大转速，r/min；

　　　Ft_{max}——单位时间内的最大主轴转速（X 轴）；

　　　L——螺纹导程。

↪ 公制实例

如果螺纹导程为 2.5mm，X 轴最大进给率 Ft_{max} 为 7000mm/min，那么最大螺纹加工转速 R_{max} 为：

$$R_{max} = 7000/2.5 = 2800r/min$$

↪ 英制实例

如果螺纹导程为 0.125in，X 轴最大进给率 Ft_{max} 为 275in/min，那么最大螺纹加工转速 R_{max} 为：

$$R_{max} = 275/0.125 = 2200r/min$$

最大可用主轴转速（r/min）只反映 CNC 机床的性能，与其他刀具路径操作一样，程序中使用的进给率必须考虑各种加工和安装条件，实际上大部分编程主轴转速（r/min）都会在 CNC 机床的最大性能范围内。

（3）螺纹加工的最大进给率

第 13 章中曾介绍过如何选择进给率，研究了最大 r/min（主轴转速）的选择后，对于给定的主轴转速，在决定最大螺纹加工进给率时也受到类似的限制，同样 CNC 机床的界限范围也很重要，因此编写螺纹加工程序时一定要明确这一点。

给定主轴转速（r/min）的最大可编程进给率由下面公式计算得到：

$$Fr_{\max} = \frac{Ft_{\max}}{S}$$

式中　$Fr_{\max}$——给定主轴转速 S 的最大每转进给率；

　　　$Ft_{\max}$——单位时间的最大进给率（X 轴）；

　　　S——编程主轴转速，r/min。

➲ 公制实例

本例使用公制单位，X 轴的最大机床进给率为 7000mm/min，最大可编程主轴转速 S 选为 1600r/min，这种情况下，最大可编程螺纹加工进给率为：

$$7000/1600 = 4.375\text{mm/r}$$

这表示在 1600r/min 的转速下，可以加工的最大螺纹导程必须小于 4.375mm。

➲ 英制实例

如果 X 轴方向的最大机床进给率是 275in/min，选择的主轴转速 S 为 2000r/min，那么最大可编程进给率为：

$$275/2000 = 0.1375\text{in/r}$$

因此转速为 2000r/min 时，可以加工的最大螺纹导程是 0.1375in，每英寸有 8 线或更多螺纹。

改变主轴转速（进给率保持不变）可以在同一 CNC 车床上加工粗牙螺纹，例如，如果选择 1500r/min 替代 2000r/min，那么最大导程将增加到 0.1833in 或约每英寸 6 线螺纹。

> 所有计算得到的值只表示控制器和机床的实际性能，而不能确保安全的工件装夹，甚至合适的加工转速。

（4）导程误差

螺纹加工进给率通常需要使用地址 F，公制单位精确到小数点后 3 位（格式 F3.3），英制单位则精确到小数点后四位（格式 F2.4），大多数螺纹都很短，因此这一精度已经足够了。无论螺纹有多长，公制螺纹都不会存在任何问题，因为螺纹由图纸中的导程来定义。使用英制单位编写螺纹加工程序时，螺纹导程必须通过图纸上给出的每英寸螺纹线数（TPI）来计算，许多英制螺纹都精确计算到小数点后四位，10TPI 螺纹所需的进给率为 F0.1，16TPI 螺纹所需进给率为 F0.0625 等，这些螺纹都是用 1 除以 TPI 然后得到四位精确小数，比如用 8、10、16、20 以及 40 命名的最常见的螺纹线数。并不是所有的螺纹都属于以上十分常见的组，对于许多其他螺纹，必须对计算出来的值进行适当的取整。

以 14TPI 的螺纹为例，精确的螺纹加工进给率应该为每转 1/14 = 0.071428571in，程序中使用的取整值应该是 F0.0714。这对于短螺纹根本不会产生明显的误差，加工出来的螺纹也会在公差允许范围内，但如果螺纹很长或取整值计算不合理，情况就并不如此了，这种情况下累积误差（也称为螺纹导程误差）可能会导致螺纹报废。使用取整值 0.0714，那么每转螺纹便比理想值小 0.000028571in，每英寸（或更长距离）的导程误差可以很容易计算出来：

$$L_e = (F_i - F_p) \times \text{TPI}$$

式中　L_e——每英寸最大导程误差；

　　　F_i——理想进给率（9 位或者更多小数位）；

F_p——编程的取整进给率；

TPI——每英寸螺纹线数。

本例中 1in 长的螺纹的误差为 0.0004in，50in 长的螺纹的误差将达到 0.0200in。

螺纹长度 /in	11.5 TPI		14 TPI	
	F0.0870	F0.086957	F0.0714	F0.071429
1.0	0.000500	0.000006	0.000400	0.000006
2.0	0.001000	0.000011	0.000800	0.000012
3.0	0.001500	0.000017	0.001200	0.000018
4.0	0.002000	0.000022	0.001600	0.000024
5.0	0.002500	0.000028	0.002000	0.000030
10.0	0.005000	0.000055	0.004000	0.000060
25.0	0.012500	0.000138	0.010000	0.000150
50.0	0.025000	0.000275	0.020000	0.000300

上表所示为 11.5 TPI 和 14 TPI 螺纹的累积误差，此外也比较了螺纹加工程序中所使用的两种进给率。

（5）取整误差

另一个在一定程度上更严重的实例是错误的取整值，理论上每英寸 11.5 线螺纹的进给率应该为 0.086956522，如果使用取整值 F0.0870，那么每英寸的累积误差是 0.0005in，50in 的累积误差为 0.250in（见上表）。即使 CNC 机床不允许使用 6 位小数的螺纹加工进给率，对计算结果的合理取整仍然非常重要。

比较下面的取整值以及相应的误差（11.5TPI，长 50in）：

0.0869 … 误差为 0.0325

0.0870 … 误差为 0.0250

0.0871 … 误差为 0.0825

这就是取整时千分之一英寸的区别。

（6）E 地址

就如在上表中看到的一样，Fanuc 的工程师早就意识到了这一潜在问题，且在早期 CNC 控制器（例如 Fanuc 6）的螺纹加工进给率中引进了地址 E。螺纹加工中使用地址 E 的好处就是英制螺纹可以使用 6 位小数替代标准的 4 位小数进行编程（使用 E 地址来增加公制螺纹的精度极其罕见）。只要对计算值进行合理的取舍，那么累积误差便不再是个问题。

仍以长 50in 的 14TPI 螺纹为例，如果使用 E0.071429 代替 F0.0714，那么在 50in 长度上的误差仅为 0.0003in。第二个实例中每英寸螺纹线数为 11.5，它应该使用进给率 E0.086957 进行编程，这样一来 50in 长度上的累积误差只有 0.000275in，该误差是微不足道的。

> 最新的 CNC 系统允许 F 地址精确到小数点后 6 位。

导程误差或取整误差通常是长螺纹加工编程中的潜在问题，根据机械工厂中螺纹加工应用的种类，螺纹导程累积误差可能非常关键，也可能完全不成问题。

38.5　刀具参考点

良好的刀具装夹对于良好的加工环境非常重要，所有刀具都如此，不过保持螺纹刀（外部或内部刀具）的良好装夹尤为重要。刀具切削刃的定位必须正确且安全安装在刀片型腔中，同时刀片类型必须正确，装夹中使用的参考点也非常重要。

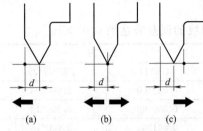

图 38-10　螺纹刀装夹的常见参考点

螺纹刀参考点所需的考虑事项要比车刀多。图 38-10 中以它们在编程中出现的频繁程度为序列出了三种可能性。第三种形式图 38-10（c）极少使用，除了在某些左旋螺纹加工中使用外，它几乎不能给程序员带来任何好处，前两种形式对于大多数左旋螺纹已经够用了。

对于一般螺纹和末端在轴肩处的螺纹，最合适使用图 38-10（a）中所示的螺纹加工刀片设置；对于末端在开阔直径处的螺纹，适合使用图 38-10（b）所示的结构；图 38-10（c）所示为左旋螺纹加工可能采用的设置。

如果为了标准化任何类型螺纹加工中使用的所有刀具，那么最好选择图 38-10（a）中所示的螺纹加工刀片参考点（G50 或几何尺寸偏置设置），无论螺纹末端在什么地方，它都是最便利的设置。同时它也是最安全的方法，因为它在最靠近工件的地方进行测量。某些情形下，允许编程刀刃和实际刀刃之间的差值落在一定的公差范围内，刀具目录精确地列出了这些值，或者也可以使用螺纹加工刀片宽度的一半来代替（如果可用）。

38.6　逐段加工螺纹

单头螺纹编程最古老的方法是计算每一个与螺纹加工有关的运动并在单独程序段中进行编程，这种方法称为逐段加工螺纹、长柄螺纹加工或称为单程序段加工螺纹。

程序中四个基本步骤各占一个程序段，因而每次螺纹加工路径都至少需要四个程序段，如果螺纹加工使用斜线退刀，那么每次走刀需要五个程序段。当加工粗牙螺纹、在硬质材料或特殊材料上加工螺纹甚至加工多头螺纹时，使用这种方法的程序很长。从上可以看出，这种方法的缺点是程序过长、难以编辑、错误多并降低控制系统的存储能力。

这种方法也具有一定的优点，CNC 程序员可以绝对控制螺纹的编程过程，这种控制允许手的介入，从而可在螺纹加工中应用一些特殊的技巧，例如使用比螺纹本身小得多的螺纹刀加工螺纹形状或使用圆头切槽刀加工大螺距螺纹。

所有支持螺纹加工的 CNC 车床上，都可以使用程序段技巧对常螺距螺纹进行编程。

G32	螺纹加工指令（单头螺纹）

这类螺纹加工的准备功能是 G32，有些控制器中也使用 G33，但是 Fanuc 及其兼容控制器中的标准 G 代码是 G32。

前面的例子中，分 6 次加工 3.0-12TPI 外螺纹，总深为 0.0511，下面稍作总结：

第 1 次走刀深度＝0.0210	总深	0.0210
	直径	2.9580
第 2 次走刀深度＝0.0087	总深	0.0297
	直径	2.9406
第 3 次走刀深度＝0.0067	总深	0.0364
	直径	2.9272
第 4 次走刀深度＝0.0056	总深	0.0420
	直径	2.9160

　　第 5 次走刀深度＝0.0050　总深　0.0470
　　　　　　　　　　　　　　　　直径　2.9060
　　第 6 次走刀深度＝0.0040　总深　0.0510
　　　　　　　　　　　　　　　　直径　2.8980

一定要仔细计算所有直径，确保不出错误，小错误可能导致工件的报废。

程序 O3801 中的螺纹加工操作使用 5 号刀具和偏置（T0505），主轴顺时针旋转，转速为 450r/min（G97S450）：

O3801（G32基础版）
...
N59 T0500 M42
N60 G97 S450 M03
N61 G00 X3.3 Z0.25 T0505 M08 　　（起点位置）
...

此时程序到达螺纹起点，下一步就是执行第一次走刀的四个步骤，每步占一个程序段：

N62 X2.958　　　　　　　　（第 1 次走刀）
N63 G32 Z-1.6 F0.0833　　（或 F/E0.083333）
N64 G00 X3.3
N65 Z0.25

只需通过改变直径值就可编写余下的五次走刀程序，注意不要重复编写螺纹加工进给率，它为模态值且出现在程序段 N63 中：

N66 X2.9406　　　　　　　　（第 2 次走刀）
N67 G32 Z-1.6
N68 G00 X3.3
N69 Z0.25
N70 X2.9272　　　　　　　　（第 3 次走刀）
N71 G32 Z-1.6
N72 G00 X3.3
N73 Z0.25
N74 X2.916　　　　　　　　（第 4 次走刀）
N75 G32 Z-1.6
N76 G00 X3.3
N77 Z0.25
N78 X2.906　　　　　　　　（第 5 次走刀）
N79 G32 Z-1.6
N80 G00 X3.3
N81 Z0.25
N82 X2.898　　　　　　　　（第 6 次走刀）
N83 G32 Z-1.6
N84 G00 X3.3
N85 Z0.25

程序段 N85 结束螺纹加工路径，如果不再使用其他刀具，便可终止程序。

N86 X12.0 Z4.5 T0500 M09
N87 M30
%

本例中有点奇怪的是出现了大量重复的内容，注意每次走刀直径后的三个程序段——它们始终是一样的，对于需要多次走刀加工的螺纹，这种重复次数是巨大的。逐段螺纹编写方法的主要优点是程序员可以对它进行全面控制，也可以调整螺纹数和每次走刀深度，此外还可以添加非标准进刀方法和从螺纹斜线退刀，一旦程序编写完毕，那么后续的实际程序编辑将会很不方便。

38.7 基本螺纹加工循环 G92

计算机控制系统可以执行很多内部计算，并将其结果存储到控制器内存中以备后用，该特征在螺纹加工中尤为有用，因为它能避免逐段刀具运动的重复并显著缩短程序。

为了更好地进行比较并展示一个简单的螺纹加工循环，这里仍然使用前面的 G32 指令程序（3in12TPI 外螺纹），最后得到的结果一样。该循环在 Fanuc 或类似控制器中通常称为 G92 螺纹加工循环。

顺便提一下另外一个 G92 指令。一些程序员习惯在铣削操作中使用 G92 指令寄存当前刀具位置，在 CNC 车床上，位置寄存指令为 G50，而不是 G92。目前 G92 指令已经基本废弃，它只用在老式控制器中，螺纹加工中使用的 G92 与它没有任何关联，现代控制器使用先进的几何尺寸偏置。G92 螺纹加工循环的格式为：

G92 X..Z..F..

其中　X——当前螺纹加工直径；

　　　Z——螺纹终点位置；

　　　F——螺纹加工进给率，in/r。

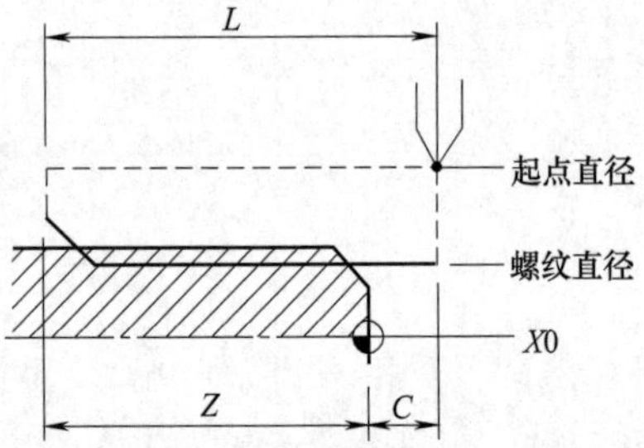

图 38-11 所示为 G92 直螺纹加工循环的示意图。

除了结构有所区别，该程序完成的任务与 G32 完全一样。

使用 G92 循环时，下面以它们在程序中出现的顺序列出了每次走刀的计算直径（现阶段没有改变）：

第 1 次深度＝ϕ2.9580

第 2 次深度＝ϕ2.9406

第 3 次深度＝ϕ2.9272

第 4 次深度＝ϕ2.9160

图 38-11　G92 简单螺纹加工循环

第 5 次深度＝ϕ2.9060

第 6 次深度＝ϕ2.8980

与前面一样，必须指定螺纹刀的刀号和主轴转速——T5（T0505）和 450r/min：

O3802（G92 版）

...

N59 T0500 M42

N60 G97 S450 M03

N61 G00 X3.3 Z0.25 T0505 M08　　(起点位置)

前三个程序段与逐段螺纹编程方法完全相同，接下来螺纹刀定位在第一次加工直径处，然后加工螺纹，从螺纹退刀并返回至起始位置，后三个程序段在每次走刀中都需重复。G92 螺纹加工循环的主要优点是避免了重复数据，并使程序更容易编辑。

在程序段 N62 中调用 G92，进行第一次螺纹加工，注意该程序段中包含 X 和 Z 轴值以及切削进给率：

N62 G92 X2. 958 Z-1. 6 F0. 0833　　　　（第一次走刀）

起始位置由循环调用前的最后 X 和 Z 值定义，本例中起始位置为 X3.3Z0.25（程序段 N61）。余下程序段只有一个值发生了变化，也就是螺纹加工的直径，通过改变 X 直径便可编写 5 次螺纹加工走刀操作。这里并不需要重复编写 Z 轴位置或进给率：

N63 X2. 9406　　　　（第 2 次走刀）

N64 X2. 9272　　　　（第 3 次走刀）

N65 X2. 9160　　　　（第 4 次走刀）

N66 X2. 9060　　　　（第 5 次走刀）

N67 X2. 8980　　　　（第 6 次走刀）

程序段 N67 是最后一次走刀，后面紧跟自动返回螺纹起始位置的运动，从该位置以与 G32 相同的方式结束程序。

N68 G00 X12. 0 Z4. 5 T0500 M09

N69 M30

%

使用该循环时频繁出现的错误之一是忽略程序段 N68 中的 G00 指令，G92 循环只能通过另一条运动指令取消，上例中也就是快速运动 G00。如果程序中未编写 G00 指令，那么控制系统认为仍需加工螺纹，而事实并非如此，这样便会发生不期望的运动。

螺纹加工循环 G92 很简单，它没有任何附加参数，同时它也不需要特殊的进刀方法，事实上唯一的进给方法就是直线插入（径向进刀），本章稍后将介绍不适用于大多数螺纹加工的进刀方法。本章稍后的实例中，可以在调用 G92 循环前使用 M24 功能编写自动斜线逐步退刀程序。

大多数控制器支持更为复杂的螺纹加工方法，即下面将介绍的 G76 循环。

38.8　复合型固定循环 G76

第 35 章中主要介绍了常用于车削和镗削中的各种车削循环，本节中将介绍一个用在各种螺纹加工应用中的复合型固定循环。

CNC 发展的早期，G92 简单螺纹加工循环是计算机技术的直接产物，随着计算机技术的迅速发展，也为 CNC 程序员提供了更多重要的新功能，这些新功能大大简化了程序开发。其中一个主要功能是用于螺纹加工的另一种车削循环——复合型固定循环 G76，该循环被认为是复杂循环，这不是因为它难以使用，而是因为它有很多功能强大的内部特征。

为了全面感受 G76 螺纹加工循环的作用，可以将其与 G32 螺纹加工方法甚至前面刚介绍过的 G92 循环进行比较。使用 G32 方法的程序中，每次螺纹加工需要四个甚至五个程序段，使用 G92 循环每次螺纹加工需要一个程序段，在不同控制器型号中，G76 循环能在 1～2 个程序段中加工任何单头螺纹。使用 G76 循环时，任何数目的螺纹加工都只占程序的很少部分，修改程序（如果需要）也会更快更容易。

根据控制器型号，有两种可用编程格式。这与其他车床循环的编程类似。

（1）G76 循环格式（单程序段）

螺纹加工循环需要输入初始数据——为控制器提供以加工术语定义的螺纹信息，图 38-12 所示为老式 Fanuc 10/11/15T 控制器使用的 G76 循环，图中所示为直螺纹。

以下参数构成了 G76 单程序段循环格式（内、外螺纹）：

G76 X..Z..I..K..D..A..P..F..

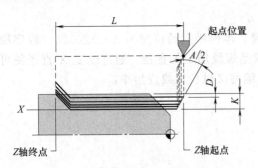

图 38-12　单程序段 G76 复合型固定
循环（直螺纹）

L—螺纹总长（行程）；A—刀尖角；D—第一次螺纹
加工深度；K—螺纹总深；X—螺纹根径

其中　X——最后一次走刀螺纹直径（外螺纹
或内螺纹）；

Z——螺纹末端位置；

I——整个长度上的锥度（直螺纹为 I0）；

K——螺纹单侧实际深度（正值）；

D——第一次螺纹走刀深度（正值，无
小数点）；

A——刀尖角（正值，6 种选择）；

P——进刀方法（正值，4 种选择）；

F——进给率（通常等于螺纹导程）。

注意复合型固定循环 G76 和 G92 简单循环
之间的格式差异。G76 循环看起来很简单，但控
制系统必须完成大量的计算和检查，这些计算需要数据，这些数据以确定螺纹规格的输入参数
的形式给出。尽管 G76 循环需要更多的输入值，但它在 CNC 螺纹编程中的使用非常容易。

（2）G76 循环格式（双程序段）

在稍后的 Fanuc 控制器 0T、16T、18T 和 21T 中，G76 循环的格式与老式型号稍有不
同。其目的和功能保持不变，不同的是程序数据的输入方式和结构，Fanuc 10/11/15T 使用
前面介绍的单行循环输入，而 Fanuc 0/16/18T/21T 等控制器型号需要双行输入。程序员别
无选择，因为每种格式都取决于控制系统。

> 单程序段和双程序段 G76 循环不可互换。

如果 G76 循环在控制系统中需要双程序段输入，那么编程格式为：

> G76 P.. Q.. R..
> G76 X.. Z.. R.. P.. Q.. F..

其中　第一个程序段（以 G76 开始）：

P——分成三组的六位数字数据输入：

第 1、2 位数字——精加工次数（01～99）

第 3、4 位数字——斜线逐步退刀的导程数（0.0～9.9 倍导程），不使用小数点（00～99）

第 5、6 位数字——螺纹角（只能等于 00、29、30、55、60 以及 80），（°）；

Q——最小切削深度（最后一次切削深度，正的半径值，不使用小数点）；

R——固定的精加工余量（允许使用小数点）；

第二个程序段（也必须以 G76 开始）：

X——最后一次走刀的螺纹直径（X 为绝对值）

或

起始位置到最终螺纹直径的距离（U 为增量值）；

Z——螺纹的 Z 轴终点（也可以使用增量距离 W）；

R——最后螺纹加工路径的起点和终点位置的半径差（直螺纹为 R0，可以省略）；

P——螺纹深度（螺纹高度，正的半径值，不使用小数）；

Q——第一次走刀深度（最大切削深度，正的半径值，不使用小数）；

F——进给率（等于螺纹导程）。

该格式的逻辑与第 35 章中介绍的车削循环相同，不要混淆第一和第二个程序段中的 P/
Q 地址，它们都有自己的含义——只在所在程序段中有效！图 38-13 所示为双程序段 G76 直

螺纹加工循环的一些基本定义。

（3）单程序段与双程序段格式对比

一些程序员可能会问，Fanuc 为何要做出突然的改变，将相对简单的单程序段输入更改为更为复杂的双程序段输入。答案就是一个词：灵活性。比较目前可编程的特征，它们在单程序段格式中并不存在，例如最后一次切削深度（最小切削深度），在单程序段格式中，该值只作为控制系统参数进行存储，且只能在内部更改，但是双程序段格式允许通过程序在外部更改这个参数。其他特征与此类似。

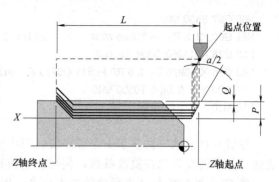

图 38-13　双程序段输入 G76 复合型固定螺纹加工循环（直螺纹）

L—螺纹总长（行程）；a—刀尖角（第三对）；Q—第一次螺纹加工深度（第二个程序段）；P—螺纹总深（第二个程序段）；X—螺纹根径

○ 公制实例：

（M76×1.5 内螺纹）

N20 G76 P011060 Q050 R0.05

N21 G76 X76.0 Z-30.0 P812 Q250 F1.5

○ 英制实例：

（20TPI 的 1-11/16 外螺纹）

N10 G76 P011060 Q005 R0.003

N11 G76 X1.6261 Z-1.5 P0307 Q0100 F0.05

（4）编程实例

前面 G32 和 G92 使用的螺纹实例，ϕ3.000in12TPI 外螺纹，可以很容易改用 G76 编程方法，而且程序长度较短。下面只使用最少的程序段，给出两类控制器的实例（实例中所示为最后一把刀）：

单程序段 G76 循环

O3803（G76 版，单程序段方法）

...

N59 T0500 M42

N60 G97 S450 M03

N61 G00 X3.3 Z0.25 T0505 M08　　（起点位置）

N62 G76 X2.8978 Z-1.6 I0 K0.0511 D0210 A60 P1 F0.0833

N63 G00 X12.0 Z4.5 T0500 M09

N64 M30

%

整个螺纹加工部分只需要六个程序段，这一点非常重要。任何程序改变都可以通过对程序段 N62（螺纹加工循环）中特定数据的简单修改来实现，最常见的更改是第一次走刀深度，例如将当前的 0.0210 修改为 0.0180，只需要将输入 D0210 改为 D0180。结果就是需要更多的走刀次数，也可能得到质量较高的螺纹。长螺纹的进给率可使用六位小数点，直螺纹可省略 I0。

双程序段 G76 循环

O3804（G76 版，双程序段方法）

...

N59 T0500 M42

```
N60 G97 S450 M03
N61 G00 X3. 3 Z0. 25 T0505 M08          (起始位置)
N62 G76 P011060 Q004 R0. 002
N63 G76 X2. 8978 Z - 1. 6 R0 P0511 Q0210 F0. 0833
N64 G00 X12. 0 Z4. 5 T0500 M09
N65 M30
%
```

尽管只比老式方法多了一个程序段，但由于增加了更改的可能性，从而使得程序灵活性更强。如果需要，只需更改参数，便可快速得到几个更多的选项。

将 G76 和 G92 循环进行比较并不公平，因为它们是不同技术领域的产物，为了与老式程序的兼容，目前它们甚至还在同一控制单元中共存。这两个循环很好地展示了编程技巧之间的一些重大区别。

例如在 G92 螺纹加工循环应用中，每次螺纹加工的直径输入都很重要，而 G76 循环中只有最后一次走刀的直径输入很重要。

（5）第一次走刀螺纹直径计算

控制系统计算第一次走刀螺纹直径的方式，与 G32 或 G92 螺纹加工模式中的手动计算方式十分相似，第一次走刀螺纹直径的计算基于已知的外螺纹信息：

❑ 牙底直径　　　　　　（X 地址）

❑ 螺纹总深度　　　　　（K 或 P 地址）

❑ 第一次螺纹深度　　　（D 或 Q 地址）

对于单程序段格式，基于已知值，可以通过以下公式计算第一次走刀螺纹直径 T_f：

$$T_f = X + K \times 2 - D \times 2$$

本例中 X 值为 2.8978，K 值为 0.0511，第一次螺纹加工深度 D 为 0.0210，它在程序中的输入为 D0210，由此可得到螺纹第一次加工直径 T_f：

$$T_f = 2.8978 + 0.0511 \times 2 - 0.021 \times 2 = 2.9580$$

对于双程序段格式，基于已知值，可以通过以下公式计算第一次走刀螺纹直径 T_f：

$$T_f = X + P \times 2 - Q \times 2$$

本例中 X 值为 2.8978，K 值为 0.0511，第一次螺纹加工深度 Q 为 0.021，它在程序中的输入为 Q0210，由此可得到螺纹第一次加工直径 T_f：

$$T_f = 2.8978 + 0.0511 \times 2 - 0.021 \times 2 = 2.9580$$

双程序段格式中的 P 和 Q 均为第二个 G76 程序段中输入的值。两种情形下，其结果与前面的简单实例完全一样，但是这里由控制单元计算得到。可以调整两个公式，以计算内螺纹第一次走刀直径。

$$T_f = X - K \times 2 + D \times 2$$
$$T_f = X - P \times 2 + Q \times 2$$

对于日常编程而言，并不需要计算 G76 循环的第一次走刀直径，这里进行介绍，只是为了解释控制系统的计算方法。

注意，内螺纹的总深度使用常数 0.541，而不是外螺纹使用的常数 0.613。

38.9　螺纹进刀方法

可以使用几种方法来编写螺纹刀切入材料的程序，其中最重要的选项之一是控制螺纹刀趋近螺纹的方法，也称为螺纹横向进刀。以下是螺纹刀运动的具体方法，它使用如图 38-14

所示的两种基本进刀方法中的一种。

螺纹编程中最简单的进刀方法是径向进刀方法，有时也称为插入、直线或垂直进刀；另一方法称为斜角方法，也称为复合横向进刀或侧面进刀。

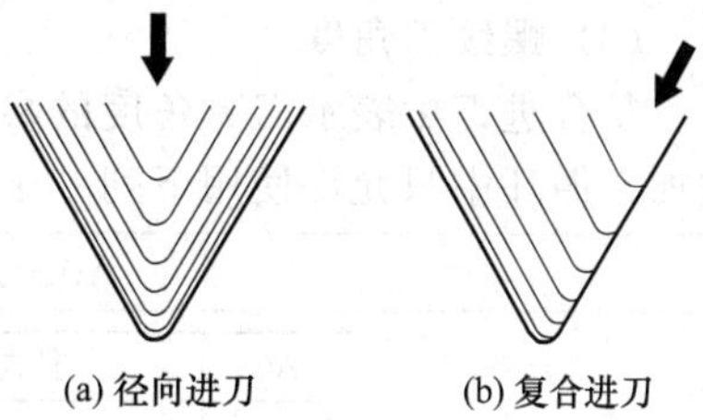

螺纹加工中，需要控制进刀方向，以保证刀刃始终处于最好的加工状态。除了导程非常小以及一些软材料螺纹外，大多数螺纹加工都可以从复合横切方法（具有一定角度）中受益，有些螺纹形状由于其几何外形而不属此列，例如方形螺纹便需要插入横切方法（直线径向横切）。进刀角在程序中就是 G76 循环中的内刀尖角。

（a）径向进刀 　　（b）复合进刀

图 38-14　螺纹加工的径向和复合进刀

每种进刀方法都有其自己的特色，为了实现最佳切削载荷控制，它们使用以下特征：

- ❏ 恒切削量；　　　　❏ 单刃切削；
- ❏ 恒切削深度；　　　❏ 双刃切削。

每个步骤通过单程序段 G76 循环中鲜为人知的 P 值来选择。

（1）径向进刀（直线进刀）

径向进刀方法是一些工作中常见的螺纹加工方法，当卧式螺纹需要趋近主轴中心线的垂直运动时，使用此方法。

在 G76 单程序段螺纹加工循环中，径向进刀使用 A0 参数；在双程序段螺纹加工循环中，第一个程序段 P 地址的最后两个数字为 0，也就是 P----00。

在 G32 逐段编程和 G92 简单螺纹加工循环中，不能使用参数编程，所有螺纹直径的 Z 轴起始位置相同，这样更易于编程。径向进刀适用于软材料（铜、铝等），但是它可能会破坏硬质材料的螺纹。

径向进刀运动的主要结果是两个刀片切削刃同时去除材料，由于刀刃之间相隔 180°，因此切屑卷的方向也相反，这在很多应用中将导致高温以及与高温相关的刀具磨损问题，从而在刀片上留下槽状缺口，即使减小每次进刀的深度也不能解决问题。如果径向进刀不能加工出高质量的螺纹，那么复合进刀方法往往能得到比较好的加工结果。

（2）复合进刀（侧面进刀）

复合进刀方法也称为侧面进刀方法，这种方法使刀具成一定角度向螺纹加工直径方向进刀。复合螺纹加工方法产生的切屑形状与车削产生的切屑形状相似，螺纹刀在这种情况下只有一侧的切削刃进行实际切削，因此热量可从刀刃散发，同时切屑也可及时掉落，从而延长刀具寿命。对于大多数螺纹来说，使用复合进刀方法时可以采用更深的切削深度，从而减少所需的螺纹走刀次数。复合进刀方法如图 38-14 所示，其中一个切削刃始终与螺纹壁接触，这种情况下并没有切削运动，而仅仅是所不期望发生的摩擦，这可能会导致较差的螺纹表面质量。为了避免这个问题，可使用小角形间隙计算每次螺纹加工走刀位置，如图 38-15 所示。

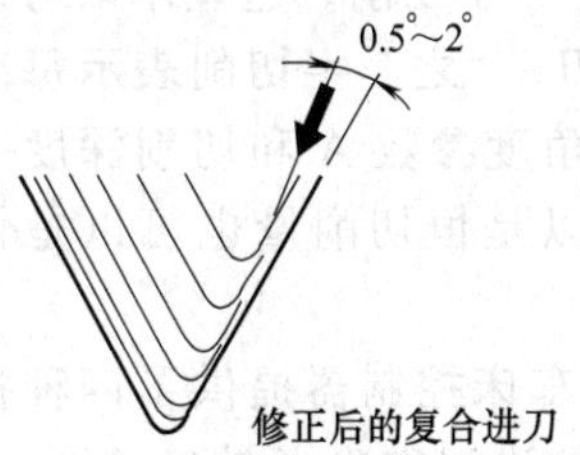

0.5~2°

修正后的复合进刀

图 38-15　改进的复合进刀角度可得到更好的螺纹质量

以典型的 V 形螺纹为例，其牙型角为 60°，侧面角为 30°，此时进刀角度要稍微比它小一点，比如 29°，这样在没侧留出 1° 的间隙。一定要记住：螺纹的形状和几何尺寸并不改变，它们由切削刀片的形状决定，改变的只是刀刃的加工方式。下节将介绍一个 G32 螺纹加工方法的实例，它使用改进的复合进刀方法。

螺纹加工循环 G76 中加工参数的功能十分强大。不能直接选择进刀方法，但是其他一些设置会影响进刀，尤其是刀尖角。两类 G76 循环都能使用该设置。

（3）螺纹刀角度

复合进刀中表示刀具角度的参数使用非零值，该值等于螺纹加工刀片的刀刃角。G76 螺纹加工循环中只允许使用下列 6 个角度值：

A0 A29 A30 A55 A60 A80

A0	径向（直线）进刀	ISO
A29	ACME 螺纹	ANSI
A30	公制梯形/圆螺纹	DIN 103/DIN 405
A55	惠氏 55°螺纹	BSW、BSF、BSP
A60	标准 60°V 形螺纹	M、UN、UNJ
A80	德国 PG 螺纹	panserrohrgewinde

对于双程序段 G76 循环，上述 6 个值为第一个程序段 P 地址中的最后两位数字：

G76 P——00 Q..R..
G76 P——29 Q..R..
G76 P——30 Q..R..
G76 P——55 Q..R..
G76 P——60 Q..R..
G76 P——80 Q..R..

理论上，不管实际刀尖角多大，上述 6 个值可用于任意螺纹。这对于寻找最佳进刀方法可能会有所启发。

实际应用中，ACME 螺纹（牙型角为 29°）常用于传递运动，例如换胎千斤顶。公制梯形螺纹是 ACME 螺纹的公制版本，其牙型角为 30°。惠氏螺纹起源于英国，其牙型角为 55°，随着公制螺纹在世界范围内的标准化，惠氏螺纹的使用呈下降趋势。PG 螺纹是特殊的德国管螺纹，其牙型角为 80°，在北美洲并不常用，它看起来像橡胶软管螺纹。

单程序段 G76 循环（老式控制器）使用 P 参数，它定义螺纹加工类型，其工作性质与参数 A 十分相似。

（4）螺纹加工类型（地址 P）

在单程序段 G76 螺纹加工循环中，除了地址 A 之外，也可以使用地址 P 对螺纹加工进刀进行编程。螺纹加工参数 A 的目的在一定程度上是根据螺纹加工刀片的牙型角控制螺纹进刀方式，在使用单程序段 G76 输入的 Fanuc 控制器中，可以通过可编程参数 P 进一步控制进刀方式，它定义螺纹加工类型且与螺纹编程深度相关。

除了使用参数 A0 的径向进刀（直线或插入）以及复合进刀（使用非零参数 A）外，螺纹进刀编程还可以使用其他两种主要加工方法——单侧切削和"之"字切削。这些术语与每次加工使用的刀刃数有关，单侧切削表示每次加工使用一个切削刃，"之"字切削表示每次加工使用两个切削刃。它们中的任何一个都可以与所选择的螺纹角度参数 A 和切削深度一起使用——既可以是恒切削量也可以是恒切削深度。

Fanuc CNC 车床控制器提供了四种控制螺纹加工深度的进刀方法（图 38-16）：

P1 单刃切削 ... 恒切削量

图 38-16 G76 螺纹加工循环参数 P 的加工类型

P2　双刃切削 ...　恒切削量
P3　单刃切削 ...　恒切削深度
P4　双刃切削 ...　恒切削深度

在 10T 型号以前的 Fanuc 车床控制器中，G76 循环中并不能使用参数 P，其缺省值就相当于现在的 P1 参数。在支持 P 参数的控制器中，如果调用 G76 循环时省略 P 值，其缺省值为 P1。这是最常见的螺纹加工应用，也适用于许多工作，它使用单刃螺纹刀以及恒切削量，其结果为去除相同体积的切屑。其他三个参数也可进行同样的试验。

38.10　复合进刀计算

使用先进的 G76 螺纹加工循环时，复合（侧面）进刀不会出现任何问题。如果 CNC 系统能使用 G76 循环，那么它可以完成所有工作的 95％，但是剩下的 5％ 怎么办？不能使用 G76 循环以及需要完全控制复合进刀时又怎么办？如果不能使用 G76 循环或使用不切实际时，如何控制 G76 的其他进刀方法？

不幸的是只有一种方法，即使用便携式计算器分别计算每个刀具位置和运动，它的工作量是否很大呢？是的。那么这样做是否值得？绝对值得！这项工作必须做好，因为在机床上进行很小的修改都很困难。顶尖的编程任务值得付出额外的时间和精力，因为最终工件的质量和精度就取决于付出的多少，好的质量并不能轻易得到，程序员（和机床操作员）必须投入时间和精力。

应用于逐段编程中的复合进刀原则很简单，但是编程工作单调乏味，而在机床上进行编辑又不切实际。每次螺纹加工必须计算不同的 Z 轴起始位置，这就是所谓的偏移位置，必须精确计算，否则编程会失败，此外最好在第一次计算时就正确，否则修改所需时间很长而且代价比较高。本例中再次使用前面例子中使用过的螺纹（$\phi 3.0-12\text{TPI}$ 外螺纹），程序将使用 G32 螺纹加工指令，其修正后的复合进刀角为 29°。

（1）初始考虑

本节实例中使用的螺纹是 $\phi 3.0-12\text{TPI}$ 外螺纹。前面计算了各次螺纹加工的直径，同时也得到了每次螺纹加工的深度，本例中仍使用这些值。总的来说，Z 值编程共有 6 个直径和 6 个深度（每侧累计总深为 0.0511），如图 38-17 所示。

图中所示为 6 次走刀所对应的 6 个螺纹加工深度，归纳如下：

第 1 次走刀　单侧深度 0.0210　$\phi 2.9580$
第 2 次走刀　单侧深度 0.0087　$\phi 2.9406$
第 3 次走刀　单侧深度 0.0067　$\phi 2.9272$
第 4 次走刀　单侧深度 0.0056　$\phi 2.9160$
第 5 次走刀　单侧深度 0.0050　$\phi 2.9060$
第 6 次走刀　单侧深度 0.0040　$\phi 2.8980$

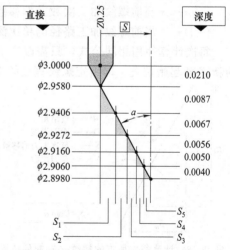

图 38-17　G32 螺纹加工模式中复合进刀所需的计算

除了切削深度和螺纹加工直径，图 38-17 也以 S 值给出了 $S1\sim S5$ 的偏移值。当 Z 轴起始位置偏移时，必须根据复合角和每次螺纹加工深度计算其偏移距离，但只计算剩余加工的偏移值，也就是说 6 次螺纹加工需要 5 个偏移值。任何新的计算必须根据上一次的计算结果进行。

(2) 计算 Z 轴起始位置

图中距离 S 表示从 Z 轴起始位置开始的总偏移量，本例中为 $Z0.25$，通常，该偏移沿 Z 轴正方向进行，目的是为了增加间隙，当然沿相反的方向也可以。

理论上，偏移量的编程方向并没有什么影响——不管是趋近螺纹或远离螺纹。实际上，如果可能，最好沿远离螺纹的方向编程——尾座可能位于刀具路径上，所以一定要注意这种情形，这样一来也会增加而不是减小进给率的加速距离。

此外还可以选择另一种趋近方法，首先要计算距离 S 作为参考。只需要 5 个偏移值，因此在第一次加工完成后，要计算总的偏移值，也就是从第一次加工深度 $\phi2.958$ 到最终深度 $\phi2.898$：

$$(2.898-2.958)/2=0.0300$$

第一次加工后的总螺纹深度为 0.03，而选择的复合进刀角度 a 为 29°，因此可以使用标准三角公式计算距离 S 的值：

$$S=0.03\times\tan29°=0.016629272=0.0166$$

距离 S 表示螺纹刀离起点位置的总偏移距离，每次螺纹加工的偏移量都是 S 值的一部分，用 S_n 表示，图 38-17 中所示为 5 次加工，即 $S_1\sim S_5$。

$$S_n=D\tan29°$$

式中　S_n——当前螺纹加工路径的偏移量（增量值）；

n——当前螺纹加工次数（偏移数）；

D——当前螺纹加工路径的单次深度。

每次计算使用相同公式，只需改变 D 深度值。记住该过程的目的是计算每次螺纹加工的新 Z 轴起始位置，即给定螺纹直径的 Z 值，如图 38-18 所示。

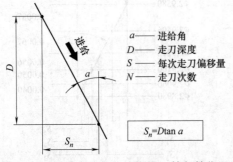

图 38-18　计算每次加工的螺纹 Z 轴起始位置

一旦确定 Z 轴起始位置（$Z0.25$），便可用于剩余的 5 次偏移量。第一次加工不需要偏移。剩余的 5 次螺纹加工可以根据上面的公式以及初始位置进行计算：

$$S_1=0.0087\times\tan29°=0.0048$$
$$S_2=0.0067\times\tan29°=0.0037$$
$$S_3=0.0056\times\tan29°=0.0031$$
$$S_4=0.0050\times\tan29°=0.0028$$
$$S_5=0.0040\times\tan29°=0.0022$$

总深..........=0.0166

根据所选的起始位置 $Z0.25$，可以计算出 Z 轴起始位置的 5 个偏移位置：

第 1 次加工＝$Z0.2500+0$　　　＝$Z0.25$
第 2 次加工＝$Z0.2500+0.0048$＝$Z0.2548$
第 3 次加工＝$Z0.2548+0.0037$＝$Z0.2585$
第 4 次加工＝$Z0.2585+0.0031$＝$Z0.2616$
第 5 次加工＝$Z0.2616+0.0028$＝$Z0.2644$
第 6 次加工＝$Z0.2644+0.0022$＝$Z0.2666$

本例给出了相对初始位置 $Z0.25$ 并背离螺纹的递增偏移值，使用该方法能保证绝不会小于最初设置的最小间隙 Z0.25。该编程方法只改变 Z 轴值，它不会影响其他任何编程值。

即使只有 6 次走刀，最终程序也不是很短（使用 G32 编程方法得到的程序通常都是如此），但是它确实展示了不能使用循环或使用循环不切实际时的螺纹加工复合进刀方法，实例 O3805 中只给出了螺纹刀：

O3805（G32 螺纹加工，复合进刀）

```
...
N59 T0500 M42
N60 G97 S450 M03
N61 G00 X3.3 Z0.25 T0505 M08      (起始位置)
N62 X2.958                        (第 1 次走刀)
N63 G32 Z - 1.6 F0.0833           (或 F/E0.083333)
N64 G00 X3.3
N65 Z0.2548                       (偏移量 S1)
N66 X2.9406                       (第 2 次走刀)
N67 G32 Z - 1.6
N68 G00 X3.3
N69 Z0.2585                       (偏移量 S2)
N70 X2.9272                       (第 3 次走刀)
N71 G32 Z - 1.6
N72 G00 X3.3
N73 Z0.2616                       (偏移量 S3)
N74 X2.916                        (第 4 次走刀)
N75 G32 Z - 1.6
N76 G00 X3.3
N77 Z0.2644                       (偏移量 S4)
N78 X2.906                        (第 5 次走刀)
N79 G32 Z - 1.6
N80 G00 X3.3
N81 Z0.2666                       (偏移量 S5)
N82 X2.898                        (第 6 次走刀)
N83 G32 Z - 1.6
N84 G00 X3.3
N85 Z0.25 M09
N86 X12.0 Z4.5 T0500
N87 M30
%
```

程序 O3805 中的螺纹进刀方法就相当于 G76 循环（单程序段方法）中的 P1 参数，这类加工只使用螺纹加工刀片的单个切削刃，而且每次加工的切削量恒定。这是最常见的螺纹编程方法，可以作为其他许多螺纹加工应用的样例。使用逐段螺纹编程方法编写的程序会很长，而且需要对其准确性进行非常仔细的检查。

38.11　螺纹退刀运动

前面已经提到只有两种从螺纹退刀的方法——沿一根轴的直线运动和沿两根轴的同步斜线退刀运动。这两种方法都用在单头螺纹编程中，事实上它们的频繁使用俨然已经成为专门的程序输入方法。

第 1 种方法已经在前面介绍过（G76 第一个程序段），双程序段格式 G76 循环提供了一个输入参数，允许设置退刀运动——从螺纹逐渐退刀。这种情形下，并不需要任何其他的编程干预，该特征内置在双程序段 G76 循环中。

对于仍十分常见的老式控制器，它们使用 G76 输入，这样便采用不同的方案。控制系统中内置了两个辅助功能，它们是标准特征。这些螺纹退刀功能也称为螺纹倒角功能或螺纹精加工功能，另一个描述更为精确——螺纹退刀功能。

(1) 螺纹退刀功能

CNC 车床任务使用螺纹加工循环 G76 时，螺纹末端（Z 轴值）可能位于实体材料中，也可能位于开放空间中（比如凹槽或底切）。实际退刀运动可以沿一根轴编程，也可以同时沿两根轴编程。

对于老式控制器，为该目的设计的典型 Fanuc 功能是 M23 和 M24，它们控制螺纹刀在螺纹末端的退刀。

M23	螺纹精加工"开"（两根轴退刀）
M24	螺纹精加工"关"（一根轴退刀）

其他机床控制器也有类似的功能，该功能的目的是使螺纹加工运动第 2 步和第 3 步之间的自动插入退刀运动有效或无效，这在本章前面介绍过。有无退刀的螺纹加工运动的比较如图 38-19 所示。

M23 和 M24 功能只用于 G76 单程序段方法中

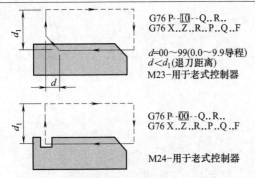

G76 P-[10]-Q..R..
G76 X..Z..R..P..Q..F

d=00～99(0.0～9.9导程)
$d < d_1$(退刀距离)
M23—用于老式控制器

G76 P-[00]-Q..R..
G76 X..Z..R..P..Q..F

M24—用于老式控制器

图 38-19　螺纹典型退刀（上方图形导程为 1.0），只有老式控制器才需要辅助功能 M23/M24

(2) 单轴退刀

单轴退刀（螺纹精加工"关"）是螺纹加工四个基本步骤的第三步，它是在螺纹末端编写的简单快速运动，其退刀方向通常为 X 轴。对于螺纹加工循环 G92 或 G76（单程序段方法），这是缺省状态，因此不需要使用 M24，除非同一程序中的另一个螺纹使用了 M23 功能，这两个功能可以相互取消。如果使用 M24 功能，那么必须在使用螺纹加工循环前将其写入程序，例如程序 O3806 中将对使用 G76 循环的螺纹加工程序 O3803 稍作修改：

O3806（G76 版，单程序段方法）

...

N58 M24　　　　　　　　　　（螺纹逐渐退刀"关"）

N59 T0500 M42

N60 G97 S450 M03

N61 G00 X3.3 Z0.25 T0505 M08　　（起始位置）

N62 G76 X2.8978 Z-1.6 I0 K0.0511 D0210 A60 P1 F0.0833

N63 G00 X12.0 Z4.5 T0500 M09

N64 M30

%

M24 功能出现在程序段 N58 中，只有这个程序段中没有其他 M 功能。以下单轴退刀实例为程序 O3804 的修改版：

O3807（G76 版，双程序段方法）

...

N59 T0500 M42

N60 G97 S450 M03

N61 G00 X3. 3 Z0. 25 T0505 M08　　　　　（起始位置）

N62 G76 P01 <u>00</u>60 Q004 R0. 002

N63 G76 X2. 8978 Z－1. 6 R0 P0511 Q0210 F0. 0833

N64 G00 X12. 0 Z4. 5 T0500 M09

N65 M30

%

N62 中带下划线部分从 10 变成了 00。

（3）两轴退刀

两轴退刀是沿两根轴方向远离螺纹（螺纹精加工"开"）的斜线刀具运动，实例 O3808 与前面的实例相似：

O3808（G76 版，双程序段方法）

...

N58 <u>M23</u>　　　　　　　　　　　　　（螺纹逐渐退刀"开"）

N59 T0500 M42

N60 G97 S450 M03

N61 G00 X3. 3 Z0. 25 T0505 M08　　　　　（起始位置）

N62 G76 X2. 8978 Z－1. 6 I0 K0. 0511 Q0210

　　A60 P1 F0. 0833

N63 G00 X12. 0 Z4. 5 T0500 M09

N64 <u>M24</u>　　　　　　　　　　　　　　（取消 M23）

N65 M30

%

本例中 M23 出现在程序段 N58 中，因此需要多使用一个程序段 N64 来取消退刀功能，该取消操作在程序中并不是必需的，但是取消用于特殊目的的功能通常是一个很好的习惯。

还有一些情形下也使用 M23 功能，图 38-19 中，精加工距离 d 由控制器参数设定，其范围为导程的 0.100～12.700 倍，正常的控制器设置等于螺纹导程（$d=1.0$）。从螺纹的退刀角度通常是 45°，也可能由于伺服系统的延时而略小于 45°，如果精加工距离 d 大于退刀距离 d_1，将不执行退刀。

程序实例 O3804 中程序段 N62 所示为 1 导程退刀（1.0＝10）：

N62 G76 P01 <u>10</u>60 Q004 R0. 002

N63 G76 X2. 8978 Z－1. 6 R0 P0511 Q0210 F0. 0833

在 G76 的第一个程序段中，P 地址后跟 6 位数字，可分成 3 组，不要混淆前面两组数字，它们都表示 1，但是含义截然不同：

P01xxxx：表示 1 次精加工切削，范围为 00～99；

Pxx01xx：表示退刀距离为 1 倍导程，范围为 0.1～9.0，可使用实数，但是小数点不写出。

38. 12　螺纹旋向

任何螺纹都可以使用右旋或左旋定位进行加工，两种方法对螺纹轮廓和（或）深度没有任何影响，但是其他一些因素非常重要，大多螺纹加工应用都使用右旋螺纹。右旋和左旋两

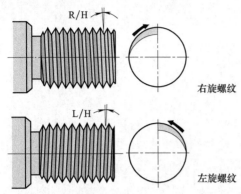

图 38-20　螺杆上的右旋螺纹和左旋螺纹

个术语与螺纹的螺旋线有关，如图 38-20 所示。

CNC 编程中的螺纹旋向由两个条件决定：

❑ 刀具加工方向（$Z+$ 或 $Z-$）；

❑ 主轴旋转方向（M03 或 M04）。

特定螺纹编程需要组合使用这两个条件，影响右旋（R/H）或左旋（L/H）螺纹编程方法的因素有：

❑ 螺纹刀设计：右旋或左旋；

❑ 外螺纹或内螺纹；

❑ 前置刀架或后置刀架车床；

❑ 主轴旋转方向：M03 或 M04；

❑ 切削方向：$Z+$ 或 $Z-$；

❑ 刀尖在刀塔上的定位。

理论上可以使用任何螺纹刀加工不同旋向的螺纹，但是这种方法并不正确，拙劣的选择会影响螺纹质量、螺纹加工刀片寿命并增加成本等。当螺纹起点太靠近轴肩（退刀槽）时，加速的距离便受到限制，避免由于在小区域中加速而加工出有缺陷的螺纹的唯一方法是降低主轴转速。

螺纹旋向配置

通常，要构想实际的加工过程非常困难，从而容易犯错。最重要的一点就是加工涉及的所有因素都必须正确，只要有一个错误都可能会导致加工出错误的螺纹。

刀具生产厂家意识到了该问题，并提供了类似以下各图所示的图形方法。这里包含后置刀架式车床的 R/H 和 L/H 外螺纹和内螺纹的所有 8 种组合（图 38-21、图 38-22）。刀具设计会影响编程，图中所示刀具位于起始位置，M03/M04 的介绍可见第 12 章。

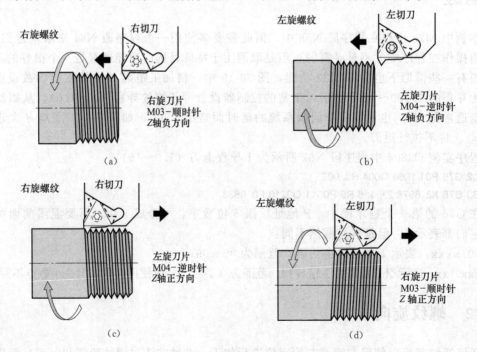

图 38-21　外螺纹旋向（后置刀架式车床）

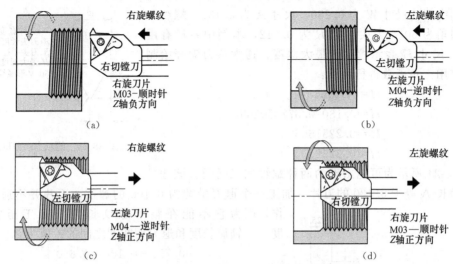

图 38-22 内螺纹旋向（后置刀架式车床）

38.13 轴肩螺纹加工

编写在轴肩处结束的螺纹程序相当困难，难度在于侧壁——也就是通常所说的工件轴肩，这里没有足够的空间对螺纹末端进行合理编程——而它的编程必须十分精确，即便如此，如果刀具安装不够精确也可能导致碰撞。螺纹编程领域中的三个典型问题是：

❑ 退刀槽太窄或没有退刀槽；
❑ 螺纹加工刀片太宽；
❑ 螺纹太深。

螺纹加工的第一个问题是退刀槽过窄，这个问题很容易纠正——只需在程序中增加退刀槽宽度。大多数退刀槽可以调整以适应螺纹刀，且不影响其设计背后的工程目的，这可能使得图纸中对退刀槽的说明无效——不过首先一定要检查！

第二和第三个问题并不相关，但是两者的解决方法一样。如果螺纹加工刀片太宽或螺纹太深，那么有可能的话，首先尽量增加退刀槽宽度，如果由于某种原因而不能增加退刀槽宽度，还可以有另一种选择——减小螺纹加工刀片宽度，很显然解决方法是改用仍能加工所需螺纹的较小的螺纹刀，这可能是小一号的刀片，同时它也需要较小的刀架。

如果不能使用小号刀具，可以对现有的螺纹加工刀片进行修正，这种情况下的修正意味着磨去妨碍加工的刀片部分，但不能修正实际切除材料的刀片部分。决定通过磨削修正刀具前，一定要仔细考虑其他选择——CNC 工作中修正设计的标准刀具应该是万不得已时的解决方法，而不应该是第一选择。如果磨削掉刀片的涂层，那么它就会丧失其加工优势，所以一定不要磨去刀片切削部分的涂层。万一程序使用经过修正的螺纹刀片，一定要特别注意。

使用经过修正的刀片时一定要万分小心。

（1）刀片修正

每类刀具目录中都有很多标准螺纹加工刀片，最好能从中选出适用于当前工作的刀具。万一需要修正标准刀片，下面实例给出了几种编程方法——顺便说一下，无论工件上有无退刀槽都不相干。

要修正螺纹加工刀片，首先要观察其正常的结构，图 38-23 所示为宽度 W、刀尖长度 A 以及刀尖半径或圆角半径 R 已知，而刀尖高度 H 未知的典型螺纹刀片。

本例中刀片尺寸 W 为 0.250，尺寸 A 为 0.130，螺纹刀片的牙型角为 60°，刀尖半径 R 为 0.012，本例中并没有用到 R 值。尺寸 H 表示螺纹的最大深度，通常从刀尖开始测量，它使用三角函数进行计算：

$$H = A/\tan30°$$
$$H = 0.130/0.577350269$$
$$H = 0.225166605$$
$$H = 0.2252$$

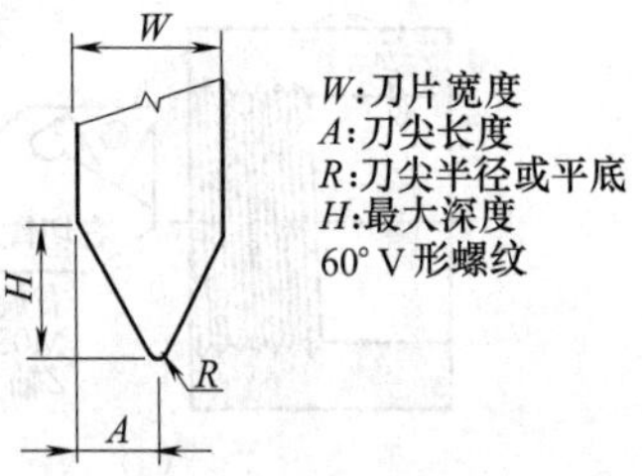

图 38-23 所示为刀片重要尺寸。

W：刀片宽度
A：刀尖长度
R：刀尖半径或平底
H：最大深度
60° V 形螺纹

图 38-23　螺纹加工刀片的重要尺寸

图 38-24 所示为可能出现的两种螺纹加工问题。该任务是使用角长 A 等于 0.130 的刀片，加工一个退刀槽宽为 0.100 的螺纹。刀片并不适合该工作，因为它不能在整个螺纹长度上加工至完整深度——轴肩长度和退刀槽宽度之间的差值为：

$$0.750 - 0.100 = 0.650$$

图中最小螺纹长度只有 0.620，因此并没有间隙，此外螺纹长度也太短，为了解决这一问题，如果可能便选择小号尺寸的螺纹加工刀片，如果不行，那么唯一的办法是对较大的刀片进行修正。

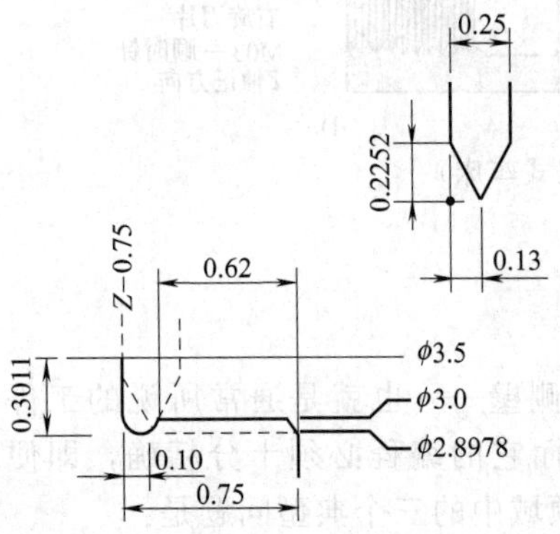

修正需要磨削刀片的非关键区域，以允许刀具加工出螺纹的最小长度 0.650。刀片的最小磨削量理论上等于螺纹所需长度和实际长度之差 0.030。这种修正使得螺纹轴肩和刀片刀尖处没有任何间隙，而这两个间隙对于得到最好的螺纹加工结果非常重要，甚至机床上很小的安装错误都可能导致巨大的困难。

图 38-24　修正前的螺纹加工刀片可能会导致问题

一定要计算修正量，绝不能凭猜测确定。

本例中有三个尺寸会影响螺纹刀片的实际修正量，三者之和便等于刀片的磨削量。首先，螺纹长度必须延伸 0.030 以达到最小长度 0.650；其次，轴肩处间隙为 0.030；第三，螺纹末端以外的间隙为 0.020，后两个间隙值由程序员根据具体任务来确定。刀片修正总量为 0.080，换句话说，必须从原来较大的刀片上磨去 0.080，这就使得刀片原来的角长 0.130 缩短为 0.050，一定要确保修正后的刀片能加工出完整的螺纹深度。程序将反映 Z 轴方向的螺纹末端位置的修正值，即编程值为 $Z-0.8$。刀片安装位置（指令点）不变，完整的解决方案如图 38-25 所示。

螺纹加工中，螺纹长度等于螺纹全部深度的实际长度，工件设计通常允许螺纹稍微长一点，但不允许螺纹比所需的短。轴肩高度也很重要，本例中轴肩高 0.3011，因此刀片修正是可能的。不可能总能对大号螺纹加工刀片进行修正，唯一的解决方法就是使用小号的螺纹加工刀片。

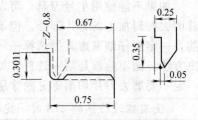

图 38-25　经过修正的螺纹刀片在退刀槽处留出了足够的间隙

（2）程序测试

当加工完第一个工件后，无论使用基于目录尺寸的螺纹加工刀片还是修正后的刀片，在轴肩上加工螺纹都会引起 CNC 操作人员片刻的特别关注。由于进给率倍率和进给保持开关在螺纹加工过程中无效，因此在车床上校验程序非常困难，即使基于计算机的图形测试方法也不能显示潜在的碰撞。

CNC 车床上通常可以使用一种简单但有效的方法来检查螺纹加工程序，该方法需要 1 名熟练的 CNC 车床操作人员，他（她）对程序和螺纹加工原理都非常熟悉，同时机床操作的相关知识也很重要。

这种方法使用现代 CNC 控制器的几个特征，程序测试的目的是在实际螺纹加工前发现螺纹刀是否会与工件发生碰撞。

以下是通用的步骤，测试螺纹加工程序时，可根据实际情况对它们进行调整：

❑ 使用单程序段模式并逐步测试程序，直至到达螺纹起始位置；

❑ 将扳动开关从 AUTO（自动）模式切换到 MANUAL（手动）模式——主轴停并且螺纹刀在安全区域；

❑ 选择 XZ 屏幕显示器（绝对模式）；

❑ 打开 Z 轴 HANDLE（手轮）模式；

❑ 观察 XZ 位置显示器时，将手轮朝螺纹方向移动，直至刀具到达编程 Z 轴值或刀具不能再向前移动，无论哪一步先实现；

❑ 如果刀具先到达编程 Z 轴位置，那么螺纹加工刀具的安装是安全的；

❑ 如果刀具即将接触工件却仍没有到达螺纹 Z 轴目标末端位置，那么需要调整刀具安装，调整值的大小等于编程位置和实际位置的差再加上其他安全间隙。

也可以使用其他测试方法，例如主轴上没有安装工件时，可临时使用 G01 直线运动指令代替 G32 螺纹加工指令。

> 进给率倍率在非螺纹加工模式下有效，但在任何螺纹加工模式中都无效！

从显示屏上读取当前刀具位置并与编程位置进行比较，就能知道会不会发生碰撞。在测试过程中的任何时刻都可以降低或停止进给率，程序测试的目的是在螺纹加工前建立安全的工作条件。

38.14 其他螺纹牙型

尽管 60°牙型角的标准 V 形螺纹是公制和英制螺纹中最常见的螺纹牙型，但它并不是唯一的牙型，机械工厂中程序员可能会碰到外形各种各样的螺纹，这样的螺纹不胜枚举。

下面以 ACME 螺纹为例对其他螺纹牙型做一介绍，其公制系统中的等效螺纹称为公制梯形螺纹，从编程角度上说，两种螺纹几乎完全一样。ACME 螺纹的牙型角为 29°，公制梯形螺纹的牙型角则为 30°，在几何定义上稍有不同，使用的刀片也不同。

梯形螺纹主要用于传递运动，使用时通常有一侧并不参与传动，传统车床上的某些螺杆就使用这种螺纹。由于梯形螺纹相当长，因此对它们进行编程时需要使用中心架，这里需要重点考虑本章前面讨论过的较长距离上的累积导程误差。

螺纹深度（ACME 实例）

每个螺纹都有其公式和数学关系。ACME 螺纹深度计算可使用两个基本公式，一个用于 10TPI 粗牙螺纹，另一个用于 12TPI 细牙螺纹，10TPI 粗牙 ACME 螺纹的螺纹深度公式为：

$$T_d = 0.500P + 0.010$$

对上式稍做修改便得到 12TPI 细牙 ACME 螺纹的螺纹深度公式：

$$T_d = 0.500P + 0.005$$

式中　T_d——螺纹深度；

　　　P——螺距。

其他梯形螺纹包括短梯形螺纹或 60°短梯形螺纹。如果 CNC 程序员掌握了螺纹设计中的螺纹公式和详细几何尺寸，那么梯形螺纹的编程并不比 V 形螺纹的编程困难。

可能还会遇到 60°螺纹组以外的其他螺纹，比如惠氏螺纹、方螺纹、API 螺纹（在石油工业中应用）、锯齿螺纹、航空螺纹、自锁螺纹、圆螺纹以及里巴斯螺纹（需要特殊的控制器功能）等，螺纹和螺纹加工数据可以在各种刀具目录和技术文献中找到。

38.15　锥螺纹

锥螺纹的编程步骤与直螺纹没有太大区别，锥螺纹的加工运动沿两轴同时进行，而不只沿一根轴运动，因此锥螺纹加工的四个基本步骤与直螺纹几乎一样：

❏ 运动 1　从起始位置快速移动到螺纹直径；

❏ 运动 2　加工螺纹（沿两根轴加工）；

❏ 运动 3　从螺纹退刀；

❏ 运动 4　返回起始位置。

与直螺纹相比，圆锥螺纹编程最主要的区别在于前两个运动，运动 3 和运动 4 保持不变。运动 1 中起始位置由螺纹刀的实际定位决定——无论是用于内螺纹还是外螺纹。

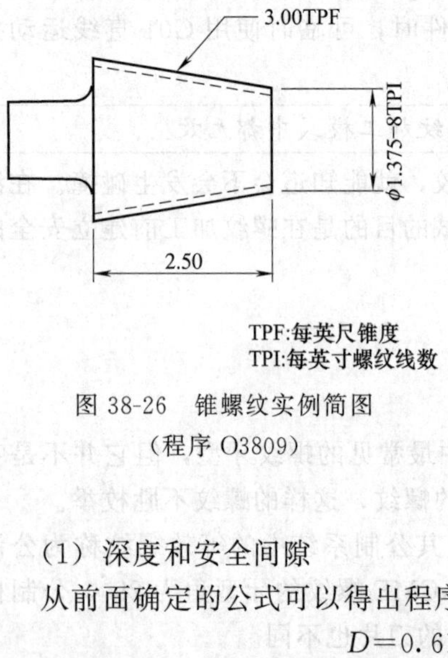

对于外螺纹，螺纹刀的起始位置必须位于最大螺纹直径上方；对于内螺纹，起始位置则必须位于最小螺纹直径下方，这一需求与直螺纹相同，但对于锥螺纹它还具有另一个重要作用。仔细考虑图 38-26 所示的锥螺纹简图。

螺纹由总长（2.500）、工件毛坯的前端直径（$\phi1.375$）、圆锥角（每英尺锥度为 3.000in）和螺距（8TPI）定义。这是单头螺纹，其程序原点位于工件加工后的前端面上，本例中所有预加工操作已经完成，该加工类型的第一个编程考虑是螺纹深度。

TPF：每英尺锥度
TPI：每英寸螺纹线数

图 38-26　锥螺纹实例简图
（程序 O3809）

（1）深度和安全间隙

从前面确定的公式可以得出程序中使用的外螺纹深度：

$$D = 0.61343/8 = 0.0766788 = 0.0767$$

螺纹深度沿轴向测量，与螺纹圆锥角没有关系。确定螺纹深度后便可以设定间隙——螺纹前端和末端各一个，Z 轴间隙的大小根据刀具的加速度决定，由于螺纹加工进给率为 $F0.125$，而默认安全间隙为导程的四倍，即 0.500in，对于相对较低的主轴转速 450r/min，0.400in 的安全间隙就足够了。末端间隙可以稍微小一点，因为螺纹末端有足够的空间，虽然可以使用比 0.200 更小的间隙，但使用 0.200 比较合理。

对于锥螺纹，需要考虑刀具在每根轴上的总行程长度，而不是图纸上指定的螺纹实际长度，这与单轴螺纹加工没什么两样，本例中总行程长度等于前面选择的两个间隙加上给定的螺纹长度（沿 Z 轴）：

$$0.400 + 2.500 + 0.200 = 3.100$$

　　下一步可能并不是必需的，它取决于实际编程方法。如果使用逐段 G32 螺纹加工方法，需要知道每次螺纹加工的起始直径和末端直径；如果使用螺纹加工循环 G92 或 G76，则需要知道圆锥螺纹始末直径的半径之差，该距离在单程序段方法中为尺寸 I，在双程序段螺纹加工循环方法中为尺寸 R（第二个程序段）。前面所有的实例都是直螺纹，I/R 值都为零（$I0$ 或 $R0$），$I0$ 或 $R0$ 在程序中可省略。

　　（2）锥度计算

　　必须计算螺纹锥度来确定起始直径和末端直径，计算方法取决于图纸上的锥度定义和尺寸标注方式，图纸上不会给出编程所需的所有尺寸——它们的计算是编程过程中的一部分，有两种常用方法可供使用。

　　一种方法使用螺纹长度和角度，并通过标准三角函数计算得到；另一种方法用两条边之比来定义锥度，这种方法很容易弄糊涂没有经验的程序员。常见的是直接在图纸上定义比率，比如 1：12、1：16 等，也可以间接定义锥度，比如每英尺锥度或每英寸锥度。牢记以下规则：

> 锥体尺寸通常是直径值。

　　标准北美管螺纹是锥螺纹的很好例子，螺纹由锥度 1：16 定义，也就相当于每英尺锥螺纹的锥度为 3/4in（沿直径并垂直一根轴测量）。管螺纹也可以用每侧的给定角度定义——$1°47'23''$（舍去了一部分），或十进制数 $1.789910608°$，CNC 编程中十进制度数要比-分-秒方法（DMS 或 D-M-S）更好一些，很多 CAD 图纸都采用十进制度数。实例后面的定义会有助于理解使用直角边之比定义锥度的原则。

> 比率是用分数的形式表示两个值之间的关系。

　　比率中两个值的单位必须一致，且应该用最简形式表示（使用 1/4，而不是 2/8 或 4/16），例如 3 个单位和 4 个单位的比率形式如下：

$$3：4＝3/4$$

　　根据锥度定义，它表示沿一根轴每改变 3 个单位，另一根轴将改变 4 个单位。

> 每英尺锥度表示两个直径在 1ft 或 12in 长度上的差。

　　每英尺 3in 的锥度等于锥度比率 1：4，因为

$$3/12＝1/4＝1：4$$

　　CNC 编程中只关心螺纹起始直径和末端直径的计算，这些计算能通过三角函数（相似三角形法）或比率计算得到，与锥体相关的数学定义可参见第 53 章。图 38-27 所示为本例的角度和比率计算。

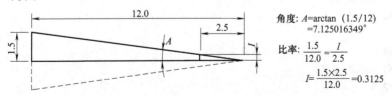

图 38-27　锥螺纹计算（不含安全间隙）

　　基于以上原则，便可计算所有需要的值，注意这里只使用单侧或半径尺寸。大多数编程应用中，只需要使用前面介绍过的两种方法中的一种——角度或比率，另一种方法可以用来对计算进行验算。

　　图 38-28 中通过使用单侧的角度和（或）比率方法计算得到了起始和末端直径，程序中实际使用何种计算结果将根据所选编程技术而定，比如逐段方法或循环方法，具体细节取决

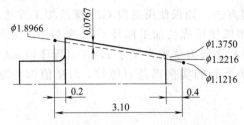

图 38-28　锥螺纹程序实例 O3809 的计算值

于螺纹规格以及机床和控制器功能。

（3）锥螺纹逐段加工方法

逐段螺纹加工中，锥螺纹的编程与直螺纹一样简单，为了简化实例，这里使用直线进刀和 9 次螺纹加工，总的深度为 0.0767。下面的 9 次深度必须同时应用在螺纹两端，第一列为每次螺纹加工深度，第二列为前端螺纹直径，第三列为末端螺纹直径，前端直径在绝对坐标 Z0.4 处计算，末端直径在 Z−2.7 处计算。

走刀	深度	前端直径	末端直径
1	0.0165	1.2420	2.0170
2	0.0145	1.2130	1.9880
3	0.0120	1.1890	1.9640
4	0.0100	1.1690	1.9440
5	0.0080	1.1530	1.9280
6	0.0060	1.1410	1.9160
7	0.0040	1.1330	1.9080
8	0.0030	1.1270	1.9020
9	0.0027	1.1216	1.8966

此时程序 O3809 所需的所有数据都已得到：

```
O3809
...
（G32，锥螺纹）
N46 T0500 M42
N47 G97 S450 M03
N48 G00 X2.5 Z0.4 T0505 M08
N49 X1.242                （第 1 次走刀）
N50 G32 X2.017 Z−2.7 F0.125
N51 G00 X2.5
N52 Z0.4
N53 X1.213                （第 2 次走刀）
N54 G32 X1.988 Z−2.7
N55 G00 X2.5
N56 Z0.4
N57 X1.189                （第 3 次走刀）
N58 G32 X1.964 Z−2.7
N59 G00 X2.5
N60 Z0.4
N61 X1.169                （第 4 次走刀）
N62 G32 X1.944 Z−2.7
N63 G00 X2.5
N64 Z0.4
N65 X1.153                （第 5 次走刀）
N66 G32 X1.928 Z−2.7
```

```
N67 G00 X2. 5
N68 Z0. 4
N69 X1. 141                        (第 6 次走刀)
N70 G32 X1. 916 Z - 2. 7
N71 G00 X2. 5
N72 Z0. 4
N73 X1. 133                        (第 7 次走刀)
N74 G32 X1. 908 Z - 2. 7
N75 G00 X2. 5
N76 Z0. 4
N77 X1. 127                        (第 8 次走刀)
N78 G32 X1. 902 Z - 2. 7
N79 G00 X2. 5
N80 Z0. 4
N81 X1. 1216                       (第 9 次走刀)
N82 G32 X1. 8966 Z - 2. 7
N83 G00 X2. 5
N84 Z0. 4
N85 G00 X12. 0 Z4. 5 T0500 M09
N86 M30
%
```

本例中为了清楚起见，使用径向进刀和退刀方法。如果使用复合进刀和（或）从螺纹斜线退刀方法，程序也不会有太多变化，当然新的 Z 轴起始位置（从 Z0.4 偏移）需要更多的计算。

（4）简单锥螺纹加工循环

G92 螺纹加工循环中，螺纹锥度作为半径 I 进行编程，并指定从末端直径到起始直径的方向：

$$G92 \ X..Z..I..F..$$

循环中的 X 地址表示螺纹加工结束时的末端直径，Z 地址是螺纹的末端位置，I 是末端直径和起始直径之差的一半，I 值必须包含代数符号（负号必须写出来），以指定锥度的倾斜方向，本例中为负值。程序 O3810 将使用 G92 螺纹加工循环加工锥螺纹。

```
O3810
...
(G92，锥螺纹)
N46 T0500 M42
N47 G97 S450 M03
N48 G00 X2. 5 Z0. 4 T0505 M08
N49 G92 X2. 017 I - 0. 3875 Z - 2. 7 F0. 125    (第 1 次走刀)
N50 X1. 988                        (第 2 次走刀)
N51 X1. 964                        (第 3 次走刀)
N52 X1. 944                        (第 4 次走刀)
N53 X1. 928                        (第 5 次走刀)
N54 X1. 916                        (第 6 次走刀)
N55 X1. 908                        (第 7 次走刀)
N56 X1. 902                        (第 8 次走刀)
```

N57 X1. 8966 （第 9 次走刀）

N58 G00 X12. 0 Z4. 5 T0500 M09

N59 M30

%

注意锥度偏斜距离 I 是末端直径 1.8966 和起始直径 1.1216 的差值除以 2，结果是：

$$(1.8966-1.1216)/2=0.3875$$

I 值（0.3875）必须带有指示锥度定位的方向符号（从末端开始），本例中 I 值为负，因为锥度起始直径小于锥度末端直径，这也是后置刀架车床上比较常见的一种形式，程序中写作 I-0.3875。

(5) 锥螺纹和 G76 循环

如果使用单程序段和双程序段复合型固定循环 G76 加工锥螺纹，需要不等于 0 的锥体偏斜值。循环中的 I 值（单程序段方法）或 R 值（双程序段方法，第二行）指定每侧的差值，也就是所谓的半径距离，该值可以为正，也可以为负，它表示锥体末端直径和起始直径之间的方向。

记住 X 直径通常是螺纹末端直径，I 值表示锥度高度和斜度（每侧的锥度比率）。CNC 车床（后置刀架车床）上，$X+$ 方向表示背离中心线向上，锥体直径增加则 I 值为负，锥体直径减小则 I 值为正。编程 I 值总是单侧值，即半径值而不是直径值，后置刀架 CNC 车床的概念如图 38-29、图 38-30 所示。

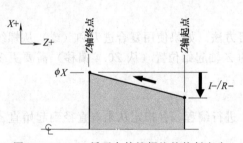

图 38-29　G76 循环中外锥螺纹的偏斜方向　　图 38-30　G76 循环中内锥螺纹的偏斜方向

基本的 G76 循环将保留，但必须添加非 0 的 I 或 R 地址。

O3811（G76 单程序段，锥螺纹）

. . .

N46 T0500 M42

N47 G97 S450 M03

N48 G00 X2. 5 Z0. 4 T0505 M08

N49 G76 X1. 8966 Z - 2. 7 I- 0. 3875 K0. 0767 D0140 F0. 125

N50 G00 X12. 0 Z4. 5 T0500 M09

N51 M30

%

O3812（G76 双程序段，锥螺纹）

. . .

N46 T0500 M42

N47 G97 S450 M03

N48 G00 X2. 5 Z0. 4 T0505 M08

N49 G76 P011060 Q004 R0. 002

N50 G76 X1. 8966 Z - 2. 7 I- 0. 3875 P0767 Q0140 F0. 125

N51 G00 X12. 0 Z4. 5 T0500 M09
N52 M30
%

如果这种方法可用于加工螺纹，那么 G76 循环是最好的选择，它可以最快地生成程序，也具有最好的机床在线编辑功能。

38.16　多头螺纹

在大多数情况下采用单头螺纹，通常采用多头螺纹的目的是在较长的距离上较快地精确传递运动。要注意精确度这个词，粗螺纹也可以比较快地传递运动，但精确度比较差，细牙螺纹具有较高的精确度，但是传递运动较慢。采用多头螺纹精确传递运动的一个典型例子就是照相机镜头的运动。

对于程序员而言，加工多头螺纹需要考虑一些特殊的事项。每线螺纹起始点位置在螺纹的端面圆上必须均匀分布，当然横截面的螺纹牙型也必须等距，为此程序员可使用 2 种编程手段：

❑ 螺纹起始位置可控；
❑ 进给率可控。

图 38-31 给出了螺纹横截面和端视图。

图中所示为四种螺纹横截面（左）和端视图（右），这四种螺纹从上往下依次为单头螺纹、双头螺纹、三头螺纹和四头螺纹。

虽然实例只是示意图，但是所有实例中的螺距都保持不变，同时注意所有螺纹起点都是均匀分布的。

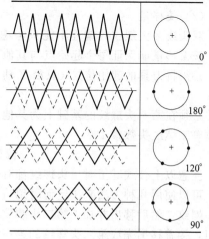

图 38-31　1、2、3 和 4 头螺纹示意图
（点代表螺纹起点）

沿中心线观察螺纹时，多头螺纹必须等距分布，这也是成功加工的关键。通过编写从一个螺纹起点到下一螺纹起点的偏移量，可得到正确的间距。

（1）螺纹加工进给率计算

螺纹加工进给率通常等于螺纹导程，而不是螺距，单头螺纹导程和螺距的值相等，但是多头螺纹并不如此。以 16TPI 的单头螺纹为例，该螺纹的导程和螺距都是 0.0625，因此进给率为 F0.0625。如果图纸指定螺纹为 16TPI，但是为双头螺纹（例如双头 3.0-16TPI），此时螺纹的螺距保持不变（0.0625），但是螺纹的导程变为 0.1250，因此螺距为 0.0625 的双头螺纹的编程进给率为 F0.125。螺距与螺纹头数成正比，也就是说 3 头螺纹的进给率为螺距的 3 倍，4 头螺纹的进给率为螺距的 4 倍，以此类推。

图 38-32 给出了双头螺纹导程和螺距之间的关系，双头螺纹的逻辑同样适用于三头、四头等多头螺纹。所有螺纹进给率的计算都一样：

$$进给率 = \frac{螺纹头数}{TPI}$$

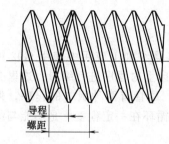

图 38-32　双头螺纹螺距与
导程的关系

图 38-33 给出了常见多头螺纹的螺距和导程之间的关系，它们仍保持成比例的螺距-导程关系。公制螺纹只使用螺距，因此上述公式可以用螺距替换每英寸螺纹线数（公

制和英制）：

$$进给率＝螺纹头数×螺距$$

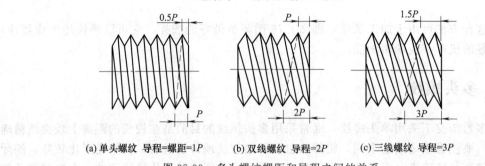

(a) 单头螺纹 导程＝螺距＝1P   (b) 双线螺纹 导程＝2P   (c) 三线螺纹 导程＝3P

图 38-33　多头螺纹螺距和导程之间的关系

（2）偏移量

双头或多头螺纹的编程不能只考虑进给率，其他同样重要的因素还有刀尖偏移的编程值，该偏移量能保证每个起始点与其他所有起始点之间保持恰当的关系。当加工完一头螺纹后，必须将刀具的起始位置（只沿 Z 轴）偏移一个螺距长度，刀具偏移量始终等于螺距：

$$偏移量＝螺距$$

必须在第一头螺纹的基础上为其他所有螺纹的起点编写偏移量，也就是说程序中的偏移次数等于螺纹头数减 1。

$$偏移次数＝头数－1$$

注意以上公式甚至对单头螺纹都有效，只是它不需要偏移（1－1＝0）。

可以使用几种方法来决定何时编写刀具偏移。对于双头螺纹，第一种方法是完全加工完一头螺纹，然后移出并加工第二头螺纹至所需深度；第二种方法是完成第一头螺纹的第一次走刀，接着移出完成第二头螺纹的第一次走刀，然后再移出完成第一头螺纹的第二次走刀，然后再次移出，重复上述加工步骤，直到螺纹加工至所需深度。这种方法适用于任何头数的螺纹加工。

很明显，第一种方法的优点是易于编程，缺点是如果切削刃在加工第一头螺纹时磨损，那么第二头螺纹的加工不会很精确。第二种加工方法的优点是刀具磨损均匀分布在两线螺纹上，缺点是编程需要投入更多的精力，另一个问题是加工硬质材料时，螺纹刀的寿命会随着材料的大量切除而受到影响。

（3）应用实例

为了说明多头螺纹的应用，下面基于程序 O3804 给出了先前的螺纹规格：

❑ 每英寸长度上的螺纹数为 12（12TPI）；

❑ 螺纹头数为 2（双头螺纹）；

❑ 在名义直径 3.000 处加工螺纹；

❑ 计算得到的螺纹深度为 0.0511（0.61343/12）。

尽管在特殊场合也使用逐段螺纹编程方法 G32，但在很多螺纹加工应用中使用 G92 或 G76 可收到同样的效果，其编程工作量更少，并且也容易在机床上对程序进行编辑。这里介绍的是 G76 双程序段版本，因为它覆盖了大多数现代控制器。尽管有两种版本的程序，但是在特定材料中，任何一种都不能得到最好的加工结果，因为循环在一定程度上是功能与编程便利性的折中。

第一个程序 O3813 为完全加工完第一头螺纹，再加工第两头螺纹（切削进给率为 $F0.1667$，而不是 $F0.0833$）：

O3813（G76，每头螺纹均加工至完整深度）

...

N59 T0500 M42

N60 G97 S450 M03

N61 G00 X3.3 Z0.5 T0505 M08　　　　　（起始位置）

N62 G76 P011060 Q004 R0.002

N63 G76 X2.8978 Z-1.6 R0 P0511 Q0210 F0.1667

N64 G00 X3.3 Z0.5833　　　　　（偏移后的起始位置）

N65 G76 P011060 Q004 R0.002

N66 G76 X2.8978 Z-1.6 R0 P0511 Q0210

N67 G00 X12.0 Z4.5 T0500 M09

M68 M30

%

　　上述程序涉及 3 个主要特征。首先，为了实现进给率在空中加速，初始起点从 $Z0.25$ 增加到 $Z0.5$（程序段 N61）；其次，在程序段 N62 和 N63 中，G76 循环的使用跟程序 O3804 一样，但是有一个重要区别，即双头螺纹的模态进给率加倍；第三，增加的程序段 N64 改变第二头螺纹的起点位置，初始起点位置为 $Z0.5$，因此新位置必须加上螺距，也就是 $Z0.5833$，$W0.0833$ 可以替换 Z 值。

　　（4）多头螺纹质量

　　使用 G76 循环加工多头螺纹的潜在问题是刀具磨损。对于软材料、短螺纹以及几个头的螺纹，前面的实例非常适合加工高质量的螺纹。对于长多头螺纹、多头螺纹以及在硬材料上加工螺纹等情形，便会存在一个问题，即螺纹刀可能还没有加工螺纹至预定深度，就已经明显磨损。G76 循环本身并不是用来处理这种情形的，但是一个足智多谋的程序员应该可以找到合适的解决方案。

　　第一种方法就是使用两把一样的刀，一把用于螺纹粗加工，一把用于螺纹精加工。在程序 O3804 中，最主要的区别就是最短化的加工路径。

O3814（G76，粗加工和精加工，两把刀）

...

N59 T0500 M42　　　　　（T05 为粗加工螺纹刀）

N60 G97 S450 M03

N61 G00 X3.3 Z0.5 T0505 M08　　（起始位置）

N62 G76 P011060 Q004 R0.002

N63 G76 X2.9098 Z-1.6 R0 P0451 Q0210 F0.1667

N64 G00 X3.3 Z0.5833　　　　　（偏移后的起始位置）

N65 G76 P011060 Q004 R0.002

N66 G76 X2.9098 Z-1.6 R0 P0451 Q0210

N67 G00 X12.0 Z4.5 T0500 M09

M68 M01

N69 T0700 M42　　　　　（T07 为精加工螺纹刀）

N70 G97 S450 M03

N71 G00 X3.3 Z0.5 T0707 M08　　（起始位置）

N72 G76 P011060 Q004 R0.002

N73 G76 X2.8978 Z-1.6 R0 P0511 Q0450 F0.1667

N74 G00 X3.3 Z0.5833　　　　　（偏移后的起始位置）

```
N75 G76 P011060 Q004 R0. 002
N76 G76 X2. 8978 Z - 1. 6 R0 P0511 Q0450
N77 G00 X12. 0 Z4. 5 T0700 M09
M78 M30
%
```

粗加工螺纹刀在每侧留出 0.006 的毛坯余量用于精加工，N63 和 N66 程序段中带下划线的值可反映该余量。精加工螺纹刀使用的程序与前面一样，但是其 Q 深增加了，以使空切最小化，大部分的材料由粗加工螺纹刀切除。注意两把刀的所有其他数据完全一样！

尽管该方法的编程最容易，但是它在机床准备过程中需要更多的工作量。两把刀的类型完全一样，它们的设置必须非常精确，从而能在相同位置到达每头螺纹。此外，还必须正确设置两把刀的几何尺寸和磨损偏置，如果一把刀的磨损偏置变化，另一把刀的磨损偏置也必须改变。

应用该技术时，刀具磨损将均匀分布到所有螺纹上，从而得到较长的刀具寿命和高质量的多头螺纹。

还有另一种方法，程序中同样也包含粗加工和精加工操作，且只使用一把刀而不是两把，此方法如程序 O3815 所示：

```
O3815（G76，粗加工和精加工，一把刀）
...
N59 T0500 M42
N60 G97 S450 M03
N61 G00 X3. 3 Z0. 5 T0505 M08          （起始位置）
N62 G76 P011060 Q004 R0. 002
N63 G76 X2. 9098 Z - 1. 6 R0 P0451 Q0210 F0. 1667
N64 G00 X3. 3 Z0. 5833          （偏移后的起始位置）
N65 G76 P011060 Q004 R0. 002
N66 G76 X2. 9098 Z - 1. 6 R0 P0451 Q0210
N67 G00 X3. 3 Z0. 5          （起始位置）
N68 G76 P011060 Q004 R0. 002
N69 G76 X2. 8978 Z - 1. 6 R0 P0511 Q0450 F0. 1667
N70 G00 X3. 3 Z0. 5833          （偏移后的起始位置）
N71 G76 P011060 Q004 R0. 002
N72 G76 X2. 8978 Z - 1. 6 R0 P0511 Q0450
N73 G00 X12. 0 Z4. 5 T0500 M09
M74 M30
%
```

尽管该方法使准备过程更加有效，但是由于它并不能完全解决刀具磨损问题，因此并不推荐用于所有的多头螺纹加工应用。对于短的任务，它的效果不错，也确实是一个合理的折中方法。

本节介绍了一些在特定螺纹加工状态下非常有用的特殊选项，前面介绍的所有理念仅仅是理念。螺纹加工任务千变万化，并没有哪一种方法可以解决所有的螺纹加工问题。

38.17　螺纹再加工

螺纹加工完成后，应该在尚未卸下以前检查螺纹质量，一旦卸下工件，如果需要对螺纹进行再加工，那么重新装夹工件需要付出很大的努力。夹紧工件后，第一次螺纹走刀从圆柱圆周上的任意位置开始，随后的每次加工将自动从相同的起点开始加工，只要螺纹工件仍在卡盘上，就能确保能同步加工。

（1）移除工件前

可以采取额外的努力来预防再加工，有1～2种方法可以预防螺纹再加工，只需要遵循以下重要规则：

> 检查完螺纹以前不要松开工件。

螺纹加工操作完成以后，在机床上检查螺纹，此时工件仍处于夹紧状态，合适的螺纹规便足以进行此种检查。如果有配合工件，则可使用另一种检查方法，当然质量检查员并不推荐使用该方法。除此以外，就只能使用费事但可靠的三线测螺纹法了。

（2）移除工件后

一旦螺纹工件移离夹持装置，螺纹的加工必须是正确的。如果不是，而且不管所有的预防方法，遇到该情况时怎么办呢？该问题主要是针对 CNC 车床操作人员而言的，但是程序员也能从中得到很多启示。

首先，确认编写了刀具磨损偏置；其次，在每次螺纹加工操作结束时（也就是任何其他加工前）编写 G00 功能，甚至最后一把刀也是如此。如果卸下后还需要对螺纹进行再加工，那么操作人员必须遵循以下几个步骤：

① 重新装夹螺纹工件，且与主轴同心；

② 设置足够大的 X 轴偏置，从而使螺纹刀在螺纹上方（外螺纹）或下方（内螺纹）移动；

③ 在视觉上将螺纹刀刀尖与加工好的螺纹对齐（只能跟人眼一般精确）；

④ 仔细调整偏置值并重复以上步骤，最终使刀具能再加工螺纹。

应该（而且也能够）避免螺纹再加工，影响螺纹再加工最终质量的主要原因，就是很难将螺纹重新精确安装到初始位置。

第 39 章 子 程 序

CNC 程序的长度通常由程序所包含的字符数衡量，如果程序存储在计算机硬盘中，字符数就类似于字节数。程序的实际长度在许多工作中都是无关紧要的，程序长度随着工件复杂程度、所使用刀具的数量、编程方法和其他因素的变化而变化，通常程序越短，编程所需的时间越短，在 CNC 存储器中占用的空间也越少。由于短程序容易进行检查、修改和优化，所以它也能减少发生人为错误的可能性。事实上几乎所有 CNC 系统都提供能在某种程度上缩短程序长度的功能，并使编程更简单、更有效和少出错，这类编程的典型实例是固定循环、复合型固定循环和用户宏。本章介绍另一种有效的程序准备方法的结构、开发和应用——子程序的使用。

39.1 主程序和子程序

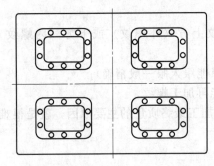

CNC 程序由一系列与各种刀具和操作相关的指令组成，如果该程序包含两个及以上重复指令段，其程序结构应从单一的长程序变为两个或多个独立的程序，每个重复指令段只编写一次，而且在需要的时候调用，这就是子程序的主要概念。图 39-1 所示为需要在不同位置重复加工的典型工件布局。

每个程序必须有其程序号，并存储在控制器存储器中，程序员使用专门的 M 代码在一个程序中调用另一个程序，调用其他程序的第一个程序称为主程序，所有其他被调用的程序称为子程序。主程序绝不能被子程序调用，它位于所有程序的最顶层，子程序

图 39-1　适合使用子程序的工件实例

之间可相互调用，直至达到一定的嵌套数目。使用包含子程序的程序时，总是选择主程序而不是子程序，控制器选择子程序的唯一目的是进行编辑。在一些参考资料中，也称子程序为"子例程"或"宏"，但是术语"子程序"是最常用的，而且"宏"有不同的含义。

（1）子程序的优点

频繁出现的指令序列或不变的顺序程序段能从子程序中受益，CNC 编程中子程序的常见应用有：

❑ 重复加工运动；

❑ 与换刀相关的功能；

❑ 孔分布模式；

❑ 凹槽和螺纹加工；

❑ 机床预热程序；

❑ 托盘交换；

❑ 特殊功能以及其他应用。

子程序的结构与标准程序相似，它们使用相同的语法规则，因此在外观和感觉上都是一样的，乍一看根本分辨不出子程序和一般程序之间的区别。子程序可以使用绝对和相对数据

输入，与其他程序一样，子程序也需要加载到 CNC 控制器存储器中。如果能正确运用子程序，它具有以下几个优点：

- 缩短程序长度；
- 减少程序错误；
- 缩短编程时间和工作量；
- 修改迅速且很容易。

不是所有的子程序都具有所有上述优点，但是只要能提供一种优点，就可以使用子程序。

（2）子程序标识

成功使用子程序的第一步是对重复程序段的标识和分离，例如以下六个程序段表示典型加工中心的机床原点返回，它们位于程序开头：

```
N1 G20
N2 G17 G40 G80            （状态程序段）
N3 G91 G28 Z0            （Z 轴返回）
N4 G28 X0 Y0            （X 和 Y 轴返回）
N5 G28 B0            （B 轴返回）
N6 G90            （绝对模式）
N7...
```

上述程序段在该机床编写的每个新程序中都必须重复编写，一周内要编写很多个这样的程序，而且每次都要重复相同的指令序列。为了消除出错的可能性，可以将频繁使用的程序段序列作为独立程序段存储，并且由独立的程序号标识，这样就可以在任何主程序的开头调用它。所存储的程序段将成为子程序——主程序的分支或外延。

39.2　子程序功能

控制系统必须将子程序作为独特的程序类型（而不是主程序）进行标识，这一区分可通过两个辅助功能完成，它们通常只应用于子程序：

M98	子程序调用功能
M99	子程序结束功能

子程序调用功能 M98 后必须跟有子程序号 P..，子程序结束功能 M99 终止子程序并切换至调用程序段（主程序或子程序）继续执行程序。虽然 M99 大多用于结束子程序，但有时也可以替代 M30 用于主程序，这种情况下程序将永不停歇地执行下去，直到按下复位键为止。

（1）子程序调用功能

M98 指令从另一个程序中调用前面已经存储的子程序，如果在单独程序段中使用 M98 将会出现错误，M98 不是一个完整的功能，它需要两个附加参数才能生效：

- 地址 P：标识所选择的子程序号；
- 地址 L 或 K：标识子程序重复次数（缺省值是 L1 或 K1）。

例如，常见的子程序调用程序段包括 M98 功能和子程序号：

```
N167 M98 P3951
```

程序段 N167 中，从 CNC 存储器中调用子程序 O3951 并且重复执行一次——L1（K1）计数器是控制器的缺省值，子程序被调用前必须存储在控制器中。

　　调用子程序的 M98 程序段也可能包含附加指令，如快速运动、主轴转速、进给率、刀具半径偏置等，大多数 CNC 控制器中，与子程序调用位于同一程序段中的附加数据将会传递到子程序中。下面子程序调用程序段包含两根轴的刀具运动：

　　　N460 G00 X28.373 Y13.4193 M98 P3591

　　程序段先执行快速运动，然后调用子程序，程序段中地址字的顺序对程序运行没有影响：

　　　N460 M98 P3591 G00 X28.373 Y13.4193

　　它将得到相同的加工顺序，即刀具运动在调用子程序之前进行，但看起来不合逻辑。

　　（2）子程序结束功能

　　主程序和子程序在控制器中并存时，必须由不同的程序号进行区别，它们将作为一个连续的程序处理，因此必须对程序结束功能加以区别。程序结束功能是 M30，有时也使用 M02，子程序必须由不同的功能终止，Fanuc 使用 M99 终止子程序：

　　　O3591（子程序 1）　　　　　　　　子程序开始
　　　…
　　　…
　　　M99　　　　　　　　　　　　　　子程序结束
　　　%

　　子程序结束后，控制器将返回源程序继续进行处理——它不能终止主程序（这是 M30 独有的功能）。附加参数也可以添加到 M99 子程序结束程序段中，例如跳过程序段符号、返回上一个出口的程序号等。子程序终止代码符号（%）很重要，必须正确使用，它将两个重要指令传送到控制系统：

　　□ 终止子程序；
　　□ 返回到调用子程序的下一个程序段。

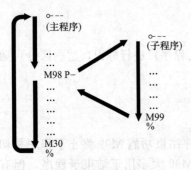

图 39-2　使用子程序的程序
处理流程

　　千万不能使用程序结束功能 M30（M02）终止子程序——它会立即取消所有程序处理过程并复位控制器，程序结束功能不允许程序执行后续的任何程序段。

　　通常子程序结束 M99 将立即返回子程序调用 M98 之后的程序段继续处理，该概念如图 39-2 所示（无程序段号），并将在稍后进行介绍：

　　（3）返回程序段号

　　在大多数程序中，M99 功能在单独程序段中使用，并且是子程序的最后一条指令，通常该程序段中没有其他指令。M99 功能终止子程序，并返回子程序调用之后的程序段继续处理，例如：

　　　M67 M98 P3952　　　　（调用子程序）
　　　N68 …　　　　　　　　（从 O3952 返回到该程序段）
　　　N69 …
　　　N70 …

　　通过调用子程序执行程序段 N67，当执行完子程序 O3952 后，控制器返回源程序并从程序段 N68 继续执行指令，这就是返回程序段。

　　特殊应用

　　对于某些特殊应用，比如棒料进给，可能需要指定返回到其他的程序段，而不是缺省情况下的下一个程序段。如果程序员发现该选项对某些工作有用并使用该技术，那么程序段

M99 中必须包含 P 地址：

　　M99 P..

　　这种格式中，P 地址代表执行完子程序后所返回的程序段号，程序段号必须与源程序中的程序号一致，例如，如果主程序包含以下程序段：

（主程序）

...

N67 M98 P3952

N68 ...

N69 ...

N70 ...

　　并且子程序 O3952 由以下程序段终止：

O3952（子程序）

...

...

M99 P70

%

　　那么子程序执行完以后将跳过程序段 N68 和 N69，而从主程序中的 N70（本例中主程序的编号）继续执行，这种应用并不常见，它适用于特定类型的工作，并需要完全了解子程序编程的原则。

> M98 和 M99 中使用的地址 P 具有不同的含义。

　　这种功能强大的方法在日常编程中并不常见，但是求知欲强的程序员可深入研究该功能。与此相关的应用包括其他编程手段，如与使用斜杠代码（/）的跳过程序段功能联合使用。

　　（4）子程序重复次数

　　子程序调用的一个重要特征是不同型号控制器中的地址 L 或 K，该地址指定子程序重复次数——在重新返回源程序以前，子程序必须重复执行的次数。大多数程序中只调用一次子程序，然后返回并继续执行源程序。

　　在返回并继续执行源程序的剩余部分前，需要重复执行子程序的情况也很常见，为了进行比较，源程序调用一次子程序 O3952 可以编写如下：

　　N167 M98 P3952 L1（K1）

　　该程序段是正确的，但是 L1/K1 根本不需要写入程序，L1/K1 可以安全省略——控制单元的缺省重复次数是一次。

> 如果没有指定地址 L1/K1，缺省值始终是 L1/K1。

　　N167 M98 P3952 L1（K1）等同于 N167 M98 P3952

> 注意：在下面的例子中，如果控制系统需要，用 K 代替 L。

　　某些控制器型号的重复次数范围为 L0～L9999，除了 L1 以外的所有 L 地址都必须写入程序，有些程序员甚至将 L1 也写在程序中，而不是依赖控制系统的缺省状态，这种选择取决于个人的喜好。

　　重复次数的不同形式

　　有些 Fanuc 控制器不使用 L 或 K 地址表示重复次数，它们使用其他的格式，这些控制器中的单次子程序调用与前面一样：

　　M342 M98 P3952

　　该程序段调用一次子程序，且没有特殊需求。要重复执行 4 次子程序，使用下列程序段：

　　N342 M98 P3952 L4（K4）

　　也可以使用一条指令，直接在 P 地址后编写所需的重复次数：

　　N342 M98 P43952 等同于 N342 P00043952

　　其结果与其他形式相同——子程序将重复执行四次，前四位数是重复次数，后四位数字定义程序号，例如：

　　M98 P3950 等同于 M98 P00013950

　　以上程序段中子程序 O3950 只重复一次，要重复执行 39 次子程序 O0050，程序为：

　　M98 P390050 或 M98 P00390050

　　0/16/18/20/21 控制器不能改变子程序的最大重复次数——它由前四位数字表示，最大为 9999。

　　M98 P 99993952

　　重复执行 O3952 子程序 9999 次，9999 次是可以重复的最大次数（有些老式系统最大的重复次数为 999 次）。

　　（5）子程序调用中的 L0/K0

　　使用大于 1 的 L/K 计数器指定子程序的重复次数已经没有任何问题了，这是比较常见的应用。Fanuc 还提供了 0 次子程序重复，记为 L0/K0。那么何时使用 L0/K0？有没有人愿意让子程序重复 0 次？

　　有很多理由可以使用 0 次循环，观察图 39-3，必须用点钻、钻孔和攻螺纹加工 5 个孔。

　　点钻（ϕ0.750）使用 G82 循环并在 Z-0.3275 深度暂停 0.2s，螺孔钻使用 G81 循环，G84 循环用来加工 5/8-12 螺纹。点钻为钻孔和攻螺纹做准备并加工出 0.015 的倒角，螺孔钻为 35/64 钻头（ϕ0.5469），并加工 5/8-12 螺纹孔。

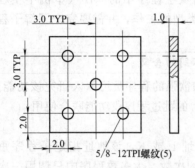

图 39-3　程序 O3901、O3902 和
O3903 中使用的子程序样图

O3901

（T1，ϕ3/4，90°中心钻）

N1 G20

N2 G17 G40 G80 T01

N3 M06

N4 G90 G00 G54 X2.0 Y2.0 S900 M03 T02

N5 G43 H01 Z1.0 M08

N6 G99 G82 R0.1 Z-0.3275 P200 F3.0　　　　　　　　（左下角孔）

N7 X8.0　　　　　　　　　　　　　　　　　　　　　　（右下角孔）

N8 Y8.0　　　　　　　　　　　　　　　　　　　　　　（右上角孔）

N9 X2.0　　　　　　　　　　　　　　　　　　　　　　（左上角孔）

N10 X5.0 Y5.0　　　　　　　　　　　　　　　　　　　（中间孔）

N11 G80 Z1.0 M09

N12 G28 Z1.0 M05

N13 M01

（T2，35/64 钻头）

N14 T02

N15 M06

N16 G90 G00 G54 X2. 0 Y2. 0 S840 M03 T03

N17 G43 H02 Z1. 0 M08

N18 G99 G81 R0. 1 Z – 1. 214 F11. 0

N19 X8. 0

N20 Y8. 0

N21 X2. 0

N22 X5. 0 Y5. 0

N23 G80 Z1. 0 M09

N24 G28 Z1. 0 M05

N25 M01

（T3，5/8 – 12 丝锥）

N26 T03

N27 M06

N28 G90 G00 G54 X2. 0 Y2. 0 S500 M03 T01

N29 G43 H03 Z1. 0 M08

N30 G99 G84 R0. 4 Z – 1. 4 F41. 0

N31 X8. 0

N32 Y8. 0

N33 X2. 0

N34 X5. 0 Y5. 0

N35 G80 Z1. 0 M09

N36 G28 Z1. 0 M05

N37 G28 X5. 0 Y5. 0

N38 M30

%

这类程序中每把刀具都使用相同的 XY 坐标，为了使程序更有效，可以将所有重复的程序段写入子程序中，这样使用起来效率更高。下面是将孔分布模式从长程序中分离出来，它包含 G80 Z1.0 M09，作为任何有效固定循环的标准结束方法：

X2. 0 Y2. 0

X8. 0

Y8. 0

X2. 0

X5. 0 Y5. 0

G80 Z1. 0 M09

剩下的工作是重组现有程序，将其分成主程序和存储重复加工模式的子程序，模式中包括所有五个孔的 XY 坐标值：

O3953（子程序）

（五孔模式）

N1 X2. 0 Y2. 0

N2 X8. 0

N3 Y8. 0

N4 X2. 0

N5 X5. 0 Y5. 0

N6 G80 Z1. 0 M09

N7 M99

%

  主程序可以调用以上子程序，本例中由新程序 O3902 调用，L0 可防止对第一个孔进行两次加工。

  O3902（主程序）

  （T1，ϕ3/4，90°点钻）

  N1 G20

  N2 G17 G40 G80 T01

  N3 M06

  N4 G90 G00 G54 X2.0 Y2.0 S900 M03 T02

  N5 G43 H01 Z1.0 M08

  N6 G99 G82 R0.1 Z-0.3275 P200 F3.0 L0

  N7 M98 P3953

  N8 G28 Z1.0 M05

  N9 M01

  （T2，35/64 钻头）

  N10 M06

  N11 T02

  N12 G90 G00 G54 X2.0 Y2.0 S840 M03 T03

  N13 G43 H02 Z1.0 M08

  N14 G99 G81 R0.1 Z-1.214 F11.0 L0

  N15 M98 P3953

  N16 G28 Z1.0 M05

  N17 M01

  （T3，5/8-12 丝锥）

  N18 M06

  N19 T03

  N20 G90 G00 G54 X2.0 Y2.0 S500 M03 T01

  N21 G43 H03 Z1.0 M08

  N22 G99 G84 R0.4 Z-1.4 F41.0 L0

  N23 M98 P3953

  N24 G28 Z1.0 M05

  N25 G28 X5.0 Y5.0

  N26 M30

%

  程序中每把刀具的初始 XY 刀具运动将刀具定位在加工模式的第一个孔。程序中所有固定循环均从模式第一个孔开始，由于子程序和主程序中的定义都包含了第一个孔的定义，所以固定循环中必须编写 L0，否则将对模式中的第一个孔进行两次加工，这是 L0 与固定循环相关的经典应用，而与子程序无关。由于主程序 O3902 中每次使用 M98 以后都要重复执行标准的返回机床原点程序段 G28 Z1.0 M05，因此该程序段也可以包括在子程序 O3953 中。因此该实例是正确的，但因为它缺乏有条理的程序结构，所以并不推荐使用。

39.3 子程序编号

  掌握子程序比掌握规则程序更重要。一定要准确了解什么是子程序，如何使用子程序以及使用子程序的目的是什么？任何程序都可以使用某个子程序，正确的子程序标识技术极为重要。

控制单元的程序目录不能对程序号和子程序号进行标识，控制系统只能通过编程格式（辅助功能 M98 和其后的 P．．子程序号）标识子程序。

所有这些意味着子程序号是编程级别而不是机床操作级别的任务，指定程序号是程序员的责任而不是 CNC 操作人员的责任。事实上程序员在组织和标识子程序时有很大的灵活性，任何程序员都能设计并确定特定的基本规则和相关标准，许多控制主程序格式的规则也适用于子程序，要牢记以下四点：

❏ 如果程序中使用程序号，它通常由字母 O 以及 4 位或 5 位数字（取决于控制系统）指定。

❏ 如果程序中使用程序号，ISO 格式中使用冒号（：）以及 4 位或 5 位数字（取决于控制系统设置）指定。

❏ 主程序号 O 或冒号（：）不能为负值或 0。

❏ 子程序号不能是负值或 0。

在许可范围内，主程序或子程序号可以任意确定。有些程序员根本不使用程序号，有些控制器接受这种方法，但其前提是该应用中不需要使用子程序，大多数情况下，可以由机床操作人员指定主程序号。另一方面程序号在控制子程序方面非常重要，第一步是要进行良好的组织，当许多其他程序需要在不同时间多次调用该子程序时，这一步尤为重要。其实并没有最好的方法，但是有些经过验证的建议可以指导如何处理程序编号并建立自己的一套方法。

例如本手册中对所有主程序进行连续编号，程序号前两位数字与章节号一致，本章中子程序编号也使用这种命名方法，只是后两位数字增加 50，例如 O3953 就是本章的第三个子程序。可以对这种方法进行适当的调整。

（1）组织方法

建议使用的编程方法是基于这样一种理念，即 CNC 存储器不作为所有程序的存储媒介，控制系统存储器的容量总是有限的，因此存储器一旦达到其极限，就没有空间存储更多的程序。良好的程序组织就是只在 CNC 系统内存中存储当前使用的程序，最多再加上即将使用的程序。

如果机床操作人员在准备过程中指定了独特的程序号，这种情况也需要进行控制，有些控制器通常并不能自动装载手写形式的主程序号，所以实际上并不需要。这意味着如果管理人员规定 CNC 操作人员使用三位数 1～999 来存储主程序，那么子程序编号可使用所有的四位数 1000～9999，这一可用范围已经远远超出了实际生产应用的需求。这种方法可以很好地控制所选择的子程序，所有四位子程序号可以存档并记录下来，而且可以在任何程序（主程序或其他子程序）中调用，而不用担心重复或程序号匹配错误。

日志中通常应该对孤立于所有源程序的子程序进行存档，并进行详细的说明，这样不管它最初是为哪个程序而编写，以后无论何时需要使用，只需稍微检查一下就行。不管 CNC 机床、子程序或加工操作的类型如何，该方法允许通过系列号（即 1000、2000、3000、…，或 1100、1200、1300、…）组织所有子程序。

每个子程序必须有唯一的程序号，子程序的程序号通过 M98 功能和 P 地址调用，在程序中调用子程序至少需要同时使用 M98 和 P 地址。

在四轴立式加工中心中使用机床原点返回顺序程序段实例（在本章前面介绍过），可以建立包括所有表示所需指令程序段的子程序（程序号为 O3954），它不包括单位选择 G20

或 G21：

```
O3954（机床原点返回）
N101 G17 G40 G49 G80
N102 G91 G28 Z0
N103 G28 X0 Y0
N104 G28 B0
N105 G90
N106 M99
%
```

为了增加程序的灵活性，应该在主程序中选择单位。一旦机床原点返回子程序设计妥当并存储到内存中，所有主程序都可以通过调用子程序 O3954 开始运行：

```
O3903（主程序）
（工件 ABC - 123）
N1 G20                          该程序使用的单位
N2 M98 P3954                    调用子程序 O3954
N3 G90 G54 G00 X . Y..          程序开始
N4...
...
< ... 加工 ...>
...
N45 M30                         主程序结束
%
```

可以遵循程序执行的所有操作步骤，设想一下 CNC 系统执行两个程序的情况，在程序 O3903 执行过程中，控制系统将遵循以下的操作（指令）顺序：

① 将 O3903 设置为当前程序号；

② 在屏幕上显示注释；

③ 设置度量单位（本例中使用英制单位）；

④ 转到子程序 O3954 顶部；

⑤ 执行子程序 O3954 中的所有程序段；

⑥ 执行 M99 后，结束子程序并返回主程序；

⑦ 主程序从程序段 N3 开始执行；

⑧ 执行 M30 后，结束主程序并返回到程序开头；

⑨ 按下循环开始键后，重复执行①～⑧步。

从上例中可以看出，主程序使用 1 为增量，子程序也使用 1 为增量，但是程序段号从 N101 开始。这样做有两个原因，第一个原因是正确设计的子程序在内容上不可能有大的改变——一旦经过调试，就不需要在子程序中添加其他程序段；第二个原因更重要，控制器屏幕上会显示无重复的程序段号，显示的有效程序段号可以让 CNC 操作人员明白当前执行的是主程序还是子程序。Fanuc 控制器对程序段号要求很宽松，它允许在指定范围内自由标识程序段号。

下面通过一个实例来阐释所介绍的概念。在该简单应用中，主程序只调用一个子程序，程序段编号应该没有问题，即使主程序和子程序中有重复的程序段号，也不会引起混淆。另一方面，如果主程序调用几个子程序，在主程序或子程序运行过程中出现重复程序段号，这种情况就会使 CNC 操作人员摸不着头脑，他不知道控制系统在特定时刻正在进行什么操作。

为了避免这个问题，每个子程序可以使用独特的程序段号以避免重复，一种方法是使用较大的千系列标识子程序号，例如 O6100、O6200、O6300 等，然后子程序的程序段就可根据它进行编号，例如：

O6100 (子程序 1)
N6101 . . .
N6102 . . .
N6103 . . .　　　　以此类推

O6200 (子程序 2)
N6201 . . .
N6202 . . .
N6203 . . .　　　　以此类推

这种方法适用于很多子程序，但只有程序段数小于 100 时才可使用，CNC 操作人员很容易监控使用几个子程序的程序，这并不是非常可靠的方法，但该思想在大多数工作中都是可行的。

（2）子程序保护

子程序是频繁使用的特殊程序，特殊的子程序可能会永久存储在系统存储器中，以备所有或其他许多程序调用。对子程序有意或无意的干预都很危险，如果存储器中丢失一个子程序，可能会中止上百个使用该子程序的程序。

Fanuc 控制器通过指定可以通过系统参数设置查询的特定程序号系列，来解决这一潜在的问题，一个常见的实例就是程序号系列 9000（从 O9000～O9999），当系统参数锁定它时，控制器显示屏上不会对它进行显示，同时也不能编辑或打印该系列中的程序。如果没有设置锁定参数，9000 系列程序与其他程序完全一样，为了利用该功能来防止未经授权的人员对某些重要程序进行编辑甚至查看，其具体细节可以查询 Fanuc 相关文档。

39.4　子程序开发

开发子程序前必须经过深思熟虑和仔细的规划，由于子程序最常见的应用是加工重复模式，因此程序员应该具备识别子程序所使用加工模式的能力。

（1）识别重复模式

识别重复模式的能力取决于经验。逐段编写传统程序时会发现一些迹象，首先浏览手写版本，如果出现包含相同数据的重复程序段，便可仔细评估程序，这有可能可以编写子程序。

首先有经验的程序员不会编写过长的程序，这会浪费时间，在早期的程序规划中，编程经验可增强识别潜在子程序的能力。然而对于经验有限的程序员，先编写较长的程序没有坏处，这需要更多的时间且效率低下，然而通过这种过程可以得到专业的经验，对于经验有限的程序员，要不厌其烦地将长程序分为主程序和一个或多个子程序进行重复编写。程序员应该具备识别长程序中可以成为子程序的片段的能力，一旦在常规程序中识别出重复数据，剩下的工作就是对程序进行小的调整并分离重复的程序段，然后将它们定义为子程序。

（2）刀具运动和子程序

子程序最常见的编程应用之一，就是在工件不同位置进行加工的刀具路径，例如需要编写 10 孔矩形分布模式程序，如图 39-4 所示。

孔模式在工件上四个指定位置重复，如图 39-5 所示。

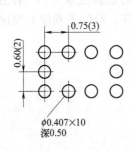

图 39-4　程序 O3904 使用的孔
分布模式

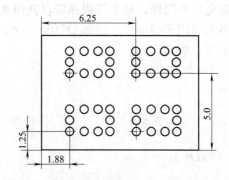

图 39-5　程序实例 O3904 和 O3905 的孔模式
布局（均使用子程序 O3955）

　　子程序 O3955 包含该模式并使用 L 或 K 地址指定固定循环的重复次数。在第一个主程序 O3904 中，刀具运动位于子程序所在程序段前。开发程序前要关注孔模式，首先选择 G91 增量模式，然后从任意孔（如左下角）开始，并沿一个方向编写 XY 增量值，如图 39-6 所示。

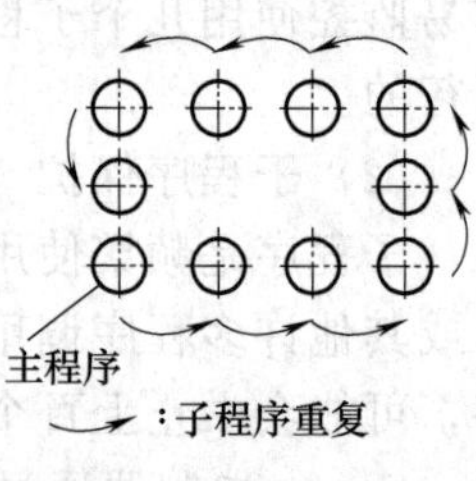

```
O3955（子程序）
（四角位置）
N551 G91 X0.75 L3（K3）
N552 Y0.6 L2（K2）
N553 X-0.75 L3（K3）
N554 Y-0.6
N555 M99
%
```

图 39-6　子程序 O3955
执行流程

　　子程序设计用来加工矩形模式中的 9 个孔，第 10 个孔（确切地说是第一个孔）在循环调用或快速运动程序段中加工。子程序中并不包括四个分布模式的位置，它们必须包含在主程序中，因为主程序中使用绝对编程模式 G90，所以能确定每个位置的坐标：

```
O3904（主程序）
（四角分布模式，钻盲孔）
N1 G20
N2 G17 G40 G80
N3 G90 G00 G54 X1.88 Y1.25
N4 G43 Z1.0 S350 M03 H01
N5 G99 G81 R0.1 Z-0.6221 F3.5        （左下角第 1 个孔）
N6 M98 P3955                         （左下角分布模式）
N7 G90 X6.25 Y1.25                   （右下角第 1 个孔）
N8 M98 P3955                         （右下角分布模式）
N9 G90 X6.25 Y5.0                    （右上角第 1 个孔）
N10 M98 P3955                        （右上角分布模式）
N11 G90 X1.88 Y5.0                   （左上角第 1 个孔）
N12 M98 P3955                        （左上角分布模式）
N13 G80 G90 G28 Z1.0 M05
N14 G91 G28 X0 Y0
...
```

　　本例只使用一把刀具，其他刀具的编程步骤相同，上例中的编程方法更为常见——主程序使用绝对模式将刀具定位在分布模式的左下角，并在该位置钻削第一个孔，然后调用子程序并使用增量定位指令和循环重复次数加工余下的 9 个孔，子程序中的重复次数是各孔之间的间隔数，而不是孔的数目。

比较简单的方法是将趋近分布模式起始位置的快速运动与子程序调用结合使用，这种方法在大量分布模式位置中特别有用，而且大多数控制系统都能接受这种方法：

O3905（主程序）

（四角分布模式，钻盲孔）

N1 G20

N2 G17 G40 G80

N3 G90 G00 G54 X1. 88 Y1. 25

N4 G43 Z1. 0 S350 M03 H01

N5 G99 G81 R0. 1 Z－0. 6221 F3. 5 M98 P3955

N6 G90 X6. 25 Y1. 25 M98 P3955

N7 G90 X6. 25 Y5. 0 M98 P3955

N8 G90 X1. 88 Y5. 0 M98 P3955

N9 G80 G90 G28 Z1. 0 M05

N10 G91 G28 X0 Y0

...

O3905 的最大优点是缩短了程序 O3904 的长度——两种方法将得到相同的结果，如何选择便取决于个人的喜好。注意模态指令（或模态值）G90、X 和 Y 似乎没有必要重复编写，一定要注意子程序中使用的模态值。

（3）模态值与子程序

> 除非在子程序内部改变，否则调用子程序时，所有模态值在子程序中仍然有效。

注意程序实例 O3904 和 O3905 中 G90、X6.25 和 Y5.0 的重复使用，它们非常重要。子程序 O3955 将系统状态改为增量模式 G91，10 孔模式的最后一个孔与第一个孔不同，在绝对模式下，快速运动至分布模式的第一个孔位置并加工该孔，这些都包含在主程序中，而不是在子程序中。

下面是另一个常见的问题，轮廓精加工程序使用带 D 地址的刀具半径偏置 G41/G42，如果相同的子程序用在半精加工中并需要留出一些加工余量，它就不起作用了，其原因是 D 地址是固定的并作为刀具半径存储在控制器中。如何解决呢？可以使用两个 D 偏置，并且在子程序之外使用 D 地址，然后与 M98 一起调用，例如：

M98 P.. D..

通过这种方法，可以在子程序调用的任何时候改变偏置号 D，且不会改变子程序本身。如果编程轮廓需要两个或多个偏置值，那么这种方法非常有用，但是它并不是在所有的控制器中都有效。下面是包含 D 偏置的简单轮廓加工子程序，D51 设置值等于刀具半径：

O3956（轮廓子程序 A）

N561 G41 G01 X0 D51 F10. 0　　　（包含 D..）

N562 Y1. 75

N563 G02 X0. 25 Y2. 0 R0. 25

N564 G01 X1. 875

N565 Y0

N566 X－0. 75

N576 G00 G40 Y－0. 75

N586 M99

%

对于轮廓精加工，主程序将通过正常的方式调用子程序，通常是在主程序中调用：

M98 P3956

精加工和留出一定加工余量的半精加工都可以使用相同的子程序，但是必须使用两个 D 偏置，比如 D51 和 D52。这种情况下，偏置 D51 存储刀具半径和毛坯余量值（D51＝刀具半径＋毛坯余量），D52 只存储精加工半径（D52＝刀具半径），φ0.5 立铣刀的设置值为：

D51＝0.250 半径＋0.007 余量＝0.257

D52＝0.250 半径＋0.000 余量＝0.250

接下来必须从子程序中去掉 D：

O3957（轮廓子程序 B）

N561 G41 G01 X0 F10.0   （不包含 D..）

N562 Y1.75

N563 G02 X0.25 Y2.0 R0.25

N564 G01 X1.875

N565 Y0

N566 X-0.75

N576 G00 G40 Y-0.75

N586 M99

%

控制器仍然需要使用 D 偏置，但并不一定跟 G41/G42 在同一个程序段中，只要在 G41/G42 程序段之前指定 D 偏置，它便可以从主程序（甚至另一个子程序）传递到子程序中。

M98 P3957 D51   ...半精加工

M98 P3957 D52   ...精加工

如果控制器支持，在多个操作中使用子程序将是功能十分强大的方法。

从子程序返回：执行完子程序后，应该清除主程序中当前的模态值，子程序中可以改变绝对或增量模式、运动指令、冷却液或其他设置。子程序通常是另一程序的分支——它是源程序的延伸，并且是它不可或缺的一部分。程序中任何地方的模态值会一直有效，直到被改变或被同组中的另一条指令替代，M99 子程序结束指令不能取消任何当前有效的模态值。

正如程序 O3904 和 O3905 所示的一样，主程序只调用一次固定循环，所有的模态循环数据会传递到子程序，主程序中可以清楚地显示当前的模态值。

39.5   多级嵌套

上一个实例中主程序只调用一个子程序，而子程序不再调用另一个子程序，这叫做一级嵌套。现代控制器允许多大四级的嵌套，这意味着如果主程序调用 1 号子程序，1 号子程序可以调用 2 号子程序，依此类推，直到调用 4 号子程序，这就是所谓的四级嵌套。实际应用中很少需要四级嵌套，但它可作为可用的编程工具以防出现这种需求。下面实例介绍了每级嵌套的程序处理流程。

（1）一级嵌套

一级嵌套意味着主程序只调用一次子程序，仅此而已，一级嵌套子程序在 CNC 编程中最为常见。程序从主程序顶部开始处理，主程序通过 M98 P.. 调用子程序时，控制器形成一条通向子程序的分支并处理子程序的所有内容，然后返回主程序处理余下的程序段，如图 39-7 所示。

（2）两级嵌套

两级嵌套子程序也是从主程序顶部开始处理，当控制器遇到一级子程序调用时，从主程序产生一条分支并从一级子程序的顶部开始处理子程序，在一级子程序处理过程中，CNC系统遇到二级子程序调用。

此时暂时停止一级子程序处理，CNC 系统产生流向二级子程序的分支，由于二级子程序不再调用子程序，所以它将处理完子程序中的所有程序段。一旦遇到含有 M99 功能的程序段，CNC 系统自动返回到程序产生分支的地方，并继续处理前面暂停的程序。

返回源程序通常是回到紧跟子程序调用的程序段，在遇到另一个 M99 功能前，控制器将处理完第一个子程序余下的所有程序段。当遇到 M99 时，控制系统将返回产生分支的地方（源程序），本例中也就是主程序。

由于主程序中仍有未经处理的程序段，所以在遇到 M30 功能前对它们进行处理，M30终止主程序的运行，图 39-8 中通过简图给出了两级子程序嵌套的概念。

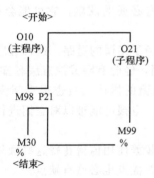

图 39-7 一级子程序嵌套

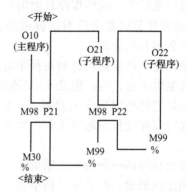

图 39-8 两级子程序嵌套

（3）三级嵌套

三级嵌套是两级嵌套的逻辑延伸。如前所述，从主程序（图 39-9 中的程序 O10）顶部开始执行，第一个分支为第一级 O21，下一个分支为第二级 O22，再后面的分支为第三级O23。每个子程序运行至下一级子程序调用处或直到子程序结束，程序处理将返回到子程序调用的下一个程序段，并在主程序中结束。

（4）四级嵌套

多级子程序嵌套的逻辑到目前为止应该很清楚了，四级嵌套只是又多了一级嵌套，其逻辑与前面的实例完全一样。

不必要的多级子程序嵌套只会使编程应用更复杂，并且更难掌控。

四级嵌套（甚至三级嵌套）子程序的编程需要全面了解程序处理顺序，并且适当运用它。加工厂的日常编程中很少使用三级或四级嵌套，如果需要使用四级嵌套，其程序流图与图 39-10 所示的格式完全一样。

（5）嵌套的应用

任何程序重复调用子程序的次数可多达 9999 次，这说明了它的编程功能非常巨大。编写多级嵌套子程序时，一定要明白潜在的困难甚至危险，这种编程方法可以编写出较短的程序，但是编程时间有所增加，其程序准备时间、开发和调试时间通常比编写常规程序的时间要长。不仅它的逻辑开发更复杂且更耗时，而且必须花费相当一部分编程时间对所有程序的处理流程、初始条件的建立以及数据正确性的检查进行仔细和全面的存档。

加工领域中许多相当有经验的 CNC 程序员不惜代价去使用多级嵌套，他们觉得嵌套次

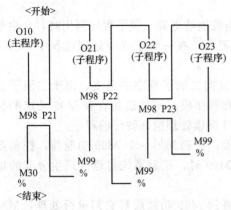

图 39-9　三级子程序嵌套

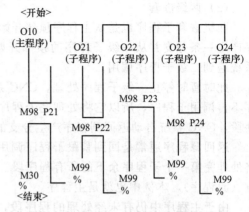

图 39-10　四级子程序嵌套

数越多，他们就厉害，这些程序员使用如此复杂的编程技术只是为了表现他们所谓的"个人技能"，其他程序员通常会反对这种做法。这完全是没有必要的炫耀，它可能会招致挫折，同时也是追名逐利的表现。

当程序员想不惜任何代价缩短程序时，他或她便选择了错误的道路。这种程序即使没有缺点而且在逻辑上也正确，但是 CNC 操作人员很难使用，经验有限或没有编程知识的 CNC 操作人员会发现这些程序令人费解——甚至熟练和有经验的操作人员也很难阅读和理解程序，此外在对程序进行编辑或优化以得到更好的结果时，也很可能难以对它们进行任何实质性的修改。

多级嵌套技术的一条简单规则就是：只有当以后的频繁使用值得花费这些额外的开发时间时才使用多级嵌套。与其他任何事情一样，多级嵌套有优点也必然有缺点。

39.6　使用子程序加工轮廓

目前为止，给出的很多编程实例都使用了子程序，这些编程实例均与孔加工有关，而且

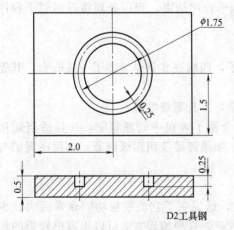

图 39-11　主程序 O3906（使用子程序 O3958）

它们提供了理解子程序编程的足够材料（本章末尾还有另一个非常特殊的应用，下面就来了解一下），本手册中还有其他一些实例也大量使用子程序。

下面是本章的另一个实例，这里是至不同 Z 深度的简单 XY 轮廓加工，如图 39-11 所示。

该任务需要将节圆直径为 $\phi 1.750$ 的凹槽加工至深度 0.250，这是实用或粗加工凹槽，没有公差要求，也没有表面质量要求。所有需要的就是一把 $\phi 0.250$ 中心钻端铣刀（槽钻），插削到所需深度，因此编写 $360°$ 的圆周刀具路径就可完成任务。

即使是非常容易加工的材料（比如黄铜），将一次切削深度 0.250 分成两次切削深度 0.125 可能会更好。刀具材料是 D2 工具钢，而不是硬材料。刀具工作的转速只有 $630 r/min$ 且每次切削深度为 0.010，重复 25 次轮廓加工，从而到达所需深度（$25 \times 0.010 = 0.250$）。这种情况下无疑会选择使用子程序，深度切削的单次增量详图如图 39-12 所示。

子程序 O3958 只包含所有凹槽切削中共同的刀具运动，也就是增量为 0.010 的插削和 360°的圆周切削，所有其他运动包含在主程序 O3906 中。注意切削深度的增量，0.010 必须使用增量编程，否则将加工至绝对深度 Z-0.010——所有的 25 次加工都是如此！下面是完整的主程序 O3906，其后是相关的子程序 O3958（假定刀具 T01 安装在主轴上）：

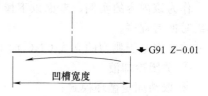

图 39-12　子程序 O3958 详图（主视图）

```
O3906（简单深槽主程序）
（T01，φ0.250 中心切削端铣刀）
N1 G20
N2 G17 G40 G80
N3 G90 G54 G00 X2.875 Y1.5 S630 M03
N4 G43 Z0.1 H01 M08
N5 G01 Z0 F10.0                    （起始 Z 轴位置为 Z0!）
N6 M98 P3958 L25                   （调用子程序 25 次）
N7 G90 G00 Z1.0 M09
N8 G28 Z0.1 M05
N9 M30
%


O3958（O3906 的子程序）
N581 G91 G01 Z-0.01 F0.5          （增量为-0.010）
N582 G03 I-0.875 F2.0            （整圆轮廓）
N583 M99
%
```

这里有意使用比较简单的程序，然而它确实展示了任何子程序开发中都必须遵循的两个重要考虑事项，也就是要保持主程序和子程序之间的连续关系，可以通过以下两个特殊需求进行描述：

❑ 保持从主程序到子程序的切换（调用子程序前）；

❑ 保持从子程序返回主程序的切换（子程序执行完以后）。

程序段 N5 满足了第一个需求。Z 轴位置必须为 Z0，而不能在任何其他地方！只有在 Z0 处，才能确保刀具以 0.010 为增量增加 25 次，从而得到所需槽深 0.250。换句话说，子程序调用之前的刀具起始位置必须能得到正确的刀具路径（比如深度）。

程序段 N7 满足了第二个需求。G90 指令使整个程序段看起来比较特殊，为什么呢？因为子程序使用 G91 增量模式，当子程序处理返回主程序时，使用增量模式将不再使程序受益，因此使用 G90 将增量模式转换到先前的绝对模式。

39.7　换刀子程序

典型的自动换刀（ATC）编程顺序程序段短而简单，CNC 铣削系统使用 M06 进行换刀，CNC 车床则使用 T 功能进行换刀。在特定的条件没有满足以前不能编写换刀程序，与机床原点返回、冷却液取消、主轴停以及其他功能相关的程序功能是换刀路径不可或缺的部分。确立正确的条件需要三个、四个、五个甚至更多的程序段——这在每次编写自动换刀程序时都很正常，更重要的是不管使用哪个程序，这些程序段的内容通常都一样。

作为该内容的实例，考虑以下操作顺序，它们十分典型，即在单个程序中需要为几把刀具编写换刀程序。

该实例基于典型的立式 CNC 加工中心，并且使用自动换刀功能（ATC）。

① 关闭冷却液；

② 取消固定循环模式；

③ 取消刀具半径偏置模式；

④ 主轴停止旋转；

⑤ 返回机床 Z 轴参考位置；

⑥ 取消偏置值；

⑦ 进行实际换刀。

每个需要换刀的程序中都将进行以上七个操作步骤。每个程序的每把刀动作相同，简单的换刀需要大量的编程，为了使程序更简单，可以编写包括上述七个操作的子程序，然后在主程序中需要换刀的地方调用。

```
O3959（立式加工中心的换刀）
N1 M09
N2 G80 G40 M05
N3 G91 G28 Z0
N4 G49 D00 H00
N5 G90 M06
N6 M99
%
```

该子程序经过简单的修改便可用于不同的机床设计或 CNC 卧式机床，它甚至可以包含特殊的需求，比如特定的生产厂家选项，换刀甚至可以在机床工作台的某个位置进行，唯一的修改就是在换刀程序段前添加程序段 G53 X..Y..。另一个程序实例是换刀和冷却液"开"功能的特殊代码，有些机床生产厂家结合两个标准功能建立特殊的 M 功能，如 M16 就是 M06 和 M08 功能的组合。

也要注意各种取消功能，子程序 O3959 中的取消功能相当多。设计这种子程序时，程序员并不清楚冷却液是"开"还是"关"、固定循环和刀具半径偏置是有效还是无效，同样程序员也并不清楚 G90 和 G91 模式的当前状态如何。

这些功能的当前状态并不是很重要，子程序中使用这些取消就是利用这样一种事实，即取消已经取消的功能会被控制系统忽略。正如程序中所示的一样，甚至一个"简单"的换刀操作也需要认真的思考。

39.8　100000000 栅格孔

本章的最后一节内容可能会稍微偏离本手册的内容，本节将通过实例从另一个角度分析子程序，以下的练习将子程序的作用发挥得淋漓尽致。虽然它最初是以注释形式给出，但它确实非常实用——它展示了子程序的功能并且找到了一定要使用子程序的情形。

实例展示了如何使用两把刀以及仅仅 29 个程序段来点钻和钻孔加工 1 亿个孔，这 29 个程序段甚至还包括了程序号和结束代码（%），如图 39-13 所示为 10000 行（X）和 10000 列（Y）的简单栅格分布模式。

为了使实例合理、简单且具有趣味性，孔非常小，只有 $\phi 4/65$（0.0781），各孔沿每轴的间距只有 0.120，这样方形栅格分布模式中的所有孔彼此之间距离非常近。

　　加工只使用两把刀具，一把 90°点钻打中心
孔，一把 $\phi 4/65$ 钻头钻孔，两把刀均从平板上方
$R0.06$ 圆周位置开始并分别加工所需深度，点钻
至 $Z-0.04$，钻孔至 $Z-0.215$。

　　从编程角度看，程序设计非常简单——使用
主程序和子程序，100000000 个孔的编程过程与
只有 100 个孔的编程过程一样。主程序包括标准
设置以及调用子程序，对于两个方向的两排孔，
子程序将分别重复使用 9999 次有效的固定循环。

　　第一刀具运动的起始位置为 $X1.0Y1.0$（沿
Y 轴负方向偏移 0.120），固定循环钻第一个孔，
并重复该操作 9999 次，然后沿 Y 轴正方向偏移
一次，钻孔并沿 X 轴负方向重复 9999 次。该子
程序模式重复 5000 次——在主程序中指定。

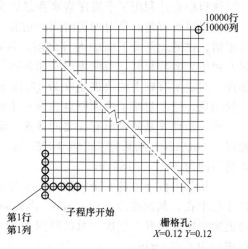

图 39-13　100000000 孔（矩形栅格分布模式）

```
O3960 （子程序）
N601 G91 Y0.12
N602 X0.12 L9999
N603 X0.12
N604 X-0.12 L9999
N605 M99
%


O3907 （主程序）
N1 G20
N2 G17 G40 G80 T01                    （点钻）
N3 M06
N4 G90 G00 G54 X1.0 Y1.0 S3000 M03 T02
N5 G43 Z1.0 H01 M08
N6 G99 G82 R0.06 Z-0.04 P30 F5.0 L0
N7 M98 P3960 L5000
N8 G90 G80 Z1.0
N9 G28 Z1.0
N10 M01


N11 T02                            （4/65 钻头）
N12 M06
N13 G90 G00 G54 X1.0 Y1.0 S3000 M03 T01
N14 G43 Z1.0 H02 M08
N15 G99 G81 R0.06 Z-0.215 F0.4 L0
N16 M98 P3960 L5000
N17 G90 G80 Z1.0
N18 G28 Z1.0
N19 G91 G28 X0 Y0
N20 M30
%
```

　　该程序设计利用了子程序嵌套和最大允许重复次数。

　　使程序更有趣的是对加工时间的估算，这可能有点离题了，但下面还是来完成这一有趣的事情，在继续阅读下面的内容之前，可以猜猜使用两把刀具加工完所有的孔需要多长时间？对于大多数材料，所使用的转速和进给速度是合理的，点钻的安全间隙和暂停时间也都如此，假定所有轴上的快进速度为 475in/min（并不合理），这是否值得进行计算呢？为了方便起见，这里忽略了机床原点和第一个孔位置之间的运动。

　　第一步计算是确定所有孔之间快速运动的时间。1 亿个间距（减掉一个）乘以 0.120 再除以 475in/min，结果是 25263.1576min，由于使用两把刀具，该时间需要乘以 2，最后所得的时间为 50526.3153min。

　　点钻从工件上方的安全间隙 0.060 移动至切削深度 0.040，总的深度为 0.100，该值乘以 1 亿个孔，其速度为 5.0in/min，因此点钻的加工时间为 2000000min；点钻以 475in/min 的速度快速退出孔 1 亿次，总的时间为 21052.6316min；在每个位置停留时间为 0.030s，折算成分为 50000min。

　　实际钻孔从 0.060 高度加工至深度 0.215，以 4.0in/min 的速度加工总的深度 0.275，所需时间为 6875000min，同时钻孔还需以 475in/min 的速度快速退出 0.275 深度 1 亿次，该过程所需的时间为 57894.7368min。

　　以上所有结果相加得到的总时间为 9054473.6837min，它相当于 150907.8947h，6287.829 天，17.2269 年。无论相信与否，它需要多于 17 年的时间不间断的点钻和钻削 1 亿个孔，而所有这些可以由只有二十几个程序段的主程序和子程序完成。

　　研究相关细节，不包括边缘在内的钢板尺寸为 100ft×100ft，因此沿 X 轴和 Y 轴的总行程均超过 100ft，市场上的任何 CNC 机床都很难完成这样艰巨的任务，例如钢板该怎样安装？这便是另一个问题了。

　　最后为了使实例再有趣一点，考虑不使用子程序和重复次数（L/K 地址）时所需的编程时间。假定编写每个程序段需要 6s，每张标准纸上可以容纳 55 个程序段，那么两把刀具的编程就需要大约 19 年的时间（当然还是在没有间断的前提下）！至于所用的纸张，累计起来"只有"1818182 张，或大约 705ft（215m）厚。这些已经足以证明子程序具备的强大功能了。

第 40 章 基 准 偏 移

大多数的 CNC 程序只适用于某种工作——与机械工厂中特定机床相关的工作。这种特殊工作有其独特的特征、特定的需求以及独有的刀具路径，刀具路径是 CNC 程序中所有特征中最重要的一种。

CNC 程序员的主要任务是以最有效的方式为任何给定工作编写没有错误的实用刀具路径。刀具路径的开发非常重要，因为它表示某一工作的特定加工模式，大多数编程工作中，这一加工模式只适用于给定工作而与其他 CNC 程序没有任何关联。程序员有时也会遇到某种加工模式可以用于许多新的工作，这种发现使得程序开发更有效，也可为许多附加应用开发 CNC 程序，此外也可使编写的程序没有错误。

这种编程方法便称为加工模式的转换，更常见的叫法是基准偏移。该方法最常见的例子是程序参考点（程序原点）从初始位置到一个新位置的临时变换，也就是所谓的工件偏置。其他编程方法包括下一章中介绍的镜像功能，以及后续章节中介绍的坐标旋转和比例缩放功能。

本章将详细介绍基准偏移，也称为加工模式的转换，这是所有 CNC 系统中的一个基本特征，可以以各种方式应用。

40.1 基准偏移指令 G92 或 G50

本质上说，基准偏移就是程序中工件原点（程序参考点）的临时或永久的重新定位。使用这种编程方法时，可将程序中现有的加工模式重新定位到 CNC 机床工作区域内的不同位置上。

前面的章节（第 16 章）已经介绍过 G92（铣削）和 G50（车削）指令，在深入学习之前，首先回顾一下这些指令，尤其要清楚这些指令不产生任何直接的刀具运动，但它们确实影响后续的任何刀具运动。此外也要记住坐标寄存指令 G92 和 G50 寄存当前刀具位置的绝对坐标，当铣削中使用 G91 指令或在车削中使用 U/W 轴时，它们对增量尺寸没有任何影响。其目的通常是"告诉"控制系统当前的刀具位置，在每把刀具开始时确定固定程序原点（工件原点）和切削刀具实际位置之间的关系时，这一步至关重要。例如

G92 X10. 0 Y6. 5

是"告诉"控制系统切削刀具位置的 X 轴坐标为 10.0，Y 轴坐标为 6.5。

如果寄存了错误的位置会怎样呢？如果 G92 或者 G50 的值不能准确反映切削刀具的实际位置又会怎样呢？正如所预料的，这种情形下刀具路径将发生错误，其结果很可能是报废工件、损坏刀具甚至机床。这种情形当然是不希望发生的。

一个有创意的 CNC 程序员总是千方百计寻找特殊方法来利用可用的编程工具，G92 和 G50 指令就是能为具有创造力的 CNC 程序员提供巨大力量的众多工具中的两种。尽管它们仍然可用，但是实际应用中基本上已经废弃了。

对于简单的工作，就没有特殊或创造性处理的必要，将宝贵的时间花在添加没有实际好处的功能上是很不划算的，如果确实有这种需要，可以在稍后对程序进行优化。

程序原点的偏移：如果在加工中心中使用 G92 指令或者在车床上使用 G50 指令，而不

是使用更通用且更有效的 G54～G59 工件偏置，那么每把刀具只需要一个 G92（G50）位置寄存指令，前提是没有使用工件偏置。

程序中如果每把刀具使用多个位置寄存指令，则称为程序原点偏移。

为阐释程序原点偏移的概念，可参见一个简单但相关的工程图，如图 40-1 所示。

基于上面的零件图，四个孔将在机床工作台的两个独立位置上加工，如图 40-2 所示。

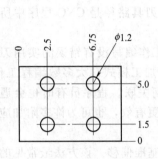

图 40-1　原点偏移示意简图
（程序 O4001）

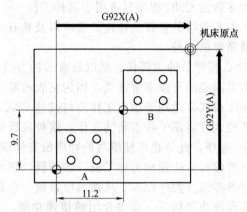

图 40-2　两个工件使用 G92 指令时的程序
原点偏移（O4001）

G92 X（A）表示从工件 A 的工件原点到机床原点的 X 方向距离，G92 Y（A）表示从工件 A 的工件原点到机床原点的 Y 方向距离。注意这里的距离是从程序原点到机床原点的距离，如果有必要，它们可以在任何地方终止，但是必须从工件原点开始。要使用 G92，必须知道两个工件之间的距离，为了简化，下例中使用简单的值：

工件 A：　G92 X22.7 Y19.5 Z12.5

工件 B：　X−11.2　Y−9.7　Z0　　　从工件 A 开始的距离

同样注意工件 A 和工件 B 的 Z 值是一样的，因为它们使用同一把刀具。要在两个位置上点钻四个孔，可以按照如下方式编写程序（程序 O4001）：

```
O4001
(G92 用于两个工作台位置)
N1 G20 G90
N2 G92 X22.7 Y19.5 Z12.5            (刀具在机床原点)
N3 S1200 M03
N4 M08
N5 G99 G82 X2.5 Y1.5 R0.1 Z-0.2 P200 F8.0
N6 X6.75
N7 Y5.0
N8 X2.5                             (刀具在工件 A 的最后一个孔)
N9 G80 Z1.0
N10 G92 X-8.7 Y-4.7                 (设在工件 A 的最后一个孔处)
N11 G99 G81 X2.5 Y1.5 R0.1 Z-0.2 P200
N12 X6.75
N13 Y5.0
N14 X2.5                            (刀具在工件 B 的最后一个孔)
N15 G80 Z1.0
N16 G92 X-9.0 Y-4.8                 (刀具到机床原点的距离)
```

N17 G00 Z12.5 M09
N18 <u>X0 Y0</u>　　　　　　　　　　　（刀具在机床原点）
N19 M30
%

这里要对几个程序段进行说明，即程序段 N2、N8、N10、N14、N16 和 N18，每个程序段都在某种程度上与当前刀具位置有关，所以一定要非常小心。如果不理解 G92 计算背后所隐藏的原理，会给程序员带来许多麻烦。

每次执行程序时，切削刀具均从机床原点位置开始运动，同时在加工之前要安装在主轴上。程序段 N2 中确定了工件 A 的工件原点（参考点），刀具在该点与程序原点的距离 X 轴方向为 22.7in，Y 轴方向为 19.5in，程序段 N2 中设置的坐标反映了这一点。程序段 N7 和 N8 中，刀具已经完成工件 A 最后一个孔的加工（在当前 G92 设置的 X2.5 Y5.0 处）。

下一个关键程序段是 N10，该程序段中完成工件 A 的加工，但是工件 B 尚未开始加工。现在思考一下程序段 N9 执行完以后刀具的确切位置，它在工件 A 上的 X2.5Y5.0 处。如果刀具必须移动到工件 B 的第一个孔的位置，即 X2.5Y1.5 处，程序必须"告诉"控制器刀具当前的确切位置——相对于工件 B 的位置！这可以通过简单的算术运算完成：

$$G92(X) = 11.5 + 2.5 - 22.7 = -8.7$$
$$G92(Y) = 9.8 + 5.0 - 19.5 = -4.7$$

可通过图 40-3 构想上述计算，图中箭头的方向很重要，它们决定 G92 程序段中轴的符号。

程序段 N13 和 N14 包含工件 B 最后的刀具位置，通过示意图，应该很容易理解程序段 N16 中坐标值的含义。程序最后，刀具必须返回原点（机床原点），该运动从工件 B 上的 X2.5Y5.0 处开始，即与机床原点 X 轴方向的距离为 9.000in，Y 轴方向的距离为 4.800in：

$$G92(X) = 11.2 + 2.5 - 22.7 = -9.0$$
$$G92(Y) = 9.7 + 5.0 - 19.5 = -4.8$$

X 和 Y 的编程坐标均为负值。

一旦在工件 B 最后一个孔处设置好当前刀具位置，就可以执行返回机床原点的运动，这种返回运动是必要的，因为它是第一把刀具的位置。机床原点的目标位置是 X0Y0，这不仅因为它是机床原点，同时也因为 G92 坐标是从那里开始测量的！返回机床原点的实际 X 轴和 Y 轴运动在程序段 N18 中编写。

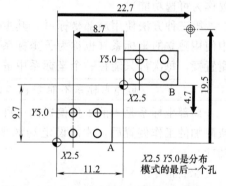

图 40-3　程序实例 O4001 中的
G92 坐标 (XY) 计算

40.2　局部坐标系

位置寄存指令 G92 和绝对编程的历史一样长，随着时间的推移，控制坐标系统的其他指令对它进行了补充。前面已经介绍了工件坐标系（G54～G59 工件偏置），并建议在任何工件偏置有效时不要使用 G92，这样便在临时改变程序原点时，防止在运行中对它进行改变。幸好这里有一种解决办法，即工件坐标系（工件偏置）下的可编程子集，称为局部坐标系或子坐标系。

很多情形下，图纸尺寸的标注方式不适于使用工件偏置 G54～G59，一个很好的例子是螺栓孔分布模式。如果整个加工工件是圆形的，程序原点最好选在螺栓孔分布模式的中心，这样利于计算，然而如果螺栓孔分布模式位于矩形上，那么工件原点可能设置在工件边缘的拐角上。

通常螺栓孔的绝对坐标从程序原点开始计算，除非使用程序原点偏移指令（使用前面介绍的 G92）或者选择特殊的坐标系。

当使用工件偏置时，有三种编程方法可以使工作更为方便，并可减少计算中的错误。

❑ 使用螺栓圆周的圆心作为程序原点，这只会给 CNC 程序员带来方便，因为它会增加准备的工作量。

❑ 在程序中使用两个不同的工件偏置，例如使用相对于工件边缘的 G54 和相对于螺栓圆周圆心的 G55。

❑ 使用局部坐标系，并在程序开头选择当前工件坐标系（工件偏置）。

以上所有方法有一个共同的优点：程序员可以相对于螺栓圆周的圆心进行计算，并将结果直接用于 CNC 程序中，而不需要额外的加减运算，此外该方法还能简化机床上的设置。到底选择何种方法并在何时选择将在下面介绍。

第一种方法相对于螺栓圆周的圆心编程，这是十分常见的方法，不需多加解释。

第二种方法从一个工件偏置变换到另一个工件偏置，它也比较常见。其用法并不困难，其限制是常见的 Fanuc 控制器的标准功能中只有 6 个工件偏置（G54～G59），对于某些需要 6 个偏置的工作，就没有空余的偏置供螺栓孔圆周分布模式使用（控制系统也有附加工件偏置作为可选功能）。

第三种方法使用局部坐标系，其主要优点是允许在当前工件偏置（也称为父工件偏置）中使用独立的坐标系（也称为子坐标系），父工件偏置中可以定义任意多个局部坐标系，毋庸置疑，每次都只能在一个坐标系中进行加工。注意：

> 局部坐标系不能替代工件坐标系，它只是工件坐标系的补充。

局部坐标系是当前工件偏置的一种补充，或者是一个子集或子系统，只有在选择了标准或附加的工作偏置后，才能设定局部坐标系。许多应用中都可以利用这种功能强大的控制功能。

G52 指令

什么是局部坐标系，它又是如何工作的呢？它的正式定义是与有效工件偏置相关的坐标系统，它使用 G52 指令编程。

G52	局部坐标系

G52 指令通常是实际（已知）工件坐标的补充，它设置一个新的临时程序原点，如图 40-4 所示。

图中所示为位于矩形钢板上的六个螺栓孔，程序原点通常位于钢板的左下角，螺栓圆周的圆心位置相对于它的坐标为 X8.0Y3.0，这也是 G52 指令的偏移值。螺栓圆周的直径为 φ4.500in 且第一个孔位于 0°位置，后续的 2、3、4、5 和 6 孔以逆时针顺序加工。

程序临时将工件原点从钢板左下角变换到螺栓圆周的圆心。参考上图和下面的程序段，它们都是相对于螺栓圆周进行编程且程序中也以该顺序出现：

G90 G54 G00 X8.0 Y3.0　　　　　（螺栓圆周圆心）
（工件坐标系位置）
G52 X8.0 Y3.0
（确定新程序原点）
(G81) X2.25 Y0　　　　　　　　　（孔 1 相对于新原点的位置）

（相对于新原点的坐标）

G52 X0 Y0

（取消局部偏置并返回 G54）

程序中模态指令 G52 一直有效，直到被取消。要取消局部坐标系并返回以前的工件偏置模式，只要在 G52 指令中编写零轴值就行：

G52 X0 Y0　　 ... 上面的例子

此后的所有刀具运动都与初始工件偏置相关，本例中也就是前面指定的 G54 指令。

螺栓圆周的编程技术就介绍完了。下面以左下角作为唯一的工件原点，与上例进行比较，以得出螺栓圆周编程方法的优点。

首先，可以将 CNC 操作人员在设置中可能出现的

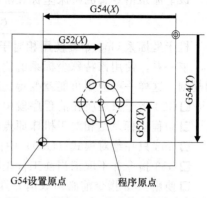

图 40-4　使用 G52 指令定义局部坐标系

错误限制在最低程度，事实上操作人员仍然需要使用 G54 将工件原点设置在工件左下角，但是不需要对螺栓圆周圆心做任何调整。编程也要容易得多，因为螺栓圆周的坐标值都是从螺栓圆周的圆心而不是钢板的边缘开始的。

O4002（G54 和 G52 实例）

N1 G20

N2 G17 G40 G80 T01

N3 M06

N4 G90 G54 G00 X8. 0 Y3. 0 S1200 M03 T02　　　　　（圆心）

N5 G43 Z1. 0 H01 M08

N6 G52 X8. 0 Y3. 0　　　　　　　　　　　　　　　　（临时程序原点位于螺栓圆周圆心）

N7 G99 G82 R0. 1 Z − 0. 2 P100 F10. 0 L0　　　　　　（没有孔）

N8 X2. 25 Y0　　　　　　　　　　　　　　　　　　　（孔 1）

N9 X1. 125 Y1. 9486　　　　　　　　　　　　　　　　（孔 2）

N10 X − 1. 125　　　　　　　　　　　　　　　　　　　（孔 3）

N11 X − 2. 25 Y0　　　　　　　　　　　　　　　　　　（孔 4）

N12 X − 1. 125 Y − 1. 9486　　　　　　　　　　　　　（孔 5）

N13 X1. 125　　　　　　　　　　　　　　　　　　　　（孔 6）

N14 G80 Z1. 0 M09

N15 G52 X0 Y0　　　　　　　　　　　　　　　　　　　（返回 G54 系统）

N16 G28 Z1. 0 M05

N17 M01

N18 T02

N19 M06

N20　（... 继续加工 ...）

40.3　机床坐标系

到目前为止，已经介绍了工件坐标系（G54～G59 工件偏置）以及局部坐标系 G52，它们都是功能十分强大和非常有用的编程工具。Fanuc 控制系统还有另一个不常用的坐标系，称之为第三坐标系。

该坐标系由专有的机床坐标和准备功能 G53 进行选择。

G53	机床坐标系

机床坐标系 G53 始终使用相对于机床原点的坐标！

乍一看，使用该特殊坐标系的优点并不明显，在得出结论以前可以考虑以下机床坐标系的规则，这样一些应用可能就变得比较明了了：

- G53 指令只在所在的程序段中有效；
- 编程坐标总是相对于机床原点位置；
- G53 只在绝对模式（G90）中使用；
- G53 指令并不取消当前工件坐标系（工件偏置）；
- 使用 G53 指令前必须取消刀具半径补偿。

从这些规则中至少可能得到一种应用。不管是哪个工件位于工作台上或者何种工件偏置有效，都可以使用机床坐标系来确保所有换刀位置都在同一工作台位置上，这可以应用到一个简单的程序中，或者作为特定机床的标准。切记换刀位置由刀具相对于机床原点位置的实际距离决定，而不是相对于程序原点或从其他任何位置开始的距离，在许多机床和复杂的装夹过程中，不管工件位置如何，建议确定一个固定的换刀位置。一个很好的例子是使用旋转工作台或任何位于机床工作台上的固定或半固定夹具进行的加工。

以下程序所示为 G53 指令的使用，它在机床工作台上的固定位置进行换刀，该位置与特定程序或者工件没有直接关系，如图 40-5 所示。

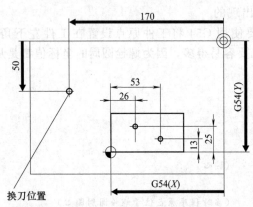

图 40-5　机床坐标系 G53（程序实例 O4003）

```
O4003（应用 G53 指令，大型机床）
N1 G20
N2 G17 G40 G80 T01
N3 G91 G28 Z0
N4 G90 G53 G00 X-170.0 Y-50.0                （换刀位置）
N5 M06                                        （换刀）
N6 G54 G00 X26.0 Y25.0 S1000 M03 T02
N7 G43 Z1.0 H01 M08
N8 G99 G82 R0.1 Z-0.2 P100 F8.0
N9 X53.0 Y13.0
N10 G80 G28 Z1.0 M05
N11 G53 G00 X-170.0 Y-50.0                    （换刀位置）
N12 M01

N13 T02
N14 M06                                       （换刀）
N15 G90 G44 G00 X53.0 Y13.0 S780 M03 T03
N16 G43 Z1.0 H02 M08
N17 G99 G81 R0.1 Z-0.836 F12.0
```

```
N18 X26.0 Y25.0
N19 G80 G28 Z1.0 M05
N20 G53 G00 X-170.0 Y-50.0                    （换刀位置）
N21 M01

M22 T03
N23 M06                                       （换刀）
...
%
```

　　前述规则中的第四条表明机床坐标系指令不会取消当前有效的工件偏置（G54～G59 工件偏置），由于编程实例 O4003 没有出现这一情形，所以通过以下刀具运动顺序（与程序 O4003 无关）来表明 G53 指令独立于 G54 指令：

```
N1 G21                                        （公制）
...
N250 G90 G54 G00 X17.7 Y35.3
N251 G01 Z-5.0 F200.0
N252 G00 Z500.0
N253 G53 X-400.0 Y-100.0                      （固定位置）
N254 M00                                      （手动换刀）

N255 S1200 M03
N256 X50.0 Y35.0                              （在初始工件偏置中）
N257   （... 继续加工 ...）
```

　　程序中的加工顺序非常简单。程序段 N250 中，切削刀具移动到工件上的 *XY* 位置执行所需的加工操作，比如 N251 中到特定深度的钻孔操作，接着在程序段 N252 中快速运动至 *Z* 轴安全位置，然后在程序段 N253 中移动到固定换刀位置。下一程序段 N254 中，CNC 操作人员执行手动换刀，然后在程序段 N255 中重新设定主轴转速以及主轴旋转方向，程序段 N256 中仅指定 *XY* 坐标位置。所有其他值，包括 G54 工件偏置指令，都是缺省值。前面的程序段 N256 与下面的程序段具有相同的含义：

```
N256 G90 G54 G00 X50.0 Y35.0
```

　　要保持良好的编程习惯，一定要编写包括所有设置信息的完整程序，对调用的每把新刀也该如此。机床坐标系还有其他一些实际应用，这将在以后介绍。

40.4　数据设置

　　在中小型加工车间、或者其他使用孤立 CNC 机床的环境中，机床操作人员设置的所有偏置值通常必须在工件装夹过程中输入 CNC 系统中，在程序开发阶段，当 CNC 程序员并不知道各种偏置的设置值（实际值）时，该方法特别有用。

　　在精密制造环境中，例如敏捷制造或大批量生产，该方法成本极高且效率很低。敏捷制造或大批量生产使用现代先进技术，比如使用 CAD/CAM 系统设计和生成刀具轨迹、有限元概念、机器人、预置刀具、自动换刀装置和刀具寿命管理、托盘、可编程辅助设备以及机床自动化等。这种情况下，没有任何未知的因素——所有参考位置的关系都是已知的，并排除了在机床上使用偏置的需要。在实际设置机床和刀具前，程序员应知道所有的偏置值。

　　如果知道这样的信息就会具有一定的优势——程序中可以包括补偿数据并导入贯穿整个

程序流的适当寄存器中。这样就没有操作人员的干扰，加工完全实现自动化，包括刀具的维护和相关的补偿。所有的补偿始终处于程序的控制之下，包括由于位置改变以及刀具长度或半径改变所需的更新。

所有这些高技术自动化可通过一个称为数据设置的可选控制器功能完成。许多控制器都有这种特殊的不可小觑的可选功能，甚至连只有一台 CNC 机床的小机械工厂也能受益于由控制系统提供的数据设置功能。

（1）数据设置指令

Fanuc 提供一个专门 G 指令来选择数据设置功能以及在程序中设置偏置数据：

G10	数据设置

准备功能 G10 是非模态指令，只在所在程序段中有效，如果后续程序段中仍需使用，则必须重复编写。

G10 指令在加工中心和车床上的格式不一样，尽管编程方法在逻辑上都是一样的，但是不同 Fanuc 控制器中的格式有所区别，此外不同偏置类型的格式也不一样，例如工件偏置与刀具长度偏置。

本节中的例子适用于典型的 Fanuc 系统，且在常见的铣削和车削控制器上测试过。

（2）坐标模式

绝对和增量编程模式的选择，对整个程序中的偏移量输入有很大影响。如果程序使用绝对模式（铣削控制器使用 G90 指令，车削控制器使用 XZ 坐标），那么无论哪种类型的偏置与 G10 同时使用，编程偏移量将代替控制器中存储的当前偏移量。

在铣床的 G91 增量模式和车床的 UW 坐标中，编程偏移量不是替换而是更新控制器中存储的偏移量：

G90 模式中的 G10＝替换偏移量

G91 模式中的 G10＝更新偏移量

只要程序段在调用 G10 设置数据指令前包含所选择的指令，则可以在程序的任何地方设置 G90 和 G91。

程序中可使用 G10 指令设置三类偏置：

❏ 工件偏置　　　　　　　　　　　　G54～G59 以及 G54.1 P..
❏ 刀具长度偏置　　　　　　　　　　G43 和 G44
❏ 刀具半径偏置　　　　　　　　　　G41 和 G42

该组包括所有可供使用的相关补偿。

40.5　工件偏置

在学习本节之前，首先回顾一下第 18 章中对工件偏置概念的详细介绍。

（1）标准工件偏置输入

铣削和车削控制器都提供了六个标准工件偏置 G54～G59。由于加工需要，它们通常与铣削控制器关联，其编程格式完全一样：

G10 L2 P.. X . Y . Z .　　加工中心＝铣床
G10 L2 P.. X . Z .　　　　车削中心＝车床

L2 是固定偏置组编号，它将输入的值当做工件偏置值处理，这种情况下，P 地址的值为 1～6，它们分别对应 G54～G59 选择：

P1＝G54　P2＝G55　P3＝G56　P4＝G57　P5＝G58　P6＝G59

例如：

G90 G10 L2 P1 X－450. 0 Y－375. 0 Z 0

将坐标 X-450.0Y-375.0 输入到 G54 工件偏置寄存器中（本节中均使用公制单位）。

G90 G10 L2 P3 X－630. 0 Y－408. 0

将坐标 X-630.0Y-408.0 输入到 G56 工件偏置寄存器中，因为没有对 Z 值进行编程，所以仍保留当前的 Z 偏置值。

L2＝标准工件偏置

（2）附加工件偏置输入

除了铣削控制器中六个标准的工件偏置外，Fanuc 还提供了可选的附加工件偏置 G54.1 P1～G54.1 P48。G10 指令可为这 48 个附加工作偏置输入偏置值，它们的用法与前面的相似：

G10 L20 P..X..Y..Z.

唯一的区别就是固定偏置组编号从 L2 变为 L20，L20 仅用于选择附加工件偏置。

L20＝附加工件偏置

（3）外部工件偏置输入

工件坐标系组中的另一种偏置叫做外部或普通工件偏置，这种偏置不能使用任何标准 G 代码进行编程，它们常用于更新所有工件偏置，并影响程序中的所有工件偏置。

为了将偏置值输入外部偏置，G10 指令使用 L2 偏置组和 P0：

G90 G10 L2 P0 X－10. 0

将在保留所有其他设置（以及 Y 轴、Z 轴与其他附加轴）的同时，将 X－10.0 输入到外部工件偏置，事实上当使用上述设置时，程序中使用的所有工件偏置将向 X 负向平移 10mm。

40.6　刀具长度偏置

铣削控制器中的刀具长度偏置值可通过 G10 指令与 Lxx 偏置组进行编程，L 偏置组的含义取决于控制器存储器（参见第 30 章）的类型。

Fanuc 控制器中有三类供刀具长度和刀具半径偏置使用的存储器：

A 存储器：刀具长度偏置占一栏。

输入：几何尺寸＋刀具磨损偏置。

值：由程序段 G10 L11 P..R.. 设置。

B 存储器：刀具长度偏置占两栏。

输入 1：单独的几何尺寸偏置值。

值 1：由程序段 G10 L10 P..R.. 设置。

输入 2：单独的磨损偏置值。

值 2：由程序段 G10 L11 P..R.. 设置。

C 存储器：刀具长度偏置和刀具半径偏置各占两栏。

输入 1：单独的几何尺寸偏置值。

用作：H 偏置代码。

值 1：由程序段 G10 L10 P..R.. 设置。

输入 2：单独的几何尺寸偏置值。

用作：D 偏置代码。

值 2：由程序段 G10 L12 P..R.. 设置。

输入 3：单独的磨损偏置值。

用作：H 偏置代码。

值 3：由程序段 G10 L11 P..R.. 设置。

输入 4：单独的磨损偏置值。

用作：D 偏置代码。

值 4：由程序段 G10 L13 P..R.. 设置。

所有情况下，L 编号是 Fanuc 任意给定的偏置组编号，P 地址是 CNC 系统中偏置寄存器号，R 是设置在所选偏置号中的偏置值。绝对和增量模式对刀具长度编程输入的影响与对工件偏置的影响一样（G90 模式下替换，G91 模式下更新）。

以下是 CNC 加工中心的一个例子，程序段将 −468mm 输入到 5 号刀具长度偏置寄存器中。

G90 G10 L10 P5 R − 468. 0

如果必须调整偏置，使第 5 号刀具长度偏置中的值减小 0.5mm，可使用 G91 增量模式编程，程序如下：

G91 G10 L10 P5 R0. 5

注意 G91 增量模式，如果按照上面的顺序使用上面两个例子，那么 5 号偏置中的最终偏置值将是 −467.5mm。

老式 Fanuc 控制器中使用地址 L1 而不是 L11，这些控制器中的磨损偏置不是单独输入的。为了与老式控制器兼容，所有现代的控制器都可以使用 L1。

有效输入范围

大多数 CNC 加工中心中的刀具长度偏置范围是有限的：

±999.999mm	公制几何尺寸偏置输入
±99.9999in	英制几何尺寸偏置输入
±99.999mm	公制磨损偏置输入
±9.9999in	英制磨损偏置输入

可用的偏置编号也是有限的，它取决于控制器型号。最小的偏置编号为 32 个，通常 CNC 系统可使用多达 999 甚至更多的偏置，其中大多数都是特殊选项。

40.7　刀具半径偏置

对于最高级的 C 类偏置存储器，刀具半径偏置（D）可以在程序中使用 G10 指令以及 L12 和 L13 偏置组输入：

G90 G10 L12 P7 R5. 0

将半径值 5.000 输入到第 7 号刀具半径几何尺寸偏置寄存器中。

G90 G10 L13 P7 R − 0. 03

将半径值 −0.030 输入到第 7 号刀具半径磨损偏置寄存器中。

如果只需调整或更新现有的偏置值，可使用增量编程模式，下面通过在磨损偏置中增加

0.010mm 对上例进行更新：

  G91 G10 L13 P7 R0.01   （新值是 0.02mm）

  千万要注意 G90 和 G91 模式，记住在随后的程序段中恢复正确的编程模式。

40.8 车床偏置

  由于偏置结构的不同，刀具长度偏置并不应用于车床控制器中。G10 指令使用下面的格式来设置车床的偏置数据：

  G10 P.. X(U).. Z(W).. R(C).. Q..

  P 地址可以设置为几何尺寸偏置编号或磨损偏置编号，地址 X、Z 和 R 是绝对值，地址 U、W 和 C 则是相应的增量值。使用 A 组标准 G 代码时，不能使用 G90 或 G91 编程模式。

  为了区别几何尺寸偏置和磨损偏置，几何尺寸偏置编号必须在 10000 的基础上增加：

  P10001   表示几何尺寸偏置 1

  P10012   表示几何尺寸偏置 12 …以此类推

  如果不加上 10000，那么 P 表示刀具磨损偏置编号。

  下面是 CNC 车床上偏置数据设置的常见实例，它可得到所预期的结果。根据下面的输入顺序，所有的例子都是连续的。

  G10 P10001 X0 Z0 R0 Q0

  … 清除 G01 设置中的所有几何尺寸偏置（1 号几何尺寸偏置寄存器）。

  G10 P1 X0 Z0 R0 Q0

  … 清除 W01 设置中的所有磨损偏置（1 号磨损偏置寄存器）。

  注意：Q0 也可取消 G01 中的刀尖编号设置。

  G10 P10001 X-200.0 Z-150.0 R0.8 Q3

  … 设置 G01 几何尺寸偏置为：

  X-200.0 Z-150.0 R0.8 T3

  … 同时在磨损偏置中自动设置 T3！！！

  G10 P1 R0.8   假定当前 T 设置

  … 在 W01 磨损偏置中设置 $R0.8$。

  注意，下面的程序更为安全：

  G10 P1 R0.8 Q3   不采用当前的设置。

  G10 P1 X-0.12

  … 不论前面的设置如何，磨损偏置 W01 设为 $X-0.12$。

  G10 P1 U0.05

  … 通过 +0.05 更新 $X-0.12$，得到新值 $X-0.07$。

  注意：无论偏置类型的值如何，刀尖编号（G10 所在程序段中的 Q 输入）将同时改变几何尺寸偏置和磨损偏置。其原因是控制器中的安全设置试图消除数据输入错误。

40.9 MDI 数据设置

  通过程序数据编写各种偏置值时，需要彻底理解特定控制系统的输入格式，如果因为错误的设置而导致机床或工件的损坏，那时就追悔莫及了。

  可以使用简单的方法来判定偏置数据设置是否正确，首先在 CNC 单元中使用 MD1 方式测试 G10 输入，然后检查结果：

❑ 选择程序模式；

❑ 选择 MDI 模式；

❑ 插入测试数据。

例如输入：

G90 G10 L10 P12 R − 106.475

❑ 按下插入按键；

❑ 按下循环开始按键；

可以核查刀具长度偏置 H12，以校验输入是否准确，它所存储的值应该是−106.475。

仍然在 MDI 方式下插入另一个测试数据，例如：

G91 G10 L10 P12 R − 1.0

❑ 按下插入按键；

❑ 按下循环开始按键；

同样可以核查刀具长度偏置 H12 进行检验，它存储的新值应该是−107.475。

可以按照相同的方法进行测试，这样编写出来的程序就不容易出错。

40.10 可编程参数输入

本节还将介绍 G10 指令编程的另一个方面，即作为模态指令的使用。该指令可用来在程序中改变系统参数，它有时也称为"写入参数功能"，该指令在日常编程中并不常用。胆小的程序员应该跳过本节，本节内容对于理解控制系统参数的概念非常重要，仅此而已，不论其他的限制如何，强制改变机床参数时本节内容也比较重要。

> 警告！CNC 系统参数的错误设置可能导致 CNC 机床无法弥补的损坏！

该指令的常见应用是改变加工条件，例如主轴和进给时间常数、螺距误差补偿数据等。该指令通常出现在所谓的用户宏（通过 G65 指令应用）中，其目的是控制特定的机床操作，本书中并不涉及用户宏的概念和说明，相关介绍可参阅作者的另一本书。

（1）G10 模态指令

前面介绍的 G10 指令用于设置偏置数据，它必须在每个程序段中重复编写，用于偏置输入的 G10 指令是非模态指令。现代 Fanuc 系统允许在程序中进行另一类参数改变——通过 G10 模态指令改变 CNC 系统参数。

程序中使用的许多输入可以通过控制器中的系统参数自动修改，例如编写 G54 指令，则可以在屏幕上看到设置值，但是 G54 的实际值则存储在具有特定编号的系统参数中，G54 设置可以随着偏置数据或参数的改变而改变，而且一定要知道参数的编号。有些系统参数不能轻易改变（有些根本不能改变），因此模态指令 G10 非常有用。事实上需要两个相关指令——G10开始设置，而 G11 取消设置：

G10 L50

(... 数据设置 ...)

G11

数据设置程序段有三种输入：

G1 L50

.. P.. R..

G11

如果模态指令 G10 和 G11 组合使用，则具有以下含义：

G10	数据设置模式
L50	固定的可编程参数输入模式
. . P . . R . .	数据输入说明
G11	取消数据设置模式

程序段 G10 L50 和 G11 之间是需要设置的系统参数清单，每个程序段设置一个参数。参数编号使用 N 地址，而所有数据使用 P 和 R 地址，下表为参数输入的几种类型：

输入参数类型	允许输入范围
位型	0 或 1
位轴型	0 或 1
字节型	0～±127
字节轴型	0～255
字型	0～±32767
字轴型	0～±32767
双字型	0～±99999999
双字轴型	0～±99999999

注意位型参数，单个数据通常有 8 位，每一位具有不同的含义，所以在改变一位而不改变另一位时一定要特别小心。

字型也称为整型，双字型也称为长整型。

（2）参数符号

位型和位轴型参数的标准编号从右至左为 0～7（计算机从 0 而不是 1 开始计数）：

编号	#7	#6	#5	#4	#3	#2	#1	#0

上面的编号是四位参数编号，而参数 #7～#0 是各位的位置——注意编号顺序和计数方法。其他非位型编号则以字节、字、或双字输入（均有轴或非轴形式）。

P 地址

P 地址只用于与轴（位轴、字节轴、字轴以及双字轴）相关的参数，如果参数与轴无关，P 地址是多余的，且没有必要写入程序。

如果需要同时设置多根轴，可以在 G10 和 G11 之间使用多重输入 . . P . . R . . ，本节稍后会有具体实例。

R 地址

地址 R 是必须输入并登记到所选参数编号中的新值，必须注意上表中列出的有效范围，输入时不能使用小数点。

（3）编程移植

甚至只包含一个可编程参数输入的程序也只能用于特定的机床和控制器。

> 通过修改程序参数而将程序用在几台机床上时，一定要格外小心。

不同控制器中的参数编号以及它们的含义并不一定相同，所以编程期间必须知道确切的控制器以及参数编号，例如在 Fanuc15 中，控制无小数点地址的含义的参数编号是 2400（位 #0），而在 Fanuc16 中控制同样设置的参数使用 3401（位 #0）。

下列实例所示为各种可编程参数输入，它们在 Fanuc16 B 型 CNC 控制器（车床和铣床形式）中测试过，这些实例只用于阐述介绍的内容，不一定适用于实际生产。不推荐在机床上测试这些参数！

如果 I/O 通道设置为 0，第一个例子将改变使用 RS-232 接口的输入/输出设备的波特率设置。

```
G10 LI50
N0103 R10
G11
```

控制所选设备波特率设置的参数编号为♯103，根据 Fanuc 提供的表格可以输入 R 值：

R 值设置	说　明
1	50 波特
2	100 波特
3	110 波特
4	150 波特
5	200 波特
6	300 波特
7	600 波特
8	1200 波特
9	2400 波特
10	4800 波特
11	9600 波特
12	19200 波特

在前面的例子中，

```
G10 L50
N0103 R10
G11
```

选择的波特率为 4800 字符/s。

在另一个例子中，参数♯5130 控制螺纹车削循环 G92 和 G76 的倒角距离（只用于车床控制器的逐渐退出距离），数据类型是非轴型字节，数据的单位是螺距的 0.1，而范围为 0～127：

```
G10 L50
N5130 R1
G11
```

以上程序片段将参数♯5130 改为 1，倒角值等于螺纹螺距。不要将字节与位混淆——字节是从 0～127 或者从 0～255（字节轴型）的一个值，而位只表示一种状态（0 或 1、关或开、无效或有效），它只在两种选项之间进行选择。单词 BIT（位）实际上是两个单词的缩写：

BIT =binary digit，即二进制数。

另一个例子是双字参数型输入，它将工件偏置 G54 改为 X-250.000：

```
G90
G10 L50
N1221 P2 R - 250000
G11
```

参数♯1221 控制 G54，♯1222 控制 G55，依此类推，P1 表示 X 轴，P2 表示 Y 轴，依此类推，Fanuc 16 共有 8 根轴。因为需要长整型（双字型）的有效范围，所以不能使用小数点，又因为该设置是在公制系统中，即微米（0.001mm）是最小的增量，所以值—250.000 将作为—250000 输入。下例是不正确的，并且将导致一个错误：

G90

G10 L50

N1221 P1 R - 250. 0　　　　　（不允许使用小数点）

G11

正确的输入不使用小数点，如果根本没有指定 P 地址，那么将导致错误的状态（警报或错误），例如：

G90

G10 L50

N1221 R - 250000

G11

将导致错误，下面的例子改为两轴输入：

G90

G10 L50

N1221 P1 R - 250000

N1221 P2 R - 175000

G11

如果本例应用在车床控制器中，P1 表示 X 轴，P2 表示 Z 轴；如果在加工中心中，P1 表示 X 轴，P2 表示 Y 轴，如果需要，将使用 P3 表示 Z 轴。任何情况下，G54 工件偏置设置的前两根轴将分别是—250.000 和—175.000。

有时有必要将所有轴的值设为零，这可以使用标准偏置设置完成：

G90 G10 L2 X0 Y0 Z0　　　　（铣削控制器）

或者为铣削控制器编写一个参数：

G90

G10 L50

N1221 P1 R0　　　　（将 G54 的 X 坐标设为 0）

N1221 P2 R0　　　　（将 G54 的 Y 坐标设为 0）

N1221 P3 R0　　　　（将 G54 的 Z 坐标设为 0）

G11

（4）位型参数

下面的例子并没有什么危害，这里用来进行测试，但是要注意其他的参数，它的唯一目的是在控制器中输入 CNC 程序时，设置自动程序段序号"开"。该例也是位型参数的一个示例，并且也很好地展示了使用可编程参数模式准备编程的一些常见思路和考虑。

如果从键盘输入程序，在 Fanuc 16 B（大多数其他型号也一样）上，该特征可以自动输入顺序程序段编号，该特征也作为手动数据输入的节时手段。为了使该特征有效，可以选择控制"开"和"关"状态的参数，在 Fanuc16 中参数编号是 0000（也就是 0），这是一个位型参数，也就是说它包含八位，每位都有不同的含义。位 ♯ 5（SEQ）控制自动顺序程序段编号的状态（与 1 或 0 一样的"开"或"关"），不能只编写一位，而需要包含 8 位单个数字，也就是说要改变其中一位就必须知道所有其他的位，本例中参数 0 的当前设置如下：

			SEQ			INI	ISQ	TVC
0000	♯7	♯6	♯5	♯4	♯3	♯2	♯1	♯0
	0	0	0	0	1	0	1	0

其他参数的特殊含义与该例不相关，应该保持不变。位＃5 设为 0 意味着自动程序段编号方式失效。

下列程序片段在不改变其他位的前提下，打开位＃5：

```
G10 L50
N0 R00101010
G11
```

参数显示屏上的结果将反映这种变化：

0000			SEQ			INI	ISQ	TVC
	＃7	＃6	＃5	＃4	＃3	＃2	＃1	＃0
	0	0	1	0	1	0	1	0

注意必须编写所有的位，然而工作仍然没有完成。Fanuc 提供一个附加功能——它还可以选择程序段编号方式的增量，例如，选择 10 将使用 N10、N20、N30 输入，选择 1 将使用 N1、N2、N3 输入等，本例选择的增量为 5，即 N5、N10、N15 等。增量必须通过另一个参数来设置，在 Fanuc16 中，包含自动编号方式值的参数编号为＃3216，这是一个双字参数，有效值范围为 0～9999，该参数仅在参数 0000 中的位＃5 设置为 1 时才有效，程序片段如下所示：

```
G10 L50
N3216 R5
G11
```

一旦完成这些设置，通过控制面板键盘输入的程序就不再需要任何程序段号。

按下程序段结束（EOB）按键的同时，N 编号自动以 5 为增量出现在屏幕上，这在手动程序输入中可以节省键盘操作时间。

G10 在可编程参数输入模式下成为模态指令，所遵循的思想是多个参数可以设为一组，因为两个参数逻辑相关，所以便可编写一个简单的程序片段，最终结果与前面两个片段完全一样，这时使用模态指令 G10 非常方便：

```
G10 L50
N0000 R00101010
N3216 R5
G11
```

因为程序中没有轴型参数，所以可省略 P 地址，N0000 与 N0 具有相同的含义，这里使用它只是为了易读。

注意 Fanuc 15 用户（Fanuc 15 系统比 Fanuc16 高级）——它选择自动编号是否有效的参数是 0010，位＃1（SQN），Fanuc 15 更为灵活，它起始的程序段号由参数＃0031 控制，存储增量的参数编号为＃0032，其程序输入风格与前面一样，同样 Fanuc 15 中程序段编号的有效范围只能到 99999。这是两个控制器型号之间常见的区别实例，即使同一生产厂家生产的产品也不例外。

（5）程序段号的作用

许多程序使用程序段号，为上例指定程序段号也很自然：

```
...
N121 G10 L50
N122 N0000 R00101010
N123 N3216 R5
N124 G11
```

...

程序段 N122 和 N123 中有两个不同的 N 地址，但程序仍然会正常工作，控制器处理这种情况也很容易，因为它们并不冲突。万一 G10 和 G11 之间的某个程序段有两个 N 地址，那么第一个 N 地址是程序段号，同一程序段中的第二个 N 地址编译为参数编号。

使用系统参数时要格外小心，强烈推荐在操作前进行备份！

第 41 章 镜 像

CNC 编程的主要目的是在工件或机床的特定位置生成切削刀具路径，如果刀具路径需要右手和左手定位，可以使用镜像功能缩短编程时间。

使用控制系统的镜像功能可以对称地重复任何次序的加工操作，该编程技术不需要新的计算，所以可缩短编程时间，同时也减少出现错误的可能性。镜像有时候也称为轴倒置功能，这一描述在某种程度上来说是准确的，虽然镜像模式下机床主轴确实是倒置的，但同时也会发生其他的变化，因此术语"镜像"更为准确。熟悉 CAD 系统的操作人员会发现 CNC 中的镜像功能与 CAD 系统的镜像的原则相同。

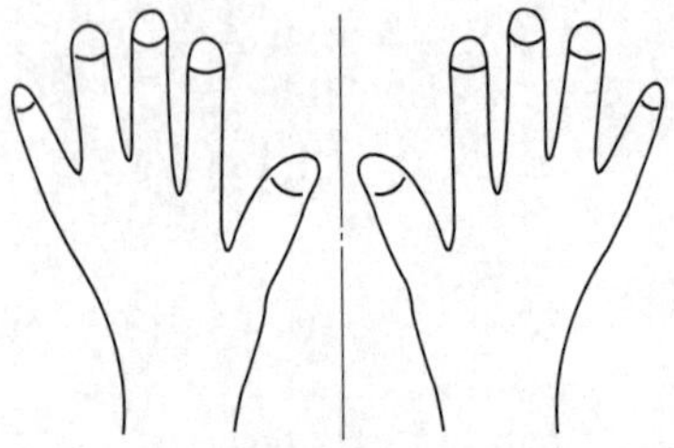

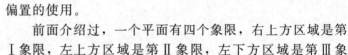

镜像基于对称原则，有时也称为右手（R/H）或左手（L/H）部分，图 41-1 所示为 CAD 镜像。

镜像编程需要了解最基本的直角坐标系，尤其是在各象限里的应用，同时也要很好地掌握圆弧插补和刀具半径偏置的使用。

图 41-1 镜像原则：右手和左手

前面介绍过，一个平面有四个象限，右上方区域是第 Ⅰ 象限，左上方区域是第 Ⅱ 象限，左下方区域是第 Ⅲ 象限，右下方区域是第 Ⅳ 象限。如果程序原点位于工件左下角，则在第 Ⅰ 象限进行编程。

41.1 镜像的基本规则

镜像的基本规则基于这样一个事实，即在一个象限内加工刀具轨迹与在其他象限里加工同样的刀具轨迹没什么两样，主要区别就是某些运动的方向相反。这意味着在镜像功能有效的前提下，一个象限内的特定加工工件，可以在另一个象限里使用同样的程序再现。

右手和左手定位原则可以应用到加工工件的定位上，如图 41-2 所示。

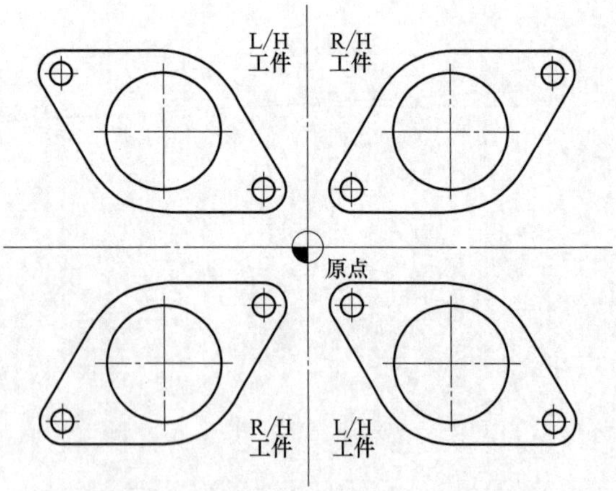

前面也介绍过每个象限都需要不同的轴符号，镜像功能可以自动改变轴方向和其他方向。

（1）刀具路径方向

根据镜像所选择的象限，刀具路径方向的改变可能影响某些或全部操作：

❑ 轴的算术符号　　　　　　（正或负）；

❑ 铣削方向　　　　　　　　（顺铣或逆铣）；

❑ 圆弧运动方向　　　　　　（正转或反转。）

它可能影响一根或多根机床轴，通常只是 X 和 Y 轴，镜像应用中一般不使用 Z 轴。

并不是所有的运动都同时受到影响，如果程序中没有圆弧插补，就不需要考虑圆弧方

图 41-2 加工工件中应用右手/左手原则

向。图 41-3 所示为镜像在四个象限中对刀具路径的影响。

（2）初始刀具路径

可以在任何象限内生成初始刀具路径程序，如果不应用镜像（在缺省状态下），只在定义的象限内加工刀具路径，这也是大部分应用的编程方式。一旦开始镜像，无论初始刀具路径定义在哪个象限，都会对初始加工模式（初始加工路径）进行镜像。

镜像总是将加工模式（加工路径）转换到其他象限中去，这就是镜像功能的唯一目的。镜像的编程需要满足特定的条件，其中之一就是镜像轴的定义。

（3）镜像轴

因为有四个象限，所以就有被两根机床轴隔开的四个有效的加工区域。镜像轴是将所有编程运动翻转过来的机床轴，图 41-4 所示为镜像轴以及它们对象限中工件定位的影响。镜像轴可以用下面两种方法定义：

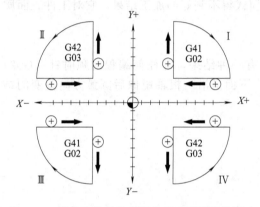

图 41-3 镜像功能在各象限中对刀具路径的影响

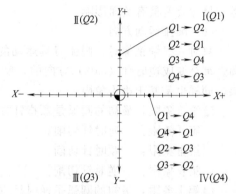

图 41-4 镜像轴以及对工件定位的影响

❑ 在机床上：由 CNC 操作人员定义；

❑ 在程序中：由 CNC 程序员定义。

上面也列出了谁应该对"镜像"负责，两种方法允许选择下列所有可能性中的一种：

① 正常加工——不设置镜像；

② X 轴镜像加工；

③ Y 轴镜像加工；

④ X 和 Y 轴镜像加工。

> 控制系统必须支持可编程镜像功能。

正常加工按照程序进行，例如，如果在第 Ⅱ 象限中加工编程路径（使用 G90 绝对模式），正常的 X 坐标为负，Y 坐标为正。如果不使用镜像，初始编程象限内坐标点的符号总是正常的，一旦在镜像象限内进行加工，就会改变 1～2 个符号。

（4）坐标符号

"正常"符号取决于编程使用的坐标系象限，如果在第 Ⅰ 象限里编程，X 和 Y 轴都是正值，下面是所有四各个象限中的绝对坐标列表：

第 Ⅰ 象限	$X+$ $Y+$
第 Ⅱ 象限	$X-$ $Y+$
第 Ⅲ 象限	$X-$ $Y-$
第 Ⅳ 象限	$X+$ $Y-$

镜像编程刀具路径时，控制系统根据镜像轴暂时改变 $1\sim2$ 个符号，例如，如果编程的刀具运动在第 I 象限（$X+Y+$）内且通过 X 轴镜像，其符号将变为第 IV 象限里的符号（$X+Y-$），这里的镜像轴只有 X 轴。在另一个例子中，同样基于第 I 象限里的初始程序，而镜像轴为 Y 轴，这时临时改变的符号就会变为第 II 象限的（$X-Y+$）。如果沿两根轴对第 I 象限内的编程刀具运动进行镜像，那么将在第 III 象限内执行程序（$X-Y-$）。

（5）铣削方向

圆周铣削编程可以采用逆铣或顺铣方式。在第 I 象限内以顺铣模式定义的初始刀具运动时，那么在其他象限中的镜像加工如下：

❑ 镜像到第 II 象限中   ... 逆铣模式；
❑ 镜像到第 III 象限中   ... 顺铣模式；
❑ 镜像到第 IV 象限中   ... 逆铣模式。

使用镜像时，理解加工模式非常重要，逆铣模式得不到好的加工结果，它对工件表面质量和尺寸公差具有负面影响。

（6）圆弧运动方向

只对一根轴镜像时，圆弧刀具运动的改变只有一种结果，即任何编程的顺时针（G02）圆弧都会变成逆时针（G03）方向的，反之亦然。下面是沿一根轴镜像后圆弧方向改变的结果，同样也是基于第 I 象限：

❑ 第 I 象限：最初的圆弧是顺指针方向：
  第 II 象限：   逆时针切削；
  第 III 象限：   顺时针切削；
  第 IV 象限：   逆时针切削。
❑ 第 I 象限：最初的圆弧是逆时针方向：
  第 II 象限：   顺时针切削；
  第 III 象限：   逆时针切削；
  第 IV 象限：   顺时针切削。

必要时控制系统会自动完成 G02 和 G03 之间的转换，在大多数加工中，改变圆弧运动方向不会影响加工质量，铣削方向和圆弧方向可参考前面的图 41-3。

（7）程序开始和结束

使用镜像编程时，务必仔细考虑使用的编程方法，它与在单个象限（不使用镜像）内编程时使用的技巧略有区别。镜像有效时，除了机床原点返回外，程序中所有其他的运动都会发生镜像，这意味着以下几个考虑事项比较重要：

① 程序如何开始；
② 在什么地方应用镜像；
③ 什么时候取消镜像。

镜像程序通常在同一位置开始和结束，一般在工件的 $X0Y0$ 处。

41.2 设置镜像

镜像可以在控制单元中设置，它不需要特殊代码，因为它只包含一个象限的刀具运动，所以程序相对较短。并不是每一个程序都可以在没有很好规划的前提下进行镜像——必须从一开始就根据镜像对构建程序。

（1）控制器设置

大多数控制器上都设有一个屏幕设置或镜像扳动开关，两种设计都允许操作人员在友好的界面中设置某些参数，它不存在由于错误而覆盖其他参数的危险。使用屏幕设置时，其显示与下面的相似：

镜像 X 轴＝0（0：关 1：开）

镜像 Y 轴＝0（0：关 1：开）

这是缺省显示，此时两轴镜像都关闭（取消模式）。只在 X 轴上使用镜像时，要确保显示屏上的显示如下：

镜像 X 轴＝1（0：关 1：开）

镜像 Y 轴＝0（0：关 1：开）

只在 Y 轴上使用镜像时，要确保显示屏上的显示如下：

镜像 X 轴＝0（0：关 1：开）

镜像 Y 轴＝1（0：关 1：开）

最后，在两轴上同时使用镜像时，两轴的设置都为"开"：

镜像 X 轴＝1（0：关 1：开）

镜像 Y 轴＝1（0：关 1：开）

在取消镜像并回到正常编程模式时，XY 轴的设置都为零：

镜像 X 轴＝0（0：关 1：开）

镜像 Y 轴＝0（0：关 1：开）

图 41-5 所示为使用扳动开关"开"／"关"模式的镜像设置，大多数机床都有一个指示灯，当前镜像轴为"开"时灯变亮。

（2）手动设置镜像编程

图 41-6 所示的零件图需要在四个象限内分别加工 3 个孔，下面就以它为例，说明镜像的设置和编程过程。

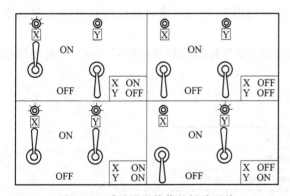

图 41-5 手动设置镜像的扳动开关

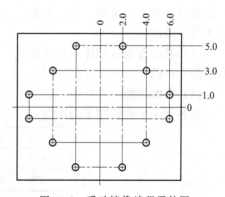

图 41-6 手动镜像编程零件图

手动设置镜像时，刀具运动只能在一个象限中（图 41-7），然后将它镜像到其他象限中去，图 41-8 对应于程序 O4101。

```
O4101（中心钻加工三个孔）
N1 G20
N2 G17 G40 G80
N3 G90 G54 G00 X0 Y0 S900 M03          (X0Y0)
N4 G43 Z1. 0 H01 M08
N5 G99 G82 X6. 0 Y1. 0 R0. 1 Z－0. 269 P300 F7. 0
N6 X4. 0 Y3. 0
```

```
N7 X2. 0 Y5. 0
N8 G80 Z1. 0 M09
N9 G28 Z1. 0 M05
N10 G00 X0 Y0                    (必须返回 X0Y0)
N11 M30
%
```

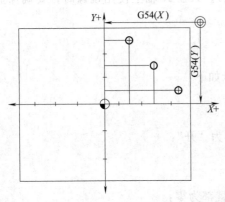

图 41-7　第Ⅰ象限中三个孔的编程刀具运动

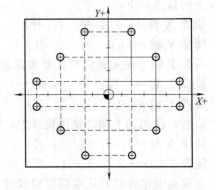

图 41-8　使用镜像后四个象限内的刀具运动

注意程序段 N3 中的第一个刀具运动，切削刀具位于 X0Y0 处，而该处没有孔！这是镜像程序中最重要的程序段，因为该点是四个象限的公共点！

41.3　可编程镜像

大多数控制器可以对镜像进行设置但不能编程，通常在 CNC 机床上而不是在程序中通过控制器设置产生镜像，另一方面，可编程镜像使用 M 功能（有时也使用 G 代码）且几乎都使用子程序。

控制器设置通过程序实现自动化，不同机床上的实际镜像程序代码不一样，但是使用的原则是一样的。

（1）镜像功能

在各例子中将使用下列功能：

M21	沿 X 轴镜像
M22	沿 Y 轴镜像
M23	取消镜像（两根轴都为"关"）

通过 M 功能设置每根轴的镜像。如果在一个功能有效时编写另一个功能，两者会同时有效，如果要使一根轴有效，则必须先取消当前有效的镜像功能。

完成刀具运动后要取消镜像模式。

（2）简单的镜像实例

图 41-6 中 3 个孔的加工程序 O4102 可以通过可编程镜像实现，孔的绝对位置存储在子程序 O4151 中：

```
O4151
N1 X6. 0 Y1. 0
N2 X4. 0 Y3. 0
```

N3 X2. 0 Y5. 0

N4 M99

%

主程序 O4102 使用镜像功能在不同的象限里调用子程序 O4151。

注意 X0Y0 位置是四个象限的公共点。

O4102	（主程序）
N1 G20	
N2 G17 G40 G80	
N3 M23	（镜像"关"）
N4 G90 G54 G00 X0 Y0 S900 M03	（X0Y0）
N5 G43 Z1. 0 H01 M08	
N6 G99 G82 R0. 1 Z－0. 269 P300 F7. 0 K0（L0）	
N7 M98 P4151	（第 I 象限）
N8 M21	（X轴镜像"开"）
N9 M98 P4151	（第 II 象限）
N10 M22	（Y轴镜像"开"）
N11 M98 P4151	（第 III 象限）
N12 M23	（镜像"关"）
N13 M22	（Y轴镜像"开"）
N14 M98 P4151	（第 IV 象限）
N15 G80 Z1. 0 M09	（取消循环）
N16 M23	（镜像"关"）
N17 G28 Z1. 0 M05	（Z轴机床原点）
N18 G00 X4. 0 Y6. 0	（安全自动换刀位置）
N19 M30	（程序结束）
%	

（3）完整的镜像实例

镜像应用的完整实例如图 41-9 所示，它包含的刀具运动更复杂，使用两把刀具进行编程。程序同时还使用坐标转换指令 G52、自动换刀、固定循环、插补运动和刀具半径补偿，它需要两个子程序：O4152 用于钻削三个孔，O4153 用于铣槽。

O4152（钻孔子程序）	
N101 X0. 125 Y0. 125	（中间的孔）
N102 X1. 5	（X轴方向的孔）
N103 X0. 125 Y1. 5	（Y轴方向的孔）
N104 X0 Y0 K0（L0）	（钢板中心没有孔）
N105 M99	（子程序 O4152 结束）
%	

子程序 O4152 只包含第 I 象限内的三个孔，不包括循环调用，返回钢板中心（N4）时仍处于循环模式中，它使用 K0/L0 向量。

O4153（铣削子程序）	
N201 G00 X1. 5 Y1. 5	（槽中心）
N202 G01 Z－0. 25 F3. 0	
N203 G03 X0. 5 Y0. 5 I0 J－1. 0 F5. 0	
N204 G01 X1. 5	
N205 G41 D01 X1. 365 Y0. 485	（开始加工槽）

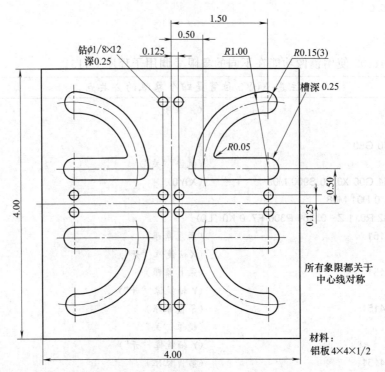

图 41-9　可编程镜像实例（使用主程序 O4103 以及子程序 O4152 和 O4153）

N206 G03 X1. 5 Y0. 35 I0. 135 J0

N207 X1. 65 Y0. 5 I0 J0. 15

N208 X1. 5 Y0. 65 I - 0. 15 J0

N209 G01 X0. 7254

N210 G02 X0. 6754 Y0. 7 I0 J0. 05

N211 X0. 677 Y0. 7125 I0. 05 J0

N212 X1. 5 Y1. 35 I0. 823 J - 0. 2125

N213 G03 X1. 65 Y1. 5 I0 J0. 15

N214 X1. 5 Y1. 65 I - 0. 15 J0

N215 X0. 35 Y0. 5 I0 J - 1. 15

N216 X0. 5 Y0. 35 I0. 15 J0

N217 G01 X1. 5

N218 G03 X1. 635 Y0. 485 I0 J0. 135

N219 G01 G40 X1. 5 Y0. 5　　　　　　　　（槽加工结束）

N220 G00 Z0. 1

N221 X0 Y0　　　　　　　　　　　　　　　（运动到钢板中心）

N222 M99　　　　　　　　　　　　　　　　（子程序 O4153 结束）

%

　　子程序 O4153 中的槽加工也使用第 I 象限，刀具在槽中心线开始粗加工半径以及侧壁，接着使用刀具半径补偿，完成槽的精加工。与钻孔一样，子程序在程序段 N221 中于钢板中心结束。程序 O4103 调用两个子程序，如果使用更多刀具，编程方法不变。

O4103（主程序）

（使用子程序 O4152 和 O4153）

（X0Y0 位于左下角 - Z0 在工件顶部）

（M21＝ X 轴镜像 "开"）

（M22＝ Y 轴镜像 "开"）

（M23＝ 镜像 "关"）

（T01 － φ1/8 短钻头）

N1 G17 G20 G40 G80 G49	（启动程序段）
N2 T01 M06	（换刀）
N3 G52 X2. 0 Y2. 0 M23	（镜像 "关"）
N4 G90 G54 G00 X0 Y0 S1800 M03 T02	
N5 G43 Z1. 0 H01 M08	
N6 G99 G81 R0. 1 Z － 0. 269 F4. 0 K0	（L0）
N7 M98 P4152	（第 Ⅰ 象限）
N8 M21	（X 轴镜像 "开"）
N9 M98 P4152	（第 Ⅱ 象限）
N10 M22	（Y 轴镜像 "开"）
N11 M98 P4152	（第 Ⅲ 象限）
N12 M23	（镜像 "关"）
N13 M22	（镜像 "开"）
N14 M98 P4152	（第 Ⅳ 象限）
N15 G80 M09	（循环取消）
N16 M23	（镜像 "关"）
N17 G52 X0 Y0	
N18 G28 Z0. 1 M05	
N19 G00 X4. 0 Y6. 0	（安全自动换刀位置）
N20 M01	（可选择暂停）

（T02 － φ1/4 中心切削立铣刀）

N21 T02 M06	（T02 安装到主轴上）
N22 G52 X2. 0 Y2. 0 M23	（镜像 "关"）
N23 G90 G54 G00 X0 Y0 S2500 M03 T01	
N24 G43 Z0. 1 H02 M08	
N25 M98 P4153	（第 Ⅰ 象限）
N26 M21	（X 轴镜像 "开"）
N27 M98 P4153	（第 Ⅱ 象限）
N28 M22	（Y 轴镜像 "开"）
N29 M98 P4153	（第 Ⅲ 象限）
M30 M23	（镜像 "关"）
N31 M22	（Y 轴镜像 "关"）
N32 M98 P4153	（第 Ⅳ 象限）
N33 M23	（镜像 "关"）
N34 G52 X0 Y0 M09	
N35 G28 Z0. 1 M05	
N36 G00 X4. 0 Y6. 0	（安全自动换刀位置）
N37 M30	（程序结束）
%	

注意 G52 的用法。为了正确使用镜像，程序原点必须定义在镜像线（镜像轴）上，由于该工作需要两条线（轴），所以钢板的中心必须是编程原点。不管在刀具还是程序结束时，

都不需要返回 X 和 Y 轴机床原点，所要做的只是定位在一个安全的位置进行换刀。

41.4　CNC 车床上的镜像

　　镜像功能主要用在 CNC 加工中心中，它在车床上的应用仅限于具有两个刀塔的车床，即主轴中心线两侧各有一个，实际的镜像使用 X 轴（主轴中心线）作为镜像轴且两个刀塔的编程方法完全一样。

　　镜像加工可单独使用，也可与其他的功能一起使用，比如坐标旋转和比例缩放功能。

第42章　坐标旋转

编程刀具运动能加工出分布模式、轮廓或者型腔，可定义一个点，使其旋转特定角度，控制器拥有该功能后，编程过程就变得更加容易、灵活和有效。这一功能强大的编程功能通常是特殊的控制器选项，称为坐标系旋转或坐标旋转。

坐标旋转最重要的应用之一，是图纸指定的工件与坐标轴正交但成一定的角度时，正交模式定义了水平和竖直方向，也就是说刀具运动平行于机床主轴。正交模式的编程比计算倾斜方向上各轮廓拐点的位置要容易得多，比较图 42-1 所示的两个矩形。

图 42-1（a）为矩形的正交定位，图 42-1（b）是逆时针方向旋转 10°后的相同矩形，手动编写图 42-1（a）的刀具路径非常容易，且可以通过控制器将刀具路径转换为图 42-1（b）的刀具路径。坐标旋转功能是一个特殊选项，它是控制系统中不可或缺的一部分。

从数学角度上说，坐标旋转功能只需要三个要素（旋转中心、旋转角度以及刀具路径）来定义旋转工件。

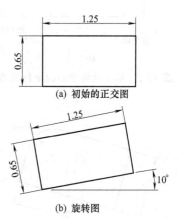

图 42-1　初始的正交图和旋转图

42.1　旋转指令

坐标旋转使用两个准备功能分别表示该功能的"开"和"关"，它们是：

G68	坐标系旋转"开"
G69	坐标系旋转"关"

指令 G68 根据旋转中心（也称为极点）和旋转角度激活坐标系旋转：

G68 X..Y..R..

其中　X——旋转中心的绝对 X 坐标；
　　　Y——旋转中心的绝对 Y 坐标；
　　　R——旋转角度。

（1）旋转中心

XY 坐标定义旋转中心（极点），它是一个特殊点，旋转通常绕该点进行——根据所选的工作平面，可以用两根轴来定义该点。

❏ 在 G17 平面中，使用 XY 坐标定义旋转中心；
❏ 在 G18 平面中，使用 XZ 坐标定义旋转中心；
❏ 在 G19 平面中，使用 YZ 坐标定义旋转中心。

使用旋转指令 G68 之前，必须在程序中输入平面选择指令 G17、G18 或 G19。工作平面的相关介绍可参见第 31 章。

如果没有指定 G68 指令的旋转中心坐标，那么当前刀具位置成为缺省的旋转中心，该方法在任何情况下都不实用，也不推荐使用。

（2）旋转半径

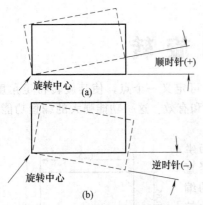

顺时针(+)

旋转中心

(a)

逆时针(-)

旋转中心

(b)

图 42-2　基于旋转中心的坐标旋转方向

G68 的角度由 R 值指定，单位是度，它从定义的中心开始测量。R 值的小数位数将成为角度值，R 为正时表示逆时针旋转，R 为负时表示顺时针旋转，如图 42-2 所示。

作为基本的编程实例，这里使用一个简图，比如带有圆角的矩形零件，如图 42-3 所示。

包括趋近和远离工件在内的实际刀具路径，通常不包含在工程图中，这里要注意：如果旋转中包括刀具趋近和（或）远离运动，程序原点也可能旋转。图 42-4 中，零件以左下角为旋转中心逆时针旋转 15°。

这里可以先忽略旋转角度，而以正交位置进行编程，也就是垂直于各轴，如图 42-4 所示。

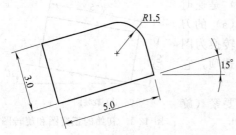

图 42-3　零件图中的工件定位

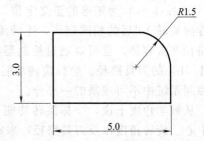

图 42-4　程序中的工件定位（使用 G68 指令）

在实际切削中，要确定旋转中是否包括刀具趋近运动，这是非常重要的决定。图 42-5 所示为上述两种可能性以及坐标旋转对程序原点的影响，两种情况下趋近刀具路径的起点和终点在相同的位置，即 $X-1.0$ 和 $Y-1.0$（安全间隙位置）。

下面的程序 O4201 是图 42-5（a）中包括程序原点旋转的例子，如果程序原点不旋转，则只包含 G68 和 G69 指令之间的工件轮廓加工路径，而不包括刀具趋近或退回运动。同时也要注意程序段 N2 中的 G69，这里为了安全而使用了坐标模式取消。

O4201

N1 G20

N2 G90　　　　　　　　　　　　（如果需要则取消旋转）

N3 G17 G80 G40

N4 G90 G54 G00 X - 0. 1 Y - 0. 1 S800 M03

N5 G43 Z0. 1 H01 M08

N6 G01 Z - 0. 375 F10. 0

N7 G68 X - 1. 0 Y - 1. 0 R15. 0

N8 G41 X - 0. 5 Y - 0. 5 D51 F20. 0

N9 Y3. 0

N10 X3. 5

N11 G02 X5. 0 Y1. 5 I0 J-0. 5

N12 G01 Y0

N13 X - 0. 5

N14 G40 X - 1. 0 Y - 1. 0 M09

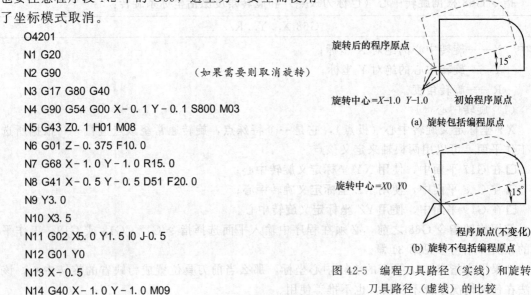

旋转后的程序原点

旋转中心=$X-1.0$　$Y-1.0$

初始程序原点

(a) 旋转包括编程原点

旋转中心=$X0$　$Y0$

程序原点(不变化)

(b) 旋转不包括编程原点

图 42-5　编程刀具路径（实线）和旋转刀具路径（虚线）的比较

N15 G69　　　　　　　　　　（取消旋转）
N16 G28 X‑1.0 Y‑1.0 Z1.0 M05
N17 M30
%

该程序是在工件正交时（旋转角度为 0°）编写的，但可使用坐标系旋转功能在 15°位置进行加工。

本例中的程序段 N8 包含刀具半径补偿 G41，坐标旋转包括任何编程的刀具偏置或补偿。

（3）取消坐标旋转

G69 指令取消坐标旋转功能并使控制系统返回标准的正交状态，就如例 O4201 中的一样，通常在单独程序段中编写 G69 指令。

（4）常见应用

如前所述，大多数 CNC 机床根本没有坐标旋转功能或者只是作为一个可选功能使用，该功能在两个特殊的加工应用领域中非常有用。

❏ 工作中需要在一定角度加工直角工件（根据图纸需求），前面的例子属于该类；

❏ 由于机床行程限制，加工中心中 X 和（或）Y 轴行程较短，且工件以一定角度位于工作台上时。

如果满足下面两个主要条件，那么第二种应用在坐标系旋转中非常有用：

❏ 工作区域必须能容纳旋转工件；

❏ 安装的角度必须已知。

图 42‑6 中，工作区域不能容纳正交的工件，但旋转后完全可以。

这种方法很有效，但有时不能实施，100in 长的工件不能放置在只有 20in 长的工作区域。然而，即使这种编程技巧不是很常用，但在很多情况下确实非常有用。本例只介绍了使用的一般规则，如果定位角度未知，可以在安装工件的两个位置间使用指示器，并用三角法进行计算，这种安装在某些情况下可能需要特殊的夹具。

不要混淆工作区域和工作台尺寸这两个概念。

工作台尺寸通常大于工作区域，以进行装夹并提供一定的附加空间。工作区域则用于编程以及装夹，它通常用刀具运动的极限行程来定义，工作区域必须能容纳所有的编程刀具运动和安全间隙，包括刀具半径补偿有效时的刀具运动。

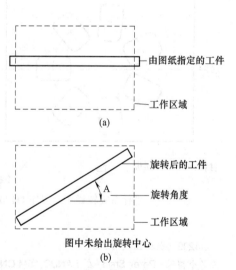

图 42‑6　应用坐标旋转以使工作区域
能容纳较长工件

42.2　实际应用

很多情况下，与坐标旋转一起使用的子程序非常有效，比如铣削多边形或加工螺栓圆周的应用。图 42‑7 所示的零件图看起来非常简单，但它却包含相当多的编程内容。

必须估量编程需求和条件。程序的核心是用 φ0.250 的立铣刀（中心切削型）加工 7 个型腔，为了让程序更可行，这里不使用一次加工至所需深度 0.235 的方法，而是采用每次

0.050 的最大切削深度，程序也在型腔侧壁上留出了精加工余量（每侧 0.0075），此外所有尖锐的棱边都要倒出最小的倒角。一共只需要使用三把刀具：

ϕ3.0 平面铣刀；

ϕ1/4 中心切削立铣刀；

ϕ3/8 倒角刀。

这是一个非常先进的编程应用，在一开始可能会对程序有些不理解，随着经验的积累，理解该程序就很容易了，希望括号中的注释会有助于理解。

主程序 O4202 需要 4 个子程序，虽然有些地方难以理解，但有一个关键因素绝对重要，在两个子程序中也就是下面的程序段：

G91 G68 X0 Y0 R51. 429

其目的是以一定的角度切换到下一个型腔的位置，X0Y0 保持不变，它始终是绝对值，只有角度会因使用 G91 指令而增加。

本例不仅很好地阐释了坐标系旋转，而且也使用了子程序以及其他附加功能等先进的编程方法。不使用先进的编程方法也可以完成编程，但是程序会变得很长且几乎不可能在机床上对程序进行优化。下面是完整的程序（O4202），这是长期经验的结晶，只要遵循其过程和结构，应该不会出错。程序 O4202 中型腔的俯视图和主视图如图 42-8 所示。

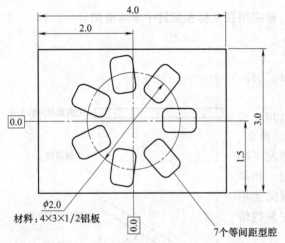

图 42-7　坐标系旋转详例（程序 O4202）

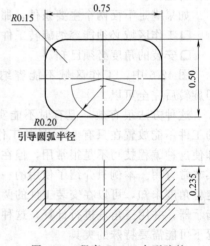

图 42-8　程序 O4202 中型腔的
俯视图和主视图

```
O4202（坐标系旋转）
（7 个型腔- Peter Smid -在 FANUC 15M CNC 系统上校验）
（参数# 6400 位# 0 -RIN-必须设置为 1，以使用 G90 和 G91）
（材料 4×3×1/2 铝板—水平放置）
（X0Y0 是 $\phi$2.0 圆周的圆心-Z0 位于铝板已加工的顶部）

（T01：$\phi$3.0 平面铣刀，快速切削清理上表面）
（T02：$\phi$1/4 中心切削立铣刀，最大切削深度为 0.05）
（T03：$\phi$3/8 倒角刀，90°，最小倒角）
（T02/D51：粗加工型腔侧壁偏置，建议使用 0.140，每侧 0.0075）
（T02/D52：精加工型腔侧壁补偿，建议使用 0.125）
（T03/D53：倒角偏置，建议使用 0.110，有待调整）
（旋转增量：360/7=51. 429°）
```

(T01：φ3.0 平面铣刀，快速清理上表面)

N1 G20　　　　　　　　　　　　　　　　　　　　(英制单位)

N2 G69　　　　　　　　　　　　　　　　　　　　(如果坐标旋转有效则取消)

N3 G17 G40 G80 T01　　　　　　　　　　　　　(如果没准备好则搜索 T01)

N4 M06　　　　　　　　　　　　　　　　　　　　(T01 安装到主轴上)

N5 G90 G54 G00 X-1.375 Y-3.25 S3500 M03 T02　　(平面铣削的 XY 起始位置)

N6 G43 Z1.0 H01 M08　　　　　　　　　　　　　(进行装夹的 Z 轴安全间隙-冷却液开)

N7 G01 Z0 F30.0　　　　　　　　　　　　　　　(拟进行平面铣削的已加工工件上表面)

N8 Y3.125 F15.0　　　　　　　　　　　　　　　(左侧平面铣削)

N9 G00 X1.375　　　　　　　　　　　　　　　　(运动到右侧)

N10 G01 Y-3.25　　　　　　　　　　　　　　　(右侧平面铣削)

N11 G00 Z1.0 M09　　　　　　　　　　　　　　(Z 轴方向退刀-冷却液关)

N12 G28 Z1.0 M05　　　　　　　　　　　　　　(Z 轴原点进行换刀)

N13 M01　　　　　　　　　　　　　　　　　　　(可选择暂停)

(T02：φ1/4 中心切削立铣刀，最大切削深度为 0.05)

N14 T02　　　　　　　　　　　　　　　　　　　(如果没准备好则搜索 T02)

N15 M06　　　　　　　　　　　　　　　　　　　(T02 安装到主轴上)

N16 G69　　　　　　　　　　　　　　　　　　　(如果坐标旋转有效则取消)

N17 G90 G54 G00 X1.0 Y0 S2000 M03 T03　　　　(第 1 个型腔中心的 XY 起始位置)

N18 G43 Z1.0 H02 M08　　　　　　　　　　　　(进行装夹的 Z 轴安全间隙-冷却液开)

N19 G01 Z0.02 F30.0　　　　　　　　　　　　　(在型腔底部留出 0.005 的余量)

N20 M98 P4252 L7　　　　　　　　　　　　　　(对 7 个型腔进行粗加工和精加工)

N21 G69　　　　　　　　　　　　　　　　　　　(如果坐标旋转有效则取消)

N22 G90 G00 Z1.0 M09　　　　　　　　　　　　(Z 轴方向退刀，冷却液关)

N23 G28 Z1.0 M05　　　　　　　　　　　　　　(Z 轴原点进行换刀)

N24 M01　　　　　　　　　　　　　　　　　　　(可选择暂停)

(T03：φ3/8 倒角刀，90°，最小倒角)

N25 T03　　　　　　　　　　　　　　　　　　　(如果没准备好则搜索 T03)

N26 M06　　　　　　　　　　　　　　　　　　　(T03 安装到主轴上)

N27 G69　　　　　　　　　　　　　　　　　　　(如果坐标旋有效则取消)

N28 G90 G54 G00 X-2.5 Y-2.0 S4000 M03 T01　　(圆周倒角的 XY 起始位置)

N29 G43 Z1.0 H03 M08　　　　　　　　　　　　(进行装夹的 Z 轴安全间隙，冷却液开)

N30 G01 Z-0.075 F50.0　　　　　　　　　　　　(倒角绝对深度 Z-0.075)

N31 G41 X-2.0 D53 F12.0　　　　　　　　　　　(趋近运动以及半径补偿)

N32 Y1.5　　　　　　　　　　　　　　　　　　(左侧棱边倒角)

N33 X2.0　　　　　　　　　　　　　　　　　　(顶部棱边倒角)

N34 Y-1.5　　　　　　　　　　　　　　　　　(右侧棱边倒角)

N35 X-2.5　　　　　　　　　　　　　　　　　(底部棱边倒角)

N36 G00 G40 Y-2.0　　　　　　　　　　　　　　(返回起始点并取消偏置)

N37 Z0.1　　　　　　　　　　　　　　　　　　(工件上方的安全位置)

N38 X1.0 Y0　　　　　　　　　　　　　　　　(运动到第 1 个型腔的中心)

N39 M98 P4254 L7　　　　　　　　　　　　　　(对 7 个型腔进行倒角)

N40 G69　　　　　　　　　　　　　　　　　　　(如果坐标旋转有效则取消)

N41 G90 G00 Z1.0 M09　　　　　　　　　　　　(Z 轴方向退刀，冷却液关)

```
N42 G28 Z1.0 M05                              （Z轴原点进行换刀）
N43 X-2.0 Y8.0                                （更换工件位置）
N44 M30                                       （主程序 O4202 结束）
%


O4251                                         （0°位置的刀具路径，第 1 个型腔）
N101 G91 Z-0.05                               （从型腔中心开始，进给量 0.05）
N102 M98 P4253                                （型腔轮廓，使用 O4253 进行粗加工）
N103 M99                                      （子程序 O4251 结束）
%


O4252                                         （型腔铣削子程序）
N201 M98 P4251 D51 F5.0 L5                     （分 5 次粗加工到绝对深度 Z-0.230）
N202 Z-0.005                                  （精加工到最终绝对深度 Z-0.235）
N203 M98 P4253 D52 F4.0                        （型腔轮廓，使用 O4253 加工到最终深度）
N204 G90 G00 Z0.02                            （返回绝对模式以及 Z 轴安全位置）
N205 G91 G68 X0 Y0 R51.429                     （下一个型腔的角度增量）
N206 G90 X1.0 Y0                              （运动到旋转后的下一 XY 轴起始位置）
N207 M99                                      （子程序 O4252 结束）
%


O4253                                         （0°位置的刀具路径，第 1 个型腔）
N301 G41 X-0.2 Y-0.05                          （直线导入运动）
N302 G03 X0.2 Y-0.2 I0.2 J0                     （圆弧导入运动）
N303 G01 X0.225 Y0                            （轮廓右侧的底部侧壁）
N304 G03 X0.15 Y0.15 I0 J0.15                   （轮廓右下角的拐角半径）
N305 G01 X0 Y0.2                              （轮廓右侧侧壁）
N306 G03 X-0.15 Y0.15 I-0.15 J0                 （轮廓右上角的拐角半径）
N307 G01 X-0.45 Y0                            （轮廓上边的侧壁）
N308 G03 X-0.15 Y-0.15 I0 J-0.15                （轮廓左上角的拐角半径）
N309 G01 X0 Y-0.2                             （轮廓左侧侧壁）
N310 G03 X0.15 Y-0.15 I0.15 J0                  （轮廓左下角的拐角半径）
N311 G01 X0.225 Y0                            （轮廓左侧的底部侧壁）
N312 G03 X0.2 Y0.2 I0 J0.2                      （圆弧导出运动）
N313 G01 G40 X-0.2 Y0.05                        （直线导出运动）
N314 M99                                      （子程序 O4253 结束）
%


O4254                                         （型腔倒角子程序）
N401 G91 G01 Z-0.175 F50.0                      （型腔倒角绝对深度为 Z-0.075）
N402 M98 P4253 D53 F8.0                        （型腔轮廓，使用 O4253 进行倒角）
N403 G90 G00 Z0.1                             （返回绝对模式以及 Z 轴安全位置）
N404 G91 G68 X0 Y0 R51.429                     （下一个型腔的角度增量）
N405 G90 X1.0 Y0                              （运动到旋转后的下一 XY 轴起始位置）
N406 M99                                      （子程序 O4254 结束）
%
```

第43章 比例缩放功能

CNC 加工中心的编程刀具运动在刀具半径偏置有效的情况下通常代表图纸尺寸。有时需要重复已编写的刀具路径，但其加工大于或小于初始加工，即保持一定的比例，为实现这一目的，可使用所谓的比例缩放功能。注意以下重要两点：

❑ 比例缩放功能在许多控制器中是可选项，但并不是在所有的机床上都可以使用；
❑ 该功能还需要使用某些系统参数。

为了使 CNC 编程更为灵活，比例缩放功能可以与其他功能同时使用，通常是前面三章中介绍的内容：基准偏移、镜像、坐标系旋转。

43.1 概述

CNC 机床系统在所有的编程运动中使用比例缩放因子，这意味着改变所有轴的编程值。比例缩放过程就是将各轴的值乘上比例缩放因子，CNC 程序员必须给出比例缩放中心和比例缩放因子。通过控制系统参数，能设定比例缩放功能在三根轴上是否有效，但它对任何附加轴都不起作用，比例缩放功能大多用于 X 轴和 Y 轴。

特定设置和预先设置的值（即各种偏置）不受比例缩放功能影响，比例缩放功能有效时不会改变下列偏置功能：

❑ 刀具半径偏置值　　　　　...G41-G42/D；
❑ 刀具长度偏置值　　　　　...G43-G44/H；
❑ 刀具位置偏置值　　　　　...G45-G48/H。

在固定循环中，还有另外两种情况也不受比例缩放功能的影响：

❑ G76 和 G87 循环中 X 和 Y 轴的偏移量；
❑ G83 和 G73 循环中的深孔钻深度 Q；
❑ G83 和 G73 循环中存储的返回量。

比例缩放功能的用途

加工车间中有许多缩放现有刀具路径的应用，它们可以节省很多额外的工作时间，以下是 CNC 工作中可以受益于比例缩放功能的几个常见应用：

❑ 几何尺寸相似的工件；
❑ 使用内置缩放因子的加工；
❑ 模具生产；
❑ 英制和公制尺寸之间的换算；
❑ 改变雕刻特征的尺寸。

不管是何种应用，比例缩放功能都是产生一个大于或小于原刀具路径的新刀具路径。因此比例缩放功能常用于现有刀具路径的放大（增加尺寸）或缩小（减小尺寸），如图 43-1 所示。

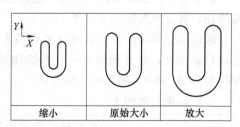

图 43-1　原始工件与缩放图

43. 2　编程格式

为了给控制单元提供所需的信息，程序员必须提供下列信息数据：

❑ 比例缩放中心　...缩放中心点（比例缩放原点）；

❑ 比例缩放因子　...缩小或放大。

比例缩放功能使用的两个典型准备功能是 G51 以及取消比例缩放指令 G50：

G50	取消比例缩放模式	比例缩放功能"关"
G51	激活比例缩放模式	比例缩放功能"开"

比例缩放功能的编程格式如下：

G51 I..J..K..P..

其中　I——比例缩放中心的 X 坐标（绝对值）；

　　　J——比例缩放中心的 Y 坐标（绝对值）；

　　　K——比例缩放中心的 Z 坐标（绝对值）；

　　　P——比例缩放因子（增量为 0.001 或 0.00001）。

要得到最好的结果，必须在单独程序段中编写 G51 指令，与机床原点复位相关的指令，也就是 G27、G28、G29 和 G30，通常应该在比例缩放功能"关"模式下编写，如果位置寄存器使用 G92 指令（只针对老式控制器），也应确保在比例缩放功能"关"模式下编写。使用比例缩放功能前，应使用 G40 指令取消刀具半径偏置指令 G41/G42，其他的指令和功能可以有效，包括工件偏置指令 G54~G59 以及其他指令。

（1）比例缩放中心

比例缩放中心决定缩放后刀具路径的位置。

一些高端 Fanuc 控制器使用 $I/J/K$ 分别指定 $X/Y/Z$ 轴上的比例缩放中心点，这些值通常使用绝对值编程。因为比例缩放中心控制刀具路径缩放的位置，所以了解以下主要原则非常重要：

工件从（或朝向）比例缩放中心沿各轴等比例缩小或放大，如图 43-2 所示。

为了了解较为复杂的轮廓形状，可以比较同时包括初始轮廓和缩放后轮廓的图 43-3。图中显示了两条刀具路径（A 和 B）和比例缩放中心 C，根据比例缩放因子的大小，刀具路径为 $A1$~$A8$ 或者 $B1$~$B8$。

图中点 $A1$ 到点 $A8$ 以及点 $B1$ 到点 $B8$ 表示刀具路径的轮廓拐点。

⮌ 如果刀具路径 $A1$~$A8$ 是初始路径，那么刀具路径 $B1$~$B8$ 是关于点 C 的缩放后的刀具路径，其比例缩放因子小于 1。

⮌ 如果刀具路径 $B1$~$B8$ 是初始路径，那么刀具路径 $A1$~$A8$ 是关于点 C 的缩放后的刀具路径，其比例缩放因子大于 1。

通过虚线连接的各个点可以更容易看清楚比例缩放功能，虚线从中心点 C 开始，始终连接轮廓拐点，点 B 始终是中心点 C 和对应的点 A 的中间点，实际上也就意味着 C 点到 $B5$ 的距离和 $B5$ 到 $A5$ 的距离是相等的。

（2）比例缩放因子

比例缩放因子决定缩放后刀具路径的大小。

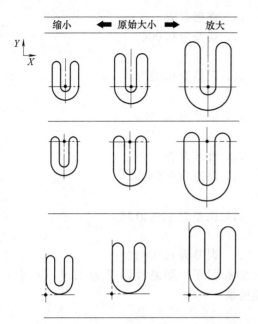

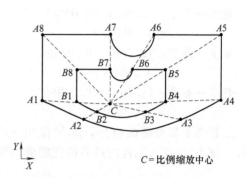

图 43-2 基于比例缩放中心缩放后工件位置的比较　图 43-3 比例缩放中心对工件缩放的影响

最大比例缩放因子与最小比例缩放因子直接相关。更先进的 CNC 系统能通过系统参数在内部预先设置最小比例因子（0.001 或 0.0001），一些老式型号只能设置 0.001 为最小比例缩放因子，比例缩放因子独立于程序中所使用的单位（G20 或 G21）。

如果最小比例因子设为 0.001，可编程的最大比例因子为 999.999；如果最小比例因子设为 0.00001，可编程的最大比例因子为 9.99999。程序员必须考虑大比例因子对精度的影响，反之亦然。对于大多数缩放应用，0.001 的最小比例因子已经足够。

- ❑ 比例因子＞1　　　　　...放大；
- ❑ 比例因子＝1　　　　　...不变；
- ❑ 比例因子＜1　　　　　...缩小。

如果 G51 程序段中没有使用 P 地址，系统参数的设置将自动有效。

（3）比例缩放中的舍入误差

任何转换过程都可能由于舍入误差而导致不精确的结果，例如英制到公制的转换使用 25.4 的标准放大因子，要将编程值 1.5in 转换成相应的毫米值，将英寸值乘以 25.4：

$$1.5in×25.4＝38.1mm$$

在这种情况下转换结果 100％的准确，下面对 1.5625in 进行换算：

$$1.5625in×25.4＝39.6875mm$$

到目前为止仍没有问题，使用英制单位编程通常可使用四位小数，所以计算所得的公制值同样 100％地准确。

从毫米到英寸的换算略有区别，从毫米到英寸的比例缩放因子为 0.039370079（精确到小数点后九位），然而编程时比例缩放因子只精确到小数点后三位或五位，这意味着比例因子的舍入将导致转换误差，大多数情况下舍入结果是可以接受的，但在误差确实会影响加工时一定要认真考虑。

比较使用不同舍入比例缩放因子转换 12.7mm 时的误差大小，12.7mm 恰好等于 0.500in：

- ➲ 使用 0.001 的最小比例缩放因子：

毫米→英寸：12.7mm×0.039   ... 首选方法
              =0.4953in   ... 误差为 0.0047

毫米→英寸：12.7mm×0.038
              =0.4826in   ... 误差为 0.0174

毫米→英寸：12.7mm×0.040
              =0.5080in   ... 误差为 0.0080

➲ 使用 0.00001 的最小比例缩放因子：

毫米→英寸：12.7mm×0.03937   ... 首选方法
              =0.499999in   ... 误差为 0.000001

毫米→英寸：12.7mm×0.03938
              =0.500126in   ... 误差为 0.000126

毫米→英寸：12.7mm×0.03936
              =0.499872in   ... 误差为 0.000128

上述例子是极端的应用，如果使用 5% 的缩放因子，即缩放因子为 1.05（放大）或 0.95（缩小），那么工件的最终精度能满足预期要求。

43.3 程序实例

第一个例子非常简单，如图 43-4 所示。

程序 O4301 是基本的轮廓加工程序，它使用一把切削刀具且仅在工件外围加工一次，它是未使用缩放功能的正常编程。

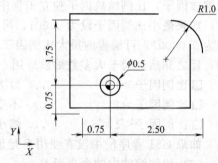

O4301（使用 **G54** 的基本程序-不使用比例缩放功能）
N1 G20
N2 G17 G40 G80
N3 G90 G00 G54 X‐1.25 Y‐1.25 S800 M03
N4 G43 Z1.0 H01 M08
N5 G01 Z‐0.7 F50.0
N6 G41 X‐0.75 D51 F25.0
N7 Y1.75 F15.0
N8 X1.5
N9 G02 X2.5 Y0.75 I0 J‐1.0
N10 G01 Y‐0.75
N11 X‐1.25
N12 G40 Y‐1.25 M09
N13 G00 Z1.0
N14 G28 Z1.0
N15 G28 X‐1.25 Y‐1.25
N16 M30
%

图 43-4 比例缩放功能示意图
（程序 O4301 和 O4302）

程序 O4302 是程序 O4301 的修改版，该程序使用 1.05 的比例缩放因子（或 5% 的放大因子），并且以 X0Y0Z0 为比例缩放中心，G51 中的 K0 可以省略。

O4302（程序 O4301 中使用 **1.05** 的比例缩放因子）
N1 G20

N2 G17 G40 G80

N3 G50　　　　　　　　　　　　　　　　（比例缩放"关"）

N4 G90 G00 G54 X－1.25 Y－1.25 S800 M03

N5 G43 Z1.0 H01 M08

N6 G51 I0 J0 K0 P1.050　　　　　　　　　（以 X0Y0Z0 为缩放中心）

N7 G01 Z－0.7 F50.0

N8 G41 X－0.75 D51 F25.0

N9 Y1.75 F15.0

N10 X1.5

N11 G02 X2.5 Y0.75 I0 J－1.0

N12 G01 Y－0.75

N13 X－1.25

N14 G40 Y－1.25 M09

N15 G50　　　　　　　　　　　　　　　　（比例缩放"关"）

N16 G00 Z1.0

N17 G28 Z1.0

N18 G28 X－1.25 Y－1.25

N19 M30

%

　　程序 O4303 更为复杂，图 43-5 为初始轮廓，图 43-6 所示则为使用新比例因子后的轮廓。程序以最小的缩放比例开始依次进行加工，注意非常重要的程序段 N712 和 N713，每一轮廓都必须从初始起点开始加工！

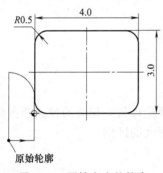

图 43-5　原始大小的轮廓

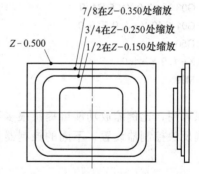

图 43-6　三个深度上的缩放轮廓图

O4303（主程序）

（比例缩放功能-在 YASNAC I80 上验证）

（T01=φ1.0 立铣刀）

N1 G20

N2 G50　　　　　　　　　　　　　　　　（比例缩放取消）

N3 G17 G40 G80 T01

N4 M06

N5 G90 G54 G00 X－1.0 Y－1.0 S2500 M03

N6 G43 Z0.5 H01 M08

N7 G01 Z－0.125 F12.0　　　　　　　　　（设置深度）

N8 G51 I2.0 J1.5 P0.5　　　　　　　　　（在 Z－0.125 位置缩放 0.5 倍）

N9 M98 P7001　　　　　　　　　　　　　（加工正常轮廓）

N10 G01 Z－0. 25　　　　　　　　　（设置深度）
N11 G51 I2. 0 J1. 5 P0. 75　　　　　（在 Z－0. 250 位置缩放 0. 75 倍）
N12 M98 P7001　　　　　　　　　　（加工正常轮廓）
N13 G01 Z－0. 35　　　　　　　　　（设置深度）
N14 G51 I2. 0 J1. 5 P0. 875　　　　（在 Z－0. 350 位置缩放 0. 875 倍）
N15 M98 P7001　　　　　　　　　　（加工正常轮廓）
N16 M09
N17 G28 Z0. 5 M05
N18 G00 X－2. 0 Y10. 0
N19 M30
%

O7001 （G51 缩放子程序）
（D51＝ 车刀半径）
N701 G01 G41 X0 D51
N702 Y2. 5 F10. 0
N703 G02 X0. 5 Y3. 0 R0. 5
N704 G01 X3. 5
N705 G02 X4. 0 Y2. 5 R0. 5
N706 G01 Y0. 5
N707 G02 X3. 5 Y0 R0. 5
N708 G01 X0. 5
N709 G02 X0 Y0. 5 R0. 5
N710 G03 X－1. 0 Y1. 5 R1. 0
N711 G01 G40 Y－1. 0 F15. 0
N712 G50　　　　　　　　　　　　（比例缩放"关"）
N713 X－1. 0 Y－1. 0　　　　　　　（返回初始起点）
N714 M99
%

　　如果可用，比例缩放功能可提供很多可能性，通常要检查所有相关的控制器参数以确保程序正确反映控制器设置，不同的控制器型号之间存在很大的区别。

第 44 章　CNC 车床配件

任何 CNC 机床都可以装备配件，以增加其功能或在某些方面更为实用，事实上大多数 CNC 机床或多或少都有一些配件，要么是标准配件，要么是可选配件。加工中心有分度工作台和旋转工作台、托盘、直角铣头等，这些配件都比较复杂，很好地理解这些配件的功能需要一定的时间。除了动力刀座（在单独章节中介绍），许多 CNC 车床也使用大量易于编程的配件，下面是一些最常见和最值得关注的可编程配件：

- ❑ 卡盘控制器；
- ❑ 尾架顶尖套筒；
- ❑ 双向刀塔分度；
- ❑ 棒料进给器。

其他几个特征也可作为可编程选项：

- ❑ 工件抓取器（卸载器）；
- ❑ 弹出机械手；
- ❑ 尾架和尾架顶尖套筒；
- ❑ 中心架/跟刀架；
- ❑ 工件制动器；
- ❑ 根据机床设计的其他配件。

其中有些配件十分常见，所以有必要进行详细介绍并给出一些编程应用实例。

44.1　卡盘控制器

在手工操作中，当 CNC 操作人员踩下脚踏开关时，安装在机床床头箱上的卡盘、夹头或特殊夹具松开或夹紧。出于安全考虑，卡盘在旋转时不能打开，因为安全联锁器对它进行保护。卡盘的另一个重要特征是取决于夹紧方式（外部和内部）的"夹紧"和"松开"，可通过一个按键开关选择夹紧方式，图 44-1 所示为其区别。

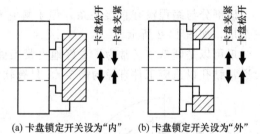

(a) 卡盘锁定开关设为"内"　(b) 卡盘锁定开关设为"外"

图 44-1　工件夹紧的外部和内部应用（注意卡盘锁定开关的设置）

注意术语"松开"和"夹紧"是相对于机床上扳动开关或按键开关的设置而言的，这些开关通常标有"卡盘锁定"字样，它有两种设置：内和外。

某些应用中（比如棒料进给）需要在程序控制下松开和夹紧卡盘，可以使用两个 M 功能来控制卡盘或夹头的松开和夹紧。

（1）卡盘功能

尽管不同的机床所使用的编号（通常为辅助功能）不同，但编程应用是完全一样的，两个功能可相互取消，与卡盘控制器相关的 M 功能为：

M10	松开卡盘
M11	夹紧卡盘

➲实例：

常见的编程步骤包括主轴停和暂停：

M05　　　　　　　　（主轴停）

M10　　　　　　　　（松开卡盘）

G04 U0. 1　　　　　（暂停 1s）

M11　　　　　　　　（夹紧卡盘）

M03　　　　　　　　（主轴重新开始旋转）

上面的顺序程序段很简单，其中暂停时间是棒料（假设）到达终止位置所需的时间，有些棒料进给器在进料过程中不需要停止主轴，还有一些则有它们独特的编程路线。

准备过程中，在手动模式下使用 MDI 设置模式时也可在机床上使用 M10 和 M11 功能，本章稍后将在棒料进给中应用 M10 和 M11 功能。

（2）卡盘夹紧力

卡盘夹紧工件所需力的大小称为卡盘夹紧力。大多数 CNC 车床上，卡盘夹紧力通常由安装在尾架区域内的可调阀进行控制，一旦设定了卡盘夹紧力的大小，通常不能频繁地更改。然而在同一操作中，往往需要频繁增大（夹紧）或减小（放松）卡盘夹紧力，这种特殊工作便可受益于可编程卡盘夹紧力控制。

少数 CNC 车床生产厂家提供可编程的卡盘夹紧力，通常使用两个非标辅助功能，例如：

M15	夹紧力较小
M16	夹紧力较大

在两条指令相互更替前，必须在卡盘上重新装夹工件，否则可能偏离在夹紧装置中的位置，如果车床上出现卡盘夹紧力，可参阅机床生产厂家提供的说明书。

> 不管是手动还是通过程序改变卡盘夹紧力，一定要确保工件的安全装夹。

（3）卡盘爪

该部分与编程没有直接关系，但了解它对程序员非常有用，大多数卡盘有相隔 120°的三个爪，如图 44-2 所示。

爪可以是硬爪（通常为了更好地夹紧工件而使用锯齿状），也可以是软爪（CNC 操作人员通常钻孔以适应工件直径的需要），只有软卡盘爪可以更改。

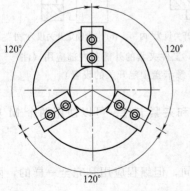

图 44-2　CNC 车床上常见的三爪卡盘

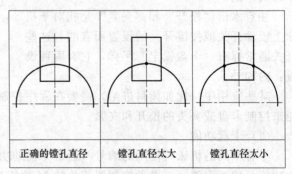

正确的镗孔直径　镗孔直径太大　镗孔直径太小

图 44-3　正确镗削和错误镗削的软爪直径

除了购买适当类型的内外卡盘外，对硬爪一般不用作任何改变，软爪设计一般通过钻削得到，这种加工能力是 CNC 操作人员必备的基本技能之一。本书所覆盖的内容之外还有很多加工软爪的技术，重要的是要知道软爪加工不正确所带来的后果。

图 44-3 所示为三个图：一个正确加工的软爪和两个错误加工的软爪，两种错误的情形下，可能会影响夹紧或同心度，也有可能两者同时受影响。

44.2　尾架和尾架顶尖套筒

尾架是 CNC 车床常用的配件。其主要目的是支撑过长、过大的工件或需要额外紧固的工件，例如某些粗车操作，尾架也可以用来支撑管状毛坯或者卡盘中夹持量过小的工件，以防工件飞出。另一方面，尾架通常在刀具运动路线上，因此要确保避免发生碰撞。常见的尾架有三个主要部件：

□ 尾架本体；

□ 尾架顶尖套筒；

□ 尾架顶尖。

所有这三个部件在编程和装夹中都很重要。

（1）尾架本体

尾架本体是车床尾架最重的部件，无论是在装夹中手动安装还是通过可编程选项操作，尾架本体都安装在车床床身上。可编程尾架通常是工厂中安装的选项，必须在购买机床时预订。

（2）尾架顶尖套筒

尾架顶尖套筒是可在尾架内自由伸缩的光滑圆柱，尾架顶尖套筒的伸缩量是有规定的，中型车床尾架的伸缩量为 75mm（3in）。当尾架本体安装在车床床身的固定位置时，顶尖套筒伸出支撑工件，或者缩回更换工件，工件本身的中心线须与套筒的中心线重合。

（3）尾架顶尖

顶尖是位于套筒内的锥形设备，由匹配的内锥体支撑并与工件实际接触。根据设计，如果尾架有内轴承，则可以使用死顶尖；如果尾架没有内轴承，则使用活顶尖。加工工件必须预先打中心孔（在 CNC 车床上或前面的操作中），钻头前角与尾架顶尖一样（通常为 60°），常见的尾架如图 44-4 所示。

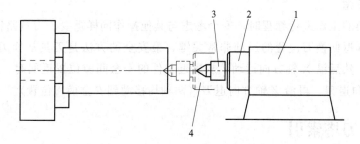

图 44-4　CNC 车床的典型尾架

1—尾架本体；2—尾架顶尖套筒——外（缩回更换工件）；
3—尾架顶尖；4—尾架顶尖套筒——内（支撑工件位置）

（4）套筒功能

大多数 CNC 车床的尾架套筒运动编程是相同的，两个辅助功能在可编程尾架和不可编程尾架上的工作方式相同，它们是：

M12	尾架顶尖套筒伸出或"开"，即有效
M13	尾架顶尖套筒缩回或"关"，即无效

如果套筒正在支撑零件，则它处于伸出状态并使用 M12 指令；如果套筒不支撑工件，套筒处于缩回状态并使用 M13 指令。装夹时也可使用 M12 和 M13 功能，在很多车床上，控制器上设有扳动开关来操作尾架套筒。

> 套筒完全支撑工件时主轴必须旋转。

（5）可编程尾架

通常尾架本体不可编程（只有套筒可编程），但是许多 CNC 车床上将该功能作为工厂安装选项使用，也就是说在购买车床时应该预订该功能，以后经销商就不能在机床上添加该选项。可编程尾架的类型各种各样，例如只能左右移动的滑动型尾架，或者回转型尾架，不使用时可以将它移开。

常见尾架的编程使用两个非标准 M 功能，例如 CNC 车床使用下列两个功能：

M21	尾架本体向前
M22	尾架本体向后

有些 CNC 车床还提供另外两个附加 M 功能，一个用于固定尾架，另一用于松开尾架，很多情形下，车床内置有尾架固定和松开功能。

以下是常见编程步骤，首先将尾架移向工件，接着完成某些加工并返回，这些步骤只是作为参考，而不是实际编程实例，对于特定的 CNC 车床可以加入 M 功能：

① 松开尾架本体；
② 向前移动尾架本体；
③ 固定尾架本体；
④ 将套筒移向工件；
⑤ .... 完成所需的加工操作 ...；
⑥ 将套筒移离工件；
⑦ 松开尾架本体；
⑧ 向后移动尾架本体；
⑨ 固定尾架本体。

完成某些步骤需要一定的时间，尽管该时间是以秒计算的，在下一步开始前，推荐使用暂停指令以确保完成该步操作。可参考第 24 章的有关内容。

（6）安全考虑

对使用尾架的工作进行编程时，安全考虑与其他操作同样重要。刀具路径开始时的趋近工件运动和刀具返回换刀位置的运动非常关键，最安全的方法是刀具从换刀位置先沿 Z 轴方向趋近工件，然后沿 X 轴方向运动，从靠近工件的安全间隙位置返回时，运动顺序相反，即先沿 X 轴方向退刀，再沿 Z 轴方向退刀（两轴均移动到安全换刀位置）。

44.3 双向刀塔索引

另一个有效功能是双向刀塔索引，许多 CNC 车床都有所谓的内置双向刀塔索引，也就是自动刀塔索引方法（控制器决定方向）。拥有可编程索引方向有一定的优点，如果该功能在 CNC 车床上可用，那么刀塔索引可以使用两个辅助功能进行编程，两个功能都是非标准的，因此这种情形下需要仔细查看机床使用手册。

刀塔索引使用的常见 M 功能为：

| M17 | 向前索引 | T01-T02-T03... |
| M18 | 向后索引 | ...T03-T02-T01 |

图 44-5 所示为 M17 和 M18 功能在八角刀塔刀架上的应用。

本例中，程序员为车床上的 8 刀位刀架编程。首先使用刀具 T01，然后使用刀具 T08，最后再返回刀具 T01，使用自动刀塔索引方向，从 T01～T08 或从 T08～T01 的索引并不困难。有效使用刀塔索引很有意义，T01 和 T08 在编号上相隔较远，但是在具有 8 刀位的多边形刀架上它们是相邻的，在这种情形下，控制系统会选择最短路线，从 T01～T08 采用向后索引，从 T08～T01 采用向前索引。

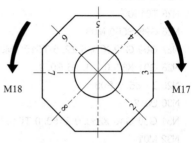

图 44-5　可编程双向刀塔索引

如果机床上没有内置自动双向索引，那么如果控制器允许，可通过编程实现，否则使用常规编程方法从 T08 回到 T01，索引运动将通过所有其他六个刀位，这样势必降低工作效率。下一实例将介绍怎样和在什么地方使用 M 功能。

编程实例

本例是双向刀塔索引的完整程序，同时也展示了可编程尾架的使用，其中所有刀具运动都是实际可行的，但在本例中并不重要。不同车床刀架上的刀具编号顺序可能并不连贯！术语 "向前" 和 "向后" 与该顺序相关，这里使用前面介绍的 M 功能：

O4401	（双向索引和尾架）
N1 G21 G99 M18	（设置向后索引）
N2 G50 S1200	（限制最大转速）
N3 T0100	（使用 M18 时 T02～T01 的距离最短）
N4 G96 S500 M03	
N5 G00 G41 X98. 0 Z5. 0 T0101 M08	
N6 G01 Z0 F0. 75	
N7 X- 1. 8 F0. 18	
N8 G00 Z5. 0	
N9 G40 X250. 0 Z150. 0 T0100	
N10 M01	
N11 T0800	（使用 M18 时 T01～T08 的距离最短）
N12 G97 S850 M03	
N13 G00 X0 Z6. 5 T0808 M08	
N14 G01 Z- 9. 7 F0. 125	（# 5 中心钻）
N15 G04 U0. 3	
N16 G00 Z6. 5	
N17 X300. 0 Z75. 0 T0800	
N18 M05	（主轴停以进行尾架操作）
N19 M01	（可选择暂停）
N20 M21	（尾架前移）
N21 G04 U2. 0	（暂停 2s）

```
N22 M12                              (尾架顶尖套筒伸出)
N23 G04 U1.0                         (暂停 1s)


N24 G50 M17                          (不限制最大转速- 设置向前索引)
N25 T0100                            (使用 M17 时 T08～T01 的距离最短)
N26 G96 S500 M03
N27 G00 G42 X79.5 Z2.5 T0101 M08
N28 G01 X87.0 Z-1.25 F0.2            (粗加工倒角)
N29 Z-65.0 F03                       (粗车)
N30 U0.2
N31 G00 G40 X250.0 Z150.0 T0100
N32 M01                              (可选择暂停)


N33 T0200                            (使用 M17 时 T01～T02 的距离最短)
N34 G96 S600 M03
N35 G00 G42 X77.5 Z2.5 T0202 M08
N36 G01 X85.0 Z-1.25 F0.1            (精加工倒角)
N37 Z-65.0 F0.15                     (精车)
N38 U0.2 F0.4
N39 G00 G40 X300.0 Z150.0 T0200
N40 M05                              (主轴停以进行尾架操作)
N41 M01                              (可选择暂停)


N42 M13                              (尾架顶尖套筒缩回)
N43 G04 U1.0                         (暂停 1s)
N44 M22                              (尾架后移)
N45 G04 U2.0                         (暂停 2s)
N46 M30                              (程序结束)
%
```

本例中首先用 T01 车削毛坯端面至主轴中心线，然后安装♯5 中心钻 T08 并钻中心孔，当中心钻在安全间隙位置移动时，尾架本体向前移动并固定，然后套筒伸入工件。这时重新使用 T01 粗加工倒角和外圆直径，随后换用 T02 精加工倒角和外圆，精加工完成后主轴停转，套筒缩回，然后尾架本体向后移动。CNC 操作人员通常设置尾架初始位置。

工作结束时，T02 刀具位于有效位置，这意味着必须在程序开头编写 M18，使 T02～T01 的索引距离尽可能短，这是非常重要的一步！

注意 M17 或 M18 的编程方式，它们在特定程序段中的位置很重要，任何一个功能本身并不能使刀架进行索引，它只能设定刀架的旋转方向！Txx00 进行实际索引。

所有这些将引出一个问题——怎样才能知道特定 CNC 车床内置的自动索引方向（最短方向）或可编程方向呢？CNC 车床上很可能只有向前索引（无自动索引），它有一个称为可编程方向的特征，即具有 M17 和 M18 或类似功能。

虽然现在的 CNC 车床发展趋势是将自动刀塔索引方向融入控制系统中（这意味着由控制系统来进行决策），但在特定的加工场合可编程方法仍有其优点。举个例子，考虑一下安装在刀架上的特大号刀具，只要不索引整个刀架，刀具是安全的，自动索引并没有考虑这种情形！

另一方面，CNC 程序员使用可编程索引可实现全面控制，使用它在任何时候都可以编写绝不导致 360°的整周索引，这可能是比较常见的情形。对于特定类型的工作，可能需要多花几秒钟，但它出现的频率较高。

44.4　棒料进给器配件

棒料进给器是 CNC 车床上的外部配件，它可不间断加工中小型圆柱工件，加工的长度可以达到几英尺。棒料进给器有很多优点，尤其是现在使用的液压型，它比老式的机械型有更多优点，例如消除了锯操作（使用更精确的切断刀代替）、不再镗削软卡盘爪、可以进行无人操作（至少延长了时间周期），能得到经济的毛坯材料和较高的主轴转速。

棒料存储在特殊的管道中，该管道引导（推或拉）棒料通过管道进入加工区域，唯一的限制就是棒料长度和直径，它们由棒料进给器生产厂家和 CNC 车床的镗削直径指定。

现在有很多设计独特的棒料进给器，它们在很大程度上影响着编程方法。

控制卡盘夹紧和松开的功能、跳过程序段功能、M99 辅助功能以及其他一些特殊功能是棒料进给器编程的常见辅助手段，其中许多已经在前面介绍过了。

棒料制动器

虽然沿导向管的棒料运动由卡盘的松开和夹紧功能（M10 和 M11）控制，也必须提供棒料的目标位置，即导向管移出多远。该位置应低于棒料直径且在 Z 轴正方向上（图中为 0.025），这是端面上需要切除的量（假定 Z0 位于工件前端面），如图 44-6 所示。

程序非常简单，它使用 M10 和 M11 功能，对于特定的棒料进给器可能需要或不需要其他两个功能，本例中这两个非标准辅助功能是：

M71	棒料进给器"开"- 开始
M72	棒料进给器"关"- 停止

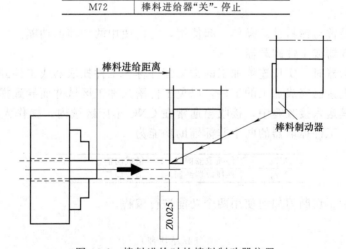

图 44-6　棒料进给时的棒料制动器位置

这些功能只是示例，可能在特定的棒料进给机构中有所不同，或完全没有必要使用，下面是一个带注释的简单程序：

```
O4402
N1 G21 T0100 M05            （T01 为棒料制动器）
N2 G00 X3.0 Z0.6 T0101       （停止位置）
N3 M10                      （松开卡盘）
N4 G04 U1.0                 （暂停 1s）
N5 M71                      （棒料进给器 "开"）
```

N6 G04 U2.0	（暂停2s）
N7 M11	（夹紧卡盘）
N8 G04 U1.0	（暂停1s）
N9 M72	（棒料进给器"关"）
N10 G00 X250.0 Z125.0 T0100	（安全间隙位置）
N11 M01	（可选择暂停）

与棒料制动器相关的几点重要注释可能有助于编写更好的程序：

❑ 刀位＃1（T01）夹持棒料制动器（程序段N1）；

❑ 手动完成最初的棒料（棒料的第一段）装夹；

❑ 在松开卡盘之前主轴必须停止旋转；

❑ 所有与棒料进给相关的辅助功能都必须在独立的程序段中编程；

❑ 暂停时间应能足够完成任务，但不必过长。

棒料制动器编程时必须考虑到上述几点，但始终要查看棒料进给器设计的推荐步骤。

44.5　附加选项

CNC车床上还有许多作为可编程配件的其他选项（非标准功能），有些不太常用，如排屑装置、或可编程的尾架压紧，有些却很常用，如用于长工件刀前支撑的跟刀架（移动版中心架）。加工相对较长的工件和薄壁工件时，中心架和跟刀架同时使用以防止颤振和工件偏斜。

下面两个配件彼此相关，它们也跟棒料进给器相关：

❑ 工件抓取器，也称工件卸载器；

❑ 弹出机械手。

这两个配件经常与棒料进给操作一起使用，它们使用两个辅助功能。

（1）工件抓取器或工件卸载器

使用棒料进给器时，实现连续加工的常见配件称为工件抓取器或工件卸载器。其目的是在切断工件后，夹紧已完成加工的工件，以免工件落入加工区域并而导致损坏，该装置安全的截取工件并将其送入接收箱中，接收箱通常在CNC车床区域内，操作人员能安全拿取且没有冷却液挡道。工件抓取器的两个非标辅助功能为：

M73	工件抓取器前进	... 进或向前
M74	工件抓取器缩回	... 退或向后

下列程序展示了切断刀如何使用两个功能进行编程。

O4403	
N1 G21	（程序顶部）
...	
N81 T0700	（切断刀有效）
N82 G50 S1500	（限制最大转速）
N83 G96 S125 M03	（主轴转速）
N84 G00 X53.0 Z-67.0 T0707 M08	（起始位置）
N85 M73	（工件抓取器前进）
N86 G01 X-0.25 F0.1	（切断工件）
N87 G00 X53.0 M09	（刀具运动至毛坯直径上方）
N88 X250.0 Z125.0 T0700	（XZ轴安全位置）

N89 M74	（工件抓取器缩回）
N90 M01	（可选择暂停）
/N91 M30	（可控程序结束）
N92 M99	（返回程序顶部重新开始）
%	

程序中的 T07 是 3mm 宽的切断刀，切断直径为 $\phi50.0$、长 64mm 的工件，这是标准切断工序。程序中的连续操作使用特殊的编程技术，注意最后三个程序段：N90，N91 和 N92。

（2）连续操作

程序段 N90 是可选择暂停，常用于准备和随机检查。程序段 N91 中包含 M30（程序结束功能），注意该程序段前的斜杠符号，这是第 23 章中介绍的跳过程序段功能，当控制面板上的跳过程序段开关设为"开"时，控制系统不执行程序段 N91 中的指令，也就是说程序不会就此结束而继续执行程序段 N92，该程序段中使用 M99。

虽然 M99 功能主要用来定义子程序结束，但是也能用于主程序中（比如本例），这种情形下会形成连续处理环，M99 功能使程序返回程序顶部，并不间断的重复处理。因为第一把刀通常是棒料制动器，棒料进给器将棒料推出导向管，所以整个程序无限期地重复——直到跳过程序段开关设为"关"为止，然后 M30 结束程序且不再执行后面的 M99。

（3）工件计数器

无人照管车床加工经常使用控制系统的另一个功能——工件计数器，可以通过程序（通常为用户宏）或在控制系统存储器中设置所需的工件数对工件进行计数。也可使用非标准辅助功能对计数器进行编程，例如：

M88	顺计数　… 升序
M89	倒计数　… 降序

计数的预设值通常为棒料容量或单根棒料所需的工件数量，本章末尾的程序实例使用了计数功能和其他一些附加功能。

（4）弹出机械手

顾名思义，弹出机械手（CNC 车床配件）是抓取棒料并将棒料弹出导向管的装置（此时卡盘松开），这是"弹出型"棒料进给器的常见用法。弹出机械手通常安装在刀塔上，它可以作为单独的"刀具"，也可以为了节省刀位而作为现有刀具的配件使用。由于这些操作不能在主轴旋转时进行但仍然需要进给率，所以可在 G98 模式下编程——每单位时间进给率（in/min 或 mm/min）。

无论弹出机械手的型号如何，编程步骤都是相同的——切断后棒料伸出主轴的长度不超过其端面：

① 在安全起始位置索引弹出机械手所在的刀位，此时必须使用 M05 使主轴停止旋转！

② 快速移动到主轴中心线（$X0$），Z 轴方向的位置大约为棒料伸出总长的一半。

③ 在"每单位时间进给"模式下，朝棒料方向进给。

④ 暂停 0.5s 使弹出机械手夹紧工件。

⑤ 使用 M10s 开卡盘。

⑥ 从导向管弹出棒料。

⑦ 暂停 0.5s 使弹出机械手完成弹出操作。

⑧ 使用 M11 夹紧卡盘。

⑨ 暂停 1s 使卡盘夹紧工件。

⑩ 弹出机械手移离棒料毛坯。

⑪弹出机械手返回安全起始位置。

⑫恢复"每转进给"模式。

编程的一般格式与下列程序格式相似（所列条目与上面的清单对应）：

```
O4404
...
N. . . . .
N . . Txx . . M05                          （第 1 条）
N . . G00 X0 Z .                           （第 2 条）
N . . G98 G01 Z . F. .                      （第 3 条）
N . . G04 U0. 5                             （第 4 条）
N . . M10                                   （第 5 条）
N . . G01 Z . F. .                          （第 6 条）
N . . G04 U0. 5                             （第 7 条）
N . . M11                                   （第 8 条）
N . . G04 U1. 0                             （第 9 条）
N . . G00 Z .                               （第 10 条）
N . . X . Z . Txx00                         （第 11 条）
N . . G99                                   （第 12 条）
N . . . . .
```

在加工车间可以改变程序格式以适应独特装夹的需求。

44.6　编程实例

下列编程实例是无人照管自动棒料进给操作的完整程序，直到加工完一定数量工件才停止，开始加工新棒料毛坯时，车床操作人员设定所需加工工件数量。仔细研究该程序，它包含了许多实用和先进的功能，所有这些基本上都是本章所介绍过的。

```
O4405
（N1～N18 为新棒料加工程序-切断长度 40mm）
N1 M18                                      （索引 T03～T01）
N2 G21 T0100 M05                            （T01-棒料制动器）
N3 G00 X2. 5 Z40. 0 T0101                    （新棒料伸出 40mm）
N4 M10                                      （松开卡盘）
N5 G04 U1. 0                                （暂停 1s）
N6 M71                                      （棒料进给器前进）
N7 G04 U1. 0                                （暂停 1s）
N8 M01                                      （夹紧卡盘）
N9 X150. 0 Z50. 0 T0100                      （安全位置）
N10 M01                                     （可选择暂停）

N11 M17                                     （索引 T01～T03）
N12 T0300                                   （T03－3mm 宽切断刀）
N13 G97 S1400 M03                           （切削转速）
N14 G00 X32. 0 Z0 T0303 M08                  （起始位置）
N15 G01 X-0. 5 F0. 1                         （切断棒料结束）
```

N16 G00 X32. 0 M09	（刀具移至棒料上方）
N17 X150. 0 Z50. 0 T0300	（安全位置）
N18 M01	（可选择暂停）
N19 M18	（索引 T03～T01）
N20 T0100 M05	（T01–棒料制动器）
N21 G00 X2. 5 Z1. 0 T0101	（端面上毛坯为 1mm）
N22 M10	（松开卡盘）
N23 G04 U1. 0	（暂停 1s）
N24 M71	（棒料进给器前进）
N25 G04 U1. 0	（暂停 1s）
N26 M11	（夹紧卡盘）
N27 X150. 0 Z50. 0 T0100	（安全位置）
N28 M01	（可选择暂停）
N29 M17	（索引 T01～T02）
N30 T0200	（T02–端面倒角，外圆车刀）
N31 G96 S120 M03	（切削转速）
N32 G00 G41 X32. 0 Z0 T0202 M08	（端面加工起始位置）
N33 G01 X‒ 1. 8 F0. 175	（前端面加工）
N34 G00 Z2. 5	（Z 轴安全位置）
N35 G42 X17. 5	（倒角起始位置）
N36 G01 X24. 0 Z‒ 0. 75 F0. 08	（车倒角）
N37 Z‒ 29. 0 F0. 12	（车外圆）
N38 U5. 0 F0. 2	（棒料上方的安全位置）
N39 G00 G40 X150. 0 Z50. 0 T0200	（安全位置）
N40 M01	（可选择暂停）
N41 T0300	（T03–3mm 宽切断刀）
N42 G97 S1400 M03	（切削转速）
N43 G00 X32. 0 Z‒28. 0 T0303 M08	（起始位置）
N44 G01 X‒0. 5 F0. 1	（切断至 25mm 长度）
N45 G00 X32. 0	（移至棒料上方）
N46 X150. 0 Z50. 0 T0300	（安全位置）
N47 M01	（可选择暂停）
N48 M89	（工件计数器加 1）
/N49 M30	（可控程序结束）
N50 M99 P19	（从程序段 N19 重新开始）
%	

　　由于使用多种配件和选项，机床生产厂家使用许多 M 功能激活或取消特定配件，因此不可能将任何推荐的步骤运用到所有材料中去，希望本章中的观点能有助于适应生产厂家的建议并更好地理解它们。

第45章 螺旋铣削

螺旋铣削使用称为螺旋插补的可选控制系统功能，它最简单的定义就是三轴联动的圆弧插补。该陈述可能会产生误导，因为它暗含一个三维空间的弧或者圆，这样的弧或圆在数学领域中是不存在的，然而 G02 或 G03 圆弧插补指令确实可以使用所有三根轴，例如，

G02 X.. Y.. Z... F..

这类操作只能作为 CNC 加工中心的可选功能，下面来详细了解螺旋铣削。

45.1 螺旋铣削操作

螺旋铣削究竟是什么？从本质上说，它是一种圆弧插补——它是在同一程序段中同时包含圆弧插补和直线插补的圆弧或圆周加工编程技术。

前面介绍圆弧插补时讲述了它的一个主要特征，即为了编写圆弧或圆周运动，圆弧插补必须在所选平面内使用两根主轴。

例如在 G17XY 平面（最常见的平面）中，圆弧插补的常见格式有以下两种形式：

🡪 在顺时针（CW）和逆时针（CCW）运动中使用圆心向量 I、J 和 K：

G02 X.. Y.. I.. J.. F..

G03 X.. Y.. I.. J.. F..

🡪 在顺时针（CW）和逆时针（CCW）运动中使用半径 R：

G02 X.. Y.. R.. F..

G03 X.. Y.. R.. F..

注意上面没有对 Z 轴进行编程，事实上如果在相同程序段中包含 Z 轴以铣削圆弧，它不起作用，除非控制系统具有称为螺旋铣削的特殊功能。

（1）螺旋插补

螺旋插补经常作为一种特殊的控制系统功能，用来在三维空间中切削圆周或圆弧，第三个尺寸通常由当前有效的平面决定：

❏ G17（XY）平面-第三个尺寸是 Z 轴；

❏ G18（ZX）平面-第三个尺寸是 Y 轴；

❏ G19（YZ）平面-第三个尺寸是 X 轴。

所有情形下，第三个尺寸（第三轴运动）通常是垂直于有效平面的直线运动。

综上所述，可以得到螺旋插补更正式的定义：

> 螺旋插补是工作平面内两轴联动的圆弧插补运动与另一根轴上的直线运动。

三根轴的运动通常是同步的，并且同时到达目标位置。

（2）编程格式

在程序中螺旋插补的一般格式与圆弧插补的格式相似，这里平面选择很重要：

🡪 在顺时针（CW）和逆时针（CCW）运动中使用圆心向量 I、J 和 K：

> G02　X.. Y.. Z.. I.. J.. K.. F..
>
> G03　X.. Y.. Z.. I.. J.. K.. F..

➲ 在顺时针（CW）和逆时针（CCW）运动中使用半径 R：

$$G02 \quad X.. \quad Y.. \quad Z.. \quad R.. \quad F..$$
$$G03 \quad X.. \quad Y.. \quad Z.. \quad R.. \quad F..$$

螺旋插补程序段前编写的平面选择，决定了程序中的有效轴以及它们的功能。

（3）螺旋插补的圆弧向量

圆弧向量编程遵循的原理和圆弧插补一样，但在每个平面上有所区别，下面的表格中对它们进行了总结。

有效平面	圆弧运动	直线运动	圆弧向量
G17	X 和 Y	Z	I 和 J
G18	X 和 Z	Y	I 和 K
G19	Y 和 Z	X	J 和 K

注意圆弧向量只应用在两根轴上并形成圆弧运动，直线运动不受影响，如果控制系统支持直接半径 R 输入（而不是传统的 IJK 向量），那么会在当前平面内自动计算圆弧运动的圆心。

（4）应用和用途

虽然螺旋插补功能不是最常用的编程方法，但它可能是大量非常复杂的加工应用中使用的唯一方法：

❏ 螺纹铣削；

❏ 螺旋仿形加工；

❏ 螺旋斜面加工。

其中螺纹铣削是目前螺旋插补工业应用中最常见的方法，后面将对它进行详细介绍，后两个应用与它类似，虽然它们的应用不如第一个频繁，本章稍后也将对它们进行介绍。

45.2　螺纹铣削

CNC 加工中心有两种常用的螺纹加工方法。加工中心中占主导地位的螺纹加工方法是攻螺纹，通常使用固定循环 G84 或 G74；CNC 车床上也经常使用丝锥（通常不使用循环），但是大多数螺纹是使用单线螺纹方法加工的，通常使用 G32 逐程序段加工、简单循环 G92 以及多重循环 G76。

（1）螺纹铣削应用

很多种情形下，攻螺纹和单线螺纹加工方法都不实用或比较复杂，有时甚至不可能使用，这时可以选择螺纹铣削来解决，螺纹铣削可能是控制系统螺旋插补功能最常见的工业应用。

编程中使用螺旋铣削会有很多好处，如：

❏ 大直径螺纹，实际上任何直径都可以使用螺纹铣削（具有高同心度）；

❏ 可以加工更加平滑和更为精密的螺纹（只在螺纹磨削时更精密）；

❏ 一次装夹就能完成螺纹铣削，从而消除了二次操作；

❏ 能够将螺纹铣削到所需深度；

❏ 没有丝锥可用；

❏ 攻螺纹不实用时；

❏ 攻螺纹很困难而且容易出现问题；

❏ 很难在硬质材料上攻螺纹；

❑ 盲孔攻螺纹容易出现问题；

❑ 工件在 CNC 车床上不能旋转；

❑ 必须使用一把刀具加工左旋和右旋螺纹；

❑ 必须使用一把刀具加工内螺纹和外螺纹；

❑ 可以减少或消除螺纹上的毛刺；

❑ 可以得到较高的表面加工质量，尤其是在软材料上；

❑ 延长螺纹滚铣刀的使用寿命；

❑ 避免使用昂贵的螺丝板牙；

❑ 避免使用昂贵的大尺寸丝锥；

❑ 不需要主轴反转（与攻螺纹一样）；

❑ 改善了刀具相对于切削的额定功率（1/5 并不罕见）；

❑ 刀架可以容纳不同螺距尺寸的刀片；

❑ 减少螺纹加工的总成本。

螺纹铣削能强化其他螺纹加工操作，但不能替代它们，它使用称为螺纹滚刀的特殊螺纹刀具或特殊的多齿螺纹滚铣刀，两种刀拥有一个共同特征——螺距内置于刀具中。

（2）螺纹铣削的条件

为了正确使用螺纹切削，编程前必须满足三个条件：

❑ 控制系统必须支持该操作；

❑ 需要加工的直径必须经过预加工；

❑ 必须选择适当的螺纹滚铣刀。

三个条件必须同时满足。

（3）螺纹滚铣刀

最少可以使用两种螺纹滚铣刀——一种是硬质合金刀具，一种是可互换的硬质合金刀片。无论是何种设计，刀具的螺距必须与图纸要求的螺纹相匹配。刀具必须足够小以满足内螺纹加工的要求，也必须足够大以满足外螺纹切削时的刚度要求。对于内螺纹滚铣刀，必须小到可以加工 0.250in（6.25mm）大小的螺纹孔。

与丝锥不同，螺纹滚铣刀没有固定的螺旋角，而只有固定的螺距。螺纹加工中需要螺旋角，它在螺旋插补运动中由直线运动控制，常见的螺纹滚铣刀如图 45-1 所示。

（4）预加工要求

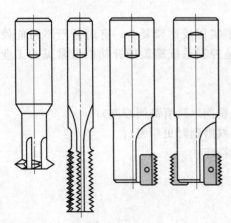

图 45-1 典型螺纹滚铣刀，从左到右分别为硬质合金、单刀片和双刀片

螺纹孔的直径不能等于丝锥直径，它要小一些以满足螺纹深度的要求，螺旋铣削的规则一样：

❑ 如果在工件内部铣削螺纹，预加工直径必须小于螺纹名义尺寸。

❑ 如果在工件外部加工螺纹，预加工直径必须等于螺纹名义尺寸。

两个直径（内或外）可能稍大于或稍小于名义尺寸，这取决于螺纹的"配合"。

（5）安全半径

安全半径可以防止刀具破坏螺纹，螺纹刀具（滚刀）和可转位刀片的每个切削刃在切削方向上都有一个后角，后角在切削时可确保切削光滑。

（6）螺纹铣削的生产率

程序员选择螺纹铣削操作的一个原因是为了提高生产率。螺纹滚铣刀的尺寸各种各样，同样也有各种螺距，为了使切削螺纹的效率达到最高，最好选用能在一转（360°）之内加工出所需螺纹的足够大的刀具，同时刀具也具有所有必要的安全间隙。

总行程长度和刀具进给率的选择对螺纹生产力的影响较大，直径较大的刀具切削的效率较高（强力切削），但不适于较小区域的加工，小直径刀具的影响恰好相反——它适用于较小区域的加工但进给率小。小刀具也可以使用较高的主轴转速以及相应的进给率，这一组合效果将缩短切削的循环时间。

45.3　螺线

英文单词 helical 和 helix 在 CNC 编程以及本手册和其他著作中出现的频率非常高，它们的含义是"螺线"，下面就来详细了解一下这个与螺纹铣削相关的术语。

这部分内容中最常用的词是 helix（螺纹），这个词最早来自于古希腊语中的 spiral，可以从字典中的解释来对它进行了解——螺线就是类似于螺丝钉的形状。美国纽约工业出版社出版的《机械手册》中对螺线是这样定义的：

"螺线是一个点在圆柱面（真实的或虚构的）上以轴向恒定速度运动所生成的曲线。"

从这个详细的定义中可以看出螺线是由一个点在圆柱面或圆锥面上的圆周运动以及同时进行的直线运动所形成的曲线，常见的螺栓就是典型的直螺线。

基于数学定义（使用三根轴）的刀具运动导致螺旋运动，通常也称为螺旋插补。

螺线加工运动有四种不同的形式：

❏ 带正向直线运动的顺时针圆弧切削；
❏ 带负向直线运动的顺时针圆弧切削；
❏ 带正向直线运动的逆时针圆弧切削；
❏ 带负向直线运动的逆时针圆弧切削。

常见的螺线（三维）如图 45-2 所示，图中以四个标准视图给出了普通的螺线。螺线的视图如下：

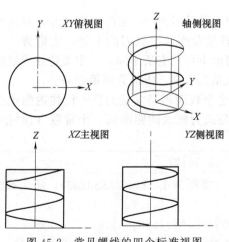

图 45-2　常见螺线的四个标准视图
（图中所示为两转）

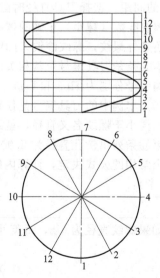

图 45-3　右旋螺线的平面视图，图
中所示为一转（360°）

- 顶视图（XY）是一个圆；
- 主视图（XZ）从正面显示螺旋；
- 右视图（YZ）从右侧显示螺旋；
- 正轴测视图（XYZ）显示两周螺旋的三维视图。

螺纹的另一种视图也非常有用，它称为平面视图（也叫平面设计图），该视图将螺线视为可以绕在圆柱面上的平面物体。图 45-3 所示为右旋螺纹的平面视图（一转）。

45.4　螺纹铣削实例

使用控制系统的螺旋插补功能可非常有效地对 CNC 加工中心上的螺纹铣削操作进行编程，可通过简单的图例很容易地介绍和解释直螺纹铣削，如图 45-4 所示。

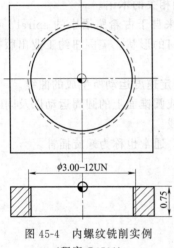

图 45-4　内螺纹铣削实例
（程序 O4501）

（1）直螺纹

以下信息是基于给定零件图和可用刀具收集的原始数据：

① 内螺纹直径为 3.00in-穿透钢板；

② 板厚为 0.75in；

③ 12 TPI＝每英寸 12 线螺纹；

④ 螺纹滚铣刀直径 1.5in；

⑤ 刀具 T03，偏置为 H03 和 D03；

⑥ 镗孔直径为 2.9000in；

上述数据为编程做了良好的准备。

（2）初步计算

本例中需要考虑 6 个方面的因素，第①、②和③条由零件图给出，④、⑤和⑥条的选择或计算是编程过程的一部分，下面逐一介绍各个选择或计算。

第④条是螺纹滚铣刀的尺寸，必须考虑螺纹滚铣刀的两个主要特性：直径和各切削刃（齿）的间距。选择刀具直径时必须十分小心，它必须小于镗孔直径，另一个关键是选择每英尺螺纹线数（螺距）正确的螺纹滚铣刀。螺纹滚铣刀直径对内螺纹更为重要，但不管是内螺纹还是外螺纹，螺纹滚铣刀的螺距保持不变。

第⑤条是刀具编号及其相关的偏置，本例中刀具编号是 3，程序中为 T03，刀具长度和半径偏置号分别为 H03 和 D03，D03 偏置的设置包含螺纹滚铣刀的半径，这里的名义值为 0.6250。本例中的刀具编号是任意的，但其他情形下可能有所不同，一定要记住内螺纹加工的直径要小于螺纹名义直径，就跟攻螺纹前的预钻孔类似。下面介绍第⑥条。

第⑥条列出镗孔直径为 2.900in，为什么是这个数而不是其他的值？记住内螺纹的深度由一个常用的公式决定，计算内螺纹深度 D 的公式为螺纹间距乘以一个常数（详情可参见第 38 章）：

$$D = 螺纹间距 \times 0.54127$$

如果螺纹直径为 3in，每英寸螺纹线数为 12（螺距为 1/12＝0.0833333），那么螺纹深度为：

$$0.0833333 \times 0.54127 = 0.0451058$$

当使用该公式计算预钻直径时，就要用给定的名义直径减去两倍螺纹深度：

$$3.0000 - 2 \times 0.0451058 = 2.9097884$$

因此螺纹镗孔直径应为 $\phi 2.9098$in。

至此便要考虑另一个因素了，即螺纹滚铣刀本身，铣刀本质上是一种成型刀具，它的顶部和底部用来形成加工后的螺纹，这一特征有一定的优点。如果编程时将内径缩小一点，那么就可使最终尺寸成型并得到光滑的表面质量，其诀窍就是在每侧留下 $0.003 \sim 0.006$in（$0.07 \sim 0.14$mm）的毛坯。例如使用 $0.003 \sim 0.006$ 的范围，可以将上面得出的结果 $\phi 2.9097884$ 取整为 $\phi 2.9$in，直径余量为 0.0097884，即每侧的精加工余量为 0.0048942in，毫无疑问，差值是合理的，但它确实利用取整选择了"友好"的数值，比如 2.9000in。

（3）起始位置

在收集好所有所需的数据并经过正确计算后，便可进行下一步了，也就是计算螺纹起始位置。

X 和 Y 轴上的计算很容易，螺纹直径的中心就是一个很好的起点，本例中为了简单起见，将该 XY 位置设为工件原点 $X0Y0$。

螺旋铣削中螺纹滚铣刀沿 Z 轴方向的起始位置要比其他任何类型铣削中的位置都重要，Z 轴起始位置必须始终与螺纹螺距保持一致，因为切削在三根轴上同时进行。Z 轴原点（$Z0$）位于工件顶部。

Z 轴的起始位置由几个因素决定：螺纹滚铣刀的尺寸（本例为具有可转位刀片的刀具）、螺纹螺距（本例为 0.0833333）、Z 轴运动方向（向上或向下）以及 XY 轴上的横切方法。

当使用螺旋铣削加工螺纹时，必须同时考虑三根轴，与圆弧插补中定义的渐进弧一样，螺旋插补的渐进弧也可以以同样的方式定义，其步骤完全一样。

（4）旋转运动和方向

螺旋插补中，协调并同步进行以下三个程序项极为重要：

❑ 主轴旋转；

❑ 圆弧加工方向；

❑ Z 轴运动方向。

为什么这三项如此重要呢？为什么要对它们进行协调呢？下面依次进行介绍。

主轴旋转：主轴旋转可以是 M03（顺时针）也可以是 M04（逆时针）。

圆弧加工方向：圆弧加工方向遵循圆弧插补中的规则：G02 是顺时针方向，G03 是逆时针方向。

Z 轴运动方向：对于立式加工，沿 Z 轴方向的加工方向有两个：

❑ 向上或正方向；

❑ 向下或负方向。

每一运动项都很重要，但只有经过协调才能使螺纹与工程目标匹配，这些运动共同决定螺纹的旋向（左旋或右旋）以及是应用于外螺纹还是内螺纹。图 45-5～图 45-8 所示为各种螺纹铣削方法，顺铣模式是当前盛行的方法。

（5）导入运动

本例（图 45-4）要铣削右旋内螺纹，主轴使用顺时针旋转（M03）。图 45-6（a）所示表面螺纹使用逆时针方向（G03）的刀具运动从底部开始向上铣削。

还有最后一个考虑因素，即螺纹滚铣刀刀片（主要是它的高度），刀片的高度决定了切削整个深度所需的转数，本例使用单刀片刀具，通过参考刀具目录，可以确定铣削给定螺纹只需要两转。

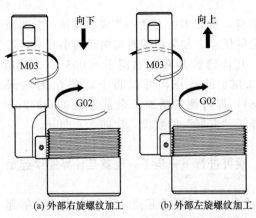

(a) 外部右旋螺纹加工　(b) 外部左旋螺纹加工

图 45-5　使用顺铣模式的外部螺纹铣削——图中所示为右旋和左旋以及主轴旋转和刀具运动

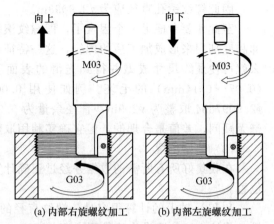

(a) 内部右旋螺纹加工　(b) 内部左旋螺纹加工

图 45-6　使用顺铣模式的内部螺纹铣削——图中所示为右旋和左旋以及主轴旋转和刀具运动

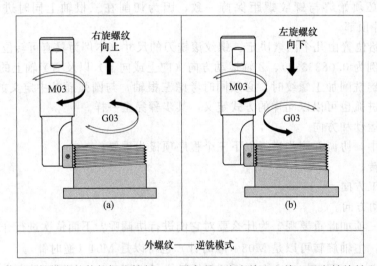

外螺纹——逆铣模式

图 45-7　使用逆铣模式的外部螺纹铣削——图中所示为右旋和左旋以及主轴旋转和刀具运动

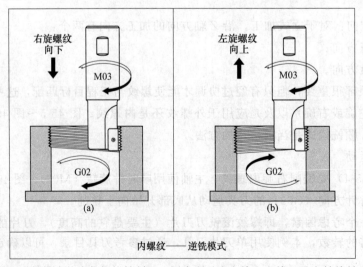

内螺纹——逆铣模式

图 45-8　使用逆铣模式的内部螺纹铣削——图中所示为右旋和左旋以及主轴旋转和刀具运动

　　螺纹铣削开始时，铣刀必须位于工件的 $X0Y0$ 原点以及 Z 轴方向的安全深度，由于使用的是多齿铣刀且有一定的安全间隙，所以起始位置将稍低于工件底面，比如 0.200in，即位于 $Z-0.95$ 处（图中板厚为 0.750in），这段安全距离确保能平缓地切入螺纹。程序开头包括了所有前面的考虑：

```
O4501 （铣削右旋内螺纹）
N1 G20
N2 G17 G40 G80
N3 G90 G54 G00 X0 Y0 S900 M03
N4 G43 Z0.1 H01 M08
N5 G01 Z-0.95 F50.0
...
```

　　与圆弧插补编程一样，下一步是确定到导入圆弧的直线插补（顺铣模式中），这也是应用刀具半径偏置的运动。

螺旋铣削中，半径偏置只应用于所选平面中的两根轴上。

　　本例中在程序段 N6 中输入半径偏置：

```
N6 G01 G41 X0.75 Y-0.75 D01 F10.0
```

　　下一个程序段是导入圆弧，其渐近半径为 0.750in，它只需要 X 和 Y 轴方向的运动。

```
N7 G03 X1.5 Y0 R0.75          （或 I0 J0.75）
```

　　由于只使用两根轴，所以运动是二维的（在平面内），刀具运动如图 45-9 所示。注意刀具运动看起来与圆弧插补一样（圆柱型腔应用），这可能会产生误导，其实 Z 轴也在运动。

　　然而该编程渐近运动使得螺纹滚铣刀直着进入材料！由于螺纹滚铣刀与丝锥不同，它的齿相互平行，所以将切出一系列的槽，而不是螺纹，这种结果当然是不能接受的。

　　为了更好地进行切削，可从导入圆弧开始螺旋运动，这意味着在圆弧运动中要加上 Z 轴向上的运动，Z 轴目标位置的值必须通过计算得出，而不能胡乱地进行猜测，螺旋渐近必须考虑螺纹螺距以及在导入圆弧上的行进角度。

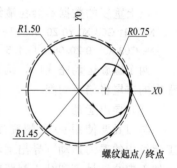

图 45-9　螺旋铣削实例 O4501
的导入和导出运动（顶视图）

　　本例中的螺纹螺距为：

$$1/12 = 0.083333$$

　　此外在导入圆弧上的行进角度为 90°，从 $X0.75Y-0.75$ 到 $X1.5Y0$。

　　考虑到每转过 360°螺旋滚铣刀便要前进 0.0833333，那么 90°前进的距离为该值的 1/4。

　　直线行程的计算可使用下面的公式：

$$L_t = \frac{AP}{360}$$

式中　L_t——螺旋插补的直线行程；

　　　A——插补角度；

　　　P——螺纹螺距（1/TPI）。

　　本例中转过 90°前进的距离为：

$$L_t = 90 \times 0.0833333/360$$

$$L_t = 0.0208333 \qquad (0.0208)$$

　　切削运动沿 Z 轴正方向（向上）进行，所以目标位置的绝对值在起始位置上方，由此可正确编写程序段 N7：

N7 G03 X1.5 Y0 Z-0.9292 I0 J0.75　　（或 R0.75）

此时刀具所在的位置便可开始 360°的螺旋运动了，通常要尽量使导入圆弧和导出圆弧位于象限位置上（0°、90°、180°以及 270°），这样计算起来就更容易。

（6）螺纹上升量的计算

一些技术手册或产品目录基于螺纹镶刀片螺旋角的计算制作而成，但有一点不会改变：螺纹滚铣刀在主轴旋转一周（360°）内前进的距离等于螺距。如果使用导入圆弧，只有一部分螺距可编程，直线行程值必须根据每度的比率进行计算，下面的公式是前一个公式的另一种形式，它根据每英尺螺纹线数（TPI）来计算直线行程值：

$$L_t = \frac{A}{360 \times TPI}$$

式中　　L_t——螺旋插补的直线行程；

A——插补角度；

TPI——每英寸的螺纹线数。

（7）铣削螺纹

基于铣刀和螺纹尺寸，这里选择两转完成指定螺纹的加工，每一转，也就是每 360°，铣刀的直线移动距离等于螺距的大小，本例中为 0.0833333。螺纹运动就是螺旋铣削，它可以使用绝对或增量编程方法。

首先选择绝对编程方法，然后是增量编程方法：

N8 G90 G03 X1.5 Y0 Z-0.8459 I-1.5　　　　　　（第 1 转）

N9 G03 X1.5 Y0 Z-0.7626 I-1.5　　　　　　　（第 2 转）

以上重复的数据不会在最终程序中出现，为了进行比较，下面使用增量编程方法：

N8 G91 G03 X0 Y0 Z0.0833 I-1.5　　　　　　　（第 1 转）

N9 G03 X0 Y0 Z0.0833 I-1.5　　　　　　　　（第 2 转）

两个螺旋运动完成后，铣刀在 Z 轴正方向上总共移动了 0.1666in 并转过 720°（两转），程序的末尾将结束切削。

（8）导出运动

与刀具要使用 90°的螺旋插补渐近螺纹一样，从螺纹中退刀也采用同样的运动。从已加工螺纹中的退刀运动（导出运动）同样在螺旋模式中使用 1/4 的车削运动将螺纹滚铣刀移离已加工螺纹，计算和结果都跟前面一样：

$$L_t = 90 \times 0.0833333/360$$
$$L_t = 0.0208333$$

该增量值将使刀具向上运动并离开螺纹（以绝对模式编程）：

N10 G03 X0.75 Y0.75 Z-0.7418 I-0.75 J0　　（或 R0.75）

此时刀具位于螺纹的安全位置，所以可以重新开始直线运动并取消半径偏置，然会返回螺纹孔的中心，并退刀至工件上方，最后返回机床原点并结束程序：

N11 G40 G01 X0 Y0

N12 G00 Z1.0 M09

N13 G28 X0 Y0 Z1.0 M05

N14 M30

%

至此，便完成了螺纹加工，并可编写完整的程序。

（9）完整程序

以下完整程序组合了所有初始计算以及螺纹滚铣刀的运动：

```
O4501（铣削右旋内螺纹）
N1 G20
N2 G17 G40 G80
N3 G90 G54 G00 X0 Y0 S900 M03
N4 G43 Z0.1 H01 M08
N5 G01 Z-0.95 F50.0
N6 G41 X0.75 Y-0.75 D01 F10.0
N7 G03 X1.5 Y0 Z-0.9292 R0.75
N8 Z-0.8459 I-1.5                    （第 1 转）
N9 Z-0.7626 I-1.5                    （第 2 转）
N10 X0.75 Y0.75 Z-0.7418 R0.75
N11 G40 G01 X0 Y0
N12 G00 Z1.0 M09
N13 G28 X0 Y0 Z1.0 M05
N14 M30
%
```

该程序只是螺纹铣削方法的一个小例子，其计算合乎逻辑且程序代码清楚。多阅读一些由刀具生产厂家提供的螺纹滚铣刀技术说明书可得到许多宝贵的信息（包括刀尖编程），这些建议比其他任何方法都有用。

图 45-10 所示为螺纹铣削程序 O4501 的正轴测视图。

（10）外螺纹铣削

外螺纹铣削通常使用可转位硬质合金螺纹加工刀片来加工大型螺纹，这种情形下的导入和导出运动也很重要，它们的计算以及所遵循的规则与内螺纹一样。与第 29 章（圆弧插补）中介绍的例子一样，这里也可能会用到直线导入和导出运动，也可遵循图 45-11 所示的运动。

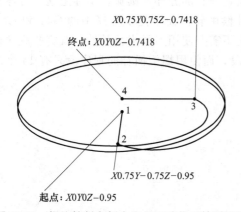

图 45-10 螺纹铣削实例中刀具运动的正轴测视图

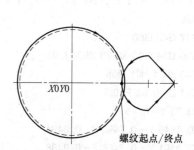

图 45-11 外螺纹铣削中刀具的导入和导出运动

（11）锥螺纹铣削

可以使用螺纹滚铣刀手动编写锥螺纹（比如 NPT 或 NPTF）程序，但这要复杂得多。对于螺距和圆锥角较小、材料较软的锥形铣刀，可以在一转内将它当作一把直刀来编程。对于大型螺纹，唯一的办法是只在直线插补模式中使用较小的增量来模拟螺旋铣削（这种情形下需要使用软件）。夹具和刀片应该根据螺纹的名义尺寸来选择。

锥螺纹有时也称为圆锥螺纹，而且左旋和右旋螺纹需要不同的夹具，这是螺旋插补的特殊应用，并不属于手工编程的范围。

（12）其他考虑事项

在适当的深度铣削螺纹时，有必要考虑其他两个因素，一个是刀具半径偏置的应用，另一个是切削进给率的选择。

刀具半径偏置只对活动平面内的两根轴有效（例如在 G17 平面内是 X 和 Y 轴），根据经验来看，最好使用顺铣，这是大多数螺纹铣削应用中较佳的方法。

进给率的选择与第 29 章中介绍的外圆和内圆进给率的选择类似，由于这里要得到比较精密的螺纹，所以进给率将比它低 10%～30%，最好是每齿进给 0.001in，也可以通过试验增加。

45.5 螺旋铣削仿真法

有一种螺纹铣削方法比较有趣，它不使用控制器中的螺旋插补功能。这种情形在很多 CNC 机床上都可能出现，此外对于只需要偶尔铣削螺纹而不值得去更新控制器以添加螺旋铣削功能的加工车间，也可能会使用该方法。

为了在这种情形下铣削螺纹（内部或外部），应该使用螺纹铣削仿真，螺旋运动的仿真在螺纹公差许可范围内要求三轴联动的直线运动，这意味着每一运动都是很小的三轴联动直线运动（使用 X、Y 和 Z 轴）。螺纹精度要求越高，编写的程序就越长。该方法几乎不可能使用手动编程完成，因为在任何情形下都需要极长的时间，这里所需的就是一种能在几秒时间内完成计算的编程软件，很多螺纹滚铣刀生产厂家都会免费或者以极低的价格提供这种软件，有些可以在其网站上下载。

为了说明这一问题，这里使用与程序 O4701 中一样的螺纹。毋庸质疑，仿真程序非常长，至少有数百个程序段，这里就是这样一个程序，不过它只展示出了程序开头部分和刀具完成导入圆弧部分的少数几个程序段，它只涉及直线和部分导入圆弧。实际上这个程序是不正确的，因为没有对刀具半径进行补偿，半径补偿由软件而不是由程序中的 G41 和 G42 完成——这是三根轴上的直线插补运动，因此可能不需要使用刀具半径补偿。其完整程序通过使用 CAD/CAM 软件编写，一共有 463 个程序段，而使用螺旋插补的程序段只有 14 个。

```
G20
G17 G40 G80
G90 G54 G00 X0 Y0 S900 M03
G43 Z0. 1 H01 M08
G01 Z - 0. 95 F10. 0
X0. 75 Y - 0. 75
X0. 7846 Y - 0. 7492 Z - 0. 9494
X0. 8191 Y - 0. 7468 Z - 0. 9488
X0. 8536 Y - 0. 7428 Z - 0. 9482
X0. 8878 Y - 0. 7373 Z - 0. 9476
X0. 9216 Y - 0. 7301 Z - 0. 9470
X0. 9552 Y - 0. 7214 Z - 0. 9464
X0. 9883 Y - 0. 7112 Z - 0. 9457
..
..
..
```

X1. 4967 Y - 0. 0697 Z - 0. 9304

X1. 4992 Y - 0. 0350 Z - 0. 9298

X1. 5000 Y0. 0000 Z - 0. 9292

. .

　　程序的输出是一系列以非常精确的顺序和增量排列的很短的线段，可以观察几个程序段并想象一下实际运动，顺便提一下，在 CAD/CAM 中生成 463 行程序代码大概需要 3s。如果使用高级语言（比如 Visual Basic，Visual C++以及类似语言），可以非常有效地编写实用软件。通常在执行程序时，用户需要输入转数、半径、螺纹导程以及分辨率，程序长度可以缩短，但这样便不能保证螺纹质量。

　　不论使用何种方法来生成螺纹铣削的刀具路径，这都是一个比机械加工厂现有的方法更值得关注的加工和编程领域。

45.6　螺旋斜面修整

　　螺旋插补中非常有益的一个应用是螺旋斜面修整，螺旋斜面修整首先用来替代固体材料上的直进切削操作。封闭区域（比如型腔）内的粗加工，在实际切除材料前，刀具需要达到特定的 Z 轴深度。假如材料经过预加工，那么该 Z 轴运动可以在一个开放的空间内进行；如果使用中心切削型刀具（所谓的槽钻），那么 Z 轴运动也可能是直接进入实心材料的切削。螺旋斜面修整允许使用任何平底刀具以一系列相当小的螺旋切削运动到达所需的 Z 轴深度，刀具可以是平底和非中心切削型的，因为所有的切削运动都由刀具侧面完成，而不是它的底面。一旦达到所要求的 Z 轴深度，常常在最后的螺旋切削后使用一整周的圆弧插补对底部进行清理，高级 CAD/CAM 软件可以非常有效地完成这项工作。

　　⟳ 实例：

　　下面举例说明这类铣削操作的编程技巧，这里使用 ϕ0.500in 标准平底立铣刀（不需要使用中心切削型），打孔直径为 ϕ0.750in，型腔深度为 0.250 且刀具在每次螺旋运动时进给 0.050in。型腔中心位置为 X0Y0，而 Z 轴起始位置（安全间隙）在工件顶部上方 0.050in 处（也就是 Z 轴程序原点），总的螺旋运动（转数）次数为 6（1 次在工件顶部上方，5 次在工件顶部下方）。

　　螺纹深度增量值可以根据加工状况任意选择，增量越小，螺纹运动的次数越多，且所需的加工时间也越长。

　　程序使用绝对模式或增量模式均可，但本例中增量编程相对比较容易，加工将在顺铣模式中完成（程序 O4502）。

O4502（螺旋斜面修整）

N1 G20

N2 G17 G40 G80

N3 G90 G54 G00 X0 Y0 S700 M03

N4 G43 Z1. 0 H01 M08

N5 G01 Z0. 05 F50. 0　　　　　　　（渐近 Z 轴起点）

N6 G41 X0. 375 D01 F15. 0　　　　　（开始补偿）

N7 G91 G03 I - 0. 375 Z - 0. 05　　　（在工件顶部上方切削）

N8 I - 0. 375 Z - 0. 05　　　　　　　（工件顶部下方第 1 次切削）

N9 I - 0. 375 Z - 0. 05　　　　　　　（工件顶部下方第 2 次切削）

N10 I - 0. 375 Z - 0. 05　　　　　　 （工件顶部下方第 3 次切削）

```
N11 I-0.375 Z-0.05          （工件顶部下方第4次切削）
N12 I-0.375 Z-0.05          （工件顶部下方第5次切削）
N13 I-0.375                 （圆弧运动清理底部）
N14 G90 G01 G40 X0          （返回X和Y轴起点）
N15 G00 Z1.0 M09
N16 G28 Z1.0 M05
N17 M30
%
```

这里有两点值得注意。首先，由于使用增量模式，所以Z轴起始位置极其重要（程序段N4）。第二，从中点到第一次螺旋运动起点的简单直线运动中开始应用刀具半径偏置，图45-12所示为程序的四个不同视图。

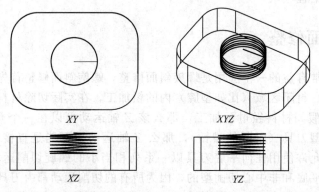

图45-12　斜面修整所用的螺旋运动示意图（程序O4502）

螺旋插补是功能非常强大的编程手段，通常其他方法并不能替代它。虽然它是控制器选项，但它的最大优点是缩短编程输出和实现快速更改，因此它的额外花销也是物有所值。

第 46 章 卧 式 加 工

本手册中有数十个编程实例,它们有一个共同的特点,即用于 CNC 立式加工中心。这样做是有原因的:首先,总的来说加工厂中的立式加工中心要多于卧式加工中心,混合使用两种类型的机床会使得所涉及的参考材料更复杂;其次,迄今为止,涉及立式型号的每个主题几乎都可以应用在卧式型号中。那么它们之间有何区别呢?

卧式加工中心与立式加工中心的主要区别在于它的常规功能。立式加工中心大多用在只需加工一个表面的工作中,然而 CNC 卧式加工中心可以在一次设置中加工多个表面,这一功能使得卧式加工中心成为通用机床,当然造价也更高。图 46-1 所示为轴定位的对比。

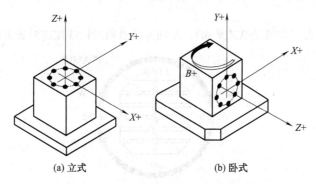

(a) 立式   (b) 卧式

图 46-1 立式和卧式机床轴定位的区别

从图中明显可以看出,XY 平面为工作主平面,Z 轴用来控制切削的深度,从这一方面来说,两类机床之间并没有任何区别。

卧式加工中心在编程和准备之间有三个主要区别:

❑ 出现了第四轴,通常为 B 分度轴;

❑ 出现了托盘交换装置;

❑ 各种装夹和偏置设置。

首先来简略地看一下典型 CNC 卧式加工中心的第四轴。

46.1 分度轴和旋转轴

前面介绍的所有编程方法同样也可以应用在 CNC 卧式机床上,XY 轴通常用于钻孔和轮廓加工操作,而 Z 轴则用来控制切削深度。

卧式加工中心和立式加工中心的区别不仅在于轴定位以及所能加工的工件类型,其中一个主要区别是附加轴。

它有一根分度轴或旋转轴,通常命名为 B 轴,虽然两个术语通常相互替换使用,但它们之间也有区别。

❑ 分度轴工作台将旋转安装在它上面的工件,但是它不能和任何切削运动同时进行,它支持定位运动。

❑ 旋转工作台也可旋转安装在它上面的工件,但是这里有可能进行同步的切削运动,它支持轮廓加工运动。

卧式加工中心上最常见的第四轴是分度轴类型，称之为 B 轴。

46.2　分度工作台（B 轴）

如果机床具有分度轴功能，顾名思义，它用来对工作台进行分度。分度工作台是卧式加工中心和镗床上的标准功能，360°旋转工作台是两类加工中心上的可选功能。

（1）增量单位

分度轴以工作所需的度数进行编程，例如分度工作台到 45°位置，其程序为：

G90 G00 B45.0

最小增量取决于机床设计。对于分度轴，常见的最小增量单位为 1°甚至 5°，然而为了增强灵活性（也为了旋转加工），需要更小的增量，大多数机床生产厂家设有 0.1°、0.01°以及 0.001°的最小分度增量。所有情形下，分度运动的编程可以沿两个方向进行。

（2）分度方向

从上往下看工作台（也就是 XZ 平面），B 轴可以沿顺时针或按逆时针方向编程（图 46-2）。

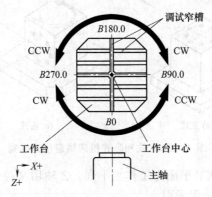

图 46-2　B 轴方向和说明

包括拐角在内的工作台尺寸对于确定分度前的安全间隙非常重要。

（3）工作台松开和夹紧功能

为了保持刚性安装，切削过程中分度轴工作台必须夹紧在机床主体上，而对于分度运动，工作台必须松开，在大多数加工中心上都如此，生产厂家为此提供了两个特殊的辅助功能，也就是本章例子中使用的两个辅助功能：

❑ 工作台夹紧　　　　　… 例如 M78

❑ 工作台松开　　　　　… 例如 M79

实际功能编号随着机床设计的不同而变化，所以要查阅使用手册以确定正确的代码。

通常在分度前编写松开功能，后面紧跟 B 轴运动，并在另一个程序段中编写夹紧功能：

M79　　　　　　　　　工作台松开

G00 B90.0　　　　　　分度工作台

M78　　　　　　　　　工作台夹紧

一些设计需要其他的 M 代码，例如控制紧固销或工作台准备就绪确认。

B 轴的编程逻辑包括尺寸标注与直线轴完全一样，分度既可以使用绝对模式也可以使用增量模式编程，分别使用标准 G90 和 G91 指令。

（4）绝对或增量模式分度

与其他任何轴一样，B 轴可以在绝对或增量模式中编程，其行为与直线轴一样。

下面的例子使用绝对模式，第一列是 G90 模式下的编程分度运动，第二列是实际分度运动（移动距离）及其方向，所有旋转方向都基于垂直于 XZ 平面的视图。

↻ 绝对模式-连续分度

G90 模式下的编程运动	实际分度运动
G90 G28 B0	机床 B 轴原点位置
G00 B90.0	顺时针方向旋转 90°
B180.0	顺时针方向旋转 90°
B90.0	逆时针方向旋转 $-90°$
B270.0	顺时针方向旋转 180°
B247.356	逆时针方向旋转 $-22.644°$
B0	逆时针方向旋转 $-247.356°$
B-37.0	逆时针方向旋转 $-37°$
B42.0	顺时针方向旋转 79°
B42.0	无运动（0°）
B-63.871	逆时针方向旋转 $-105.871°$

下一个表格与此类似，第一列是 G91 模式下的编程分度运动，第二列是运动方向和实际绝对位置，所有旋转方向都基于垂直于 XZ 平面的视图。

↻ 增量模式-连续分度

G91 模式下的编程运动	实际分度运动
G90 G28 B0	机床 B 轴原点位置
G91 G28 B0	机床原点,无运动
G00 B90.0	顺时针方向旋转 90.000°
B180.0	顺时针方向旋转 270.000°
B90.0	顺时针方向旋转 360.000°
B270.0	顺时针方向旋转 630.000°
B0	无运动
B125.31	顺时针方向旋转 755.310°
B-180.0	逆时针方向旋转 575.310°
B-75.31	逆时针方向旋转 500.000°
B-75.31	逆时针方向旋转 424.690°
B-424.69	逆时针方向旋转 0.000°

按表中的顺序逐段研究两个表格中的程序段，其结果有助于透彻地理解其概念。注意第一个表格中的 B-37.0，如果程序段编写成 B323 可得到一样的结果。

在第二个表格中，第一个程序段中的绝对模式可确保从 B0 开始。有一个现象非常有意思——在同一方向旋转 360°后（一整周）角度继续增加，它不会重新变为 0，这一点一定要注意，如果进行两周分度（增量模式下），工作台绝对位置为 720.000°，如果要回到绝对原点，同样需要在相反方向进行两周分度。图 46-3 所示为一个小例子。

要为图中所示的两个位置进行编程，常见的程序段顺序如 O4601 所示：

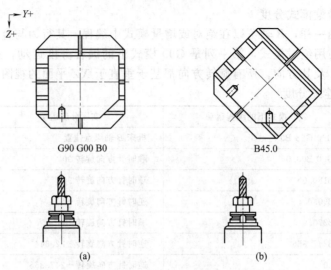

图 46-3　B 轴方向在绝对模式下从 B0～B45.0（O4601）

```
O4601
G90 G54 G00 X . . Y . . Z . .
M79
B0
M78
...
＜在 B0 位置钻孔＞
...
G90 G55 G00 X . . Y . . Z . .
M79
B45. 0
M78
...
＜在 B45. 0 位置钻孔＞
...
```

本例中与钻孔相关的尺寸并不重要，但对于完整程序而言，它们非常重要。

> 分度 B 轴时一定要注意安全间隙。

46.3 B 轴和偏置

立式加工中心和卧式加工中心之间一个最重要的区别，就是以下两个主要偏置的编程方法与设置：

❑ 工件偏置（G54～G59＋可选扩展设置）；

❑ 刀具长度偏置（G43 H . .）。

刀具半径偏置不受 B 轴影响，而且其编程方法与立式加工一样。

偏置和已加工表面之间的关系相当重要，而且也比立式加工中的关系更为复杂。

（1）工件偏置和 B 轴

工件偏置的测量与前面一样，即从机床原点到程序原点。现在的区别就是要加工多个表面而不是一个，也就是说每个表面的刀具路径必须有它自己的程序原点以及工件偏置，图 46-4 所示为典型的设置，其视图方向是从主轴看向工件。

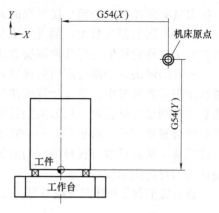

图 46-4　卧式应用中的工件偏置（主视图）

尽管图中所示的工件原点位于分度轴工作台的中心，但工件原点也可能位于每一工件的上表面或其他地方，每种方法各有所长，因此没有"最好"的方法，它通常由工作指定的需求、夹具设计、工作性质以及程序员的个人喜好所决定。

当从一个表面换刀另一个表面时，切记要更改工件偏置，例如如果要加工 4 个表面，每个表面都有自己的工件偏置，比如 G54、G55、G56 和 G57。B 轴通常不依赖于工件偏置，因此可以在第一个快速运动程序段中编写新工件偏置，前面的小例子阐述了这一方法。接下来将介绍 Z 轴的工件偏置设置和刀具长度偏置。

（2）刀具长度偏置和 B 轴

多重表面的多重偏置概念很容易理解。设置刀具长度相当复杂，影响其决定的因素很多，第一个因素就是设置刀具长度的方法，设置方法至少有两种，第 19 章中对它们介绍过，但现在它们有了新的意义。

① 接触法　一种方法就接触被加工工件表面的 $Z0$ 并且将它到刀尖的距离作为负长度偏置寄存，这是立式加工中心中较佳的方法。对于少数刀具和分度，接触法是可以接受的。尽管可以选择分度轴工作台的中心作为 $Z0$，但它并不是实用的解决方法。图 46-5 所示为接触法装夹的基本概念，图 46-6 所示为一个实例，注意其装夹的逻辑与立式加工中心完全一样。如果 H01 设为 -300.0，以下程序段

　　G43 Z2. 0 H01

将移动刀具到 $Z-298.0$ 处。

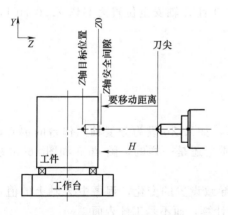

图 46-5　接触刀具长度偏置方法（H 为负时的布局）

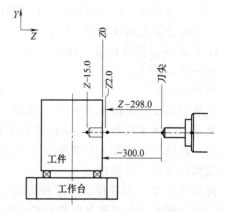

图 46-6　接触刀具长度偏置方法（H 为负时的实例）

② 预先设置法　立式加工中心设置刀具长度通常使用接触法，但也可以使用预先设置法。预先设置法就是在机床外使用一个特殊的刀具长度预调器，预先设置法在卧式加工中心中更实用，这是有原因的。

前面讲过一把刀具通常需要一个长度偏置，现在来考虑卧式加工中心的一个常见情形：

一把刀具必须加工六个面，接下来的其他四把刀具也要加工相同的六个面，每把刀具在每个面上需要不同的刀具长度，因此一共需要 30 个不同的长度偏置！这不是一个孤立的例子，但是对于这样的情形有好几种解决方法。

所有的解决方法都使用预先设置刀具长度测量和附加设置值，将安装在刀架中的刀具放置在预先设置装置中，通过计算机控制的光学识别仪，可矫正预调器以与机床基准线匹配，然后精确测量刀具长度，从刀尖到机床基准线的实际刀具长度通常为正，它被输入相应的刀具长度偏置寄存器。这里只有一个问题：该测量值与工件位置有何关系？在接触法中刀具与工件接触，从而可以直接得出它们的关系，但是在预先设置法中并没有接触，这时就要使用前面介绍过的附加设置了。

该设置值就是机床基准线与当前工件偏置 Z 地址之间的距离，如图 46-7 和图 46-8 所示。

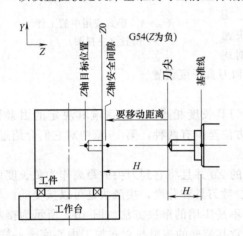 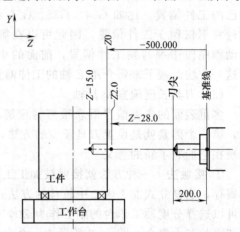

图 46-7　预先设置刀具长度偏置为 $Z0$＝表面　　　图 46-8　预先设置刀具长度偏置为 $Z0$＝表面
（H 值为正）　　　　　　　　　　　　　　（本实例 H 值为正）

图中所示输入 G54 工件偏置 Z 寄存器中的偏置值为 -500.0，这是基准线到工件原点的距离。为了证明该方法的可行性，设定 H01＝200.0 且 Z 轴安全位置为 G43 Z2.0 H01，要移动距离的计算与前面完全一样：

G54(Z)＋Z 安全位置＋H01

＝$-500.0+2.0+200.0$

＝-298.0

然后刀具正常进给至 $Z-15.0$ 深度。

最后一个例子的测量从 $Z0$ 位置到工件前端面，如果 $Z0$ 设为分度轴工作台的中心，则还有另一种选择，实际上只是感觉上的改变，本质上还是一样的，图 46-9 和图 46-10 所示为上面两图表面上的变化。

附加尺寸 W（程序原点到工件表面的距离）导致设置的变化，程序中 Z 轴上的值也将改变，因为所有的尺寸都从工作台中心的 $Z0$ 开始计算，而不是工件表面。

程序中将刀具移至 Z 安全位置的程序段为 G43 Z152.0 H01。这种情形下要计算移动距离，必须在装夹过程中知道包括 W 在内的距离（夹具图或实际测量），这里 W＝150.0，长度偏置不变（H01＝200.0），但 G54 有一重大变化——它是从工作台中心（$Z0$）开始测量。与前面一样，Z 轴安全位置包括 W 长度和 2mm 的安全间隙距离，本例中 G54 使用的值为 $Z-650.0$：

G54(Z)＋Z 安全间隙＋H01

$$= -650.0 + 152.0 + 200.0$$
$$= -298.0$$

然后刀具正常进给至 $Z-135.0$ 深度。总的来说，该装夹应用跟上一个例子完全一样，操作人员必须知道每一次工作中的 $Z0$ 位置，该信息通常以程序注释的形式从 CNC 程序员处得到，更好的情形是从调试单中得到。

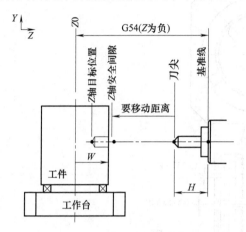

图 46-9　预先设置刀具长度偏置为
$Z0$＝中心（H 值为正）

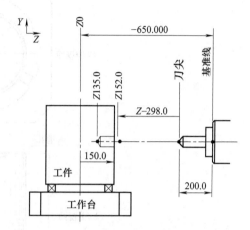

图 46-10　预先设置刀具长度偏置为 $Z0$＝中心
（本实例 H 值为正）

46.4　返回机床原点

立式加工中，大多数情形下要在每一刀具的后面编写机床原点返回，该返回只沿 Z 轴进行，原因很简单：在立式加工中心上，Z 轴机床原点往往是自动换刀位置。然而卧式加工中心却并不如此。

由于卧式加工中心的设计，每次换刀前的机床原点返回运动都是沿 Y 轴方向进行，除此以外，两类机床的机床原点指令编程完全一样。

以下是两类机床在换刀前典型的结束方式的简单比较：

立式：　　　G91 G28 Z0

卧式：　　　G91 G28 Y0 Z0

如果是需要移动 Y 轴而不是 Z 轴，为什么只需要 Y 轴返回时还要在 Z 轴方向返回呢？答案就是为了安全。尽管实现自动换刀只需要在 Y 轴方向返回，但同时刀具也必须远离工件，沿 Z 轴返回机床原点使换刀更加容易。当然在 Z 轴方向编写足够的安全间隙也可达到同样的效果，但是这做起来要比看起来复杂得多，由于工作台位于分度位置而不是原点、刀具或长或短、不同的工件表面以及夹具位于其刀具路径上等原因，要确定 Z 轴方向的确切退刀距离非常困难，这也是为什么在编写 G28 返回时要记住以下简单规则的原因：

> 在 Y 轴方向返回是因为有必要，而在 Z 轴方向返回则是为了安全。

46.5　分度和子程序

要介绍各种装夹方法的所有组合应用以及它们对程序格式的影响几乎是不可能的，卧式加工尤其是装夹这部分内容非常复杂，也需要一定的经验，本章的规划就是为了让大家对这部分内容有个基本的了解，一个适当的编程实例可能会有助于理解。

为了说明怎样有效的使用分度，本节中的例子将在圆柱体上点钻并钻削 612 个孔（图 46-11），点钻同时还加工 0.400×45° 的倒角，所有的深度计算都是真实的。

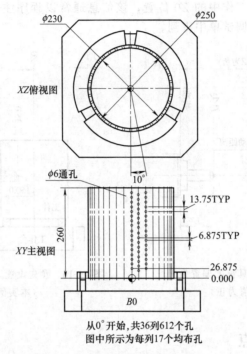

图 46-11　使用子程序的分度实例（程序 O4602）

面对如此多的孔不要泄气，使用一个子程序可以使程序长度最小化，程序中没有使用任何旋转轴 B 常用的夹紧和松开功能，如果机床需要在分度前后分别使用夹紧和松开，可使用合适的 M 功能来夹紧和松开工作台。

在编程之前要确定刀具及其用途，本例中只需要两把刀具，分别是 $\phi 10\text{mm}$ 点钻和 $\phi 6\text{mm}$ 的钻头，图 46-12 所示为两个刀尖的关键位置。

图 46-12　程序 O4602 中使用的刀具
详细数据

图 46-13　二维圆柱布局——给出了开发
子程序使用的两个端点

两把刀具的 R 平面一样，点钻的深度包括清理孔毛刺的倒角，钻孔深度能确保钻头完全穿透。这里不需要精确的计算，但是其规则与本章前面确立的规则一样。

子程序的开发需要一定的工作量。这里将使用两个子程序，它们实际上是一样的，只是固定循环选择不一样，也可以使用其他方法，但是本章只关注分度轴工作台。两个子程序将从分布模式的顶部开始，也就是 B0 位置（0°），该处的孔作为起始位置但直到其他所有的孔加工完以后才对它进行加工。这个孔并没有加工，但子程序中包含了 10° 的分度，这也是从相邻列开始加工的原因，两列是程序的一部分，它们之间相隔 10° 分度。子程序中的注释将有助于理解其过程，注意图 46-13 中标出的区域，它显示了子程序的内容。仔细研究该实例。

O4602（主程序）
（从机床原点开始-T01 位于主轴上）
（X0Y0＝夹具中心/Z0＝工件底部）
（T01－φ10mm 点钻）
（T02－φ6mm 通孔钻）
N1 G21
N2 G17 G40 G80
/N3 G91 G28 Z0
/N4 G28 X0 Y0
/N5 G28 B0
N6 G90 G54 G00 X0 Y26. 875 S1000 M03 T02
N7 G43 Z275. 0 H01 M08
N8 M98 P4651 L18
N9 G28 Y0 Z0
N10 G28 B0
N11 M01

N12 T02
N13 M06
N14 G90 G54 G00 X0 Y26. 875 S1250 M03 T01
N15 G43 Z275. 0 H02 M08
N16 M98 P4652 L18
N17 G28 X0 Y0 Z0
N18 G28 B0
N19 M06
N20 M30
%

O4651（点钻子程序）

N101 G91 G80 Y－6. 875	（通过间距向下移动）
N102 G90 Z275. 0	（Z 轴安全位置）
N103 G91 B10. 0	（旋转 10°）
N104 G99 G82 R－148. 0 Z－5. 4 P200 F120. 0	（钻孔）
N105 Y13. 75 L16	（沿 Y 轴正方向加工 16 个孔）
N106 G80 G00 Y6. 875	（通过间距向上移动）
N107 G90 Z275. 0	（Z 轴安全位置）
N108 G91 B10. 0	（旋转 10°）
N109 G99 G82 R－148. 0 Z－5. 4 P200	（1 个孔）
N110 Y－13. 75 L16	（沿 Y 轴负方向加工 16 个孔）
N111 M99	（子程序 O4651 结束）

%

O4652（6mm 钻头子程序）

N201 G91 G80 Y-6.875　　　　　　　　（通过间距向下移动）

N202 G90 Z275.0　　　　　　　　　　　（Z轴安全位置）

N203 G91 B10.0　　　　　　　　　　　　（旋转 10°）

N204 G99 G83 R-148.0 Z-15.84 Q7.0 F200.0（钻孔）

N205 Y13.75 L16　　　　　　　　　　　（沿 Y 轴正方向加工 16 个孔）

N206 G80 G00 Y6.875　　　　　　　　　（通过间距向上移动）

N207 G90 Z275.0　　　　　　　　　　　（Z轴安全位置）

N208 G91 B10.0　　　　　　　　　　　　（旋转 10°）

N209 G99 G83 R-148.0 Z-15.84 Q7.0　　　（1 个孔）

N210 Y-13.75 L16　　　　　　　　　　　（沿 Y 轴负方向加工 16 个孔）

N211 M99　　　　　　　　　　　　　　（子程序 O4652 结束）

%

　　三个程序中都使用初始平面 Z275.0，这对于安全分度是合理的。选择适当的 Z 轴间隙非常重要，而且一定要知道分度轴工作台的尺寸和它的拐角尺寸，记录中该工作使用 400mm×400mm 的正方形工作台，其拐角尺寸为 50mm×50mm，工件安装与分度旋转轴同心且没有其他干扰因素。循环 L.. 也可以使用 K..。

46.6　完整程序实例

　　卧式加工中心上的常见工件需要在一次装夹中切除多个表面的材料，图 46-14 所示为一个机壳。

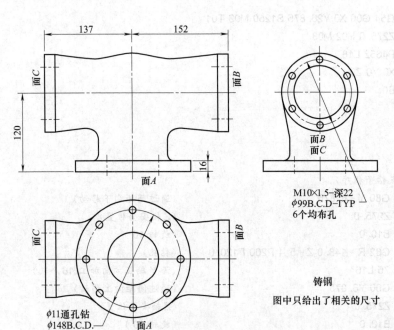

图 46-14　卧式加工操作中的典型多面工件——程序 O4603

（子程序 O4653 和 O4654）

例如只要加工三个不同表面上的孔，使用的刀具为一把点钻、两把钻头以及一把丝锥。第一步是确定程序原点，为了便于编程和安装，每一螺栓圆周的圆心和每一表面的前部（Z）是一个很好的选择，每个面都有它自己的工件偏置，面 A、面 B 和面 C 分别为 G54、G55 和 G56。第二步是为所有的孔位置编写子程序，所有尺寸必须精确计算但不需要详细计算。开始时第一把刀具位于主轴上，工件位于固定在分度轴工作台上的夹具中，本例中省略了托盘交换，但在下一节中会对它进行介绍，两个子程序包括各螺栓分布模式坐标。

```
O4653（φ148mm 平面上 8 个孔的子程序）
N101 X74. 0 Y0
N102 X52. 326 Y52. 326
N103 X0 Y74. 0
N104 X- 52. 326 Y52. 326
N105 X- 74. 0 Y0
N106 X- 52. 326 Y- 52. 326
N107 X0 Y- 74. 0
N108 X52. 326 Y- 52. 326
N109 M99
%

O4654（φ99mm 平面上 6 个孔的子程序）
N201 X49. 5 Y0
N202 X24. 75 Y42. 868
N203 X- 24. 75 Y42. 868
N204 X- 49. 5 Y0
N205 X- 24. 75 Y- 42. 868
N206 X24. 75 Y- 42. 868
N207 M99
%

O4603（主程序）
（面 A = G54 = B0 = 8 个孔）
（面 B = G55 = B90. 0 = 6 个孔）
（面 C = G56 = B270. 0 = 6 个孔）

（T01 - φ15mm 点钻）
（T02 - 8. 4mm 螺孔钻）
（T03 - M10 × 1. 5 丝锥）
（T04 - φ11mm 钻头）

（T01 - 直径为 15mm 的点钻 - 所有孔）
N1 G21
N2 G17 G40 G80
/N3 G91 G28 Z0
/N4 G28 X0 Y0
/N5 M79
/N6 G90 G28 B0
/N7 M78
```

N8 G90 G54 G00 X74. 0 Y0 S868 M03 T02

N9 G43 Z10. 0 H01 M08

N10 G99 G82 R2. 0 Z – 5. 8 P200 F150. 0 L0

N11 M98 P4653　　　　　　　　　　　　　　　　　（点钻面 A）

N12 G80 Z300. 0

N13 M79

N14 B90. 0

N15 M78

N16 G55 X49. 5 Y0 Z10. 0

N17 G99 G82 R2. 0 Z – 5. 3 P200 L0

N18 M98 P4654　　　　　　　　　　　　　　　　　（点钻面 B）

N19 G80 Z300. 0

N20 M79

N21 B270. 0

N22 M78

N23 G56 X49. 5 Y0 Z10. 0

N24 G99 G82 R2. 0 Z – 5. 3 P200 L0

N25 M98 P4654　　　　　　　　　　　　　　　　　（点钻面 C）

N26 G80 Z300. 0 M09

N27 G91 G28 Y0 Z0 M05

N28 M01

（T02 – 8. 4mm 螺孔钻）

N29 T02

N30 M06

N31 G90 G56 G00 X49. 5 Y0 S1137 M03 T03

N32 G43 Z10. 0 H02 M08

N33 G99 G83 R2. 0 Z – 24. 8 Q6. 0 F200. 0 L0

N34 M98 P4654　　　　　　　　　　　　　　　　　（锥形钻削面 C）

N35 G80 Z300. 0

N36 M79

N37 B90. 0

N38 M78

N39 G55 X49. 5 Y0 Z10. 0

N40 G99 G83 R2. 0 Z – 24. 8 Q6. 0 L0

N41 M98 P4654　　　　　　　　　　　　　　　　　（螺纹钻加工面 B）

N42 G80 Z300. 0 M09

N43 G91 G28 Y0 Z0 M05

N44 M01

（T03 – M10 × 1. 5 丝锥）

N45 T03

N46 M06

N47 G90 G55 G00 X49. 5 Y0 S550 M03 T04

N48 G43 Z10. 0 H03 M08

N49 G99 G84 R5. 0 Z – 23. 0 F825. 0 L0

N50 M98 P4654 （面 *B* 攻螺纹）

N51 G80 Z300. 0

N52 M79

N53 B270. 0

N54 M78

N55 G56 X49. 5 Y0 Z10. 0

N56 G99 G84 R5. 0 Z - 23. 0 L0

N57 M98 P4654 （面 *C* 攻螺纹）

N58 G80 Z300. 0 M09

N59 G91 G28 Y0 Z0 M05

N60 M01

（T04 - *φ*11mm 钻头）

N61 T04

N62 M06

N63 M79

N64 B0

N65 M78

N66 G90 G54 G00 X74. 0 Y0 S800 M03 T01

N67 G43 Z10. 0 H04 M08

N68 G99 G81 R2. 0 Z - 20. 3 P200 F225. 0 L0

N69 M98 P4653 （面 *A* 钻孔）

N70 G80 Z300. 0 M09

N71 G91 G28 X0 Y0 Z0 M05

N72 M30

%

本例中只有少数注释，主程序和子程序都非常简单。将它们与立式加工应用对比，每次分度前的 *Z* 轴安全间隙 *Z*300. 0 可能有点过高，这里采用大的安全间隙是出于安全考虑，它们使得工件和分度轴工作台在一个没有障碍物的安全区域内进行分度，实际计算最小 *Z* 轴安全间隙并不实际，但一定要离各个面足够远。CAD 软件在这能起很大的作用，其他功能和编程技巧与本手册中其他地方所使用的一样。

46. 7　自动托盘交换装置（APC）

CNC 加工中的一个焦点是批量生产中初始工件装夹和工件重新安装所需的非生产时间，控制系统或机床设计本身并入的许多功能可以在很大程度上缩短非生产时间，它们包括刀具长度偏置、工件偏置以及刀具半径偏置等，然而它们并不能解决单个工件在工作台上的安装时间。托盘工作台在 CNC 机床上的引进可能是一个重要的突破，托盘并不是加工中的新概念，在卧式加工中心上，分界面上的托盘已经成为缩短安装时间非常实用的功能。

传统上，一台机床有一个工作台，这种机床设计有一个主要缺陷，那就是在机床工作时（CNC 操作人员实际上也是闲着的）不能执行其他的任务，这就意味着装夹下一工件时机床是闲着的，从而导致非生产时间的增加。

根据定义，自动托盘是可以由程序指令控制其进入或退出加工位置的工作台，如果该设计的目的是缩短非生产准备时间，那么它至少需要两个独立的托盘，当加工一个托盘上的工件时，可以使用另一个托盘更改下一任务的安装或装卸工件，通过这种方式，可以同时进行加工和安装，从而缩短甚至完全消除非生产时间。

尽管卧式加工中心上最常见的为双托盘系统，但多达 12 个托盘的设计也并不少见。

(1) 工作环境

对于典型的双托盘交换装置，需要区分两个主要区域：

❏ 加工区域　　　　　…　在机床里面；

❏ 安装区域　　　　　…　在机床外面。

通常一个托盘位于加工区域，而另一个托盘位于安装区域，当程序开始时，通常♯1 托盘位于加工区域而♯2 托盘位于安装区域（没有工件）。托盘的设计各种各样，但它们都有以下三个主要部件：托盘；机床定位器；交换系统。

托盘是轻便的工作台，它有一个表面以安装夹具或工件，工作台上可能具有 T 形槽或锥形孔，或者两者都有。

机床定位器（也称为接收器）是位于机床里的一个特殊装置，其目的是接收并且夹持载有准备加工工件的托盘，同时它的设计必须非常坚固和精确。

交换系统（也称为托盘加载机）是在装载区和机床工作区域交换托盘的系统。

通常托盘使用装载和卸载这两个术语，装载表示移动托盘到加工区域，卸载则表示移动托盘到安装区域，交换系统决定托盘类型。

(2) 托盘类型

根据交换系统，有两种常见的托盘类型：回转式；穿梭式。

典型回转式托盘的工作原理基于回转台，即一个托盘在机床外，另一个托盘在机床内，托盘交换指令将托盘旋转 180°，其编程非常简单，图 46-15 所示为回转式托盘。

穿梭式托盘也比较常用，它的设计在装载区和机床内部接收区并入了两根横杆（图 46-16)，它的编程也很简单，但牵涉的内容比回转式托盘复杂。

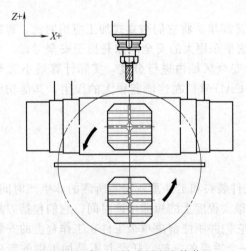

图 46-15　典型回转式托盘交换装置

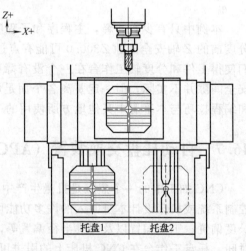

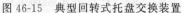

图 46-16　典型穿梭式托盘交换装置

两类托盘都从机床前部区域装载，一些特殊加工应用也可能使用其他类型的托盘。

(3) 编程指令

自动托盘交换的标准辅助功能是 M60。

M60	自动托盘交换（APC）

只有当托盘位置位于以下两个机床参考点之一时，该指令才能正确工作。

G28	返回第一机床参考点
G30	返回第二机床参考点

G28 指令十分常见，G30 指令的用法与 G28 完全相同，只是它将所选择的轴移动到第二机床参考位置。

（4）托盘交换程序结构

下面的程序片段强调了典型穿梭式托盘系统中的托盘交换，它可以很容易地调整为回转式托盘系统程序，两种情形下，一个托盘在加工区域，另一个托盘在安装区域。

```
O4604
G91 G28 X0 Y0 Z0
G28 B0
M60                 （装载托盘1）
<...在托盘1上加工...>
G91 G28 X0 Y0 Z0
G28 B0
M60                 （卸载托盘1）
G30 X0
M60                 （装载托盘2）
<...在托盘2上加工...>
G30 X0
M60                 （卸载托盘2）
M30
%
```

46.8　卧式镗床

本章（卧式加工）如果不包括卧式镗床的相关介绍则是不完整的，CNC 镗床与 CNC 加工中心相似，只是在尺寸上稍大于加工中心，它可能有也可能没有自动托盘交换装置，其主轴运动通常可分为两根轴的运动（Z 和 W）。以下是具有分度轴 B 和 Fanuc 或类似控制器的 4 轴卧式镗床的常见设置：

❑ 6 个工件偏置　　　　　　　...G54～G59
❑ 2 个加工参考点　　　　　　...G28 和 G30

尽管实际上有 5 根轴可用，但卧式镗床仍然是 4 轴机床，5 根轴分别为：

❑ X 轴　　　　...工作台纵向移动；
❑ Y 轴　　　　...立柱；
❑ Z 轴　　　　...主轴套筒；
❑ W 轴　　　　...工作台横向进给；
❑ B 轴　　　　...分度或旋转轴。

其设置与加工中心相似，只是多了 W 轴。准备过程中，典型工件偏置值将设为：

❑ G54　X＝负值
　　　　Y＝负值
　　　　Z＝0
　　　　W＝负值
　　　　B＝0

因为很多卧式镗床没有自动换刀装置，所以 G30 位置的设置应该便于操作人员执行手动换刀操作（X、Y 和 W 轴），该位置由系统参数设定，Z 轴值是套筒伸出主轴的长度。

编程格式基于这么一个原则，就是到所需深度的所有运动在 W 轴而非 Z 轴上进行，套筒由 Z 轴控制，它伸出只是为了得到安全间隙，它从主轴上的伸出量应该足够大，以确保程序中使用的最短刀具有足够的安全间隙。

以下典型的编程格式后跟有详细的注释，[nn] 行只是为了参考并与后面的注释相对应：

[01] O4605（程序名）

[02]（信息或注释）

[03] N1 G21

[04] N2 G91 G30 W0

[05] N3 G90 S..M03

[06] N4 G54 G00 X..Y..

[07] N5 G30 Z0

[08] N6 G43 W..H..

[09] N7 G01 W..F..

[10] ...

[11] ...

[12] ...〈加工〉

[13] ...

[14] ...

[15] N35 G00 W..

[16] N36 M05

[17] N38 Z0

[18] N39 G30 G49 W0

[19] N40 G91 G30 X0 Y0

[20] N41 M06

[21] ...

[22] ...

[23] ...

[24] N60 M30

[25] %

下面是以上各程序段对应的注释：

[01] 程序名（可多达 16 个字符）

[02] 为操作人员提供的信息（必须位于括号中）

[03] 选择公制或英制单位

[04] W 轴移动到换刀位置（基于安全考虑，采用增量模式）

[05] 选择绝对模式和主轴功能

[06] 快速运动到 G54 工件坐标系中的 XY 轴起始位置

[07] 套筒伸出参数 1241 中的值（Z）

[08] 刀具长度偏置（从刀尖到程序原点）并移动到安全平面

[09] 进给运动至所需深度

[10] ...

[11] ...

[12] ... 〈加工工件〉...

[13] ...

[14] ...

[15] 快速返回安全平面（参见 [08]）

[16] 主轴停

[17] 套筒快速返回主轴

[18] 沿 W 轴快速运动至换刀位置并取消刀具长度偏置

[19] 沿 X 和 Y 轴快速运动至换刀位置（出于安全考虑，采用增量模式）

[20] 手动换刀

[21] ...

[22] ...（附加加工，遵循上面的格式 ..）

[23] ...

[24] 程序结束

[25] 记录结束符（停止代码）

第 47 章　车床动力刀座

在 20 年以前，也就是 20 世纪 80 年代晚期甚至 90 年代初期，在 CNC 车床上进行简单的铣削操作都很少见，甚至是闻所未闻。自 21 世纪初，这种状况发生了翻天覆地的变化，现今真正的车削中心已经面目全非了。这不是说常用的两轴刀架后置式斜床身 CNC 车床已经过时了，相反，它们现在还是外圆和圆锥加工的主流机床。已经发生的变化并不违背最初的理念，它只是一种继承和发展。对于机床设计工程师而言，该理念本身非常简单：设计一款可以处理简单铣削操作的 CNC 车床，以节省至少一次机床安装及相关的处理。随着技术的飞速发展，它不仅可以提供一些相当简单的铣削能力，还能处理许多相当复杂的加工。

对于具备铣削能力的车床，它们装备了所谓的动力刀座，可以单独动力驱动非切削刀具，这些车床具有多种可能的组合。也经常使用旋转刀具等名称。根据轴的数量，基于标准两轴 CNC 车床，出现六轴、七轴、九轴甚至更多轴也不再罕见。至少可以这么说，所有这些轴再加上一些附加特征，要成功使用它们，需要的知识量相当地大。

47.1　车铣或铣车

该广泛使用的现代技术称为带动力刀座的车铣或铣车操作。根据该特殊描述，并不能明确哪个术语在工业上更精确，它们的使用量相同。本手册中使用"车铣"，因为它更精确地反映了实际切削活动——"具有铣削能力的车床"或"具有动力刀座的 CNC 车床"，它相对另一个术语更具逻辑性。术语的实际使用还颇具争议性，但不管使用哪个，其加工和编程过程基本是一样的。

在 CNC 车床上装备动力刀座是迈向多工序加工的第一步，它集成了各种车削和铣削操作、多个刀塔和卡盘、副主轴、自动工件翻转和工件传送等许多其他功能。结果就是使机加工厂更具竞争力。

（1）编程问题

需要编程的轴越多，需要付出的人工努力就越多。在过去几年中，手工完成这些工作击败了计算机革新。当然，底线很简单——使用成熟的软件，比如 Mastercam™、Edge-cam™ 等。

这本手册的所有内容都是关于手工编程的，这么为什么出现了明显的转变呢？好了，这里并没有转变。本手册的主要目的是提供手工编程的相关知识，确实如此，但是，也要在更先进的环境下应用这些知识。在诸如本手册之类的出版物中介绍多根机床轴，可能让人难以理解并事与愿违。功能完善的 CAM 软件在处理多轴时要比手工方法容易得多。同时，应该对一些常规概念进行详细介绍，它们是全面理解这些的基础。

此类机床编程的一个重要方面，就是融合 CNC 车床程序员与 CNC 铣床程序员的技巧。许多机加工厂都有各类机床的编程专家。他们可能需要对原来的方法进行回顾，并对员工进行培训，从而使他们具备处理两类机床的同等能力。

在编程以前，还需要了解一些跟该现代技术相关的词和表达方式。

（2）常见术语

任何新技术都将带来一些新词和短语，具有铣削能力的 CNC 车床也不例外。除了前面提到的车铣和铣车，也出现也其他一些专门术语，比如多功能或多任务机床就是其中的两个，另一个非常流行的术语是多工序加工。不管实际描述如何，他们的主要目的就是在单次设置中完成尽可能多的加工，它包括车削和钻孔/铣削操作。了解一些不同于标准机床的基本术语也同样重要。

❏电动刀具：也称为旋转刀具或动力刀具，它有自己的动力源，即使在车床主轴静止时也可以旋转。动力驱动刀具与其他刀具一样安装在刀塔上。

❏电动刀具旋转：为了区分主轴旋转与刀具旋转，M03/M04 用于主轴旋转，M13/M14 或 M103/M104 用于控制旋转刀具，而 M05/M105 是停止相应旋转的常用指令。

❏极坐标插补：别将开槽功能（通常与 G12.1/G13.1 或 G112/G113 一起编程）与极坐标（通常与 G15/G16 一起编程）混淆。

❏圆柱插补：以给定深度，在工件外圆上加工（通常是切槽），通常使用 G107 指令。

❏C 轴：通常以 $0.001°$ 的增量让主轴旋转，只能在机床中心线进行加工，绝对数据输入使用地址 C，增量数据输入使用地址 H。

❏C 轴开/关：特定的 M 功能（或 G 代码），可以在正常主轴功能与主轴为旋转轴功能之间切换。

❏C 轴夹紧开/关：一些控制器需要可能需要该功能，尤其在切削量比较大的时候，或者将其设为自动。如果编程，需要使用特殊 M/G 代码。

❏Y 轴：允许偏离机床中心线进行加工。

❏B 轴：允许刀塔角定位（如果可用）。

更复杂的机床可能拥有一些附加功能，所以术语也更多。通过研究实际机床设计，可熟悉这些术语。

47.2　机床设计

机床设计的任何重大变更将影响编程方法。新功能和设计变更（与 CNC 车床上的铣削功能一样重大的变更）将带来不同的编程方法以及不可避免的挑战。

（1）特征

无论何时，只要有 1～2 个刀塔或两个主轴，就可以平行或垂直于机床中心线安装动力刀具。尽管标准车床与自动或瑞士车床有较大的设计差异，但基本原理是一样的。

（2）益处

任何多工艺机床的主要设计特征就是缩减准备时间。一旦完成初始设置，就可以无需操作人员干预而完成所有工件的加工。与预期的一样，主要的益处还包括多次操作只需设置一次。

从编程角度来看，机床设计的第一项就是考虑机床轴的定位。

47.3　C 轴编程

与标准车削与镗削相比，动力刀座编程的最大区别就是除了标准的 X 和 Z 车床轴，还有一根 C 轴：X、$Z+C$ 轴。

在基本配置中，附件 C 轴与两轴斜床身机床动力刀座，是迈向多任务机床世界的第一步。当然，它不仅仅用于车削和镗削，同样的设置中，还可以进行铣槽、切槽、键槽、平面钻孔和铣削、工件圆周钻孔以及类似的操作。C 轴可以让主轴旋转，其主要目的是产生与动力刀具运动直接相关的主轴旋转。

每把动力刀具（及具有自己的动力）均水平或垂直安装在车床刀塔上。如果一个刀塔拥有 12 个刀位，所有刀位都可能安装动力刀具，或者更常见的，是动力刀具与标准刀具混装。图 47-1 与图 47-2 所示为不同的刀具安装。

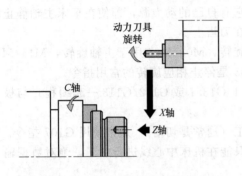

图 47-1　C 轴与动力刀具水平定位
（用于加工端面）

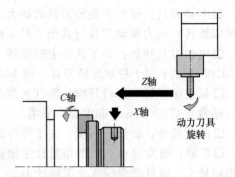

图 47-2　C 轴与动力刀具垂直定位
（用于加工外圆）

动力刀具不可互换，但是一旦选定，它们的直径将固定下来，而且通常在 G97 恒主轴转速模式（r/min）下编程。进给率的编程单位通常是 mm/min 或 in/min，而不是 r/min，因为主轴不旋转，所以这一点很容易理解。万一程序中调用的刀具不能运动，可以检查其编程进给率模式，如果是转每单位时间（r/min）模式，刀具不会运动，且控制器将发出警告。

（1）双主轴模式

为了实现车床主轴传统功能向真正的 C 轴功能转换，机床生产厂家设置了特殊的编程代码，此类代码的典型定义至少有两种描述方式：

❑ C 轴开/关；

❑ 普通主轴模式开/关。

它们的效果一样，都是在两种主轴模式之间切换。根据不同的选择，编程主轴转速将分别应用到主轴或旋转刀具上。

（2）孔加工

孔加工是受益于 C 轴和动力刀座的最常见加工操作之一。无论是在工件直径还是工件表面加工孔，Fanuc 控制器都提供了一系列可用的特殊固定循环，两种情形下，钻孔都与主轴旋转相结合。一定要理解一点，即该操作为分度操作，而不是旋转应用，两者的区别定义为：分度操作不允许在主轴旋转过程中进行任何加工操作。真正的旋转应用（如果可用）用于另一个目的——这种情形下，才可以同步应用加工和主轴旋转。

这里只讨论使用 C 轴来加工孔，主轴分度先进行，然后才是选定孔的加工循环。主轴进行分度时，不进行加工操作。

（3）分度增量

主轴处于 C 轴模式时，可以旋转任意角度（一整圈是 360°），最小增量可能是 1°（360 个位置）或非常小的 0.001°（360000 个位置），这主要取决于控制系统，典型的编程输入使用 C 地址，后面跟旋转度数，例如：

N185 C30.0

它将调整主轴到达 30° 绝对位置。对于增量定位，则使用地址 H，C/H 地址之间的关系就跟 X/U 以及 Z/W 的关系一样。

47.4　固定循环

使用动力刀具的孔加工固定循环，跟加工中心中使用的固定循环类似，但不完全一样。大致可分为两组，每组 3 种循环：

❑ 沿 Z 轴钻孔的 3 种循环：G83、G84、G85；

❑ 沿 X 轴钻孔的 3 种循环：G87、G88、G89；

❑ G80 取消任何有效的循环。

上面列出的循环可归纳为下表：

循环	切削方向	说明
G83	Z 轴	钻孔循环
G84	Z 轴	攻螺纹循环
G85	Z 轴	镗孔循环
G87	X 轴	钻孔循环
G88	X 轴	攻螺纹循环
G89	X 轴	镗孔循环
G80	固定循环取消	

G83～G85 组循环的通用格式为：

> G83～G85 X（U）..C（H）..Z（W）..R..Q..P..F..K..

其中　G83～G85——循环选择；

X（U）——孔位置；

C（H）——孔位置；

Z（W）——孔底刀具位置（深度）；

R——初始平面到 R 平面的增量距离（半径值）；

Q——啄钻深度，正值，不使用小数点；

P——孔底暂停时间，ms；

F——进给率；

K——重复次数（也可使用 L）。

G87～G89 组循环的通用格式为：

> G87～G89 Z（W）..C（H）..X（U）..R..Q..P..F..K..

其中　G87～G89——循环选择；

Z（W）——孔位置；

C（H）——孔位置；

X（U）——孔底刀具位置（深度）；

R——初始平面到 R 平面的增量距离；

Q——啄钻深度，正值，不使用小数点；

P——孔底暂停时间，ms；

F——进给率；

K——重复次数（也可使用 L）。

（1）M 功能与 C 轴

装备 C 轴的不同机床之间的最显著区别，可能就是各种辅助功能，尤其是与机床相关的 M 功能。尽管从本质上说，它们执行的活动都一样，但是没有工业范围内的标准。本节实例中将使用以下 M 功能：

主轴旋转（CW，顺时针）	M03
主轴旋转（CCW，顺时针）	M04
主轴旋转停	M05
动力刀具旋转（CW，顺时针）	M103
动力刀具旋转（CCW，顺时针）	M104
动力刀具旋转停	M105
C 轴夹紧	M12
C 轴松开	M13
C 轴模式开	M14＝主轴模式关
C 轴模式关	M15＝主轴模式开

记住，这里只是举例说明其功能，具体使用 M 功能以及其他机床功能时，必须查阅机床使用手册。一定要特别注意与动力刀具主轴旋转相关的 M13、M14 和 M15 功能。

（2）平面钻孔

与加工中心的一个主要区别是用增量模式指定 *R* 平面，加工一个孔（只使用钻削加工）的典型程序格式如下：

M14	（C 轴模式开）
T0101	（刀具选择）
G97 S700 M103	（动力刀具主轴转速）
G98 G00 X40. 0 Z10. 0	（进给/分钟＋启动位置）
C90. 0	（孔定位）
G83 Z－15. 0 R－8. 0 F150. 0	（钻孔）
G80 G99 X200. 0 Z100. 0 M105	（分度位置）
M15	（主轴模式开）

图 47-3 阐明了其概念。

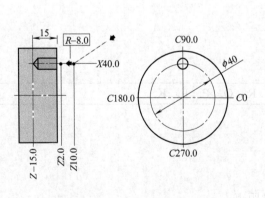

图 47-3　使用 C 轴的平面钻孔循环概念

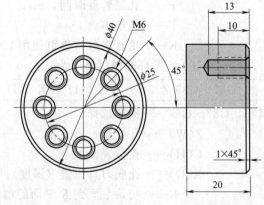

图 47-4　程序实例 O4701 与子程序 O4751 零件图

该简单概念可应用到如图 47-4 所示的完整实例中，该实例使用 3 把刀具。

该实例展示了沿 *Z* 轴切削时的典型 *C* 轴编程。这里使用 3 把刀具——点钻、钻头和丝锥。G98 是每分钟进给率，G99 是每转进给率。G83 循环与点钻（T01）一起使用，暂停 300ms（P300），每次啄钻深度为 5mm（Q5000）。M6 公制丝锥尺寸与 M6×1 一样。如图 47-5 所示为作用 *C* 轴的平面孔位置（O4701 与 O4751）。

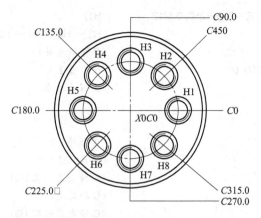

图 47-5　使用 C 轴的平面孔位置（O4701 与 O4751）

所有孔从 C0 开始加工，该位置上的 H1 孔最先加工，H02～H08 存储在子程序 O4751 中。也可以使用另外一种方法，即将所有孔存储到子程序中，并在循环中调用 L0 或 K0。

注意 C 轴的夹紧和脱夹。程序中使用 M29 来选择刚性攻螺纹模式，该功能可使用其他 M 代码或 G 代码替换。

O4701（平面钻孔）	
N1 G21	（公制单位）
N2 G18 G40 G80 G98	（初始设置）
N3 G54	（工件偏置）
N4 G00 X200.0 Z100.0	（起点位置）
N5 T0101	（T01，动力点钻，φ10mm）
N6 G97 S1000 M103	（动力刀具顺时针旋转）
N7 M14	（C 轴模式开）
N8 G00 Z5.0 M08	（初始平面）
N9 G28 C0	（旋转主轴移动到 H1）
N10 G83 X25.0 Z-4.0 R-3.0 P300 F200.0 M12	（H1）
N11 M98 P4751	（H2 — H3 — H4 — H5 — H6 — H7 — H8）
N12 G00 X200.0 Z100.0	（索引位置）
N13 M01	（可选择暂停）
N14 T0303	（T03，动力螺纹钻，φ5mm）
N15 G97 S1500 M103	（动力刀具顺时针旋转）
N16 G00 Z5.0 M08	（初始平面）
N17 G28 C0	（旋转主轴移动到 H1）
N18 G83 X25.0 Z-14.5 R-3.0 Q5000 F200.0 M12	（H1）
N19 M98 P4751	（H2～H8 钻孔）
N20 G00 X200.0 Z100.0	（索引位置）
N21 M01	（可选择暂停）
N22 T0505	（T05，动力刚性丝锥，M6×1）
N23 G97 S250 M103	（动力刀具顺时针旋转）
N24 G00 Z5.0 M08	（初始平面）
N25 G28 C0	（旋转主轴移动到 H1）
N26 M29	（刚性攻螺纹开）

```
N27 G84 X25.0 Z-11.0 R-3.0 F250.0 M12      (H1)
N28 M98 P4751                              (H2 — H3 — H4 — H5 — H6 — H7 — H8)
N29 M15                                    (C 轴模式关)
N30 G00 G99 X200.0 Z100.0                  (索引位置)
N31 M30                                    (主程序结束)
%


O4751                                      (子程序)
N101 M13                                   (C 轴脱夹)
N102 C45.0 M12                             (C 轴夹紧 + 孔 H2)
N103 M13                                   (C 轴脱夹)
N104 C90.0 M12                             (C 轴夹紧 + 孔 H3)
N105 M13                                   (C 轴脱夹)
N106 C135.0 M12                            (C 轴夹紧 + 孔 H4)
N107 M13                                   (C 轴脱夹)
N108 C180.0 M12                            (C 轴夹紧 + 孔 H5)
N109 M13                                   (C 轴脱夹)
N110 C225.0 M12                            (C 轴夹紧 + 孔 H6)
N111 M13                                   (C 轴脱夹)
N112 C270.0 M12                            (C 轴夹紧 + 孔 H7)
N113 M13                                   (C 轴脱夹)
N114 C315.0 M12                            (C 轴夹紧 + 孔 H8)
N115 G80                                   (固定循环取消)
N116 M13 M105                              (动力刀具，停止旋转)
N117 M99                                   (子程序结束)
%
```

一些机床具有 C 轴自动夹紧功能，这种情形下，并不需要使用专用的 M 功能。

（3）径向钻孔

固定循环 G87、G88 和 G89 的工作原理同 G83～G85 一样，只是钻孔轴为 X 轴。图 47-6 所示为需要在径向加工的 4 个孔，该方法也称为圆周孔加工。

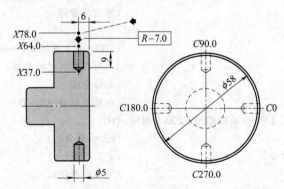

图 47-6　使用 C 轴进行径向钻孔——圆周加工

该示意图的单刀程序跟前面所示的平面钻孔程序极为相似：

```
M14                                        (C 轴模式开)
T0303                                      (刀具选择)
G97 S700 M103                              (动力刀具主轴转速)
```

```
G98 G00 X78. 0 Z - 6. 0          （进给/分钟+ 启动位置）
C0                               （H1 定位）
G87 X37. 0 R - 7. 0 F150. 0      （钻 H1 孔）
C90. 0                           （钻 H2 孔）
C180. 0                          （钻 H3 孔）
C270. 0                          （钻 H4 孔）
G80 G99 X200. 0 Z100. 0 M105     （索引位置）
M15                              （主轴模式开）
...
```

上面实例并未使用 C 轴锁定/解锁功能。注意 R 平面使用半径（单侧）值进行编程！

（4）总体考虑

考虑以下几点事项：

❑ 动力刀具应该在调用循环前旋转；

❑ 固定循环中的所有数据均为模态值，也就意味着不必编写重复数据；

❑ 尽管第 1 组 G 代码（　）中的任何指令都可以取消循环，但建议使用 G80；

❑ 如果啄钻设置 Q 值，则每个孔都要指定该值；

❑ 如果循环设置 P 暂停，则每个孔都要指定该值。

47.5　Y 轴编程

单独使用 C 轴进行钻孔和铣削操作，只能在与机床中心线相交的平面中进行，后跟标准车刀的 XZ 运动。如果 C 轴与 Y 轴组合使用（机床可选项），可以偏离机床中心线进行钻孔和铣削操作。这一机床专用功能在很大程度上增加了加工的灵活性。比较图 47-7 和图 47-8。

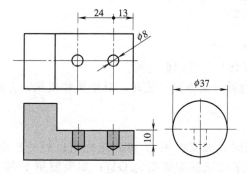
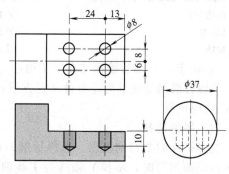

图 47-7　这些孔可以只使用 C 轴加工　　　　图 47-8　加工这些孔还需要使用 Y 轴

Y 轴运动同时垂直于 X 和 Z 轴，与标准立式加工中心类似。C 轴可以独立使用，Y 轴必须与确定主轴角位置的 C 轴一起使用。C 轴可以锁定在特定的角位置，也可以解锁进行连续旋转运动，这一灵活性超出了简单加工的范畴，因为它提供了真正意义上的四轴轮廓加工方法。

图 47-9 所示为所有四根轴 X、Y、C、Z 的关系。

Y 轴标识默认使用绝对值，而 V 轴标识默认使用增量值。例如，增量模式最常见的应用之一就是将 Y 轴移动到机床远点位置，这里不使用中间点：

N..G28 V0

如果未使用，Y 轴锁定在 Y0 位置，只进行常规车削和镗孔操作。当程序中应用 Y 轴时，它必须解锁（脱夹）。此种情形下，机床提供 2 种专用功能（实际代码请查阅机床手册）：

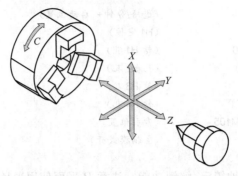

图 47-9　车床上 X、Y、C 和 Z 轴的定位

M470　Y 轴锁定

M471　Y 轴解锁

图 47-8 的简化程序便使用了该技术（平台已经加工好，同时还必须使用 Y 轴）：

M14	（C 轴模式开）
T0505	（刀具旋转）
G97 S850 M103	（动力刀具主轴转速）
M471	（Y 轴解锁）
G98 G00 X50. 0 Z10. 0	（进给/分钟+ 启动位置）
C0 Y8. 0 Z - 13. 0	（工件定位）
G87 X - 22. 8 R - 23. 0 F150. 0	（钻右上角孔）
Y8. 0 Z - 37. 0	（钻左上角孔）
Y - 6. 0 Z - 37. 0	（钻左下角孔）
Y - 6. 0 Z - 13. 0	（钻右下角孔）
G80 G99 G28 U0 W0 M105	（XZ 原点位置）
G28 V0	（Y 轴原点位置）
M470	（Y 轴锁定）
M15	（主轴模式开）

车/铣床上 Y 轴的编程与在加工中心上的应有具有几点相似之处。

C 轴可根据需要编写逆时针（正方形）或顺时针（负方向）旋转，对于某些机床，方向由 M 代码控制。

（1）平面选择

选择平面时要特别注意。选择标准 G18 平面时，需要使用 X 和 Z 坐标值；另一方面，在进行端面加工时，X 和 Y 轴成为主要轴，此时平面选择应该变为 G17；如果使用 Y 和 Z 轴进行钻孔和铣削操作，则需要使用 G19 平面选择。

对于螺旋铣削运动，比如螺纹铣削，要使螺旋运动 G02 或 G03 正确工作，也必须选择合适的平面。对于未包含所有轴数据的螺旋运动，平面选择尤其关键。

（2）附加轴

机床设计并入了双刀塔、双主轴，各种角度的铣削操作还需要更多的轴。对于程序员而言，一款好的软件是必需的，它不仅仅用于开发刀具路径，主要是用于图示识别干涉问题。一些机床生产厂商供应的控制器中装有专用软件，因此多轴编程变得更加简单。

47. 6　极坐标插补

如果对极坐标功能（使用 G15 和 G16）非常熟悉，一定要记住极坐标插补是另一个完全不同的功能，千万不要混淆。

极坐标插补是自动将直角（笛卡儿）坐标转换成连续极坐标的控制器功能。使用极坐标可以极大地简化标准形状的编程，比如四方形、六边形、八边形以及其他多边形。如果没有该功能，也可以沿 X 和 C 轴连续同步加工平台，但是非常耗时（本节末尾有个小例子）。复杂的刀具路径可以借力于 CAM 软件，但是简单的平台加工操作可以手工编程。

（1）极坐标模式

通常，可以使用两种 G 代码实现极坐标模式的开和关，它们是：

❑ G12.1 或 G112　　　极坐标插补开；

❑ G13.1 或 G113　　　极坐标插补关。

两类指令的作用一样，但是本例中使用三位数字的 G 代码。两种 G 代码都应该在单独程序段中应用，不能跟任何其他数据一起使用。此外，在调用极坐标插补模式前，应该确保刀具半径偏置取消 G40 有效。Z 轴与此无关，可以按照要求（独立）运动。

实例中将使用图 47-10 所示的图纸：

铣削操作中使用 $\phi16mm$ 立铣刀，使用时刀具半径偏置 G41 必须有效。图 47-11 所示为所有必要的详细数据。

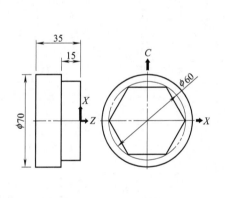

图 47-10　程序实例 O4702 和 O4752
　　　　　使用的图纸

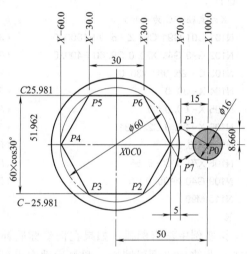

图 47-11　程序 O4702 详图

图中所示为一个标准六边形，规则多边形的计算可参见第 53 章。

起点选在一个比较便利的位置，尺寸 8.66 可使用标准三角函数计算得出：

$$P1 = 15 \times \tan 30° = 8.66025 = 8.66$$

六边形边长为通过所有拐点的圆周直径的 1/2。

极坐标插补实例

该程序中的尺寸对应于前面两个图，重复子程序 3 次（5mm 增量深度）可到达 15mm 深度。注意程序的 N11 中的 Z 轴位置，它必须为 Z0。

```
O4702
N1 G21                          (公制模式)
N2 G18 G40 G80 G98              (初始设置 + 进给 / 分钟)
N3 G54                          (偏置设置)
N4 G00 X200. 0 Z100. 0          (索引位置)
N5 T0404                        (T04，动力立铣刀，φ16mm)
```

```
N6 G97 S1600 M103                     （动力刀具顺时针旋转）
N7 M14                                （C 轴模式开）
N8 G00 Z5.0                           （前端面安全间隙）
N9 X100.0 M08                         （P0，起点直径）
N10 G28 C0                            （C 轴，原点位置返回）
N11 Z0                                （子程序位置）
N12 G112                              （极坐标插补开）
N13 M98 P4752 L3                      （重复子程序 3 次）
N14 G113                              （极坐标插补关）
N15 M15                               （C 轴模式关）
N16 G99                               （进给/转）
N17 G00 X200.0 Z100.0                 （索引位置）
N18 M105                              （动力刀具旋转停）
N19 M30                               （程序结束）
%

O4752                                 （子程序）
（X 为直径，C 为半径）
N101 G01 G91 G94 Z-5.0 F1000.0        （深度）
N102 G90 G41 X70.0 C8.66 F400.0       （P1）
N103 C-25.981 X30.0                   （P2）
N104 X-30.0                           （P3）
N105 X-60.0 C0                        （P4）
N106 X-30.0 C25.981                   （P5）
N107 X30.0                            （P6）
N108 X70.0 C-8.66                     （P7）
N109 G40 X100.0 C0                    （P0）
N110 M99
%
```

该实例中没有圆弧，如果在极坐标插补模式下加工圆弧，X 轴上使用 I 向量，C 轴上使用 J 向量来定义圆弧圆心。圆弧运动中也可以使用地址 R。

（2）逼近方法

如果不能使用极坐标插补方法时怎么办？还有另一种方法，该方法称为"切口"，它使用短程序段，其原理跟在 G01 模式下使用小增量逼近特殊曲线一样。

加工多边形时很容易，可以使用手工编程，但是对于较复杂的形状，强烈推荐使用 CAM 软件。不管使用何种编程方法，多边形的各条边都可以以给定的角度增量，划分成很小的直线段进行编程。

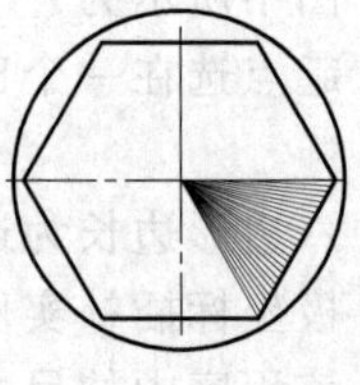

这样得到的程序可能会很长。为了方便大家参考，下面给出了一个由 CAM 软件生成的典型程序，六边形边长为 1in，这里只给出了一条边的加工程序（如图 47-12 所示）。

图 47-12　切口示意图
（对边长进行分割加工）

```
G20
G28 U0 W0 H0
G98 T0808
G00 X4.6037 Z0.1
C5.343
```

```
G97 S650 M103
G01 Z - 0. 5 F8. 0
X4. 5017 C5. 082 F40. 11
X4. 4012 C4. 729 F54. 28
X4. 3027 C4. 279 F69. 09
X4. 2069 C3. 728 F84. 56
X4. 1141 C3. 073 F100. 63
X4. 0251 C2. 309 F117. 18
X3. 9404 C1. 436 F134. 07
X3. 8606 C1. 452 F151. 12
X3. 7863 C - 1. 643 F168. 1
X3. 7181 C - 1. 847 F184. 74
X3. 6566 C - 3. 154 F200. 73
X3. 6024 C - 4. 559 F215. 73
X3. 556 C - 6. 053 F229. 36
X3. 4792 C - 9. 083 F240. 88
X3. 4129 C - 12. 223 F250. 99
X3. 3574 C - 15. 462
X3. 3132 C - 18. 786 F267. 94
X3. 2804 C - 22. 177
X3. 2595 C - 25. 617 F278. 76
X3. 2503 C - 29. 083
X3. 2531 C - 32. 554
X3. 2679 C - 36. 007
X3. 2943 C - 39. 42
X3. 3324 C - 42. 774
X3. 3817 C - 46. 049 F264. 48
X3. 442 C - 49. 23
X3. 496 C - 51. 627 F247. 64
X3. 5561 C - 53. 947
X3. 5825 C - 55. 012
X3. 6038 C - 56. 098
X3. 6199 C - 57. 201
X3. 6306 C - 58. 316
X3. 636 C - 59. 438
...
```

这里也包含 C 轴的另一种应用方法。

47. 7　圆柱插补

C 轴还可与 Z 轴一起用于同步加工。该方法可实现工件（主轴）线性 Z 轴与 C 轴旋转的同步运动。该类加工的最常见应用时圆柱切槽，比如凸轮导槽加工。为了实现带车床动力刀具的圆柱槽进行编程，控制器必须具备圆柱插补功能。

（1） $Z+C$ 轴

要在程序中应用圆柱插补功能，需要以下两个 G 代码：

G07.1	圆柱插补

G107	圆柱插补

两种 G 代码的编程格式一样，实例中将使用 G107。在介绍简单但是典型的实例之前，先了解一下使用 G07.1 或 G107 指令的一些规则和说明：

- ❏ C 轴标识半径（例如 G107 C76.9）（通常在槽底）；
- ❏ Z 轴表示直线运动（mm 或 in）；
- ❏ X 轴控制深度直径（前面介绍过）；
- ❏ 不能使用快速运动 G00；
- ❏ 不能使用固定循环；
- ❏ 对于圆弧运动，不能使用 I/K 向量，只能使用半径 R（mm 或 in）；
- ❏ 工作平面由 Z 和 C 轴定义（如果需要，使用 G19 选择 ZC 平面）。

工程图上的待加工槽是二维图形，该形状沿机床圆柱"转动"或"包装"一周，这就好比绕擀面杖滚动一周的扁平生面团一样。如果图纸由 CAD 系统生成，设计者应该会给出一张工件的等视轴图，但就编程而言，二维平面图已经够用。

（2）实例

为了说明圆柱插补的概念，沿圆柱加工一个 10mm 宽的槽，底部直径 ϕ152mm，槽在 90°处更改方向，延伸 50mm，并且在 215°处返回初始轨迹。中心线 4 个拐点处都有 5mm 半径。图 47-13 提供了典型的工程数据，这些数据通常不按比例给出。

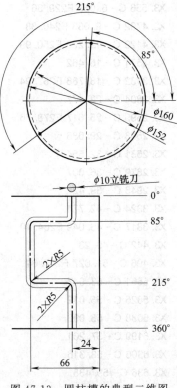

程序需要刀心所有轮廓拐点的坐标位置，其中 Z 坐标都是已知的，C 轴需要 R5 半径的附加角度，这通常是所有工作中较为困难的部分。

所有 C 轴的数据为旋转角度（°）。要将平面数据换算成径向数据，需要进行一些数学计算，其中最重要的便是圆周周长计算，有时也称圆的长度：

$$圆周长 = \pi D$$

其中，π 是常数 3.14159，D 为直径。

例如，D 是图纸中所示的槽底直径，即 152mm，那么圆周长为：

$$\pi \times \phi 152 = 477.5221\text{mm}$$

图 47-13　圆柱槽的典型二维图
（程序 O4703）

良好的规划将使一切变得不同——从拐点开始。

图 47-14 中给出了所有已知和未知的数据，所有 Z 轴坐标已知，但是有 4 处径向位置（角度）需要进行计算。

对于 Z 轴，所有四个圆弧端点已知（mm），要进行换算，所有单位必须一致，因此第一步就是使用前面计算得出的周长 477.5221mm，将两个已知角度（85°和 215°）换算成长度（mm）：

$$85/360 \times 477.5221 = 112.7483\text{mm}$$
$$215/360 \times 477.5221 = 285.1868\text{mm}$$

得到上述尺寸以后，便可通过加减半径 R5 得到所有未知点的等量线性长度：

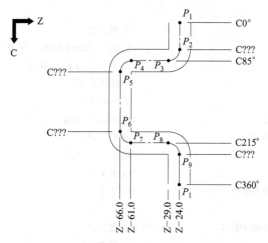

图 47-14　平面图中的已知和未知值（程序 O4703）

P_2 点：$112.7483-5=107.7483$mm

P_5 点：$112.7483+5=117.7483$mm

P_6 点：$285.1868-5=280.1868$mm

P_9 点：$285.1868+5=290.1868$mm

最后一步，便是将上述计算结果再换算成角度值，以便 C 轴编程使用（与两个最初给出的角度值一起使用）。换算的关键在于下述关系：

$$360/周长＝角度/长度$$

其中角度未知，长度是四个未知点的计算值，可以将公式进行转换，以计算旋转角度：

$$角度＝360/周长×长度$$

例如，前面计算的周长是 477.5221mm，因此 $360/477.5221=0.75389$，因此：

P_2 点 C 轴角度 $=0.75389×107.7483=81.231°$

P_5 点 C 轴角度 $=0.75389×117.7483=88.769°$

P_6 点 C 轴角度 $=0.75389×280.1868=211.231°$

P_9 点 C 轴角度 $=0.75389×290.1868=218.769°$

至此，所有 C 轴和 Z 轴数据都已知，因此便可根据新图（图 47-15）编写程序。

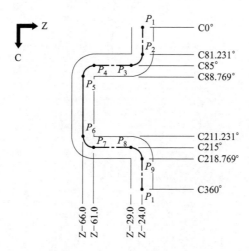

图 47-15　所有值已知的平面图（用于程序 O4703）

```
O4703
N1 G21                          (公制单位)
N2 T0606                        (T06，φ10mm 动力立铣刀)
N3 G97 S725 M103                (动力刀具顺时针旋转)
N4 M14                          (C 轴模式开)
N5 G107 H0                      (安全设置)
N6 G00 X170. 0 Z－24. 0          (起点上方 X 安全间隙)
N7 G98 G01 X152. 0 F75. 0       (槽底，P₁)
N8 G107 C76. 0                  (插补开，工件半径)
N9 C81. 231                     (位置 P₂)
N10 G02 Z－29. 0 C85. 0 R5. 0    (位置 P₃)
N11 G01 Z－61. 0                 (位置 P₄)
N12 G03 Z－66. 0 C88. 769 R5. 0  (位置 P₅)
N13 G01 C211. 231               (位置 P₆)
N14 G03 Z－61. 0 C215. 0 R5. 0   (位置 P₇)
N15 G01 Z－29. 0                 (位置 P₈)
N16 G02 Z－24. 0 C218. 769 R5. 0 (位置 P₉)
N17 G01 C360. 0                 (位置 P₁)
N18 G107 C0                     (圆柱插补关)
N19 X170. 0                     (工件上方安全位置)
N20 G99 C00 X200. 0 Z100. 0     (索引位置)
N21 M15                         (C 轴模式关)
N22 M30                         (程序结束)
%
```

上面的例子很简单，但是包括了圆柱插补的基本方法。与本章中其他主题一样，圆柱插补的编程取决于实际的机床设计。因此，一定要查阅机床文档，对特定信息进行确认。

第 48 章　编写 CNC 程序

编写 CNC 程序是手工编程的最终结果，这一最后步骤需要一张或多张纸来书写程序。与加工相关的单个指令排列成一个顺序程序段，一系列顺序程序段便构成程序。程序的书写并不是只使用钢笔或铅笔，现代化编程使用电脑和文本编辑器，但其结果仍是手工编写程序的录入或打印稿。

手工程序开发需要大量艰苦的工作，只有几行代码的小程序可以像在纸上书写一样直接输入控制器，然而书面形式的程序通常需要存档或用于其他参考目的。

手工编程的需求在这个电脑、打印机和其他高科技产品大量普及的时代似乎是一个倒退，但这种方法在短期内不会消失。手工编程需要的时间很长并经常容易出错。手工意味着用手工作而无须特殊的计算机技能，这一观点正确吗？

传统方法中，可以使用铅笔和纸来书写程序（同时还需要橡皮，用于绘图），对于小程序，其最终版本可通过各种键盘按键直接输入到控制单元中，对于较长的程序，这会造成大量时间的浪费。现代编程用计算机键盘来代替铅笔并使用文本编辑器来编辑清楚的 ASCII 文本文件，它并没有固定的格式，计算机编写的 CNC 程序作为文件存储在硬盘中，该文件可以直接打印或传送到 CNC 机床上，唯一的区别就是计算机键盘取代了铅笔，而编辑功能则取代了橡皮。但直至今天，大量的手工编程任务仍然通过手工书写来完成，它们使用的工具是钢笔、铅笔、计算器和橡皮。

不管使用何种媒介，仍要研究计算机（控制系统）编译书写程序的方式、使用什么样的语法、要避免什么以及何种格式才正确等，尽管根本不使用手工编程，但了解编程技术的原理对于修改 CAD/CAM 系统生成的程序是非常重要的。

> 应该使用一种没有任何编译困难的方式来编写 CNC 程序。

48.1　程序编写

编程过程的最后一步，是将收集的所有数据写入最终形式的 CNC 程序，要实现这一步，需要在所有其他步骤中付诸努力——收集所有的观点、做出所有决定并适当的考虑舒适性。在前面的章节中，强调的重点是以合乎逻辑的过程来开发程序，现在在遵循该逻辑过程的基础上，焦点转移到编写 CNC 程序的实际方法。

程序的编写基于以下两个初始因素：

❏ 公司标准　　　　... 公司的决定；
❏ 个人风格　　　　... 程序员的决定。

以上两个因素可以在一个程序中同时体现，它们是兼容的。要对程序开发中的各种方法制订一个行业或世界范围的标准是不切实际的，甚至一个公司范围的标准也有点不切实际，除非已经存在一系列通用的规则和建议。

最终结果是第一指导性因素（公司标准）被第二个因素（个人风格）所取代。客观地说，具有个人风格的编程并无错误，如果程序确实可以运行，谁会关心它是如何编写的呢，但从对立的观点来看，应该承认 CNC 程序员永远不可能在孤立的环境中取得成功，编程至少需要程序最终使用者（CNC 操作人员）的参与，这也就使得编程成为团队工作。

不受约束的个人风格带来的最常见问题是不一致性，任何雇佣或打算雇佣多个程序员的 CNC 加工厂都需要为程序准备制定最小范围的标准，遵循这些标准可以使团队里的成员发现任何其他程序员的漏洞。通常第一程序员的风格会在公司中逐渐流行并最终成为公司标准，这种情形通常具有积极作用，但大多数情况下应该进行重新评估或至少应该进行一些现代化处理。

要确立公司标准，首先应该评估一些建议和实用的观察资料，它们要有助于有效准备各种风格的程序，并且容易遵循并在将来发挥作用。

（1）手写体的易读性

不使用电脑和文本编辑器书写 CNC 程序就意味着使用钢笔或铅笔通过手写完成，要使手写程序容易修改且避免混乱，应该在纸上的每行程序下面空出 2～3 行，程序段中的每个词之间应该用空格隔开，这样可增强以后的易读性，通过这种方法可以很容易进行附加或后续的修改（如果有必要），同时还能保持纸张整体的清晰和整洁。手写程序的易读性肯定要比使用计算机或 CNC 编辑器（比如本手册所附的 NCPlot™）直接输入生成的文本文件差，但是即便如此，打印文档也可能由于技术原因而难以辨认，比如打印机缺墨时。

（2）编程表格

数字控制发展早期，特殊的编程表格曾流行一时，它预先打印一列程序段中的第一个地址，然后再将数值输入适当的栏中并由栏的位置决定地址的含义，这些编程表格通常由控制器和机床生产厂家作为编程辅助手段发行。现在一张带有平行线条的标准尺寸的纸张就完全足够了，如果只需要 1～2 栏，绘制非常容易且不再需要特殊的专栏。现代程序使用包括文字和数字的表示法来书写整个词（字母和数字以及特殊符号），这一过程要经济得多，它再也不需要机床生产厂家打印的编程表格。

一些 CNC 程序员不需要亲自完成程序的最终稿，一些加工厂认为这是秘书的事，这就意味着由其他的人（助手）来阅读手写程序并具备准确阅读的能力，这样一个人可能完全不具有 CNC 编程的基本知识，也可能连最基本的语法错误都检查不出来。

（3）容易混淆的字符

程序员笔迹的易读性非常重要，编写那些可能容易引起混淆的特定字符（字母或数字）时一定要注意，由于个人的笔迹，阅读者可能会对一些字符产生混淆，例如手写的字母 O 和数字 0 看起来可能一样，数字 2 和 Z 也可能引起混淆，此外字母 I 和数字 1 以及小写字母 l 也很容易混淆。这只是最明显的几个例子。由于个人的笔迹不同，还有许多其他的字符也可能会引起混淆，所以一定要形成一种一致的书写方法，以区分可能引起混淆的字符。

例如所有电脑和打印机（甚至老式的纸带准备系统）在显示屏和打印稿中使用特殊的方法来区分不同的字符，本手册中字母 O（O1111）和数字 0（O0001）有明显区别，字母 O 要比数字 0 宽得多。

同样的技术应该应用在个人手写体中。当然也可利用这样一个事实，那就是大部分控制器中通常只在程序号和注释中使用字母 O，此时印刷错误并不会有什么影响，此外也可以在字母 O 上做特殊的记号，而数字 0 不变。

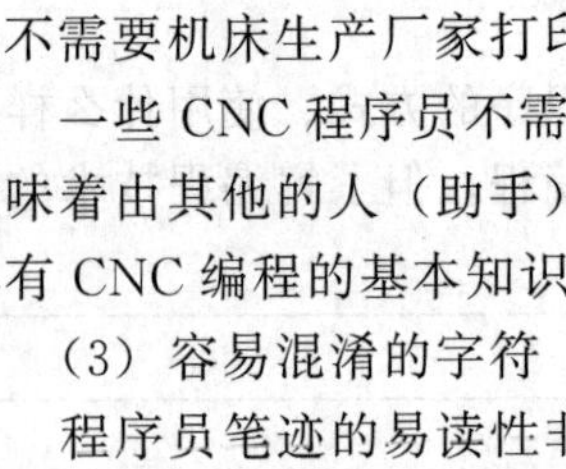

图 48-1 中展示了手写体中的一些常见字符区分方法，当然个人也可以确定一种书写易混字符的独特方法。不管选择何种方法，一定要保持一致性，如果在每个新程序中采用不同的"标准"会使情况变得很糟，程序员或最后输入程序终稿的人会被弄得晕头转向并导致更为严重的错误。

0 或 Ø	数字0
O̅	字母O
1	数字1
I	字母I
2	数字2
Z	字母Z

图 48-1 手写体中一些常见字符的区分方法

　　通过使用控制器键盘输入各种程序数据可以完全避免使用手写方法，然后可以对程序进行优化并加工工件，工作完成后输出校验后的程序，该方法某种程度上会受制于机床，因此并不推荐在日常编程中使用该方法将程序输入控制系统，最好也是最快的方法是在计算机中的文本编辑器中编写程序并通过电缆直接传送到 CNC 机床上。

　　现今只有少数 CNC 用户还使用穿孔纸带，而且通常只是在老式机床上使用。现在可以使用更多现代的方法，比如桌面电脑或手提电脑的磁盘存储器。通过计算机和机床之间的接口，可以轻而易举地传输数据，无论使用何种方法，程序的格式必须正确。

48.2　程序输出格式

　　那些逐章阅读本手册的读者对于编程应该很熟悉了，本节将介绍实际程序格式——不是它的内容，而是在打印稿或计算机屏幕上的格式。下面将评估同一程序的四种版本，它们除了外在形式不同外，其余各方面完全一样。考虑以下四种版本中最适合的一种及其原因，该程序会很长（有意安排的），它是什么并不重要，这里只关注它打印或显示的形式，每一种新的版本都是对前一版本的改进。

　　◑ 第 1 版程序（使用英制单位）：

```
G20
G17G40G80G49
T01M06
G90G54G00X-32500Y0S900M03T02
G43Z10000H01M08
G99G82X-32500Y0R1000Z-3900P0500F80
X32500Y32500
X0
X-32500
Y0
Y-32500
X0
X32500
G80G00Z10000M09
G28Z10000M05
M01
T02M06
G90G54G00X-32500Y0S750M03T03
G43Z10000H02M08
G99G81X-32500Y0R1000Z-22563F120
X32500Y32500
X0
X-32500
Y0
Y-32500
X0
X32500
G80G00Z10000M09
G28Z10000M05
```

```
M01
T03M06
G90G54G00X－32500Y0S600M03T01
G43Z10000H03M08
G99G84X－32500Y0R5000Z－13000F375
X32500Y32500
X0
X－32500
Y0
Y－32500
X0
X32500
G80G00Z10000M09
G28X32500Y－32500Z10000M05
M30
%
```

这是最原始的编程方法，尽管它提供了一些尚有疑问的好处，但它无疑是最不友好的版本，好的程序没有一个好的外在形式，CNC 操作人员阅读起来极其困难。

➲ 第 2 版程序（使用英制单位）：

```
N1G20
N2G17G40G80G49
N3T01M06
N4G90G54G00X－3.25Y0S900M03T02
N5G43Z1.0H01M08
N6G99G82X－3.25Y0R0.1Z－0.39P0500F8.0
N7X3.25Y3.25
N8X0
N9X－3.25
N10Y0
N11Y－3.25
N12X0
N13X3.25
N14G80G00Z1.0M09
N15G28Z1.0M05
N16M01
N17T02M06
N18G90G54G00X－3.25Y0S750M03T03
N19G43Z1.0H02M08
N20G99G81X－3.25Y0R0.1Z－2.2563F12.0
N21X3.25Y3.25
N22X0
N23X－3.25
N24Y0
N25Y－3.25
N26X0
N27X3.25
```

N28G80G00Z1. 0M09

N29G28Z1. 0M05

N30M01

N31T03M06

N32G90G54G00X－3. 25Y0S600M03T01

N33G43Z1. 0H03M08

N34G99G84X－3. 25Y0R0. 5Z－1. 3F37. 5

N35X3. 25Y3. 25

N36X0

N37X－3. 25

N38Y0

N39Y－3. 25

N40X0

N41X3. 25

N42G80G00Z1. 0M09

N43G28X3. 25Y－3. 25Z1. 0M05

N44M30

%

　　该版本是对前一版本的巨大改进，注意以上简单程序段编号以及小数点的使用使得程序易读，该程序版本与最终版本还有很大差距，但是它确实改进了不少，程序中的小数点当然是标准的（老式控制器除外）。

　　下面的程序版本应用了目前为止所作的所有改进，同时也提出了其他一些问题。

　　➲ 第 3 版程序（使用英制单位）：

N1 G20

N2 G17 G40 G80 G49

N3 T01 M06

N4 G90 G54 G00 X－3. 25 Y0 S900 M03 T02

N5 G43 Z1. 0 H01 M08

N6 G99 G82 X－3. 25 Y0 R0. 1 Z－0. 39

N7 X3. 25 Y3. 25

N8 X0

N9 X－3. 25

N10 Y0

N11 Y－3. 25

N12 X0

N13 X3. 25

N14 G80 G00 Z1. 0 M09

N15 G28 Z1. 0 M05

N16 M01

N17 T02 M06

N18 G90 G54 G00 X－3. 25 Y0 S750 M03 T03

N19 G43 Z1. 0 H02 M08

N20 G99 G81 X－3. 25 Y0 R0. 1 Z－2. 2563 F12. 0

N21 X3. 25 Y3. 25

N22 X0

N23 X－3. 25

N24 Y0

N25 Y - 3. 25

N26 X0

N27 X3. 25

N28 G80 G00 Z1. 0 M09

N29 G28 Z1. 0 M05

N30 M01

N31 T03 M06

N32 G90 G54 G00 X - 3. 25 Y0 S600 M03 T01

N33 G43 Z1. 0 H03 M08

N34 G99 G84 X - 3. 25 Y0 R0. 5 Z - 1. 3 F37. 5

N35 X3. 25 Y3. 25

N36 X0

N37 X - 3. 25

N38 Y0

N39 Y - 3. 25

N40 X0

N41 X3. 25

N42 G80 G00 Z1. 0 M09

N43 G28 X3. 25 Y - 3. 25 Z1. 0 M05

N44 M30

%

　　该版本得到了很大改进,它使用了前面两种版本中的所有改进,此外还添加了重大的改进——在各字之间添加了空格。但是,该版本也很难识别刀具的开始。下一版本将在各刀具之间添加一个空行,这些空行并不占用 CNC 内存,但是程序变得更加易读。

　　◑ 第 4 版程序 (使用英制单位):

(钻孔 - 04. NC)

(PETER SMID - 07 - 12 - 08 - 19: 43)

(T01 - φ1. 0 - 90°点钻)

(T02 - 11/16 丝锥 - 通孔)

(T03 - 3/4 - 16TPI 插丝丝锥)

(T01 - φ1. 0 - 90°点钻)

N1 G20

N2 G17 G40 G80 G49

N3 T01 M06

N4 G90 G54 G00 X - 3. 25 Y0 S900 M03 T02

N5 G43 Z1. 0 H01 M08　　　　　　　　　　　　　(初始平面)

N6 G99 G82 X - 3. 25 Y0 R0. 1 Z - 0. 39 P0500 F8. 0　　　(第 1 个孔)

N7 X3. 25 Y3. 25　　　　　　　　　　　　　　　　(第 2 个孔)

N8 X0　　　　　　　　　　　　　　　　　　　　　(第 3 个孔)

N9 X - 3. 25　　　　　　　　　　　　　　　　　　(第 4 个孔)

N10 Y0　　　　　　　　　　　　　　　　　　　　　(第 5 个孔)

N11 Y - 3. 25　　　　　　　　　　　　　　　　　　(第 6 个孔)

N12 X0　　　　　　　　　　　　　　　　　　　　　(第 7 个孔)

N13 X3. 25　　　　　　　　　　　　　　　　　　（第 8 个孔）
N14 G80 G00 Z1. 0 M09
N15 G28 Z1. 0 M05
N16 M01

（T02 – 11/16 丝锥–通孔）
N17 T02 M06
N18 G90 G54 G00 X – 3. 25 Y0 S750 M03 T03
N19 G43 Z1. 0 H02 M08
N20 G99 G81 X – 3. 25 Y0 R0. 1 Z – 2. 2563 F12. 0　　（第 1 个孔）
N21 X3. 25 Y3. 25　　　　　　　　　　　　　　　（第 2 个孔）
N22 X0　　　　　　　　　　　　　　　　　　　（第 3 个孔）
N23 X – 3. 25　　　　　　　　　　　　　　　　　（第 4 个孔）
N24 Y0　　　　　　　　　　　　　　　　　　　（第 5 个孔）
N25 Y – 3. 25　　　　　　　　　　　　　　　　　（第 6 个孔）
N26 X0　　　　　　　　　　　　　　　　　　　（第 7 个孔）
N27 X3. 25　　　　　　　　　　　　　　　　　　（第 8 个孔）
N28 G80 G00 Z1. 0 M09
N29 G28 Z1. 0 M05
N30 M01

（T03 – 3/4 – 16TPI 插丝丝锥）
N31 T03 M06
N32 G90 G54 G00 X – 3. 25 Y0 S600 M03 T01
N33 G43 Z1. 0 H03 M08
N34 G99 G84 X – 3. 25 Y0 R0. 5 Z – 1. 3 F37. 5　　（第 1 个孔）
N35 X3. 25 Y3. 25　　　　　　　　　　　　　　　（第 2 个孔）
N36 X0　　　　　　　　　　　　　　　　　　　（第 3 个孔）
N37 X – 3. 25　　　　　　　　　　　　　　　　　（第 4 个孔）
N38 Y0　　　　　　　　　　　　　　　　　　　（第 5 个孔）
N39 Y – 3. 25　　　　　　　　　　　　　　　　　（第 6 个孔）
N40 X0　　　　　　　　　　　　　　　　　　　（第 7 个孔）
N41 X3. 25　　　　　　　　　　　　　　　　　　（第 8 个孔）
N42 G80 G00 Z1. 0 M09
N43 G28 X3. 25 Y – 3. 25 Z1. 0 M05
N44 M30
%

　　最终版本（第 4 版）对于某些使用者而言或许是奢侈的，但它是四个中最好的。它增加了针对操作人员的初始说明和信息，同时也包括了程序员姓名和最后更新日期，而程序开头以及每把刀具操作部分前都有刀具说明，这样便可遥相呼应。

　　一些低级控制器不能接受程序中的注释，如果程序中有注释，那么在装载时控制系统会自动剔除它们。

48. 3　长程序

　　那些曾经使用过纸带的人，习惯于在卷轴操作中直接运行程序，其最大程序长度就是安装在卷轴上纸带的最大长度，大约为 900ft（275m 或 108000 个字符）。在当今的现代设备中，不再需要使用纸带，大部分程序将从 CNC 系统的内存中直接运行，然而内存的容量也是有限的，它通常还小于以前所使用的纸带容量，这就导致了一个问题，系统内存可能容不下特别长的程序，除了很好地清理文件清单外，还有其他两种方法来消除该问题。

（1）缩减程序长度

缩减程序最简单的方法是去除程序中所有不必要的字符，由于该问题与长程序有关，所以缩减的长度就不是这里所能列举的。在对程序进行缩减以前，需要考虑以下几个方面：

❑ 消除所有不必要的前零和尾零（G00＝G0，X0.0100＝X0.01，…）；

❑ 为了便利，消除所有编写的零（例如：X2.0＝X2.）；

❑ 消除所有或大部分程序段号；

❑ 如果使用程序段号，使用增量 1 可以缩短程序；

❑ 如果安全允许，可以将几个单刀运动合成为一个多刀运动；

❑ 使用缺省控制器设置，但首先应对其进行检查；

❑ 不包括针对 CNC 操作人员的注释和信息；

❑ 用一张单独的纸记载各种注释和说明。

对编程过程进行组织无疑会缩短程序长度，例如在单个程序段中包含尽量多的指令，而不是将它们分散到多个程序段中，如果有可能则使用子程序，此外尽量减少换刀次数甚至使用较少的刀具等。与此同时，当从确立的程序格式中缩减时，一定要注意别出现所不期望的负面影响。

毫无疑问，这些权衡会导致便利性和必要性之间的一些折衷，如果能提前进行认真的考虑并进行正确的组织，那么这些努力是值得的。

这些方法都是捷径，仅限紧急情况下使用，而不应该作为标准的编程步骤使用。

为了展示一些捷径方法，比较下面两个例子，它们的运行结果完全一样：

```
O4801（典型程序，公制）
N10 G21 G17 G40 G80 G90
N20 G54 G00 X120. 0 Y35. 0
N30 G43 Z25. 0 H01
N40 S500 M03
N50 M08
N60 G99 G81 X120. 0 Y35. 0 R3. 0 Z - 10. 0 F100. 0
N70 X150. 0
N80 Y55. 0
N90 G80 G00 Z25. 0
N100 M09
N110 G28 X150. 0 Y55. 0 Z25. 0
N120 M30
%
```

程序共使用了 194 个字符，而缩减后的程序只需要 89 个字符，这种形式的程序占用的内存空间较少但难以阅读。记住这只是个小例子，而不是一个真正的长程序，长程序的区别会更明显：

```
O4802
G90 G0 X120. Y35.
G43 Z25. H1 S500 M3
```

```
M8
G99 G81 R3. Z - 10. F100.
X150.
Y55.
G80 Z25. M9
G91 G28 X0 Y0 Z0
M30
%
```

在这样一个小例子中就省下了 54.2% 的程序长度，某些情况下缩减程序长度非常有用，以下是上例中使用的几种方法：

❑ 消除了程序说明；

❑ 消除了程序段号；

❑ 消除了 G21、G17 和 G54（假定控制器默认设置正确，一定要当心）；

❑ 消除了小数点后面的 0（小数点后均为 0）；

❑ 一些程序段合并为一个程序段；

❑ G80 G00 由 G80 取代（尽管通常需要使用，但 G00 是多余的）；

❑ 消除了 G00、M08、M09、H01 以及 M03 中前面的零；

❑ 机床原点返回由绝对模式变为增量模式；

❑ …记住：这是一个没有任何冗余部分的程序！

尽管两个程序都会遵循图纸说明对工件进行加工，但一些编程指令的处理方式有所区别。可以对趋近工件的运动进行非常重要的更改，在第一个例子中（标准形式），首先定位 X 和 Y 轴的运动，单独程序段中的 Z 轴运动紧随其后。缩减后的程序中，出于安全考虑保留了这一运动顺序，但如果加工条件允许，这两个运动可以合为一个程序段。G43 和 G54 指令可以在同一程序段中使用，这并不会产生什么问题：

```
G90 G0 G43 G54 X120. Y35. Z25. H1 S500 M3
```

通常要先考虑设置并确保趋近或远离工件运动的安全，如果由于走捷径而导致刀具路径上出现障碍物，那么该缩减的程序就是错误的编程方法。

当形成个人编程风格后，程序准备和实际编写将成为一种习惯，如果使用计算机编程，要学会在键盘上直接编程，因为手写会浪费大量时间，这一过程可能需要一段时间来习惯，但这样做很值得。

（2）存储器模式和磁带模式

大多数 CNC 系统都有专门的模式开关选择器，用来在至少两种选项之间进行选择，即存储器模式和磁带模式。存储器模式使用最为频繁——程序装载到 CNC 存储器中，并且在存储器中编辑并从那里运行。磁带模式下当然从磁带开始运行程序，许多使用者忽略了磁带模式的作用，尽管加工厂中不再使用磁带模式（大多数公司是这样），但可以使用磁带模式对磁带进行模仿，这会带来许多其他的好处，磁带模式不是字面意义上的磁带模式，要从广义上考虑该模式（比如 DNC），而不是它原来的含义。

要使用这种广义上的磁带模式还需要少量额外的硬件和软件。硬件方面，需要一台可靠的微机和相当的硬盘存储容量，此外还需要连接计算机和 CNC 的电缆，办公室里淘汰的速度较慢的计算机就可以了——它所需要的只是配置，仅此而已。软件方面只需要一个廉价的通信软件，以在计算机和 CNC 之间传输程序。

一切布置妥当后，将 CNC 程序存入个人电脑硬盘中，然后装载软件并跟平时一样使用 CNC 系统！最大的区别就是编辑，由于程序位于个人电脑的硬盘中，所以可以使用计算机和文本编辑器而不是控制系统来编辑 CNC 程序，其硬盘容量比任何所需的内存空间不知要大多少倍。航空公司、模具加工厂、刀具和硬模加工厂以及其他需要长程序的行业已经率先使用了该技术，并且获得了巨大成功。

高速加工程序中也可使用该方法，这一相对较新的技术使用相当高的主轴转速和进给率，但切削深度非常小，这样一种组合意味着程序会极长，并且有可能任何 CNC 系统的存储器结构都容不下这样一个程序，所以在传输速度足够快的情况下，与其更新一个昂贵的存储器，还不如考虑使用从个人电脑中运行程序的方法。

第 49 章 程 序 文 档

程序准备过程中会积累相当数量的文档，包括所有的草图、计算、安装清单、加工卡片、工作说明、对操作人员的提示和包含有用信息的相关注释，这些信息应该作为程序文档文件夹的一部分进行存储。以后无论出于什么原因需要对已完成的程序进行修改，如果文档完整、组织良好并存储在某处，那么修改就要容易得多，此外好的文档也可以使以后的程序查阅更加容易，如果别人想查阅程序，文档也可以节省很多宝贵的时间。程序员对程序的存档方式不仅反映他们的编程风格，并且能很好地反映他们的修养和组织能力。

程序文档的简单定义如下：

> 程序文档是重现程序开发所需的所有记录。

许多 CNC 程序员，甚至车间管理人员都低估了优质程序文档的重要性，他们的观点是文字工作太费时间，收集并准备所有文档所需的时间很长，并认为这是非生产性的努力等。这些观点在一定程度上是对的，确实需要一些时间，但并不需要过多的时间，只要有足够的时间就能很好地完成任务。如果可以使用各种事先准备好的空白表格，那么只要逐个填写就行，而不需要在任何其他的纸张上填写相同的信息（它会浪费大量的时间），如果可以使用 CAD 系统，可以利用它生成一个用户化的刀具库和设置清单，这样就可以预先编制各种空白表格，无论何时需要都可以快速地填写。CAD 系统可以节省时间，它使得每个程序文档都很整洁，并且可以重现按比例绘制的每一个草图，使用 Word 文档或电子表格软件是另一种节省存档时间的方法。

本质上说，程序文档的目的是将程序员的思想传递给以后检索程序的人。创建文档是非生产性工作，但并不需要太多额外的时间，文档是时间管理很好的投资，它在几个月后可能会节省很多时间。

49.1 数据文件

完整的程序不仅仅是程序或程序数据的一份硬拷贝（常常存储在硬盘中），这里提及的重要文档实例都是程序中的关键部分，它们会创建一系列用于编程的文件，称为数据文件。

对程序员来说，所有这些文件都是有用的，但对 CNC 机床操作人员或是调试人员来说，有用的只是一部分。相当一部分文件只是用来参考，通常不会送到加工车间去。数据文件的两条基本原则如下：

❏ 程序员拥有全部文件；
❏ 机床操作人员只得到相关文件的复印件。

以上两条基本原则保证了程序的最终责任人仍是 CNC 程序员。其实加工车间并不需要所有文件的复印件——只有与实际操作相关的文件才有用，不必要的复制达不到预期目的，应该尽力避免。加工车间需要的文件只有：

❏ 零件图；　　　　　　　　　　　　　❏ 设置清单；
❏ 程序打印稿；　　　　　　　　　　　❏ 加工卡片。

零件图通常用来与实际产品进行外形、尺寸以及公差等方面的比较，但是只能考虑实际用于编程的零件图版本。输出程序是供机床操作人员使用的程序清单，通常它是打印稿。剩下的两项，设置清单和加工卡片说明了程序员在工件设置和刀具选择上所作的决定，并且它们也是对程序本身的一种补充。某些情况下，还会包括一些这里没有提到的其他文档，认为比较重要的任何文件和注释都应该包括进来。

那些使用高级语言（C++、Visual Basic 等）或者稍微低级一点的语言比如 Basic、Pascal、甚至 Auto LISP（AutoCAD 最初的编程语言）等进行编程的程序员都清楚他们可以对程序的主体添加注释。

这些注释往往都十分简洁，其长度只要足以提醒用户程序中正在进行的操作就行了，如果需要了解特定程序的更多信息，可能会有附件的指令甚至使用手册，这类外部和内部程序文件不仅应用于软件开发，同样适用于 CNC 程序。

49.2　程序文档

可能需要对外部和内部程序文档之间的区别进行一定的阐述，哪一种更好呢？应该采用哪一种呢？

能把这两种文档结合起来以产生最大效用的文档才是最好的。为了区分这两种文档，下面分别对它们进行介绍：

（1）外部文档

最新版本的（这一点非常重要）CNC 程序外部文档由好几项组成。

下面是程序文档中常见的几项，可以按照意愿使用（或忽略）：

❑ 程序打印稿；　　　　　　　　　　　❑ 设置清单；

❑ 工艺方法单（如果可用的话）；　　　❑ 加工卡片；

❑ 零件图；　　　　　　　　　　　　　❑ 程序数据（硬盘或其他存储介质）；

❑ 工件草图和计算；　　　　　　　　　❑ 特殊说明。

❑ 坐标卡片；

程序打印稿是编程过程的最终形式，它的内容应该跟存在硬盘或其他介质中的程序的内容完全一样。在那些使用工艺方法单的生产车间中，程序员应该在程序文档中包含工艺方法单的备份并形成一种制度。将零件图（或者复印件）与其程序保存在一起是极其重要的，它是将来最终的参考文件。所有的草图和计算以及坐标卡片在以后也会非常有用，尤其是由于某些原因需要对程序进行修订时。设置清单和加工卡片稍后进行介绍。

外部文档只保留位于文档文件夹里的程序数据源文件（通常存储在硬盘或其他相似介质中）以及程序员、CNC 机床操作人员或其他人可能需要的特殊说明。

（2）内部文档

程序内部文档常常包含在程序主体当中。编程时可以有技巧地在程序中添加一些注释，这些注释是程序的一部分且被称为内部文档。这些信息可以是程序中的单个程序段，也可能是对程序段的补充（用圆括号括起来），程序运行时会在显示屏上显示它们（大部分情况下），此外在程序打印稿中也可以看到它们。内部文档最大的优点就是为 CNC 机床操作人员带来了极大的便利，唯一的缺点就是当程序载入控制器存储器中时会占用内存空间，如果存储器的可用空间有限，可以对程序注释进行缩减并在外部说明中包含更多的内容。所有的程序注释、信息、用法和说明等都应该用圆括号括起来：

（这是一个注释、信息或说明）

括号是要求的程序格式。注释、信息或说明可以是程序中的单独程序段，也可以是程序段中的一部分，执行程序时，控制系统将忽略圆括号中的所有字符，为了避免过长的说明，可以使用指称指向外部文档，例如：

N344 ...

N345 M00（参见第 4 条）

N346 ...

程序注释部分中的第 4 条可能是与程序段 N345 相关的详细说明，它位于程序文档中的其他地方（如设置清单等），当信息或说明太长而无法存储在程序本体中时，这类参考文件非常有用。

例如，CNC 机床操作人员可能会在设置清单中的特殊说明中找到第 4 条：

...

第 4 条：取下工件、清除卡盘爪、反转并夹紧 120mm 直径。

...

正确准备的内部文档通常应该对每把切削刀具进行简要的描述：

N250 T03

N251 M06

（T03= 直径 1 in 4-FLT E/M）

N252 ...

注意 T03 是当前使用的刀具，该名称随着各特定机床生产厂家换刀系统的不同而有很大的区别，另外程序注释中的缩写 4-FLT E/M 是 4-flute end mill（4 螺旋槽立铣刀）的简写形式。

每次在程序中使用程序停指令 M00 时，都要使用注释说明使用它的原因：

N104 G00 Z1.0

N105 M00（检查深度= 0.157 in）

N106 ...

对于比较长的信息，可以将它作为一个单独的程序段：

N104 G00 Z1.0

N105 M00

（轴肩深度必须为 0.157in）

N106 ...

注释也可以与程序数据位于同一个程序段中：

N12 G00 X3.6 Z1.0

N13 M05　　（从孔中排屑）

N14 ...

如果注释作为单独的程序段编写，通常不使用程序段号。作为文档的一部分，说明应该清楚易懂，模棱两可的信息不会有任何作用，明确的信息能节省 CNC 操作人员或设置人员的时间并节省各工序之间的周转时间。

（3）程序说明

许多 Fanuc 系统对程序说明也进行存档，程序说明是一种特殊的注释，也需要用圆括号括起来。以下几点使程序说明显得比较特殊：

❑ 说明必须位于程序号所在的程序段中；

❑ 说明不应超过 15 个字符；

❑ 不能使用小写字母。

注释部分中，常见的程序说明通常包括零件图名称和（或）编号。

O4901　（法兰-图 42541）

如果满足以上条件，程序编号及其说明将直接在控制系统的目录显示屏（程序列表）上显示。

如果说明超过 15 个字符，可以在下一程序段中继续输入，不过这些注释不能在目录显示屏上显示，只能在内部文档方便使用。在所有可使用注释的控制器中，程序处理过程中可以显示它们，这些注释的长度并不限于 15 个字符以内：

O4902（RING – OP. 1）

（DWG. A – 8462 REVISION D）

（PETER SMID – 07 – DEC – 08）

N1 ...

程序说明的主要目的是将设计者的一些重要决策和思想传达给使用者，CNC 编程环境中，这些文档将程序员的思想从办公桌传递到加工车间，它是所有交流过程的重要桥梁。

49.3 设置清单和加工卡片

一个好的程序文档，最重要的文件除了程序打印稿和零件图外，还有设置清单和加工卡片。设置清单和加工卡片之间的主要区别在于所强调的对象，设置清单是表示工件在工作台或夹具中的布局和定位甚至包括各操作说明的草图或零件图，加工卡片通常只列出刀具和它们的安装位置，以及主轴转速、进给率和每把刀具的偏置。本章将对两种文件举例进行说明。

下面是许多程序员经常遇到的问题：

"在 CNC 程序编写前还是在它编写完以后制作设置清单和加工卡片？"

就像在许多编程应用中一样，该问题的两边都有支持者和反对者。在编程前制作文档的理由很简单，设置清单和加工卡片能引导程序的编写，支持这一方法就意味着需要有较强组织能力的程序员或团队，并且一切都处于控制之中，同时它也表明加工车间中所有的夹具、刀具、刀架、刀片以及其他工具都准备妥当以备使用。毫无疑问，如果可能的话，通常可在开始编程前制作设置清单和加工卡片，该方法背后所蕴藏的逻辑性确实很强。

然而事实上加工车间中并没有将逻辑性纳入考虑范围，尽管这实质上是致命的错误。在许多公司中，不同部门的小冲突、材料发送延时、刀具延期交货或类似的问题都可能使 CNC 程序员受挫，处于各方的压力之下，程序员别无选择，只能临时甚至在紧要关头编写程序。程序员必须妥协以更精确地反映事实，如果别无选择，可以尝试寻找一种合理的折中办法，但这不能成为草率行事的借口。

编程有相当大的自由，但也并不是无限的，在机床所使用的设置和加工方法未知的情况下不能进行编程，如果没有加工卡片和使用刀具的信息，零件编程将无法进行下去。很多情形下，工作性质可以提供很多解决方法，即使不知道所使用的设置和加工方法，也可以想想其他的办法或采用其他的选择——但这些方法和选择都来自经验（自己的或别人的）。这种妥协并不局限于"现在或稍后"的情形，而是与最可能出现的情形相关。如果某些地方发生了改变，尽量使变化达到最小。无论如何，在对程序进行校核和优化后，极有可能要对设置清单和（或）加工卡片进行修改。

（1）设置清单

在许多车间里面，设置清单是比较奢侈的东西。它只不过是对加工过程的简单说明，但除非准备非常完善，否则多数设置清单的质量都比较差，它们通常并不能反映最近的程序修改和调整，也不能在各机床和程序员之间保持一致性。尽管从成本角度上看，准备设置清单所花的时间是非生产性的，但它并不是对时间的浪费。可以对设置过程进行组织，也可设定一定的规则并遵循它们，这些规则也可应用到设置清单的准备过程中去。

制作好的设置清单的黄金规则就是保持一定的比例，设置清单包括材料、夹具布局、加工形状以及刀具路径等的提纲，都应该保持一定的比例，成比例甚至近似成比例对于视觉上的比对都很重要。夹紧和其他紧固装置在图纸中的位置应该跟实际位置一致，换刀位置要精确的标出来，如果有必要，还需要使用多个视图表示，要对关键位置的尺寸进行标注，以显示最大或最小距离。

如果使用刀具半径偏置，那么转速和进给速度反映的是特定的名义刀具半径。根据操作人员的判断力，刀具半径可以在一定范围内改变，设置清单上可以包括这一范围以及关于转速和进给速度调整的注释。

当刀具伸出太长时，可能会与工件和其他刀具发生干涉，这时设置清单中可以包括该设置中允许使用的最大刀具长度，对于车床上的卡盘工作，设置清单还应指定材料的夹紧量。

设置清单的目的之一是对工件在机床上的所有安装细节进行存档，这就意味着它必须涵盖工件夹持方法和参考点的关系（工件、机床以及刀具），它还必须说明所使用的附加装置的位置，例如尾架、棒料进给器、虎钳、划线平台、硬爪和软爪等。设置清单模板应该对所有机床都有用，图 49-1 所示为一张非常简单的设置清单，如果有必要，也可对它进行修改。

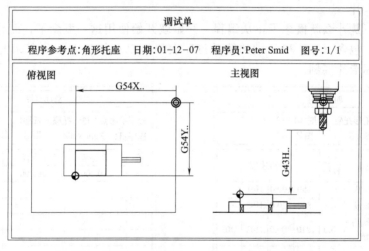

图 49-1　简单的设置清单——只列出了基本的数据

一个设计良好的设置清单还应该包括加工材料（毛坯）以及程序中使用的毛坯的基本信息，程序文档中不仅要包括毛坯的类型，还要包括它的粗加工尺寸、加工的毛坯量、状态以及其他重要特征，该信息的构思非常有价值并且在以后可能更有价值（主要是对于重复加工）。很多时候程序员在毛坯材料未知的情况下编写程序，如果程序员发现所确定的状态跟程序有很大的出入，也可以对程序文档进行必要的修改。

尽管并不是很必要，但有些程序员还是在设置清单中包含了每次操作的加工时间。第一次运行工作时并不知道实际加工时间，但是在程序使用并优化后，程序就完成了校验并最终定稿，与此同时也较为精确地知道了加工时间。对加工时间的了解可能有助于 CNC 机床上的装载工作，单个工件最有用的加工时间是包括所有辅助时间（例如换刀时间、工件装卸时间等）的单片时间，而不仅仅是加工时间本身。

（2）加工卡片

尽管加工实质上是设置的一部分，但它需要一组单独的数据，可能也可能不包括在设置清单中，如果使用的设置方法和刀具非常简单，则可以在同一张单子中包括设置和加工，然而对于大型和复杂的设置，制作一张单独的加工卡片要实用得多。设置清单和加工卡片都是程序文档的一部分且相互补充（而不是彼此替代）。

机床单元和 CNC 系统对加工卡片的内容有一定的影响，车床的加工卡片就不同于加工中心的加工卡片，从每台机床上收集的数据有一些相似的地方，也有一些独特之处，典型加工卡片的内容包括以下几项：

- ❏ 机床和程序标识；
- ❏ 切削刀具的类型；
- ❏ 刀具坐标数据；
- ❏ 刀具直径；
- ❏ 刀片半径和刀尖编号；
- ❏ 刀具相应的偏置；
- ❏ 刀具长度；

- ❏ 刀具从刀架伸出的长度；
- ❏ 索引刀具的程序段号；
- ❏ 刀具操作的简要描述；
- ❏ 刀具的基本转速和进给速度；
- ❏ 刀架说明；
- ❏ 刀具号和（或）刀位号；
- ❏ 特殊说明。

除了以上最常见的几项外，加工卡片中还可能包括一些独特的信息，例如告知操作人员有关非标准刀具、需要修正的刀具以及材料的预加工状况等。图 49-2 所示为一张简单的加工卡片实例。

（3）坐标卡片

坐标卡片不是什么新概念了，从编程一开始就开始使用这一概念了，而且本手册也曾多次提及该概念。包含 X、Y 和 Z 轴的简单打印表格可以在加工中心和车床上使用，图 49-3 所示为简单坐标卡片实例。

加工卡片						
程序参考点:角形托坐			日期:01-12-07			
程序员:Peter Smid			图号:1/1			
T#	刀具说明	刀具直径	进给速度			
T01	12mm点钻	8.7	1650	100.0	H01	---
T02	7.5mm钻头	7.0	1800	220.0	H02	---
T03	10mm立铣刀-4螺旋槽	10.0	1210	300.0	H03	D03

图 49-2 简单的加工卡片——只列出了基本的数据

坐标卡片			
程序参考点:角形托座		日期:01-12-07	
程序员: Peter Smid		图号: 1/1	
P_n	X坐标	Y坐标	Z坐标
P_1	X0.000	Y0.000	

图 49-3 简单的坐标卡片——只列出了基本的数据

在加工中心上使用时，Z 轴一栏为空，而车床程序的 Y 轴一栏为空，对于每一机床类型，可对卡片进行修改以添加附加轴或制作单独的卡片。

本手册所附 CD-ROM 含有可直接打印使用的表格。

49.4　文件夹

程序准备阶段收集的所有记录对于以后的参考非常重要。它们可以存储在任何地方，有时甚至很难找到，所以现在是时候对它们进行整理和组织了，可以使用一个文件夹并将所有文件保存在它下面。

（1）标识方法

在介绍更好的程序文档标识方法以前，先来考虑一下非常流行也很不实用的方法。一些程序员使用程序号作为所有相关材料的参考，该理念背后的基本思想就是程序号的可用范围为 1～9999（甚至 1～99999），怎么用也用不完，因此用于程序标识将非常有用。这是鼠目寸光的思想，只有那些只需照料一台机床并比较轻闲的程序员才会使用。

看看该思想可能引发的问题。确实，如果在一台机床上编写 10000 个（甚至更多）程序，几乎就可以"永远"不用重复了，即使使用更多的机床，每台机床每周使用 25 个程序，这一数目也可以使用 7 年多，那时是不是报废机床或购买新机床的时候了？每周 25 个程序是否有点不合理，要知道每一程序都有一个编号，每个任务可能有三个或更多的操作，它们可能使用数十个程序以及数十个子程序，所以这些数字就有点不合理了，从一开始就要寻找更好的方法，它可能是手工形成的方法，也可能是计算机化的详尽的数据库。

这时就出现了一些基本的问题：使用可用程序号的最好方法是什么？是否有必要全部使用？有没有可替换的选择？

这就说明了如果可能，应该由 CNC 操作人员来指定程序号（子程序除外），也就是说必须寻找另一种方法来标识包含所有记录的文档。

首要一个决定就是选择程序名，不管加工操作或子程序的数目如何，每一任务应该只使用一个文件夹且只能有一个名称。文件夹的名称应该与任何其他的文件夹具有共同特征，该名称一定要富有意义。

如果使用个人电脑进行存取，那么很可能与每个程序相关的所有文件都存储在计算机中，这种情况下，唯一的限制因素就是文件命名的软件格式结构，例如老式的 DOS 软件的文件名可以由多达 8 个字符（字母和数字）组成，而文件扩展名为 3 个字母，从 Windows95 开始，允许使用的文件名就更长了，加上扩展名其长度可达 255 个字符，一定要充分利用这一特征。不管使用的 CNC 系统如何，确立的文件命名习惯一定要与任何可能的限制相容，有几种方法可以实现。

第一种方法就是使用完全独立的连续顺序，这种最简单的形式，与第一个程序相关的所有文档都为（例如）P0000001，下一个程序就是 P0000002，依此类推，如果去掉该格式中的零，计算机显示屏上就不会以正确的字母排列顺序列出文件，这种方法并没有实用性限制。另一种方法使用图号对文档进行识别，对于许多进行大批量生产的公司来说，这是一种较好的方法，与各种客户打交道就意味着要同各种类型的图号打交道，其多样性使得几乎不可能找到一些共同点来实现标准化。该方法的另一种形式是使用工作号而不是图号，在许多零加工车间，每一工作在接受命令时都有一编号，该工作号通常是唯一的，因而可以用来标识程序文档。

希望以上方法可以模拟许多其他适用于特定工作环境的思想。其实并没有关于标识单个程序的特定规则，也没有控制程序文档标准的规则，过去比较可靠的规则通常使用现在并不常用的常识，常识和深谋远虑有助于实现标准化。任何标准的质量通过它未来的作用来衡量，对于特定的标准，如果要使它的有用时间较长，那么就要提高确立该标准时的思考质量。

(2) 操作人员的建议

当 CNC 机床操作人员进行工作时，通过对程序运行方式的观察，他（或她）可能会提出一些评论、想法、修正以及其他各种建议，这在建立工作日志、卡片系统、计算机数据库以及其他一些将操作人员的想法反馈给 CNC 程序员的类似方法中非常重要。不管选择何种系统，它应该在机床上可用，因此首先接触它的是 CNC 操作人员，该系统的最大好处就是所有的交流汇集在一个地方，从而容易对它们进行控制。

除了特定评论或想法的性质，工作日志还应该包括操作人员的姓名、当前日期甚至当前时间、机床和工作说明以及其他可能在未来日子里相关并有用的细节，尤其在再次加工工件时。

(3) 归档和存储

程序文件夹的容量可能特别大，尤其是它包含计算机媒介（比如磁盘）、大号图纸、长程序打印稿以及其他文档时。文件夹通常存储在办公室铁档案柜中，尽管只有有资质或授权人员才可以接近该文件夹，但它应该在每次工作更替中都可用。

如果使用了任何类型的计算机媒介，应该将它们单独存储在一个地方，而不是在文件夹下。磁性装置对周围环境特别敏感，它们应该存储在远离热源和磁场（包括电话）的地方并处于干燥和清洁的环境中，为了确保安全，最好在不同地方保存两份甚至三份副本。

更实用（而且容量小得多）的一种方法，就是使用标准的硬件或软件，将校核过的程序存储在 CD（光盘）或 DVD（数字化视频光盘）中，尽管它们也不能靠近热源，但磁场对它们并没有影响，而且占的空间也小。合并 Adobe PDF 文档是节约空间的另一个选择。

实际存储中，应该对程序文档的表格或纸张进行连续编号，或者在每张纸上使用参考编号，此外也应该标识好档案柜每个抽屉中存储的内容，这些都是最基本的要求，但是往往由于没有时间而忽略了这些问题，一个有秩序的归档系统可以快速查找到提供直接和精确信息的程序。

第50章 程序校验

程序完成后，肯定有书面形式或计算机文件形式的程序，从这一点来看，程序开发已经完成。这可能是没有错误的完美程序，当然，这可能是从一开始就树立的愿望：编写没有错误的程序。但如果尽了最大的努力却仍然有错误该怎么办？程序在机床上运行时，即使一个很小的拼写错误都可能导致严重的问题。那么错误可以避免吗？如果可以，又怎样避免呢？

在机床上运行程序之前，应该仔细检查程序中所有的错误，检查可能很简单，比如将手写稿与打印稿进行比对。程序检查的主要目的是检查出明显的错误，即那些通过聚精会神地查找可以找出的错误，首先找出来的主要是语法错误。当然并不能确保程序没有错误，但程序员应该在办公桌上努力实现这一点，所有到达机床的程序应该能让 CNC 操作人员树立足够的信心，操作人员不应该再去关注程序校核和第一个工件的运行，他们并没有时间去检查程序错误，这些错误可以（也应该）在办公室中检查完毕，在机床上校验程序会严重影响生产力，应该尽量避免。

50.1 错误检查

改正错误之前必须先发现错误，CNC 编程中，在程序打印稿离开办公室之前和之后都可以发现错误。任何专业程序员无疑都想在它们离开办公室之前，而不是在 CNC 机床上程序运行过程中发现所有的错误，这是预防性的努力。如果必须在机床上，即程序运行过程中纠正错误，那么 CNC 操作人员就必须做一些通常并不属于他们职责范围内的事情，不管操作人员采取何种行为，都是纠正行为，因此有两类措施可以消除 CNC 程序中的错误：

❏ 预防措施　　　...　主动措施；
❏ 纠正措施　　　...　被动措施。

预防措施所涉及的所有方面都应该接受建议和建设性的批评，另一方面，纠正措施需要一定的技巧、知识甚至授权。

（1）预防措施

程序员应该采取一定的预防措施检查并纠正所有的错误。第一个预防措施就是进行良好的组织，首先设置步骤、标准以及规则，然后一直遵循它们。程序在机床上运行前，可以发现的错误不计其数，当然进行成功的检查也需要一定的技巧。

任何程序员应该使用的第一种方法简单，那就是检查自己的工作。阅读并评估程序，如果遵循一致性原则，则检查错误很容易，程序员知道程序的格式、建立的标准、每把刀具开始和结束时的指令顺序，因此检查程序根本不需要很多时间。

当与其他程序员或熟练的操作人员一起工作时，可以使用第二种方法，即请同伴审查任何新的或更改过的程序。对于这种检查所暴露出来的错误不要感到惊讶，新的、独立的和公平的观察非常有效。有时甚至片刻的休息或呼吸新鲜空气，也可使脑细胞重新恢复活力。

使用计算机和专门的模拟软件时，比如本手册所附的 NCPlot™（见 CD），还有第三种选择——在屏幕或者纸上画出刀具路径的示意图。

预防措施的主要部分是发现语法错误。语法错误可以由控制单元检测出来，例如如果美元符号出现在程序中，控制器将视其为非法的并返回错误信息或"警告"。如果在程序中输入数字"2"代替数字"7",这不是语法错误,而是逻辑错误,因为两者都是系统可以接受的合法字符。

(2) 纠正措施

如果在控制器中发现错误,说明预防检查并未发现。机床上发现的错误会降低生产力,这迫使机床操作人员采取纠正措施并消除错误。操作人员可以采取两种方法,一种是将程序返回给程序员,第二种方法是在机床上纠正错误。哪种方法更好将取决于错误的严重性,错误可以分为软错误或硬错误,软错误是不需要在 CNC 系统中停止程序运行的错误。

例如程序中漏掉的冷却液功能 M08 可以在机床上手动打开,因而不需要中断程序执行,这是软错误实例——它依然是一个错误,但归类为小错误。

发生硬错误时,唯一的选择就是由操作人员中止程序运行,以避免对机床、刀具、工件或所有三者的损坏。硬错误的常见实例是编程刀具路径的切削方向错误,程序本身就是错误的且必须予以纠正。这是硬错误的实例,归类为大错误。

大多数 CNC 操作人员不喜欢延误,尤其是由其他人员造成的延误。一个富有献身精神的操作人员会在没有援助的情况下想尽一切办法来纠正错误,他会尽量采取纠正措施来消除程序错误,当然不是所有操作人员都有能力对程序作哪怕最简单的改变。另一方面,作为一项制度,即使有资质的操作人员也没有权力改变程序。

对 CNC 操作人员进行 CNC 编程基本培训会使许多公司受益匪浅。这种培训的目的不是让机床操作人员成为有资质的 CNC 程序员,其目的是强调程序是如何影响 CNC 加工、设置、刀具选择以及编程和加工之间的所有其他关系,培训的目的也是使操作人员可以进行小的程序更改等。如果以专业的方式设计和进行,这种培训是值得投资的,可能很短时间的培训很快就能得到回报,CNC 机床的时间延误代价很高,程序修复越快,产品控制的损失将越小。

无论何时在机床上更改程序,必须在程序文档中反映这些变化,尤其是永久的更改,甚至很小的永久性更改也应该在所有程序文档复件中进行存档。

50.2 图形校验

编程错误(即使小的人为错误)代价非常高,忽略负号、错误的小数点位置以及非法字符都是可以导致大错误的小疏忽。尽管经过直观检查的程序可能没有错误,但事实上并不总是如此,人的眼睛在观察非图形元素时容易疲劳。

程序校验最可靠的一种方法是对程序中的刀具路径进行图形显示,通过以下三种图形校验方法,可以提前检查出几乎所有与刀具路径相关的错误。

CNC 程序的第一种图形校验方法是屏幕绘图。该可选控制器功能在控制器屏幕上以直线或圆弧形式显示所有的编程刀具运动,其中进给运动为实线,快速运动为虚线,刀具路径在控制器显示屏上显示。

许多控制器提供了图形仿真选项,即在屏幕上对刀具路径进行仿真。仿真时每把刀具具有不用的颜色或密度,从而更容易辨认,一些图形仿真使用刀具以及工件的实际形状。图形校验的缺点就是只能在程序装载到控制器中以后才能使用。

第二种校验方法比第一种方法要古老得多,它使用硬拷贝绘图表示刀具运动,硬拷贝绘图在计算机编程中的应用由来已久。为了进行硬拷贝绘图,需要使用绘图仪和适当的软件,使用 CAD 软件的公司中绘图仪并不是问题,然而小加工厂就不这样了,所需软件是基于大型计算机的编程系统的一部分,且非常昂贵。绘制刀具路径的简单形式通常是连接到打印机的屏幕打印。笔绘不是 CNC 中的常见活动。

图形校验的第三种方法可以在办公室中完成。它使用计算机软件读取手动生成的程序，然后在屏幕上显示。此类软件的代表是 NCPlot™，它具有许多先进的功能，本手册的 CD-ROM 收录了本款共享软件。

50.3　规避错误

每个程序员都想编写没有错误的程序，但这是不可能的，因为任何人类活动都可能偶尔出错。经验丰富的程序员也会犯错，至少偶尔会出错。

由于程序员的主要目的是预防错误，本节将就此展开深入讨论，这里将介绍怎样评估常见错误以及怎样防止错误的发生（至少是限制在最低程度），首先看看什么是程序错误？

> 程序错误是导致 CNC 机床按相反的计划工作或根本不能工作的程序数据。

所有错误可以划分为两大类：语法错误；逻辑错误。

尽管语法和逻辑编程错误通常各占 50%，但是在特定的情况下却并非如此，经验有限的程序员可能出现各种错误，而经验丰富的程序员出现较多的错误则是语法错误。下面分别讨论两类错误。

（1）语法错误

一旦发现语法错误，通常很容易处理，语法错误是程序中一个或几个位置错误或多余的字符。这类错误包括不符合控制系统编程格式（也就是语法）的程序输入，例如两轴车床控制系统不能使用字符 Y，如果控制器在车床程序中遇到字符 Y，它将该字符作为语法错误，从而拒绝并且停止程序运行，在大多铣削控制器中遇到字母 U 时会出现同样的结果。其他一些字母在两种系统中都不可以使用（例如字母 V），它在大多数车削和铣削系统中都是不合法的，然而它在四轴线切割 EDM 控制器中却是合法的字符。

如果有效字符用于控制器不支持的选项，也会发生语法错误，最好的例子是大多数 Fanuc 控制器中的用户宏选项。用户宏使用各种标准字母、数字和符号，而且还能使用许多特殊符号，例如 ♯、[]、＊等。

宏也可以使用特殊单词如 COS、SIN、GOTO 以及 WHILE，标准程序中不能使用单词，非宏程序中的宏符号或单词将导致语法错误。使用用户宏功能时也会发生错误，但只是符号使用不当或特殊单词的拼写错误。

控制系统处理语法错误很专断——只是简单的拒绝错误，该拒绝作为错误信息显示在屏幕上且中断程序处理，语法错误令人很着急也很为难，但它并没有害处，由于语法错误而导致工件报废的事情有可能发生但是少之又少。第二类错误（逻辑错误）就有很大区别了。

（2）逻辑错误

逻辑错误比语法错误要严重得多。逻辑错误定义为导致机床背离程序员预期运动的错误，例如编程运动到绝对坐标 X1.0 处，但程序中为 X10.0，控制器将向前处理但刀具位置发生错误，当目标位置为 X10.0 而编程位置为 Z10.0 时，将会产生同样的错误。控制器没有也不可能有任何避免逻辑错误的内置保护措施，因此就要求程序员需要仔细和谨慎对待。逻辑错误很严重——它不仅可能导致废品，而且可能损坏机床甚至伤到操作人员。

逻辑错误各种各样，例如下列车床程序是错误的：

```
O5001
（错误实例）
N1 G20 G40 G99
N2 G50 S2500 T0400 M42
```

```
N3 G96 S530 M03
N4 G00 G41 X12. 0 Z0. 1 M08
/N5 G01 X - 0. 06 F0. 012
/N6 G00 Z0. 2
/N7 X12. 0
N8 Z0
N9 G01 X - 0. 06
N10 G00 Z0. 1 M09
N11 X20. 0 Z5. 0 T0400 M01
...
```

程序实例 O5001 中有三个错误，在进一步分析前首先尝试找出错误。

第一个错误很容易发现——漏掉了刀具偏置。程序段 N2 中刀具 T0400 的选择没有使用刀具偏置，这个程序段是正确的。程序段 N11 返回索引位置并取消刀具偏置，它们也都没有编写到程序中。错误在程序段 N4 中，它应该是：

```
N4 G00 G41 X12. 0 Z0. 1 T0404 M08
```

第二个错误相当隐蔽，需要有一定经验才能找出来，注意程序段 N5、N6 和 N7 中使用的程序段跳过符号。在程序段跳过功能"开"时运行程序，程序段 N8 中就没有切削进给率，这种情况下控制器将发出错误信息，但只在程序第一次运行时才会这样。程序段 N8 的正确形式为：

```
N8 Z0 F0. 012
```

第三个错误是在程序段 N11 中漏掉了刀具半径偏置取消，程序段应该纠正为：

```
N11 G40 X20. 0 Z5. 0 T0400 M01
```

这类错误对下一刀具会产生严重的后果。如果在第一次运行时没有发现该错误可能会更糟，其正确程序是 O5002：

```
O5002
```
（没有错误的实例）
```
N1 G20 G40 G99
N2 G50 S2500 T0400 M42
N3 G96 S530 M03
N4 G00 G41 X12. 0 Z0. 1 T0404 M08
/N5 G01 X - 0. 06 F0. 012
/N6 G00 Z0. 2
/N7 X12. 0
N8 Z0 F0. 012
N9 G01 X - 0. 06
N10 G00 Z0. 1 M09
N11 G40 X20. 0 Z5. 0 T0400 M01
...
```

评估完这些逻辑错误以后，控制器可能会检测并返回 Nil、zero 和 zilch 三个错误信息。本例中的所有错误很好地展示了逻辑错误，它们通常并不容易找到，但是如果不及早发现则很容易引起很多其他问题。

50. 4 常见编程错误

严格说来并没有"常见"的编程错误，每个程序员出错的地方都各不相同，因此很难说哪些错误比别的错误更常见。但确实有些错误的出现比较频繁，从这一点来说它们比较常见，研究这些错误很有益。

语法错误和逻辑错误的起因相同——都是编写程序的人造成的，因此消除错误的重要步骤是认识问题，问问自己"自己经常重复犯什么错误?"每个人都会犯一些自己"喜爱"的错误，解决方法就在于以上简单问题的正确答案。

大多数错误是由程序规划不够以及缺乏严谨的编程风格引起，规划提供方向，而风格则提供手段和组织。

最简单也是最频繁的错误是对某些基本指令的疏忽，它可能是冷却液功能、程序停止、丢失的负号等，有时甚至会漏掉整个程序段，这主要是由于程序准备不够充分。很多错误是由于程序员不能意识到程序运行的结果所引起的，这类错误包括与设置、刀具和加工条件有关的所有错误：给定工作的切削量太厚或太薄、间隙和深度不够、主轴转速和切削进给率错误甚至选择错误的刀具。

(1) 程序输入错误

大多程序是手写或打印的，因此必须传送到控制系统或计算机文件中，许多错误由目标数据的错误输入引起。记住如果其他人使用程序，程序易读性和语法非常重要。

输入错误包括在程序中忘记输入重要字符，这些字符串可能是任何指令或数据，而且会导致严重问题。漏掉冷却功能不会导致很大的问题，但是丢掉小数点和错误的退刀会导致大问题，其他的错误包括刀具间隙不够、深度过浅或过深以及与刀具半径偏置相关的错误（通常占有很大比例）。取消或修改模态程序值时要小心，常见的错误是在程序段中用一种类型运动代替另一种类型的运动，然后忘记恢复到以前的运动。

(2) 计算错误

使用数学函数和公式是手工编写 CNC 程序不可或缺的一部分。计算错误包括数字输入错误，甚至在使用袖珍计算器时也会发生。键入错误的公式、错误的数学符号或位于错误地方的括号，所有这些都是非常严重的错误。

① 舍入误差　一种特殊的错误由不正确的舍入引起，这种错误是由太多相互关联的计算所引起的累计误差。在其他计算中使用舍入值可能导致错误，很多情况下这种错误太小而不会引起任何问题，但是千万不要依赖于此，这可能成为非常不好的习惯。

② 计算检查　为了防止在使用公式进行计算时出现数学错误，可以使用不同的公式对计算结果进行验算，数学是范围很广的学科，通常可能有多种计算方法。

(3) 硬件错误

最后一类程序错误由控制系统或机床的硬件故障所导致。在 CNC 中，软件有可能存在缺陷，不过它们出现的概率很少，因为现代控制器非常可靠。当遇到错误时，不要把控制器或机床作为导致错误的首要和唯一原因，这样做只能表明他的无知和不愿承担责任，在联系维修人员之前，首先要使用所有其他的方法来检查错误。

(4) 其他错误

有些错误可以追溯到零件图。零件图中出现错误是有可能的，但是首先要确保正确地理解图纸，零件图错误包括尺寸过多或过少、劣质的公差等，同时也要确保只使用最新版本的零件图。

其他错误由错误设置、刀具和材料引起，它们不是编程错误，但是必须考虑这种可能性。常识和适当的预防措施可以消除许多编程错误，例如避免将未经校验的程序作为校验过的程序使用，一定要将它标为未经校验的程序，在程序开头做标记，直到程序校核完毕。

完全消除错误是不现实的，可以不发生错误——但总是会导致错误，没有经验、粗心大意、精力不集中、态度不端正都可能导致错误。编程时要持有消除所有编程错误的态度，这才是少出错的第一步。

第 51 章　CNC 加工

程序编写完毕并送到加工车间后，编程过程完成。这时所有的计算均已完成，程序也编写完毕并存档，程序被传送到 CNC 机床。那么程序员的任务是否真的结束了？程序有没有可能由于某些原因随操作人员的意见、建议甚至批评而返回呢？

如果递交的程序比较完美，程序员不会听到来自任何方面的意见。毫无疑问，程序员将听到来自各方面的负面评论，问题是程序员的责任何时才算结束？在生产过程中的什么地方才能评估编程结果？程序何时才可以称为好程序？

最公正合理的答案可能是在最优的生产条件下加工出工件，这意味着程序和文档传送到车间后编程责任并没有结束，这一阶段的程序仍然处于开发过程。在开始加工第一个工件以前，必须将程序装载到 CNC 系统中、对机床进行设置、安装并测量刀具以及完成各种细小的工作。确实，这些工作都属于 CNC 操作人员的职责范围，因此程序员不必在意加工过程中发生的事情，真的是这样吗？

错！每位 CNC 程序员应该尽量与实际加工保持联系。在商业软件开发领域通常有一队人马一起开发大的编程任务，毕竟大多数编程思想来自与同事以及程序或特殊软件的实际用户的讨论。对于在车间中使用的 CNC 程序同样如此，程序使用者通常是 CNC 机床操作人员，他们是建设性思想、改良和建议的宝贵来源，要常与他们交谈、提问、提出建议，最重要的是倾听他们想要说的。从来不涉足车间或不愿意去车间的程序员，进入车间装聋作哑的程序员，总是坚持自己正确的程序员，都是不应该的。与机床操作人员交换意见、提问并寻找答案是全面了解车间实际情况的唯一方法，程序员的兴趣在于了解 CNC 操作人员对程序、编程风格和编程方法的整体感觉，互相交换思想和沟通是成为更出色的 CNC 程序员的最好建议。车间提供了大量的资源，要充分利用这些资源。

CNC 技术是投入最少（至少在体力方面）的人力提高生产力的手段，与其他任何技术一样，它必须由经验丰富的技术人员来管理。没有牢固的掌握和良好的控制、没有好的管理方法，CNC 技术就不能达到预期的效果，事实上它会起反作用。

前面介绍了 CNC 程序员的作用和责任，下面看看完整程序和相关材料到达车间后将会发生什么。

51.1　加工新工件

CNC 机床上加工成本最高的工件是一批工件中的第一个。完成机床设置后，CNC 操作人员准备测试程序和加工条件，测试程序时间与设置时间一样，均为非生产性的，即使第一次运行加工出所期望的工件，也需要相当多的时间和精力，这些活动都是必要的且必须完成。但是加工太多的"第一个"工件也会降低生产力。

通常有两类 CNC 程序，每一类对程序验证都有不同的影响。第一类包括所有没有在 CNC 机床上使用过的程序，这些程序必须进行精度测试，同时还要进行优化以达到最好的效果。第二类程序包括所有的重复工作（至少使用过一次，并且已经证明在所有方面都是正确的），这类程序已经在给定条件下为得到最好的加工质量进行了优化。两种情况下，加工第一个工件时 CNC 操作人员必须要格外小心，然而新工作运行和重复工作运行之间存在一定的区别。

两种情况下，首先要确立与程序相关的两个质量：

❑ 设置完整性；

❑ 程序完整性。

这两个考虑同等重要——如果其中之一稍有差池，那么最终结果就不能令人满意，它们的目标都是达到最高水平。记住以后在每次运行时都必须确定设置完整性，程序完整性只需正确确定一次。

（1）设置完整性

机床设置是促使 CNC 生产能够进行的所有工作的总称，整个过程包括刀具设置、工件设置以及许多相关任务。一张检查清单并不能覆盖 CNC 机床设置中所有要考虑的要点，这里主要想通过在检查清单来介绍最重要的考虑事项。可以根据车间中的机床和 CNC 系统调整每一要点，也可调整清单以反映个人的工作方法和（或）编程风格。检查清单或其他形式表格的主要目的是包含尽量多的细节，且不能忽略重要的条目、操作、步骤等，甚至一个很小的疏忽都可能导致事故和工件损坏，或因为错误的机床设置而报废工件。

① 刀具检查

❑ 所有刀具是否正确安装在刀架上
❑ 使用的刀片是否合适（半径、等级、刀片磨损、涂层）
❑ 所有的刀具尺寸是否合适
❑ 所有刀具是否安装在适当的位置
❑ 所有偏置设置是否正确（没有使用的偏置设为 0）
❑ 各刀具之间是否有干涉
❑ 镗刀杆定位是否正确（铣削）
❑ 所有刀具是否锋利

② 工件设置检查

❑ 工件安装是否安全
❑ 工件是否正确定位在工作台上（铣削）
❑ 工件从卡盘上伸出部分是否安全（车削）
❑ 工件是否按顺序排列（铣削）
❑ 是否有足够的间隙
❑ 所有夹具是否远离加工路径
❑ 按下循环开始按键前，机床是否在原点位置
❑ 换刀是否在安全位置进行

③ 控制器设置检查

❑ 坐标设置是否已经寄存（G54～G59）
❑ 所有偏置输入是否正确
❑ 是否需要冷却液
❑ 跳过程序段开关状态如何
❑ 可选择程序暂停 M01 是否有效（"开"）
❑ 如果工件安装完毕，空运行是否关闭
❑ 开始时单程序段模式是否设置为"开"
❑ 开始时主轴转速和进给率倍率是否设置为"低"
❑ 手动绝对开关状态如何（如果可用）
❑ 屏幕上显示的位置是否从零（预设的原点）开始

④ 机床检查

❏ 滑轨润滑箱是否装满合适的油液（润滑油）
❏ 冷却液箱是否装满
❏ 卡盘和尾座压力设置是否正确（车削）
❏ 机床加工工件前是否归零——显示屏读数设为零
❏ 气动附件（气体软管等）中是否有足够的压力

（2）程序完整性

任何新的和未经校验的程序存在一些潜在问题。手动 CNC 编程中出现的错误多于 CAD/CAM 程序。通过机床操作人员的眼睛来评判新程序是一个好方法，运行新程序时，经验丰富的 CNC 操作人员采用直接方法——他们不靠运气，这并不是说不信任 CNC 程序员——它只反映了机床操作人员对预期工件质量所担负的根本责任并且操作人员意识到了这种责任，他或她有强烈的责任感。工作被拒绝，总比无论是由于程序还是其他原因导致的工件损坏甚至报废要好受得多。

CNC 操作人员在新程序中寻找什么呢？大多数机床操作人员赞成首要的事情是编程方法的一致性，例如所有刀具趋近安全间隙是否跟平常一样？如果不是，是否有什么原因？各程序以及各机床之间的基本编程格式是否保持不变？优秀的操作人员会对程序审核两遍：一次在打印稿上，第二次是程序装载到控制系统时，令人奇怪的是能在屏幕上看到纸上看不到的问题，反之亦然。常见错误如缺少负号或地址、小数点位置错误或编程量过大或过小通常比较容易在屏幕上检查出来。如果使用计算机进行手动编程，可以将程序打印出来进行检查。进行双重检查，可以避免许多代价惨重的错误。可以使用软件，通过刀具路径仿真，以图形的方式对计算机中的程序进行校验，NCPlot™ 就是这么一款软件，具体可见本手册所附 CD。

编程风格的一致性非常重要，怎么强调也不为过，它是 CNC 操作人员保障程序完整性的重要途径。

51.2 加工第一个工件

CNC 机床操作人员通常通过研究包括程序、图纸、设置清单和加工卡片在内的文档来开始新的工作。下面几步将介绍标准设置步骤，这些步骤偶尔也会有所变动，但对于大部分工作通常都是如此。

❏ 第 1 步：设置刀具

第一步是使用加工卡片或程序中的加工信息，CNC 操作人员将刀具安装在刀架和相应的刀位上并将所有刀号寄存到控制器存储器中。一定要确保刀具锋利并正确安装在刀架上。

❏ 第 2 步：设置夹具

夹持或支撑工件的夹具安装在机床上，如果需要可以使它平直并进行调整，但此时并不安装工件。设置清单作为文档使用，尤其对于复杂设置，此外也常常需要夹具零件图。

❏ 第 3 步：设置工件

工件安装在夹具上并确保是安全安装，检查设置中可能存在的干涉和障碍物，这一步是 CNC 机床操作主要初始步骤的结束。

❏ 第 4 步：设置刀具偏置

根据机床类型，这一步主要设置刀具几何尺寸和磨损偏置以及刀具长度偏置和刀具半径偏置。这一步最重要的部分是设置工件坐标系（工件偏置 G54～G59）或老式控制器的刀具位置寄存器（G92 或 G50），但两者不能同时进行。工件偏置设置是现代 CNC 机床设置中最好和最便利的选择。

> ❏ 第 5 步：检查程序

这一步是对程序的初步评价。工件临时从夹具中卸下，由于所有偏置已经在控制器中设置妥当，所以可根据所有考虑事项精确检查程序。如果需要，可以使用控制面板上的程序倍率开关。全面关注刀具运动并特别注意刀具索引，如果对编程刀具路径的任何方面不能绝对确定，可重复执行该步骤。

> ❏ 第 6 步：重新设置工件

如果在上一步中卸下工件，现在就要重新将工件安装到夹具中，前面所有步骤地成功完成允许继续对第一个工件进行校验。为了稳妥起见，要再次检查刀具，同时检查油压或气体压力、夹具、偏置、开关设置以及卡盘等。

> ❏ 第 7 步：试切

为了确定编程转速和进给速度是否合理以及各种偏置设置是否正确，需要对工件进行试切，试切是设计用来识别实际偏置设置中的较小偏差，并允许改变它们的临时或偶然切削。试切一定要留出足够的材料进行实际加工。试切也有助于确立保证尺寸公差界限的刀具偏置。

> ❏ 第 8 步：调整设置

此时为了在生产开始前微调程序，最终确定了所有必要的调整，该步包括最终的偏置调整（通常是磨损偏置）。如果有必要，此时也是调整主轴转速和进给速度的极佳时刻。

> ❏ 第 9 步：开始批量生产

这时可以开始批量生产，同时快速检查第二遍也是值得的。

如果可能，运行新程序的理想方法是通过控制器图示首次运行情况，它快速而精确，且增强了实际加工前的信心，事实上该测试可以在各种倍率模式有效时进行，例如机床锁定或单程序段。测试新程序时，不能轻视 Z 轴省略和空运行等功能。

如果使用控制系统的图形功能，刀具路径很可能有两种图形表示法：刀具路径仿真；刀具路径动画。

上一章中已经对它们进行了介绍。

第一类图形表示法（刀具路径仿真）显示加工工件的轮廓和刀具运动。工件轮廓用单种颜色表示显示，刀具运动用虚线（快速运动）和实线（切削运动）显示。在程序运行过程中，加工顺序根据运动类型以实线和虚线显示在屏幕上，工件和刀具的实体区域以及车床使用的卡盘或尾座都不显示。如果使用彩色屏幕，可以预先设置每把刀具的颜色，以提高图形显示的灵活性。

在加工前验证刀具路径更好的方法是刀具路径动画。它在许多方面与刀具路径仿真类似，但它具有另外一些优点：工件能以阴影形式显示，而不只是轮廓线，刀具阴影能预先设置并且能在屏幕上显示，卡盘的形状和尺寸也能预先设置，同样尾座的轮廓或夹具等都能以阴影形式显示，其结果是对实际设置状况的真实再现。另一个优点是按比例显示，实际切削过程中，可以立刻在屏幕上看到正在加工的材料。刀具路径动画是对刀具路径仿真的重大改进。

不要期望能 100％地准确显示刀具路径，没有图形能显示出每一个具体细节，也没有仿真能显示飞出的切屑，但不管怎么说，它所能显示的总能给人留下深刻印象。对于 CNC 加工中心，具有图形显示功能的控制器可以设为几种可用视图中的任何一种，使用分屏显示方式（也称为窗口或视窗）能在显示屏幕上同时看到多个视图。许多 CNC 操作人员使用两次图形显示，尤其是在铣削系统上——第一次是 XY 视图，第二次是 ZX 或 YZ 视图。确保打开快速运动显示。显示能在单步模式下进行，可以对太小或特别关键的区域进行放大（或缩小大工件）。图形显示可以打开或关闭刀具半径偏置、刀具长度偏置和其他功能，确保仿真条件尽可能接近真实加工条件，同时也不能忘记在程序测试前设置所有刀具和偏置。然而图形功能也提高了控制系统的总成本，因此很多公司选择不购买图形功能。

如果只使用图形功能，有许多编程指令不能测试。大多数控制器中没有夹具、主轴转速或进给速度，许多其他重要的运动也看不到，但是所显示的运动可以很大程度地简化实际加工。由于所有运动都需要在控制器的图形模式下测试，那么实际运行中，所要做的就是将精力集中在不能在屏幕上显示的细节上，这样就减轻了检查任务，而且程序容易跟踪。

51.3　程序变更

即使程序经过验证、测试，而且第一个工件已经加工出来并经过检查，优秀的 CNC 操作人员仍然会寻找改进的方法。有些改进可以在整个工作完成以前在机床上立即进行，有些改进需要不同的设置、刀具或夹具，通常在当前工作中实现这些变更是不现实甚至是不可能的，但是它们可以用于下一个相同的工作。程序的某些变更是设计修改的结果，与程序优化没有任何关系，采取的其他措施是为了得到更好的生产率。不管出于什么原因，车间中所需的任何变更都离不开 CNC 程序员，他们将新变更应用到新程序中去。

程序的所有变更都是为了得到更好的结果，它们应该改进程序，通常大的变更需要重新编写程序，但通常只是将程序修改至合理的程度。为了得到更好结果而改变程序时，称之为程序优化或升级，它可以与另一种程序修改类型——程序更新进行对比。

（1）程序升级

升级 CNC 程序意味着巩固、丰富程序，使其比以前更好，这意味着使用降低工件加工成本的方法来修改程序，降低成本的同时必须保证工件质量和安全生产。

程序升级（优化）最常见的形式是修改主轴转速和进给率，这一过程叫做循环时间优化，铣削操作与车削操作所需的方法不同。频繁重复以及大批量工作需要格外小心，记住每次循环时间节省 1s，批量生产 3600 件产品将节省 1h，而批量生产 1800 件产品将节省半个小时，以此类推。

优化 CNC 程序时要考虑下列检查清单中的要点，该清单远远没有达到完整的地步，但是可以作为关注和研究领域的指南。清单中的某些条款只用于铣削操作，其他的则只用于车削系统，也有某些条款适用于两个系统。其中有几项需要控制系统或机床的特殊功能支持。

- ☐ 微调主轴转速和(或)进给速度
- ☐ 选择尽可能大的切削深度
- ☐ 选择尽可能大的刀具半径
- ☐ 对新材料进行试验
- ☐ 为了快速换刀重新排列刀号
- ☐ 编写双向刀架旋转
- ☐ 让一把刀完成尽可能多的工作
- ☐ 如果有可能,使用 M01 而不是 M00
- ☐ 避免暂停时间过长
- ☐ 消除空切削状态
- ☐ 缩短快速运动

续表

☐ 在能保证安全的前提下使用多轴运动
☐ 螺纹加工中使用较少的切削次数
☐ 力求使用程序段跳过功能
☐ 避免改变主轴旋转方向
☐ 缩短尾架行程
☐ 不要在每个工件加工后都返回机床原点
☐ 换刀编程位置要靠近工件
☐ 再评估设置和（或）设计新的设置
☐ 重新评估自己的知识和技能
☐ 考虑升级 CNC 系统

　　虽然上表来源于经验，但它只是一个样例，可以在列表中添加更多的条款，也可以对许多条款进行修改。只使用过一次的程序要仔细审查，也可以对其中某些条款进行改进以在将来应用于不同的工件中。

　　（2）程序更新

　　与程序升级（优化）相比，程序更新对降低工件成本无足轻重，最终工件成本可能会下降，但那是由于工程设计的改变或类似的干预所致，而不是因为程序改变。当图纸改变影响到 CNC 加工后，必须更新程序，甚至前面升级过的程序也必须更新。

　　工件设计的工程改变在自己制造生产线的公司中更为常见，加工车间中的设计改变由用户提出，但是总的效果是一样的，唯一的区别在于变化的来源。

　　影响 CNC 程序升级的特殊改变小到简单尺寸公差的改变，大到整个工件重新设计，两者之间可能需要一些个人经验。升级后的 CNC 程序将反映变化的大小——无论是小的矫正还是重新编写整个程序。

　　（3）文档改变

　　如果与程序相关的文档不能反映工件加工过程中的所有程序改变，那么它是毫无用处的。与所有保存良好的工程图和其他重要的数据源一样，应该记录所有的修订、更新、升级和许多其他改变，尤其要好好保存数学计算的改变，如果可能则可以附上公式和草图。如果文档有几个副本，也应该对它们进行更新。此外还应该记录程序员姓名、修改的性质、日期甚至时间来体现何时进行过修改。保留旧文档（至少是暂时）也是一个好的做法，有时在制作好文档前需要一到两次试验，最终文档应满足特定要求。

51.4　替换机床的选择

　　即使做了最好的规划，偶然也会出错。当车间中唯一的 CNC 机床突然不能使用时，将会发生什么情况？当然决不会发生这种情况，除非需要在该机床上开始一件紧急任务，这种情况通常不能预料。

　　每一个生产管理员必须备有替换计划，最常见的操作是在另一台机床上加工同一个工件，当然必须有这样的机床可供使用，但是这里还需要更多的考虑。

　　通常程序是针对特定的机床和 CNC 系统编写，如果加工车间中安装了两台或多台机床，那么程序可以它们中的任何一台上运行；而另一方面，如果两台或多台机床和（或）控制器之间完全不兼容，程序不能传输且必须编写新程序，最好的折中办法是使用两台规格不同，但是控制器类型相同的机床。现有的程序可以直接或只需做很小的改动就能使用。

替换机床选择最主要的考虑包括刀具和设置。首先必须有刀具、刀架和夹具可供使用，即使刀架不同刀具的尺寸也必须相同，工件在工作台上的位置、夹具位置、数据孔，安全间隙等也必须相同，除了这些常见考虑事项外，还要仔细检查特殊条件，例如主轴转速、进给率、机床额定功率以及其他因素。替换机床的精度和刚度也很重要。

在程序可以方便存储移动的车间中，已经为编程和安装操作改编了各种标准。

51.5 机床预热程序

如果处理得当且在特定的环境中操作，生产厂家能确保任何精密设备的精确运行。计算机（包括 CNC 系统）对温度、湿度、含尘量、外部振动等非常敏感，制造商提供的资料中清楚的列出了所有潜在的危险。所有 CNC 操作人员都从经验得知工件精度很大程度上取决于主轴温度，有些高精密机床甚至有内部冷却系统以保证恒定的主轴温度，在寒冷的气候下或冬天里寒冷的早晨，当机床在冰冷的车间里放置了整个晚上后，有经验的 CNC 操作人员会让机床主轴旋转几分钟进行预热，同时为了让滑台润滑油沿导向管流动，操作人员使所有轴在两个方向上进行自由运动，如果在冬天每天早晨都重复这一过程，可以编写简短程序实现自动化。

编写这样的程序很简单，但是需要考虑以下几点。首先确保机床在没有障碍物的区域内运行，许多工件都使用该程序，对于每个新工件都要修改程序是不可能的。另一点是主轴转速为转每单位时间模式（r/min），避免编程转速过高——预热时主轴上的刀具直径可能过大或过小。为了使程序无限制地重复执行，可在程序末尾使用 M99 功能，程序末尾也使用 M30 功能结束程序，但要使用跳过程序段符号［/］，预热结束时，只需关闭跳过程序段开关，所有机床运动完成，程序自然结束。

程序 O5001 是铣削系统使用英制单位的典型预热程序，该程序经过调整后也可适用于任何其他机床：

```
O5001（铣床预热程序）
N1 G20
N2 G40
N3 G91 G28 Z0
N4 G28 X0 Y0
N5 S300 M03
N6 G00 X－10.0 Y－8.0
N7 Z－5.0
N8 S600
N9 G04 P2000
N10 X10.0 Z5.0
N11 Y8.0
N12 S750
N13 G01 X－5.0 Y－3.0 Z－2.5 F15.0
N14 X－2.0 Y－2.0
N15 Z－2.0 S800
N16 G04 P5000
N17 G28 Z0 M05
N18 G28 X0 Y0
/N19 M30
```

N20 G04 P1000

N21 M99 P5　　　　　　　　　（从程序段 5 重复运行）

%

程序结构非常简单，但仍然是经过深思熟虑的，以上实例中有意包含了几种编程技巧：

❏ 整个程序以增量模式编程；

❏ 第一个运动抵达机床原点；

❏ Z 轴运动是第一个运动；

❏ 主轴转速逐渐增大；

❏ 使用暂停延长当前运动时间；

❏ 最后的刀具运动返回机床原点；

❏ 程序结束功能 M30 "隐藏" 在跳过程序段功能后；

❏ 程序每次重复都从程序段 N5 开始。

根据机床和机床上可能进行的工作类型，可以生成几个程序版本。例如如果编写 CNC 车床预热程序，便要并入常见的 CNC 车床功能，如改变齿轮变速范围、尾座移入和移出、卡盘松开和夹紧以及换刀等，卧式加工中心包括分度工作台运动，镗床还要编写主轴套筒进出运动。可以对程序进行修改以适应不同的目的，但是记住其目的：预热长时间位于较冷温度中处于停机状态的机床，也要记住操作安全性——其目标是特定机床类型的通用程序，即不需修改就能适用于所有工作的程序。

51.6　CNC 加工和安全问题

每个人都应该对车间的安全负责任。本手册第一章中已经介绍了一些基本安全事项，程序员必须在编程时注意安全，CNC 操作人员则必须注意机床上的安全等。许多公司已经建立了大量运作良好的安全规则和章程，一定要遵守规程并尽力改进规程。

机床操作人员应该注意的安全问题通常与传统设备操作人员应该注意的问题相同，安全包括整洁的工作场所以及组织良好的编程、设置和加工方法。可以列出许多可做和不可做的事项，但是列表并不能满足所有的安全要求，下面是 CNC 车间常见的安全注意事项列表，该不完整的列表中有几个普通组，不同组中包括许多建议。

（1）个人安全

❏ 穿着合适的衣服（衬衣扎好，袖子扣好）

❏ 在加工操作前摘掉手表、项链、手镯和类似的饰品

❏ 将长头发网起来或扎起来

❏ 不穿过于暴露的鞋

❏ 保护眼睛——始终佩戴带有保护边框的安全眼镜

❏ 如果是公司制度，要配戴安全头盔

❏ 一定要保护好手——主轴旋转时千万不能用手接触工件

❏ 在有些情况下，也需要保护头和耳朵，甚至鼻子

❏ 无论是否戴手套，不要用手去除切屑

❏ 不要在移动或旋转的工件附近使用抹布和手套

❏ 提升重物时一定要寻求帮助（比如起重机），否则不要动它

（2）加工环境安全

❏ 确保地面整洁，且没有油、水、切屑和其他危险物

❏ 检查走道，确保在任何方向都没有堵塞

❏ 检查所有的材料存储是否安全，加工好的工件是否位于适当的容器中

（3）机床安全

- ☐ 不要移动保护装置
- ☐ 阅读和遵守操作手册
- ☐ 在使用前检查夹具和刀具
- ☐ 在机床上，确保所有刀具紧密安装在刀柄内，刀具锋利并且选择正确的刀具
- ☐ 测量或检查加工完成的工件时，要停止机床所有运动
- ☐ 不要在机床上放置工件
- ☐ 使用适当的冷却液，并保持冷却箱的清洁
- ☐ 程序执行过程中，不能使用锉刀倒角或砂纸抛光表面
- ☐ 抓取工件前清理所有锋利的毛刺
- ☐ 维修时必须停止机床所有电源
- ☐ 不要启动有故障的机床
- ☐ 不能替换机床或控制器的设计和功能
- ☐ 由专业人员维修电器和控制器
- ☐ 不要在 CNC 机床附近使用磨床
- ☐ 不要在 CNC 机床电源打开时使用焊接设备
- ☐ 举止得体——不要在机床附近嬉笑打闹

这只是常见的建议，而不是 CNC 机床安全的所有列表。

> 遵守公司安全制度以及具有特殊管辖权的安全法规。

51.7 关闭 CNC 机床

不再使用 CNC 机床时，应该关闭机床，许多使用者认为关闭 CNC 机床就是关闭电源，其实它并不仅仅如此。

（1）急停按钮

无论当前操作模式如何，急停按钮（E 停）的目的是立即同时停止机床的所有运动，按下急停按钮时，它在适当的位置锁定，必须手动向相反的方向旋转松开。急停按钮应该谨慎使用，只在真正紧急的情况下使用，比如：

- ☐ 即将发生危及人身安全的情况时；
- ☐ 即将发生碰撞机床部件的情况时。

某些情况下，按下急停按钮时可能对机床和刀具造成损害。根据机床的设计，有几种位于便利位置的急停按钮，CNC 操作人员应该知道每个急停按钮的位置，急停按钮也称为 E 停或 E 按钮。

> 警告！
> 虽然急停按钮断开机床所有轴的电源，但是 CNC 机床仍然有电。

要 100% 安全地关闭机床，要遵循公司规章制度制定的步骤。

当释放急停按钮或解锁时，机床不能自动重新启动。选择自动开始前必须查看机床设置和其他状态，这些状态通常可以通过按下电源开关得到。

（2）停止机床导轨

前几章中提到除非先返回机床原点，否则不能执行 CNC 程序，再回忆一下当 CNC 机

床归零时，机床导轨位于或非常靠近机床原点是不切实际的且可能导致超程。机床原点复位时每轴距机床原点的距离至少为 1in（或 25mm），该位置在工作结束时比在工作开始时较容易到达，有经验的 CNC 操作人员知道当导轨在机床原点位置时关闭机床将会使后续的启动花费更长的时间。

　　为了避免以后潜在的问题，一些程序员在工作结束并关闭电源前编写一个小程序，使机床导轨停在安全的位置。虽然这个主意很好，也解决了该问题，但它可能引发另外的问题，如果机床导轨长期停止在相同的位置，各种污垢将堆积在导轨下面，从而可能在导轨停止位置产生污点甚至生锈。最好的方法是 CNC 操作人员手动定位导轨，这不需要太长时间而且导轨也不会长时间停留在同一位置，所需做的是每次在一根轴方向运动至不同的位置，由于是手动操作，所以机床位置通常并不一样。

　　（3）设置控制系统

　　CNC 单元控制面板上的许多开关在关闭电源时要设置为特定的状态。至于什么才是适当的步骤，同样也有多种可能，但是优秀的 CNC 操作人员会使控制系统保持在这样一种状态，即当下一个操作人员使用时，潜在危险限制在最低程度。以下是离开控制系统进行休息或完全关闭时的几种可能性：

　　❏ 将进给率倍率旋钮打到最低设置；

　　❏ 将快速超越旋钮达到最低设置；

　　❏ 设置模式为跳动（JOG）或手轮（HANDLE）；

　　❏ 设置手轮增量为 X1（最小增量）；

　　❏ 单程序段开关设为"开"；

　　❏ 选择程序段开关设为"开"；

　　❏ 设为手动数据输入（MDI）操作模式；

　　❏ 如果可用，打开编辑按键。

　　也可以使用其他几种预防措施，但是上面列出的几条是最常见的并且应该可以确保安全操作。

　　（4）关闭电源

　　各机床之间的步骤有所区别，因此首先要查询机床使用手册，然而所有机床也有一些完全一样的步骤，其基本规则就是与打开机床电源的步骤相反，例如如果打开电源的过程为：

　　① 打开主开关；

　　② 打开机床开关；

　　③ 打开控制器开关。

　　那么关闭电源的过程为：

　　① 关闭控制器开关；

　　② 关闭机床开关；

　　③ 关闭主开关。

　　注意两种情况下不能通过一个开关完成所有工作，这是为了保证 CNC 单元敏感电气系统的安全。也要了解急停开关（前面介绍的）的确切功能，因为它与机床电源关闭过程相关。

51.8　设备维护

　　CNC 设备维护是一门专门的学科。通常最好由具有相关资质的技师和工程师来进行所有类型的维护，CNC 机床操作人员只需通过仔细看管机床来进行基本的预防维护，现代控制系统很少需要维护，通常只需更换空气过滤装置和类似的简单任务。

CNC 控制器和机床生产厂家均提供包括产品维护在内的参考手册，进行机床加工顺序、电气、电子、或机械方面的维护时，必须阅读学习这些手册。许多机床生产厂家甚至经销商通常会提供维护和排除故障的培训课程。

第 52 章　设 备 接 口

编写完成并为得到最好加工结果进行调试和优化后的 CNC 程序，应该存储起来以备后用或参考。程序在储存之前，需要装载到 CNC 存储器中并进行测试和优化，有很多种方法可以将完整的程序装载到 CNC 存储器中，最基本和最耗时的方法是利用控制面板和键盘直接在机床上输入程序，毫无疑问这是效率最低的方法且容易出错。事实上 Fanuc 系统提供了所谓的后台编辑功能，它在大多数控制器中都是标准功能，当控制器正在运行一个程序的加工操作时，该功能允许 CNC 操作人员键入（和/或编辑）另一个程序。然而实际应用中，由于各种原因，许多操作人员都不能利用该功能。

为了将程序加载到 CNC 存储器中或从 CNC 存储器中卸载程序，需要称为数据接口的硬件连接，接口通常是用于 CNC 单元和计算机之间通信的电子设备。

常见的接口和存储介质有：

❑ 磁带播放机和纸带穿孔机（已淘汰）；　　　❑ 硬（闪）盘；

❑ 数据磁带（已淘汰）；　　　　　　　　　　❑ 移动设备（flash 与 USB 存储）；

❑ 数据卡（已淘汰）；　　　　　　　　　　　❑ 只读（ROM）存储器；

❑ 磁泡磁带（已淘汰）；　　　　　　　　　　❑ 其他。

❑ 软盘（已淘汰但仍可用）；

许多设备是专用的，还有许多设备不仅需要特殊的电缆，而且还需要运行这些设备的驱动软件。本章关注的是能够轻易安装并使用标准配置的连接，大多数设备通用的工业标准是所谓的 RS-232C 接口。遵循该标准的原则，而在一定程度上进行偏离，便演变成多种版本。本手册不会对 CNC 通信展开深入讨论，只是对标准进行简略的介绍作为后续工作的指导，而不是作为所有 CNC 通信的解决方案。

52.1　RS-232C 界面

两台电子设备（计算机和控制器）之间的数据传输，要求每台设备都拥有一系列使用相同规则的设置。由于两台设备可能由不同的公司生产，因此必须有一个供所有生产厂家遵循的独立标准，RS-232C 就是这样的标准——字母"RS"表示"推荐的标准"。几乎每个 CNC 系统、计算机、纸带穿孔机以及磁带播放机都有标着 RS-232C 或者类似标识的接口（称为端口），端口有两种存在形式，一种是 25 针结构，一种是 25 孔结构，带针的是 DB-25P 接口，带插孔的是 DB-25S 接口（分别为公头和母头），如图 52-1 所示。

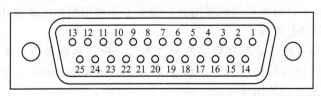

图 52-1　常见的 25 针 RS-232C 接口——DB 型

CNC 单元的 RS-232C 端口通常是标准特征，它使用 DB-25S（字母 S 表示插孔型）。传输 CNC 程序还需要外部计算机（通常是台式电脑或笔记本电脑）、适当的电缆以及通信软件。外接设备主要使用 DB-25P 型接口（字母 P 表示插针型），此类设置（硬件和软件）的价格远远低于任何可替换设备的价格（闪存卡和 USB 除外），这也是非常方便的方法。CNC 程序传输到系统内存中并存储到运行该任务为止。CNC 操作人员通常会对程序进行一些修改，当操作完成后，所有需要永久保存的修改将传回台式电脑或笔记本电脑并保存到硬盘中，这种方法在一台或多台 CNC 机床上都可以很好地工作。

虽然诸如传输（或传送）和接收等术语在软件中应用非常普遍，但一些 CNC 系统使用术语穿孔（等同于传送）和读取（等同于接收），这些术语又仿佛回到了穿孔纸带时期。

为了使这种最常见的通信方法起作用，只需要在计算机和 CNC 系统端口之间安装合适的电缆，在这之前还必须装载和配置运行完整程序所需的通信软件，此外两台设备必须设置成能够相互交换信息的方式。

本章稍后，将介绍与使用个人电脑作为 CNC 系统接口的基本原理有关的注解。首先了解一下最原始的接口设备——穿孔纸带，它是一种使用了多年而现在很少使用的介质。

52.2 穿孔纸带

从数控技术早期开始，穿孔纸带就是将程序传送到控制系统的主要介质，20 世纪 80 年代后期穿孔纸带开始没落，它被装有低廉软件的台式电脑和笔记本电脑所替代。

穿孔纸带通常易坏且体积很大，此外还很容易弄脏，但是它在以前非常流行，穿孔纸带非常经济且仍然可用（虽然每一卷的价格可能很高），大多数新式 CNC 机床不再使用磁带播放机，老式机床可能还有磁带播放机。许多老式控制器的输入设备只能是纸带，但不能从纸带上运行程序，纸带仅将程序加载到 CNC 存储器。可以通过 CNC 修改程序，且校正后的纸带可以在稍后打出。

（1）磁带播放机和纸带穿孔机

数据传输的原始设备是安装在老式 NC 和 CNC 机床上的磁带播放机。CNC 机床上的这种功能完全不同于早期的非 CNC 设备，CNC 机床上的磁带播放机将纸带上存储的程序装载到系统内存中，而不是利用磁带播放机来运行程序，一旦程序装载完毕，将在内存模式设置下从内存中执行程序，而不再使用纸带。这种方法有一个很大缺陷，程序装载完毕以后，不可避免地要在 CNC 机床上对程序进行修改，由于纸带不能反映这些修改，因此在日后的重复使用中可能产生混淆，这是一个组织上的问题，其解决相对比较容易。

一种方法是在 CNC 单元中完成所有必要的修改和更正，然后使用 RS-232C 端口打制新的纸带，这种方法的难点在于当内置磁带播放机比较普遍时，内置纸带穿孔机实际不存在，因此需要在外部纸带穿孔机上花大量的钱，然后与磁带播放机一同使用，这就造成了重复。

现代的生产车间不再使用任何类型的纸带、穿孔机和磁带播放机，这种有用的工具已经被廉价的微型计算机技术和通信软件所替代。

尽管穿孔纸带技术已经被现代标准抛弃，但对于那些仍然使用纸带和对数控"历史"感兴趣的人，穿孔纸带还是有用的。

① 纸带介质　穿孔纸带是存储程序的最古老的介质。纸带是由高质量、高强度的材料制成，穿孔纸带按照精确的标准制造，每卷宽 1.0000in（25.4mm），长约 900ft（274m）。图 52-2 所示为纸带最有用的描述和尺寸。

大多数磁带播放机需要纸带 100% 不透明，因此纸带通常是黑色的。除了纸之外，也可使用其他材料来制作纸带，比如聚酯薄膜（两层塑料之间包夹纸带），其中塑料可增大纸带强度，这一点在连续使用纸带时（例如在卷到卷的操作中）非常重要，此外还可以使用铝或金属纸带。两种纸带（聚酯薄膜和金属纸带）都比较贵且仅用于关键工作和长程序中，这在航天、防御系统、核和模具行业比较常见，许多公司也使用这种耐用的纸带材料存储已经在机床上验证过的程序。

尽管穿孔纸带也有折叠式的，但通常以卷轴形式存在，这主要有两个目的：

❑ 储存数据以备日后使用；

❑ 作为通过磁带播放机将程序数据传输到控制系统的介质。

② 纸带编码 穿孔纸带由一系列排列在纸带宽度方向上孔组成，每一行代表程序的一个字符——字符是最小输入单位。穿孔字符通过磁带播放机以电信号的形式传给控制系统，每个字符由八个信号组成，它们分别由纸带宽度方向以 0.1000（2.54mm）为增量的孔的独特组合表示。字符可以是英文字母表中的任何大写字母、任何数字以及一些符号（比如小数点、减号、斜杠等）。

③ ISO 和 EIA 纸带格式 准备纸带时要理解两种标准的纸带编码方法——一种使用偶数穿孔，另一种使用奇数穿孔。由 2、4、6 或 8 个孔组成的字符称为偶数标准，由 1、3、5 或 7 个孔组成的字符称为奇数标准，还有一种方式混合使用两种方式，称为无奇偶校验，这在机床上并不使用。图 52-3 所示为纸带编码的一部分。

穿孔纸带的偶数标准与国际标准组织（ISO）代码一致，即以前所称的 ASCII 代码（美国信息交换标准代码）。奇数标准是电子工业协会标准（EIA），但是现在使用逐渐减少，主要是因为可用字符数量的限制。

偶数标准格式 ISO 也称为 DIN 66024（ISO）、RS-358（EIA）或 ISO 代码 R-840 标准，奇数标准 EIA 的格式是标准编号 RS-244-A。

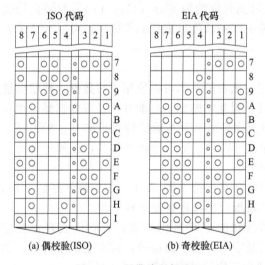

图 52-3 纸带编码标准

如果具有读取接口，则大多现代数字控制器可以根据纸带上打制的第一个程序段结束字符的奇偶性，自动识别纸带上的代码。

④ 奇偶校验 在纸带上打孔时，必须确保程序纸带整个长度的一致性，ISO 和 EIA 混合代码将导致磁带播放机不能读取代码，这种错误通常称为奇偶性错误。当穿孔纸带输入到 CNC 存储器中或者进行卷操作时，系统奇偶校验由控制单元自动完成，在 ISO 纸带中系统查找出现的偶数字符，在 EIA 纸带中系统查找出现的奇数字符。校验的主要目的是为了发现打孔或读取设备的故障，如果这种故障促使一种代码变成另外一种代码，代价是非常惨重的。

⑤ 控制输入和输出 在 ISO 纸带中（偶数标准），控制系统不能执行一对代表括号的穿孔代码之间的程序部分，无论括号之间包含什么信息，控制器都会忽略它。该部分可能包含程序注释，它们将出现在打印稿中，但在读取纸带时并不会处理该部分程序。

⑥ 空白纸带 空白纸带是购买的没有任何穿孔的纸带，纸带上通常印有带方向的箭头，

表明进给方向或纸带顶端。新的空白纸带有时也称为无孔纸带。

空白纸带也可能是具有定位孔但没有表示单个程序字符的穿孔纸带。定位孔是一些小孔，位于纸带的第3和第4通道之间并散布在整个纸带上。纸带的开头（头）和结尾（尾）部分通常是空白的，这样处理起来就更容易，当纸带卷起储存时，空白部分还可对编码部分起到保护作用。

⑦ 重要部分　穿孔纸带包含程序数据的部分通常称为重要数据部分，与重要数据部分相关的另一术语是跳过标签功能，它意味着忽略第一个 EOB（程序段结束）之前打制的所有孔，也就是说纸带重要数据部分是第一个 EOB 字符后面的部分。

第一次出现回车的地方（由计算机键盘上的 Enter 键产生）也就是程序段结束字符第一次出现的地方，该信号标志着重要数据部分的开始——存储实际程序的部分。重要数据部分由结束代码终止，且通常使用百分号（文件结束字符）标识，播放机读到停止代码时，纸带读取完成，这也是为什么不将信息放在百分号后的原因。

（2）头部和尾部

穿孔纸带的空白部分作为头部和尾部使用，程序数据编码（重要数据部分）前的空白部分称为头部，编码后的空白部分则称为尾部。头部和尾部在内存操作（没有卷轴）中的适当长度约为 10in（250mm），但是当纸带在卷轴上时其长度约为 60in（1500mm），卷轴直径较小时头部和尾部的长度可以更小。有时需要延伸头部的长度以进行纸带标识，可以在纸带头部使用标签或者铅笔标出纸带的有关信息。

（3）纸带识别

每个穿孔纸带应该根据其内容进行识别。穿孔纸带的头部可以使用手写数据、粘贴标签或易读字符进行标识，因为标签容易剥离和脱落，因此粘贴标签可能并不是好的选择，而在黑色背景上写字时，手写的注释很难辨别。标识通常包括程序或纸带号、图纸号和工件名，此外还可能包括其他信息。

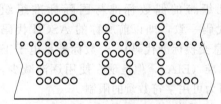

图 52-4　穿孔纸带的易读字符

所谓的易读字符（图 52-4）似乎是最好的方法，因为大多数纸带准备设备能生成字符。

这些特殊的字符由孔组成，它们代表真正的字符，也就是字母、数字和符号，而不是纸带代码。如果该部分通过磁带播放机，不能在可读部分中使用程序段结束字符或停止代码。

（4）不可打印的字符

存储在穿孔纸带上的大多数程序字符能正常打印，它们称为可打印字符，包括 A～Z 的所有字母、0～9 的数字和大多数符号。尽管字母和数字可以打印，但下面的符号不能打印：

❏ EIA 格式中的停止代码；

❏ 删除字符；

❏ 回车（或回车键）；

❏ 换行；

❏ TAB 键。

有一个字符在屏幕上显示为分号（；），这是程序段结束的标志且决不能写入程序中，在程序中以控制系统的回车表示。

（5）存储与处理

纸带在纸带穿孔机上进行打孔，穿孔机只具有基本功能，有些则有高级功能例如键盘、打印机、磁带播放机、设置开关、输入/输出端口等，此外还可以使用一些辅助设备，比如倒带机、接头机，数字纸带浏览器等。

纸带增多时，便需要很大的存储空间，纸带通常保存在小到正好可以放进特殊设计的带有隔板的金属柜的塑料盒内。可以将纸带转换成计算机文件以便节省空间和昂贵的金属橱。

如果仍然使用纸带，只通过边缘小心地对它们进行处理，机床操作人员和其他人员要采取相同的处理方法，卷绕或展开纸带时要特别小心，为了防止卷曲，纸带的卷绕不应过紧，尽管那样可以节省存储空间。纸带也要远离水、热源以及阳光直照，但合理的湿度能避免纸带过于干燥。

如果将纸带错误地放入磁带播放机，可能会损坏纸带。与短纸带相比，长纸带的保存需要更加小心，油脂和灰尘是纸带的最大敌人，因此应该防止。任何需要多次使用的纸带应该备份 2～3 份副本。

52.3 分布式数字控制

CNC 机床上的输入/输出（I/O）端口 RS-232 C 用来传送和接收数据，外部资源通常是硬盘或纸带。很多车间中通过 DNC 方法转换程序，DNC 表示分布式数字控制，这种控制可以使用某些功能来进行数据传输。

为了在 CNC 机床和使用 RS-232C 端口的计算机之间通信，所需的设备是连接两台设备的电缆和软件。为了在使用相同 RS-232 C 端口的两台或多台机床之间通信，每台机床必须通过电缆与分离器相连，分离器有两个或多个出口（通过开关选择），这便是最简单的DNC，要使其有效工作，需要组织良好的步骤。DNC 不是控制单元中的一部分，本手册也不对它进行介绍，市场上有各种层次和价格的商业 DNC 软件包。

一些 DNC 软件还有所谓的"位进给"功能，当程序太大而不能存储到 CNC 内存中时可以使用该方法。

52.4 通信术语

通信有其独特的术语。通信术语有很多，但 CNC 中常用的有以下 5 个：波特率；奇偶校验；数据位；起始位；停止位。

（1）波特率

波特率是数据传输速度，它通过测量每秒钟传输数据位的数量得到，记为 bps（位每秒）。波特率只有固定的值可用，老式 Fanuc 系统的常见波特率是 50bps、100bps、110bps、200bps、300bps、600bps、1200bps、2400bps、4800bps 和 9600bps，现代控制器的波特率可设置为 2400bps、4800bps、9600bps、19200bps、38400bps、57600bps 和 76800bps，从时间上说，波特率越高，传输速率越快。单个数据位传送速度是波特率的倒数：

$$S_b = \frac{1}{B}$$

式中　S_b——传输一位数据所需的时间，s；

　　　B——波特率。

以 300bps 传输单个数据位需要 0.03333s，但是以 2400bps 传输单个数据位只需要 0.00042s。实际上传输 1 个字符需要大约 10 个数据位（见下面的"停止位"部分），因此在

2400bps 设置下，传输速度大约为 240cps（字符每秒），如果一切运作良好，4800bps 是较好的设置。位进给方法需要较高的设置。

（2）奇偶校验

奇偶校验是检验所有数据正确传送的方法，想象一下如果 CNC 程序的某些字符或数字传输错误或根本没有传输将会产生什么结果？奇偶校验有偶校验、奇校验或无奇偶校验三种方式，偶校验是 CNC 通信最常见的选择。这与穿孔纸带的奇偶校验类似。

（3）数据位

数据位是二进制数字的缩写，它是计算机存储信息的最小单位。每位二进制数字可以是 1 或 0，1 和 0 分别表示"开"和"关"两种状态，因此数据位就像可以按需要进行"开"或"关"设置的扳动开关。在计算机里面，CNC 程序中使用的每个字母、数字和符号都由一系列数据位表示，确切地说是八位构成一个字节。

（4）起始位和停止位

为了防止通信中丢失数据，每个字节由一个称为起始位的特殊位开始，这是低电平信号，该数据传输到接收设备，并通知接收设备接下来是字节数据的传输。

停止位与开始位相似，它位于字节末尾且含义正好相反，它向接收装置发出字节结束或传输停止的信号。由于开始位和终止位需要同时使用，它们经常组合在一起作为停止位使用，并将设备设为两个停止位。

通信中有很多术语，如果有兴趣，可以对该领域进行研究。

52.5　数据设置

在开始传输数据前需要正确设置通信数据，一端设置（计算机或 CNC 系统）必须与另一端的设置相匹配，波特率可以参考机床使用手册得到（最好以 2400bps 开始），新型号的默认值更高。常见的软件设置通过计算机端的配置和 CNC 端的 CNC 系统参数完成，这两端的设置必须匹配，Fanuc 的常见设置为：

❑ 波特率为 4800bps；❑ 偶校验；❑ 7 个数据位；❑ 2 个停止位。

正确的连接主要取决于连接数据电缆的结构。

52.6　连接电缆

CNC 机床和计算机之间通信最常见的电缆是带屏蔽和接地的电缆，该电缆包括几根小电线（至少 8 根），每根小电线裹有不同颜色的塑料，通信电缆的目的是使用适当结构的电缆连接 CNC 端口（通常 25 个插孔）和计算机端口（通常 25 根针），通常要使用质量较高的电缆。在数据传输中，屏蔽电缆能够传输更远的距离并且抗干扰能力更强。电线的数量由它们的标准规格值决定，例如 22 芯或 24 芯电线是通信的最好选择。

25 针端口的每个针或插孔都有编号（参见本章第 1 页），电缆每根线的末端与端口对应的编号相连，两端之间电线"交叉"是很常见的现象，通常是在第 2 针和第 3 孔相连而第 3 针和第 2 孔相连。一些编号位置必须与电缆的同一端连接，这种现象称为"跳线"。

（1）虚调制解调器

一般通信中使用的常见电缆配线叫做虚调制解调器，其两端的连接遵循特定的标准，如图 52-5 所示。每个编号代表 DB-25 端口上的针或插孔，注意 6 和 8 之间的跳线。图 52-6 以图解的形式给出了相同调制解调器的结构，这是展示电缆结构的常用方法。

针 DB–25P	插孔 DB–25S
1	1
2	3
3	2
4	5
5	4
7	7
6和8	20
20	6和8

图 52-5　虚调制解调器的针连接

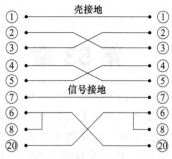

图 52-6　虚调制解调器连接示意图

（2）Fanuc 和 PC 的电缆线

Fanuc 控制器和台式电脑或笔记本电脑之间的通信最为常见，图 52-7 所示为常见的电缆结构，注意它与虚调制解调器结构的相似之处。

无论使用何种电缆结构，都需要好的通信软件来完成整个操作。一些公司使用专门为 CNC 工作设计的软件，其他公司则从计算机商店里购买廉价的通信软件。

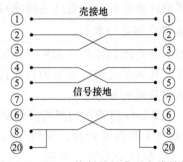

图 52-7　Fanuc 控制器的典型电缆结构

第 53 章　CNC 编程中的数学知识

程序中的数学知识——单词"数学"看起来如此强大，正中很多编程员的弱点。令人吃惊的是，很多编程员尤其是手工编程员，担心与数控编程相关的许多计算。这种担心其实是没有必要的。下面来粗略地看看在手工编程准备时哪些数学知识是处理典型程序计算所需要的。

首先，基本的算术函数——加、减、乘和除——是所有数学问题的核心。更进一步来说，常用的代数函数知识是非常有用的，主要是平方根值和乘方。

其次，因为 CNC 编程是根据点在直角坐标系或极坐标系中的相互关系来编写程序，那么基础几何学知识也是必需的。知识的范围应该包括掌握很多角度的原理，度的概念和它们的子集、锥度、多边形、圆弧和圆、Pi 值（π）和其他相关的信息。平面和轴的知识在许多情形下也是很重要的。

毫无疑问，几何学中最重要的问题，编程员必须完全掌握的是使用三角函数解直角三角形。很少使用斜三角形解决问题或计算求解，尽管这些问题可能出现。

> 三角法知识在任何 CNC 编程中都是必需的。

解决三角学问题中最大难点不是使用具体公式和解三角的能力，而是不能首先看见需要解决三角问题。通常，根据工件的几何定义编程需要用到非常复杂的图纸，这种图纸包含很多要素，以至于可能忽略某些显而易见的要素。

对于 2 和 2-1/2 轴的加工，不需要任何特殊的解析几何知识，但是对于三轴，特别是复杂的曲面，3D 刀具路径和多曲面加工和曲面处理，解析几何知识是必不可少的。但是这种程序方法没有计算机和 CAD/CAM 软件是无法实现的。

有几个指定的数学主题需要学习和深入了解。选择它们是因为它们在 CNC 编程中的重要性，在下面作必要介绍。

53.1　基本要素

（1）算术和代数学

处理数据的算术问题包括四个基本操作：

- 加法；
- 减法；
- 乘法；
- 除法。

代数学是算术的延伸，根据方程式和公式处理数据。典型的应用包括：

- 平方根；
- 乘方；
- 三角函数；
- 解公式和方程组；
- 变量。

在代数方面，典型的工作是包含几个已知量和一两个未知量。使用各种公式和方程式，求解（计算）未知数得到希望的结果。

（2）计算顺序

在数学领域，为各种运算定义了精确的优先顺序。所有电子计算器都遵循这些沿用了数世纪的规则。在多种代数组合运算中，计算顺序将遵循下列规则：

- 先算乘除；
- 后算加减，加减的顺序不是很重要；
- 根，乘方，括号内的运算总是在乘除之前。

不管有没有括号，下列运算都具有相同的结果：

$$3+(8\times2)=19$$
$$3+8\times2=19$$

无论乘法是在括号里还是括号外，总是先算乘法。如果想先算加法，加法必须放在括号里：

$$(3+8)\times2=11\times2=22$$

这两个例子说明，看似不重要的遗漏，可能导致有较大出入的结果。

53.2　几何学

出于实用性考虑，工程图中只存在三种图元：

- 点；
- 线；
- 圆和弧线。

点是最小单位，在 2D 平面内用 XY 坐标表示，3D 空间内用 XYZ 坐标表示。两条直线、两个圆或圆弧、一条直线和一个圆或圆弧相交也可形成一个点。

直线和圆（圆弧）相切，圆（圆弧）与另一个圆（圆弧）相切也可形成一个点。

线段是两点之间的连线，是两点之间的最短距离。

圆和圆弧是由至少一个圆心和一条半径组成的曲线元素。

其他图元，比如样条曲线和曲面，尽管都是由同样的基本图元构成，但对于手工编程而言都过于复杂。

（1）圆

圆是数学曲线，从一个固定的点到圆上每一个点的距离一样，这个固定点叫圆心。

与圆相关的几个术语如图 53-1 所示：

- 圆心——从该点开始以给定的半径画圆或者圆弧；
- 半径——从圆心到圆周上任意点的直线段；
- 直径——通过圆心圆周上两点间的连线；
- 弦——圆周上任意两点的连线；
- 弧——圆周上任意两点之间的部分圆周；
- 周长——圆的长度（限制圆大小的曲线长度）；
- 切点——一条直线、圆弧或另一个圆与圆的圆周只有一个交点，该点称为切点；
- 割线——通过圆并把圆分成两部分的直线。

圆的两个截面积分别叫做扇形和弓形，如图 53-2 所示：

- 扇形——圆的两条半径和它们之间的圆弧围成的图形；
- 弓形——圆的割线和圆弧所形成的图形。

无论圆的扇形或者是弓形，在 CNC 程序里都没有任何用处。

（2）常量 Pi

Pi 在数学中表示圆周与直径的比。符号是 π，其值为 $3.141592654\cdots$，并且无论使用小数点后多少位，永远只是个近似值。对于编程而言，使用计算器或计算机返回的值，通常用

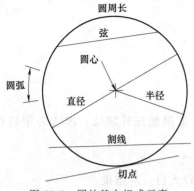

图 53-1　圆的基本组成元素

图 53-2　圆的扇形和弓形

小数点后 6～9 位。在这两种情况下，内部值比显示值更准确。不过在很多情况下，舍入值 3.14 就能满足大多数计算结果的要求。

（3）圆的周长

圆的长度——或圆周长——在程序中很少使用，在本章中介绍只是为了丰富日常理论知识。可以通过常数 Pi，由下列公式计算得到周长：

$$C = 2\pi r$$

或者

$$C = \pi D$$

其中　C——圆的周长；

　　　π——常数 3.141592654…；

　　　r——圆的半径；

　　　D——圆的直径。

（4）弧的长度

弧的长度在编程中也很少用到，可通过下列公式计算：

$$C = \frac{2\pi r A}{360}$$

其中　C——圆的周长；

　　　π——常数 3.141592654…；

　　　r——圆的半径；

　　　A——弧的度数。

与圆有关有其他两个非常重要的计算，在编程中使用频繁，应该很好地掌握。一个是圆弦，另一个是圆切线。由于两个计算需要用到三角知识，将在本章稍后进行介绍。

（5）象限

象限——通过圆心的直角坐标轴所划分的圆的一部分（在第 4 章介绍过）。一个圆有四个相等的象限，从右上角开始沿逆时针方用罗马数字Ⅰ、Ⅱ、Ⅲ和Ⅳ表示，如图 53-3 所示。

每个象限正好是 90°，并相交在圆的象限点处。因此，一个圆是 4 个角之和等于 360°。角度从 0°度线开始沿逆时针方向为正。

象限点（也称为方位基点）通常比作标准模拟时钟的指针或指南针的一个方向。0°位于时钟 3 点钟或东方位置，90°在 12 点钟或北方位置，180°在 9 点钟或西方位置，270°在 6 点钟或者南方位置。如图 53-4 所示。

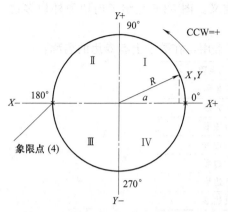

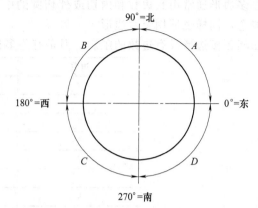

图 53-3　圆的象限和角方位的数学定义　　　图 53-4　角和象限——0°是东方或标准时钟的 3 点钟方向

53.3　多边形

多边形是由若干首尾相接的直线段组成的常见几何元素，直线段称为多边形的边，如图 53-5 所示。

多边形内角之和可通过下列公式计算：

$$S＝(N－2)×180$$

其中　S——内角和；

　　　N——多边形的边数。

例如，图示五边形的内角和为：

$$S＝(5－2)×180＝540°$$

在几何学中有几种不同的多边形，但是在 CNC 编程中只使用一种特定的多边形。这种多边形叫做正多边形，其他所有的多边形都是不规则多边形。正多边形是所有边等长的多边形，称为等边多边形，并且所有的角也相等，称为等角多边形，如图 53-6 所示。

正多边形的内角可以通过下列公式计算：

$$A＝\frac{(N－2)×180}{N}$$

其中　A——内角度数；

　　　N——多边形的边数。

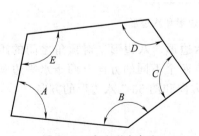

图 53-5　多边形内角和

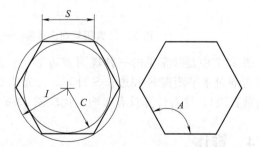

图 53-6　正多边形（多边形的外切、内切圆和内角）

例如，六边形的内角为 120°：

$$A＝(6－2)×180/6＝120°$$

正多边形通常由其边数和内切或外切圆的中心来定义。图 53-6 介绍了内切和外切多边形的概念，同样也适用于六边形。

虽然正多边形没有边数的限制，但是有些多边形很常用，在数学上有专用的名称：

边数	常用名称
3	三角形
4	正方形
5	五边形
6	六边形
7	七边形
8	八边形
9	九边形
10	十边形
12	十二边形
n	n 边形

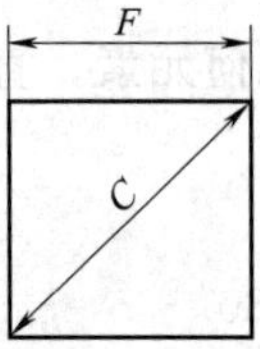

$$C = F \times \sqrt{2}$$

$$F = C \times \sin 45°$$

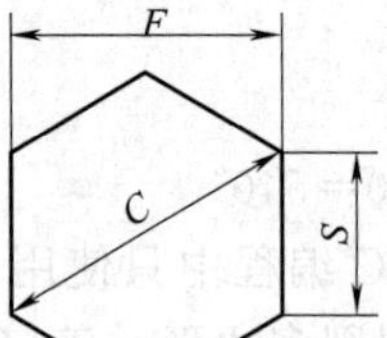

$$C = F/\cos 30°$$
$$C = 2S$$

$$F = C\cos 30°$$
$$F = S/\tan 30°$$

$$S = F\tan 30°$$
$$S = C/2$$

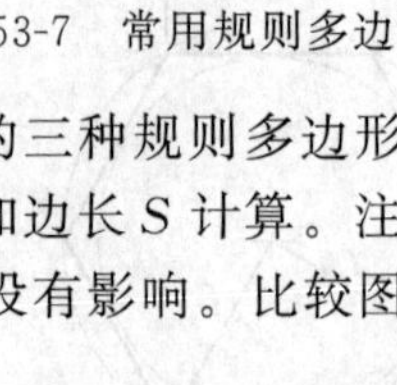

$$C = F/\cos 22.5°$$
$$C = S/\sin 22.5°$$

$$F = C\cos 22.5°$$
$$F = S/\tan 22.5°$$

$$S = F\tan 22.5°$$
$$S = C\sin 22.5°$$

图 53-7　常用规则多边形——正方形、六边形和八边形

图 53-7 中是最常见的三种规则多边形——正方形、六边形、八边形。对顶角之间的距离 C 可通过水平距离 F 和边长 S 计算。注意六边形可能有两个不同的方向（两条水平边和两条垂直边），这对计算没有影响。比较图 53-6 六边形的方向和图 53-7 八边形的方向。

53.4　锥体

所有锥体计算只用于车床，锥体加工很少出现在铣床上。在本章中所有的锥体与车床应用（也成为圆锥）相关，但是通过修改可用于铣床。锥体主要是用于两个装配工件之间的配合。定义为：

> 锥体是在圆柱上或孔内的圆锥曲面。

许多锥度是工业标准，可以用于小刀柄，比如莫氏锥度或者布朗和夏普锥度。此外，还有标准的锥形销，机床主轴锥度，刀柄锥度等。大多数情况里，锥度通常由大端直径、其长度和描述锥度的特殊符号来定义。

英制和公制标准之间的描述不同。例如 AMER NATL STD TAPER NO. 2（美国国家标准 2 号锥度）是特殊锥度标准。另一种英制单位的标准是每英尺锥度。公制系统更简单，只使用比率。在英制图纸中也使用比率。在两种单位系统中，有一个通用的规则：

> 基于直径的锥度是单位长度上直径的变化值。

（1）锥体定义

大多数图纸用两种常用方式定义锥体：

❑ 用直径和长度标注锥度；

❑ 用锥体两端的直径和锥度的长度来定义。

如果定义单一直径，那么该直径是指较大直径。

锥度说明是指向锥体的带箭头的注释。在英制标准里，注释是标准锥度或每英尺锥度（TPF）。在公制标准里，锥度是比率值。图 53-8 和图 53-9 所示为这两种单位在锥度标注方面的区别。

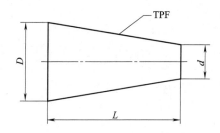

图 53-8　圆锥——英制标注

D——大端直径，in；d——小端直径，in；

L——锥体长度，in；TPF——每英尺锥度，in；

X——比率 1：X（图中没有标出）

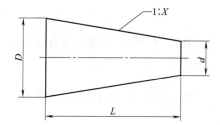

图 53-9　圆锥——公制标注

D——大端直径，mm；d——小端直径，mm；

L——锥体长度，mm；X——比率 1：X

（2）每英尺锥度

每英尺锥度定义为：

> 每英尺锥度是在 1ft 长度上径向的变化值，单位为英寸。

例如，锥度定义为每英尺 3.000in，在图纸上简写为 3.0TPF 或 3TPF，是长度每增加 1ft 圆锥直径将变化 3in 的锥体。

（3）锥度比

锥度的公制定义与上面类似：

> 锥度定义为圆锥已知长度上大端直径和小端直径的比率。

锥体的公制描述是比率 X：

$$\frac{1}{X} = \frac{D-d}{L}$$

比率 1：X 表示在 X mm 的长度上，圆锥直径将变化（增加或减少）1mm。

例如，1：5 锥体是长度每增加 5mm，直径增加 1mm。

对于铣床，锥度定义为在已知长度上（每侧）宽度的变化值。

（4）锥度计算——英制单位

图 53-8 中缺失的尺寸可以由已知数据计算得到。如果没有指定锥度尺寸（正常情况下），但又想知道锥度，可以使用下列公式进行计算。当已知 D、d 和 L，计算锥度比：

$$X=\frac{L}{D-d}$$

用 D、L 和 TPF 计算 d：

$$d=D-\frac{L\times\text{TPF}}{12}$$

用 d、L 和 TPF 计算 D：

$$D=\frac{L\times\text{TPF}}{12}+d$$

如果已知 D、d 和 TPF，计算 L：

$$L=(D-d)\times\frac{12}{\text{TPF}}$$

（5）锥度计算——公制单位

图 53-9 中缺失的尺寸可以由已知数据计算得到。在公制单位中，锥体的锥度比通常是已知的，其他的尺寸可以计算得到。

用 D、L 和 X，计算小端直径 d：

$$d=D-\frac{L}{X}$$

用 d、L 和 X 计算大端直径 D：

$$D=d+\frac{L}{X}$$

如果已知 D、d 和 X，计算 L：

$$L=D-dX$$

用 d、D 和 L，计算 X：

$$X=\frac{L}{D-d}$$

53.5　三角计算

程序最常用的几何实体是三角形。所有的三角形都是多边形，但并不是所有的三角形都是规则多边形。所有三角形都有三条边，尽管三条边并不总是等长。几何学中有很多种三角形，但是在 CNC 编程中只用到少量的三角形。

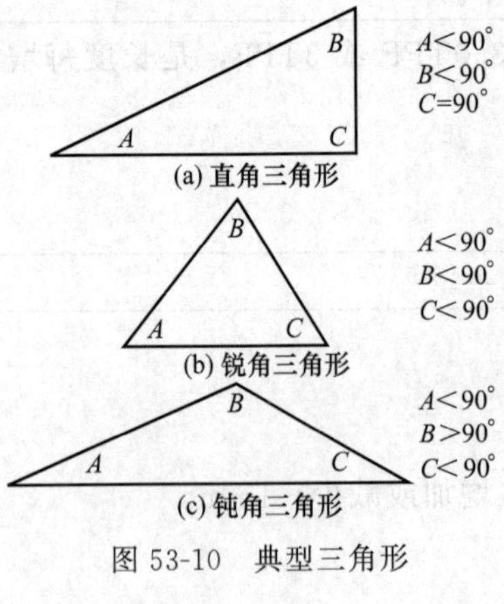

（1）角的类型和三角形

三角形的主要类型按其角度分类——如图 53-10 所示。

更多详细的定义可能比较有用：

❑ 直角表明指定角等于 90°；

❑ 锐角表明指定角度大于 0°而小于 90°；

❑ 钝角表明指定角度大于 90°而小于 180°；

❑ 直角三角形定义为有一个角为直角（90°）的三

$A<90°$
$B<90°$
$C=90°$
(a) 直角三角形

$A<90°$
$B<90°$
$C<90°$
(b) 锐角三角形

$A<90°$
$B>90°$
$C<90°$
(c) 钝角三角形

图 53-10　典型三角形

角形；

    ❑ 锐角三角形定义为三个角为锐角的三角形；

    ❑ 钝角三角形定义为有一个角为钝角的三角形。

    另外，还有一个新名词斜角，它不是一个新类型，而是一个新定义：

    ❑ 斜角可以是锐角或钝角，不能等于 90°或 180°。

    所有三角形有一个共同特征——三角形所有角度之和总等于 180°，如图 53-11 所示。

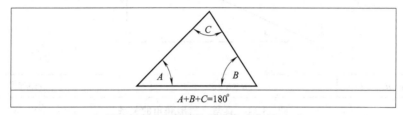

图 53-11　三角形的所有角之和是 180°

    编程中很少使用与等腰三角形近似的斜角三角形。尽管不常用，但是有可能用到。如果至少已知三个尺寸可以求解这种三角形，但是条件之一是必须有一边已知：

    ❑ 已知一条边和两个角；

    ❑ 已知两条边和与其中一边相对的角；

    ❑ 两条边及其夹角；

    ❑ 三条边。

    等腰三角形两条边相等。每条边（或腰）和底边相交。两个底角始终相等，如图 53-12 所示。

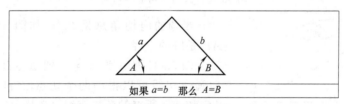

图 53-12　等腰三角形

    所有边都相等的三角形叫做等边三角形。等边三角形也称为等角三角形，因为所有的角都相等（都是 60°），如图 53-13 所示。

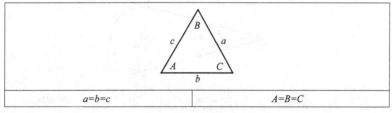

图 53-13　等边三角形

（2）直角三角形

    直角三角形是有一个角等于 90°的三角形（一个三角形有两个或多个直角是不可能的）。因为所有的三角形内角和都是 180°，意味着剩余两角之和必须为 90°。这是形成计算基础的数学关系。在 CNC 编程中这是很重要的。了解这些关系就可以运用其处理日常问题。记住，需要求解的三角形中，99.9% 的都是直角三角形。

直角三角形中与直角相对的边叫斜边，也是直角三角形中最长的边。另外的两条边叫做直角边。直角三角形如图 53-14 所示，其中 C 角是直角（90°），c 边是斜边。和角相对的边使用与角相对应的命名方式。

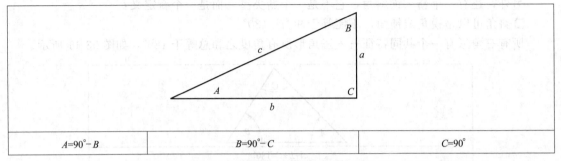

| $A=90°-B$ | $B=90°-C$ | $C=90°$ |

图 53-14　直角三角形和角的关系

与直角三角形三角边 a、b、c 相切的内切圆的直径 D 可用下式计算，如图 53-15 所示：

$$D=a+b-c$$

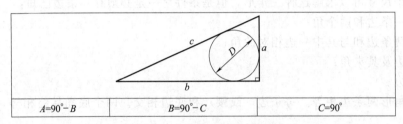

| $A=90°-B$ | $B=90°-C$ | $C=90°$ |

图 53-15　直角三角形内切圆

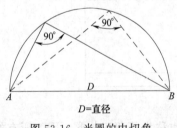

$D=$直径

图 53-16　半圆的内切角

半圆的内切角总是 90°，如图 53-16 所示，直线 AB 是圆的直径。

图 53-17 所示为从点 A 到圆心 B 的直线。从点 A 向圆作切线可以得到两个切点 C 和 D。角 a 是直线 AC 和 AD 所夹的角，直线 AB 是角 a 的平分线，得到两个相等的角。这 $\angle a_1$ 和 $\angle a_2$ 以及 $\angle ABC$ 和 $\angle ABD$ 相等。

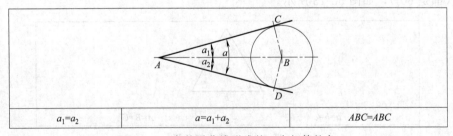

| $a_1=a_2$ | $a=a_1+a_2$ | $ABC=ABC$ |

图 53-17　角的平分线形成的 2 个相等的角

（3）相似三角形

如果三角形的对应角相等，对应边成比例，则三角形相似。如果满足以下条件，则两个三角形相似：

❑ 一个三角形的两个角和另一个三角形的两个角相等；

❑ 一个三角形的一个角与另一个三角形相等，角的两条边与另一个三角形对应的两边成比例；

  ❑ 两个三角形与同一三角形相似；

  ❑ 两个三角形对应边都成比例。

  在 CNC 程序中，三角形里的数学关系应用非常广泛，例如当加工锥体或相似角时。图纸中所指定的锥度必须延伸至一端或两端，以便有足够刀具安全间隙。

  图 53-18 所示为两个相似三角形的关系。图中包含几个用于编程的重要尺寸：

其中 L——原长；

  H——原高；

  A——公共角；

 $X1$——X 正方向上的增量；

 $X2$——X 负方向上的增量；

 $Y1$——Y 正方向上的增量；

 $Y2$——Y 负方向上的增量。

  图 53-19 以更简单的方式给出了同样的两个相似三角形。在上半部分中，X 和 Y 是前例的增量（间隙）之和：

$$X = X1 + X2$$
$$Y = Y1 + Y2$$

  下半部分所示为对边 H 和 U 与邻边 L 和 W 的关系。

  几条边之间的关系公式是：

$$\frac{H}{U} = \frac{L}{W}$$

  如果上式中的三个值已知，则可以通过新的公式计算另一个未知的值。例如，已知 H、L 和 W，可以计算出 U，若 $H = 13\text{mm}$，$L = 45\text{mm}$，$W = 57\text{mm}$，将上面的公式颠倒计算边 U：

$$U = \frac{WH}{L}$$

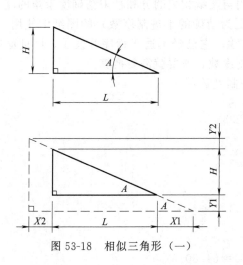

图 53-18　相似三角形（一）

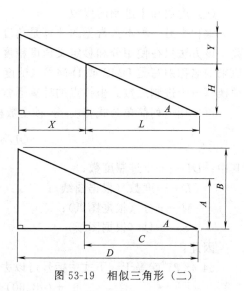

图 53-19　相似三角形（二）

  输入已知条件，可以计算出边 U。如果边 U 在等式的左边，已知值在等式的右边，计算很简单：

$$U=(57\times13)/45$$

$$U=16.466667\text{mm}\approx16.467\text{mm}$$

（4）正弦、余弦、正切

图 53-20 是直角三角形里最重要的边角关系。

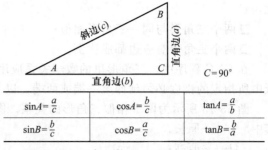

图 53-20　三角函数——正弦、余弦、正切

这种关系有其自己的术语，用已知角的正弦、余弦和正切函数定义为"边之比"。其他函数，比如余切、正割和余割，通常在 CNC 程序中不使用。

❑ 角的正弦（sin），是角的对边与三角形的斜边之比；

❑ 角的余弦（cos），是角的邻边与三角形的斜边之比；

❑ 角的正切（tan），是角的对边与邻边之比。

（5）反三角函数

从定义可知，正弦、余弦、正切都是两条边的比例。根据该值得到的角度就是反三角函数的结果。反三角函数通常用符号 arc 表示。例如角 A 的 arcsin 是边 a 与边 c 的比值。

对于大多数小型计算器，通常可按下 "2nd" 键（通常显示为 "$^{-1}$"）+标准函数功能（sin、cos、tan）选择反三角函数功能。不同计算器的按键可能有区别，但结果是一样的：

如果 ...　　$\sin A=a/c$

那么 ...　　$A=\arcsin(a/c)$　或 ...　　$A=\sin^{-1}\ (a/c)$

如果 ...　　$\cos A=b/c$

那么 ...　　$A=\arccos(b/c)$　或 ...　　$A=\cos^{-1}\ (b/c)$

如果 ...　　$\tan A=a/b$

那么 ...　　$A=\arctan(a/b)$　或 ...　　$A=\tan^{-1}\ (a/b)$

已知一个三角函数的结果，可以得到反三角函数的几个结果。比如，数值 $0.707106781=\sin 45°=\sin 135°=\cos 45°$。

（6）度数和十进制的度数

编程中另一种不太常见的计算是角度换算。使用与图纸相关的分和秒来精确度量角的度数。该方法只在使用分和秒定义角度精度（而不是更为精确的十进制度数）的图纸中使用。原来的名称缩写是 DMS 或 D-M-S（即度-分-秒）尺寸，它已经不适于程序开发了，因此必须换算成十进制度数。坐标点的计算通常需要十进制度数，所要就需要换算。

可使用下列简单公式将度-分-秒度数换算成十进制度数：

$$DD=D+\frac{M}{60}+\frac{S}{3600}$$

其中　　DD——十进制度数；

　　　　D——度数（根据图纸）；

　　　　M——分（根据图纸）；

　　　　S——秒（根据图纸）。

因此：

$64°48'27''$ 就等于（下式中括号可以去掉）：

$$64+(48/60)+(27/3600)=64.8075°$$

缩写 DMS/D-M-S 和 DD/D-D 是科学计算器上的常见功能，但将十进制度数换算成 DMS（DD→DMS）的用处不大，CNC 编程不需要这种换算，除非是为了做双重检查，以验证最初的换算结果是否正确。把 DD 转化成 DMS 就是将 DD 的小数部分分三个步骤进行分离。例如，要将 29.545021° 换算成度-分-秒形式，需要以下三个步骤：

① 第一个步骤是从十进制度数换算整数位度数：

$$29.545021-0.545021=29°$$

② 第二个步骤是拿出小数部分，并且乘以 60 得到分：

$$0.545021\times60=31.701126=32'$$

③ 第三步是从上次的结果里拿出小数部分乘以 60 得到秒：

$$0.701126\times60=42''$$

本例中 DMS 最后结果是带有舍入误差的 29°32′42″。

（7）毕达哥拉斯定理

希腊数学家毕达哥拉斯（公元前 6 世纪）的关键成果，就是今天的毕达哥拉斯定理，通常高等数学包含了该知识。该数学定律已经成为三角学的关键概念之一，它可表述为：

> 在直角三角形里，斜边的平方等于两直角边平方的和。

在 CNC 编程中如果已知两条边，可用毕达哥拉斯定理计算另外一条边的长度。图 53-21 所示为根据直角三角形已知的两条边，来计算第三条边的长度。

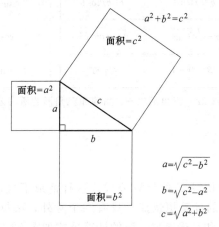

图 53-21　毕达哥拉斯定理

例

如果斜边 c 是 30mm，边 b 是 27.5mm，那么便可据此计算边 a：

$c^2=900$，$b^2=756.25$，据此便可计算 a（符号 $\sqrt{}$ 表示平方根）：

$$a=\sqrt{30\times30-27.5\times27.5}$$

$$a=\sqrt{900-756.25}=\sqrt{143.75}=11.98958$$

$$a=11.990$$

（8）解直角三角形

不管在实际应用中使用何种方法，直角三角形的求解始终是手动编程的一个重要组成部分。常用正弦、余弦、正切三角函数以及毕达哥拉斯定理进行计算。跟所有计算一样，求解直角三角形也要从已知的数据入手。在三角学里，已知下列两类数据中的任何一类，便可求解任何一个三角形：

■ 直角三角形的两条边；

■ 直角三角形的一条边和一个角。

计算中从来不使用90°角。图53-22显示了所有三角关系。如果可以使用两种解决方案，建议两者都用，以对计算结果进行复核。

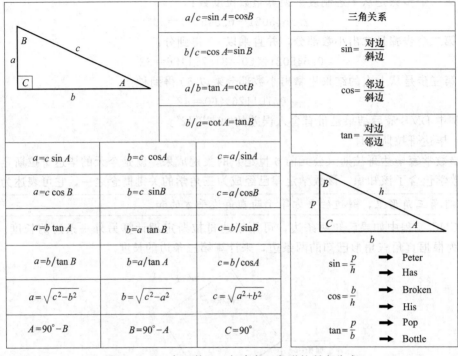

图 53-22　三角函数——解直角三角形的所有公式

53.6　高级计算

最后两图是圆的弦 C 或切线 T 的计算公式。这种情形下也能使用三角公式，但是用进一步开发后的公式能使同样的计算更快捷。只有一个除外，根据已知数据有两种解决方案。公式也能计算半径 R、角 A 和弓形高 d。弦的计算公式如图53-23所示。切线的计算公式如图53-24所示。

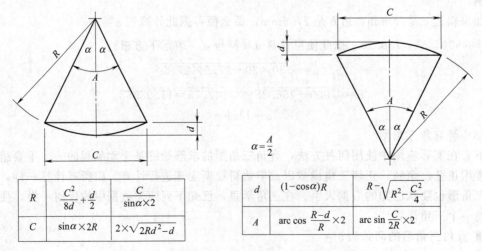

图 53-23　圆弦——圆弦、半径和弓形高计算

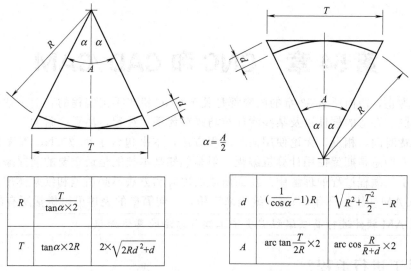

$$\alpha = \frac{A}{2}$$

R	$\dfrac{T}{\tan\alpha \times 2}$	
T	$\tan\alpha \times 2R$	$2\times\sqrt{2Rd^2+d}$

d	$(\dfrac{1}{\cos\alpha}-1)R$	$\sqrt{R^2+\dfrac{T^2}{2}}-R$
A	$\arctan\dfrac{T}{2R}\times 2$	$\arccos\dfrac{R}{R+d}\times 2$

图 53-24　圆切线——切线、半径、角度和弓形高的计算

53.7　总结

　　本章只介绍了最重要和最常用的数学知识，编程员和操作人员在日常工作中使用的方法和捷径远远不止这些，这也体现了解决数学问题的灵活性和独创性。笔者非常重视所有公式、捷径以及解决任何编程问题的方案，并且也考虑在本书的下一版本中对其进行全面介绍。

第 54 章　CNC 和 CAD/CAM

　　到目前为止，前面所有 53 章的内容都是关于 CNC 机床手工编程的。上一章中简要介绍了使用计算机、合适的软件以及某些附加技巧来替代手工编程，注意"附加"一词，学习本书并不会浪费时间，相反，无论使用何种编程方法，本书包含了每位 CNC 程序员都应该了解的知识。人们总是期望使用计算机编程，但是熟知基本技能是最重要的前提条件，基本技能蕴含在对手工编程过程的理解中。前面所学的内容和方法不必由笔和纸来体现，它们可以通过 CAD/CAM（甚至只有 CAM）编程来应用，一句简单的表述可以概括所有的一切：

> 使用 CAM 软件进行高级编程需要手工编程方法的具体知识。

54.1　手工进行编程？

　　在 CNC 编程应用技术领域中，从个人电脑到工作站，各种层次的计算机都能用比手工编程短得多的时间编写大多数 CNC 机床的程序。那么为什么如此强调手工编程的重要性呢？手工编程是否还存在，如果存在，它目前的状况如何呢？

　　至少有两点原因可以解释为什么现在 CNC 机床的手工编程还未消亡甚至在短期内的任何时间都不会消失。

　　第一个原因是手工编程可以做到计算机不能做到的（甚至永远不可能）——程序员可以思考。通过手工编程可以得到宝贵的训练，这也是专业程序员非常重要的一个品质，训练意味着聚精会神、不断评估并做出决定——始终不停地思考，手工编程能整体、绝对和明确的控制最终产品——程序。程序员能评价已知条件、分析问题和适应无法预料的环境，程序员能感觉到某些地方是不正确的，只有人才具备思考过程、智慧、本能、勇气、常识和经验，这些是人与生俱来的，而计算机没有。CNC 编程如同艺术家的工作，永远不能完全实现自动化。

　　（1）CAM 软件

　　当前的 CNC 软件通常称为 CAM 软件，对应于如何编程的独立思路，可以有许多功能转化到 CNC 程序中。CNC 软件能编写出与特定思考方向和编程风格近似匹配的程序，但是近似并不总是意味着足够近似。下面是第二个原因。

　　第二个原因就是手工编程中，程序员了解编程过程和输出结果，计算机编程的格式必须与 CNC 机床及其控制系统兼容，如果所有工作进展顺利，根本没有必要看程序——它就在文件中，并准备装载到 CNC 机床中。另一方面，如果有问题，下一步怎么办？返回到计算机并重新编程可能会解决当前的问题，但问题是其代价如何？能读取 CNC 程序代码并真正理解它的能力，也意味可以对程序进行修改。花费宝贵的计算机时间只为了添加忘记的冷却液功能是不合理的，只对程序进行编辑（在适当的地方添加 M08 功能）不是更好吗？虽然本例十分简单，但它说明了对编程过程的真正理解非常重要，理解该过程最好的方法是不使用计算机而得到同样的结果，也就是说使用手工编程。

　　将计算机编程与手工编程进行比较，并进而改进手工编程是不公平的，反之亦然，这里需要改进的是手工编程原理的知识和理解，没有这种知识，就不能成为优秀的 CNC 程序员。

大多数 CNC 编程可以在个人计算机上完成，现有的技术发展非常快，许多 2D 和 3D 编程应用的成本只相对于几年前的几分之一，这一趋势在将来仍会持续。

（2）台式计算机编程

适合 CNC 编程的完整计算机系统（包括硬件、软件及其外围设备）的发展速度如此之快，以至于对任何硬件的深入讨论都可能在几个星期内过时，软件的更新速度也同样如此，在这两个领域中，市场上不断涌现可供用户选用的新特征、新性能以及新工具。由于必须同时考虑硬件和软件，所以第一个问题就是先选择硬件还是软件？

该决定取决于所需的应用，计算机要用来做什么？什么样的工作需要计算机处理，或者自动处理？希望得到什么样的结果？这些是首要的考虑事项——而不是硬件的监控器、打印机和硬盘的容量，这些同样重要，但是必须在确定应用需求之后考虑。

某些编程应用在所有生产车间中都很常见，对于特殊类型的制造业和工作类型或产品制造，其程序是独特的。下面列表详细说明了基于 CNC 编程系统的计算机应具备的功能：

☐ 刀具路径几何生成环境

☐ 刀具路径生成

☐ 完善的编程环境

☐ 后置处理

☐ 培训和技术支持

一定要清楚这些特征的重要性，投资一项对于使用者来说全部或部分是新的技术之前，上表有助于了解软件提供什么工具以及它们在日常工作中的使用方式。

54.2　刀具路径几何学的发展

在生成实际切削刀具路径以前，大多数 CNC 编程系统需要生成刀具路径几何尺寸，关键词是刀具路径几何尺寸。程序员中最常见的误解是重新生成原始图纸上的所有操作，这是错误的。

生成刀具路径几何尺寸时必须面对两个问题，一个是使用图纸工作，另一个是使用存储在计算机中的 CAD 图。虽然它们的方法有所区别，但事实上都是创建新的几何系统或修改存在的几何系统。

现代 CAM 系统能以 CAD 方式进行绘图——使用图像编辑功能如剪切、圆角、倒角、复制、移动、旋转、偏置、镜像以及比例缩放等。

程序员通常能定义图纸上没有的图形，至少不会以二维图形来表现一个工件，它可以增加深度、通过颜色或图层来区分实体、增加间隙或特定的导入导出刀具运动等。

54.3　刀具路径生成

CNC 软件的关键需求是为指定的 CNC 机床生成精确的刀具路径程序。刀具路径生成由于它所有的计算而成为手工编程中最耗时的工作，它也是实现 CNC 编程过程自动化最重要的因素。只有高级 CNC 软件才能支持大量不同的刀具路径，比如螺旋铣削或 3D 加工路径就不是所有软件的标准功能。

软件选择的一个误区是只考虑现有 CNC 机床和加工方法以及实例，这种局限性的方法并非总是可行的。一定要考虑将来的战略和主要投资方面的计划，产品怎样？在未来五年里产品将怎样变化？了解公司的规则和焦点、公司的政策和管理策略（甚至政治）都将有助于更准确地评估将来的需要。

　　虽然在这个不断发展的世界里还是个新生事物，但计算机技术已经取得了长足的进步，没有人可以绝对准确地预测将来会出现什么样的 CNC 机床和 CNC 编程技术，如果在购买编程系统前能正确评估当前和未来的需求，那么就可能在很长一段时间内都不会过时。随着计算机功能的日渐强大，CNC 软件的开发商定期对产品进行更新并提供一些新的功能，这些更新（软件的新版本）通常反映硬件和软件上的技术进步。这并不意味着要购买每一项更新后的功能，但是选择一款有坚实基础并发展良好的软件非常重要，这样需要更新系统时，该软件有可能还能使用。计算机行业非常活跃，而且合并、重组和接管就像破产一样常见。

54.4　完善的环境

　　高质量 CNC 编程软件允许使用鼠标或类似的设备点击菜单完成所有的操作和相关任务，重要的是一旦安装好软件，不用返回操作系统平台就能完成所有的操作。有些编程系统是基于不能通过菜单访问的模块和文件，或者它们并不包括编程中的所有步骤。

　　下面是应用在个人计算机 CNC 编程中的主要功能，这是任何 CAM 软件都应该具有的功能：

- ❏ 多机床支持（加工中心、车床和 EDM）；
- ❏ 灵活编辑的综合性运算；
- ❏ 工作设定和原材料定义；
- ❏ 刀具列表和工作注释（调试单）；
- ❏ 计算机之间的连接（通信功能）；
- ❏ 程序文本编辑器（使用 CNC 定位特征）；
- ❏ 打印能力（文字和图形）；
- ❏ 笔绘（绘图仪）；
- ❏ 与 CAD 软件转换接口（DXF、IGES、CADL 以及 STL、…）；
- ❏ 支持实体造型；
- ❏ 软件规格和特征（包括用户后置处理）；
- ❏ 支持常用硬件；
- ❏ 实用工具和特定功能，开放的结构。

　　每一项描述都凸显了其重要性，虽然所有条款在编程系统中都是有用的，但这并不意味着所有的项目都是必需的。一些功能需要附加的硬件设备，比如打印机、绘图仪、电缆以及小的外围设备等。

　　（1）多机床支持

　　根据所支持机床类型的不同，CNC 软件可分为两组：

- ❏ 专用软件；
- ❏ 集成软件。

　　专用软件只支持一种机床，例如专为 CNC 制造设备设计的编程软件不能用于车床、加工中心或 EDM。

　　专用软件通常是在特殊和相当小的应用领域内发展，或者只用于特定的机床，CNC 冲床、成型机和压弯机设备是这些软件很好的应用实例。

　　集成软件允许程序员选择不同类型的机床，包括铣削、车削和线切割，通常也在机床

（比如切割机、刳刨机、激光切割机、高压水和仿形铣床）上使用软件，对于金属切削来说，这是较优的软件。

使用集成软件的另一个原因就是其界面。如果车床工作和铣床工作以及 EDM 工作具有相同的界面，那么使用起来要习惯得多。软件的菜单相同，不同的操作过程具有相同的菜单选项，那么软件的用户化（包括后置处理程序）就要简单得多。

（2）综合性运算

生成刀具路径时，它隶属于前面定义的刀具路径几何图形。基于多种原因，通常不改变刀具路径几何图形，传统方法（对许多软件销售商来说现在仍然如此）必须重新生成几何图形，然后重新生成刀具路径。

结合性运算避免生成新的刀具路径，而是自动更新刀具路径。综合性运算快速而正确，它的工作方法也不一样——根据要求快速修改很多刀具参数。

（3）工作设定

工作设定是描述工件原材料特征——工件形状、尺寸、原点以及其他许多相关内容，工作设定中可以选择各种程序参数以及刀具和相关的转速和进给速度。存储刀具、材料和操作常见数据的数据库也是软件强有力的功能。

（4）刀具列表和工作注释

CNC 编程包含许多步骤。无论是手工还是计算机编程，都是通过手工选择刀具，一旦做出选择，每把刀具都有其标识、转速和进给速度值，可以收集几种刀具并储存在刀具库中。然后选择刀具在程序中的使用顺序，某些工作需要多个加工操作。复杂的调试需要通过说明向操作人员表明程序员的意图（调试单），必须记录所有编程决定并将文档送到生产车间，因此期望所有 CNC 编程软件都支持刀具列表，它可以是刀具库文件或工艺列表。材料库文件也非常有用，因为它可以存储许多材料的表面切削速度，同时编程软件将根据所选刀具计算精确的主轴转速和进给速度。这是材料库和刀具库相互影响的一个典型实例。

（5）计算机之间的连接

编程系统还应该包含计算机和 CNC 机床的连接（通信）功能，该功能通过电缆实现数据交换，程序可以从计算机传送到 CNC 机床存储器，也可以由机床传到计算机中。

关键并不是所有 CNC 机床都有端口（出口），从而实现直接连接。即使车间中所有机床都有该功能，也还需要附加的硬件和组织原则使所有部件协调工作。编程软件的直接连接是必需的，即使在购买之后并不会立刻使用。

（6）程序文本编辑器

软件生成的程序应该 100% 完整并且准备就绪，以备机床使用，也就是说这样的程序很完美以至于没有必要进一步编辑，这是比较理想的方法，该方法应该可以实现。如果需要改变程序，应该通过软件来改变零件的造型——而不是在软件之外，原因是任何对现有程序的手工修改不能与计算机生成的程序数据协调，因而在许多用户共享数据的情况下，该方法会造成很多问题。

这就引出了一个问题：CNC 软件为什么有内置文本编辑器？这主要有两个原因。第一，编辑器用于创建或修改各种不同的文本文件，比如调试单、加工卡片、操作数据、后置处理模块、配置文件、特殊说明以及步骤等，这些文件可以更新或按照需要进行修改，但对程序数据库没有损害。第二个理由是在某些特定的环境中，只要这种变化不改变重要数据，那么可以在计算机外部编辑 CNC 程序，例如在文本编辑器中为程序添加漏掉的冷却功能 M08，要比用计算机重新生成程序快得多，理论上使用文本编辑器是错误的方法，但是它至少没有改变重要的数据（刀具位置），也就是说数据库是完全准确的。

很多程序员使用不同的外部文本编辑器甚至文本模式下的 word 处理器，由于这些编辑器缺少 CNC 编程的常见功能，所以它们不是面向 CNC 编程的编辑器，只有面向 CNC 的文本编辑器才能自动处理程序段序号、删除程序段号、在程序中调节改善外观空间和其他功能。程序文本编辑器应通过主菜单或在软件内部使用。

（7）打印能力

存储在文件中的文本（包括 CNC 程序）都可以使用标准打印机打印出来，打印稿可供 CNC 操作人员参考、存档或仅为了方便，打印机并不需要太好，只需要标准宽度的纸。一些编程软件支持绘图仪或硬拷贝选项，硬拷贝是将屏幕上的图形传送到打印机，这些图形质量远远高于其要求的质量，编程中硬拷贝是一项十分有用的辅助功能。高性能的打印机能提供高质量的图像，打印由 Windows 操作系统提供支持，因为大部分基于 PC 机的 CAM 软件都是针对 Windows 操作系统开发的。

（8）笔绘

笔绘得到的图形优于用打印机打印出来的，但是它对于 CAM 编程而言太过奢侈。笔绘唯一有用的地方是标准打印机不支持其纸张尺寸时，另外当有彩色输出需求、用户的特殊需求或特殊的文档需求时它也比较有用。市场上出现图形软件以前，笔绘广泛应用于验证刀具路径，现在可以在程序交互过程（包括不同的视图和缩放）中，直接在计算机屏幕上验证刀具路径。大部分笔绘仪是与 HPGL 兼容的，HPGL 是 Hewlett-Packard Graphics Language 的缩写，也是当前使用最广泛的图形文件转换格式。

（9）CAD 软件接口

如果通过 CAD 软件生成工程图，那么它所有的绘图信息都存储在计算机数据库中，通过文件格式转换（该内容将在稍后详细介绍），几个编程软件包可以访问数据库。一旦 CNC 接受并处理来自 CAD 系统的数据库，CNC 程序员便可集中观察刀具路径的生成，而不是在草图上定义刀具路径几何图形，正如所期望的一样，可以做一些必要的修改。CAD/CAM 软件的最大优点是可以避免重复工作，没有 CAD 系统，CNC 程序员需要做许多额外的工作，而大部分是重复性的。

高质量的 CNC 软件也允许把现有的程序文档转换成 CAD 系统能接受的格式，该功能叫做逆处理，它对需要将现有手工编写的程序转化成电子文档的公司非常有用，这些情况下通常需要一些附加工作。

高级 CNC 软件是独立软件，这意味着它不需要使用 CAD 系统——独立于其他软件，在 CAM 软件中生成刀具路径几何图形和刀具路径。

（10）实体支持

3D 应用中的实体造型长期以来都是大型计算机系统的研究领域，随着微型计算机功能的发展，实体造型已成为高级 CNC 软件中的一部分。

通过实体造型，可改进复杂表面的加工过程，此外实体模型也具有提供工程数据、对象更易处理等便利性和许多其他功能。

（11）软件规格描述

高级 CNC 软件的另一个优点是可以提供许多有用的功能，每个系统执行编程过程的方式是唯一的。在软件发展的前期，通常使用 APT™或 Compact Ⅱ™等语言进行编程，其中有些语言现在仍在使用，但是已经非常过时了，现代交互式图形编程几乎在所有制造领域内消除了对语言的需求。基于交互式图形的编程方法更为流行，程序员可以定义几何图形（通常是刀具路径几何图形）和刀具路径，工作过程中的任何错误都会立即显示在屏幕上并及时进行纠正。

（12）硬件规格描述

软件规格描述决定了硬件选择，硬件是计算机常用的术语，它包括主机、键盘、打印机、调制解调器、绘图仪、鼠标、扫描仪、磁盘驱动器、存储介质、CD 刻录机以及许多其他设备，本章中所指的硬件基于 Windows™ 操作系统。现代操作系统基于图形用户界面（GUI），有些软件可以在不同的操作系统下运行，例如 Unix（主要用于工作站）和各种 Windows 版本。从用户的利益考虑，一定要在计算机上安装最新版本的操作系统和 CAM 软件。

购买计算机硬件时至少要考虑以下三个主要标准：

❑ 性能　　　　　　　…计算机速度；

❑ 数据存储　　　　　…类型和大小；

❑ 输入/输出　　　　 …接口。

① 计算机速度　计算机性能由主处理器的相对速度来衡量，值越大计算机处理数据的速度就越快，作一个简单的比较，最早的 IBM PC，1983 年的样机，处理器速度为 4.77MHz，稍后的 AT 样机主处理器速度为 6MHz，后面更进一步达到了 8MHz 和 10MHz。接着计算机使用 386 微芯片（通常是 Intel80386 或者 80486），处理速度达到 25MHz、33MHz 甚至更高，后面继续推出的奔腾处理器速度不断提高，上千兆赫的芯片成为可能。对于重要的 CAD/CAM 工作，应该使用功能齐全的最新处理器，最新的处理器能提供更高的处理速度，处理速度越快，CNC 编程系统的效果就越好。

② RAM 和数据存储　数据以两种方式存储在计算机中——内存存储和磁盘存储。应用（比如 CNC 编程）开始时，CAM 软件装载到计算机内存，应用软件功能越强大，需要的内存就越大，这种存储器叫做随机存取存储器，通常记为 RAM，软件规格描述指定了所需的最小 RAM 空间，现在高性能计算机十亿字节的内存并不罕见，额外的内存可以提高处理速度。存储在内存里的数据并不稳定，这就是说当程序结束或者关闭计算机时，数据将会丢失，因此重要的数据应该从 RAM 保存到磁盘文件、硬盘或类似介质中。对于微机 CAD/CAM 工作，至少需要高密度移动驱动器和大容量的硬盘，任何形式的软盘驱动器都不实用。

硬盘应该有较快的存储时间和很大的存储能力，另外的选项是磁带驱动器、CD-R 或 CD-RW 盘，或使用可刻录的 DVD 盘。

③ 输入和输出　输入和输出（I/O）计算机功能包括如显示器、显卡、键盘、数字化仪、扫描仪、打印机和绘图仪等硬件。适合 CAD/CAM 工作的显示器应是大尺寸高分辨率的显示器，显示器和显卡相互关联，显卡必须能够产生图形，显示器必须能显示该图形，视频信号的输出速度非常重要。

键盘是计算机的标准配置，是基本的输入设备，鼠标（或大系统的数字转换器）也是输入设备，它比键盘更快。CAD/CAM 中的许多工作都在菜单中的图形模式下完成，菜单中的选项由用户选择，大多数情况下可以用定点设备选择，用户点击所选的菜单功能，按下设备的按键便执行菜单功能，Windows 环境下最适合 CAM 工作的定点设备是带有若干按键和滚轮的鼠标。

打印机和绘图仪理论上是可选项，但是通常也值得推敲。单纯 CNC 工作中，打印机比绘图仪更重要，如果设置为真正的 CAD/CAM 工作，可能两个外围设备都需要。

所有外围设备使用指定配置的电缆与计算机连接，这些电缆与称为端口的输入/输出（I/O）口相连，CNC 编程通常并不需要调制解调器，除非与远距离的计算机或者网络存取进行数据交换。激光或喷墨打印机通常使用所谓的核心标准并行接口，但是许多设备使用的是串行接口，也有其他的 I/O 选项，例如 USB（通用串行总线架构）接口或 Firewire 接口。

（13）常见的硬件/软件需求

当前 CNC 编程最流行的硬件是基于 Windows 的计算机系统，不可能列出一份所以 CNC 加工车间能通用的全部硬件需求清单，以下是可应用于任何系统且不会很快过时的一些规则，最低限度的硬件需求和功能汇编如下：

❑ 与 IBM（基于 Windows）兼容的硬件，苹果计算机的 CAD/CAM 应用程序相当有限。

❑ 最新版本的 Windows 操作系统（必须是 CAM 软件支持的）。

❑ 较高的中央处理器速度——越高越好（单位为 MHz）。

❑ 高速缓冲存储器。

❑ 数字（数学）处理器的需求，它通常是大多数主处理器的一部分。

❑ 随机存取存储器（RAM），尽可能大。

❑ 储存程序和数据的磁盘空间足够大（用 GB 或更大的单位来衡量，这样存取速度更快）。

❑ 数据保护备份系统（盒式磁带、可移动硬盘、CD、DVD、…）。

❑ 高分辨率的图形适配器（图像卡），应具有较快的视频输出刷新速度。

❑ 大型高分辨率的彩色显示器——不是隔行扫描（用像素衡量：每屏幕尺寸上像素越多显示效果越好；像素尺寸越小显示效果越好）。

❑ 定点设备，当前的标配通常是鼠标。

❑ 只在需要时使用绘图仪（CNC 工作不需要绘图仪，如果需要，B 尺寸已经足够）。

❑ 在实际时间日历时钟下工作（在创建的文件上标出当前的日期和时间：标准功能）。

❑ 带并行或 USB 接口的高性能打印机（硬盘拷贝文档使用）。

❑ CD 或 DVD 驱动，或各种多媒体功能（必须有声卡）。

❑ 了解全球信息的接口（Internet、E-mail、用户组、新闻组、…）。

❑ 两个及以上串行与 USB 接口。

❑ 文本编辑器，它通常是软件的一部分（或者是可选功能）。

与微型计算机技术并进是明智的。微机技术发展迅速，甚至在几个星期之内就可以改变一些基本的方法和决定。关注计算机技术的发展可以了解最新的技术革新，因此用户和（或）买家的知识也就越丰富。

（14）工具软件和特殊功能

可能最新版本的操作系统，其功能也不像每个用户所期望般强大和灵活。由于这个原因，许多软件开发商逐渐开发出成千上万支持计算机功能的软件和工具软件，许多工具软件作为共享或免费软件可以从 Internet 或其他资源上得到，Internet 和全球信息网提供了大量与 CNC 和生产车间有关的条目和信息资源。CAM 软件中并不一定要使用这些工具软件，但是它们为与电脑相关的工作节省了大量的时间。

54.5　后置处理程序

CNC 软件必须能以每个控制单元所特有的格式生成程序。刀具路径生成最重要的部分是数据完整性，计算机生成的程序必须准确并且随时可以在 CNC 机床上使用，这意味着完成后的程序不需要再进行编辑、优化、与其他程序融合或类似的手工操作，这一目标只能由良好的编程方法和不同 CNC 机床配置的后置处理程序来实现。

高质量的后置处理程序或许是 CNC 软件最重要的功能。向软件中输入数据时，便输入了描述工件形状的参数、切削参数、主轴转速和其他数据，软件对数据进行分析、归类并生成数据库，该数据库具有工件几何形状、刀具运动和其他功能。无论数据精确与否，CNC系统都不能理解这些数据，CNC 系统还需要特定格式的字母和符号，每个 CNC 系统的格式都不一样，这使得情况更为复杂，有些程序代码是某些机床特有的，有些则是公用的。后置处理程序的目的是根据程序员的输入，使用生成的数值数据库，将不同控制系统中的数据转换为机床代码。

定制后置处理程序：通常，软件提供的后置处理程序显得过于通用化，因此必须在一定程度上进行定制。为了开发内部后置处理程序，通常要对 CAM 软件提供的普通后置处理程序实现用户化，该过程取决于后置处理程序的类型和格式。小的改动可能只需几分钟，大的改动可能需要花费几天时间。后置处理程序可能会非常昂贵。

CNC 程序员必须很好地了解机床和控制功能，此外还必须对手工编程方法进行深入和全面的了解——怎样开发有用的编程格式？加工方法的知识也非常重要，最后，熟悉任何一种高级语言，能使后置处理程序的开发更有效且功能更为强大。

54.6　重要功能

购买 CNC 编程软件时需要研究几个重要功能，它们在机床层面上影响程序的最终功能，所有这些功能都很重要，因此必须认真考虑。

（1）用户输入

CAM 软件的重要功能之一是能够处理用户的输入，该输入可能是后置处理程序根本不能处理或需要花费很大精力处理的特殊指令序列，这些指令很小，能够在需要的时候调用并在图形模式下使用，其应用实例有车床上的棒料进给指令序列或卧式加工中心上的托盘交换路径指令序列。如果软件能够支持不同类型的用户指令，将使系统更加灵活和强大。

（2）加工循环

CAM 软件的另一个重要功能是能生成现代系统支持的各种固定和重复循环，这些循环使手工编程更快更简单。现代 CNC 系统利用循环可以在有限的内存容量中使用，由于这一原因，CNC 软件对循环的支持非常重要，因为它可以很容易在机床上对程序进行编辑。

（3）用户界面

用户化的显示屏也是一个很有用的功能，它不像其他功能那般关键，但是用户化的字体、颜色、工具栏甚至菜单都能为软件增加亮点。颜色在 CAD/CAM 中中非常重要，颜色设定应该可以改变以更好的分辨图形。屏幕外观可以通过前景、背景、与文本不同颜色的组合来控制，其结果是突出重点。

最终的用户界面是软件中验证选项的选择。在屏幕上显示刀具路径仿真结果时，圆表示铣削应用的刀具直径，对于 CNC 车床则用车刀的形状表示。刀具图形表示当前刀具位置和所处理程序部分的正确性，图形通常沿轮廓移动且不留下任何轨迹。另一种形式是刀具只在轮廓拐点处停留，而不是其他任何地方，这就是所谓的静态显示，它在某些加工中非常重要。高级 CAM 软件也允许设计用户的刀具形状，包括刀架并在屏幕上使用它对实际刀具路径进行仿真，实体 3D 刀具使程序可视性更为真实。

车床刀具路径的表示也很重要，CNC 车床的很多刀具有后角，高质量软件应该在计算和显示中估算刀具后角。

（4）CAD 界面

独立的 CNC 编程系统不需要使用 CAD 软件来定义几何尺寸，CNC 软件本身能完成这些操作。然而任何 CAD/CAM 系统中包含从 CAD 系统中导入工件几何图形的重要功能，即使公司不需要 CAD，也必须准备接受来自用户或公司分部的 CAD 文件。支持兼容本土文件正在成为新的标准。

毋庸置疑，如果没有 CAD 软件，计算机便不能接受该软件生成的图形文件。这些文件是专用的，并且它们的结构不能实现公共存取，因此必须通过另一种方式来转换图形文件，也就是使用不同的文件格式。

文件转换格式：在不同软件系统之间转换设计文件是最基本的需求。有许多中间文件格式，最早的格式称为 IGES（基本图形转换规范），它最初设计用来将一个软件中的复杂文件转换到另一个软件中。另一个常用的格式是 Autodesk™ 的 DXF 格式。

很多人认为 DXF（图形转换格式或者数据转换格式）是微机间图形文件转换的标准。DXF 由 Autodesk 公司开发，它是 AutoCAD（已经成为世界上使用最广泛的基于 PC 的软件）的开发商，DXF 格式只适用于常见的几何元素，如点、线、圆弧和其他的图元。

CNC 软件同样支持由 CAD 系统生成的中间文件格式接口，根据特殊编程应用的性质，DXF 接口只适用于简单图形，而 IGES 则适用于复杂图形，高级 CNC 软件至少提供两个甚至更多的转换格式。记住转换的格式和结构如 DXF 或 IGES 不是由 CNC 软件开发者掌握，因此它是变化的。

54.7　支持和管理

CNC 编程工作的软件和硬件成本非常高，如果使用不当，那么人力和财力的投资总的来说就是一个重大的失败。该失败并不是硬件和软件成本的损失，真正最大的损失是所期望的但不能实现的生产力、速度和质量的提高，这种损失同样也会打击公司员工对技术的信心。这些损失是巨大的，为了避免这种情况，在规划 CNC 编程系统时要牢记下面三个要点：

❑ 高质量的长期技术培训计划；
❑ 系统管理理论和策略；
❑ 硬件和软件的技术支持。

以上三点的重要性没有主次之分——它们同等重要。

(1) 培训

培训应该是有计划、全面和专业的。许多成功的项目致力于三个阶段的培训，尽管许多研究和实例都证明高质量培训确实有用，但有些公司并没有足够的重视培训，而是以时间和成本太高作为借口。要想提高公司竞争力，培训上的投资是必要的。

① 一阶培训　第一阶段的培训是针对那些没有或者很少有计算机经验的人。该培训应该将 CNC 软件介绍给手工编程的程序员，它也应该是全面的培训，主要强调公司所安装软件的系统特征和功能。一般的方法是介绍软件设计背后的思想以及菜单和命令的结构，向受训者介绍清楚操作熟练以后可以使用软件完成什么样的工作非常重要。购买软件后应该进行一阶培训，其目的是给程序员足够的方法来熟悉并掌握软件，实现该目标的简单方法是尝试用软件去完成一些简单工作的编程，但重要的工作还是使用手工编程。

② 二阶培训　第二阶段的培训在初级培训结束后 2～3 周内进行效果最好，该阶段的培训在培训的整个过程中最为重要。在该阶段应该通过系统的方法介绍软件的全部功能，同时要特别强调与当前使用的加工操作相关的功能，该阶段的培训取代了手工编程，它标志着新

时代的来临。开始时管理人员应该正确评估并选择几个编程任务，如果有可能，可以选择难度较低的工作来树立新手的信心。

③ 三阶培训　第三阶段的培训要在两三个月之后进行，它要解决遇到的问题、疑问、困难和关注的焦点，此外还应该介绍一些技巧和捷径等。这个阶段的目的是树立长期的信心，程序员在该阶段有很多问题需要解决，专业的指导教师可以回答所有的问题，帮助去掉那些不好的习惯并进入深层次的指导。

（2）系统管理

所有系统元素的可靠操作对于成功的 CNC 软件有着决定性的作用。任何软件的使用都需要良好的组织，它需要策略，需要关注，也需要专业的管理，系统管理可以为 CNC 以及相关操作确立标准与步骤。对人员选择、数据备份方法、机密性和安全性以及工作环境质量等的关注不应局限于某一方面，它在整个公司文化中都非常重要。

（3）技术支持

技术支持是系统管理的一个重要组成部分。服务合同或支持协议通常可以与厂商一起商议，包括安装、硬件、更新政策以及新的发展等。技术支持的一个重要方面是紧急情况的处理速度和可靠度，如果硬盘损坏又确实有数据备份，这时该怎么办？CNC 加工厂正在进行关键的工作，而程序员又不能将程序数据送至机床，这仅仅是因为廉价硬盘的损坏。技术支持应该包括硬件和软件两方面，厂商承诺的所有服务都应该记录下来，以确切的判断由谁来承担损失，合同中没有包括的内容，通常是无据可查的。

54.8　结束也就是开始

很难预言 CNC 技术在将来会怎样发展，但是许多迹象表明了它的发展方向，控制系统将结合更多的计算机功能、编程会有更多标准化的方法、更多的实体模型、更多的 3D 以及更好的储存方法等。工作技巧的改变也是不可避免的。

此外也需要独立的 CNC 机床，CNC 加工中心会越来越多地强调更快的加工速度，CNC 车床发展的一般方向是适应 CNC 加工中心的刀具索引技术，这种技术会增加可用切削刀具的数量并确保活动刀具远离加工区域，同时也要注意消除第二操作的功能，比如车床上的复杂铣削功能以及固定的工件索引。

除了功能会更强大之外，很难预言计算机的发展趋势。硬件的更新速度远远快于软件，在近期这种情况不会改变，CNC 系统也是如此。可以在竞争中获胜的是那些可以更好地组合人、硬件和软件并具有合理价格和打入世界市场的产品，经济保护起不了什么作用，贸易并不会局限于几个小的"当地"街区，那些只是全球经济的一小部分。现在是该结束许多人在找到出路之前说空话的时候了，就以下面这句话结束吧："学习，工作，再学习。"

附 录 A

数值转换

以下所示为英制数据和公制数据的转换表。

in	分数	数字/字母	mm	in	分数	数字/字母	mm
0.0059		97	0.15	0.0210		75	
0.0063		96	0.16	0.0217			0.55
0.0067		95	0.17	0.0225		74	
0.0071		94	0.18	0.0236			0.60
0.0075		93	0.19	0.0240		73	
0.0079		92	0.20	0.0250		72	
0.0083		91	0.21	0.0256			0.65
0.0087		90	0.22	0.0260		71	
0.0091		89	0.23	0.0276			0.70
0.0095		88	0.24	0.0280		70	
0.0100		87	0.25	0.0292		69	
0.0105		86	0.26	0.0295			0.75
0.0110		85	0.28	0.0310		68	
0.0115		84		0.0313	1/32		
0.0118			0.30	0.0315			0.80
0.0120		83		0.0320		67	
0.0125		82		0.0330		66	
0.0126			0.32	0.0335			0.85
0.0130		81		0.0350		65	
0.0135		80		0.0354			0.90
0.0138			0.35	0.0360		64	
0.0145		79		0.0370		63	
0.0150			0.38	0.0374			0.95
0.0156	1/64			0.0380		62	
0.0157			0.40	0.0390		61	
0.0160		78		0.0394			1.00
0.0177			0.045	0.0400		60	
0.0180		77		0.0410		59	
0.0197			0.50	0.0413			1.05
0.0200		76		0.0420		58	

续表

in	分数	数字/字母	mm	in	分数	数字/字母	mm
0.0430		57		0.0860		44	
0.0433			1.10	0.0866			2.20
0.0453			1.15	0.0886			2.25
0.0465		56		0.0890		43	
0.0469	3/64			0.0906			2.30
0.0472			1.20	0.0925			2.35
0.0492			1.25	0.0935		42	
0.0512			1.30	0.0938	3/32		
0.0520		55		0.0945			2.40
0.0531			1.35	0.0960		41	
0.0550		54		0.0965			2.45
0.0551			1.40	0.0980		40	
0.0571			1.45	0.0984			2.50
0.0591			1.50	0.0995		39	
0.0595		53		0.1015		38	
0.0610			1.55	0.1024			2.60
0.0625	1/16			0.1040		37	
0.0630			1.60	0.1063			2.70
0.0635		52		0.1065		36	
0.0650			1.65	0.1083			2.75
0.0669			1.70	0.1094	7/64		
0.0670		51		0.1100		35	
0.0689			1.75	0.1102			2.80
0.0700		50		0.1110		34	
0.0709			1.80	0.1130		33	
0.0728			1.85	0.1142			2.90
0.0730		49		0.1160		32	
0.0748			1.90	0.1181			3.00
0.0760		48		0.1200		31	
0.0768			1.95	0.1220			3.10
0.0781	5/64			0.1250	1/8		
0.0785		47		0.1260			3.20
0.0787			2.00	0.1280			3.25
0.0807			2.05	0.1285		30	
0.0810		46		0.1299			3.30
0.0820		45		0.1339			3.40
0.0827			2.10	0.1360		29	
0.0846			2.15	0.1378			3.50

续表

in	分数	数字/字母	mm	in	分数	数字/字母	mm
0.1405		28		0.1960		9	
0.1406	9/64			0.1969			5.00
0.1417			3.60	0.1990		8	
0.1440		27		0.2008			5.10
0.1457			3.70	0.2010		7	
0.1470		26		0.2031	13/64		
0.1476			3.75	0.2040		6	
0.1495		25		0.2047			5.20
0.1496			3.80	0.2055		5	
0.1520		24		0.2067			5.25
0.1535			3.90	0.2087			5.30
0.1540		23		0.2090		4	
0.1562	5/32			0.2126			5.40
0.1570		22		0.2130		3	
0.1575			4.00	0.2165			5.50
0.1590		21		0.2188	7/32		
0.1610		20		0.2205			5.60
0.1614			4.10	0.2210		2	
0.1654			4.20	0.2244			5.70
0.1660		19		0.2264			5.75
0.1673			4.25	0.2280		1	
0.1693			4.30	0.2283			5.80
0.1695		18		0.2323			5.90
0.1719	11/64			0.2340		A	
0.1730		17		0.2344	15/64		
0.1732			4.40	0.2362			6.00
0.1770		16		0.2380		B	
0.1772			4.50	0.2402			6.10
0.1800		15		0.2420		C	
0.1811			4.60	0.2441			6.20
0.1820		14		0.2460		D	
0.1850		13	4.70	0.2461			6.25
0.1870			4.75	0.2480			6.30
0.1875	3/16			0.2500	1/4	E	
0.1890		12	4.80	0.2520			6.40
0.1910		11		0.2559			6.50
0.1929			4.90	0.2570		F	
0.1935		10		0.2598			6.60

in	分数	数字/字母	mm	in	分数	数字/字母	mm
0.2610		G		0.3346			8.50
0.2638			6.70	0.3386			8.60
0.2556	17/64			0.3390		R	
0.2657			6.75	0.3425			8.70
0.2660		H		0.3438	11/32		
0.2677			8.80	0.3445			8.75
0.2717			6.90	0.3465			8.80
0.2720		I		0.3480		S	
0.2756			7.00	0.3504			8.90
0.2770		J		0.3543			9.00
0.2795			7.10	0.3580		T	
0.2810		K		0.3583			9.10
0.2812	9/32			0.3594	23/64		
0.2835			7.20	0.3622			9.20
0.2854			7.25	0.3642			9.25
0.2874			7.30	0.3661			9.30
0.2900		L		0.3680		U	
0.2913			7.40	0.3701			9.40
0.2950		M		0.3740			9.50
0.2953			7.50	0.3750	3/8		
0.2969	19/64			0.3770		V	
0.2992			7.60	0.3780			9.60
0.3020		N		0.3819			9.70
0.3031			7.70	0.3839			9.75
0.3051			7.75	0.3858			9.80
0.3071			7.80	0.3860		W	
0.3110			7.90	0.3898			9.90
0.3125	5/16			0.3906	25/64		
0.3150			8.00	0.3937			10.00
0.3160		O		0.3970		X	
0.3189			8.10	0.4040		Y	
0.3228			8.20	0.4062	13/32		
0.3230		P		0.4130		Z	
0.3248			8.25	0.4134			10.50
0.3268			8.30	0.4219	27/64		
0.3281	21/64			0.4331			11.00
0.3307			8.40	0.4375	7/16		
0.3320		Q		0.4528			11.50

in	分数	数字/字母	mm	in	分数	数字/字母	mm
0.4531	29/64			0.7344	47/64		
0.4688	15/32			0.7480			19.00
0.4724			12.00	0.7500	3/4		
0.4844	31/64			0.7656	49/64		
0.4921			12.50	0.7677			19.50
0.5000	1/2		12.70	0.7812	25/32		
0.5118			13.00	0.7874			20.00
0.5156	33/64			0.7969	51/64		
0.5312	17/32			0.8071			20.50
0.5315			13.50	0.8125	13/16		
0.5469	35/64			0.8268			21.00
0.5512			14.00	0.8281	53/64		
0.5625	9/16			0.8438	27/32		
0.5709			14.50	0.8465			21.50
0.5781	37/64			0.8594	55/64		
0.5906			15.00	0.8661			22.00
0.5938	19/32			0.8750	7/8		
0.6094	39/64			0.8858			22.50
0.6102			15.50	0.8906	57/64		
0.6250	5/8			0.9055			23.00
0.6299			16.00	0.9062	29/32		
0.6406	41/64			0.9219	59/64		
0.6496			16.50	0.9252			23.50
0.6562	21/32			0.9375	15/16		
0.6693			17.00	0.9449			24.00
0.6719	43/64			0.9531	61/64		
0.6875	11/16			0.9646			24.50
0.6890			17.50	0.9688	31/32		
0.7031	45/64			0.9843			25.00
0.7087			18.00	0.9844	63/64		
0.7188	23/32			1.0000	1		25.40
0.7283			18.50				

下表中所有的底孔钻尺寸均由螺纹名义深度的 72%～77% 得到。

英制 UNC/UNF 螺纹

螺纹 TPI	底孔钻尺寸	in	公制	螺纹 TPI	底孔钻尺寸	in	公制
♯0-80	3/64	0.0469		♯14-20	♯10	0.1935	
1/16-64	3/64	0.0469		♯14-24	♯7	0.2010	5.10
♯1-64	♯53	0.0595		1/4-20	♯7	0.2010	5.10
♯1-72	♯53	0.0595		1/4-28	♯4	0.2090	
♯2-56	♯50	0.0700		1/4-32	7/32	0.2188	5.50
♯2-64		0.0709	1.80	5/16-18	F	0.2570	6.50
3/32-48	♯49	0.0730		5/16-20	17/64	0.2656	
♯3-48	♯47	0.0785		5/16-24	I	0.2720	6.90
♯3-56	♯45	0.0820		5/16-32	9/32	0.2813	7.10
♯4-32	♯45	0.0820		3/8-16	5/16	0.3125	8.00
♯4-36	♯44	0.0860		3/8-20	21/64	0.3281	
♯4-40	♯43	0.0890		3/8-24	Q	0.3320	8.50
♯4-48	♯42	0.0935		3/8-32	11/32	0.3438	
♯5-40	♯39	0.0995		7/16-14	U	0.3680	9.40
♯5-44	♯37	0.1040		7/16-20	25/64	0.3906	9.90
1/8-40	♯38	0.1015		7/16-24	X	0.3970	10.00
♯6-32	♯36	0.1065		7/16-28	Y	0.4040	
♯6-36	♯34	0.1110		1/2-13	27/64	0.4219	
♯6-40	♯33	0.1130		1/2-20	29/64	0.4531	11.50
5/32-32	1/8	0.1250		1/2-28	15/32	0.4688	
5/32-36	♯30	0.1285		9/16-12	31/64	0.4844	
♯8-32	♯29	0.1360		9/16-18	33/64	0.5156	13.00
♯8-36	♯29	0.1360		9/16-24	33/64	0.5156	13.00
♯8-40	♯28	0.1405		5/8-11	17/32	0.5313	13.50
3/16-24	♯26	0.1470		5/8-12	35/64	0.5469	
3/16-32	♯22	0.1570		5/8-18	37/64	0.5781	
♯10-24	♯25	0.1495		5/8-24	37/64	0.5781	
♯10-28	♯25	0.1540		11/16-12	39/64	0.6094	
♯10-30	♯22	0.1570		11/16-16	5/8	0.6250	
♯10-32	♯21	0.1590		11/16-24	41/64	0.6406	
♯12-24	♯16	0.1770		3/4-10	21/32	0.6563	16.50
♯12-28	♯14	0.1820		3/4-12	43/64	0.6719	17.00
♯12-32	♯13	0.1850	4.70	3/4-16	11/16	0.6875	17.50
7/32-24	♯16	0.1770		3/4-20	45/64	0.7031	17.50
7/32-32	♯12	0.1890	4.80	3/4-28	23/32	0.7188	

续表

螺纹 TPI	底孔钻尺寸	in	公制	螺纹 TPI	底孔钻尺寸	in	公制
13/16-12	47/64	0.7344		15/16-20	57/64	0.8906	
13/16-16	3/4	0.7500		1-8	7/8	0.8750	
7/8-9	49/64	0.7656	19.50	1-12	59/64	0.9219	
7/8-12	51/64	0.7969	20.00	1-14	15/16	0.9375	
7/8-14	13/16	0.8125		1-20	61/64	0.9531	
7/8-16	13/16	0.8125		$1\frac{1}{16}$-12	63/64	0.9844	
7/8-20	53/64	0.8281					
15/16-12	55/64	0.8594		$1\frac{1}{16}$-16	1.0	1.0000	
15/16-16	7/8	0.8750					

直管 NPS 螺纹

螺纹尺寸	底孔钻直径/in	公制	螺纹尺寸	底孔钻直径/in	公制
1/8-27	S	8.80	1-$11\frac{1}{2}$	$1\frac{13}{16}$	30.25
1/4-18	29/64	11.50	$1\frac{1}{4}$-$11\frac{1}{2}$	$1\frac{33}{64}$	38.50
3/8-18	19/32	15.00	$1\frac{1}{2}$-$11\frac{1}{2}$	$1\frac{3}{4}$	44.50
1/2-14	47/64	18.50			
3/4-14	15/16	23.75	2-$11\frac{1}{2}$	$2\frac{7}{32}$	56.00

管尺寸	TPI	底孔钻	小数值	管尺寸	TPI	底孔钻	小数值
1/16	27	1/4	0.2500	1.0	$11\frac{1}{2}$	$1\frac{5}{32}$	1.1563
1/8	27	11/32	0.3438	$1\frac{1}{4}$	$11\frac{1}{2}$	$1\frac{1}{2}$	1.5000
1/4	18	7/16	0.4375				
3/8	18	37/64	0.5781	$1\frac{1}{2}$	$11\frac{1}{2}$	$1\frac{3}{4}$	1.7500
1/2	14	23/32	0.7188				
3/4	14	59/64	0.9219	2.0	$11\frac{1}{2}$	$2\frac{7}{32}$	2.2188

锥管 NPT 螺纹

丝锥尺寸	底孔钻直径/in	公制	丝锥尺寸	底孔钻直径/in	公制
1/16-27	D	6.30	$1\frac{1}{4}$-$11\frac{1}{2}$	$1\frac{1}{2}$	38.00
1/8-27	R	8.70	$1\frac{1}{2}$-$11\frac{1}{2}$	$1\frac{47}{64}$	44.00
1/4-18	7/16	11.10			
3/8-18	37/64	14.50	2-$11\frac{1}{2}$	$2\frac{7}{32}$	56.00
1/2-14	45/64	18.00			
3/4-14	59/64	23.25	$2\frac{1}{2}$-8	$2\frac{5}{8}$	67.00
1-$11\frac{1}{2}$	15/32	29.00	3-8	$3\frac{1}{4}$	82.50

管的尺寸	TPI	只考虑钻孔		考虑铰加工		管的尺寸	TPI	只考虑钻孔		考虑铰加工	
		底孔钻	小数	底孔钻	小数			底孔钻	小数	底孔钻	小数
1/16	27	D	0.2460	15/64	0.2344	1.0	11 $\frac{1}{2}$	1 $\frac{9}{64}$	1.1406	1 $\frac{1}{8}$	1.1250
1/8	27	Q	0.3320	21/64	0.3281	1 $\frac{1}{4}$	11 $\frac{1}{2}$	1 $\frac{31}{64}$	1.4844	1 $\frac{15}{32}$	1.4688
1/4	18	7/16	0.4375	27/64	0.4219						
3/8	18	37/64	0.5781	9/16	0.5625	1 $\frac{1}{2}$	11 $\frac{1}{2}$	1 $\frac{47}{64}$	1.7344	1 $\frac{23}{32}$	1.7188
1/2	14	45/64	0.7031	11/16	0.6875						
3/4	14	29/32	0.9062	57/64	0.8906	2.0	11 $\frac{1}{2}$	2 $\frac{13}{64}$	2.2031	2 $\frac{3}{16}$	2.1875

公制粗螺纹

名义直径×螺距/mm	底孔钻直径/mm	in	名义直径×螺距/mm	底孔钻直径/mm	in
M1×0.25	0.75	0.0295	M7×1	6.00	0.2362
M1.2×0.25	0.95	0.0374	M8×1.25	6.75	0.2657
M1.4×0.3	1.10	0.0433	M9×1.25	7.75	0.3051
M1.5×0.35	1.15	0.0453	M10×1.5	8.50	0.3346
M1.6×0.35	1.25	0.0492	M11×1.5	9.50	0.3740
M1.8×0.35	1.45	0.0571	M12×1.75	10.20	0.3937
M2×0.4	1.60	0.0630	M14×2	12.00	0.4724
M2.2×0.45	1.75	0.0689	M16×2	14.00	0.5512
M2.5×0.45	2.05	0.0807	M18×2.5	15.50	0.6102
M3×0.5	2.50	0.0984	M20×2.5	17.50	0.6890
M3.5×0.6	2.90	0.1142	M22×2.5	19.50	0.7677
M4×0.7	3.30	0.1299	M24×3	21.00	0.8268
M4.5×0.75	3.75	0.1476	M27×3	24.00	0.9449
M5×0.8	4.20	0.1654	M30×3.5	26.50	1.0433
M6×1	5.00	0.1969			

公制细牙螺纹

名义直径×螺距/mm	底孔钻直径/mm	in	名义直径×螺距/mm	底孔钻直径/mm	in
M3×0.35	2.65	0.1043	M7×0.75	6.25	0.2461
M3.5×0.35	3.15	0.2283	M8×1	7.00	0.2756
M4×0.5	3.50	0.1378	M9×1	8.00	0.3150
M4.5×0.5	4.00	0.1575	M10×0.75	9.25	0.3642
M5×0.5	4.50	0.1772	M10×1	9.00	0.3543
M5.5×0.5	5.00	0.1969	M10×1.25	8.75	0.3445
M6×0.75	5.25	0.2067	M11×1	10.00	0.3937

名义直径×螺距/mm	底孔钻直径/mm	in	名义直径×螺距/mm	底孔钻直径/mm	in
M12×1	11.00	0.4331	M20×1	19.00	0.7480
M12×1.25	10.75	0.4232	M20×1.5	18.50	0.7283
M12×1.5	10.50	0.4134	M20×2	18.00	0.7087
M13×1.5	11.50	0.4528	M22×1	21.00	0.8268
M13×1.75	11.25	0.4429	M22×1.5	20.50	0.8071
M14×1.25	12.75	0.5020	M22×2	20.00	0.7874
M14×1.5	12.50	0.4921	M24×1	23.00	0.9055
M15×1.5	13.50	0.5315	M24×1.5	22.50	0.8858
M16×1	15.00	0.5906	M24×2	22.00	0.8661
M16×1.5	14.50	0.5709	M25×1.5	23.50	0.9852
M17×1.5	15.50	0.6102	M27×2	25.00	0.9843
M18×1	17.00	0.6693	M28×2	26.00	1.0236
M18×1.5	16.50	0.6496	M30×2	28.00	1.1024
M18×2	16.00	0.6299	M30×3	27.00	1.0630

附 录 B

在车间里,"速度"和"进给量"两词通常用来描述加工工件所需的任意切削状态。用单一的描述来表述大量的可能状态,其实并不正确,但是这种方法的使用却有其特定的理由。在 CNC 工作中,速度和进给量在程序开发中扮演着异常重要的角色,它们通常盖过了其他一些同样重要的加工决定。除了速度和进给量,CNC 程序员还必须考虑切削刀具及其性能,比如切削深度与宽度、工件切入方法、加工功率及动力等。机床手册、刀具目录、课本、图表、互联网和其他许多资源,提供了大量关于各种刀具与材料所适用的速度和进给量以及如何配合使用的知识。我们可以从中获益。

首先要切记,没有任何一种诀窍、方法或简单的公式,能为某一特定的工作指定唯一的主轴转速或切削进给量。这是不可能的事情。速度和进给量只是整个调试工作中的一个很小但重要的一部分。速度和进给量通常有一个较大的选择范围,程序员可以从中选择最合适的值。大范围的值并没有为新程序员提供较好的解决方案。经验丰富的程序员也会使用他们从成功的程序中所获得的经验。

(1)表面速度和主轴转速

基于工作中使用的计量单位,通常根据特定的刀具材料与待加工材料来编制表面速度。公制单位使用米每分钟(m/min),英制单位使用英尺每分钟(ft/min)。表面速度是经过广泛研究后确定的行业标称值,刀具目录中会列出表面速度。表面速度不考虑任何有效刀具直径。对于粗加工和精加工,CNC 车床直接使用表面速度,但对于 CNC 加工中心,则需要计算主轴转速。下面两个简单表格(1 个使用公制单位,1 个使用英制单位)给出了不同材料之间可切削性参数的基本区别。

公制 (m/min)	钻孔		攻丝	铣削(粗加工)		铣削(精加工)		车削	
材料	高速钢	碳化合金	高速钢	高速钢	碳化合金	高速钢	碳化合金	碳化合金粗加工	碳化合金精加工
铝	55～60	90～115	25～35	60～90	135～180	75～105	120～240	120～240	150～270
软黄铜	40～45	75～100	20～30	45～60	60～75	60～90	90～210	105～210	135～260
中铸铁	12～18	35～45	8～15	15～25	55～75	25～30	60～90	60～90	75～135
低碳钢	10～15	18～27	10～20	18～30	45～60	23～40	75～105	75～105	100～145
易切削 不锈钢	8～18	25～37	5～10	10～15	55～67	12～25	60～100	75～120	85～150

英制 (ft/min)	钻孔		攻丝	铣削(粗加工)		铣削(精加工)		车削	
材料	高速钢	碳化合金	高速钢	高速钢	碳化合金	高速钢	碳化合金	碳化合金粗加工	碳化合金精加工
铝	175～200	300～375	80～110	200～300	450～600	250～350	400～800	400～800	500～900
软黄铜	125～150	250～325	70～100	150～200	200～250	200～300	300～700	350～700	450～850
中铸铁	40～60	115～150	25～50	50～80	175～250	80～100	200～300	200～300	250～450
低碳钢	30～50	60～90	30～70	60～100	150～200	75～125	250～350	250～350	325～475
易切削 不锈钢	25～60	80～120	15～30	30～50	180～220	40～80	200～325	250～400	275～500

> 两个表格中给出的表面速度均为建议值。使用时一定要考虑整个调试状态。

CNC 车床和车削加工中心直接使用表面速度（G96），控制系统基于当前工件直径计算每分钟转速（r/min）。CNC 加工中心需要直接使用每分钟转速编程，因此程序员要负责进行计算。

（2）切削力

编程进给率同样取决于计量单位。当 CNC 车床应用中使用公制单位时，进给率的编程单位为毫米每转（mm/r）。而对于英制单位，进给率的单位则为英寸每转（in/r）。在 CNC 铣削应用中，进给率与主轴转速无关，编程单位为 mm/min 或 in/min。

切　削　力	每齿或每槽切削力	
	公制(mm)/(mm/fl)	英制(英寸)/(in/fl)
铝	0.200	0.008
软黄铜	0.125	0.005
中铸铁	0.080	0.003
低碳钢	0.100	0.004
易切削不锈钢	0.050	0.002

进给率指定刀具进入材料的速度。进给率会影响金属切削速度、切削刃磨损以及切屑形成。速度和进给量也会对机床生产率产生重大影响。从各类提供不同速度的资源中，也可以获得计算进给率的公式。对于主轴转速和进给率，公式应该只在起点起作用。当前调试状态常常扮演着最重要的角色。

（3）基本公式

公制单位和英制单位可分别使用两个常见的车间公式，其中 D 是刀具直径（铣削）或工件直径（车削），单位为毫米或英寸：

$$r/min = \frac{m/min \times 1000}{\pi \times D} \qquad r/min = \frac{ft/min \times 12}{\pi \times D}$$

公制或英制进给率的计算方法如下：

➲公制进给率（单位：mm/min）：

$$F = r/min \times mm/fl \times N$$

式中　F——编程切削进给率；

　r/min——编程主轴转速（S）；

　mm/fl——每槽（mm）切削力；

　　N——切削槽（齿）数。

➲英制进给率（单位：in/min）：

$$F = r/min \times in/fl \times N$$

式中　F——编程切削进给率；

　r/min——编程主轴转速（S）；

　in/fl——每槽（mm）切削力；

　　N——切削槽（齿）数。

（4）相关公式

还有其他一些与加工相关的基本公式，它们可用于各种计算。前面各章中已经对这些公式进行了介绍，这里仅给出其摘要：

■攻丝进给率；　　　　　　　　　　　　　■暂停时间计算；

■点钻 Z 轴深度；　　　　　　　　　　　■切削时间。

■钻孔 Z 轴深度；

① 攻丝进给率　攻丝进给率必须使丝锥螺距与编程主轴转速同步：

$$F = r/min \times 螺距$$

② 点钻 Z 轴深度　点钻的主要目的就是在工件表面制作凹口，从而确保角钻尖可以在精确的位置进入工件。由于其末端的设计（90°钻尖角），点钻也用来进行孔倒棱，而且非常有效，常用于小至 25mm 或 1in 直径的孔。

$$Z = H/2 + C$$

式中　Z——点钻 Z 轴深度；

　　　H——孔直径；

　　　C——倒棱尺寸。

注意：点钻必须大于 2 倍 Z 轴深度。

③ 钻孔（通孔）Z 轴深度　在工件上钻通孔需要在工件下方有少量的穿透安全间隙，因此钻头直径完全穿透工件，下面是标准 118°钻头使用的公式：

$$Z = T + C + H \times 0.3$$

式中　Z——钻头编程深度；

　　　T——工件厚度；

　　　C——穿透安全间隙；

　　　H——孔直径。

对于盲孔，只需要将全钻头深度加上 $H \times 0.3$ 即可。

注意：常数 0.3 只用于 118°钻尖角。

④ 暂停时间计算　要在切削的底部暂停，需要使用暂停 P。最小暂停时间计算公式如下：

$$P = 60/(r/min)$$

注意：从实用的目的出发，最小暂停时间通常为该值的 3 倍。

⑤ 切削时间　可以通过当前进给率以及切削长度来计算切削时间（单位为 min）：

$$T = L/F$$

式中　T——切削时间，min；

　　　L——当前单位下的切削长度，mm 或 in；

　　　F——当前单位下的进给率，mm/min 或 in/min。

要始终以切削公式为准则。